KB139743

Industrial Engineer Manufacturing Automatization

NCS 기반 개정 출제기준 반영!!

생산자동화 산업기사 필기

정연택 · 정영호 · 윤혁중 공저

본 교재의 특징

- **22년 개정된 출제기준**에 의한 **새로운 구성**
- **AI 분석**에 의한 **과목별 체계적인 단원 분류** 및 **요약 · 정리**
- 단원별 엄선된 **형성평가 문제** 및 **상세한 해설 수록**
- 국제적으로 일반화된 **SI 단위 적용**
- **CBT 최종모의고사 수록**

질의응답 사이트 운영

http://www.kkwbooks.com
도서출판 건기원

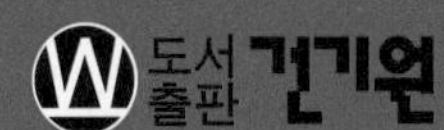

머리말

생산자동화산업기사는 생산설비의 공정 자동화를 위해 기계 · 기구 메커니즘에 전기 · 전자 제어 기술을 활용하여 효율적인 기계장치를 설치, 운용, 개선, 유지보수, 제어기 설계 등을 수행하는 직무로서 산업체 제조 공정에서 많이 사용되고 있고, 근래에는 첨단전자 장치와 조합하여 기계, 전기, 전자, 반도체, 우주 항공 산업에 이르기까지 광범위하게 응용되고 있다.

본서는 다년간의 실무경험과 강의 경험을 통해 열악한 환경과 모자라는 시간 속에서 생산자동화산업기사를 준비하는 수험생들에게 단기간에 가장 효율적인 학습이 되도록 구성, 수험자가 반드시 알아야 할 중요한 내용을 요약 정리하였으며, 엄선된 형성평가 문제를 선정 수록하여 짧은 시간으로 생산자동화산업기사 필기시험에 대비할 수 있도록 최선을 다하였다.

본 교재의 특징

- 수험자가 단기간에 완성할 수 있도록 한국산업인력공단의 최신 개정 출제 기준안에 의하여 각 과목별로 체계적으로 단원을 분류 요약 · 정리하였다.
- 각 단원마다 엄선된 형성평가 문제를 수록, 상세한 해설로 문제에 대한 이해를 쉽게 할 수 있도록 구성하였다.

본 교재로 충분히 공부하여 생산자동화산업기사 필기시험에 합격하기를 기원하며 차후 변경되는 출제 경향을 반영하여 계속 보완하도록 하겠다.

끝으로 본서를 출간함에 있어 도움을 주시고 지도하여 주신 모든 선 · 후배님들께 감사를 드리며 도서출판 건기원 직원 여러분에게 진심으로 감사드린다.

저자 씀

출제기준

직무 분야	기계	중직무분야	기계장비 설비 · 설치	자격 종목	생산자동화산업기사	적용 기간	2022.1.1. ~ 2024.12.31.

○ **직무내용** : 생산설비의 공정 자동화를 위해 기계 · 기구 메커니즘에 전기 · 전자 제어기술을 활용하여 효율적인 기계장치를 설치, 운용, 개선, 유지보수, 제어기 설계 등을 수행하는 직무이다.

필기검정방법	객관식	문제수	60	시험시간	1시간 30분

필기과목명	주요항목	세부항목	세세항목
자동제어	1. PLC제어특수모듈 프로그램 개발	1. 제어의 기초이론	1. 자동제어의 기본개념 2. 제어계의 전달함수 3. 주파수 응답
		2. PLC 특수 프로그래밍 준비	1. PLC 구성과 특성
		3. PLC 특수 프로그래밍	1. 모듈 간 인터페이스 2. 아날로그 프로그램 작성 3. PLC 프로그램 작성 4. 논리회로
		4. 시뮬레이션 및 수정보완	1. PLC 프로그램 디버깅 2. 데이터 통신 3. 통신 프로토콜
	2. HMI프로그램개발	1. HMI장치통합운용	1. HMI 2. SCADA
	3. 전기전자장치조립	1. 전기전자장치 조립	1. 전기전자 조립 공구와 장비 2. 전기전자 부품
		2. 전기전자장치 기능검사	1. 전류전압저항 측정
		3. 전기전자장치 안전성 검사	1. 전기전자장치 검사방법 2. 계측기기 유지보수
	4. 센서활용기술	1. 센서 선정	1. 센서의 종류와 특성
		2. 센서 회로 구성	1. 신호 변환, 전송, 처리, 출력
		3. 센서 신호	1. 센서 신호 측정방법
		4. 센서 관리	1. 센서 관리
	5. 모터 제어	1. 제어방식 설계	1. 모터 구조와 특성
		2. 제어회로 구성	1. 모터 제어기
		3. 시험 운전	1. 제어기 간 상호 인터페이스
		4. 유지 보수	1. 모터 관리

필기과목명	주요항목	세부항목	세세항목
기계요소설계	1. 체결요소설계	1. 요구기능 파악	1. 체결요소 기계적 특성
		2. 체결요소 선정	1. 체결요소
		3. 체결요소 설계	1. 체결요소 풀림방지 2. 체결요소 강도
	2. 조립도면작성	1. 부품규격 확인	1. 운동용 기계요소 2. 체결용 기계요소 3. 제어용 기계요소
		2. 도면 작성	1. 도면 양식 2. 투상법과 도형의 표시방법
	3. 조립도면해독	1. 부품도와 조립도 파악	1. 치수공차 및 기하공차 2. 표면 거칠기 및 열처리 기호 3. 가공기호
공유압	1. 공기압제어	1. 공기압제어 방식설계	1. 공기압 기초 2. 공기압 제어 3. 공기압축기 4. 공기압 밸브 5. 공기압 액추에이터 6. 공기압 기타 기기
		2. 공기압제어 회로구성	1. 공기압제어 회로기호 2. 공기압제어 회로
		3. 시험 운전	1. 공기압기기 관리
	2. 유압제어 (공기압제어와 같이)	1. 유압제어 방식 설계	1. 유압 기초 2. 유압 제어 3. 유압 펌프 4. 유압 밸브 5. 유압 액추에이터 6. 유압 기타 기기
		2. 유압제어 회로구성	1. 유압제어 회로기호 2. 유얍제어 회로
		3. 시험 운전	1. 유압기기 관리

※ 자세한 출제기준은 한국산업인력공단(http://www.q-net.or.kr/)에서 확인하실 수 있습니다.

Contents

차 례

PART 1 자동제어

Contents

차 례

PART 2 기계요소설계

Contents

차 례

PART 3 공유압

부록 CBT 최종모의고사

1 자동제어

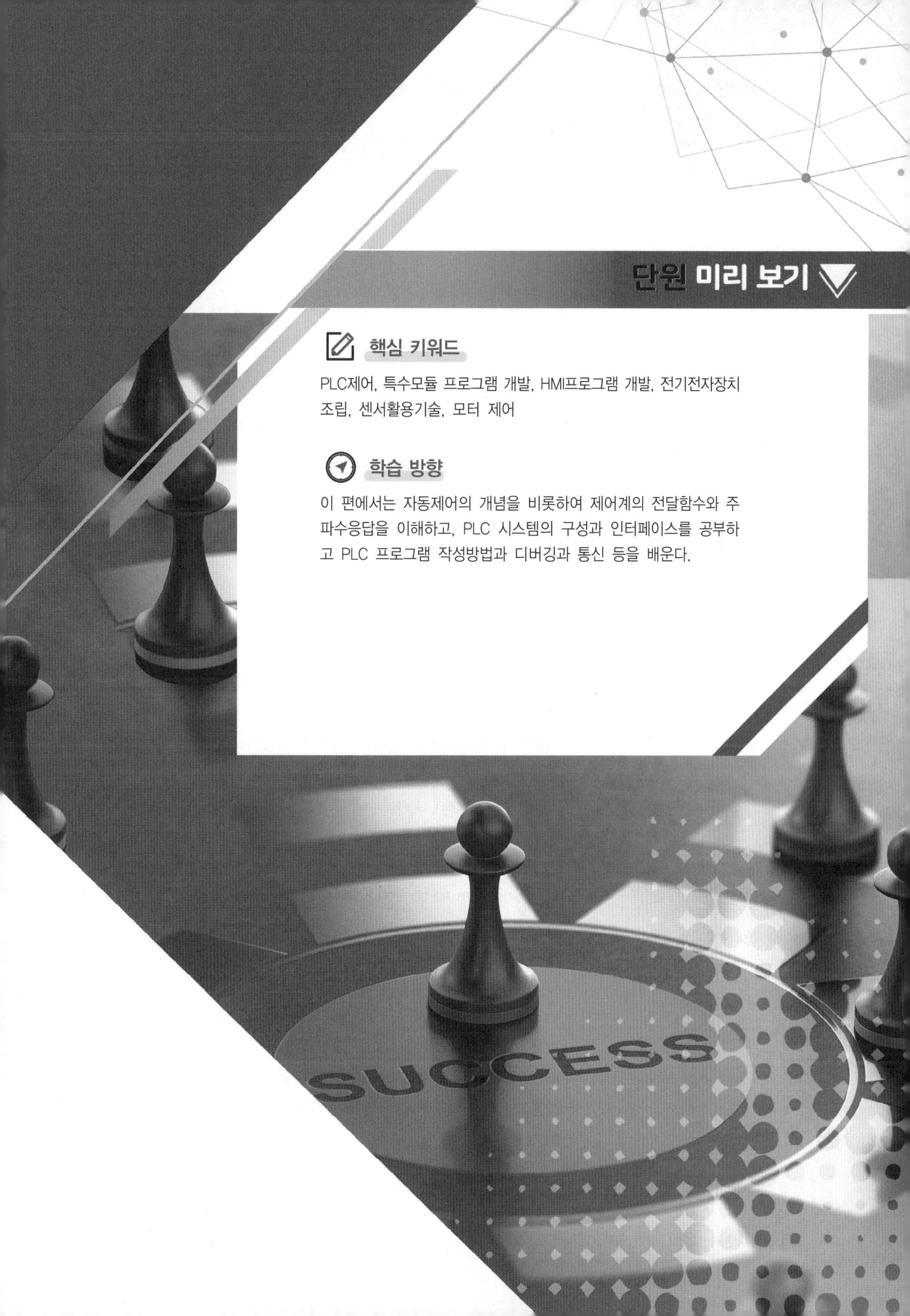

단원 미리 보기

핵심 키워드

PLC제어, 특수모듈 프로그램 개발, HMI프로그램 개발, 전기전자장치 조립, 센서활용기술, 모터 제어

학습 방향

이 편에서는 자동제어의 개념을 비롯하여 제어계의 전달함수와 주파수응답을 이해하고, PLC 시스템의 구성과 인터페이스를 공부하고 PLC 프로그램 작성방법과 디버깅과 통신 등을 배운다.

PART 1. 자동제어

PLC제어 특수모듈 프로그램 개발

1 제어의 기초이론

1 제어의 정의

제어(control)라 함은 어떤 동작을 하도록 만들어진 물리계가 요구하는 바와 같이 동작되지 않을 때 요구되는 바와 같이 동작되도록 물리계에 필요한 동작을 가하는 것이다.

2 자동 제어계에서 사용되는 용어★

① 정보(information) : 제어계를 제어하고자 하는 내용
② 신호(signal) : 정보를 제어하고자 하는 내용
③ 입력신호(input signal) : 제어장치의 상태 변화(제어)를 발생시키고자 주는 신호
④ 출력신호(output signal) : 제어장치의 상태 변화(제어)의 결과를 갖고 있는 신호
⑤ 아날로그 신호(analog signal) : 크기가 연속적으로 나타나는 정량적인 신호
⑥ 디지털 신호 (digital signal) : ON/OFF 신호와 같이 2개의 상태로 구별되는 정성적인 신호
⑦ 수동제어(manual control) : 사람이 직접 대상물을 제어하는 것
⑧ 자동제어(automatic control) : 사람대신 제어장치에 의해서 대상물을 제어하는 것
⑨ 오토메이션(automation) : 작업의 일부 또는 전부를 자동화하는 것
⑩ 제어장치 : 제어대상에 조합되어 제어를 행하는 장치
⑪ 제어계(control system) : 입력, 제어대상, 출력으로 구성되어 하나의 목적을 가진 제어 체계
⑫ 명령 처리 : 제어 명령을 만들기 위한 신호 처리
⑬ 정성적 제어 : 두 가지 상태를 갖는 ON/OFF와 같은 일정한 상태의 제어 명령에 의한 제어

＊제어에는 크게 인간의 판단과 조작에 의해 이루어지는 수동제어와 제어장치에 의해 자동적으로 이루어 지는 자동제어로 나눌 수 있다.

⑭ **정량적 제어** : 온도 변화와 같이 연속적으로 변하는 양의 제어명령에 의한 제어

⑮ **제어 명령** : 제어장치의 내부에서 제어결과를 원하는 상태를 하기 위한 입력신호

⑯ **작업 명령** : 기기의 기동, 정지 등과 같이 외부에서 주어지는 명령

⑰ **신호 처리** : 한 개 또는 여러 개의 신호로부터 다른 신호를 만들어 내는 것

학습 POINT
폐회로 제어기 기본구성 그림의 각 요소의 용어와 특징은 시험 출제 빈도가 매우 높으니 필히 잘 익혀두자.

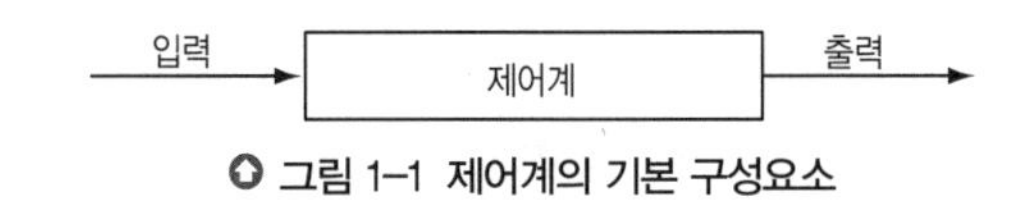

그림 1-1 제어계의 기본 구성요소

3 자동 제어계의 종류 및 구성 ★★★

(1) 개회로 제어계(open-loop control system)

① 개회로 제어계는 미리 정해놓은 순서에 따라서 제어의 각 단계가 순차적으로 진행되므로 시퀀스(sequence control)라고도 한다.

② 제어계는 비교적 간단하나 제어 동작이 출력과 전혀 관계없이 이루어져 오차가 많이 생길 수 있고 오차를 교정할 수 없는 결점이 있다.

③ 전기 세탁기, 자동 판매기 등이 이에 속한다.

④ 디지털 신호로 이루어지는 정성적 제어이다.

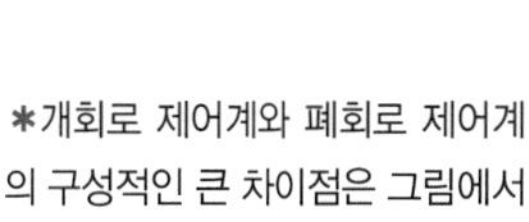
*개회로 제어계와 폐회로 제어계의 구성적인 큰 차이점은 그림에서 보이듯이 제어대상의 출력이 다시 입력측으로 궤환 여부이다.

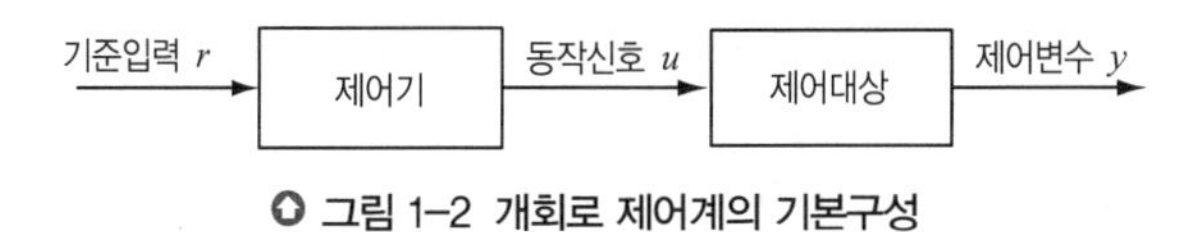

그림 1-2 개회로 제어계의 기본구성

(2) 폐회로 제어계(close-loop control system)

① 출력신호를 입력신호로 되먹임시켜 출력값을 입력값과 비교하여 항상 출력이 목푯값에 이르도록 제어하는 것을 되먹임제어(feedback control) 또는 궤환제어라고 한다.

학습 POINT
우측 폐회로제어계 기본구성 그림을 머릿속에 익혀두자.

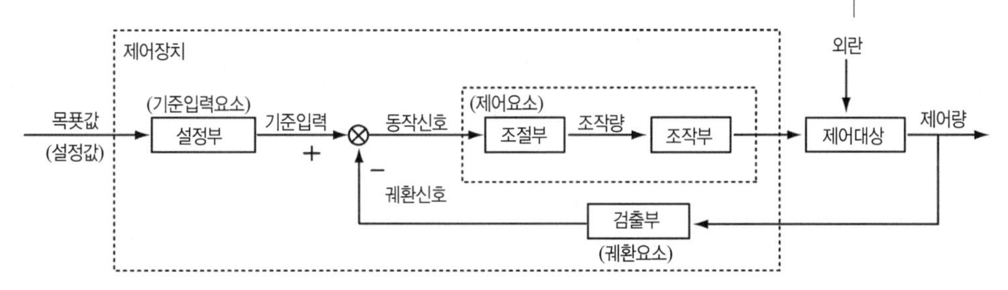

그림 1-3 폐회로 제어계의 기본구성

② 프로세서제어, 서보기구, 자동조정 등이 여기에 속한다.

③ 되먹임제어는 아날로그 신호에 의한 연속량을 대상으로 하는 정량적 제어이다.

4 폐회로 제어계 구성요소의 용어 해설★★★

(1) 목푯값(desired value ; command)

제어 시스템에서 제어량이 그 값을 가지도록 목표로 해서 외부에서 주어지는 값을 말하며(궤환 제어 시스템에 속하지 않는 신호이다) 목푯값이 일정할 때는 설정값(set point)이라고 한다.

(2) 기준입력요소(reference input element)

목푯값에 비례하는 기준입력신호를 발생시키는 요소로서 설정부라고도 한다.

(3) 기준입력신호(reference input signal)

제어시스템을 동작시키는 기준으로서 직접 폐루프 제어시스템에 가해지는 입력신호이다.

(4) 주궤환신호(primary feedback signal)

제어량의 값을 목푯값과 비교하여 동작신호를 얻기 위해 기준 입력과 비교되는 신호로서 제어량과 함수 관계가 있다.

(5) 동작신호(actuating signal)

기준입력과 주궤환 신호와의 편차인 신호로서 제어동작을 일으키는 신호이다.

(6) 제어요소(control element)

동작신호를 조작량으로 변환하는 요소로서 조절부와 조작부로 구성된다.

(7) 조절부(control means)

기준입력과 검출보 출력을 합하여 제어 시스템이 제어를 하는데 필요한 신호를 만들어 조작부에 보내주는 부분이다.

(8) 조작부(final control element)

조절부로부터 받은 신호를 조작량으로 바꾸어 제어대상에 보내주는 부분이다.

(9) 조작량(manipulated variable)

제어대상에 인가되는 양으로 제어량을 변화시키기 위하여 제어기에 의해 만들어지는 양이나 상태를 말한다.

(10) 제어대상(control system)

제어시스템에서 직접 제어를 받는 장치로서 제어량을 발생시킨다.

(11) 외란(disturbance)

제어량의 값을 변화시키려는 외부로부터의 바람직하지 않는 입력 신호로서 시스템의 출력값에 나쁜 영향을 미치게 하는 신호이다. 외란이 시스템 내부에서 발생할 때는 내적 외란(Internal disturbance)이라고 하고 시스템 외부에서 발생하여 입력으로 작용할 때는 외적 외란(External disturbance)이라고 한다.

*외란의 예는 제어장치에 가해지는 전기적 노이즈, 기계의 진동, 비행체에 가해지는 바람, 모터에 순간적으로 걸리는 토크 등을 들수 있다.

(12) 제어량(conrtolled variable)

제어 시스템의 출력량으로 제어대상에 속하는 양으로 출력량이라고도 한다.

(13) 검출부(detecting means)

제어대상으로부터 제어량을 검출하고 기준 입력신호와 비교시키는 부분이다.

(14) 피드백요소(feedback element)

제어량에서 주궤환을 생성하는 요소이다.

(15) 제어장치(control device)

제어를 하기 위하여 제어대상에 부가하는 장치로 기준입력요소, 제어요소, 피드백제어요소가 여기에 속한다.

(16) 시스템(계, system)

서로 작용하여 어떠한 목적을 수행하는 부품들의 조합체로서 시스템의 개념은 물리적인 것에 국한되는 것이 아니라 추상적이고 동적인 현상에 대해서도 사용된다.

이 외에도 한 형태의 에너지를 다른 형태의 에너지로 변환하는 장치인 변환기(transducer)가 자동제어계에서 자주 사용되는 용어이다.

*제어하려는 시스템의 특성을 수학적으로 모델링하여 입출력 관계를 미분방정식으로 정의하는데, 이 미분방정식 풀이를 쉽게 해주는 도구가 라플라스 변환이다.

*제어시스템의 미분방정식을 라플라스 변환하여 대수식으로 바꾸어 쉽게 결과를 얻고, 이를 라플라스 역변환을 하면 원하는 방정식을 구할 수 있다.

5 제어계의 전달함수★★★

(1) 전달함수의 정의

입력신호가 $x(t)$, 출력신호가 $y(t)$일 때

전달함수 $G(s)$는 $G(s)=\dfrac{\mathcal{L}[y(t)]}{\mathcal{L}[x(t)]}=\dfrac{Y(s)}{X(s)}$ 로 표현되며,

출력신호는 $Y(s)=G(s)\cdot X(s)$ 로 구한다.

(2) 제어요소의 전달함수

[단, 입력신호 : $x(t)$, 출력신호 : $y(t)$]

요소의 종류	입력과 출력의 관계	전달함수	비 고
비례요소	$y(t)=Kx(t)$	$G(S)=\dfrac{Y(s)}{X(s)}=K$	K : 이득정수
적분요소	$y(t)=K\int x(t)dt$	$G(S)=\dfrac{Y(s)}{X(s)}=\dfrac{K}{s}$	
미분요소	$y(t)=K\dfrac{d}{dt}x(t)$	$G(S)=\dfrac{Y(s)}{X(s)}=Ks$	
1차 지연요소	$b_1\dfrac{d}{dt}y(t)+b_0ya_0x(t)$	$G(S)=\dfrac{Y(s)}{X(s)}=\dfrac{a_0}{b_1s+b_0}=\dfrac{\frac{a_0}{b_0}}{\frac{b_1}{b_0}s+1}=\dfrac{K}{Ts+1}$	$K=\dfrac{a_0}{b_0}$ $T=\dfrac{b_1}{b_0}$ (T : 시정수)

(3) 라플라스 변환

① 라플라스 함수 : 시간 함수 $f(t)$에 e^{-st}를 곱하고, 이것을 다시 0에서부터 ∞까지의 시간에 대하여 적분한 것을 함수 $f(t)$의 라플라스 함수라 한다.

$$\mathcal{L}\{f(t)\}=F(s)=\int_0^\infty f(t)e^{-st}dt$$

② 라플라스 변환식 : 복소수 s의 함수 $F(s)$를 시간 t의 함수 $f(t)$의 라플라스 변환식이라 한다.

표 1-1 기본적인 함수의 라플라스 변환식

$f(t)$	$F(s)$	$f(t)$	$F(s)$
상수 C	$\dfrac{c}{s}$	e^{at}	$\dfrac{1}{s-a}$
t	$\dfrac{1}{s^2}$	te^{-at}	$\dfrac{1}{(s+a)^2}$
t^2	$\dfrac{2!}{s^3}$	$\sin\omega t$	$\dfrac{\omega}{s^2+\omega^2}$
t^n	$\dfrac{n!}{s^{n+1}}$	$\cos\omega t$	$\dfrac{s}{s^2+\omega^2}$

(4) 블록선도★★★

1) 블록선도의 정의

블록선도는 제어계에 포함되어 있는 각 제어요소의 신호가 어떤 모양으로 전달되고 있는가를 나타내는 선도이다.

블록선도는 제어계의 구성, 동작 및 특성을 나타내며 제어계의 수식을 대표하여 나타내는 도형이다.

*블록선도는 복잡한 시스템을 시각적으로 표현한 것으로 미분방정식 또는 전달함수와 같은 물리적 의미를 가지고 있다.
블록선도는 시스템 블록, 선, 분기점 등을 통하여 표현한다.

2) 블록선도의 표시법

순번	구 분		표현방법
1	전달요소(블록)	$G(s)$	
2	신호의 전달	$B(s)=G(s)A(s)$	A(s) → [G(s)] → B(s)
3	가합점	합 : $A(s)+B(s)=C(s)$ 차 : $A(s)-B(s)=C(s)$	(a) 합: A(s) +, B(s) +, C(s) (b) 차: A(s) +, B(s) −, C(s)
4	인출점	$A(s)=B(s)=C(s)$	A(s), C(s), B(s)

*전달요소
입력을 받아 출력으로 변환시키는 요소이다. G(s)의 형태로 표현되는데, 이를 전달함수라 한다.

3) 블록선도의 결합방식에 의한 등가변환

① 직렬 접속된 블록선도의 등가변환

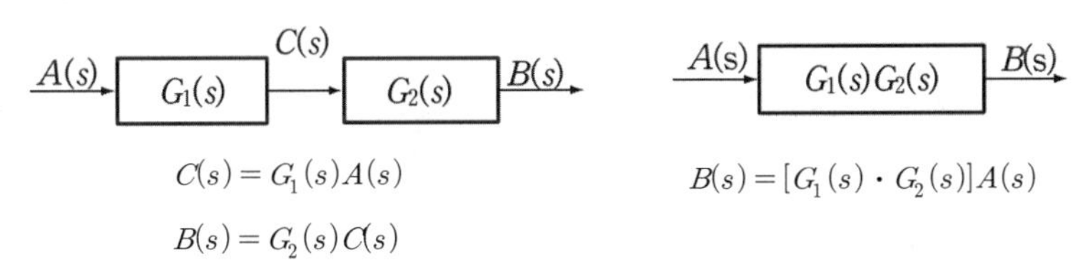

$C(s)=G_1(s)A(s)$

$B(s)=G_2(s)C(s)$

$B(s)=[G_1(s)\cdot G_2(s)]A(s)$

② 병렬 접속된 블록선도의 등가변환

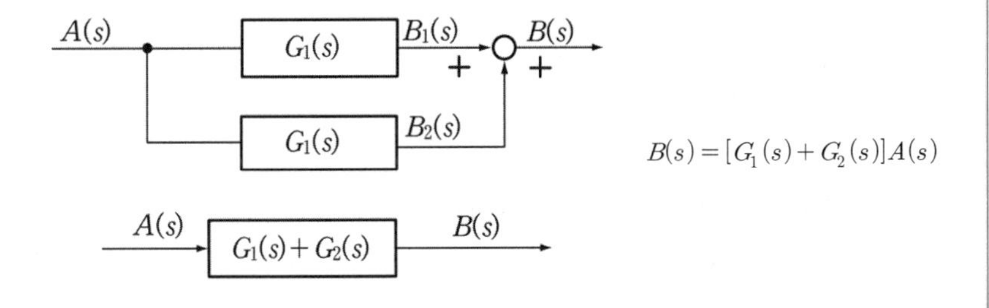

$B(s)=[G_1(s)+G_2(s)]A(s)$

③ 되먹임 결합된 블록선도의 등가변환

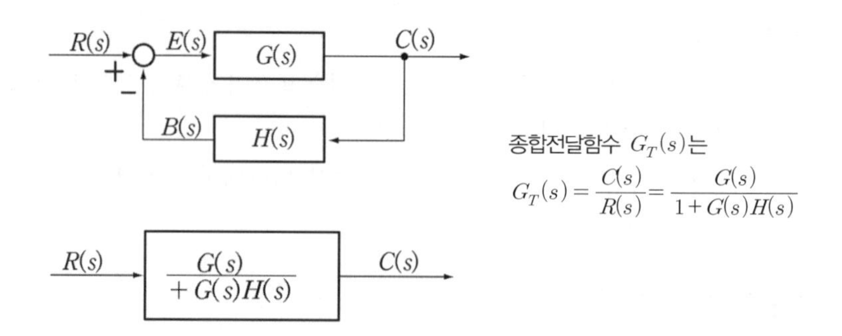

4) 여러 가지 결합의 등가변환

변환사항	변환전		변환후	
	배 열	연산증명	배 열	연산증명
전달요소의 직렬 결합	A → [G_1] → C → [G_2] → B	$C = AG_1$ $B = CG_2$ $\therefore B = AG_1G_2$	A → [G_1G_2] → B	$B = AG_1G_2$
전달요소의 병렬 결합	A → [G_1] +, [G_2] ± → B	$B = AG_1 \pm AG_2$ $= A(G_1 \pm G_2)$	A → [$G_1 \pm G_2$] → B	$B = A(G_1 \pm G_2)$
전달함수의 피드백 결합	A + ± → [G] → B, [H]	$B = (A \pm BH)G$ $\therefore B(1 \mp GH) = GA$ $\therefore B = \frac{G}{1 \mp GH}A$	A → [$\frac{G}{1 \mp GH}$] → B	$B = \frac{G}{1 \mp GH}A$
단위 피드백 접속인 경우	A + ± → [G] → B	$B = \frac{G}{1 \mp G}A$	A → [$\frac{G}{1 \mp GH}$] → B	$B = \frac{G}{1 \mp G}A$
신호의 흐름 방향을 반대로 할 때	A → [G] → B	$B = GA$ $A = \frac{1}{G}B$	A → [1/G] → B	$A = \frac{1}{G}B$

6 주파수 응답

(1) 응답의 정의

① 자동제어계에서 출력을 응답이라고 하며 과도응답과 정상응답의 두 부분으로 구성된다.

② 자동제어계에서 입력으로 사용하는 기준입력 신호로 계단입력 신호, 등속입력 신호, 등가속 입력, 정현파 신호 등이 사용되며 이들 각 입력신호에 대한 응답이 제어계를 해석하는데 이용된다.

＊임펄스 함수는 t =0인 순간에만 값이 존재한다. 이 말은 임펄스 함수에 연속 함수 $x(t)$를 곱해도 역시 t =0인 순간에만 값이 존재하여 결과는 임펄스 함수가 된다는 것을 뜻한다.

③ 이상적인 제어계는 입력과 응답이 일치하여 나타나겠지만 실제의 제어계는 관성, 저항 등의 물리적 요인에 의하여 정상 상태에 도달하기 전에 입력을 전혀 따르지 않는 기간이 존재한다.

(2) 응답의 종류

1) 임펄스 응답

① 기준 입력신호가 임펄스 함수일 때의 과도응답을 임펄스 응답이라 한다.

② 임펄스의 입력을 실제로 얻는 것은 불가능하지만, 펄스 입력의 펄스 폭을 대상으로 하거나 또는 시정수에 비해서 극히 단시간일 경우는 이것을 임펄스 입력을 볼 수 있다.

③ 임펄스 함수는 $\delta(t)$로 표현하며 $t=0$일 때 $\delta(t)=\infty$이고 $t\neq0$일 때의 값을 갖는다.

2) 계단응답

① 계단함수 $u(t)$는 $t>0$일 때 $u(t)=1$이며, $t<0$일 때 $u(t)=0$의 값을 갖는다.

② 정상상태에서 갑자기 변화된 후 그 상태로 일정하게 유지되는 입력신호인 계단함수를 기준입력으로 사용한 경우의 과도응답을 계단응답이라 한다.

3) 램프응답

시간에 따라 일정한 비율로 변화하는 기준 입력신호에 대한 과도응답을 램프응답이라 하며, 기울기가 1인 단위램프함수에 대한 응답을 단위램프응답이라 한다.

4) 포물선 응답

① 시간의 제곱에 비례하는 기준 입력신호에 대한 과도응답을 포물선응답이라 하며 포물선함수의 계수가 1인 기준 입력신호에 대한 과도응답을 단위포물선응답이라 한다.

② 포물선함수는 $r(t)=t^2u(t)$로 표현되며 $t>0$일 때 $r(t)=t^2$이며, $t<0$일 때 $r(t)=0$의 값을 갖는 함수이다.

표 1-2 여러 단위 함수의 응답 예

응답의 종류	함수의 그래프	함수식	응답결과
단위 임펄스응답		$f(t)=\delta(t)=\begin{matrix} 0 & t\neq 0 \\ \infty & t=0 \end{matrix}$	$y(t)=\mathcal{L}^{-1}[G(s)\cdot 1]$
단위 계단응답		$f(t)=u(t)=\begin{matrix} 0 & (t<0) \\ 1 & (t\geq 0) \end{matrix}$	$y(t)=\mathcal{L}^{-1}\left[G(s)\cdot \frac{1}{s}\right]$
단위 램프응답		$f(t)=tu(t)=\begin{matrix} t & (t\geq 0) \\ 0 & (t<0) \end{matrix}$	$y(t)=\mathcal{L}^{-1}\left[G(s)\cdot \frac{1}{s^2}\right]$
단위 포물선응답		$f(t)=t^2u(t)=\begin{matrix} t^2 & (t\geq 0) \\ 0 & (t<0) \end{matrix}$	$y(t)=\mathcal{L}^{-1}\left[G(s)\cdot \frac{2}{s^3}\right]$

학습 POINT
- 응답의 시간특성은 가장 출제 빈도가 높은 부분이다.
- 응답특성의 용어와 특징에 대해 잘 이해를 해두자.

*과도응답이라는 것은 제어계에 입력이 주어진 순간 출력 특성을 말한다.
과도응답을 해석하기 위해 단위계단입력이 주어 졌을 때 출력이 나오기 시작하는 순간부터 안정상태에 도달 하기 까지 특성을 분석한다.

(3) 자동제어계 응답의 시간 특성 ★★★

1) 정상응답

입력에 대한 출력응답이 입력을 따르지 않는 과도 기간 후에 나타나는 응답으로 정상응답 특성은 시험입력에 대한 출력의 정상 오차값을 측정하여 판단하며 정상응답 오차는 제어계의 정확도를 표시하는 지표로 사용된다.

2) 과도응답

입력에 대한 출력응답이 입력을 따르지 않는 과도기간 동안의 응답으로 단위계단응답을 대표적인 평가함수로 이용한다.

3) 단위계단입력에 대한 시간응답의 용어

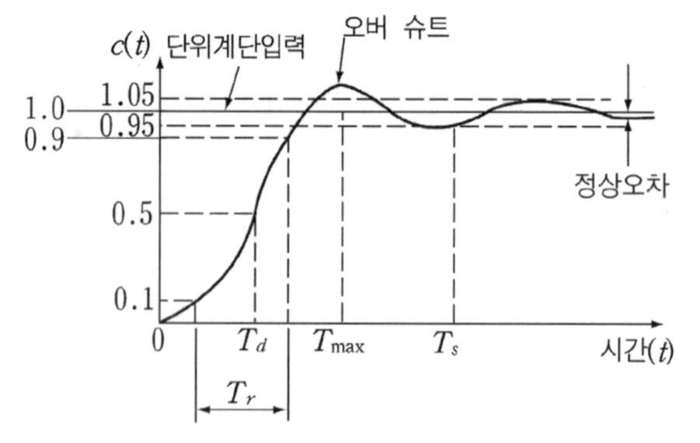

그림 1-4 단위계단입력에 대한 시간응답

① **오버슈트(overshoot)** : 응답 중에 생기는 입력과 출력 사이의 최대 편차량으로 제어계의 안정도의 척도가 되는 양이다.

② **지연시간(delay time)** : 응답이 최초로 희망값의 50%의 값에 진행되는데 걸리는 시간이다.

③ **감쇠비** : 과도응답의 소멸되는 정도를 나타내는 양이다.

④ **입상시간** : 응답이 처음으로 희망값에 도달하는데 요하는 시간으로 보통 10%로부터 90%까지 도달하는데 요하는 시간이다.

⑤ **응답시간(정정시간)** : 응답이 요구하는 오차 이내로 정착되는데 요하는 시간으로 보통 희망값의 5% 이내의 오차 이내로 정착되는 시간을 사용한다.

(4) 주파수 응답의 특징

1) 주파수 응답의 정의

① 입력 함수로 정현파 함수를 주었을 때의 출력응답을 주파수 응답이라 한다.

② $G(jw)$는 전달함수 $G(s)$에서 s 대신 jw로 바꾸어 놓은 것으로 이 $G(jw)$를 주파수 전달함수라 한다.

③ 복소 진폭비 $|G(jw)|$의 주파수 ω에 대한 관계를 주파수 응답이라 한다.

*주파수 응답이란, 어떤 시스템에 정현파 신호를 가했을 때 시스템 출력신호를 조사하는 것으로 입력 신호의 주파수를 지정 범위에 걸쳐 변화시키고 그 결과로 나타나는 응답을 연구하는 것이다.

2) 주파수 응답의 이득 특성과 위상 특성★

① 이득 특성

$$\text{진폭비} = |G(jw)| = G(jw) \text{ 벡터의 길이}$$
$$= \sqrt{(\text{실수부})^2 + (\text{허수부})^2}$$

주파수 ω를 0에서 ∞까지 변화시킬 때 $|G(jw)|$의 변화를 이득특성이라 한다.

② 위상 특성

$$\text{위상차} = \angle G(jw) = G(jw) \text{ 벡터의 편각}$$
$$= \tan^{-1}\frac{\text{허수부}}{\text{실수부}} \text{실수부}$$

주파수 ω를 0에서 ∞까지 변화시킬 때 $G(jw)$ 벡터의 편각 θ의 변화를 위상 특성이라 한다. 보통 이득 특성과 위상 특성을 합하여 주파수 특성이라 한다.

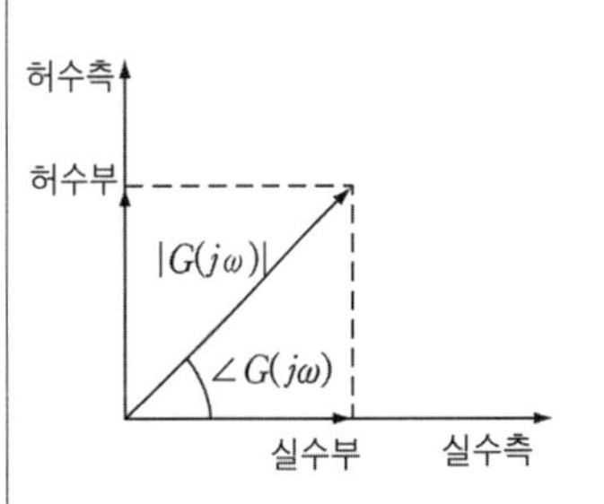

그림 1-5 $G(jw)$의 벡터 표시

(5) 주파수 특성의 도시적 표현 방법

주파수 특성이 구해졌을 때 특성을 쉽게 알아볼 수 있도록 도시화하는 방법에는 벡터궤적, 보도선도, 이득-위상선도 등이 있다.

1) 벡터 궤적(vector locus)

① 벡터 궤적을 극좌표 표시(polar plot) 또는 나이퀴스트(Niquist)선도라고도 한다.

② 주파수 응답은 $|G(jw)|$와 $\angle G(jw)$로 주어지며 이 $G(jw)$의 벡터를 복소 평면상에 나타내면 아래 그림과 같다.

③ 여기서 주파수 ω를 0에서 ∞까지 변화시키면 $G(jw)$ 벡터의 선단은 일정한 궤적을 그리게 된다. 이 궤적을 벡터 궤적이라 한다.

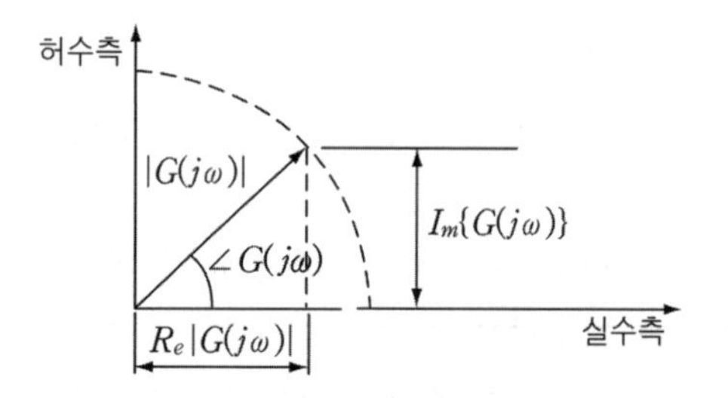

그림 1-6 $G(jw)$의 벡터도

2) 보드선도

① 주파수 전달함수로부터 횡축에 ω를 대수 눈금으로, 종축에 이득 $|G(jw)|$의 데시벨값 $20\log_{10}|G(j\omega)|$으로 표시하는 이득 곡선과 위상차 θ를 도(radian) 단위로 표시한 위상 곡선으로 작성되는 선도를 보드선도(bode diagram)라고 한다.

② 보드선도를 전달함수의 대수적 도시라고도 한다.

3) 보드선도의 장점

① 대부분 함수의 보드선도는 직선의 점근선으로 실제의 선도에 근사시킬 수 있다.

② $G(jw)$의 인수는 선도상에서 길이의 합으로 표시된다.

③ 보드선도의 작성은 비교적 용이하므로 극좌표 표시에 필요한 데이터와 위상각 대 크기(decibel)의 관계를 보드선도로부터 직접 쉽게 얻을 수 있다.

4) 보드선도에 의한 안정도 판별 ★

횡축에 ω, 종축에 $G(jw)H(jw)$의 크기 [dB]와 위상[0°]을 나타내는 두 선도로 구성되는 보드선도로부터 위상여유와 이득여유를 알 수 있으므로 간단히 안정도를 판별할 수 있다. 즉, 위의 두 가지 여유가 정(+)일 때 계는 안정하며, 부(−)일 때는 불안정하다.

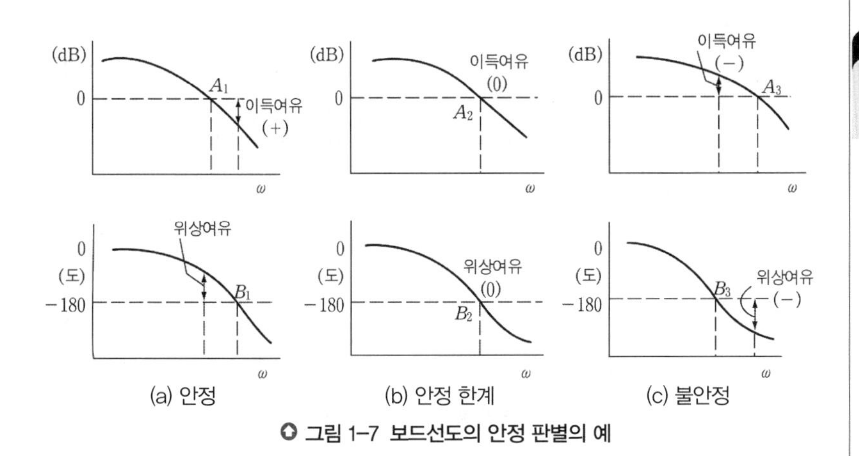

그림 1-7 보드선도의 안정 판별의 예

> 학습 POINT
> 그림을 통해 이득여유와 위상여유를 익혀두자.

2 PLC 특수 프로그래밍 준비

1 PLC의 정의

PLC(programmable logic controller)란 마이크로 프로세서 및 메모리를 중심으로 구성되어 미리 정해진 순서 또는 조건에 따라 제어의 단계를 순차적으로 행하는 프로그램 방식의 제어장치이다.

> 학습 POINT
> PLC의 특장은 매우 출제 빈도가 높으므로 잘 익혀두자. 특히 아래 표에 있는 릴레이 제어와 PLC 제어 차이점을 익혀두기 바란다.

2 PLC의 특징★★

① 제어 내용을 필요할 때 확인할 수 있어 체계적인 고장 진단 및 점검이 용이하다.

② 릴레이 제어반에 비하여 신뢰성이 높고, 고속 동작이 가능하다.

③ 산술·비교 연산과 데이터 처리까지 할 수 있다.

④ 설치 면적이 작아진다.

⑤ 동작 실행에 대한 내용 변경을 프로그램에 의하여 쉽게 바꿀 수 있다.

표 1-3 릴레이 제어와 PLC 제어의 비교★★★

구 분	릴레이	PLC
제어방식	하드 로직(hard logic)	소프트 로직(soft logic)
제어기능	유접점 릴레이 • 직렬, 병렬 • 한정된 수명 • 저속제어	프로그램 논리 릴레이 • AND, OR, NOT • 긴 수명 • 고속제어, 고 신뢰성
제어내용 변경	기기간 접속 배선 변경	프로그램의 변경
시스템의 특성	기구 배열식 독립 제어장치	모듈식, 시스템 확장, 컴퓨터 접속 활용 가능
범용성	제작 후 다른 제어대상에 적용이 곤란하다.	프로그램의 변경으로 제어대상 변경이 용이하다.
보전성	보수, 수리 비용이 크다.	보수, 수리 비용이 절감된다.

3 PLC의 구성★★★

PLC는 중앙처리장치(CPU), 메모리부, 입력부, 출력부, 전원부와 메모리에 프로그램을 기록하는 주변장치로 구성되어 있다.

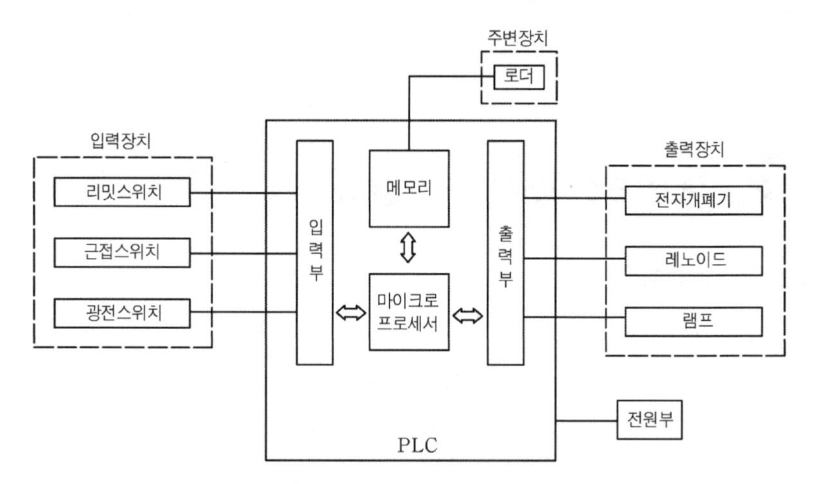

그림 1-8 PLC의 전체 구성도

(1) 중앙처리장치(CPU)

① 연산장치인 산술논리 연산자(ALU : arithmetic logical unit)는 데이터와 산술 및 논리 연산을 관장하고, 연산의 결과는 항상 어큐뮬레이터(accumulator)에 기억되며 플래그(flag)에 연산된 결과의 상태를 기억한다.

② 중앙처리장치인 CPU는 Z80,8085, 8086 등과 같은 마이크로프로세서를 사용하며, 마이크로프로세서는 연산장치, 제어장치, 기억장치로 구성된다.

③ CPU는 메모리에 저장되어 있는 프로그램을 하나씩 꺼내서 해독하여 처리할 내용을 실행한다. 이때 모든 정보는 2진수로 처리한다.

(2) 메모리부(기억장치)

1) IC 메모리의 종류

① ROM(read only memory) : 읽기 전용으로 메모리 내용을 변경할 수 없다. 전원이 끊어져도 기억내용이 보존되는 불휘발성 메모리로 시스템 프로그램과 같은 고정된 정보를 입력시키는 것으로 사용된다.

② RAM(random access memory) : 메모리에 정보를 수시로 읽고 쓰기가 가능하여 정보를 일시 저장하는 용도로 사용된다. 전원이 끊어지면 기억 내용이 지워지는 휘발성 메모리이다. 그러나 필요에 따라 RAM 영역 일부를 배터리 백업(back-up)에 의하여 불휘발성 영역으로 사용할 수 있다.

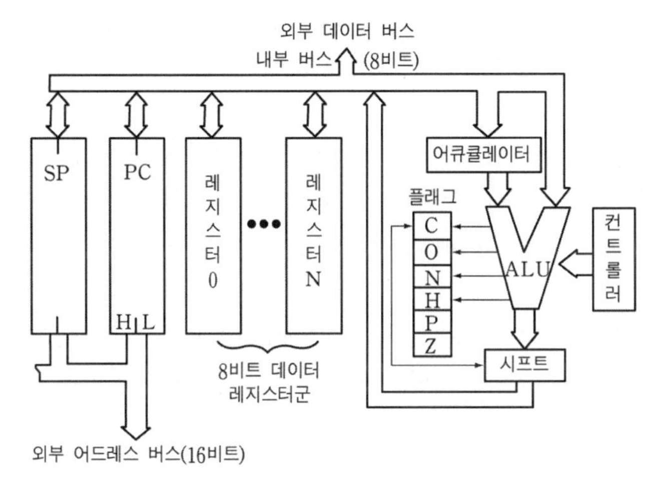

○ 그림 1-9 일반적인 8비트 마이크로프로세서의 내부구조

* 내부구조
- SP : 스택포인트
- PC : 프로그램 카운터
- 레지스터 : 데이터의 임시 보관
- 어큐뮬레이터 : 누산기
- ALU : 산술논리연산장치
- 플래그 : 연산동작 후 상태 표시

(3) 전원부

① **전원부** : CPU, 입·출력부에 전원을 공급하며, 직류전압 5V, 12V, 24V, 48V 및 교류전압 110V, 220V 등을 공급한다.

② **전원부의 조건**

㉠ 교류 전원으로부터의 노이즈 및 외부 유입 노이즈를 차단하여 오동작이 발생되지 않도록 하여야 한다.

㉡ 입출력 전압과 내부 구동 전압의 절연이 유지되어야 한다.

㉢ 정전압이 유지되도록 하여야 한다.

㉣ 전원 고장으로 인하여 다른 부분으로의 파급을 방지하기 위한 보호회로가 설치되어야 한다.

(4) 입력부

① 입력부는 조작 스위치, 검출 스위치 등의 입력기기를 접속하여 CPU에 신호를 전달하는 PLC와 입력기기의 인터페이스로 외부 신호와 CPU 내부 신호와의 전위차를 일치시켜 주는 일종의 콘버터라 할 수 있다.

② CPU의 입출력 제어부와 버스를 통하여 연결되며 통상 모듈화되어 필요한 만큼 확장이 가능하며, 사용 전압은 교류용으로 110V, 220V, 직류용으로 5V, 12V, 24V, 48V가 사용된다. 그러나 CPU로 넘겨주는 최종 신호는 DC 5V이다.

③ 모듈식의 경우 입력부 모듈에는 센서용 입력모듈, DC입력모듈, AC입력모듈이 있다.

(5) 출력부

① 출력부의 절연 방법에는 빛에 의한 방법, 트랜스포머, 리드릴레이 등이 있으며, 출력단의 단락으로 인한 과전류를 방지하는 회로가 내장되어 있다.

② 출력부는 CPU에서 처리된 결과를 구동기기(actuator)에 전달시켜 구동기기를 작동시키는 부분으로서 입력부와 마찬가지로 작동시킬 구동기기에 따라 DC5~48V, AC110~220V까지 사용할 수 있도록 모듈화되어 있다.

③ 일반적으로 출력부는 전원을 ON/OFF시켜 단순히 출력 신호를 전달, 차단시키는 역할을 하며, 출력부의 종류에는 릴레이 출력 방식, 트랜지스터 출력 방식, 트라이액 출력 방식이 이용되고 있다.

표 1-4 입력부와 출력부에 접속되는 외부 기기의 종류

입 력 기 기	출 력 기 기
푸시버튼 스위치, 선택스위치, 리밋 스위치, 근접 스위치, 광전 스위치, 압력 스위치, 인코더, 과전류 계전기	전자개폐기, 표시등, 부저, 마그넷 클러치, 솔레노이드 밸브, 마그넷 브레이크 등

*PLC에 연결된 터치스크린을 HMI (Human Machine interface) 라고 한다.

(6) 주변 기기

① PLC와 사용하는 사람과의 연결 기구로 맨머신 인터페이스(man-machine interface)이다.

② 프로그램 로더의 종류

㉠ **그래픽 로더(graphic loader)** : 컴퓨터와 모니터 그리고 프로그램 작성용 전용 소프트웨어로 구성된다. 그래픽 로더를 잘 활용하기 위해

서는 프로그램의 입력, 수정, 편집, 모니터링 등의 기능을 구현하는 전용 소프트웨어의 사용법을 별도로 숙지하여야 한다.

㉡ **핸디 로더(handy loader)** : 손에 쥐고 사용할 정도로 작은 프로그램 입력기로 니모닉(mnemonic)기호로 프로그램을 입력시키며 액정표시(LCD)화면을 통해 프로그램을 확인할 수 있다. 프로그램의 입력, 수정, 편집, 모니터링 등의 기능에 대한 사용법을 별도로 숙지하여야 한다.

3 PLC 특수 프로그래밍

1 PLC 프로그래밍

제어의 내용을 PLC가 판단할 수 있는 언어를 사용하여 일정한 약속에 따라 순서대로 프로그램을 작성하는 것을 프로그래밍이라 한다.

2 PLC 언어의 종류

(1) IL(instruction, list : 니모닉) ★

① 어셈블리 언어 형태의 문자기반 언어로 간단한 로직에 적용하며 니모닉(mnemonic)언어라고도 한다. AND, OR, NOT, OUT 등의 니모닉 기호를 명령어로 사용하여 프로그램을 작성하는 방식이다.

② 니모닉 코딩에서는 스텝 번호, 연산의 종류를 표시하는 OP코드(니모닉)부분과 연산을 하고 입 · 출력 번호를 표시하는 오퍼랜드(operand)부분으로 구성된다.

③ 시퀀스 명령을 포함하여 타이머, 카운터, 사칙연산, 시프트 레지스터, 대소 비교 등의 수치 연산 기능이 있다.

> **학습 POINT**
> 다음 니모닉 명령어 사용 용도를 필히 알아두자.
> * 니모닉 명령어
> - LOAD : 접점을 가져옴
> - AND : 접점의 직렬접속
> - OR : 접점의 병렬접속
> - NOT : b접점 연산 또는 반전 출력
> - OUT : 출력

(2) LD(ladder diagram : 래더도) ★

① 제어 회로를 PLC용 접점 기호를 사용하여 PLC의 동작 순서에 맞추어 횡도를 그린 도면이다.

② 래더도는 모선과 신호선으로 구성되며 신호선의 앞부분에 입력 접점과 조건 접점 등이 놓이며 출력 접점이나 출력에 해당하는 명령어는 우측 모선에 붙여 작성된다.

③ 각 신호선 좌측 모선 앞에는 해당 신호선에 사용된 접점 요소들의 스텝 수만큼씩 증가된 스텝 번호가 표시된다.

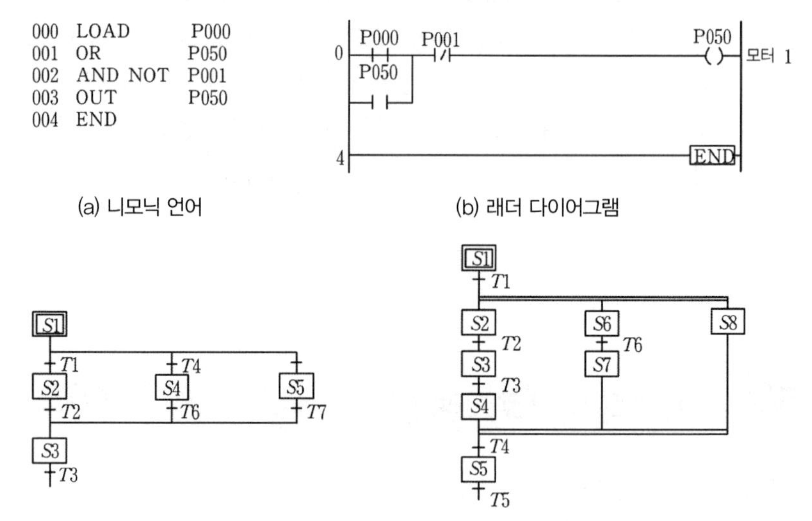

그림 1-10 PLC 언어에 따른 프로그래밍 종류

(3) SFC(sequencial function chart)

구조화된 언어로 복잡한 로직에 적용된다. 니모닉 또는 래더 다이어그램 방식으로 작성된 여러 개의 프로그램 블록들을 순차적으로 도식화하여 그 실행 조건을 부여하는 방식이다.

3 릴레이 시퀀스와 PLC 프로그램의 비교

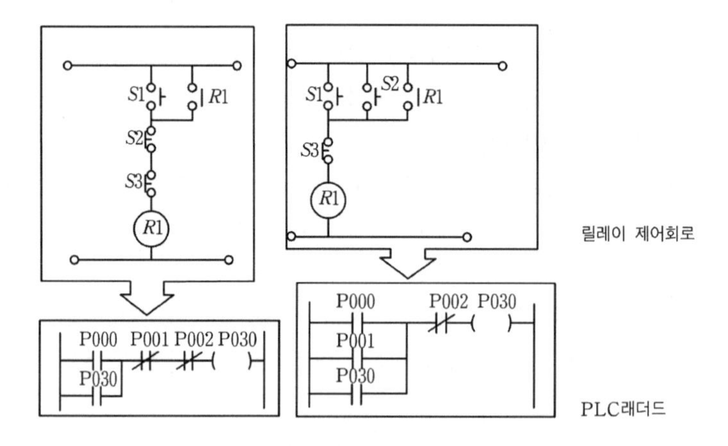

4 PLC 프로그래밍 유의사항 ★★

(1) 사용 접점 수의 제한

릴레이에서는 릴레이 구조상 가지고 있는 접점수 이상으로 접점을 사용할 수 없지만 PLC제어회로에서는 한 번 정의된 입력신호, 내부 릴레이 신호, 출력신호들을 몇 번이고 반복하여 사용할 수 있다.

*이론 상으로는 내부장치 릴레이의 동일 접점수는 무한히 사용할 수 있다.

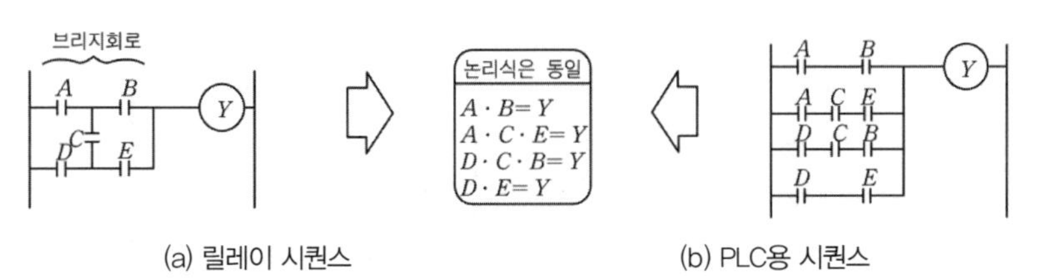

(a) 릴레이 시퀀스　　(b) PLC용 시퀀스

그림 1-11 PLC에서의 접점의 사용

(2) 코일의 위치

PLC용 시퀀스 회로에서는 항상 전류가 좌측에서 우측으로 흐르는 방향으로 회로를 구성하며 릴레이 시퀀스에서와는 달리 출력 코일의 뒤에는 어떠한 접점도 사용될 수 없다.

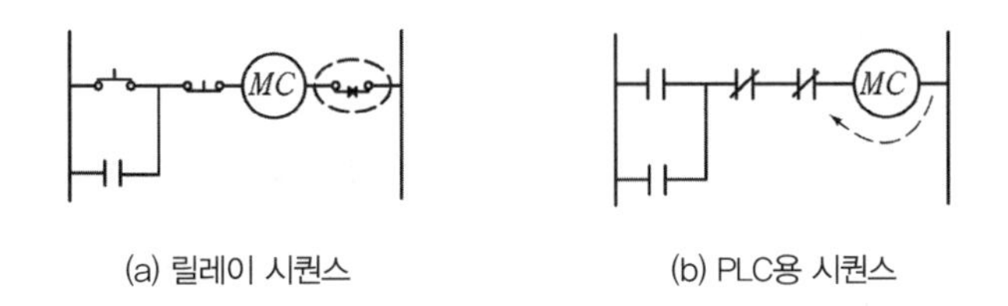

(a) 릴레이 시퀀스　　(b) PLC용 시퀀스

(3) 신호의 흐름

PLC용 시퀀스 회로에서 항상 전류가 좌측에서 우측으로, 위에서 아래로 흐르게 하며 신호선과 신호선 사이에 접점이 사용되지 않도록 한다. 사용된 접점이 있다면 같은 접점을 여러 번 반복하여 사용할 수 있으므로 동작 조건을 하나씩 풀어서 차례대로 배열시켜 재작성하는 것이 바람직하다.

*PLC는 컴퓨터이기 때문에 명령어 순서 대로 직렬 순차 실행된다는 것이 전기 시퀀스제어와 큰 차이점이다.
접점 실행 흐름 순서는 왼쪽에서 오른쪽, 그 다음 위에서 아래로 이다.

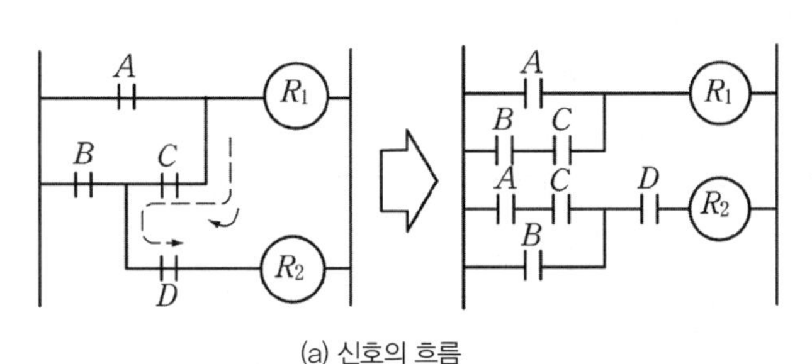

(a) 신호의 흐름

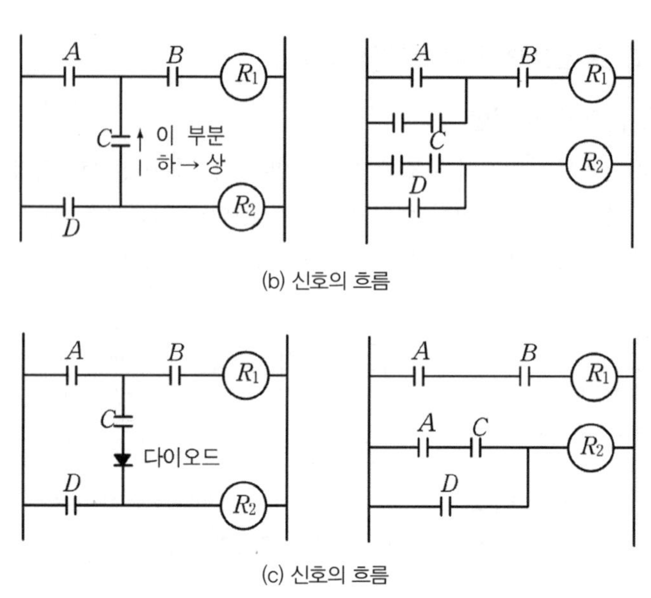

(b) 신호의 흐름

(c) 신호의 흐름

그림 1-12 PLC용 시퀀스 회로에서의 신호의 흐름

(4) 더미 접점의 사용

PLC용 시퀀스 회로에서는 릴레이 제어회로와 달리 출력 접점을 직접 제어 모선에서 접속시키지 못하므로 사용하지 않는 내부 릴레이의 b접점을 이용하여 출력 접점 전에 사용한다.

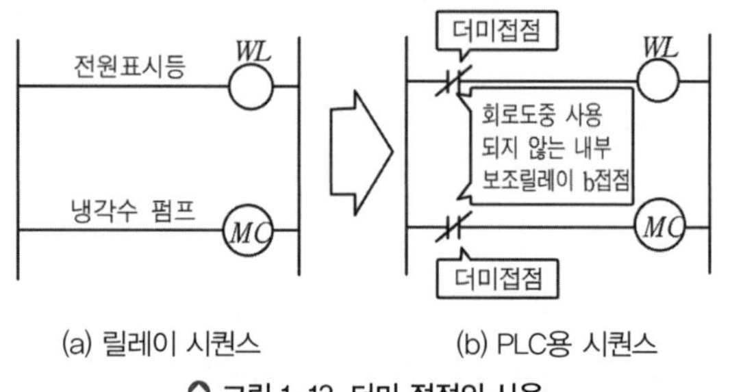

(a) 릴레이 시퀀스 (b) PLC용 시퀀스

그림 1-13 더미 접점의 사용

5 프로그램의 처리방식

(1) 사이클릭(cycli) 처리방식

*1스캔타임(scan time)은 PLC 프로그램이 처음부터 끝까지 1회 실행되는 시간을 말한다. PLC는 계속 무한 스캔 동작을 수행하며, 한번 스캔할 때마다 그때의 접점 연산결과로 출력을 업데이트한다.

① 사이클릭 처리 중 1사이클(cycle) 실행하는 데 소요되는 시간을 스캔타임(scan time) 또는 실행 주기(cycle time)라고 한다.

② 명령의 실행이란 메모리(ROM/RAM)에 기억되어 있는 시퀀스 프로그램 중에서 명령을 하나씩 읽어 어떤 명령인지를 판단한 다음 동작을 유발하는 것을 말한다.

③ 사이클릭 처리방식이란 모든 시퀀스 프로그램을 메모리에 기억시켜 두고 시퀀스 프로그램을 실행할 때는 프로그램의 첫 번째 어드레스의 순번에 따라 행하며 마지막 명령을 실행하면 다시 선두 스텝(step)으로 되돌아가 몇 번이고 반복하여 실행하는 방식이다.

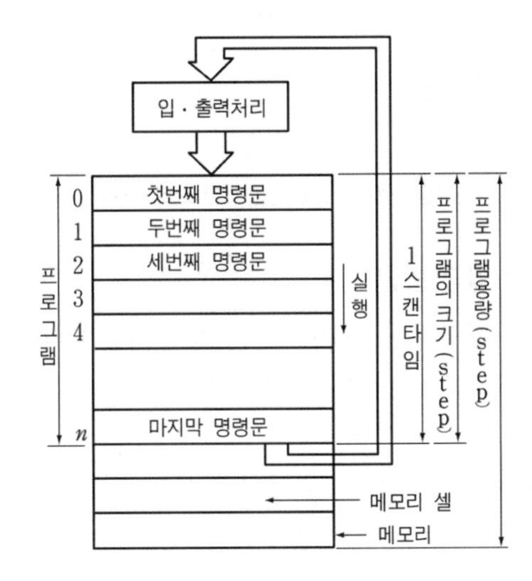

그림 1-14 프로그램의 사이클릭 처리 순서

(2) PLC의 명령 처리방식

PLC는 스캔 방식으로 연산을 실행하기 때문에 한순간에 어떤 한 가지 일밖에는 처리하지 못하여 메모리에 있는 순번에 따라 연산해 나가는 직렬처리방식으로 동작된다.

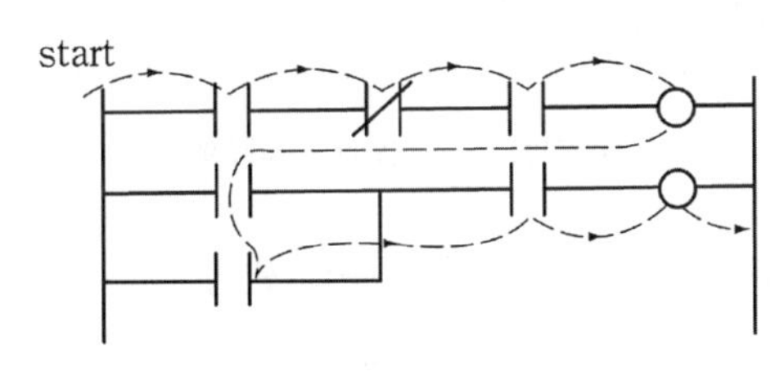

(a) 직렬처리(PLC 처리)

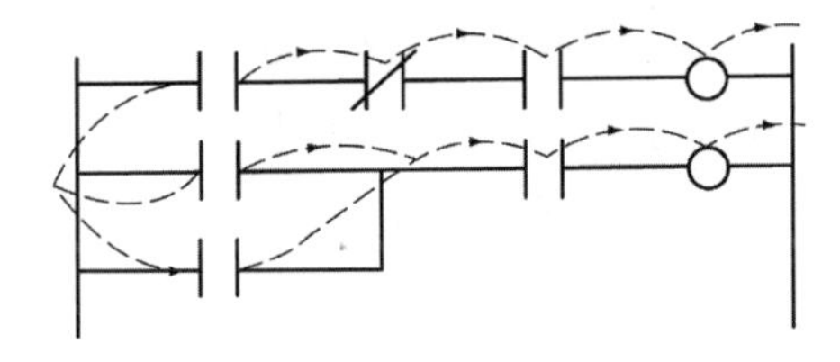

(b) 병렬처리(릴레이 제어)

그림 1-15 PLC의 명령 처리방식의 비교(직렬처리와 병렬처리)

학습 POINT
우측의 프로그래밍 순서를 꼭 기억해 두자

6 프로그래밍 순서

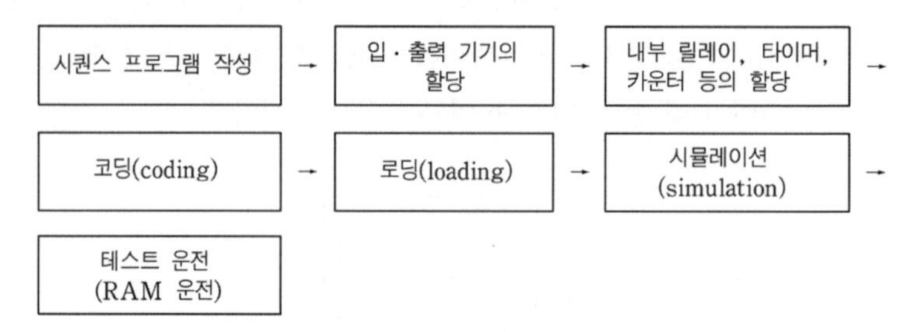

그림 1-16 PLC운전을 위한 프로그래밍 순서

(1) 입·출력기기 할당 방법

① 입·출력을 담당하는 릴레이의 식별자는 기종에 따라 P, R, %I, %Q, X, Y, B 등으로 표현되며 PLC가 외부에 접속되는 단자의 번호를 의미한다.

② 각종 스위치 및 센서의 접점 등이 입력기기이며, PLC에서 처리된 신호를 보내는 대상인 전자계전기 코일, 램프, 솔레노이드 밸브 등이 출력기기이다.

*보통 입력 할당 주소는 X로 시작하고 출력 할당 주소는 Y로 시작한다.

③ 입·출력 릴레이의 각 접점마다 고유 어드레스(address : 번지)를 부여한다.

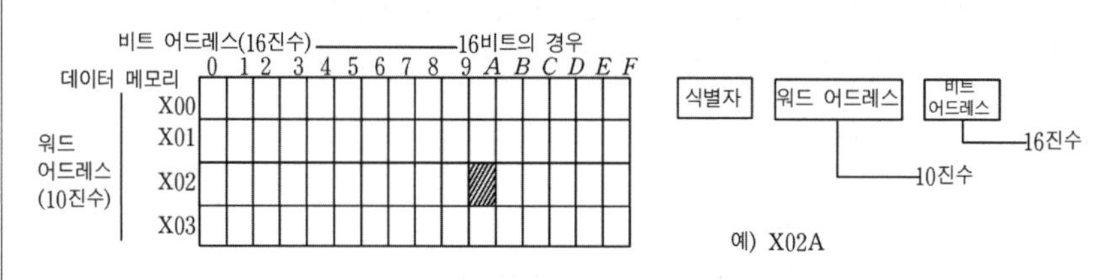

그림 1-17 어드레스 지정 예

(2) 내부 보조 릴레이, 타이머, 카운터 등의 할당

① 내부 보조 릴레이는 릴레이 제어에서 보조 계전기의 역할을 하는 것으로 보통 간접출력형식 등에서 사용된다.

② 시퀀스 제어의 제어 조건에 따라 사용할 보조 릴레이 및 각종 릴레이에 어드레스를 지정(고유번호 부여)한다.

③ 사용할 타이머, 카운터에 대하여 고유 번호를 부여하고 설정값 등을 정의한다.

◎ 표 1-5 내부 릴레이 및 타이머/카운터 할당표

내부 릴레이 No	사용 여부	회로 기호	COMMENT
M0			
M1	○	R1	Sol_1 ON
M2	○	R1	Sol_2 ON
M3	○	R3	Sol_3 OFF
M4	○	R4	

TC No	사용 여부	설정값	COMMENT
T00			
T01	○	10초	리프트 상승 시간
T02	○	1.2초	중간 정지 시간
C06	○	100회	생산 개수용
C07	○	5회	

(3) 코딩

시퀀스 프로그램을 PLC의 메모리에 기억시키기 위해 PLC용 래더도에 따라 순서대로 니모닉 명령어로 기입해 넣는 작업으로 니모닉 방식의 언어를 사용하는 기종에 한정된다.

(4) 로딩 ★

프로그램 입력장치를 이용하여 시퀀스 프로그램의 내용을 PLC의 메모리에 기억시키는 작업을 로딩이라 한다.

(5) 시뮬레이션

시운전에 앞서 강제 입·출력 명령을 이용하거나 모의 입력에 의한 방법 등으로 출력을 확인하는 것을 시뮬레이션이라 한다.

7 기종별 PLC의 기본 명령어★★

번호	명령어(COMMAND)			기 능	회로의 표시
	A사	B사	C사		
1	LD (LOAD)	LOAD	STR (START)	논리연산 개시 (연산개시 a점 접점)	
2	LDI (LOAD INVERSE)	LOAD NOT	STN	논리부정연산 개시 (연산 개시 b점 접점)	
3	AND	AND	AND	직렬회로접속의 a접점	
4	ANI (AND INVERSE)	AND NOT	ANN	병렬회로접속의 b접점	
5	OR	OR	OR	병렬회로접속의 a접점	
6	ORI (OR INVERSE)	OR NOT	ORN	병렬회로접속의 b접점	
7	ANB (AND BLOCK)	AND LOAD	ANB	블록간 직렬접속	
8	ORB (OR BLOCK)	OR LOAD	ORB	블록간 병렬접속	
9	OUT	OUT	OUT	논리결과에 의한 출력 명령	
10	MC (MASTER CONTROL)	MCS	MCS	마스터 컨트롤셋의 시작 (모선 제어 시작)	MCS
11	MCR (MASTER CONTROL)	MCSCLR	MCR	마스터 컨트롤셋의 해제 (모선 제어 취소)	MCR
12	SET	SET	SET	동작 유지 출력 명령	SET 000
13	RST	RST	RST	동작 유지 해제 명령	RST 000
14	NOP	NOP	–	무처리	프로그램의 소거 또는 스페이스 용
15	END	END	–	프로그램 종료	END

4 시뮬레이션 및 수정보완

1 PLC 제어 시스템의 종류

(1) 단독 시스템

제어 대상물인 기계와 PLC가 1 : 1인 관계의 제어 시스템이다.

(2) 집중 시스템

여러 대의 제어 대상 기계나 장치를 1대의 PLC로 제어하는 제어 시스템이다.

(3) 분산 시스템

분산화된 개개의 제어 대상에 대해 PLC가 개개의 제어를 담당하고, 또한 상호 관련하는 연계 동작에 필요한 제어 신호에 대해서는 PLC 간에 서로 신호를 송·수신하는 제어 시스템이다.

(4) 계층 시스템

하이어러키 분산 제어 시스템으로 불리고 있으며 중앙컴퓨터와 여러 개층의 PLC들을 결합하여 생산 정보의 종합적인 관리, 운용까지도 행하는 토탈(total)제어 시스템이다.

학습 POINT
이 절은 출제 빈도가 적으므로 시간이 없다면 넘어가도 좋다.

2 PLC의 설치, 점검 및 보수

(1) PLC의 설치 환경

① **사용온도** : 0~55℃
② **습도** : 20~90% RH(이슬 맺힘이 없을 정도)
③ **노이즈 한계** : 1500V/μs
④ **절연저항** : AC 1500V, 10 MΩ
⑤ **접지** : 제3종 접지(100 Ω)

(2) 배선공사

① PLC 입·출력신호를 제어반 내에 끌어들일 때 신호선과 전원선을 분리한다.
② 배선 덕트의 차폐 실시한다.
③ 쉴드(shield) 케이블에 의한 공사이다.

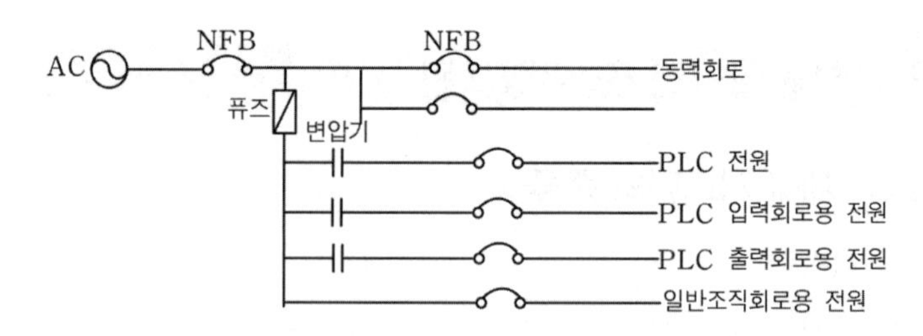

그림 1-18 전원계통의 분리

3 제어반 내에서 전원선 설치공사

① 전원선에 사용하는 트랜스의 2차측 두 선을 트위스트 처리해 주고 PLC와는 최단거리로 배선이 되도록 한다.

② 트랜스의 1차측과 2차측은 분리시켜 주고 양자를 한 묶음으로 묶어 배선하지 않는다.

③ 전원선은 가능한 한 굵은선을 사용하고 트위스트 처리한다.

④ 접지는 반드시 규정대로 실시하고 접지선의 길이는 되도록 짧게 한다.

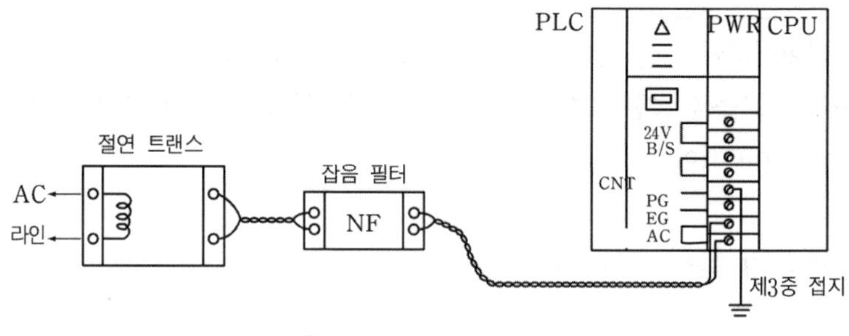

그림 1-19 전원부의 결선

4 선호선의 배선공사

① 입·출력 신호선은 주회로나 동력선 회로와는 별도의 덕트를 설치하고 가능한 한 20cm 이상 떨어뜨려 배선한다.

② IC나 트랜지스터 입·출력기기와 접속되어 있는 신호선은 간섭이 발생되지 않도록 주의하여 배선한다.

③ AC 입·출력 신호선과 DC 입·출력 신호선은 별도의 덕트나 통로를 통하여 배선한다. 입력 신호선과 출력 신호선도 가능하면 별도의 덕트를 사용한 배선이 좋다.

5 잡음(noise)대책

PLC는 직접 기계와 접속하여 사이리스터(thyristor)나 전자 개폐기 등으로 전동기를 제어하는 등 PLC의 설치 장소는 잡음이 대단히 많은 곳이다. PLC의 입 · 출력부에는 신호의 입 · 출력으로부터의 잡음의 침입이나 유도 전압에 대한 이상 동작을 방지하는 대책이 취해지고 있다.

(1) 출력기기의 잡음대책

① 부하에 직접 RC식 스파크(서지) 킬러를 설치한다.

② 플라이 포일 다이오드를 접속한다.

(2) 전원부의 잡음대책

① 잡음(noise)필터를 설치한다.

② 쉴드 트랜스나 일반 절연 트랜스를 사용한다.

③ 트랜스와 필터를 겸용으로 사용한다.

(3) 접점의 아크 잡음대책

접점간에 RC식 스파크(서지)킬러를 삽입한다.

(4) 입력기기의 잡음대책

① 입력 전원이 교류인 경우에는 RC에 의한 스파크(서지)킬러의 설치 또는 배리스터(varistor)를 설치한다.

② 입력 전원이 직류인 경우에는 부하측에 플라이 포일 다이오드(fly foil diode)를 설치한다.

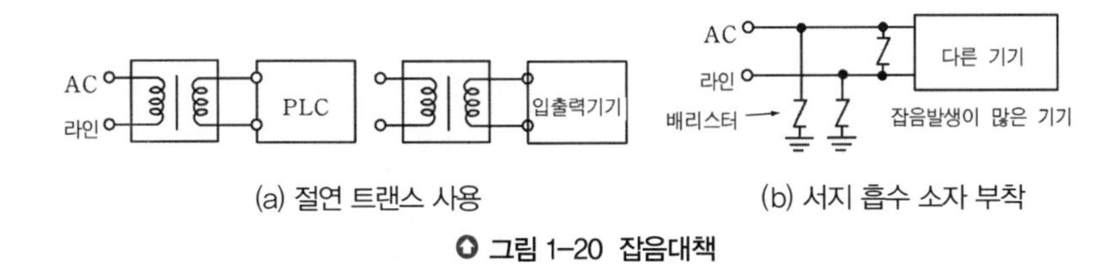

그림 1-20 잡음대책

6 PLC 시스템에서 통신환경

PLC 시스템에서는 PC와 PLC간, PC와 HMI간 통신을 비롯하여 PLC와 그 주변기기들 간에도 여러 방식의 통신 프로토콜을 사용하여 통신을 하고 있다.

초창기 시절에서는 RS-232C 방식에서 시작하여 오늘날 Ethernet을 비롯하여 EtherCAT 등 그 환경에 최적의 여러 프로토콜 방식으로 발전되어 왔다.

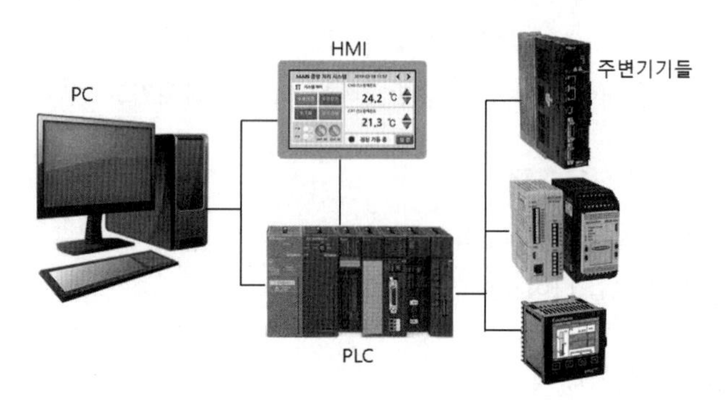

그림 1-21 PLC 시스템에서의 기기들간의 접속 예

7 통신 프로토콜이란?

통신 프로토콜(Communication Protocol)은 서로 다른 기기들 간의 데이터 교환을 원활하게 수행할 수 있도록 표준화시켜 놓은 통신 규약이다. 통신 프로토콜은 통신을 제어하기 위한 표준규칙과 절차의 집합으로 하드웨어와 소프트웨어, 문서를 모두 규정하는 말이다.

예를 들어 인터넷 환경에 접속하기 위해서 반드시 필요한 프로토콜이 TCP/IP(Transmission Control Protocol/Internet Protocol)이다. 컴퓨터와 컴퓨터가 통신 회선 등으로 연결 하기 위한 통신 규약이다.

그 외 HTTP, ARP, ICMP, SNMP, SMTP, POP, FTP, TFTP, DHCP 등이 프로토콜의 종류입니다. 여기서 P는 Protocol을 의미한다.

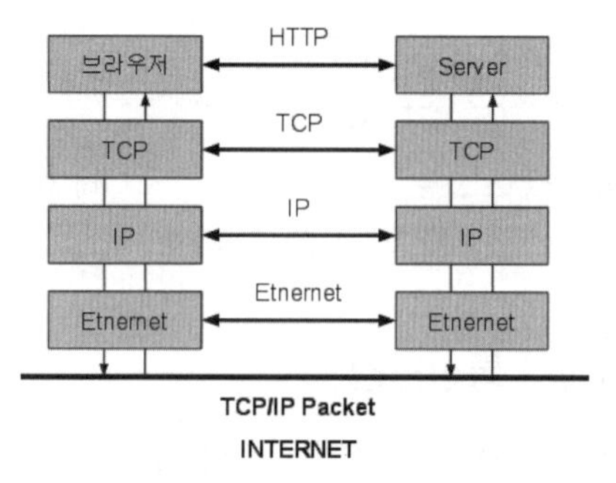

그림 1-22 인터넷 접속을 위한 프로토콜의 역할 예

8 PLC 시스템에서 사용하는 여러 프로토콜들

(1) Devicenet

간단한 장치에 연결하는데 사용하는 디지털 네트워크이며 통신 회선과 함께 전력을 공급해서 더 빠르게 설치가 가능하다.

차량에 사용하는 네트워크 기술과 동일한 CAN(Controller Area Network)를 활용하고 있다.

(2) Ethernet/IP

가장 대표적인 버스 구조 방식의 근거리 통신망(LAN)을 대표하는 기술이며, 오늘날 가장 대표적인 기술이다.

네트워크를 구성하는 방식 중 하나의 방법이고, 각 기기들의 고유의 주소인 MAC주소를 가지고 호스트 간 데이터를 주고 받을 수 있는 방식을 사용하고 있다.

전송매체로 UTP 케이블(랜케이블)이나, 광 케이블을 사용한다.

(3) CompoBus

이 프로토콜에는 고속과 장거리라는 두 가지 모드가 있다. 고속 통신 모드를 사용할 경우 750kbps의 속도를 달성할 수 있지만 최대 케이블 거리는 100m이다. 장거리 통신 모드에서는 최대 케이블 길이 500m까지도 통신할 수 있지만 속도는 93.75kbps이다. Omron사가 이 프로토콜을 사용하는 유일한 제조사이다.

(4) EtherCAT

Beckhoff Automation사에 의해 처음 개발된 EtherCAT은 짧은 사이클 타임(cycle time, 〈= 100us)에 중점을 둔 실시간 산업용 이더넷 기술이다. 프레임이 통과하는 동안 각 장치들이 프레임 내의 데이터를 읽거나 프레임에 데이터를 삽입한다. 데이터 스트림은 작게는 수 비트에서 수 킬로바이트까지의 정보가 될 수 있다.

(5) RS-232C

구형 컴퓨터에서 흔히 볼 수 있다. 케이블 길이와 장치 간 제약이 있어서 프린터, 스캐너, 키보드 등을 연결하는데 사용했다.

RS-422, RS-485의 개발과 함께 점차 사라지고 있지만, 이미 서치된 시스템의 수용을 위해서 여전히 남아있다.

(6) RS-422

차동 데이터 전송을 사용하여 RS-232C에 비해 더 높은 데이타 전송율과 긴 전송 거리를 가진다. 하나의 드라이버에 최대 10개의 장치가 연결되며 이후 RS-485로 대체되었다.

(7) RS-485

RS-422의 뒤를 이어, 여러 대의 장치와 드라이버를 동시에 운영할 수 있는 멀티포인트 네트워크이다. 동일한 기반 기술이기 때문에 RS-485를 일부 RS-422 장치 제어에 사용도 가능하다.

인터페이스가 간편하여 무난하게 많이 사용되고 있다.

표 1-6 각 프로토콜 간의 주요 차이점

사양	CompoBus	DeviceNet	Ethernet/IP	EtherCAT	RS-232C	RS-422	RS-485
최대 소자수	32	63	512	512	1	10	32
최대 케이블 길이	500m	500m	100m	100m	15m	1219m	1219m
데이터 전송율/속도	750kbps	500kbps	Up to 1Gbps	100Mbps	160kbps	10Mbps	10Mbps
인터넷 가능여부	No	No	Yes	Yes	No	No	No
통신과 함께 전원 공급	–	24VDC 8A	–	–	–	–	–

형성평가

01 다음 중 시퀀스제어를 이용한 것은?

① 에스컬레이터
② 전기다리미
③ 실내온도조절장치
④ 미사일

해설
시퀀스제어는 제어의 각 단계가 순차적으로 진행되어 있는 제어 방법이다.

02 커피자판기는 무슨 제어를 이용한 것인가?

① 자동조정
② 되먹임제어
③ 서보기구
④ 시퀀스제어

해설
시퀀스제어의 대표적인 예로 전기세탁기, 자동판매기의 제어 등이 있다.

03 되먹임제어에서 꼭 있어야 할 장치는?

① 응답속도를 빠르게 하는 장치
② 안정도를 좋게 하는 장치
③ 입력과 출력을 비교하는 장치
④ 출력을 검출하는 장치

해설
되먹임 제어(Feedback control)
시스템의 출력을 입력단에 되돌려서 기준입력을 비교하여 그 오차가 감소되도록 동작시키는 제어방식이다.

04 되먹임제어의 단점은?

① 제어계의 특성을 향상시킬 수 있다.
② 목푯값에 정확히 도달할 수 없다.
③ 제어계가 복잡하고 값이 비싸진다.
④ 외부조건의 변화에 따른 영향을 줄일 수 없다.

해설
① 외부조건의 변화에 대한 영향을 줄일 수 있다.
② 제어 시스템이 복잡해져 값이 비싸지며 제어계 전체가 불안정해질 수 있다.

05 제어계에서 동작신호를 받아 적당한 제어입력을 만들어내는 기구는?

① 조작부 ② 조절부
③ 비교부 ④ 제어대상

해설
조작부
조절부로서 받은 신호를 조작량으로 바꾸어 제어대상에 보내주는 부분이다.

06 제어량을 원하는 상태로 하기 위한 입력신호를 무엇이라 하는가?

① 제어명령 ② 목푯값
③ 제어량 ④ 편차

해설
제어장치의 내부에서 제어결과를 원하는 상태로 하기 위한 입력신호를 제어명령이라 한다.

[정답] 01 ① 02 ④ 03 ③ 04 ③ 05 ② 06 ①

07 출력이 입력에 전혀 영향을 주지 못하는 제어는?

① 열린 루프제어
② 되먹임제어
③ 닫힌 루프제어
④ 피드백제어

해설
개루프 제어(Open-loop control)
시스템의 출력을 입력단에 되먹이지 않고 기준입력만으로 제어신호를 만들어서 출력을 제어하는 방식이다.

08 자동제어계에서 사용하는 용어 중 제어하려는 물리량을 나타내는 것은?

① 목푯값 ② 제어명령
③ 제어량 ④ 편차

해설
제어량은 제어대상의 양으로 출력량이라고도 한다.

09 다음 중 정량적 제어와 거리가 먼 것은?

① 닫힌 루프제어 ② 되먹임제어
③ 피드백제어 ④ 시퀀스제어

해설
정량적 제어는 온도변화와 같이 연속적으로 변화하는 양에 의한 제어이다.

10 다음 중 정성적 제어와 거리가 먼 것은?

① 순차제어 ② 시퀀스제어
③ 열린루프제어 ④ 되먹임제어

해설
시퀀스제어는 정성적 제어, 되먹임제어는 정량적 제어이다.

11 발전기의 단자전압을 100V로 일정하게 유지하기 위하여 전압계를 보면서 계자저항을 조정하여 계자전류를 조정한다. 이 제어계에서 잘못 표현된 것은?

① 조작량 – 계자저항
② 목푯값 – 100V
③ 제어량 – 단자전압
④ 제어대상 – 발전기

해설
조작량은 계자전류이며 되먹임신호는 전압계의 값을 확인하는 과정이다.

12 전압을 변화시켜서 직류 전동기의 회전수를 1,500rpm으로 일정하게 유지시킬 때 다음 짝의 설명이 잘못된 것은?

① 전압 – 조작량
② 회전수 – 제어량
③ 1,500rpm – 목푯값
④ 전동기 – 제어부

해설
전동기는 제어대상이다.

13 "전열기를 사용하여 방안의 온도를 18℃로 일정하게 유지하려고" 할 경우 이에 대한 제어대상과 제어량을 바르게 연결한 것은?

① 제어대상 – 전열기, 제어량 – 18℃
② 제어대상 – 방, 제어량 – 방안의 온도
③ 제어대상 – 방, 제어량 – 18℃
④ 제어대상 – 전열기, 제어량 – 방안의 온도

[정답] 07 ① 08 ③ 09 ④ 10 ④ 11 ① 12 ④ 13 ②

해설
- 희망온도 : 기준입력(18℃)
- 제어장치 : 전열기
- 조작량 : 열
- 제어대상 : 실내
- 제어량 : 실내온도

14 동작신호를 증폭하여 충분한 에너지를 가진 신호로서 제어대상에 들어가는 신호는?

① 제어량 ② 조작량
③ 외란 ④ 기준입력 신호

해설
제어부의 출력으로 동작신호를 제어대상에 알맞게 증폭된 양으로 조작량이라 한다.

15 자동제어의 필요성에 부적합한 것은?

① 품질의 균일화
② 인건비 상승
③ 노동조건의 향상
④ 보일러의 연소제어

해설
자동제어의 장점
- 품질 균일화시킬 수 있다.
- 인건비를 감축시킬 수 있다.
- 생산량을 증대시킬 수 있다.
- 작업환경의 안정화를 할 수 있다.
- 생산원가를 절감시킬 수 있다.

16 피드백제어(되먹임제어)의 특성이 아닌 것은?

① 정확성이 증가한다.
② 대역폭이 증가한다.
③ 안정도가 증가한다.
④ 구조가 복잡해진다.

해설
피이드백 제어의 특징은 정확성 증가, 제어계 특성 변화에 대한 입력과 출력 비의 감도 감소, 비선형과 왜형에 대한 효과 감소, 대역폭의 증가 등을 들 수 있다.

17 제어요소가 제어대상에 주는 신호는?

① 기준입력
② 동작신호
③ 제어량
④ 조작량

해설
제어요소는 조절부와 조작부로 구성되어 있다.

18 자동제어의 이점이라 할 수 없는 것은?

① 생산속도를 증가시킨다.
② 인건비가 감소된다.
③ 제품의 품질이 향상된다.
④ 생산방법이 간단해진다.

해설
자동화에 따른 비용은 크게 시설 투자비와 운영비로 나누는데 초입에 이러한 비용이 많이 든다. 자동화하기 전보다 설계, 설치, 운영 및 유지보수 등에 높은 기술수준을 요구한다. 자동화된 장비가 범용성을 잃고 전문성을 갖게 되는 것이므로 생산 탄력성이 결여된다.

19 동작신호를 만드는 부분은?

① 검출부
② 비교부
③ 조작부
④ 제어부

[정답] 14 ② 15 ② 16 ③ 17 ④ 18 ④ 19 ②

20 직류 전동기의 회전수를 일정하게 유지시키기 위하여 전압을 변화시킨다. 회전수는 다음 어느 것에 해당하는가?

① 제어대상　② 제어량
③ 조작량　④ 목푯값

해설
- 제어대상 : 전동기
- 제어량 : 회전수
- 조작량 : 전압
- 목푯값 : 설정회전수

21 보일러의 온도를 70℃로 일정하게 유지시키기 위하여 기름의 공급을 변화시킬 때 목푯값은?

① 70℃　② 온도
③ 기름 공급량　④ 보일러

해설
- 목푯값 : 70℃
- 제어량 : 온도
- 조작량 : 기름 공급량
- 제어대상 : 보일러

22 전달함수의 분모가 연산자 s에 대하여 1차식이 되는 전달함수를 가진 요소는?

① 비례요소　② 미분요소
③ 1차 지연요소　④ 2차 지연요소

해설
1차 지연요소의 전달함수
$G(s)=\dfrac{K}{1+sT}$

23 적분요소의 전달함수는?

① K　② $\dfrac{K}{1+Ts}$
③ $\dfrac{1}{Ts}$　④ Ts

해설
- 비례요소의 전달함수 : K
- 미분요소의 전달함수 : Ts
- 적분요소의 전달함수 : $\dfrac{1}{Ts}$
- 1차 지연요소의 전달함수 : $\dfrac{K}{1+sT}$

24 그림과 같은 피드백 제어계의 폐루프 전달함수는?

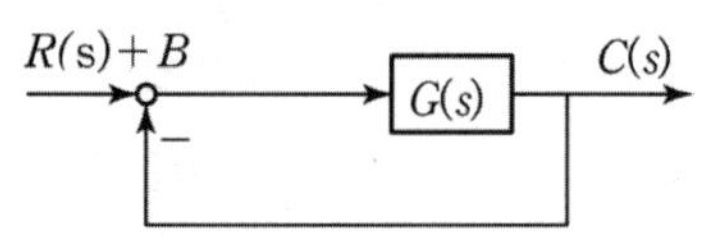

① $\dfrac{R(s)C(s)}{1+G(s)}$　② $\dfrac{G(s)}{1+R(s)}$
③ $\dfrac{C(s)}{1+R(s)}$　④ $\dfrac{G(s)}{1+G(s)}$

해설
- $(R-C)C=C$
- $RG-CG=C$
  $RG=C(1+G)$
  $\therefore \dfrac{C}{R}=\dfrac{G}{1+G}$

25 다음과 같은 블록선도의 등가합성 전달함수는?

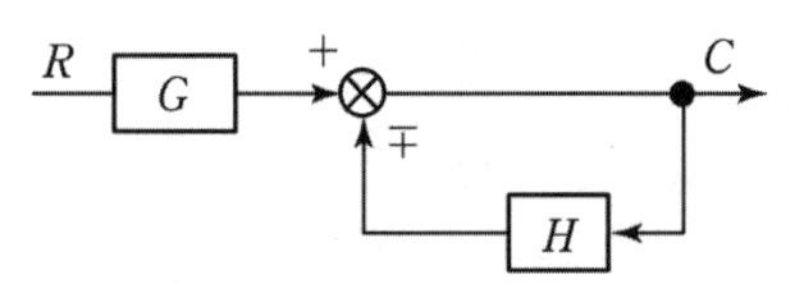

① $\dfrac{1}{1\pm GH}$　② $\dfrac{G}{1\pm GH}$
③ $\dfrac{G}{1\pm H}$　④ $\dfrac{1}{1\pm H}$

해설
$C=RG\mp CH$
$C(1\pm H)=RG$
$\therefore \dfrac{C}{R}=\dfrac{G_1}{1\pm H}$

[정답] 20 ② 21 ① 22 ③ 23 ③ 24 ④ 25 ③

26 다음의 블록선도에서 전체 전달함수 $\dfrac{C(s)}{R(s)}$를 구하면?

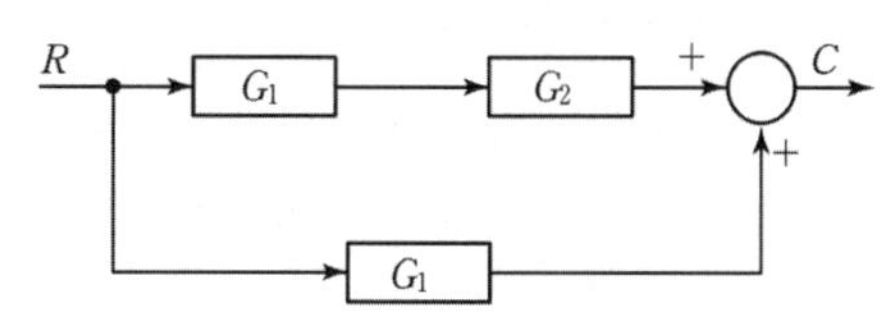

① $G_1G_2G_3$　② $G_1G_2+G_3$
③ $G_1+G_2+G_3$　④ G_1G_2/G_3

27 다음 블록선도에서 출력 $B(s)$를 옳게 표현한 것은 어느 것인가?

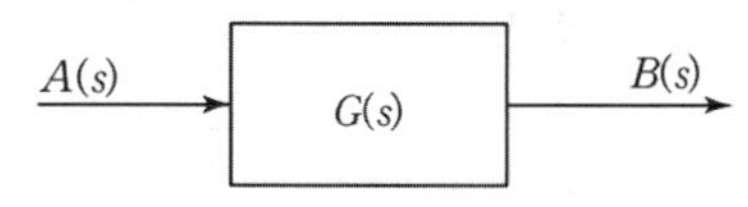

① $B(s)=G(s)A(s)$
② $B(s)=\dfrac{A(s)}{G(s)}$
③ $B(s)=\dfrac{G(s)}{A(s)}$
④ $B(s)=\dfrac{1}{A(s)G(s)}$

해설
$B(s)=G(s)\cdot A(s)$
$G(s)=\dfrac{B(s)}{A(s)}$

28 다음 중 전달함수의 표현으로 옳은 것은?

① 전달함수$=\dfrac{\text{라플라스 변환된 출력}}{\text{라플라스 변환된 입력}}$
② 전달함수$=\dfrac{\text{라플라스 변환된 입력}}{\text{라플라스 변환된 출력}}$
③ 전달함수$=\dfrac{\text{입력}+\text{출력}}{\text{입력}}$
④ 전달함수$=\dfrac{\text{입력}-\text{출력}}{\text{출력}}$

29 그림과 같은 블록선도가 의미하는 요소는?

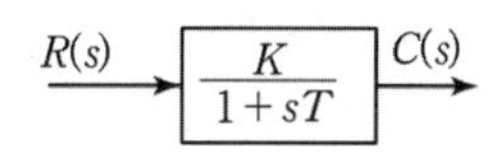

① 1차 늦은 요소　② 0차 늦은 요소
③ 2차 늦은 요소　④ 1차 빠른 요소

해설
블록선도의 전달함수
$\dfrac{C(s)}{R(s)}=\dfrac{K}{1+sT}$이므로 1차 늦은 요소가 된다.

30 2차 지연요소에 대한 전달함수 $G(s)$는?

① $\dfrac{K}{1+sT+s^2T_2}$　② $\dfrac{K}{1+sT}$
③ Ks　④ $\dfrac{K}{s}$

31 제어계에서 입력이 $V_i(s)$이고 출력이 $V_o(s)$일 경우 이 계통의 전달함수는?

① $\dfrac{V_o(s)}{V_i(s)}$　② $\dfrac{V_i(s)}{V_o(s)}$
③ $V_i(s)V_o(s)$　④ $\dfrac{1}{V_o(s)V_{i(s)}}$

해설
제어계의 입력신호와 출력신호의 라플라스 변환비를 전달함수라 한다. 입력신호 $x(t)$, 출력신호 $y(t)$일 때 전달함수 $G(s)=\dfrac{Y(s)}{X(s)}$이다.

32 미분요소에 대한 전달함수 $G(s)$는?

① K　② K_S
③ $\dfrac{K}{1+sT}$　④ $\dfrac{K}{1+sT_1+s^2T_2}$

[정답] 26 ② 27 ① 28 ① 29 ① 30 ① 31 ① 32 ②

33 전달함수를 정의할 때 옳게 나타낸 것은?

① 모든 초기값을 0으로 한다.
② 모든 초기값을 고려한다.
③ 입력만을 고려한다.
④ 주파수 특성만을 고려한다.

해설

모든 초기값을 0으로 했을 때 출력신호의 라플라스 변환과 입력신호의 라플라스 변환의 비이다.

34 그림과 같은 피드백 회로의 종합 전달함수는?

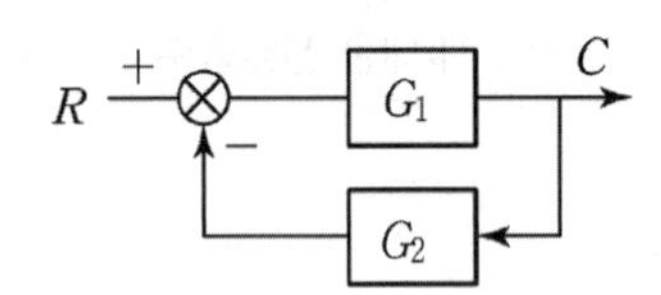

① $\frac{1}{G_1}+\frac{1}{G_2}$ ② $\frac{G_1}{1-G_1G_2}$
③ $\frac{G_1}{1+G_1G_2}$ ④ $\frac{G_1G_2}{1+G_1G_2}$

35 다음 블록선도의 입출력비는?

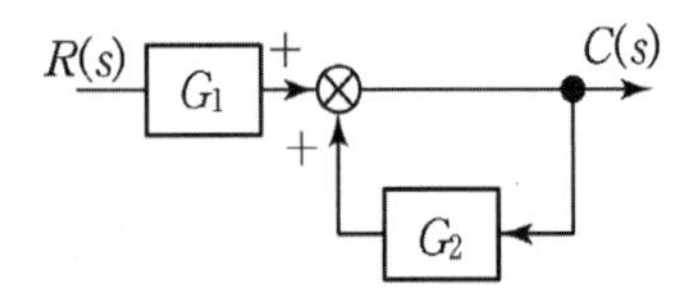

① $\frac{1}{1+G_1G_2}$ ② $\frac{G_1G_2}{1-G_2}$
③ $\frac{G_1}{1-G_2}$ ④ $\frac{G_1}{1+G_2}$

해설

- $RG_1+CG_2=C$
- $RG_1=C(1-G_2)$

$\therefore \frac{C}{R}=\frac{G_1}{1-G_2}$

36 주어진 전달함수가 $G(s)=\{G_1(s)+G_2(s)\}G_3(s)$일 경우 아래 블록선도 빈칸 (1), (2), (3)에 차례로 들어갈 요소는?

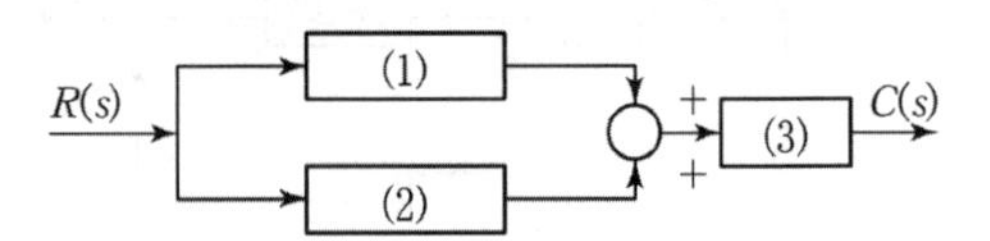

① $G_3(s), G_2(s), G_1(s)$
② $G_1(s), G_2(s), G_3(s)$
③ $G_2(s), G_3(s), G_1(s)$
④ $G_1(s), G_3(s), G_2(s)$

37 그림과 같은 피드백제어의 종합 전달함수는?

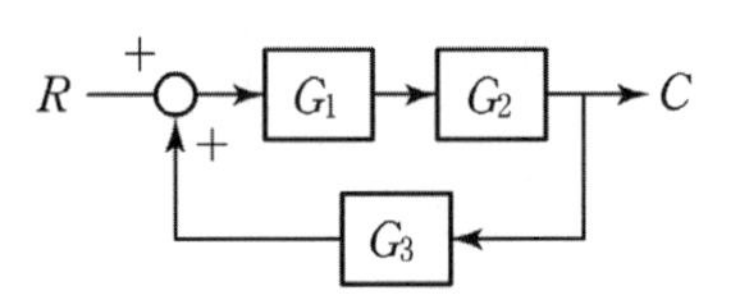

① $\frac{G_1}{1+G_1G_2G_3}$ ② $\frac{G_1G_2}{1+G_1G_2G_3}$
③ $\frac{G_1}{1-G_1G_2G_3}$ ④ $\frac{G_1G_2}{1-G_1G_2G_3}$

해설

$E_i(s)=\left(\frac{1}{C_1s}+\frac{1}{C_2s}\right)I(s)=\frac{C_1+C_2}{C_1C_2s}\cdot I(s)$

$E_0(s)=\frac{I(s)}{C_2s}$

$\therefore G(s)=\frac{E_o(s)}{E_i(s)}=\frac{\frac{1}{C_2s}\cdot I(s)}{\frac{C_1+C_2}{C_1C_2s}\cdot I(s)}=\frac{C_1}{C_1+C_2}$

38 비례요소에 대한 전달함수 $G(s)$는?

① $L(s)$ ② K
③ $\frac{K}{s}$ ④ $\frac{K}{1+sT}$

[정답] 33 ① 34 ④ 35 ③ 36 ② 37 ④ 38 ②

해설

비례요소의 입력과 출력관계식은 $y(t) = Kx(t)$이므로 비례 요소의 전달함수는 $G(s) = \frac{Y(s)}{X(s)} + K$이다.

39 1차 지연요소에 대한 전달함수 $G(s)$는?

① $K(s)$

② $\frac{K}{1+sT_1+s^2T_2}$

③ $\frac{K}{1+sT}$

④ $\frac{K}{s}$

해설

1차 지연요소의 전달함수는

$$G(s) = \frac{\frac{a_0}{b_0}}{\frac{b_1}{b_0}s+1} = \frac{K}{Ts+1}$$

(단, $K = \frac{a_0}{b_0}$, $T = \frac{b_1}{b_0}$: 시정수)

40 그림과 같은 시스템의 등가합성 전달함수는?

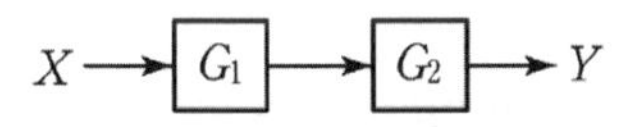

① $G_1 + G_2$ ② G_1G_2

③ $G_1\sqrt{G_2}$ ④ $G_1 - G_2$

41 과도응답의 소멸되는 정도를 나타내는 감쇠비는?

① 최대 오버슈트/제2오버슈트

② 제3오버슈트/제2오버슈트

③ 제2오버슈트/최대 오버슈트

④ 제2오버슈트/제3오버슈트

해설

감쇠비 = $\frac{\text{제2오버슈트}}{\text{최대 오버슈트}}$

42 응답이 최초로 희망값의 50%까지 도달하는데 요하는 시간을 무엇이라고 하는가?

① 상승시간(rise time)

② 지연시간(delay time)

③ 응답시간(response time)

④ 정정시간(settling time)

해설

지연시간 T_d는 응답이 최초로 희망값의 50% 진행되는데 요하는 시간이다.

43 어떤 제어계에 단위계단입력을 가하였더니 출력이 $1-e^{-2t}$로 나타냈다. 이 계의 전달함수는?

① $\frac{1}{s+2}$ ② $\frac{2}{s+2}$

③ $\frac{1}{s(s+2)}$ ④ $\frac{2}{s(s+2)}$

44 전달함수 $G(s) = \frac{1}{s+1}$인 계의 단위계단응답은?

① $1-e^{-i}$ ② e^{-i}

③ $1+e^{-i}$ ④ $e^{-i}-1$

해설

$G(s) = \frac{C(s)}{R(s)} = \frac{1}{s+1}$

$C(s) = \frac{1}{S+1}$

$R(s) = \frac{1}{s+1} \cdot \frac{1}{s} = \frac{1}{s(s)+1} = \frac{1}{s} = \frac{1}{s+1}$

$\therefore c(t) = 1-e-t$

[정답] 39 ③ 40 ② 41 ③ 42 ② 43 ④ 44 ①

45 오버슈트에 대한 설명 중 옳지 않은 것은?

① 계단응답 중에 생기는 입력과 출력 사이의 최대편차량이 최대 오버슈트이다.

② 상대 오버슈트 $=\dfrac{\text{최대 오버슈트}}{\text{최종의 희망값}}\times 100$

③ 자동제어계의 정상 오차이다.

④ 자동제어계의 안정도의 척도가 된다.

46 정정시간(settling time)이란?

① 응답의 최종값의 허용범위가 10~15% 내에 안정되기까지 요하는 시간

② 응답의 최종값의 허용범위가 5~10% 내에 안정되기까지 요하는 시간

③ 응답의 최종값의 허용범위가 2~5% 내에 안정되기까지 요하는 시간

④ 응답의 최종값의 허용범위가 0~2% 내에 안정되기까지 요하는 시간

해설

정정시간을 응답시간이라고도 하며, 응답이 요구하는 오차 이내로 정착되는데 요하는 시간으로 정의된다. 보통 희망값의 5% 이내의 오차내로 정착되는 시간이다.

47 과도응답에서 상승시간 tr는 응답이 최종값의 몇 %까지의 시간으로 정의되는가?

① 1~100

② 10~90

③ 20~80

④ 30~70

해설

입상시간은 상승시간이라고도 한다.

48 폐경로 전달함수가 $\dfrac{w_n^{\,2}}{s^2+2\zeta wns+w_{n^2}}$ 으로 주어진 단위궤환계가 있다. 0<ζ<1인 경우에 단위계단입력에 대한 응답은?

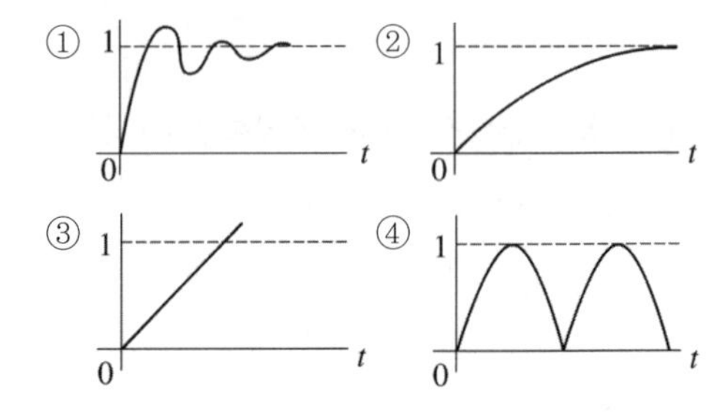

49 다음 그림은 어떤 요소의 인디셜응답인가?

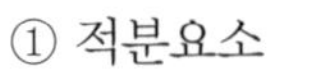

① 적분요소

② 1차 뒤진요소

③ 미분요소

④ 2차 뒤진요소

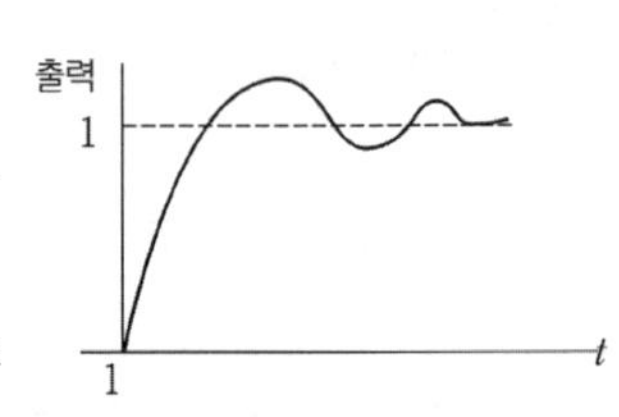

해설

단위계단응답을 인디셜응답이라고도 하며, 단위계단입력에 대한 2차계의 과도응답은 제동비 값에 따라 오버슈트가 변화되는 특성이 나타난다.

50 계단응답이 입력신호와 파형이 같고 크기만 증가했다면 이 계통의 요소는?

① 비례요소 ② 뒤진요소

③ 미분요소 ④ 2차 뒤진요소

해설

- 비례요소의 전달함수 : K
- 미분요소의 전달함수 : Ks
- 1차 뒤진요소의 전달함수 : $\dfrac{K}{1+Ts}$
- 2차 뒤진요소의 전달함수 : $\dfrac{K}{T^2S^2+2\zeta Ts+1}$

[정답] 45 ③ 46 ② 47 ② 48 ① 49 ④ 50 ①

51 다음 중 단위계단응답시의 입력함수는 어느 것인가?

① $u(t)$　② at
③ $at2$　④ $d(t)$

해설
계단입력함수의 계수가 1인 함수를 단위계단 입력함수라 한다.

52 시간영역에서 자동제어계를 해석할 때 기본시험입력에 보통 사용되지 않는 입력은?

① 정속도 입력(ramp input)
② 단위계단 입력(unit step input)
③ 정가속도 입력(parabolic funtion input)
④ 정현파 입력(sine wave input)

해설
대표적인 시험기준 입력에는 계단입력, 등속입력, 등가속입력이 사용된다.

53 어떤 계의 계단응답이 지수함수적으로 증가하고 일정값으로 된 경우 이 계는 어떤 요소인가?

① 1차 뒤진요소
② 미분요소
③ 부동작요소
④ 2차 뒤진요소

54 $G(S)=\dfrac{1}{S+1}$인 계의 단위계단응답은?

① $c(t)=e-t$
② $c(t)=et$
③ $c(t)=1-e-t$
④ $c(t)=1-et$

해설

$R(s)=L[r(t)=L[u(t)]=\dfrac{1}{s}$

$G(s)=\dfrac{C(s)}{R(s)}=\dfrac{1}{s+1}$

$G(s)=\dfrac{C(s)}{R(s)}R(s)=\dfrac{1}{s+1}\cdot\dfrac{1}{s}$

$=\dfrac{1}{s(s+1)}=\dfrac{1}{s}-\dfrac{1}{s+1}$

$c(t)=L^{-1}[C(s)]=1-e^{-1}$

55 그림과 같은 저역 통과 RC 회로에 계단 전압을 인가하면 출력 전압은?

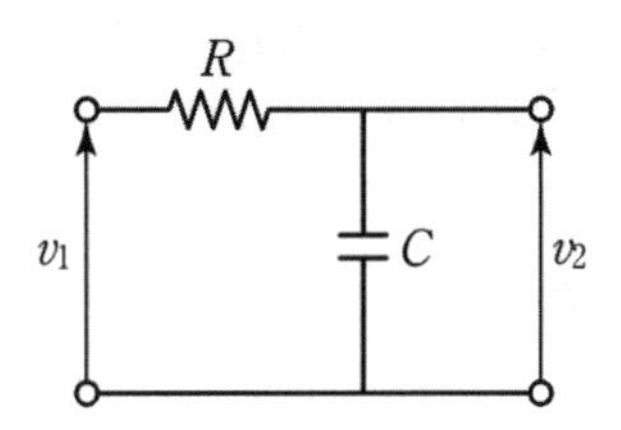

① 계단 전압으로 상승하여 지수적으로 감쇠한다.
② 아무것도 나타나지 않는다.
③ 계단 전압이 나타난다.
④ 0부터 상승하여 계단 전압에 이른다.

해설
회로는 적분동작을 한다. 따라서 시간이 지남에 따라 컨덴서에는 전압이 0V부터 서서히 충전되어 v_1까지 도달하게 된다.

56 일반적으로 선형 제어계의 주파수 특성은 어떠한가?

① 저주파 여과기 특성
② 중간주파 여과기 특성
③ 대역주파 여과기 특성
④ 고주파 여과기 특성

[정답] 51 ① 52 ④ 53 ① 54 ③ 55 ④ 56 ①

57 전달함수가 $\frac{1}{s+a}$로 주어지는 경우 이의 시간영역동작을 나타낸 것은?

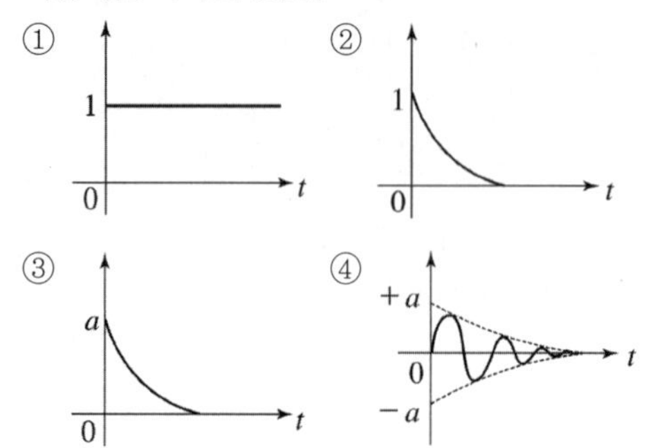

58 어떤 제어계에서 입력신호를 가한 후 출력신호가 정상상태에 도달할 때까지의 응답을 무엇이라 하는가?

① 정상응답 ② 선형응답
③ 과도응답 ④ 시간응답

해설
제어계에 입력신호를 준 후 출력신호가 목푯값에 도달할 때까지의 상태를 과도상태라 한다.

59 자동제어계에서 과도응답 중 지연시간을 옳게 정의한 것은?

① 목푯값의 50%에 도달하는 시간
② 목푯값이 허용오차 범위에 들어갈 때까지의 시간
③ 최대 오버슈트가 일어나는 시간
④ 목푯값의 10~90%까지 도달하는 시간

60 2차 지연요소의 보드선도에서 이득곡선의 두 점근선이 만나는 점의 주파수는 무엇인가?

① 영주파수 ② 공진주파수
③ 고유주파수 ④ 차단주파수

해설
점근선 2개의 교점을 절점이라 하며 이 절점의 주파수를 절점 주파수라 한다. 특히 2차 요소 절점 주파수를 고유주파수라고 한다.

61 $G(jw)=1/jw$일 경우 보드선도에서의 위상곡선은?

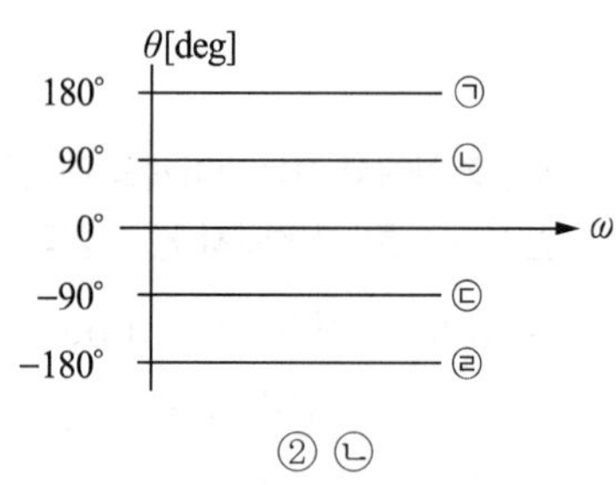

① ㉠ ② ㉡
③ ㉢ ④ ㉣

62 다음의 보드선도에서 이득여유에 해당되는 것은?

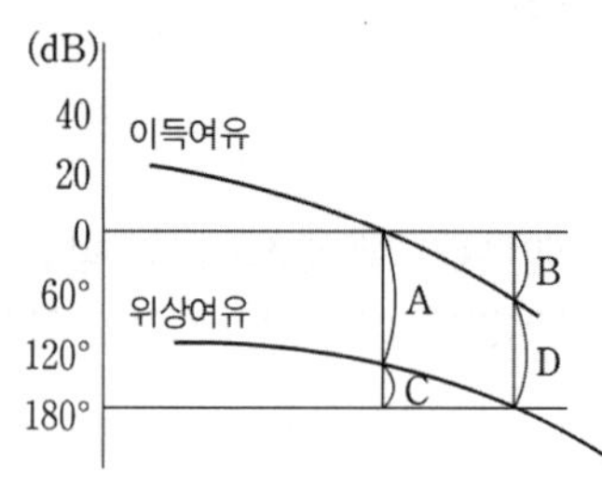

① A ② B
③ C ④ D

63 $G(jw)=\frac{1}{1+j1}$일 때 보드선도에서의 위상은?

① 0° ② 45°
③ −45° ④ 90°

해설
$\theta=\angle G(jw)=\angle\frac{1}{|1+j|}=\angle\frac{1}{2}-j\frac{1}{2}=-45°$

[정답] 57 ② 58 ③ 59 ① 60 ③ 61 ③ 62 ② 63 ③

64 주파수 영역에서 비례요소의 전달함수 $G(jw)=10$일 경우 보드선도에서의 이득 g와 위상 φ는?

① $g=10,\ \varphi=0°$ ② $g=20,\ \varphi=0°$
③ $g=10,\ \varphi=90°$ ④ $g=20,\ \varphi=90°$

해설
$G(jw)=10$은 비례요소
$g=20\log 10=20$[일정] $\theta=\angle 10=0°$

65 $G(s)=\dfrac{1}{1+5s}$일 때 절점에서 주파수 w_o를 구하면?

① 0.1rad/s ② 0.5rad/s
③ 0.2rad/s ④ 5rad/s

해설
$wT=1$에서 $w=\dfrac{1}{T}$이므로 $w_o=\dfrac{1}{5}=0.2\text{rad/s}$

66 $G(s)=s$의 보드선도는?

① +20dB/dec의 경사를 가지며 위상각 90°
② −20dB/dec의 경사를 가지며 위상각 −90°
③ 40dB/dec의 경사를 가지며 위상각 180°
④ −40dB/dec의 경사를 가지며 위상각 −180°

67 자동제어계에서 이득이 높으면?

① 응답이 빨라지고 안정하게 된다.
② 응답이 빨라지고 불안정하게 된다.
③ 주파수 대역이 넓어지고 안정하게 된다.
④ 출력신호와 입력신호가 같게 된다.

68 자동제어계에서 이득을 높일 때 나타나는 현상 중 옳지 않은 것은?

① 정상 오차가 감소한다.
② 과도응답이 크게 진동하거나 불안정하다.
③ 상승시간이 길어진다.
④ 정정시간이 짧아진다.

해설
이득이 커지면 응답이 빨라지게 되며 응답이 빨라지면 상승시간이 짧아진다.

69 어떤 제어계의 보드선도에 있어서 위상여유(phase margin)가 45°일 때 이 계통은?

① 안정하다. ② 불안정하다.
③ 조건부 안정이다. ④ 무조건 안정하다.

해설
안정제에 요구되는 여유
- 이득여유 : 4~12dB
- 위상여유 : 30~60°

70 위상여유 φ_m이 $\varphi_m>0$ 인 관계를 만족할 때의 상태는?

① 안정 ② 지속 안정
③ 불안정 ④ 불규칙 진동

해설
위상여유가 0보다 크다는 것은 계가 안정상태인 것을 말한다.

71 피드백 제어계의 안정도와 관련된 것은?

① 효율 ② 이득여유
③ 역률 ④ 주파수 특성

[정답] 64 ② 65 ③ 66 ① 67 ② 68 ③ 69 ① 70 ① 71 ②

72 지연요소(dead time element)는 제어계의 안정도에 어떤 영향을 미치는가?

① 안정도에 관계없다.
② 안정도를 개선한다.
③ 안정도를 저하시킨다.
④ 상대적 안정도의 척도 역할을 한다.

해설
지연요소는 응답이 늦어지게 되며 제어계의 안정도가 저하된다.

73 어떤 제어계통을 피드백 제어계통으로 만들면 개(開)루프(open loop)시스템 때보다 루프 이득(loop gain)은 어떻게 되는가?

① 불변이다. ② 증가한다.
③ 감소한다. ④ 증가 또는 감소한다.

74 다음 중 선형제어계의 안정도를 판별하는 방법이 아닌 것은?

① 나이퀴스트 판별법 ② 근궤적도
③ 보드선도 ④ 과도응답판별법

해설
선형제어계의 안정도 판별에는 나이퀴스트 안정도 판별법, 보드선도 안정도 판별법, 근궤적 안정도 판별법 등이 있다.

75 PLC에서 사용자가 작성한 프로그램을 저장하여 실행할 수 있도록 해주는 메모리는?

① 프로그램 메모리 ② 제어용 메모리
③ 입출력 메모리 ④ 연산제어 메모리

해설
사용자가 입력하는 프로그램을 기억하는 메모리는 프로그램 메모리이다.

76 PLC에서 프로그램을 작성하여 메모리에 기억시키는 것을 무엇이라 하는가?

① 더미(dummy)
② 래더도
③ 수치제어
④ 프로그래밍(programming)

77 PLC의 출력 중 구동 출력에 해당되는 것은?

① 솔레노이드 밸브 ② 램프(lamp)
③ 버저(buzzer) ④ 타이머(timer)

해설
- 구동출력요소 : 솔레노이드 밸브, 전자개폐기
- 표시출력요소 : 버저, 램프

78 유접점 시퀀스 제어와 비교하여 PLC의 장점을 기술하였다. 옳지 않은 것은?

① 프로그램에 의하여 제어내용의 변경이 용이하여 배선작업이나 부품교체 작업이 없어진다.
② 체계적인 고장진단과 점검이 용이하다.
③ 릴레이반에 비하여 신뢰성이 높고 고속 동작이 가능하다.
④ 종래 제어반 내의 모든 기기를 대신할 수 있다.

79 PLC 장치의 구성에서 입력 데이터를 기억시키거나 또는 어느 번지에서 데이터를 호출하는가를 지시 · 명령하는 곳은?

① 입력 인터페이스 ② 연산 제어부
③ 입출력 제어부 ④ 프로그램 메모리

[정답] 72 ③ 73 ③ 74 ④ 75 ① 76 ④ 77 ① 78 ④ 79 ③

80 다음 중 출력기기가 아닌 것은?

① 카운터　② 전자접촉기
③ 솔레노이드　④ 전자밸브

81 PLC 구성품 중에서 제어 내용을 기억해 두는 메모리로써 필요에 따라 기억내용을 소멸 또는 기억시킬 수 있는 곳은?

① 제어용 메모리　② 프로그램 메모리
③ 입출력 메모리　④ 연산제어부

82 프로그램 로더(핸디 로더)에 비하여 그래픽 로더의 기능이 향상되었다고 볼 수 없는 것은?

① 프로그램기능　② 편집기능
③ 체크기능　④ 이동 및 기능성

해설
핸디 로더는 그래픽 로더에 비하여 이동 및 기동성이 좋다.

83 PLC 명령어 중 출력 명령은?

① LD　② OUT
③ TIM　④ CNT

84 릴레이 시퀀스에서 사용되는 각종 문자 기호를 PLC가 이해할 수 있도록 번호를 부여하는 것을 무엇이라 하는가?

① 코딩　② 입출력 번호 할당
③ 로드　④ 엔드

해설
PLC의 입출력 릴레이, 내부보조 릴레이, 타이머 등과 릴레이 시퀀스 제어도 상의 입출력, 제어요소와 대응시켜 중복사용이 되지 않도록 배정시키는 작업을 입출력 번호 할당이라 한다.

85 다음 PLC 명령어 중 결합 명령어는?

① AND　② OR
③ AND NOT　④ OR LOAD

해설
OR LOAD : 병렬연결 결합 명령어

86 PLC용 래더도 작성 방법으로 타당하지 않은 것은?

① 접점을 몇 번 사용해도 무방하다.
② 코일의 뒤진 접점을 사용할 수 있다.
③ 신호의 흐름은 왼쪽 → 오른쪽, 위 → 아래로 흐르게 한다.
④ 제어모선에 직접 출력기기를 접속할 수 없다.

해설
PLC 래더도 작성에서 출력 뒤에 있는 접점은 사용불가

87 PLC용 시퀀스 래더도에 따라 순서대로 명령문을 기입해 넣는 작업은?

① 입출력 릴레이 할당
② 코딩
③ 로드(LOAD)
④ END

해설
코딩(coding) : 니모닉 명령어를 사용하는 프로그래밍

88 정보나 자료를 저장하는 곳으로 전원 차단시도가 기억된 데이터나 프로그램을 보존할 수 있는 곳은?

① CPU　② RAM
③ ROM　④ A/D 컨버터

[정답] 80 ① 81 ② 82 ④ 83 ② 84 ② 85 ④ 86 ② 87 ② 88 ③

해설

- RAM : 휘발성 메모리
- ROM : 비휘발성 메모리

89 다음 중 프로그램 로더(핸디 로더)의 기능이 아닌 것은?

① 판독(read) ② 삭제(delete)
③ 절연(insulation) ④ 삽입(insert)

해설

핸디 로더의 기능

- 프로그래밍 기능 : 기입, 판독, 클리어 등
- 프로그래밍 편집기능 : 이동, 삽입, 삭제 등
- 프로그램 모니터링
- 체크 기능
- 시운전 기능
- 프로그램의 보존 기능

90 PLC에 프로그래밍 할 때 래더도 방식을 주로 사용하며 1회분을 종합하여 기입할 수 있는 장치는?

① 핸디 로더 ② 그래픽 로더
③ ROM-writer ④ 수식편집기

91 PLC에 의한 시퀀스를 릴레이 시퀀스와 비교하였다. 옳지 않은 것은?

① PLC는 모든 시퀀스를 대신한다.
② PLC는 릴레이 시퀀스의 제어회로 부분만 구성한다.
③ 릴레이 시퀀스의 주회로는 PLC에서도 변함이 없다.
④ 전자접촉기와 솔레노이드는 위의 두 회로에 똑같이 적용된다.

해설

PLC에 의해서 시퀀스제어회로만 대체되므로 주회로는 릴레이 제어방식과 같이 구성해야 한다.

92 다음 중 프로그램 로더의 주요 기능이 아닌 것은?

① 프로그래밍
② 프로그램 편집
③ 체크 기능
④ 전원안정화

해설

프로그램 로더의 주요 기능

프로그램 입력, 수정, 편집, 모니터링

93 다음은 PLC의 노이즈 방지대책을 설명하였다. 입력기기로부터 침입하는 노이즈를 방지할 수 있는 대책이 아닌 것은?

① 전원필터 사용
② 릴레이중계
③ 스파크킬러 삽입
④ 차폐 케이블에 의한 배선

해설

전원필터의 사용 : 전원부의 잡음 제거

94 PLC의 주변기기로서 프로그램을 기입, 삭제 및 편집할 수 있는 기기는?

① 프로그램 로더 ② 레코더
③ 프린터 ④ 롬라이터

해설

프로그램 로더 : 프로그램의 기입, 삭제 및 편집

[정답] 89 ③ 90 ② 91 ① 92 ④ 93 ① 94 ①

95 다음 PLC 명령어 중에서 데이터를 갖지 않는 것은?

① LOAD　② AND
③ NOT　④ OR LOAD

OR LOAD는 결합명령어이다.

96 다음 중 입력기기로부터의 노이즈 대책은?

① 정전압 회로　② 실드 트랜스
③ 서지 킬러　④ 전원 필터

입력기기 잡음 대책
플라이 포일 다이오드, 서지 킬러, 배리스터

97 LC 구성시 출력신호에 해당되지 않는 것은?

① 표시등　② 버저(buzzer)
③ 광센서　④ 구동부

광센서는 입력요소이다.

98 PLC의 I/O의 역할과 거리가 먼 것은?

① 신호 레벨 변환　② 기억 선택
③ 절연 결합　④ 잡음 제거

99 PLC에서 단위 정보를 기억하고 있는 장소를 표현한 것은?

① address　② step
③ operation　④ bit

100 그림의 래더 다이어그램에서 PLC 프로그램을 작성할 때 (A)~(D)를 순서대로 적은 것은? (단, 입력(L), 출력(Y), AND(A), OR(O), NOT(N)으로 표현한다.)

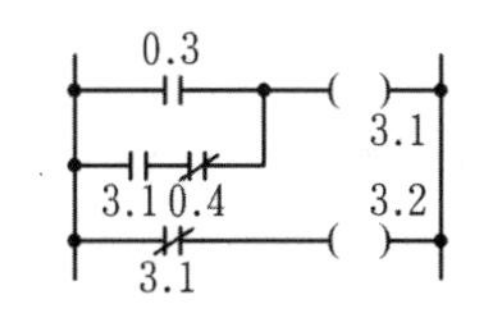

stop	op	add	stop	op	add
0	L	3.1	3	Y	3.1
1	(A)	(B)	4	LN	3.1
2	(C)	(D)	5	Y	3.2

① O−0.3−A−0.4　② O−0.3−AN−0.4
③ A−0.4−O−0.3　④ AN−0.4−O−0.3

101 그림은 전동기의 제어회로를 래더 다이어그램으로 그린 것이다. PLC 프로그램의 작성에서 X_1 ~X_3의 차례로 바르게 나열한 것은? (단, 입력(L), 출력(Y), AND(A), OR(O), NOT(N)이다)

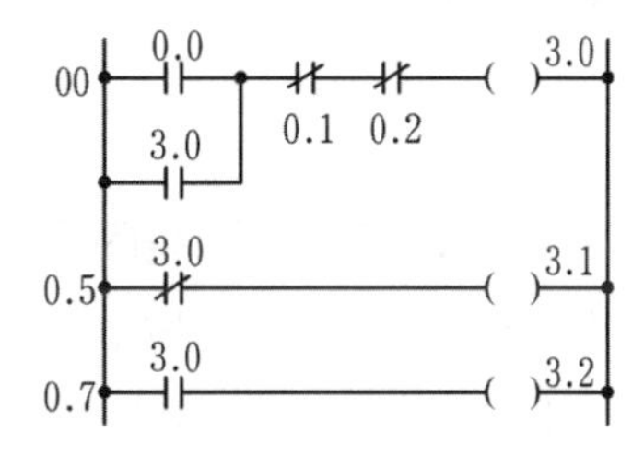

stop	op	add
0	L	0.0
1	(X_1)	3.0
2	AN	(X_3)
3	(X_2)	0.2
4	Y	3.0

① O−0.1−AN　② O−3.0−A
③ O−0.1−A　④ A−3.0−O

[정답] 95 ④ 96 ③ 97 ③ 98 ② 99 ① 100 ④ 101 ①

102 PLC 구성시 출력 신호에 해당되지 않는 것은?

① 표시등 ② 버저(buzzer)
③ 구동부 ④ 광센서

해설
- 입력 : 광센서 등
- 출력 : 표시등, 버저 등

103 릴레이 제어방식에 대한 PLC 제어방식의 장점으로 옳지 않은 것은?

① 릴레이뿐만 아니라 카운터, 타이머 등의 기능을 간단히 프로그램할 수 있다.
② 산술연산, 비교연산이 가능하다.
③ 컴퓨터와의 정보교환은 아직 불가능하다.
④ 자기진단 기능이 있어 이상시 그 정보를 출력한다.

해설
PLC는 PLC 상호간 또는 중앙컴퓨터와 데이터 통신을 통한 정보의 교환이 가능하다.

104 PLC 구성시 입력기기에 해당되지 않는 것은?

① 푸시버튼 ② 검출스위치
③ 명령 스위치 ④ 히터

해설
입력기기 : 푸시버튼, 명령용 조작, 검출용 스위치

105 PLC 입력 중 보호검출 입력에 해당되지 않는 것은?

① 열동형 과전류 계전기
② 광전 센서
③ 누름버튼 스위치
④ 근접스위치

106 PLC 제어반과 릴레이 제어반의 차이점 중 옳지 않은 것은?

① 릴레이 제어반은 장치를 확장할 때 추가 및 개조가 곤란하다.
② PLC 제어반의 신뢰성은 반도체 채용에 의해 반영구적이므로 매우 높다.
③ PLC 제어반은 복잡할수록 경제적이며 추후 개조시에도 재사용이 가능하다.
④ 릴레이 제어반의 완성된 장치는 배선 연결에 의하므로 다른 곳에의 적용이 PLC 제어반보다 용이하다.

107 PLC의 입력부에 연결되어질 입력기기가 아닌 것은?

① 리밋 스위치 ② 버튼 스위치
③ 광전 스위치 ④ 솔레노이드

해설
- 입력기기 : 스위치, 센서 등
- 출력기기 : 솔레노이드, 전자 개폐기, 램프 버저 등

108 다음 중 PLC의 출력 인터페이스에 접속되어질 기기는?

① 누름버튼 ② 카운터
③ 광전스위치 ④ 솔레노이드

109 다음 중 마이크로프로세서에 해당되는 것은?

① 입출력장치
② 입출력 인터페이스
③ PAM
④ CPU

[정답] 102 ④ 103 ③ 104 ④ 105 ③ 106 ④ 107 ④ 108 ④ 109 ④

110 PLC의 접점 명령어 중 a접점 연산 개시를 뜻하는 명령어는?

① LOAD ② LOAD NOT
③ AND ④ OR

111 릴레이 시퀀스에서 직접부하를 가동시키지 않고 시퀀스회로 내부에서 신호의 기억, 수수에 사용되는 소위 보조계전기의 역할을 하는 것은?

① 입력 접점
② 출력 접점
③ 내부 보조 릴레이
④ 스텝

112 시퀀스 회로에서의 자기유지회로(기억회로)에 해당되는 PLC 명령어는?

① LD ② OUT
③ CNUT ④ KR

해설
KR : 전원 ON시나 RUN 동작시에는 그전의 데이터를 보존하는 기능을 갖는다.

113 다음 중 PLC 자체의 기능에 의해 처리될 수 없는 것은?

① 보조계전기 ② 타이머
③ 카운터 ④ 전자접촉기

114 다음 PLC 명령어 중 결합 명령어가 아닌 것은?

① MPUSH ② OR LOAD
③ AND LOAD ④ LOAD NOT

115 코딩(coding)할 때 기입되지 않는 것은?

① 어드레스 ② 명령어
③ 데이터 ④ 논리기호

116 PLC 명령어 중 회로도 좌측 제어모선에서 직접 인출되는 논리 스타트를 나타내는 명령어는?

① LD ② AND
③ OR ④ KR

117 다음 기기 중에서 PLC 장치로 대체가 가능한 것은?

① 타이머 ② 리밋 스위치
③ 푸시버튼 스위치 ④ 솔레노이드

해설
타이머나 카운터는 PLC 내부에서 제공된다.

118 아날로그 신호를 디지털 신호로 변환하는 장치는?

① CPU ② ROM
③ 인터페이스 ④ A/D 컨버터

119 다음과 같은 래더도에서 최소 스탭수는?

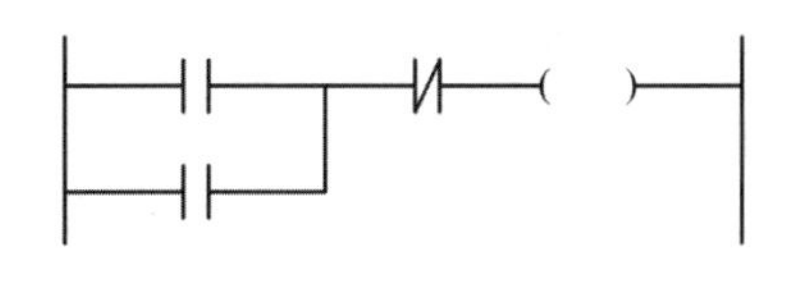

① 2 ② 3
③ 4 ④ 5

해설
일반 명령어의 스탭수는 보통 1이다.

[정답] 110 ① 111 ③ 112 ④ 113 ④ 114 ④ 115 ④ 116 ① 117 ① 118 ③ 119 ③

120 다음 통신 프로토콜 중 하나의 회선에 가장 많은 장치를 연결할 수 있는 것은?

① CompBus
② DeviceNet
③ Ethernet/IP
④ RS-485

해설

사양	최대 소자수
CompoBus	32
DeviceNet	63
Ethernet/IP	512
RS-485	32

121 장치간 가장 멀리 접속할 수있는 프로토콜은?

① CompBus
② Ethernet/IP
③ EtherCAT
④ RS-485

해설
보기에서 Ethernet/IP가 100m로 가장 짧고 RS-422과 RS-485는 약 1Km까지 가능하다.

122 초창기 데이터 통신에 많이 사용되었으며, 1 : 1 접속만 가능한 프로토콜은?

① CompBus
② DeviceNet
③ RS-232
④ RS-485

해설
RS-232는 구형 컴퓨터에서 흔히 볼 수 있다. 케이블 길이와 장치 간 제약이 있어서 짧은 거리에서 1 : 1 접속만 가능하다.

123 다음 프로토콜 중 인터넷 접속이 가능한 것만 묶은 것은?

① Ethernet/IP, EtherCAT
② Ethernet/IP, DeviceNet
③ CompBus, EtherCAT
④ CompBus, DeviceNet

124 다음 중 PLC 시스템에서 사용하지 않는 통신방식은?

① CompBus
② PCI Bus
③ RS-485
④ RS-485

해설
PCI Bus는 컴퓨터 내부에서 사용하는 통신방식이다.

[정답] 120 ③ 121 ④ 122 ③ 123 ① 124 ②

CHAPTER 02

HMI 프로그램 개발

1 HMI

학습 POINT

HMI의 의미를 알고 사용 방법을 이해해두자.

1 HMI(Human Machine Interface)란?

시각이나 청각과 관련 지어진 인간의 아날로그적인 인지의 세계와 컴퓨터나 통신의 디지털을 처리하는 기계의 세계를 연결하는 인터페이스이다.

PLC 자동화시스템에서는 주로 터치스크린을 이용하여 사용자 인터페이스를 직관적으로 쉽게 판단하고 조작이 되도록 하는 것을 말한다. 즉 터치스크린 시스템을 HMI라고 부른다.

*터치스크린을 이용하여 사용자가 기기를 조작하고 모니터링 할 수 있는 장치를 보통 HMI라고 부른다.

덩치가 큰 전기 수동 아날로그 조작식 제어반을 컴팩트한 터치스크린으로 대치하면 인터페이스가 간단하고 조작이 쉬우며 그래픽으로 직관적으로 알기 쉽게 구현되며, 무엇보다도 공간이 크게 절약되고 예산도 절감할 수가 있다.

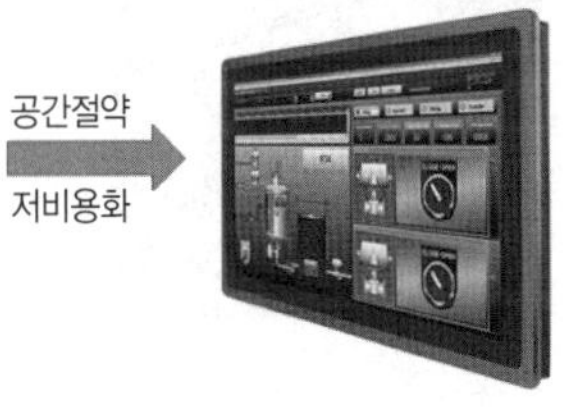

그림 1-23 HMI를 이용한 공간의 절약

2 작화

PC에서 HMI 화면을 디자인 하는 소프트웨어를 이용하여 화면을 설계하고 PLC와 연동하도록 하는 작업을 말한다. HMI를 활용하기 위해 가장 먼저 해야 하는 작업이다.

국내에서 많이 사용하는 대표적인 작화도구들의 종류를 보면 다음과 같다.

① GT Designer : 미쯔비시사의 자사 HMI를 위한 작화도구이다. 타사의 HMI와는 호환이 안 된다.

② GP Pro : Pro Face사에서 제작한 것으로 많은 회사의 HMI를 지원하는 라이브러리가 있어 많이 사용되고 있다.

③ XP Builder : 국내 LS산전에서 개발한 도구이다. 타사 HMI를 지원한다.

3 HMI와 주변 기기간의 접속

(1) I/O 인터페이스

HMI에 표시되는 화면 데이터는 PC에서 전용 작화 소프트웨어에서 작성하여 HMI로 전송한다. PC에서 작성한 화면을 HMI에서 그대로 재현할 수 있다.

HMI의 I/O 인터페이스는 아래 그림에서 나타낸 것처럼 다양한 I/O가 있으며, 특히 요즘에는 대부분의 HMI가 이더넷이 지원되므로 다수의 장치를 연결할 때 매우 효율적으로 사용할 수 있다.

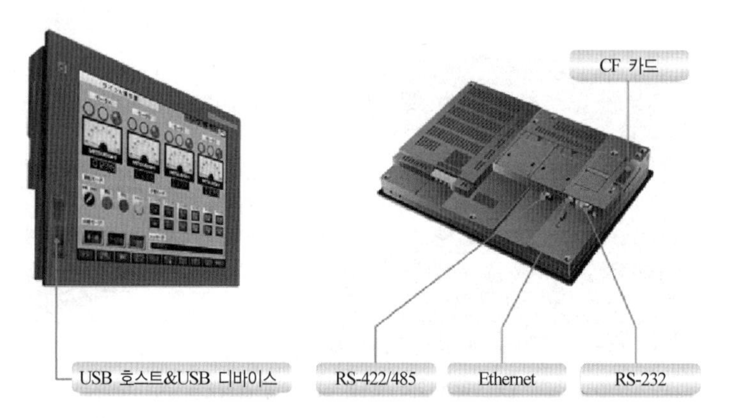

그림 1-24 HMI의 I/O 포트 구성 예(기종 마다 다소 차이가 있음)

(2) 이더넷 기반 시스템 구성

본 장비에서는 다음과 같은 기기 구성도를 나타낸다. 그림처럼 HMI는 이더넷 기반 통신을 한다. PC와 PLC가 이데넷을 통해 접속되어 PC에서 작화도구(GTDesigner3)를 이용하여 화면 작화를 하고 이를 이더넷을 통해 HMI로 전송한다. 스크린에 있는 장치를 터치하여 PLC를 작동시키게 된다.

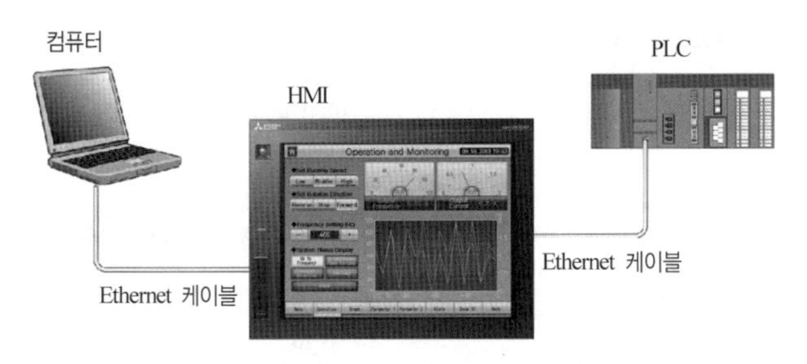

○ 그림 1-25 Ethernet을 이용한 HMI와의 접속 예

(3) HMI 동작 예

HMI 작화 시 디바이스 그림(스위치, 램프 등)을 PLC 디바이스번호를 부여하여 PLC와 연동 되도록 한다. 그리고 PLC의 래더 프로그램 작성시 HMI에 부여된 디바이스 번호의 장치로 래더 프로그램이 구동되도록 작성한다.

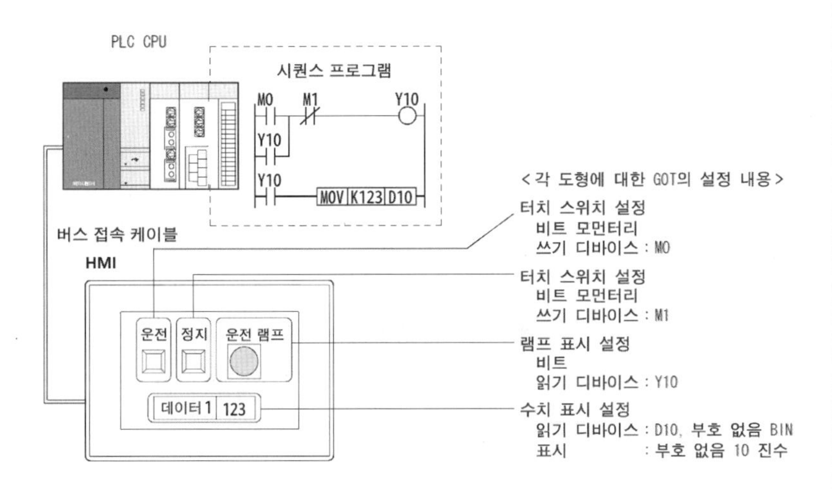

○ 그림 1-26 동작 구성 예

1) "운전" 스위치 터치 시 동작

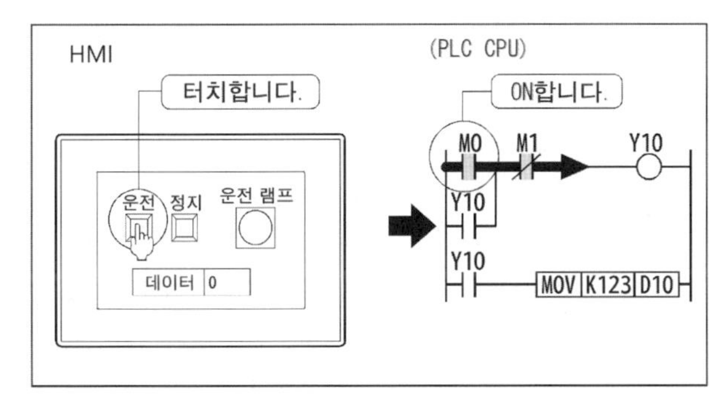

○ 그림 1-27 운전 스위치 터치시의 동작 흐름

2) 램프 점등표시 동작

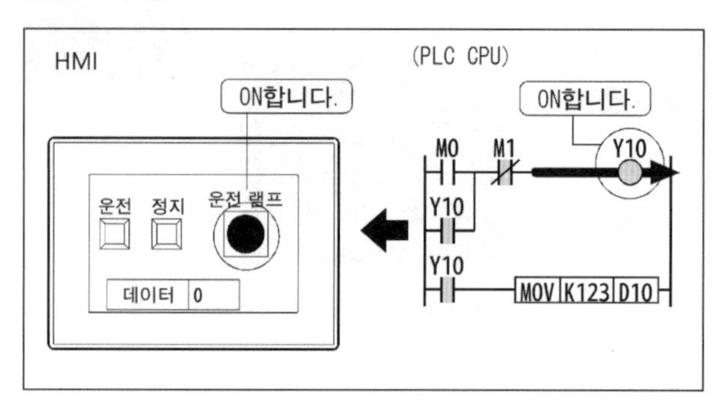

그림 1-28 HMI의 램프 점등 동작의 흐름

위 1)항목 그림에서 HMI의 운전 스위치(M0)를 터치하면 PLC 래더에서 "M0"가 ON이 되어 2)항목 그림의 출력 디바이스 "Y10"이 ON 된다. HMI의 램프가 PLC "Y10" 디바이스로 설정하였으므로 운전 램프가 점등하게 된다.

3) 데이터 표시 동작

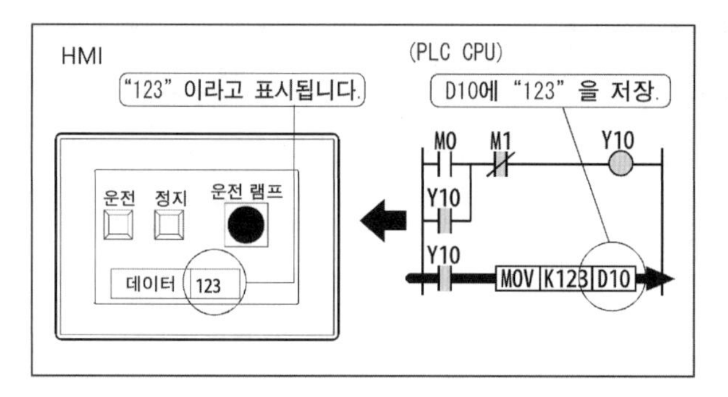

그림 1-29 HMI의 데이터 표시 동작의 흐름

HMI의 숫자 표시기의 연결 디바이스는 D10이고, PLC 래더에서 Y10이 ON되어 숫자 "123"이 PLC 데이터메모리 D10에 저장되므로, D10의 값이 HMI 숫자 표시기에 나타난다.

4) "정지" 스위치 클릭 시 동작

HMI에서 정지스위치(M1)를 터치하면 PLC 내부장치 M1이 작동하므로 래더상에서 b접점의 M1디바이스가 동작함에 따라 접속이 끊어지므로 출력 Y10이 OFF되고 Y10은 HMI의 램프에 할당되어 있으므로 램프가 소등하게 된다.

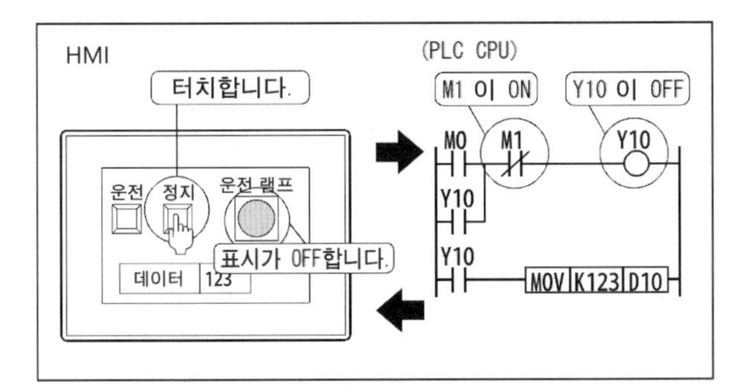

그림 1-30 HMI의 정지스위치 터치 시 동작 흐름

(4) HMI의 화면

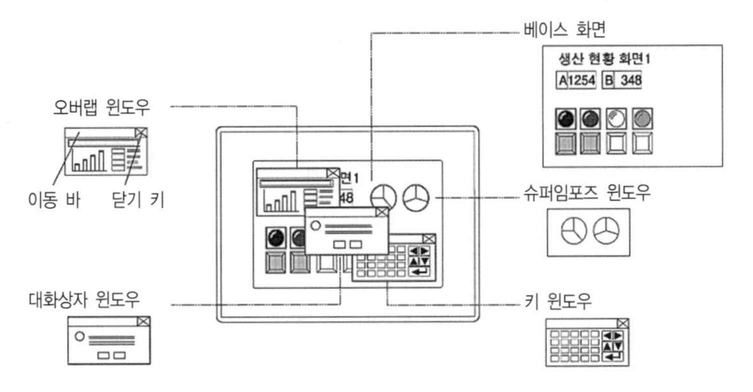

그림 1-31 HMI에서 지원되는 화면 종류 예

2 SCADA

1 SCADA란?

학습 POINT
SCADA의 뜻을 통해 그 의미를 파악하고 시스템을 구성하기 위한 요소들과 활용도를 이해하도록 한다.

(1) SCADA의 정의

스카다 또는 감시 제어 및 데이터 취득(Supervisory Control And Data Acquisition : SCADA)은 일반적으로 산업 제어 시스템(Industrial Control Systems : ICS), 즉 다음과 같은 산업 공정/기반 시설/설비를 바탕으로 한 작업공정을 감시하고 제어하는 컴퓨터 시스템을 말한다.

(2) 스카다 시스템 구성요소들

SCADA는 일반적으로 PLC 및 원격 단말장치(Remote Terminal Units : RTU)와 같은 소프트웨어 및 하드웨어의 조합으로 이루어진다.

데이터는 공장 기계 및 센서와 같은 플랜트 현장 장비와 통신하는 PLC 및 RTU에서 수집된다. 장비에서 수집된 데이터는 제어실과 같은 다음 단계로 전송되고 운영자는 HMI를 사용하여 PLC 및 RTU 제어를 감독할 수 있다.

HMI는 운영자와 SCADA 시스템의 통신을 지원하는 스크린으로 SCADA 시스템의 주요 요소이다.

① HMI : 기계 제어에 사용되는 데이터를 인간에게 친숙한 형태로 변환하여 보여주는 장치로, 이것을 통해 관리자가 해당 공정을 감시하고 제어하게 된다.
② **감시(컴퓨터) 시스템** : 프로세스와 관련된 자료를 수집하고, 하드웨어 제어를 위한 실질적인 명령을 내린다.
③ **원격 단말기**(Remote Terminal Unit, RTU) : 공정에 설치된 센서와 직접 연결되며, 여기서 나오는 신호를 컴퓨터가 인식할 수 있는 디지털 데이터로 상호 변환하고, 그 데이터를 감시 시스템에 전달한다.
④ PLC : 실제 현장에 배치되는 제어기기이다.
⑤ **통신 시설** : 제어 시스템, 원격 단말기 등 멀리 떨어져 있는 요소들이 서로 통신할 수 있도록 해준다.
⑥ 다양한 공정과 분석적인 기기장치이다.

2 SCADA 소프트웨어

(1) CIMON-SCADA

국내 CIMON 사에서 개발한 Windows기반에서 운용되는 공정 및 시스템통합관리용 산업자동화 소프트웨어이다.

(2) AUTOBASE

윈도우즈 기반의 OS에서 개발된 소프트웨어로 모든 자동화 현장의 감시/제어에 적용할 수 있는 자동화 개발 도구이다.

(3) X-SCADA

국내 기업 자이솜에서 개발한 SCADA 프로그램이다. 다양한 산업현장 네트워크에 맞는 수많은 컨트롤러를 지원하며 풍부한 SVG 라이브러리와 JavaScript 지원, 그리고 편리한 GUI환경 및 강력한 편집기 기능을 제공한다.

3 SCADA의 활용

SCADA 시스템을 통해 기업들은 로컬 또는 원격으로 산업 프로세스를 제어할 수 있으며, 중앙에서 전체적으로 모터, 펌프 및 센서와 같은 장비와 직접 상호 작용할 수 있다. 이러한 시스템은 수신 데이터를 기반으로 장비를 자동으로 제어할 수 있다.

기업들은 SCADA 시스템을 통해 실시간 데이터를 기반으로 프로세스를 모니터링 및 보고할 수 있고, 후속 처리 및 평가를 위한 데이터 보관도 가능하다.

기업들은 SCADA 시스템을 사용하여 다음과 같은 작업들을 수행할 수 있다.

(1) 데이터 수집

실시간 시스템은 수천 개의 구성요소와 센서로 구성된다. 특정 구성요소 및 센서의 상태를 아는 것은 매우 중요하다. 예를 들어, 일부 센서는 저수지에서 물 탱크로의 물 흐름을 측정하고 일부 센서는 저수지에서 물이 방출될 때 압력 값을 측정한다.

(2) 데이터 통신

SCADA 시스템은 유선 네트워크를 사용하여 사용자와 장치간에 통신한다. 실시간 애플리케이션은 원격으로 제어해야 하는 많은 센서와 구성요소를 사용한다.

SCADA 시스템은 인터넷 통신을 사용한다. 모든 정보는 특정 프로토콜을 사용하여 인터넷을 통해 전송된다. 센서 및 릴레이는 네트워크 프로토콜과 통신할 수 없으므로 RTU는 센서 및 네트워크 인터페이스를 통신하는 데 사용된다.

(3) 정보 / 데이터 프레젠테이션

일반 회로 네트워크에는 제어할 수 있는 몇 가지 표시기가 있지만 실시간 SCADA 시스템에는 동시에 처리할 수없는 수천 개의 센서와 경보가 있다. SCADA 시스템은 다양한 센서에서 수집한 모든 정보를 HMI 로 제공한다.

(4) 모니터링 / 제어

SCADA 시스템은 서로 다른 스위치를 사용하여 각 장치를 작동하고 제어 영역의 상태를 표시한다. 이 스위치를 사용하여 제어 스테이션에서 프로세스의 모든 부분을 켜고 끌 수 있다. SCADA 시스템은 사람의 개입없이 자동으로 작동하도록 구현되지만 중요한 상황에서는 사람이 처리한다.

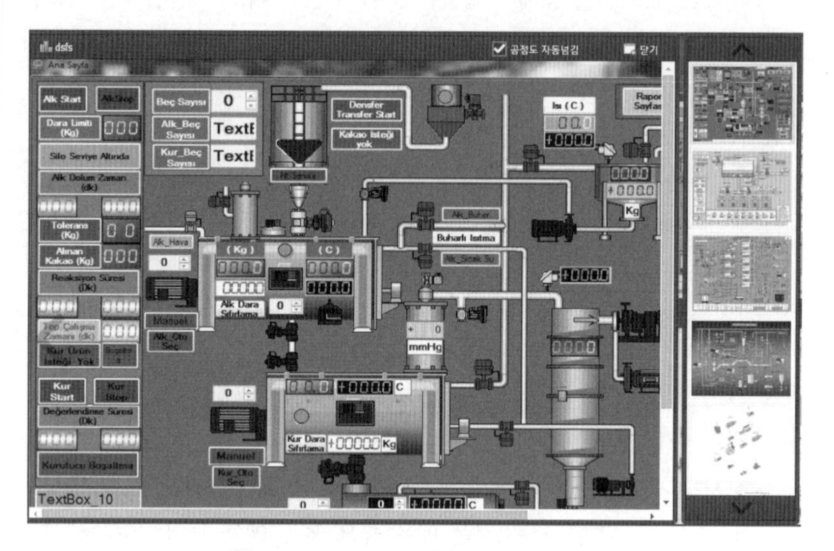

그림 1-32 HMI에 구현한 SCADA 시스템 예

형성평가

01 HMI의 영어 원어가 올바른 것은?

① High Machine Instruction
② Hardware Machine Instruction
③ Hardware Machine Interface
④ Human Machine Interface

해설
HMI는 시각이나 청각과 관련 지어진 인간의 아날로그적인 인지의 세계와 컴퓨터나 통신의 디지털을 처리하는 기계의 세계를 연결하는 인터페이스이다.

02 SCADA의 영어 원어가 올바른 것은?

① Supervisory Control And Data Acquisition
② Software Control And Data Acquisition
③ Supervisory Control And Data Acknowledge
④ Software Control And Data Acknowledge

해설
SCADA : 감시 제어 및 데이터 취득
(Supervisory Control And Data Acquisition)

03 PC에서 HMI 화면을 설계하는 작업을 통칭하여 무엇이라 하는가?

① 캐드　② 작화
③ 제어　④ 연계

04 다음은 HMI에 대한 설명이다. 틀린 것은?

① 기기의 작동을 편리하게 해준다.
② 기기의 작동상황을 쉽게 알 수 있다.
③ PLC 상에서 화면을 작화한다.
④ 기본적으로 터치스크린을 제공한다.

해설
PC에서 작화 프로그램을 사용하여 화면을 디자인 한 후 HMI로 전송하여 PLC와 연결시켜준다.

05 다음은 HMI의 장점에 대한 설명이다. 틀린 것은?

① 저비용으로 제어반을 구성할 수 있다.
② 장치가 콤팩트하여 공간절약이 된다.
③ 조작이 쉽다.
④ 프로그램 수정으로 공정변경이 용이하다.

해설
HMI는 공정 진행 상황을 모니터링을 하는 것이지 변경할 수 있는 것은 아니다. ④는 PLC의 장점에 대한 설명이다.

06 요즈음 산업 현장에서 터치스크린으로 공정 지시를 내리고 진행상황을 모니터링 한다. 이 터치스크린을 통칭하여 무엇이라 하는가?

① ALU　② HMI
③ RTU　④ OMR

07 다음 중 HMI로 불가능한 작업은?

① 버튼 터치만으로 운전 및 정지
② 작업 수량을 모니터링
③ 작동상황의 애니메이션 화
④ 음성인식 동작

[정답] 01 ④ 02 ① 03 ② 04 ③ 05 ④ 06 ② 07 ④

08 **다음은 HMI와 PLC를 연동하기 위해 조작 스위치를 작화 후에 필히 해야 하는 작업은?**

① 스위치의 크기와 모양을 실제처럼 동일하게 수정한다.
② PLC의 입력모듈의 주소를 부여한다.
③ PLC의 내부 비트 디바이스 번호를 부여한다.
④ PLC의 출력모듈의 주소를 부여한다.

해설
버튼 작화 후 PLC의 내부 임시릴레이 접점을 부여하여 연동되도록 한다. HMI의 버튼을 터치하면 연결된 내부릴레이 접점이 ON된다.

09 **다음 중 HMI 작화 도구가 아닌 것은?**

① GX-Works2
② GT Designer3
③ GP Pro
④ XP Builder

해설
GX-Works2는 미쯔비시사의 멜섹 PLC용 래더 프로그래밍 툴이다.

10 **다음 중 HMI로 조작할 수 없는 것은?**

① PLC 내부 비트 디바이스
② PLC 내부 데이터 메모리
③ PLC 입력에 연결된 센서
④ PLC 출력에 연결된 솔레노이드 밸브

해설
PLC 입력에 연결된 센서는 모니터링은 하지만 조작은 불가능하다.

11 **다음 중 HMI로 할 수 없는 조작은?**

① 사용자로부터 직접 정수 데이터 입력
② 래더 프로그램의 작성
③ 화면전환 스위치로 복수개의 화면 전환
④ 메모리 값으로 애니메이션 표시

해설
래더 프로그램은 PC에서 프로그래밍 도구로 작성한다.

12 **다음 중 PC와 HMI간 연결 인터페이스가 아닌 것은?**

① RS-485　② Ethernet
③ USB　④ DVI

해설
DVI는 PC와 컴퓨터모니터 간의 인터페이스이다.

13 **산업 공정, 기반 시설, 설비를 바탕으로 한 작업 공정을 감시하고 제어하는 컴퓨터 시스템을 무엇이라 하는가?**

① MIDI　② HMI
③ HDMI　④ SCADA

해설
SCADA : 감시 제어 및 데이터 취득
(Supervisory Control And Data Acquisition)

14 **다음 중 SCADA 시스템의 필수 구성요소가 아닌 것은?**

① PRINTER　② PC
③ HMI　④ RTU

[정답] 08 ③ 09 ① 10 ③ 11 ② 12 ④ 13 ④ 14 ①

15 다음 중 SCADA에 대한 설명 중 잘못된 것은?

① 직접 조작 지시를 내릴 수 있다.
② 오류 발생시 자동으로 수정할 수 있다.
③ 다양한 센서로 부터 취득한 정보를 HMI 상에 표현한다.
④ 실시간으로 데이터 취득을 한다.

16 다음 중 SCADA에 대한 설명 중 틀린 것은?

① 주로 Ethernet 통신을 사용한다.
② 애니메이션으로 사용자가 공정상황을 쉽게 이해하도록 한다.
③ 컴퓨터는 HMI 작화 후에는 사용할 필요가 없다.
④ HMI가 가장 많이 사용된다.

해설
컴퓨터는 프로세스와 관련된 자료를 수집하고, 하드웨어 제어를 위한 실질적인 명령을 내리는 기능은 SCADA 시스템에서 중요한 역할을 한다.

17 SCADA 시스템에서 RTU가 하는 역할을 가장 바르게 설명한 것은?

① 센서 신호를 디지털로 변환하여 감시 시스템으로 전송한다.
② 멀리 떨어진 기기들을 서로 통신할 수 있게 해준다.
③ 공정의 상황을 분석한다.
④ 공정의 상황을 그래픽으로 보여준다.

해설
원격 단말기(RTU: Remote Terminal Unit)
공정에 설치된 센서와 직접 연결되며, 여기서 나오는 신호를 컴퓨터가 인식할 수 있는 디지털 데이터로 상호 변환하고, 그 데이터를 감시 시스템에 전달한다.

18 SCADA 시스템에서 컴퓨터가 하는 역할을 가장 바르게 설명한 것은?

① 공정 장비와 연결되어 프로그램에 의해 직접 제어한다.
② 데이터를 수집하고 명령을 내려 하드웨어를 직접 제어한다.
③ 멀리 떨어진 기기들을 서로 통신할 수 있게 해준다.
④ 공정의 상황을 그래픽으로 보여준다.

해설
컴퓨터는 프로세스와 관련된 자료를 수집하고, 하드웨어 제어를 위한 실질적인 명령을 내린다.
①은 PLC에 해당한다.

19 다음 중 SCADA 시스템의 핵심 역할이 아닌 것은?

① 실시간 데이터 수집
② 데이터 통신
③ 데이터의 프리젠테이션
④ 데이터의 연산

해설
SCADA시스템의 주요 4대 기능
- 데이터 수집
- 데이터 통신
- 데이터 프레젠테이션
- 모니터링과 제어

20 다음 중 SCADA 시스템 구축용 솔루션이 아닌 것은?

① AUTOBASE ② X-SCADA
③ XP Builder ④ CIMON-SCADA

해설
XP Builder는 HMI 작화 도구이다.

[정답] 15 ② 16 ③ 17 ① 18 ② 19 ④ 20 ③

PART 1. 자동제어

전기전자장치조립

학습 POINT

각 장비들의 사용 용도와 조작법을 이해해두자.

1 전기전자 기초 장비

1 직류전원공급장치(DC 파워서플라이)

(1) 직류전원공급기란?

회로에 적절한 직류전압을 공급하는 장치이다. 회로를 구성한 후 동작을 실험하기 위해 부품에 직류전원을 인가할 때 사용한다.

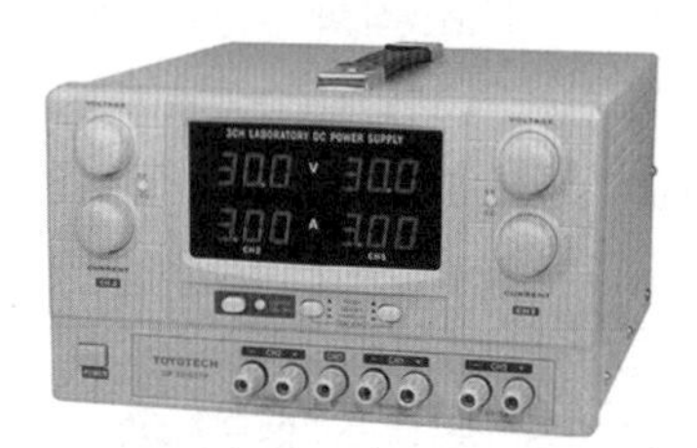

그림 1-33 1채널(좌)과 3채널(우) 장치 모습 예

(2) 직류전원공급기 사용법

1) 사용방법

3채널의 경우 CH1과 CH2는 각 채널의 다이얼을 돌려 전압 설정과 전류제안이 가능하고, CH3의 경우 제조사마다 다소 차이가 있지만 5[V], 1[A]로 고정되어 디지털 IC회로의 시험시 별도 설정 없이 편리하게 바로 사용할 수 있다. CH1과 CH2를 기능선택 단자를 이용하여 직렬모드를 선택하면 30V 이상의 전압도 사용할 수 있다.

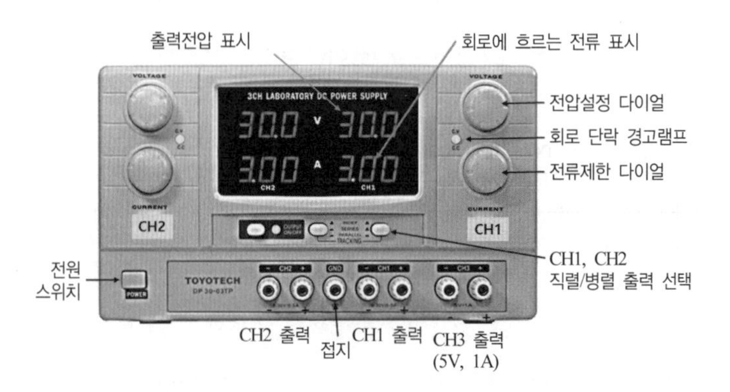

2) 주의사항

전류제한 볼륨을 왼쪽 끝에서부터 대략 1/4 정도 시계방향으로 돌려놓고 원하는 전압을 설정 후 회로에 연결한다. 병렬모드 운전 시 두 전압이 같지 않으면 과전류가 흐를수 있으니 조심해야 한다.

❷ 회로시험기(= 멜티테스터기, 멀티메타)

(1) 회로시험기란?

회로시험기는 저항, 전압, 전류 등을 측정하는 전기계측기이다. 전기 · 전자 부품을 점검하거나 수리하는 데 이용한다.

*회로시험기로 저항을 측정 시 내부 밧데리의 전류로 측정되기 때문에 밧데리 수명이 다되어 간다면 즉시 교체해 주어야 한다.

◆ 그림 1-34 아날로그와 디지털 멀티테스터기들

(2) 디지털 회로시험기 사용법

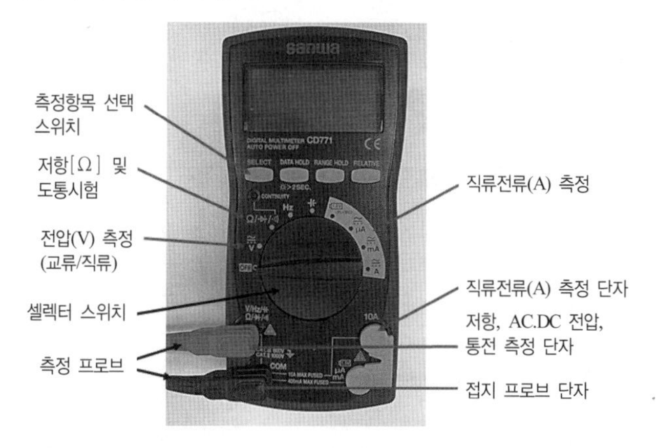

◆ 그림 1-35 회로시험기 조작 기능(제조사에 따라 다소 차이가 있음)

측정할 수 있는 것으로는 직류 전압, 교류 전압, 직류 전류, 저항이 있다. 교류 전류는 측정이 불가능하며, 통전 시험, 절연 시험 등을 할 수 있다. 디지털 방식의 경우 주파수 및 컨덴서 용량을 측정하는 기기도 있다.

(3) 주의사항

디지털멀티미터로 전류를 측정할 경우 높은 범위에서 점차 낮은 범위로 바꿔가며 측정한다.

3 오실로스코프

(1) 오실로스코프란?

오실로스코프(oscilloscope)는 특정 시간 간격(대역)의 전압 변화를 볼 수 있는 장치이다. 주로 주기적으로 반복되는 전자신호를 표시하는데 사용한다. 이 기기를 활용하면 시간에 따라 변화하는 신호를 주기적이고 반복적인 하나의 전압 형태로 파악할 수 있다.

*오실로스코프는 기본적으로 파형의 진폭과 주기 시간을 측정하는 장비이다.
아날로그 오실로스코프에서는 주파수는 주기 시간을 측정하여 계산을 해주어야 하지만, 디지털 방식에선 주파수가 내부 컴퓨터에서 계산되어 화면창에 표시해 주므로 별도 계산이 필요가 없어 매우 편리하다.

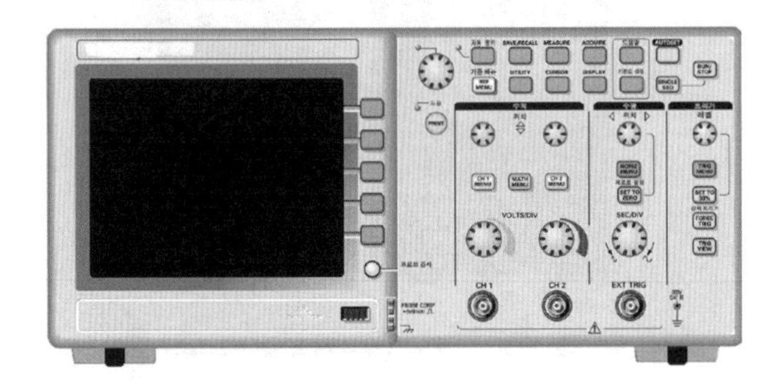

그림 1-36 2채널 디지털 오실로스코프 모습 예

(2) 오실로스코프 표시 기능 알아보기

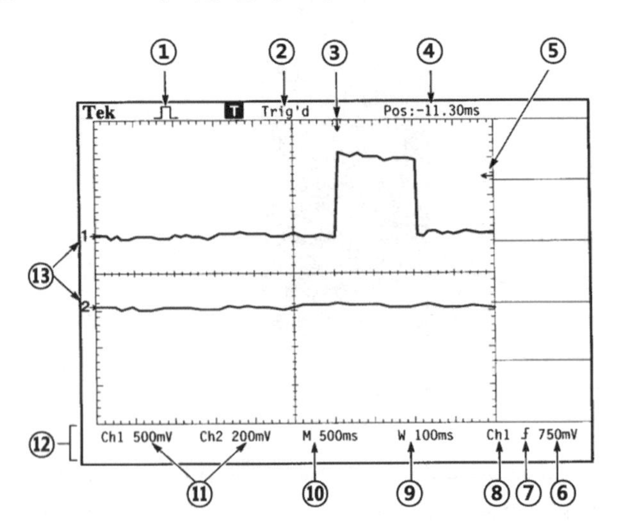

그림 1-37 디지털 오실로스코프 화면에 표시되는 기능들
(제조사에 따라 다소 차이가 있음)

① 아이콘 디스플레이는 획득 모드를 보여준다.

샘플모드　　피크탐지모드　　평균모드

② 트리거 상태는 적당한 트리거 신호원(trigger source)이 있는지, 혹은 획득이 정지되었는지를 보여준다.

③ 표시기는 수평 트리거 위치를 보여준다. 또한 수평 위치 다이얼을 돌려 트리거 위치를 수평으로 조절한다.

④ 트리거 위치 디스플레이는 중심 격자선(center graticule)과 트리거 위치사이의 간격을(시간상의) 보여준다. 화면 중심은 0과 같다.

⑤ 표시기는 트리거 레벨을 보여준다.

⑥ 판독(Readout) 값은 트리거 레벨을 보여준다.

⑦ 아이콘은 에지 트리거링을 위해 선택된 트리거 경사를 보여준다.

⑧ 판독값은 트리거링에 사용된 트리거 신호원을 보여준다.

⑨ 판독값은 윈도우 시간축의 설정을 보여준다.

⑩ 판독값은 주 시간축 설정을 보여준다.

⑪ 판독값은 1번 및 2번 채널 수직 눈금 계수를 보여준다.

⑫ 표시 영역에서 유용한 메시지를 보여준다.

⑬ 화면상 표시기는 표시된 파형의 접지 기준 포인트를 보여준다.

(3) 파형 관측 예

예를 들면 아래 그림처럼 오실로스코프의 CH1의 파형이 관측되었다고 한다면, 진폭은 CH1의 기준선에서 약 2.5칸이고, 스코프의 Volt/Div가 2V이다.

따라서 $V_{P-P} = 5V$이고, 주파수는 우측 아래 1KHz로 표시되어 있다.

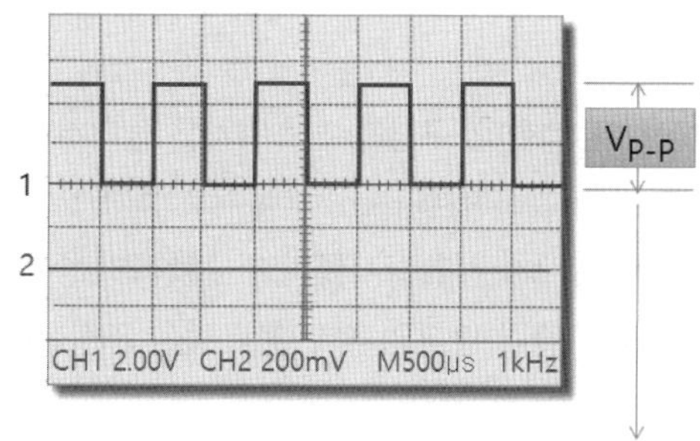

V_{P-P} : 상하 칸수 × CH1 Volts/Div 값

그림 1-38 파형 관측 예

(4) 오실로스코프로 측정 가능한 것

① 신호의 시간 및 전압 값
② 진동하는 신호의 주파수
③ 신호로 표현되는 회로의 "작동 부분"
④ 다른 부분에 비해 신호가 발생하는 특정 부분의 주파수
⑤ 오작동하는 컴포넌트로 인해 신호가 왜곡되는지 여부
⑥ 신호 중 직류(DC) 또는 교류(AC)의 양
⑦ 신호 중 노이즈의 양 및 시간에 따라 노이즈가 변하는지 여부

4 함수발생기(펑션 제네레이터 = 신호발생기)

(1) 함수발생기란?

내부의 전자회로를 이용하여 사용자가 주파수와 진폭을 조절하여 정현파, 삼각파, 구형파 등의 교류 파형을 출력한다. 파형의 크기와 주파수, 직류편차(DC Offset)는 조정가능하다.

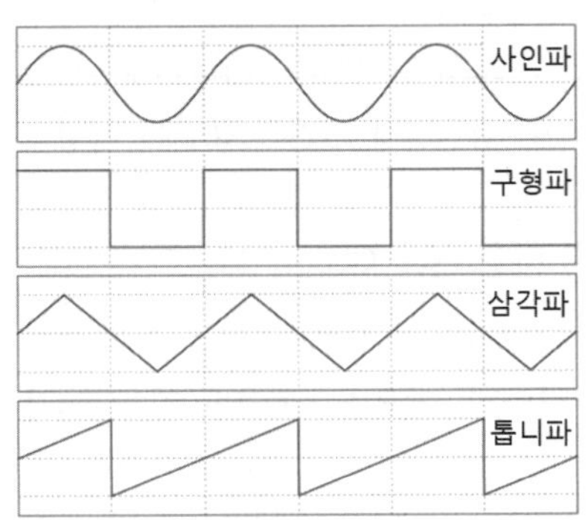

그림 1-39 함수발생기 모습과 출력 가능한 파형

(2) 사용방법

① 파형 종류(삼각파, 정현파, 구형파) : 스위치를 눌러서 선택한다.
② 주파수(frequency) : 스위치와 knob(배수로 증가)으로 선택한다.
③ 크기(amplitude) : 시계방향으로 돌리면 출력크기 증가한다.
④ Duty(symmetry) : 출력 파형의 좌우대항 비율 조절한다.

(3) 주의 사항

함수발생기의 출력은 이상적인 전압원이 아니며 통상 수십Ω–수백Ω의 내부임피던스를 가지며 출력할 수 있는 전류의 최대 크기는 수십mA 정도이다.

5 브레드보드

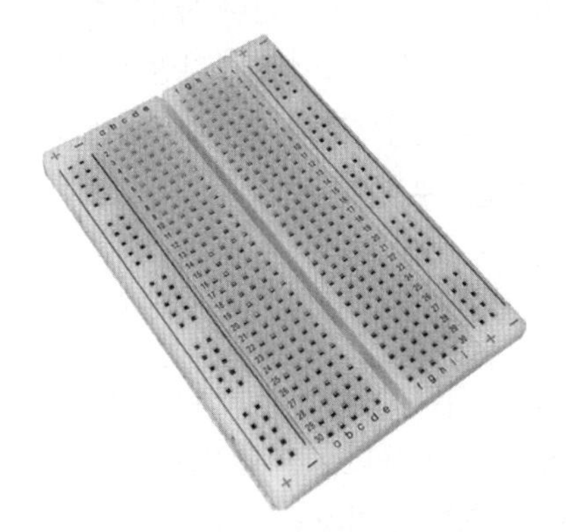

그림 1-40 브레드보드 모습과 보드에 회로를 구성한 모습

*브레드보드는 납땜없이 간단히 회로를 구성하여 시험할 때 사용하는 장비이다.
실장은 기판에 납땜하여 구성한다.

브레드보드는 납땜이 필요 없이 홀 사이에 부품 단자를 꽂아서 전자회로를 구성할 수 있는 장비이다. 홀 아래에는 컨넥트 형태로 다수개가 연결되어 있어 부품간 연결이 가능하도록 해준다.

다음 그림은 브레드보드와 그 아래 컨넥터 핀 연결형태를 보여준다.

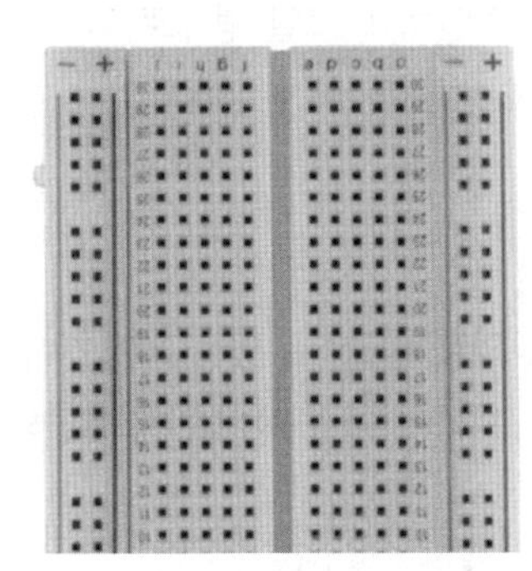

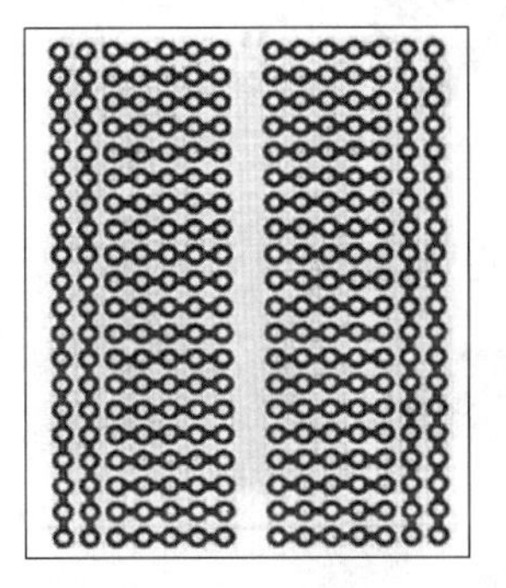

그림 1-41 브레드보드와 내부 컨넥터 핀 배열

6 수동 소자

(1) 저항

1) 저항(레지스터)

회로에서 전류의 흐름을 억제하는 역할을 한다.

- 기호(단위) : R[Ω]
- 기호 : —⋀⋀⋀—

학습 POINT
각 부품들의 사용 용도와 특징에 대해 잘 이해해 두도록 한다.

① 탄소피막저항

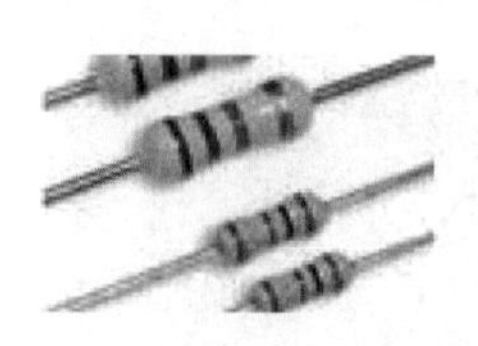

4개의 색띠로 표시되며, 가장 널리 사용되는 형태의 저항으로 세라믹 로드에 탄소분말을 피막 형태로 입힌 후 나선형으로 홈을 파서 저항 값을 조절하는 방법으로 만든다.

- 오차 : ±5%~±10%

② 금속피막저항

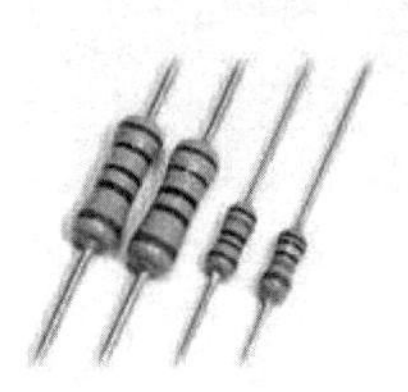

5개의 색띠로 표시되며, 정밀한 저항이 필요한 경우에 가장 많이 사용되는 저항기로 특히 고주파 특성이 좋으므로 디지털 회로에 널리 사용된다.

- 오차 : ±1%~±2%

③ 권선형 저항기

선의 길이를 조정함으로써 정밀한 저항값을 얻을 수 있다. 전력용과 정밀용이 있는데, 주로 굵은 선을 사용하여 대전력용의 저항기로 사용되며, 선을 절연체에 코일 형태로 감아 붙이기 때문에 주파수가 높은 회로에서는 사용할 수 없다.

④ 가변저항기

저항값을 임의로 바꿀 수 있는 저항기이다. 가변저항을 사용하여 저항을 바꾸면 전류의 크기도 바뀐다.

- 기호 :

(2) 컨덴서

1) 컨덴서(커패시터)의 역할과 기호

콘덴서는 '축전기'로도 불리며, 직류 전압을 가하면 각 전극에 전기(전하)를 축적(저장)하는 역할을 하고, 교류에서는 직류를 차단하고 교류 성분을 통과시키는 성질이 있다.

- 기호(단위) : C[F] (F : 패럿)

• 회로기호 :

일반적인 컨덴서	극성이 있는 컨덴서	가변컨덴서

2) 컨덴서 종류 및 특징

① 전해컨덴서

유전체로 전해액을 사용. 작은 크기에도 큰 용량을 얻을 수 있다.

+, − 극성이 있으며 내전압, 용량이 콘덴서 표면에 적혀있다. 주로 전원의 안정화, 저주파 바이패스 등에 활용되며 극을 잘못 연결할 경우 터질 수 있으므로 주의해야 한다.

② 세라믹컨덴서

유전율이 큰 세라믹 박막, 티탄산 바륨 등의 유전체를 재질로한 콘덴서. 박막형이나 원판형의 모양을 가지며 용량이 비교적 작고, 고주파 특성이 양호하여 고주파 파이배스에 흔히 사용된다.

③ 마일러콘덴서

폴리에스테르 필름의 양면에 금속박을 대고 원통형으로 감은 콘덴서. 극성이 없고, 용량이 작은 편이며, 고주파 특성이 양호하기 때문에 바이패스용, 저주파, 고주파 결합용으로 사용된다.

④ 탄탈콘덴서

전극에 탄탈륨이라는 재질을 사용한 콘덴서로, 용도는 전해 콘덴서와 비슷하지만 오차, 특성, 주파수 특성등이 전해 콘덴서보다 우수하여 전해 컨덴서보다 가격이 비싸다.

⑤ 가변컨덴서

바리콘이라고도 하며, 전극이 고정전극과 가변전극으로 되어 있어 전극이 회전함에 따라 컨덴서 용량이 변화된다. 전극사이 유전체로는 공기, 비닐이 사용된다. 라디오 방송을 선택하는 튜너 등에 사용한다.

(3) 인덕터

1) 인덕터의 기능과 기호

인덕터는 자신을 통과하는 전류의 변화를 방해하는 방향으로 작용한다. 전선 따위의 전도체로 이루어져 있으며, 보통 코일의 형태로 꼬여 있다. 유도자에 전류가 흐르면, 코일 속에 자기장의 형태로 자기 에너지가 일시적으로 저장된다. 코일에 흐르는 전류가 변하면, 패러데이 전자기 유도법칙에 따라 시간 가변성 자기장이 코일에 전압을 유도한다.

- 기호[단위] : L[H], (H : 헨리)
- 회로기호 :

코어 없는 인덕터	코어 있는 인덕터

2) 인덕터 종류

① 공심 인덕터

공심 인덕터는 내부에 코어가 없이 코일만 감아놓은 형태이며, 아주 작은 인덕턴스나 수백 MHz 이상의 높은 주파수회로에서 사용된다.

② 트로이덜 인덕터(환형 인덕터)

솔레노이드 권선을 도넛 모양으로 구부려서 시작 부분과 끝 부분을 마주보게 함으로써 폐회로를 구성하게 하였다. 따라서 효율이 좋고 소형으로 큰 인덕턴스를 만들 수 있다.

③ 페라이트 코어 인덕터

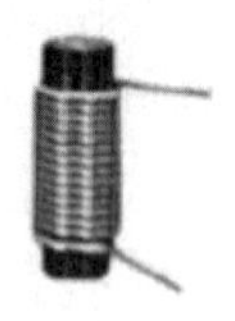

페라이트 코어는 광대역 회로에 주로 사용되며, 전자부품에 많이 이용된다. 고주파의 잡음을 열로 변환하여 제거하는 역할을 한다. 따라서 모니터 케이블, 충전 어댑터 등에 주로 많이 쓰인다.

7 반도체 소자

(1) 반도체(Semiconductor)란?

1) 반도체의 성질 ★★

① 절대 0[°K]에서 절연체, 상온에서 $10^5 \sim 10^6[\Omega \cdot m]$ 정도의 저항을 가지며 절연물과 도체의 중간 성질을 가진다.

② 불순물의 농도가 증가하면 도전율이 증가되고 상대적으로 고유 저항이 감소된다.

③ 다른 전도형의 반도체 사이에 정류 작용을 갖는다.

④ 부(−) 온도 계수를 갖는다.

⑤ 광전 효과, 홀(Hall) 효과가 있다.

⑥ 반도체는 공유 결합으로 상호 결합된다.

2) 반도체의 에너지대 ★★

① **전도대** : 전자가 원자핵의 구속에서 벗어나서 자유롭게 전류를 전도할 수 있는 에너지대

② **금지대** : 가전자대의 상한과 전도대의 하한과의 사이의 에너지 갭으로 전자가 존재하지 않는 부분

③ **가전자대** : 전자가 충만되어 있어 외부 에너지에 의하여 전자가 전도대로 이동할 수 있는 에너지대

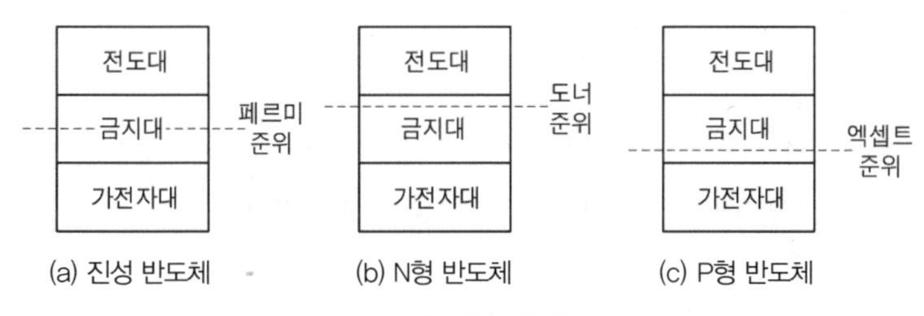

그림 1-42 반도체의 전도대

3) 페르미(ferrmi) 준위

① 기저 상태에서 전자가 가지는 최고의 에너지 위치

② **진성 반도체** : 금지대의 중앙

③ **N형 반도체** : 도너(donor)준위 아래

④ **P형 반도체** : 엑셉터(acceptor)준위 위

학습 POINT

반도체가 무엇인지 그 특징들에 대해 잘 이해해 두자.

*반도체 재료에는 원자가 4가 원소 중 실리콘(Si)과 게르마늄(Ge)이 사용된다.
4가 원소는 최외각 전자의 수가 4개임을 의미한다.

*N형 반도체 내에는 자유전자가 가득 있고, P형 반도체 내에는 정공이 가득 차 있다.

학습 POINT
반도체 부품들의 특징과 사용법, 그리고 기호들에 대해 잘 익혀두자.

*반도체는 P형에서 N형으로만 전류가 흐른다.

(2) 진성 반도체와 불순물 반도체 ★★

1) 진성 반도체

① 불순물이 첨가되지 않은 순수 반도체이다(Ge, Si 등).

② 전자의 수와 정공의 수가 같다.

③ 에너지 갭 : Ge = 0.785[eV], Si = 1.21[eV]

2) 불순물(외인성) 반도체

① N형 반도체

㉠ 진성 반도체에 도너(donor, 5가 원소) 불순물을 첨가한 반도체

㉡ 5가 원소 : A_s(비소), S_b(안티몬), P(인), B_i(비스무트) 등

㉢ 다수 캐리어 : 전자(−), 소수캐리어 : 정공(+)

② P형 반도체

㉠ 진성 반도체에 엑셉터(acceptor, 3가 원소) 불순물을 첨가한 반도체

㉡ 3가 원소 : In(인듐), Ga(갈륨), B(붕소), Al(알루미늄) 등

㉢ 다수캐리어 : 정공(+), 소수캐리어 : 전자(−)

(3) 반도체 소자(능동소자) 종류 및 특징

1) 다이오드(Diode) ★★★

다이오드는 N형 반도체 1개와 P형 반도체 1개를 서로 맞붙여 만든다. 이를 PN 접합이고 하며, 이때 공핍층과 전위장벽이라는 현상이 나타나며 다이오드의 성질을 결정하게 된다.

① PN접합

㉠ **공핍층** : PN 접합시 확산 전류가 흘러 전자, 정공이 재결합하므로서 생기는 반송자가 존재하지 않는 공간 전하 영역

㉡ **전위장벽**

- PN 접합시 확산으로 인한 전자, 정공의 결합으로 P형에는 (−)이온, N형에는 (+)이온만이 남게 되어 생기는 접촉 전위차
- 전위장벽의 높이 eø[eV]

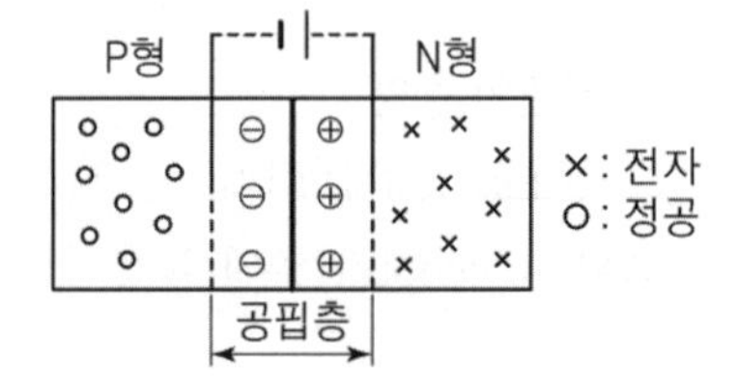

그림 1-43 다이오드의 PN접합

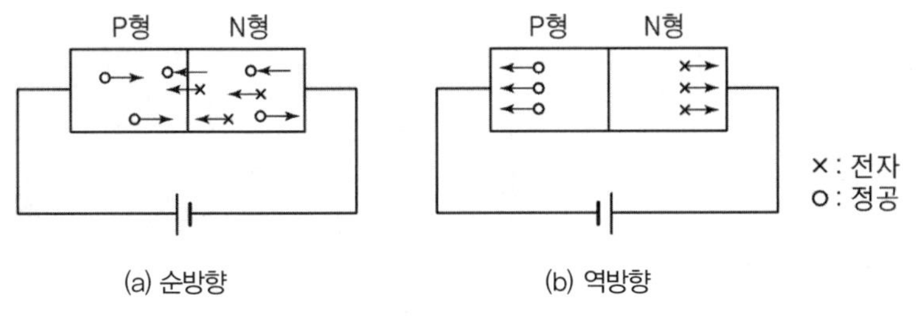

그림 1-44 다이오드의 정류 작용

ⓒ PN 접합의 정류 작용
- 순방향 바이어스 : 전류 도통
- 역방향 바이어스 : 전류 차단

② 다이오드의 종류

㉠ PN 접합 다이오드(=정류다이오드, 검파다이오드)
- P형 반도체와 N형 반도체의 1 : 1 접합이다.
- 접합에 의한 정류작용 이용 용도 : 정류, 검파
- 항복 전압(breakdown voltage) : PN 접합에 역방향 전압을 서서히 증가시킬 때 급격히 역방향 전류가 증가하는 점의 전압

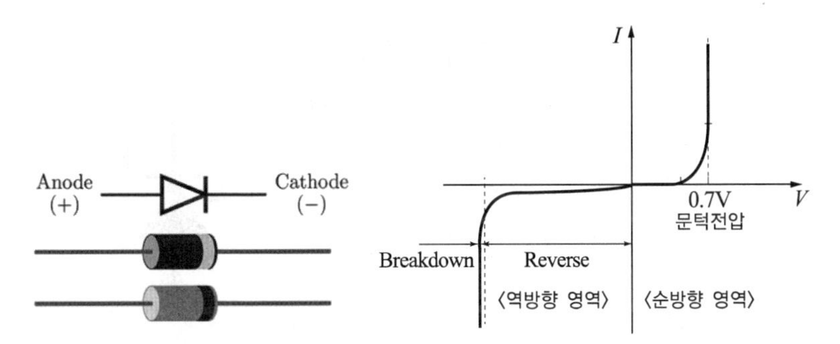

그림 1-45 다이오드 기호와 외형　그림 1-46 PN 접합 다이오드의 전류-전압 특성

㉡ 제너 다이오드(=정전압 다이오드)
- 역방향 항복 현상을 이용한 것으로 항복 전압을 제너 전압이라 한다.
- 제너 전압의 크기는 첨가되는 불순물의 양, 확산 시간, 합금 온도 등에 따라 정해진다.
- 용도 : 정전압 회로

*제너 다이오드는 낮은 역방향 전압에서 항복 현상이 일어나도록 만든 다이오드이다. 항복 전압이 일정한 특성을 이용하여 정전압 회로에 사용된다.

㉢ 터널 다이오드(=에사키 다이오드)
- 불순물의 농도를 증가시킨 PN 접합 다이오드
- 역방향으로 우수한 도전성을 가지며 부성 저항 특성이 있다.
- 용도 : 마이크로파대의 발진, 증폭, 스윗칭소자

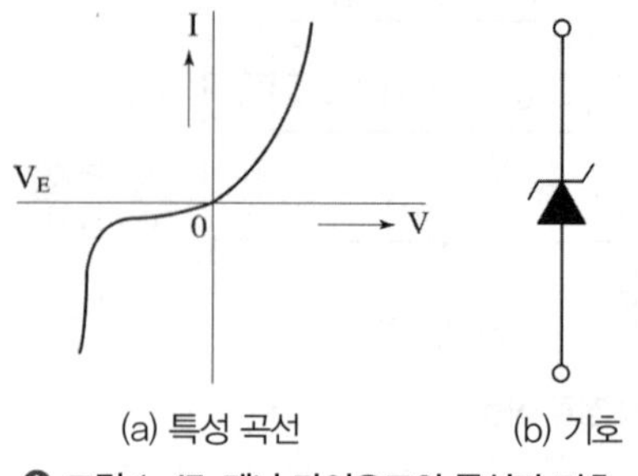

(a) 특성 곡선 (b) 기호

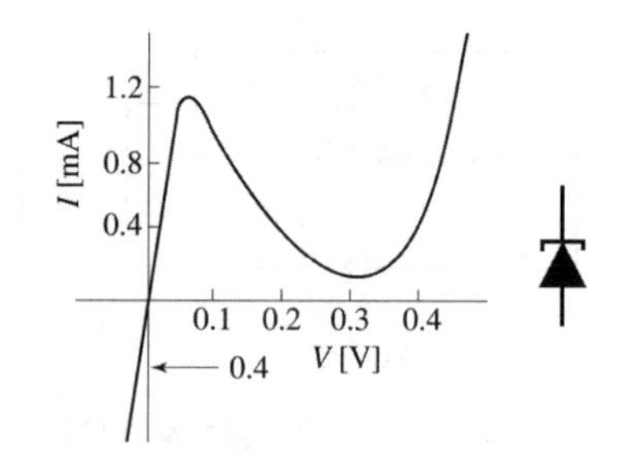

그림 1-47 제너 다이오드의 특성과 기호

그림 1-48 터널 다이오드의 특성과 기호

㉣ **쇼트키 다이오드**

- 정확한 명칭은 쇼트키 배리어 다이오드(Schottky Barrier Diode)이다.
- 순방향 전압 특성이 낮다.
- 허용 역전압이 최고 100V 정도로 대단히 낮다.
- 내부 저항이 작고 스위칭 속도가 빠르다.
- PC의 스위칭 전원 장치와 같이 고속, 고효율을 요구하는 환경에 많이 사용된다.

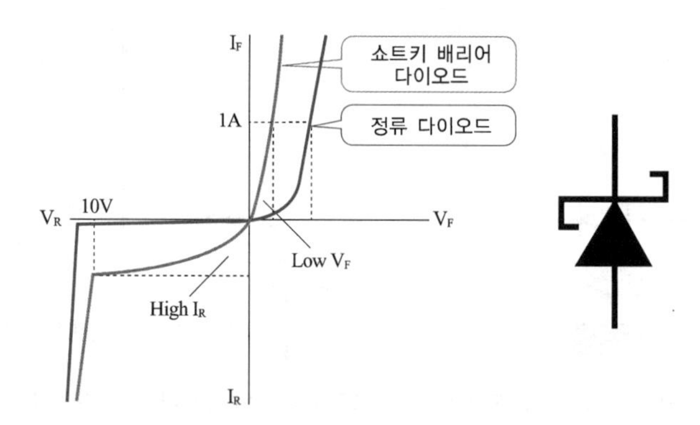

그림 1-49 일반 정류다이오드와 특성 비교와 기호

㉤ **발광 다이오드(LED)**

- LED(Light-Emitting Diode)는 순방향으로 전압이 걸릴 때 단파장광이 방출되는 현상인 전기발광효과를 이용한 반도체 소자이다.
- 순방향 전압 인가시 n층의 전자와 p층의 정공(hole)이 결합하면서 결합에너지가 빛으로 방출되도록 한 것이다.
  - 가시광선 LED : 적색, 녹색, 황색, 청색, 백색 LED 등
  - 적외선 LED : 광센서, 리모콘, 적외선 통신(IrDA) 등에 사용
  - 자외선 LED : 살균, 피부치료 등 생물, 보건분야에 사용

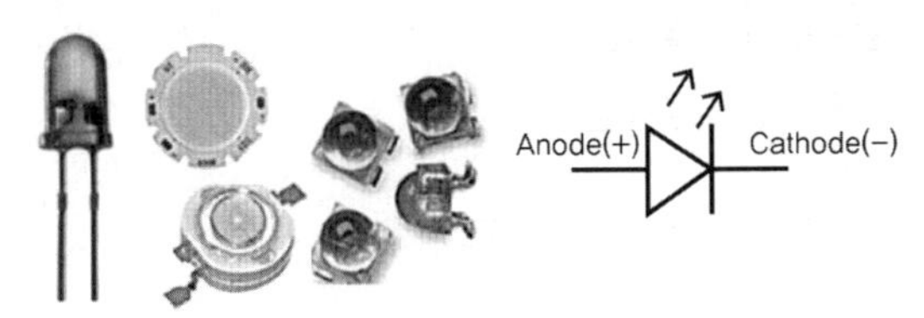

그림 1-50 LED 모습과 기호

– 화합물에 따른 LED 발광색

화합물	발광색
알루미늄 갈륨 비소(AlGaAs)	적외선, 빨간색
갈륨 비소 인(GaAsP)	빨간색, 오렌지색, 노란색
인화갈륨(GaP)	빨간색, 노란색, 녹색
셀렌화 아연(ZnSe)	녹색, 파란색
알루미늄 갈륨 인듐 인(AlGaInP)	오렌지색, 노란색, 녹색

2) 트랜지스터(Transistior) ★★★

① 트랜지스터의 구조(BJT : Bipolar Junction Transistor)

㉠ **종류** : PNP형, NPN형

㉡ **전극** : 에미터(emitter, E) 베이스(base, B), 컬렉터(collector, C)

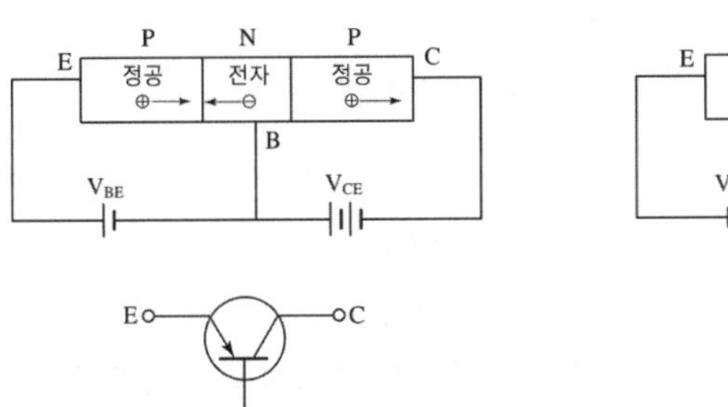

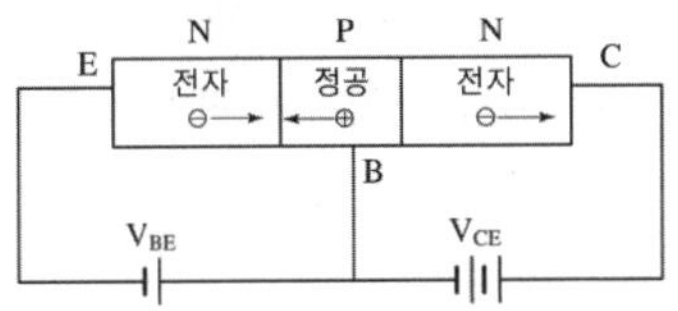

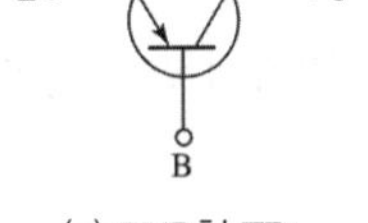

(a) PNP형 TR

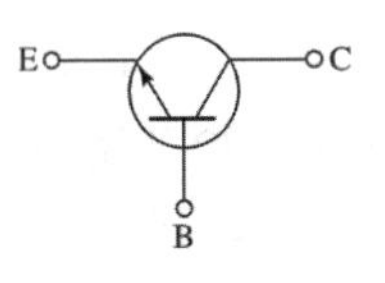

(b) NPN형 TR

그림 1-51 트랜지스터의 구조와 기호

> **학습 POINT**
> 트랜지스터 종류별 기호를 필히 익혀두고 동작영역별 바이어스 방향에 대해 잘 기억해두자.

② 트랜지스터의 동작 영역

$V_{BE}(+)$
활성 영역 포화 영역
(−) (+)
차단 영역 역활성 영역
$V_{BE}(-)$

동작영역	EB접합	CB접합	용도
포화영역	순바이어스	순바이어스	스위칭
활성영역	순바이어스	역바이어스	증폭
차단영역	역바이어스	역바이어스	스위칭
역활성영역	역바이어스	순바이어스	

③ 트랜지스터의 전류 증폭율

㉠ **베이스 접지 전류 증폭율**

$$\alpha = \left|\frac{\triangle I_C}{\triangle I_E}\right| V_{CB} \text{일정} = h_{fb} = \frac{\beta}{1+\beta}$$

㉡ **에미터 접지 전류 증폭율**

$$\beta = \left|\frac{\triangle I_C}{\triangle I_B}\right| V_{CE} \text{일정} = h_{fe} = \frac{\alpha}{1-\alpha}$$

㉢ $I_C = \beta I_B + (1+\beta) I_{CBO} = \beta I_B + I_{CEO}$

*베이스접지 전류증폭률 α는 거의 "1"에 가깝고, 실제로 트랜지스터의 전류 증폭 특성을 나타내는 것은 에미터접지 증폭률인 β를 의미한다.

3) 전계효과 트랜지스터(FET : Field Effect Transistor) ★★

*트랜지스터(BJT)는 베이스 전류에 의해 컨렉터-에미터간 전류가 제어되고, FET는 게이트 전압에 의해 드레인-소스간 전류가 제어된다.

① FET의 종류

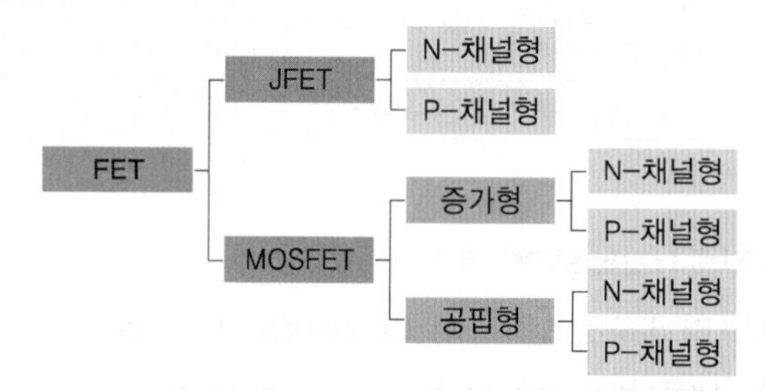

② FET 특징

㉠ 입력 임피던스가 높다.

㉡ 열적으로 안정하고 잡음이 적다.

㉢ 이득 대역폭이 작아서 고주파 특성이 나쁘다.

㉣ 저주파 특성이 좋고 I_C 화가 용이하다.

③ 접합전계효과 트랜지스터(JFET : Junction FET)

㉠ JFET는 다수 반송자만으로 동작하는 단극 소자로 전압 제어형 소자이며 게이트(gate) 전극에 걸어주는 전압의 변화에 따라 공핍층(채널의 폭)이 변화되어 드레인(drain)전류가 제어된다.

㉡ 핀치 오프 전압(pinch off voltage) : 게이트 전압을 서서히 증가시킬 때 드레인 전류가 0이 되는 게이트 전압

㉢ 전극

- 게이트(gate, G)
- 소오스(source, S)
- 드레인(drain, D)

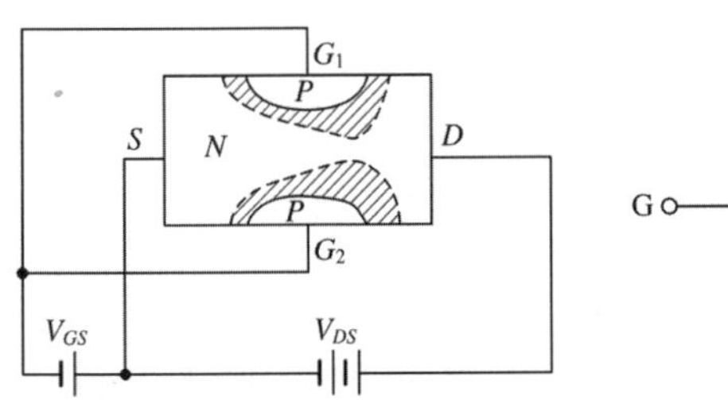

○ 그림 1-52 JFET의 전계효과 동작

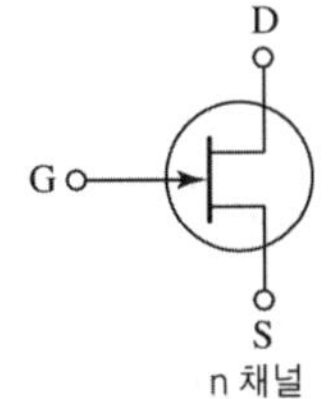

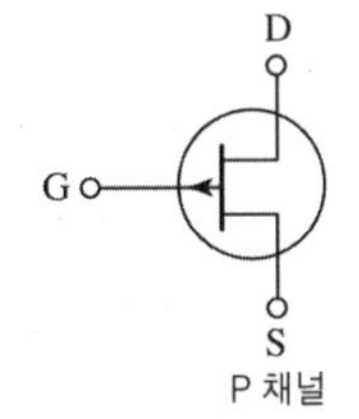

○ 그림 1-53 JFET의 N채널과 P채널 기호

④ MOS FET(Metal Oxcide Semoconductior FET : 금속산화물반도체 FET)

게이트 단자가 절연되어 있어 게이트에 걸린 전압(전계)에 의해 채널을 제어하며 동작한다.

㉠ **증가형** MOS FET(Enhancement MOS FET : EMOS FET)

제조시 드레인과 소스 단자 사이에는 채널이 없어서 전류를 흘리지 못한다. 게이트 단자 전압으로 드레인과 소스사이 캐리어를 모아 채널을 만들어서 전류를 흘린다.

㉡ **공핍형** MOS FET(Depletion MOS FET : DMOS FET)

제조시 드레인과 소스 단자 사이에는 채널이 만들어져 있어 전류를 잘 흘릴 수 있다. 게이트의 전계로 채널에 있는 캐리어를 방출하여 전류를 작게 또는 차단할 수 있다.

- MOS FET 기호

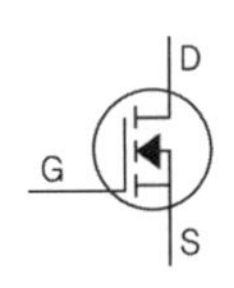

[N채널 증가형]

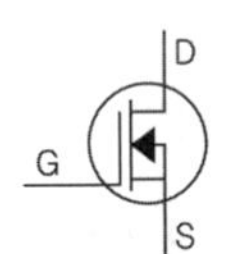

[P채널 증가형]

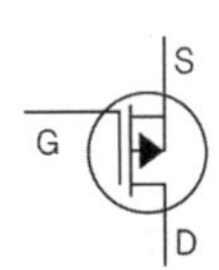

[N채널 공핍형]

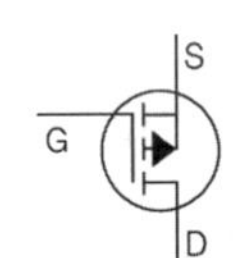

[P채널 공핍형]

4) 반도체의 스위칭 소자

① SCR(silicom controlled rectifier) ★★

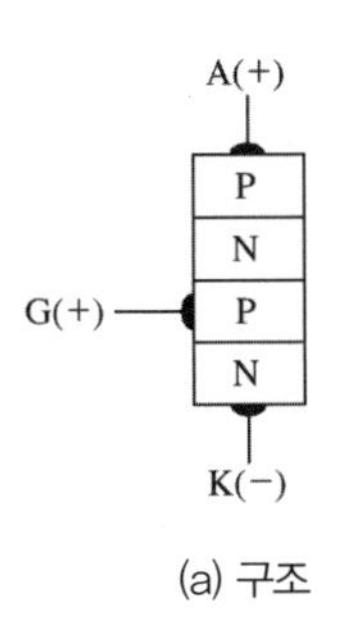

(a) 구조

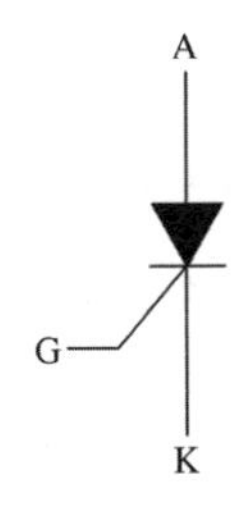

(b) 기호

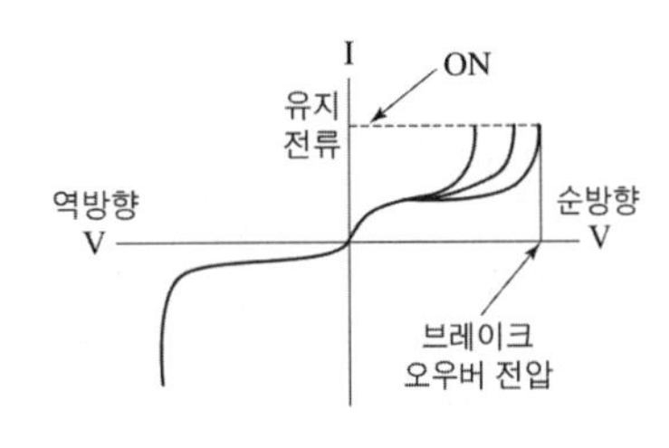

(c) 전압-전류 특성

○ 그림 1-54 SCR 구조와 특성

㉠ PNPN 접합의 단방향성 소자
㉡ 전극
- 에노우드(anode, A)
- 케소우드(Cathode, K)
- 게이트(gate, G)

㉢ 에노우드에 (+), 캐소우드에 (−) 전압을 인가한 상태에서 게이트에 (+)전압을 가하면 도통되고, 일단 도통되면 게이트의 제어 능력으로 상실되며 에노우드 전압을 0 또는 (−)로 해야만 차단된다.
㉣ 용도 : 대전력 제어, 모우터 속도 제어, 온도 조절, 정류기 등

② 다이악(diode AC switch, DIAC) ★

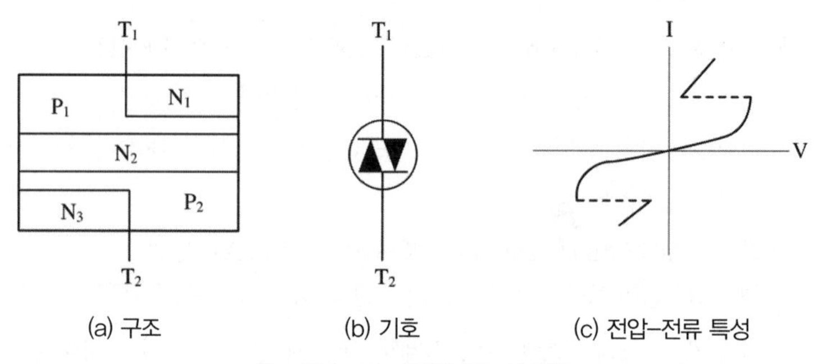

그림 1-55 다이악 구조와 특성

㉠ PNPN 다이오드 2개를 역방향으로 결합한 구조의 쌍방향성 2단자 소자
㉡ 용도 : SCR, TRIAC 등의 전력제어소자의 게이트 제어용

*SCR이 단방향으로만 제어되는 단점을 보완하여 쌍방향 모두 제어할 수 있도록 개선한 것이 트라이악이다.

③ 트라이악(Tri A C switch, Triac) ★
㉠ SCR을 양방향성으로 개선한 쌍방향성 3단자 소자
㉡ 용도 : SCR과 동일

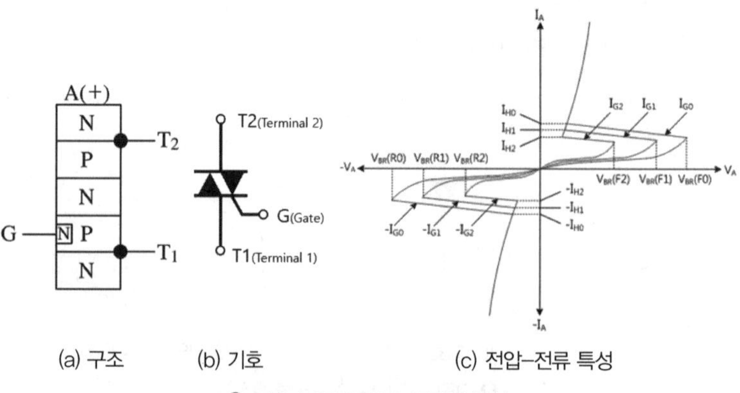

그림 1-56 TRIAC 구조와 특성

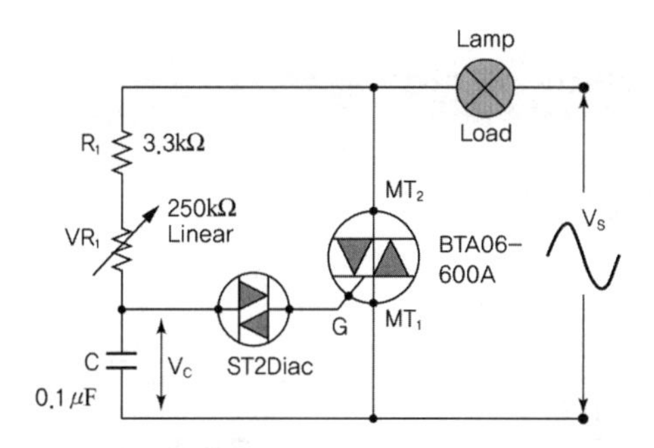

그림 1-57 TRIAC과 DIAC을 이용한 조광제어 회로 예

④ 단일 접합 트랜지스터(uni-junction transistor, UJT) ★

㉠ N형의 S_i 막대 양단에 B_1, B_2의 전극을 만들고 중앙에 하나의 PN 접합을 구성한 구조로 2중 베이스 다이오드라 한다.

㉡ 부성 저항 특성을 가진다.

㉢ 용도 : 부성 저항 특성을 이용한 트리거 펄스 발생 회로

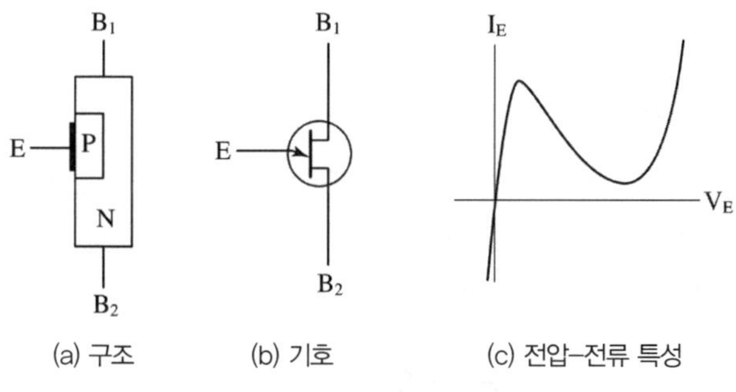

그림 1-58 UJT 구조와 특성

2 저항, 전압, 전류의 측정

1 저항의 측정

(1) 저항 읽는 법

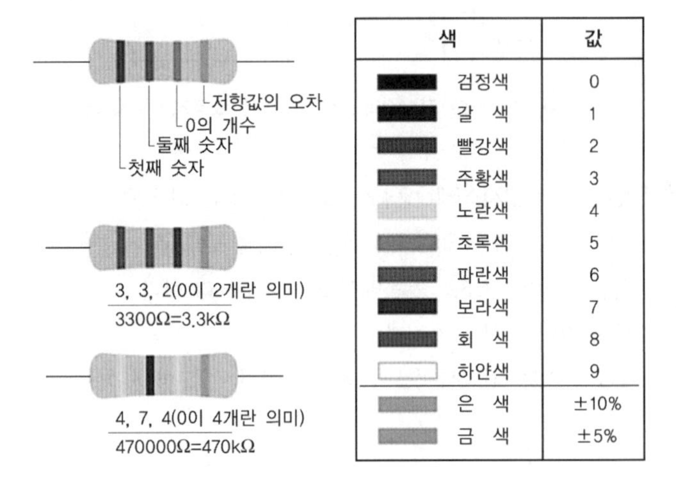

색	값
검정색	0
갈 색	1
빨강색	2
주황색	3
노란색	4
초록색	5
파란색	6
보라색	7
회 색	8
하얀색	9
은 색	±10%
금 색	±5%

(2) 저항의 측정

저항을 측정하려면 회로기판에서 떼어 내어 단독 측정하여야 한다. 기판에 삽입된 채로 측정하면 회로가 연결된 부품들의 종합 저항값이 측정되기 때문에 큰 오차가 발생한다.

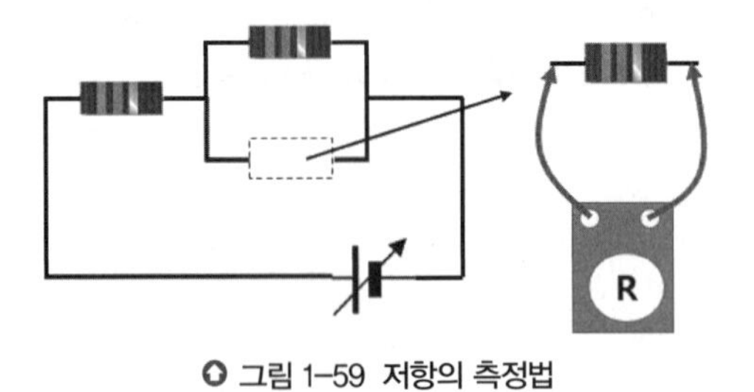

그림 1–59 저항의 측정법

2 전압의 측정

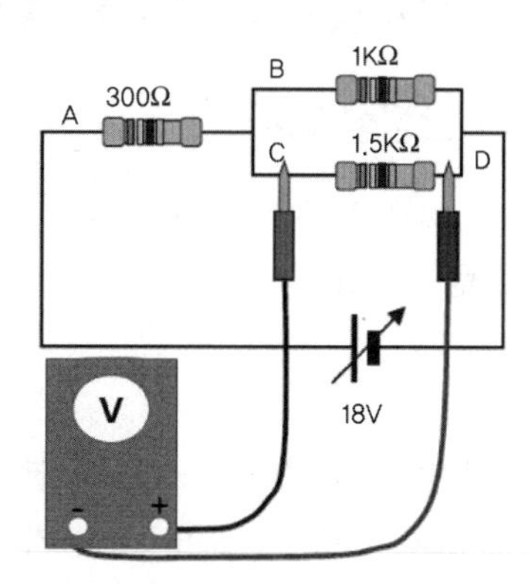

그림 1-60 저항 양단의 저항의 측정

저항 양단의 전압을 측정하고자 한다면 멀티테스터기를 병렬로 측정하면 된다. 이때 테스터기의 (+)프로브는 전류가 들어가는 방향에 두고 (−)프로브는 전류가 나오는 방향으로 측정한다.

3 전류의 측정

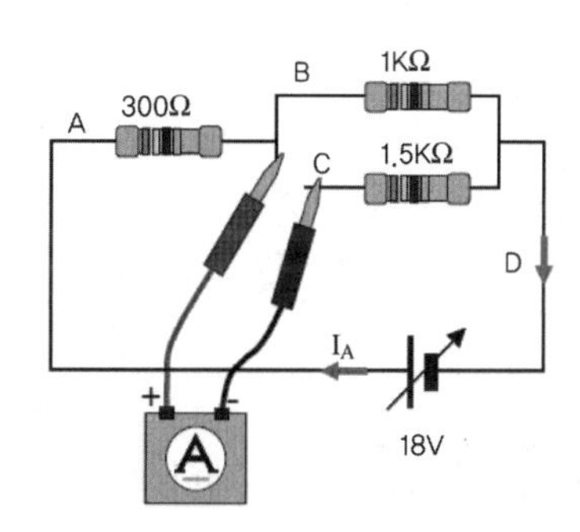

그림 1-61 회로에서의 전류 측정

전류의 측정은 직렬 측정이다. 그림처럼 측정 포인트를 개방하고 테스터기의 (+) 프로브는 전류가 들어오는 점에 두면 된다.

3 전기전자장치의 안정성 검사 유지보수

1 직류전원공급기의 안정성 검사

전원공급기의 고장은 회로의 화재로 이어질 수 있기 때문에 실험전 반드시 확인한 후 사용하도록 한다.

(1) 출력 전압 검사

전원공급기 직류전압 출력에 멀티테스터기를 열결하여 전원공급기에 표시되는 전압과 멀티테스터기 측정전압이 동일한지 검사한다.

(2) 전류제한 검사

전원공급기 전류제한 다이얼을 반시계 방향으로 돌려 놓고 채널 출력단자를 단락시킨다. 단락 경고등이 켜지는지 확인하고 전류표시가 3A를 넘지 않고 제한이 걸리는지 확인한다. 이상 발생시 즉시 사용을 중지하고 A/S를 받는다.

2 오실로스코프 정밀도 검사와 유지보수

(1) 정상동작상태의 확인

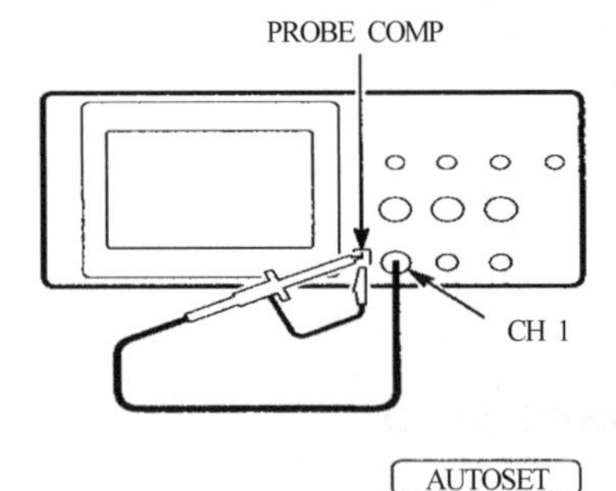

❶ 오실로스코프 프로브를 1번 채널로 연결한다. 프로브 끝과 레퍼런스 리드선을 PROBE COMP 커넥터에 붙인다.

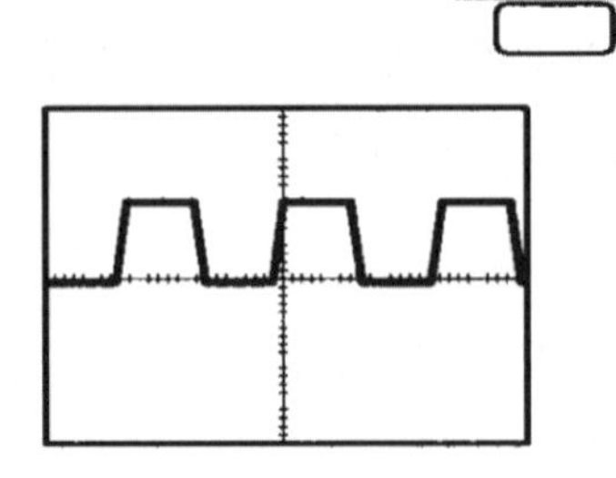

❷ AUTOSET 버튼을 누른다. 수 초 안에, 디스플레이에서 구형파를 보게 된다.

❸ 1[kHz]에 5V인지 확인한다.

❹ 2번 채널도 위 과정을 반복한다.

(2) 프로브의 보상

스크린에 나타난 구형파의 파형이 일그러져 있다면 깨끗한 구형파가 나오도록 프로브 교정용 볼륨을 조정해야 한다.

프로브가 입력 채널과 일치하도록 다음의 조정 절차를 밟는다. 어떤 입력 채널이든지 프로브를 처음 부착할 때마다 다음 과정을 거쳐야 한다.

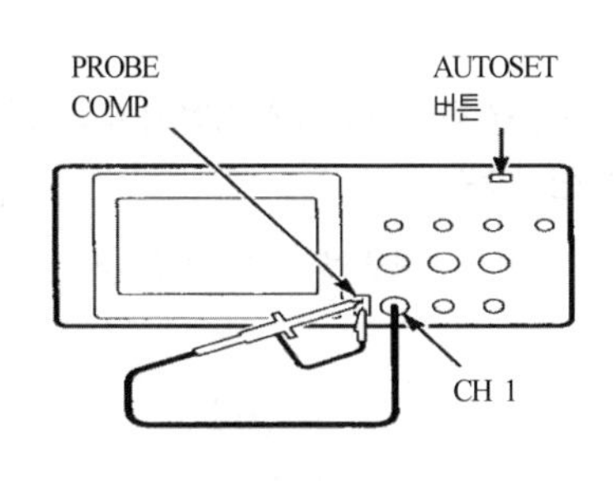

❶ 오실로스코프 프로브를 1번 채널에 연결한다. 프로브 끝에 레퍼런스 리드선을 PROBE COMP에 붙인 다음 AUTOSET을 누른다. 프로브 후크팁(hook-tip)을 사용할 경우, 팁을 프로브에 단단히 삽입하여 제대로 연결되었는지 확인한다.

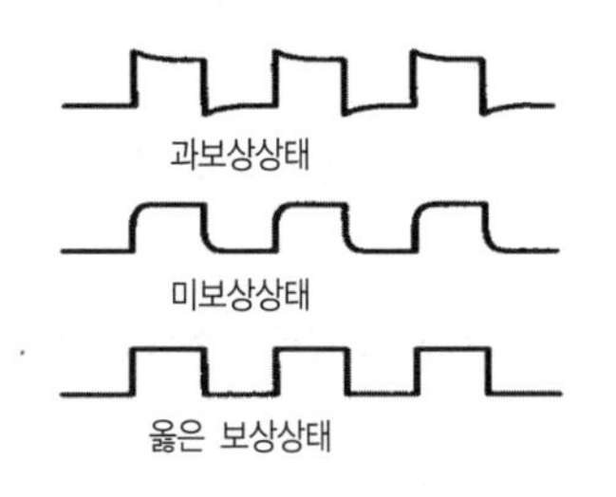

❷ 디스플레이되는 파형의 모양을 검사한다.

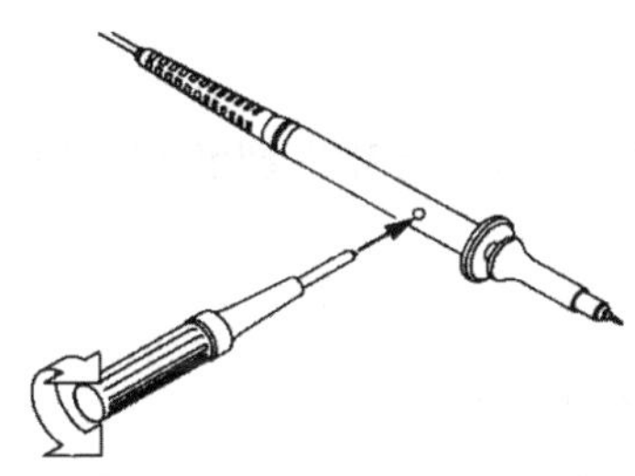

❸ 필요할 경우, 옳은 보상상태가 나오도록 드라이브로 프로브의 교정용 볼륨을 조정한다. 필요하다면 반복한다.

형성평가

01 다음과 같이 회로를 구성하여 저항 R_L 양단의 전압 V_L을 측정하고자 한다. 불필요한 장비는?

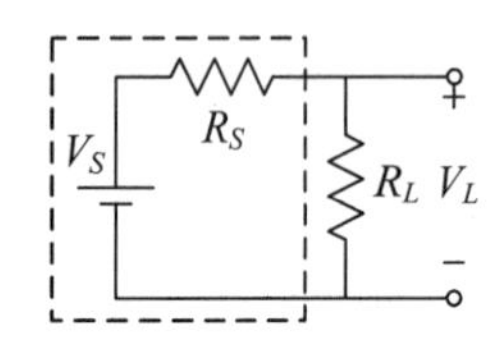

① 오실로스코프　② 함수발생기
③ DC전원공급기　④ 회로시험기

해설
함수발생기는 교류파형을 출력하는 장비이다.

02 다음 중 오실로스코프로 직접 측정할 수 없는 것은?

① 교류전압　② 직류전압
③ 교류전류　④ 교류주파수

해설
- 오실로스코프는 직접적으로는 전류를 측정할 수 없다.
- 전류를 측정하기 위해서는 측정점에 저항을 연결하여 저항의 전압을 측정하고 옴의 법칙으로 전류를 계산해서 구해야 한다.

03 다음은 함수발생기에 대한 설명이다. 잘못된 것은?

① 교류전압을 조절할 수가 있다.
② 톱니파 출력이 가능하다.
③ 교류의 주파수를 조절할 수가 있다.
④ 출력 전류를 조절할 수가 있다.

해설
시판 중인 범용으로 사용하는 기초전기전자 실습용 함수발생기는 출력할 수 있는 전류의 최대 크기가 수십mA~수백mA 정도로 고정되어 있다.

04 다음은 직류전원 공급장치 조작방법에 대한 설명이다. 틀린 것은?

① 회로에 연결 후 전원을 켜서 전압을 조정한다.
② 전류제한을 최소로 설정한다.
③ 병렬모드 사용시 두 채널의 전압을 동일하게 설정한다.
④ 두 채널을 직렬 모드로 사용할 수도 있다.

해설
회로에 전원공급기의 출력을 연결 전 반드시 적절한 전압으로 설정 후 연결한다.

05 다음은 오실로스코프에 대한 설명이다. 잘못된 것은?

① 시간적으로 불규칙하게 변하는 교류파형을 관찰할 수가 있다.
② 직류 성분에 포함된 교류(리플)를 관찰할 수가 있다.
③ 교류의 주파수를 알 수 있다.
④ 교류전압의 V_{PP} 값을 알 수가 있다.

해설
오실로스코프는 주기적으로 반복되는 전자신호를 표시하는 데 사용한다. 주기가 불규칙한 파형은 관측이 어렵다.

[정답] 01 ② 02 ③ 03 ④ 04 ① 05 ①

06 회로시험기(멀티테스터기)로 측정이 불가능한 것은?

① 교류전압 ② 교류전류
③ 직류전압 ④ 직류전류

해설
회로시험기는 직류전류는 측정할 수 있으나, 교류전류는 불가능하다.

07 오실로스코프의 CH1로 파형을 관측해 보니 다음 그림과 같다. 파형의 진폭(V_{PP})은 얼마인가?

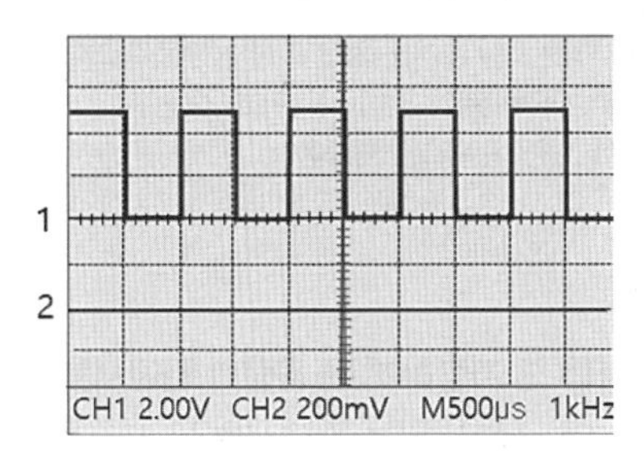

① 0.5V ② 2V
③ 4V ④ 5V

해설
CH1의 Volt/Div이 2V이므로 V_{PP}는 5V이다.

08 오실로스코프로 관측된 파형에서 화살표가 지시하는 표시가 가리키는 의미는?

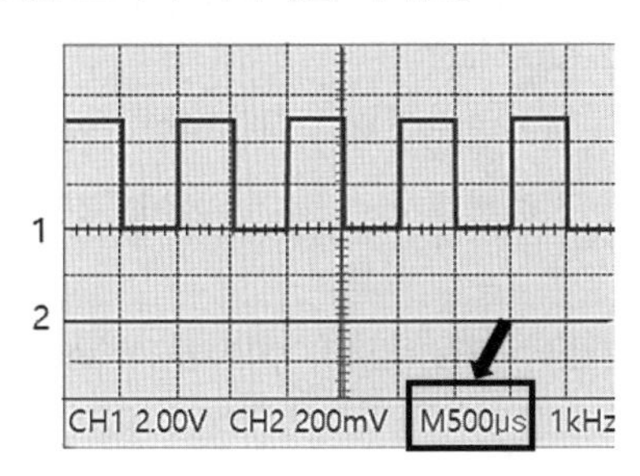

① 화면 양쪽 끝 길이에 대한 시간
② 가로 1칸의 시간
③ 파형 1주기의 시간
④ 파형 세로 높이 시간

해설
Time/Div을 나타내며 가로 1칸 시간을 나타낸다.

09 오실로스코프의 로 파형을 관측해 보니 다음 그림과 같다. 파형의 진폭(V_{PP})은 얼마인가? (단, Volt/Div 1V, Time/Div 1ms)

① 1V
② 2V
③ 4V
④ 8V

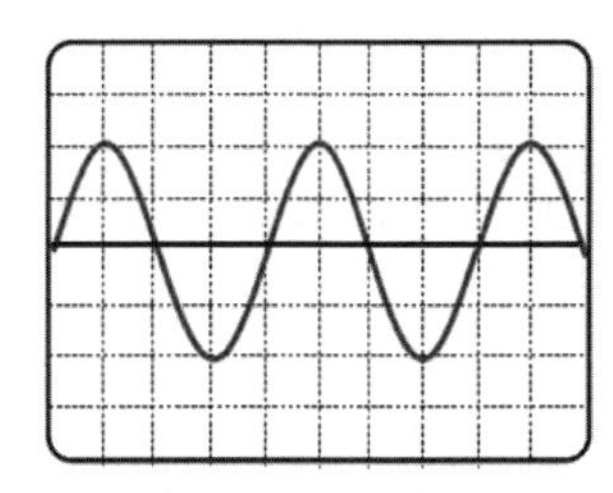

해설
세로로 4칸이므로 $4V_{PP}$이다.

10 오실로스코프의 로 파형을 관측해 보니 다음 그림과 같다. 주파수는 얼마인가? (단, Volt/Div 0.5V, Time/Div 250μs)

① 25Hz
② 250Hz
③ 500Hz
④ 1KHz

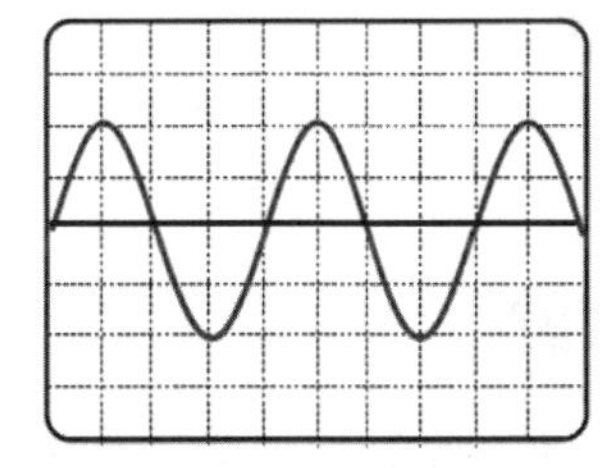

해설
주파수 = 1/주기에서 Time/Div 250μs이고 1주기는 가로 4칸에 해당된다.
250μs × 4칸 = 1000μs = 1ms이다.
따라서 주파수 = 1/0.001 = 1000Hz = 1KHz이다.

[정답] 06 ② 07 ④ 08 ② 09 ③ 10 ④

11 다음 중 함수발생기(펑션제네레이터)에서 출력이 불가능한 파형은?

① 피크파 ② 구형파
③ 톱니파 ④ 감각파

12 전기전자회로를 납땜 없이 홀에 부품 단자들을 꽂아서 회로를 구성할 수 있는 장치는 무엇인가?

① 브레드보드 ② 만능기판
③ 마더보드 ④ PCB보드

해설
만능기판과 PCB보드는 납땜을 하여야 한다.

13 다음과 같이 회로를 구성하여 저항 양단의 V_{pp}를 측정하고자 한다. 다음 중 꼭 필요한 장비가 아닌 것은?

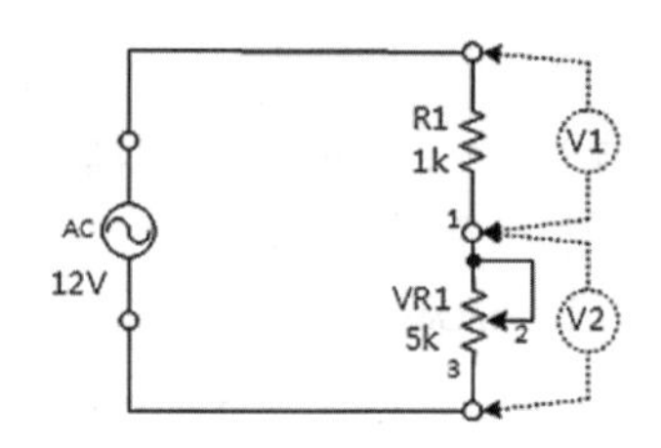

① 오실로스코프 ② 함수발생기
③ 브레드보드 ④ 회로시험기

해설
회로시험기로 교류 측정시 실효값(V_{rms})이 측정되기 때문에 별도 계산을 하여 V_{pp}를 구해야 한다.

14 오차 1%급의 정밀급 저항으로서 5개 색띠로 표현하는 저항은?

① 탄소피막저항 ② 금속피막저항
③ 권선저항 ④ 가변저항

해설
금속피막저항은 정밀도가 높고 특히 고주파 특성이 좋으므로 디지털 회로에 널리 사용된다.

15 다음 중 커패시터에 대한 설명 중 잘못된 것은?

① 전류를 흘리면 전극사이 전하를 축적한다.
② 직류성분은 차단하는 성질이 있다.
③ 필터 회로에 많이 사용된다.
④ 회로에 흐르는 전류를 제한한다.

해설
- 커패시터는 직류를 차단하고 교류 성분을 통과시키는 성질이 있어 필터회로에 많이 사용되고 있다.
- 전류를 제한하는 것은 저항이다.

16 다음 중 저렴하게 큰 용량의 컨덴서를 만들기 쉬우며 극성이 있는 컨덴서는?

① 세라믹컨덴서 ② 마일러컨덴서
③ 전해컨덴서 ④ 탄탈컨덴서

해설
전해컨덴서는 유전체로 전해액을 사용. 작은 크기에도 큰 용량을 얻을 수 있고, 극성이 있다.

17 다음 중 용량이 비교적 작고, 고주파 특성이 뛰어난 컨덴서는?

① 세라믹컨덴서 ② 마일러컨덴서
③ 전해컨덴서 ④ 마이카컨덴서

해설
세라믹컨덴서는 특성이 양호하여 고주파 파이패스에 흔히 사용된다.

[정답] 11 ① 12 ① 13 ④ 14 ② 15 ④ 16 ② 17 ①

18 다음은 인덕터에 대한 설명이다. 잘못된 것은?

① 교류 저항 역할을 한다.
② 전하를 축적하는 기능을 한다.
③ 단위는 헨리(H)를 사용한다.
④ 가변 자기장에 의해 코일에 전압이 유도된다.

해설
인덕터는 자신을 통과하는 전류의 변화를 방해하는 방향으로 작용하므로 교류에서 저항 성질이 있다. 전하를 축적하는 것은 커패시터이다.

19 다음은 저항(레지스터)에 대한 설명이다. 잘못된 것은?

① 사용자가 값을 변경할 수 있는 저항도 있다.
② 저항이 크면 전류가 작아진다.
③ 2개 이상의 저항으로 전압 분배회로를 구성할 수 있다.
④ 저항이 크면 전압이 작아진다.

해설
저항이 크면 저항 양단의 전압도 커진다(옴의 법칙).

20 반도체의 성질이 아닌 것은?

① 도체와 절연체 사이의 저항값을 가진다.
② 부(−)의 온도계수를 갖는다.
③ 밴드구조는 전도대와 충만대가 연결되어 있다.
④ 불순물이 섞일수록 저항이 감소한다.

21 반도체에 관한 설명 중 잘못된 것은?

① 정(+)온도 계수를 가진다.
② 불순물의 주입에 의해 저항을 바꿀 수 있다.
③ 광전 효과가 있다.
④ 호올(Hall)효과가 있다.

해설
반도체의 성질
- 절대 0[°K]에서 절연체, 상온에서 $10^{-5} \sim 10^{6}[\Omega \cdot m]$ 정도의 저항을 가지며 절연물과 도체의 중간 성질을 가진다.
- 불순물의 농도가 증가하면 도전율이 증가되고 상대적으로 고유 저항이 감소된다.
- 다른 전도형의 반도체 사이에 정류 작용을 갖는다.
- 부(−) 온도 계수를 갖는다.
- 광전효과, 홀(Hall) 효과가 있다.
- 반도체는 공유 결합으로 상호 결합된다.

22 다음은 반도체의 물리적 성질을 설명한 것이다. 맞지 않는 것은?

① 광도전성을 가지고 있다.
② 열전기 현상에 있어 제어백 효과를 가지고 있다.
③ 저항 온도 계수가 양(+)이다.
④ 호올 효과를 가지고 있어 자계에 의한 기전력을 발생시킬 수 있다.

해설
반도체는 온도가 증가하면 저항이 감소한다.

23 반도체 재료의 일반 특성으로 틀린 것은?

① 제4족 원소로 고체상태에서는 금강석 구조의 결정체를 이룬다.
② 이온결합을 하고 있다.
③ 고유저항은 $10^{-4} \sim 10^{3}[\Omega \cdot m]$ 정도이다.
④ 온도에 따라 특성이 많이 변한다.

[정답] 18 ② 19 ④ 20 ③ 21 ① 22 ③ 23 ②

24 반도체에 관한 설명 중 옳지 않는 것은?

① 상온에서 저항율이 $10^{-4} \sim 10^{7}[\Omega \cdot m]$ 정도이다.
② 온도가 상승함에 따라 저항값이 감소한다.
③ 불순물이 섞이면 저항값이 증가한다.
④ 절대 온도(−273[℃])에서 절연체가 된다.

해설
불순물을 많이 섞으면 캐리어가 많이 발생하기 때문에 저항이 감소한다.

25 현재 개발된 반도체에 결정 구조는 주로 어느 형인가?

① 공유 결합
② ion 결합
③ 반데르 바알스(van der waals)결합
④ 금속 결합

해설
공유 결합(다이어먼드 구조)
각 원자의 가전자가 서로 2개씩의 쌍으로 되어서 주위의 원자에 공유되어 안정한 결합을 하는 방식이다.

26 다음 중 반도체에 속하는 것은?

① 금속　② 세라믹
③ 규소　④ 유리

해설
반도체의 주재료는 실리콘(Si : 규소)과 게르마늄(Ge)이다.

27 다음 중 반도체에서 발생하는 현상이 아닌 것은?

① 열전 현상
② 광전 현상
③ 압전 현상
④ 자기전기현상(호올 효과)

해설
반도체의 발생 현상
- 광전 효과(광도전 효과, 광기전력 효과, 루우미네센스)
- 호올 효과
- 열전 효과(제에벡 효과, 펠티어 효과)

28 다음 중 반도체의 성질과 관계가 없는 것은?

① 제베크효과　② 펠티에효과
③ 홀효과　④ 피에조효과

29 진성 반도체의 페르미 준위의 위치는?

① 온도에 관계없이 물질내의 중간에 위치한다.
② 금지대의 중앙에 위치하지만 온도에 관계된다.
③ 전도대 바로 밑에 위치한다.
④ 충만대 바로 위에 위치한다.

해설
페르미(fermi) 준위
- 기저 상태에서 전자가 가지는 최고의 에너지 위치
- 진성 반도체 : 금지대의 중앙
- N형 반도체 : 도너(donor) 준위 아래
- P형 반도체 : 엑셉트(acceptor) 준위 위

30 정공의 이동에 의해서 도전 현상을 일으키는 반도체는?

① Ge　② P형 반도체
③ Si　④ N형 반도체

[정답] 24 ③ 25 ① 26 ③ 27 ③ 28 ④ 29 ② 30 ②

31 금지대의 폭이 가장 작은 것은?

① Si ② Ge
③ Se ④ Z_nS

해설
금지대의 폭
- Si : 1.21[eV]
- Ge : 0.72[eV]
- Se : 1.65[eV]
- Z_nS : 3.6[eV]

32 반도체에서 소수 반송자를 옳게 나타낸 것은 다음 중 어느 것인가?

① P형의 정공 N형의 전자
② P형의 정공 N형의 정공
③ P형의 전자 N형의 전자
④ P형의 전자 N형의 정공

해설
반도체의 반송자
- P형 반도체 : 다수 반송자 : 정공, 소수 반송자 : 전자
- n형 반도체 : 다수 반송자 : 전자, 소수 반송자 : 정공

33 반도체에서 다수 반송자(캐리어)를 옳게 나타낸 것은 다음 중 어느 것인가?

① P형의 정공 N형의 전자
② P형의 정공 N형의 정공
③ P형의 전자 N형의 전자
④ P형의 전자 N형의 정공

34 다음 중 N형 반도체의 불순물이 아닌 것은?

① 비소 ② 인듐
③ 안티몬 ④ 인

해설
N형에는 5족원소가 불순물로 사용된다.

35 불순물 반도체에 대한 설명 중 옳지 않은 것은?

① 제4족인 수수한 Ge를 말한다.
② N형은 도너를 포함하고 있다.
③ N형의 다수 캐리어는 전자이다.
④ P형은 엑셉터를 포함하고 있다.

해설
불순물(외인성)반도체
- N형 반도체 : 진성 반도체+5가 원소(도너)
- P형 반도체 : 진성 반도체+3가 원소(엑셉터)

36 불순물 반도체에 대한 설명 중 잘못된 것은?

① 전기 전도가 주로 전자에 의하여 이루어지는 것은 n형 반도체
② 전기 전도가 주로 정공에 의하여 이루어지는 것은 p형 반도체
③ 순수 반도체에 불순물이 들어가면 도전성이 증가한다.
④ 불순물을 함유한 반도체는 전자와 정공의 밀도가 같다.

37 FET의 특징이 아닌 것은?

① MOS형과 접합형의 2가지로 나눈다.
② MOS형은 입력 임피던스가 높다.
③ 접형형은 저주파 특성이 우수하다.
④ 소수 반송자에 의한 증폭 작용이다.

[정답] 31 ② 32 ④ 33 ① 34 ② 35 ① 36 ④ 37 ④

해설

- FET의 특징
  - 입력 임피던스가 높다.
  - 열적으로 안정하고 잡음이 적다.
  - 이득 대역폭적이 작아서 고주파 특성이 나쁘다.
  - 저주파 특성이 좋고 IC화가 용이하다.
- FET의 종류
  - 접합형 FET
  - MOS FET

38 전자 사태(avalnache)현상에 관한 설명 중 틀린 것은?

① PN 접합에 강한 역전압을 걸어줄 때 일어나는 현상이다.

② 불순물 농도가 대단히 높은 경우에 주로 이런 현상이 일어난다.

③ 급격한 전류 증대 현상이 일어난다.

④ 공핍층 내에서는 전장에 의한 가속된 전자나 정공이 원자와 충돌하는 현상이 일어난다.

39 다음은 전장 효과 트랜지스터(FET)에 관한 설명이다. 틀린 것은?

① 다수 반송자에 의해 전류가 흐른다.

② 출력 특성은 5극 진공관과 비슷하며, 입력 임피던스는 매우 높다.

③ 게이트와 소오스 사이에 순바이어스를 걸고 드레인에 (+)전압을 걸어 사용한다.

④ 접합형과 모오스(MOS)형 2가지가 있다.

해설

FET는 게이트(gate) 전극에 걸어주는 역전압의 변화에 따라 공핍층(채널의 폭)이 변화되어 드레인(drain) 전류가 제어된다.

40 전계 효과 트랜지스터의 설명으로 옳지 않은 것은?

① 보통의 트랜지스터와 동작 원리가 전혀 다르다.

② 게이트 전압으로 드레인 전류를 제어한다.

③ 고주파용 또는 고속 스위칭용으로 만들기가 곤란하다.

④ MOS형은 미소 전력으로 동작시키기 곤란하다.

해설

FET의 동작 원리

FET는 다수 반송자만으로 동작하는 단극 소자로 전압 제허영 소자이며 게이트(gate)전극에 걸어주는 전압의 변화에 따라 공핍층(채널의 폭)이 변화되어 드레이(drain)전류가 제어된다.

41 FET의 설명 중 잘못된 것은?

① 입력 임피던스가 진공관과 동등 또는 그 이상으로 높다.

② MOS형은 접합형보다 더 높은 입력 저항을 갖는다.

③ 증폭 작용은 보통 TR과 같다.

④ 저잡음 특성이므로 FM의 고주파 증폭에 많이 사용된다.

42 FET의 특성과 비슷한 특성을 갖는 것은?

① 트랜지스터　② 다이오드

③ 5극관　④ 4극관

해설

FET의 출력 특성은 5극 전광관과 비슷하며, 입력 임피던스는 매우 높다.

[정답] 38 ② 39 ③ 40 ④ 41 ③ 42 ③

43 고속 스위칭 트랜지스터로서 요구되는 조건은?

① 상승 시간이 짧을 것
② 하강 시간이 길 것
③ 저항 시간이 길 것
④ 취급 전류량이 클 것

44 트라이액에 대한 설명 중 옳지 않은 것은?

① 교류의 전력 제어에 적합하다.
② 등가회로는 SCR 2개를 조합한 것과 같다.
③ 게이트에 (+)의 펄스를 가해야만 도통된다.
④ 한번 도통되면 전원이 0이 되어야 도통이 멈춘다.

해설
SCR과 마찬가지로 임계전압에 도달하면 도통된다.

45 다음 중 반도체 소자가 아닌 것은?

① LSI ② SCR
③ FET ④ CRO

해설
- LSI : 대규모 집적회로
- SCR : 실리콘 제어 정류 소자
- FET : 전계 효과 트랜지스터

46 SCR의 설명으로 옳은 것은?

① 게이트 전류로 애노우드 전류를 제어할 수 있다.
② 단락 상태에서 전원 전압을 감소시켜 차단 상태로 할 수 있다.
③ 게이트 전류를 차단하면 애노우드 전류가 차단된다.
④ 단락 상태에서 애노우드 전압을 0 또는 (−)로 하면 차단 상태로 된다.

해설
SCR(silicon controlled rectifrer)
애노우드에 (+), 캐소우드에 (−) 전압을 인가한 상태에서 게이트에 (+) 전압을 가하면 도통되고, 일단 도통되면 게이트의 제어 능력은 상실되며 애노우 전압을 0 또는 (−)로 해야만 차단된다.

47 다음 중 쌍방향성 다이오드는 어느 것인가?

① 다이액 ② 1N 34A
③ 제너 다이오드 ④ FET

해설
다이액은 3층 구조의 NPN 쌍방향성 다이오드이다.

48 다음 중 바리스터 이용에 해당되지 않는 것은?

① 온도 효과 보상 장치
② 접점의 스파아크 제거
③ 자동 전압 조정 장치의 브리지 회로
④ 수화기의 클릭(Click) 방지용

49 다음은 바리스터의 설명이다. 이 중 잘못된 것은?

① 인가 전압에 의하여 저항치를 변화하는 소자
② 열에 안정하고 시간 지연도 없다.
③ 디스크형과 롯드형이 있다.
④ 정전압 전원회로에 사용된다.

[정답] 43 ① 44 ③ 45 ④ 46 ④ 47 ① 48 ④ 49 ④

해설

바리스터(varistor)

㉠ 인가 전압의 변화에 따라 저항값이 변화나는 소자

㉡ 종류

- 대칭형 바리스터 : 탄화 규조(SiC)
- 비대칭형 바리스터 : 금속과 반도체의 접촉

㉢ 구조 : 롯드형, 디스크형

㉣ 용도 : 스위치, 과전류(또는 서어지 전압) 보호회로

50 다음의 반도체 부품에 관한 설명으로서 틀린 것은?

① 서미스터는 온도가 상승하면 저항값이 감소한다.

② 바리스터는 전압에 의하여 저항이 변하는 소자로 보호회로 등에 사용된다.

③ 바랙터 다이오드는 역전압에 의하여 용량을 변화시켜며 AFC 등에 사용된다.

④ 제너 다이오드는 양단의 전압에 관계없이 흐르는 전류를 항상 일정하며 정전압 회로 등에 사용된다.

51 제너 다이오드의 용도 중 맞는 것은?

① 고압 정류용 ② 검파용

③ 전압 안정회로 ④ 전파 정류용

52 다음 다이오드 중 부성 저항의 특성을 나타내는 것은?

① 발광 다이오드(light emitting diode)

② 터널 다이오드(tunnel diode)

③ 제너 다이오드(Zener diode)

④ 쇼트키 배리어 다이오드(schottky-barrier diode)

해설

터널 다이오드(tunnel diode)

- 불순물의 농도를 증가시킨 PN 접합 다이오드
- 역방향으로 우수한 도전성을 가지며 부성 저항 특성이 있다.
- 용도 : 마이크로파대의 발진, 증폭, 스위칭소자

53 터널(tunnel) 다이오드의 용도로 적당치 않은 것은?

① 정전압 회로

② 고속 스위칭 회로소자

③ 마이크로파의 발진기

④ 마이크로파의 증폭기

해설

정전압 회로에는 제너다이오드가 사용된다.

54 다음은 터널 다이오드에 관해 서술하였다. 틀리는 것은?

① 불순물의 농도를 크게하면 공간 전하층의 폭은 커진다.

② 발견한 학자의 이름이 Esake이다.

③ 부저항 특성을 나타내는 부분이 있다.

④ 역바이어스 상태에서는 훌륭한 도체가 된다.

55 다이오드에서 PN 접합이 충분히 역바이어스 되어 있는 경우 옳은 것은?

① 장벽 용량 C_T는 역바이어스 전압 V의 제곱에 비례한다.

② 공간 전하 영역은 역바이어스 전압이 증가함에 따라 감소한다.

[정답] 50 ④ 51 ③ 52 ② 53 ① 54 ① 55 ④

③ 장벽 용량 C_T는 역바이어스 전압 V의 제곱근에 비례한다.

④ 장벽 용량 C_T는 역바이어스 전압 V의 제곱근에 반비례한다.

해설

장벽 용량

$C_T = \frac{K}{\sqrt{V}}$ V : 역바이어스 전압

56 가변 용량 다이오드의 양단에 4[V]의 전압을 가했을 때 정전 용량은 몇 [pF]인가? (단, 정수 K는 36×10^{-12}이라고 한다.)

① 12 ② 16

③ 18 ④ 20

해설

정전 용량

$C_T = \frac{36 \times 10^{-12}}{\sqrt{4}} = 18[pF]$

57 PN 접합의 불순물 농도가 가장 높은 것은?

① 일반 다이오드 ② 터널 다이오드

③ 역 다이오드 ④ 정전압 다이오드

58 반도체 속에서 반송자가 움직일 때는 다음과 같은 때이다. 해당되지 않는 것은 어느 것인가?

① 반도체 내부에 전계가 작용하고, 전계에 의하여 가속되었을 때

② 반도체 내부에 농도의 경사가 있어 확산할려고 할 때

③ 소수 반송자가 다수 반송자와 결합하여 소멸하는 재결합이 일어날 때

④ 역방향 전압이 걸려 공핍층이 생길 때

해설

반도체에 역방향 전압이 인가되면 상대적으로 공핍층이 증가하여 반송자는 이동하지 못하게 된다.

59 확산전류는 다음 중 어떤 경우에 생기는가?

① 반도체 양단에 전압이 걸려 반송자가 가속될 때

② 반송자 농도의 기울기가 생길 때

③ 재결합할 때

④ 반도체가 빛을 받을 때

해설

- 드리프트 전류 : 전계에 의한 반송자의 이동으로 발생한 전류
- 확산 전류 : 불순물 농도의 기울기가 생겨 반송자가 저농도의 방향으로 이동해서 발생하는 전류

60 접합부에서 정공과 자유전자가 결합하는 과정을 무엇이라 하는가?

① 재결합 ② 평균 수명시간

③ 확산 ④ 열팽창

해설

재결합

PN 접합에 순방향 전압을 인가하면 전자, 정공이 접합부를 통하여 이동하고, 이 과정에서 전자, 정공이 결합하여 전기적으로 중성이 되는 현상이다.

61 PN 접합 다이오드에서 정공과 전자가 서로 반대쪽으로 흘러가는 것을 방해하는 것은 접합부에 무엇이 있기 때문인가?

① 에너지 준위 ② 전위장벽

③ 페르미 준위 ④ 전자궤도

[정답] 56 ③ 57 ③ 58 ④ 59 ② 60 ① 61 ②

해설

전위장벽

PN 접합시 접합부에는 P형 영역의 정공과 N형 영역의 전자가 재결합하여 소멸되기 때문에 P형 영역에는 음이온, N형 영역에는 양이온이 남아 대전된 상태로 된 접합 전위차로 전자, 정공이 열평형 상태에서 반대 방향으로 이동을 방해한다.

62 PN 접합면의 공핍층의 설명 중 잘못된 것은?

① (+)이온과 (−)이온이 결합한다.
② 역바이어스 전압을 걸면 두꺼워진다.
③ 전자와 정공의 재결합으로 반송자인 전자나 정공이 존재하지 않는다.
④ 순바이어스를 걸면 얇아진다.

63 전위장벽의 설명 중 맞는 것은?

① PN 접합 사이의 전위차
② 다이오드에 가할 수 있는 최대 전압
③ 다이오드를 동작시키기 위한 최소 전압
④ 다이오드의 도전을 방지하기 위한 최소 전압

64 순바이어스 전압을 걸었을 때 PN 접합의 경우 틀린 것은?

① 전위장벽이 낮아진다.
② 공간 전하 영역의 폭이 좁아진다.
③ 전장이 약해진다.
④ 전장이 강해진다.

해설

PN 접합에 순바이어스를 걸면 상대적으로 전위장벽이 낮아지고 전장이 약해진다.

65 접합형 트랜지스터에 베이스폭과 베이스 전류의 관계로서 옳은 것은 어느 것인가?

① 베이스의 폭이 두꺼울수록 베이스 전류는 감소한다.
② 베이스폭이 얇을수록 베이스 전류는 감소한다.
③ 베이스폭과 베이스 전류는 관계없다.
④ 베이스폭이 얇을수록 베이스 전류는 증가한다.

해설

트랜지스터의 동작을 원활하게 하고 재결합율을 낮게 하기 위하여 베이스의 폭이 소수 캐리어의 확산 길이보다 훨씬 짧게 한다.

66 트랜지스터의 베이스 폭을 얇게 하는 이유는 다음 어느 특성을 좋게 하기 위함인가?

① 온도 특성　② 주파수 특성
③ 잡음 특성　④ 전도 특성

해설

TR에 인가되는 주파수가 높아지면 접합 용량의 임피던스 감소로 주파수 특성이 나빠진다. 따라서 접합 용량은 접합 면적에 비례하기 때문에 고주파에서 좋은 주파수 특성을 얻기 위해서는 좁은 베이스 폭과 아주 적은 콜렉터 접합 면적을 가져야 한다.

67 합금 접합형 트랜지스터의 용도는?

① 정류용　② 검파용
③ 고주파용　④ 저주파 전력용

해설

- 합금 접합형 : 저주파용
- 합금 확산형 : 고주파용
- 성장, 확산 접합형 : 고주파용

[정답] 62 ① 63 ① 64 ④ 65 ④ 66 ② 67 ④

68 트랜지스터의 설명으로 잘못된 것은?

① TR이란 Triple Resistor로 3극 저항이란 뜻이다.
② Emitter-Base 간은 순방향으로 Bias 된다.
③ PN형과 NP형의 diode 2개를 조합하여 PNP형을 만든 구조이다.
④ Base-Collector 간은 역방향으로 Bias 된다.

해설
TR : Transfer Resistor(전달용 저항)

69 성장 접합형 트랜지스터의 용도는?

① 정류용
② 검파용
③ 고주파용
④ 저주파 전력용

70 트랜지스터의 전류 증폭율 α와 β의 관계는?

① $\alpha=\frac{\beta}{1+\beta}$　② $\alpha=\frac{\beta}{1-\beta}$
③ $\beta=\frac{1}{1+\alpha}$　④ $\beta=\frac{\alpha}{1+\alpha}$

71 트랜지스터의 베이스 접지의 전류 증폭률을 α라 하면 이미터 접지의 전류 증폭률 β는 어떻게 표시되는가?

① $\beta=\frac{\alpha}{1-\alpha}$　② $\beta=\frac{\alpha}{\alpha-1}$
③ $\beta=\frac{\alpha-1}{\alpha}$　④ $\frac{1-\alpha}{\alpha}$

72 다음은 IC에 관한 서술이다. 틀리는 것은?

① IC는 능동소자의 수동소자가 독특한 배열로 연결된 완전한 회로이다.
② IC내에 만들 수 있는 가장 경제적인 회로 성분은 인덕턴스이다.
③ IC의 능동소자는 다이오드와 트랜지스터이다.
④ IC는 선형 소자(linear device)와 디지털 소자(digital device)로 분류할 수 있다.

해설
IC내에서 TR이나 diode의 제조 공정은 동일하며 손쉽게 제작할 수 있으나 수동소자인 저항, 콘덴서, 코일 등은 정밀한 공차로 생산하기는 어렵다.

73 IC(Intergrated Circuit)화에 적합한 회로로서 요망되지 않는 것은?

① 전력 출력이 큰 회로
② L, C가 필요 없는 회로
③ R의 값이 극히 작은 회로
④ 소형 경량을 요하는 회로

해설
집적회로(IC)는 특히 신뢰성이 요구되고 소형 경량이며, L, C가 없고, R의 값이 적으며, 큰 출력을 요하지 않는 회로에 주로 사용된다.

74 반도체 집적회로(IC)는 다음 중 어느 것인가?

① 박막 집적회로　② 모노리딕 IC
③ 하이브리드 IC　④ 혼성 박막 IC

해설
반도체 집적회로
• 모놀리딕 IC : 1개의 Si 기판 위에 전자회로를 구성한 IC
• 멀티 칩 IC : 모놀리딕 IC를 여러 개 조합하여 구성한 IC

[정답] 68 ① 69 ③ 70 ① 71 ① 72 ② 73 ① 74 ②

75 다음 중 NPN 트랜지스터 소자 기호는?

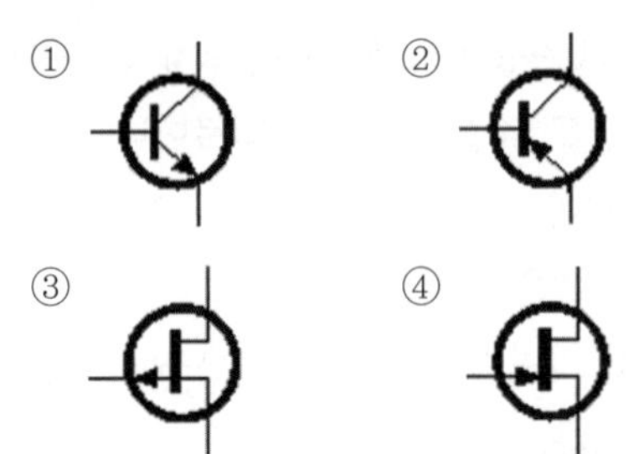

> **해설**
> ② : PNP트랜지스터 ③ : P채널 JFET
> ④ : N채널 JFET

76 다음 P채널 증가형 MOS FET 소자 기호는?

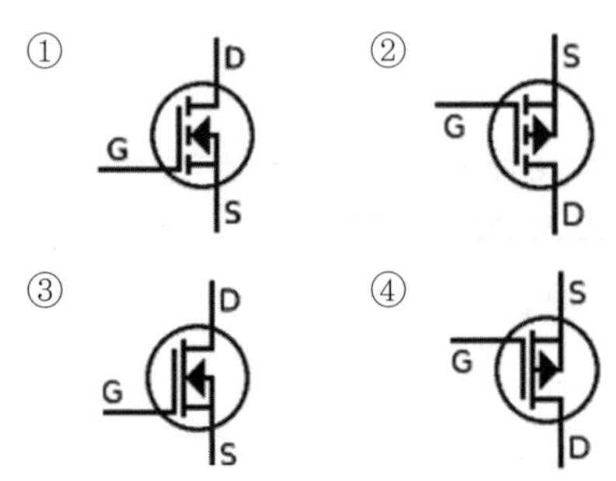

> **해설**
> ① : N채널 증가형 MOS FET
> ③ : N채널 공핍형 MOS FET
> ④ : P채널 공핍형 MOS FET

77 다음 중 터널 다이오드 기호는?

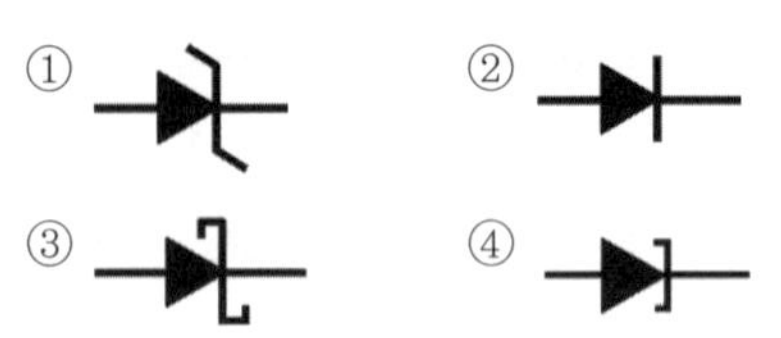

> **해설**
> ① : 제너다이오드 ② : 일반 다이오드
> ③ : 쇼트키 다이오드

78 다음 중 사이리스터(Thyristor) 기호가 아닌 것은?

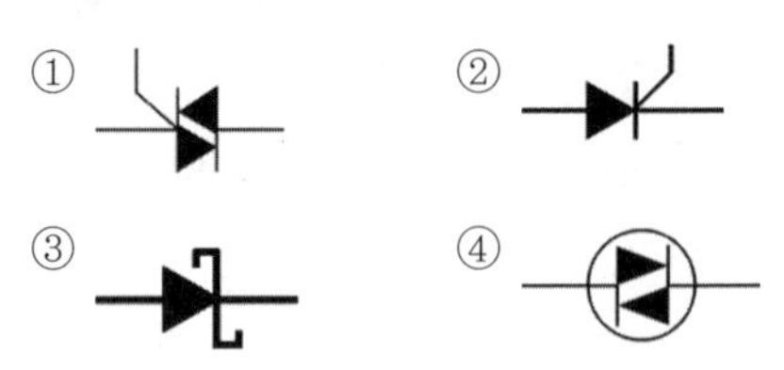

> **해설**
> SCR, 트라이악 등의 실리콘 제어 정류소자를 사이리스터(thyristor)라고도 한다.
> ① SCR ② TRIAC
> ③ 쇼트키 다이오드 ④ DIAC

79 다음은 회로시험기로 저항을 측정하고자 한다. 올바른 것은?

① 회로를 연결하고 전원을 켠 후 측정한다.
② 회로를 연결하고 전원을 끄고 측정한다.
③ 회로시험기의 (–)단자를 오차띠 쪽에 접속해야 한다.
④ 회로에서 저항을 분리하여 측정한다.

> **해설**
> 저항은 회로에서 분리하여 독립 측정을 해야 하며 극성이 없다.

80 다음은 회로시험기로 저항에 흐르는 전류를 측정하고자 한다. 올바른 것은?

① 측정하고자 하는 저항만 회로에서 떼어내어 별도 전원 연결 후 측정한다.
② 저항에 유입되는 선을 개방하여 전원 투입 후 개방된 두 지점을 측정한다.
③ 회로를 연결하고 전원을 켠 후 저항 양단을 측정한다.
④ 회로를 연결하고 전원을 끈 후 저항 양단을 측정한다.

[정답] 75 ① 76 ② 77 ④ 78 ③ 79 ④ 80 ②

해설

전류는 회로시험기를 저항에 직렬로 연결하여 측정을 해야 한다.

81 다음은 회로시험기로 저항에 걸리는 전압을 측정하고자 한다. 올바른 것은?

① 회로를 연결하고 전원을 켠 후 저항 양단을 측정한다.

② 회로를 연결하고 전원을 끄고 저항 양단을 측정한다.

③ 저항에 유입되는 선을 개방하여 전원 투입 후 개방된 두 지점을 측정한다.

④ 회로에서 저항을 분리하여 저항 양단을 측정한다.

해설

회로의 전원을 켜고 저항에 전류가 흐르면 양단에 전압차가 발생한다. 이때 회로시험기로 저항 양단을 측정하면 된다.

82 다음 저항의 색을 보고 저항값은 얼마인가?

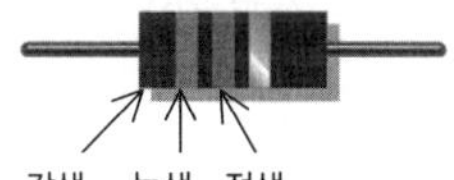

① 120Ω ② 1.2KΩ

③ 150Ω ④ 1.5KΩ

해설

1(갈색) 5(녹색)×100(적색) = 1500Ω

83 다음 저항의 색을 보고 저항값은 얼마인가?

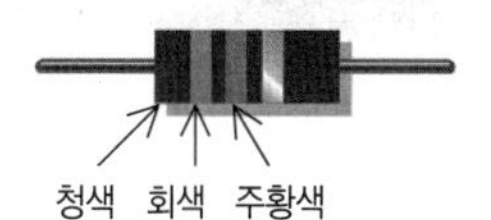

① 680Ω ② 6.8KΩ

③ 68KΩ ④ 680KΩ

해설

6(청색) 8(회색)×1000(주황색) = 68000Ω

84 오실로스코프 프로브를 시험하기 위해 스코프의 5V, 구형파 출력 테스트 단자에 연결하여 파형을 보니 다음과 같다. 이 프로브의 상태는 ?

① 정상보상 상태 ② 미보상 상태

③ 저보상 상태 ④ 과보상 상태

해설

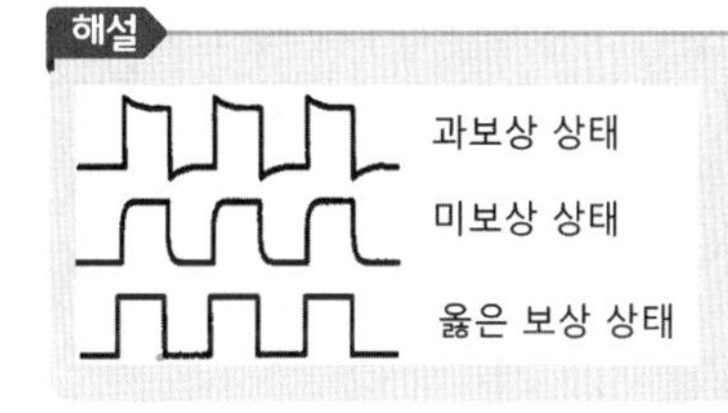

[정답] 81 ① 82 ④ 83 ③ 84 ④

센서활용기술

1 센서 기초

1 센서의 개요

최근에 센서는 기술의 진보와 더불어 복잡하게 걸쳐 있고 이것을 체계화하여 총괄적으로 파악하는 것은 곤란하다. 따라서 지금 단계로서는 센서의 정의로서 일반화된 것은 없다. 여기서 구태여 센서의 정의를 내리려면「센서는 대상물이 어떤 정보를 갖고 있는가 검지하는 장치이다」라고 하며, 인간의 5감(시각, 청각, 촉각, 후각, 미각)을 대신해 대상의 물리량을 정량적으로 계측해 주므로 인간의 5감에서도 느낄 수 없는 현상(물리량)을 검출하는 장치라고 말할 수 있다.

한편 입력 에너지, 예를 들면 빛이나 음의 에너지 신호를 전기신호로 변환해서 끄집어 내는 장치를 트랜스듀서(transducer : 에너지 신호가 아니고 에너지 그 자체를 변환하는 것을 목적으로 한 것)라고 부르고 센서와 구별하고 있다. 그러나 센서와 트랜스듀서는 겹치는 부분이 많으므로 여기서는 이들의 구별에는 그다지 중점을 두지 않고「몇 개의 변환을 취급하는 기능을 갖는 것」을 넓게 센서라고 부르기로 한다.

2 센서의 역할

여러 가지 대상물로부터 정보를 감지 또는 검출하는 기기로, 측정하고자 하는 각종 신호를 전기 및 광 신호로 변환시키는 소자이다. 종류에 따라 물체의 유무, 위치, 압력, 크기, 색, 온도, 변위, 명암, 힘, 속도, 거리 등 다양한 정보를 검출한다.

인간의 감각기능(오감)과 동등 혹은 그 이상의 기능이 요구되어지고 있다.

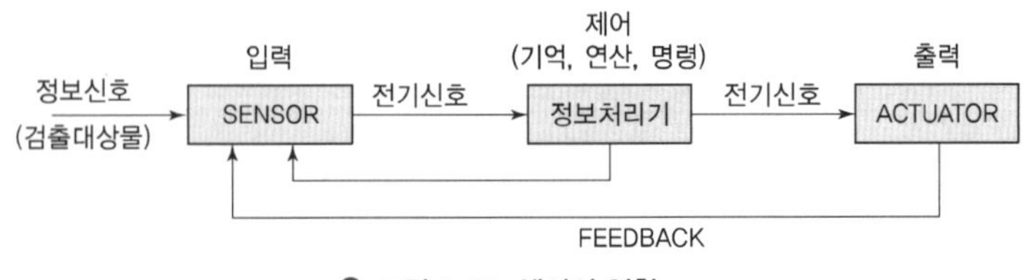

그림 1-62 센서의 역할

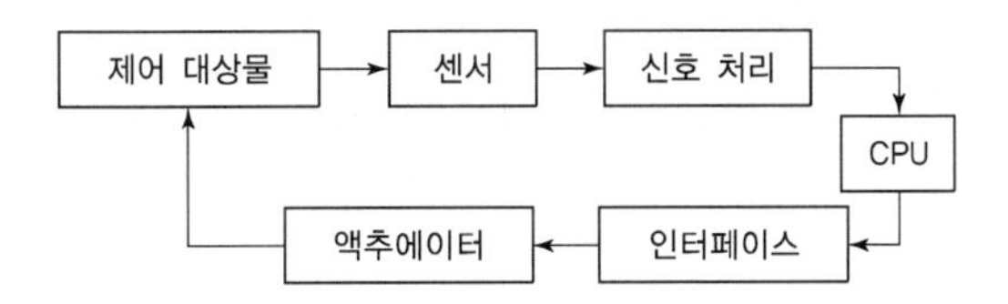

그림 1-63 마이크로프로세서를 베이스로 한 신호 처리계

표 1-7 센서가 대상으로 하는 정보량의 분류

분 류	대 상 량
기계	길이, 두께, 변위, 액면, 속도, 가속도, 회전각, 회전수, 질량, 중량, 힘, 압력, 진공도, 모멘트, 회전력, 풍속, 유속, 유량, 진동
음향	음압, 소음
주파수	주파수, 시간
전기	전류, 전압, 전위, 전력, 전하, 임피던스, 저항, 용량, 인덕턴스
온도	온도, 열량, 비열
광	조도, 광도, 색, 자외선, 적외선, 광변위
방사선	조사선량, 선량률
습도	습도, 수분
화학	순도, 농도, 성분, PH, 점도, 입도, 밀도, 비중, 기체 · 액체 · 고체 분석
생체	심음, 혈압, 혈액, 맥파, 혈액 충격, 혈액 산소 포화도, 혈액 가스 분압, 기류량, 속도, 체온, 심전도, 뇌파, 근전도, 망막 전도, 심자도
정보	아날로그, 디지털량, 연산, 전송, 상관

3 센서의 기본적인 특성

(1) 입출력 특성

센서가 인식할 수 있는 입력 전압, 점류의 크기와 센서 감지값의 출력 전압, 전류의 범위를 나타낸다.

(2) 응답속도

센서가 인식 후 안정화된 정격 출력이 나오기까지의 시간을 의미한다. 응답속도가 빠른 것이 좋은 센서의 조건에 해당된다.

(3) 선택성

감지 대상의 물리량에 따라 적절한 센서를 선택해야 한다.

(4) 경년변화, 내구성

센서는 보통 산업현장의 외부 환경에 노출이 되어도 안정적으로 동작되어야 한다.

(5) 잡음

감지신호에 포함되는 잡음을 제거하는 것이 꼭 필요하다. 센서 자체에 필터가 없다면 외부에 필터회로를 거쳐 잡음신호를 제거 후 센서로 입력되도록 한다.

2 센서 종류와 특징

학습 POINT
센서의 종류별 특징과 용도에 대해 꼭 익혀두자.

1 센서의 종류

표 1-8 측정 대상별 센서 종류

측정 대상	센서 종류
광	광전관, 광전자 증배관, 광전도 셀 (cds등), 포토다이오드, 초전 센서 포토트랜지스터, 이미지 센서(CCD등)
압력	다이어그램, 벨로스, 스트레인 게인지, 압전소자, 감압 폴리머, 실리콘 압력센서
자기	코일, 트랜스, 홀소자, 자기저항소자, 조셉슨, SQUID
음파	압전 진동자형 초음파 센서
온도	서미스터(NTC, PTC), 측온저항체(RTD), 열전대, 써모파일
물체근접	정전용량형 근접센서, 유도형 근접센서
물체 모션	틸트센서, 가속도센서, 자이로센서

2 온도센서 ★★

사용 방법에 따라 접촉형과 비접촉형이 있으며 전자는 측온하려는 고체 · 액체 · 기체 등에 센서를 직접 접촉시키는 것이고, 후자는 센서를 측정 대상에서 분리해 그것에서 방사되는 적외선을 검출해서 측온하는 것이다.

온도센서는 가전제품에 있어서 룸 에어컨, 건조기, 냉장고, 레인지 및 자동차의 엔진 제품에 있어서 수온, 흡기온의 측정에 쓰이고 있다. 화학공장의 용액이나 기체의 온도를 검지하는 데에도 활약하고 있다.

표 1-9 각종 온도센서의 종류와 사용 온도 범위

이용하는 물리현상	온도센서의 종류		사용 온도 범위
전기저항변화	RTD(Pt)		−200℃ ~ 850℃
	NTC		−50℃ ~ 300℃
	PTC	$BaTiO_3$ 계	< 300℃
		Si PTC	−50℃ ~ 150℃
열기전력	열전대		−200℃ ~ 1600℃
	서모파일		−40℃ ~ 100℃
실리콘 다이오드, 트랜지스터의 온도특성	IC 온도센서		−50℃ ~ 150℃
초전현상	초전온도센서		

(1) 측온저항체(RTD : resistance temperature detector)

① 온도변화에 따른 금속의 전기저항변화를 이용한 온도센서이다.

② RTD용 재질로는 백금이 온도범위가 넓고, 재현성, 안정성, 내화학성, 내부식성이 우수하여 가장 널리 사용된다.

③ 종류는 권선형과 백금박막형이 있다.

④ 응답시간이 다소 느리다(0.5sec ~ 5sec).

⑤ 백금 RTD로 온도를 측정하는 경우 통상 휘트스토운 브리지를 사용한다. 이 경우 백금선의 저항이 작기 때문에 도선의 저항을 무시할 수 없다.

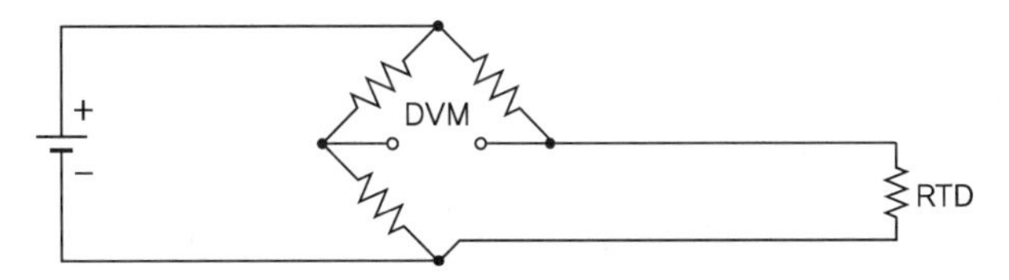

그림 1-64 휘스톤브릿지를 이용한 RTD 센서 측정 회로

(2) 서미스터 ★★★

서미스터(thermistor; thermal resistor 또는 thermally sensitive resistor의 줄임)는 주로 반도체의 저항이 온도에 따라 변하는 특성을 이용한 온도센서이다.

1) 종류별 특징

① 저항－온도 특성에 따라 다음과 같이 분류된다.

㉠ NTC(negative temperature coefficient)

㉡ PTC(positive temperature coefficient)

㉢ CTR(Critical temperature resistor)

② 보통 서미스터라고 부르는 것은 NTC를 말한다. PTC와 CRT는 특정한 온도영역에서 저항이 급변하기 때문에 넓은 온도영역의 계측에는 부적합하다.

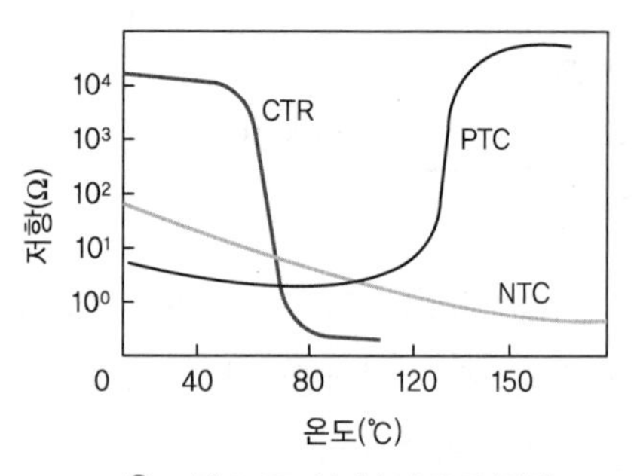

그림 1-65 서미스터 온도 특성

＊ 서미스터 종류 중 센서로 사용하는 것은 NTC이다.

2) NTC형 서미스터

① Ni, Mn, Co계 금속산화물(Mn_2O_3, NiO, Co_2O_3, Fe_2O_3)의 분말을 2개의 측정용 도선과 함께 소결(燒結; sintering)한 것이다.

② 온도가 증가함에 따라 저항이 감소한다.

③ NTC 서미스터에는 여러 형태가 있다.

㉠ **비드형(bead type)**

표면이 유리가 코팅되어 있어 안정성이 우수하고, 소형이며 열용량(熱容量)이 작아 열 응답속도가 빠르다(공기 중에서 1.5~10s 정도). 이는 백금 RTD로서는 얻을 수 없는 응답속도이다. 고온에 견디고, 호환성, 재현성 등이 좋은 특징을 갖는다.

㉡ **디스크형(disc type)**

내환경성 등이 문제가 있어 사용조건이 제한적이나 가격이 저렴하므로 엄격한 조건을 필요로 하지 않는 경우에 사용된다.

㉢ **칩형(chip type)**

소형으로, 안정도가 높고 양산에 적합하기 때문에 저가이며, 디스크형에 비해서 응답속도가 빠르다.

(3) 열전대 ★★★

1) 구조와 동작원리

① 열전대(熱電對; thermocouple)는 재질이 다른 2종류의 금속선으로 구성된다.

② 그림 (a)와 같이 서로 다른 금속선 A, B를 접합하여 2개의 접점 Jh와 Jc사이에 온도 차(Th 〉 Tc)를 주면 일정한 방향으로 전류가 흐른다.

③ 그림 (b)와 같이 폐회로의 한 쪽 또는 금속선 B를 도중에 절단하여 개방하면 2접점 간의 온도차에 비례하는 기전력(emf)이 나타난다. 이 현상을 제백효과(Seebeck effect)라 하며, 이때 발생한 개방전압을 제백 전압 또는 기전력(Seebeck voltage or emf)이라고 부른다.

*접촉식 온도센서 중 대표적인 것이 열전대이다.
종류가 다른 금속선 2개의 양끝단을 접속하여 만든 것으로 제베크 효과를 이용한 것이다.

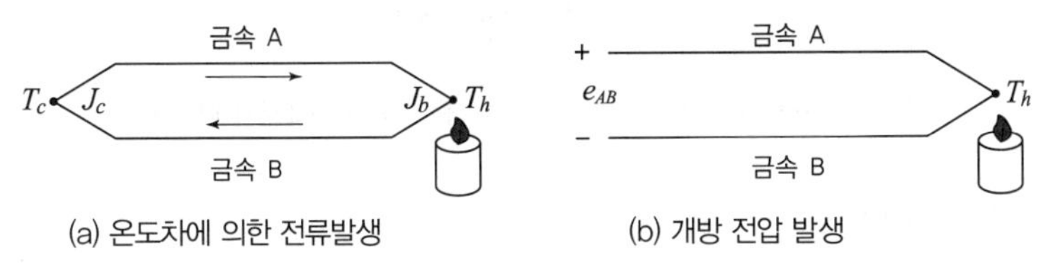

그림 1-66 열전대의 동작

2) 온도특성

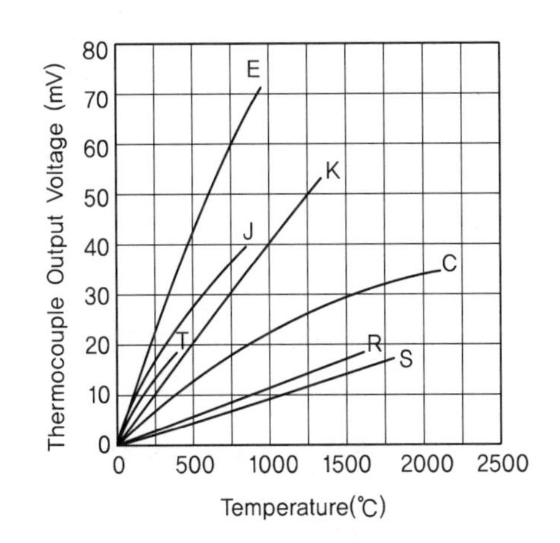

그림 1-67 열전대 종류별 온도특성 그래프

3) 열전대의 보상

열전대의 열기전력은 측온 접점과 기준접점의 온도차에 의해서 결정되므로, 기준접점의 온도를 일정하게 유지하도록 보상하는 것이 매우 중요하다.

(4) 초전형 온도센서

① 물체로부터 방사되는 적외선이 창을 통해 초전체에 입사될 때 일으키는 초전체 표면전하의 변화로부터 적외선을 측정하고 이로부터 물체의 온도를 열적으로 검지한다.

② 물체로부터 방사되는 적외선에 변화가 없으면 유기되는 전하의 변화도 없으므로 출력은 0으로 된다. 따라서, 이동물체 또는 온도가 변화하는 물체의 온도만을 검출가능하다.

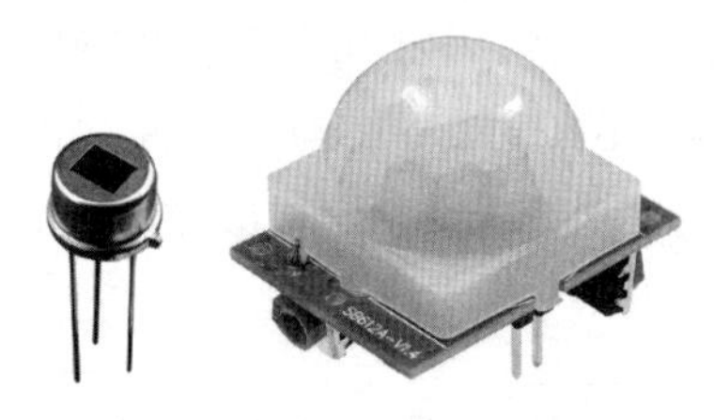

그림 1-68 초전센서 외관과 초전센서를 이용한 인체감지센서 모듈

3 압력센서 ★

압력센서는 기체나 액체의 압력을 전기신호로 변환하는 센서이며, 화학공업의 플랜트 제어에서는 반드시 필요하고 중요한 센서이다.

유체(기체, 액체)의 압력이란 유체에 의해서 단위면적당 작용하는 힘을 의미한다. 계측분야에서는 유체 압력을 단순히 압력으로 부르는 경우가 많다.

(1) 기계적 구조변형 센서

1) 다이어프렘

평판(flat)과 주름(corrugated)진 것이 있으며, 압력이 가해지면 변형된다.

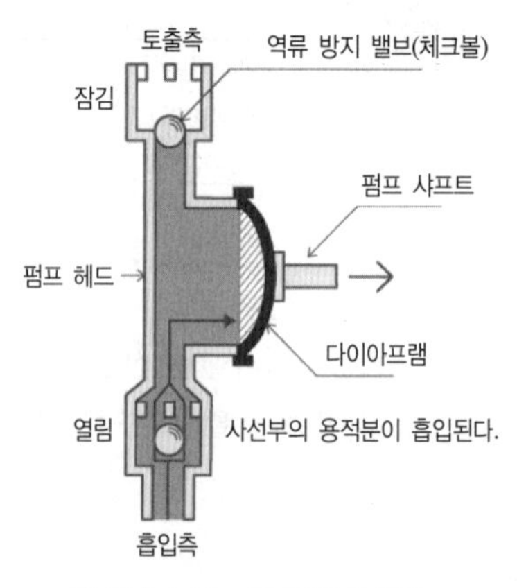

그림 1-69 다이어프렘 동작

2) 벨로우즈

얇은 금속으로 만들어진 주름 잡힌 원통으로, 원통에 압력을 가하면 내부와 외부의 압력차에 의해 축방향으로 신축한다. 이 신축에 의해서 압력차는 변위로 변환된다.

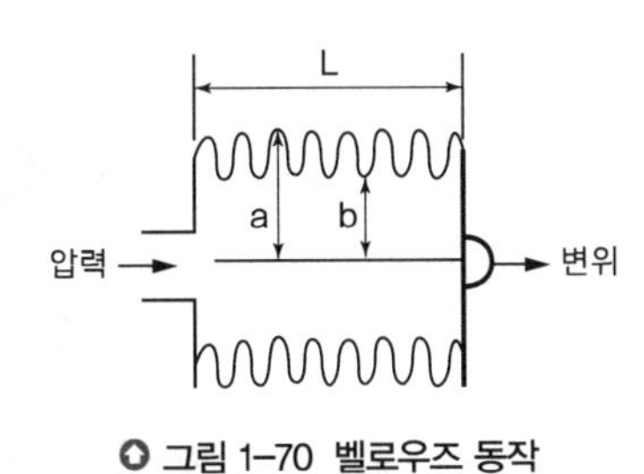

그림 1-70 벨로우즈 동작

(2) 스트레인 게이지 압력센서

① 스트레인 게이지 압력센서(strain gauge pressure sensor)의 감압 탄성체로는 주변이 고정된 원형의 금속 다이어프램(diaphragm)이 사용된다.

② 압력이 인가되면 금속 다이어프램이 변형을 일으키고, 이 변형을 스트레인 게이지를 사용해 저항 변화로 변환하여 압력을 전기적 신호로 검출한다.

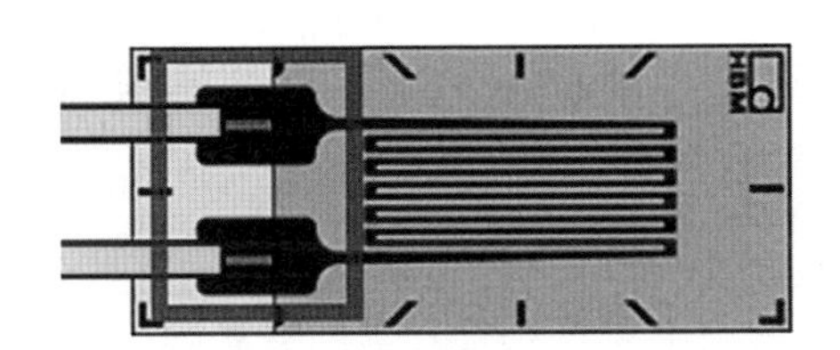

그림 1-71 벨스트레인게이지 모습

(3) 압전기식 압력센서

① **압전효과(piezoelectric effect)** : 수정 등과 같은 압전 결정에 힘을 가하여 변형을 주면 변형에 비례하여 그 양단에 정(正) · 부(負)의 전하가 발생한다. 압전기식 압력센서는 결정의 압전효과를 이용한다.

② **압전기** : 동적 효과(dynamic effect)이기 때문에 압력의 변화만 감지할 수 있다.

(4) 실리콘 압력센서

실리콘 압력센서는 압저항형과 정전용량형이 있다.

1) 압저항 압력센서

실리콘의 압저항 효과(piezoresistive effect)를 이용하며, 현재 주로 사용되고 있다. 압력에 따라 저항값이 변한다.

2) 정전용량형 압력센서

압력이 가해지면 탄성체인 폴리실리콘 맴브레인이 휘어져 정전용량이 변한다.

그림 1-72 실리콘 압력센서 모습

4 자기센서 ★★

*홀 효과
반도체 시료가 자기장 속에 놓여 있을 때 그 자기장에 수직방향으로 전류를 흘려주면 자기장과 전류 모두에 수직인 방향으로 내부전계/전위차가 발생하는 현상이다.

어떤 종류의 물질은 자장 중에 놓이면 전기적인 성질이 변화하므로 자장의 유무나 강도의 변화를 전기신호로서 인출할 수 있다.

(1) 홀 소자

VTR, 음향 제품의 고성능화에 따른 모터의 소형화, 고성능화가 강하게 요구되게 되어 그 해결 수단으로써 홀 소자가 브러시리스 모터(홀 모터)의 자계 센서로서 사용되고 있다. 홀 소자용의 반도체 재료로서는 Ge, Si, InSb, GaAs 등이 이용된다.

(2) 홀 IC

온도센서, 압력센서, 광센서 등 IC화되어 있는 센서는 많은 수가 제품화되어 있지만 Si 홀 IC는 최초로 IC화된 센서이다.

표 1-10 자기센서의 원리와 특징

자기센서의 종류	동작 원리	특징	자계 감도
홀 소자	반도체의 긴방향으로 전류를 흘리고 이것과 직각 방향으로 자속을 가하면 이들에 직교하는 방향에 출력 전압이 나타나는 홀 효과를 이용	• 소형, 취급이 간편 • 저코스트 • 주위 온도의 영향을 받기 쉬우므로 온도 보상이 필요 • 자계비례성이 양호	10^{-7}T
홀 IC	홀 소자와 동일	• 소자 감도가 큼 • 양산이 용이 → 저코스트 • 불평형 전압이 큼	10^{-7}T
반도체 자기저항 효과 소자	도체의 비저항 자체가 변화하는 물리 효과와 전류 통로의 변화에 의한 형상 효과를 포함하는 자기저항 효과를 이용	• 자속이 낮은 곳에서 2승 특성을 나타냄 • 자속이 크면 직선 특성	10^{-8}T

강자성체 자기저항 효과 소자	이상 자기저항효과라고 하는 강자성체에 특휴 효과인 자성체의 자화방향 변화에 따른 배향 효과와 자화의 크기에 따라서 저항이 변화하는 자기 효과를 이용	• Hs 이상의 자계에서 사용할 때 자계의 방향을 검출할 수 있음 • 출력의 포화 특성에서 출력 레벨이 자계 강도에 무관계로 안정	10^{-10}T
위간드 효과 소자	특수처리를 한 와이어의 외장과 중심의 보자력차를 이용하고 중심핵의 자화 방향을 외곽의 자화 방향과 같게 하거나 반대로 할 수 있는 위간드 효과를 이용	• 외부 전원 불필요 • 세선화가 가능 • 자석과 조합시켜 대출력 (고 S/N비) • 무접점 시스템, 기계적회로 없음	
자기 트랜지스터	컬렉터를 2개 설치하고 미터에서 유입하는 전류값이 자계에 따라서 변화하는 것을 이용	• IC기술을 사용할 수 있음 • 소형, 양산화 기능	
SQUID	약한 결합을 가진 초전도 링에 자속 트랜스의 입력을 인가하면 이것을 없애도록 전류가 흐른다. 이 전류에 의해 자속 양자가 약한 결합을 통해서 출입하므로 공진 회로를 사용하여 자속 변화를 측정	• 자기센서의 중에서 최고의 감도 • 극저온(액체 헬륨 4k) 필요 • 소형화 곤란 • 인체의 뇌파, 신경 등의 생체자기 신호 측정에 사용	10^{-14}T

5 광센서 ★★★

빛을 전기신호로 변환하는 광센서는 일렉트로닉스의 발전 중에서 정보 입수의 한가지 수단으로서 대단히 중요한 역할을 하고 있다. 예를 들면, 컴퓨터의 입력장치에 사용되는 테이프 리더, 카드 리더, 카메라의 노광계, 스트로보(strobo)의 발광량 제어 등 광센서가 중요한 역할을 하고 있다. 또한 역의 자동 검찰기, 자동 도어에 있어서 사람의 검지, 화재를 알리는 연기 감지기 등에도 광센서가 사용되고 있다.

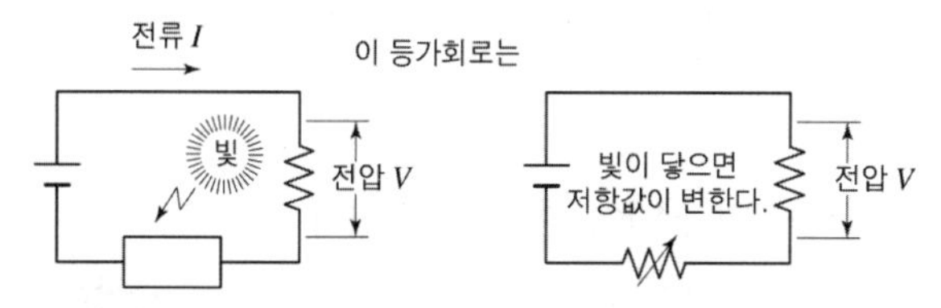

그림 1-73 광센서의 특성

* 광센서 중 가장 흔히 사용되고 있는 것은 광도전 셀(CdS)과 포토 트랜지스터이다.
또 물체 검출을 위해 포토 트랜지스터와 LED를 결합한 복합형 센서인 포토인트럽트, 포토커플러도 많이 사용된다.

표 1-11 광센서의 종류 ★★

분 류	센서의 종류	특 징	주 용도
광도전 효과형 광센서	광도전 셀(CdS) = 황화카드뮴셀	소형, 고감도, 저코스트	카메라 노출계, 포토 릴레이, 광제어
광기전력 효과형 광센서	• 포토다이오드 • 포토트랜지스터 • 광사이리스터	• 소형, 저코스트, 전원 불필요 • 대출력 • 대전류 제어	카메라 EE 시스템, 스트로보, 광전 스위치, 바 코드 리더, 카드 리더, 화상 판독, 조광 시스템, 레벨 제어
광전자 방출형 광센서	• 광전 중배관 • 광전관	• 초고감도, 응답 속도가 빠르다. • 펄스 계측 • 미약광 검출, 펄스 카운터	정밀 광계측기기, 초고속 · 극미약광 검출
자외선 센서	• Si자외선 포토아이오드 • UV 트론	• 소형, 전원 불필요 • 고감도	의용 기기, 분석 기기
복합형 광센서	• 포토카플러 • 포토인터럽터	• 전기적 절연, 아날로그 • 광로에 의한 검출	무접점 릴레이, 전자장치 노이즈 컷, 광전 스위치, 레벨 제어, 광전식 카운터

6 근접센서 ★

근접센서란 종래의 마이크로 스위치 및 리미트 스위치의 기계적인 스위치를 무접촉화하여 검출대상물의 유무를 무접촉으로 검출하는 검출기(스위치)이다.

(1) 유도형(고주파발진형)

검출 코일로부터 발생한 자계에 검출물체(금속)가 다가가면 전자유도에 의해 검출물체에 유도전류가 흐른다. 이 전류에 의해 검출 코일의 임피던스가 달라지고 발진이 정지하는 것을 이용하여 검출한다.

(2) 정전용량형

검출물체(금속, 비금속)에 따라 전극 판과 대지간의 정전용량(Capacitance)이 변한다. 이 현상을 통해 발신회로에서 발신이 개시 또는 정지되는 것을 검출한다. 기체 이외에도 어떤 물질에도 동작 가능하다.

그림 1-74 근접센서 모습

7 가스센서

(1) 가스센서 개요

가스센서는 원래 탄광이나 화학 공장 등의 방재용으로써 가연성 가스나 독성 가스의 검출이나 여러 가지 가스 분석, 계측기용을 목적으로써 연구 개발이 진행된 것이다. 또한 최근에 일반 가정의 가스 누설에 기인하는 폭발방지를 위한 경보기용으로써 널리 이용되고 있다. 그 예로써 음주 운전자의 알코올량 센서, 자동차의 공연비 측정을 위한 산소 센서, 가정이나 공장내의 가스 누설 경보기, 화재 직후의 건축재료로부터 나오는 유독가스의 센서, 항내 메탄 가스 경보기 등이 있다.

그림 1-75 가스센서 모듈

(2) 가스센서의 원리와 구조

가스센서의 주성분은 산화물금속(예를 들면 이산화주석 SnO_2, 산화텅스텐 WO_3)들이다.

세라믹소재와 함께 소결된 이 산화물금속은 배가 볼록한 관(튜브)모양을 하고 있고 그 속엔 가열용 히터가, 관의 양편 목 부분에는 전극 띠가 자리잡고 있다.

가스의 농도를 측정하기위해서는 히터를 가열하여 세라믹 관 전체를 높은 온도(400℃)로 만들어 놓아야 하고 센서를 둘러싼 철망사이로 가스가 잘 유입되도록 설치하여야 한다.

가스가 없는 평상시에는 전극간 저항이 높은 값을 유지하고 있다가 가스가 관 안팎으로 유입되면 화학반응이 촉진되어 전극간 저항이 줄어들게 되는데 그 변화비율이 가스의 농도에 반비례하는 것을 이용하여 가스농도를 알아낸다.

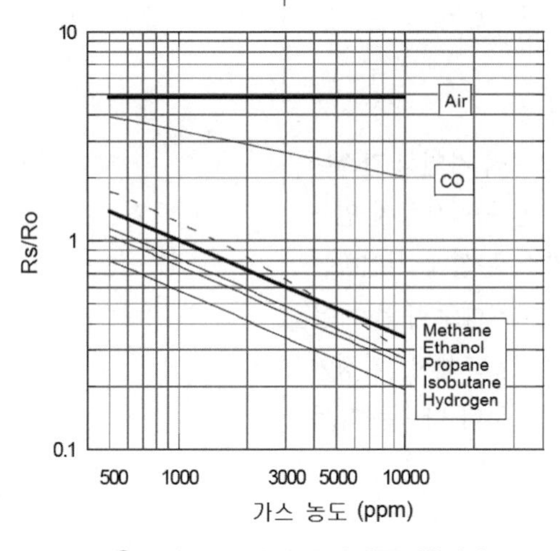

그림 1-76 가스농도에 따른 저항변화

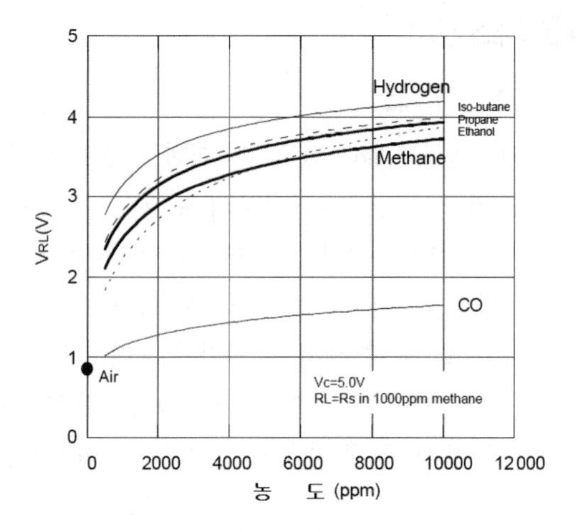

그림 1-77 가스농도에 따른 전압출력

8 습도센서

일반적으로 많이 사용되는 습도센서 제품에는 저항변화형과 정전용량 변화형, 그리고 센서와 증폭기 및 신호처리회로를 일체화한 모듈형으로 나뉜다.

(1) 저항 변화형

① 습도가 높을수록 저항이 줄어든다.
② 온도의존성이 크다.
③ 직선성이 나쁘다.
④ 가격이 비교적 저렴하고(2000원 이하) 구하기 쉽다.

(2) 정전용량 변화형

① 습도가 높을수록 정전용량이 커진다.
② 온도의존성이 비교적 작다.
③ 직선성이 우수하다.
④ 비교적 가격이 비싸다(개당 15,000원 이상).

(3) 전압 또는 주파수 출력 변환 모듈형

외부에서 전원을 공급하면 습도센서의 신호를 증폭, 처리하여 아날로그 신호로 출력하는 모듈타입이다.

① 전원전압은 5V 고정 또는 3~16V의 배터리타입이다.
② 습도에 정비례하는 전압 또는 주파수를 출력한다.
③ 출력전압의 스팬 범위는 1~4V/0~100%이다.

그림 1-78 습도센서 모듈

9 모션센서

(1) 틸트센서(= 기울기센서)

① 틸트센서란, 기울기를 감지하면 센서의 회로가 연결되어 전기를 흐르게 해 주는 일종의 스위치이다.
② 비교적 저렴하고, 사용법과 동작이 쉽고 간단하다.

(2) 가속도센서

① 가속도란 단위시간 당 속도를 뜻하며, 그 가속도를 측정하는 IC가 가속도센서이다.
② 가속도를 측정함으로써, 물체의 기울기나 진동 등의 정보를 계측할 수 있다.
③ 가속도의 단위는 m/s^2(국제 단위계 SI)가 사용된다.
④ 일반적으로 가속도센서는 이 Low G 가속도 타입과 High G 가속도 타입으로 분류된다.
⑤ 그림은 3축 가속도센서로써 x축, y축, z축 3방향의 가속도를 측정할 수 있다. 기본적으로 z축의 (−) 방향으로 중력가속도 −g 만큼의 값이 출력된다.

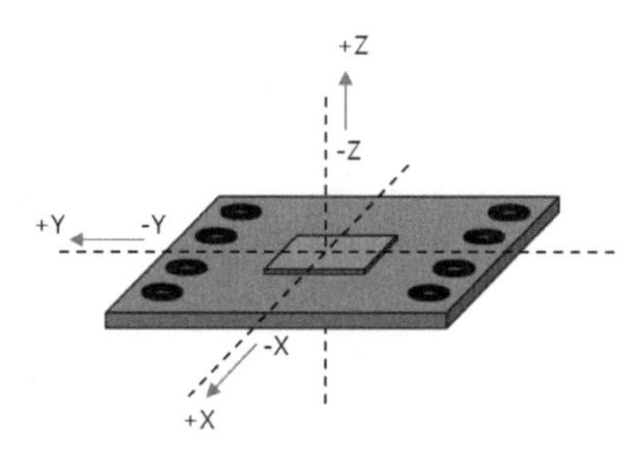

그림 1-79 3축 가속도센서의 동작

(3) 자이로센서

① 자이로센서는 각속도를 측정할 수 있는 센서로써 가속도센서와 마찬가지로 3축에 대해 물리량을 측정할 수 있다.

② 자이로센서는 각속도를 측정하는 것이기 때문에 정지해 있는 경우는 각속도가 0이며, 모션이 있는 경우 각속도가 발생한다.

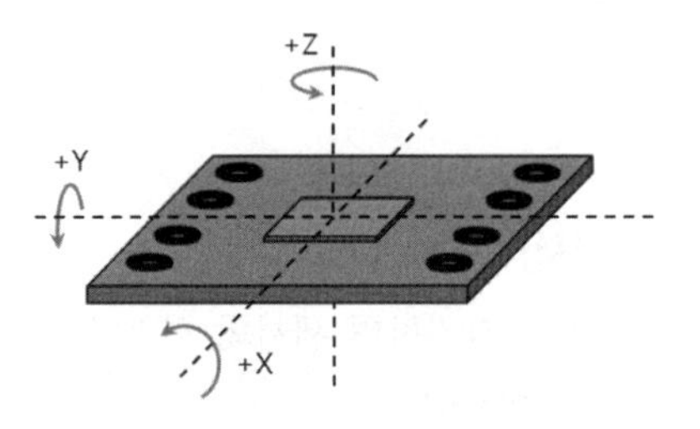

그림 1-80 자이로센서의 동작

형성평가

01 서미스터(thermistor)에 관한 설명 중 틀린 것은?

① 열 의존도가 큰 반도체를 재료로 사용한다.
② 부(−)의 온도계수를 갖는다.
③ 다른 전자장치의 온도보상을 위해 사용된다.
④ 정(+)의 온도계수를 갖는다.

해설
- 서미스터는 주로 폴리머나 세라믹 소재로 제작된다.
- 저항값이 온도에 따라 증가하는 서미스터를 정특성 서미스터(PTC)라 하고, 반대로 온도가 증가하면 저항이 감소하는 것을 부특성 서미스터(NTC)라 한다.

02 서미스터의 저항 온도계수는 금속선의 대략 몇 배 정도인가?

① 10배 ② 50배
③ 100배 ④ 200배

03 부(−)의 온도계수를 갖는 것은?

① 권선저항 ② 구리
③ 니크롬 ④ 서미스터

04 다음 중 온도를 저항으로 변환시키는 것은?

① 스프링
② 가변 저항기
③ 전자 코일
④ 서미스터

05 반도체 고유저항의 특성으로서 열에 민감성과 마이너스의 온도계수를 가지는 것을 이용한 소자로서 온도측정, 온도제어 계전기등에 이용되는 것은?

① 바리스터 ② SCR
③ 서미스터 ④ 다이오드

06 다음 중 서미스터를 이용한 것은?

① 광도계
② 전압표준 회로
③ 화재경보기 회로
④ 정전류회로

07 광센서에 대한 설명 중 틀린 것은?

① 광센서는 광도전 효과와 광기전력 효과를 이용한 것이 있다.
② 황하 카드뮴의 빛의 감도는 사람의 가시영역과 거의 같으며 최대 감도는 5500~6500[Å](녹색)사이에 있다.
③ 광기전력 효과를 이용한 것으로는 포토다이오드와 포토 TR이 있다.
④ 광도전 효과를 이용한 것으로는 CdS와 InSb가 있다.

해설
황화 카드뮴(CdS)은 3000Å~5200Å 사이에 최대 감도를 가진다.

[정답] 01 ① 02 ③ 03 ④ 04 ④ 05 ③ 06 ③ 07 ②

08 온도 변화에 의하여 전기저항이 변화하는 소자를 이용한 반도체는 어느 것인가?

① 서미스터 ② 열전대
③ 측정저항 ④ pn 접합

해설
서미스터는 열에 민감한 저항체이다.

09 온도센서 중에서 구조가 간단하고, 기계적으로 강한 온도센서는?

① 열전대 ② 서미스터
③ 측온저항 ④ pn 접합

해설
열전대는 이종의 금속 접합부에 제벡(seebeck) 효과를 이용하여 기전력에서 온도를 측정하며 구조가 간단하고 견고하다.

10 센서의 재료 성분이 백금, 텅스텐, 코발트로 되어 있는 온도센서는 어느 것인가?

① 열전대 ② 서미스터
③ 측온저항 ④ pn 접합

해설
측온저항의 센서는 백금, 텅스텐, 백금으로 되어 있다.

11 온도센서 중에서 NiO, CoO, MnO, Fe_2O_3 등을 주성분으로 하는 센서는?

① MTC 센서 ② NTC 센서
③ PTC 센서 ④ CTR 센서

해설
NiO, CoO, MnO, Fe_2O_3의 주성분인 센서는 서미스터의 계열 센서로서 NTC 서미스터이다.

12 기압 계측, 혈압, 유압의 계측에 이용되는 센서는 어느 것인가?

① 압력센서 ② 온도센서
③ 가스센서 ④ 광센서

해설
압력센서는 반도체 압전체, 강지성체로서 측정용으로 혈압, 기압 등에 이용되고 있다.

13 다음 중 자기센서에 속하지 않는 것은?

① 홀소자 ② 자기 트랜지스터
③ SQUID ④ 포토 다이오드

해설
자기센서에는 홀소자, 홀 IC, 자기저항 효과 소자, 자기 트랜지스터, SQUID, 리드 스위치, 위간드 효과소자 등이 있다.

14 센서가 소형이고 취급이 간편한 자기센서는 어느 것인가?

① 홀소자 ② 자기 트랜지스터
③ 리드 스위치 ④ 서치코일

해설
경량이고 취급이 간편하고, 온도 보상이 요구되는 센서는 홀소자 센서이다.

15 빛을 전기적 신호로 변환하는 센서는?

① 광센서 ② 온도센서
③ 초음파 센서 ④ 가스센서

해설
광센서는 빛을 전기적으로 변환시켜 주며, 테이프리더, 카드리더, 카메라의 노광계 등에 이용된다.

[정답] 08 ① 09 ① 10 ③ 11 ② 12 ① 13 ④ 14 ① 15 ①

16 LED를 발광기로 하고 포토 다이오드를 수광기로 하는 광 스위치 역할을 하는 센서는 어느 것인가?

① 광센서 ② 초음파 센서
③ 가스센서 ④ 리드 센서

해설
광센서는 LED(발광부), 포토다이오드(수광부)로서 광 스위치로 이용할 수 있으며, 예로서 자동검출, 경보기 등에 이용된다.

17 음주 운전자의 알콜 측정에 이용되는 센서는 어느 것인가?

① 광센서 ② 생물 센서
③ 화학 센서 ④ 가스센서

해설
가스센서는 각종 가스, 자동차의 공연비, 알콜 측정에 이용된다.

18 속도, 진동, 회전수, 크기의 변화 등의 측정에 이용되는 센서는?

① 기계량 센서 ② 광센서
③ 리드 센서 ④ 힘 센서

해설
측정 대상물에 접촉, 근접에 의하여 속도, 가속도, 스트레인, 크기 등을 측정하는데 이용되는 센서는 기계량 센서이다.

19 홀소자의 반도체 재료는 어느 것인가?

① Ge ② Bs
③ Sn ④ CO

해설
Ge, Si, InAs, InSb, GaAs 등이다.

20 VTR, 레코드 플레이어, 플로피 디스크 등에 사용되고 있는 센서는?

① 홀소자 ② 홀 IC
③ 자기 트랜지스트 ④ 서치코일

해설
홀소자는 VTR 레코트 플레이어, 디스크, 전류계, 자속계, 전위계, 속도계, 주파수 변환 등에 이용된다.

21 병의 진단에 이용되는 센서는 어느 것인가?

① 홀소자 ② 홀 IC
③ SQUID ④ 서치코일

해설
SQUID(초전도양자 간섭 소자)는 혈압, 체온, 혈액분석, 심전계, 뇌파계 등에 이용된다.

22 자석과 조합한 자기센서로서 주성분이 백금, 금, 로듐 등인 센서는 어느 것인가?

① 홀소자 ② 홀 IC
③ 리드스위치 ④ 서치코일

해설
리드스위치는 자석과 조합한 것으로서 접점간격을 일정 간격으로 유지시켜 불활성 가스와 봉입한 것이다.

23 다음 중 습도센서의 설명 중 옳지 않은 것은?

① 측정 습도범위가 넓다.
② 사용 온도범위가 넓다.
③ 응답이 느리고 히스테리시스가 적다.
④ 외부의 영향을 받지 않는다.

해설
습도센서는 응답속도가 빠르고 실온에서 우수한 특성을 가지며 환경 저항성이 좋다.

[정답] 16 ① 17 ④ 18 ① 19 ① 20 ① 21 ③ 22 ③ 23 ①

24 다음 중 습도센서에 해당되는 것은?

① 기계적 센서 ② 저항식 센서
③ 열전도식 센서 ④ 전자파식 센서

해설

습도센서는 종류
㉠ 정전용량형
- 흡습으로 유전체 변화 감지
- 응답 빠름
- 주로 상대습도에 이용
㉡ 전기저항식
- 흡습으로 저항의 변화 감지
- 대량생산 용이
- 온도보정 필요

25 다음 습도센서 용도 중 다른 것은?

① 룸 에어컨 ② 제습기
③ 의류 건조기 ④ 음주 측정기

해설

음주 측정기에는 가스센서가 사용된다.

26 변형 게이지선을 사용하여 측정에 이용되는 센서는 어느 것인가?

① 중량센서 ② 온도센서
③ 화학센서 ④ 광센서

해설

중량센서(= 무게센서, 로드셀)는 물리적 힘을 센서 내부에 있는 스트레인 게이지를 통하여 전기적인 신호로 바꿔 무게를 측정하는 센서이다.

27 다음 중 고주파 발진기 및 정전 용량형을 이용하여 물체를 감지하는 센서는 어느 것인가?

① 온도센서 ② 압력센서
③ 근접센서 ④ 화학센서

해설

산업용 근접센서에는 정전용량형과 유도형이 있다.
- 정전용량형 : 모든 물체를 감지한다.
- 유도형 : 금속만 감지한다.

28 기계분야에서 널리 사용되고 있으며 각도나 회전수의 계측, 위치 및 속도 제어에 실용되고 있는 센서는 어느 것인가?

① 로터리 인코더 ② 차동 트렌스
③ 근접 스위치 ④ 퍼텐쇼미터

해설

로터리 엔코더는 회전체 축에 부착되어 축의 회전을 디지털 펄스로 출력한다. 이 펄스를 이용하여 회전각도나 회전속도(RPM)를 측정하는데 사용된다.

29 다음 중 적외선과 포토 트랜지스터를 조합하여 물체를 검출하는 센서는 어느 것인가?

① 포토 인터럽트
② 리니어 이미지 센서
③ 포토 다이오드
④ CdS

해설

포토인터럽트 외형과 구조

30 다음 중 빛의 밝기를 저항값으로 출력하는 센서는 어느 것인가?

① 서미스터 ② 로드셀
③ 포토 다이오드 ④ CdS

[정답] 24 ② 25 ④ 26 ① 27 ③ 28 ① 29 ① 30 ④

해설

- CdS(황화카드뮴셀)은 빛의 세기에 따라 저항이 변한다.
- 빛이 밝을수록 저항값이 작아진다.
- 주로 조도센서로 사용된다.

31 화재 경보기나 온도측정에 가장 알맞은 반도체 제품은?

① CdS ② 바리스터
③ 서미스터 ④ 광전 전지

해설

- CdS : 광도전 현상을 이용한 광도전 셀
- 바리스터 : 전압 변화에 따라 저항값이 변화
- 서미스터 : 온도 변화에 따라 저항값 변화

32 다음 중 광전도 소자 물질은?

① AlP ② InP
③ CdS ④ GaAs

해설

CdS(황화카드뮴셀) : 광도전 현상을 이용한 광도전 셀이다.

33 CdS와 가장 관계가 깊은 것은?

① 광전도 자기저항 소자
② 태양 전지
③ 광전도 소자
④ 자전 변환 소자

34 빛을 받아서 기전력이 생기는 것을 무엇이라 하는가?

① 호올 효과 ② 광전 효과
③ 펠티어 효과 ④ 자기전기 효과

해설

광전 효과

- 광도전 효과 : 반도체에 빛을 비추면 도전성이 증가되어 전류가 흐르는 현상
- 광기전력 효과 : 반도체의 PN 접합부에 빛을 비추면 P형에 (+), N형에 (−)의 기전력이 생기는 현상

35 물질에 빛을 비춤으로서 기전력이 발생하는 현상은?

① 광방전 효과 ② 광전도 효과
③ 광전자방출 효과 ④ 광기전력 효과

해설

빛을 비출 때 반도체에서 기전력이 발생하는 현상을 말한다. 빛을 비춤으로써 반도체에 기전력이 발생하는 현상으로 광기전력효과라고도 한다. 이 효과를 이용한 것이 포토다이오드, 태양전지이다.

36 인체의 뇌파, 신경에서 발상하는 자기신호의 변화를 감지하는 센서는?

① SQUID ② CdS
③ NTC ④ Hall IC

해설

초전도 효과를 이용한 것으로 자기센서 중 최고의 감도를 나타내는 SQUID가 사용된다.

37 다음 중 제벡효과를 이용한 센서는?

① 포토트랜지스터 ② 열전대
③ 서미스터 ④ 홀 센서

해설

제벡효과

서로 다른 금속선 A, B를 접합하여 2개의 접점 사이에 온도차를 주면 온도차에 비례하는 기전력(emf)이 나타난다.

[정답] 31 ③ 32 ③ 33 ③ 34 ② 35 ④ 36 ① 37 ②

38 다음 중 움직이는 물체의 각속도를 측정할 수 있는 센서는?

① 초음파센서
② 가속도센서
③ 틸트센서
④ 자이로센서

해설
자이로센서는 기준 방향에 대해 돌아간 방향을 나타내므로 물체의 각속도를 출력한다.

39 다음 중 물체의 움직임을 측정하는 센서가 아닌 것은?

① 초음파센서
② 가속도센서
③ 틸트센서
④ 자이로센서

해설
초음파 센서는 거리를 측정하는 센서이다.

40 다음 중 가스센서에 대한 설명 중 잘못된 것은?

① 주성분은 산화물금속(이산화주석 SnO_2, 산화텅스텐 WO_3)이다.
② 히터가 내장되어 있다.
③ 알미늄 케이스로 밀봉되어 있다.
④ 가스가 유입되면 저항이 감소한다.

해설
가스가 잘 유입되도록 센서 위에 철망으로 둘러싸여 있다.

41 다음 중 틸트센서에 대한 설명 중 옳은 것은?

① 물체의 각속도를 측정한다.
② 금속 물체의 자기장을 감지한다.
③ 물체의 기울기를 감지한다.
④ 금속물체의 접근을 감지한다.

해설
틸트센서란, 기울기를 감지하면 센서의 회로가 연결되어 전기를 흐르게 해주는 일종의 스위치이다.

[정답] 38 ④ 39 ① 40 ③ 41 ③

모터 제어

1 DC 모터의 제어

1 DC 모터

고정자로 영구자석을 사용하고, 회전자(전기자)로 코일을 사용하여 구성한 것으로, 전기자에 흐르는 전류의 방향을 전환함으로써 자력의 반발, 흡인력으로 회전력을 생성시키는 모터이다.

*DC 모터는 가격대비 효율이 뛰어나고 제어가 쉬워, 대부분의 구동계에 사용되고 있다.
*AC 모터는 주로 큰 힘이 요구되는 구동계에 사용된다.

2 DC 모터의 특징 ★★

① 기동토크가 크다.
② 인가전압에 대하여 회전특성이 직선적으로 비례한다.
③ 입력전류에 대하여 출력 토크가 직선적으로 비례하며, 또한 출력효율이 양호하다.
④ 가격이 저렴하다.
⑤ 회전자 코일에 전류를 공급하는 브러쉬가 있어 노이즈 발생의 원인이며 브러쉬의 수명이 모터의 수명을 결정한다.

3 DC 모터 구동회로

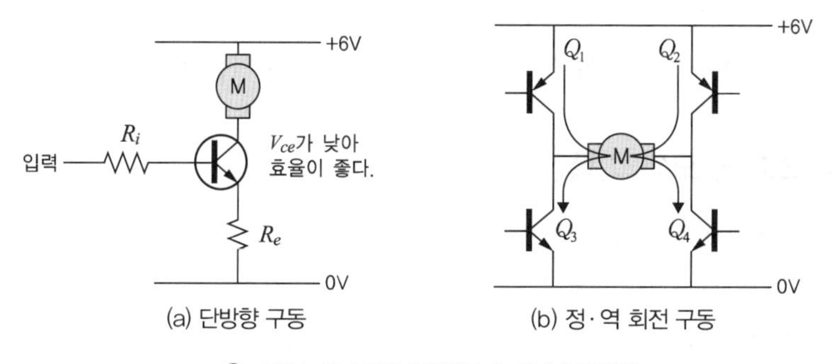

그림 1-81 TR을 이용한 DC 모터 구동방법

4 PWM ★

일반적인 DC Motor의 속도를 변경하려면 가장 간단한 방법은 전압을 조절하는 것이나, 이 방법은 디지털 제어를 하려면 D/A 변환기가 필요하므로 제어회로가 복잡하다. 따라서 디지털 포트 출력으로 바로 모터의 속도를 가변할 수 있는 제어방식으로서 구형파 펄스의 듀티비를 가변하는 펄스폭변조(PWM : Pulse Width Modulation)방식을 많이 사용한다.

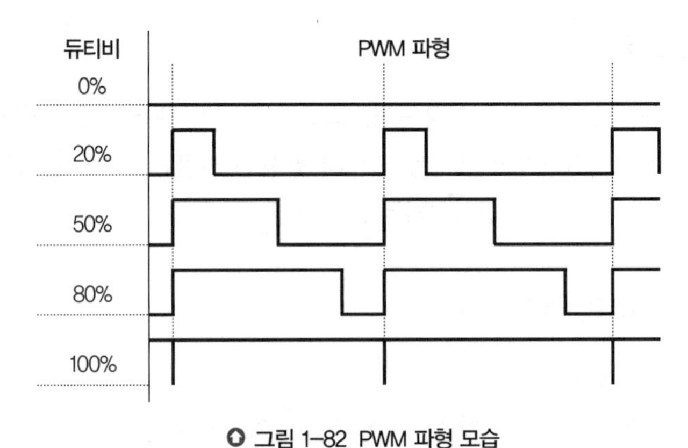

그림 1-82 PWM 파형 모습

2 스테핑 모터의 제어

*스테핑 모터는 관성이 작은 기계의 정밀한 위치제어에 사용된다. 예를 들면 프린터 헤드구동, 디스크 드라이브의 헤더 구동, 3D프린터, 등에 사용된다.

1 스테핑 모터

스테핑 모터(Stepping motor)는 스텝 모터, 펄스 모터 등으로 불려지기도 하는데 교류 서보모터나 직류 서보모터에 비하여 값이 싸고 정확한 각도 제어에 유리하여 각종 OA, FA 장비에 널리 사용되고 있다.

2 스테핑 모터의 특징 ★★

① 피드백 없이 오픈 루프만으로 구동할 수 있다.
② 브러시가 없으므로 오염으로부터 안전하다.
③ 디지털 입력 펄스에 의해 구동되므로 디지털 컴퓨터로 쉽게 제어된다.
④ 기계적 구조가 간단하다. 따라서 유지보수가 거의 필요 없다.
⑤ 고정된 스텝 각도만큼 이동하므로 분해능에 제약이 따른다.
⑥ 스텝 응답에 대해 상대적으로 큰 오버슈트와 진동을 나타낸다.
⑦ 관성이 큰 부하를 다루기 어렵다.

❸ 스테핑모터의 구동회로와 구동방법 ★★

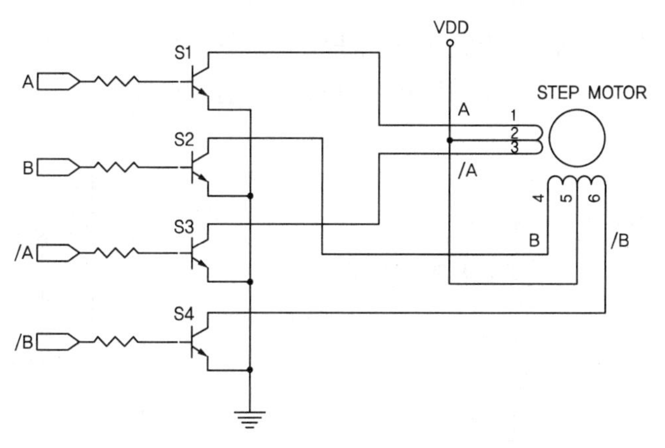

그림 1-83 TR 스위치를 이용한 구동회로

학습 POINT
상 구동방식별 특징에 대해 공부 해두자.

(1) 1상 여자 구동방식

① 한 번에 1개의 상을 여자하는 방식이다.

② 입력이 1상뿐이므로 모터의 온도 상승이 낮고, 전원이 낮아도 된다.

*스테핑 모터는 구동방식 중 1상 구동방식은 모터 테스트용 외에는 실제 사용되지 않고, 큰 힘이 필요한 부분에는 2상 방식, 정밀제어가 필요한 부분에는 1-2상 방식이 사용된다.

(2) 2상 여자 구동방식

① 한 번에 2개의 상을 여자하는 방식이다.

② 항상 2상이 여자되어 있으므로 기동토크가 주어져 난조가 일어나기 어렵다.

(3) 1-2상 여자 구동방식

① 한 번은 1상, 그 다음은 2상을 교대로 반복하여 여자하는 방법이다.

② Harf step 구동을 하게 된다.

③ 정밀한 위치를 얻을 수 있다.

3 신호변환

❶ 출력의 변환

컴퓨터를 비롯한 디지털 기기는 주로 TTL 레벨(5V, 0V)의 신호 특성을 갖고 있다. 그러므로 마이컴 또는 디지털 출력으로부터 TTL 레벨이 아닌 높은 전압을 요구하는 출력부하를 구동한다든지, TTL 레벨이 아닌 입력장치로부터 디지털기기로 입력을 받기 위해서는 신호변환 인터페이스 회로가 필요하다.

아래 그림에서 1개의 TR을 이용하여 디지털 포트 출력으로 24V 출력으로 변환하여 부하를 구동하는 간단한 회로를 나타내었다.

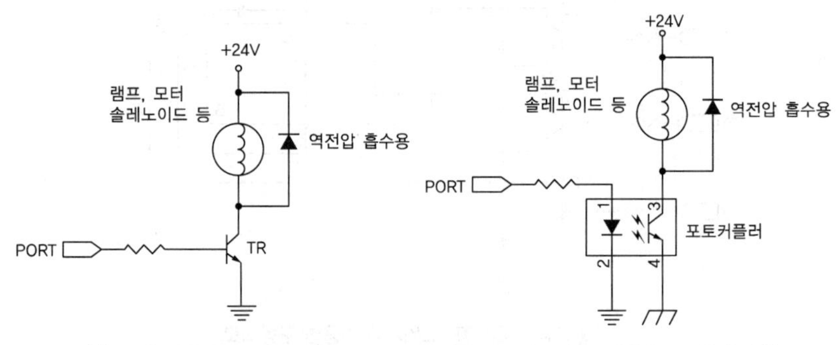

그림 1-84 디지털 I/O 포트를 이용하여 24V 부하를 구동하는 회로

2 입력의 변환

높은 레벨의 전압을 사용하는 센서 혹은 스위치로부터 디지털 포트로 입력을 받으려면 앞에서와 마찬가지로 TTL 레벨로의 신호변환이 필요하다.

여기서는 포토커플러를 이용하여 다른 높은 레벨의 전압을 TTL 레벨로 변환하여 디지털 포트로 입력하는 방법을 아래 회로에 나타내었다.

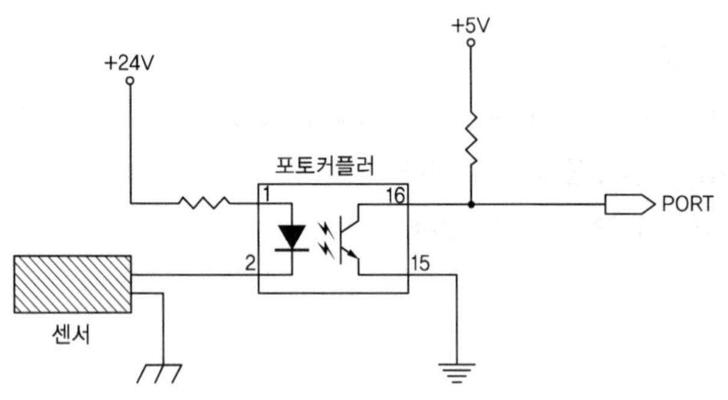

그림 1-85 24V 입력을 5V로 변환하는 회로 예

4 서보모터의 제어

1 서보(Servo)란?

서보(servo)란 그리스어로 노예(Servus)를 말하며 이것은 지령 신호(명령)에 대하여 충실하게 행동(추종)한다, 따른다는 의미이며, 명령을 따르는 모터를 서보모터라고 한다. 프린터, 공작기계, 로봇 등에 많이 사용되는 모터로서, 명령에 따라 정확한 위치와 속도를 제어한다.

*서보 시스템이라고 하면 위치, 각도, 방위, 속도 등을 물리량으로 하는 시스템을 말한다.

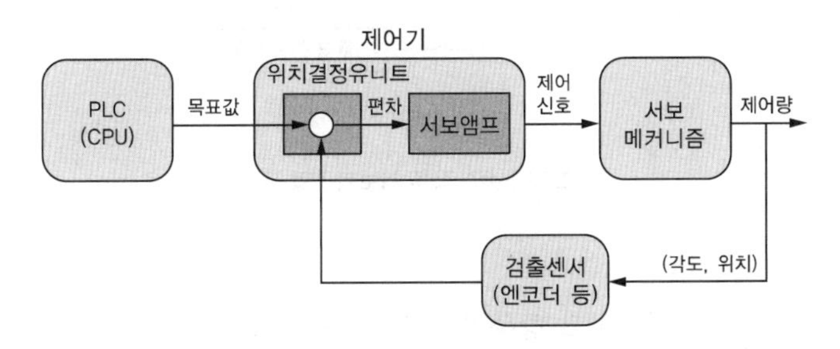

그림 1-86 서보모터 제어시스템의 구성도

2 전기식 서보기구

구동부에 전동기를 사용한 것으로 전동기 제어에 전력 증폭기가 이용된다. 전기신호는 전송에 편리하며 목푯값을 주는 장소와 서보기구의 부하가 있는 장소가 원거리 S인 경우에 유리하며 속도는 유압식에 비해 저하되지만 경제성과 취급성이 우수하다.

서보모터는 시동시 토크가 크고 저속 회전이 용이하며 급가감속, 정역전, 정지가 신속히 이루어진다.

(1) 직류 서보기구

목푯값은 손잡이의 회전각, 제어량은 부하의 회전각으로 하며, 점착현상과 관성을 줄이는 구조로 출력이 클 때 사용한다.

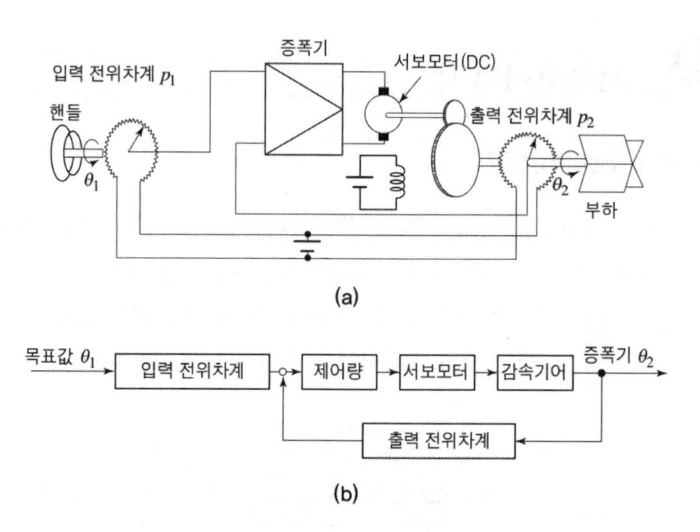

그림 1-87 직류 서보기구의 구성

(2) 교류 서보기구

교류 전원을 사용하고 증폭기와 전동기를 교류용으로 사용한다. 정류자 브러시가 없어 유지비가 전혀 없고, 소형 2상 유도 전동기를 사용하며 이를 보통 2상 서보모터(two-phase servo motor)라 한다.

*서보모터는 크게 DC 서보모터와 AC 서보모터로 구분되고, 특히 AC 서보모터는 DC 서보모터를 반대로 한것과 같다고 하여 브러시레스 서보모터(Brushless servo motor) 라고도 한다.

3 서보모터의 구조에 따른 종류

그림 1-88 여러 가지 서보모터와 서보 앰프들

(1) DC 서보모터

회전자 철심 내에 전기자 권선(Coil)이 감겨져 있다. 전기자 권선에 정류자를 통하여 전류를 공급하는 브러시(Brush) 및 브러시(Brush Holder) 홀더가 부착되어 있다.

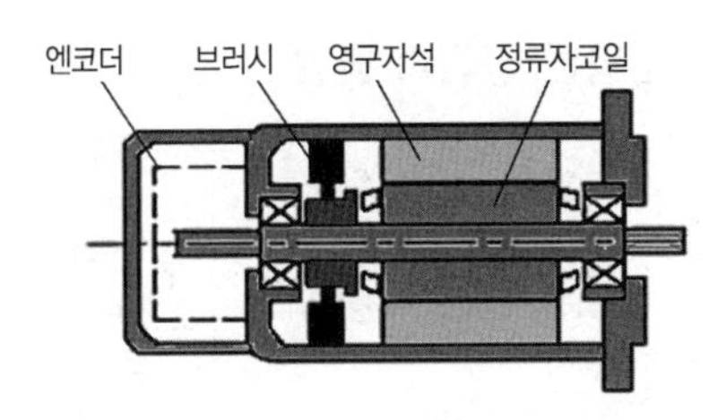

그림 1-89 DC 서보모터 구조

(2) AC 서보모터

1) 동기(SM)형 AC 서보모터

동기형 AC 서보모터는 DC 서보모터와 반대로 자석이 회전자에 부착되어 있고 전기자 권선은 고정자측에 감겨져 있다. 따라서 정류자나 커뮤니케이터 없이도 외부로부터 직접 전원을 공급받을 수 있는 구조이다. FA용으로 소 · 중용량급으로 가장 널리 사용되고 있어 보통 AC 서보모터라고 하면 이것을 말한다.

2) 유도(IM)형 AC 서보모터

유도기형 AC 서보모터의 구조는 일반 유도기(Induction Motor)의 구조와 똑같다. 즉 고정자측은 프레임, 고정자 코어, 전기자 권선,리드선으로 구성되어 있고, 회전자는 샤프트, 회전자 코어, 그리고 코어 외경에 도전체(Conductor)가 조립되어 있다. 이 구조는 회전자와 고정자의 상대적인 위치 검출 센서가 필요치 않다.

회전자 구조가 간단하고 검출기도 특수한 것이 필요없다. 구조가 견고하고, 고속 · 대 토크(torque) 대응이 가능하며, 대용량(7.5KW 이상)으로 이용되고 있다.

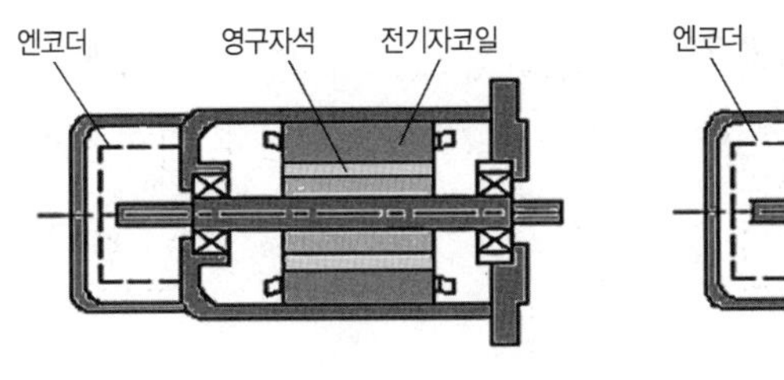

(a) SM형 AC 서보모터

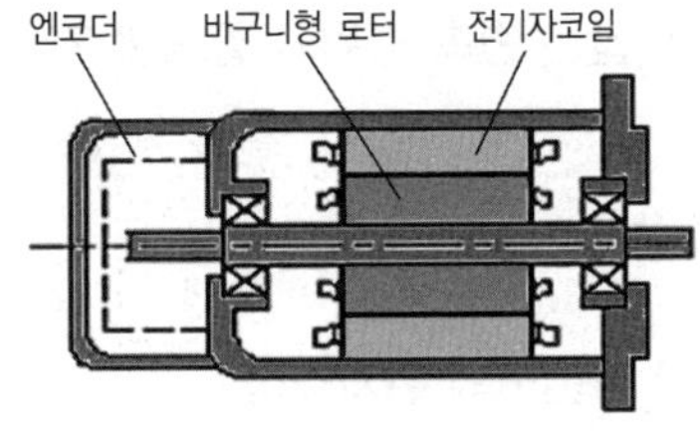

(b) IM형 AC 서보모터

그림 1-90 AC 서보모터 구조

학습 POINT

우측의 표를 통해 각 서보모터의 종류별 특징을 잘 알아두도록 하자.

(3) 서보모터의 종류에 따른 장점과 단점

종 류	장 점	단 점
DC 서보모터	• 기동토크가 크다. • 크기에 비해 큰 토크 발생한다. • 효율이 높다. • 정밀 제어하기가 좋다. • 속도제어 범위가 넓다. • 비교적 가격이 싸다.	• 접촉부의 신뢰성이 떨어진다. • 브러시에 의해 노이즈가 발생한다. • 정기적인 브러쉬 보수가 필요하다. • 정류에 한계가 있다. • 사용환경에 제한이 있다. • 방열이 나쁘다.
동기형 AC 서보모터	• 브러시가 없어 보수가 용이하다. • 내 환경성이 뛰어나다. • 신뢰성이 높다. • 고토크가 가능하다. • 소형, 경량	• 시스템이 복잡하고 고가이다. • 전기적 시정수가 크다. • 회전 검출기(로터리 엔코더)가 필요하다.
유도형 AC 서보모터	• 브러시가 없어서 보수가 용이하다. • 내환경성이 좋다. • 대용량으로 고효율이다. • 자석을 사용치 않는다. • 고속, 고토크 가능하다. • 구조가 견고하다. • 회전검출기가 불필요하다.	• 시스템이 복잡하고 고가이다. • 전기적 시정수가 크다. • 정전시 발전 제어가 불가하다. • 온도변화에 특성이 영향을 받는다.

(4) 서보의 적용 분야

서보모터의 가장 큰 특징은 정밀한 위치제어, 속도제어, 토크제어가 가능하다는 것이다. 이 때문에 오늘날 산업용 로봇을 비롯하여 FA분야 정밀기계 시스템에 서보 시스템을 적용하고 있다.

1) 위치결정을 필요로 하는 기계

공작기계, 반송기계, 포장기계, 인서터, 마운터, 각종 피더, 커트 등

2) 넓은 변속 범위가 필요한 기계

인쇄기, 지공기, 필름 제조라인, 권선기, 권취기, 권출기, 이송 및 반송장치 등

3) 고빈도의 위치결정

프레스 피드, 제대기, 시트 컷, 로더, 언로더, 포장기, 마운터, 본더 등

4) 토크제어

권취기, 권출기 등과 같은 장력제어 분야

형성평가

01 DC 모터의 속도를 제어하는 기법에 주로 많이 사용하는 방법은?

① ATM ② PAM
③ SSM ④ PWM

해설
PWM은 펄스의 듀티비를 변화시킴으로서 부하에 공급되는 평균전력을 가변할 수 있다. 펄스 출력을 사용하므로 별도의 아날로그 변환장치 없이 디지털 출력으로 가변시킬 수 있어 주로 DC모터 속도제어에 많이 사용되고 있다.

02 다음은 DC 모터에 대한 설명이다. 틀린 것은?

① 입력 주파수에 따라 속도가 가변된다.
② 가격이 저렴하고 기동토크가 크다.
③ 인가전압에 따른 회전특성이 직선적이다.
④ 브러시에 의한 노이즈 발생이 심하다.

해설
①은 AC 모터에 대한 설명이다.

03 다음은 스테핑 모터에 대한 설명이다. 틀린 것은?

① 1상, 2상, 1-2상 주로 3가지 구동방식이 있다.
② 주로 위치 제어용으로 많이 사용된다.
③ 속도가 빠르고 고속에서 토크가 크다.
④ 펄스 주파수로 속도를 가변한다.

해설
스테핑 모터는 주로 중저속으로 사용하며 속도가 빠를수록 토크가 작아진다.

04 2상 스테핑 모터를 구동하기 위해 TR을 이용한 드라이브 회로를 설계하고자 한다. 최소한 몇 개의 TR이 필요한가?

① 2개 ② 4개
③ 6개 ④ 8개

해설
2상 스테핑 모터에는 A, /A, B, /B 4개의 신호가 필요하다.

05 다음은 스테핑 모터의 상 구동방식에 대한 설명이다. 틀린 것은?

① 1상 방식은 가장 토크가 작다.
② 2상 방식은 가장 토크가 크다.
③ 1-2상 방식은 1상 방식과 2상 방식을 합친 형태의 구동방식이다.
④ 모든 상 구동방식에서 펄스 당 스텝각은 동일하다.

해설
1-2상 방식을 Half step 방식이라고도 부르며 정격 스텝각의 1/2 스텝으로 구동된다.

06 다음은 DC 모터의 속도를 제어하기 위한 PWM에 대한 설명이다. 옳은 것은?

① 모터에 흐르는 전류를 조절하여 속도를 제어한다.
② 모터에 공급되는 평균 전력을 조절하여 속도를 제어한다.
③ 모터에 흐르는 전압을 조절하여 속도를 제어한다.
④ 저항을 조절하여 모터의 속도를 제어한다.

[정답] 01 ④ 02 ① 03 ③ 04 ② 05 ④ 06 ②

07 다음은 스테핑 모터의 구동 신호 패턴이다. 적합한 구동방식은?

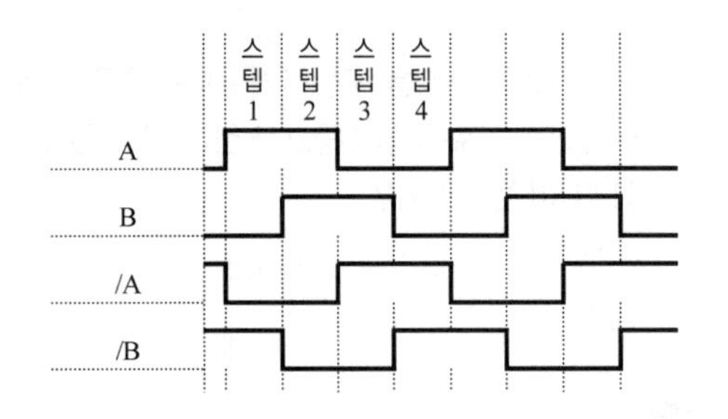

① 1상 여자 구동 ② 2상 여자 구동
③ 3상 여자 구동 ④ 1-2상 여자 구동

08 다음 회로는 어떤 모터를 구동하는 회로인가?

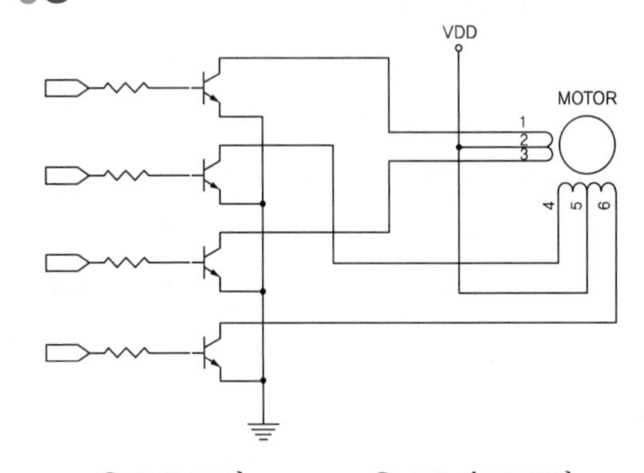

① DC 모터 ② AC 유도모터
③ DC 서보모터 ④ 스테핑 모터

09 다음 회로에 대한 설명이 가장 적합한 것은?

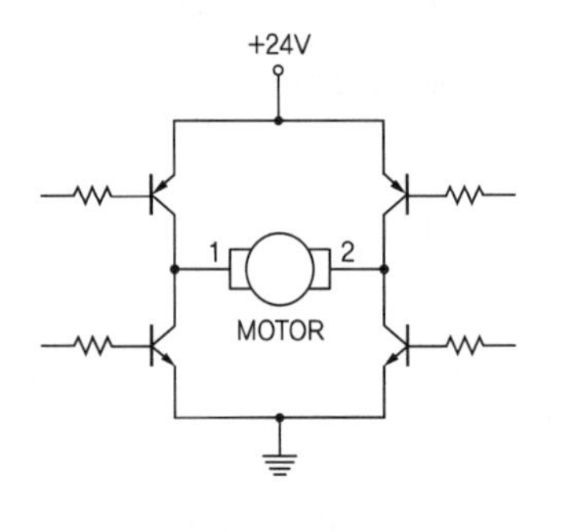

① 모터의 정회전 역회전 동작이 가능하다.
② 모터의 속도제어를 하기 위한 회로이다.
③ 모터를 급속 정지시키기 위한 회로이다.
④ 4개의 TR이 모두 ON 되어야 동작한다.

해설
위 회로를 일명 브릿지 회로라고 부르며 부하에 흐르는 전류의 방향을 바꿀 수 있어 모터를 정 · 역 회전이 가능하다.

10 다음 회로에서 다이오드의 역할에 대한 설명으로 가장 적합한 것은?

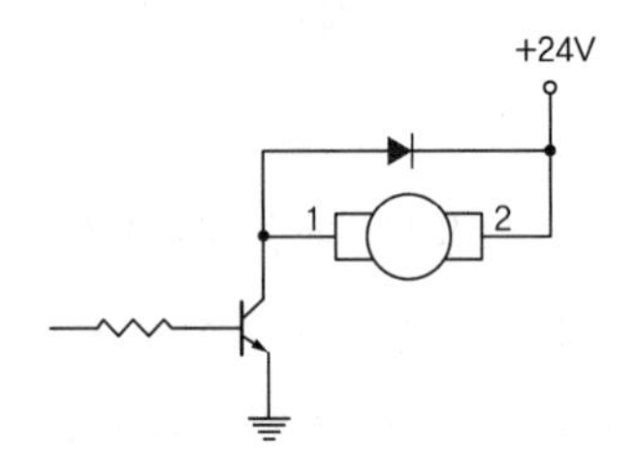

① 모터에 일정한 전류를 공급하기 위함이다.
② 모터의 과부하를 보호하기 위함이다.
③ 모터 코일의 역기전력을 제거하기 위함이다.
④ 일종의 퓨즈 역할을 하기 위함이다.

해설
순간적인 전류 변화에 따른 큰 역기전력 발생을 다시 되돌려서 회로의 보호 및 전원의 안정화를 시킬 수 있다.

11 다음 중 프린터 헤더 구동 및 종이 피딩 등 위치제어가 필요한 사무기기에 주로 사용되는 모터는?

① DC 모터 ② AC 유도모터
③ DC 서보모터 ④ 스테핑 모터

[정답] 07 ② 08 ④ 09 ① 10 ③ 11 ④

12 다음 회로에서 ㉠, ㉡번이 가리키는 부품이름을 바르게 적은 것은?

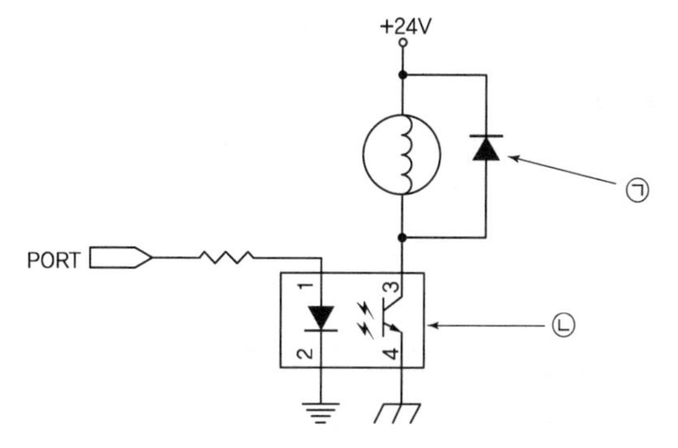

① ㉠ 다이오드 ㉡ 근접센서
② ㉠ 트랜지스터 ㉡ LED
③ ㉠ 트랜지스터 ㉡ 포토커플러
④ ㉠ 다이오드 ㉡ 포토커플러

13 다음 회로에 대한 설명이다. 틀린 것은?

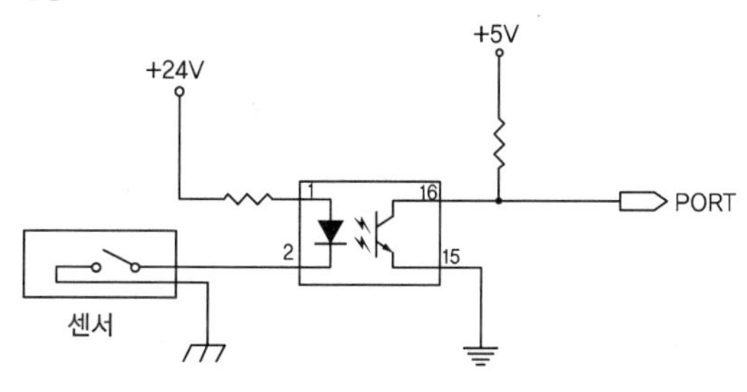

① DC24V 입력을 DC5V로 변환하는 회로이다.
② DC24V 전원부와 DC5V 전원부가 전기적으로 완전히 절연시킬 수 있다.
③ 센서가 ON되면 PORT에 DC5V가 공급된다.
④ 포토커플러를 사용하였다.

해설
센서가 감지되어 ON되면 포토커플러 내의 LED가 ON됨에 따라 포토TR이 ON되므로 포트에는 0V가 입력된다.

14 다음 중 DC 모터에 대한 설명 중 틀린 것은?

① 브러시가 있어 유지보수가 필요 없다.
② 제어가 쉽고 고속 회전이 용이하다.
③ 회전 속도는 인가 전압에 비례한다.
④ 회전 구동계에 가장 많이 사용되고 있다.

해설
DC 모터는 전극역할을 하는 브러시 마찰에 의해 내부 회전자 코일에 전력이 공급된다. 마찰로 인해 브러시의 수명이 짧아지므로 DC모터의 단점으로 작용한다.

15 다음 중 DC 서보모터의 장점 중 틀린 것은?

① 기동토크가 크다.
② 내 환경성이 좋다.
③ 정밀 제어하기가 좋다.
④ AC 서보모터보다 가격이 저렴하다.

해설
DC 서보모터는 브러시가 있어, 브러시 접촉부에 노이즈 불꽃 발생으로 인해 사용환경에 제약이 있다.

16 다음 중 DC 서보모터의 특징 중 틀린 것은?

① 속도제어 범위가 넓다.
② 정기적인 브러시의 보수가 필요하다.
③ 제어 시스템이 복잡하고 고가이다.
④ 전기자 코일이 회전을 한다.

해설
AC 서보모터 단점 중 하나가 제어 시스템이 복잡하고 고가이다.

[정답] 12 ④ 13 ③ 14 ① 15 ② 16 ③

17 다음은 서보(Servo)에 대한 설명 중 틀린 것은?

① 모터제어계를 의미한다.
② 명령에 잘 따른다는 의미가 있다.
③ 위치, 속도, 방위를 물리량으로 한다.
④ 그리스어로 "노예"에서 유래되었다.

해설
서보(servo)란 그리스어로 노예(Servus)를 말하며 이것은 지령 신호(명령)에 대하여 충실하게 행동(추종)한다. 따른다는 의미이며, 명령을 잘 따르는 모터를 서보모터라고 한다.

18 다음 중 산업용 로봇의 액추에이터로 가장 많이 사용되고 있는 모터는?

① AC 유도모터
② DC 서보모터
③ AC 서보모터
④ 스테핑 모터

해설
AC 서보모터는 고가이나 내 환경성이 좋고, 구조가 견고하고 고 토크가 가능하므로 산업용 로봇의 관절 등의 액추에이터로 가장 많이 사용되고 있다.

19 다음 중 AC 서보모터의 장점 중 틀린 것은?

① 브러시가 없어 유지보수가 거의 필요없다.
② 고 토크 구동이 가능하다.
③ 제어 시스템이 복잡하고 고가이다.
④ 기동토크가 크다.

해설
기동토크가 큰 것은 DC 서보모터의 장점 중 하나이다.

20 다음 중 AC 서보모터의 특징 중 틀린 것은?

① 시스템이 복잡하고 고가이다.
② 회전자에 코일이 감겨 있다.
③ 전기적 시정수가 크다.
④ 유지보수가 용이하다.

해설
AC 서보모터 단점 중 하나가 제어 시스템이 복잡하고 고가이다.

21 다음 중 서보모터가 필요하지 않는 곳은?

① 권취기의 장력제어
② 공작기계의 액추에이터 제어
③ 인덱스 테이블의 각도 제어
④ 자동차 윈도브러쉬의 왕복운동제어

해설
서보모터의 용도는 정밀한 위치, 속도, 각도 제어를 위해 사용된다. 자동차 윈도우 브러시는 일반 DC 모터가 사용된다.

22 PLC를 이용하여 AC 서보모터를 제어하기 위해 꼭 필요한 모듈은?

① 출력모듈 ② 위치결정모듈
③ A/D변환모듈 ④ D/A변환모듈

해설
PLC로 AC 서보모터를 제어하기 위해서는 위치결정모듈과 서보앰프가 필요하다.

23 다음 중 서보모터가 제어할 수 없는 것은?

① 전력제어 ② 위치제어
③ 각도제어 ④ 속도제어

해설
서보시스템은 위치, 속도, 각도, 방위 등을 물리량으로 하는 시스템을 의미한다.

[정답] 17 ① 18 ③ 19 ④ 20 ③ 21 ④ 22 ② 23 ①

24 다음 중 AC 서보모터에서 회전속도나 각도 등을 검출하는데 사용되는 센서는?

① 변위센서 ② 전위차계
③ 틸트센서 ④ 로타리엔코더

해설
로타리엔코더는 AC 서보모터 축에 직결되어 있으며, 축의 회전을 검출하여 회전속도, 각도 등을 알 수 있다.

25 다음 그림은 PLC로 AC서보모터를 제어하는 시스템이다. ㉠과 ㉡에 필요한 장치는?

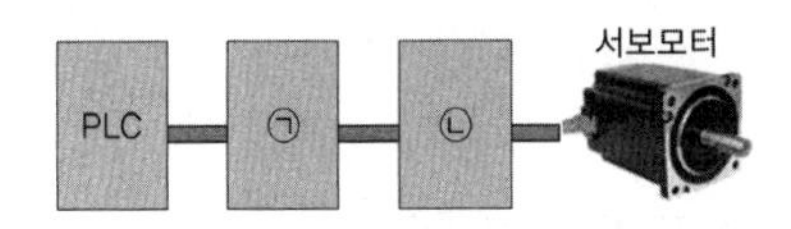

① ㉠ 위치결정모듈 ㉡ 출력모듈
② ㉠ 출력모듈 ㉡ 위치결정모듈
③ ㉠ 위치결정모듈 ㉡ 서보앰프
④ ㉠ 서보앰프 ㉡ 위치결정모듈

26 DC 서보모터의 구조에서 자극 구조에 해당 없는 것은 어느 것인가?

① 자극 ② 계철
③ 절연물 ④ NS극

해설
마그네트 자극의 계자 구조는 자극, 계철, 절연물로 이루어져 있다.

27 DC 서보모터의 구성요소에 해당되지 않는 것은 어느 것인가?

① 정류자 ② 회전축
③ 전기자 ④ 풀리

해설
DC 서보모터의 전기자 구성은 정류자, 회전축, 전기자 등으로 이루어져 있다.

28 DC 서보모터의 성능표시에 해당되는 것은 어느 것인가?

① 정격회전수 ② 응답성관계
③ 인터페이스 ④ 정격사항

해설
DC 서보모터의 성능표시는 정격출력, 정격토크, 정격회전수, 전력률, 순시최대토크, 전기자저항, 회전자관성, 토크정수 등이다.

29 DC 서보모터의 구조에서 초고응답성을 목적으로 회전체의 관성을 경감한 것은 어느 것인가?

① 철심 없는 가동코일형
② 홈이 있는 전기자
③ 철심이 없는 평판상 프린터 코일형
④ 전기자 권선을 보강한 컵형

해설
가동 코일형은 시동 시간 수 ms인 초고응답성을 목적으로 하고 있다.

30 DC 서보모터의 종류에 해당되지 않는 것은 어느 것인가?

① 전기식 ② 유압식
③ 공기압식 ④ 유량식

해설
서보모터의 종류에는 제어용으로는 전기식, 유압식, 공기압식 등이 있다.

[정답] 24 ④ 25 ③ 26 ④ 27 ④ 28 ① 29 ① 30 ④

31 DC 서보모터의 성능 표시판단에 관계가 없는 것은 어느 것인가?

① 응답성 ② 경량성
③ 정격출력 ④ 온도상승

해설
서보모터의 성능은 응답성, 신뢰성, 경량성, 과부하내량, 온도상승에 의해 판단된다.

32 AC 서보모터의 분류방법 중 해당되지 않는 것은 어느 것인가?

① 기계적인 브러시에 의한 분류
② 정류자 유무에 의한 분류
③ 권선에 공급되는 전력의 종류에 의한 분류
④ 전기자 권선의 밀도에 의한 분류

해설
기계적인 브러시는 DC 모터에 해당된다.

33 DC 서보모터 특성의 설명 중 틀린 것은?

① 기동토크가 크다.
② 효율이 높다.
③ 제어성이 양호하다.
④ 속도제어 범위가 좁다.

해설
DC 서보모터는 속도제어 범위가 넓다.

34 유도 모터형 특성이 아닌 것은?

① 브러시리스로서 보수가 용이하다.
② 정류 한계가 없다.
③ 고속, 고 토크 이용이 가능하다.
④ 저속 회전운전에 적합하다.

해설
고속 회전운전에 적합하다.

35 동기 모터형 설명이 잘못된 것은?

① 전기적 시정수가 작다.
② 시스템이 복잡하고 고가이다.
③ 정류 한계가 없다.
④ 고속, 고토크가 가능하다.

해설
AC 서보모터 중 동기 모터형은 시정수가 크다.

36 서보모터의 정격 출력이란?

① 정격 동작점에서의 모터 출력
② 정격 전기자 전압에서 모터 출력
③ 무부하 최고시 모터 출력
④ 정격 동작점에서의 전기자 전류

37 정밀 소형 모터제어에 이용되는 방식은?

① 전류제어
② 위치제어
③ 전력 변환장치 이용
④ 속도제어

해설
정밀 소형 모터 제어에는 전력용 트랜지스터, MOS FET의 펄스폭 조절로 모터에 인가되는 평균전력으로 속도 제어한다.

38 DC 서보모터의 전력변환기와 과전류 보호에 이용되는 제어는?

① 전류제어 ② 속도제어
③ 위치제어 ④ 피드백제어

[정답] 31 ③ 32 ① 33 ④ 34 ④ 35 ① 36 ① 37 ③ 38 ①

해설
전류제어는 모터에 흐르는 최대 전류를 제어할 수 있다.

39 DC 서보모터의 기계적 시정수를 눈에 띄게 높이거나, 낮게 할 수 있는 제어방식은 어느 것인가?

① 위치제어 ② 전류제어
③ 속도제어 ④ 피드백제어

해설
모터를 무부하 상태로 스탭상의 전압을 인가하여 회전속도를 억제할 수 있다.

40 다음 DC 서보모터의 설명 중 잘못된 것은 어느 것인가?

① 브러시 마모에 대한 유지보수가 필요하다.
② 전류에 의한 발열, 냉각문제, 정류불꽃의 방지가 필요하다.
③ 브러시의 안정성이 좋으며 유지가 곤란하다.
④ 제어성이 좋고, 제어장치의 경제성이 좋다.

해설
DC 서보모터의 단점은 브러시의 안정성 조건유지가 어렵다.

41 모터 단체를 정격 토크로 가속하였을 때 모터가 발생하는 출력속도는?

① 정격 전력률 ② 기계적 시정수
③ 전기적 시정수 ④ 정격 토크

해설
- 전기적 시정수 : 전기자에 정전압을 인가했을 때부터 전류가 포화값의 63%에 도달하는데 필요한 시간
- 기계적 시정수 : 부하를 끊었을 때의 모터 단체로 정전압을 인가했을 때부터 가속하는데 필요한 시간
- 정격 토크 : 정격 동작점에서의 출력 토크

42 다음은 AC, DC 서보모터의 설명이다. 틀린 것은 어느 것인가?

① DC 서보모터는 컨버터가 필요없다.
② AC 서보모터는 인버터가 필요하다.
③ DC, AC 서보모터는 회전 센서가 필요하다.
④ DC 서보모터가 AC 모터보다 경제적이다.

43 DC 서보모터 제어에서 기능 설명이 틀린 것은?

① 전력 변환장치 ② 전류 제어기능
③ 속도 제어기능 ④ 전압 제어기능

해설
DC 서보 기본제어형은 전력을 공급하는 전력 변환 장치, 전류, 속도, 위치제어 기능을 포함하고 있다.

44 서보모터 회전당 엔코더 출력펄스는 4개이고 볼나사 피치는 8mm일 때 엔코더 펄스에 의한 테이블 이동량은?

① 0.5mm ② 1mm
③ 2mm ④ 2.5mm

해설
$\delta = P_B / P_n = 8/4 = 2\text{mm}$

45 스테핑 모터의 입력펄스에 비례하여 제어되는 것은?

① 회전각도 ② 회전속도
③ 토크 ④ 위치결정

해설
스테핑 모터의 회전각도는 입력펄스에 의해 제어되고, 회전속도는 주파수에 의해 비례하여 제어된다.

[정답] 39 ③ 40 ③ 41 ① 42 ① 43 ④ 44 ③ 45 ①

46 스테핑 모터의 제어에서 입력펄스로 정 · 역을 제어하는 방식은?

① 폐루프제어
② 개루프제어
③ 반폐쇄 루프제어
④ 토크 루프제어

해설
스테핑 모터의 정 · 역 제어는 입력펄스의 수에 의해 개루프 제어로 제어된다.

47 정밀소형 모터제어에서 2방향(가역)제어에 속하는 것은?

① 전류제어
② MOS FET 이용
③ 전력용 트랜지스터 이용
④ 위치제어

해설
DC 서보모터를 제어하는 데는 전력용 트랜지스터(1방향 제어), MOS FET(2방향 제어)가 있다.

48 DC, AC 서보모터의 위치 결정 기구에 사용되는 데 있어서 요구조건에 해당되지 않는 것은?

① 고속, 고정밀도
② 고속 연속운전
③ 소형 경량
④ 펄스제어 및 고 신뢰성

해설
DC, AC 서보모터의 설비투자효율을 높이기 위하여 고속, 정밀도, 연속운전, 신뢰성, 내구성 보수용이 등이 포함되어야 한다.

49 서보 전동기의 특징을 열거한 것 중 옳지 않은 것은?

① 원칙적으로 정역 회전이 가능하여야 한다.
② 저속이며 거침없는 운전이 가능하여야 한다.
③ 직류용은 없고, 교류용만 있다.
④ 급가속, 급감속이 용이한 것이라야 한다.

해설
서보 전동기는 직류용, 교류용이 있다.

50 다음 중 서보모터의 특징이 아닌 것은?

① 속응성이 충분히 높다.
② 높은 신뢰도가 필요하다.
③ 시동, 정지 및 역전의 동작을 자주 되풀이 한다.
④ 전기자의 지름이 크다.

해설
서보모터의 전기자는 축방향으로 가늘고 길게 제작된다.

51 서보 전동기는 서보기구에서 주로 어느 부의 기능을 맡는가?

① 검출부 ② 제어부
③ 비교부 ④ 조작부

해설
모터의 제어계에서
• 제어부와 비교부 : 모터제어기
• 검출부 : 모터 회전수, 각도를 검출하는 센서 (포텐쇼미터, 로타리엔코더 등)
• 조작부 : 모터

[정답] 46 ② 47 ② 48 ③ 49 ③ 50 ④ 51 ④

52 제어기기의 대표적인 것을 들면 검출기, 변환기, 증폭기, 조작기기를 들 수 있는데, 서보 전동기는 어디에 속하는가?

① 검출기 ② 변환기
③ 조작기기 ④ 증폭기

53 전기식 서보 기기 중에 구조는 복잡하나 출력이 클 때에 유리한 기구는?

① 직류 서보기구
② 교류 서보기구
③ 클러치 서보기구
④ 전자석 서보기구

해설
직류 서보기구는 목푯값은 손잡이의 회전각, 제어량은 부하의 회전각으로 하며, 점착현상과 관성을 줄이는 구조로 출력이 클 때 사용한다.

54 교류 서보모터에서 제어권선과 여자권선 사이의 위상차는?

① 30° ② 45°
③ 60° ④ 90°

해설
AC 서보모터는 2상 AC 비동기 모터이다. 고정자에는 90° 간격으로 여자권선과 제어권선이 장착되어 있다.

55 DC 서보모터는 공작기계, 자동화 기구 등에 많이 적용되고 있다. 그러나 적용이 곤란한 것은 어느 것인가?

① 초고속 드릴링 머신
② 압연 룰러 머신
③ 머시닝 선터
④ 산업용 로봇

해설
압연 롤러 기구는 위치제어나 속도제어가 필요없으므로 서보모터가 필요하지 않다.

[정답] 52 ③ 53 ① 54 ④ 55 ②

PART

2

기계요소설계

단원 미리 보기

핵심 키워드

체결요소 기계적 특성, 체결요소 풀림방지, 체결요소 강도, 운동용 기계요소, 체결용 기계요소, 제어용 기계요소, 도면 양식, 투상법과 도형의 표시방법, 치수공차 및 기하공차, 표면 거칠기 및 열처리 기호

학습 방향

1. 각 기계 구성품의 체결을 목적으로 강도, 강성, 경제성, 수명을 고려하여 체결요소를 설계할 수 있다.
2. 기계장치의 정확한 설치조립을 위하여 표준규격을 확인하여 조립도면을 작성할 수 있다.

체결요소설계

1 요구기능 파악

1 체결요소 기계적 특성

(1) 기계적 성질

① 연성 : 길고 가늘게 늘어나는 성질(연성순서 : Au 〉 Ag 〉 Al 〉 Cu 〉 Pt)
② 전성 : 얇은 판을 넓게 펼칠 수 있는 성질(전성순서 : Au 〉 Ag 〉 Pt 〉 Al 〉 Fe)
③ 인성 : 외력(굽힘, 비틀림, 인장, 압축 등)에 저항하는 질긴 성질
④ 취성(메짐) : 잘 깨지고 부서지는 성질로 인성의 반대
⑤ 소성 : 외력을 가한 후 제거해도 변형이 그대로 유지되는 성질
⑥ 탄성 : 외력을 제거해도 원래대로 돌아오는 성질
⑦ 경도 : 재료의 단단한(무르고 굳은) 정도
⑧ 강도 : 단위면적당 작용하는 힘. 외력(굽힘, 비틀림, 인장, 압축 등)에 견디는 힘
⑨ 피로 : 작은 힘의 반복 작용에 의해 재료가 파괴되는 현상
⑩ 크리프(Creep) : 재료를 고온으로 가열했을 때 인장강도, 경도 등을 말한다.

(2) 응력과 변형률

1) 하중

물체의 상태나 모양의 변화를 일으키는 외부에서 가해진 힘

① 힘의 작용 상태에 따른 하중
㉠ **인장하중(Tensile Load)** : 재료를 잡아당겨 늘어나게 하려는 하중
㉡ **압축하중(Compressive Load)** : 재료를 누르는 하중
㉢ **전단하중(Shearing Load)** : 재료를 자르려는 것과 같은 하중
㉣ **휨(굽힘)하중(Bending Load)** : 재료를 구부려서 휘게 하려는 형태의 하중
㉤ **비틀림하중(Torsional Load)** : 재료를 비틀어지도록 하는 형태의 하중

ⓗ **좌굴하중(Buckling Load)** : 재료가 좌굴을 일으키기 시작한 한계의 압력

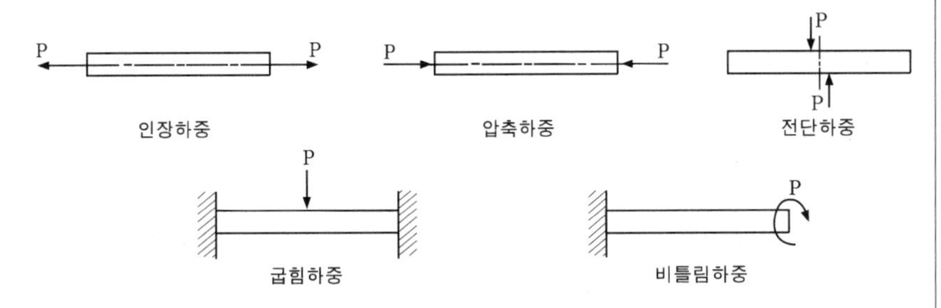

그림 2-1 하중의 종류

② 하중이 걸리는 속도에 의한 분류

㉠ **정하중** : 일정한 크기의 힘이 가해진 상태에서 정지하고 있는 하중 또는 일정한 속도로 매우 느리게 가해지는 하중

㉡ **동하중** : 하중이 가해지는 속도가 빠르고 시간에 따라 크기와 방향이 바뀌거나 작용하는 점이 변하는 하중. 반복하중, 교번하중, 충격하중, 이동하중 등

- 반복하중 : 방향이 변하지 않고 계속하여 반복 작용하는 하중으로 진폭은 일정, 주기는 규칙적인 하중으로 차축을 지지하는 압축 스프링에 작용하는 것과 같은 하중
- 교번하중 : 하중의 크기와 방향이 충격 없이 주기적으로 변화하는 하중으로, 피스톤 로드와 같이 인장과 압축을 교대로 반복하는 하중
- 충격하중 : 비교적 단시간에 충격적으로 작용하는 하중으로, 못을 박을 때와 같이 순간적으로 작용하는 하중
- 이동하중 : 물체 위를 이동하며 작용하는 하중

③ 힘의 분포 상태에 따른 하중

㉠ **집중하중** : 재료의 한 점에 집중하여 작용하는 하중

㉡ **분포하중** : 재료의 어느 범위 내에 분포되어 작용하는 하중으로 분포 상태에 따라 균일 분포하중과 불균일 분포하중이 있다.

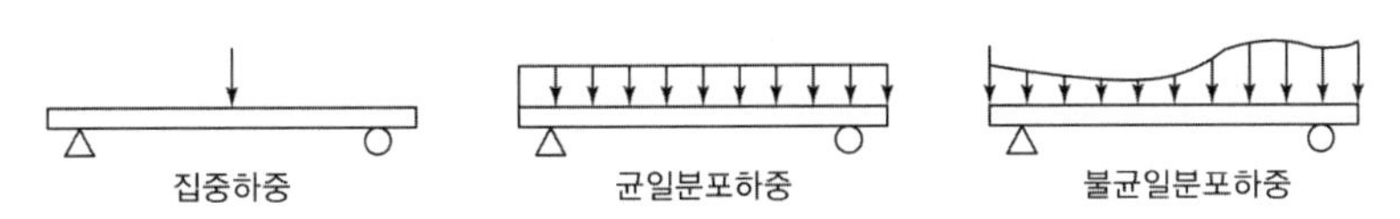

그림 2-2 분포하중의 종류

(3) 응력(Stress)

물체에 하중 작용 시 내부에서 하중에 대응하여 나타나는 저항력, 단위 단면적에 대한 힘의 크기로 나타낸다. 단위는 N/mm^2, MN/m^2, MPa 또는 N/cm^2이다.

1) 수직응력

물체에 인장하중이나 압축하중 작용 시 그 하중 방향에 대해 직각인 단면에 수직으로 발생하는 응력(P : 하중, A : 하중을 받는 단면적)

① 인장응력(σ_t) : $\sigma_t = \frac{P}{A}(N/cm^2,\ N/mm^2)$

② 압축응력(σ_c) : $\sigma_c = \frac{P}{A}(N/cm^2,\ N/mm^2)$

2) 전단응력(Shearing Stress)

가위로 물체를 자르거나, 전단기로 철판을 절단할 때와 같이 재료에 전단하중을 작용시켰을 때 생기는 응력이다.

전단응력(τ) : $\tau = \frac{P}{A}(N/cm^2,\ N/mm^2)$

(4) 변형률(Strain)

재료에 하중이 작용하면 내적으로는 응력이 발생하고, 외적으로는 변형이 일어나는데, 이때 변형량과 원래 치수와의 비를 말한다.

1) 세로 변형률

축 방향의 인장하중이나 압축하중이 작용할 때 축 방향의 변형량을 재료의 처음 길이로 나눈 것으로

$$\varepsilon = \frac{l' - l}{l} = \frac{\lambda}{l}$$

여기서, l : 처음 길이(mm)
l' : 나중 길이(mm)
λ : 길이 변형량

위 식에서 $\lambda > 0$이면 인장 변형률, $\lambda < 0$이면 압축 변형률이다.

2) 가로변형률

재료의 직경의 변형량을 재료의 처음 직경으로 나눈 것으로 아래의 식과 같다.

$$\varepsilon' = \frac{d' - d}{d} = \frac{\delta}{d}$$

여기서, d : 처음 직경(mm)
d' : 나중 직경(mm)
δ : 지름의 변형량

3) 전단 변형률

거리 l만큼 떨어진 두 평행면이 전단하중을 받아서 λ_s만큼 변형하였을 때 전단 변형률 γ는 $\gamma = \frac{\lambda_s}{l} = \tan\psi \fallingdotseq \psi$[rad]이다.

(5) 훅의 법칙과 푸와송의 비

1) 훅의 법칙(Hook's Law)

재료의 비례한도 내에서 응력과 변형률은 비례한다.

① **세로 탄성률** : 인장 또는 압축 하중을 받는 경우 수직 응력 σ와 그 방향의 세로 변형률 ε와의 비, 영률(Young's Modulus)이라고도 하며 E로 표시한다.

$E = \frac{\sigma}{\varepsilon}$[N/cm^2] 또는 $\sigma = E\varepsilon$ 강의 영률(E)는 2.1×10^6N/cm^{2}이다.

$\sigma = \frac{P}{A}$, $\varepsilon = \frac{\lambda}{l}$이므로 $E = \frac{\sigma}{\varepsilon} = \frac{Pl}{A\lambda}$(N/cm^2)

② **가로 탄성률** : 비례한도 내에서는 전단응력 τ와 전단 변형률 γ의 비가 일정하고 비례상수 G를 가로 탄성률 또는 전단 탄성률이라 한다.

$\tau = \frac{P}{A}$, $\gamma = \frac{\lambda_s}{l} = \psi$이므로 $G = \frac{\tau}{\gamma} = \frac{Pl}{A\lambda_s} = \frac{P}{A\psi}$, $\lambda_s = \frac{Pl}{AG} = \frac{\tau l}{G}$

2) 푸와송의 비

재료에 압축 하중과 인장 하중이 작용할 때 생기는 가로 변형률과 세로 변형률의 비는 탄성한도 내에서 일정한 값을 갖는데 이 비를 푸와송의 비(Poisson's ratio)라 하며 $\frac{1}{m}$로 나타낸다.

$$\frac{1}{m} = \frac{\text{가로변형률}}{\text{세로변형률}} = \frac{\varepsilon'}{\varepsilon} = \frac{\delta l}{\lambda d}$$

여기서, $\frac{1}{m}$의 역수 m은 푸와송의 수(Poisson's number)라 한다.

3) 훅(Hooke)의 법칙

재료에 힘을 가하면 응력과 변형률이 발생하게 되는데, 응력이 어느 한 도까지는 그 응력과 변형률 사이에 비례관계가 있다. 이것을 훅의 법칙(Hooke's law)이라 한다. 즉, 탄성한도 내에서 신장량 σ는 힘 W와 길이에 비례하고, 단면적 A에 반비례한다.

$$\sigma = E\varepsilon = \frac{W}{A} = E\frac{\lambda}{l} \qquad \therefore\ \lambda = \frac{Wl}{AE}\ [\mathrm{cm}]$$

여기서,
- E : 세로 탄성계수(영률)(강철 : $2.1 \times 10^6[\mathrm{N/cm^2}]$)
- G : 가로 탄성계수(전단 탄성률)
- $\tau = G \cdot \gamma$

(6) 허용응력과 안전율

1) 설계응력

부재가 파손이나 파괴되지 않기 위해서는 그 부재의 허용응력 이하로 제한해야 한다.

설계 방법에 의하여 요소에 작용하는 응력을 인장이나 전단의 경우로 환산한 유효 응력 또는 최대 전단응력이다.

$$\text{설계응력}(\sigma_d) \le \text{허용응력}(\sigma_a) = \frac{\text{기준강도}(\sigma)}{\text{안전율}(S)}$$

2) 사용응력과 허용응력

① 사용응력(Working Stress, σ_w) : 기계나 구조물에 일상적으로 가해지는 하중에 의하여 생기는 응력

② 허용응력(Allowable Stress, σ_a) : 사용응력에 대하여 안전성을 생각하여 재료에 허용되는 최대 응력

$$\text{사용응력}(\sigma_w) \le \text{허용응력}(\sigma_a)$$

3) 안전율(Safety Factor)

재료의 허용응력은 탄성한도를 기준으로 정하지만 탄성한도의 범위를 쉽게 구하기가 어려우므로, 쉽게 구할 수 있는 극한 강도를 기준으로 하여 결정한다. 극한 강도를 허용응력으로 나눈 값을 안전율이라 한다. 안전율은 1.5~15 정도의 값을 선택한다.

$$\text{안전율} = \frac{\text{극한 강도}}{\text{허용응력}} = \frac{\text{인장 또는 기준강도}}{\text{허용응력}} = \frac{\text{파괴강도}}{\text{허용응력}}$$

극한 강도(σ_u) 〉 허용응력(σ_a) ≧ 사용응력(σ_w)가 되고 S는 항상 1보다 큰 값이 된다.

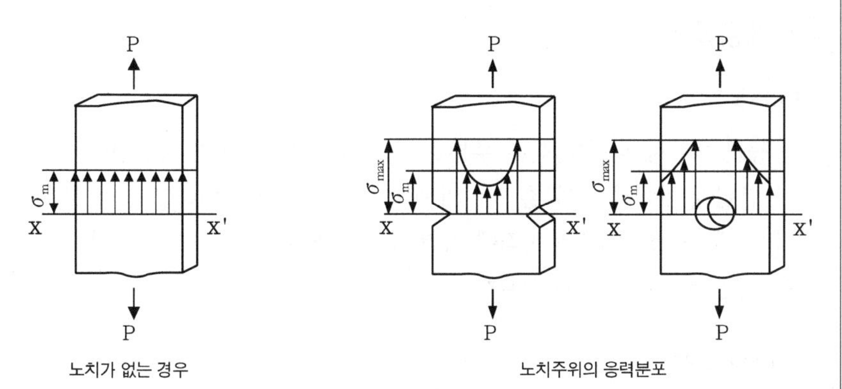

그림 2-3 응력집중

4) 응력집중

노치, 홈 구멍, 단붙이 등 때문에 국부적으로 큰 응력이 생기는 현상이다.

형상계수(응력집중계수) : α_K

$$\alpha_K = \frac{\sigma_{max}}{\sigma_n},\ \alpha_K = \frac{\tau_{max}}{\tau_n}$$

여기서, τ_n, σ_n : 평균응력
τ_{max}, σ_{max} : 최대응력

5) 열응력(Thermal Stress)

온도의 상승과 강하에 따라 팽창과 수축이 일어나는데 이에 구속을 받아 팽창과 수축의 양만큼 재료 내부에 생기는 응력이다.

$$\sigma = E\varepsilon = E\frac{\lambda}{l} \qquad \therefore \sigma = E\alpha\,\Delta t = E\alpha(t_2 - t_1)$$

여기서, $l = l\alpha\Delta t$
$\Delta t = t_2 - t_1$

2 체결요소 선정

1 체결요소

(1) 나사

둥근 막대에 나선의 높은 부분을 갖게 한 것으로, 막대 중심선을 포함한 단면에 있어서 홈과 홈 사이의 높은 부분을 나사산이라고 하며 삼각, 사각, 둥근 것 등 사용 목적에 따라 분류한다. 나사의 용도에 따라 결합용, 운동용, 계측용으로 분류한다.

1) 나사 곡선

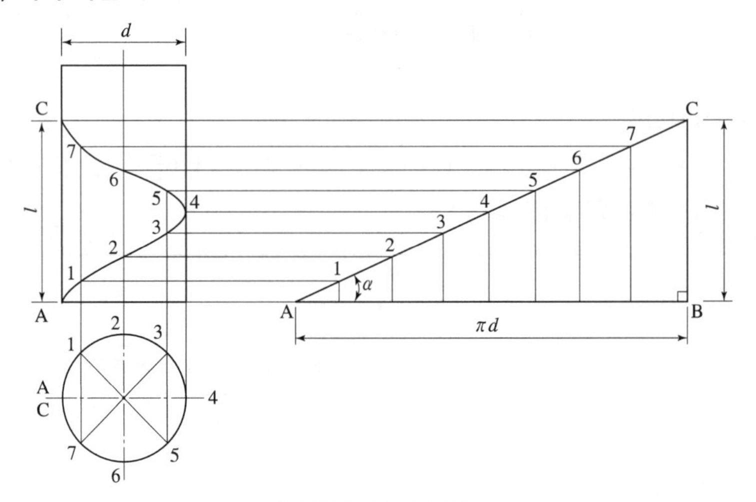

그림 2-4 나사 곡선

[그림 2-4]에서 지름 d 인 원기둥에 밑면 AB= πd 인 직각 삼각형 ABC를 원통 축선에 직각이 되게 A를 기점으로 하여 올라가면 그 빗변 AC는 원통 위에 하나의 곡선이 된다. 이 곡선을 나사 곡선이라 한다.

2) 나사 용어

① **바깥지름** : 수나사의 산봉우리에 접하는 가상적인 원통 또는 원뿔의 지름. 수나사의 크기는 바깥지름으로 나타내고 암나사는 이것에 끼워지는 수나사의 바깥지름으로 나타낸다. 수나사에서 최소지름을 말하며, 암나사의 최대지름이기도 하다.

② **골지름** : 수나사의 골 밑에 접하는 가상적인 원통 또는 원뿔의 지름 수나사는 최소, 암나사는 최대지름이다.

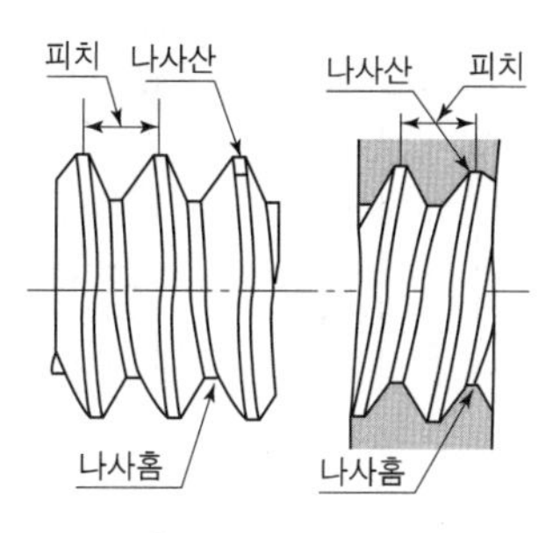

그림 2-5 나사

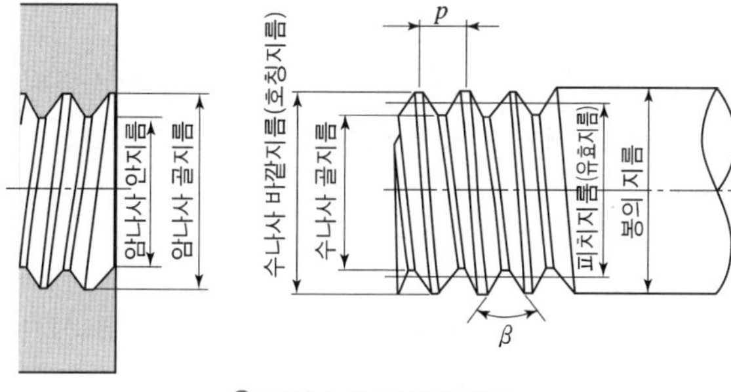

그림 2-6 나사의 명칭

③ **유효지름(피치지름)** : 나사골의 너비가 나사산의 너비와 같은 가상적인 원통 또는 원뿔의 지름이다.

$$d_2 = \frac{d+d_1}{2}$$

④ **나사 각** : 나사의 축선을 포함한 단면 형에 있어서 측정한 인접된 2개의 플랭크가 이루는 각이다.

⑤ **산 높이** : 골 밑에서 산의 끝까지를 축선에 직각으로 측정한 거리이다.

⑥ **호칭지름** : 나사의 치수를 대표하는 지름으로, 수나사의 바깥지름에 대한 기준치수가 사용된다.

⑦ **산수** : 인치나사에서 1인치를 피치로 나눈 값이다.

⑧ **피치(pitch)** : 나사의 축선을 포함하는 단면에서 서로 이웃한 나사산에 대응하는 2점 사이의 축선 방향의 거리이다.

⑨ **리드(lead)** : 나사산이 원통을 한 바퀴 회전하여 축 방향으로 나아가는 거리이다.

리드와 피치 사이의 관계

$$l = np$$

l : 리드(mm), n : 줄 수, p : 피치(mm)

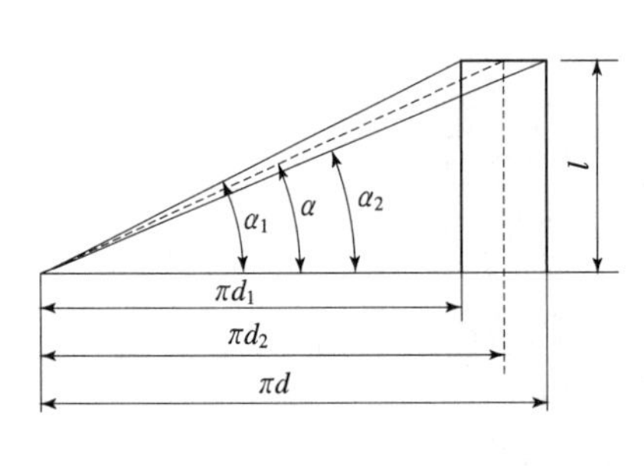

◯ 그림 2-7 나사의 리드각

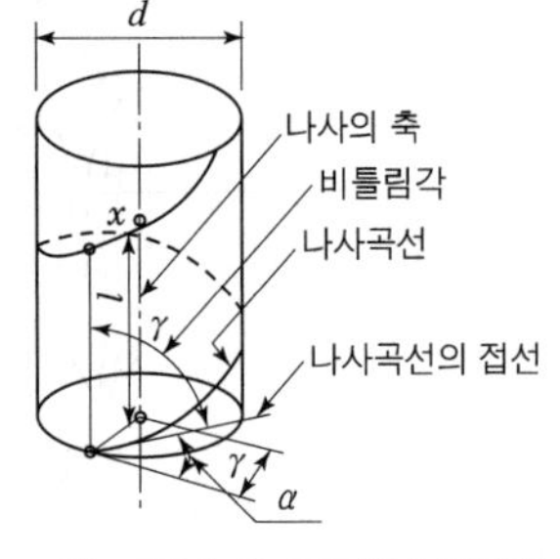

◯ 그림 2-8 리드각과 비틀림 각

⑩ **리드각** : 직각 삼각형에 감은 종이의 경사각 α로서 나사의 골지름, 유효지름, 바깥지름에서 각각 다르고 골지름이 가장 크다.

$$\alpha = \tan^{-1}\frac{l}{\pi d}$$

⑪ **비틀림각(β)** : 나사의 나사 곡선과 그 위의 1점을 통과하는 나사의 축에 평행한 직선과 맺는 각이다.

$$\alpha + \gamma = 90°$$

⑫ **나사의 유효 단면적** : 나사의 유효지름과 수나사의 골지름 간의 평균값을 지름으로 하는 원통의 단면적이다.

$$A = \frac{\pi}{4}\frac{(\text{유효지름}+\text{수나사골 지름})^2}{2}$$

⑬ **완전 나사부** : 산 끝과 골 밑이 양쪽 모두 같이 산 모양을 가진 나사 부분이다.

⑭ **불완전 나사부** : 나사 공구 모떼기 부위, 또는 나사산이 완전히 만들어지지 않는 부분이다.

⑮ **유효 나사부** : 산 끝과 골 밑이 규정 나사산에 가까운 모양을 갖는 나사부로부터 나사의 한끝에 있어서 면을 잘라내는 것 때문에 산마루가 완전하지 않은 부분이 있을 때는 허용오차 범위 내에서 유효 나사부라고 볼 수 있다.

3) 나사의 종류와 용도

① 외형에 따라 : 수나사, 암나사

② 감김에 따라 : 오른나사, 왼나사

③ 줄 수에 따라 : 1줄 나사, 2줄 나사, 3줄 나사

④ 용도에 따라

㉠ **체결용** : 미터나사, 유니 파이 나사, 관용 나사, 둥근 나사

㉡ **전동용** : 사다리꼴 나사, 각 나사, 톱니 나사, 볼나사

㉢ **위치 조정용** : 작은 나사, 멈춤 나사

㉣ **거리 조절용** : 삼각 나사, 사각 나사

㉤ **계측용** : 마이크로미터용 나사, 차동나사 기구

⑤ 호칭에 따라 : 미터나사, 인치나사

⑥ 산의 크기에 따라 : 보통 나사, 가는 나사

⑦ 산의 모양에 따라 : 삼각 나사(체결용), 사각 나사(힘 전달용), 둥근 나사(큰 힘이 작용하는 곳), 사다리꼴 나사(운동 전달용), 톱니 나사(한쪽 방향으로 강한 힘을 받는 경우)

(가) 체결용 나사

기계 부품의 접합 또는 위치의 조정에 사용되는 나사로 삼각 나사가 주로 사용되며, 나사산의 단면이 정삼각형에 가까운 나사이다.

① 미터나사

KS와 ISO 규격 나사로 기호는 M, 호칭치수는 수나사의 바깥지름과 피치를 mm도 나타내며 나사산의 각도는 60°로 용도는 기계 부품의 접합 또는 위치 조정 등에 사용되며, 체결용 나사로써 가장 많이 사용된다.

㉠ **미터 보통 나사** : 일반적으로 많이 사용되는 나사로서 KS B 0201에 규정된 호칭치수는 바깥지름의 치수로서 0.25~68mm까지 규격화되어있다.

㉡ **미터 가는 나사** : M×피치로 표기하고, 지름에 대한 피치의 비율이 보통 나사보다 작고 관용 나사보다는 약간 크게 한 것으로 보통 나사와 비교해서 골 지름이 커 강도가 크고 나사에 의한 조정을 세밀하게 할 수 있다.

㉢ **미터나사의 용도**

- 보통 나사보다 강도를 필요로 하는 곳
- 살이 얇은 원통부
- 정밀기계, 공작기계의 이완 방지용
- 자동차, 비행기 등의 롤링 베어링 부품
- 진동에 의해 나사의 이완이 있는 부분
- 수밀이나 기밀을 필요로 하는 부분

② 유니 파이 나사

미국, 영국, 캐나다 3국 협정으로 제정된 나사로 ABC 나사라고도 하며, 인치계 나사로서 기호 U로 나타내고 호칭치수는 수나사의 바깥지름을 인치로 나타낸 값과 1인치(25.4mm) 사이의 나사산의 수(n)로 나타낸다. 나사산의 각도는 60°이며 유니파이 보통 나사와 항공기용 작은 나사에 사용되는 유니파이 가는 나사가 있다.

③ 휘트워드나사

영국의 나사 규격으로 우리나라에서는 1971년 규격에서 폐지됐으며, 기호는 W, 나사산의 각도는 55°이다.

④ ISO 나사

국제 표준화 기구에 의해 제정된 나사로 나사산의 모양은 미터나사, 유니파이 나사와 같다. ISO 미터나사와 ISO 인치나사가 있다.

⑤ 관용 나사

파이프 연결 시 사용하는 나사로서(기본 나사를 사용하면 나사산이 너무 높아 파이프의 강도를 감소) 누설을 방지하고 기밀을 유지하는 데 사용되고 관용 테이퍼 나사(기밀용)와 관용 평행나사가 있다. 나사산의 각도는 55°이고, 크기는 인치당 산수로 나타낸다.

㉠ **관용 평행나사(PF)** : 평행 수나사 · 암나사가 있으며 관용 테이퍼 나사보다 기밀이 떨어진다.

㉡ **관용 테이퍼 나사(PT)** : 나사의 내밀성을 주목적으로 하며, 테이퍼 수나사 · 암나사가 있다. 테이퍼는 1/16로 한다.

(나) 운동용 나사

① 사각 나사(Square screw thread)

용도는 축 방향에 큰 하중을 받아 운동 전달에 적합하고 하중의 방향이 일정하지 않은 교번하중 작용 시 효과적이다. 나사산의 모양이 사각이며, 삼각 나사보다 풀어지기는 쉬우나 저항이 작은 이점과 동력전달용 잭(Jack), 나사 프레스, 선반의 피드(Feed)에 쓰인다. 단점은 가공이 어렵고 자동 조심 작용이 없어 높은 정밀도의 나사로는 적합하지 않다.

② 사다리꼴 나사(Trapezoidal screw thread)

애크미 나사라고도 하고, 나사산의 각도는 미터계(TM)에서는 30°, 인치계(TW)에서는 29°이다. 용도는 스러스트(thrust)를 전달시키는 운동용 나사이며 사각 나사보다 강도가 높고 저항력이 크며, 물림이 좋고 마모에 대해서도 조정이 쉬워 공작기계의 이송나사(Lead screw)로 널리 사용되고 그 밖에 밸브의 개폐용, 잭, 프레스 등의 축력을 전달하는 운동용 나사로 사용된다.

③ 톱니 나사(Buttress screw thread)

용도는 한쪽 방향으로 집중하중이 작용하여 압착기 · 바이스 · 나사 잭 등과 같이 압력의 방향이 항상 일정할 때 사용하는 것으로 압력 쪽은 사각 나사, 반대쪽은 삼각 나사로 되어 있다. 나사 각은 30°와 45°가 있고 하중을 받지 않는 면에는 0.2mm의 틈새를 준다. 제작을 간단히 하기 위하여 압력을 받는 면에 30°인 경우는 3° 경사가 45°인 경우에는 5°의 경사를 붙인다.

④ 둥근 나사(너클나사 : Round thread)

원형 · 너클나사라고도 하고 나사산의 각은 30°로 나사산의 산마루와 골의 모양은 둥글게 되어 있다. 용도는 급격한 충격을 받는 부분, 전구, 먼지와 모래 등이 많이 끼는 경우와 오염된 액체의 밸브 또는 호스 이음 나사 등에 사용된다. 나사의 크기는 1[inch] 내에 있는 나사산의 수를 기준으로 정한다.

⑤ 볼나사(Ball screw)

수나사와 암나사의 산 대신에 골에 볼을 넣어서 마찰저항을 감소시키고 회전을 쉽게 한 나사로서 금속과 금속의 마찰에 구름 접촉을 채택하는 것은 초기 운동을 시작할 때의 마찰을 최소화하고 또 낮은 온도에서 부드럽게 운동해야 할 때 고착 상태가 일어나는 영향을 막을 수 있기 때문이다.

㉠ **백래시 제거 방법** : 너트를 2개(이중너트) 사이에 중간 조임쇠를 넣고 너트를 죔으로써 한쪽 너트는 반대 방향의 너트에 대항하여 예비부하를 받게 되는 방법을 사용한다.

㉡ **장점**
- 나사의 효율이 높다(약 90% 이상).
- 백래시를 작게 할 수 있다.
- 윤활에 그다지 주의하지 않아도 좋다.
- 먼지에 의한 마모가 적다.
- 높은 정밀도를 오래 유지할 수 있다.

㉢ **단점**
- 자동체결이 곤란하다.
- 가격이 비싸다.
- 피치를 그다지 작게 할 수 없다.

• 너트의 크기가 크게 된다.
• 고속으로 회전하면 소음이 발생한다.

㉣ **실용 범례** : 자동차의 스티어링부, 공작기계의 이송나사, 항공기의 이송나사

⑥ 롤러 나사

볼나사와 같은 효율을 얻을 수 있는 것으로 이송나사의 마찰손실을 감소시키고 나사축과 너트를 보다 가볍게 작동시키는 방법으로 구름마찰을 이용한 방법이다. 용도는 연삭기, 밀링, 호빙 등 대형공작기계의 이송 부분, 나사 잭의 구동 부분, 유압 모터의 흡입 밸브 장치, 원자력 발전 장치, 전차의 대포, 미사일의 조준장치에 사용된다.

(2) 키(Key)

축에 기어, 풀리, 플라이휠, 커플링 등의 회전체를 고정하고, 축과 회전체를 일체로 하여 회전을 전달시키는 기계요소이다.

1) 키의 종류

① 성크 키(Sunk Key) : 묻힘 키라고도 하며 축과 보스 양쪽에 모두 키 홈을 파서 비틀림 모멘트를 전달하는 키로 가장 많이 사용하는 형태이다.

㉠ 성크 키의 종류는 단면 형상에 따라 정사각형 키는 축 지름이 작을 때 사용하고 직사각형은 축 지름이 클 때 사용한 키를 축에 붙이는 방법에 따라 묻힘 키와 드라이빙 키로 나눈다.

㉡ 평행 키, 경사 키, 기브헤드 경사키의 종류가 있고 경사 키는 1/100의 기울기를 붙인다.

㉢ 축과 보스를 맞추고 키이를 때려 박는 드라이빙 키, 키를 축의 키 홈에 묻는 다음 보스를 때려 맞추는 세트 키, 보스와 축을 분해할 때 편리한 머리가 달린 비녀 키(Gibheaded Key)가 있다.

② 반달 키(Woddruff Key) : 반월상의 키로서 축의 홈이 깊게 되어 축의 강도가 약하게 되기는 하나 축과 키 홈의 가공이 쉽고, 키가 자동으로 축과 보스 사이에 자리를 잡을 수 있어 자동차, 공작기계 등의 60mm 이하의 작은 축이나 테이퍼 축에 사용한다.

③ 접선 키(Tangential Key) : 접선 방향에 설치하는 키로서 1/100의 기울기를 가진 2개의 키를 한 쌍으로 하여 사용된다. 회전 방향이 양방향(역회전)일 경우 중심각이 120° 되는 위치에 2조 설치한다. 아주 큰 회전력의 경우에 사용된다. 케네디 키는 단면이 정사각형이고 90°로 배치된 키이다.

④ **원뿔 키(Cone Key)** : 축과 보스에 키를 파지 않고 보스 구멍을 테이퍼 구멍으로 하여 속이 빈 원뿔을 끼워 마찰력만으로 밀착시키는 키로서 바퀴가 편심되지 않고 축의 어느 위치에나 설치할 수 있다.

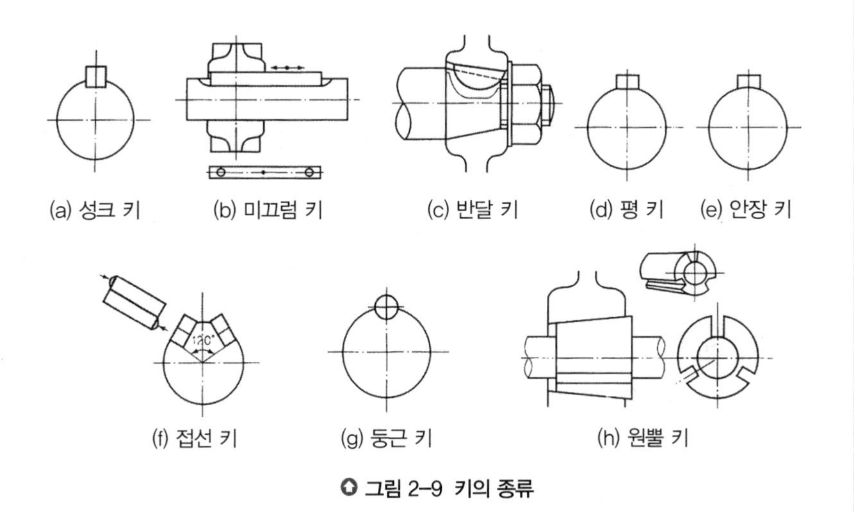

그림 2-9 키의 종류

⑤ **미끄럼 키(Sliding Key)** : 안내키, 페더키(Father Key)라고도 하며 보스와 축이 상대적으로 축 방향으로만 이동이 가능한 키이다.

⑥ **스플라인 키(Spline Key)**

㉠ **스플라인축의 특성** : 축의 원주에 수많은 키를 깎은 것으로 큰 토크를 전달시키고, 내구력이 크며 축과 보스의 중심축을 정확하게 맞출 수 있고 축 방향으로 이동도 가능하다.

㉡ **스플라인의 종류**

- 각형 스플라인 : 보통 스플라인으로 4, 6, 8, 10, 16, 20의 짝수개의 잇수로 만든다.
- 인벌류트 스플라인 : 인벌류트 치형을 가진 스플라인으로 정밀도가 평행치의 스플라인보다 높고, 강도가 좋다.
- 중심 맞추기 : 바깥지름 · 안지름 · 플랭크 중심 맞추기
- 용도 : 자동차, 일반기계에서 동력을 전달하는 축과 구멍을 결합하는데 주로 사용된다.

⑦ **세레이션(Serration)** : 축과 보스의 상대각 위치를 되도록 가늘게 조절해서 고정하려 할 때 사용하며, 이의 높이가 낮고 잇수가 많으므로, 축의 강도가 높다. 삼각치형, 인벌류트 치형, 삼각치형의 맞대기 세레이션이 있다.

⑧ 소 회전력의 키

㉠ **안장 키(Saddle Key)** : 축에는 홈을 파지 않고 축과 키 사이의 마찰력으로 회전력을 전달하며, 축의 강도를 감소시키지 않고 고정할 수 있으나, 큰 동력을 전달시킬 수 없으므로 경하중 소직경에 사용된다.

- 보스의 기울기 : 1/100

㉡ **평 키(Flat Key)** : 축을 키의 폭만큼 납작하게 깎아서 보스의 키 홈과의 사이에 밀어 넣는다. 1/100의 기울기를 붙이기도 하고 새들 키보다 약간 큰 힘을 전달시킬 수 있다.

㉢ **둥근 키(Round Key)** : 핀 키라고도 하며, 핸들과 같이 작은 것의 고정에 사용되고 단면은 원형이고 하중이 작을 때만 사용된다.

2) 키의 설계

① 보통 키의 강도

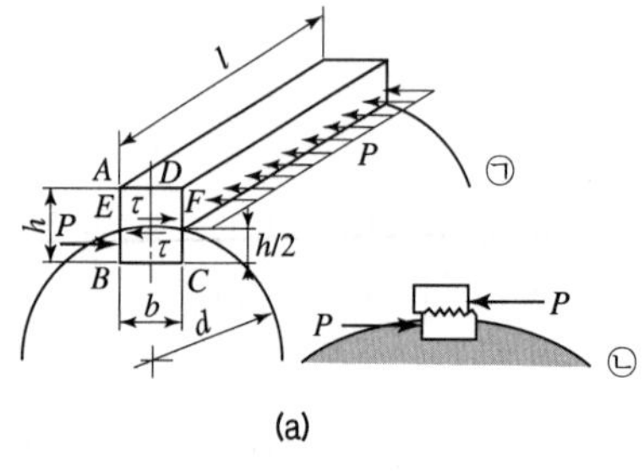

(a)

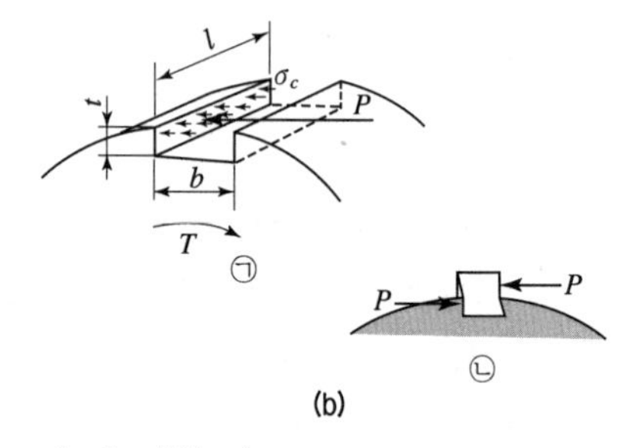

(b)

T : 키가 전달시키는 비틀림 모멘트(N/mm)
d : 축 지름(mm)
b : 키의 폭(mm)
τ : 키에 생기는 허용전단응력(N/mm^2)
h : 키의 높이(mm)
l : 키의 유효길이(mm)
σ_c : 키에 생기는 허용압축응력(N/mm^2)
t : 축에 묻히는 키의 깊이

○ 그림 2-10 전단응력과 압축응력

키에 발생하는 전단응력을 살펴보면

$$T = \frac{d}{2}P,\ \tau = \frac{P}{bl} \Rightarrow P = \tau l b$$

$$\therefore\ T = \frac{\tau l b d}{2} \qquad \therefore\ \tau = \frac{2T}{lbd}$$

압축응력에 대하여 살펴보면

$$\sigma_c = \frac{P}{tl} = \frac{2T}{dtl}$$

여기서 $t = \frac{h}{2}$라 하면

$$\sigma_c = \frac{4T}{hld}$$

가 된다. 지금 키는 전단력과 압축력이 같아야 하므로

$$\tau l b = \sigma_c l \frac{h}{2} \qquad \therefore \frac{b}{h} = \frac{\sigma_c}{2\tau},\ h = b\frac{2\tau}{\sigma_c}$$

여기서 $\sigma_c = 2\tau$라고 하면 $b = h$ 되어 단면이 정사각형이 된다.

키의 전단저항은 회전력에 의해 축에 작용하는 응력과 같아야 하므로 τ_d을 축의 비틀림 응력이라 하면

$$T = \frac{\tau l b d}{2} = \frac{\pi d^3}{16}\tau_d$$

축과 키를 같은 재료라 하여 $\tau = \tau_d$로 하면 $lb\frac{d}{2} = \frac{\pi d^3}{16}$가 된다.

길이 l은 키를 축에 끼워 맞추려면 경험에 의하여 $l \geq 1.5d$ 하므로 이를 $l = 1.5d$을 대입하면 $b = \frac{\pi}{12}d \fallingdotseq \frac{d}{4}$가 된다. 또 압축저항에 의한 회전력이 축에 작용하는 회전력과 같게 하면 아래와 같다.

$$p\frac{d}{2} = \frac{d}{2}tl\sigma_c = \frac{\pi}{16}d^3\tau_d$$

$$\therefore \sigma_c = \frac{\pi d^2 \tau_d}{8tl}$$

(3) 핀(Pin)

고정물체의 탈락 방지 및 위치결정, 너트의 풀림 방지에 사용되며, 축 방향에 직각으로 끼워서 사용한다. 핀은 풀리, 기어 등에 작용하는 하중이 작을 때, 설치 방법이 간단하기 때문에 키대용으로 널리 사용한다.

1) 핀의 종류

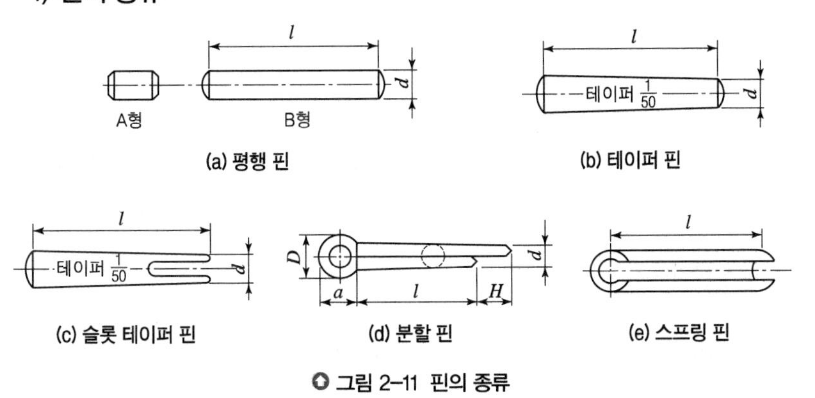

(a) 평행 핀 (b) 테이퍼 핀 (c) 슬롯 테이퍼 핀 (d) 분할 핀 (e) 스프링 핀

그림 2-11 핀의 종류

① **평행 핀(dowel pin)** : 기계 부품을 조립할 경우나 안내 위치를 결정할 때 사용된다. 호칭법은 규격번호 또는 명칭, 종류, 형식, 호칭지름×길이, 재료이다.

② **테이퍼 핀(taper pin)** : $T=\frac{1}{50}$, 호칭지름은 작은 축 지름으로 주축을 보스에 고정할 때 사용된다. 호칭법은 명칭, 등급, $d\times l$, 재료이다.

③ **분할 핀(split pin)** : 너트의 풀림 방지나 바퀴가 축에서 빠지는 것을 방지하기 위하여 사용한다. 호칭법은 규격번호 또는 명칭, 호칭지름×길이, 재료이다.

④ **스프링 핀** : 탄성을 이용하여 물체를 고정하는 데 사용되며, 해머로 때려 박을 수 있는 핀이다.

2) 너클 핀 이음(Knuckle Pin Joint)

막대 2개의 둥근 구멍에 1개의 이음 핀을 넣어 2개의 막대가 상대적으로 각 운동을 할 수 있도록 연결한 것이다. 구조물의 인장 막대 및 자동차의 동력 전달기구 등에 널리 쓰인다.

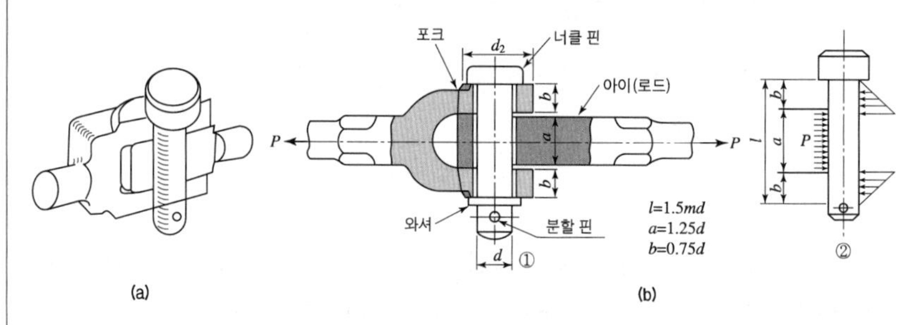

그림 2-12 핀 이음에 작용하는 힘

① **핀의 접촉 면압** : 핀 이음용 핀의 지름 d는 다음과 같이 구한다.

$$m=\frac{b}{d},\quad d=\sqrt{\frac{W}{mp}}$$

여기서, W : 하중(N)
b : 핀의 링크와의 접촉 길이(mm)
b' : 두 갈래(fork)의 두께

② **전단강도** $W=2\times\frac{\pi}{4}d^2\tau$

③ **굽힘 모멘트** $M=\frac{Wl}{8}=\frac{\pi}{32}d^3\sigma_b\ (l=1.5md)$

④ 하중 $W = 0.52d^2 \frac{\sigma_b}{m}$

(4) 리벳

강판 또는 형강을 영구적으로 접합하는 데 사용하는 체결 기계요소이다.

1) 리벳이음의 특징

① 용접이음과는 달리 초기응력에 의한 잔류 변형이 생기지 않으므로, 취약 파괴가 일어나지 않는다.
② 구조물 등에서 현장 조립할 때는 용접이음보다 쉽다.
③ 경합금과 같이 용접이 곤란한 재료에는 신뢰성이 있다.

2) 리벳의 종류

① 제조 방법에 따른 분류

㉠ **냉간 성형 리벳** : 제작 시 상온(냉간)에서 성형되는 리벳(지름 1~13mm)으로 둥근 머리, 작은 둥근 머리, 접시 머리, 얇은 납작 머리, 냄비 머리 리벳 등이 있다.

㉡ **열간 성형 리벳** : 소재의 변태점 이상의 온도에서 머리 부분을 성형한 리벳으로 종류는 일반용, 보일러용, 선박용의 구분에 따라 7종류(둥근 머리, 접시 머리, 납작 머리, 둥근 접시 머리, 선박용 둥근 접시 머리, 리벳 등)가 있다.

② 사용 목적에 의한 분류

㉠ **보일러용 리벳** : 강도와 기밀을 필요로 하는 리벳이음으로, 보일러, 고압 탱크 등에 사용

㉡ **저압용(용기용 · 기밀용) 리벳** : 강도보다는 수밀을 필요로 하는 리벳으로 저압 탱크 등에 사용

㉢ **구조용 리벳** : 주로 강도를 목적으로 하는 리벳이음. 차량, 철교, 구조물 등에 사용

③ 장소에 따른 분류

㉠ **공장 리벳** : 공장에서 리베팅을 완료하는 리벳

㉡ **현장 리벳** : 큰 구조물은 운반 상 현장에서 조립하는 리벳

④ 리벳 용어

㉠ **피치(pitch)** : 중심선상에 인접한 리벳과 리벳 사이의 중심거리

㉡ **뒷피치(back pitch)** : 인접하고 있는 리벳 열과 리벳 열의 중심 간의 거리

㉢ **마진(margin)** : 판 끝과 바깥쪽 리벳 열의 중심 간의 거리

⑤ 리벳의 크기

㉠ 리벳의 크기는 지름×길이로 나타낸다.

㉡ 호칭지름은 자리 면에서부터 $1/4 \times d$ 인 지점에서 측정한다.

㉢ 호칭길이는 머릿밑에서 리벳의 몸통 끝까지로 하고 접시 머리만을 포함한 길이로 한다.

3) 리벳이음의 종류

(가) 이음 방향에 따라

① 길이 방향 이음(새로 이음) : 용기의 원통 가로 방향으로 이음한 것

② 원주 방향 이음(가로 이음) : 용기의 원통 둘레 방향으로 이음한 것

(나) 형식에 따라

① 겹치기 리벳이음(lap jo int)

결합하려는 두 판재를 직접 겹쳐 죄는 이음으로, 힘의 전달이 동일 평면이 아닌 편심하중으로 된다. 가스와 액체 용기의 리벳이음 또는 보일러의 원둘레 이음에 사용된다.

② 맞대기 리벳이음(butt jo int)

결합한 두 판재의 양 끝을 맞대어 덮개판을 한쪽 또는 양쪽에 대고 리베팅하는 방법으로 동일 평면 안에서 결합하며 양쪽 덮개판의 경우에는 마찰저항을 받는 면이 2배로 증가한다. 보일러의 세로 방향 이음 구조물의 리베팅에 사용된다.

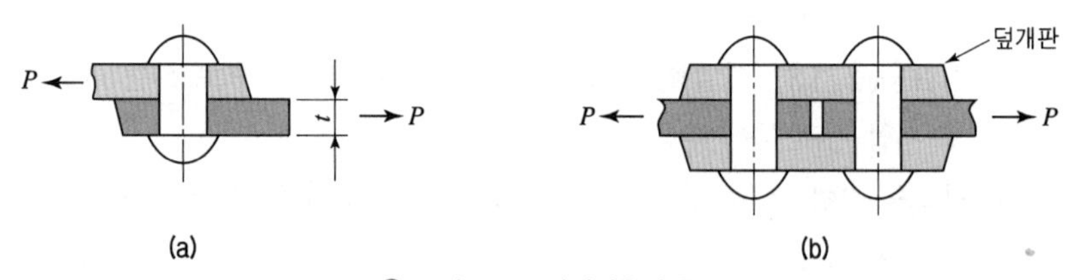

그림 2-13 리벳이음의 종류

㉠ **배열에 따라** : 평행 형과 지그재그형

㉡ **줄 수에 따라** : 1열, 2열, 3열

㉢ **전단면 수에 따라** : 단 전단면 이음, 복 전단면 이음

(다) 리베팅(riveting)

① 리벳 구멍은 리벳의 지름보다 1~1.5mm 크게 뚫는다. 20mm까지는

편칭으로 구멍을 뚫지만, 중요한 이음과 연성이 없는 강판에는 알맞지 않으므로 드릴링 또는 리밍 한다.

② 25mm 이하는 수작업, 그 이상은 압축공기 또는 수압 등의 기계력을 이용한 리베팅 머신을 사용한다.

③ 8mm 이하는 냉간작업, 10mm 이상은 열긴 작업을 한다.

④ 리베팅이 끝난 후에도 냉각될 때까지 계속 눌러 놓아야 한다.

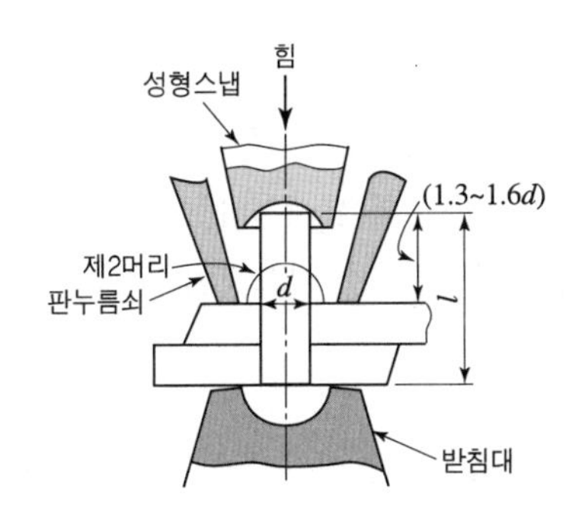

그림 2-14 리베팅

(라) 코킹(caulking)과 풀러링(fullering)

① 코킹(caulking)

고압 탱크, 보일러와 같이 기밀을 필요로 할 때는 리베팅이 끝난 후 리벳 머리의 주위와 강판의 가장자리를 정(chisel)으로 때려 그 부분을 밀착시켜서 틈을 없애는 작업이다. 강판의 가장자리는 75~85° 기울어지게 절단한다. 강판의 두께 5mm 이하는 효과가 없으므로 얇은 강판에는 그사이에 안료를 묻힌 베, 기름종이 등의 패킹재료를 끼워 리베팅하고 고온에는 석면을 사용한다.

② 풀러링(fullering)

코킹과 같은 목적의 작업으로 판재의 끝부분을 때리는 작업으로 아래쪽의 강판에 때린 자국이 나지 않도록 주의한다. 기밀을 완전하게 하도록 강판과 같은 너비의 끌과 같은 풀러링 공구로 때려 붙이는 작업이다.

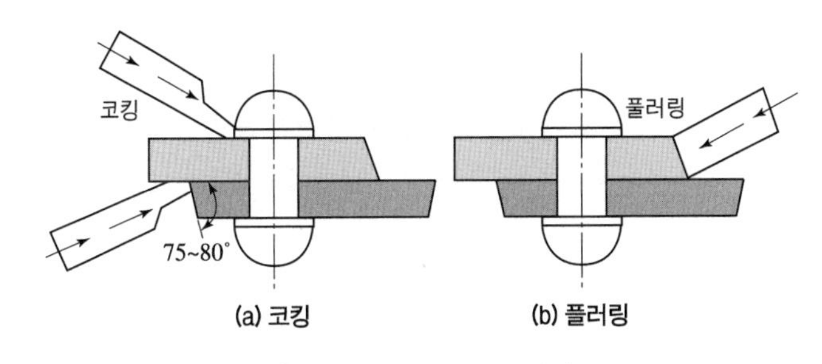

그림 2-15 코킹과 풀러링

4) 리벳이음의 강도 및 효율

(가) 리벳이음의 전단강도

$$\text{마찰력 } F = \mu Q = \mu Q_t A$$

여기서, σ_t : 리벳의 인장응력
A : 리벳의 단면적
μ : 마찰계수

여기서 μ의 값은 정지시험으로 행한 값보다 리벳으로 조이고 행한 시험결과가 크며, 코킹을 하면 더욱 커진다.

바하(Bach)의 연구에 의하면 미끄럼이 생기지 않으려면 $\mu\sigma < 600 \sim 700(\text{N/cm}^2)$이라야 된다.

(나) 리벳이음의 강도 계산

① 리벳이 전단으로써 파괴되는 경우 : $P = \frac{\pi}{4} d^2 \tau$

② 리벳 구멍 사이의 강판이 찢어지는 경우 : $P = (p-d) t \sigma_t$

③ 리벳 또는 리벳 구멍이 압궤(눌러 부숨)되는 경우 : $P = d t \sigma_c$

④ 강판 가장자리가 절단되는 경우 : $P = 2et\tau_p$, $P = 2\left(e - \frac{d}{2}\right)^2 t$

⑤ 강판이 절개되는 경우 : $M = \frac{1}{8} Pd$, $Z = \frac{1}{6}\left(e - \frac{d}{2}\right)^2 t$

$M = \sigma_b Z$에서 $P = \frac{1}{3d}(2e-d)^2 t \sigma_b$

여기서, P : 인장하중(N)
p : 리벳의 피치(cm)
e : 리벳의 중심에서 강판의 가장자리까지의 거리
t : 강판의 두께(mm)
d : 리베팅 후의 리벳 지름 또는 구멍의 지름(mm)
τ : 리벳의 전단응력(N/cm^2)
τ_p : 강판의 전단응력(N/cm^2)
σ_b : 강판의 굽힘응력(N/cm^2)
σ_t : 강판의 인장응력(N/cm^2)
σ_c : 리벳 또는 강판의 압축응력(N/cm^2)

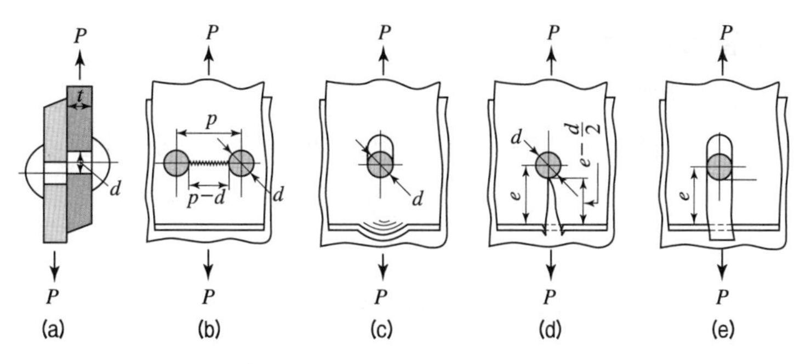

그림 2-16 리벳이음의 파괴 상태

이상의 각 저항력이 모두 같은 값을 가지도록 각부의 치수를 결정 설계하는 것이 가장 좋으나, 모두 만족시킬 수 없으므로 실제적인 경험치를 기초로 하여 결정한 값에 대하여 윗식을 적용시켜 그 한계 이내에 있도록 설계한다.

한줄 맞대기 리벳이음 이외일 때에는 단위 깊이 내에 있는 리벳이 전단을 받는 곳의 수를 n이라고 하면 아래 식과 같다.

$$p = d + \frac{\pi d^2 n \tau}{4t\sigma_t}$$

(다) 리벳의 효율

리벳이음의 강도에 대한 구멍이 없는 판의 강도의 비를 나타낸다.

① **판의 효율** : 리벳 구멍이 있는 판과 없는 판의 강도의 비

$$\eta_1 = \frac{(p-d)t\sigma_t}{pt\sigma_t} = \frac{p-d}{p} = 1 - \frac{d}{p}$$

② **리벳의 효율** : 리벳의 전단강도에 대한 구멍이 없는 판의 강도의 비

㉠ **1면 전단의 경우**

$$\eta_2 = \frac{\frac{\pi}{4}d^2\tau}{pt\sigma_t}$$

㉡ **2면 전단의 경우**

$$\eta_2 = \frac{1.8 \times \frac{\pi}{4}d^2\tau}{pt\sigma_t}$$

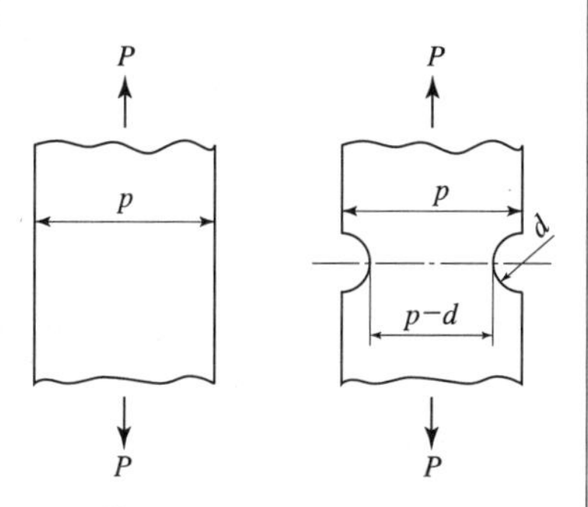

그림 2-17 리벳이음의 효율

이들 효율 중 작은 것을 리벳이음의 효율이라 하며 리벳이음의 강도를 결정한다.

(라) 보일러용 리벳이음

① 강판의 두께

㉠ 용기의 원주 방향(길이 방향의 파단면)에 생기는 인장응력은

$$\sigma_{t1} = \frac{p_o Dl}{2tl} = \frac{p_o D}{2t}$$

㉡ 용기의 축 방향(둘레 방향의 파단면)에 생기는 인장응력은

$$\sigma_{t2} = \frac{\frac{\pi}{4} D^2 p_o}{Dt} = \frac{p_o D}{4t}$$

이므로 $\sigma_{t1} = 2\sigma_{t2}$가 된다. 따라서 길이 방향의 이음에 대하여 두께를 계산하게 된다.

㉢ $t = \frac{p_o D}{2\sigma_{t1}}$로 결정되고 여기에 실제로 이음의 효율, 판의 부식 등을 고려하면 $t = \frac{p_o DS}{2\sigma_{t1}\eta} + C$로 구한다.

여기서, t : 강판의 두께
σ_t : 강판의 인장강도
p_o : 내압(보일러의 게이지압력)(N/㎠)
D : 보일러 동체의 안지름
S : 안전계수
η : 리벳이음의 효율
C : 부식 여유(육용 보일러는 1mm, 선박용 보일러에서는 1.5mm)

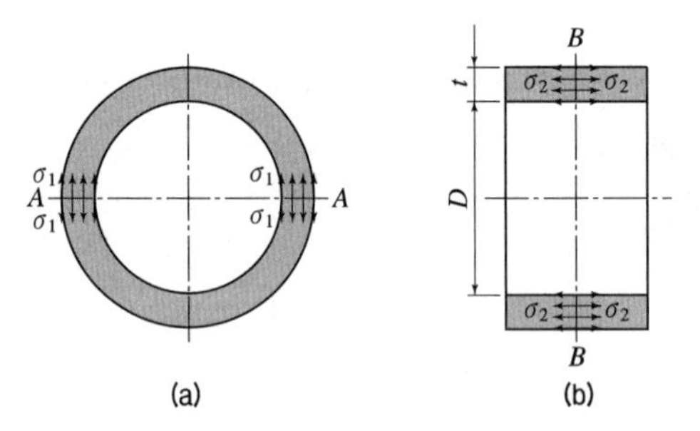

그림 2-18 원통에 생기는 응력

② 리벳의 지름

바하(Bach)에 의한 경험 식에 의해 리벳의 지름은 다음과 같다.

㉠ **겹치기 리벳이음** : $d = \sqrt{50t} - 4(\text{mm})$

㉡ **양쪽 덮개판 리벳이음**

- 1열일 때 : $d=\sqrt{50t}-5(\text{mm})$
- 2열일 때 : $d=\sqrt{50t}-6(\text{mm})$
- 3열일 때 : $d=\sqrt{50t}-7(\text{mm})$

③ 구조용 리벳이음

강도만을 고려하여 리벳의 수, 배열 등을 정한다.

$$d=\sqrt{50t}-2(\text{mm}),\ p=(3\sim3.5)d,\ e=(2\sim2.5)d$$

강판 또는 형강을 영구적으로 접합하는 데 사용하는 체결 기계요소이다.

(5) 용접

1) 용접의 정의

용접은 2개 이상의 금속을 그 용융온도 이상으로 가열하여 접합하는 금속적 결합법. 주조, 단조, 리벳이음 등을 대신하는 영구 이음 방법으로 사용된다.

① 용접이음의 장점

㉠ 사용재료의 두께 제한이 없고, 기계 결합요소가 필요 없다.

㉡ 기밀 유지에 용이하고, 이음 효율이 100%까지 할 수 있다.

㉢ 사용재료의 선택 폭이 넓고, 다른 이음 방법보다 제작물의 무게를 경감시킨다.

㉣ 사용기계가 간단하고, 작업 공정 수가 적어 생산성이 높다.

㉤ 작업 소음이 작다.

② 용접이음의 단점

㉠ 단시간의 가열, 냉각으로 용접부의 금속조직이 취성 파손 및 강도 저하를 가져온다.

㉡ 용접 후 재료에 잔류응력이 존재하여 변형 위험과 부재의 재질에 제한이 있다(주철, 경금속 등은 용접이 곤란).

㉢ 진동을 감쇠시키기 어렵고 비파괴 검사가 어렵다.

2) 용접이음의 강도

(가) 맞대기 용접이음의 강도 계산

① 인장강도(=전단응력 τ)

$$\sigma_t=\frac{P}{tl}=\frac{P}{hl}$$

② 굽힘응력

$$M=\frac{1}{6}tl^2\sigma_b\ ,\ \ \sigma_b=\frac{M}{Z}=\frac{M}{\frac{la^2}{6}}=\frac{6M}{la^2}=\frac{6M}{lh^2}$$

여기서,
- P : 하중(N)
- h : 모재의 두께(mm)
- t : 목 두께(mm)
- l : 용접의 유효길이(mm)
- σ_t : 허용인장응력(N/mm²)
- M : 굽힘 모멘트(N · mm)

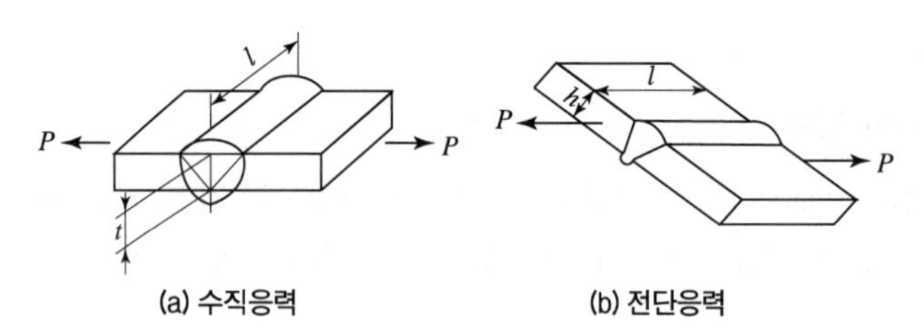

(a) 수직응력　　(b) 전단응력

그림 2-19 맞대기 용접이음

(나) 겹치기 용접이음의 강도 계산

① 측면 필렛 이음

$$t=f\cdot\cos 45°=0.707f$$

$$\tau=\frac{P}{A}=\frac{P}{2tl}=\frac{P}{2\times f\cdot\cos 45\times l}=\frac{0.707P}{f\cdot l}=\frac{0.707P}{h\cdot l}$$

② 전면 필렛 이음

$$\tau=\frac{P}{tl}=\frac{P}{f\cdot\cos 45\times l}=\frac{1.414P}{f\cdot l}=\frac{1.414P}{h\cdot l}$$

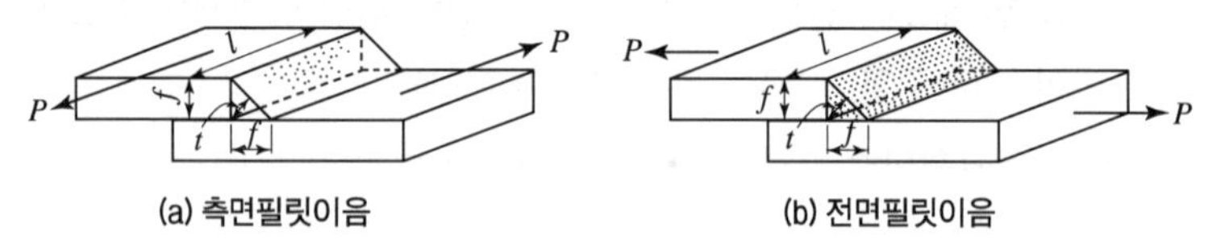

(a) 측면필릿이음　　(b) 전면필릿이음

그림 2-20 겹치기 필렛 용접이음

표 2-1 여러 가지 용접이음의 강도계산식

(1) 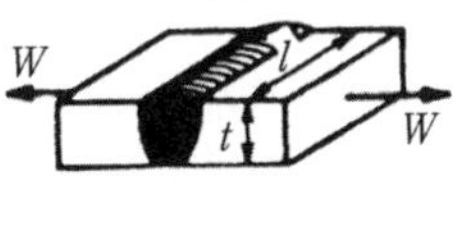 $\sigma=\dfrac{W}{tl}$	(2) 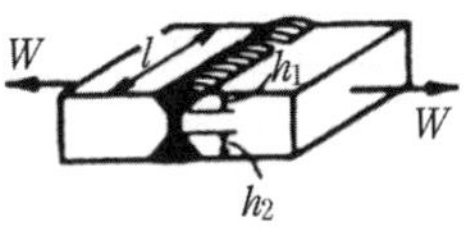 $\sigma=\dfrac{W}{(h_1+h_2)l}$	(3) 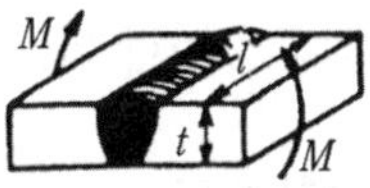 $\sigma_b=\dfrac{6M}{lt^2}$	(4) 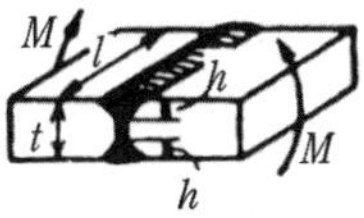 $\sigma_b=\dfrac{3tM}{lh(3t^2-6th+4h^2)}$
(5) 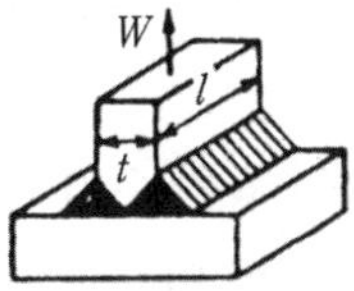 $\sigma=\dfrac{W}{tl}$	(6) 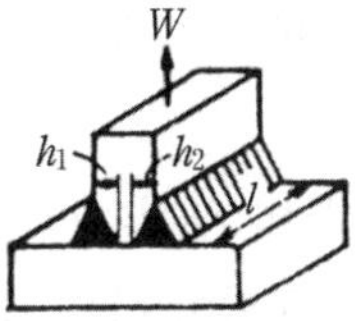 $\sigma=\dfrac{W}{(h_1+h_2)l}$	(7) 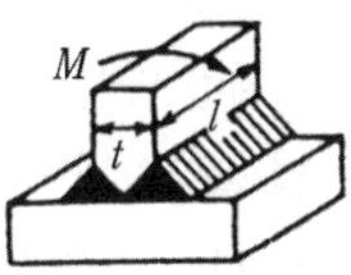 $\sigma_b=\dfrac{6M}{lt^2}$	(8) 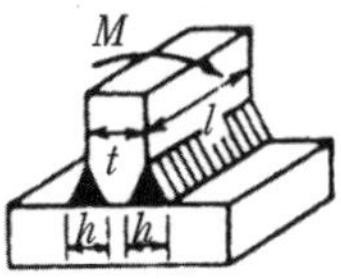 $\sigma_b=\dfrac{3tM}{lh(3t^2-6th+4h^2)}$
(9) 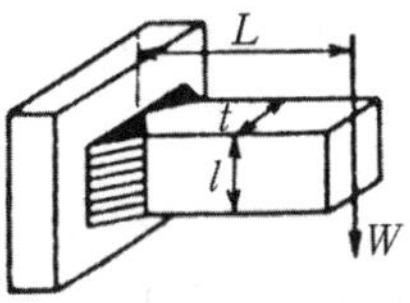 $\sigma_b=\dfrac{6WL}{tl^2}$ $\tau=\dfrac{W}{tl}$	(10) 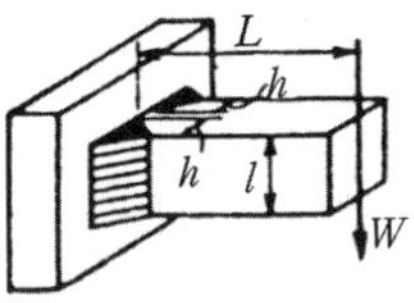 $\sigma_b=\dfrac{3WL}{hl_2}$ $\tau=\dfrac{W}{2hl}$	(11) 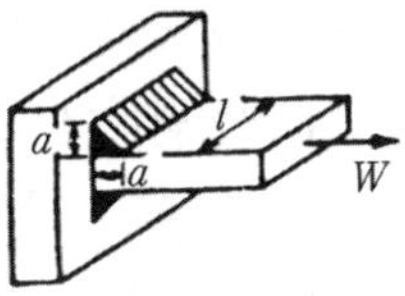 $\sigma=\dfrac{0.707W}{al}$	(12) 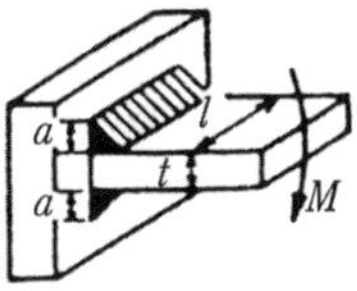 $\sigma_b=\dfrac{1.414M}{al(t+a)}$
(13) 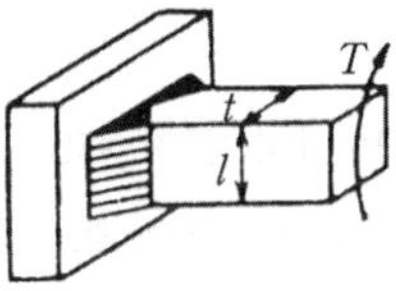 $\tau=\dfrac{T(3l+1.8t)}{t^2l^2}$	(14) 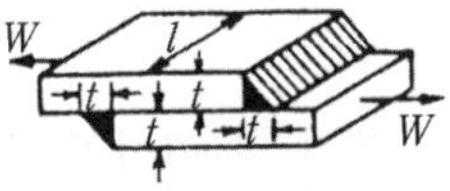 판두께가 같을 때 $\sigma=\dfrac{0.707W}{tl}$	(15) 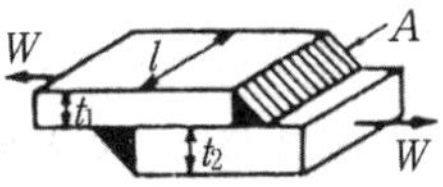 A, B의 응력이 같을 때 $\sigma=\dfrac{1.414W}{(t_1+t_2)l}$	(16) 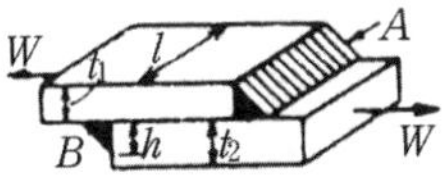 $A\ \sigma=\dfrac{1.414W}{(t_1+t_2)l}$ $B\sigma=\dfrac{1.414Wt_2}{hl(t_1+t_2)}$
(17) 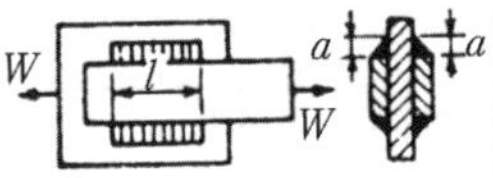 $\tau=\dfrac{0.354W}{al}$	(18) 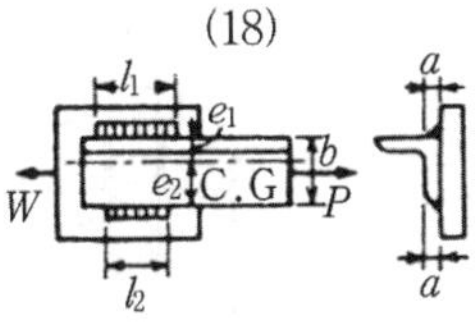 $\tau=\dfrac{1.414W}{a(l_1+l_2)}$ $l_1=\dfrac{1.414We_2}{\tau ab}$ $l_2=\dfrac{1.414We_1}{\tau ab}$	(19) 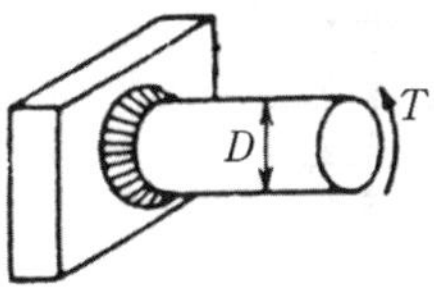 $\tau=\dfrac{2.83T}{aD^2\pi}$	(20) 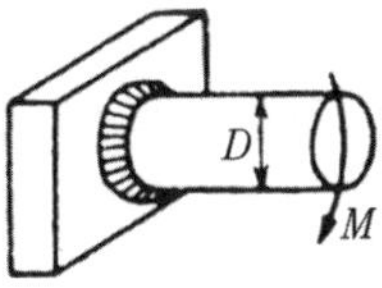 $\sigma_b=\dfrac{5.66M}{aD^2\pi}$

(6) 볼트와 너트

볼트와 너트는 다듬질 정도에 따라 상, 중, 흑피로 나누어지고 나사는 정밀도에 따라 1급, 2급, 3급으로 나뉜다.

1) 일반 볼트

볼트의 머리와 너트가 육각형으로 된 것으로 KS B 1002에 규격화되어 있고 주로 체결용으로 사용된다.

① **관통 볼트** : 체결하려는 2개의 부분에 구멍을 뚫고, 여기에 볼트를 관통시킨 다음 너트를 죈다.

② **탭 볼트** : 체결하려는 부분이 두꺼워서 관통 구멍을 뚫을 수 없을 때, 또 긴 구멍을 뚫었더라도 구멍이 너무 길어 관통볼트의 머리가 숨겨져서 죄기 곤란할 때 너트를 사용하지 않고, 체결하는 상대 쪽에 암나사를 내고 머리붙이 볼트를 나사 박음 하여 체결하는 볼트로 한 부분에 구멍을 뚫고 다른 한 부분은 중간까지 나사를 죄어 이것에 머리 달린 나사를 박는다.

③ **스터드 볼트** : 막대의 양끝에 나사를 깎은 머리 없는 볼트로서 한 끝을 본체에 튼튼하게 박고 다른 끝에는 너트를 끼워서 죈다. 자주 분해 · 결합하는 경우 사용하며 양쪽에 나사를 만든다.

④ **양 너트 볼트** : 머리 부분이 길어서 사용할 수 없을 때, 양 끝 모두 바깥에서 너트로 죄는 볼트이다.

⑤ **리머 볼트** : 다듬질한 구멍에 꼭 끼워 미끄럼을 방지하며 전단력이 발생하는 부분에 링을 끼워 링이 전단력을 받도록 하거나 볼트의 축 부분을 테이퍼 지게 하여 움직이지 않도록 고정한다.

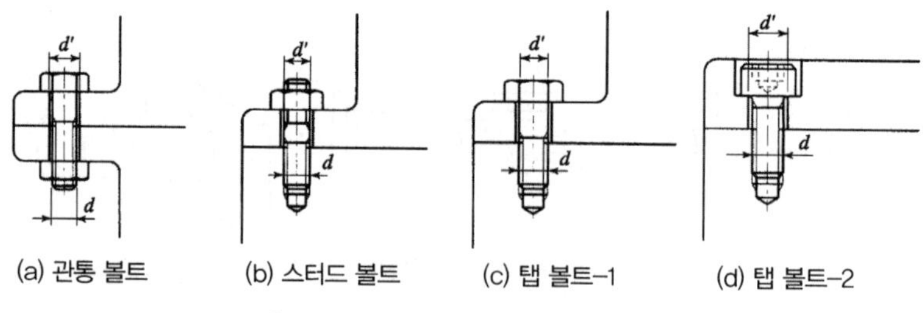

(a) 관통 볼트 (b) 스터드 볼트 (c) 탭 볼트-1 (d) 탭 볼트-2

그림 2-21 용도에 따른 볼트의 종류

2) 특수 볼트

① **기초 볼트** : 기계, 구조물 등을 콘크리트 바닥에 설치하는 데 쓰이는 볼트로 한 쪽 끝은 수나사로 파여 있어 기계를 고정하는 데 사용하고, 다른 쪽 끝은 콘크리트에서 고정되었을 때 움직이지 않게 되어 있다.

② **스테이 볼트** : 부품을 일정한 간격으로 유지하고, 구조 자체를 보강하는 데 사용한다.

③ **T홈 볼트** : 공작기계의 테이블 T홈에 볼트의 머리 부분을 끼워서 적당한 위치에 공작물과 기계 바이스를 고정할 때 사용한다. 나사의 머리를 사각형으로 만들어 T자형 홈에 끼우면 너트를 조일 때 나사 머리가 회전하지 않게 된다.

④ **아이 볼트** : 무거운 기계와 전동기 등을 들어 올릴 때 로프, 체인 또는 훅을 거는 데 사용한다. 리프트 아이 볼트(Eye bolt)는 물건을 매달 때 사용된다.

⑤ **둥근 머리 사각 목 볼트** : 머리 부분의 사각 부분을 사각 구멍에 끼워서 죌 때 헛돌지 않도록 한 것으로 목재 구조물 등에 쓰인다.

⑥ **리머 볼트** : 리머로 다듬질한 구멍에 꼭 끼워 미끄럼을 방지하는 볼트이다.

⑦ **충격 볼트** : 생크 부분이 단면적을 작게 하여 늘어나기 쉽게 한 볼트로 충격적인 인장력이 작용할 때 사용한다.

⑧ **나비 볼트** : 나사의 머리모양을 나비모양으로 만들어 스패너 없이 손으로 조일 수 있도록 한다.

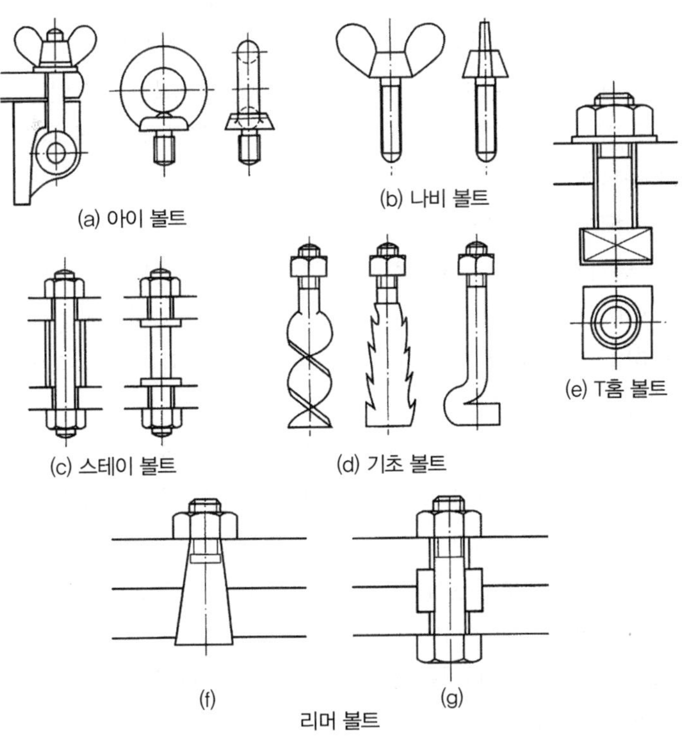

그림 2-22 특수용 볼트

3) 여러 가지 나사

① **작은 나사** : 지름이 8mm 이하의 작은 나사로 힘을 많이 받지 않는 작은 부품과 얇은 판자 등을 붙이는 데 사용한다.

② **멈춤 나사** : 보스와 축을 고정하고 축에 끼워 맞춰진 기어와 풀리의 설치 위치의 조정 및 키의 대용으로 사용된다.

③ 나사못과 태핑 나사

㉠ **나사못** : 목재에 나사를 돌려받는데 적합한 나사산으로 되어 있으며, 나사의 끝이 드릴과 탭의 역할을 한다.

㉡ **태핑 나사** : 끝을 침탄 담금질하여 단단하게 한 작은 나사의 일종으로서 얇은 판이나 무른 재료에 암나사를 내면서 체결하는 데 사용한다.

4) 너트의 종류

① **사각 너트** : 겉모양이 사각인 너트로서 주로 목재에 쓰이며, 기계에도 가끔 쓰인다.

② **둥근(원형) 너트** : 자리가 좁아 보통의 육각너트를 쓸 수 없을 경우 또는 너트의 높이를 작게 할 경우에 사용한다. 너트를 외부에 노출시키지 않을 때 흔히 사용된다.

③ **플랜지 너트** : 육각의 대각선 거리보다 큰 지름의 플랜지가 달린 너트로 접촉면이 거칠거나, 큰 면압을 피하려 할 때 사용한다.

④ **홈붙이 둥근 너트** : 위쪽에 분할 핀을 끼울 수 있는 홈이 있는 너트로 너트의 두께가 얇고 균형이 잘 잡혀 있다. 구름베어링의 부속품으로 사용된다.

⑤ **캡 너트** : 나사 구멍이 뚫려 있지 않은 너트로 유체의 흐름 방지 및 부식 방지의 목적으로 사용한다. 너트의 한쪽은 관통되지 않도록 만든 것이다.

⑥ **아이 너트** : 머리에 링이 달린 너트로 아이 볼트와 같은 목적으로 사용된다.

⑦ **나비 너트** : 손으로 돌려서 죌 수 있는 모양으로 된 것이다.

⑧ **T너트** : T자 모양의 것으로 공작기계의 테이블 T홈에 끼워서 공작물을 설치하는 데 사용한다.

⑨ **슬리브 너트** : 머리 밑에 슬리브가 있는 너트로 수나사 중심선의 편심을 방지하는 데 사용한다.

⑩ **플레이트 너트** : 암나사를 깎을 수 없는 얇은 판에 리벳으로 설치하여 사용하는 너트이다.

⑪ **턴버클** : 양 끝에 오른나사 및 왼나사가 깎여 있어서, 이를 오른쪽으로

돌리면 양 끝의 수나사가 안으로 끌리므로, 막대와 로프 등을 죄는 데 사용한다.

⑫ SPAC너트 : 너트를 판에 때려 박아 사용한다.

⑬ **와셔 붙이 너트** : 너트의 밑면에 너트를 끼운 모양으로 만든 너트를 말한다. 접촉하는 재료와의 접촉면적을 크게 함으로써 접촉압력을 줄인다.

⑭ **스프링 판 너트** : 스프링 판을 굽혀서 만들며 사용이 간단한 특징이 있다.

(7) 와셔

1) 와셔의 종류

와셔는 볼트 머리 밑면에 끼우는 것으로서 일반적인 볼트 머리 부분의 압력을 넓게 분산시키기 위하여 사용한다.

스프링 와셔 또는 접시 와셔는 진동에 의한 풀림을 줄인다.

① 기계용 : 둥근형 와셔

② 너트 풀림 방지용 : 스프링 와셔, 이붙이 와셔, 혀붙이와셔, 클로오 와셔 등

2) 와셔의 용도

① 볼트의 구멍이 볼트의 지름보다 너무 클 때

② 표면이 거칠 때

③ 접촉면이 기울어져 있을 때

④ 목재나 고무와 같이 압축에 약하여 너트가 내려앉는 것을 막을 필요가 있을 때

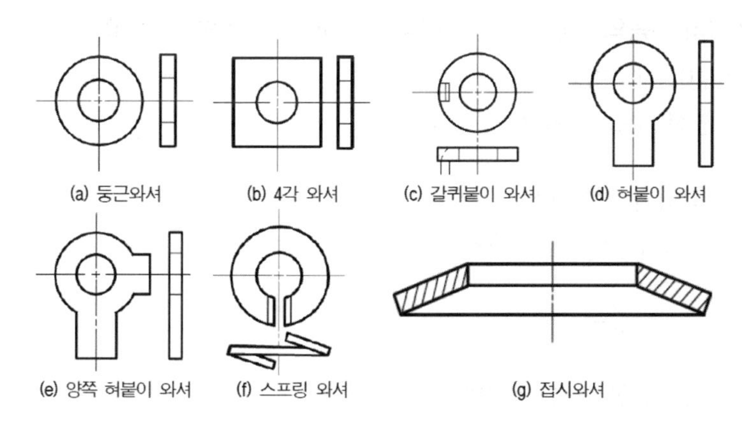

그림 2-23 와셔의 종류

(8) 코터

한쪽 또는 양쪽 기울기가 있는 평판 모양의 쐐기로써 2개의 축을 축 방향으로 연결하는 데 사용되는 일시적인 결합 요소이다. 축 방향의 인장력, 압축력을 전달하는 데 주로 사용한다. 코터의 재료는 축보다 경도가 높은 재료를 사용하고 응력집중을 막기 위해 모서리를 둥글게 한다.

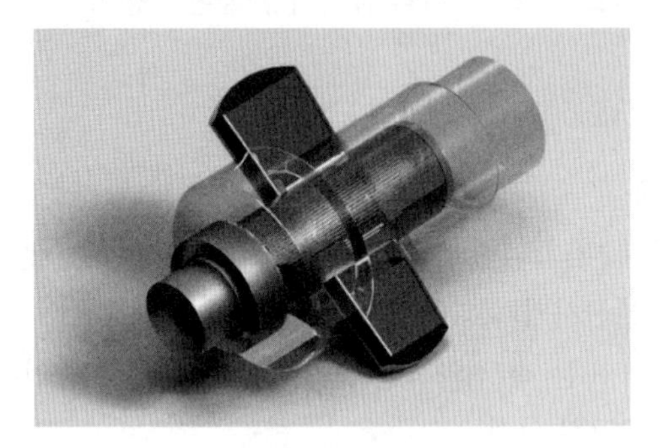

그림 2-24 코터의 구성요소

1) 코터의 구성요소

코터는 로드(Rod), 소켓(Socket), 코터(Cotter)로 구성된다.

2) 코터의 기울기

① 반영구적인 곳 : 1/50~1/100

② 자주 분해할 때 : 1/15~1/10(핀 사용), 1/10~1/5(너트 사용)

③ 보통 분해시 : 1/20

3) 코터 이음의 자립조건은 마찰각 ρ, 구배(경사각)를 α 라 할 때

① 한쪽 기울기인 경우 : $\alpha \leq 2\rho$

② 양쪽 기울기인 경우 : $\alpha \leq \rho$

4) 코터의 강도를 계산

① 코터의 전단강도를 구한다.

$$\tau = \frac{P}{2bh}$$

② 핀의 굽힘강도를 계산한다.

$$M = \frac{PD}{8} = \sigma_b \frac{bh^2}{6}$$

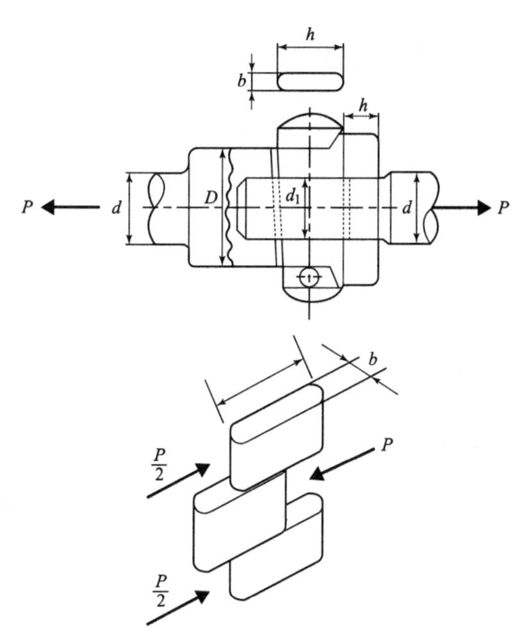

◯ 그림 2-25 코터의 강도 계산을 위1개념도

3 체결요소 풀림 방지

나사는 진동과 순간적인 충격을 받으면 접촉압력이 감소하여 마찰력이 거의 없어지는 수가 있다.

1 와셔를 사용하는 방법

스프링 와셔, 고무와셔, 이붙이 와셔 등의 특수 와셔를 사용하여 너트가 잘 풀리지 않게 한다.

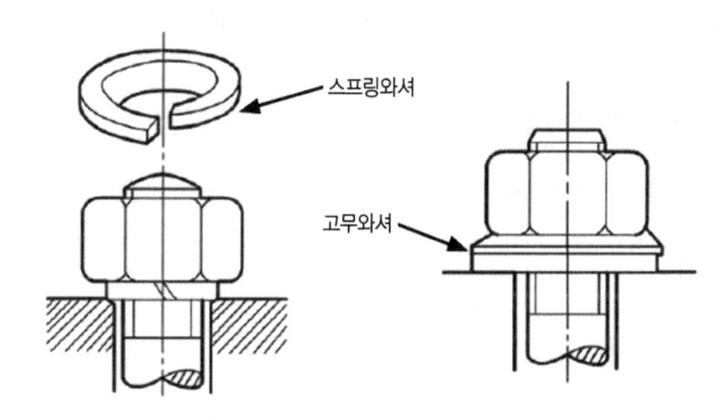

◯ 그림 2-26 와셔를 사용하는 방법

❷ 록너트를 사용하는 방법

2개의 너트를 사용하여 너트 사이를 서로 미는 상태로 항상 하중이 작용하고 있는 상태를 유지하는 것이다. 보통 하중을 위쪽의 너트가 받으므로 아래의 너트는 보통보다 낮게 만들어 사용한다.

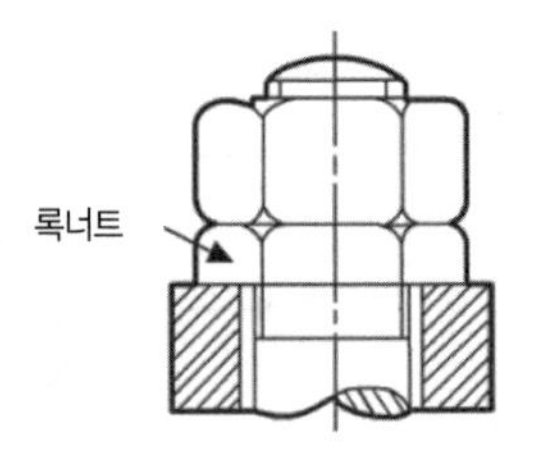

그림 2-27 록 너트에 의한 풀림 방지

❸ 절입 너트에 의한 방법

너트의 일부를 안쪽으로 변형시켰다가 볼트에 나사를 결합시킬 때 나사부가 강하게 압착되도록 한다.

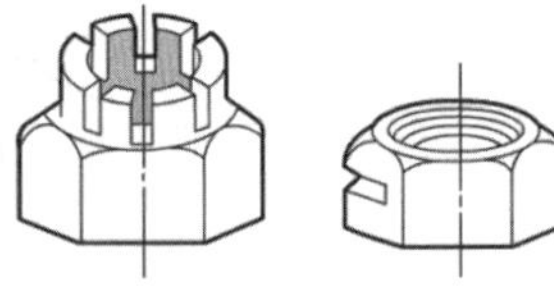

그림 2-28 절입 너트

❹ 특수 와셔에 의한 방법

혀붙이 와셔 또는 톱니붙이 와셔를 사용하여 고정한다.

(a) 내치 와셔

(b) 외치 와셔

(c) 내 · 외치 와셔

그림 2-29 혀붙이/톱니붙이 와셔에 의한 풀림 방지

❺ 자동죔 너트에 의한 방법

되돌아가는 것을 방지하는 특수한 모양의 너트이다.

❻ 분할 핀, 작은 나사, 멈춤 나사에 의한 방법

너트와 볼트에 핀이나 나사를 박아 풀러지지 않도록 하는 방법으로 나사를 박을 경우에 재사용이 어렵다.

❼ 철사에 의한 방법

핀 대신에 철사를 감아서 풀어지지 않도록 하는 방법이다.

8 플라스틱 플러그에 의한 방법

나사면에 플라스틱이 들어간 너트를 사용하면 나사면에 마찰계수가 크게 되어 풀림이 방지된다.

9 락와이어를 이용한 방법

볼트 머리에 구멍을 내서 볼트가 풀리는 방향을 회전하지 못하게 와이어를 감는다.

4 체결요소의 강도

1 강도와 강성

① 강도(strength) : 외력이 가해졌을때 파괴되는 힘을 말한다. 즉, 단위면적당 힘으로 표기하는데 응력(Stress)이라고 한다. 인장력, 압축력, 전단력이 있으며 이에 대해 견디는 재료의 인장강도, 압축강도, 전단강도 등이 있다. 축을 눌렀을때 가해지는 굽힘모멘트(Bending Moment)에 저항하는 굽힘강도도 있고 비틀었을때(Torsion) 저항하는 비틀림강도도 있다.

② 강성(Stiffness, Rigidity) : 개념은 재료가 변형에 견디는 힘을 말한다. 어떤 재료가 외력을 받았을 때 강성이 약하면 크게 병형되며 크면 작게 변형이 발생한다. 엔지니어들이 설계를 할 때는 항상 강도와 강성을 동시에 생각한다. 강도가 충분히 제품의 성능보장을 할 수 있도록 설계해도 강성이 작으면 제 역할을 할 수가 없다.

2 재료의 기준강도 및 강도설계

재료의 기계적 성질은 응력과 변형률과의 관계를 선도에 나타낸 응력-변형률선도(Stress-Strain Diagram)를 통하여 알 수 있다. 응력에는 단면 수축에 의한 실제 단면적을 사용하는 진응력(True Stress)과 재료에 작용하는 하중을 최소단면적으로 나눈 공칭응력(Nominal Stress)이 있다. 그림은 기계재료에 작용하는 응력과 변형률과의 관계를 선도에 나타낸 응력-변형률선도(Stress-Strain Diagram)이다.

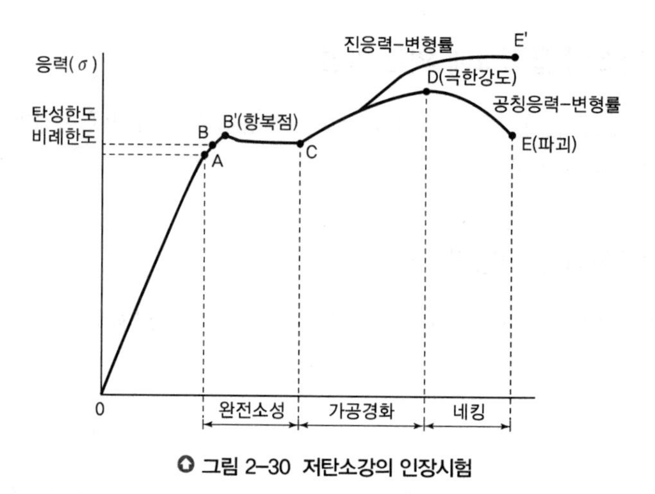

그림 2-30 저탄소강의 인장시험

① **공칭응력(Nominal stress)** : 저탄소강의 인장시험에 있어서 A-B-B′-C-D-E의 그래프를 나타낸 것으로 하중을 최초 단면적으로 나눈 것이다.

② **진응력(True stress)** : 저탄소강의 인장시험에 있어서 A-B-B′-C-E′의 그래프를 나타낸 것으로 하중을 매 순간의 축소 단면적으로 나눈 것이다.

③ **비례한도(Proportional limit)** : 응력-변형률선도에서 점 A까지는 응력과 변형률이 비례 관계에 있다. 따라서 점 A를 비례한도(Proportional limit)라 한다.

④ **탄성한도(Elastic limit)** : E는 종탄성계수를 나타내고 점 B에서는 재료에 응력을 제거하면 변형이 나타나지 않는 한계점으로 이 점 B를 탄성한도(Elastic limit)라 한다. 점 B를 지나는 응력을 재료에 가하면 재료에는 영구변형(Permanent strain)이 남게 된다.

⑤ **항복점(Yield point)** : 점 B′에서는 응력의 증감에 상관없이 변형률만 증가하는 것을 볼 수 있다. 이러한 점 B′를 항복점(Yield point)이라고 한다.

⑥ **완전소성상태(Perfect Plasticity)** : 비례한도 이후 점 C까지를 완전소성상태(Perfect Plasticity)라고 한다. 점 B′를 지나면 재료의 단면이 점점 작아져 국부 수축 현상(Local contraction)이 일어나게 되므로 공칭응력과 진응력과의 차는 벌어지게 되고, 응력이 절정에 이르는 점 D에 도달하면 재료의 단면이 급격히 작아져 응력이 떨어진다.

⑦ **극한 강도(Ultimate strength)** : 재료가 더이상 견딜 수 없는 최대응력 값이 되어 결국에는 작아진 단면 부위가 파괴된다. 이때의 점 D를 극한강도(Ultimate strength)라고 한다. 기계재료는 영구변형이 생기면 문제가 되므로 재료의 한계응력은 비례한도 또는 탄성한도를 넘지 않는 것이 좋으나 비례한도와 탄성한도는 정확하지 않기 때문에 일반적으로 항복점(또는 항복강도)을 한계응력으로 간주한다.

⑧ **영구변형(Permanent strain), 항복점(Yield point), 완전소성상태(Perfect Plasticity)** : 점 B에서는 재료에 응력을 제거하면 변형이 나타나지 않는 한계점으로 이 점 B를 탄성한도(Elastic limit)라고 부른다. 점 B를 지나는 응력을 재료에 가하면 재료에는 영구변형(Permanent strain)이 남게 된다. 또한 점 B′에서는 응력의 증감에 상관없이 변형률만 증가하는 것을 볼 수 있다. 이러한 점 B′를 항복점(Yield point)이라고 한다. 그리고 비례한도 이후 점 C까지를 완전소성상태(Perfect Plasticity)라고 한다.

⑨ **한계응력** : 기계재료는 영구변형이 생기면 문제가 되므로 재료의 한계응력은 비례한도 또는 탄성한도를 넘지 않는 것이 좋으나 비례한도와 탄성한도는 정확하지 않기 때문에 일반적으로 항복점(또는 항복강도)을 한계응력으로 간주한다.

3 사용응력과 허용응력, 탄성한도, 항복강도

① **크리프(Creep)** : 재료 내의 응력은 일정함에도 불구하고 변형률이 시간의 경과와 더불어 증대해 가는 현상을 크리프(Creep)라고 한다.

② **피로파괴(Fatigue fracture)** : 응력이 시간에 따라 변하는 동하중에서 재료가 파괴되는 것을 피로파괴(Fatigue fracture)라고 한다.

③ 피로하중의 종류에는 일반반복하중, 편진하중, 양진하중이 있다.

④ **S-N선도(Wohler curve)** : [그림 2-31]과 같이 응력(S)과 파괴될 때까지의 반복 횟수(N)와의 관계를 나타낸 것을 S-N선도(Wohler curve)라고 한다.

⑤ **피로한도(Fatigue limit)** : S-N 선도의 수평부분은 응력이 무한 반복을 가해도 재료가 파괴되지 않는 최대응력으로 이 부분을 피로한도(Fatigue limit)라고 한다.

⑥ 재료의 피로한도에 영향을 미치는 요소에는 단면의 현상이 급격히 변화하는 부분에 응력집중이 일어나므로 피로한도도 떨어지는 노치효과(Notch effect)와 동일한 재료일지라도 부재의 치수가 크게 되어 피로한도가 낮아지는 치수효과(Size effect) 그리고 축에 허브 또는 베어링의 내륜 등을 힘박음 또는 열박음하여 피로한도를 약 절반으로 떨어뜨리는 힘박음(Force fit)효과가 있다.

⑦ 다듬질면의 조도가 심할 경우 엄밀히 생각하면 노치효과와 동일한 현상이 일어나 피로한도를 낮추는 표면 거칠기 효과가 있다.

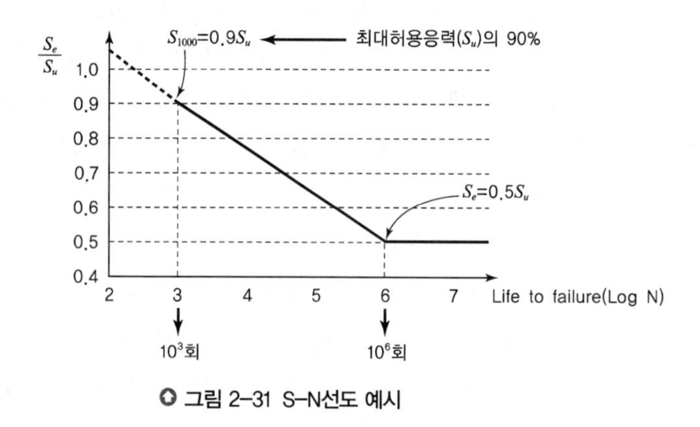

그림 2-31 S-N선도 예시

4 파손 이론

기계 부재에 단순 응력이 작용할 때는 응력-변형률 선도로부터 탄성한도, 항복점, 인장강도 등을 쉽게 알 수가 있다. 그러나 실제로 기계 부재에 작용하는 응력은 조합응력 상태인 경우가 많으며 이때의 파손조건을 제시하는 것이 파손법칙이다.

① **최대 주응력설** : 재료의 조합하중이 작용할 때 최대 주응력이 단순 인장 또는 단순 압축하중에 대한 항복강도 또는 인장강도가 압축강도에 도달하였을 때 재료의 파손이 일어난다는 이론이다. 주철과 같이 취성 재료에 잘 일치하는 이론이다.

② **최대 주변형률설** : 연성재료에 발생하는 최대 주변형률이 단순 인장하중에 대한 항복점의 변형률과 같아질 때 재료의 파손이 일어난다는 이론이다.

③ **최대 전단응력설** : 조합하중에 작용하는 재료 내의 최대 전단응력이 그 재료의 항복 전단응력에 도달하면 파손이 일어난다는 이론이다.

④ **전단 변형률 에너지설** : 재료 내의 체적변화에 의한 변형에너지와 전단 변형에 의한 전단 변형 에너지의 합인 변형에너지가 단순 인장의 항복강도에 대한 전단 변형 에너지에 도달하였을 때 파손이 일어난다는 이론이다.

⑤ **변형률 에너지설** : 재료 내의 단위체적에 대한 변형률 에너지가 단순 인장일 때 항복점의 단위체적에 대한 변형률 에너지와 같아지면 재료의 파손이 일어난다는 이론이다.

형성평가

01 다음 중 기계적 성질로만 짝지어진 것은?

① 비중, 용융점, 비열, 선팽창계수
② 인장강도, 연신율, 피로, 경도
③ 내열성, 내식성, 충격, 자성
④ 주조성, 단조성, 용접성, 절삭성

해설
- 물리적 성질 : 색, 비중, 용융 및 응고점, 용융잠열, 비점과 비열, 전기비전도도, 열전도도
- 기계적 성질 : 강도, 경도, 인성, 전성, 항복점, 취성, 연신율, 피로 등
- 화학적 성질 : 내열성, 내식성
- 제작상 성질 : 주조성, 단조성, 용접성, 절삭성

02 재료의 성질 중 인성의 반대되는 성질은?

① 전성 ② 연성
③ 취성 ④ 소성

해설
- 인성 : 질긴 성질
- 취성 : 잘 부서지는 성질

03 다음 중 동력의 단위에 해당되지 않는 것은?

① erg/s ② N · m
③ PS ④ J/s

해설
N · m : 일 또는 모멘트 단위이다.

04 응력의 단위를 올바르게 표시한 것은?

① kgf/mm^2 ② m/s^2
③ kgf · mm ④ N/mm^2

해설
SI에서는 응력의 단위는 Pa 또는 N/m^2의 어느 것으로 표시해도 좋으나 보통의 경우 응력 및 탄성계수는 각각 MPa 및 GPa로 표시하는 것이 바람직하다.

05 각속도가 30rad/sec인 원운동을 rpm단위로 환산하면 얼마인가?

① 157.1rpm ② 186.5rpm
③ 257.1rpm ④ 286.5rpm

해설
$$rpm = \frac{각속도 \times 60}{2\pi} = \frac{30 \times 60}{2 \times \pi} = 286.5$$

06 다음 중 인장응력을 구하는 식으로 맞는 것은? (단, σ는 인장응력, A는 단면적, P는 인장하중이다.)

① $\sigma = \frac{P}{A}$ ② $\sigma = P \times A$
③ $\sigma = \frac{A}{P}$ ④ $\sigma = \frac{P}{A^2}$

07 응력에 대한 설명으로 틀린 것은?

① 하중에 비례한다.
② 단면적에 비례한다.
③ 단위는 Pa도 사용한다.
④ 응력에는 전단응력, 인장응력, 압축응력 등이 있다.

[정답] 01 ② 02 ③ 03 ② 04 ④ 05 ④ 06 ① 07 ②

해설

응력의 $\sigma = \frac{P}{A}[\mathrm{N/m^2}]$로 단위는 Pa도 사용한다. 재료에 압축, 인장, 굽힘, 비틀림 등의 하중(외력)을 가했을 때, 그 크기에 대응하여 재료 내에 생기는 저항력을 응력이라 한다. 하중에 비례한다. 단면적에 반비례한다.

08 지름이 4cm의 봉재에 인장하중이 1000N이 작용할 때 발생하는 인장응력은 약 얼마인가?

① 127.3N/cm² ② 127.3N/mm²
③ 80N/cm² ④ 80N/mm²

해설

인장하중 $W = \frac{\pi d^2}{4}\sigma_t$에서

인장응력 $\sigma_t = \frac{4W}{\pi d^2} = \frac{4 \times 1000}{\pi \times 4^2} = 79.58\,\mathrm{N/cm^2}$

09 지름이 10mm인 시험편에 600N의 인장력이 작용한다고 할 때 이 시험편에 발생하는 인장응력은 약 몇 MPa인가?

① 95.2 ② 76.4
③ 7.65 ④ 9.52

해설

$\sigma = \frac{W}{A} = \frac{600}{\frac{\pi \times 10^2}{4}} = 7.64$

10 지름이 4cm의 봉재에 인장하중이 1000N이 작용할 때 발생하는 인장응력은 약 얼마인가?

① 127.3N/cm²
② 127.3N/mm²
③ 80N/cm²
④ 80N/mm²

해설

인장응력

$\sigma_t = \frac{P}{A} = \frac{1000}{\frac{\pi \times 4^2}{4}} = 79.5 = 80\,\mathrm{N/cm^2}$

11 한 변이 50mm인 정사각형 단면의 봉에 3t 질량을 가진 물체에 의하여 중력 방향으로 인장하중이 작용할 때 발생하는 인장응력은 약 몇 N/cm² 인가?

① 117.7 ② 141.4
③ 1177 ④ 1414

해설

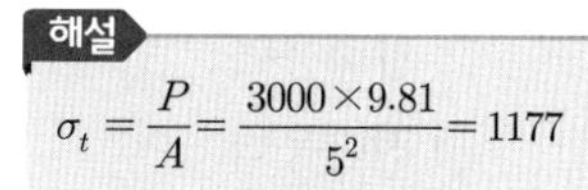

$\sigma_t = \frac{P}{A} = \frac{3000 \times 9.81}{5^2} = 1177$

12 정사각형 단면의 봉에 20kN의 압축하중이 작용할 때 생기는 응력을 5000N/cm²가 되게 하려면 정사각형의 한 변의 길이를 약 몇 cm로 해야 하는가?

① 0.2 ② 0.4
③ 2 ④ 4

해설

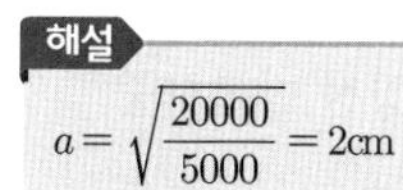

$a = \sqrt{\frac{20000}{5000}} = 2\mathrm{cm}$

13 사각형 단면(100mm×60mm)의 기둥에 1N/mm² 압축응력이 발생할 때 압축하중은 약 얼마인가?

① 6000N ② 600N
③ 60N ④ 60000N

해설

$100 \times 60 = 6000 \times 1 = 6000\,\mathrm{N}$

[정답] 08 ③ 09 ③ 10 ③ 11 ③ 12 ③ 13 ①

14 안지름 300mm, 내압 100N/cm^{2}이 작용하고 있는 실린더 커버를 12개의 볼트로 체결하려고 한다. 볼트 1개에 작용하는 하중 W은 약 몇 N인가?

① 3257 ② 5890
③ 8976 ④ 11245

해설
뚜껑에 작용하는 전 하중은
$W = \frac{\pi \times D^2}{4} = \frac{\pi \times 300^2}{4} \times 1 = 70686 \div 12 = 5890\text{N}$

15 재료를 인장시험 할 때, 재료에 작용하는 하중을 변형 전의 원래 단면적으로 나눈 응력은?

① 인장응력 ② 압축응력
③ 공칭응력 ④ 전단응력

해설
공칭응력 : 재료를 인장시험 할 때, 재료에 작용하는 하중을 변형 전의 원래 단면적으로 나눈 응력

16 다음 중 일반적으로 안전율을 가장 크게 잡는 하중은? (단, 동일 재질에서 극한 강도 기준의 안전율을 대상으로 한다.)

① 충격하중 ② 편진 반복하중
③ 정하중 ④ 양진 반복하중

해설
일반적으로 안전율을 가장 크게 잡는 하중은 충격하중이다.

17 인장하중과 압축하중이 교대로 반복하여 작용하는 하중으로 크기와 방향이 동시에 변화하는 하중은?

① 반복하중 ② 교번하중
③ 충격하중 ④ 전단하중

해설
① 반복하중 : 방향이 변하지 않고 계속하여 반복 작용하는 하중으로 진폭은 일정, 주기는 규칙적인 하중으로 차축을 지지하는 압축 스프링에 작용하는 것과 같은 하중
② 교번하중 : 하중의 크기와 방향이 충격 없이 주기적으로 변화하는 하중으로, 피스톤 로드와 같이 인장과 압축을 교대로 반복하는 하중
③ 충격하중 : 비교적 단시간에 충격적으로 작용하는 하중으로, 못을 박을 때와 같이 순간적으로 작용하는 하중
④ 전단하중(Shearing Load) : 재료를 자르려는 것과 같은 하중

18 하중의 크기 및 방향이 주기적으로 변화하는 하중으로서 양진하중을 의미하는 것은?

① 변동하중(variable load)
② 반복하중(repeated load)
③ 교번하중(alternate load)
④ 충격하중(impact load)

해설
교번하중(alternate load) : 하중의 크기 및 방향이 주기적으로 변화하는 하중으로서 양진하중을 의미한다.

19 일정한 주기 및 진폭으로 반복하여 계속 작용하는 하중으로 편진하중을 의미하는 것은?

① 변동하중(variable load)
② 반복하중(repeated load)
③ 교번하중(alternate load)
④ 충격하중(impact load)

해설
① 변동하중 : 하중의 크기 및 방향이 시간에 따라 불규칙하게 변화하는 하중
② 반복하중 : 일정한 주기 및 진폭으로 반복하여 계속 작용하는 하중으로서 편진하중을 말한다.
③ 교번하중 : 크기와 방향이 충격 없이 주기적으로 변화하는 하중
④ 충격하중 : 비교적 단시간에 충격적으로 작용하는 하중

[정답] 14 ② 15 ③ 16 ① 17 ② 18 ③ 19 ②

20 재료와 안전성을 고려하여 안전할 것이라고 허용되는 최대의 응력을 무슨 응력이라 하는가?

① 허용응력 ② 주응력
③ 사용응력 ④ 수직응력

21 항복응력을 σ_Y, 허용응력을 σ_a라 할 때, 안전율(safety factor) S_f를 옳게 나타낸 것은?

① $S_f = \frac{\sigma_Y}{\sigma_a} > 1$ ② $S_f = \frac{\sigma_Y}{\sigma_a} < 1$
③ $S_f = \frac{\sigma_a}{\sigma_Y} > 1$ ④ $S_f = \frac{\sigma_a}{\sigma_Y} < 1$

22 다음 중 변형률(strain, ε)에 관한 식으로 옳은 것은? (단, ℓ : 재료의 원래길이, λ : 줄거나 늘어난 길이, A : 단면적, σ : 작용 응력)

① $\varepsilon = \lambda \times \ell 2$ ② $\varepsilon = \sigma / \ell$
③ $\varepsilon = \lambda / A$ ④ $\varepsilon = \lambda / \ell$

해설
변형률(Strain) : 재료에 하중이 작용하면 내적으로는 응력이 발생하고, 외적으로는 변형이 일어나는데, 이때 변형량과 원래 치수와의 비
- 변형률(strain, ε)에 관한 식 : $\varepsilon = \lambda / \ell$

23 재료의 기준강도(인장강도)가 400N/mm^{2}이고 허용응력이 100N/mm^{2}일 때, 안전율은?

① 0.25 ② 1.0
③ 4.0 ④ 16.0

해설
$$\text{안전율} = \frac{\text{극한 강도}}{\text{허용응력}} = \frac{\text{인장 또는 기준강도}}{\text{허용응력}} = \frac{400}{100} = 4$$

24 연강봉이 인장하중 200N을 받아 인장응력이 4,200N/cm^{2}가 발생하였다. 안전율 S=6으로 할 때 안전하게 사용하기 위해 지름을 몇 mm로 하면 되는가?

① 6 ② 8
③ 10 ④ 12

해설
$$S = \frac{\sigma_s}{\sigma_a} \rightarrow \sigma_a = \frac{\sigma_s}{S} = \frac{4200}{6} = 700(\text{N/cm}^2)$$
$$\therefore \sigma_a = \frac{P}{\frac{\pi}{4}d^2} \rightarrow d = \sqrt{\frac{4P}{\pi\sigma_a}} = \sqrt{\frac{4 \times 200}{\pi \times 700}}$$
$$= 0.6\text{cm} = 6\text{mm}$$

25 다음 중 체결용 기계요소로 거리가 먼 것은?

① 볼트, 너트 ② 키, 핀, 코터
③ 클러치 ④ 리벳

해설
기계요소의 종류
- 체결용 기계요소 : 나사, 키, 핀, 코터, 리벳, 용접 수축확대 및 테이퍼이음
- 축계 기계요소 : 축, 축이음 및 베어링
- 완충 및 제동용 기계요소 : 브레이크, 스프링 및 플라이 휠 등
- 전동용 기계요소 : 벨트, 로프, 체인, 링크 마찰차 및 캠 기어, 클러치 등
- 관용 기계요소 : 압력용기, 파이프, 파이프이음, 밸브와 콕 등

26 나사 곡선을 따라 축의 둘레를 한 바퀴 회전하였을 때 축 방향으로 이동하는 거리를 무엇이라 하는가?

① 나사산 ② 피치
③ 리드 ④ 나사홈

[정답] 20 ① 21 ① 22 ④ 23 ③ 24 ① 25 ③ 26 ③

27 유효 지름이 모두 동일한 미터 보통 나사에서 리드각이 가장 큰 것은?

① 피치 5mm인 1줄 나사
② 피치 3.5mm인 2줄 나사
③ 피치 2mm인 3줄 나사
④ 피치 6mm인 1줄 나사

해설
① 피치 5mm × 1 = 5mm
② 피치 3.5mm × 2 = 7mm
③ 피치 2mm × 3 = 6mm
④ 피치 6mm × 1 = 6mm

28 지름 20mm, 피치 2mm인 3줄 나사를 1/2 회전하였을 때 이 나사의 진행거리는 몇 mm인가?

① 1　② 3
③ 4　④ 6

해설
$L = l \times \text{회전} = 3 \times 2 \times \frac{1}{2} = 3\text{mm}$

29 피치가 2mm인 3줄 나사에서 90° 회전시키면 나사가 움직인 거리는 몇 mm인가?

① 0.5　② 1
③ 1.5　④ 2

해설
$L = np = 3 \times 2 \times \frac{90}{360} = 1.5\text{mm}$

30 2줄 나사의 리드(lead)가 3mm인 경우 피치는 몇 mm 인가?

① 1.5　② 3
③ 6　④ 12

해설
$l = n \cdot p \Rightarrow \therefore p = \frac{l}{n} = \frac{3}{2} = 1.5\text{mm}$

31 바깥지름이 30mm인 사각나사에서 피치가 6mm, 나사산의 높이가 피치의 1/2일 때 나사의 유효지름은 몇 mm인가?

① 27　② 32
③ 34　④ 36

해설
$h = \frac{p}{2} = \frac{6}{2} = 3$
$d_e = d_2 - h = 30 - 3 = 27\text{mm}$

32 다음 중 주로 운동용으로 사용되는 나사에 속하지 않는 것은?

① 사각나사　② 미터나사
③ 톱니나사　④ 사다리꼴 나사

해설
미터나사 : 체결용 나사

33 미터나사의 용도로 틀린 것은?

① 보통 나사보다 강도를 필요로 하는 곳
② 살이 얇은 원통부
③ 정밀기계, 공작기계의 이완 방지용
④ 공작기계의 이송나사에 사용

해설
미터나사의 용도
- 자동차, 비행기 등의 롤링 베어링 부품
- 진동에 의해 나사의 이완이 있는 부분
- 수밀이나 기밀을 필요로 하는 부분

[정답] 27 ② 28 ② 29 ③ 30 ① 31 ① 32 ② 33 ④

34 다음 나사산의 각도 중 틀린 것은?

① 미터보통나사 60°
② 관용평행나사 55°
③ 유니파이보통나사 60°
④ 미터사다리꼴나사 35°

해설

사다리꼴 나사(Trapezoidal screw thread)
애크미 나사라고도 하고, 나사산의 각도는 미터계(TM)에서는 30°, 인치계(TW)에서는 29°이다. 용도는 스러스트(thrust)를 전달시키는 운동용 나사이다.

35 프레스 등의 동력 전달용으로 사용되며 축방향의 큰 하중을 받는 곳에 주로 쓰이는 나사는?

① 미터나사
② 관용 평행 나사
③ 사각나사
④ 둥근 나사

36 나사의 종류 중 먼지, 모래 등이 나사산 사이에 들어가도 나사의 작동에 별로 영향을 주지 않으므로 전구와 소켓의 결합부 또는 호스의 이음부에 주로 사용되는 나사는?

① 사다리꼴 나사
② 톱니나사
③ 유니파이 보통나사
④ 둥근나사

해설

① 사다리꼴 나사 : 애크미 나사라고도 하고, 나사산의 각도는 미터계(TM)에서는 30°, 인치계(TW)에서는 29°이다. 용도는 스러스트(thrust)를 전달시키는 운동용 나사이며 사각 나사보다 강도가 높고 저항력이 크며, 물림이 좋고 마모에 대해서도 조정이 쉬워 공작기계의 이송나사(Lead screw)로 널리 사용되고 그 밖에 밸브의 개폐용, 잭, 프레스 등의 축력을 전달하는 운동용 나사로 사용된다.
② 톱니나사 : 용도는 한쪽방향으로 집중하중이 작용하여 압착기 · 바이스 · 나사 잭 등과 같이 압력의 방향이 항상 일정할 때 사용하는 것으로 압력 쪽은 사각 나사, 반대쪽은 삼각나사로 되어있다. 나사각은 30°와 45°가 있고 하중을 받지 않는 면에는 0.2mm의 틈새를 준다. 제작을 간단히 하기 위하여 압력을 받는 면에 30°인 경우는 3° 경사를 45°인 경우에는 5°의 경사를 붙인다.
③ 유니파이 보통나사 : 미국, 영국, 캐나다 3국 협정에 의해 제정된 나사로 ABC나사라고도 하며, 인치계 나사로서 기호 U로 나타내고 호칭치수는 수나사의 바깥지름을 인치로 나타낸 값과 1인치(25.4mm) 사이의 나사산의 수(n)로 나타낸다. 나사산의 각도는 60°이며 유니파이 보통나사와 항공기용 작은 나사에 사용되는 유니파이 가는 나사가 있다.
④ 둥근나사 : 원형 · 둥근나사라고도 하고 나사산의 각은 30°로 나사산의 산마루와 골의 모양은 둥글게 되어있다. 용도는 급격한 충격을 받는 부분, 전구, 먼지와 모래 등이 많이 끼는 경우와 오염된 액체의 밸브 또는 호스 이음나사 등에 사용된다.

37 다음 중 스러스트(推力)를 받아서 정확한 운동전달을 시키는 공작기계의 이송나사로 가장 적당한 것은?

① 톱니나사(buttress thread)
② 둥근나사(knuckle screw thread)
③ 사다리꼴 나사(acme thread)
④ 볼나사(ball thread)

38 볼나사(ball screw)의 장점에 해당되지 않는 것은?

① 미끄럼이 나사보다 내충격성 및 감쇠성이 우수하다.
② 예압에 의하여 치면놀이(backlash)를 작게 할 수 있다.
③ 마찰이 매우 작고, 기계효율이 높다.
④ 시동 토크 또는 작동 토크의 변동이 작다.

[정답] 34 ④ 35 ③ 36 ④ 37 ③ 38 ①

해설

볼나사(ball screw)의 장점
- 미끄럼이 나사보다 효율이 우수하다.
- 예압에 의하여 치면놀이(backlash)를 작게 할 수 있다.
- 마찰이 매우 작고, 기계효율이 높다.
- 시동 토크 또는 작동 토크의 변동이 작다.

39 효율이 우수하여 이송나사의 마찰 손실을 감소시키고 나사축과 너트를 보다 가볍게 작동시키는 방법으로 구름마찰을 이용한 나사는?

① 톱니나사
② 둥근나사
③ 사다리꼴 나사
④ 롤러 나사

해설

롤러 나사
볼나사와 같은 효율을 얻을 수 있는 것으로 이송나사의 마찰 손실을 감소시키고 나사축과 너트를 보다 가볍게 작동시키는 방법으로 구름마찰을 이용한 방법이다. 용도는 연삭기, 밀링, 호빙 등 대형공작기계의 이송 부분, 나사 잭의 구동 부분, 유압 모터의 흡입 밸브 장치, 원자력 발전 장치, 전차의 대포, 미사일의 조준장치에 사용된다.

40 축에 풀리, 기어, 플라이휠, 커플링 등의 회전체를 고정시켜서 원주 방향의 상대적인 운동을 방지하면서 회전력을 전달시키는 기계요소는?

① 볼트　② 코터
③ 리벳　④ 키

41 다음 성크(sunk) 키에 관한 설명으로 틀린 것은?

① 기울기가 없는 평행 성크 키도 있다.
② 머리 달린 경사키도 성크 키의 일종이다.
③ 축과 보스의 양쪽에 모두 키 홈을 파서 토크를 전달시킨다.
④ 4개 윗면에 1/5 정도의 기울기를 가지고 있는 수가 많다.

해설

성크 키는 일반적으로 1/100이 기울기를 가지고 있다.

42 다음 중 축에는 가공을 하지 않고 보스 쪽에만 홈을 가공하여 조립하는 키는?

① 안장 키(saddle key)
② 납작 키(flat key)
③ 묻힘 키(sunk key)
④ 둥근 키(round key)

해설

① 안장 키(saddle key) : 축에는 홈을 파지 않고 축과 키 사이의 마찰력으로 회전력을 전달하고 경하중 소직경에 사용한다.
② 납작 키(flat key) : 을 키의 폭만큼 납작하게 깎아서 보스의 키 홈과의 사이에 밀어 넣는다. 1/100의 기울기를 붙이기도 하고 새들키보다 약간 큰 힘을 전달시킬 수 있다.
③ 묻힘 키(sunk key) : 축과 보스 양쪽에 모두 키 홈을 파서 비틀림 모멘트를 전달하는 키로서 가장 많이 사용된다.
④ 둥근 키(round key) : 핸들과 같이 작은 것의 고정에 사용되고 단면은 원형이고 하중이 작을 때만 사용된다.

43 축의 원주에 여러 개의 키를 가공한 것으로 큰 토크를 전달할 수 있고 내구력이 크며 축과 보스와의 중심축을 정확하게 맞출 수 있는 것은?

① 스플라인　② 미끄럼 키
③ 묻힘 키　④ 반달 키

해설

① 스플라인 : 축의 원주에 여러 개의 키를 가공한 것으로 큰 토크를 전달할 수 있고 내구력이 크며 축과 보스와의 중심축을 정확하게 맞출 수 있다.
② 미끄럼 키 : 안내키, 페더키(Feather Key)라고도 하며 보스와 축이 상대적으로 축 방향으로만 이동이 가능하다.
③ 묻힘 키(Sunk Key) : 축과 보스 양쪽에 모두 키 홈을 파서 비틀림 모멘트를 전달한다.

[정답] 39 ④ 40 ④ 41 ④ 42 ① 43 ①

④ 반달 키 : 반월상의 키로서 축의 홈이 깊게 되어 축의 강도가 약하게 되기는 하나 축과 키 홈의 가공이 쉽고, 키가 자동적으로 축과 보스 사이에 자리를 잡을 수 있고 60mm 이하의 작은 축이나 테이퍼 축에 사용한다.

44 축 방향으로 보스를 미끄럼 운동시킬 필요가 있을 때 사용하는 키는?

① 페터(feather) 키
② 반달(woodruff) 키
③ 성크(sunk) 키
④ 안장(saddle) 키

해설

① 페터(feather) 키 : 안내키, 미끄럼 키(Sliding Key)라고도 하며 보스와 축이 상대적으로 축 방향으로만 이동이 가능한 키
② 반달(woodruff) 키 : 축과 키 홈의 가공이 쉽고, 키가 자동적으로 축과 보스 사이에 자리를 잡을 수 있어 자동차, 공작기계 등의 60mm 이하의 작은 축이나 테이퍼 축에 사용
③ 성크(sunk) 키 : 축과 보스 양쪽에 모두 키 홈을 파서 비틀림 모멘트를 전달하는 키
④ 안장(saddle) 키 : 축에는 홈을 파지 않고 축과 키 사이의 마찰력으로 회전력을 전달. 축의 강도를 감소시키지 않고 고정할 수 있으나, 큰 동력을 전달시킬 수 없으므로 경하중 소직경에 사용

45 축의 홈 속에서 자유로이 기울어 질 수 있어 키가 자동적으로 축과 보스에 조정되는 장점이 있지만 키 홈의 깊이가 커서 축의 강도가 약해지는 단점이 있는 키는?

① 반달 키　　② 원뿔 키
③ 묻힘 키　　④ 평행 키

해설

① 반달 키 : 반월상의 키로서 축의 홈이 깊게 되어 축의 강도가 약하게 되기는 하나 축과 키 홈의 가공이 쉽고, 키가 자동적으로 축과 보스 사이에 자리를 잡을 수 있어 자동차, 공작기계 등의 60mm 이하의 작은 축이나 테이퍼 축에 사용한다.
② 원뿔 키 : 축과 보스에 키를 파지 않고 보스 구멍을 테이퍼 구멍으로 하여 속이 빈 원뿔을 끼워 마찰력만으로 밀착시키는 키로서 바퀴가 편심되지 않고 축의 어느 위치에나 설치가 가능하다.
③ 묻힘 키 : 축과 보스 양쪽에 모두 키 홈을 파서 비틀림 모멘트를 전달하는 키
④ 평행 키 : 상하의 면이 평행인 묻힘 키

46 자동차의 핸들, 전동기의 축 등에 사용되며 축에 작은 삼각형 키 홈을 만들어 축과 보스를 고정시키는 것은?

① 스플라인 축　　② 페더키이
③ 세레이션　　④ 접선키이

해설

세레이션(Serration)
- 축과 보스의 상대각 위치를 되도록 가늘게 조절해서 고정하려 할 때 사용한다.
- 이의 높이가 낮고 잇수가 많으므로, 축의 강도가 높다.
- 삼각치형, 인벌류트 치형, 삼각치형의 맞대기 세레이션이 있다.

47 다음 중 가장 큰 회전력을 전달할 수 있는 키는?

① 평 키　　② 묻힘 키
③ 페더 키　　④ 스플라인

해설

토크(torque) 크기 순서
세레이션 〉 스플라인 〉 접선키 〉 성크키 〉 평키 〉 새들키

48 키 홈이나 축의 지름이 급격히 변화하는 부분에서 응력 분포가 불규칙하고 주위의 평균 응력보다 훨씬 큰 응력이 발생하는 것을 무엇이라고 하는가?

① 피로파괴　　② 응력집중
③ 가공 경화　　④ 크리프

[정답] 44 ① 45 ① 46 ③ 47 ④ 48 ②

해설

응력집중

키 홈이나 축의 지름이 급격히 변화하는 부분에서 응력 분포가 불규칙하고 주위의 평균 응력보다 훨씬 큰 응력이 발생하는 것을 말한다.

49 묻힘 키에서 키에 생기는 전단응력을 τ, 압축응력을 σ_c라 할 때, $\tau/\sigma_c = 1/4$이면, 키의 폭 b와 높이 h와의 관계식은? (단, 키 홈의 높이는 키 높이의 1/2라고 한다.)

① $b=h$　　② $b=2h$

③ $b=\frac{h}{2}$　　④ $b=\frac{h}{4}$

50 묻힘 키(sunk key)에 생기는 전단응력을 τ, 압축응력을 σ_c라고 할 때, $\frac{\tau}{\sigma_c}=\frac{1}{2}$이면 키 폭 b와 높이 h의 관계식으로 옳은 것은? (단, 키 홈의 높이는 키 높이의 1/2이다.)

① $b=h$　　② $h=\frac{b}{4}$

③ $b=\frac{h}{2}$　　④ $b=2h$

해설

키는 전단력과 압축력이 같아야 하므로

$\tau lb=\sigma_c l\frac{h}{2}$　$\therefore\ \frac{b}{h}=\frac{\sigma_c}{2\tau},\ h=b\frac{2\tau}{\sigma_c}$

여기서 $\sigma_c=2\tau$라고 하면 $b=h$ 되어 단면이 정사각형이 된다.

51 폭(b)×높이(h)=10mm×8mm인 묻힘 키가 전동축에 고정되어 0.25kN · m의 토크를 전달할 때, 축 지름은 약 몇 mm 이상이어야 하는가? (단, 키의 허용전단응력은 36MPa이며, 키의 길이는 47mm이다.)

① 29.6　　② 35.3

③ 47.7　　④ 50.2

해설

묻힘 키의 전단을 고려한 전달 토크

$T=bl\tau_k\cdot\frac{d}{2}$이므로

축 지름 $d=\frac{2T}{bl\tau_t}=\frac{2\times 250,000}{10\times 36\times 47}=29.6$

52 260kN · mm의 토크를 받는 직경 60mm의 회전축에 사용하는 묻힘 키의 폭×높이×길이는 18mm×12mm×100mm이다. 이때 키에 생기는 전단응력은?

① 6.1 N/mm²　　② 5.7 N/mm²

③ 4.8 N/mm²　　④ 3.2 N/mm²

해설

$\tau=\frac{2T}{bld}=\frac{2\times 260000}{18\times 100\times 60}=4.8\text{N/mm}^2$

53 950N · m의 토크를 전달하는 지름 50mm인 축에 안전하게 사용할 키의 최소 길이는 약 몇 mm인가? (단, 묻힘 키의 폭과 높이는 모두 8mm이고, 키의 허용전단응력은 80N/mm²이다.)

① 45　　② 50

③ 65　　④ 60

해설

$l=\frac{2T}{bd\tau}=\frac{2\times 950000}{8\times 50\times 80}=59.4\fallingdotseq 60$

54 96000N · cm의 토크를 전달하는 지름이 50mm인 축에 풀리를 연결하기 위해 묻힘 키(폭×높이=12mm×8mm)를 적용하려고 할 때, 묻힘 키의 길이는 약 몇 mm 이상이어야 하는가? (단, 키

[정답] 49 ② 50 ① 51 ① 52 ③ 53 ④ 54 ①

의 전단강도만으로 계산하고, 키의 허용전단응력은 800N/cm²이다.)

① 40　② 50
③ 60　④ 70

해설

$W=\frac{2T}{d}=\frac{2\times96000}{5}=38400$

$l=\frac{W}{h\sigma}=\frac{38400}{0.8\times800}=60\text{mm}$

55 묻힘 키(sunk key)에서 키의 폭 10mm, 키의 유효길이 54mm, 키의 높이 8mm, 축의 지름 45mm일 때 최대 전달 토크는 약 몇 N · m인가? [단, 키(key)의 허용전단응력 35 N/mm²이다.]

① 425　② 643
③ 846　④ 1024

해설

$T=\frac{WD}{2}$

$W=bl\tau=10\times54\times35=18900$

$\frac{18900\times45}{2}=425250\text{N/mm}=425\text{N/m}$

56 키 재료의 허용전단응력 60N/mm², 키의 폭×높이가 16mm×10mm인 성크 키를 지름이 50mm인 축에 사용하여 250rpm으로 40kW를 전달시킬 때, 성크 키의 길이는 몇 mm 이상이어야 하는가?

① 51　② 64
③ 78　④ 93

해설

$T=9.55\times10^6\times\frac{H}{n}=\frac{9.55\times10^6\times40}{250}$

$=1,528,000\,(\text{N}\cdot\text{mm})$

$l=\frac{2T}{b\tau d}=\frac{2\times1,528,000}{16\times60\times50}=63.67$

57 지름 50mm의 연강축을 사용하여 350rpm으로 40kW를 전달할 수 있는 묻힘 키의 길이는 몇 mm 이상인가? (단, 키의 허용전단응력은 49.05MPa, 키의 폭과 높이는 b×h=15mm×10mm이며, 전단저항만 고려한다.)

① 38　② 46
③ 60　④ 78

해설

$T=9.55\times10^6\times\frac{H}{n}=\frac{9.55\times10^6\times40}{350}$

$=1,091,429\,(\text{N}\cdot\text{mm})$

$l=\frac{2T}{b\tau d}=\frac{2\times1,091,429}{15\times49.05\times50}=59.34$

58 평벨트 풀리의 지름이 600mm, 축의 지름이 50mm라 하고, 풀리를 폭(b)×높이(h)=8mm×7mm의 묻힘키로 축에 고정하고 벨트 장력에 의해 풀리의 외주에 2kN의 힘이 작용하였다면, 키의 길이는 몇 mm 이상이어야 하는가? (단, 키의 허용전단응력은 50MPa로 하고, 전단응력만을 고려하여 계산한다.)

① 50　② 60
③ 70　④ 80

해설

$P=2000N\times\frac{600}{50}=24000\text{N}$

$l=\frac{P}{b\tau}=\frac{24000}{8\times50}=60\text{mm}$

59 재료의 전단응력이 35N/mm²이고, 키의 길이가 40mm, 접선력은 3000N이면 너비는?

① 1.6mm　② 1.8mm
③ 2.2mm　④ 2.8mm

해설

$b=\frac{p}{\tau\times l}=\frac{3000}{35\times40}=2.14$

[정답] 55 ① 56 ② 57 ③ 58 ② 59 ③

60 2405N · m의 토크를 전달시키는 지름 85mm의 전동축이 있다. 이 축에 사용되는 묻힘키(sunkkey)의 길이는 전단과 압축을 고려하여 최소 몇 mm 이상이어야 하는가? (단, 키의 폭은 24mm, 높이는 16mm이고, 키재료의 허용전단응력은 68.7MPa, 허용압축응력은 147.2MPa이며, 키 홈의 깊이는 키 높이의 1/2로 한다.)

① 12.4　② 20.1
③ 28.1　④ 48.1

해설

$P=\frac{2T}{d}=\frac{2\times2405000}{85}=56588$

전단 $l=\frac{P}{b\tau}=\frac{56588}{24\times68.7}=34.3$

압축 $l=\frac{2P}{h\sigma}=\frac{2\times56588}{16\times147.2}=48.05$

따라서 정답은 큰 값으로 48.1mm이다.

61 회전수 155rpm, 축의 직경 110mm인 묻힘키를 설계하려고 한다. 폭이 28mm, 높이가 18mm, 길이가 300mm일 때 묻힘키가 전달할 수 있는 최대 동력(kW)은? (단, 키의 허용전단응력 $T_a=40$MPa이며, 키의 허용전단응력만을 고려한다.)

① 933　② 1265
③ 2903　④ 3759

해설

$T=\frac{\pi d^3}{16}\tau_a$

$H=F\cdot v=T\cdot w$

$w=\frac{2\pi N}{60}$

$v=\frac{\pi dN}{60\times1000}=\frac{\pi\times110\times1500}{60000}=8.64$

$F=40\times300\times28=336000$

$H=Fv=336000\times8.64=2903040\div1000=2903$

62 키의 압축응력을 구하는 식은? (단, h : 키 높이, l : 길이, W : 축의 바깥둘레에 작용하는 힘)

① $\frac{W}{hl}$　② $\frac{2W}{hl}$
③ $\frac{4W}{hl}$　④ $\frac{hl}{W}$

63 핀에 관한 설명이다. 틀린 것은?

① 핀의 종류로는 분할 핀, 평행핀, 테이퍼 핀 등이 있다.
② 분할 핀은 나사 이완 방지에도 쓰인다.
③ 핀은 주로 인장력을 받아 파괴된다.
④ 기계부품을 서로 연결 또는 고정시킬 때 하중이 가볍게 걸리는 곳에 사용한다.

해설

핀(Pin)

고정물체의 탈락 방지 및 위치결정, 너트의 풀림 방지에 사용되며, 축 방향에 직각으로 끼워서 사용한다. 핀은 풀리, 기어 등에 작용하는 하중이 작을 때, 설치 방법이 간단하기 때문에 키대용으로 널리 사용한다.

64 평행 핀의 호칭이 바른 것은?

① 명칭, 종류, 형식, $d\times l$, 재료
② 명칭, 형식, 종류, $d\times l$, 재료
③ 명칭, $d\times l$, 재료, 지정사항
④ 명칭, 재료, $d\times l$, 지정사항

65 다음 중 분할 핀에 관한 설명으로 틀린 것은?

① 핀 전체가 두 갈래로 되어있다.
② 너트의 풀림 방지에 사용된다.
③ 핀이 빠져나오지 않게 하는데 사용된다.
④ 테이퍼 핀의 일종이다.

[정답] 60 ④　61 ③　62 ①　63 ③　64 ①　65 ④

해설

분할 핀(split pin)

- 너트의 풀림 방지나 바퀴가 축에서 빠지는 것을 방지하기 위하여 사용한다.
- 호칭법 : 규격번호 또는 명칭, 호칭지름×길이, 재료

66 분할 핀의 호칭지름은 다음 중 어느 것으로 나타내는가?

① 핀 구멍의 지름
② 분할 핀의 한 쪽의 지름
③ 분할 핀의 머리 부분의 지름
④ 2개의 핀 재료를 합쳤을 때의 가상원의 지름

67 세로 방향으로 쪼개져 있으므로 구멍의 크기가 정확하지 않더라도 해머로 때려 박을 수가 있어 편리한 핀은?

① 평행 핀　　② 테이퍼 핀
③ 스프링 핀　　④ 분할 핀

해설

스프링 핀

탄성을 이용하여 물체를 고정하는 데 사용되며, 해머로 때려 박을 수 있는 핀이다.

68 다음 그림과 같은 분할 핀의 도시 중 길이(l)는 어느 곳을 말하는가?

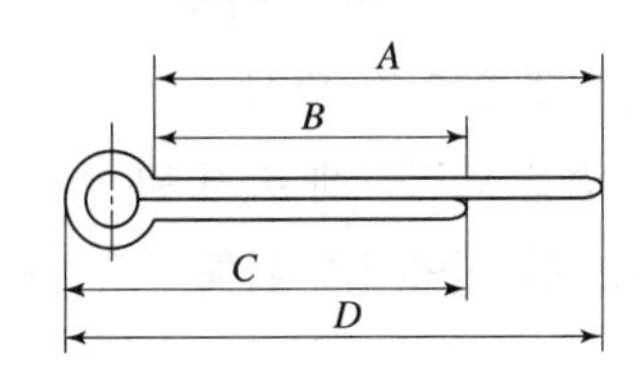

① A　　② B
③ C　　④ D

69 테이퍼 핀(taper pin)의 테이퍼는?

① 1/10　　② 1/20
③ 1/50　　④ 1/100

70 테이퍼 핀(taper pin)의 호칭 직경으로 바른 것은?

① 핀의 굵은 쪽 직경
② 핀의 가는 쪽 직경
③ 핀의 중간 직경
④ 핀 길이 1/2지점의 직경

해설

테이퍼 핀(taper pin)

- $T=\frac{1}{50}$, 호칭지름은 작은 축 지름으로 주축을 보스에 고정할 때 사용된다.
- 호칭법 : 명칭, 등급, $d\times l$, 재료

71 너클 핀 이음에서 인장력이 50kN인 핀의 허용전단응력을 50MPa이라고 할 때, 핀의 지름 d는 몇 mm인가? (단, m =1.5로 한다.)

① 22.8　　② 25.8
③ 28.2　　④ 35.7

해설

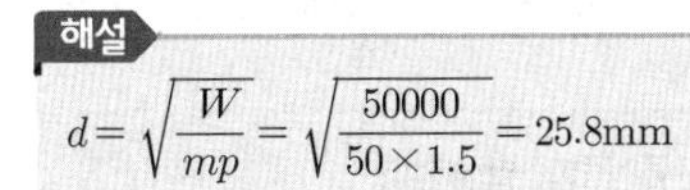

$$d=\sqrt{\frac{W}{mp}}=\sqrt{\frac{50000}{50\times1.5}}=25.8\text{mm}$$

72 다음과 같은 리벳에 작용하는 강도 중 가장 중요하게 고려해야 할 강도는? (단, 판이 아닌 리벳만을 고려한다.)

① 압축강도　　② 전단강도
③ 비틀림강도　　④ 굽힘강도

해설

전단강도 : 리벳에 작용하는 강도 중 가장 중요하다.

[정답] 66 ① 67 ③ 68 ② 69 ③ 70 ② 71 ② 72 ②

73 **리벳이음의 특징에 대한 설명으로 옳은 것은?**

① 용접이음에 비해서 응력에 의한 잔류 변형이 많이 생긴다.
② 리벳 길이 방향으로의 인장하중을 지지하는데 유리하다.
③ 경합금에서는 용접이음보다 신뢰성이 높다.
④ 철골 구조물, 항공기 동체 등에는 적용하기 어렵다.

해설
리벳이음의 특징
- 용접이음과는 달리 초기응력에 의한 잔류 변형이 생기지 않으므로, 취약 파괴가 일어나지 않는다.
- 구조물 등에서 현장 조립할 때는 용접이음보다 쉽다.
- 경합금과 같이 용접이 곤란한 재료에는 신뢰성이 있다.

74 **볼트 이음이나 리벳이음 등과 비교하여 용접이음의 일반적인 장점으로 틀린 것은?**

① 잔류응력이 거의 발생하지 않는다.
② 기밀 및 수밀성이 양호하다.
③ 공정수를 줄일 수 있고, 제작비가 싼 편이다.
④ 전체적인 제품 중량을 적게 할 수 있다.

해설
용접이음의 단점은 잔류응력이 발생한다.

75 **리벳이음의 장점에 해당하지 않는 것은?**

① 열응력에 의한 잔류응력이 생기지 않는다.
② 경합금과 같이 용접이 곤란한 재료의 결합에 적합하다.
③ 리벳이음한 구조물에 대해서 분해 조립이 간편하다.
④ 구조물 등에 사용할 때 현장조립의 경우 용접작업보다 용이하다.

해설
리벳이음의 단점으로 영구적인 이음이 되므로 분해할 때는 파괴하여야 한다.

76 **정(Chisel) 등의 공구를 사용하여 리벳머리의 주위와 강판의 가장자리를 두드리는 작업을 코킹(caulking)이라 하는데, 이러한 작업을 실시하는 목적으로 적절한 것은?**

① 리벳팅 작업에 있어서 강판의 강도를 크게 하기 위하여
② 리벳팅 작업에 있어서 기밀을 유지하기 위하여
③ 리벳팅 작업 중 파손된 부분을 수정하기 위하여
④ 리벳이 들어갈 구멍을 뚫기 위하여

해설
코킹
- 고압탱크, 보일러와 같이 기밀을 필요로 할 때는 리베팅이 끝난 후 리벳머리의 주위와 강판의 가장자리를 정(chisel)으로 때려 그 부분을 밀착시켜서 틈을 없애는 작업이다.
- 강판의 가장자리는 75~85° 기울어지게 절단한다.

77 **리베팅 후 코킹(caulking)과 풀러링(fullering)을 하는 이유는 무엇인가?**

① 기밀을 좋게 하기 위해
② 강도를 높이기 위해
③ 작업을 편리하게 하기 위해
④ 재료를 절약하기 위해

해설
코킹(caulking)과 풀러링(fullering) : 기밀을 좋게 하기 위해

[정답] 73 ③ 74 ① 75 ③ 76 ② 77 ①

78 맞대기 용접이음에서 압축하중을 W, 용접부의 길이를 ℓ, 판 두께를 t라 할 때 용접부의 압축응력을 계산하는 식으로 옳은 것은?

① $\sigma = \frac{W\ell}{t}$ ② $\sigma = \frac{W}{t\ell}$

③ $\sigma = Wt\ell$ ④ $\sigma = \frac{t\ell}{W}$

해설

용접부의 압축응력

$\sigma = \frac{W}{t\ell}$

79 1줄 리벳 겹치기 이음에서 강판의 효율(η_1)을 나타내는 식은? (단, p : 리벳의 피치, d : 리벳구멍의 지름, t : 강판의 두께, σ_t : 강판의 인장응력이다.)

① $\frac{d-p}{d}$ ② $\frac{p-d}{p}$

③ $pt\sigma_t$ ④ $(p-d)t\sigma_t$

해설

판의 효율 : 리벳구멍이 있는 판과 없는 판의 강도의 비

$\eta_1 = \frac{(p-d)t\sigma_t}{pt\sigma_t} = \frac{p-d}{p} = 1 - \frac{d}{p}$

80 판의 두께 15mm, 리벳의 지름 20mm, 피치 60mm인 1줄 겹치기 리벳이음을 하고자 할 때, 강판의 인장응력과 리벳이음 판의 효율은 각각 얼마인가? (단, 12.26kN의 인장하중이 작용한다.)

① 20.43MPa, 66%

② 20.43MPa, 76%

③ 32.96MPa, 66%

④ 32.96MPa, 76%

해설

- 강판의 인장응력

$\sigma_t = \frac{W}{t(p-d)} = \frac{12260}{15\times(60-20)} = 20.43MPa$

- 강판의 이음 효율

$\eta = 1 - \frac{d}{p} = 1 - \frac{20}{60} = 0.66 = 66.0\%$

81 1줄 겹치기 리벳이음에서 리벳 구멍의 지름은 12mm이고, 리벳의 피치는 45mm일 때 판의 효율은 약 몇 %인가?

① 80 ② 73

③ 55 ④ 42

해설

$\eta = \frac{p-d}{p} = 1 - \frac{d}{p} = 1 - \frac{12}{45} = 0.73 = 73\%$

82 강판의 두께는 14mm, 리벳지름은 17mm, 리벳의 피치는 48mm인 1줄 겹치기 리벳이음에서 1피치마다 10kN의 하중이 작용할 때 강판의 효율은? (단, 리벳 구멍의 지름은 리벳의 지름과 같다고 가정한다.)

① 51.76% ② 55.12%

③ 60.34% ④ 64.58%

해설

$\eta = 1 - \frac{d}{p} = 1 - \frac{17}{48} = 0.6458 = 64.58\%$

83 허용전단응력 60N/mm²의 리벳이 있다. 이 리벳에 15kN의 전단하중을 작용시킬 때 리벳의 지름은 약 몇 mm 이상이어야 안전한가?

① 17.85 ② 20.50

③ 25.25 ④ 30.85

[정답] 78 ② 79 ② 80 ① 81 ② 82 ④ 83 ①

해설

$$\sqrt{\frac{4W}{\pi\tau}}=\sqrt{\frac{4\times15000}{\pi\times60}}=17.84$$

84 1줄 겹치기 리벳이음에서 피치는 리벳 지름의 3배이고, 리벳의 전단력과 강판의 인장력이 같을 때, 강판 두께(t)와 리벳 지름(d)과의 관계는? (단, 강판에서 발생하는 인장응력은 리벳에서 발생하는 전단응력의 2배이다.)

① $t=\frac{\pi d}{16}$　② $t=\frac{\pi d}{4}$

③ $t=\frac{\pi d}{8}$　④ $t=\frac{\pi d}{2}$

해설

위의 내용에서 강판 두께(t)와 리벳 지름(d)과의 관계는 $t=\frac{\pi d}{16}$이다.

85 1줄 겹치기 리벳이음에서 리벳의 수는 3개, 리벳 지름은 18mm, 작용 하중은 10kN일 때 리벳 하나에 작용하는 전단응력은 약 몇 MPa인가?

① 6.8　② 13.1

③ 24.6　④ 32.5

해설

$$\tau=\frac{4P}{\pi d^2}=\frac{4\times10000}{\pi\times18^2\times3}=13.1$$

86 지름 50mm인 축에 보스의 길이 50mm인 기어를 붙이려고 할 때 250N · m의 토크가 작용한다. 키에 발생하는 압축응력은 약 몇 MPa인가? (단, 키의 높이는 키홈 높이의 2배이며, 묻힘 키의 폭과 높이는 $b\times h$ =15mm×10mm이다.)

① 30　② 40

③ 50　④ 60

해설

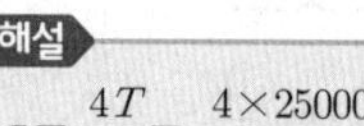

$$\sigma=\frac{4T}{hld}=\frac{4\times250000}{10\times50\times50}=40\text{MPa}$$

87 두께 10mm 강판을 지름 20mm 리벳으로 한줄 겹치기 리벳이음을 할 때 리벳에 발생하는 전단력과 판에 작용하는 인장력이 같도록 할 수 있는 피치는 약 몇 mm인가? (단, 리벳에 작용하는 전단응력과 판에 작용하는 인장응력은 동일하다고 본다.)

① 51.4　② 73.6

③ 163.6　④ 205.6

해설

$$\frac{\pi}{4}d^2\tau=(p-d)t_{\sigma t}$$

$$p=d+\frac{\pi d^2\tau}{4t_{\sigma t}}=20+\frac{\pi\times20^2}{4\times10}=51.4\text{mm}$$

88 두께 10mm의 강판에 지름 24mm의 리벳을 사용하여 1줄 겹치기 이음할 때 피치는 약 몇 mm인가? (단, 리벳에서 발생하는 전단응력은 35.3MPa이고, 강판에 발생하는 인장응력은 42.2MPa이다.)

① 43　② 62

③ 55　④ 74

해설

$$4\times\frac{\pi}{4}d^2\tau=(p-d)t\sigma$$

$$p=d+\frac{\pi d^2\tau}{4t\sigma_t}=24+\frac{\pi\times24^2\times35.3}{4\times10\times42.2}=61.8\text{mm}$$

[정답] 84 ① 85 ② 86 ② 87 ① 88 ②

89 147kN의 인장하중을 받는 강판이 양쪽 덮개판 리벳이음으로 연결되어 있다. 리벳의 지름이 13mm라면 리벳의 수는 몇 개 이상을 사용하면 좋은가? (단, 리벳의 허용전단응력은 50MPa이고, 양쪽 덮개판 이음에 따른 전단면 계수는 1.8로 한다.)

① 13개 ② 11개
③ 9개 ④ 7개

해설

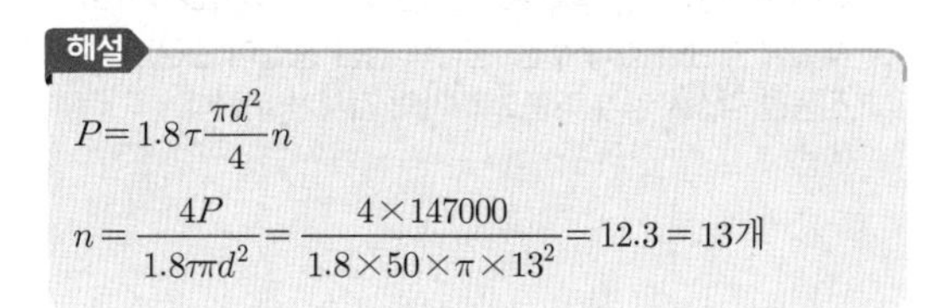

$$P=1.8\tau\frac{\pi d^2}{4}n$$

$$n=\frac{4P}{1.8\tau\pi d^2}=\frac{4\times147000}{1.8\times50\times\pi\times13^2}=12.3=13\text{개}$$

90 10kN의 인장하중을 받는 1줄 겹치기 이음이 있다. 리벳의 지름이 16mm라고 하면 몇 개 이상의 리벳을 사용해야 되는가? (단, 리벳의 허용전단응력은 6.5MPa이다.)

① 5 ② 6
③ 7 ④ 8

해설

$$P=\tau\frac{\pi d^2}{4}n$$

$$n=\frac{4P}{\tau\pi d^2}=\frac{4\times10000}{6.5\times\pi\times16^2}=7.6=8$$

91 다음 그림과 같은 겹치기 리벳이음에서 인장하중 W=800㎏이 작용하고, 리벳구멍 지름은 10mm이고 리벳의 중심에서 판자의 가장 자리까지의 거리 e =20mm일 때, 강판의 두께는 몇 mm인가? (단, 강판의 허용전단응력은 5kgf/mm^{2}이고, 리벳과 강판 끝 사이에서 강판이 전단되는 경우이다.)

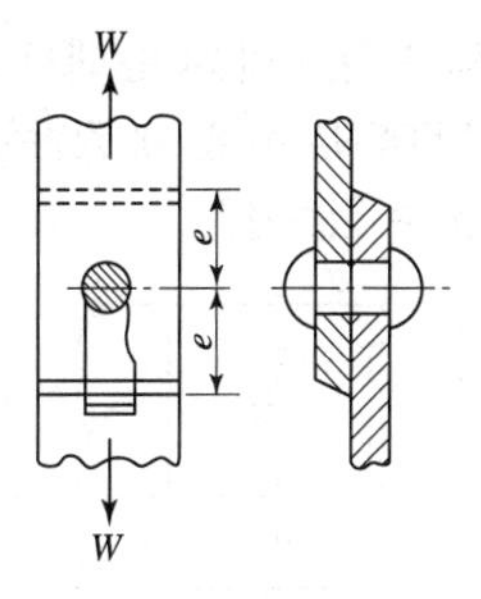

① 8mm ② 6mm
③ 4mm ④ 2mm

해설

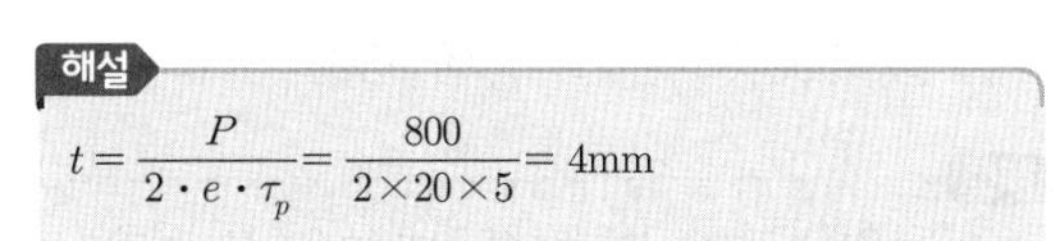

$$t=\frac{P}{2\cdot e\cdot\tau_p}=\frac{800}{2\times20\times5}=4\text{mm}$$

92 폭 45mm, 두께 5mm인 강판을 그림과 같이 한쪽 덮개판 1줄 리벳 맞대기 이음으로 연결하였을 때 리벳구멍지름은 얼마로 하면 되는가? (단, 하중 W=1500kgf, 판의 허용인장응력 = 1000 kgf/cm^2, 리벳의 허용전단응력 = 800kgf/cm^{2}이다.)

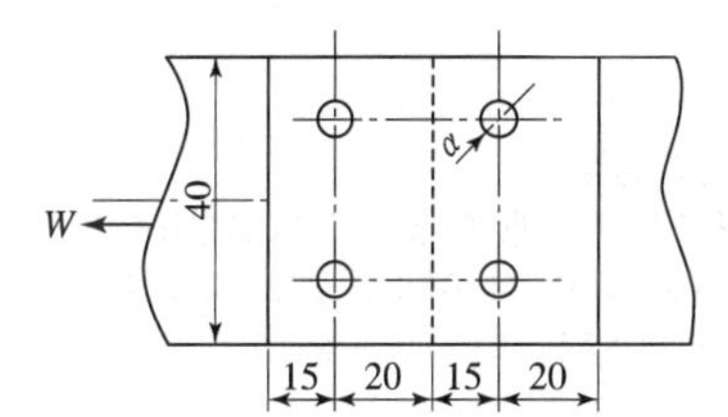

① 6.5mm ② 7mm
③ 7.5mm ④ 8mm

해설

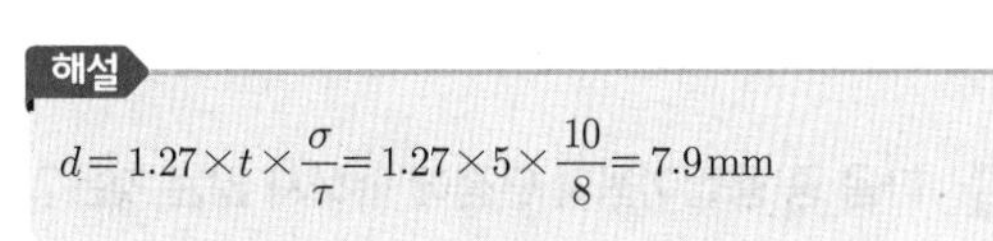

$$d=1.27\times t\times\frac{\sigma}{\tau}=1.27\times5\times\frac{10}{8}=7.9\text{mm}$$

[정답] 89 ① 90 ④ 91 ③ 92 ④

93 다음 그림과 같은 리벳이음에서 강판의 허용인장응력이 $500N/cm^2$일 때 강판은 몇 N의 하중까지 견딜 수 있는가?

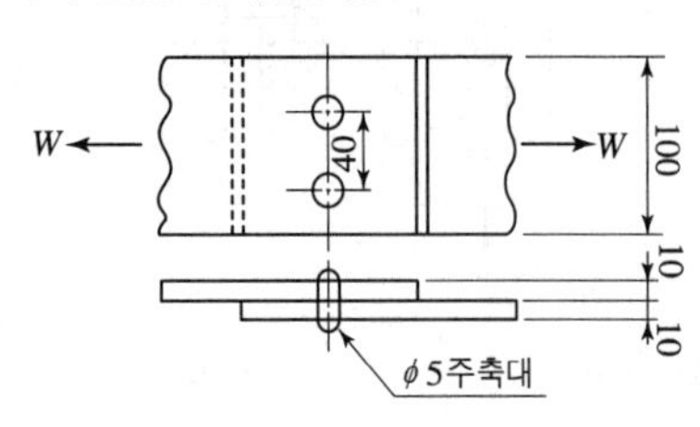

① 1500 ② 3500
③ 4500 ④ 5300

해설
$w = (b - 2d) \times t \times \sigma = (10 - 2 \times 0.5) \times 1 \times 500 = 4,500\text{N}$

94 다음 중 용접이음의 장점으로 틀린 것은?

① 사용재료의 두께에 제한이 없다.
② 용접이음은 기밀유지가 불가능하다.
③ 이음 효율을 100%까지 할 수 있다.
④ 리벳, 볼트 등의 기계 결합요소가 필요 없다.

해설
용접이음의 장점
- 사용재료의 두께 제한이 없고, 기계 결합요소가 필요 없다.
- 기밀유지에 용이하고, 이음 효율이 100%까지 할 수 있다.
- 사용재료의 선택 폭이 넓고, 다른 이음 방법보다 제작물의 무게를 경감시킨다.
- 사용기계가 간단하고, 작업 공정수가 적어 생산성이 높다.
- 작업소음이 적다.

95 다음 중 용접이음의 단점에 속하지 않는 것은?

① 내부 결함이 생기기 쉽고 정확한 검사가 어렵다.
② 용접공의 기능에 따라 요접부의 강도가 좌우된다.
③ 다른 이음작업과 비교하여 작업 공정이 많은 편이다.
④ 잔류응력이 발생하기 쉬워서 이를 제거해야 하는 작업이 필요하다.

해설
용접이음의 단점
① 단시간의 가열, 냉각으로 용접부의 금속조직이 취성파손 및 강도저하를 가져온다.
② 용접 후 재료에 잔류응력이 존재하여 변형 위험과 부재의 재질에 제한이 있다(주철, 경금속 등은 용접이 곤란).
③ 진동을 감쇠시키기 어렵고 비파괴 검사가 어렵다.

96 다음 중 볼트 이음 또는 리벳이음과 비교한 용접이음의 장점으로 가장 적절하지 않은 것은?

① 기밀 및 수밀성이 우수하다.
② 잔류응력이 발생하지 않는다.
③ 전체적인 제품 중량을 적게 할 수 있다.
④ 공정수를 줄일 수 있고, 제작비가 저렴하다.

해설
용접이음은 잔류응력이 발생한다.

97 접합할 모재의 한쪽에 구멍을 뚫고, 판재의 표면까지 용접하여 다른 쪽 모재와 접합하는 용접방법은?

① 그루브 용접 ② 필렛 용접
③ 비드 용접 ④ 플러그 용접

해설
① 그루브 용접 : 접합하는 두 모재(母材)의 접합면에 가공된 그루브(홈)에 용착 금속을 채워 접합하는 용접을 말한다.
② 필렛 용접 : 2장의 판을 T자 형으로 맞붙이기도 하고, 겹쳐 붙이기도 할 때 생기는 코너 부분을 용접하는 것
③ 비드 용접 : 평판 위에 용접 비드를 용착시키는 것
④ 플러그 용접 : 접합할 모재의 한쪽에 구멍을 뚫고, 판재의 표면까지 용접하여 다른 쪽 모재와 접합하는 용접방법이다.

[정답] 93 ③ 94 ② 95 ③ 96 ② 97 ④

98 맞대기 용접이음에서 압축하중을 W, 용접부의 길이를 ℓ, 판 두께를 t라 할 때 용접부의 압축응력을 계산하는 식으로 옳은 것은?

① $\sigma = \dfrac{W\ell}{t}$　② $\sigma = \dfrac{W}{t\ell}$

③ $\sigma = Wt\ell$　④ $\sigma = \dfrac{t\ell}{W}$

해설

용접부의 압축응력

$\sigma = \dfrac{W}{t\ell}$

99 그림과 같은 맞대기 용접이음에서, 인장하중 W[N], 강판의 두께 h[mm]라 할 때 용접길이 ℓ[mm]를 구하는 식으로 가장 옳은 것은? (단, 상하의 용접부 목두께가 각각 t_1[mm], t_2[mm]이고, 용접부에서 발생하는 인장응력 σ_t[N/mm^2]이다.)

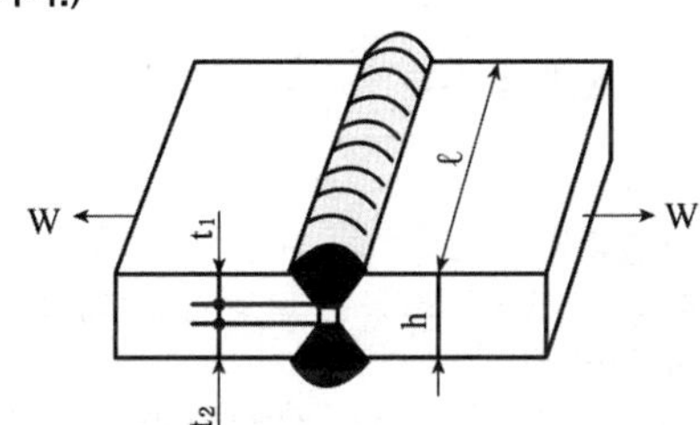

① $\ell = \dfrac{0.707W}{h\sigma_t}$　② $\ell = \dfrac{0.707W}{(t_1+t_2)\sigma_t}$

③ $\ell = \dfrac{W}{h\sigma_t}$　④ $\ell = \dfrac{W}{(t_1+t_2)\sigma_t}$

100 그림과 같이 용접이음에서 인장 응력을 구하면 얼마인가?

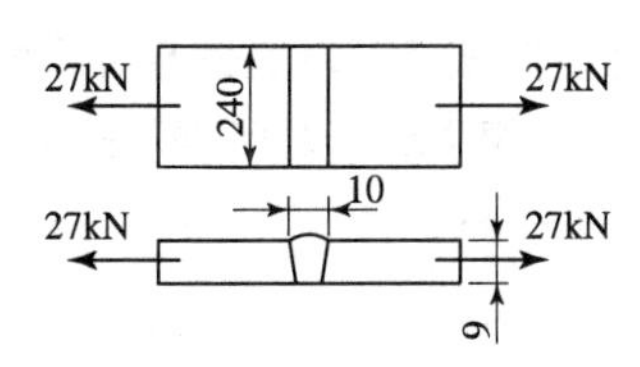

① 7.5N/mm^2　② 12.5N/mm^2

③ 15N/mm^2　④ 200N/mm^2

해설

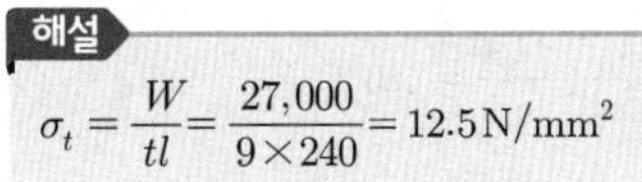

$\sigma_t = \dfrac{W}{tl} = \dfrac{27,000}{9\times 240} = 12.5\text{N/mm}^2$

101 그림과 같은 T형 용접이음에서 허용전단응력이 8N/mm^{2}일 때, 용접길이 L은 얼마인가?

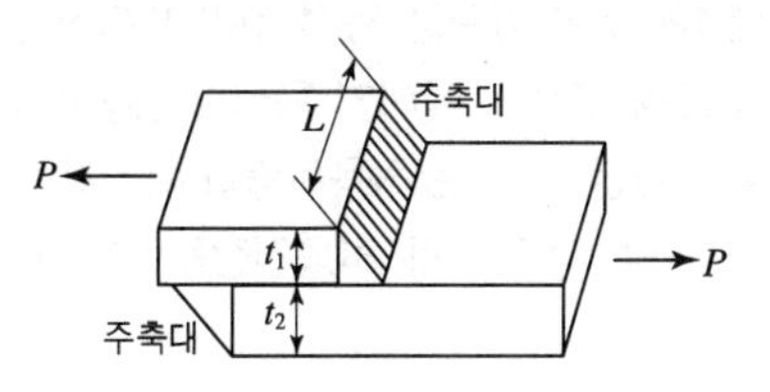

① L=50mm　② L=60mm

③ L=180mm　④ L=190mm

해설

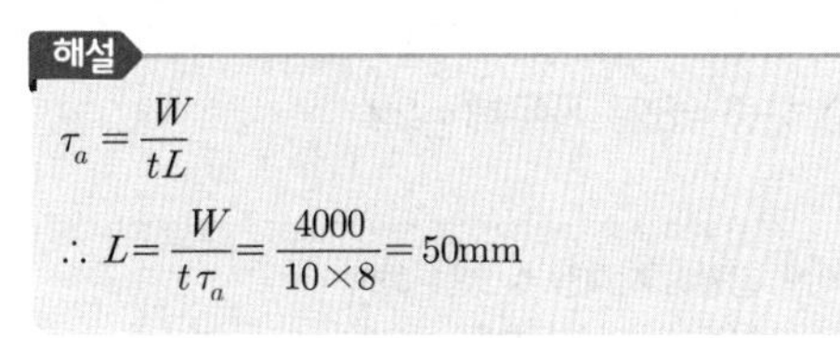

$\tau_a = \dfrac{W}{tL}$

$\therefore L = \dfrac{W}{t\tau_a} = \dfrac{4000}{10\times 8} = 50\text{mm}$

102 L=150mm, t=20mm, l=60mm, 굽힘응력 350N/mm^{2}인 용접이음에서 견딜 수 있는 하중(W)과 이때의 최대 전단응력(τ_{max})으로서 다음 중 제일 적합한 것은?

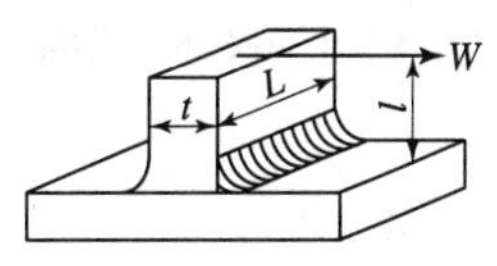

① $W \fallingdotseq 583\text{N}$, $\tau_{max} \fallingdotseq 0.195\text{N/mm}^2$

② $W \fallingdotseq 483\text{N}$, $\tau_{max} \fallingdotseq 0.195\text{N/mm}^2$

③ $W \fallingdotseq 583\text{N}$, $\tau_{max} \fallingdotseq 2.195\text{N/mm}^2$

④ $W \fallingdotseq 483\text{N}$, $\tau_{max} \fallingdotseq 2.195\text{N/mm}^2$

[정답] 98 ② 99 ④ 100 ② 101 ① 102 ①

해설

$$\sigma_b = \frac{6 \cdot w \cdot l}{t^2 \cdot L}$$

$$w = \frac{\sigma_b t^2 L}{6 \cdot l} = \frac{3.5 \times (20)^2 \times 150}{6 \times 60} = 583.3$$

$$\tau_{\max} = \frac{w}{t \cdot L} = \frac{583}{20 \times 150} = 0.1943 \text{N/mm}^2$$

103 맞대기 용접이음에서 허용인장응력 80MPa, 두께 12mm의 강판을 용접 길이 120mm, 용접이음 효율 80%로 맞대기 용접이음을 할 때, 용접부가 견딜 수 있는 허용하중과 목두께는 얼마인가? (단, 용접부의 허용인장응력은 70MPa로 한다.)

① 하중=92, 목두께=11

② 하중=92, 목두께=22

③ 하중=82, 목두께=11

④ 하중=82, 목두께=22

해설

용접 길이의 강판이 지탱할 수 있는 하중

$\sigma_t t l = 80 \times 12 \times 120 = 115200\text{N}$

용접부가 견딜 수 있는 허용하중

$P = 0.8 \times 115200 = 92160\text{N} = 92.16\text{kN}$

목두께 $t = \frac{P}{\sigma_t l} = \frac{92160}{70 \times 120} = 11\text{mm}$

104 다음 중 전단력이 작용하는 곳에 가장 적합한 볼트는?

① 스터드 볼트

② 탭 볼트

③ 리머 볼트

④ 스테이 볼트

해설

- 관통볼트 : 체결하려는 2개의 부분에 구멍을 뚫고, 여기에 볼트를 관통시킨 다음 너트를 죈다.
- 탭 볼트 : 체결하는 상대 쪽에 암나사를 내고 머리붙이 볼트를 나사 박음하여 체결하는 볼트로 한 부분에 구멍을 뚫고 다른 한 부분은 중간까지 나사를 죄어 이것에 머리 달린 나사를 박는다.
- 스터드 볼트 : 막대의 양끝에 나사를 깎은 머리 없는 볼트로서 한끝을 본체에 튼튼하게 박고 다른 끝에는 너트를 끼워서 죈다. 자주 분해 · 결합하는 경우 사용하며 양쪽에 나사를 만든다.
- 양 너트 볼트 : 머리 부분이 길어서 사용할 수 없을 때, 양 끝 모두 바깥에서 너트로 죄는 볼트
- 리머 볼트 : 다듬질한 구멍에 꼭 끼워 미끄럼을 방지하며 전단력이 발생하는 부분에 링을 끼워 링이 전단력을 받도록 하거나 볼트의 축 부분을 테이퍼 지게 하여 움직이지 않도록 고정한다.

105 판재의 간격을 유지하기 위하여 사용하는 볼트는 어느 것인가?

① 탭 볼트

② 기초 볼트

③ 스터드 볼트

④ 스테이 볼트

해설

볼트의 종류

- 기초 볼트 : 기계 구조물을 콘크리트 기초 위에 고정하고자 할 때 사용한다.
- 탭 볼트 : 죄려고 하는 곳이 두꺼울 때 너트가 필요 없이 볼트만으로 연결한다.
- 스터드 볼트 : 양끝에 나사를 깎은 머리 없는 볼트로 한쪽 끝을 본체에 박고, 다른 끝은 너트로 조인다.
- 스테이 볼트 : 2개의 부품 사이에 일정한 간격을 유지한다.
- 아이 볼트 : 나사의 머리부를 고리(ring) 모양으로 만들어 무거운 물건을 들어 올릴 때 사용한다.

106 무거운 기계의 전동기 등을 달아 올릴 때 로프, 체인 또는 훅 등을 거는데 적당한 볼트는?

① 스테이 볼트　② 전단 볼트

③ 아이 볼트　④ T 볼트

[정답] 103 ① 104 ③ 105 ④ 106 ③

107 2개의 부품 사이의 거리를 일정하게 고정할 때 사용되는 볼트는?

① 리머 볼트 ② 스테이 볼트
③ 슬롯 볼트 ④ 기초 볼트

108 생크 부분의 단면적을 작게 하여 늘어나기 쉽게 한 볼트로서 충격적인 인장력이 작용하는 경우에 사용되는 것은?

① 스테이 볼트 ② 탭 볼트
③ 충격 볼트 ④ 기초 볼트

109 다음 볼트 중 특수 볼트에 속하는 것은?

① 관통 볼트 ② 탭 볼트
③ 스터드 볼트 ④ 스테이 볼트

해설
특수용 볼트는 기초 볼트, 아이 볼트, 스테이 볼트, T볼트, 리머 볼트 등이다.

110 자리가 좁거나 너트의 높이가 낮아야 하는 경우 사용하며 보통 훅 스패너를 사용하는 너트는?

① 둥근 너트 ② 플랜지 너트
③ 홈붙이 너트 ④ 캡 너트

해설
- 플랜지 너트 : 볼트의 지름보다 볼트 구멍이 클 때 사용
- 홈붙이 너트 : 너트의 위쪽이 갈라져 있어 너트의 풀림에 사용
- 캡 너트 : 유체의 누설을 방지

111 유체가 나사의 접촉면 사이의 틈새나 볼트의 구멍으로 흘러나오는 것을 방지할 필요가 있을 때 사용하는 너트는?

① 캡 너트 ② 홈붙이 너트
③ 플랜지 너트 ④ 슬리브 너트

112 양 끝에 오른나사와 왼나사가 깍여 있고 막대와 로우프 등을 죄는데 사용되는 것은?

① 슬리이브 ② 플레이트
③ 플래시 ④ 터언버클

해설
터언버클은 와이어로우프 등을 죄는데 사용된다.

113 나사의 풀림을 방지하는 방법 중 너트의 죄어짐에서 위치에 제한을 받고 볼트를 약하게 하는 결점이 있는 방법이다. 해당 없는 것은?

① 핀을 사용하는 방법
② 작은 나사를 사용하는 방법
③ 자동 죔 너트를 사용하는 방법
④ 세트 스크루를 사용하는 방법

114 나사의 풀림 방지법으로 적절하지 않은 것은?

① 로트너트(lock nut)에 의한 방법
② 핀 또는 작은 나사를 이용하는 법
③ 와셔를 사용하는 방법
④ 접착제에 의한 방법

해설
나사의 풀림 방지법
- 와셔를 사용하는 방법
- 로크너트를 사용하는 방법
- 자동죔너트에 의한 방법
- 핀, 작은 나사, 멈춤나사에 의한 방법

[정답] 107 ② 108 ③ 109 ④ 110 ① 111 ① 112 ④ 113 ③ 114 ④

115 와셔의 용도가 아닌 것은?

① 볼트의 구멍이 볼트의 지름보다 너무 작을 때
② 표면이 거칠 때
③ 접촉면이 기울어져 있을 때
④ 목재나 고무와 같이 압축에 약하여 너트가 내려앉는 것을 막을 필요가 있을 때

해설
볼트의 구멍이 볼트의 지름보다 너무 클 때

116 다음 그림과 같은 와셔의 명칭은? (단, d는 볼트의 지름이다.)

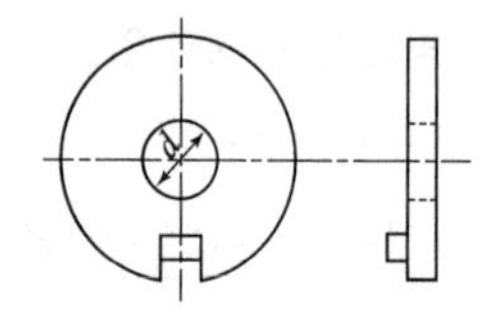

① 혀붙이 와셔 ② 클로 와셔
③ 스프링 와셔 ④ 둥근평 와셔

해설
구름베어링용 와셔라고도 한다.

117 와셔를 기계용과 너트 풀림 방지용으로 분류할 때, 기계용으로 사용되는 것은?

① 혀붙이 와셔 ② 클로오 와셔
③ 둥근평 와셔 ④ 스프링 와셔

118 너트 풀림 방지용 와셔가 아닌 것은?

① 혀붙이 와셔 ② 클로오 와셔
③ 둥근평 와셔 ④ 스프링 와셔

해설
- 기계용 : 둥근형 와셔
- 너트 풀림 방지용 : 스프링 와셔, 이붙이 와셔, 혀붙이 와셔, 클로오 와셔 등

119 보기와 같이 축 방향으로 인장력이나 압축력이 작용하는 두 축을 연결하거나 풀 필요가 있을 때 사용하는 기계요소는 무엇인가?

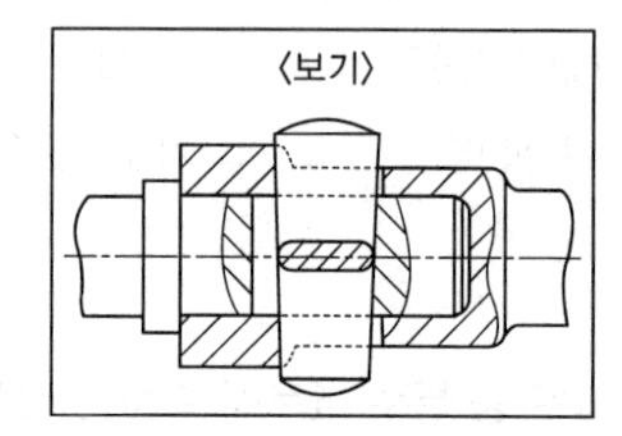

① 핀 ② 키
③ 코터 ④ 플랜지

120 축 방향에 인장 또는 압축을 받는 두 축을 연결하는 것으로서 분해할 필요가 있을 때 쓰이는 결합용 이음은?

① 키 이음 ② 핀 이음
③ 코터 이음 ④ 클러치 이음

해설
코터 이음 : 축 방향에 연장 또는 압축을 받는 두 축을 연결하는 것으로 분해할 필요가 있을 때 쓰이는 결합용 이음

121 소켓에 코터를 끼울 때 균열을 방지하기 위해서 사용하는 것은?

① 소켓 ② 로드
③ 지브 ④ 컬러

[정답] 115 ① 116 ② 117 ③ 118 ③ 119 ③ 120 ③ 121 ③

122 코터는 일반적으로 한쪽 기울기의 것이 많이 쓰이며, 빠짐 방지를 위하여 핀을 사용하는 코터의 기울기는?

① $\frac{1}{100} \sim \frac{1}{50}$ ② $\frac{1}{40} \sim \frac{1}{20}$

③ $\frac{1}{15} \sim \frac{1}{10}$ ④ $\frac{1}{10} \sim \frac{1}{5}$

해설

- 자주 분해할 경우 코터의 기울기 $\frac{1}{15} \sim \frac{1}{10}$(핀 사용), $\frac{1}{10} \sim \frac{1}{5}$(너트 사용)
- 반영구적인 경우 코터의 기울기 $\frac{1}{50} \sim \frac{1}{100}$
- 보통의 경우 코터의 기울기 $\frac{1}{20}$

123 양쪽 기울기를 가진 코터에서 저절로 빠지지 않기 위한 자립조건으로 옳은 것은? (단, α는 코터 중심에 대한 기울기 각도이고, ρ는 코터와 로드엔드와의 접촉부 마찰계수에 대응하는 마찰각이다.)

① $\alpha \leqq \rho$ ② $\alpha \geqq \rho$

③ $\alpha \leqq 2\rho$ ④ $\alpha \geqq 2\rho$

해설

코터 이음의 자립조건은 마찰각 ρ, 구배(경사각)를 α라 할 때

- 한쪽 기울기인 경우 $\alpha \leq 2\rho$
- 양쪽 기울기인 경우 $\alpha \leq \rho$

124 압축력이 12760N, 코터의 두께 10mm, 코터의 폭이 20mm일 때 코터의 전단응력은 약 몇 MPa인가?

① 31.9 ② 319

③ 63.8 ④ 638

해설

$$\tau = \frac{W}{2bh} = \frac{12760}{2 \times 20 \times 10} = 31.9\text{MPa}$$

125 2400N의 인장하중을 받는 코터의 전단응력이 3N/mm^2일 때 코터의 두께 b를 구한 값으로 옳은 것은? [단, 코터중앙 단면의 높이 h(mm) = 너비 b(mm)×4배로 한다.]

① 10mm ② 20mm

③ 30mm ④ 40mm

해설

전단응력 $Z = \frac{P}{2bh}$

두께 $b = \frac{P}{2hz} = \frac{2400}{2 \times 4 \times 3} = 100$

$h = b \times 100$이므로 너비×4배에서 b^2으로 나타내면 10이 된다.

126 아래 그림은 무슨 너트인가?

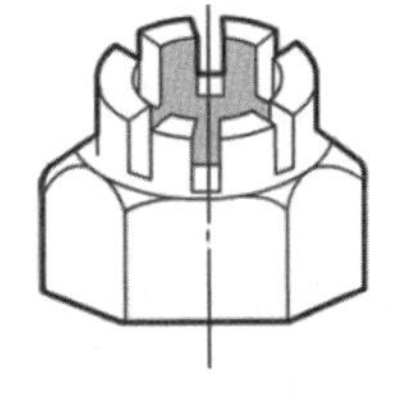

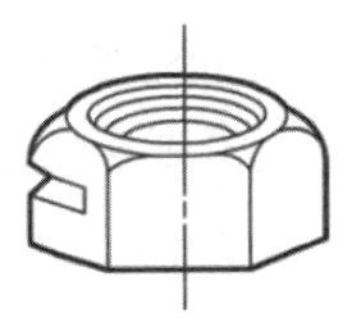

① 자동죔너트 ② 록너트

③ 절입 너트 ③ 특수 너트

127 되돌아가는 것을 방지하는 특수한 모양의 너트는?

① 자동죔너트 ② 록너트

③ 절입 너트 ③ 특수 너트

[정답] 122 ① 123 ① 124 ① 125 ① 126 ③ 127 ①

128 2개의 너트를 사용하여 너트 사이를 서로 미는 상태로 항상 하중이 작용하고 있는 상태를 유지하는 방법은?

① 와셔를 사용하는 방법
② 록너트를 사용하는 방법
③ 절입 너트에 의한 방법
④ 특수 와셔에 의한 방법

해설

① 와셔를 사용하는 방법 : 스프링 와셔, 고무와셔, 이붙이 와셔 등의 특수 와셔를 사용하여 너트가 잘 풀리지 않게 한다.
② 록너트를 사용하는 방법 : 2개의 너트를 사용하여 너트 사이를 서로 미는 상태로 항상 하중이 작용하고 있는 상태를 유지하는 것이다.
③ 절입 너트에 의한 방법 : 너트의 일부를 안쪽으로 변형시켰다가 볼트에 나사를 결합시킬 때 나사부가 강하게 압착되도록 한다.
④ 특수 와셔에 의한 방법 : 혀붙이 와셔 또는 톱니붙이 와셔를 사용하여 고정한다.

129 나사면에 마찰계수가 크게 되어 풀림이 방지하는 방법은?

① 특수 와셔에 의한 방법
② 철사에 의한 방법
③ 플라스틱 플러그에 의한 방법
④ 락와이어를 이용한 방법

해설

① 특수 와셔에 의한 방법 : 혀붙이 와셔 또는 톱니붙이 와셔를 사용하여 고정한다.
② 철사에 의한 방법 : 핀 대신에 철사를 감아서 풀어지지 않도록 하는 방법이다.
③ 플라스틱 플러그에 의한 방법 : 나사면에 플라스틱이 들어간 너트를 사용하면 나사면에 마찰계수가 크게 되어 풀림이 방지된다.
④ 락와이어를 이용한 방법 : 볼트 머리에 구멍을 내서 볼트가 풀리는 방향을 회전하지 못하게 와이어를 감는다.

130 다음 응력-변형율 선도에서 기호의 설명과 바르게 일치하는 것은?

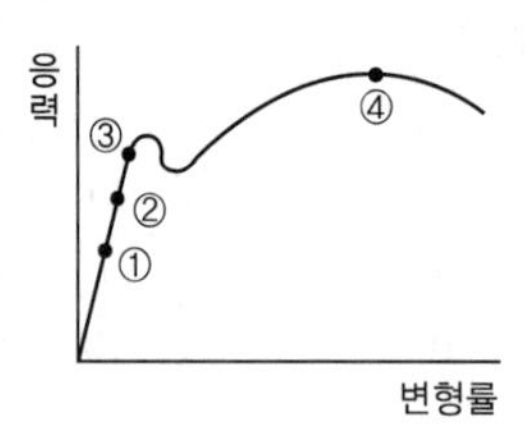

① 사용응력　　② 탄성한도
③ 극한 강도　　④ 허용응력

해설

① 비례한도　② 탄성한도　③ 항복점　④ 극한 강도

131 재료의 하중 변형 시험선도 중 항복점이 나타나는 것은?

① 구리　　② 주철
③ 특수강　　④ 연강

132 일반적으로 고온에서 볼 수 있는 것으로 금속이 일정한 하중 밑에서 시간이 걸림에 따라 그 변형이 증가되는 현상은?

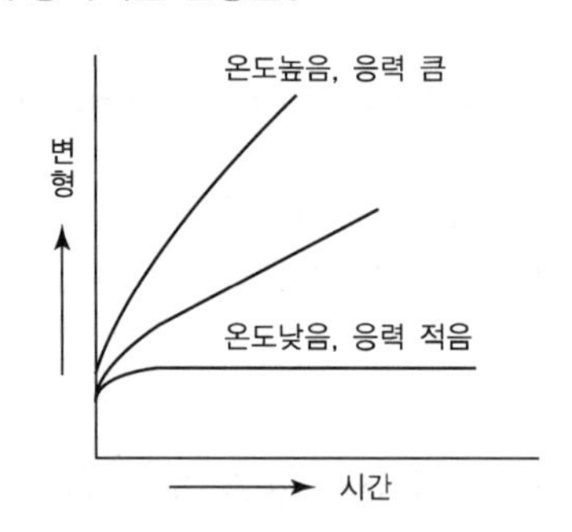

① 피로(fatigue)
② 크리프(creep)
③ 허용응력(allowable stress)
④ 안전율(safety factor)

[정답] 128 ② 129 ③ 130 ② 131 ④ 132 ②

133 지름 15mm, 표점거리 150mm인 연강재 시험편을 인장시켰더니 152mm가 되었다면 연신율은?

① 6.28% ② 9.86%
③ 2.66% ④ 1.33%

해설

연신율$(\epsilon) = \frac{l_2 - l_1}{l_1} \times 100 = \frac{152-150}{150} \times 100 = 1.33\%$

134 축 방향으로 32MPa의 인장응력과 21MPa의 전단응력이 동시에 작용하는 볼트에서 발생하는 최대 전단응력은 약 몇 MPa인가?

① 23.8 ② 26.4
③ 29.2 ④ 31.4

해설

최대 전단응력설에 의해 등가 전단응력을 계산

$\tau_{max} = \frac{1}{2}\sqrt{\sigma^2 + 4\tau^2} = \frac{1}{2}\sqrt{((32^2 + (4 \times 21^2))} = 26.4$

135 다음 중 주철과 같은 취성재료에 가장 적합한 파손이론은?

① 최대 주응력설
② 최대 전단응력설
③ 최대 주변형률설
④ 변형률 에너지설

해설

① 최대 주응력설 : 물체 내의 어떤 점에 생기는 최대 주응력(主應力)이 단순 인장시험에서 항복점에 달하면 재료는 파괴된다는 설로 주철과 같은 취성재료에 가장 적합한 파손이론이다.
② 최대 전단응력설 : "물체 내의 어느 한 점에 생기는 최대 전단응력이 재료 고유의 한계치에 달하면 소성변형이 개시된다"라는 설이다.
③ 최대 주변형률설 : 재료가 항복 또는 파괴를 일으키는 원인은 어떤 점의 주변형이 한도를 드러냈기 때문이라고 하는 학설이다.

136 재료의 조합하중이 작용할 때 최대 주응력이 단순 인장 또는 단순 압축하중에 대한 항복강도 또는 인장강도가 압축강도에 도달하였을 때 재료의 파손이 일어난다는 이론이다. 주철과 같이 취성재료에 잘 일치하는 이론은?

① 최대 주응력설
② 최대 주변형률설
③ 최대 전단응력설
④ 전단 변형률 에너지설

해설

파손 이론

① 최대 주응력설 : 재료의 조합하중이 작용할 때 최대 주응력이 단순 인장 또는 단순 압축하중에 대한 항복강도 또는 인장강도가 압축강도에 도달하였을 때 재료의 파손이 일어난다는 이론이다. 주철과 같이 취성재료에 잘 일치하는 이론이다.
② 최대 주변형률설 : 연성재료에 발생하는 최대 주변형률이 단순 인장하중에 대한 항복점의 변형률과 같아질 때 재료의 파손이 일어난다는 이론이다.
③ 최대 전단응력설 : 조합하중에 작용하는 재료 내의 최대 전단응력이 그 재료의 항복 전단응력에 도달하면 파손이 일어난다는 이론이다.

137 연성재료에 발생하는 최대 주변형률이 단순 인장하중에 대한 항복점의 변형률과 같아질 때 재료의 파손이 일어난다는 이론은?

① 최대 주응력설
② 최대 주변형률설
③ 최대 전단응력설
④ 전단 변형률 에너지설

[정답] 133 ④ 134 ② 135 ① 136 ① 137 ②

138 응력-변형률 선도에서 재료가 저항할 수 있는 최대의 응력을 무엇이라 하는가? (단, 공칭응력을 기준으로 한다.)

① 비례한도(proportional limit)
② 탄성한도(elastic limit)
③ 항복점(yield point)
④ 극한 강도(ultimate strength)

해설
재료의 허용응력은 탄성한도를 기준으로 정하지만 탄성한도의 범위를 쉽게 구하기가 어려우므로, 쉽게 구할 수 있는 극한 강도를 기준으로 하여 결정한다.

139 응력-변형률 선도에서 재료가 파괴되지 않고 견딜 수 있는 최대 응력은? (단, 공칭응력을 기준으로 한다.)

① 탄성한도　　② 비례한도
③ 극한 강도　　④ 상항복점

해설
① 탄성한도 : 가해진 응력을 제거했을 때 물체가 원상태(원점)로 돌아오는 최대 한계점이다.
② 비례한도 : 물체를 하중을 가하면 비례한도까지 응력과 변형이 정비례한다. 물체에 가한 응력에 비례하여 물체가 변형되는 최대 한계점이다.
③ 극한 강도 : 물체가 견딜 수 있는 최대의 응력. 인장강도라고도 하며 이 점을 지나면 넥킹(necking)이 일어나서 단면적이 급격히 줄어든다. 또한 변형률은 늘어나나 작용응력은 감소한다.
④ 상항복점 : 시험 속도와 시험편의 형상 등에 영향을 받는 점이다.

140 그림은 인장코일 스프링에서 작용하중(W)과 변형량(δ)의 관계 그래프이다. 이 그래프에서 직선의 기울기와 삼각형(ΔOAB) 면적은 각각 무엇을 나타내는가?

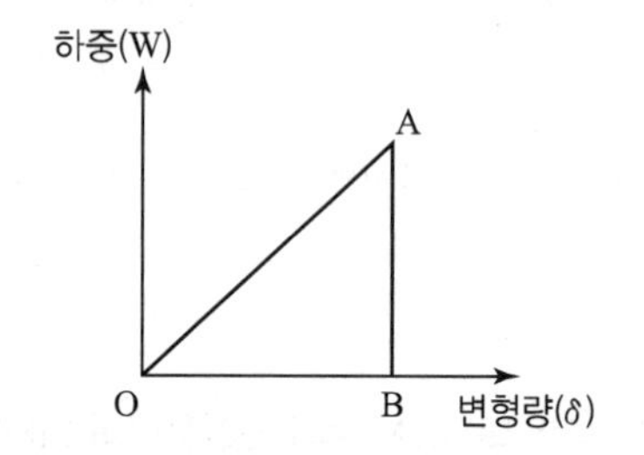

① 응력과 가로탄성계수
② 스프링 상수와 탄성 변형에너지
③ 응력과 탄성 변형에너지
④ 스프링 상수와 피로 한도량

해설
그림에서 직선의 기울기와 삼각형(ΔOAB) 면적은 스프링 상수와 탄성 변형에너지이다.

[정답] 138 ④　139 ③　140 ②

조립도면 작성

부품규격 확인

1 운동용 기계요소

(1) 축이음

1) 축의 도시방법

① 축은 길이 방향으로 단면도시를 하지 않는다. 단, 부분단면은 허용한다.

② 긴 축은 중간을 파단하여 짧게 그릴 수 있으며 실제치수를 기입한다.

③ 축 끝에는 모따기 및 라운딩을 할 수 있다.

④ 축에 있는 널링(knurling)의 도시는 빗줄인 경우는 축선에 대하여 30°로 엇갈리게 그린다.

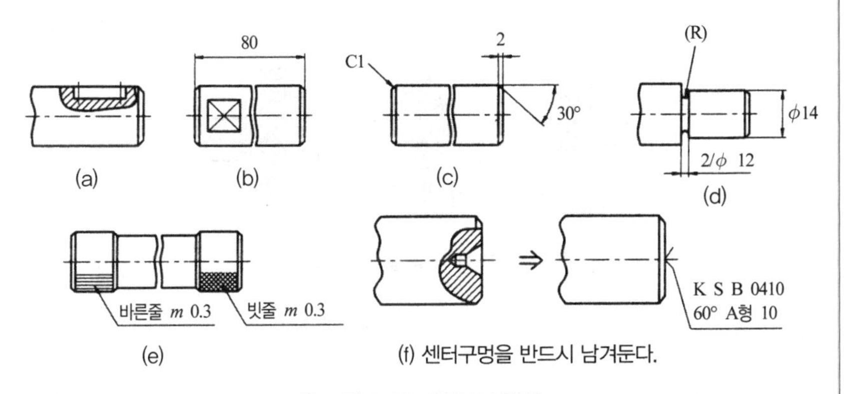

그림 2-32 축의 도시방법

2) 축이음

2개의 회전축을 연결하는 장치를 축이음(shaft coupling)이라 하며, 커플링(coupling)과 클러치(clutch) 등이 있다.

(가) 커플링

운전 중에 두 축의 연결상태를 풀 수 없도록 고정한 것을 커플링(coupling)이라고 한다.

커플링에는 원통 커플링, 올덤 커플링, 자재 이음 등 여러 가지가 있으나, 가장 일반적으로 많이 사용하는 것이 플랜지 커플링이다.

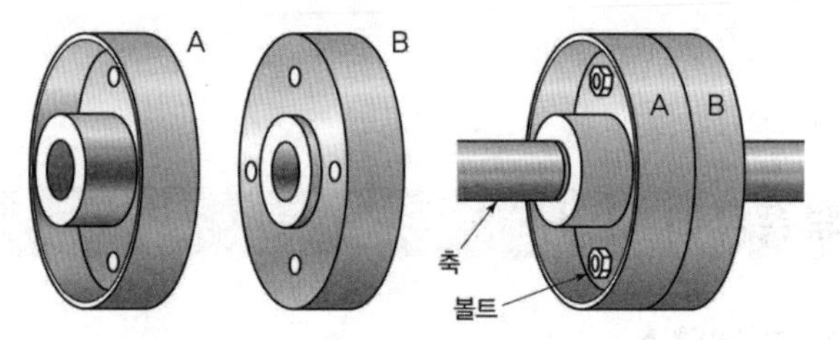

그림 2-33 커플링

(나) 클러치

운전 중에 수시로 원동축의 회전 운동을 종동축에 연결했다 끊었다를 반복적으로 사용하고자 할 때 사용하는 축이음을 클러치라고 한다. 클러치는 주로 공작기계나 건설기계 및 자동차의 속도변환 장치 등에 사용한다.

① 맞물림 클러치

서로 맞물리는 이를 가진 플랜지를 하나는 원동축에 또 다른 하나는 종동축에 고정한다. 그리고 종동축에는 미끄럼 키를 설치하여 축 위에서 미끄러지게 한 것으로 원동축의 회전 운동을 단속할 수 있다.

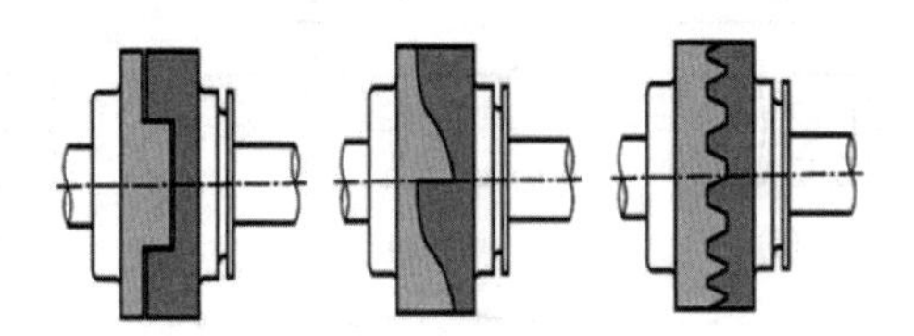

그림 2-34 맞물림 클러치의 종류

② 마찰 클러치

접촉면의 마찰력에 의하여 원동축의 회전력을 종동축에 전달하는 것으로 모양에 따라 원판 클러치, 원뿔 클러치, 전자력 클러치, 유체 클러치 등이 있다.

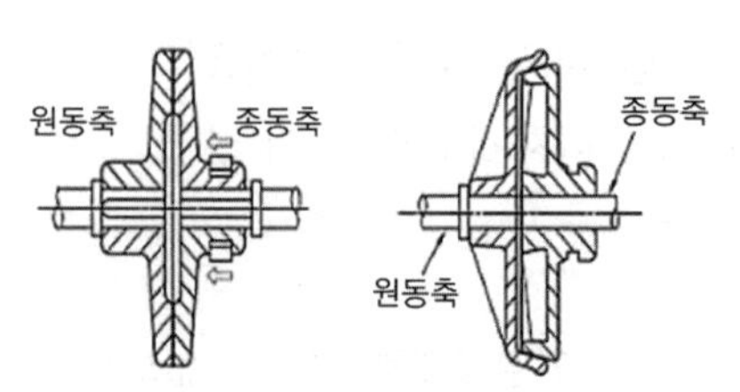

그림 2-35 마찰 클러치의 종류

(2) 베어링

회전하는 축(shaft)을 지지하는 기계요소를 베어링(bearing)이라 하며, 베어링과 접촉하고 있는 축 부분을 저널(journal)이라 한다.

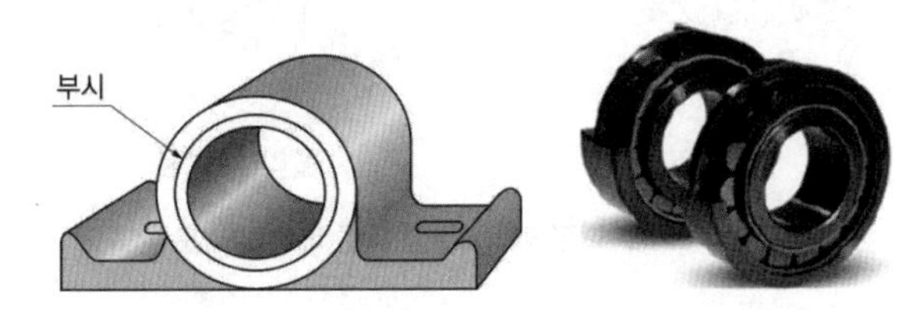

그림 2-36 접촉하는 상태에 따른 베어링의 분류

1) 베어링의 종류

① 접촉하는 상태에 따른 분류

축에 작용하는 하중을 주로 유막의 압력에 의하여 받쳐 주면서 미끄럼 접촉을 하는 미끄럼 베어링(sliding bearing)과 볼(ball) 또는 롤러(roller)의 접촉 압력에 의하여 하중을 받쳐 주면서 구름 접촉을 하는 구름베어링(rolling bearing)이 있다.

② 하중이 작용하는 방향에 따른 분류

축을 지지하는 하중의 방향이 축에 직각 방향이면 레이디얼 베어링(radial bearing)이라 하고, 축을 지지하는 하중의 방향이 축방향이면 스러스트 베어링(thrust bearing)이라 한다.

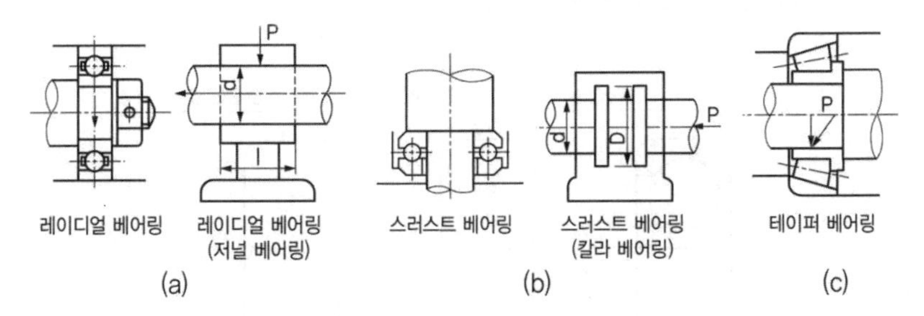

그림 2-37 하중이 작용하는 방향에 따른 베어링의 분류

③ 회전체의 종류에 따른 분류

구름베어링에 사용되는 회전체의 모양이 볼이면 볼베어링(ball bearing), 롤러이면 롤러 베어링(roller bearing)이라고 한다.

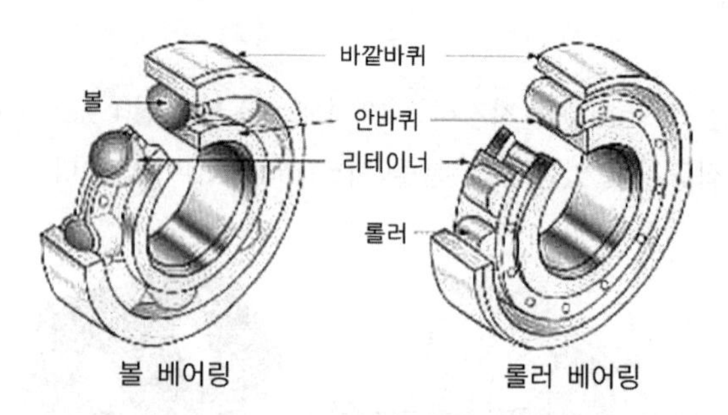

그림 2-38 회전체의 종류에 따른 베어링의 분류

2) 베어링의 제도

베어링을 제도하는 방법에는 다음과 같이 약도, 간략도, 기호도 3가지 방법이 있다.

① 약도

약도는 베어링의 윤곽 및 내부 구조를 약도와 같이 도시한다.

② 간략도

간략도는 베어링 주요 치수의 윤곽을 먼저 그리고, 다음에 윤곽의 한쪽에만 베어링 기호를 간략도와 같이 도시한다.

③ 기호도

기호도는 계통도 등에서 사용하는 도면으로, 축은 굵은 실선으로 표시하고 축의 양쪽에 기호를 기호도와 같이 도시한다. [그림 2-40]은 베어링의 계통도를 나타낸 것이다.

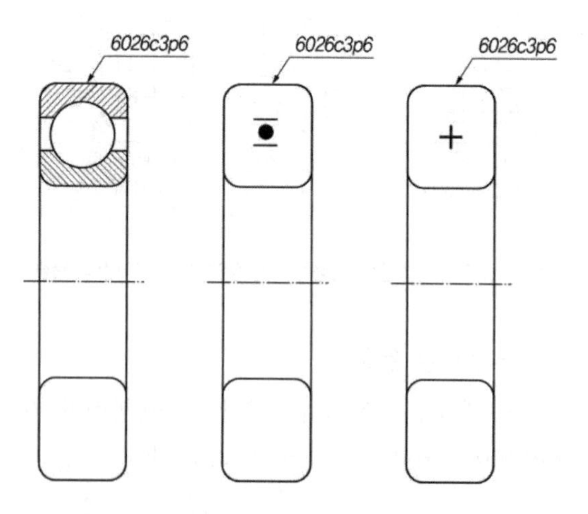

그림 2-39 베어링의 간략도와 호칭번호 기입

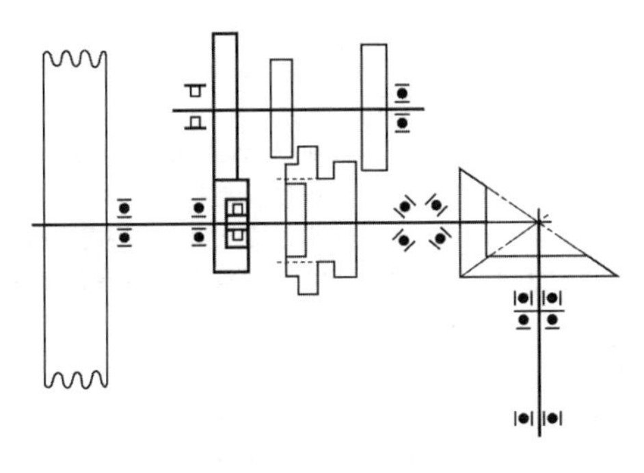

그림 2-40 베어링의 계통도

3) 구름베어링의 호칭법

- 기본 기호 : 베어링 계열번호, 안지름 번호, 접촉각 기호
- 보조기호 : 리테이너 기호, 시일드 기호, 틈새 기호, 등급 기호

① 베어링 계열 기호 : 베어링 계열 기호는 베어링의 형식과 치수계열을 나타낸다.

㉠ 형식(첫 번째 숫자)

1 …… 복식 자동 조심형
2, 3 …… 복식 자동 조심형(큰 나비)
6 …… 단식 홈형
7 …… 단식 앵귤러 볼형
N …… 원통 롤러형

㉡ 치수계열(두 번째 숫자) : 폭(높이) 계열과 지름 계열을 조합한 것으로 같은 베어링의 안지름에 대한 폭과 바깥지름과의 계열을 나타낸다.

② 안지름 번호(세 번째, 네 번째 숫자)

안지름 번호 1에서 9까지는 안지름 번호와 안지름이 같고 안지름 번호가

00 …… 안지름 10mm　　01 …… 안지름 12mm
02 …… 안지름 15mm　　03 …… 안지름 17mm

안지름 20mm 이상 480mm 미만은 안지름을 5로 나눈 수가 안지름 번호(2자리)이다.

③ 호칭번호의 표시

㉠ 6008C2P6

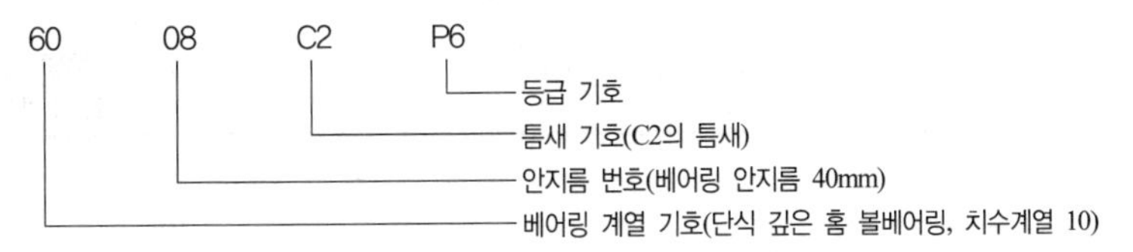

㉡ 6312ZNR

63 12 Z NR

- NR: 레이스 모양 기호(스냅 링붙이)
- Z: 시일드 기호(한쪽 시일드)
- 12: 안지름 번호(베어링 안지름 60mm)
- 63: 베어링 계열 기호(단식 깊은 홈 볼베어링, 치수계열 03)

㉢ NA4916V

NA49 16 V

- V: 리테이너 기호(리테이너 없음)
- 16: 안지름 번호(베어링 안지름 80mm)
- NA49: 베어링 계열 기호(니들 롤러 베어링, 치수계열 49)

㉣ 2320K

23 20 K

- K: 궤도륜 형상 기호(내륜 테이퍼 구멍, 기준 테이퍼 1/12)
- 20: 안지름 번호(베어링 안지름 100mm)
- 23: 베어링 계열 기호(자동조심 볼베어링, 치수계열 23)

4) 구름베어링의 제도(KS 규격 B0004-2)

① 볼베어링과 롤러 베어링의 간략 도시방법

간략 도면	볼 베어링	롤러 베어링	간략 도면	볼 베어링	롤러 베어링
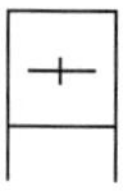	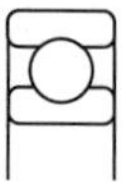 깊은홈 볼 베어링	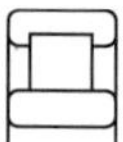 원통 롤러 베어링	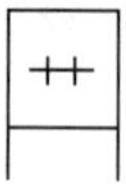	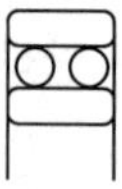 복열 깊은홈 볼 베어링	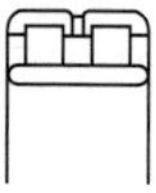 복열 원통 롤러 베어링
	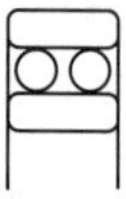 복열 자동조심 볼 베어링			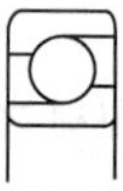 앵귤러 콘택트 볼 베어링	 테이퍼 롤러 베어링
	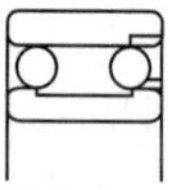 복열 앵귤러 콘택트 볼 베어링		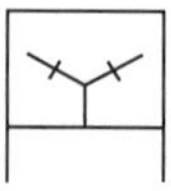	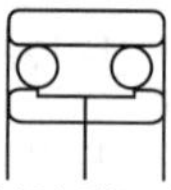 복열 앵귤러 콘택트 볼 베어링 (분리형)	
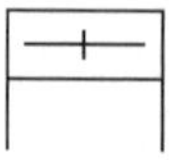		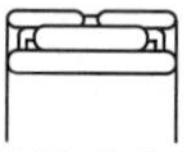 니들 롤러 베어링	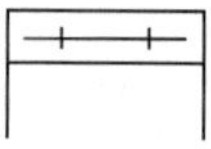		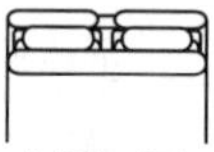 복열 니들 롤러 베어링

② 스러스트 베어링의 간략 도시방법

간략 도면	볼 베어링	롤러 베어링
	 스러스트 볼 베어링	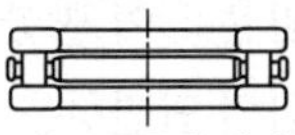 스러스트 롤러 베어링  스러스트 니들 베어링(케이지)
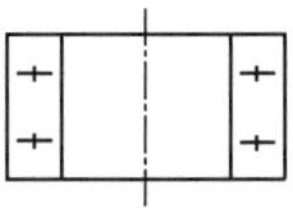	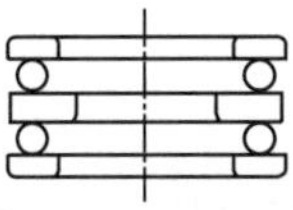 복열 스러스트 볼 베어링	
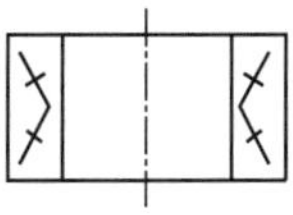	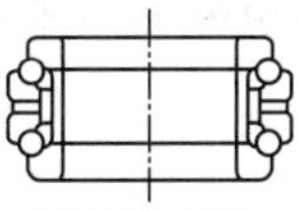 앵귤러 콘택트 스러스트 볼 베어링	
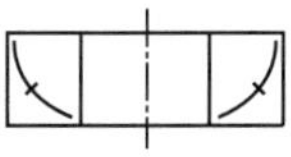		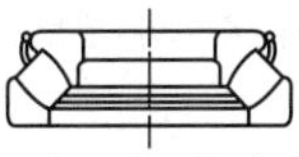 자동조심 스러스 롤러 베어링

(3) 벨트 풀리

가죽, 고무, 직물 등으로 만든 벨트로 2개의 바퀴를 감아 벨트와 바퀴의 마찰에 의하여 동력을 전달하는 장치를 벨트 전동장치라 하며, 이때 사용되는 바퀴를 벨트 풀리라 한다.

벨트 풀리에는 평벨트 풀리와 V벨트 풀리가 있다.

1) 평벨트 풀리

평벨트 풀리는 일체형과 분할형이 있으며, 바깥 둘레면의 모양에 따라 C와 F로 구분한다.

평벨트 풀리의 호칭방법은 명칭 · 종류 · 호칭 지름×호칭 나비 및 재료로 표시한다.

	명 칭	종 류	호칭 지름×호칭 나비	재 질
[예]	평벨트 풀리	일체형 C	125×25	주 철

(가) 평 벨트 풀리의 도시법

① 벨트 풀리는 축 직각 방향의 투상을 정면도로 한다.

② 모양이 대칭형인 벨트 풀리는 그 일부분만을 도시한다.

③ 방사형으로 되어있는 암(arm)은 수직 중심선 또는 수평 중심선까지 회전하여 투상한다.
④ 암은 길이 방향으로 절단하여 단면을 도시하지 않는다.
⑤ 암의 단면형은 도형의 안이나 밖에 회전 단면을 도시한다.
⑥ 암의 테이퍼 부분 치수를 기입할 때 치수 보조선은 경사선(수평과 60° 또는 30°)으로 긋는다.

2) V벨트 풀리

V형 홈을 가진 것을 V벨트 풀리라 하며, 여기에 V벨트를 걸어 동력을 전달하는 장치이다. V벨트는 단면의 크기에 따라 〈표 2-1〉과 같이 M, A, B, C, D, E의 6가지가 있다.

명 칭	호칭 지름 x 벨트 종류	풀리 종류
[예] 주철제 V벨트 풀리	250×B3	■

(가) V 벨트 풀리의 도시방법

① V 벨트 풀리의 홈 수는 규정이 없으나 M형은 한줄 걸기를 원칙으로 한다.
② V 벨트 풀리는 림이 V자형으로 되어있으므로 호칭지름(D)은 V를 걸었을 때 V 단면의 중앙을 지나는 가상원의 지름으로 나타낸다.

(나) V 벨트 풀리

① V 벨트의 종류 : M형 및 A, B, C, D, E형 등의 6종류가 있으며, M형이 가장 작고 E형이 가장 크다(벨트의 각(θ)은 40°이다).

표 2-2 V벨트 단면의 모양 및 기준치수 (KS M 6535)

종 류	b	h	α
M	10.0	5.5	40°
A	12.5	9.0	
B	16.5	11.0	
C	22.0	14.0	
D	31.5	19.0	
E	38.0	24.0	

V벨트 풀리의 모양은 보스의 위치에 따라 Ⅰ~Ⅴ형까지 5가지 형으로 구분되어 있으며, 다시 세부적으로 암형과 평판형으로 각각 구분된다. V벨트 풀리 홈 부분의 모양과 치수는 KS B 1400에 규정되어 있으며, 아래의 내용은 V벨트 풀리의 호칭방법을 나타낸 것이다.

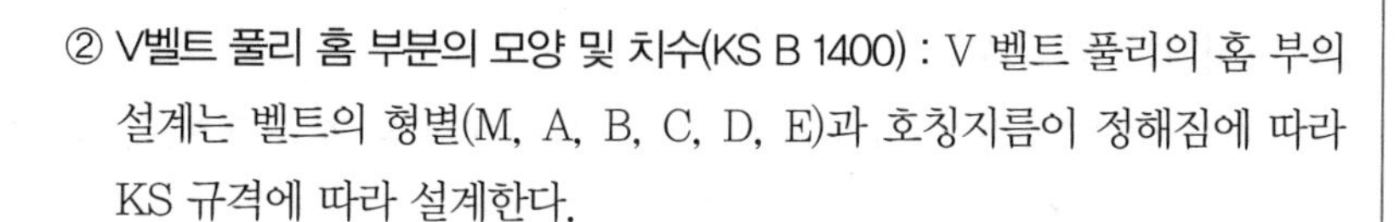

② V벨트 풀리 홈 부분의 모양 및 치수(KS B 1400) : V 벨트 풀리의 홈 부의 설계는 벨트의 형별(M, A, B, C, D, E)과 호칭지름이 정해짐에 따라 KS 규격에 따라 설계한다.

주(1) M형은 원칙적으로 한 줄만 걸친다. 각 표 중의 호칭지름이란 피치원 Dp의 기준 치수이며, 회전비 등의 계산에도 이를 사용한다. Dps,s 홈의 나비가 lo인 곳의 지름이다.

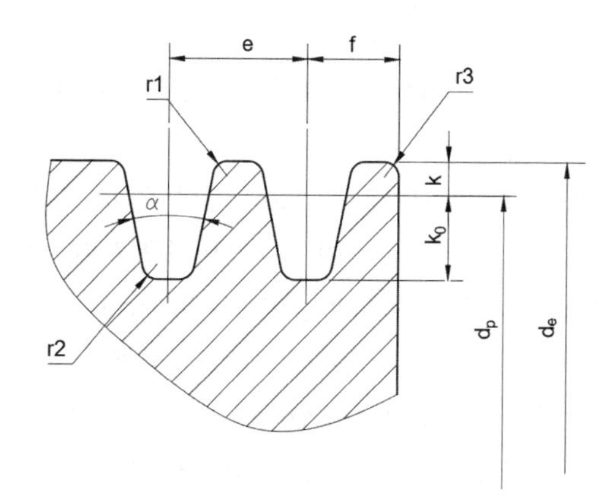

그림 2-41 V 풀리 홈 치수

표 2-3 V 벨트 치수허용차[mm]

형별	α 허용차	k 허용차	e 허용차	f 허용차
M	±0.5	+0.2 0	–	±1
A			±0.4	
B				
C		+0.3 0	±0.5	
D		+0.4 0		+2 −1
E		+0.5 0		+3 −1

표 2-4 V 벨트 치수표(KS B0201)

V벨트 종류	호칭지름(dp)	각도 (α°)	l0	k	k0	e	f	r1	r2	r3	벨트의 두께
M	50 이상 71 이하 71 초과 90 이하 90 초과	34° 36° 38°	8.0	2.7	6.3	–	9.5	0.2~ 0.5	0.5~ 1.0	1~2	5.5
A	71 이상 100 이하 100 초과 125 이하 125 초과	34° 36° 38°	9.2	4.5	8.0	15.0	10.0	0.2~ 0.5	0.5~ 1.0	1~2	9
B	125 이상 160 이하 160 초과 200 이하 200 초과	34° 36° 38°	12.5	5.5	9.5	19.0	12.5	0.2~ 0.5	0.5~ 1.0	1~2	11
C	200 이상 250 이하 250 초과 315 이하 315 초과	34° 36° 38°	16.9	7.0	12.0	25.5	17.0	0.2~ 0.5	1.0~ 1.6	2~3	14
D	355 이상 450 이하 450 초과	36° 38°	24.6	9.51	5.5	37.0	24.0	0.2~ 0.5	1.6~ 2.0	3~4	19
E	500 이상 630 이하 630 초과	36° 38°	28.7	12.7	19.3	44.5	29.0	0.2~ 0.5	1.6~ 2.0	4~5	25.5

(4) 스퍼 기어의 도시법

기어는 약도로 나타내며 축에 직각인 방향에서 본 것을 정면도, 축 방향에서 본 것을 측면도로 하여 그린다.

1) 기어 도시방법

① 항목표에는 원칙적으로 이 절삭, 조립, 검사 등에 필요한 사항을 기입한다.

② 재료, 열처리, 경도 등에 관한 사항은 필요에 따라 표의 비고란 또는 그림 속에 적당히 기입한다.

③ 이끝원은 굵은 실선으로 그리고 피치원은 가는 1점 쇄선으로 그린다.

④ 이뿌리원은 가는 실선으로 그린다[단, 축에 직각인 방향으로 본 그림(이하 주투상도라 한다)의 단면으로 도시할 때는 이뿌리원은 굵은 실선으로 그린다. 또 베벨 기어와 웜휠에서는 이뿌리원은 생략해도 좋다].

⑤ 잇줄 방향은 보통 3개의 가는 실선으로 그린다(단, 외접 헬리컬기어의 주투상도를 단면으로 도시할 때는 잇줄 방향 도시는 3개와 가는 2점 쇄선으로 그린다).

⑥ 맞물리는 한쌍 기어의 도시에서 맞물림 부의 이끝원은 모두 굵은 실선으로 그리고, 주투상도를 단면으로 도시할 때는 맞물림 부의 한쪽 이끝원을 표시하는 선은 가는 파선 또는 굵은 파선으로 그린다.

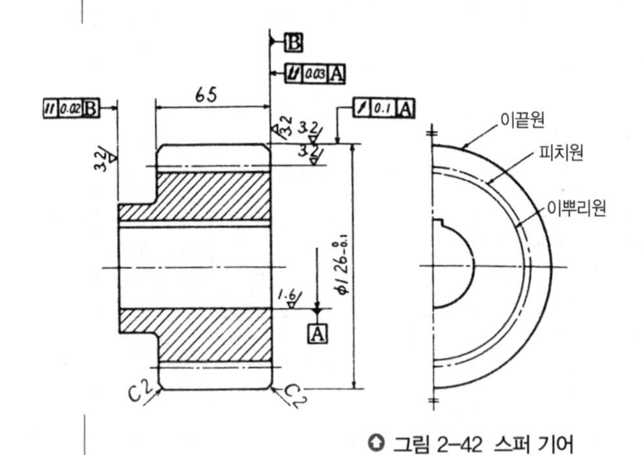

스퍼 기어 요목표		
기어치형		표 준
공구	치형	보통이
	모듈	3
	압력각	20°
잇수		40
피치원 지름		120
다듬질 방법		호브 절삭

그림 2-42 스퍼 기어

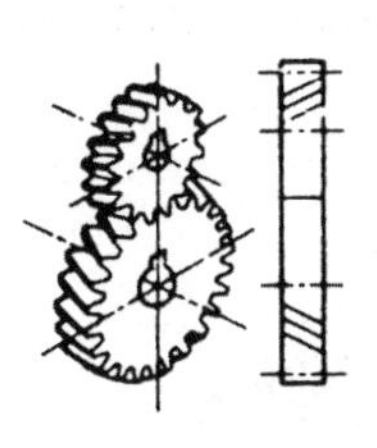

● 그림 2-43 헬리컬 기어

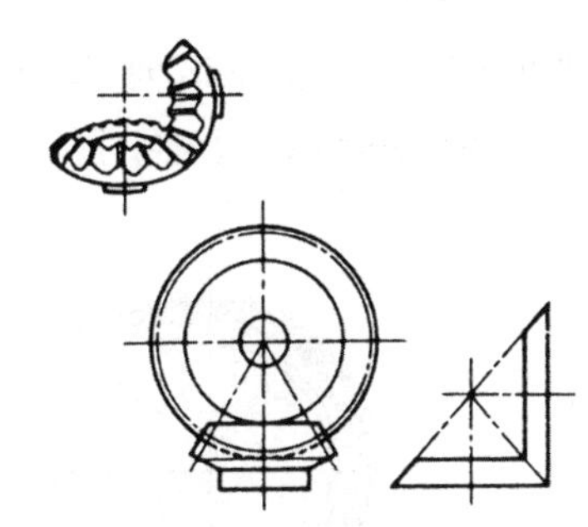

● 그림 2-44 베벨 기어

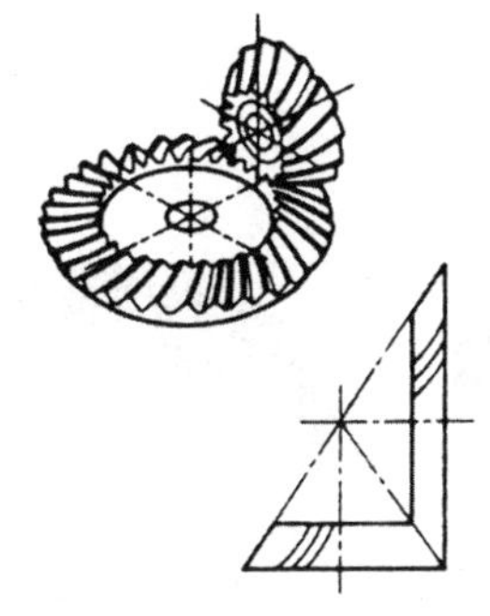

● 그림 2-45 스파이럴 베벨 기어

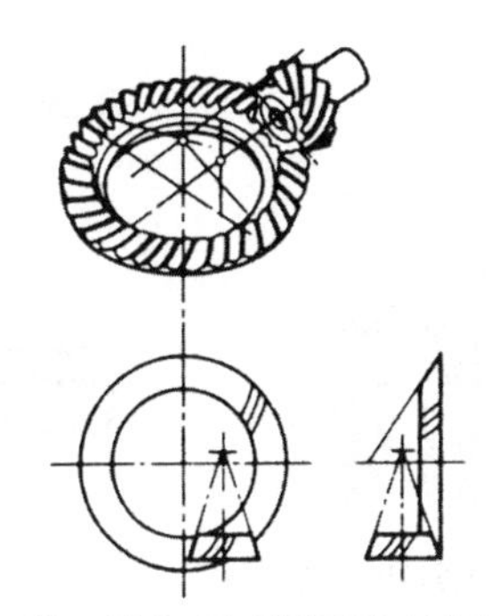

● 그림 2-46 하이포이드 기어

2) 기어의 이의 크기

① 원주피치(circular pitch) : p

$$p = \frac{\pi D}{Z}[\mathrm{mm}] \quad \text{or} \quad p = \pi m$$

여기서, p : 원주피치
D : 피치원의 지름(mm)
Z : 잇수

② 모듈(module) : m

$$m = \frac{D}{Z}$$

③ 지름피치(diametral pitch) : 인치식 기어의 크기를 나타낸 것으로 피치원의 지름 1인치에 해당하는 잇수이다.

$$D \cdot p = \frac{Z}{D(\mathrm{inch})} = \frac{25.4Z}{D(\mathrm{mm})} = \frac{25.4}{m}[\mathrm{mm}]$$

(5) 체인과 스프로킷 휠

체인 전동은 체인(chain)과 스프로킷 휠(sprocket wheel)의 물림에 의하여 동력을 전달하는 장치이다.

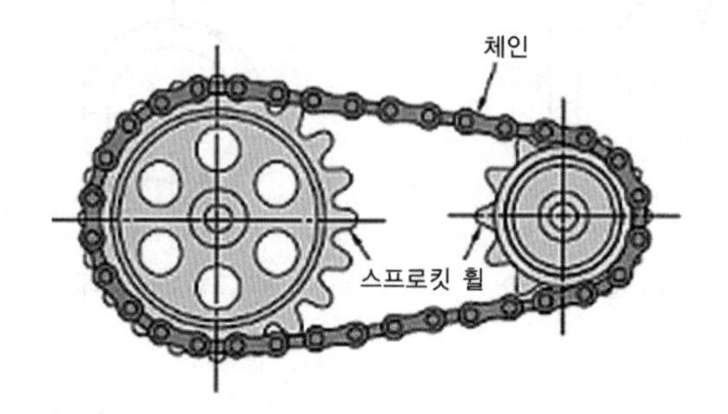

그림 2-47 체인 전동

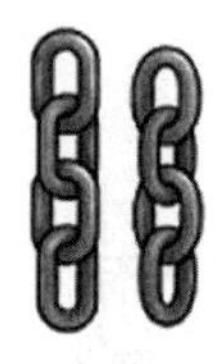

(a) 사일런트 체인

(b) 롤러 체인

(c) 링크 체인

그림 2-48 체인의 종류

1) 체인

체인에는 쇠고리만을 연결하여 만든 링크 체인(link chain)과 롤러 링크와 핀 링크를 엇갈리게 연결한 롤러 체인(roller chain), 그리고 오목한 모양의 양쪽 다리를 가지고 있는 특수한 강판을 프레스로 찍어 내어 필요한 길이로 연결한 사일런트 체인(silent chain) 등이 있다.

2) 스프로킷 휠

스프로킷의 기준치형은 S치형과 U치형의 2종류가 있는데, S치형이 주로 많이 사용된다. 스프로킷의 호칭번호는 그 스프로킷에 감기는 전동용 롤러 체인의 호칭번호로 표시한다. 스프로킷의 휠의 도시방법은 다음과 같다.

① 바깥지름은 굵은 실선, 피치원은 가는 1점 쇄선, 이뿌리원은 가는 실선 또는 굵은 파선으로 그린다.

② 축에 직각 방향에서 본 그림을 단면으로 도시할 때에는 톱니를 단면으로 표시하지 않고, 이뿌리선을 굵은 실선으로 그린다.

③ 도면에는 주로 스프로킷 소재를 제작하는 데 필요한 치수를 기입한다.

④ 표에는 원칙적으로 이의 특성을 나타내는 사항과 이의 절삭에 필요한 치수를 기입한다.

2 체결용 기계요소

(1) 나사

1) 나사의 표시방법

① 나사의 종류 기호 및 호칭법

구 분		나사의 종류		나사의 종류를 표시하는 기호	나사의 호칭에 대한 표시방법의 보기
일반용	ISO 규격에 있는 것	미터 보통 나사		M	M8
		미터 가는 나사			M8×1
		미니추어 나사		S	S 0.5
		유니파이 보통 나사		UNC	3/8-16 UNC
		유니파이 가는 나사		UNF	No. 8-36 UNF
		미터 사다리꼴 나사		Tr	Tr 10×2
		관용 테이퍼 나사	테이퍼 수나사	R	R 3/4
			테이퍼 암나사	Rc	Rc 3/4
			평행 암나사	Rp	Rp 3/4
		관용 평행 나사		G	G 1/2
	ISO 규격에 없는 것	30° 사다리꼴 나사		TM	TM 18
		29° 사다리꼴 나사		TW	TW 20
		관용 테이퍼 나사	테이퍼 나사	PT	PT 7
			평행 암나사	PS	PS 7
		관용 평행 나사		PF	PF 7
특수용		후강 전선관 나사		CTG	CTG 19
		박강 전선관 나사		CTC	CTC 19
		자전거 나사	일 반 용	BC	BC 3/4
			스포츠용		BC 2.6
		미싱 나사		SM	SM 1/4, 산 40
		전구 나사		E	E 10
		자동차용 타이어 밸브 나사		TV	TV 8
		자전거용 타이어 밸브 나사		CTV	CTV 8 산 30

② 나사의 표시방법

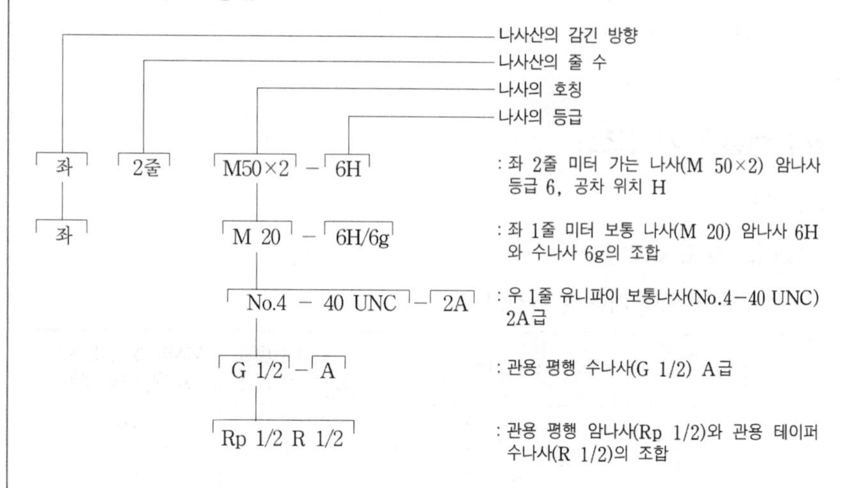

호칭지름 40mm, 리드 14mm, 피치가 7mm인 경우, 수나사의 등급이 7e인 경우

나사산의 종류를 표시하는 기호	나사산의 호칭	×	리드	(피치)	–	나사의 등급
Tr	40	×	14	(P7)	–	7e

단, 미터 사다리꼴 왼나사의 경우 : Tr 40×14 (P7) LH–7e

2) 나사 도시방법

① 수나사의 바깥지름과 암나사의 안지름을 표시하는 선은 굵은 실선으로 그린다.

② 수나사와 암나사의 골을 표시하는 선은 가는 실선으로 그린다.

③ 완전 나사부와 불완전 나사부의 경계선은 굵은 실선으로 그린다.

④ 불완전 나사부의 골을 나타내는 선은 축선에 대하여 30°의 가는 실선으로 그리고 필요에 따라 불완전 나사부의 길이를 기입한다.

⑤ 암나사의 단면도시에서 드릴 구멍이 나타날 때는 굵은 실선으로 120°가 되게 그린다.

⑥ 보이지 않는 나사부의 산마루는 보통의 파선으로 골을 가는 파선으로 그린다.

⑦ 수나사와 암나사의 결합부의 단면은 수나사로 나타낸다.

⑧ 수나사와 암나사의 측면 도시에서 각각의 골지름은 가는 실선으로 약 3/4원으로 그린다.

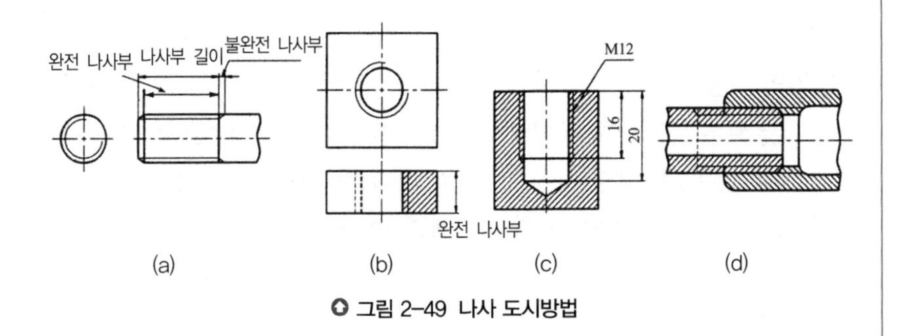

그림 2-49 나사 도시방법

3) 6각 볼트의 호칭법

규격 번호	종류	부품 등급	나사의 호칭 ×호칭 길이		강도 구분	재료		지정 사항
KS B 1002	6각 볼트	A	M 12×90	–	8.8	MFZn2	–	c

(2) 핀

1) 핀의 호칭방법

핀의 종류	그림	호칭 지름	호칭방법
평행 핀	45°, 1.6, 25, d, l, c	핀의 지름	규격 번호 또는 명칭, 종류, 형식, 호칭, 지름×길이, 재료
테이퍼 핀	6.3, 1.6, 6.3, 테이퍼 1/50, r_1, r_2, d, l	작은 쪽의 지름	명칭, 등급 $d \times l$, 재료
슬롯 테이퍼 핀	6.3, 1.6, 6.3, 테이퍼 1/50, b, a, d, r_1, r_2, $2d$, l	갈라진 부분의 지름	명칭, $d \times l$, 재료, 지정 사항
분할 핀 (스플릿 핀)	d, D, a, l, H	핀 구멍의 치수	규격 번호 또는 명칭, 호칭, 지름×길이, 재료

① 종류는 끼워맞춤 기호에 따른 m6, h7의 2종류이다.

② 형식은 끝면의 모양이 납작한 것이 A, 둥근 것이 B이다.

③ 등급은 테이퍼의 정밀도 및 다듬질 정도에 따라 1급, 2급의 2종류가 있다.

(3) 키

1) 키의 기능

키는 보통 사각형 혹은 원형 단면을 가진 작은 금속 막대로서, 풀리, 기어 등과 같은 회전체를 축에 고정하여 축과 회전체 사이의 미끄럼을 방지하고, 회전력을 전달하는 결합용 기계요소이다.

2) 키의 종류

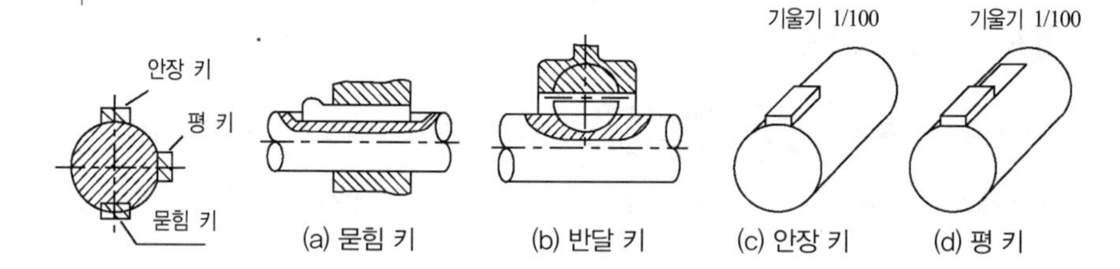

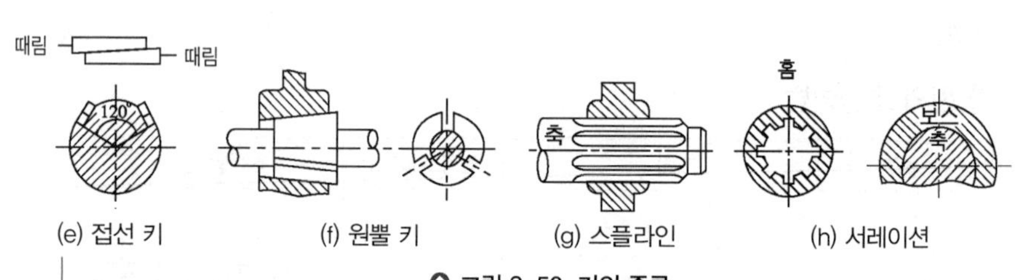

그림 2-50 키의 종류

3) 키의 호칭법

규격번호	종류 및 호칭 치수	길이	끝 모양의 특별 지정	재 료
KS B 1311	평행 키 10×8	25	양 끝 둥금	SM 45 C

(4) 리벳(rivet)이음

1) 리벳의 호칭방법

	규격번호	종 류	$d \times l$	재료	지정사항
사용예	KS B 1101 KS B 1002	둥근머리 리벳 냉간 냄비머리 둥근머리 리벳 열간 접시머리 리벳 보일러용 둥근머리 리벳	6×18 3×8 16×40 20×50 13×30	MSWR 10 동 SV 34 SV 34 SV 41 B	끝붙이

2) 리벳의 호칭 길이

접시머리 리벳은 머리부를 포함한 전체 길이로 호칭을 표시하고 둥근머리 리벳, 납작머리 리벳, 얇은 납작머리 리벳, 냄비머리 리벳은 머리부를 제외한 길이로 호칭을 나타낸다.

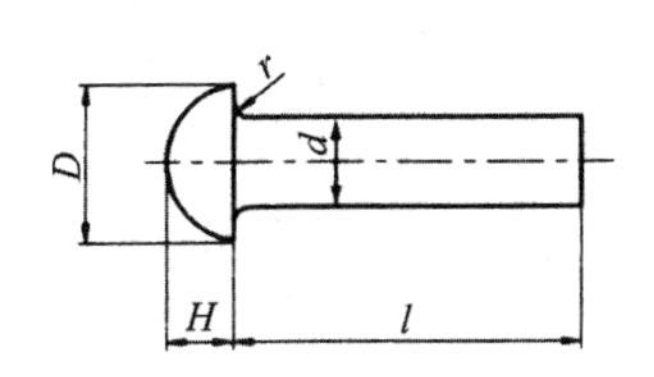

그림 2-51 둥근머리 리벳

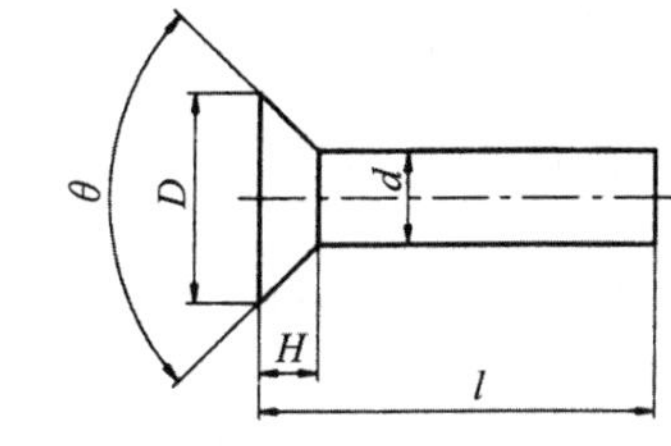

그림 2-52 접시머리 리벳

3) 리벳의 기호

○ : 양면 둥근머리 공장리벳

● : 양면 둥근머리 현장리벳

◯̸ : 앞면 접시머리 공장리벳

⊘ : 뒷면 접시머리 공장리벳

∅ : 양면 접시머리 공장리벳

(5) 용접(welding) 이음

1) 용접기호의 도시방법

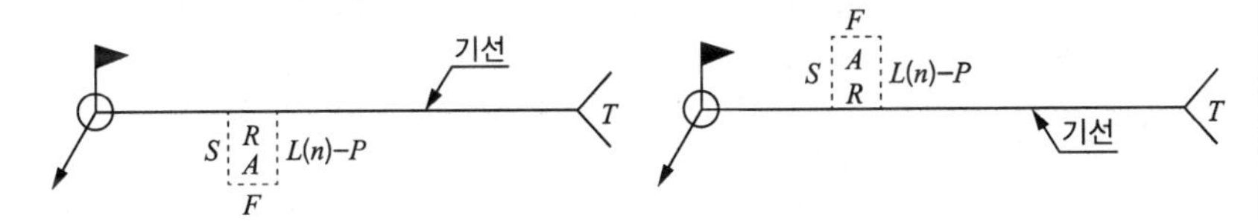

(a) 용접하는 곳이 화살표쪽 또는 앞쪽일 때 (b) 용접하는 곳이 화살표 반대쪽 또는 맞은쪽일 때

⬚ : 기본 기호
S : 용접부의 단면 치수 또는 강도(홈 깊이, 필렛의 다리 길이, 플러그 구멍의 지름, 슬롯 홈의 나비, 심의 나비, 점 용접의 너깃 지름 또는 단접의 강도 등)
R : 루트 간격
A : 홈 각도
L : 단속 필렛 용접의 용접 길이, 슬롯 용접의 홈 길이 또는 필요할 경우에는 용접 길이
n : 단속 필렛 용접, 플러그 용접, 슬롯 용접, 점 용접 등의 수
P : 단속 필렛 용접, 플러그 용접, 슬롯 용접, 점 용접 등의 피치
T : 특별 지시사항(J형, U형 등의 루트 반지름, 용접 방법, 비파괴 시험의 보조기호, 기타)
F : 다듬질 방법

그림 2-53 용접기호의 도시방법

① 용접부의 기본 기호

- ㉠ 양쪽 플랜지형 플레어 X형 
- ㉡ 한쪽 플랜지형 플레어 K형
- ㉢ I형
- ㉣ V형, 양면 V형(X형) 
- ㉤ V형, 양면 V형(K형) 
- ㉥ J형, 양면 J형 
- ㉦ U형, 양면 U형(H형) 
- ㉧ 플레어 V형 
- ㉨ 플레어 V형
- ㉩ 필렛 
- ㉪ 플러그 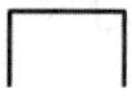
- ㉫ 비드, 덧붙임 
- ㉬ 점, 프로젝션 ✳ (○) 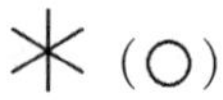
- ㉭ 심 ✳✳ (⊖)

2) 용접기호의 기입

지시선은 기선에 대하여 60°의 지선으로 긋는다.

용접 상태	도 면	설 명
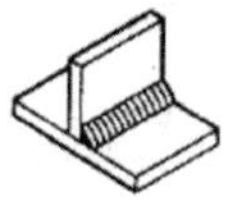	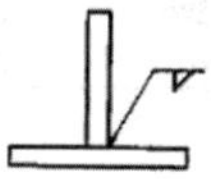	필렛 용접으로 화살표 부분을 용접
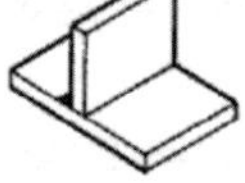	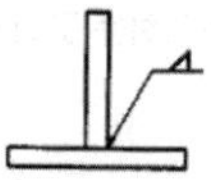	필렛 용접으로 화살표가 지시한 반대편을 용접(이때, 용접기호는 뒤쪽으로 그린다.)
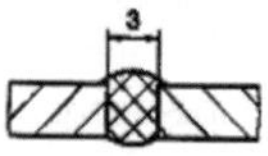 3	|3|	I형 용접으로 루트 간격이 3mm인 경우
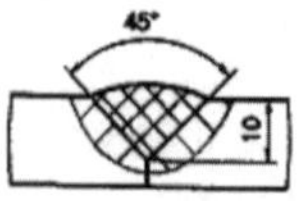 45°, 10	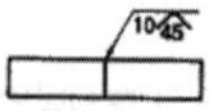 10 45°	V형 홈용접으로 루트 간격 0, 홈의 깊이 10mm, 홈의 각도가 45°인 경우

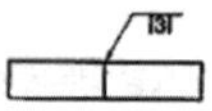

① 보조기호

구 분			보조기호	비 고
용접부의 표면 모양		평탄	—	
		볼록	⌒	기선의 밖으로 향하여 볼록하게 한다.
		오목	‿	기선의 밖으로 향하여 오목하게 한다.
용접부의 다듬질 방법		치핑	C	
		연삭	G	그라인더 다듬질일 경우
		절삭	M	기계 다듬질일 경우
		지정없음	F	다듬질 방법을 지정하지 않을 경우
현장 용접				
온 둘레 용접			○	온둘레 용접이 분명할 때에는 생략해도 좋다.
온 둘레 현장 용접				
비파괴시험방법	방사선 투과시험	일반 2중벽 촬영	RT RT–W	• 일반적으로 용접부에 방사선 투과 시험 등 각 시험 방법을 표시할 뿐 내용을 표시하지 않을 경우 • 각 기호 이외의 시험에 대하여는 필요에 따라 적당한 표시를 할 수 있다. [보기] 누설 시험 LT 변형 측정 시험 ST 육안 시험 VT 어코스틱 에미션 시험 AET 와류 탐상 시험 ET
	초음파 탐상시험	일반 수직 탐상 경사각 탐상	UT UT–N UT–A	
	자기분말탐상시험	일반 형광탐상	MT MT–F	
	침투탐상시험	일반 형광탐상 비형광탐상	PT PT–F PT–D	
	전체선 시험		○	각 시험의 기호 뒤에 붙인다.
	부분 시험(샘플링 시험)		△	

② 보조 도시기호

명 칭	도 시	기 호
한쪽면 V형 맞대기 용접 – 평면(동일면) 다듬질		
양면 V형 용접 凸형 다듬질		
필렛 용접 – 凹형 다듬질		
뒤쪽면 용접을 하는 한쪽면 V형 맞대기 용접 – 양면 평면(동일면) 다듬질		
뒤쪽면 용접과 넓은 루트면을 가진 한쪽면 V형(Y 이음) 맞대기 용접 – 용접한 대로		
한쪽면 V형 다듬질 맞대기 용접 – 동일면 다듬질		 1)
필렛 용접 끝단부를 매끄럽게 듬질 – 동일면 다듬질	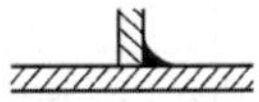	

* 주 : 1) 기호는 ISO 1302에 따름. 이 기호 대신 √ 기호를 사용할 수 있음.

③ 주요 치수 표시

번호	명 칭	그림 및 정의	표 시
1	맞대기 용접	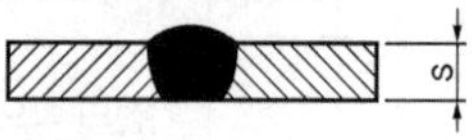 s : 얇은 부재의 두께보다 커질 수 없는 거리로서, 부재의 표면부터 용입 바닥까지의 최소거리	 V
		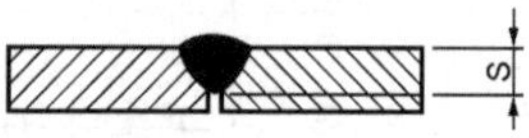 s : 얇은 부재의 두께보다 커질 수 없는 거리로서, 부재의 표면부터 용입 바닥까지의 최소거리	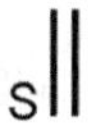 s‖
		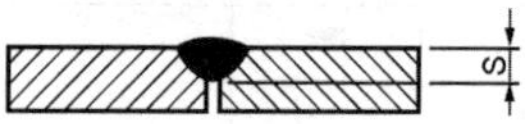 s : 얇은 부재의 두께보다 커질 수 없는 거리로서, 부재의 표면부터 용입 바닥까지의 최소거리	 sY
2	플랜지형 맞대기 용접	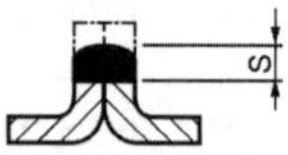 s : 용접부 외부 표면부터 용입 바닥까지의 최소거리	 s‖
3	연속 필렛 용접	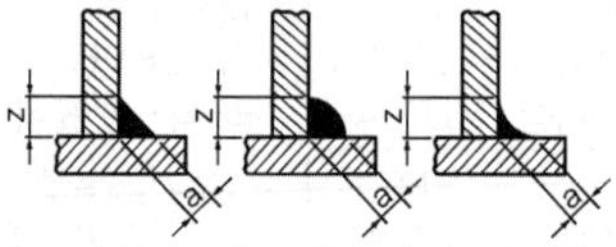 a : 단면에 표시될 수 있는 최대 이등변삼각형의 높이 z : 단면에 표시될 수 있는 최대 이등변삼각형의 변	 a◺ z◺
4	단속 필렛 용접	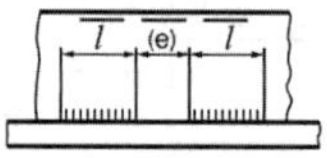 l : 용접 길이(크레이터 제외) (e) : 인접한 용접부 간격 n : 용접부 수, a : 번호 3 참조, z : 번호 3 참조	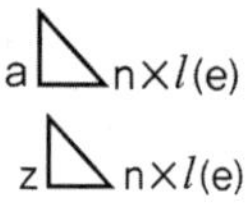 a◺n×l(e) z◺n×l(e)
5	지그재그 단속 필렛 용접	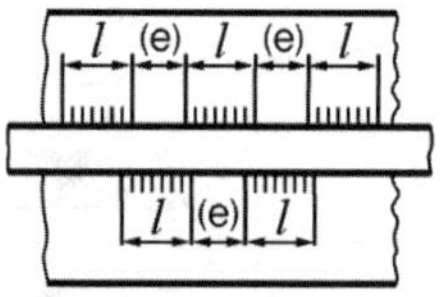 l : 번호 4 참조, (e) : 번호 4 참조, n : 번호 4 참조 a : 번호 3 참조, z : 번호 3 참조	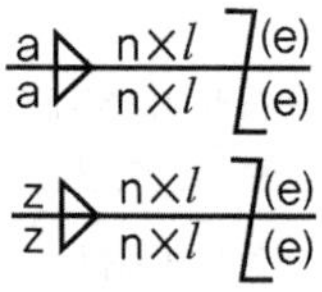 a n×l (e) a n×l (e) z n×l (e) z n×l (e)
6	플러그 또는 스롯 용접	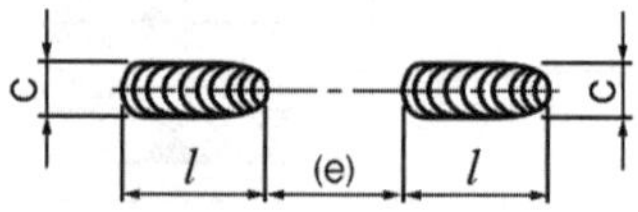 l : 번호 4 참조, (e) : 번호 4 참조 n : 번호 4 참조, c : 슬롯의 너비	 c⊓n×l(e)
7	심 용접	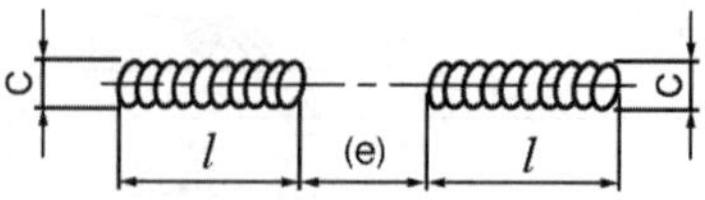 l : 번호 4 참조, (e) : 번호 4 참조 n : 번호 4 참조, c : 용접부 너비	 c⊖n×l(e)

번호	명 칭	그림 및 정의	표 시
8	플러그 용접	n : 번호 4 참조, (e) : 간격, d : 구멍의 지름	d ⊓ n(e)
9	점 용접	n : 번호 4 참조, (e) : 간격, d : 점(용접부)의 지름	d ◯ n(e)

3 제어용 기계요소

(1) 스프링(Spring)

스프링은 탄성체로 만들며, 힘을 가하면 변형되어서 에너지를 저장하고, 반대로 힘을 제거하면 에너지를 얻어 충격을 흡수 완화하거나 작용하는 힘의 크기를 측정하는 데 사용한다.

철강재 스프링의 재료가 갖추어야 할 조건은 다음과 같다.

① 가공하기 쉬운 재료이어야 한다.

② 높은 응력에 견딜 수 있고, 영구변형이 없어야 한다.

③ 피로강도와 파괴 인성 치가 높아야 한다.

④ 열처리가 쉬어야 한다.

⑤ 표면 상태가 양호해야 한다.

⑥ 부식에 강해야 한다.

1) 스프링의 용도

① **완충용(충격 에너지 흡수, 방진, 진동 및 충격완화)** : 차량용 현가장치, 승강기 완충 스프링, 방진 스프링

② **에너지 축적 이용** : 계기용 스프링, 시계의 태엽, 완구용 스프링, 축음기, 총포의 격심용 스프링

③ **측정 및 조정용** : 힘의 변형원리를 이용하여 압축력(또는 인장력)에 의한 변형 길이로 힘을 측정한다(예 저울, 안전밸브).

④ **복원력의 이용** : 밸브 스프링, 조속기, 스프링 와셔

2) 스프링의 종류

① 모양에 따른 스프링의 종류

㉠ **코일 스프링(coil spring)** : 인장용과 압축용이 있고, 제작비가 저렴하며 기능이 확실히 유효하여 경량 소형으로 제조할 수 있다.

㉡ **겹판 스프링(leaf spring)** : 너비가 좁고 얇은 긴 보로서 하중을 지지한다. 여러 장 겹쳐서 사용하는 것을 겹판 스프링이라 한다. 자동차의 현가장치로 널리 사용한다.

㉢ **태엽 스프링(spiral spring)** : 시계나 계기류의 등의 변형 에너지를 저장하여 동력용으로 사용한다.

㉣ **토션 바 스프링** : 원형봉에 비틀림 모멘트를 가하면 비틀림 변형이 생기는 원리로 소형 승용차의 현가용에 사용된다.

㉤ **벌류트 스프링** : 태엽 스프링을 축방향으로 감아올려 사용하는 것으로 압축용으로 사용한다. 오토바이 차체 완충용으로 사용된다.

㉥ **접시 스프링(disk spring)** : 원판 스프링이라고도 한다. 중앙에 구멍이 있고 원추형이다. 프레스의 완충장치, 공작기계에 사용한다.

㉦ **와이어 스프링** : 탄성의 강한 선형재료로 여러 가지 모양으로 만들어 탄성에 의한 복원력을 이용한 스프링이다.

㉧ **와셔 스프링** : 볼트, 너트의 중간재 사이에 사용하여 충격을 흡수하는 역할을 한다.

② 재료에 의한 분류

금속 스프링(강철, 인청동, 황동 등), 비금속 스프링(고무, 나무, 합성수지 등), 유체 스프링(공기, 물, 기름 등)

3) 스프링의 도시방법

(가) 코일 스프링의 제도

① 스프링은 원칙적으로 무하중인 상태로 그린다. 만약, 하중이 걸린 상태에서 그릴 때에는 선도 또는 그때의 치수와 하중을 기입한다.

② 하중과 높이(또는 길이) 또는 처짐과의 관계를 표시할 필요가 있을 때에는 선도 또는 항목표에 나타낸다.

③ 특별한 단서가 없는 한 모두 오른쪽 감기로 도시하고, 왼쪽 감기로 도시할 때에는 '감긴 방향 왼쪽'이라고 표시한다.

④ 코일 부분의 중간 부분을 생략할 때에는 생략한 부분을 가는 1점 쇄선으로 표시하거나 또는 가는 2점 쇄선으로 표시해도 좋다.

⑤ 스프링의 종류와 모양만을 도시할 때에는 재료의 중심선만을 굵은 실선으로 그린다.

⑥ 조립도나 설명도 등에서 코일 스프링은 그 단면만으로 표시하여도 좋다.

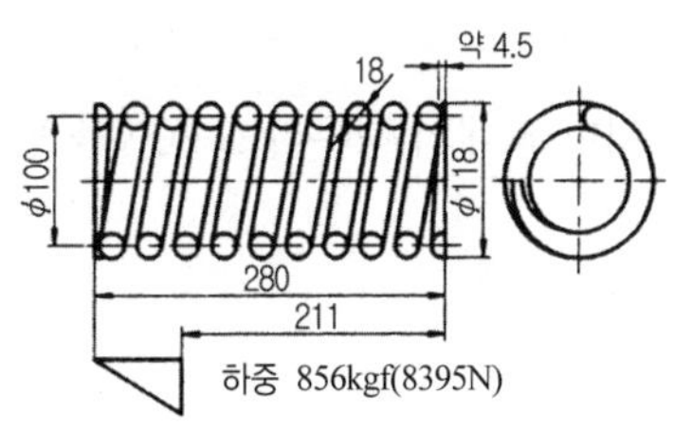

그림 2-54 코일 스프링의 제도

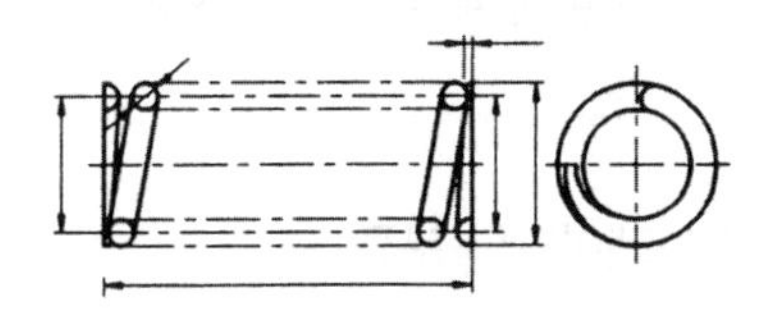

그림 2-55 코일 스프링의 생략도

그림 2-56 코일 스프링의 모양 도시

(나) 겹판 스프링의 제도

① 겹판 스프링은 원칙적으로 판이 수평인 상태에서 그린다. 하중이 걸린 상태에서 그릴 때에는 하중을 명기한다.

② 무하중의 상태로 그릴 때에는 가상선으로 표시한다.

③ 모양만을 도시할 때에는 스프링의 외형을 실선으로 그린다.

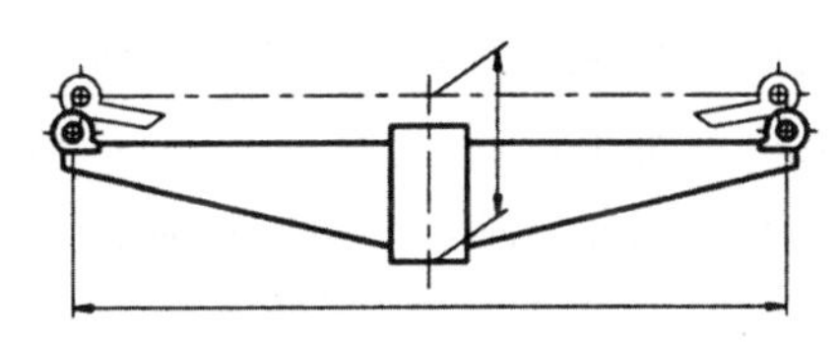

그림 2-57 겹판 스프링의 간략도

(2) 브레이크

브레이크는 기계운동을 정지, 또는 감속 조절하여 위험을 방지하는 역할을 하는 장치로서 운동의 제어는 일반적으로 마찰을 많이 이용하나 전자력을 이용할 때도 있다. 브레이크 용량은 접촉면의 크기, 마찰계수, 발열 등에 의해 결정한다.

1) 브레이크의 기능

기계 부분의 에너지를 흡수하여 그 운동을 증대시키든지 또는 운동 속도를 조절하여 위험을 방지하는 기계요소이다.

2) 브레이크 구조

① **작동부** : 브레이크 블록, 브레이크 드럼, 브레이크 막대

② **조작부** : 인력, 공기압, 유압, 전작석 등으로 브레이크 힘을 조작

3) 조작력

손으로 누르는 힘은 10~15N가 보통이며 최대의 경우라도 20N을 넘지 않는다.

4) 브레이크의 분류

① 작동 부분의 구조에 따라

블록 브레이크, 밴드 브레이크, 디스크(원판) 브레이크, 축압 브레이크, 자동 브레이크

② 작동력의 전달 방법에 따라

공기 브레이크, 유압 브레이크, 전자 브레이크, 기계 브레이크

③ 제동목적에 따라

유체 브레이크, 전기 브레이크

5) 브레이크의 종류와 제동력

(가) 브레이크 종류

① 마찰 브레이크

㉠ **원주 브레이크** : 블록 브레이크(단식 · 복식), 밴드 브레이크(차동, 합동, 단동), 내확 브레이크

㉡ **축 방향 브레이크** : 원판 브레이크, 원추 브레이크

② 자동 하중 브레이크

웜, 나사, 캠, 체인, 원심력, 코일, 로프, 전자기 브레이크 등이 있다.

(나) 브레이크의 제동력

① 블록 브레이크

차량, 기중기 등에 많이 사용되는 장치로 브레이크 드럼의 원주상에 1개 또는 2개의 브레이크 블록을 브레이크 레버로 밀어붙여 마찰에 의해 제동작동을 하는 것이다.

② 드럼(내부 확장식) 브레이크

㉠ 특성

- 마찰면이 안쪽에 있어 먼지와 기름 등이 마찰면에 부착되지 않는다.
- 브레이크 륜의 바깥 면에서 열을 발산시키는 데 편리하다.
- 브레이크 슈우를 밀어 붙이는데 캠 또는 유압장치를 사용하며 유압장치를 사용하는 것은 자동차용으로 널리 쓰인다.

③ 밴드 브레이크(band brake)

브레이크륜의 외주에 강철 밴드를 감고 밴드에 장력을 주어 밴드와 브레이크륜 사이의 마찰에 의하여 제동작용을 하는 것으로 마찰계수 μ를 크게 하기 위하여 밴드의 안쪽에 나무 조각, 가죽, 석면 직물 등을 라이닝 한다.

④ 자동 하중 브레이크

윈치(winch), 크레인(crane) 등으로 하물을 올릴 때는 제동작용은 하지 않고 클러치 작용을 하며, 하물을 아래로 내릴 때는 하물 자중에 의한 제동작용으로 하물의 속도를 조절하거나 정지시킨다.

㉠ **웜 브레이크** : 웜 휠의 역전에 의하여 웜 축에 생기는 추력을 이용하여 원판 브레이크를 작용시킨다.

㉡ **나사 브레이크** : 기어의 축의 구멍에 깎여진 암나사의 역전에 의하여 이것과 끼워 맞춰져 있는 수나사와 일체의 축에 주는 추력으로서 원판 브레이크에 작용한다. 웜 대신에 나사를 이용한 것이다.

㉢ **원심 브레이크** : 원심 브레이크는 정지시키기 위한 제동은 없고, 오로지 물체를 올릴 때 속도를 일정하게 유지시키기 위한 것이다.

㉣ **전자 브레이크** : 2장의 마찰 원판을 사용하여 두 원판의 탈착조작이 전자력에 의해 이루어져 브레이크 작용을 하는 것이다. 회전축 방향에 힘을 가하여 회전을 제동하며 하역 운반기계, 공작기계, 승강기 등에 사용된다.

6) 래칫 휠

래칫 휠은 기계의 역전 방지, 한 방향의 가동 클러치, 분할작업 등에 쓰인다.

2 도면 작성

1 도면 양식

(1) 설계 자료수집 및 표준규격

① 도면을 설계하는 것은 새로운 부품을 제작하거나 기존 부품의 개조·개량 등 다양한 요구사항을 도면으로 표현하는 작업이다.

② 기계 부품이나 설비의 제작을 위한 도면 설계에서 가장 먼저 해야 할 일은 그 도면의 용도를 명확하게 파악하는 것이다.

③ 세부적인 작업 요구사항을 확인하고 그 용도에 맞는 기계요소의 선정을 비롯하여 각종 규격과 부품의 재질은 물론 끼워맞춤 공차와 표면 다듬질 정도 등 도면작성 전반에 대한 지식을 사전에 충분히 숙지하고 이와 관련한 필요한 자료를 수집하여 도면을 작성하여야 한다.

④ 조립품의 경우 여러 개의 부품들이 상호 조립되어 하나의 요구하는 기능을 효과적으로 발휘하기 위해서는 부품 상호 간 각종 공차와 작동하는 원리 등에 대한 지식은 필수이다.

(2) 도면의 양식과 규격

1) 도면의 규격

원도 및 복사한 도면의 마무리 치수는 종이의 재단치수에서 규정하는 A0~A4에 따른다. 제도용지의 크기는 A열 사이즈를 사용한다. 다만, 연장하는 경우에는 연장 사이즈를 사용한다. 제도 용지의 세로와 가로의 비는 1 : $\sqrt{2}$ 이며, 원도의 크기는 긴 쪽을 좌우 방향으로 놓고 사용한다. 다만 A4는 짧은 쪽을 좌우 방향으로 놓고 사용할 수 있다.

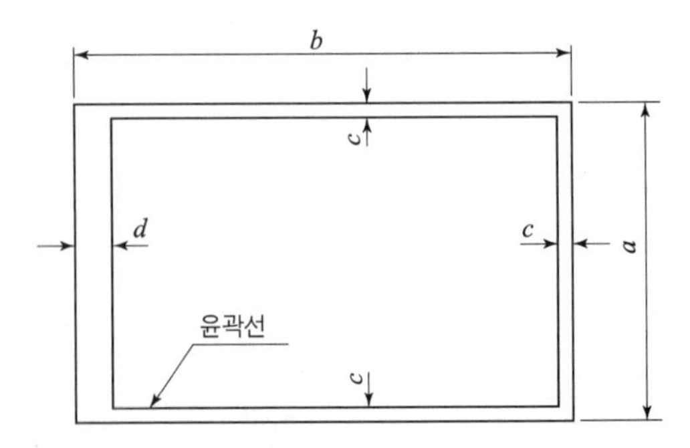

그림 2-58 제도용지의 세로와 가로의 비 1 : $\sqrt{2}$

표 2-5 종이의 재단 치수

호칭방법		A0	A1	A2	A3	A4
a × b		841×1189	594×841	420×594	297×420	210×297
C(최소)		20	20	10	10	10
d(최소)	철하지 않을 때	20	20	10	10	10
	철할 때	25	25	25	25	25

2) 도면의 양식

- **설정하지 않으면 안 되는 사항** : 도면의 윤곽 – 윤곽선, 중심마크, 표제란
- **설정하는 것이 바람직한 사항** : 비교눈금, 도면의 구역 – 구분 기호, 재단 마크
- **부품란** : 대조 번호, 도면의 내역란

① 윤곽 및 윤곽선(border & borderline)

도면에 담아 넣는 내용을 기재하는 역할을 명확히 하고, 용지의 가장자리에서 생기는 손상으로 게재사항을 해치지 않도록, 도면에는 윤곽을 마련한다. 윤곽선의 굵기는 0.7mm의 실선으로 긋는다.

② 표제란(title block, title panel)

표제란은 도면 관리에 필요한 사항과 도면 내용에 관한 정형적인 사항 등을 정리하고 기입하기 위하여 윤곽선 오른편 아래 구석의 안쪽에 설정하고, 이것을 도면의 정위치로 한다. 표제란에는 도면 번호, 도면 명칭, 기업(단체)명, 책임자의 서명, 도면 작성 연월일, 척도, 투상법 등을 기입한다. 표제란 문자는 도면의 정위치에서 읽는 방향으로 기입하고, 도면번호란은 표제란 중 가장 오른편 아래에 길이 170mm 이하로 마련한다.

③ 부품란(item block)

부품란은 도면에 나타난 대상물 또는 그 구성하는 부품의 세부 내용을 기입하기 위해서 일반적으로 도면의 오른편 아래 표제란 위 또는 도면의 오른편 위에 설정한다. 부품란에는 부품번호(품번), 부품명칭(품명), 재질, 수량, 무게, 공정, 비고란 등을 마련한다. 이때 부품번호는 부품란이 오른편 위에 위치할 때에는 위에서 아래로, 오른편 아래에 위치할 때에는 아래에서 위로 나열하여 기록한다.

④ 중심마크(centering mark)

중심마크는 도면을 마이크로필름에 촬영하거나 복사할 때의 편의를 위

하여 마련한다. 윤곽선 중앙으로부터 용지의 가장자리에 이르는 굵기 0.5mm의 수직한 직선으로, 허용치는 ±5mm로 한다.

⑤ 비교눈금(metric reference graduation)

비교눈금은 도면을 축소 또는 확대했을 경우, 그 정도를 알기 위해 도면의 아래쪽에 중심마크를 중심으로 하여 마련한다.

⑥ 도면을 접을 경우의 크기

복사한 도면을 접을 때는 그 크기를 원칙적으로 210×297mm(A4 크기)로 한다. 이때 표제란에 기입한 도면 번호 또는 도면 명칭이 접은 최상면에 나타나도록 하여야 한다. 그러나 원도는 접지 않는 것이 보통이며 원도를 말아서 보관할 경우 안지름이 40mm 이상으로 한다.

3) 척도

(가) 척도의 종류

도면에 사용하는 척도는 다음에 따른다.

① **축척** : 실물을 축소해서 그린 도면

② **현척(실척)** : 실물과 같은 크기로 그린 도면

③ **배척** : 실물을 확대해서 그린 도면

④ **NS(Non Scale)** : 비례척이 아닌 임의의 척도

(나) 척도의 표시방법

척도는 A : B로 표시한다.

여기서, A : 도면에서의 크기
B : 물체의 실제 크기

[보기]

① 축척의 경우 1 : 2, 1 : 2 $\sqrt{2}$, 1 : 10

② 현척의 경우 1 : 1

③ 배척의 경우 5 : 1

표 2-6 축척, 현척, 배척의 값

척도의 종류	란	값
축 척	1	1 : 2 1 : 5 1 : 10 1 : 20 1 : 50 1 : 100 1 : 200
	2	1 : $\sqrt{2}$ 1 : 2.5 1 : 2 $\sqrt{2}$ 1 : 3 1 : 4 1 : 5 $\sqrt{2}$ 1 : 25 1 : 250
현 척		1 : 1
배 척	1	2 : 1 5 : 1 10 : 1 20 : 1 50 : 1
	2	$\sqrt{2}$: 1 2.5 : $\sqrt{2}$: 1 100 : 1

[비고] 1란의 척도를 우선으로 사용한다.

(다) 척도의 기입방법

척도는 도면의 표제란에 기입한다. 같은 도면에 다른 척도를 사용할 때는 필요에 따라 도면 그림부분에 기입한다. 도형이 치수에 비례하지 않는 경우에는 그 취지를 적당한 곳에 명기한다. 또, 이들 척도의 표는 잘못 볼 염려가 없을 경우에는 기입하지 않아도 좋다.

2 투상법과 도형의 표시방법

(1) 투상도법

1) 투상도법의 개요

투상도법은 공간에 있는 물체의 모양이나 크기를 하나의 평면 위에 가장 정확하게 나타내기 위하여 사용하는 방법이다. 즉 입체적인 형상을 평면적으로 그리는 방법이다(도면을 읽을 때에는 평면적인 도면을 입체적으로 상상해 낼 수 있는 능력이 필요하다).

2) 투상법의 종류

투상법은 크게 정투상도(Orthographic projection drawing)와 입체적 투상도(Pictorial projection drawing)로 분류하고 정투상에는 제3각법과 제1각법이 있고 입체적 투상도에는 등각도, 사투상도, 투시도가 있다.

(가) 정투상법

물체를 표면으로부터 평행한 위치에서, 물체를 바라보며 투상하는 것으로 투상선이 평행하며 투상도의 크기는 실물과 똑같은 크기로 나타난다.

① 투상도의 명칭

투상도는 보는 방향에 따라 6종류로 구분한다.

㉠ **정면도(front view)** : 정면도는 물체 앞에서 바라본 모양을 도면에 나타낸 것으로 그 물체의 가장 주된 면, 즉 기본이 되는 면을 정면도라 한다.

㉡ **평면도(top view)** : 평면도는 물체의 위에서 내

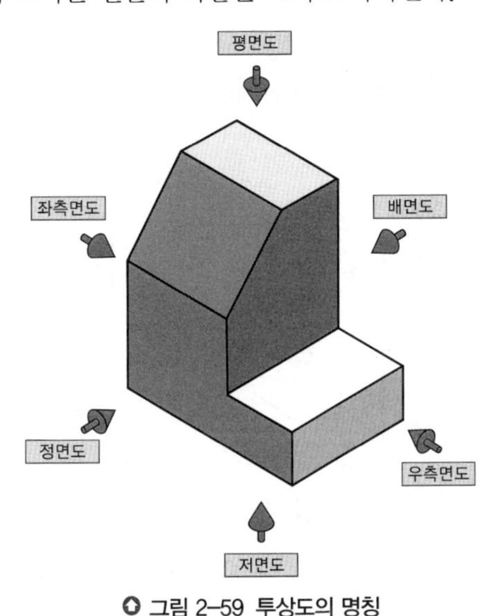

그림 2-59 투상도의 명칭

려다본 모양을 도면에 표현한 그림을 말하며, 상면도라고도 한다. 정면도와 함께 많이 사용한다.

㉢ **우측면도**(right side view) : 우측면도는 물체의 우측에서 바라본 모양을 도면에 나타낸 그림을 말하며 정면도, 평면도와 함께 많이 사용한다.

㉣ **좌측면도**(left side view) : 좌측면도는 물체의 좌측에서 본 모양을 도면에 표현한 그림이다.

㉤ **저면도**(bottom view) : 저면도는 물체의 아래쪽에서 바라본 모양을 도면에 나타낸 그림을 말하며 하면도라고도 한다.

㉥ **배면도**(rear view) : 배면도는 물체의 뒤쪽에서 바라본 모양을 도면에 나타낸 그림을 말하며 사용하는 경우가 극히 적다.

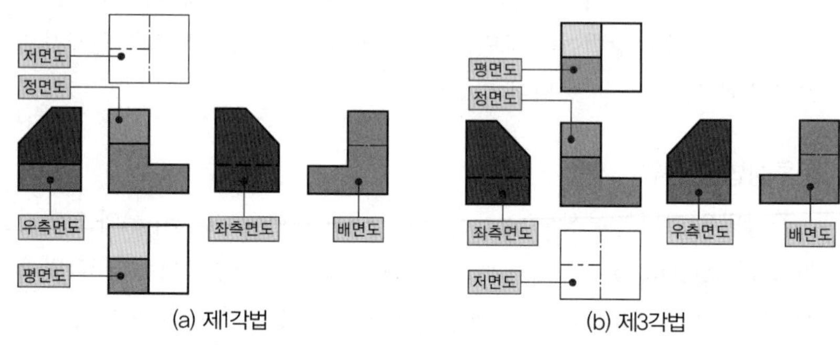

그림 2-60 제1각법과 제3각법의 배열(KS, ISO)

(나) 제1각법과 제3각법

[그림 2-61(a)]와 같이 수직 수평의 두 평면이 직교할 때 한 공간을 4개로 구분한다. 이때 수직한 면의 오른쪽과 수평한 면의 위쪽에 있는 공간을 제1상한, 제1상한에서 시계 반대 방향으로 돌면서 제2, 제3, 제4상한이라 한다.

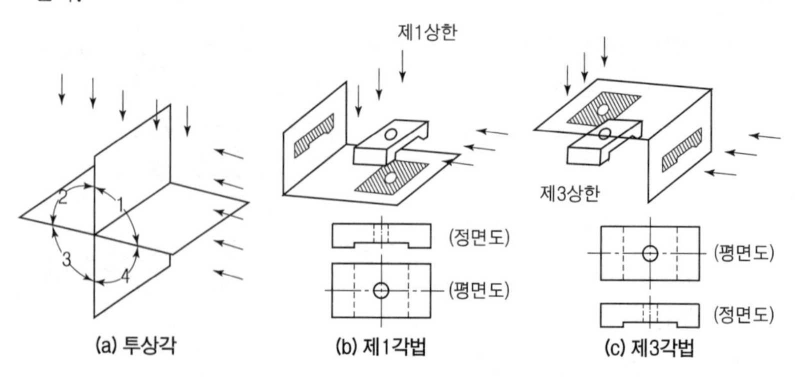

그림 2-61 제1각법과 제3각법의 원리

① 제1각법

물체를 1각 안에(투상면 앞쪽) 놓고 투상한 것을 말한다. 즉 물체의 뒤의 유리판에 투영한다.

㉠ 투상 순서는 눈 → 물체 → 투상이다.

㉡ 투상도의 위치는 그림과 같다.

- 평면도는 정면도의 아래에 위치한다.
- 좌측면도는 정면도의 우측에 위치한다.
- 우측면도는 정면도의 좌측에 위치한다.
- 저면도는 정면도의 위에 위치한다.

② 제3각법

물체를 제3각 안에 놓고 물체를 투상한 것을 말한다. 즉 물체의 앞의 유리판에 투영한다.

㉠ 투상 순서는 눈 → 투상 → 물체이다.

㉡ 투상도의 위치는 그림과 같다.

- 좌측면도는 정면도의 좌측에 위치한다.
- 평면도는 정면도의 위에 위치한다.
- 우측면도는 정면도의 우측에 위치한다.
- 저면도는 정면도의 아래에 위치한다.

③ 제3각법의 장점

㉠ 전개도와 같으므로 도면표현이 합리적이다.

㉡ 비교 대조가 용이하므로 치수기입이 합리적이다.

㉢ 경사 부분에 있어 보조 투영이 가능하다.

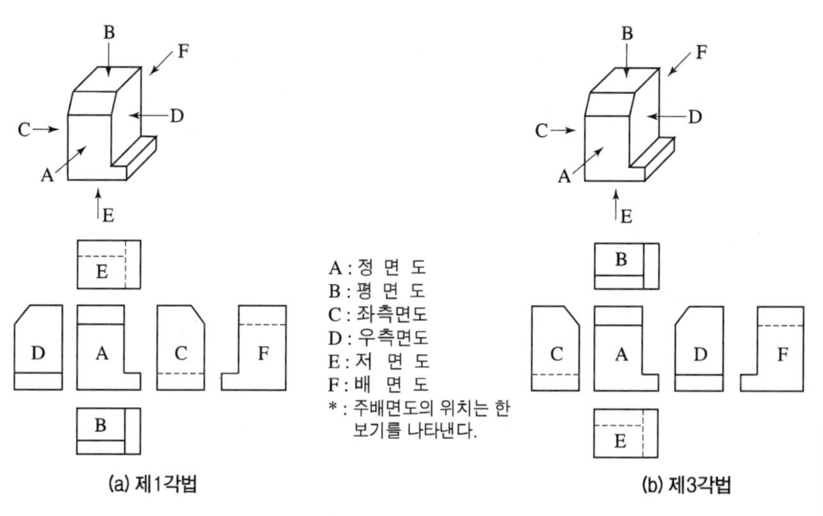

그림 2-62 제1 각법과 제3 각법의 투상도 배치

(다) 제도에 사용하는 투상법

기계제도에서의 투상법은 제3각법에 따른 것을 원칙으로 한다. 제1각법을 따를 때 그림과 같은 투상법의 기호를 표제란 또는 그 근처에 표시한다. 한 도면 안에서는 혼용하지 않는 것이 좋다.

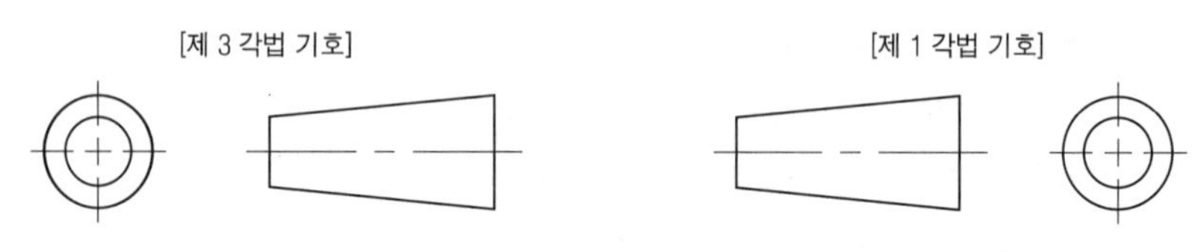

그림 2-63 투상법의 기호

(라) 투상법의 명시

같은 도면 내에서 원칙적으로 제3각법과 제1각법을 혼용해서는 안 되지만, 도면을 이해하는 데 도움을 줄 때는 혼용할 수도 있다. 다만, 제3각법에 따른 올바른 배치로 그릴 수 없는 경우, 또는 제3각법에 따라 정확한 위치에 그리면 도리어 도형을 이해하기 곤란한 경우에는 상호관계를 화살표와 문자를 사용하여 표시하고, 그 글자는 투상의 방향과 관계없이 전부 위 방향으로 명백하게 쓴다.

(마) 정면도 선택시 유의사항

① 물체의 특징을 가장 잘 나타내는 면을 선택한다.
② 관련 투상도(평면도, 측면도)에는 가급적 은선을 사용하지 않는다.
③ 물체는 자연스러운 위치로 안정감을 가질 수 있도록 한다.
④ 물체의 주요면은 수직, 수평이 되게 한다.
⑤ 물체는 가공공정 순서와 같은 방향으로 선택한다.
⑥ 기어, 베어링과 같은 물체는 축과 직각 방향에서 본 것을 정면도로 선택한다.

(바) 입체 투상도

① 투시 투상법

투시 투상법은 투상면에서 어떤 거리에 있는 시점과 물체의 각 점을 연결한 투상선이 투상면을 지날 때 나타나는 모양을 그리는 투상법으로 물체의 원근감을 나타낼 때 사용하며 건축, 토목조감도 등에 사용한다.

② 사투상법

- 투상선이 투상면에 사선으로 지나는 평행 투상이다.

• 일반적으로 투상선이 하나이다.
• 종류 : 케비넷도, 카발리에도 등이 있다.

㉠ **캐비닛도**
  • 투상선이 투상면에 대하여 63° 26'인 경사를 가진 사투상도
  • 3축 중 Y, Z 축은 실제 길이를 나타내므로 정면도는 실제 크기이다.
  • X축은 보통 크기의 1/2을 나타낸다.

㉡ **카발리에도**
  •투상선이 투상면에 대하여 45°인 경사를 가진 사투상도
  •3축 모두 실제의 길이를 나타낸다.
  •X축을 수평축에 45°기울여 그린다.

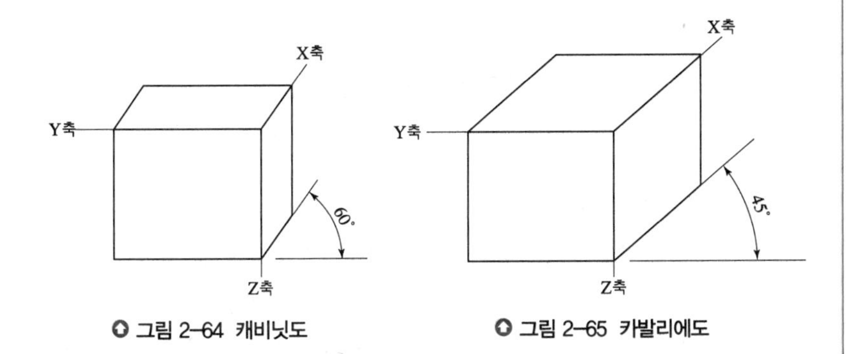

그림 2-64 캐비닛도
그림 2-65 카발리에도

(사) 축측 투상법

• 대상물의 좌표면이 투상면에 대하여 경사를 이룬 직각 투상
• 일반적으로 투상면이 하나이다.
• 등각 투상도 2등각 투상도, 부등각 투상도가 있다.

① 등각 투상도
등각 투상도는 밑변의 모서리 선이 수평면과 좌우 각각 30°를 이루면 세 축이 120°의 등각이 되도록 입체도로 투상한 것으로 정면, 평면, 측면을 동시에 입체적으로 볼 수 있다.

② 2등각 투상도
3좌표축 투상의 교각 중 2개의 교각이 같은 추측 투상

③ 부등각 투상도
3좌표축 투상의 교각이 각기 다른 추측 투상

(2) 도형의 표시법

1) 투상도의 선택방법

(가) 투상도의 선택방법

① 주투상도에는 대상물의 모양 및 기능을 가장 명확하게 표시하는 면을 그리며, 대상물을 도시하는 상태는 도면의 목적에 따라 「조립도 등 주로 기능을 표시하는 도면에서는 대상물을 사용하는 상태」, 「부품도 등 가공하기 위한 도면에서는 가공에 있어서 도면을 가장 많이 이용하는 공정에 대상물을 놓은 상태」 또는 「특별한 이유가 없는 경우, 대상물을 가로길이로 놓은 상태」 중 하나에 따른다(KS B 0001 10.1.1 의 a).

② 주투상도를 보충하거나 보조하는 다른 투상도는 최소로 하고 주투상도만으로 표기가 가능한 것은 다른 투상도를 그리지 않는다(KS B 0001 10.1.1의 b).

③ 서로 관련되는 그림의 배치는 최대한 숨은 선을 쓰지 않도록 한다. 다만, 비교 대조하기 불편한 경우에는 예외로 한다(KS B 0001 10.1.1의 c).

(나) 보조 투상도

경사면부가 있는 대상물에서 그 경사면의 실제 길이를 표시할 필요가 있는 경우에는 다음에 의하여 보조 투상도로 표시한다.

① 물체에 경사진 부분이 있는 경우 도면에 투상도의 모양이나 크기가 축소되어 나타나기 때문에 그림에서와 같이 경사면과 나란하게 투상면을 두고 제3각법으로 투상하면 실물과 같은 크기로 투상을 할 수 있으며, 필요한 부분만을 부분 투상도 또는 국부 투상도로 그리는 것이 좋다.

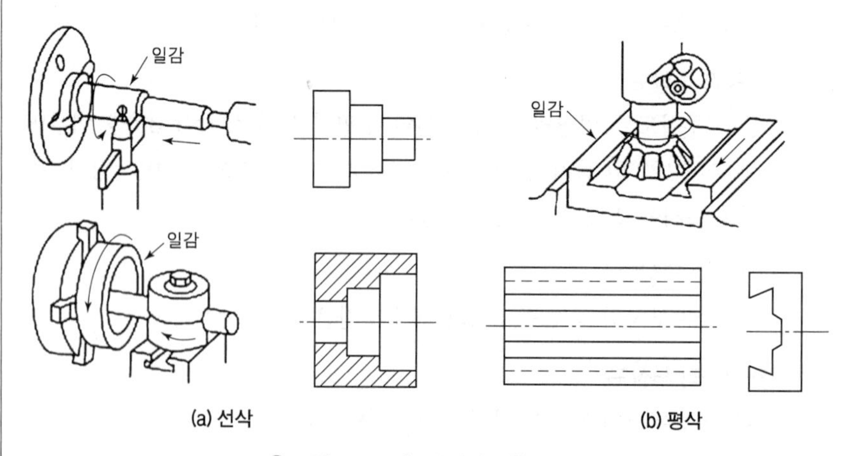

그림 2-66 가공공정에 의한 배열

② 지면의 관계 등으로 보조 투상도를 경사면에 맞는 위치에 배치할 수 없는 경우에는 [그림 2-68(a)]와 같이 화살표와 영문 대문자를 써서 표시할 수 있으며, [그림 2-68(b)]와 같이 중심선을 꺾어 투상 관계를 나타내도 좋다.

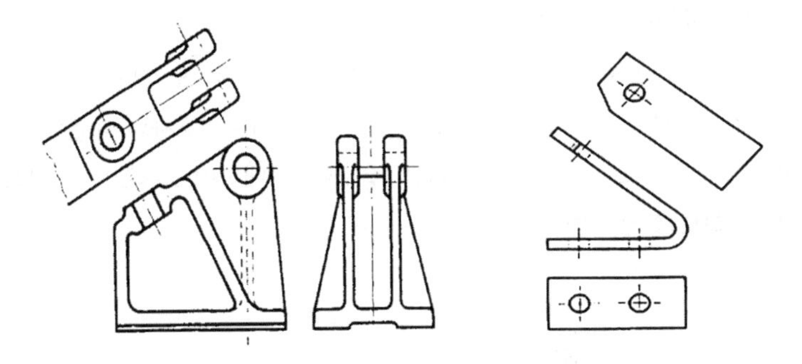

그림 2-67 보조 투상도

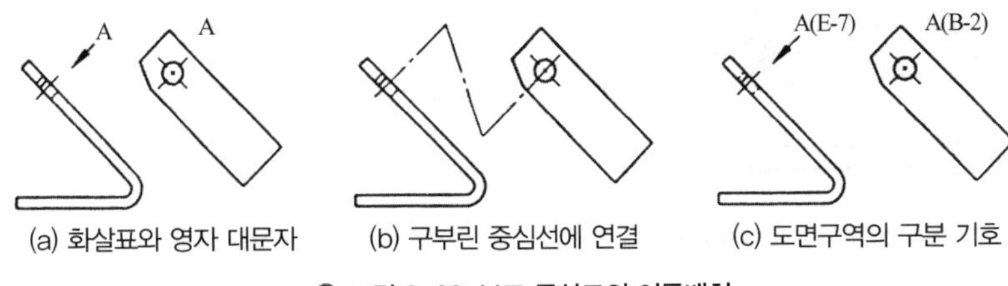

그림 2-68 보조 투상도의 이동배치

(다) 회전 투상도

대상물의 일부가 어느 각도를 가지고 있으므로 투상면에 그 실형이 나타나지 않을 때에 그 부분을 회전해서 그 실형을 도시할 수 있다. 또한, 잘못 볼 우려가 있을 경우에는 작도에 사용한 선을 남긴다.

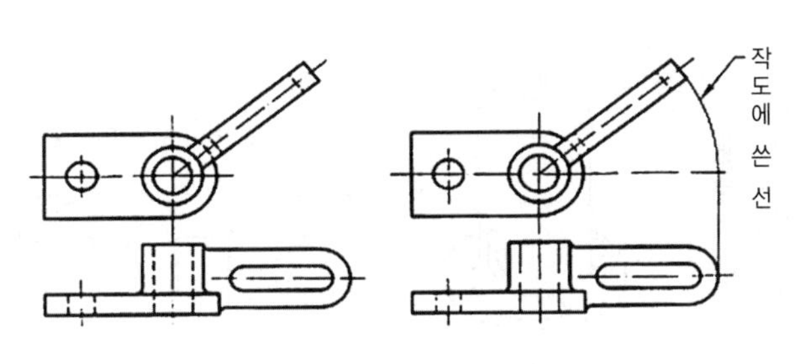

그림 2-69 회전 투상도

(라) 부분 투상도

그림의 일부를 도시하는 것으로 충분한 경우에는 그 필요 부분만을 부분 투상도로서 표시한다. 이 경우에는 생략한 부분과의 경계를 파단선으로 나타낸다. 다만, 명확한 경우에는 파단선을 생략하여도 좋다.

(마) 부분 확대도

특정 부분의 도형이 작은 관계로 그 부분의 상세한 도시나 치수기입을 할 수 없을 때는 그 부분을 가는 실선으로 에워싸고, 영자의 대문자로 표시함과 동시에 그 해당 부분을 다른 장소에 확대하여 그리고, 표시하는 문자 및 척도를 부기한다.

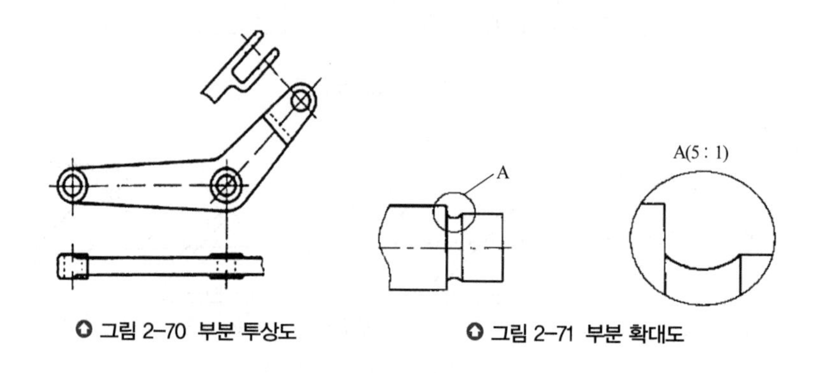

그림 2-70 부분 투상도

그림 2-71 부분 확대도

(바) 국부 투상도

대상물의 구멍, 홈 등 한 국부만의 모양을 도시하는 것으로 충분한 경우에는 그 필요한 부분만을 국부 투상도로서 나타낸다. 투상 관계를 나타내기 위하여 원칙적으로 주된 그림으로부터 중심선, 기준선, 치수보조선 등으로 연결한다.

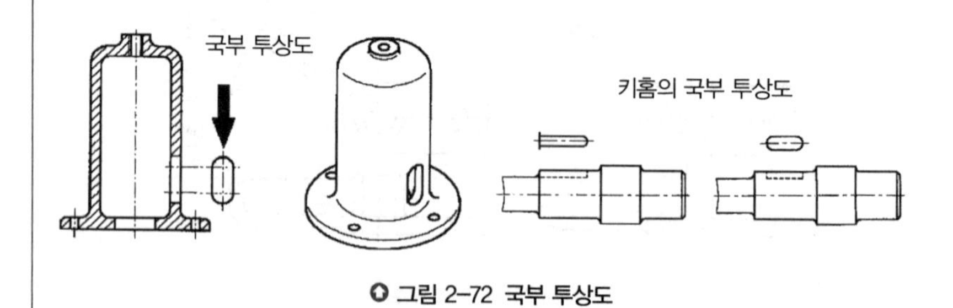

그림 2-72 국부 투상도

(사) 요점 투상도

보조적인 투상도에 보이는 부분을 모두 표시하면 도면이 복잡해져서 오히려 알아보기가 어려운 경우가 있다. 이때에는 요점 부분만 투상도로 표시한다.

(아) 복각 투상도

도면에 물체의 앞면과 뒷면을 동시에 표시하는 방법으로 정면도를 중심으로 우측면에서 좌측 반은 제1각법으로 우측 반은 제3각법으로 그린 투상도를 복각 투상도라 한다.

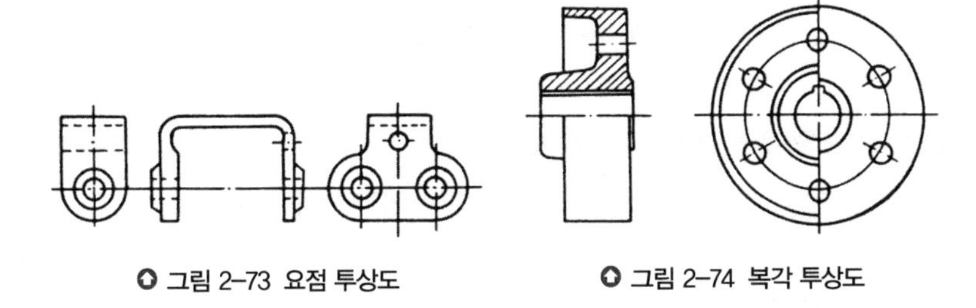

그림 2-73 요점 투상도　　그림 2-74 복각 투상도

(3) 도형의 생략

1) 도형이 대칭 형식의 경우

다음 중 어느 한 방법에 따라 대칭 중심선의 한 쪽을 생략할 수 있다.

① 대칭 중심선의 한쪽 도형만을 그리고, 그 대칭 중심선의 양끝 부분에 짧은 2개의 나란한 가는 선(대칭 도시기호라 한다)을 그린다.

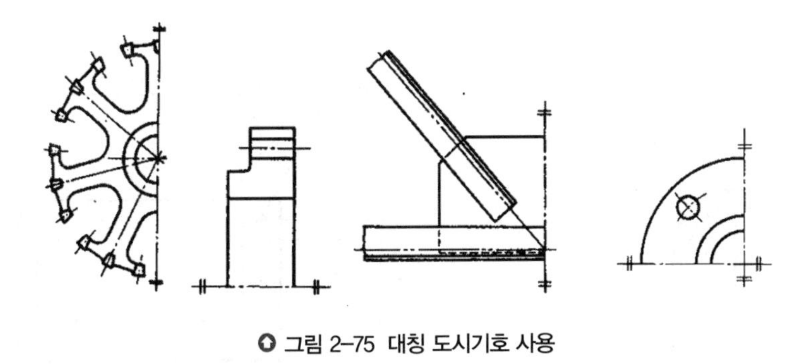

그림 2-75 대칭 도시기호 사용

② 대칭 중심선의 한쪽의 도형을 대칭 중심선을 조금 넘은 부분까지 그린다. 이때에는 대칭 시 기호를 생략할 수 있다.

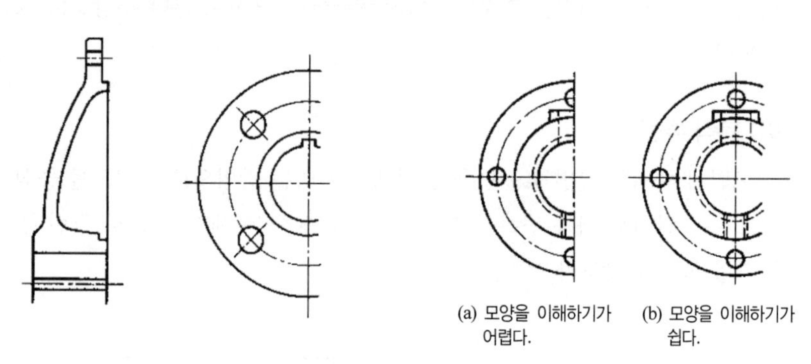

그림 2-76 대칭도형의 생략

2) 반복 도형의 생략 및 특별한 도시방법

같은 종류, 같은 모양의 것이 반복되어 있는 경우 도형을 생략할 수가 있다.

① 실형 대신 그림기호를 피치선과 중심선과의 교점에 기입한다.

② 2가지 이상의 도형이 반복되면 다음과 같이 도형기호를 구분한다. 또한 잘못 볼 우려가 있을 경우에는 양 끝부분(한끝은 1피치분), 또는 요점만을 도시하고 다른 쪽은 피치선과 중심선과의 교점으로 나타낸다.

치수기입에 의하여 교점의 위치가 명확할 때는 피치선에 교차되는 중심선을 생략하여도 좋다. 또, 이 경우에는 반복 부분의 수를 치수기입 또는 주기에 의하여 지시하여야 한다.

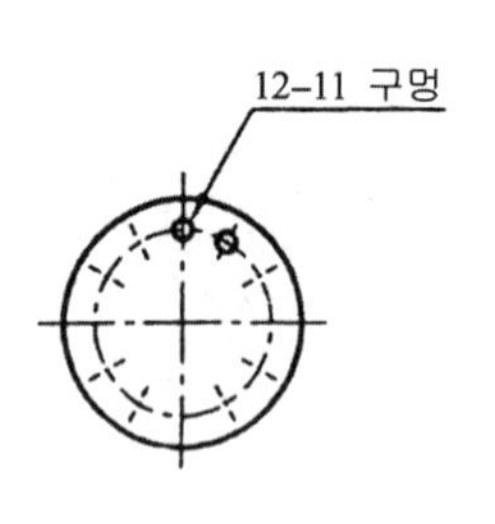

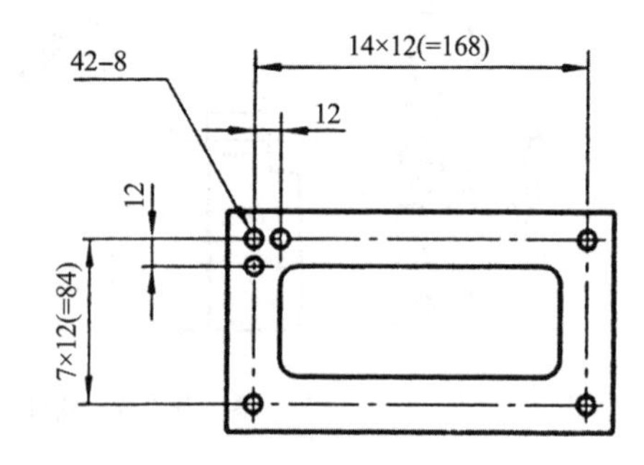

그림 2-77 반복 도형의 생략

3) 중간 부분의 생략

① 동일한 부분의 단면, 같은 모양이 규칙적으로 줄지어 있는 부분, 또는 긴 테이퍼 등의 부분은 지면을 생략하기 위하여 중간 부분을 잘라내서 그 긴요한 부분만을 가까이하여 도시할 수 있다.

[보기]
- 축, 막대, 관, 형강
- 래크, 공작기계의 어미나사, 교량의 난간, 사다리
- 테이퍼 축

이 경우, 잘라낸 끝부분은 파단선으로 나타낸다.

② 요점만을 도시하는 경우, 혼동될 염려가 없을 때는 파단선을 생략하여도 좋다.

③ 긴 테이퍼 부분, 또는 기울기 부분을 잘라낸 도시에서는 경사가 완만한 것은 실제의 각도로 도시하지 않아도 좋다.

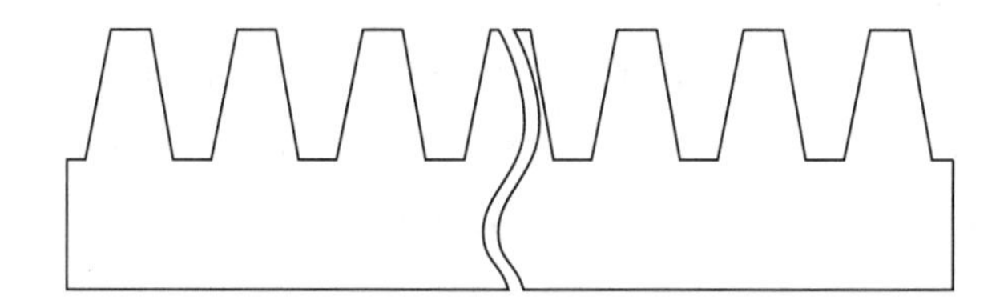

그림 2-78 중간 부분의 생략

4) 특별한 도시방법

① 전개도

판재를 구부려서 만드는 물체는 면으로 구성된 대상물의 전개한 모양을 나타내어도 된다. 이 경우 전개도의 위쪽 또는 아래쪽에 "전개도"라고 기입하는 것이 좋다.

② 간명한 도시

도시를 필요로 하는 부분을 알기 쉽게 하기 위하여 다음과 같이 하는 것이 좋다.

㉠ 숨은선이 없어도 이해할 수 있는 경우에는 이것을 생략하여도 좋다.

㉡ 보충하는 투상도에 보이는 부분을 전부 그리면, 도면이 오히려 알기 어렵게 될 경우에는 부분 투상도 또는 보조 투상도를 활용하여 표시하는 것이 좋다.

㉢ 절단면의 앞쪽에 보이는 선은 그것이 없어도 이해할 수 있는 경우에는 생략하여도 좋다.

㉣ 일부분에 특정한 모양을 가진 것은 되도록 그 부분이 그림의 위쪽에 나타나도록 그리는 것이 좋다. 보기를 들면 키 홈이 있는 보스 구멍, 벽에 구멍 또는 홈이 있는 관이나 실린더, 쪼개짐을 가진 링 등의 갈라진 부분은 위쪽으로 투상한다.

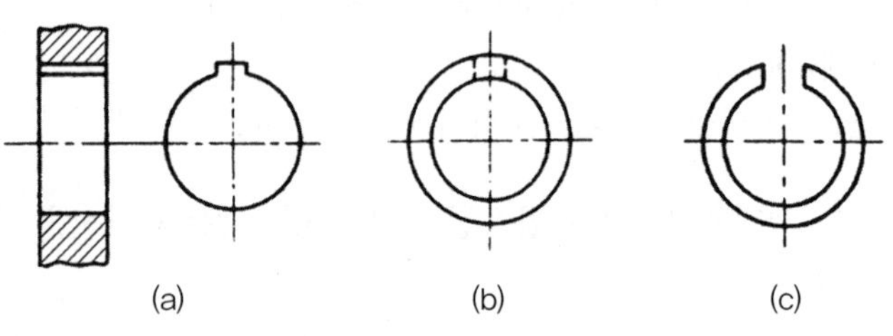

그림 2-79 특정한 모양의 도시

5) 2개의 교차 부분의 표시

2개 면의 교차 부분을 표시하는 선은 다음과 같이 도시한다.

① 2개의 면이 둥글게 만나는 경우 [그림 2-80]과 같이 둥글게 만나는 교차선의 위치에 굵은 실선으로 표시한다.

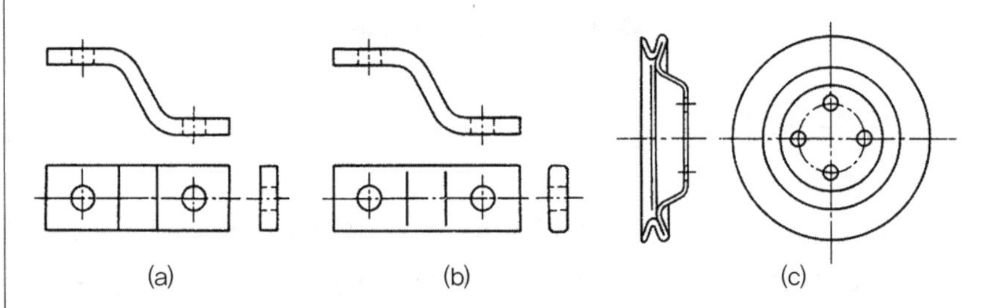

그림 2-80 2개 면의 교차 구분의 표시

② 리브가 평면과 맞닿을 때는 선의 끝부분은 그림과 같이 직선 그대로 멈추게 한다.

㉠ 둥글기 값 $R_1 < R_2$인 경우에는 [그림 2-81] (b)와 같이 바깥쪽으로 구부린다.

㉡ 둥글기 값 $R_1 > R_2$인 경우에는 [그림 2-81] (c)와 같이 안쪽으로 구부린다.

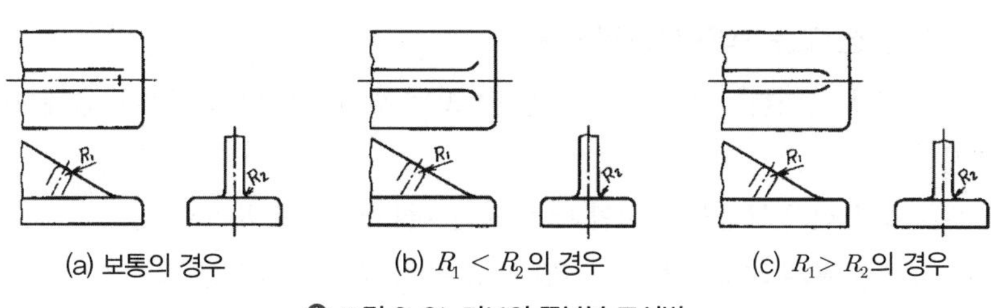

그림 2-81 리브의 끝부분 표시법

③ 곡면과 곡면 또는 곡면과 평면이 교차하는 부분의 선(상관선)은 직선으로 표시하든가 근사치에 가깝게 원호로 표시한다.

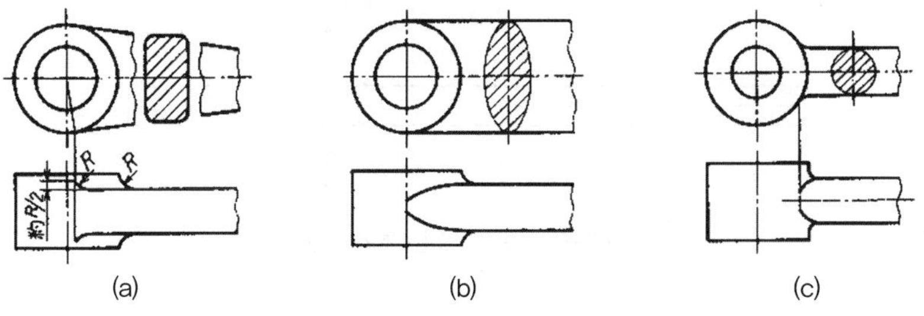

그림 2-82 암의 교차하는 부분을 나타내는 법

6) 평면의 도시

도형 내의 특정한 부분이 평면이란 것을 표시할 필요가 있을 경우에는 가는 실선으로 대각선을 기입한다.

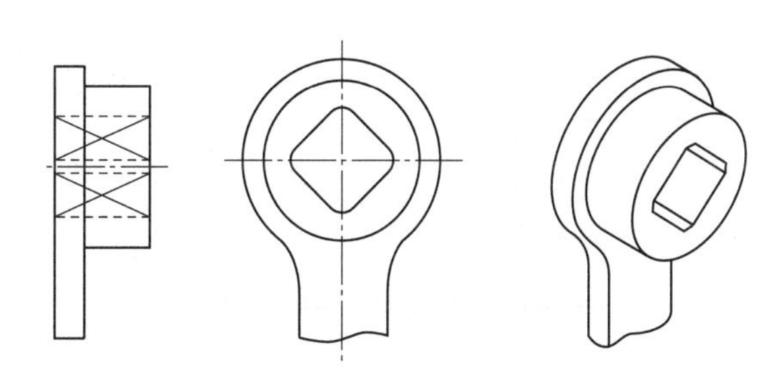

그림 2-83 평면이 외부에 있을 때

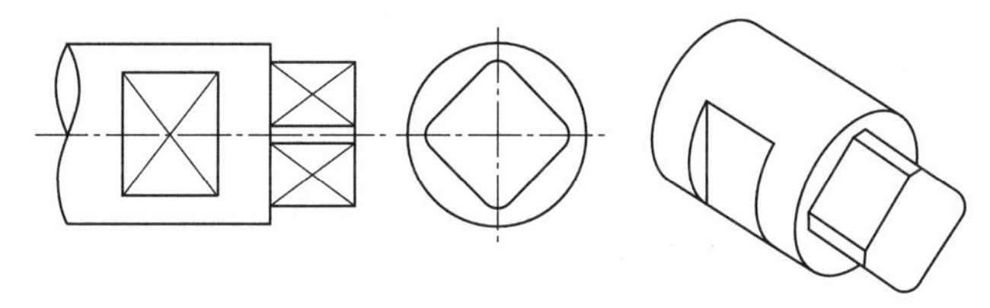

그림 2-84 평면이 내부에 있을 때

7) 가공 전 또는 후의 모양의 도시

그림에 표시하는 대상물의 가공 전 또는 후의 모양의 도시는 다음에 따른다.

① 가공 전의 모양을 표시할 때는 가는 2점 쇄선으로 도시한다.

② 가공 후의 모양, 보기를 들면 조립 후의 모양을 표시할 때는 실선으로 도시한다.

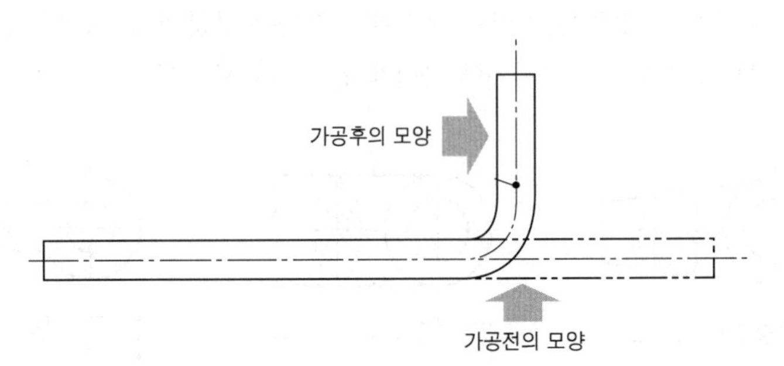

그림 2-85 가공 전 또는 후의 모양의 도시

8) 가공에 사용하는 공구 · 지그 등의 도시

가공에 사용하는 공구 · 지그 등의 모양을 참고로 하여 도시할 필요가 있는 경우에는 가는 2점 쇄선으로 도시한다.

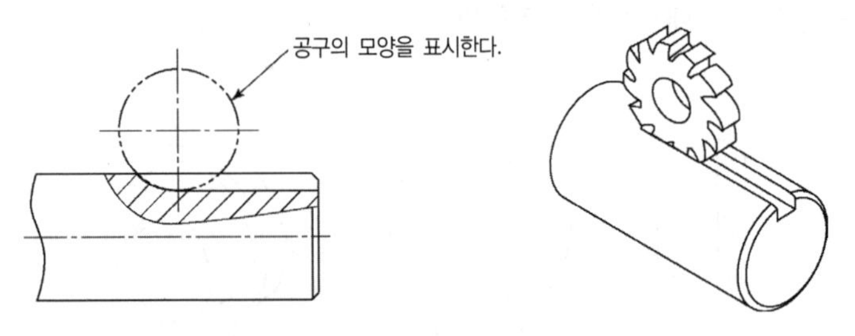

그림 2-86 공구 · 지그 등 도시

9) 절단면의 앞쪽에 있는 부분의 도시

절단면의 앞쪽에 있는 부분을 도시할 필요가 있는 경우에는 가는 2점 쇄선으로 도시한다.

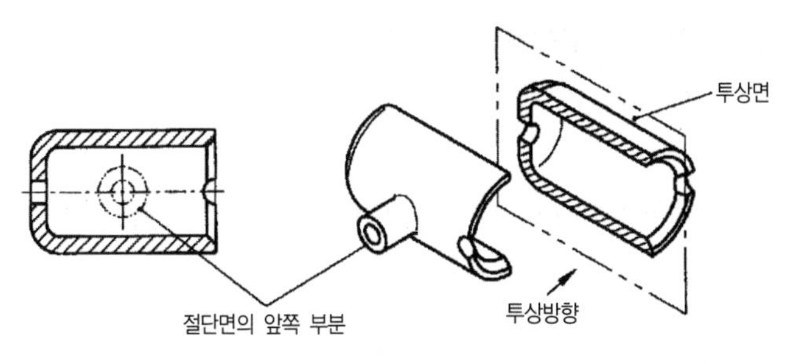

그림 2-87 절단면의 앞쪽에 있는 부분의 도시

10) 인접 부분의 도시

대상물을 인접하는 부분을 참고로 도시할 필요가 있을 때는 가는 2점 쇄선으로 도시한다. 대상물의 도형은 인접 부분에 숨겨지더라도 숨은선으로 하면 안 된다. 단면도에 있어서 인접 부분에는 해칭을 하지 않는다.

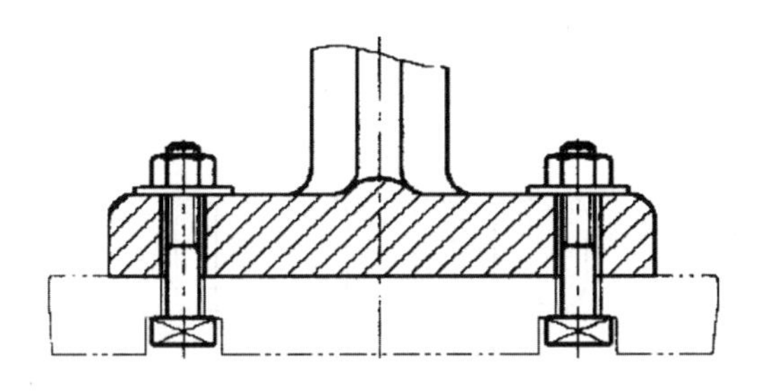

그림 2-88 인접 부분의 도시

11) 특수한 가공부분의 표시

대상물의 일부분에 특수한 가공을 하는 경우에는 그 범위를 외형선에 평행하게 약간 떼어서 그은 굵은 1점 쇄선으로 나타낼 수 있다.

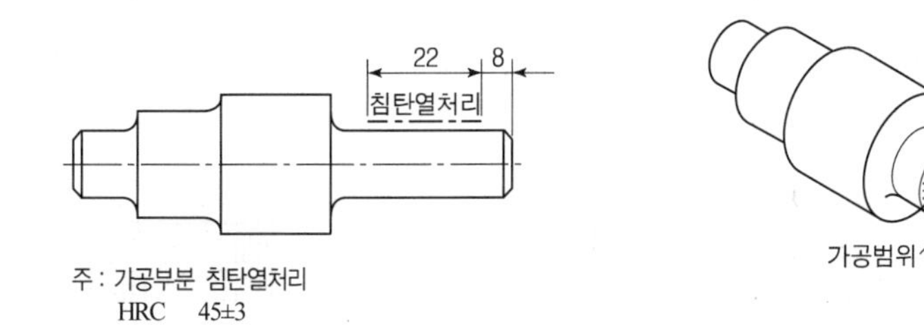

그림 2-89 특수가공 부위의 표시

12) 조립도 중의 용접 구성품의 표시방법

용접부의 용접 부분을 참고로 표시할 필요가 있는 경우에는 다음에 따른다.

① 용접 구성품의 용접의 비드의 크기만을 표시하는 경우에는 [그림 2-90(a)]의 보기에 따른다.

② 용접 구상 부재의 겹침의 관계 및 용접의 종류와 크기를 표시하는 경우에는 [그림 2-90(b)]의 보기에 따른다.

③ 용접 구성부재의 겹침의 관계를 표시하는 경우에는 [그림 2-90(c)]의 보기에 따른다.

④ 용접 구성부재의 겹침의 관계 및 용접의 비드의 크기를 표시하지 않아도 좋을 때에는 [그림 2-90(d)]에 따른다.

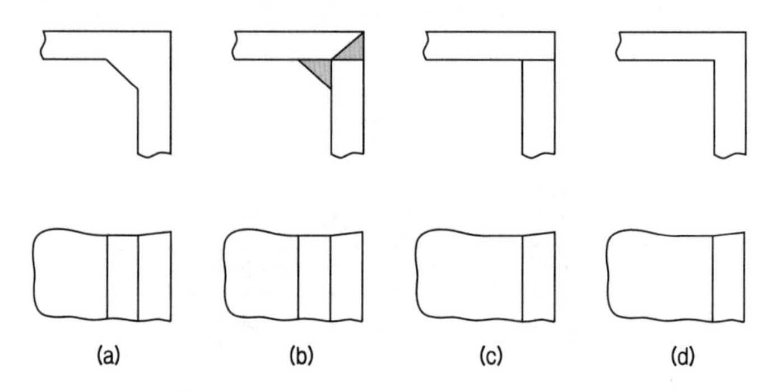

그림 2-90 필렛 용접과 그루브 용접의 보기

13) 무늬 등의 표시

널링 가공 부분, 철망, 줄무늬 있는 강판 등의 특징을 외형의 일부분에 그려서 표시하는 경우이며, 비금속 재료를 특별히 나타낼 필요가 있을 경우에는 원칙적으로 [그림 2-91]의 표시방법에 따른다. 이 경우에도 부품도에는 별도로 재질을 글자로 기입한다. 겉모양을 나타낼 경우도, 단면을 할 경우도 이에 따르는 것이 좋다.

유리		고분자계	
목재		세라믹계	
콘크리트		금 속 계	

그림 2-91 비금속 재료의 표시

(4) 단면도 표시방법

물체의 내부 모양을 알기 쉽게 도시하기 위하여 단면도를 활용한다. 물체를 절단하였다고 가정하고, 절단한 부분을 떼어 내고 도시한다. 이때 절단한 면을 해칭 처리하여 절단하였음을 나타낸다.

1) 온 단면도

보통 물체의 절반을 절단하여 작도한다.

① 원칙으로 대상물의 기본적인 모양을 가장 좋게 표시할 수 있도록 절단면을 정하여 그린다. 이 경우에는 절단선은 기입하지 않는다(절단 부위가 확실한 경우).

② 필요할 경우에는 특정 부분의 모양을 잘 표시할 수 있도록 절단면을 정하여 그리는 것이 좋다. 이 경우에는 절단선에 의하여 절단 위치를 나타낸다.

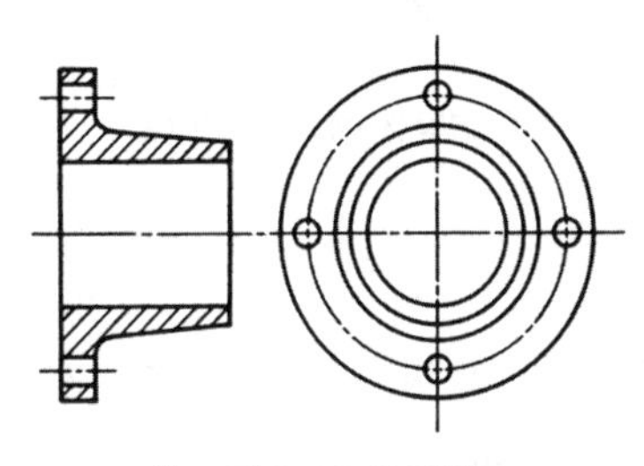

그림 2-92 온 단면도

2) 한쪽 단면도(반 단면도 : half section view)

상하 또는 좌우 대칭인 물체는 1/4을 떼어 낸 것으로 보고 기본 중심선을 경계로 하여 1/2은 외형, 1/2은 단면으로 동시에 나타낸 것으로 대칭 중심의 우측 또는 위쪽을 단면한다.

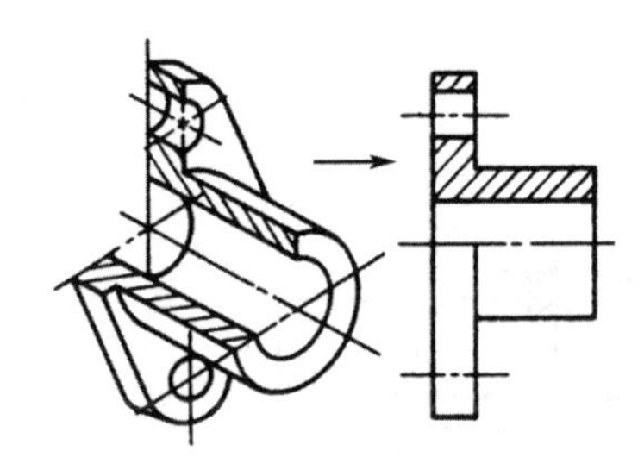

그림 2-93 한쪽 단면도

3) 부분 단면도

외형도에서 필요로 하는 일부분만을 도시할 수 있다. 이 경우 파단선(가는 실선)에 의해서 경계를 나타낸다.

[적용]

① 단면으로 나타낼 필요가 있는 부분이 좁을 때

② 원칙적으로 길이 방향으로 절단하지 않는 것을 특별히 나타낼 때

③ 단면의 경계가 애매하게 될 염려가 있을 때

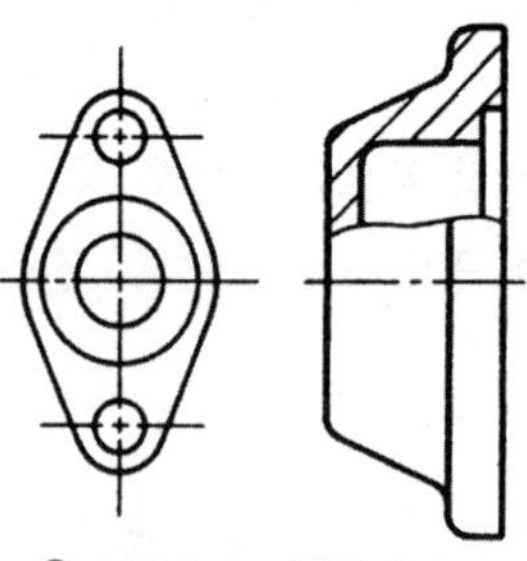

그림 2-94 부분 단면도

4) 회전도시 단면도

핸들이나 바퀴 등의 암 및 림, 리브, 훅, 축, 구조물의 부재 등의 절단면은 90° 회전하여 표시하여도 좋다.

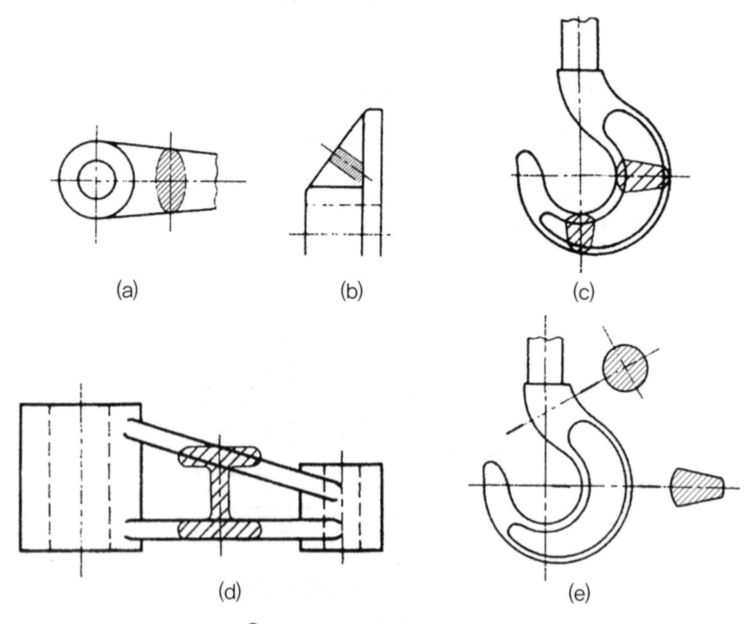

그림 2-95 회전도시 단면도

① 절단할 곳의 전후를 끊어 그 사이에 그릴 때는 굵은 실선으로 그린다[그림 2-95(a), (b)].
② 절단선의 연장선 위에 그릴 때는 굵은 실선으로 그린다[그림 2-95(e)].
③ 도형 내의 절단한 곳에 겹쳐서 그릴 때는 가는 실선을 사용하여 그린다[그림 2-95(c), (d)].
④ 회전단면도를 주투상도 밖으로 끌어내어 그릴 경우에는 가는 1점 쇄선으로 단면위치를 표시하고 굵은 1점 쇄선으로 한계를 표시할 때는 굵은 실선으로 그린다.

5) 길이 방향으로 절단하지 않는 것

절단했기 때문에 이해를 방해하는 것, 또는 절단하여도 의미가 없는 것은 원칙으로 긴쪽 방향으로는 절단하지 않는다.

KS에서는 다음과 같은 것들은 길이 방향으로 절단하지 않도록 규정하고 있다.

① **물체의 한 부분 중** : 리브, 암, 기어의 이, 체인 스프로켓의 이 등
② **부품 중** : 축, 핀, 볼트, 너트, 와셔, 작은 나사, 리벳, 강구, 키, 원통롤러 등

6) 단면도의 해칭

단면도의 절단면에 해칭할 필요가 있는 경우는 아래와 같다.

① 보통 사용하는 해칭은 주된 중심선에 대하여 45° 가는 실선으로 등간격으로 표시한다.
② 동일 부품의 단면은 떨어져 있어도 해칭의 방향과 간격 등을 같게 한다.
③ 서로 인접하는 단면의 해칭은 선의 방향 또는 각도(30°, 45°, 60° 임의의 각도) 및 그 간격을 바꾸어서 구별한다.
④ 경사진 단면의 해칭선은 경사진 면에 수평이나 수직으로 그리지 않고 재질에 관계없이 기본 중심에 대하여 45° 경사진 각도로 그린다.
⑤ 절단 자리의 면적이 넓을 경우에는 그 외형선을 따라 적절한 범위에 해칭(또는 스머징)을 한다.
⑥ 해칭을 하는 부분 속에 문자, 기호 등을 기입하기 위해 필요한 경우에는 해칭을 중단한다.
⑦ 단면도에 재료 등을 표시하기 위하여 특수한 해칭(또는 스머징)을 해도 좋다.

7) 얇은 두께 부분의 단면도

개스킷, 박판, 형강 등에서 절단면이 얇은 경우 다음에 따라 표시할 수 있다.

① 절단면을 검게 칠한다.

② 실제치수와 관계없이 1개의 아주 굵은 실선으로 표시한다.

형성평가

01 축의 도시방법에 관한 설명으로 틀린 것은?

① 축의 구석부나 단이 형성되어 있는 부분 형상에 대한 세부적인 지시가 필요할 경우 부분 확대도로 표시할 수 있다.

② 긴축은 단축하여 그릴 수 있으나 길이는 실제 길이를 기입해야 한다.

③ 축은 일반적으로 길이 방향으로 단면 도시하여 나타낼 수 있다.

④ 축의 절단면은 90° 회전하여 회전도시 단면도로 나타낼 수 있다.

해설

축의 도시방법

- 축은 길이 방향으로 단면도시를 하지 않는다. 단, 부분단면은 허용한다.
- 긴축은 중간을 파단하여 짧게 그릴 수 있으며 실제 치수를 기입한다.
- 축 끝에는 모따기 및 라운딩을 할 수 있다.
- 축에 있는 널링(knurling)의 도시는 빗줄인 경우는 축선에 대하여 30°로 엇갈리게 그린다.
- 축 끝의 모따기는 각도와 축을 기입하되 45° 모따기의 경우에 한하여 치수 앞에 "C"를 기입한다.
- 둥근 축이나 구멍 등의 일부 면이 평면임을 나타낼 경우에는 가는 실선의 대각선을 그어 표시한다.

02 다음 중 축의 도시방법에 대한 설명으로 틀린 것은?

① 축의 외경이 클수록 키 홈의 크기는 큰 것을 사용하는 것이 좋다.

② 축 끝의 센터 구멍의 도시기호는 가는 1점 쇄선으로 표시한다.

③ 길이 간 긴 축은 중간을 파단하고 짧게 그릴 수 있다.

④ 축 끝에는 일반적으로 모떼기를 한다.

해설

축 끝의 센터 구멍의 도시기호는 가는 실선으로 표시한다.

03 다음 중 일반적으로 길이 방향으로 단면하여 나타내도 무방한 것은?

① 볼트(Bolt)

② 키(Key)

③ 리벳(Rivet)

④ 미끄럼 베어링(Sliding Bearing)

해설

축, 볼트, 키, 리벳은 길이 방향으로 단면도시를 하지 않는다. 단, 부분단면은 허용한다.

04 다음 요소 중 길이 방향으로 단면하여 도시할 수 있는 것은?

① 풀리 ② 작은 나사

③ 볼트 ④ 리벳

해설

길이 방향으로 단면하여 도시할 수 없는 부품

- 체결용 요소 : 나사, 볼트와 너트, 키이, 핀, 리벳
- 핸들이나 바퀴의 암, 리브, 훅 조인트는 단면을 90° 회전시켜 나타낸다.

05 빗줄 널링(knurling)의 표시방법으로 가장 올바른 것은?

① 축선에 대하여 일정한 간격으로 평행하게 도시한다.

② 축선에 대하여 일정한 간격으로 수직으로 도시한다.

[정답] 01 ③ 02 ② 03 ④ 04 ① 05 ③

③ 축선에 대하여 30°로 엇갈리게 일정한 간격으로 도시한다.

④ 축선에 대하여 80°가 되도록 일정한 간격으로 평행하게 도시한다.

해설

축에 널링을 도시할 때에는 빗줄인 경우는 축선에 대하여 30°로 엇갈리게 나타낸다.

06 축을 가공하기 위한 센터구멍의 도시방법 중 그림과 같은 도시기호의 의미는?

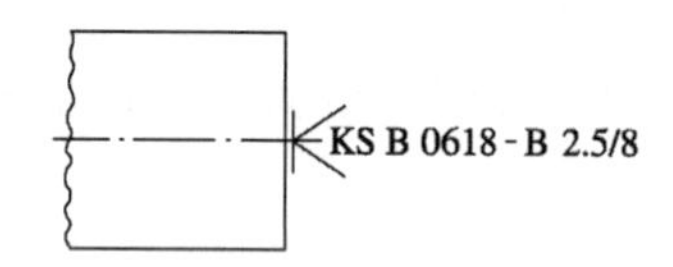

① 센터의 규격에 따라 다르다.

② 다듬질 부분에서 센터 구멍이 남아 있어도 좋다.

③ 다듬질 부분에서 센터 구멍이 남아 있어서는 안 된다.

④ 다듬질 부분에서 반드시 센터 구멍을 남겨둔다.

해설

위 그림은 다듬질 부분에서 센터 구멍이 남아 있어서는 안 된다.

07 그림에서 도시한 KS A ISO 6411-A4/8.5의 해석으로 틀린 것은?

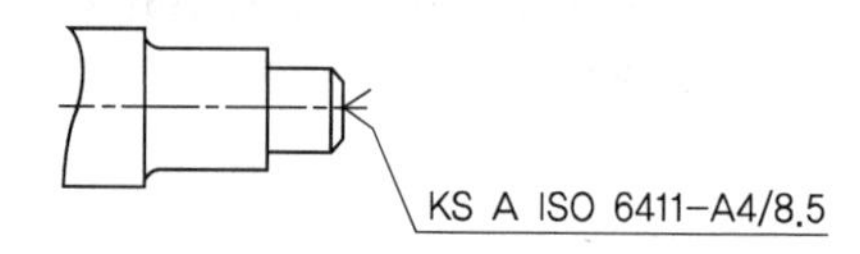

① 센터 구멍의 간략 표시를 나타낸 것이다.

② 종류는 A형으로 모따기가 있는 경우를 나타낸다.

③ 센터 구멍이 필요한 경우를 나타내었다.

④ 드릴 구멍의 지름은 4mm, 카운터싱크 구멍지름은 8.5mm이다.

해설

종류는 A형으로 모따기는 없다.

08 축을 가공하기 위한 센터 구멍의 도시방법 중 그림과 같은 도시기호의 의미는?

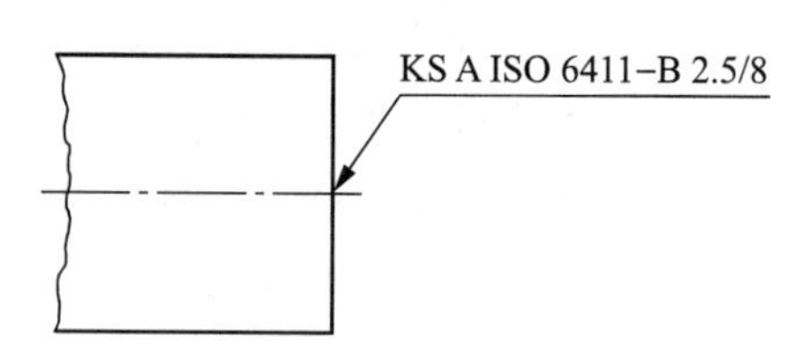

① 센터 구멍이 반드시 필요하며 센터 구멍의 호칭 지름은 2.5mm, 카운터싱크 구멍지름은 8mm이다.

② 센터 구멍은 남아 있어도 좋으며, 센터 구멍이 있을 경우 센터 구멍지름은 8mm이다.

③ 센터 구멍이 반드시 필요하며 카운터싱크 구멍지름은 2.5mm, 센터 구멍의 호칭 지름은 8mm이다.

④ 센터 구멍은 남아 있어도 좋으며, 센터 구멍이 있을 경우 카운터싱크 구멍지름은 2.5mm, 센터 구멍의 호칭 지름은 8mm이다.

해설

센터 기호가 없으면 필요하나 기본적으로 요구하지 않는다.

센터 구멍의 필요 여부	기호	도시방법
필요	<	KS A ISO 6411-A 2/4.25

[정답] 06 ③ 07 ② 08 ②

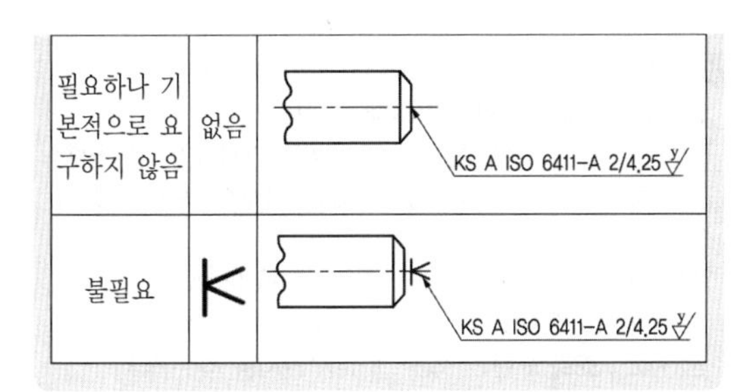

필요하나 기본적으로 요구하지 않음	없음	KS A ISO 6411-A 2/4.25
불필요	K	KS A ISO 6411-A 2/4.25

09 센터 구멍의 간략 도시방법에서 다음 설명을 옳게 도시한 것은?

> 센터 구멍은 반드시 필요하며 B형으로 카운터싱크 구멍지름은 8mm, 드릴 구멍지름은 2.5mm이다.

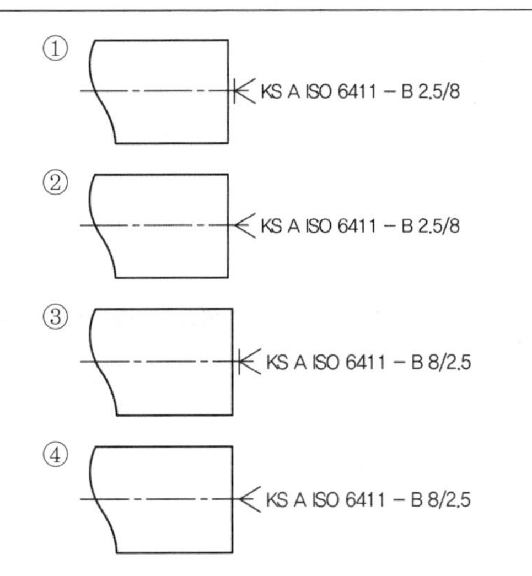

해설

센터 구멍의 간략 도시방법

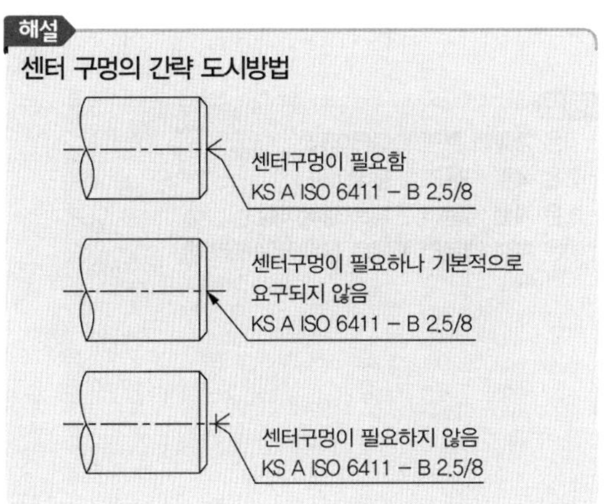

10 축에 센터 구멍이 필요한 경우의 그림기호로 올바른 것은?

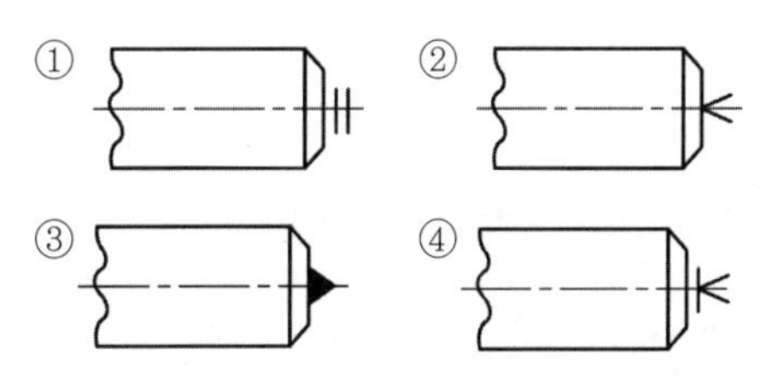

11 축 중심의 센터 구멍 표현법으로 옳지 않은 것은?

12 그림은 어떤 베어링인가?

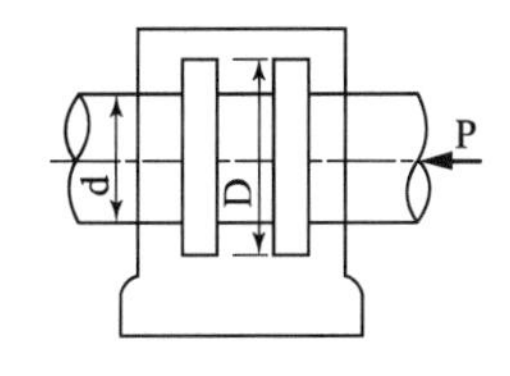

① 레이디얼 베어링 ② 저널 베어링
③ 칼라 베어링 ④ 테이퍼 베어링

13 구름베어링의 안지름 번호와 안지름 치수가 잘못 연결된 것은?

① 안지름 번호 : 00 – 안지름 : 10mm
② 안지름 번호 : 03 – 안지름 : 17mm
③ 안지름 번호 : 07 – 안지름 : 30mm
④ 안지름 번호 : /22 – 안지름 : 22mm

해설

안지름 번호 : 07 – 안지름 : 35mm(5×7=35)

[정답] 09 ④ 10 ② 11 ① 12 ③ 13 ③

14 구름베어링 기호 중 안지름이 10mm인 것은?

① 7000　② 7001
③ 7002　④ 7010

해설

안지름 번호(세 번째, 네 번째 숫자)
안지름 번호 1~9까지는 안지름 번호와 안지름이 같고, 안지름 번호의 안지름 20mm 이상 480mm 미만에서는 안지름을 5로 나눈 수가 안지름 번호이다.
00 : 안지름 10mm　01 : 안지름 12mm
02 : 안지름 15mm　03 : 안지름 17mm

15 구름베어링의 호칭번호가 6001일 때 안지름은 몇 mm인가?

① 10　② 11
③ 12　④ 13

해설

14번 해설 참조

16 베어링의 호칭번호가 6026일 때 이 베어링의 안지름은 몇 mm인가?

① 6　② 60
③ 26　④ 130

해설

26×5＝130mm

17 다음 구름베어링 호칭번호 중 안지름이 22mm인 것은?

① 622　② 6222
③ 62/22　④ 62-22

해설

안지름 번호(세 번째, 네 번째 숫자)
안지름 번호 1~9까지는 안지름 번호와 안지름이 같고 안지름 번호의 안지름 20mm 이상 480mm 미만에서는 안지름을 5로 나눈 수가 안지름 번호이다.
00 : 안지름 10mm　01 : 안지름 12mm
02 : 안지름 15mm　03 : 안지름 17mm
단, /22, /32로 표현한 것은 그 값이 안지름 치수이다.

18 베어링의 호칭번호가 62/28일 때 베어링 안지름은 몇 mm인가?

① 28　② 32
③ 120　④ 140

해설

안지름 번호(세 번째, 네 번째 숫자)
/28＝28, /28＝28, /32＝32: /표시는 호칭번호와 안지름은 동일하다.

19 다음 중 복렬 자동조심 볼베어링에 해당하는 베어링 간략기호는?

③ 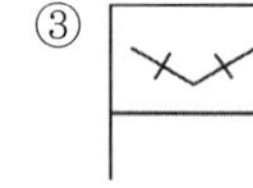　④ 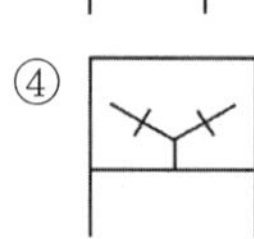

해설

①은 앵귤러 콘택트 볼베어링
②은 복렬 자동조심 볼베어링
③은 복렬 앵귤러 콘택트 볼베어링
④은 복렬 앵귤러 콘택트 볼베어링(분리형)

[정답] 14 ①　15 ③　16 ④　17 ③　18 ①　19 ②

20 구름베어링 제도에서 상세한 도시방법 중 보기와 같은 베어링은?

① 앵귤러 콘택트 스러스트 볼베어링
② 이중 방향 스러스트 볼베어링
③ 단열 방향 스러스트 볼베어링
④ 복렬 깊은 홈 볼베어링

해설
위 그림은 단열 방향 스러스트 볼베어링이다.

21 구름베어링의 상세한 간략 도시방법에서 복열 자동조심 볼베어링의 도시기호는?

① 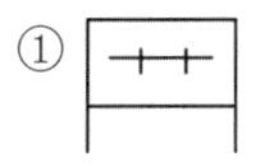 ② 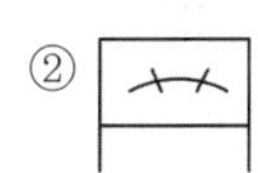

③ 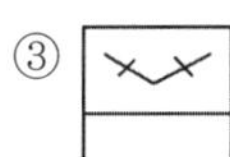 ④ 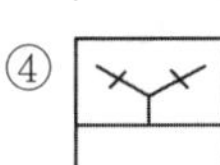

해설
① 복열 깊은 홈 볼베어링, 롤러 베어링, 복열 원통 롤러 베어링
② 복열 자동조심 볼베어링
③ 복열 앵귤러 콘텍트 볼베어링
④ 복열 앵귤러 콘텍트 볼베어링(분리형)

22 다음 중 단열 앵귤러 볼베어링의 간략 도시기호는?

① 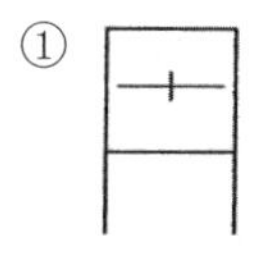 ② 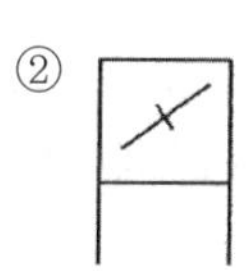

③ 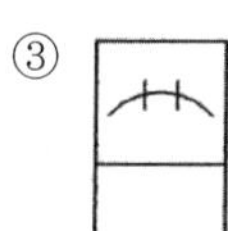 ④ 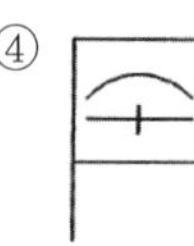

해설
① 깊은 홈 볼베어링, 원통 롤러 베어링
② 앵귤러 콘택트 볼베어링, 테이퍼 롤러 베어링
③ 복열 자동조심 볼베어링
④ 규정에 없는 그림

23 NA4916V의 베어링 호칭 표시에서 NA는 무엇을 나타내는가?

① 복렬 원통 롤러 베어링
② 스러스트 롤러 베어링
③ 테이퍼 롤러 베어링
④ 니들 롤러 베어링

해설
- NA49 : 베어링 계열 기호(니들 롤러 베어링, 치수계열 49)
- 16 : 안지름 번호(베어링 안지름 80mm)
- V : 리테이너 기호(리테이너 없음)

24 베어링 기호 608 C2 P6에서 C2가 뜻하는 것은?

① 등급 기호 ② 계열 기호
③ 안지름 번호 ④ 내부 틈새 기호

해설
- 60 : 베어링 계열 기호(단식 깊은 홈 볼베어링, 치수계열 10)
- 8 : 안지름 번호(베어링 안지름 40mm)
- C2 : 틈새 기호(C2의 틈새)
- P6 : 등급 기호

25 호칭번호가 6900인 베어링에 대한 설명으로 옳은 것은?

① 안지름이 10mm인 니들 롤러 베어링
② 안지름이 12mm인 원통 롤러 베어링
③ 안지름이 12mm인 자동조심 볼 베어링
④ 안지름이 10mm인 단열 깊은 홈 볼 베어링

[정답] 20 ③ 21 ② 22 ② 23 ④ 24 ④ 25 ①

해설

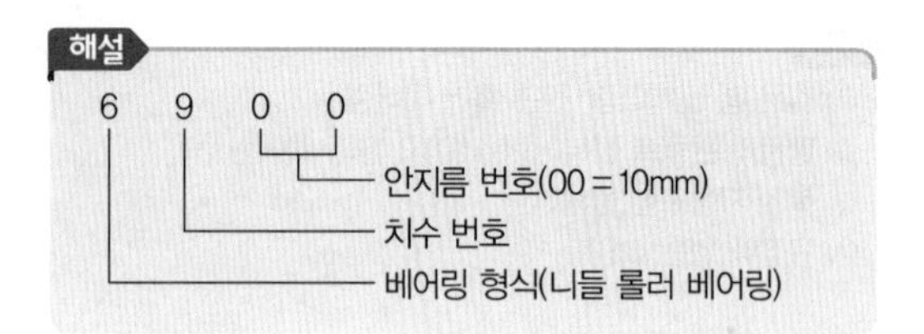

26 구름베어링 기호 중 안지름이 10mm인 것은?

① 7000　② 7001
③ 7002　④ 7010

해설

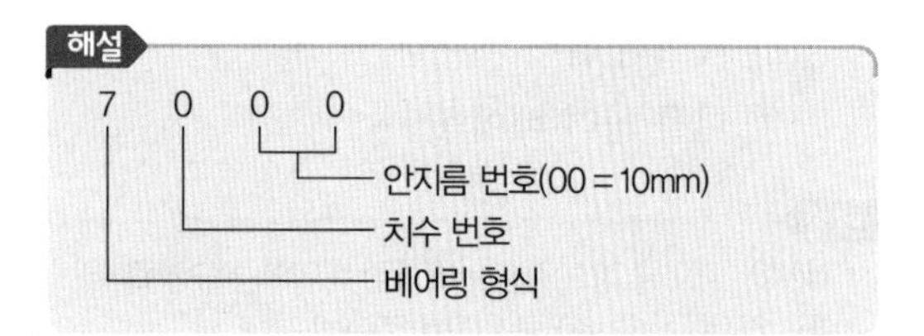

27 베어링 호칭번호 NA 4916 V의 설명 중 틀린 것은?

① NA 49는 니들 롤러 베어링 치수계열 49
② V는 리테이너 기호로서 리테이너가 없음
③ 베어링 안지름은 80mm
④ A는 시일드 기호

해설

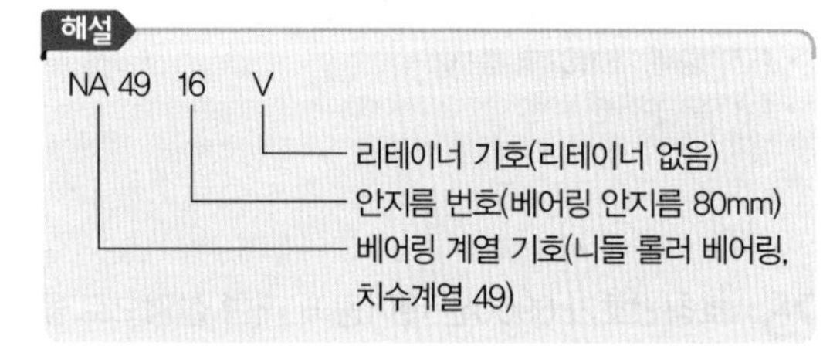

28 호칭번호가 "NA 4916 V"인 니들 롤러 베어링의 안지름 치수는 몇 mm인가?

① 16　② 49
③ 80　④ 96

29 베어링 기호 608 C2 P6에서 P6가 뜻하는 것은?

① 정밀도 등급 기호
② 계열 기호
③ 안지름 번호
④ 내부 틈새 기호

해설

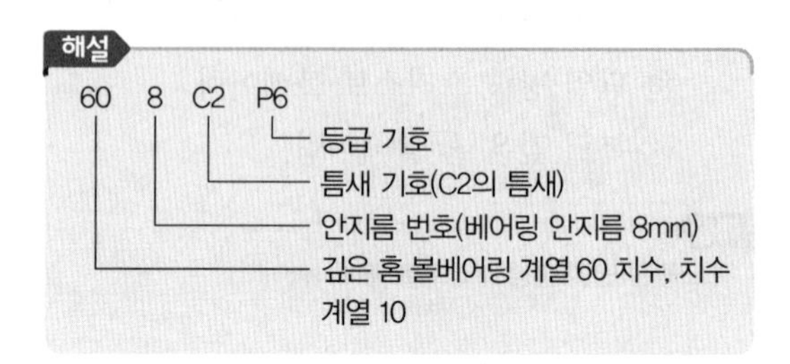

30 베어링 호칭번호 "6308 Z NR"에서 "08"이 의미하는 것은?

① 실드 기호
② 안지름 번호
③ 베어링 계열 기호
④ 레이스 형상 기호

해설

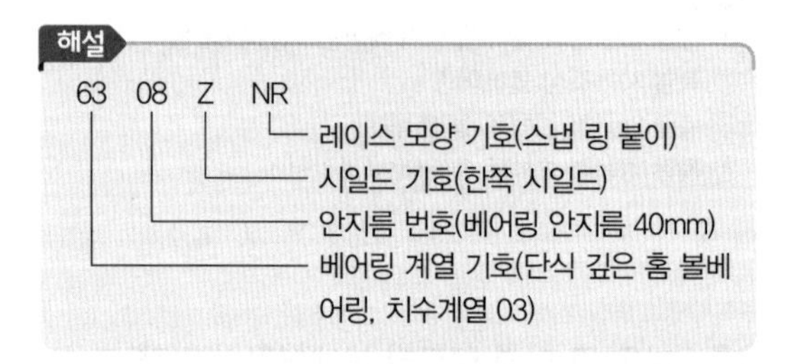

31 베어링 호칭번호가 다음과 같이 나타났을 경우 이 베어링에서 알 수 없는 항목은?

F684C2P6

① 궤도륜 모양　② 베어링 계열
③ 실드 기호　④ 정밀도 등급

[정답] 26 ① 27 ④ 28 ③ 29 ① 30 ② 31 ③

해설

- F : 궤도륜 모양; 플랜지 붙이
- 68 : 베어링 계열
- 4 : 안지름 번호
- C2 : 레이디얼 내부 틈새 기호
- P6 : 정밀도 등급

32 다음과 같이 도면에 지시된 베어링 호칭번호의 설명으로 옳지 않은 것은?

6312 Z NR

① 단열 깊은 홈 볼베어링

② 한쪽 실드 붙이

③ 베어링 안지름 312mm

④ 멈춤링 붙이

해설

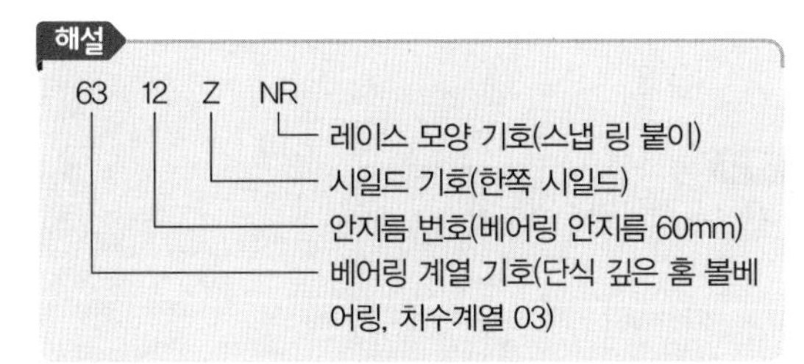

33 기어 제도에 관한 설명으로 옳지 않은 것은?

① 잇봉우리원은 굵은 실선으로 표시하고 피치원은 가는 1점 쇄선으로 표시한다.

② 이골원은 가는 실선으로 표시한다. 다만 축에 직각인 방향에서 본 그림을 단면으로 도시할 때 이골원은 굵은 실선으로 표시한다.

③ 잇줄 방향은 통상 3개의 가는 실선으로 표시한다. 다만 주투영도를 단면으로 도시할 때 외접 헬리컬 기어의 잇줄 방향을 지면에서 앞의 이의 잇줄방향을 3개의 가는 2점 쇄선으로 표시한다.

④ 맞물리는 기어의 도시에서 주투영도를 단면으로 도시할 때는 맞물림부의 한쪽 잇봉우리 원을 표시하는 선은 가는 1점 쇄선 또는 굵은 1점 쇄선으로 표시한다.

해설

맞물리는 한쌍 기어의 도시에서 맞물림부의 이끝원(잇봉우리 원)은 모두 굵은 실선으로 그리고, 주투상도를 단면으로 도시할 때에는 맞물림부의 한쪽 이끝원(잇봉우리 원)을 표시하는 선은 가는 파선 또는 굵은 파선으로 그린다.

34 기어를 도시할 때 선을 나타내는 방법으로 틀린 것은?

① 잇봉우리원은 가는 실선으로 표시한다.

② 피치원은 가는 1점 쇄선으로 표시한다.

③ 잇줄방향은 일반적으로 3개의 가는 실선으로 표시한다.

④ 이뿌리원은 가는 실선으로 표시한다. 단, 축에 직각인 방향에서 본 그림을 단면으로 도시할 때 이골의 선은 굵은 실선으로 표시한다.

해설

① 잇봉우리원(이끝원)은 굵은 실선으로 표시한다.
② 피치원은 가는 1점 쇄선으로 표시한다.
③ 잇줄방향은 일반적으로 3개의 가는 실선으로 표시한다.
④ 이뿌리원(이골원)은 가는 실선으로 표시한다. 단, 축에 직각인 방향에서 본 그림을 단면으로 도시할 때 이뿌리원(이골원)의 선은 굵은 실선으로 표시한다.

35 기어의 제도에 관하여 설명한 것으로 잘못된 것은?

① 잇봉우리원은 굵은 실선으로 표시한다.

② 피치원은 가는 1점 쇄선으로 표시한다.

③ 이골원은 가는 실선으로 표시한다.

④ 잇줄 방향은 통상 3개의 가는 1점 쇄선으로 표시한다.

[정답] 32 ③ 33 ④ 34 ① 35 ④

해설

잇줄 방향은 보통 3개의 가는 실선으로 그린다(단, 외접 헬리컬 기어의 주투상도를 단면으로 도시할 때에는 잇줄방향 도시는 3개와 가는 2점 쇄선으로 그린다).

36 기어 제도에서 선의 사용법으로 틀린 것은?

① 피치원은 가는 1점 쇄선으로 표시한다.
② 축에 직각인 방향에서 본 그림을 단면도로 도시할 때는 이골(이뿌리)의 선은 굵은 실선으로 표시한다.
③ 잇봉우리원은 굵은 실선으로 표시한다.
④ 내접 헬리컬 기어의 잇줄 방향은 2개의 가는 실선으로 표시한다.

해설

잇줄 방향은 보통 3개의 가는 실선으로 그린다.

37 스퍼 기어를 제도할 경우 스퍼 기어 요목표에 일반적으로 기입하지 않는 것은?

① 피치원 지름　　② 모듈
③ 압력각　　④ 기어의 치폭

해설

스퍼 기어의 요목표

기어 치형		표 준
공구	치 형	보통이
	모 듈	3
	압력각	20°
잇 수		40
피치원 지름		PCD ⌀120
전체 이 높이		4.5
다듬질 방법		호브 절삭
정 밀 도		KS B1405, 5급

38 맞물리는 한 쌍의 스퍼 기어에서 축에 직각 방향으로 단면 도시할 때 물려 있는 잇봉우리원을 표시하는 선으로 맞는 것은?

① 양쪽 다 굵은 실선
② 양쪽 다 굵은 파선
③ 한쪽은 굵은 실선, 다른 쪽은 파선
④ 한쪽은 굵은 실선, 다른 쪽은 굵은 일점 쇄선

해설

잇봉우리원은 한쪽은 굵은 실선, 다른 쪽은 파선으로 그린다.

39 스퍼 기어에서 피치원의 지름이 150mm이고, 잇수가 50일 때 모듈(module)은?

① 5　　② 4
③ 3　　④ 2

해설

$D = MZ = 150 \div 50 = 3$

40 표준 스퍼 기어의 모듈이 2이고, 이끝원 지름이 84mm일 때 이 스퍼 기어의 피치원 지름(mm)은 얼마인가?

① 76　　② 78
③ 80　　④ 82

해설

- 피치원 지름 = 모듈 × 잇수 = 2×40 = 80
- 이끝원 지름 = m(Z+2) = 2×(Z+2) = 84
  따라서 잇수는 40

[정답] 36 ④ 37 ④ 38 ③ 39 ③ 40 ③

41 모듈이 2인 한 쌍의 외접하는 표준 스퍼 기어 잇수가 각각 20과 40으로 맞물려 회전할 때 두 축 간의 중심거리는 척도 1 : 1 도면에는 몇 mm로 그려야 하는가?

① 30mm ② 40mm

③ 60mm ④ 120mm

해설

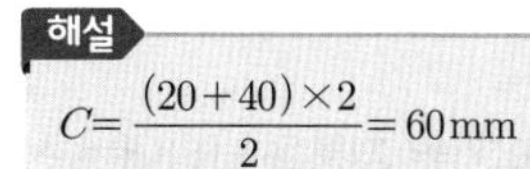

$$C = \frac{(20+40)\times 2}{2} = 60\text{mm}$$

42 표준 스퍼 기어의 항목표에서는 기입되지 아니하나 헬리컬 기어 항목표에 기입되는 것은?

① 모듈

② 비틀림 각

③ 잇수

④ 기준 피치원 지름

해설

비틀림 각은 스퍼 기어의 항목표에서는 기입되지 아니하나 헬리컬 기어 항목표에는 기입된다.

43 헬리컬 기어 제도에 대한 설명으로 틀린 것은?

① 잇봉우리원은 굵은 실선으로 그린다.

② 피치원은 가는 1점 쇄선으로 그린다.

③ 이골원은 단면도시가 아닌 경우 가는 실선으로 그린다.

④ 축에 직각인 방향에서 본 정면도에서 단편 도시가 아닌 경우 잇줄 방향은 경사진 3개의 가는 2점 쇄선으로 나타낸다.

해설

외접 헬리컬 기어의 주투상도를 단면으로 도시할 때에는 잇줄 방향 도시는 3개와 가는 2점 쇄선으로 그린다.

44 제도에서 잇줄 방향을 굵은 실선 1개로만 나타내는 기어는?

① 스퍼 기어 ② 헬리컬 기어

③ 하이포이드 기어 ④ 웜 기어

해설

헬리컬 기어와 웜 기어는 잇줄 방향을 보통 3개의 가는 실선으로, 스파이럴 베벨 기어 및 하이포이드 기어는 1개의 굵은 실선으로 그린다.

45 그림과 같은 기어 간략도를 살펴볼 때 기어의 종류는?

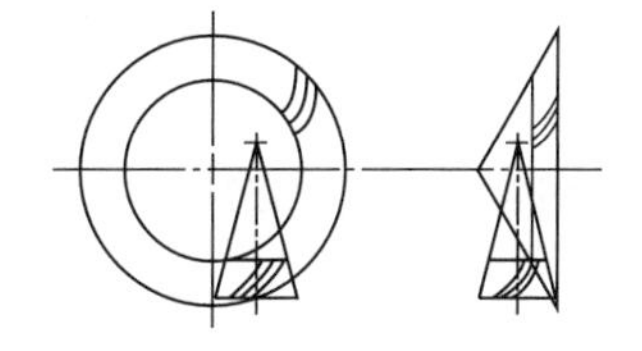

① 헬리컬 기어

② 스파이럴 베벨 기어

③ 스크루 기어

④ 하이포이드 기어

해설

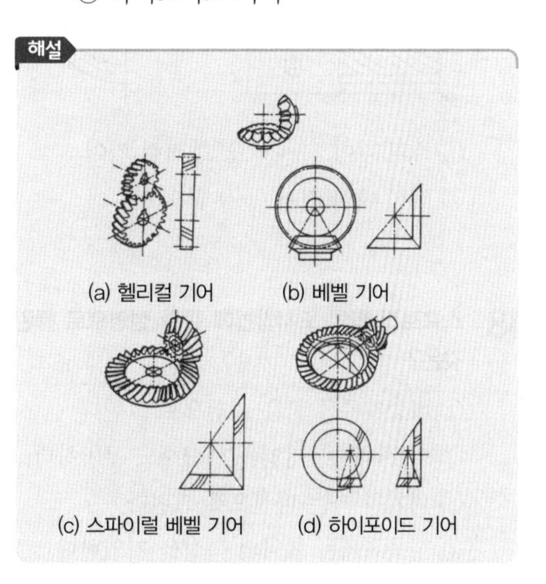

(a) 헬리컬 기어 (b) 베벨 기어

(c) 스파이럴 베벨 기어 (d) 하이포이드 기어

[정답] 41 ③ 42 ② 43 ④ 44 ③ 45 ④

46 그림은 맞물리는 어떤 기어를 나타낸 간략도이다. 이 기어는 무엇인가?

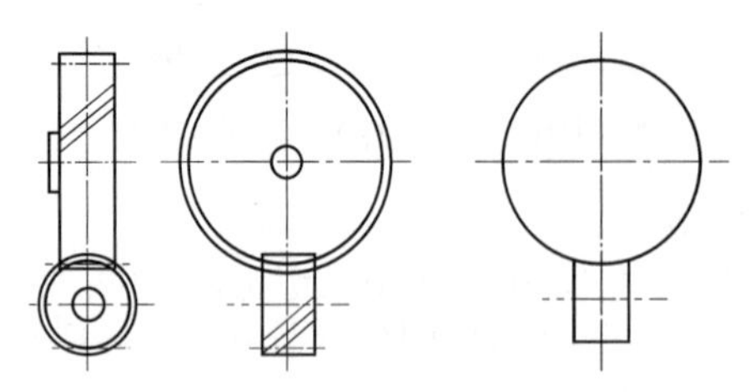

① 스퍼 기어 ② 헬리컬 기어
③ 나사 기어 ④ 스파이럴 베벨기어

해설
위 그림은 나사 기어이다.

47 그림은 어느 기어를 도시한 것인가?

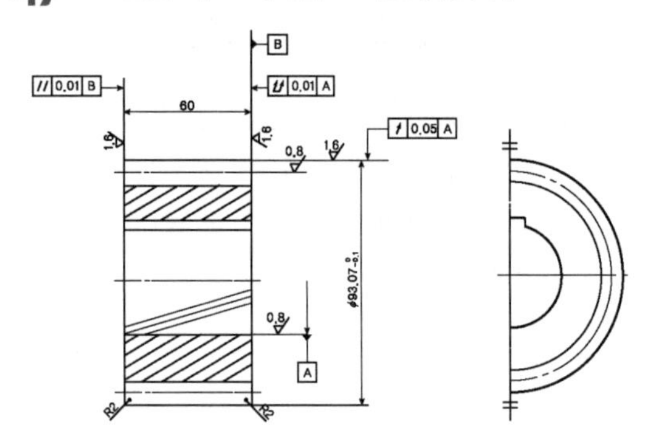

① 스퍼 기어 ② 헬리컬 기어
③ 직선 베벨 기어 ④ 웜 기어

48 스프로킷 휠의 도시방법에 관한 설명으로 틀린 것은?

① 바깥지름은 굵은 실선으로 그린다.
② 이뿌리원은 기입을 생략해도 무방하다.
③ 피치원 가는 파선으로 그린다.
④ 항목표에는 톱니의 특성을 기입한다.

해설
스프로킷 휠 제도법
- 바깥지름(이끝원)은 굵은 실선으로 그린다.
- 피치원은 가는 1점 쇄선으로 그린다.
- 이뿌리원은 가는 실선으로 그린다.
- 정면도를 단면으로 도시할 경우 이뿌리는 굵은 실선으로 그린다.

49 체인 스프로킷 휠의 피치원 지름을 나타내는 선의 종류는?

① 가는 실선
② 가는 1점 쇄선
③ 가는 2점 쇄선
④ 굵은 1점 쇄선

50 평 벨트 풀리의 도시법 설명으로 틀린 것은?

① 대칭형인 것은 그 일부만을 도시할 수 있다.
② 암은 길이 방향으로 절단하여 도시한다.
③ 모양에 따라 축 직각 방향의 투상도를 주 투상도로 할 수 있다.
④ 암의 단면형은 회전 단면으로 도시할 수 있다.

해설
평 벨트 풀리의 도시법
- 벨트 풀리는 축 직각 방향의 투상을 정면도로 한다.
- 모양이 대칭형인 벨트 풀리는 그 일부분만 도시한다.
- 방사형으로 되어있는 암(arm)은 수직 중심선 또는 수평 중심선까지 회전하여 투상한다.
- 암은 길이 방향으로 절단하여 단면을 도시하지 않는다.
- 암의 단면형은 도형의 안이나 밖에 회전 단면을 도시한다.
- 암의 테이퍼 부분 치수를 기입할 때 치수 보조선은 경사선(수평과 60° 또는 30°)으로 긋는다.

[정답] 46 ③ 47 ② 48 ③ 49 ② 50 ②

51 V-벨트 풀리의 도시에 관한 설명으로 옳지 않은 것은?

① V-벨트 풀리 홈 부분의 치수는 형별과 호칭지름에 따라 결정된다.
② V-벨트 풀리는 축 직각 방향의 투상을 정면도(주투상도)로 할 수 있다.
③ 암(Arm)은 길이 방향으로 절단하여 도시한다.
④ V-벨트 풀리에 적용하는 일반용 V 고무벨트는 단면치수에 따라 6가지 종류가 있다.

해설
암은 길이 방향으로 절단하여 단면을 도시하지 않는다.

52 벨트의 크기 "A20"은 무엇을 표시하는가?

① A는 벨트의 크기, 20은 번호
② A는 벨트의 종류, 20은 20mm인 길이
③ A는 벨트의 단면 기호, 20은 20인치인 길이
④ A는 벨트의 단면 기호, 20은 20cm인 길이

53 다음 중 V 벨트 전동장치에서 사용하는 벨트의 단면각은?

① 34°　② 36°
③ 38°　④ 40°

해설
벨트의 각(θ)은 40°이다.

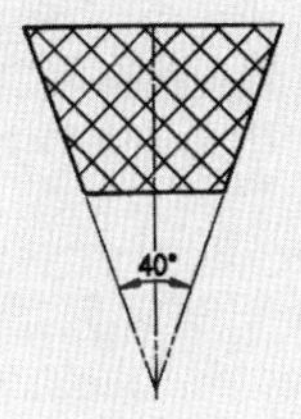

54 다음 V벨트의 종류 중 단면의 크기가 가장 작은 것은?

① M형　② A형
③ B형　④ E형

해설
V벨트의 종류에는 M형 및 A, B, C, D, E형 등의 6종류가 있으며, M형이 가장 작고 E형이 가장 크다(벨트의 각(θ)은 40°이다).

55 다음 중 나사의 종류를 표시하는 기호가 잘못 연결된 것은?

① 30° 사다리꼴 나사 : TW
② 유니파이 보통 나사 : UNC
③ 유니파이 가는 나사 : UNF
④ 미터 가는 나사 : MXI

해설
- 30° 사다리꼴 나사 : TM
- 29° 사다리꼴 나사 : TW

56 나사의 종류를 표시하는 다음 기호 중에서 미터 사다리꼴 나사를 표시하는 것은?

① R　② M
③ Tr　④ UNC

해설

구분		기호
미터 보통 나사		M
유니파이 보통 나사		UNC
유니파이 가는 나사		UNF
미터 사다리꼴 나사		Tr
관용 테이퍼나사	테이퍼 수나사	R
	테이퍼 암나사	Rc
	평행 암나사	Rp
관용 평행 나사		G

[정답] 51 ③ 52 ③ 53 ④ 54 ① 55 ① 56 ③

57 다음 나사 기호 중 관용 나사의 기호가 아닌 것은?

① TW ② PT
③ R ④ PS

해설

관용 테이퍼 나사(ISO규격)	테이퍼 수나사	R
	테이퍼 암나사	Rc
	평행 암나사	Rp
관용 평행 나사(ISO 규격)		G
30° 사다리꼴 나사		TM
29° 사다리꼴 나사		TW
관용 테이퍼 나사	테이퍼 나사	PT
	평행 암나사	PS

58 나사의 종류 중 ISO 규격에 있는 관용 테이퍼 나사에서 테이퍼 암나사를 표시하는 기호는?

① PT ② PS
③ Rp ④ Rc

해설
① PT : 관용 테이퍼 나사
② PS : 관용 평행 암나사
③ Rp : 관용 평행 암나사(ISO 규격)
④ Rc : 관용 테이퍼 암나사(ISO 규격)

59 나사 표기가 "G1/2"이라 되어있을 때, 이는 무슨 나사인가?

① 관용 평행나사
② 29° 사다리꼴 나사
③ 관용 테이퍼 나사
④ 30° 사다리꼴 나사

해설
① 관용 평행나사 : G 1/2
② 29° 사다리꼴 나사 : TW 20
③ 관용 테이퍼 나사
- 테이퍼 수나사 : R
- 테이퍼 암나사 : Rc
- 평행 암나사 : Rp

④ 30° 사다리꼴 나사 : TM 18

60 관용 테이퍼 수나사(기호 : R)에 대해서 사용하는 관용 평행 암나사의 기호로 옳은 것은?

① Rc ② Rp
③ PT ④ PS

해설
① Rc : 관용 테이퍼 암나사(ISO규격)
② Rp : 관용 평행 암나사(ISO규격)
③ PT : 관용 테이퍼 나사
④ PS : 관용 평행 암나사

61 Tr 40×7−6H로 표시된 나사의 설명 중 틀린 것은?

① Tr : 미터 사다리꼴 나사
② 40 : 호칭 지름
③ 7 : 나사산의 수
④ 6H : 나사의 등급

해설
① Tr : 미터 사다리꼴 나사
② 40 : 호칭 지름
③ 7 : 나사의 피치
④ 6H : 나사의 등급

[정답] 57 ① 58 ④ 59 ① 60 ② 61 ③

62 나사는 단독으로 나타내거나 조합하여 표시하기도 하는데 다음 중 그 표시방법으로 틀린 것은?

① G1/2 A

② M50×2 - 6H

③ Rp1/2 / R1/2

④ UNC No.4-40 - 6H/g

해설

① G1/2 A : 관용 평행 수나사(G 1/2) A급

② M50×2 - 6H : 미터 가는 나사(M 50×2) 암나사 등급 6, 공차 위치 H

③ Rp1/2 / R1/2 : 관용 평행 암나사(Rp 1/2)와 관용 테이퍼 수나사(R 1/2)의 조합

④ UNC No.4-40 - 2A : 유니파이 보통 나사 2A급

63 나사 표시 "M15×1.5-6H/6g"에서 6H/6g는 무엇을 나타내는가?

① 나사의 호칭 치수

② 나사부의 길이

③ 나사의 등급

④ 나사의 피치

해설

- M15×1.5 : 미터 가는 나사×피치
- 6H/6g : 나사의 등급

64 좌 2줄 M50×3-6H의 나사 기호 해독으로 올바른 것은?

① 리드가 3mm

② 수나사 등급 6H

③ 왼쪽 감김 방향 2줄 나사

④ 나사산의 수가 3개

해설

- 좌 : 나사산의 감는 방향
- 2줄 : 나사산의 줄의 수(왼쪽 2줄 나사)
- M50×3 : 나사의 호칭(피치 3mm)
- 6H : 암나사의 등급

65 나사의 표시가 다음과 같이 명기되었을 때 이에 대한 설명으로 틀린 것은?

L 2N M10 - 6H/6g

① 나사의 감김 방향은 오른쪽이다.

② 나사의 종류는 미터나사이다.

③ 암나사 등급은 6H, 수나사 등급은 6g이다.

④ 2줄 나사이며 나사의 바깥지름은 10mm이다.

해설

나사산의 감김 방향은 왼나사일 때에는 '좌(L)' 자로 표시하고, 오른나사일 때에는 표시하지 않는다. 또한, '좌' 대신에 'L'을 사용할 수도 있다.

66 나사 표시 "M15×1.5 - 6H/6g"에서 6H/6g은?

① 나사의 호칭 치수

② 나사부의 길이

③ 나사의 등급

④ 나사의 피치

해설

미터 가는 나사 지름이 15mm, 피치 1.5mm인 암나사 6H와 수나사 6g의 조합

[정답] 62 ④ 63 ③ 64 ③ 65 ① 66 ③

67 도면에서 나사 조립부에 M10 – 5H/5g이라고 기입되어 있을 때 해독으로 올바른 것은?

① 미터 보통 나사, 수나사 5H급, 암나사 5g급
② 미터 보통 나사, 1인치당 나사산 수 5
③ 미터 보통 나사, 암나사 5H급, 수나사 5g급
④ 미터 가는 나사, 피치 5, 나사산 수 5

해설
M10 – 5H/5g : 미터 보통 나사(외경 10), 암나사 5H급, 수나사 5g급

68 다음 나사의 도시법에 관한 설명 중 옳은 것은?

① 암나사의 골지름은 가는 실선으로 표현한다.
② 암나사의 안지름은 가는 실선으로 표현한다.
③ 수나사의 바깥지름은 가는 실선으로 표현한다.
④ 수나사의 골지름은 굵은 실선으로 표현한다.

해설
나사의 도시법
- 수나사와 암나사의 골을 표시하는 선은 가는 실선으로 그린다.
- 수나사의 바깥지름과 암나사의 안지름은 굵은 실선으로 그린다.
- 완전 나사부와 불완전 나사부의 경계선은 굵은 실선으로 그린다.
- 불완전 나사부의 끝밑선은 가는 실선으로 그린다.
- 가려서 보이지 않는 나사부는 파선으로 그린다.
- 수나사와 암나사의 측면 도시에서 골 지름은 3/4 원의 가는 실선으로 그린다.
- 암나사의 단면도시에서 드릴 구멍이 나타날 때에는 굵은 실선으로 120°가 되게 그린다.

69 나사의 표시에 관한 사항으로 올바른 것은?

① 나사산의 감김 방향은 오른나사의 경우만 표시한다.
② 미터 가는 나사의 피치는 생략하거나 산의 수로 표시한다.
③ 나사의 산수 대신에 L로 표시하기도 한다.
④ 미터나사는 급수가 작을수록 정도가 높아진다.

해설
나사의 표시방법
- 나사산의 감긴 방향을 좌나사의 경우만 표시한다.
- 미터 가는 나사의 피치는 반드시 표시한다(예 : M50×2).
- 좌 2줄 M50×2–6H는 L2N M50×2–6H로도 표시할 수 있다.

70 KS 나사의 표시에 관한 설명 중 올바른 것은?

① 나사산의 감김 방향은 오른나사인 경우와 RH로 명기하고, 왼 나사인 경우 따로 명기하지 않는다.
② 미터 가는 나사는 피치를 생략하거나 산의 수로 표시한다.
③ 2줄 이상인 경우 그 줄 수를 표시하며 줄 대신에 L로 표시할 수 있다.
④ 피치를 산의 수로 표시하는 나사(유니파이 나사 제외)의 경우 나사의 호칭은 다음과 같이 나타낸다.

해설
피치를 산수로 표시하는 나사의 경우(유이파이나사를 제외한다.)

나사의 종류	나사의 지름	–	산의 수

[정답] 67 ③ 68 ① 69 ④ 70 ④

71 다음 그림에서 나사의 완전 나사부를 나타내는 것은?

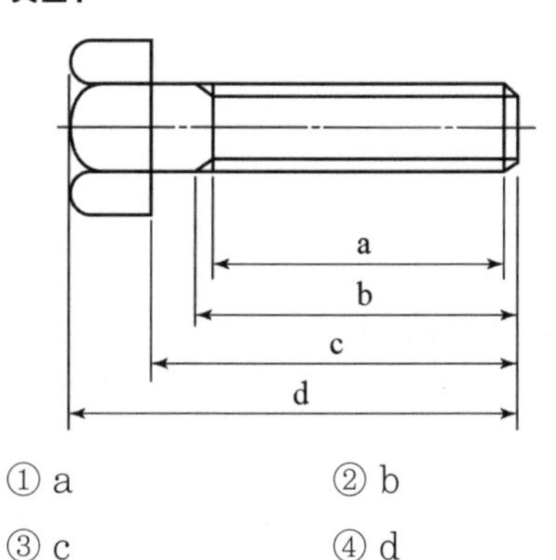

① a ② b
③ c ④ d

해설

나사 도시방법
- 수나사의 바깥지름과 암나사의 안지름을 표시하는 선은 굵은 실선으로 그린다.
- 수나사와 암나사의 골을 표시하는 선은 가는 실선으로 그린다.
- 완전 나사부와 불완전 나사부의 경계선은 굵은 실선으로 그린다.
- 불완전 나사부의 골을 나타내는 선은 축선에 대하여 30°의 가는 실선으로 그리고 필요에 따라 불완전 나사부의 길이를 기입한다.

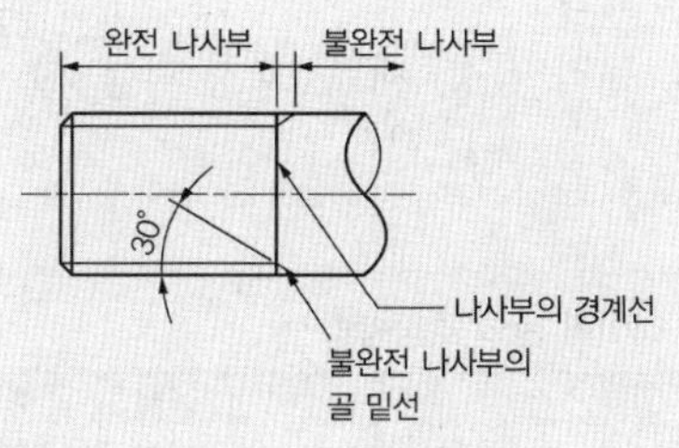

72 다음 나사를 나타낸 도면 중 미터 가는 나사를 나타낸 것은?

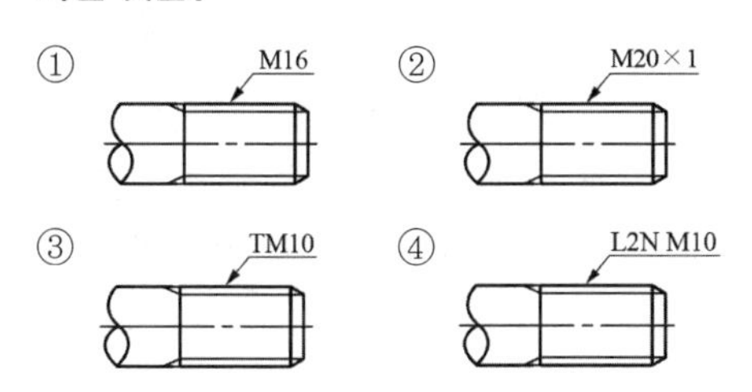

해설
- M16 : 미터 보통 나사
- M20×1 : 미터 가는 나사
- TW10 : 29° 사다리꼴 나사

73 그림과 같이 나사 표시가 있을 때 옳은 것은?

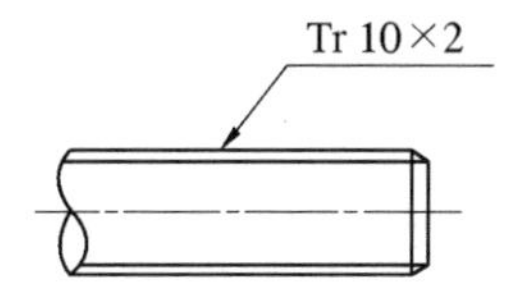

① 볼나사 호칭 지름 10인치
② 둥근 나사 호칭 지름 10mm
③ 미터 사다리꼴 나사 호칭 지름 10mm
④ 관용 테이퍼 수나사 호칭 지름 10mm

해설

미터 사다리꼴 나사 : Tr10×2

미터 사다리꼴 나사		Tr
관용 테이퍼 나사	테이퍼 수나사	R
	테이퍼 암나사	Rc
	평행 암나사	Rp

74 평행 핀의 호칭방법을 옳게 나타낸 것은? (단, 비경화강 평행 핀으로 호칭 지름은 6mm, 호칭 길이는 30mm이며, 공차는 m6이다.)

① 평행 핀 – 6×30 m6 – St
② 평행 핀 – 6 m6×30 – St
③ 평행 핀 St – 6×30 – m6
④ 평행 핀 St – 6 m6×30

해설

평행 핀의 호칭방법
규격번호 또는 명칭, 종류, 형식, 호칭, 지름×길이, 재료

[정답] 71 ① 72 ② 73 ③ 74 ②

75 다음의 핀에 대한 설명 중 적당하지 않은 것은?

① 테이퍼 핀 호칭은 명칭, $d \times l$, 등급, 재료 순이다.

② 슬롯 테이퍼 핀 호칭은 명칭, $d \times l$, 재료, 지정사항 순이다.

③ 테이퍼 핀의 테이퍼값은 1/50이다.

④ 테이퍼 핀의 호칭 지름은 가는 쪽이 지름이다.

해설

핀의 호칭방법

명 칭	호 칭 방 법
평행 핀	규격 번호 또는 명칭, 종류, 형식, 호칭, 지름×길이, 재료
테이퍼 핀	명칭, 등급, $d \times l$, 재료
슬롯 테이퍼 핀	명칭, $d \times l$, 재료, 지정사항
분할 핀	규격 번호 또는 명칭, 호칭, 지름×길이, 재료

76 테이퍼 핀의 호칭 치수는 다음 중 어느 것인가?

① 굵은 쪽의 지름

② 가는 쪽의 지름

③ 중앙부의 지름

④ 테이퍼 핀 구멍의 지름

해설

테이퍼 핀의 호칭 치수는 가는 쪽의 지름이다.

77 다음 중 슬롯 테이퍼 핀의 호칭을 바르게 나타낸 것은?

① 명칭, $d \times l$, 재료, 지정사항

② 명칭, $d \times l$, 등급, 재료

③ 명칭, 등급, $d \times l$, 재료, 지정사항

④ 명칭, 종류, $d \times l$, 재료

78 분할 핀의 호칭 지름은 어느 것으로 나타내는가?

① 재료의 지름

② 핀 재료를 겹쳤을 때 가상원의 지름

③ 핀 구멍의 지름

④ 머리 부분의 폭

해설

핀의 호칭 지름(경) : d

- 테이퍼 핀, 슬롯 테이퍼 핀 : 작은 쪽 지름($T=1/50$)
- 분할 핀(스플릿핀) : 핀 구멍의 지름

79 스플릿 테이퍼 핀의 호칭방법으로 옳게 나타낸 것은?

① 규격 명칭, 호칭 지름×호칭 길이, 재료, 지정사항

② 규격 명칭, 등급, 호칭 지름×호칭 길이, 재료

③ 규격 명칭, 재료, 호칭 지름×호칭 길이, 등급

④ 규격 명칭, 재료, 호칭 지름×호칭 길이, 지정사항

해설

스플릿 테이퍼 핀의 호칭방법

핀의 종류	그림	호칭 지름	호칭 방법
분할 핀 (스플릿 핀)	d, D, a, l, H	핀 구멍의 치수	규격 번호 또는 명칭, 호칭 지름×길이, 재료

[정답] 75 ① 76 ② 77 ① 78 ③ 79 ②

80 평행 핀에 대한 호칭방법을 옳게 나타낸 것은? (단, 오스테나이트계 스테인리스강 A1등급이고, 호칭 지름 5mm, 공차 h7, 호칭 길이 25mm 이다.)

① 평행 핀 − h7 5 × 25 − A1
② 5 h7 × 25 − A1 − 평행 핀
③ 평행 핀 − 5 h7 × 25 − A1
④ 5 h7 × 25 − 평행 핀 − A1

해설
① 오스테나이트계 스테인리스강 평행 핀에 대한 호칭방법
: 평행 핀 KS B 1320−5 h7×25−A1
② 비경화강 평행 핀 호칭방법
: 평행 핀 KS B 1320−5 h7×25−St

81 다음 리벳이음 도시법에 대한 설명 중 틀린 것은?

① 얇은 판, 형강 등의 단면은 가는 실선으로 표시한다.
② 리벳은 길이 방향으로 단면하여 도시하지 않는다.
③ 체결 위치만 표시할 경우에는 중심선만을 그린다.
④ 리벳을 크게 도시할 필요가 없을 때에는 리벳 구멍은 약호로 도시한다.

해설
리벳이음의 도시법
- 리벳의 위치만을 표시할 경우에는 중심선만을 그린다.
- 얇은판, 형강 등 얇은 것의 단면은 가는 실선으로 표시하고, 서로 인접해 있을 때에는 그것을 표시하는 선 사이에 약간의 틈을 준다.
- 리벳을 크게 도시할 필요가 없을 때에는 리벳 구멍은 약호로 도시한다.

82 다음과 같은 리벳의 호칭법으로 올바르게 나타낸 것은? (단, 재질 SV330이다.)

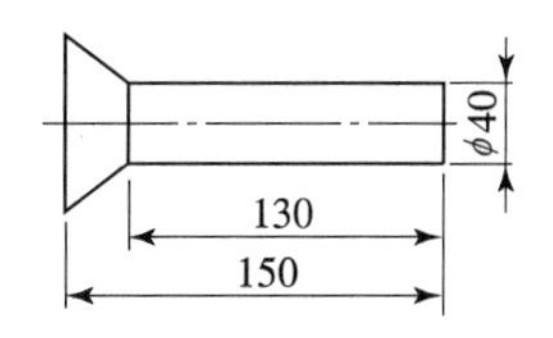

① 납작머리 리벳 4×150 SV 330
② 접시머리 리벳 40×150 SV 330
③ 납작머리 리벳 40×130 SV 330
④ 접시머리 리벳 40×130 SV 330

해설
리벳의 호칭방법

	규격번호	종류
사용예	KS B 1101 KS B 1002	둥근머리 리벳 냉간 냄비머리 둥근머리 리벳 열간 접시머리 리벳 보일러용 둥근머리 리벳

	$d \times l$	재료	지정사항
사용예	6×18 3×8 16×40 20×50 13×30	MSWR 10 동 SV 340 SV 340 SV 410 B	끝붙이

83 리벳이 연속으로 있을 때 표시방법으로 맞는 것은?

① 간격 치수×치수
② 간격 수×간격 치수
③ 간격 수×간격 치수=합계 치수
④ 간격 치수×간격 수=합계 치수

[정답] 80 ③ 81 ① 82 ② 83 ③

84 다음 중 리벳의 길이를 머리 부분까지 표시하는 리벳은?

① 둥근머리 ② 접시머리
③ 납작머리 ④ 남비머리

85 용접기호 중 '△'의 용접 종류는?

① 필렛 용접 ② 비드 용접
③ 점 용접 ④ 프로젝션 용접

해설
- 필렛 : △
- 플러그 : ⊓
- 점, 프로젝션 : ✳(○)
- 심 : ✳✳(⊖)

86 용접기호 중에서 점용접(spot weld)을 나타내는 것은?

① ✳ ② ⊖
③ ○ ④ △

해설
- 점 : ○
- 심 : ⊖
- 필렛 : △
- 프로젝션 : ✳

87 다음 용접이음중 U형 그루우브 모양을 나타낸 것은?

88 그림과 같은 용접기호의 설명으로 옳은 것은?

[보기]
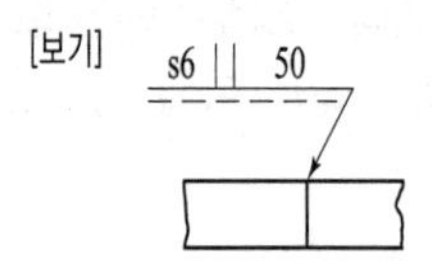

① 화살표 쪽에서 50mm 용접 길이의 맞대기 용접
② 화살표 반대쪽에서 50mm 용접 길이의 맞대기 요접
③ 화살표 쪽에서 두께가 6mm인 필렛 용접
④ 화살표 반대쪽에서 두께가 6mm인 필렛 용접

해설
위 그림과 같은 용접기호는 화살표 쪽에서 50mm 용접 길이의 맞대기 용접이다.

89 그림과 같은 용접기호를 가장 잘 설명한 것은?

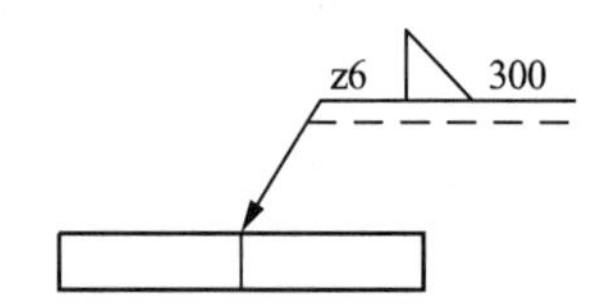

① 목길이 6mm, 용접 길이 300mm인 화살표 쪽의 필렛 용접
② 목두께 6mm, 용접 길이 300mm인 화살표 쪽의 필렛 용접
③ 목길이 6mm, 용접 길이 300mm인 화살표 반대쪽의 필렛 용접
④ 목두께 6mm, 용접 길이 300mm인 화살표 반대쪽의 필렛 용접

해설
위 그림에서 용접기호 : 목길이 6mm, 용접 길이 300mm인 화살표 쪽의 필렛 용접

[정답] 84 ② 85 ① 86 ③ 87 ③ 88 ① 89 ①

90 **다음 용접 도시기호의 설명으로 옳은 것은?**

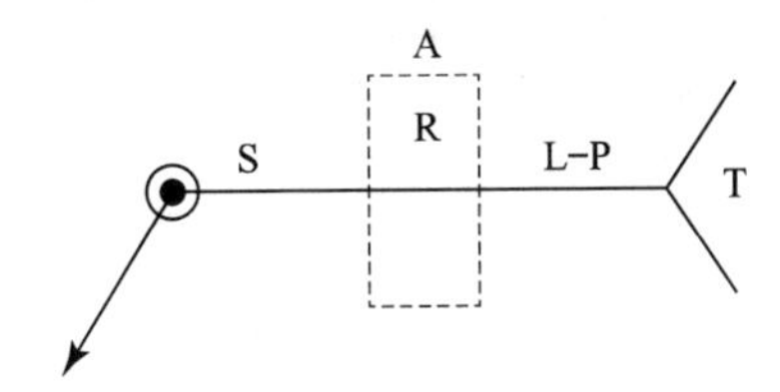

① A : 치수 또는 강도
② R : 루트 간격
③ S : 특별히 지시할 사항
④ T : 점용접 또는 프로젝션 용접의 수

해설
- A : 홈 각도
- S : 용접부의 단면 치수 또는 강도
- T : 꼬리(특별한 지시를 하지 않을 때는 이것을 그리지 않음)

91 **배관 결합방식의 표현으로 옳지 않은 것은?**

① ——+—— 일반 결합
② ——||——|—— 용접식 결합
③ ——||—— 플랜지식 결합
④ ——|||—— 유니언식 결합

해설
——●—— : 용접식 결합

92 **스프링 도시의 설명 중 틀린 것은?**

① 스프링은 원칙적으로 무하중 상태에서 도시한다.
② 하중과 높이 또는 처짐과의 관계를 표시할 필요가 있을 때에는 선도 또는 표로 표시한다.
③ 스프링의 모양이나 종류만 도시하는 경우에는 스프링 재료의 중심선을 굵은 2점 쇄선으로 그린다.
④ 특별한 단서가 없는 한 모두 오른쪽 감기로 도시한다.

해설
스프링의 도시법
- 스프링은 원칙적으로 무하중 상태에서 그린다. 만약, 하중이 걸린 상태에서 그릴 때에는 선도 또는 그때의 치수와 하중을 기입한다.
- 하중과 높이 또는 처짐과의 관계를 표시할 필요가 있을 때에는 선도 또는 항목표로 표시한다.
- 특별한 단서가 없는 한 모두 오른쪽 감기로 도시하고, 왼쪽 감기로 도시할 때에는 '감긴 방향 왼쪽'이라고 표시한다.
- 코일 부분의 중간 부분을 생략할 때에는 생략한 부분을 1점 쇄선으로 표시하거나 또는 가는 2점 쇄선으로 표시해도 좋다.
- 스프링의 종류와 모양만을 도시할 때에는 재료의 중심선만을 굵은 실선으로 그린다.
- 조립도나 설명도 등에서 코일 스프링은 그 단면만으로 표시하여도 좋다.

93 **냉간 성형된 압축 코일 스프링을 제도할 경우 일반적으로 요목표에 표시하지 않는 것은?**

① 총 감김수 ② 초기 장력
③ 스프링 상수 ④ 코일 평균 지름

해설
압축 코일 스프링 요목표
- 총 감김수
- 유효 감김수
- 스프링 상수
- 코일 평균 지름
- 감김방향, 자유장 길이 등

94 **겹판 스프링에서 무하중 상태의 모양을 어떻게 표시하는가?**

① 직접 투상도 ② 관용 투상도
③ 가상 투상도 ④ 회전 투상도

[정답] 90 ② 91 ② 92 ③ 93 ② 94 ③

95 겹판 스프링의 도시는 어느 하중 상태를 기준으로 하는가?

① 무하중 상태 ② 상용하중 상태
③ 최대 하중 상태 ④ 최저하중 상태

해설
- 코일 스프링류(벌류트 스프링, 스파이럴 스프링 포함)는 하중이 가해지지 않은 상태로 그린다(단, 하중이 가해진 상태로 도시할 경우 하중을 명기한다).
- 겹판 스프링의 판은 수평한 상태로 그린다.

96 코일 스프링의 종류와 모양만을 도시할 때, 재료의 중심선만을 나타내는 선은?

① 가는 실선 ② 굵은 실선
③ 가는 1점 쇄선 ④ 굵은 1점 쇄선

97 겹판 스프링 제도시 무하중 상태를 나타내는 선의 종류는?

① 가는 실선 ② 가는 파선
③ 가상선 ④ 파단선

98 주로 굽힘 하중을 많이 받는 스프링은?

① 인장 코일 스프링
② 압축 코일 스프링
③ 코일 스프링
④ 스파이럴 스프링

99 스프링에 대한 설명으로 틀린 것은?

① 에너지를 저장 · 방출한다.
② 탄성이 작은 재료를 주로 이용한다.
③ 진동 및 충격을 흡수 완화한다.
④ 금속 스프링과 비금속 스프링이 있다.

해설
스프링은 에너지를 저장 · 방출하고 진동 및 충격을 흡수 완화한다. 탄성이 큰 재료를 주로 이용하며 금속 스프링과 비금속 스프링이 있다. 스프링의 용도는 다음과 같다.
- 하중을 부여하는 스프링 : 안전 밸브 스프링, 내연기관의 밸브 스프링
- 충격을 부여하는 스프링 : 자동차, 철도 차량, 승강기 등의 완충 스프링
- 저축 에너지를 이용하는 스프링 : 시계용 스프링, 완구용 스프링, 계기 스프링
- 하중을 측정하는 스프링 : 저울, 안전 밸브 스프링
- 하중을 조정하는 스프링 : 스프링 와셔

100 스프링이나 기어와 같이 하중을 받는 기계 분포와 완성 가공에 이용되는 것은?

① 저온 응력완화법
② 피이닝 효과
③ 기계적 응력완화법
④ 치수 효과

101 다음 중 스프링의 종횡비에 관한 설명으로 옳은 것은? (단, H_f는 하중을 가하지 않은 경우의 압축 스프링의 자유 높이이고, D는 코일의 평균 지름이다.)

① 종횡비는 D/H_f이다.
② 종횡비는 $H_f \cdot D$이다.
③ 종횡비가 크면 스프링은 구부러진다.
④ 종횡비가 크면 스프링은 구부러지지 않는다.

102 다음 중 무하중상태로 그려지는 스프링이 아닌 것은?

① 스파이럴 스프링 ② 코일 스프링
③ 겹판 스프링 ④ 토션 바

[정답] 95 ① 96 ② 97 ③ 98 ④ 99 ② 100 ② 101 ③ 102 ③

103 스프링에서 단위길이의 변위를 일으키는데 필요한 하중 값은 무엇이라 하는가?

① 스프링 지수
② 스프링 탄성 에너지
③ 스프링 상수
④ 스프링 수정 하중

104 원통코일 스프링에 압축 하중을 가할 때 코일 소선 내부에는 어느 응력이 주로 생기는가?

① 인장응력 ② 압축응력
③ 좌굴응력 ④ 전단응력

105 공기스프링의 특징에 관한 사항 중 틀린 것은?

① 받쳐주는 하중의 변화에 대하여 스프링의 높이를 일정하게 유지할 수 있다.
② 스프링 상수를 자유롭게 선정할 수 없으나 매우 높은 스프링 상수는 얻을 수 있다.
③ 내부 마찰이 작으며, 금속부분의 접촉이 없으므로 방음효과가 있다.
④ 공기스프링은 구조에 따라 벨로우즈형과 격막형으로 크게 나눌 수 있다.

106 스프링에서 자유 높이 h와 코일의 평균 지름의 비를 무엇이라 하나?

① 스프링 상수
② 스프링의 종횡비
③ 스프링 지수
④ 스프링 수정계수

107 스프링의 용도를 기능면에서 볼 때 옳게 연결된 것은?

① 탄성 변형한 스프링의 저축 에너지를 이용하는 것 : 용수철저울
② 하중을 조정하는 것 : 겹판 스프링
③ 충격 에너지를 흡수하여 완충, 방진을 목적으로 하는 것 : 안전밸브용 스프링
④ 스프링에 가해지는 하중과 신장 관계로부터 하중을 측정하는 것 : 유체 스프링

108 강제 진동(forced vibration)에 의한 진동수와 고유진동수가 일치하여 진폭이 증대할 때 생기는 것을 무엇이라 하는가?

① 감쇠진동 ② 단진동
③ 공진 ④ 자유

109 엔진의 벨트 스프링과 같이 빠른 반복하중을 받는 스프링에서는 그 반복 속도가 스프링의 고유진동수에 가까워지면 심한 공진을 일으킨다. 이 현상은?

① 공명현상
② 캐비테이션
③ 서징
④ 동 진동

110 스프링의 직경을 2배로 하면 인장강도는 몇 배로 변화되는가?

① 2배 ② 4배
③ 1/2배 ④ 1/4배

[정답] 103 ③ 104 ④ 105 ② 106 ② 107 ① 108 ③ 109 ③ 110 ④

111 브레이크 작동부의 구조에 따라 분류할 때 해당되지 않는 것은?

① 벨트 브레이크
② 블록 브레이크
③ 밴드 브레이크
④ 원판 브레이크

해설
브레이크 작동부의 구조에 따른 분류 : 블록, 밴드, 원판, 자동 브레이크

112 브레이크 작동력의 전달 방법에 따라 분류할 때 이에 속하지 않는 것은?

① 공기 브레이크
② 유압 브레이크
③ 축압 브레이크
④ 전자 브레이크

해설
작동 부분의 전달방식에 따른 분류 : 기계, 공기, 유압, 전자 브레이크

113 다음 중 마찰 브레이크가 아닌 것은?

① 블록 브레이크 ② 풀 브레이크
③ 원판 브레이크 ④ 밴드 브레이크

114 브레이크장치에서 브레이크 드럼의 원주상에 1개 또는 2개의 브레이크 블록을 브레이크 레버로 누름으로써 그 마찰에 의하여 제동하는 것은?

① 밴드 브레이크 ② 블록 브레이크
③ 자동 브레이크 ④ 전자 브레이크

115 하중에 의해서 자동적으로 제동이 걸리는 브레이크는?

① 원판 브레이크
② 블록 브레이크
③ 밴드 브레이크
④ 웜 브레이크

해설
자동 하중 브레이크 : 웜 브레이크, 나사 브레이크

116 캠 브레이크(cam brake)는 다음 중 어느 브레이크에 속하는가?

① 유체 브레이크
② 축압 브레이크
③ 자동 하중 브레이크
④ 밴드 브레이크

해설
자동 하중 브레이크
하중에 의하여 일정한 방향의 회전에 한하여 자동적으로 브레이크 작용하는 브레이크를 말하며, 종류로는 웜, 나사, 캠, 원심력, 코일, 로프, 전자기 브레이크가 있다.

117 도면의 양식에서 설정하지 않으면 안 되는 사항은?

① 윤곽선 ② 중심마크
③ 표제란 ④ 재단 마크

해설
도면의 양식
- 설정하지 않으면 안 되는 사항 : 도면의 윤곽 – 윤곽선, 중심마크, 표제란
- 설정하는 것이 바람직한 사항 : 비교눈금, 도면의 구역 – 구분 기호, 재단 마크

[정답] 111 ① 112 ③ 113 ② 114 ② 115 ④ 116 ③ 117 ④

118 도면의 A1 크기에서 철하지 않을 때 d의 치수는 최소 몇 mm인가?

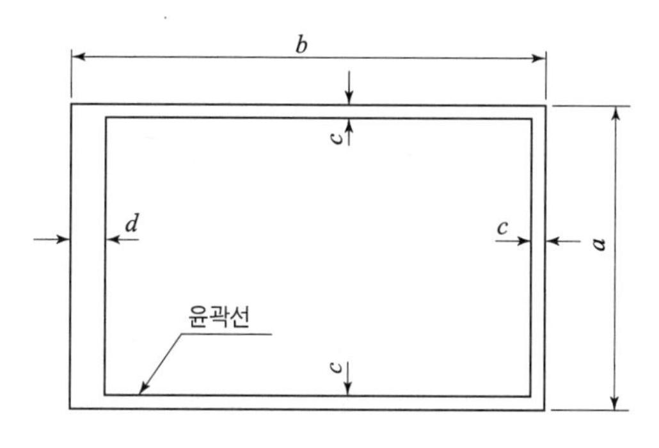

① 5　　② 10
③ 20　　④ 25

해설

도면 크기

- 철하지 않을 때 d의 치수
  - A0~A1 : 20mm　　– A2~A4 : 10mm
- 철할 때 d의 치수
  - A0~A4 : 25mm

119 제도에서 A2 종이의 규격은 얼마인가?

① 594×841　　② 420×594
③ 297×420　　④ 210×297

해설

제도에서 종이의 재단 치수

호칭방법		A0	A1	A2	A3	A4
a × b		841×1189	594×841	420×594	297×420	210×297
C(최소)		20	20	10	10	10
d (최소)	철하지 않을 때	20	20	10	10	10
	철할 때	25	25	25	25	25

120 도면에 마련되는 양식의 종류 중 작성부서, 작성자, 승인자, 도면명칭, 도면번호 등을 나타내는 양식은?

① 표제란　　② 부품란
③ 중심마크　　④ 비교눈금

해설

표제란(title block, title panel)

표제란은 도면 관리에 필요한 사항과 도면 내용에 관한 정형적인 사항 등을 정리하고 기입하기 위하여 윤곽선 오른편 아래 구석의 안쪽에 설정하고, 이것을 정위치로 한다. 표제란에는 도면 번호, 도면 명칭, 기업(단체)명, 책임자의 서명, 도면 작성연월일, 척도, 투상법등을 기입한다.

121 비례척이 아닌 임의의 척도는?

① 축척　　② 현척
③ 배척　　④ NS

해설

척도의 종류

- 축척 : 실물을 축소해서 그린 도면
- 현척(실척) : 실물과 같은 크기로 그린 도면
- 배척 : 실물을 확대해서 그린 도면
- NS(Non Scale) : 비례척이 아닌 임의의 척도

122 표제란에 대한 설명으로 틀린 것은?

① 도면에 보통 마련해야 하는 항목이다.
② 제조사에 따라 양식이 다소 차이가 있을 수 있다.
③ 설계자, 도명, 척도, 투상법 등을 기입한다.
④ 각 부품의 명칭 및 수량을 기입한다.

해설

- 표제란은 도면 관리에 필요한 사항과 도면 내용에 관한 정형적인 사항 등을 정리하고 기입하기 위하여 윤곽선 오른편 아래 구석의 안쪽에 설정하고, 이것을 정위치로 한다.
- 표제란에는 도면 번호, 도면 명칭, 기업(단체)명, 책임자의 서명, 도면작성 연월일, 척도, 투상법 등을 기입한다.
- 표제란 문자는 도면의 정위치에서 읽는 방향으로 기입하고, 도면번호란은 표제란 중 가장 오른편 아래에 길이 170mm 이하로 마련한다.

[정답] 118 ③　119 ②　120 ①　121 ④　122 ④

123 도면의 양식에서 다음 중 반드시 표시하지 않아도 되는 항목은?

① 표제란
② 그림 영역을 한정하는 윤곽선
③ 비교눈금
④ 중심마크

해설

도면의 양식
- 설정하지 않으면 안 되는 사항
  도면의 윤곽 – 윤곽선, 중심마크, 표제란
- 설정하는 것이 바람직한 사항
  비교눈금, 도면의 구역 – 구분 기호, 재단 마크, 부품란 – 대조 번호, 도면의 내역란

124 일반적인 경우 도면에서 표제란의 위치로 가장 적합한 곳은?

① 오른쪽 아래　② 왼쪽 아래
③ 아래 중앙부　④ 오른쪽 옆

해설

표제란 : 도면의 오른쪽 아래 구석에 표제란을 그리고 원칙적으로 도면번호, 도명, 기업(단체)명, 책임자 서명(도장), 도면 작성연월일, 척도 및 투상법을 기입한다.

125 다음 중 일반적으로 도면의 표제란 위에 있는 부품란에 기입되어 있지 않는 것은?

① 수량　② 품번
③ 품명　④ 단가

해설

부품란에는 부품 번호(품번), 부품 명칭(품명), 재질, 수량, 무게, 공정, 비고란 등을 마련한다.

126 그림과 같은 도면의 양식에서 각 항목이 지시하는 부위의 명칭이 틀린 것은?

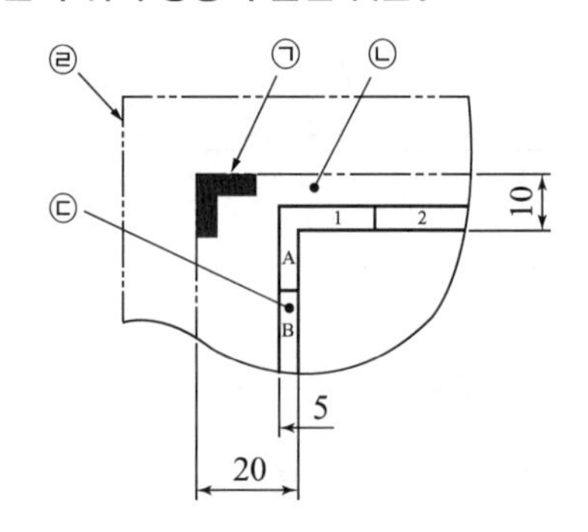

① ㉠ : 재단 마크
② ㉡ : 재단 용지
③ ㉢ : 비교눈금
④ ㉣ : 재단하지 않은 용지 가장자리

해설

123번 해설 참조

127 제도용지의 세로와 가로의 길이 비는 얼마인가?

① $1 : \sqrt{2}$　② $\sqrt{2} : 1$
③ $1 : 2$　④ $2 : 1$

해설

제도용지의 세로와 가로의 길이 비는 $1 : \sqrt{2}$ 이다.
(A0면적≒$1m^2$)
- 도면의 크기는 A열(A0~A4)사이즈를 사용한다.
- 도면은 긴 쪽을 좌우방향으로 놓고서 사용한다(단, A4는 짧은 쪽을 좌우 방향으로 놓고서 사용하여도 좋다).
- 도면을 접을 때는 그 크기는 원칙적으로 A4(210×297)로 하며 표제란이 보이도록 접는다.
- 도면에는 반드시 중심마크를 설치한다.
- 원도는 접지 않는 것이 보통이다. 원도를 말아서 보관하는 경우에는 그 안지름은 40mm 이상으로 하는 것이 좋다.

[정답] 123 ③　124 ①　125 ④　126 ③　127 ①

128 다음 ( ) 안에 적절한 것은?

> 도면을 철하기 위하여 구멍 뚫기의 여유를 설치해도 좋다. 이 여유는 최소 너비 ( )로 표제란에서 가장 떨어진 곳에 둔다.

① 5mm ② 10mm
③ 15mm ④ 20mm

해설
도면을 철하기 위하여 구멍 뚫기의 여유는 최소 20mm로 표제란에서 가장 떨어진 곳에 둔다.

129 기계제도에서 주로 사용되는 투상도법은 어느 것인가?

① 투시도 ② 사투상도
③ 정투상도 ④ 등각투상도

130 다음 투상도 중 3각법이나 1각법으로 투상하여도 그 투상도면의 배치 위치가 동일 위치인 것은?

① 평면도 ② 배면도
③ 우측면도 ④ 저면도

해설
배면도는 3각법이나 1각법에서 배치 위치는 같다. 배면도는 물체의 뒤쪽에서 바라본 모양을 도면에 나타낸 그림을 말하며 사용하는 경우가 극히 적다.

131 수평선과 30°의 각도를 이룬 두축과 90°를 이룬 수직축의 세축이 투상면 위에서 120°의 등각이 되도록 물체를 놓고 투상한 것은?

① 부등각 투상 ② 등각 투상
③ 사투상 ④ 삼정 투상

해설
등각 투상도란 정면, 평면, 측면을 하나의 투상면 위에 동시에 볼 수 있도록 표현된 투상도이다.

132 그림과 같이 하나의 그림으로 정육면체의 세 면 중의 한 면만을 중점적으로 엄밀 · 정확하게 표현하는 것으로, 캐비닛도가 이에 해당하는 투상법은?

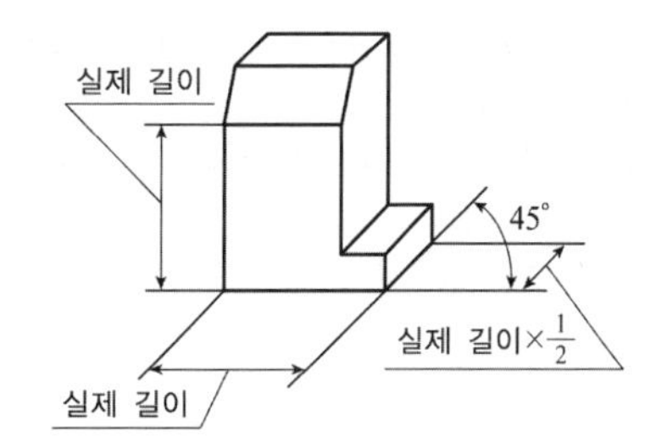

① 사투상법 ② 등각투상법
③ 정투상법 ④ 투시도법

해설
사투상법
- 투상선이 투상면에 사선으로 지나는 평행 투상
- 정육면체의 세 면 중 한 면만을 중점적으로 엄밀 · 정확하게 표현하는 것으로 일반적으로 투상선이 하나
- 종류 : 케비닛도, 카발리에도 등

133 2개의 입체가 서로 만날 때 두 입체 표면에 만나는 선이 생기는데 이 선을 무엇이라고 하는가?

① 분할선 ② 입체선
③ 직립선 ④ 상관선

해설
상관선
2개의 입체가 서로 만날 때 두 입체 표면에 만나는 선

[정답] 128 ④ 129 ③ 130 ② 131 ② 132 ① 133 ④

134 평행 투상법에 의한 3차원상의 표시법 중 경사투상법에 속하지 않는 것은?

① 캐벌리어 투상법
② 캐비넷 투상법
③ 다이메트릭 투상법
④ 플라노메트릭 투상법

해설
평행 투상법에 의한 3차원상의 표시법 중 경사투상법에 속하지 않는 것은 다이메트릭 투상법이다.
- 캐벌리어 투상법 : 투상선이 투상면에 대하여 45°인 경사를 가진 사투상도
- 플라노메트릭 투상법 : 투상선이 투상면에 대하여 30°인 경사를 가진 사투상도
- 캐비넷 투상법 : 투상선이 투상면에 대하여 60°인 경사를 가진 사투상도

135 다음 중 도면이 갖추어야 할 요건으로 타당하지 않는 것은?

① 도면에 그려진 투상이 너무 작아 애매하게 해석될 경우에는 아예 그리지 않는다.
② 도면에 담겨진 정보는 간결하고 확실하게 이해할 수 있도록 표시한다.
③ 도면은 충분한 내용과 양식을 갖추어야 한다.
④ 도면에는 제품의 거칠기 상태, 재질, 가공방법 등의 정보도 포함하고 있어야 한다.

해설
도면에 그려진 투상이 너무 작아 애매하게 해석될 경우에는 확대하여 그린다.

136 투상도의 선택방법 중 틀린 것은?

① 주투상도만으로 표시할 수 있는 것에 대해서도 다른 투상도를 그린다.
② 주투상도는 대상물의 모양 · 기능을 가장 명확하게 표시하는 면을 그린다.
③ 주투상도를 보충하는 다른 투상도는 되도록 적게 그린다.
④ 서로 관련되는 그림의 배치는 되도록 숨은선을 쓰지 않는다.

해설
투상도의 선택방법
- 주투상도에는 대상물의 모양 · 기능을 가장 명확하게 표현하는 면을 그린다.
- 주투상도를 보충하는 다른 투상도는 되도록 적게 하고 주투상도만으로 표시할 수 있는 것에 대하여는 다른 투상도는 그리지 않는다.
- 서로 관련되는 그림의 배치는 되도록 숨은선을 쓰지 않도록 한다. 다만, 비교 대조하기 불편할 경우에는 예외로 한다.

137 제1각법에 관한 설명으로 옳은 것은?

① 정면도 우측에 좌측면도가 배치된다.
② 정면도 아래에 저면도가 배치된다.
③ 평면도 아래에 저면도가 배치된다.
④ 정면도 위에 평면도가 배치된다.

해설
제1각법
물체를 1각 안에(투상면 앞쪽) 놓고 투상한 것을 말한다. 즉 물체 뒤의 유리판에 투영한다.
- 투상 순서는 눈 → 물체 → 투상이다.
- 평면도는 정면도의 아래에 위치한다.
- 좌측면도는 정면도의 우측에 위치한다.
- 우측면도는 정면도의 좌측에 위치한다.
- 저면도는 정면도의 위에 위치한다.

[정답] 134 ③ 135 ① 136 ① 137 ①

138 KS 기계제도와 제3각법을 설명한 것으로 틀린 것은?

① 정면도 왼쪽에 좌측면도가 놓인다.
② 우측면도의 좌측에 정면도가 배치된다.
③ 정면도 아래에 평면도가 놓인다.
④ 기계제도는 제3각법으로 투상하는 것을 원칙으로 하고 있다.

해설

KS 규격에서는 제3각법으로 투상하는 것을 원칙으로 하며 정면도 위에 평면도, 아래에 저면도가 배치된다.

139 다음 도면 배치 중에서 제3각법에 의한 배치내용이 아닌 것은?

①

우측면도	정면도
	평면도

②

평면도	
정면도	우측면도

③

	평면도
좌측면도	정면도

④

좌측면도	정면도
	저면도

해설

제3각법에 의한 배치

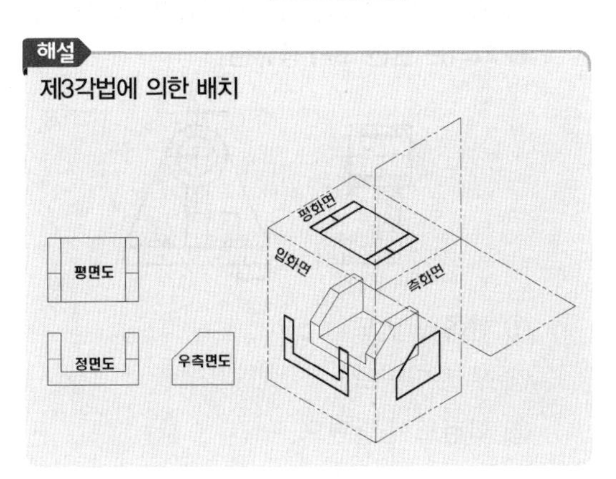

140 아래 투상도와 같이 경사부가 있는 대상물에서 그 경사면에 있는 구멍의 실형을 표시할 필요가 있는 경우에 나타내는 투상도는?

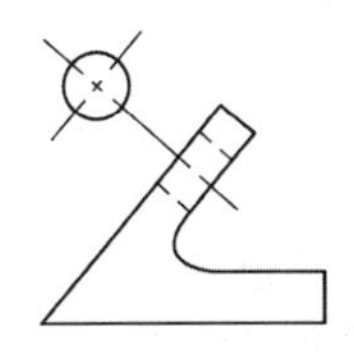

① 가상도 ② 국부 투상도
③ 부분 확대도 ④ 회전 투상도

해설

국부 투상도

물체의 구멍이나 홈 등의 한 국부만의 모양을 도시하는 것으로 충분한 경우에는 필요한 부분을 국부투상도로 나타낸다. 투상 관계를 나타내기 위해서는 원칙적으로 주된 그림에 중심선, 기준선, 치수보조선 등을 연결한다.

141 그림에서 E-7과 B-2는 무엇을 나타내는가?

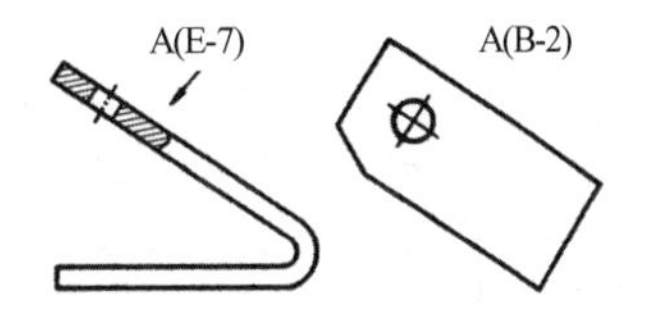

① 조립도의 도면의 종류와 크기
② 부품도의 부품 번호 및 수량
③ 상대 도면의 비교눈금 및 척도
④ 상대방 위치의 도면구역의 구분 기호

142 그림과 같은 투상도의 명칭은?

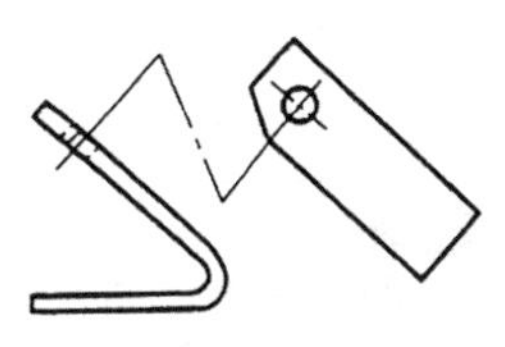

① 부분 투상도
② 보조 투상도
③ 국부 투상도
④ 회전 투상도

[정답] 138 ③ 139 ② 140 ② 141 ④ 142 ②

해설

보조 투상도

경사면부가 있는 대상물에서 그 경사면의 실제 길이를 표시할 필요가 있는 경우에는 보조 투상도로 표시한다.

143 기계제도 도면 작업 중에서 부분 확대도를 올바르게 설명한 것은?

① 어떤 물체의 구멍이나 홈 등 한 부분만의 모양을 표시한 투상도
② 경사면에 대해 실제 모양을 표시할 필요가 있는 경우에 나타낸 투상도
③ 그림의 일부를 도시해 그린 것으로 충분할 경우 그 부분만 도시해서 그린 투상도
④ 특정 부위의 도형이 작아 치수기입이 곤란할 때 다른 곳에 척도를 크게 하여 나타낸 투상도

해설

부분 확대도

특정 부분의 도형이 작은 관계로 그 부분의 상세한 도시나 치수기입을 할 수 없을 때는 그 부분을 가는 실선으로 에워싸고, 영자의 대문자로 표시함과 동시에 그 해당 부분을 다른 장소에 확대하여 그리고, 표시하는 문자 및 척도를 부기한다.

144 단면도의 표시방법에서 그림과 같은 단면도의 형태는?

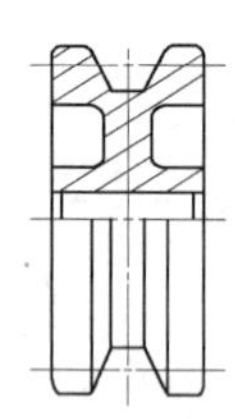

① 온 단면도
② 한쪽 단면도
③ 부분 단면도
④ 회전도시 단면도

해설

한쪽 단면도(반 단면도) : 상하 또는 좌우 대칭인 물체는 1/4을 떼어 낸 것으로 보고 기본 중심선을 경계로 하여 1/2은 외형, 1/2은 단면으로 동시에 나타낸 것으로 대칭중심의 우측 또는 위쪽을 단면 한다.

145 다음 그림에서 ①과 같은 투상도를 무엇이라고 하는가?

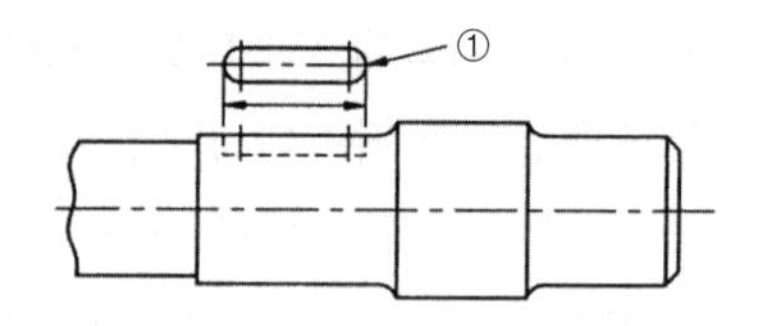

① 부분 확대도　② 국부 투상도
③ 보조 투상도　④ 부분 투상도

146 핸들이나 바퀴 등의 암 및 리브, 훅, 축, 구조물의 부재 등에 대해 절단한 곳의 전, 후를 끊어서 그 사이에 회전도시 단면도를 그릴 때 단면 외형을 나타내는 선은 어떤 선으로 나타내야 하는가?

① 굵은 실선　② 가는 실선
③ 굵은 1점 쇄선　④ 가는 2점 쇄선

해설

핸들이나 바퀴 등의 암 및 리브, 훅, 축, 구조물의 부재 등에 대해 절단한 곳의 전, 후를 끊어서 그사이에 회전도시 단면도를 그릴 때 단면 외형을 나타낼 때 굵은 실선으로 표시한다.

147 그림과 같이 2개 이상의 절단면에 의하여 단면도를 그리는 단면 도시 종류는?

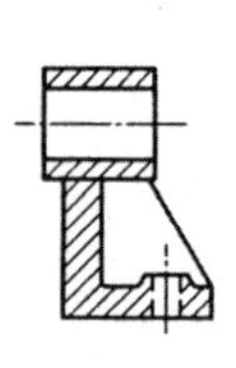
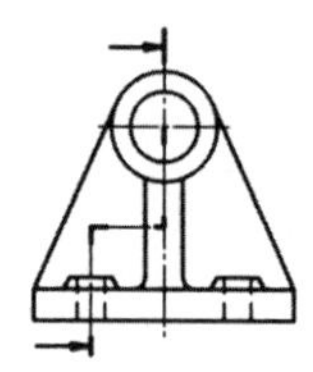

① 한쪽 단면도
② 부분 단면도
③ 회전도시 단면도
④ 조합에 의한 단면도

해설

조합에 의한 단면은 계단 단면도라 한다.

[정답] 143 ④　144 ②　145 ②　146 ①　147 ④

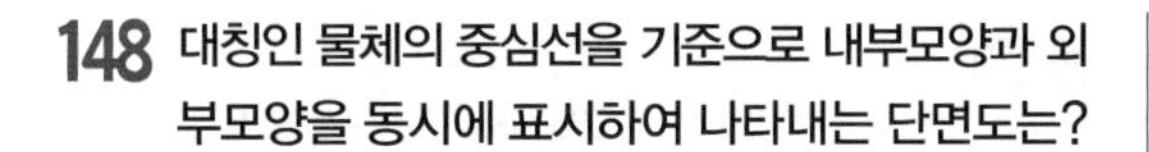

148 대칭인 물체의 중심선을 기준으로 내부모양과 외부모양을 동시에 표시하여 나타내는 단면도는?

① 부분 단면도
② 한쪽 단면도
③ 조합에 의한 단면도
④ 회전도시 단면도

해설
① 부분 단면도 : 외형도에서 필요로 하는 일부분만을 부분 단면도로 도시할 수 있다. 파단선(가는실선)으로 단면의 경계를 표시하고 프리핸드로 외형선의 1/2굵기로 그린다.
② 한쪽 단면도 : 상하 또는 좌우 대칭형의 물체는 기본 중심선을 경계로 1/2은 외형도로, 나머지 1/2은 단면도로 동시에 나타낸다. 대칭 중심선의 우측 또는 위쪽을 단면으로 한다.
③ 조합에 의한 단면도 : 2개 이상의 절단면에 의한 단면도를 조합하여 행하는 단면 도시이다. 필요에 따라서 단면을 보는 방향을 나타내는 화살표와 글자 기호를 붙인다.
④ 회전도시 단면도 : 핸들이나 바퀴 등의 암이나 리브, 훅, 축, 구조물의 부재 등의 절단면은 90° 회전하여 도시하거나 절단할 곳의 전후를 끊어서 그사이에 그린다.

149 물체의 한쪽 면이 경사되어 평면도나 측면도로는 물체의 형상을 나타내기 어려울 경우 가장 적합한 투상법은?

① 요점 투상법 ② 국부 투상법
③ 부분 투상법 ④ 보조 투상법

해설
① 요점 투상법 : 보조적인 투상도에 보이는 부분을 모두 표시하면 도면이 복잡해져서 오히려 알아보기가 어려운 경우에는 요점 부분만 투상도로 표시한다.
② 국부 투상법 : 물체의 구멍이나 홈 등의 한 국부만의 모양을 도시하는 것으로, 충분한 경우에는 필요한 부분을 국부투상도로 나타낸다. 투상 관계를 나타내기 위해서는 원칙적으로 주된 그림에 중심선, 기준선, 치수보조선 등을 연결한다.
③ 부분 투상법 : 그림의 일부를 도시하는 것으로, 충분한 경우에는 필요한 부분만 투상도로서 나타낸다. 이러한 경우 생략한 부분과 경계를 파단선으로 나타낸다.
④ 보조 투상법 : 물체의 경사면을 실형으로 그려서 바꾸기 할 필요가 있을 경우에는 그 경사면과 위치에 필요 부분만을 보조 투상도로 표시한다.

150 핸들이나 바퀴 등의 암 및 림, 리브 등 절단선의 연장선 위에 90° 회전하여 실선으로 그리는 단면도는?

① 온 단면도 ② 한쪽 단면도
③ 조합 단면도 ④ 회전도시 단면도

해설
① 온 단면도 : 물체의 기본적인 모양을 가장 잘 나타낼 수 있도록 물체의 중심에서 반으로 절단하여 나타낸다.
② 한쪽 단면도 : 상하 또는 좌우 대칭형의 물체는 기본 중심선을 경계로 1/2은 외형도로, 나머지 1/2은 단면도로 동시에 나타낸다. 대칭 중심선의 우측 또는 위쪽을 단면으로 한다.
③ 조합 단면도 : 2개 이상의 절단면에 의한 단면도를 조합하여 행하는 단면 도시로 필요에 따라서 단면을 보는 방향을 나타내는 화살표와 글자기호를 붙인다.
④ 회전도시 단면도 : 핸들이나 바퀴 등의 암이나 리브, 훅, 축, 구조물의 부재 등의 절단면은 90° 회전하여 도시하거나 절단할 곳의 전후를 끊어서 그 사이에 그린다.

151 단면의 표시와 단면도의 해칭에 관한 설명으로 옳은 것은?

① 단면 면적이 넓은 경우에는 그 외형선을 따라 적절한 범위에 해칭 또는 스머징을 한다.
② 해칭선의 각도는 주된 중심선에 대하여 60°로 하여 굵은 실선을 사용하여 등간격으로 그린다.
③ 인접한 다른 부품의 다면은 해칭선의 방향이나 간격을 변경하지 않고 동일하게 사용한다.

[정답] 148 ② 149 ④ 150 ④ 151 ①

PART 2 기계요소설계

④ 해칭 부분에 문자, 기호 등을 기입할 때는 해칭을 중단하지 않고 겹쳐서 나타내야 한다.

해설

단면도의 해칭
- 보통 사용하는 해칭은 주된 중심선에 대하여 45°로 가는 실선으로 등간격으로 표시한다.
- 동일 부품의 단면은 떨어져 있어도 해칭의 방향과 간격 등을 같게 한다.
- 서로 인접하는 단면의 해칭은 선의 방향 또는 각도(30°, 45°, 60° 임의의 각도) 및 그 간격을 바꾸어서 구별한다.
- 경사진 단면의 해칭선은 경사진 면에 수평이나 수직으로 그리지 않고 재질에 관계없이 기본 중심에 대하여 45° 경사진 각도로 그린다.
- 절단 자리의 면적이 넓은 경우에는 그 외형선을 따라 적절한 범위에 해칭(또는 스머징)을 한다.
- 해칭을 하는 부분 속에 문자, 기호 등을 기입하기 위해 필요한 경우에는 해칭을 중단한다.
- 단면도에 재료 등을 표시하기 위하여 특수한 해칭(또는 스머징)을 해도 좋다.

152 그림이 나타내고 있는 것은 어느 단면도에 해당하는가?

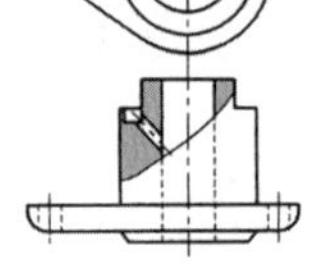

① 온 단면도
② 한쪽 단면도
③ 회전 단면도
④ 부분 단면도

해설

부분 단면도는 외형도에서 필요로 하는 요소의 일부분만을 표시하는 단면도법이다.

153 다음 그림은 어느 단면도에 해당하는가?

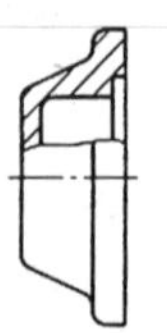

① 온 단면도
② 한쪽 단면도
③ 회전 단면도
④ 부분 단면도

해설
- 온 단면도 : 물체의 1/2을 절단하여 단면으로 도시
- 한쪽 단면도 : 상하 또는 좌우가 대칭인 물체를 내부와 외부를 동시에 나타내고자 할 때 사용
- 부분 단면도 : 물체의 일부분을 파단하여 단면으로 도시

154 다음 그림과 같은 단면도는 어떤 종류의 단면도인가?

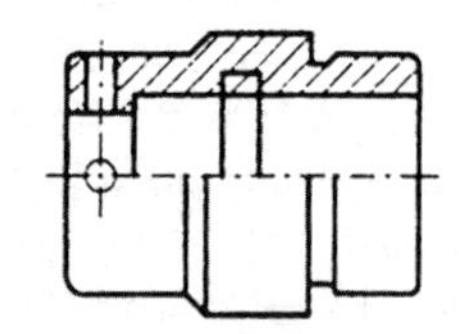

① 온 단면도　② 한쪽 단면도
③ 부분 단면도　④ 회전도시 단면도

해설

한쪽 단면도 : 상하 또는 좌우 대칭인 물체는 1/4을 떼어 낸 것으로 보고, 기본 중심선을 경계로 하여 1/2은 외형, 1/2은 단면으로 동시에 나타낸다. 가능하면 대칭 중심선의 오른쪽 또는 위쪽을 단면으로 하는 것이 좋다.

155 다음 중 단면도의 특징이 다른 하나는?

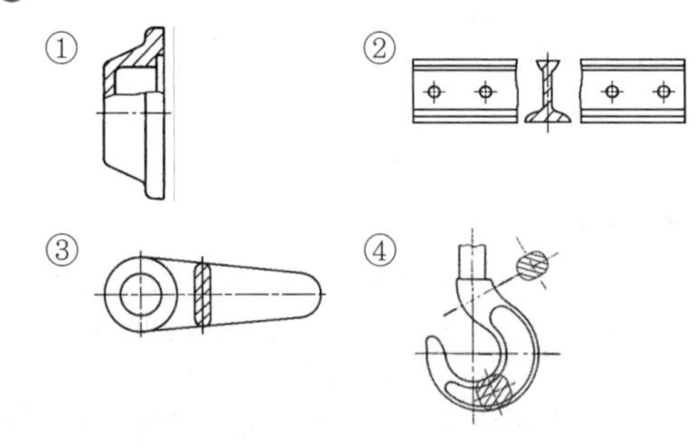

해설

①은 부분 단면도이고 ②, ③, ④는 회전 단면도이다.

[정답] 152 ④ 153 ④ 154 ② 155 ①

156 암, 리브, 핸들 등의 전 단면을 그림과 같이 나타내는 단면도를 무엇이라 하는가?

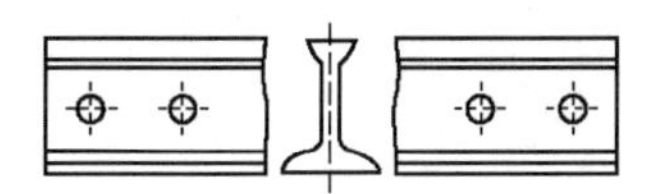

① 온 단면도　　② 회전도시 단면도
③ 부분 단면도　　④ 한쪽 단면도

해설
회전도시 단면도
핸들이나 바퀴 등의 암이나 리브, 훅, 축, 구조물의 부재 등의 절단면은 90° 회전하여 도시하거나 절단할 곳의 전후를 끊어서 그 사이에 그린다.

157 그림과 같이 나타난 단면도의 명칭은?

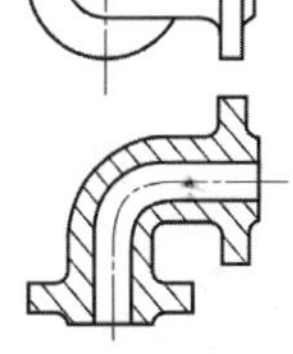

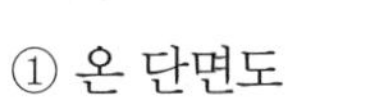
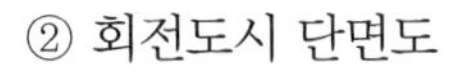
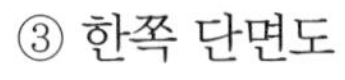

① 온 단면도
② 회전도시 단면도
③ 한쪽 단면도
④ 부분 단면도

해설
온 단면도 : 물체의 기본적인 모양을 가장 잘 나타낼 수 있도록 물체의 중심에서 반으로 절단하여 나타낸 것을 온 단면도라 한다.

158 다음 투상도 중 KS 제도 통칙에 따라 올바르게 작도된 투상도는?

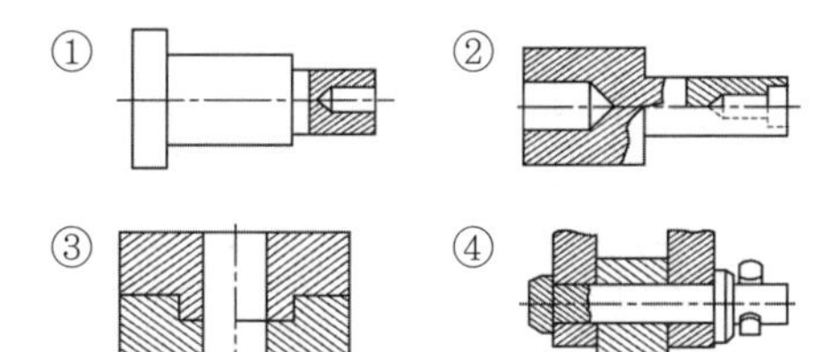

159 제3각 투상법으로 정면도와 평면도를 그림과 같이 나타낼 경우 가장 적합한 우측면도는?

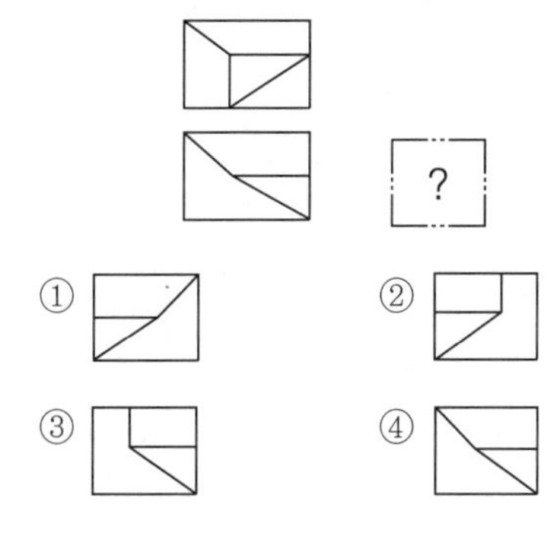

160 제3각법으로 그린 다음과 같은 3면도 중 각 도면 간의 관계가 올바르게 그려진 것은?

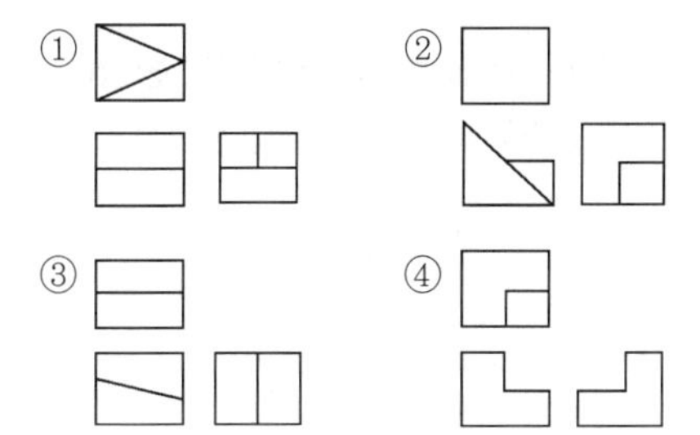

161 〈보기〉와 같이 정면도와 평면도가 표시될 때 우측면도가 될 수 없는 것은?

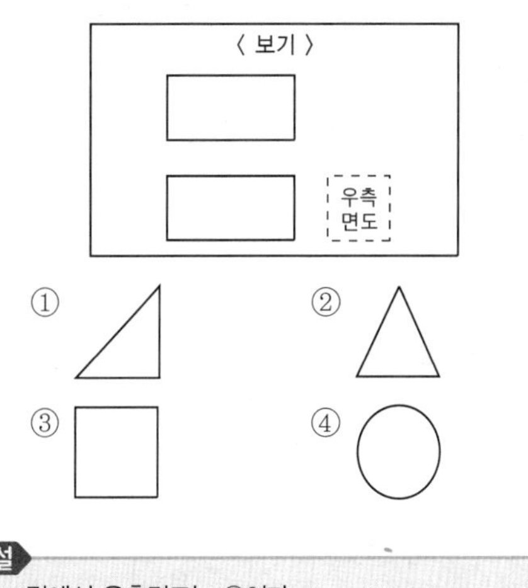

해설
위 그림에서 우측면도는 ②이다.

[정답] 156 ② 157 ① 158 ① 159 ① 160 ① 161 ②

162 그림과 같은 제3각 정투상도의 입체도로 적합한 것은?

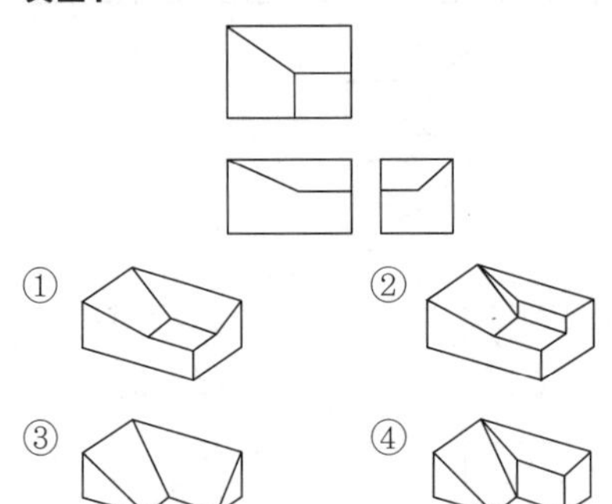

해설
위 그림에서 입체도는 ①이다.

163 그림과 같은 입체도에서 화살표 방향에서 본 정면도를 가장 올바르게 나타낸 것은?

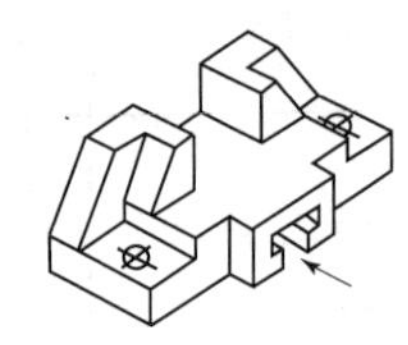

① ② ③ ④

해설
위 그림 입체도에서 화살표 방향에서 본 정면도는 ①이다.

164 제3각법으로 투상되는 그림과 같은 투상도의 좌측면도로 가장 적합한 것은?

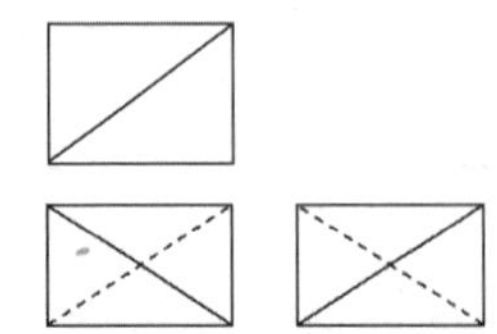

① 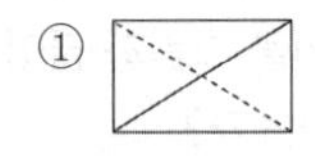 ②

③ ④ 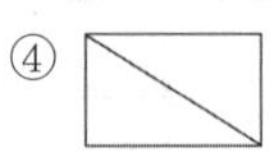

해설
위 그림에서 좌측면도로 가장 적합한 것은 ①이다.

165 그림과 같은 입체도를 화살표 방향에서 본 투상도로 가장 적합한 것은?

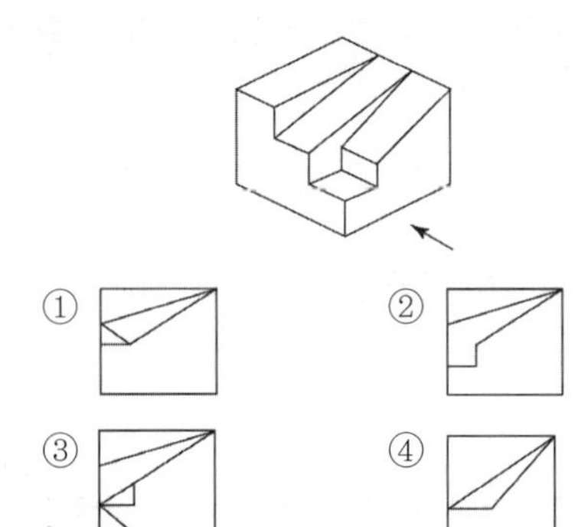

① ② ③ ④

해설
위 그림의 입체도에서 정면도로 가장 적합한 것은 ②이다.

166 그림과 같은 투상도는 제3각법 정투상도이다. 우측면도로 가장 적합한 것은?

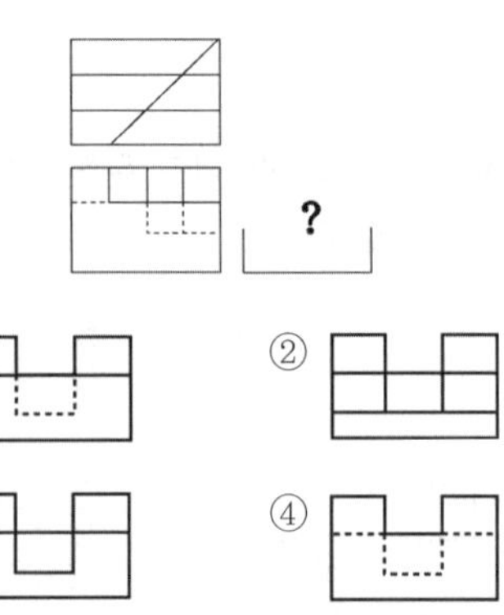

해설
위 그림에서 우측면도로 가장 적합한 것은 ③이다.

[정답] 162 ① 163 ① 164 ① 165 ② 166 ③

167 그림과 같은 입체도에서 화살표 방향이 정면일 때 정투상법으로 나타낸 투상도 중 잘못된 도면은?

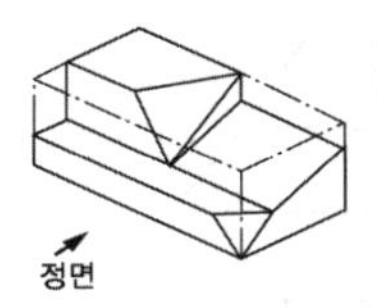

① 좌측면도 ② 평면도

③ 우측면도 ④ 정면도

168 그림과 같은 입체의 제3각 정투상도로 가장 적합한 것은?

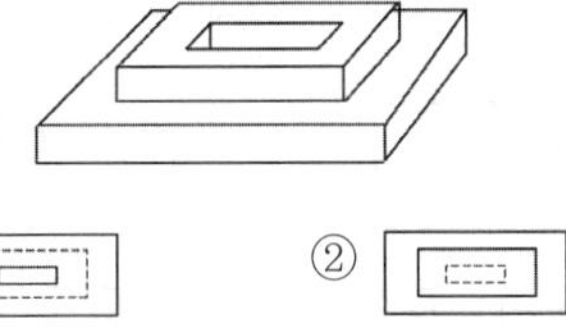

① ②

③ ④

해설

그림에서 제3각법으로 정투상도로 가장 적합한 것은 ③이다.

169 그림과 같이 제3각법으로 나타낸 정투상도에서 평면도로 알맞은 것은?

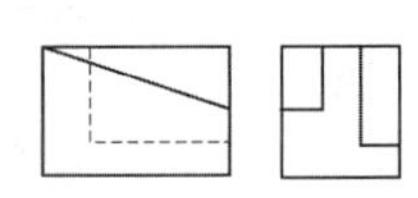

① ②

③ ④

170 다음 투상도 중 KS제도 통칙에 따라 올바르게 작도된 투상도는?

① ②

③ ④

171 제3각법으로 투상한 정면도와 평면도를 나타낸 것이다. 해당 형상에 적합한 우측면도는?

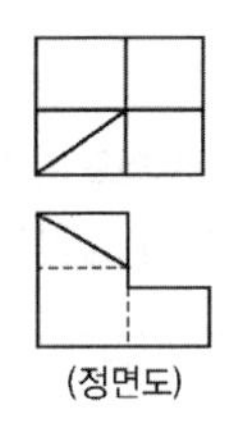

① ②

③ ④

172 다음과 같은 간략도의 전체를 표현한 것으로 가장 적합한 것은?

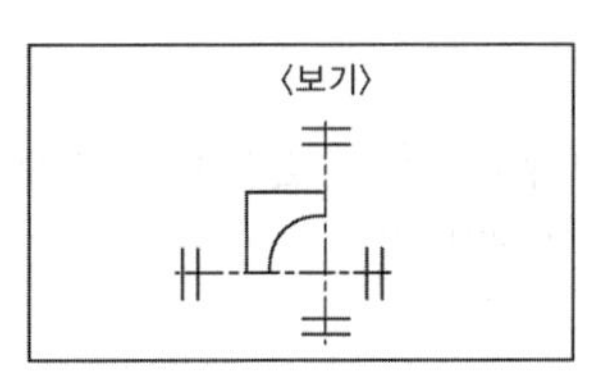

① ②

③ ④

[정답] 167 ③ 168 ③ 169 ② 170 ① 171 ② 172 ②

173 그림과 같이 3각법에 의한 투상도에서 누락된 정면도로 옳은 것은?

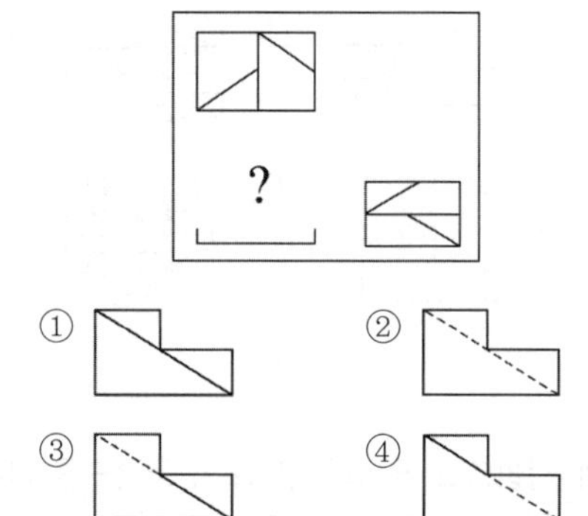

174 제3각 투상법으로 제도한 아래의 평면도와 좌측면도에 가장 적합한 정면도는?

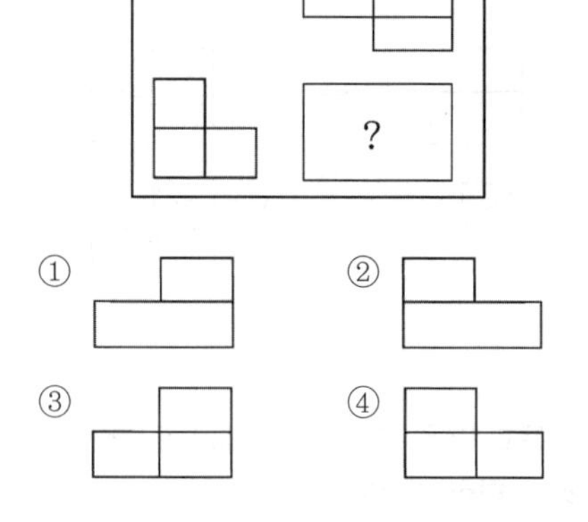

175 그림과 같은 단면도로 표시된 물체의 부품은 모두 몇 개인가?

① 1개
② 2개
③ 3개
④ 4개

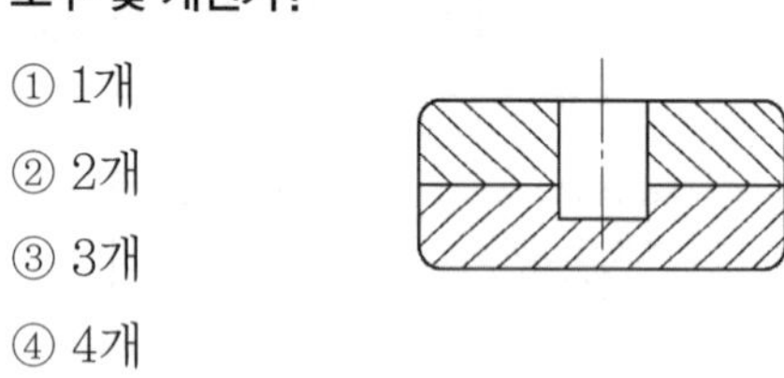

해설
위 그림에서 부품 수는 2개이다.

176 제3각법으로 투상한 그림과 같은 정면도와 우측면도에 가장 적합한 평면도는?

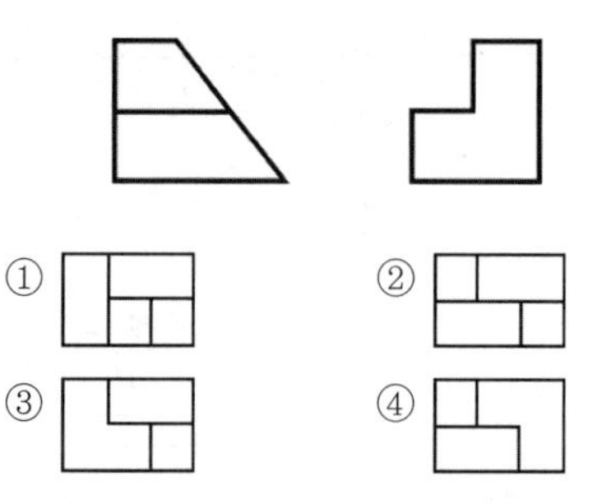

177 그림과 같은 평면도에 대한 정면도로 가장 옳은 것은?

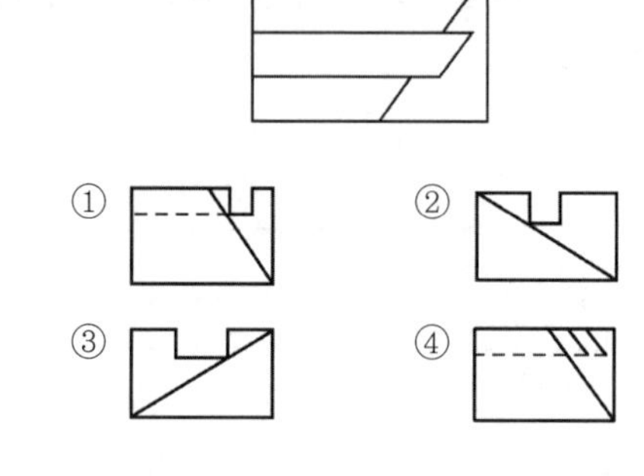

178 그림과 같은 입체도를 화살표 방향에서 보았을 때 가장 적합한 투상도는?

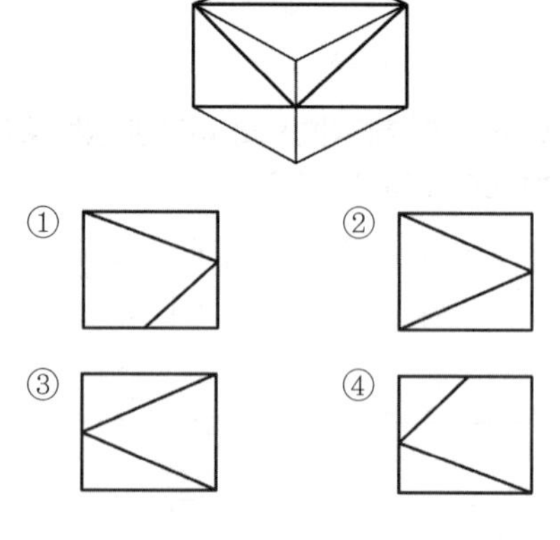

[정답] 173 ④ 174 ③ 175 ② 176 ④ 177 ④ 178 ②

179 그림과 같은 도면에서 평면도로 가장 적합한 것은?

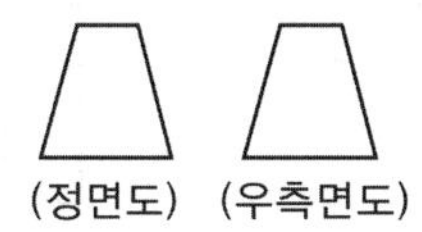

① 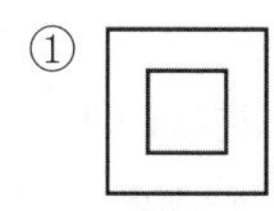
② 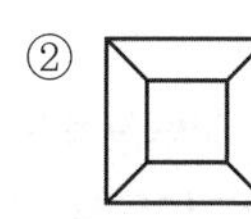
③ 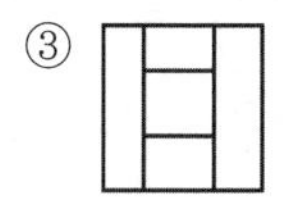
④ 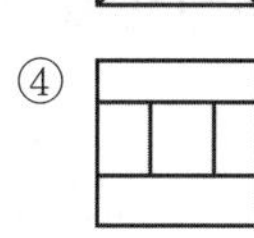

180 그림과 같은 입체도를 제3각법으로 투상하였을 때, 가장 적합한 투상도는?

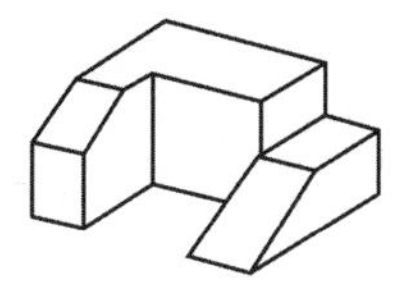

①
② 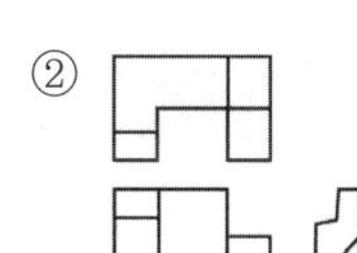
③ 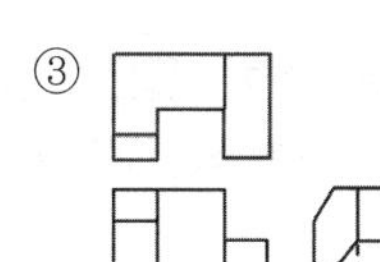
④ 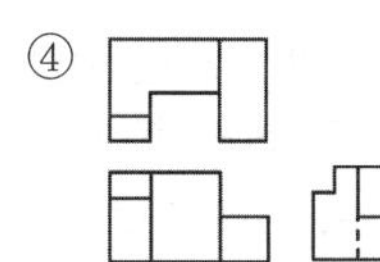

181 다음 입체도를 3각법으로 나타낸 3면도 중 가장 옳게 투상한 것은? (단, 화살표 방향을 정면도 한다.)

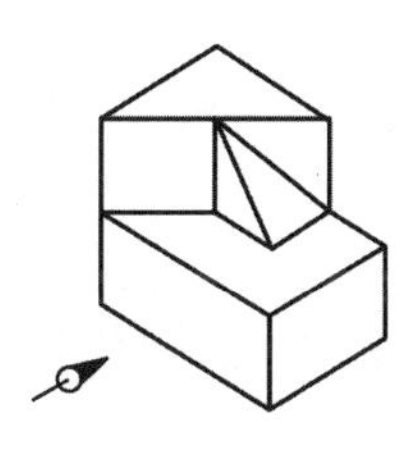

①
②
③
④

182 그림과 같은 입체도를 제3각법으로 올바르게 나타낸 투상도는?

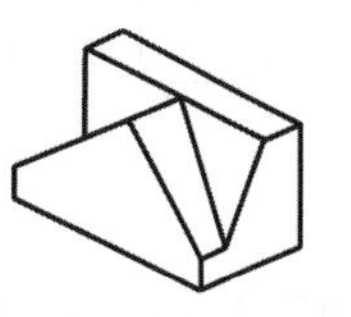

①
② 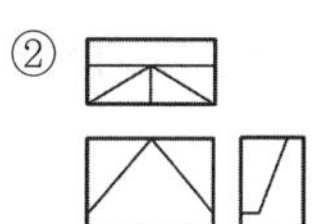
③
④ 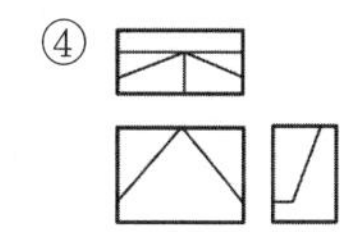

183 그림과 같은 등각 투상도에서 화살표 방향에서 본 면을 정면이라 할 때 제3각법으로 3면도가 올바르게 그려진 것은?

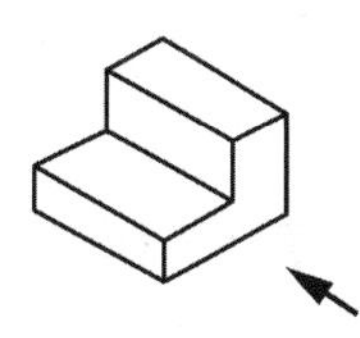

①
② 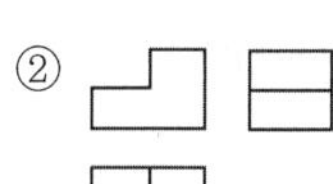
③
④ 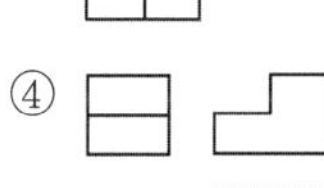 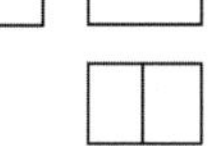

[정답] 179 ② 180 ① 181 ③ 182 ④ 183 ③

184 그림과 같은 입체도를 제3각법으로 투상한 투상도로 옳은 것은?

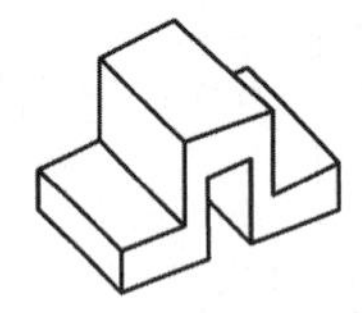

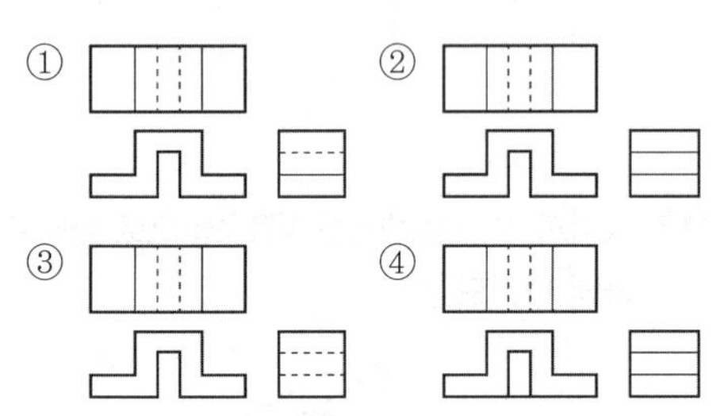

185 화살표 방향을 정면으로 하여 제3각법으로 투상하였을 때 가장 적합한 것은?

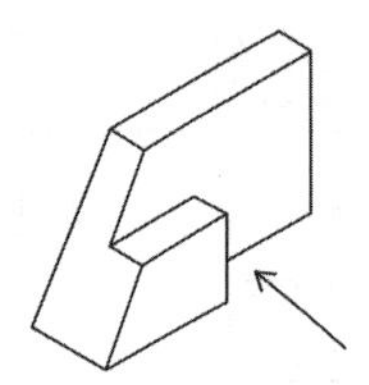

① ② ③ ④

186 그림과 같은 등각 투상도에서 화살표 방향을 정면도로 할 때 이에 대한 저면도로 가장 적합한 것은?

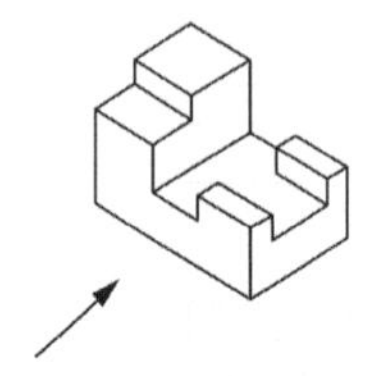

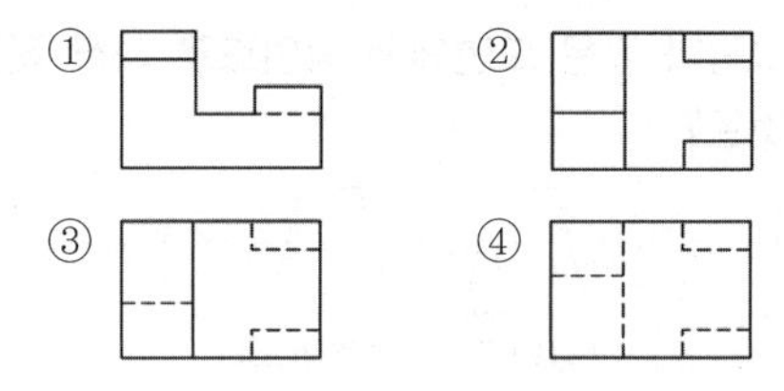

187 제3각 정투상법으로 아래 입체도의 정면도, 평면도, 좌측면도를 가장 적합하게 나타낸 것은?

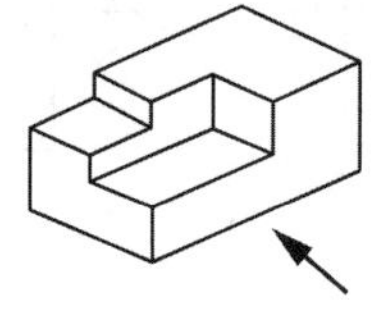

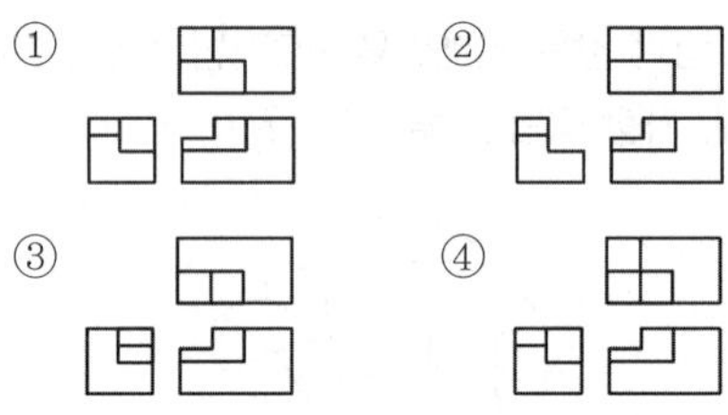

해설

제3각 정투상법으로 문제의 입체도의 정면도, 평면도, 좌측면도를 가장 적합하게 나타낸 것은 ①이다.

188 파이프 상단 중앙에 드릴 구멍을 뚫은 그림과 같은 정면도를 보고 우측면도를 작성했을 때 다음 중 가장 적합한 것은?

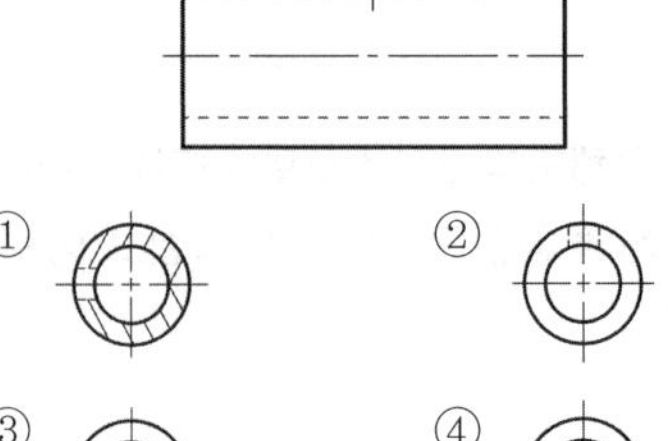

해설

우측면도를 작성했을 때 가장 적합한 것은 ②이다.

[정답] 184 ① 185 ① 186 ④ 187 ① 188 ②

189 제3각 정투상법으로 그린 아래 그림의 알맞은 우측면도는?

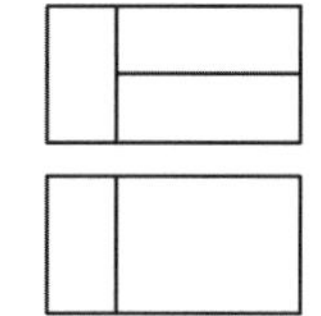

① 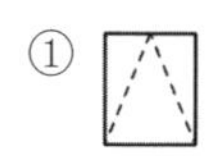

② 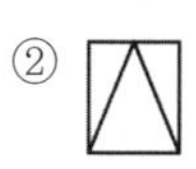

③

④ 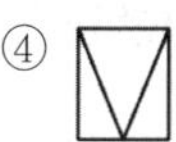

해설

제3각 정투상법으로 그린 위 그림의 알맞은 우측면도는 ②이다.

190 제3각법으로 투상한 정면도와 우측면도가 그림과 같을 때 평면도로 가장 적합한 것은?

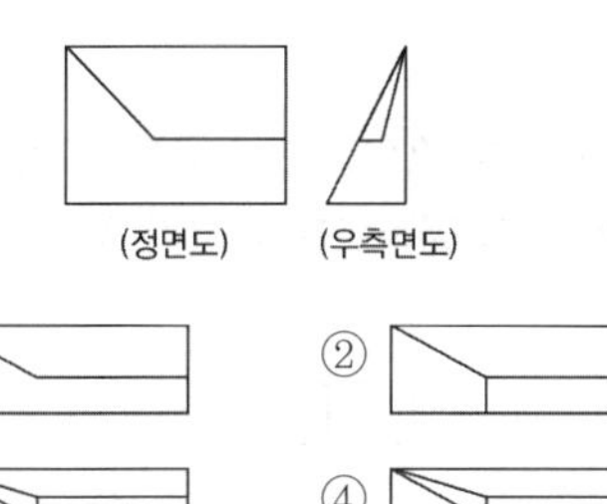

191 다음 그림과 같이 제3각 정투상도의 평면도와 우측면도에 가장 적합한 정면도는?

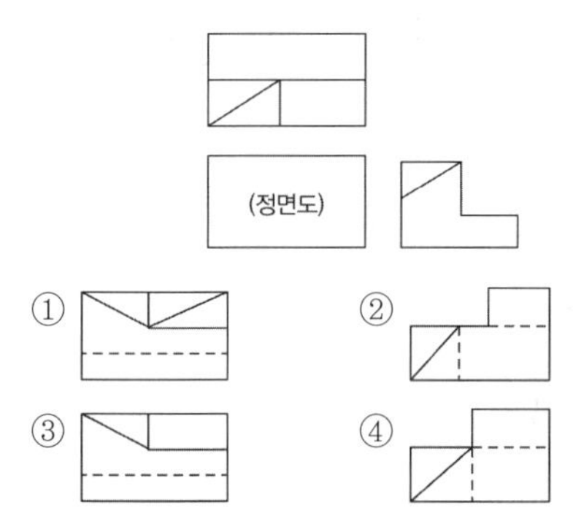

192 다음 평면도와 정면도에 알맞은 우측면도는?

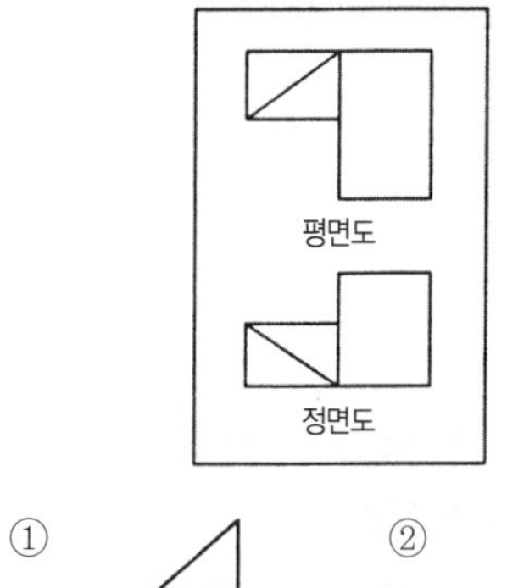

① 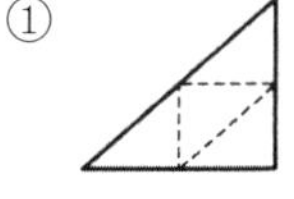

② 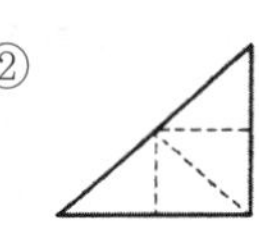

③ 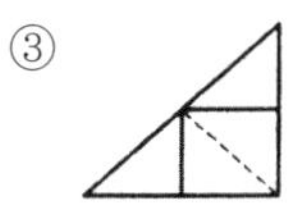

④ 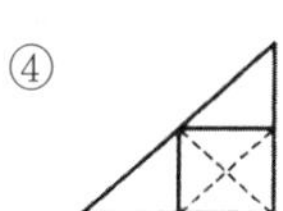

해설

입체도

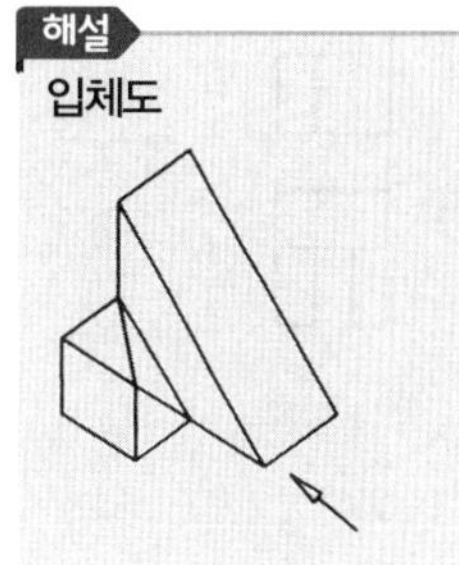

193 다음 3각법에 의한 투상도 중 정면도에만 누락된 선이 있을 경우 맞는 것은?

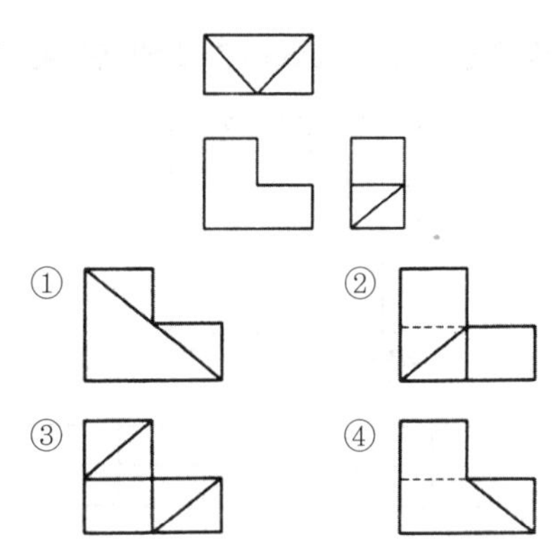

[정답] 189 ② 190 ③ 191 ③ 192 ① 193 ④

해설

입체도

해설

입체도

194 그림과 같이 3각법으로 정투상도를 나타날 때 우측면도에 맞는 도면은?

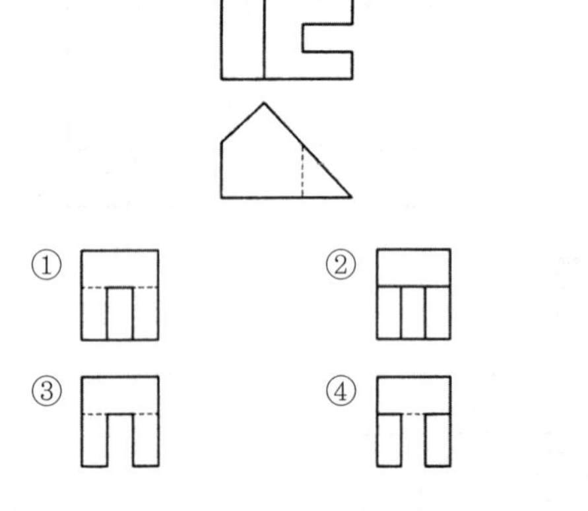

해설

입체도

195 다음 정면도와 좌측면도에 가장 적합한 평면도는?

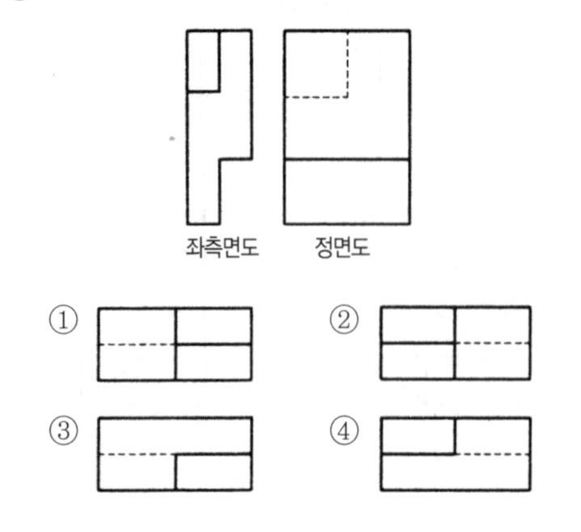

196 다음 A도는 B와 같은 물체를 제3각법으로 투상한 도면이다. 숨은선은 모두 생략한 경우일 때 다음 설명 중 가장 적합한 것은?

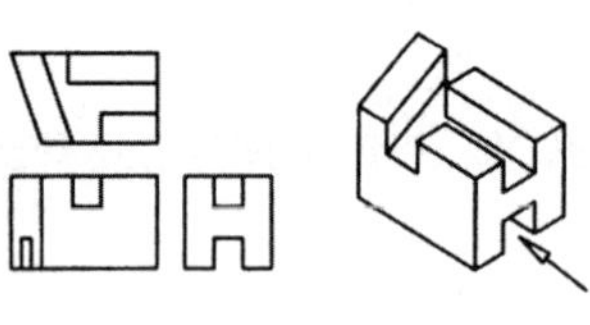

① 정면도만 틀림 ② 평면도만 맞음
③ 측면도만 맞음 ④ 모두 맞음

197 주어진 도면(평면도와 우측면도)를 보고 누락된 정면도가 올바르게 투상한 것은?

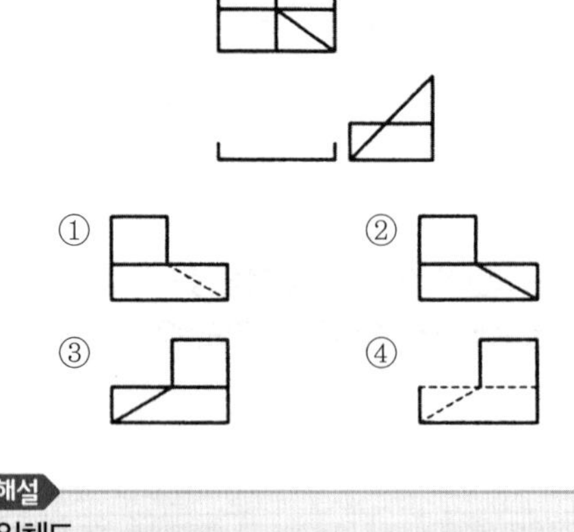

해설

입체도

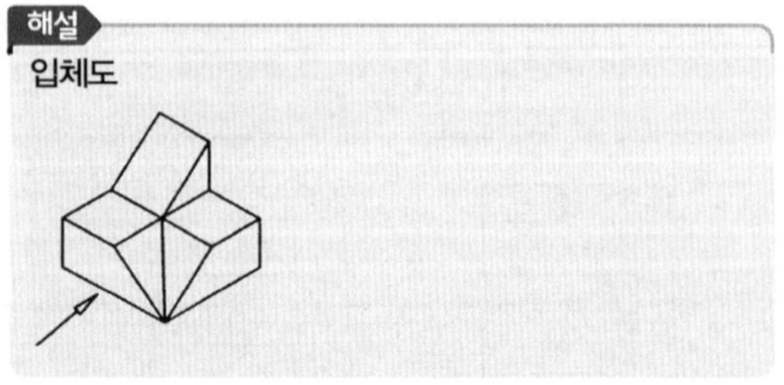

[정답] 194 ① 195 ④ 196 ④ 197 ②

198 주어진 평면도와 우측면도를 보고 정면도로 올바른 도면은?

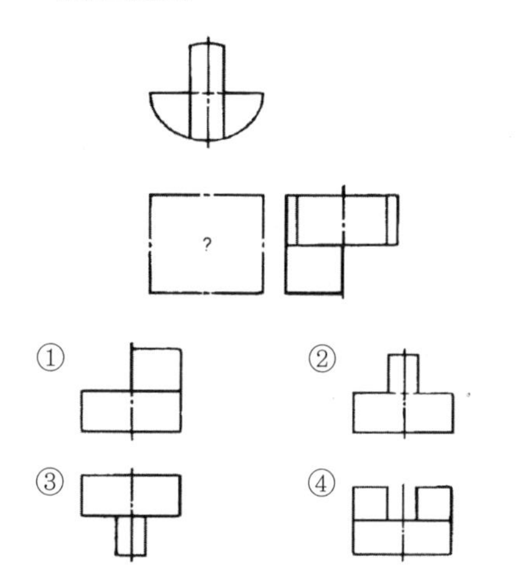

해설

입체도

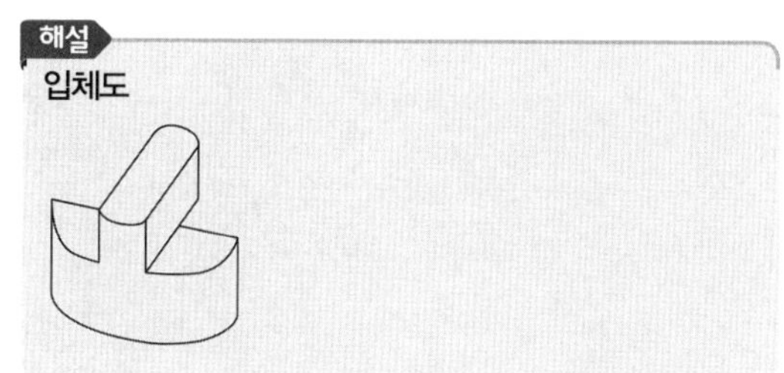

199 다음의 겨냥도를 올바르게 제 3각법으로 투상한 정면도는 어느 것인가? (단, 화살표 방향에서 본 것을 정면도로 한다.)

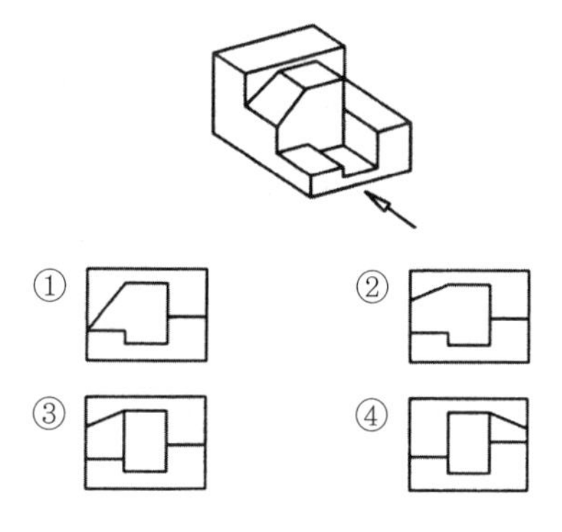

200 다음 도면에 대한 설명으로 옳은 것은?

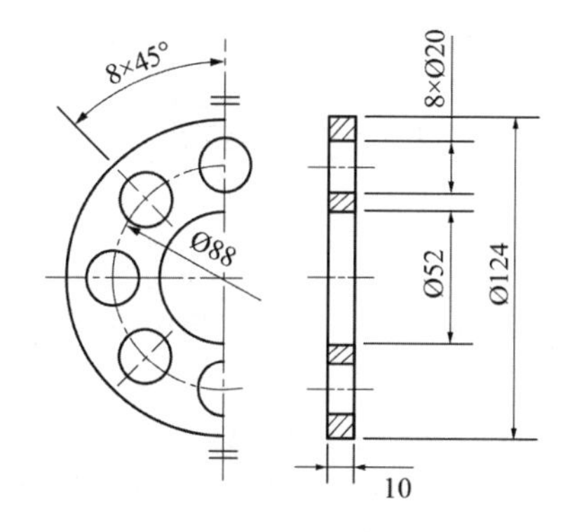

① 한쪽 단면도를 나타내었다.
② ⌀20인 구멍은 5개이다.
③ 두께를 도면에서 알 수 없다.
④ 45° 간격의 구멍은 모두 8개이다.

해설

① 온 단면도를 나타내었다.
② ⌀20인 구멍은 8개이다.
③ 두께를 도면에서 10이다.
④ 45° 간격의 구멍은 모두 8개이다.

201 다음과 같은 도면에서 플랜지 A부분의 드릴 구멍의 지름은?

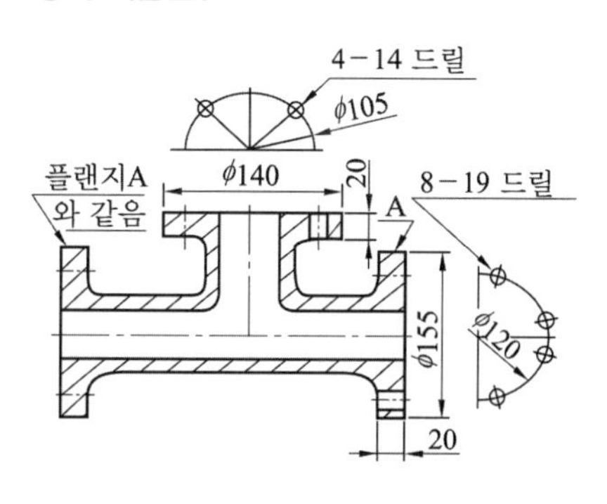

① $\phi 4$ ② $\phi 14$
③ $\phi 19$ ④ $\phi 8$

해설

8－19 : 지름 $\phi 8$ 구멍을 19개 가공한다.

[정답] 198 ② 199 ② 200 ④ 201 ④

202 도면에서 가는 실선으로 표시된 대각선 부분의 의미는?

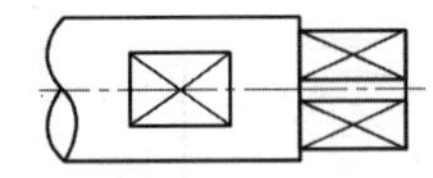

① 평면 ② 곡면
③ 홈 부분 ④ 라운드 부분

해설

평면의 도시 : 도형 내의 특정한 부분이 평면이란 것을 표시 필요가 있을 경우에는 가는 실선으로 대각선을 기입한다.

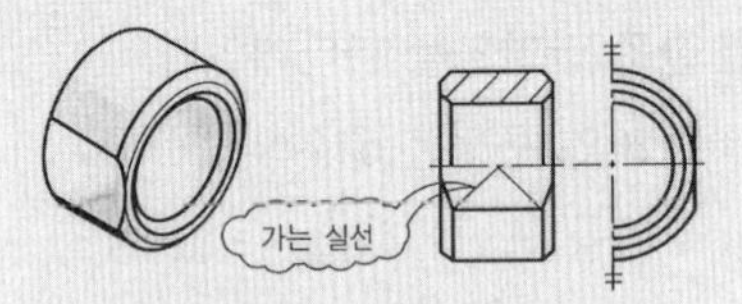

(a) 반(한쪽) 단면을 한 경우

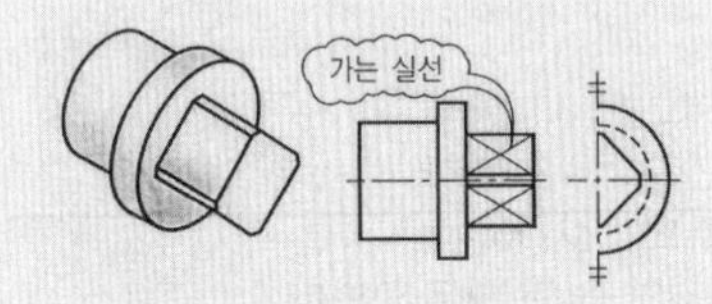

(b) 양쪽의 모양을 나타내는 경우

[정답] 202 ①

조립도면 해독

부품도와 조립도 파악

1 치수공차와 기하공차

(1) 치수공차

부품이 조립되어 원활한 기능을 발휘하도록 지시되는 공차는 공작기계의 정밀도와 생산방법에 따라 측정된 값이 그 기준치수보다 크거나 작게 공차 결과가 나오게 되는데 이것을 치수공차라고 한다.

1) 치수공차의 용어

① **구멍** : 주로 원통형 부분의 내측 부분

② **축** : 주로 원통형 부분의 외측 부분

③ **실 치수** : 두점 사이의 거리를 실제로 측정한 치수

④ **허용한계치수** : 실 치수가 그 사이에 들어가도록 정한 대 · 소의 허용치수이며, 최대 허용치수(30.2)와 최소 허용치수(29.9)가 있다(예 $30^{+0.2}_{-0.1}$).

⑤ **기준치수** : 치수 허용한계의 기준이 되는 치수

⑥ **기준선** : 허용한계치수 또는 끼워맞춤을 도시할 때 치수허용차의 기준이 되는 선으로, 치수허용차가 0인 직선으로 기준치수를 나타낼 때에 사용한다.

⑦ **치수허용차** : 허용한계치수에서 그 기준치수를 뺀 값으로 위 치수허용차와 아래 치수허용차가 있다.

⑧ **치수공차** : 최대 허용한계치수와 최소 허용한계치수의 차이다. 또는 위 치수허용차와 아래 치수허용차의 차를 의미하기도 하며 공차라고도 한다.

(예제)

$30^{+0.05}_{-0.02}$ 에서 최대 허용치수와 최소 허용치수는?

① 최대 허용치수=기준치수+위 치수허용차=30+0.05=30.05mm

② 최소 허용치수=기준치수+아래 치수허용차=30+(−0.02)=29.98mm

③ 치수공차=최대 허용치수−최소 허용치수=30.05−29.98=0.07mm

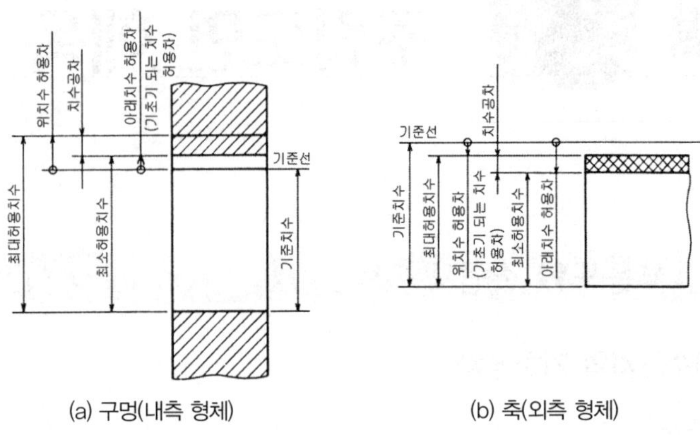

(a) 구멍(내측 형체) (b) 축(외측 형체)

그림 2-96 치수공차의 용어

2) 기본공차 등급 적용

IT 기본공차는 치수공차와 끼워맞춤에 있어서 정해진 모든 치수공차를 의미하는 것으로, 국제 표준화 기구(ISO) 공차 방식에 따라 분류한다.

① 기본공차의 적용

용도	게이지 제작 공차	끼워맞춤 공차	끼워맞춤 이외 공차
구멍	IT 01~IT 5	IT 6~IT 10	IT 11~IT 18
축	IT 01~IT 4	IT 5~IT 9	IT 10~IT 18

② IT 공차의 수치 : 기준치수가 500 이하인 경우와 500을 초과하여 3150까지 기본공차의 수치를 나타낸다.

3) IT(International tolerance) 기본공차

기본공차는 치수공차와 끼워맞춤의 기준치수를 구분하여 공차 값을 적용하는 것으로써 표와 같이 IT 01급부터 IT 18급까지 20등급으로 구분하고 있다.

표 2-7 IT 기본공차

구분 \ 등급		IT 01	IT 0	IT 1	IT 2	IT 3	IT 4	IT 5	IT 6	IT 7	IT 8	IT 9	IT 10	IT 11	IT 12	IT 13	IT 14	IT 15	IT 16	IT 17	IT 18
초과	이하	기본공차의 수치(μm)													기본공차의 수치(mm)						
-	3	0.3	0.5	0.8	1.2	2.0	3.0	4.0	6.0	10	14	25	40	60	0.10	0.14	0.26	0.40	0.60	1.00	1.40
3	6	0.4	0.6	1.0	1.5	2.5	4.0	5.0	8.0	12	18	30	48	75	0.12	0.18	0.30	0.48	0.75	1.20	1.80
6	10	0.4	0.6	1.0	1.5	2.5	4.0	6.0	9.0	15	22	36	58	90	0.15	0.22	0.36	0.58	0.90	1.50	2.20
10	18	0.5	0.8	1.2	2.0	3.0	5.0	8.0	11	18	27	43	70	110	0.18	0.27	0.43	0.70	1.10	1.80	2.27
18	30	0.6	1.0	1.5	2.5	4.0	6.0	9.0	13	21	33	52	84	130	0.21	0.33	0.52	0.84	1.30	2.10	3.30
30	50	0.6	1.0	1.5	2.5	4.0	7.0	11	16	25	39	62	100	160	0.25	0.39	0.62	1.00	1.60	2.50	3.90
50	80	0.8	1.2	2.0	3.0	5.0	8.0	13	19	30	46	74	120	190	0.30	0.46	0.74	1.20	1.90	3.00	4.60
80	120	1.0	1.5	2.5	4.0	6.0	10	15	22	35	54	87	140	220	0.35	0.54	0.87	1.40	2.20	3.50	5.40
120	180	1.2	2.0	3.5	5.0	8.0	12	18	25	40	63	100	160	250	0.40	0.63	1.00	1.60	2.50	4.00	6.30
180	250	2.0	3.0	4.5	7.0	10	14	20	29	46	72	115	185	290	0.46	0.72	1.15	1.85	2.90	4.60	7.20

4) 공차역

치수공차역이란 최대 허용치수와 최소 허용치수를 나타내는 2개 직선 사이의 영역이다. 치수공차역은 기준선으로부터 상대적인 공차의 위치를 나타내기 위한 것으로 영문자로서 표기한다. 구멍과 같이 안치수를 나타내는 경우에는 대문자를, 축과 같이 바깥치수를 나타내는 경우에는 소문자를 사용한다.

(가) 구멍의 공차역

① 구멍의 공차역은 A B C CD D EF F FG G H J JS K M N P R S T U X Y Z ZA ZB ZC로서 대문자를 사용하여 27가지로 표현된다.

② 구멍의 경우 A에 가까워질수록 실제치수가 호칭치수보다 크고, Z에 가까워질수록 실제치수가 호칭치수보다 작다. 즉 A에 가까워질수록 구멍의 크기가 커지며, Z에 가까워질수록 구멍의 크기가 작아진다.

③ 구멍공차역 H의 최소 치수는 기준치수와 동일하다.

④ 구멍공차역 JS 공차역에서는 위 치수허용차와 아래 치수허용차의 크기가 같다.

(나) 축의 공차역

① 축의 공차역은 a b c cd d ef f fg h j js k m n p r s t u v x y z za zb zc로서 소문자를 사용하여 27가지로 표현된다.

② 축의 경우 a에 가까워질수록 실제치수가 호칭치수보다 작고, z에 가까워질수록 실제치수가 호칭치수보다 크다. 즉 a에 가까워질수록 축의 크기가 작아지며, z에 가까워질수록 축의 크기가 커진다.

③ 축공차역 h의 최대 치수는 기준치수와 동일하다.

④ 축공차역 js 공차역에서는 위 치수허용차와 아래 치수허용차의 크기가 같다.

(2) 끼워맞춤

1) 끼워맞춤의 기준

① 구멍 기준식 끼워맞춤은 아래 치수허용차가 0인 H기호의 구멍을 기준 구멍으로 하고 이에 적당한 축을 선정하여 필요로 하는 죔새나 틈새를 얻는 끼워맞춤 방식이다.

② 축 기준식 끼워맞춤은 위 치수허용차가 0인 h기호의 축을 기준으로 하고 이에 적당한 구멍을 선정하여 필요한 죔새나 틈새를 얻는 끼워맞춤 방식이다.

2) 끼워맞춤의 종류

- **틈새** : 구멍의 치수가 축의 치수보다 클 때의 치수차(헐거움 끼워맞춤)
- **죔새** : 구멍의 치수가 축의 치수보다 작을 때의 치수차(억지 끼워맞춤)

① 헐거움 끼워맞춤

구멍의 최소 치수가 축의 최대 치수보다 큰 경우에 사용되며 항상 틈새가 생기는 끼워맞춤으로 미끄럼운동이나 회전운동이 필요한 기계부품 조립에 적용한다.

[예] 40H7은 $40^{+0.025}_{0}$ 또는 $\frac{40.025}{40.000}$

40g6은 $40^{-0.009}_{-0.025}$ 또는 $\frac{39.991}{39.975}$

∴ 최소 틈새=구멍의 최소 허용치수−축의 최대 허용치수

$=40.000-39.991=0.009$

최대 틈새=구멍의 최대 허용치수−축의 최소 허용치수

$=40.025-39.975=0.050$

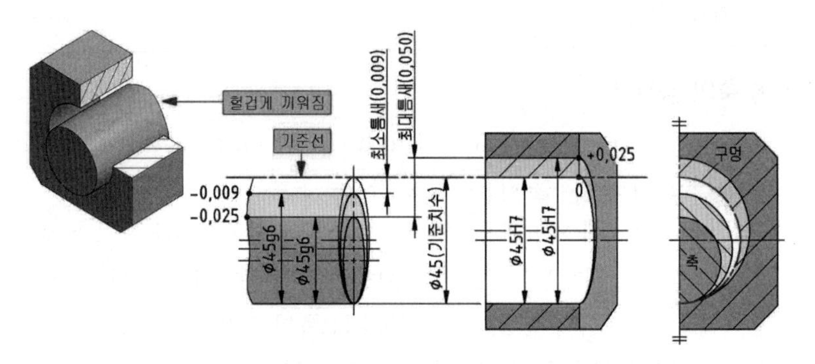

그림 2-97 틈새가 있는 헐거운 끼워맞춤(∅45 H7/p6의 경우)

② 중간 끼워맞춤(정밀 끼워맞춤)

구멍과 축의 실제 치수에 따라 죔새와 틈새가 생기는 끼워맞춤으로 베어링 조립에 주로 쓰인다.

[예] 40H7은 $40^{+0.025}_{0}$ 또는 $\frac{40.025}{40.000}$

40n6은 $40^{+0.033}_{+0.017}$ 또는 $\frac{40.033}{40.017}$

∴ 최대 죔새=축의 최대 허용치수−구멍의 최소 허용치수

$=40.033-40.000=0.033$

최대 틈새=구멍의 최대 허용치수−축의 최소 허용치수

$=40.025-40.017=0.008$

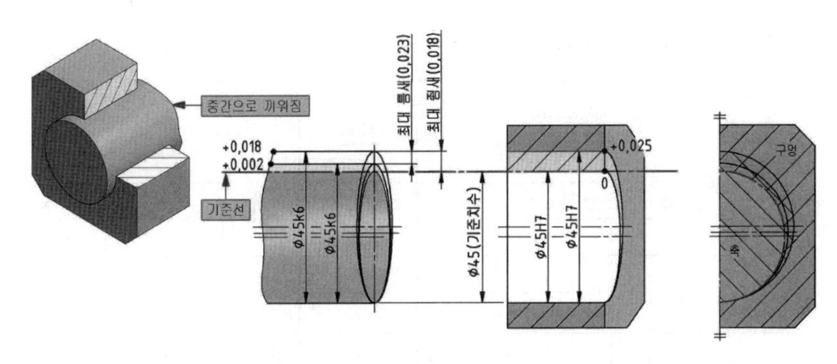

그림 2-98 틈새와 죔새가 있는 중간 끼워맞춤(∅45 H7/k6의 경우)

③ 억지 끼워맞춤

구멍의 최대 치수가 축의 최소 치수보다 작은 경우이며 항상 죔새가 생기는 끼워맞춤으로 동력전달장치의 분해조립의 반영구적인 곳에 적용된다.

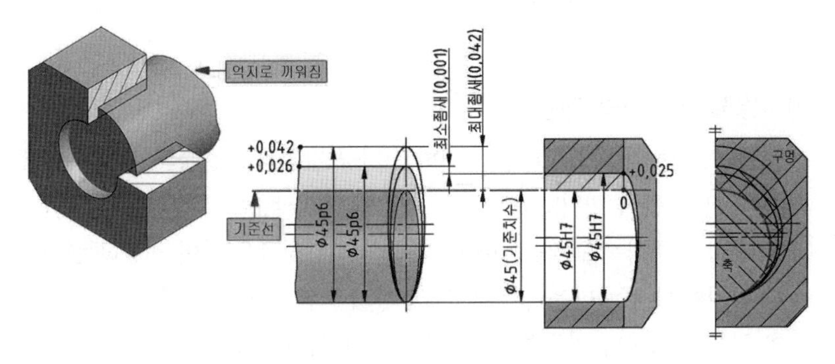

그림 2-99 죔새가 있는 억지 끼워맞춤(∅45 H7/p6의 경우)

3) 끼워맞춤 방식

① 구멍기준식 끼워맞춤 : H6~H10(아래 치수허용차가 0인 H 기호 구멍)

② 축기준식 끼워맞춤 : h5~h9(위 치수허용차가 0인 h 기호 축)

(예제)
- ϕ50H7 g6 : 구멍기준식 헐거운 끼워맞춤
- ϕ40H7 p5 : 구멍기준식 억지 끼워맞춤
- ϕ30G7 h5 : 축기준식 헐거운 끼워맞춤

◎ 표 2-8 상용하는 구멍기준 끼워맞춤 공차

기준 구멍	축의 종류와 등급																
	헐거운 끼워맞춤							중간 끼워맞춤			억지 끼워맞춤						
	b	c	d	e	f	g	h	js	k	m	n	p	r	s	t	u	x
H5						4	4	4	4	4							
H6						5	5	5	5	5							
					6	6	6	6	6	6	6(1)	6(1)					
H7				(6)	6	6	6	6	6	6	6	6(1)	6(1)	6	6	6	6
				7	7	(7)	7	7	(7)	(7)	(7)	(7)	(7)	(7)	(7)	(7)	(7)
H8					7		7										
				8	8		8										
			9	9													
H9			8	8			8										
		9	9	9			9										
H10	9	9	9														

[비고] (1) 이들의 끼워맞춤은 치수의 구분에 따라 예외가 생긴다. 표중의 괄호를 붙인 것은 될 수 있는 대로 사용하지 않는다.

4) 끼워맞춤 방식의 적용

부품의 기능과 작동상태를 고려하고 가공 방법과 표준품의 사용 여부에 따라 구멍 기준식 끼워맞춤이나 축 기준식 끼워맞춤으로 선택한다.

① 구멍 기준식 끼워맞춤이나 축 기준식 끼워맞춤을 같이 적용하는 것이 편리할 때에는 다음의 ②와 ③의 방식을 혼용할 수도 있다.

② 구멍이 축보다 가공하거나 검사하기가 어려우므로 구멍 기준식 끼워맞춤을 선택하는 것이 편리하며 일반적인 기계설계 도면에 적용한다.

③ 구멍 기준식 끼워맞춤이나 축 기준식 끼워맞춤을 같이 적용하는 것이 편리 할 때는 다음 보기의 '1)'과 '2)'의 방식을 혼용할 수 있다.

[보기] 1) 평행 핀(m6, h8, h11)과 테이퍼 핀(h10)을 사용할 경우
2) 기어 펌프의 기어 외경(h6)과 펌프 내경(G7)의 경우

5) 치수공차와 끼워맞춤 공차의 지시

(가) 기준치수의 허용한계를 수치에 의하여 치수공차를 지시하는 경우

① 기준치수 다음에 치수허용차(위 치수허용차 및 아래 치수허용차)의 수치를 기준치수와 같은 크기로 그림과 같이 지시한다.

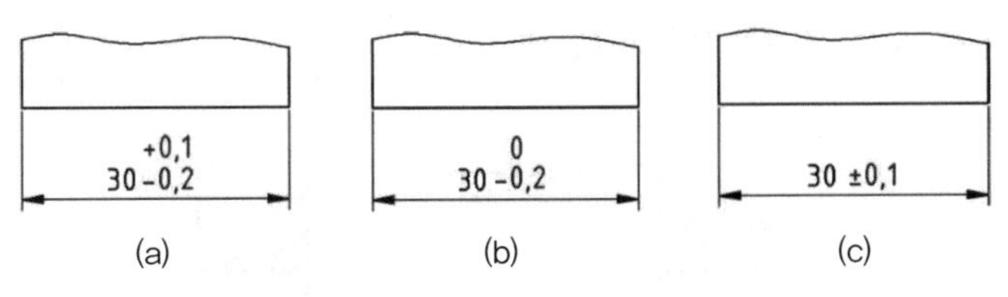

그림 2-100 허용한계를 허용차 값으로 지시

② 허용한계치수(최대 허용치수 및 최소 허용치수)에 의하여 그림과 같이 지시하며 최대 허용치수는 위에, 최소 허용치수는 아래에 지시한다.

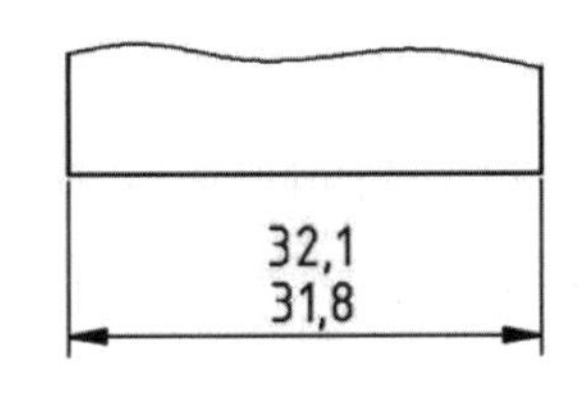

그림 2-101 허용한계치수로 지시

(나) 허용한계를 끼워맞춤 공차 기호에 의하여 지시하는 경우

그림과 같이 기준치수 뒤에 끼워맞춤 공차의 기호를 지시하거나 그 위 · 아래 치수허용차를 기호 다음의 괄호 안에 덧붙여 지시하는 어느 한 가지 방법에 따른다. 이때, 기호 크기의 호칭은 기준치수의 숫자와 같게 하고 허용한계치수는 기준치수의 크기로 한다.

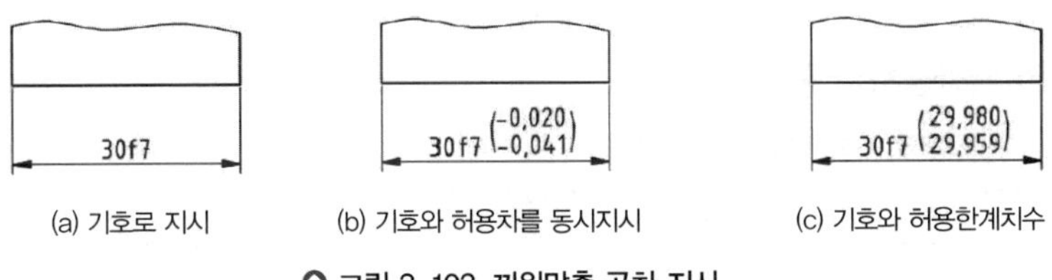

(a) 기호로 지시 (b) 기호와 허용차를 동시지시 (c) 기호와 허용한계치수

그림 2-102 끼워맞춤 공차 지시

6) 조립상태에서 기입방법

① 수치에 의하여 지시하는 경우

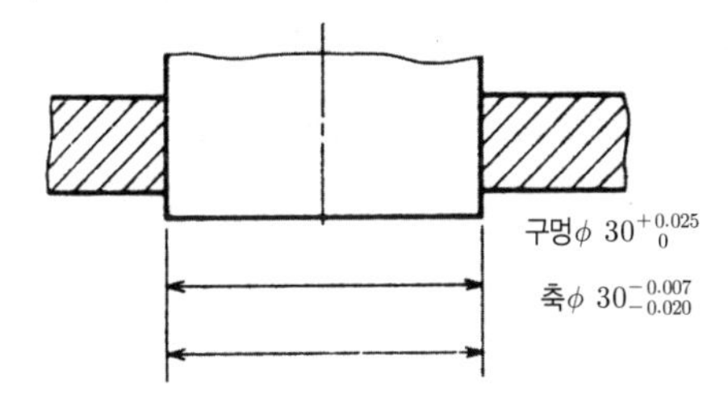

② 치수허용차 기호에 의하여 지시하는 경우

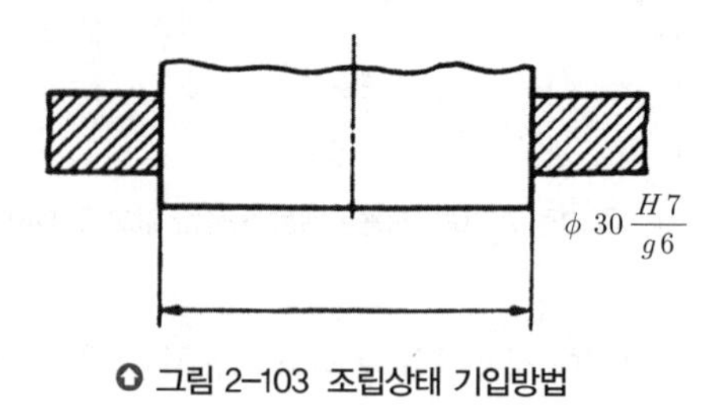

그림 2-103 조립상태 기입방법

(3) 기하공차

기하공차(geometrical tolerancing)는 기계 부품의 치수공차에 형상 및 위치 공차를 주어 제품을 정밀하고 효율적으로 생산하여 경제성을 추구하는데 있다.

1) 기하공차 필요성

기하공차는 치수공차만으로 규제된 도면의 문제점을 보완 · 개선하여 보다 정확하고 확실한 정보를 도면상에 나타내어 경제적으로 제품을 생산할 있고 기능 관계에 중점을 두고 있으며 다음과 같은 경우에 사용된다.

① 가공부품의 정밀도에 대해 요구될 때
② 호환성 확보 및 기능 향상이 필요할 때
③ 제조와 검사의 일괄성을 위해 참조기준이 필요할 때

2) 기하공차의 종류와 기호

표 2-9 기하공차의 종류와 기호

적용하는 형체	구분	기호	공차의 종류
단독 형체	모양공차	—	진직도 공차
		▱	평면도 공차
		○	진원도 공차
		⌭	원통도 공차
단독 형체 또는 관련 형체		⌒	선의 윤곽도 공차
		⌓	면의 윤곽도 공차

적용하는 형체	구분	기호	공차의 종류	
관련 형체	자세공차	//	평행도 공차	최대 실체공차 적용 (MMC)
		⊥	직각도 공차	
		∠	경사도 공차	
	위치공차	⌖	위치도 공차	
		◎	동축도 공차 또는 동심도 공차	
		⌯	대칭도 공차	
	흔들림공차	↗	원주 흔들림 공차	
		⌰	온 흔들림 공차	

○ 표 2-10 기하공차 부가기호

표시하는 내용		기 호
공차붙이 형체	직접 표시하는 경우	
	문자기호에 의하여 표시하는 경우	
데이텀	직접 표시하는 경우	
	문자기호에 의하여 표시하는 경우	A A
데이텀 표적(target) 기입틀		ø2 / A1
이론적으로 정확한 치수	직각 테두리로 표시	50
돌출 공차역	돌출된 부분까지 포함하는 공차표시	Ⓟ
최대 실체 공차 방식	최대질량의 실체를 갖는 조건	Ⓜ
형체 치수 무관계	규제기호로 표시되지 않음	Ⓢ

3) 기하공차의 기입방법

① 기하공차에 대한 표시사항은 공차 기입틀을 두 구획 또는 그 이상으로 한다.

② 단독형체에 기하공차를 지시하기 위하여 기하공차의 종류를 나타내는 기호와 공차값을 테두리 안에 도시한다.

③ 단독형체에 공차역을 나타낼 경우에는 공차수치 앞에 공차역의 기호를 붙여 기입한다.

④ 관련 형체에 대한 기하공차를 나타낼 때에는 기하공차의 기호와 공차값, 데이텀을 지시하는 문자 기호를 나타낸다.

⑤ 관련 형체의 데이텀을 여러 개를 지시할 경우에는 데이텀의 우선순위별로 공차 값 다음에 칸막이를 하여 왼쪽에서 오른쪽으로 기입하여 나타낸다.

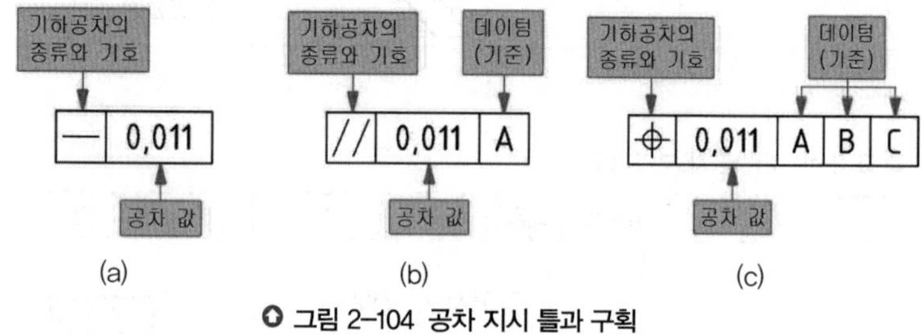

그림 2-104 공차 지시 틀과 구획

⑥ "6구멍", "4면"과 같은 공차붙이 형체에 연관시켜서 지시하는 주기는 공차 기입틀의 위쪽에 지시한다.

⑦ 1개의 형체에 2개 이상의 종류의 공차를 지시할 필요가 있을 때 공차의 지시 틀을 상·하로 겹쳐서 지시한다.

그림 2-105 기하공차의 기입방법

⑧ 원주 흔들림 공차와 온 흔들림 공차의 표시

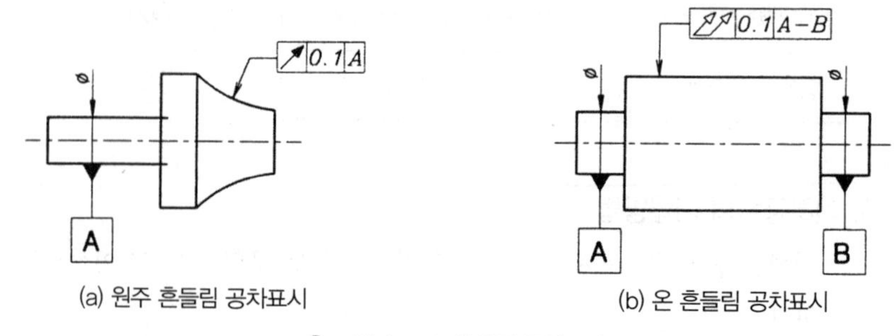

그림 2-106 흔들림 공차표시

⑨ 공차역에 쓰이는 선

㉠ **굵은 실선 또는 파선** : 형체

㉡ **굵은 1점 쇄선** : 데이텀

㉢ **가는 실선 또는 파선** : 공차역

㉣ **가는 1점 쇄선** : 중심선

㉤ **가는 2점 쇄선** : 보충하는 투상면 또는 절단면

㉥ **굵은 2점 쇄선** : 투상면 또는 절단면에의 형체의 투상

4) 기하공차 지시방법

기하공차를 지시할 경우 기하공차를 나타내는 테두리를 규제하는 형체 옆이나 아래에 나타내거나 지시선, 치수보조선 또는 치수선의 연장선에 다음과 같이 나타낸다.

① 단독형체에 대해 기하공차를 지시할 경우에는 규제 형체에 화살표를 붙인 지시선을 수직으로 하고 기입 테두리를 연결하여 나타낸다.

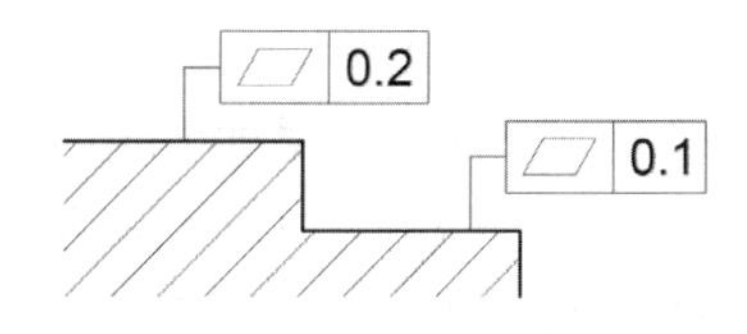

그림 2-107 형체의 표시방법

② 단독 형상의 원통 형체에 기하공차를 지시하는 경우에는 수직한 지시선이나 치수선의 연장선 또는 치수보조선에 기입 테두리를 연결항으로 나타낸다.

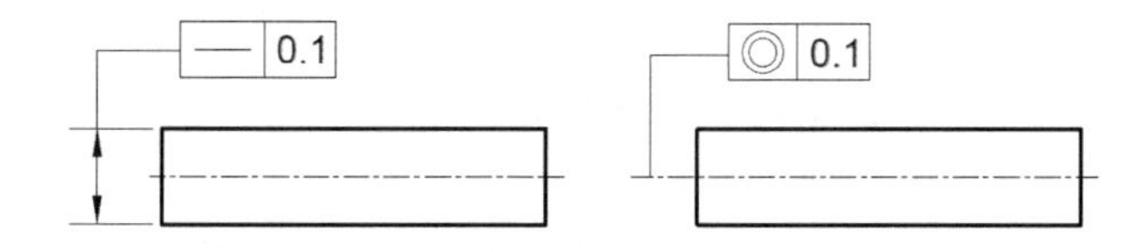

그림 2-108 형체의 축선 또는 중심면 표시방법

③ 치수가 지정되어 있는 형체의 축선 또는 중심면에 기하공차를 지정하는 경우에는 치수의 연장선이 공차기입 테두리로부터의 지시선이 되도록 한다.

④ 하나의 형체에 2개 이상의 기하공차를 지시할 경우에는 이들의 공차기입 테두리를 상하로 겹쳐서 기입한다.

⑤ 축선 또는 중심면이 공통인 모든 형체의 축선 또는 중심면에 공차를 지정하는 경우에는 축선 또는 중심면을 나타내는 중심선에 수직으로 기입한다.

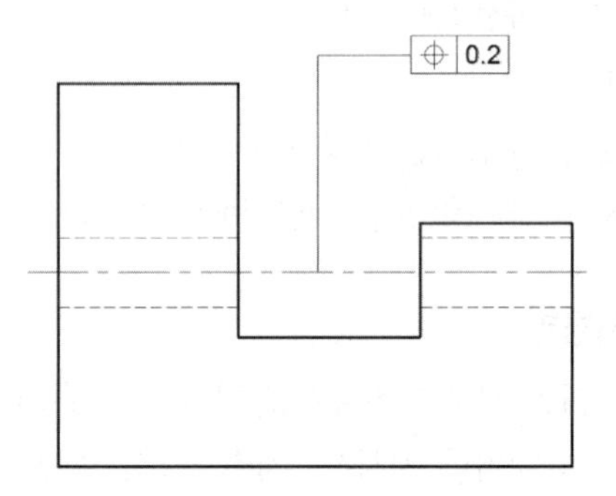

그림 2-109 축선의 중심면이 공통인 경우

5) 데이텀을 표시하는 방법

① 데이텀 형체를 지시하려면 외형선, 치수보조선 또는 치수선의 연장선에 삼각형의 한 변을 일치시켜 나타낸다.

② 데이텀을 나타낸 삼각 기호와 규제 형체의 기하공차 기입 테두리를 직접 연결하여 나타낸다. 이 경우에는 데이텀을 지시하는 문자 부호와 사각형의 틀을 생략할 수 있다. 또한 데이텀 형체에 삼각기호를 나타낸 직각 장점에서 끌어낸 선 끝에 사각형의 테두리를 붙이고 그 테두리 안에 데이텀을 지시하는 알파벳 대문자의 부호를 기입하여 나타낸다.

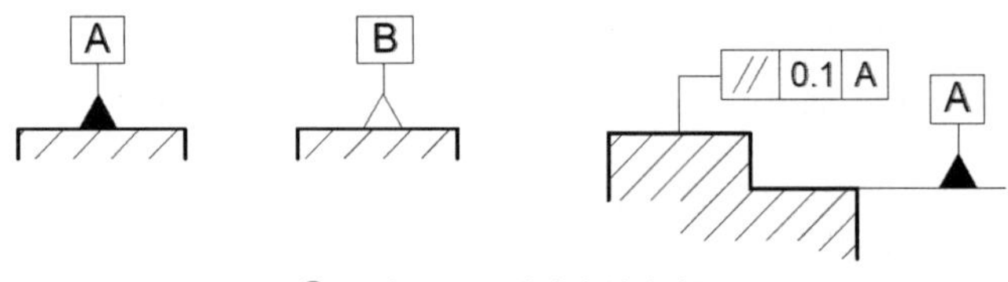

그림 2-110 데이텀 삼각기호

③ 치수가 지정되어 있는 형체의 축 직선 또는 중심 평면이 데이텀인 경우에는 치수선의 연장선을 데이텀의 지시선으로 사용하여 나타낸다.

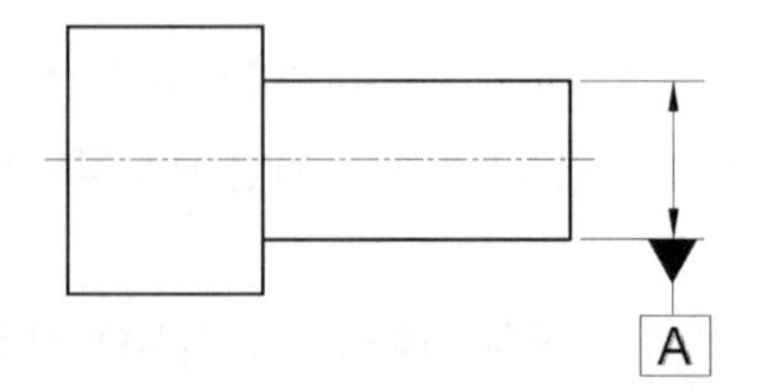

그림 2-111 치수선의 연장선에 데이텀 지시

6) 데이텀 및 데이텀 표적의 기호

사항		기호	설명
데이텀을 지시하는 문자기호		 A	• 규제하는 형체가 단독 형체인 경우는 문자 기호를 공차 기입틀에 기입하지 않는다(KS B 0243).
데이텀 삼각기호			• 삼각 기호는 검게 칠하지 않아도 된다(KS B 0243).
데이텀 표적 기입 테두리		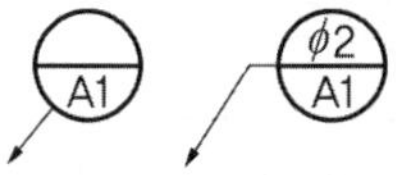 A1 / ϕ2 A1	• 데이텀 표적 기입 테두리 상단 : 보조 사항을 기입한다. • 데이텀 표적 기입 테두리 하단 : 형체 전체의 데이텀과 같은 데이텀을 지시하는 문자 기호 또는 표적의 번호를 나타내는 숫자를 기입한다.
데이텀 표적기호	점	×	• 굵은 실선으로 ×표를 한다.
	선	×——×	• 2개의 ×표시를 가는 실선으로 연결한다.
	영역	원인 경우 :  직사각형인 경우 : 	• 원칙적으로 가는 2점 쇄선으로 둘러싸고 해칭을 한다. 단, 도시가 곤란한 경우에는 2점 쇄선 대신에 가는 실선을 사용해도 좋다(KS B 0243).

그림 2-112 데이텀 및 데이텀 표적의 기호

7) 기하공차기호의 지시와 해석

(가) 모양 공차

① 진직도 공차

공차 지시	공차 적용범위	해석
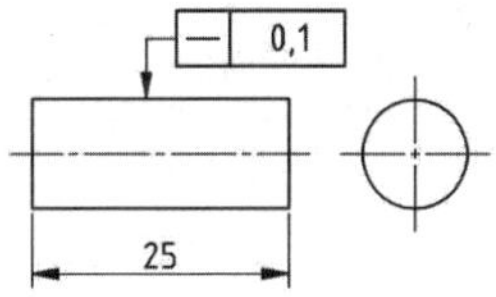 — 0,1 / 25	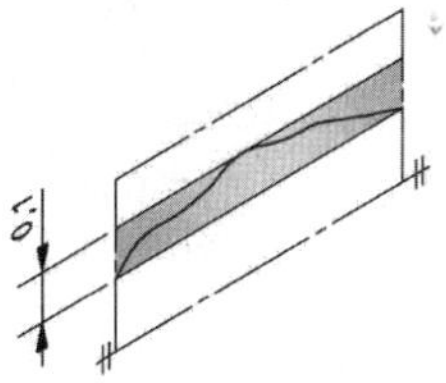 0,1	지시선의 화살표로 나타낸 길이 25mm의 원기둥 면 위에 임의의 능선 바르기는 중심에서 한쪽의 바깥 방향으로 0.1mm 만큼 떨어진 2개의 평행한 직선 사이 안에 있어야 한다. [보기] 평행 핀 등
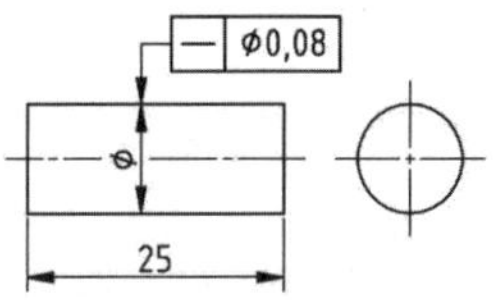 — ϕ0,08 / 25	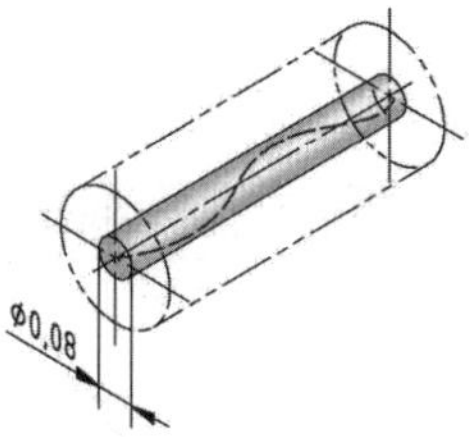 ϕ0,08	길이 25mm의 원기둥에 지름을 나타내는 치수에 지시 틀이 연결되어 있는 경우의 원기둥 축 선 바르기는 지름 0.08mm의 원통 내에 있어야 한다. [보기] 평행 핀 등

그림 2-113 진직도 공차 지시와 해석

② 평면도 공차

공차 지시	공차 적용범위	해석
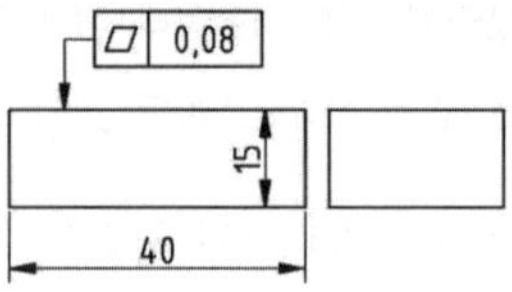 0,08 / 15 / 40	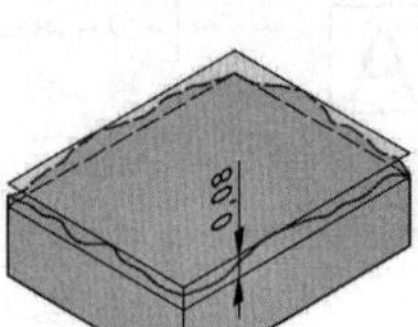 0,08	화살표로 지시한 길이 40mm, 두께 15mm의 표면은 0.08mm 만큼 떨어진 2개의 평행한 평면 사이 이내의 평탄 고르기로 있어야 한다. [보기] 측정용 정반의 표면, 면 접촉의 미끄럼운동을 하는 부품 등

그림 2-114 평면도 공차 지시와 해석

③ 진원도 공차

공차 지시	공차 적용범위	해석
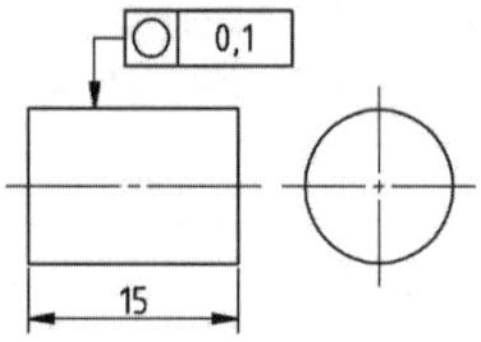 0,1 / 15	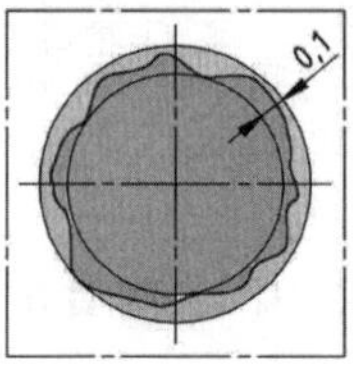 0,1	길이 15mm의 축이나 구멍을 임의의 위치에 서 축 직각으로 단면을 한 원형 단면 모양의 바깥 둘레 바르기는 0.1mm만큼 떨어진 2개의 동심원 사이의 찌그러짐 안에 있어야 한다. [보기] 진원이 필요로 하는 원형 단면의 부품

그림 2-115 진원도 공차 지시와 해석

④ 원통도 공차

공차 지시	공차 적용범위	해석
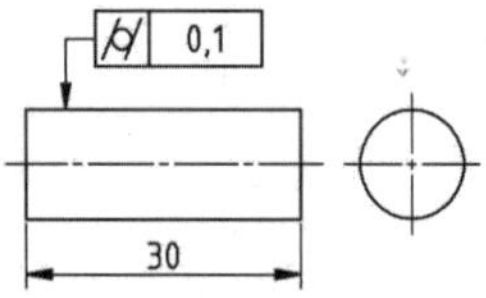 0,1 / 30	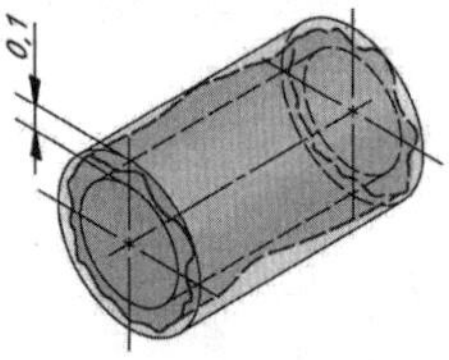 0,1	길이 30mm 원기둥의 표면 찌그러짐은 같은 중심에서 0.1mm만큼 떨어진 2개의 원통면 사이 이내의 찌그러짐이어야 한다. [보기] 직선, 미끄럼 운동을 하는 부품으로서 미끄럼 베어링과 축 등

그림 2-116 원통도 공차 지시와 해석

⑤ 선의 윤곽도 공차

공차 지시	공차 적용범위	해석
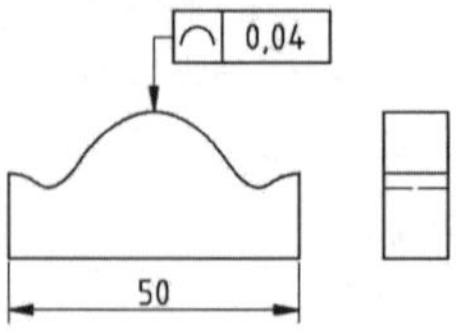 0,04 / 50	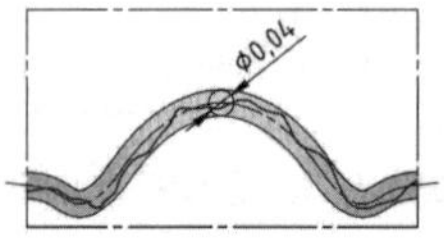 ϕ0,04	길이 50mm에 생긴 임의의 단면 곡선 윤곽은 이론적으로 정확한 윤곽을 갖는 선 위에 중심을 두는 지름 0.04mm의 원이 만드는 2개의 포락선 사이의 고르기 이내에 있어야 한다. [보기] 주로 캠의 곡선 등

그림 2-117 선의 윤곽도 공차 지시와 해석

⑥ 면의 윤곽도 공차

공차 지시	공차 적용범위	해석
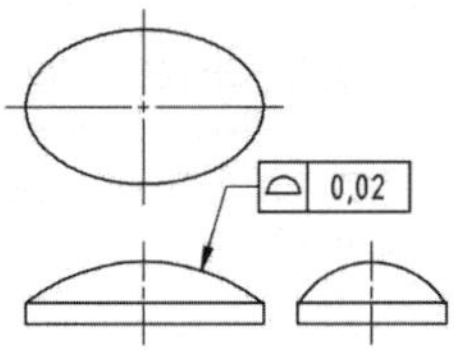 0,02	 SØ0,02	구의 면 고르기는 이론적으로 정확한 윤곽을 갖는 구의 면 위에 중심을 두는 면 사이에서 구가 굴러서 만드는 2개의 면 사이인 지름 0.02mm의 이내에 있어야 한다. [보기] 주로 캠의 곡면 등

그림 2-118 면의 윤곽도 공차 지시와 해석

(나) 자세 공차기호

① 평행도 공차

공차 지시	공차 적용범위	해석
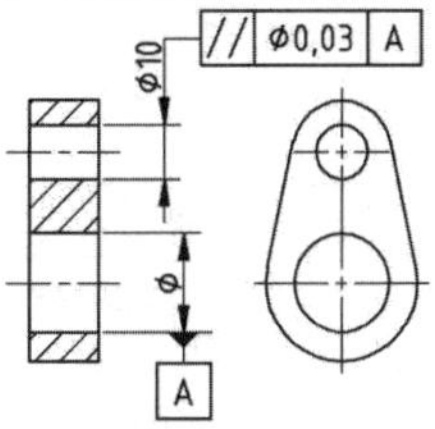 // Ø0,03 A, Ø10, Ø, A	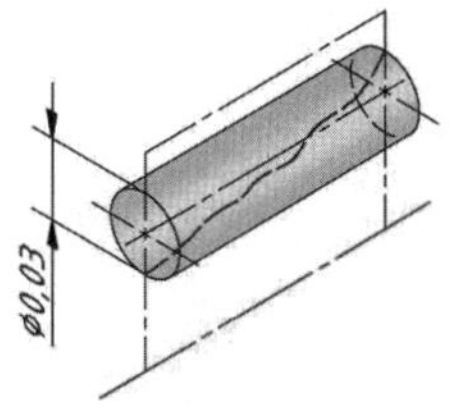 Ø0,03	지시선의 화살표로 나타내는 지름 10mm의 축 선은 데이텀 축 직선 A에 평행한 지름 0.03mm의 원통 내에 있어야 한다. [보기] 구름베어링이나 미끄럼 베어링이 설치된 하우징 등
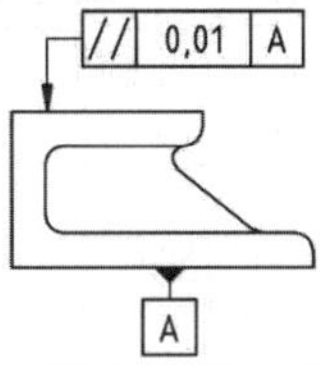 // 0,01 A, A	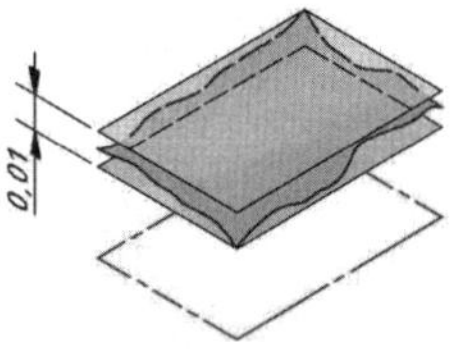 0,01	지시선의 화살표로 나타내는 면은 데이텀평면 A에 평행하고 또한 지시선의 화살표 방향으로 0.01mm 만큼 떨어진 2개의 평면 사이에 있어야 한다.

그림 2-119 평행도 공차 지시와 해석

② 경사도 공차

공차 지시	공차 적용범위	해석
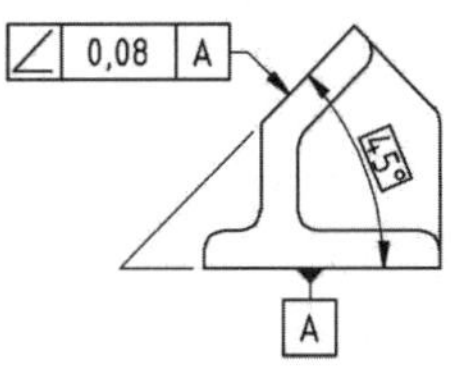 ∠ 0,08 A, 45°, A	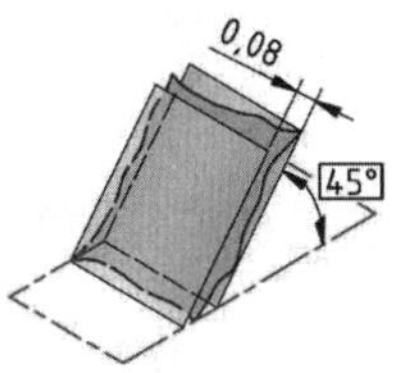 0,08, 45°	지시선의 화살표로 나타내는 면은 데이텀평면 A에 대하여 이론적으로 정확하게 45°기울고, 지시선의 화살표 방향으로 0.08mm 만큼 떨어진 2개의 평행한 평면 사이에 있어야 한다. [보기] 경사면, 더브테일 홈 등

그림 2-120 경사도 공차 지시와 해석

③ 직각도 공차

공차 지시	공차 적용범위	해석
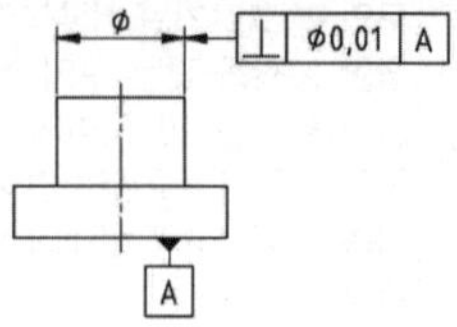 ⊥ ϕ0,01 A	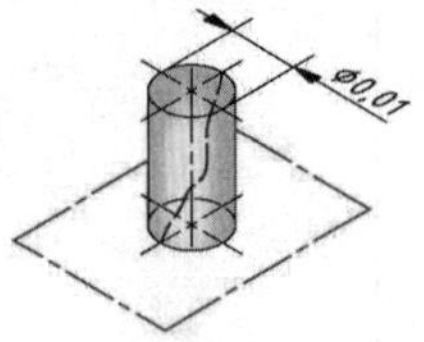 ϕ0,01	지시선의 화살표로 나타내는 원통의 축선은 데이텀 평면 A에 수직한 지름 0.01mm의 원통 내에 있어야 한다.
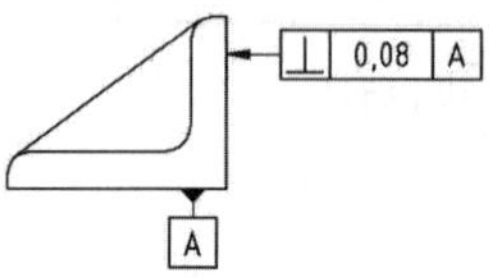 ⊥ 0,08 A	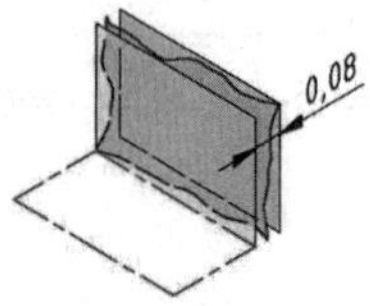 0,08	지시선의 화살표로 나타내는 면은 데이텀평면 A에 수직하고 또한 지시선의 화살표 방향으로 0.08mm만큼 떨어진 2개의 평행한 평면 사이에 있어야 한다.

그림 2-121 직각도 공차 지시와 해석

(다) 위치 공차기호

① 위치도 공차

공차 지시	공차 적용범위	해석
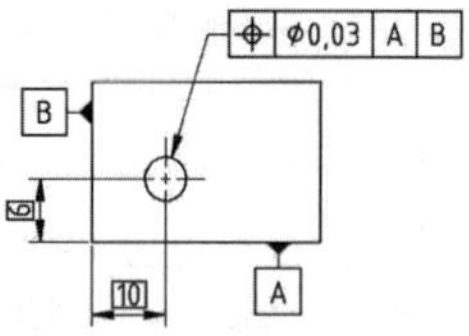 ⌖ ϕ0,03 A B	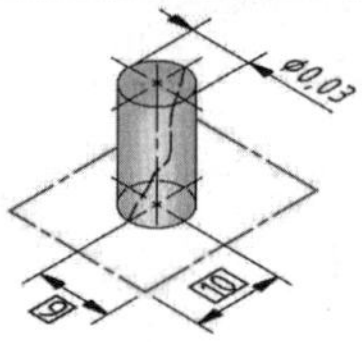 ϕ0,03	지시선의 화살표로 나타낸 원은 데이텀 직선 A로부터 6mm, 데이텀 직선 B로부터10mm 떨어진 진위치를 중심으로 하는 지름 0.03mm의 원 안에 있어야 한다. [보기] 금형과 슬라이더 부품 등
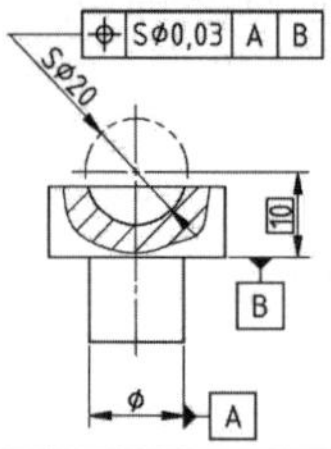 ⌖ Sϕ0,03 A B	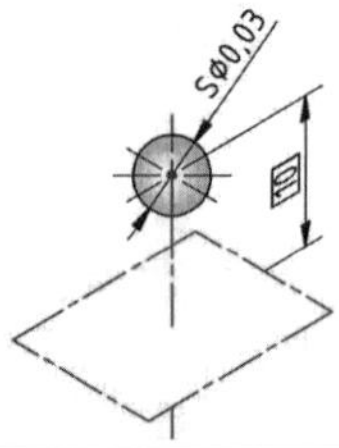 Sϕ0,03	지시선의 화살표로 나타낸 구의 중심은 데이텀 축 직선 A의 선 위에서 데이텀 평면 B로 부터 10mm 떨어진 위치에 중심을 갖는 지름 0.03 mm의 구 안에 있어야 한다. [보기] 미끄럼 피봇(pivot) 베어링

그림 2-122 위치도 공차 지시와 해석

② 동축도 공차

공차 지시	공차 적용범위	해석
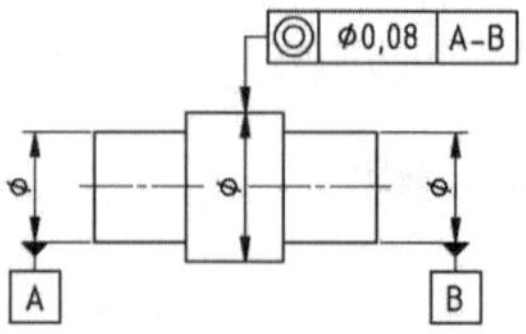 ◎ ϕ0,08 A-B	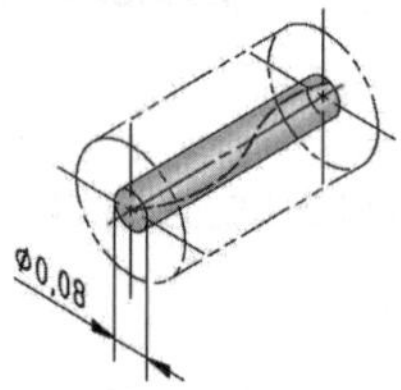 ϕ0,08	지시선의 화살표로 나타낸 축선은 데이텀 축 직선 A-B를 축 선으로 하는 지름 0.08mm인 원통안에 있어야 한다.

그림 2-123 동축도 공차 지시와 해석

③ 동심도 공차

공차 지시	공차 적용범위	해석
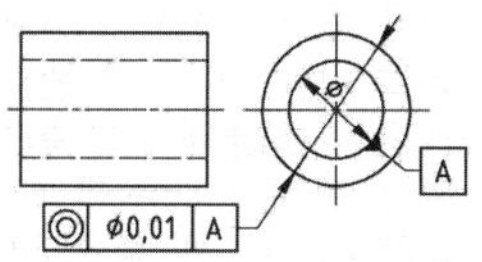 ◎ ϕ0,01 A	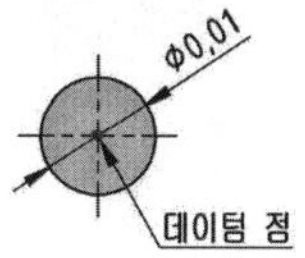 ϕ0,01 데이텀 점	지시선의 화살표로 나타낸 원의 중심은 데이텀 점 A를 중심으로 하는 지름 0.01mm인 원통안에 있어야 한다.

○ 그림 2-124 동심도 공차 지시와 해석

④ 대칭도 공차

공차 지시	공차 적용범위	해석
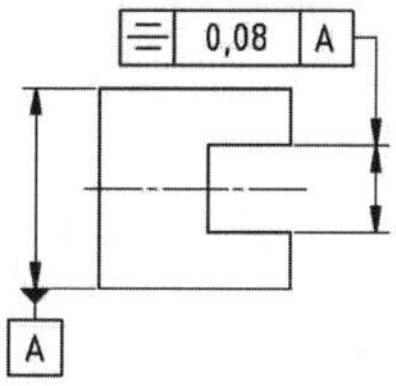 ⌯ 0,08 A	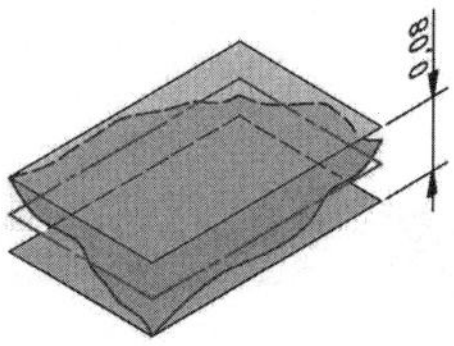 0,08	지시선의 화살표는 나타낸 중심면은 데이텀 중심 평면 A에 대칭으로 0.08mm의 간격을 갖는 평행한 2개의 평면 사이에 있어야 한다.

○ 그림 2-125 대칭도 공차 지시와 해석

(라) 흔들림 공차

① 원주 흔들림 공차

공차 지시	공차 적용범위	해석
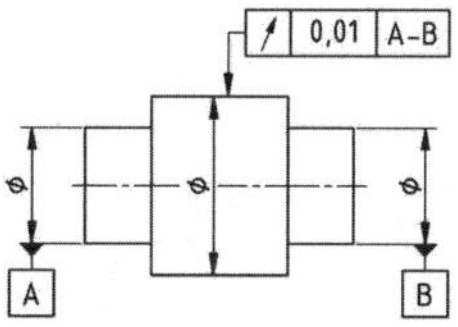 ↗ 0,01 A-B	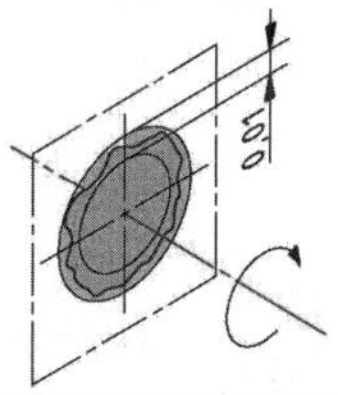 0,01	지시선의 화살표로 나타내는 원통 면의 반지름 방향의 흔들림은 데이텀 축 직선 A-B에 관하여 1회전시켰을 때 데이텀 축 직선에 수직한 임의의 측정 평면 위에서 0.01mm를 초과하지 않아야 한다.

○ 그림 2-126 원주 흔들림 공차 지시와 해석

② 온 흔들림 공차

공차 지시	공차 적용범위	해석
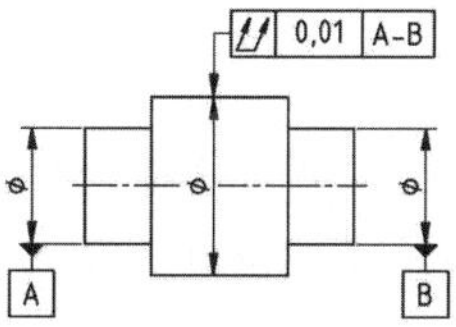 ⌰ 0,01 A-B	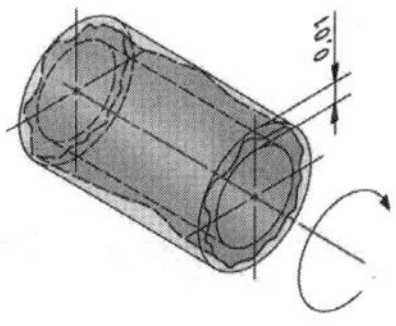 0,01	지시선과 화살표로 나타낸 원통 면의 온흔들림은 측정 기구를 외형선 방향으로 상대 이동시키면서 데이텀 A-B로 원통 부분을 회전시켰을 때에 원통 표면 위의 임의의 점에서 0.01mm 이내에 있어야 한다. 이때 측정기구 또는 대상물의 이동은 이론적으로 정확한 윤곽선에 따른다.

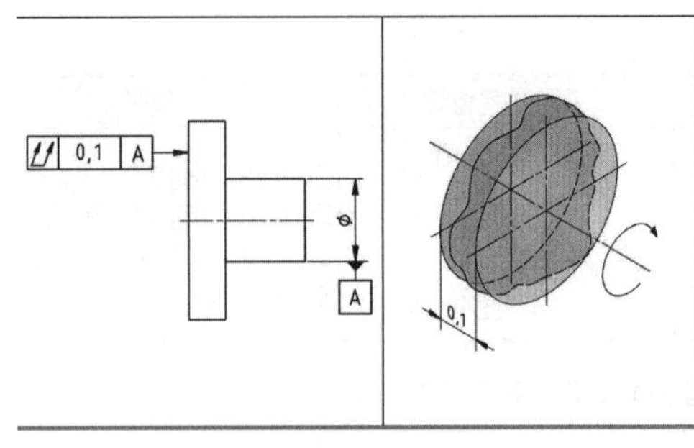		지시선의 화살표로 나타낸 원통 측면의 축 방향의 온 흔들림은 이 측면과 측정기구 사이에서 반지름 방향으로 상대 이동시키면서 데이텀 축 직선 A에 관하여 원통 측면을 회전시켰을 때, 원통 측면 위의 임의의 점에서 0.1mm를 초과하지 않아야 한다. 이때 측정기구 또는 대상물의 상대 이동은 이론적으로 정확한 윤곽선에 따른다.

그림 2-127 온 흔들림 공차 지시와 해석

2 표면 거칠기 및 열처리 기호 

1 표면 거칠기

공작물의 표면에 생긴 작은 구간에서의 요철을 표면 거칠기(surface roughness)라 한다. 또한, 표면 거칠기보다 큰 간격으로 반복되는 기복의 상태를 파상도라 하며, 이는 공작기계나 바이트의 변형, 진동 등에 의하여 발생한다. KS에서는 표면 거칠기의 측정 방법으로 최대 높이(Ry), 10점 평균 거칠기(Rz : ten point height), 산술평균 거칠기(Ra)의 3가지 방법을 규정하고 있다.

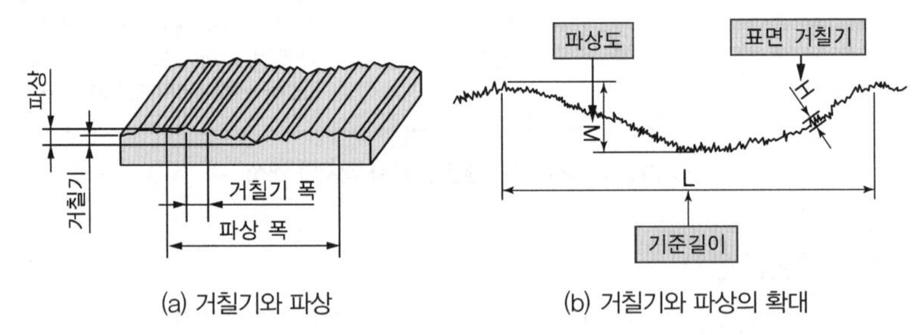

그림 2-128 표면 거칠기

(1) 최대 높이

단면 곡선에서 기준길이 l을 채취하여 그 부분의 가장 높은 산과 가장 깊은 골과의 차를 단면 곡선의 종배율의 방향으로 측정하여 그 값을 마이크로미터(μm)로 나타낸 것을 최대 높이(Ry)라 한다.

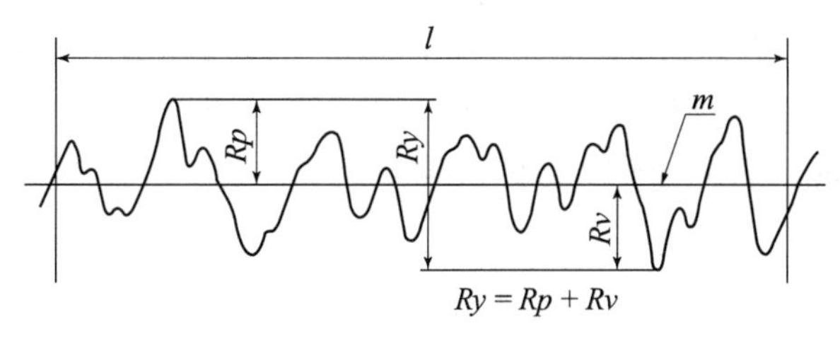

그림 2-129 최대 높이(Ry)

(2) 10점 평균 거칠기(Rz)

10점 평균 거칠기는 단면 곡선에서 기준길이만큼 채취한 부분에 있어서 평균선에 평행, 또한 단면 곡선을 가로지르지 않는 직선에서 세로 배율의 방향으로 측정한 가장 높은 곳으로부터 5번째의 봉우리의 표고 평균값과 가장 깊은 곳으로부터 5번째까지 골밑의 표고 평균값과의 차이를 $[\mu \text{m}]$로 나타낸 것을 말한다.

- l : 기준길이
- R_1, R_3, R_5, R_7, R_9 : 기준길이 l 에 대응하는 채취 부분의 가장 높은 곳으로부터 5번째 가지의 봉우리 표고
- R_2, R_4, R_6, R_8, R_{10} : 기준길이 l 에 대응하는 채취 부분의 가장 깊은 곳으로부터 5번째까지의 골밑 표고

$$Rz = \frac{(R_1 + R_3 + R_5 + R_7 + R_9) - (R_2 + R_4 + R_6 + R_8 + R_{10})}{5}$$

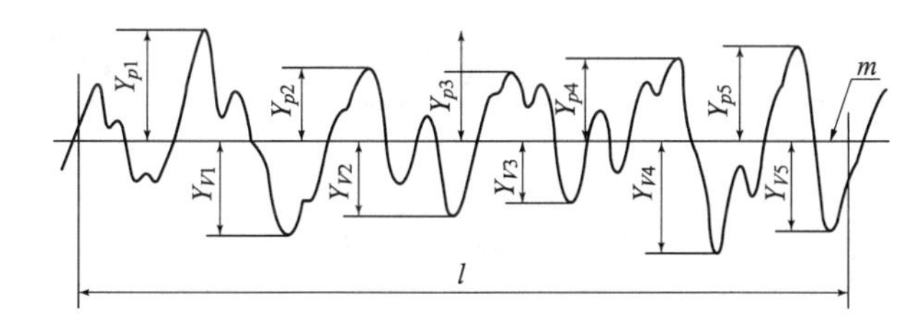

그림 2-130 10점 평균 거칠기를 구하는 방법

(3) 산술평균 거칠기(Ra)

단면 곡선으로부터 표면 파상도나 매우 작은 요철을 전기적으로 제거하여 기록한 곡선을 거칠기 곡선이라 한다. 이 곡선에서 일정한 측정 길이 l 의 부분을 채취하여 이 부분의 산을 깎아 골을 메웠을 때 생기는 직선을 평균선이라 한다. 평균선으로부터 아래쪽에 있는 부분을 위쪽으로 접어서 얻은 빗금친 부분의 면적을 측정 길이 l 로 나누어 얻은 수치(Ra)를 미크론 단위로 나타낸 것을 산술평균 거칠기라 한다.

산술평균 거칠기는 전기적인 직독식 표면 거칠기 측정기를 사용하여 직접 구한다. 이 측정기로 표면 파상도의 성분을 제거하는 한계의 파장을 컷오프(cut off)라 한다. 측정 길이는 원칙적으로 컷오프 값의 3배 또는 그보다 큰 값을 취한다.

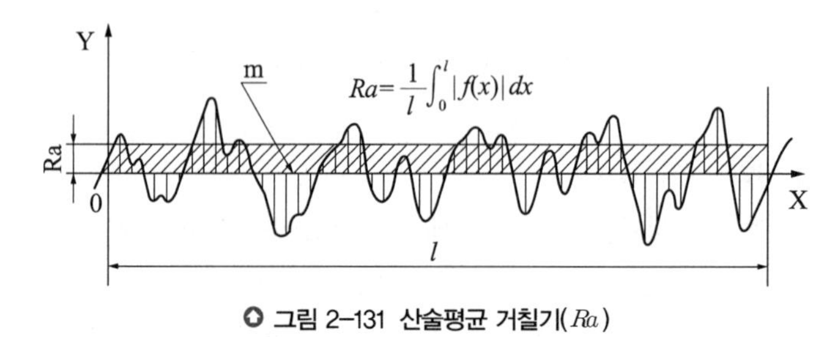

그림 2-131 산술평균 거칠기(Ra)

(4) 표면 거칠기의 표시

1) 대상면을 지시하는 기호

① [그림 2-132(a)]와 같이 절삭 등 제거가공의 필요 여부를 문제 삼지 않는 경우에는 면에 지시기호를 붙여서 사용한다.

② [그림 2-132(b)]와 같이 제거 가공을 필요로 한다는 것을 지시할 때에는 면의 지시기호의 짧은 쪽의 다리 끝에 가로선을 부가한다.

③ [그림 2-132(c)]와 같이 제거 가공해서는 안 된다는 것을 지시할 때에는 면의 지시기호에 내접하는 원을 그린다.

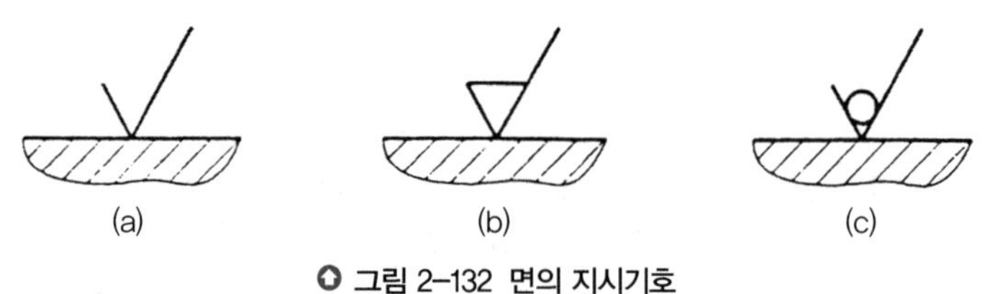

그림 2-132 면의 지시기호

2) 표면 거칠기 값의 지시

① [그림 2-133(a)]와 같이 표면 거칠기의 최댓값 만을 지시하는 경우

② [그림 2-133(b)]와 같이 구간으로 지시하는 경우

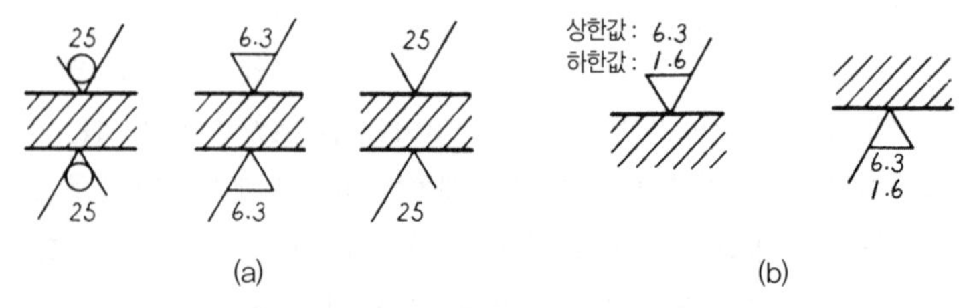

그림 2-133 산술평균 거칠기 기호 지시

③ [그림 2-134(c)]와 같이 컷오프 값을 지시하는 경우

④ [그림 2-134(d)]와 같이 최대 높이를 지시하는 경우

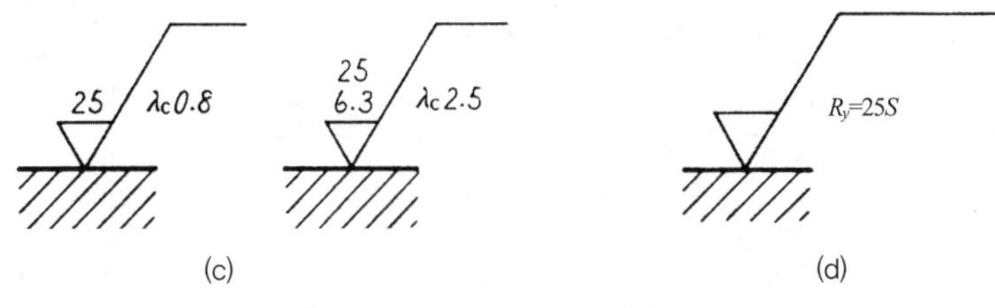

그림 2-134 컷 오프값 지시

3) 최대 높이, 10점 평균 거칠기 지시방법

표면 거칠기의 지시값은 지시기호의 긴 쪽 다리에 가로선을 붙이고, 그 아래쪽에 간략기호와 함께 기입한다.

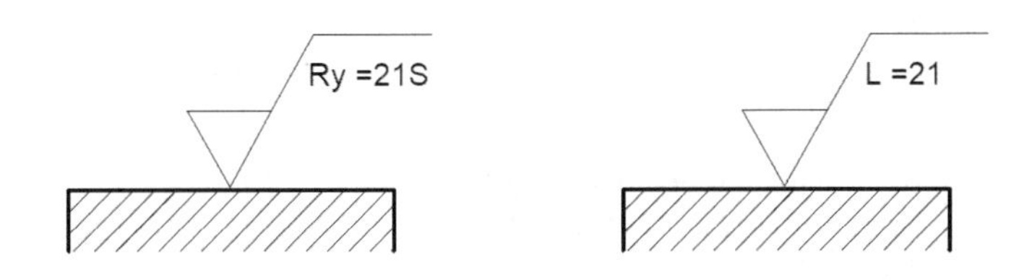

그림 2-135 최대 높이, 10점 평균 거칠기 기호

4) 면의 지시기호에 대한 각 지시사항의 기입위치

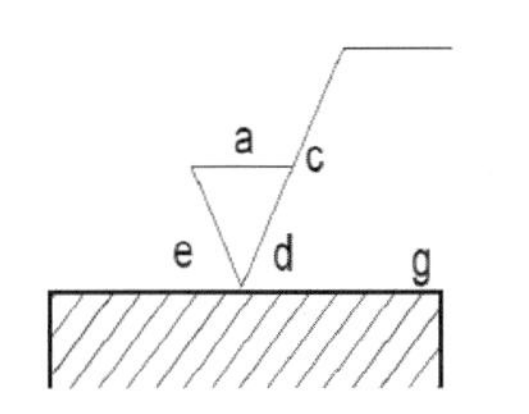

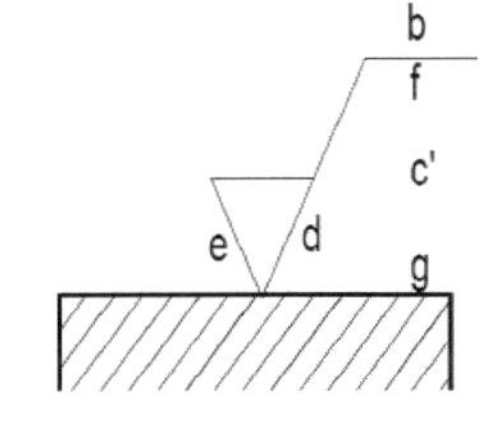

a : 산술평균 거칠기 값
c : 컷오프 값
d : 줄무늬 방향 기호
f : 산술평균 거칠기 이외의 표면거칠기 값
b : 가공방법
c' : 기준길이
e : 다듬질 여유 기입
g : 표면 파상도

그림 2-136 면의 지시기호

① 줄무늬 방향의 기호(가공모양의 기호)

기호	의미	설명도
=	가공에 의한 커터의 줄무늬 방향이 기호를 기입한 그림의 투상 면에 평행해야 한다. [보기] 세이빙 면 등	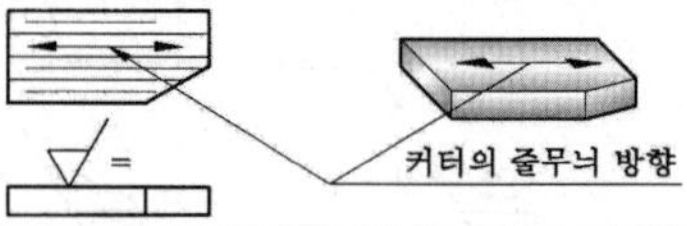 커터의 줄무늬 방향
⊥	가공에 의한 커터의 줄무늬 방향이 기호를 기입한 그림의 투상 면에 직각이어야 한다. [보기] 세이빙 면(옆으로부터 보는 상태), 선삭, 원통 연삭 면 등	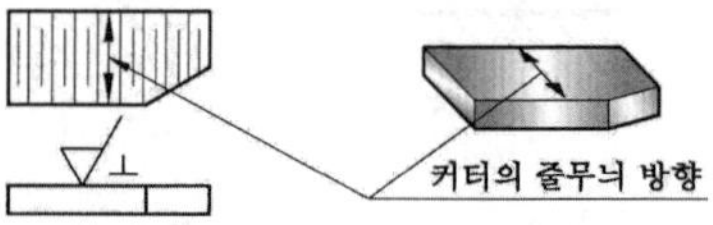 커터의 줄무늬 방향
X	가공에 의한 커터의 줄무늬 방향이 기호를 기입한 그림의 투상 면에 경사지고 두 방향으로 교차해야 한다. [보기] 호닝 다듬질 면	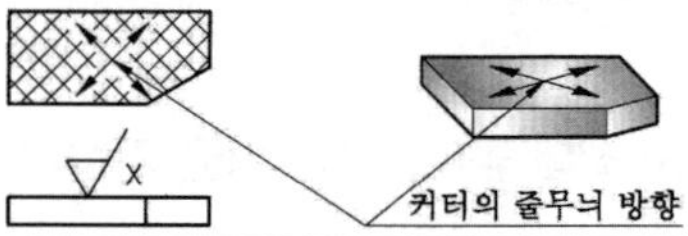 커터의 줄무늬 방향
M	가공에 의한 커터의 줄무늬 방향이 여러방향으로 교차 또는 두 방향이어야 한다. [보기] 래핑 다듬질 면, 수퍼피니싱 면, 가로 이송을 한 정면 밀링, 또는 앤드 밀절삭 면 등	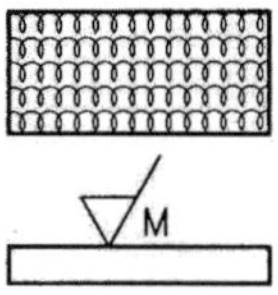
C	가공에 의한 커터의 줄무늬가 기호를 기입한 면의 중심에 대하여 대략 동심원 모양이어야 한다. [보기] 끝 면 절삭	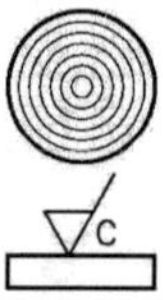
R	가공에 의한 커터의 줄무늬가 기호를 기입한 면의 중심에 대하여 대략 레디얼 모양이어야 한다.	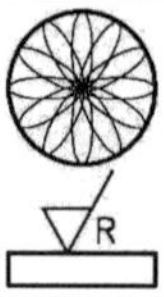

그림 2-137 줄무늬 방향의 기호

② 가공 방법의 기호

표 2-11 가공 방법의 기호

가공방법	약호 I	약호 II	가공방법	약호 I	약호 II
선반가공	L	선반	호우닝가공	GH	호우닝
드릴가공	D	드릴	액체호우닝다듬질	SPLH	액체호우닝
보링머신가공	B	보링	배럴연마가공	SPBR	배럴
밀링가공	M	밀링	버프다듬질	FB	버프
플레이닝가공	P	평삭	브러스트다듬질	SB	브러스트
세이핑가공	SH	형삭	래핑다듬질	FL	래핑
브로우치가공	BR	브로칭	줄다듬질	FF	줄
리머가공	FR	리머	스크레이퍼다듬질	FS	스크레이퍼
연삭가공	G	연삭	페이퍼다듬질	FCA	페이퍼
벨트샌드가공	GB	포연	주조	C	주조

(5) 다듬질 기호 및 표면 거칠기의 표준값

표 2-12 다듬질 기호 및 표면 거칠기의 표준값

다듬질 기호		정 도(精度)	사용보기	분 류	*Rz*	*Ra*	표준편 게이지 번호
∀	//////	일체의 가공이 없는 자연면	압력에 견뎌야 하는 곳	자연면	특히 규정 않음		
	~	고운 자연면을 그대로 두고 아주 거친 곳만 조금 가공	스패너의 자루, 핸들의 암, 주조 및 단조한 그대로의 면, 플랜지의 측면 등	주조면, 단조면			
w/∇	∇	줄 가공, 플래너, 선반, 밀링, 그라인딩, 샌드페이퍼 등에 의한 가공으로써 가공 흔적이 뚜렷하게 남을 정도의 거친 가공면	저널 베어링 몸체의 밑면, 펌프 본체의 밑면, 축이나 핀의 양 끝 면, 다른 부품과 닿지 않는 가공면 등	거친 다듬면	50-S 100-S	12.5a 25a	N10 N11
			중요하지 않은 독립 부분의 거친 면이나 간단하게 흑피(표면의 불규칙한 돌기)를 제거하는 정도의 거친 면				
x/∇	∇∇	줄 가공, 선반, 밀링, 부로칭 등에 의한 선삭, 그라인딩에 의한 가공으로 가공 흔적이 희미하게 남을 정도의 보통의 가공면	플랜지나 커플링의 접합면, 키로 고정하는 구멍의 안지름 면과 축의 바깥지름면, 저널 베어링의 본체와 뚜껑의 접합면, 리머 볼트가 끼워지는 안지름 면, 기어의 이 끝 면, 키의 외면과 키 홈의 면, 나사산의 면, 회전 및 직선 미끄럼 운동을 하지 않은 접촉면과 접착되는 면, 패킹의 접착 면, 핸들의 사각 구멍 안쪽면, 부시나 미끄럼 베어링의 양 끝 면, 볼트로 고정하는 접촉면, 기어의 보스양 측면, 풀리의 보스 양 측면	보통 (중간) 다듬면	12.5-S 25-S	3.2a 6.3a	N8 N9
y/∇	∇∇∇	줄 가공, 선반이나 밀링 등에 의한 선삭, 그라인딩, 래핑, 보링 등에 의한 가공으로 가공 흔적이 전혀 남아 있지 않은 극히 깨끗한 정밀 고급 가공면	오링이 끼워지거나 접촉해 고정되는 면, 크랭크 핀의 바깥지름 면, 크랭크축과 운동하는 저널의 안지름 면, 기어의 이맞물림 면, 부시나 미끄럼 베어링의 안지름 면, 회전 또는 직선 왕복운동을 하는 축의 바깥지름과 보스의 안지름 면, 밸브 시트 면이나 콕의 스토퍼 접촉면, 크랭크 축과 미끄럼 접촉하는 저널의 안지름 면, 내연기관의 피스톤 로드와 피스톤 핀 및 크로스 헤드 핀, 피스톤 링의 바깥지름 면, 중저속 베어링의 구름면, 캠의 면, 기타 윤이 나거나, 도금을 해야 하는 외면, 정밀 나사의 산 면 등	고운 다듬면	3.2-S 6.3-S	0.8a 1.6a	N6 N7
z/∇	∇∇∇∇	래핑, 버핑 등에 의한 가공으로 광택이 나며, 거울 면처럼 극히 깨끗한 초정밀 고급 가공면	정밀을 요하는 래핑(lapping), 버핑(buffing) 등에 의한 특수용도의 고급 플랜지 면	정밀 다듬면	0.1-S 0.2-S 0.4-S 0.8-S 1.6-SS	0.025a 0.05a 0.1a 0.2a 0.4a	N1 N2 N3 N4 N5
			내연기관의 피스톤 로드와 피스톤 핀 및 크로스헤드 핀, 피스톤 링의 바깥지름면, 고속 베어링의 구름면, 연료 펌프의 플랜지, 공기압 또는 유압 실린더의 안지름 면, 오일실 및 오링과 회전운동 및 직선 왕복미끄럼 접촉하는 축 바깥지름면, 볼이나 니들 롤러의 외면 등				

PART 2 기계요소설계

(6) 다듬질 기호의 표시방법

① 가공 표면에 삼각 기호의 꼭지점이 접하게 그린다.

② 가공면에 직접 그리기 곤란할 경우에는 가공면에서 연장한 가는 실선 상에 표시하거나 지시 선에 의해 나타낸다.

③ 전체 면이 동일한 다듬질 면일 때는 도면 위에 표시하거나 부품번호 옆에 표시한다.

④ 다듬질 면이 대부분 같으나 일부가 다를 경우에는 일부가 다른 면은 도형 상에 나타내고 대부분 같은 다듬질 면 기호 옆에 묶음표를 하여 일부 다른 다듬질기호를 나타낸다.

⑤ 가공방법을 지정할 필요가 있을 경우에는 삼각 기호 빗면이나 파형 기호를 연장하고 평행하게 그린 선 위에 가공법을 나타낸다.

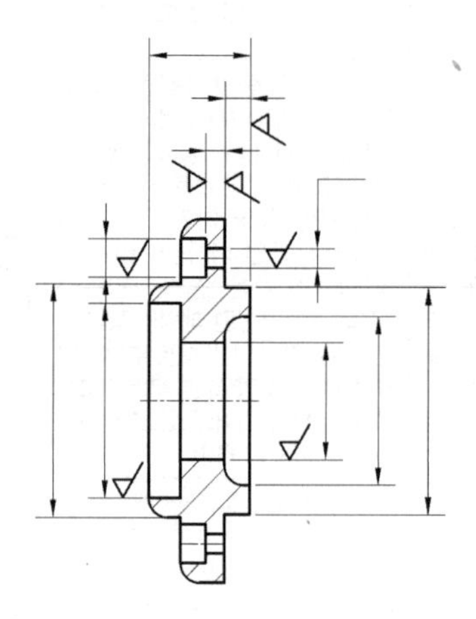

그림 2-138 표면 거칠기의 도면 기입방법

2 열처리 기호

(1) 열처리 기호

표 2-13 열처리(heat treatment) 기호

기호	가공 방법	의미
R	압연한 그대로	As-rolled
A	어닐링, 소둔	Annealing
N	노멀라이징	Normalizing
Q	퀜칭, 소입	Quenching
NT	노멀라이징, 소균	Normalizing
T	템퍼링, 소려	Tempering
S	고용화열처리	Solutin Treatment
HG	시효	Ageing

기호	가공 방법	의미
HSZ	서브제로 처리	Subzero treatment
HC	침탄	Carburizing
HCN	침탄질화	Carbon–Nitriding
HNT	질화	Nitriding
HNTS	연질화	Soft Nitriding
HSL	침황	Sulphurizing
HSLN	침황질화	Nitrosulphurizing

(2) 경도 표시

경도 시험하는 방법에는 브리넬 경도 시험, 로크웰 경도 시험, 비커스 경도 시험, 쇼어 경도 시험이 있다.

1) 브리넬 경도 표시

HB	S	(10	/ 500)	90
ⓐ	ⓑ	ⓒ	ⓓ	ⓔ

ⓐ HB : 브리넬 경도
ⓑ S : 압흔자의 종류 표시
ⓒ 압흔자의 직경(mm)
ⓓ 시험하중(kgf)
ⓔ 브리넬 경도치

2) 로크웰 경도 시험

① 로크웰 경도 B스케일(HRB)

- 100kgf의 하중에서 1.588mm의 강구 사용
- HRB : 130~500h(h : 압입 자국의 깊이)

② 로크웰 경도 C스케일(HRC)

- 120도의 원뿔 및 선단 반지름은 0.2mm 다이아몬드 입자 사용
- HRC : 100~600h(h : 압입 자국의 깊이)

(3) 기계 재료 표시방법

각종 기계의 부품에는 철강 재료, 비철금속 재료, 비금속 재료 등 다양한 재료가 사용되며 기계의 용도와 각 부품의 기능에 적합한 재료를 선택하여 도면의 부품란에 규격에서 정한 재료 기호를 기입한다.

○ 표 2-14 재질을 표시하는 기호

기호	재 질	비 고	기호	재 질	비 고
Al	알루미늄	aluminum	S	강	steel
Cu	구리	copper	SM	기계 구조용 강	machin structure steel
F	철	ferrum	PB	인 청동	phosphor bronze

1) SS 400(KS D 3503)

S	S	400
ⓐ	ⓑ	ⓒ

ⓐ 재질 : 강(steel)
ⓑ 제조 방법 : 일반 구조용 압연 강재
ⓒ 최저 인장강도 : 400N/mm^2, 41kgf/mm^2)

2) SM 45C

S	M	45C
ⓐ	ⓑ	ⓒ

ⓐ 재질 : 강(steel)
ⓑ 제조 방법 : 기계 구조용 탄소 강재
ⓒ 탄소 함유량 : 0.42~0.48%

3) SF 340A(KS D 3710)

S	F	340A
ⓐ	ⓑ	ⓒ

ⓐ 재질 : 강(steel)
ⓑ 제조 방법 : 탄소강 단강품
ⓒ 최저 인장강도 : 340N/mm^2

4) BSBMAD

BS	B	M	A	D
ⓐ	ⓑ	ⓒ	ⓓ	ⓔ

ⓐ 재질 : 황동
ⓑ 제조 방법 : 비철금속 기계용 봉재
ⓒ 성질 : 연질
ⓓ 다듬질 : 무광택 마무리
ⓔ 모양 : 4각재

형성평가

01 치수공차 및 끼워맞춤 용어 설명 중 틀린 것은?

① 형체 : 치수공차 방식, 끼워맞춤 방식의 대상이 되는 기계 부품의 부분
② 치수 : 형체의 크기를 나타내는 양
③ 치수차 : 치수와 대응하는 최대 허용치수와의 대수차
④ 기준치수 : 허용한계치수가 주어지는 기준이 되는 치수

해설
- 치수허용차 : 허용한계치수에서 그 기준치수를 뺀 값으로 위 치수허용차와 아래 치수허용차가 있다.
- 치수공차 : 최대 허용한계치수와 최소 허용한계치수의 차이다. 또는 위 치수허용차와 아래 치수허용차의 차를 의미하기도 하며 공차라고도 한다.

02 다음 중 공차에 대한 설명으로 맞는 것은?

① 위 치수 허용치와 아래 치수허용차의 차
② 허용한계치수와 기준치수의 관계를 결정하는데 기초가 되는 치수의 차
③ 허용한계치수에서 그 기준치수를 뺀 값
④ 실치수가 그 사이에 들어가도록 정한, 허용할 수 있는 대 · 소의 치수

03 허용한계치수에서 기준치수를 뺀 값을 무엇이라 하는가?

① 실치수
② 치수 허용치
③ 치수공차
④ 틈새

04 도면상에 구멍, 축 등의 호칭치수를 의미하며 치수 허용한계의 기준이 되는 치수는?

① IT치수
② 실치수
③ 허용한계치수
④ 기준치수

05 공차범위의 크기 순서를 바르게 나열한 것은?

① 표면거칠기 〉 형상공차 〉 치수공차
② 치수공차 〉 형상공차 〉 표면거칠기
③ 형상공차 〉 표면거칠기 〉 치수공차
④ 치수공차 〉 표면거칠기 〉 형상공차

06 형상공차를 두는 이유가 아닌 것은?

① 대량생산으로 원가를 절감시키기 위하여
② 고도의 정밀도를 갖는 제품을 만들기 위하여
③ 종래의 치수공차만으로는 제품간의 호환성을 주기 어렵기 때문에
④ 고정도의 생산제품을 설계하기 위하여

07 다음 치수 중 치수공차가 0.1이 아닌 것은?

① $50^{+0.1}_{0}$ ② 50 ± 0.05
③ $50^{+0.07}_{-0.03}$ ④ 50 ± 0.1

해설
$50 \pm 0.1 =$ 공차0.2

[정답] 01 ③ 02 ① 03 ② 04 ④ 05 ② 06 ① 07 ④

08 $\varnothing 100e7$인 축에서 치수공차가 0.035이고, 위 치수허용차가 −0.072라면 최소 허용치수는 얼마인가?

① 99.893 ② 99.928
③ 99.965 ④ 100.035

해설
$\varnothing 100e7^{-0.072}_{-0.107}$
$100 - 0.107 = 99.893$

09 기준치수가 30, 최대 허용치수가 29.98, 최소 허용치수가 29.95일 때 아래 치수허용차는 얼마인가?

① +0.05 ② +0.03
③ −0.05 ④ −0.03

해설
아래 치수허용차
= 기준치수가 30 − 최소 허용치수가 29.95 = −0.05

10 기준치수가 50mm이고, 최대 허용치수 50.015mm이며, 최소 허용치수 49.990mm일 때 치수공차는 몇 mm인가?

① 0.025 ② 0.015
③ 0.005 ④ 0.010

해설
(+0.015)+(−0.01)=0.025

11 지름이 60mm, 공차가 +0.001 ~ +0.015인 구멍의 최대 허용치수는?

① 59.85 ② 59.985
③ 60.15 ④ 60.015

해설
구멍의 최대 허용치수는 60.015, 구멍의 최소 허용치수는 60.001이다.

12 IT 기본공차에서 구멍 끼워맞춤에 적용되는 공차 등급은?

① IT 01~IT 5 ② IT 5~IT 9
③ IT 6~IT 10 ④ IT 10~IT 18

해설
- 구멍인 경우 끼워맞춤 공차 : IT6~IT10
- 축인 경우 끼워맞춤 공차 : IT5~IT9

13 다음 중 구멍용 게이지 제작공차에 적용되는 IT 공차는?

① IT 6~IT 10 ② IT 01~IT 5
③ IT 11~IT 18 ④ IT 05~IT 9

해설
IT 기본공차는 IT 01부터 IT 18까지 20등급으로 구분

용도	게이지 제작 공차	끼워맞춤 공차	끼워맞춤 이외 공차
구멍	IT 01~IT 5	IT 6~IT 10	IT 11~IT 18
축	IT 01~IT 4	IT 5~IT 9	IT 10~IT 18

14 IT 기본공차의 등급수는 몇 가지인가?

① 16 ② 18
③ 20 ④ 22

15 끼워맞춤에서 IT기본공차의 등급이 커질 때 공차값은? (단, 기타 조건은 일정함)

① 작아진다. ② 커진다.
③ 일정하다. ④ 관계없다.

[정답] 08 ① 09 ③ 10 ① 11 ④ 12 ③ 13 ② 14 ③ 15 ②

16 끼워맞춤에서 IT 기본공차 등급이 작아질 때의 공차값의 변화는? (단, 기타 조건은 일정하다.)

① 항상 같다. ② 관계없다.
③ 작아진다. ④ 커진다.

17 IT 기본공차에 대한 설명으로 틀린 것은?

① IT 기본공차는 치수공차와 끼워맞춤에 있어서 정해진 모든 치수공차를 의미한다.
② IT 기본공차의 등급은 IT 01부터 IT 18까지 20등급으로 구분되어 있다.
③ IT 공차 적용시 제작의 난이도를 고려하여 구멍에는 ITn−1, 축에는 ITn을 부여한다.
④ 끼워맞춤 공차를 적용할 때 구멍일 경우 IT 6~IT 10이고, 축일 때에는 IT 5~IT 9이다.

18 18JS7의 공차표시가 옳은 것은? (단, 기본공차의 수치는 18μm 이다.)

① $18_{0}^{+0.018}$ ② $18_{-0.018}^{0}$
③ 18 ± 0.009 ④ 18 ± 0.018

해설
JS의 공차는 $\pm \frac{IT}{2}$ 이므로 $\pm \frac{0.18}{2} = \pm 0.009$

19 치수공차역에 대한 설명으로 틀린 것은?

① 치수공차역이란 최대 허용치수와 최소 허용치수를 나타내는 2개 직선사이의 영역이다.
② 치수공차역은 기준선으로부터 상대적인 공차의 위치를 나타내기 위한 것으로 영문자로서 표기한다.
③ 구멍의 공차역은 대문자를 사용하여 27가지로 표현된다.
④ 구멍공차역 h의 최소 치수는 기준치수와 동일하다.

해설
구멍공차역 H의 최소 치수는 기준치수와 동일하다.

20 구멍의 최대 치수가 축 최소 치수보다 작은 경우에 해당하는 끼워맞춤 종류는?

① 헐거운 끼워맞춤 ② 억지 끼워맞춤
③ 틈새 끼워맞춤 ④ 중간 끼워맞춤

해설
억지 끼워맞춤
구멍의 최대 치수가 축의 최소 치수보다 작은 경우이며, 항상 죔쇠가 생기는 끼워맞춤으로 동력 전달을 하기 위한 기계조립이나 분해조립이 불필요한 영구조립부품에 적용한다.

21 끼워맞춤의 치수가 ∅40H7과 ∅40G7일 때 치수공차값을 비교한 설명으로 옳은 것은?

① ∅40H7이 크다.
② ∅40G7이 크다.
③ 치수공차는 같다.
④ 비교할 수 없다.

해설
$\varnothing 40H7_{0}^{+0.025}$: 치수공차 0.025
$\varnothing 40G7_{+0.009}^{+0.034}$: 치수공차 0.034 − 0.009 = 0.025

[정답] 16 ③ 17 ③ 18 ③ 19 ④ 20 ② 21 ③

22 억지 끼워맞춤에서 조립 전의 구멍의 최대 허용치수와 축의 최소 허용치수와의 차를 무엇이라고 하나?

① 최대 틈새　② 최소 틈새
③ 최대 죔새　④ 최소 죔새

해설

구분	용어	해설
틈새	최소 틈새	구멍의 최소 허용치수 – 축의 최대 허용치수
	최대 틈새	구멍의 최대 허용치수 – 축의 최소 허용치수
죔새	최소 죔새	구멍의 최대 허용치수 – 축의 최소 허용치수
	최대 죔새	구멍의 최소 허용치수 – 축의 최대 허용치수

23 $\phi 40^{-0.021}_{-0.037}$의 구멍과 $\phi 40^{\ 0}_{-0.016}$ 축 사이의 최소 죔새는?

① 0.053　② 0.037
③ 0.021　④ 0.005

해설

	구멍	축
최대 허용치수	A = 39.979mm	a = 40.000mm
최소 허용치수	B = 39.963mm	b = 39.984mm
최대 죔새	a – B = 0.037mm	
최소 죔새	b – A = 0.005mm	

24 구멍 $70H7(70^{+0.030}_{\ 0})$, 축 $70g6(70^{-0.010}_{-0.029})$의 끼워맞춤이 있다. 끼워맞춤의 명칭과 최대 틈새를 바르게 설명한 것은?

① 중간 끼워맞춤이며 최대 틈새는 0.01이다.
② 헐거운 끼워맞춤이며 최대 틈새는 0.059이다.
③ 억지 끼워맞춤이며 최대 틈새는 0.029이다.
④ 헐거운 끼워맞춤이며 최대 틈새는 0.039이다.

해설

헐거운 끼워맞춤

구멍의 최소 치수가 축의 최대 치수보다 큰 경우이며, 항상 틈새가 생기는 끼워맞춤으로 미끄럼 운동이나 회전운동이 필요한 기계부품조립에 적용한다.

	구멍	축
최대 허용치수	A = 70.030mm	a = 69.990mm
최소 허용치수	B = 70.000mm	b = 69.971mm
최대 틈새	A – b = 0.059mm	
최소 틈새	B – a = 0.01mm	

25 기준치수가 ∅50인 구멍기준식 끼워맞춤에서 구멍과 축의 공차 값이 다음과 같을 때 틀린 것은?

구멍 : 위 치수허용차 +0.025
　　　아래 치수허용차 0.000
축　 : 위 치수허용차 –0.025
　　　아래 치수허용차 –0.050

① 축의 최대 허용치수 : 49.975
② 구멍의 최소 허용치수 : 50.000
③ 최대 틈새 : 0.050
④ 최소 틈새 : 0.025

해설

① 축의 최대 허용치수 : 50(기준치수) – 0.025(축 최대) = 49.975
② 구멍의 최소 허용치수 : 50.000
③ 최대 틈새 : 50.025(구멍 최대) – 49.95(축 최소) = 0.075
④ 최소 틈새 : 50(구멍 최소) – 49.975(축 최대) = 0.025

26 최대 틈새가 0.075mm이고, 축의 최소 허용치수가 49.950mm일 때 구멍의 최대 허용치수는?

① 50.075mm　② 49.875mm
③ 49.975mm　④ 50.025mm

[정답] 22 ④ 23 ④ 24 ② 25 ③ 26 ④

해설

	구멍	축
최대 허용치수	A = 50.025mm	a = 49.975mm
최소 허용치수	B = 50.000mm	b = 49.950mm
최대 틈새	A − b = 0.075mm	
최소 틈새	B − a = 0.025mm	

27 기준치수가 ∅50인 구멍기준식 끼워맞춤에서 구멍과 축의 공차 값이 다음과 같을 때 옳지 않은 것은?

구멍	위 치수허용차 +0.025
	아래 치수허용차 0000
축	위 치수허용차 +0.050
	아래 치수허용차 +0.034

① 최소 틈새는 0.009이다.
② 최대 죔새는 0.050이다.
③ 축의 최소 허용치수는 50.034이다.
④ 구멍과 축의 조립 상태는 억지 끼워맞춤이다.

해설

	구멍	축
최대 허용치수	A = 50.025mm	a = 50.050mm
최소 허용치수	B = 50.000mm	b = 50.034mm
최대 죔새	a − B = 0.050mm	
최대 틈새	A − b = 0.009mm	

28 축의 치수가 $\phi30^{+0.03}_{+0.02}$이고, 구멍의 치수가 $\phi30^{+0.01}_{0}$일 때 어떤 끼워맞춤인가?

① 중간 끼워맞춤
② 헐거운 끼워맞춤
③ 보통 끼워맞춤
④ 억지 끼워맞춤

해설

축의 치수보다 구멍치수가 모두 크므로 억지 끼워맞춤에 해당된다.

- 최소 죔새 : 축의 최소 허용치수 − 구멍의 최대 허용치수
  30.02 − 30.01 = 0.01
- 최대 죔새 : 축의 최대 허용치수 − 구멍의 최소 허용치수
  30.03 − 30 = 0.03

29 다음 중 죔새가 가장 큰 억지 끼워맞춤은?

① $100\frac{H7}{h6}$　② $100\frac{H7}{g6}$
③ $100\frac{H7}{x6}$　④ $100\frac{H7}{m6}$

해설

① $100\frac{H7}{h6}$ = 구멍100H7=$100^{+0.035}_{0}$, 축100h6=$100^{0}_{-0.022}$

② $100\frac{H7}{g6}$ = 구멍100H7=$100^{+0.035}_{0}$, 축100h6=$100^{0}_{-0.022}$

③ $100\frac{H7}{x6}$ = 구멍100H7=$100^{+0.035}_{0}$, 축100h6=$100^{0}_{-0.022}$

④ $100\frac{H7}{m6}$ = 구멍100H7=$100^{+0.035}_{0}$, 축100h6=$100^{0}_{-0.022}$

30 다음 중 ϕ50H7의 기준구멍에 가장 헐거운 끼워맞춤이 되는 축의 공차기호는?

① ϕ50 f6　② ϕ50 n6
③ ϕ50 m6　④ ϕ50 p6

해설

① ϕ50 f6 : 헐거운 끼워맞춤
② ϕ50 n6 : 중간(H7) 끼워맞춤, 억지(H6) 끼워맞춤
③ ϕ50 m6 : 중간 끼워맞춤
④ ϕ50 p6 : 억지 끼워맞춤

[정답] 27 ① 28 ④ 29 ③ 30 ①

31 다음 끼워맞춤 중에서 헐거운 끼워맞춤인 것은?

① 50 G7/h6　　② 25 N6/h5
③ 20 P6/h5　　④ 6 JS7/h6

해설
① 50 G7/h6 : 헐거운 끼워맞춤
② 25 N6/h5 : 억지 끼워맞춤
③ 20 P6/h5 : 억지 끼워맞춤
④ 6 JS7/h6 : 중간 끼워맞춤

32 끼워맞춤지수 ∅20H6/g5는 어떤 끼워맞춤인가?

① 중간 끼워맞춤
② 헐거운 끼워맞춤
③ 억지 끼워맞춤
④ 중간 억지 끼워맞춤

해설
상용하는 구멍 기준 끼워맞춤

기준축	구멍 공차역 클래스											
	헐거운 끼워맞춤				중간끼워맞춤				억지 끼워맞춤			
H6				g5	h5	js5	k5	m5				
			f6	g6	h6	js6	k6	m6	n6	p6		
H7			f6	g6	h6	js6	k6	m6	n6	p6	r6	s6
		e7	f7		h7	js7						
H8			f7		h7							
		e8	f8		h8							
	d9	e9										
H9	d8	e8			h8							
	d9	e9			h9							

33 그림은 축과 구멍의 끼워맞춤을 나타낸 도면이다. 다음 중 중간 끼워맞춤에 해당하는 것은?

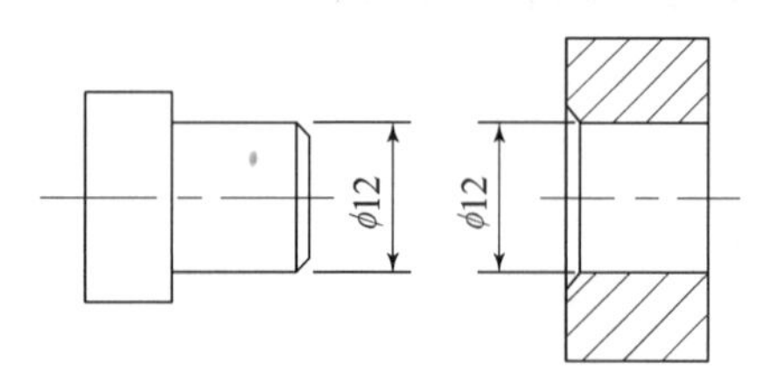

① 축－Ø12k6, 구멍－Ø12H7
② 축－Ø12h6, 구멍－Ø12G7
③ 축－Ø12e8, 구멍－Ø12H8
④ 축－Ø12h5, 구멍－Ø12N6

34 끼워맞춤 관계에 있어서 헐거운 끼워맞춤에 해당하는 것은?

① H7/g6　　② H7/n6
③ P6/h6　　④ N6.h6

35 끼워맞춤 중에서 구멍과 축 사이에 가장 원활한 회전운동이 일어날 수 있는 것은?

① H_1/f_6　　② H_7/p_6
③ H_7/n_6　　④ H_7/t_6

해설
① H_1/f_6 : 헐거운 끼워맞춤
② H_7/p_6 : 억지 끼워맞춤
③ H_7/n_6 : 억지 끼워맞춤
④ H_7/t_6 : 억지 끼워맞춤

36 h6 공차인 축에 중간 끼워맞춤이 적용되는 구멍의 공차는?

① R7　　② K7
③ G7　　④ F7

해설
상용하는 축 기준 끼워맞춤

기준축	구멍 공차역 클래스								
	헐거운 끼워맞춤			중간 끼워맞춤			억지 끼워맞춤		
h5			H6	JS6	K6	M6	N6	P6	
	F6	G6	H6	JS6	K6	M6	N6	P6	
h6	F7	G7	H7	H7	K7	M7	N7	P7	R7
	F7								

[정답] 31 ① 32 ② 33 ① 34 ① 35 ① 36 ②

37 기하공차 필요성으로 볼 수 없는 것은?

① 가공부품의 정밀도에 대해 요구될 때
② 호환성 확보 및 기능 향상이 필요할 때
③ 제조와 검사의 일괄성을 위해 참조기준이 필요할 때
④ 조립도에서 조립치수가 요구될 때

38 다음 기하공차 중에서 자세 공차를 나타내는 것은?

① ―　　② ▱
③ ○　　④ ⊥

해설

구 분	기 호	공차의 종류	
모양 공차	―	진직도 공차	
	▱	평면도 공차	
	○	진원도 공차	
	⌭	원통도 공차	
	⌒	선의 윤곽도 공차	
	⌓	면의 윤곽도 공차	
자세 공차	//	평행도 공차	최대 실체 공차 적용(MMC)
	⊥	직각도 공차	
	∠	경사도 공차	

39 KS에서 정의하는 기하공차 기호 중에서 관련형체의 위치공차 기호들만으로 짝지어진 것은?

① ▱ 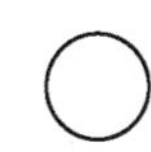 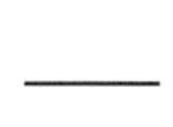

② ∠ ⊥ ⌭

③ 

④   

해설

자세공차	//	평행도 공차
	⊥	직각도 공차
	∠	경사도 공차
위치공차	⌖	위치도 공차
	◎	동축도 공차
	⌯	대칭도 공차

40 그림과 같이 표시된 기호에서 Ⓜ은 무엇을 나타내는가?

⌖	0.01	A Ⓜ

① A의 원통 정도를 나타낸다.
② 기계 가공을 나타낸다.
③ 최대 실체 공차방식을 나타낸다.
④ A의 위치를 나타낸다.

해설

Ⓜ는 최대 실체 공차방식을 나타낸다.

41 기하학적 형상의 특성을 나타내는 기호 중 자유 상태 조건을 나타내는 기호는?

① Ⓟ　　② Ⓜ
③ Ⓕ　　④ Ⓛ

[정답] 37 ④ 38 ④ 39 ③ 40 ③ 41 ③

해설

①은 돌출된 부분까지 포함하는 공차표시
②은 최대질량의 실체를 갖는 조건
③은 자유 상태 조건
④은 최소질량의 실체를 갖는 조건

42 그림과 같은 도면에서 "가" 부분에 들어갈 가장 적절한 기하 공차기호는?

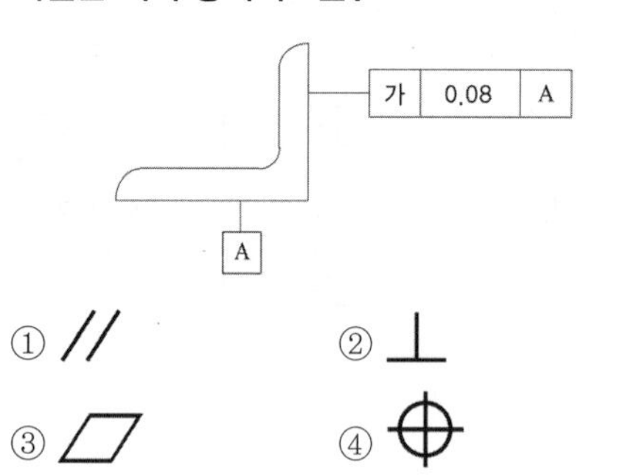

해설

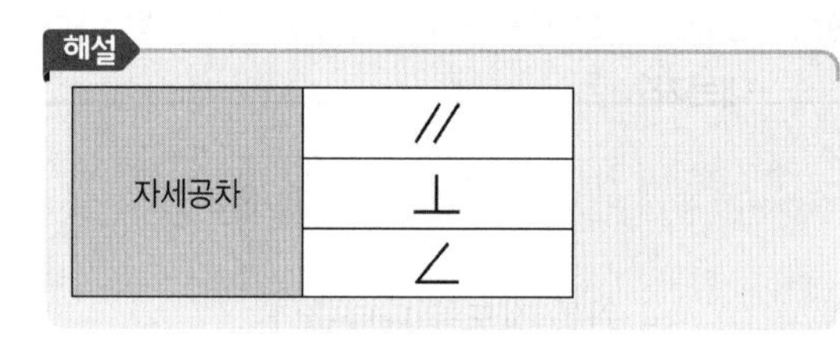

자세공차	//
	⊥
	∠

43 그림과 같은 기하공차 기입 틀에서 "A"에 들어갈 기하공차 기호는?

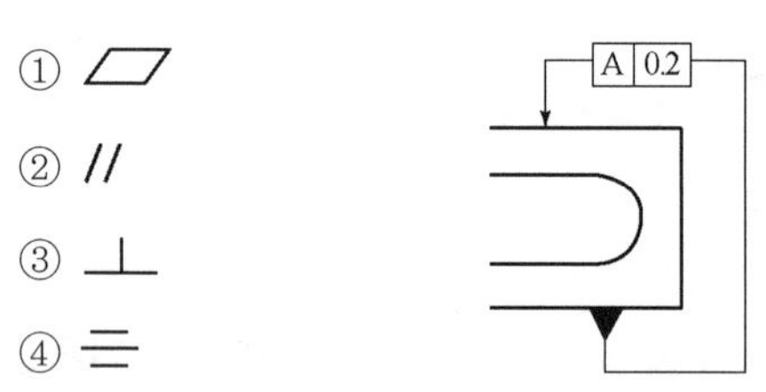

해설

①은 평면도이다.
②는 평행도 위 그림에서 A는 평행도를 의미한다.
③은 직각도이다.
④는 대칭도이다.

44 다음의 설명에 적합한 기하 공차기호는?

> 구 형상의 중심은 데이텀 평면 A로부터 30mm, B로부터 25mm 떨어져 있고, 데이텀 C의 중심선 위에 있는 점의 위치를 기준으로 지름 0.3mm 구 안에 있어야 한다.

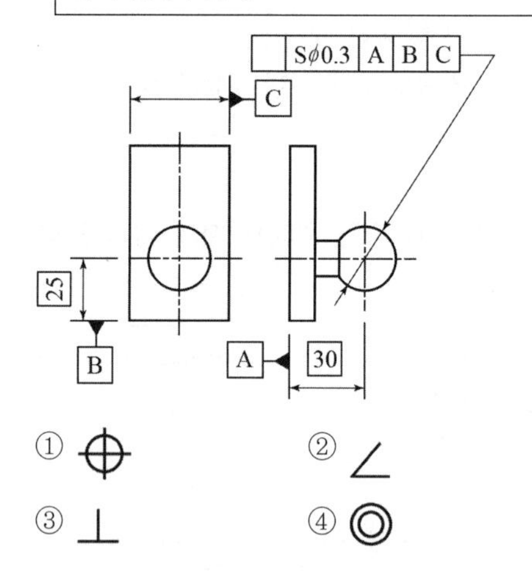

해설

위 그림은 위치도(⌖)가 정답이다.

45 그림과 같은 도면의 기하공차 설명으로 가장 옳은 것은?

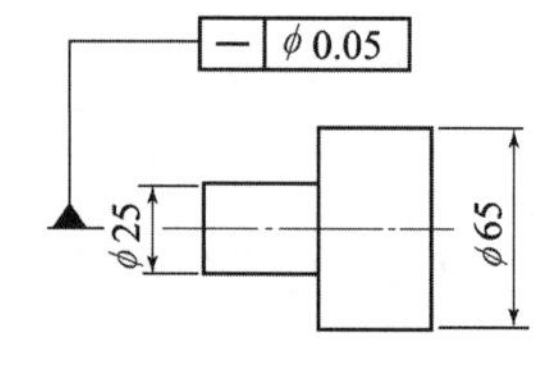

① ∅25 부분만 중심축에 대한 평면도가 ∅0.05 이내
② 중심축에 대한 전체의 평면도가 ∅0.05 이내
③ ∅25부분만 중심축에 대한 진직도가 ∅0.05 이내
④ 중심축에 대한 전체의 진직도가 ∅0.05 이내

[정답] 42 ② 43 ② 44 ① 45 ④

해설

—	ϕ 0.05

중심축에 대한 전체의 진직도가 ∅ 0.05 이내이다.

46 데이텀(datum)에 관한 설명으로 틀린 것은?

① 데이텀을 표시하는 방법은 영어의 소문자를 정사각형으로 둘러싸서 나타낸다.
② 지시선을 연결하여 사용하는 데이텀 삼각기호는 빈틈없이 칠해도 좋고, 칠하지 않아도 좋다.
③ 형체에 지정되는 공차가 데이텀과 관련되는 경우 데이텀은 원칙적으로 데이텀을 지시하는 문자기호에 의하여 나타낸다.
④ 관련 형체에 기하학적 공차를 지시할 때, 그 공차 영역을 규제하기 위하여 설정한 이론적으로 정확한 기하학적 기준을 데이텀이라 한다.

해설

데이텀을 표시하는 방법은 영어의 대문자를 정사각형으로 둘러싸서 나타낸다.

47 다음 도면과 같은 데이텀 표적 도시기호의 의미 설명으로 올바른 것은?

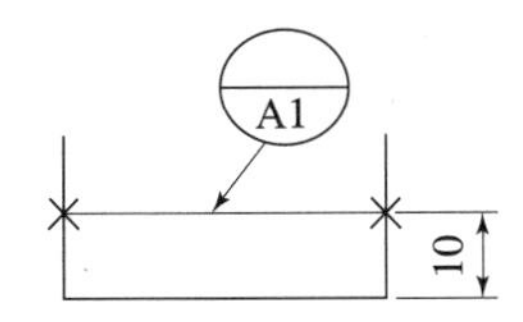

① 점의 데이텀 표적
② 선의 데이텀 표적
③ 면의 데이텀 표적
④ 구형의 데이텀 표적

해설

용도		기호	비고
데이텀 표적이 점일 때		×	굵은 실선인 ×표를 한다.
데이텀 표적이 선일 때		×—×	2개의 ×표시를 가는 실선으로 연결한다.
데이텀 표적이 한정된 영역일 때	원인 경우	(해칭한 원)	원칙적으로 가는 2점 쇄선으로 둘러싸고 해칭한다. 다만, 도시하기 곤란한 경우에는 2점 쇄선 대신 가는 실선을 사용해도 좋다.
	직사각형인 경우	(해칭한 직사각형)	

48 다음 기하공차 기호 중 돌출 공차역을 나타내는 기호는?

① Ⓟ ② Ⓜ
③ [A] ④ Ⓐ

해설

돌출 공차역	Ⓟ
최대 실체 공차 방식	Ⓜ
형체 치수 무관계	Ⓢ

49 보기와 같은 공차기호에서 최대 실체 공차방식을 표시하는 기호는?

[보기]

◎	∅ 0.04	AⓂ

① ◎ ② A
③ Ⓜ ④ ∅

해설

이론적으로 정확한 치수	[50]
돌출 공차역	Ⓟ
최대 실체 공차 방식	Ⓜ
형체 치수 무관계	Ⓢ

[정답] 46 ① 47 ② 48 ① 49 ③

50 최대 실체 공차방식을 적용할 때 공차붙이 형체와 그 데이텀 형체 두 곳에 함께 적용하는 경우로 옳게 표현한 것은?

① | ⌖ | ϕ0.04 Ⓜ | A |

② | ⌖ | ϕ0.04 | AⓂ |

③ | ⌖ | ϕ0.04 | Ⓜ | A |

④ | ⌖ | ϕ0.04Ⓜ | AⓂ |

해설

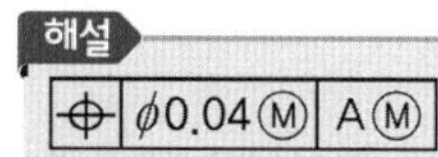

최대 실체 공차방식을 적용할 때 공차붙이 형체와 그 데이텀 형체 두 곳에 함께 적용한다.

51 축의 치수가 ∅20±0.1이고 그 축의 기하공차가 다음과 같다면 최대 실체 공차방식에서 실효치수는 얼마인가?

⊥	∅0.2Ⓜ	A

① 19.6 ② 19.7

③ 20.3 ④ 20.4

해설

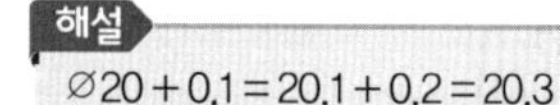

∅20+0.1=20.1+0.2=20.3

52 최대 실체 공차방식으로 규제된 축의 도면이 다음과 같다. 실제 제품을 측정한 결과 축 지름이 49.8mm일 경우 최대로 허용할 수 있는 직각도 공차는 몇 mm인가?

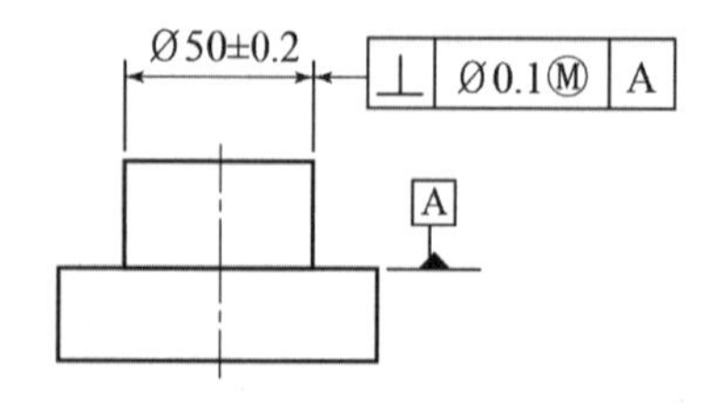

① Ø0.3mm ② Ø0.4mm

③ Ø0.5mm ④ Ø0.6mm

해설

±0.2=0.4+0.1=0.5

53 그림과 같은 도면에서 구멍 지름을 측정한 결과 10.1일 때 평행도 공차의 최대 허용치는?

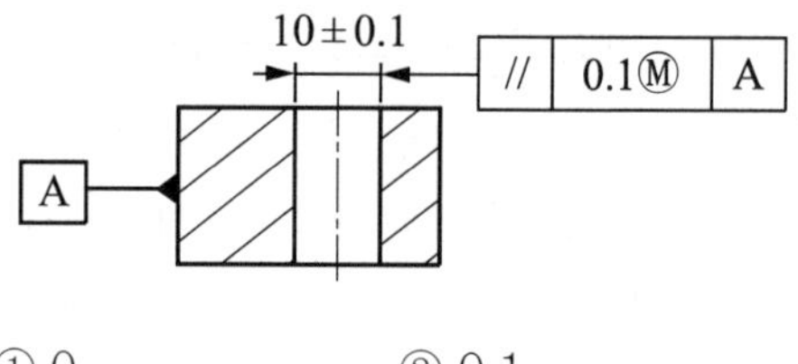

① 0 ② 0.1

③ 0.2 ④ 0.3

해설

공차의 최대 허용치 = 공차(0.2) + 평행도 공차(0.1) = 0.3

54 원형 부분을 2개의 동심의 기하학적 원으로 취했을 경우, 두 원의 간격이 최소가 되는 두 원의 반지름의 차로 나타내는 형상 정밀도는?

① 원통도 ② 직각도

③ 진원도 ④ 평행도

해설

진원도 : 원형 부분을 2개의 동심의 기하학적 원으로 취했을 경우, 두 원의 간격이 최소가 되는 두 원의 반지름의 차로 나타내는 형상 정밀도이다.

55 다음과 같은 기하공차에 대한 설명으로 틀린 것은?

① 허용공차가 ∅0.01 이내이다.

[정답] 50 ④ 51 ③ 52 ③ 53 ④ 54 ③ 55 ③

② 문자 'A'는 데이텀을 나타낸다.

③ 기하공차는 원통도를 나타낸다.

④ 지름이 여러 개로 구성된 다단 축에 주로 적용하는 기하공차이다.

해설

기하공차는 동축도, 동심도를 나타낸다.

56 그림과 같이 도면에 기입된 기하공차에 관한 설명으로 옳지 않은 것은?

//	0.05 / 0.011/200	A

① 제한된 길이에 대한 공차값이 0.011이다.

② 전체 길이에 대한 공차값이 0.05이다.

③ 데이텀을 지시하는 문자기호는 A이다.

④ 공차의 종류는 평면도 공차이다.

해설

//	0.05 / 0.011/200	A

- 전체 평행도 공차값이 0.05이다.
- 지정길이 200mm에 대한 공차값이 0.011이다.
- 축선은 데이텀 축 직선 A에 평행하다.
- 공차의 종류는 평행도 공차이다.

57 기하공차를 나타내는데 있어서 대상면의 표면은 0.1mm만큼 떨어진 2개의 평행한 평면 사이에 있어야 한다는 것을 나타내는 것은?

① | — | 0.1 |

② | ▱ | 0.1 |

③ | ⌭ | 0.1 |

④ | ⊥ | 0.1 |

해설

기호	공차의 종류
—	진직도 공차
▱	평면도 공차
⌭	원통도 공차
⊥	직각도 공차

58 그림과 같은 기하공차의 해석으로 가장 적합한 것은?

//	0.05 / 0.005 / 100

① 지정 길이 100mm에 대하여 0.05mm, 전체길이에 대해 0.005mm의 대칭도

② 지정 길이 100mm에 대하여 0.05mm, 전체길이에 대해 0.005mm의 평행도

③ 지정 길이 100mm에 대하여 0.005mm, 전체길이에 대해 0.05mm의 대칭도

④ 지정 길이 100mm에 대하여 0.005mm, 전체길이에 대해 0.05mm의 평행도

해설

//	0.05 / 0.005/100	A

지정 길이 100mm에 대하여 0.005mm, 전체길이에 대해 0.05mm의 평행도

59 평행도가 데이텀 B에 대하여 지정길이 100mm마다 0.05mm의 허용값을 가질 때 그 기하공차 기호를 옳게 나타낸 것은?

① | // | 0.05/100 | B | ② | ▱ | 0.05/100 | B |

③ | ⌯ | 0.05/100 | B | ④ | ↗ | 0.05/100 | B |

[정답] 56 ④ 57 ② 58 ④ 59 ①

해설

//	0.05/100	B

평행도가 데이텀 B에 대하여 지정길이 100mm마다 0.05mm의 허용값을 가진다.

60 그림과 같은 기하공차 기호에 대한 설명으로 틀린 것은?

▱	0.2
	0.1/100×100

① 평면도 공차를 나타낸다.
② 전체부위에 대해 공차값 0.2mm를 만족해야 한다.
③ 지정넓이 100mm×100mm에 대해 공차값 0.1mm를 만족해야 한다.
④ 이 기하공차 기호에서는 2가지 공차조건 중 하나만 만족하면 된다.

61 도면에 그림과 같은 기하공차가 도시되어 있을 때 이에 대한 설명으로 옳은 것은?

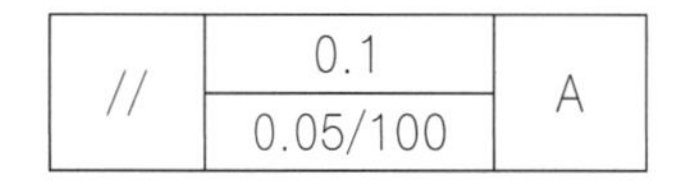

//	0.1	A
	0.05/100	

① 경사도 공차를 나타낸다.
② 전체 길이에 대한 허용값은 0.1이다.
③ 지정길이에 대한 허용값은 $\frac{0.05}{100}$mm이다.
④ 이 기하공차는 데이텀 A를 기준으로 100mm 이내의 공간을 대상으로 한다.

해설

위 도면에서 데이텀 A면에 대하여 전체 길이에 대한 평행도 허용값은 0.1mm이고, 지정길이 100mm에 대하여 허용값은 0.05mm이다.

62 다음 그림에 대한 설명으로 가장 올바른 것은?

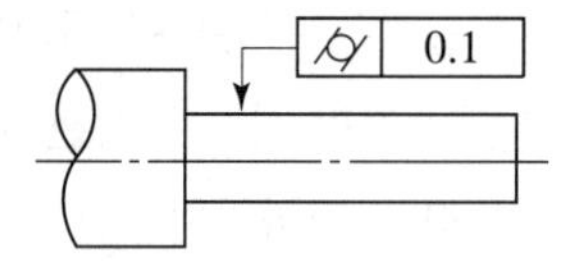

① 대상으로 하고 있는 면은 0.1mm만큼 떨어진 2개의 동축 원통면 사이에 있어야 한다.
② 대상으로 하고 있는 원통의 축선은 Ø0.1mm의 원통 안에 있어야 한다.
③ 대상으로 하고 있는 원통의 축선은 0.1mm만큼 떨어진 2개의 평행한 평면 사이에 있어야 한다.
④ 대상으로 하고 있는 면은 0.1mm만큼 떨어진 2개의 평행한 평면 사이에 있어야 한다.

해설

위 그림은 대상으로 하고 있는 면은 0.1mm 만큼 떨어진 2개의 동축 원통면 사이에 있어야 한다.

63 다음과 같이 치수가 도시되었을 경우 그 의미로 옳은 것은?

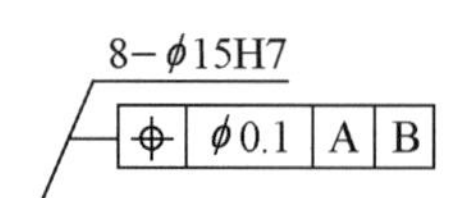

① 8개의 축이 Ø15에 공차등급이 H7이며, 원통도가 데이텀 A, B에 대하여 Ø0.1을 만족해야 한다.
② 8개의 구멍이 Ø15에 공차등급이 H7이며, 원통도가 데이텀 A, B에 대하여 Ø0.1을 만족해야 한다.
③ 8개의 축이 Ø15에 공차등급이 H7이며, 위치도과 데이텀 A, B에 대하여 Ø0.1을 만족해야 한다.

[정답] 60 ④ 61 ② 62 ① 63 ④

④ 8개의 구멍이 ∅15에 공차등급이 H7이며, 원통도가 데이텀 A, B에 대하여 ∅0.1을 만족해야 한다.

64 그림에서 나타난 기하공차 도시에 대해 가장 올바르게 설명한 것은?

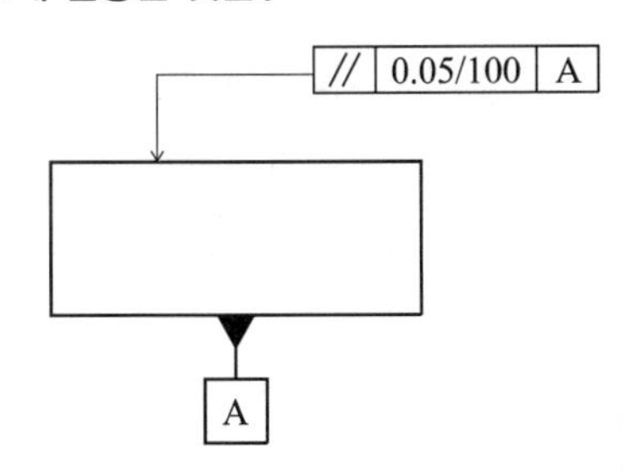

① 임의의 평면에서 평행도가 기준면 A에 대해 $\frac{0.05}{100}$mm 이내에 있어야 한다.

② 임의의 평면 100mm×100mm에서 평행도가 기준면 A에 대해 $\frac{0.05}{100}$mm이내에 있어야 한다.

③ 지시하는 면 위에서 임의로 선택한 길이 100mm에서 평행도가 기준면 A에 대해 0.05mm 이내에 있어야 한다.

④ 지시한 화살표를 중심으로 100mm 이내에서 평행도가 기준면 A에 대해 0.05mm 이내에 있어야 한다.

해설
위 그림에서 기하공차 도시는 지시하는 면 위에서 임의로 선택한 길이 100mm에서 평행도가 기준면 A에 대해 0.05mm 이내에 있어야 한다.

65 표면 거칠기 표기방법 중 산술평균 거칠기를 표기하는 기호는?

① R_P ② R_y
③ R_Z ④ R_a

해설
KS에서는 표면 거칠기의 측정 방법으로 최대 높이(Ry), 10점 평균 거칠기(Rz), 산술평균 거칠기(Ra)의 3가지 방법을 규정하고 있다.

66 표면 프로 파일 파라미터 정의의 연결이 틀린 것은?

① R_t – 프로 파일의 전체 높이
② R_{sm} – 평가 프로 파일의 첨도
③ R_{sk} – 평가 프로 파일의 비대칭도
④ R_a – 평가 프로 파일의 산술평균 높이

해설
- 거칠기의 첨도 : R_{ku}
- 거칠기 프로 파일 요소의 평균 길이 : R_{sm}

67 표면 거칠기의 측정법으로 틀린 것은?

① NPL식 측정
② 촉침식 측정
③ 광 절단식 측정
④ 현미 간섭식 측정

해설
NPL식 측정
각도게이지로 100×15mm의 강철제 블록으로 되어 있고, 12개의 게이지를 한조로 하며, 2개 이상 조합해서 0°에서 81°까지 6″ 간격으로 임의의 각도를 만들 수 있고 조립후의 정도는 ±2~3″이다.

[정답] 64 ③ 65 ④ 66 ② 67 ①

68 표면 거칠기 측정기가 아닌 것은?

① 촉침식 측정기

② 광절단식 측정기

③ 기초 원판식 측정기

④ 광파간섭식 측정기

해설

표면 거칠기의 측정법

- 비교용 표준편과의 비교측정 : 사람의 손가락 감각으로 표준편과 가공된 제품과의 표면 거칠기를 비교측정한다.
- 광절단식 표면 거칠기 측정법 : 현미경이나 투영기에 의해서 확대하여 관측 또는 사진을 찍어서 요철 상태를 알 수 있다.
- 광파간섭식 표면 거칠기 측정법 : 빛의 간섭을 이용하여 가공면의 거칠기를 측정하는 방법으로 래핑면과 같이 초정밀면에 적합하며 1μm 이하의 비교적 미세한 표면의 측정에 사용한다.
- 촉침식 표면 거칠기 측정법 : 표면 거칠기 측정법의 대표적인 방법으로 측정원리는 피측정면에 수직으로 움직이는 촉침으로 피측정면의 표면을 긁어서 상하의 움직임 량을 전기적인 신호로 변환하고, 증폭시켜 그래프에 그리거나 meter에 값을 지시한다.

69 바이트의 끝 모양과 이송이 표면 거칠기에 미치는 영향 중 이론적인 표면 거칠기 값(H_{max})을 구하는 식으로 옳은 것은? (단, r=바이트 끝 반지름, S=이송거리이다.)

① $H_{max} = \dfrac{8r}{S}$ ② $H_{max} = \dfrac{S^2}{8r}$

③ $H_{max} = \dfrac{S}{8r}$ ④ $H_{max} = \dfrac{8r}{S^2}$

해설

가공면의 거칠기

$H = \dfrac{S^2}{8r}$

가공면의 거칠기를 양호하게 하려면 노즈의 반지름을 크게, 이송을 적게 한다. 또 노즈의 반경은 보통 이송의 2 내지 3배가 양호하다.

70 그림과 같은 표면의 상태를 기호로 표시하기 위한 표면의 결 표시 기호에서 d는 무엇을 표시하는가?

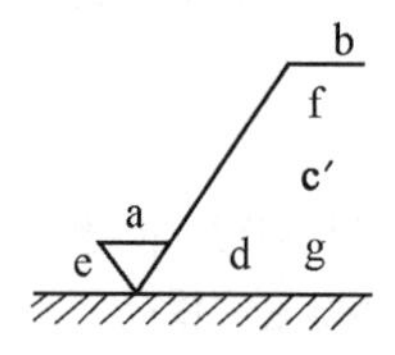

① a에 대한 기준길이 또는 컷오프 값

② 기준길이 · 평가길이

③ 줄무늬 방향의 기호

④ 가공방법 기호

해설

a : 산술평균 거칠기 값
b : 가공 방법
c : 컷오프 값
c′: 기준길이
d : 줄무늬 방향 기호
e : 다듬질 여유 기입
f : 산술평균 거칠기 이외의 표면 거칠기 값
g : 표면 파상도

71 보기와 같이 지시된 표면의 결 기호의 해독으로 올바른 것은?

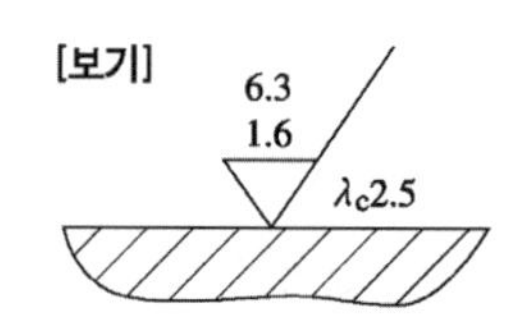

① 제거 가공 여부를 문제 삼지 않을 경우이다.

② 최대 높이 거칠기 하한값이 6.3μm이다.

③ 기준길이는 1.6μm이다.

④ 2.5는 컷오프 값이다.

[정답] 68 ③ 69 ② 70 ③ 71 ④

해설

- 제거 가공을 필요로 한다. 가공흔적이 거의 없는 중간 또는 상급 다듬질요구이다.
- 최대 높이 거칠기 하한값 1.6, 상한값 6.3μm이다.
- 2.5는 컷오프 값이다.

72 그림과 같은 기호에서 "1.6"숫자가 의미하는 것은?

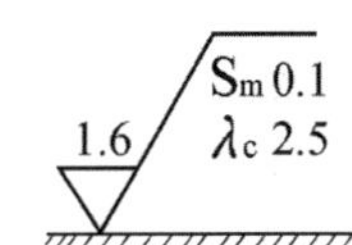

① 컷오프 값
② 기준길이 값
③ 평가길이 표준값
④ 평균 거칠기의 값

해설

그림에서 1.6은 산술평균 거칠기 값이다. 2.5는 컷오프 값이다.

73 그림과 같은 표면의 결 지시기호에서 각 항목별 설명 중 옳지 않은 것은?

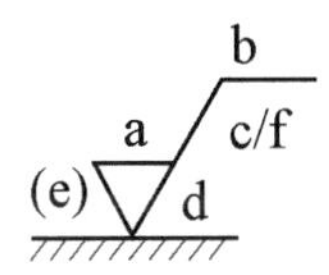

① a : 거칠기 값
② b : 가공 방법
③ c : 가공 연유
④ d : 표면의 줄무늬 방향

해설

c : 컷오프 값
f : 산술평균 거칠기 이외의 표면 거칠기 값

74 기계 가공면에 다음과 같은 기호가 표시되어 있을 때 이 기호의 의미는?

① 물체의 표면에 제거 가공을 허락하지 않는 것을 지시하는 기호
② 물체의 표면을 제거 가공을 필요로 한다는 것을 지시하는 기호
③ 물체 표면의 결을 도시할 때에 대상면을 지시하는 기호
④ 제거 가공의 필요 여부를 문제삼지 않는다는 것을 지시하는 기호

해설

- 절삭 등 제거 가공의 필요 여부를 문제 삼지 않는 경우에는 아래 그림 (a)와 같이 면에 지시기호를 붙여서 사용한다.
- 제거 가공을 필요로 한다는 것을 지시할 때에는 면의 지시기호의 짧은 쪽의 다리 끝에 가로선을 부가한다(그림 b).
- 제거 가공해서는 안 된다는 것을 지시할 때에는 면의 지시기호에 내접하는 원을 부가한다(그림 c).

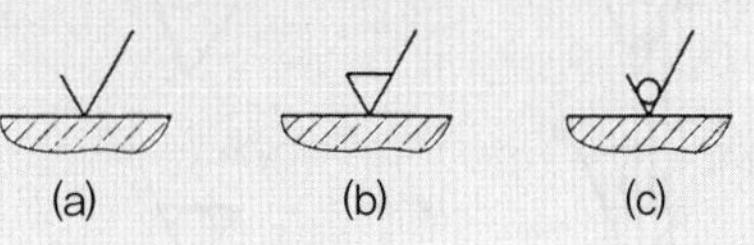

75 재료의 제거 가공으로 이루어진 상태든 아니든 앞의 제조 공정에서의 결과로 나온 표면 상태가 그대로라는 것을 지시하는 것은?

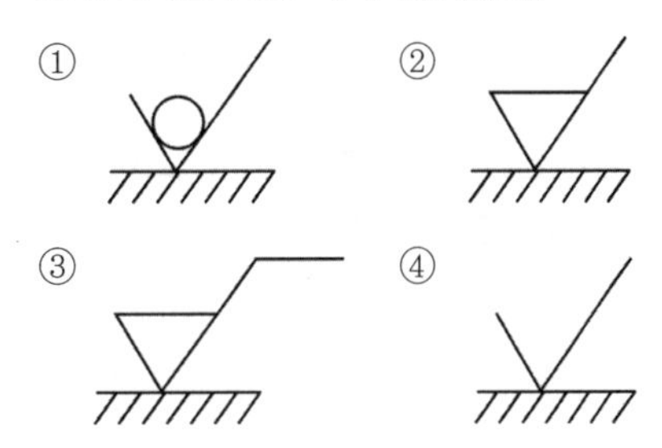

[정답] 72 ④ 73 ③ 74 ① 75 ①

해설

기 호	거칠기 정도 (Ra)	적 용
(원 부가 기호)	–	절삭가공 등 가공을 하지 않은 표면 주물의 표면
 w	약 25~100μm	일반 절식가공만하고 끼워맞춤이 없는 표면(드릴구멍, 선삭가공부 등)
x	약 6.3~25μm	끼워맞춤만 있고 상대운동은 없는 표면, 커버와 몸체의 끼워맞춤부, 키홈, 축과 회전체의 결합부 등
y	약 0.8~6.3μm	끼워맞춤이 있고 상대운동이 있는 표면, 베어링, 씰 등 정밀 축 기계요소 등이 끼워지는 표면, 정밀가공이 요구되는 표면(연삭 가공)
z	약 0.1~0.8μm	대단히 매끄러운 표면을 의미함, 게이지류, 피스톤, 실린더 표면 등(호닝 등 정밀입자가공)

76 표면의 결 지시방법에서 "제거 가공을 허용하지 않는다"를 나타내는 것은?

① 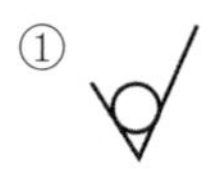

② 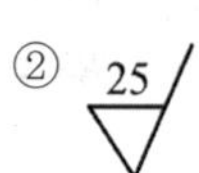

③ 

④ 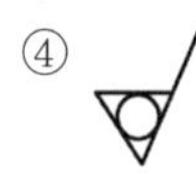

해설

: 제거 가공해서는 안 된다는 것을 지시할 때에는 면의 지시기호에 내접하는 원을 부가한다.

77 그림과 같은 표면 거칠기 지시기호에서 λ_c2.5의 값은 어떤 값을 의미하는가?

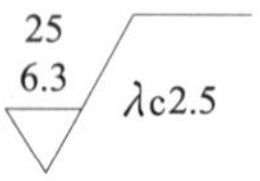

① 컷오프 값
② 거칠기 지시 값 상한값
③ 최대 높이 거칠기 값
④ 거칠기 지시 값 하한값

25
6.3
λc2.5

해설

위 그림에서 λ_c2.5의 값은 컷 오프 값을 의미한다.

78 가공에 의한 커터의 줄무늬가 여러 방향일 때 도시하는 기호는?

① = ② X
③ M ④ C

해설

80번 해설 참조

79 그림과 같은 환봉의 "A" 면을 선반 가공할 때 생기는 표면의 줄무늬 방향 기호로 가장 적합한 것은?

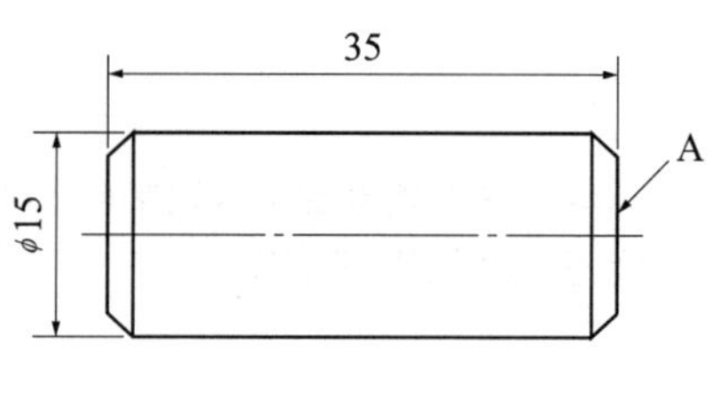

① C ② M
③ R ④ X

해설

X	가공으로 생긴 선이 두 방향으로 교차
M	가공으로 생긴 선이 다방면으로 교차 또는 무방향
C	가공으로 생긴 선이 거의 동심원
R	가공으로 생긴 선이 거의 방사상(레이디얼형)

[정답] 76 ① 77 ① 78 ③ 79 ①

80 다음과 같은 표면의 결 도시기호에서 C가 의미하는 것은?

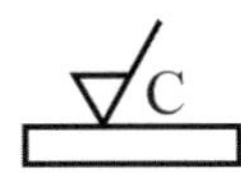

① 가공에 의한 컷의 줄무늬가 투상면에 평행
② 가공에 의한 컷의 줄무늬가 투상면에 경사지고 두 방향으로 교차
③ 가공에 의한 컷의 줄무늬가 투상면의 중심에 대하여 동심원 모양
④ 가공에 의한 컷의 줄무늬가 투상면에 대해 여러 방향

해설

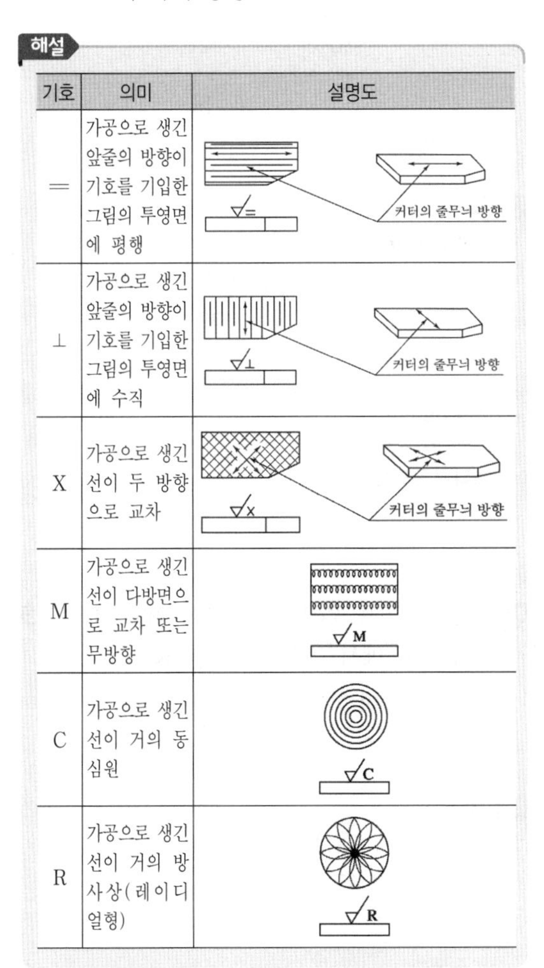

기호	의미	설명도
=	가공으로 생긴 앞줄의 방향이 기호를 기입한 그림의 투영면에 평행	커터의 줄무늬 방향
⊥	가공으로 생긴 앞줄의 방향이 기호를 기입한 그림의 투영면에 수직	커터의 줄무늬 방향
X	가공으로 생긴 선이 두 방향으로 교차	커터의 줄무늬 방향
M	가공으로 생긴 선이 다방면으로 교차 또는 무방향	
C	가공으로 생긴 선이 거의 동심원	
R	가공으로 생긴 선이 거의 방사상(레이디얼형)	

81 그림의 기호가 의미하는 표면의 무늬결의 지시에 대한 설명으로 옳은 것은?

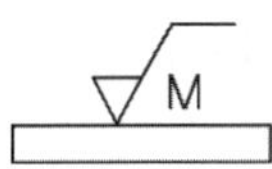

① 표면의 무늬결이 여러 방향이다.
② 표면의 무늬결이 방향이 기호가 사용된 투상면에 수직이다.
③ 기호가 적용되는 표면의 중심에 관해 대략적으로 원이다.
④ 기호가 사용되는 투상면에 관해 2개의 경사 방향에 교차한다.

82 다음 그림이 나타내는 가공방법은?

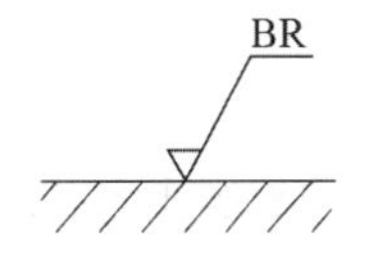

① 대상 면의 선삭가공
② 대상 면의 밀링가공
③ 대상 면의 드릴링가공
④ 대상 면의 브로칭 가공

해설
위 그림의 BR은 대상 면의 브로칭 가공이다.

83 가공부에 표시하는 다듬질 기호 중 줄 다듬질의 기호는?

① FF　　② FL
③ FS　　④ FR

해설
① FF : 줄 다듬질　　② FL : 랩 다듬질
③ FS : 스크레이퍼다듬질　　④ FR : 리머가공

[정답] 80 ③ 81 ① 82 ④ 83 ①

84 가공방법의 표시기호에서 "SPBR"은 무슨 가공인가?

① 기어 셰이빙 ② 액체 호닝
③ 배럴 연마 ④ 숏 블라스팅

해설
- 배럴 연마 : SPBR
- 액체 호닝 : SPL

85 가공방법에 따른 KS 가공방법 기호가 바르게 연결된 것은?

① 방전 가공 : SPED
② 전해 가공 : SPU
③ 전해 연삭 : SPEC
④ 초음파 가공 : SPLB

86 가공방법의 기호 중에서 다듬질 가공인 스크레이핑 가공기호는?

① FS ② FSU
③ CS ④ FSD

해설
- FS : 스크레이퍼다듬질
- FF : 줄 다듬질
- FR : 리머 가공

87 다음 중 열처리 가공방법과 기호가 틀린 것은?

① 어닐링(소둔)–A
② 노멀라이징–Q
③ 노멀라이징(소균)–NT
④ 템퍼링(소려)–T

해설
- 퀜칭(소입) – Q
- 노멀라이징 – N

88 서브제로 처리 열처리 기호는?

① HG ② HSZ
③ HC ④ HCN

해설
① HG : 시효
② HSZ : 서브제로 처리
③ HC : 침탄
④ HCN : 침탄질화

89 브리넬 경도 표시에서 브리넬 경도치를 의미하는 것은?

HB S (10 / 500) 90

① 10 ② 500
③ 90 ④ S

해설
브리넬 경도 표시

HB	S	(10	/	500)	90
ⓐ	ⓑ	ⓒ		ⓓ	ⓔ

ⓐ HB : 브리넬 경도
ⓑ S : 압흔자의 종류 표시
ⓒ 압흔자의 직경(mm)
ⓓ 시험하중(kgf)
ⓔ 브리넬 경도치

90 일반구조용 압연강재의 KS 재료 표시기호 "SS330"에서 "330"은 무엇을 뜻하는가?

① 최저 인장강도 ② 탄소 함유량
③ 경도 ④ 종별 번호

해설
- SS330 : 일반구조용 압연강판
- 330 : 최저 인장강도(N/mm^2)

[정답] 84 ③ 85 ① 86 ① 87 ② 88 ② 89 ③ 90 ①

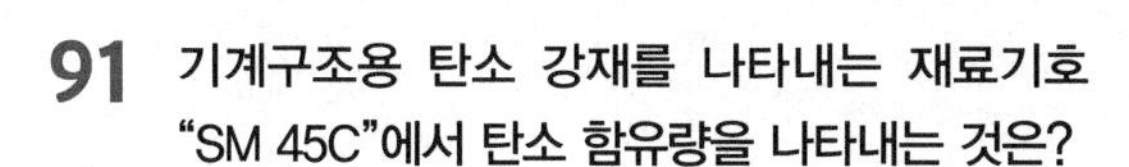

91 기계구조용 탄소 강재를 나타내는 재료기호 "SM 45C"에서 탄소 함유량을 나타내는 것은?

① S ② M
③ 45C ④ SM

해설
- SM : 기계구조용 탄소강
- 45C : 탄소 함유량(0.42~0.48%의 중간값)

92 도면 부품란에 재질이 KS 재료기호 GC 250으로 표시된 재질 설명으로 옳은 것은?

① 가단주철 인장강도 250 N/mm^2 이상
② 가단주철 인장강도 250 kgf/mm^2 이상
③ 회주철 인장강도 250 N/mm^2 이상
④ 회주철 인장강도 250 kgf/mm^2 이상

해설
GC 250 : 회주철 최저인장강도 250 N/mm^2 이상이다.

93 도면의 재질란에 SM 25C의 재료기호가 기입되어 있다. 여기서 "25"가 나타내는 뜻은?

① 탄소 함유량 22~28%
② 탄소 함유량 0.22~0.28%
③ 최저 인장강도 25kPa
④ 최저 인장강도 25MPa

해설
도면의 재질 예시
- SM 25C(기계구조용 탄소강 강재)
  - S : 강(steel)
  - M : 기계 구조용(machine structural use)
  - 25C : 탄소 함유량 0.22~0.28%의 중간값
- SS 330(일반구조용 압연강재)
  - S : 강(steel)
  - S : 일반구조용 압연재(general structural rolling plate)
  - 330 : 최저 인장강도 330N/mm^2

[정답] 91 ③ 92 ③ 93 ②

PART

3

공유압

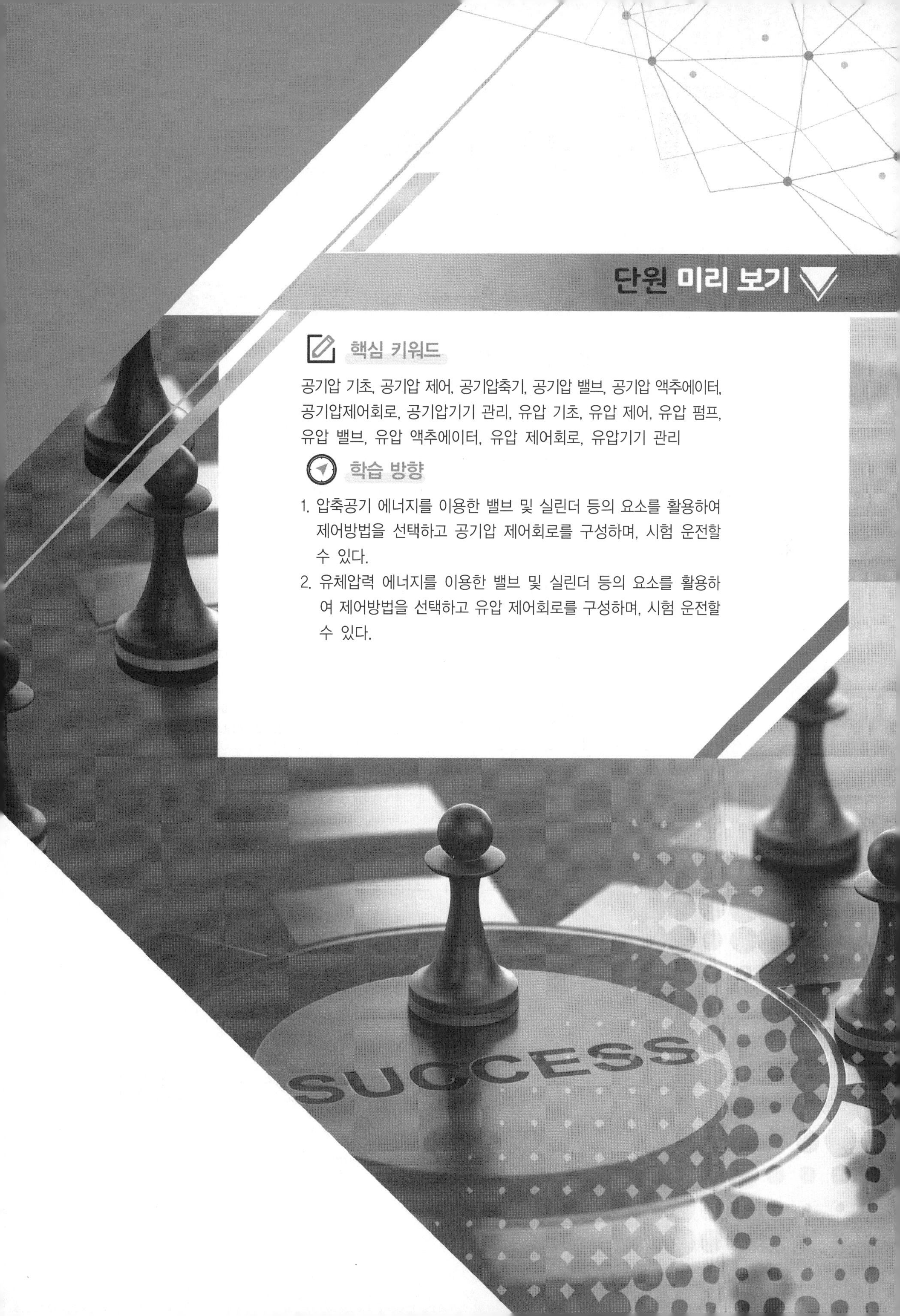

단원 미리 보기

핵심 키워드

공기압 기초, 공기압 제어, 공기압축기, 공기압 밸브, 공기압 액추에이터, 공기압제어회로, 공기압기기 관리, 유압 기초, 유압 제어, 유압 펌프, 유압 밸브, 유압 액추에이터, 유압 제어회로, 유압기기 관리

학습 방향

1. 압축공기 에너지를 이용한 밸브 및 실린더 등의 요소를 활용하여 제어방법을 선택하고 공기압 제어회로를 구성하며, 시험 운전할 수 있다.
2. 유체압력 에너지를 이용한 밸브 및 실린더 등의 요소를 활용하여 제어방법을 선택하고 유압 제어회로를 구성하며, 시험 운전할 수 있다.

공기압 제어

1 공기압 제어 방식 설계

1 공기압 기초

(1) 공유압의 정의

공유압 시스템이란 압력 발생장치로 얻은 동력의 기계적 에너지를 유체의 압력 에너지로 바꾸어 유체 에너지에 압력, 유량, 방향의 기본적인 3가지 제어를 하여 실린더나 모터 등의 작동기를 작동시켜 기계적 에너지로 바꾸는 것을 말한다.

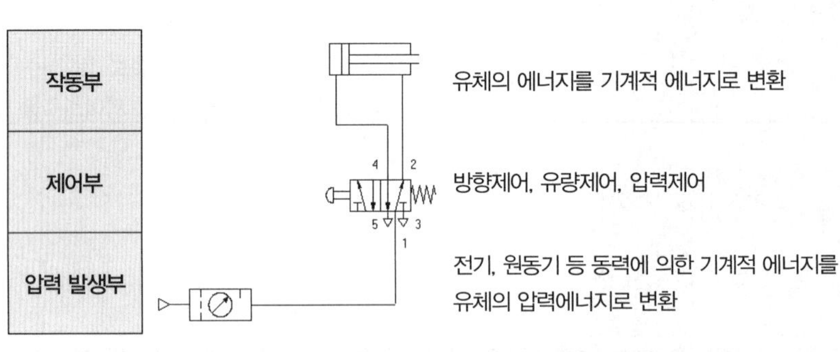

구 분	공압	유압
압력발생장치 (공압 : 공압발생기, 유압 : 유압발생기)	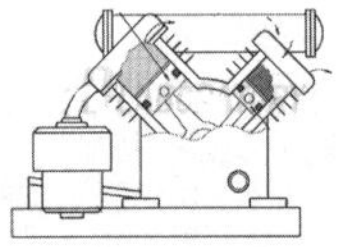	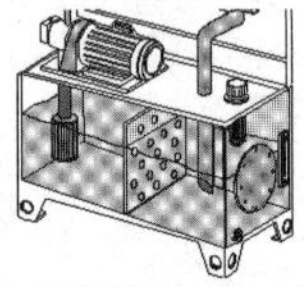
제어 (방향, 유량, 압력제어)	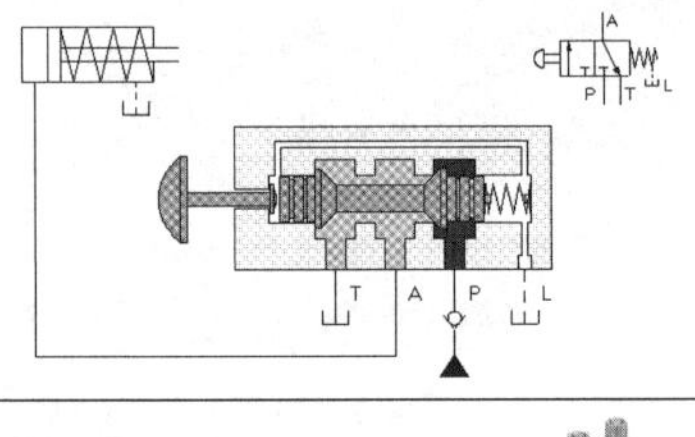	
작동기 (실린더, 모터 등)	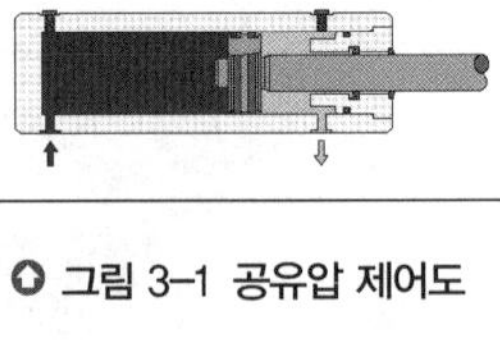	

그림 3-1 공유압 제어도

(2) 공기압력

공기는 높이에 따라 밀도가 다르고 표고가 높은 곳일수록 공기의 무게는 가벼워지며, 공기가 단위면적에 작용하는 힘을 압력이라 한다.

1) 단위의 관계

[kg/cm²]	[bar]	[kPa]	[mmHg]	[mmHg]
1	0.9807	98.07	735.6	10000
1.02	1	100	750	10197
0.0103	0.01	1	7.5	102

2) 게이지 압력과 절대압력

압력을 나타내는 데는 그 기준의 설정 방법에 따라 절대압력과 게이지 압력으로 나누며, 통상적으로 게이지 압력으로 나타낸다.

① **절대압력** : 완전 진공을 기준으로 측정한 압력

② **게이지 압력** : 대기 압력을 기준으로 측정한 압력

③ **진공압** : 게이지 압력은 대기압을 0으로 측정하여 대기압보다 높은 압력을 (+) 게이지 압력, 대기압보다 낮은 압력을 (−) 게이지 압력 또는 진공압이라 한다.

절대압력 = 대기압 + 게이지 압력

3) 대기의 구성

① **질소** : 약 78Vol%

② **산소** : 약 21Vol%

③ **기타** : 약 1Vol%(CO_2, Ar, H_2, Ne, Kt, Xe 등)

(3) 물리적 단위

1) 중량(힘)

① 뉴턴의 법칙

힘(Force) = 질량 × 가속도
[F = m × a]

위 식에서 가속도 a가 지구의 중력 가속도일 때 $g = 9.81\text{m/sec}^2$이다.

2) 질량(Mass)

물체의 역학적 성질을 결정하는 물체 고유의 기본적인 양(量)이다. 물체에 힘을 작용시켰을 때, 쉽게 그 운동상태를 바꾸는 것과 바꾸지 않는 것이 있는데 운동상태를 바꾸기 어려운 정도, 즉 관성의 크기를 나타내는 물리량을 말한다.

뉴턴의 법칙에서

질량 $= \frac{\text{힘}}{\text{중력 가속도}}$, 즉 $1\text{kg} = \frac{1}{9.81} \times \frac{\text{kgf} \cdot \text{s}^2}{\text{m}}$이다.

힘(1kgf) = 9.81N이다.

3) 압력

단위면적에 작용하는 힘을 말한다(M.K.S, C.G.S 단위).

압력 $= \frac{\text{힘}}{\text{면적}}$, 즉 $P = \frac{F}{A}$이다.

여기서, 일반적으로 P=압력(kgf/cm^2), F=힘(kgf), A=면적(cm^2) 사용

① 1기압(Atmosphere, at)

$1\text{at} = 1\text{kp/cm}^2 = 0.981\text{bar}(98.1\text{kPa})$

공학 단위에서는 약 1bar로 취급한다.

② 파스칼(Pascal, Pa)

단위면적(1m^2)에 작용하는 힘(N)을 말한다(S.I 단위).

$$1\text{Pa} = \frac{1\text{N}}{\text{m}^2} = 10^{-5}\text{bar}$$

$$1\text{bar} = \frac{10^5\text{N}}{\text{m}^2} = 10^5\text{Pa} = 1.02\text{at}$$

③ 물리단위(physical system of unit)

1atm = 1.033at = 1.013bar

④ 수은주(mmHg)

수은주 760mm의 높이에 상당하는 압력을 표준기압이라 한다.

(토르와 단위가 같음 : 1mmHg = 1Torr)

1at = 736mmHg(Torr), 1bar = 750mmHg(Torr)이다.

◐ 표 3-1 표준기압과 공학기압의 비교

구 분	1표준기압(atm)	1공학기압(at)
수은주	= 760mmHg	= 735.5mmHg
압력(m)	= 10,332kgf/m	= 10,000kgf/m
압력(cm)	= 1.03323kgf/cm	= 1.0kgf/cm
물기둥	= 10.3323mAq	= 10.00mAq
파스칼	= 101,325N/m	= 98,202.8N/m
bar	= 1.013bar	= 0.981bar

(4) 공기의 상태변화

1) 보일의 법칙

기체의 온도를 일정하게 유지하면서 압력 및 체적의 변화시, 압력과 체적은 서로 반비례한다.

- $P_1 V_1 = P_2 V_2 = cons\tan t$
- $P_1 V_1 = P_2 V_2 =$ 일정 $\dfrac{P_1 V_1}{T_1} = \dfrac{P_2 V_2}{T_2}$

여기서, P : 절대압력(kg/m^2)
V : 체적(cm^3)

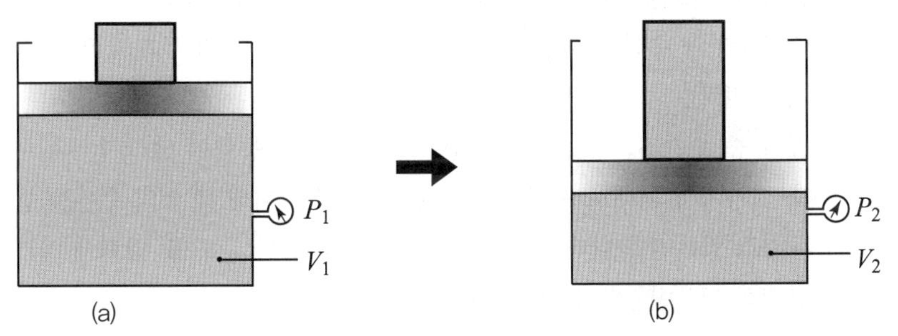

◐ 그림 3-2 보일의 법칙

2) 샬의 법칙

기체의 압력을 일정하게 유지함으로서 체적 및 온도가 변화시, 체적과 온도는 서로 비례한다.

- $\dfrac{T_1}{T_2} = \dfrac{V_1}{V_2} = cons\tan t$
- $V_2 = V_1 \dfrac{T_2}{T_1}$

여기서, T : 절대온도(°K)
V : 체적(cm^3)

PART 3 공유압

3) Boyle–Charle의 법칙

$$\frac{P_1 \cdot V_1}{T_1} = \frac{P_2 \cdot V_2}{T_2}$$

(5) 공기 중의 습도와 응축수

① 공기 중에는 수분이 수증기의 형태로 포함되어 있다.

② 공기의 압력을 높이면(공기를 압축하면) 수증기 포화 능력이 떨어진다.

③ 공기 온도를 높이면 수증기의 포화 능력이 높아진다.

④ 공기의 수증기 포화 능력이 떨어지면 공기에 포함되어 있던 수분이 분리되어 물방울 상태(응축수)가 된다.

⑤ 분리된 물은 배관 중에서 녹을 발생시키거나 공기 중의 먼지 등과 함께 기기에 좋지 않은 영향을 미친다.

⑥ 수분을 전혀 포함하지 않은 공기를 건조공기라 한다.

⑦ 건조공기에 수증기를 포함하고 있는 상태를 습공기라 한다.

⑧ 대기 중의 공기는 수증기를 함유한 습공기로써, 습한 정도를 나타내는 방법으로는 절대습도와 상대습도가 있다.

⑨ 공기 중 건조공기와 수분의 중량을 비교한 것이 절대습도이다(공기 중 건조공기와 수분을 완전히 분리하여 수분이 건조공기 무게의 몇 배인가를 비교).

⑩ 공기 중 수증기는 온도 또는 압력에 의해 포화 능력이 달라지는데 현재 환경에서 최대로 포함할 수 있는 수증기에 비해 몇 %의 수분을 함유하고 있는지를 나타내는 것을 상대습도라 한다(온도 및 압력에 따라 상대적으로 변한다고 하여 상대습도라 함).

1) 절대습도

① 공기를 건조공기와 수분으로 완전히 분리하여 중량을 서로 비교한 것이 절대습도이다.

② 습공기의 수증기량을 증감시키지 않고 온도를 변화시켜도 절대습도는 변하지 않는다.

$$\text{절대습도}(x) = \frac{\text{수증기의 중량(Ws)}}{\text{건조공기의 중량(Wa)}} \times 100\%$$

2) 상대습도

① 공기는 온도가 올라가면 수증기를 많이 포함할 수 있고 내려가면 포함할 수 있는 능력이 떨어져 능력 이상의 수분을 물방울로 내보낸다.

② 압력 변화에도 압력이 낮으면 수분을 많이 포함하고 높으면 적게 포함한다.

③ 온도 또는 압력에 의해 포화 능력이 달라지는데 현재 온도 및 압력 환경에서 최대 수증기 포함 능력에 비해 몇 %의 수분을 함유하고 있는지를 나타내는 것을 말한다.

④ 온도 및 압력에 따라 상대적으로 변한다고 하여 상대습도라 한다.

〈현재 환경의 온도 및 압력하에서 상대습도를 식으로 표현하면〉

$$\text{상대습도} = \frac{\text{공기 중의 순수한 수분}(g/m^3)}{\text{공기가 수분을 포함할 수 있는 최대증력}(g/m^3)} \times 100\%$$

$$= \frac{\text{공기 중의 순수한 수분만에 의한 분압}(kg/cm^2)}{\text{공기가 최대로 수분을 포함했을 때 수분만에 의한 분압}(kg/cm^2)} \times 100\%$$

3) 드레인(Drain; 응축수)의 발생

① 수분을 함유한 습공기인 대기를 압축하면 상대습도가 높아져 물방울(드레인, 응축수)을 내게 된다.

② 대기 중에는 먼지, 매연 기타 여러 가지 오염물질이 존재하는데 이런 공기를 흡입해서 압축하면 오염물질까지 농축되어 몹시 더러운 압축공기가 된다.

③ 드레인은 수증기가 응축되어 생긴 물로, 공기 압축기로부터 새어 나온 윤활유나 산화 생성물로 된 윤활유 등 여러 가지 불순물이 섞여 있다.

④ 기존 공기에 온도를 낮추면 이슬이 맺히기 시작하는 온도가 있는데 이 때의 상대습도는 100%라 할 수 있고 이 온도를 노점(露點 : 이슬점)온도라 한다.

⑤ 겨울철 창가에 이슬이 맺히는 현상은 실내 온도보다 낮은 유리창에 공기가 닿을때 상대습도가 높아져 이슬을 맺게 된다.

＊노점온도
이슬점이 생기는 온도로 어느 습공기의 수증기 분압에 대한 증기의 포화 온도이다.

응축수 = 압축 전 공기중 수증기량 − 압축 후(응축수배출 후) 공기 중 수증기량

(6) 공압 장치의 장점

① 지구상에 무한대로 존재하는 공기로 압축공기 에너지를 쉽게 얻을 수 있고 저장할 수 있다.

② 쉽게 동력을 전달할 수 있고 구조를 간단하게 할 수 있으며 증폭이 용이하다.
③ 압력을 조절하거나 실린더의 직경을 선정하여 힘을 쉽게 조절할 수 있다.
④ 관로를 흐르는 유량을 조절하여 속도조절을 쉽게 할 수 있다.
⑤ 공기를 매체로 하기 때문에 인화의 위험이 없다.
⑥ 유압에 비해 비교적 저압을 사용하고 공기를 대기 중에 배출시키므로 제어방법 및 취급이 간단하다.
⑦ 압축성 유체이므로 비압축성에 비해 에너지 축적이 가능하고 온도의 변화에 둔감하다.

(7) 공압 장치의 단점

① 압축성 유체이므로 큰 힘을 얻는데 제약을 받는다.
② 전기, 유압 방식에 비해 에너지 효율이 떨어진다.
③ 정밀한 속도, 위치, 중간 정지 조절이 곤란하여 필요시 특수한 장치가 필요하다.
④ 압축공기 사용 후 배기시 소음이 발생한다.
⑤ 압축성 유체이므로 응답성이 떨어진다.
⑥ 압축공기 중 이물질이 혼입된 경우 기기 파손의 원인이 된다.
⑦ 별도의 윤활 대책이 필요하다.
⑧ 저속으로 균일한 속도를 얻기가 힘들고 구동 비용이 고가이다.

(8) 공압의 활용 분야

① 7bar(700kPa) 이하의 압축공기 산업 분야
② 압축공기의 분출류를 이용하여 전기적 센서 사용이 곤란한 분야의 공압 센서
③ 개방된 공간으로 열이 방출되지 못하도록 하는 에어커튼
④ 자동화 라인의 반송, 포장, 조립, 용접, 도장 등 공정제어
⑤ 공압 베어링 및 공압 자동기기
⑥ 화학, 의료, 식품 등 인체에 해를 끼치지 않아야 하는 분야
⑦ 안전과 신뢰성을 요구하는 차량 제조
⑧ 반도체산업 등의 소형, 기밀, 방진 등을 매우 중요시하는 분야
⑨ 기타 정밀 위치제어 및 머슬(근육) 실린더 응용 분야 등에 활용된다.

② 공기압 제어

(1) 공압 장치 구성

공압제어 시스템은 대기 중의 공기를 공압 발생장치로 압축공기를 만들어 공기청정장치로 공기 중의 수분 및 오물을 제거한 다음에 의해 압축공기를 운반하고 제어장치로 방향, 속도, 압력을 조절하여 구동장치(실린더, 모터 등)를 구동하여 기계적인 일을 한다.

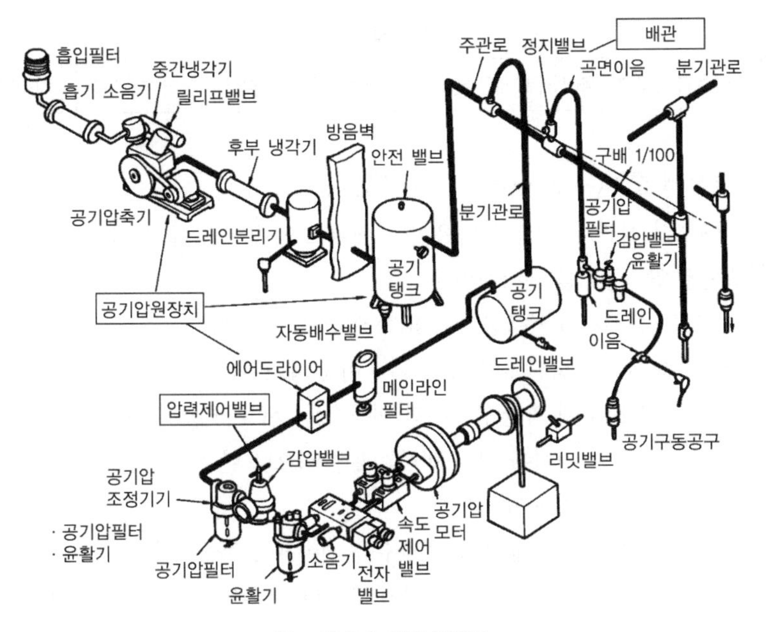

○ 그림 3-3 공압 장치도

① 동력원(power unit) : 공기 압축기를 구동하기 위한 전기모터, 기타 동력원

② 공기 압축기(air compressor) : 압축공기의 생산(일반적으로 10bar 이내)

③ 애프터 쿨러(after cooler) : 공기 압축기에서 생산된 고온의 공기를 냉각

④ 공기 탱크(air tank) : 압축공기를 저장하는 일정 크기의 용기

⑤ 공기 필터(air filter) : 공기 중의 먼지나 수분을 제거

⑥ 제어부 : 압력제어, 유량제어, 방향제어

⑦ 작동부 : 실린더, 모터

(2) 정화장치 구성

① 압축기에서 토출된 공기는 80℃ 이상의 고온이므로 냉각장치(애프터 쿨러)로 냉각시켜야 한다.

② 냉각된 공기는 상대습도가 낮으므로 많은 양의 응축수(드레인)를 발생시키기 때문에 이를 드레인 분리기로 외부로 반출시켜 줘야 한다.

③ 1차 정화된 공기가 시스템을 지날 때 다시 드레인이 발생되므로 에어 드라이어를 설치하여 거듭 제거하는 것이 효과적이다.

〈기기 배치순서〉

공기압축기 ─ 애프터쿨러 ─ 드레인 분리기 ─ 저장탱크 ─ 에어필터 ─ 에어 드라이어 ─ 에어필터

(3) 애프터 쿨러(after cooler) : 공기냉각기

애프터 쿨러는 압축기 다음이나 에어 드라이어 앞에 설치하여 고온의 생산된 압축공기를 냉각시킨다.

① 120~200℃의 압축공기를 40℃ 이하로 냉각한다.

② 압축 전에 포함된 수증기를 60% 이상 제거한다.

③ 냉각팬(fan)에 의한 공랭식과 냉각수를 순환시키는 수냉식이 있다.

④ 공랭식은 수냉식에 비해 냉각효과는 적으나 단수나 동결의 염려가 없고 유지보수가 용이하다.

⑤ 수냉식은 공랭식에 비해 냉각수를 계속해서 공급해야 하고 겨울철 동결의 위험은 있으나 냉각효과가 뛰어나 고온다습하고 먼지가 많은 열악한 환경에서도 사용할 수 있으므로 공기 소요량이 많을 때 사용하면 효과적이다.

⑥ 공랭식의 경우 통풍이 잘되도록 벽이나 기계로부터 20cm 이상 간격을 두어야 한다.

⑦ 수냉식의 경우 흡입구 측에 여과 필터(100μm)를 설치하여 관속의 슬래그(slag)를 방지하고 공랭식의 경우 먼지가 많은 곳에는 별도의 방진필터를 설치해야 한다.

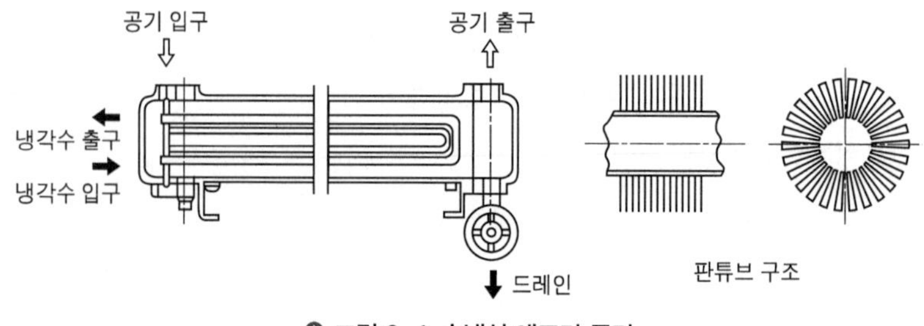

그림 3-4 수냉식 애프터 쿨러

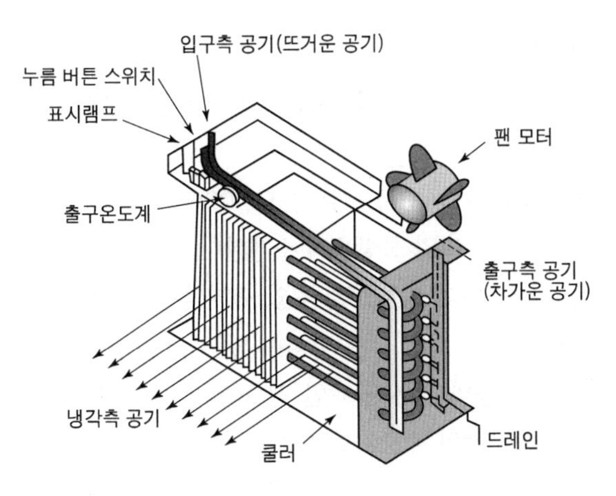

◆ 그림 3-5 공랭식 애프터 쿨러

(4) 드레인 분리기

① 응축수(드레인)는 일정한 양이 모이면 밖으로 배출시켜야 모인 응축수가 다시 시스템으로 들어가지 않는다.

② 수동으로 배출하려면 항상 어느 정도 응축수가 모여 있나를 점검해야 하는 번거로움이 있으므로 자동 배수 기능이 있는 드레인 분리기를 주로 사용한다.

③ 응축수 배출 방법으로는 수동식, 부구식, 차압식, 전동식 등이 있다.

(5) 에어필터(공기여과기)

생산된 압축공기 중의 오염물질 들을 제거하기 위한 장치(에어필터)를 공압시스템 입구에 설치하여 압축공기 운반 중에 발생하는 오염물질까지 제거한다. 오염물질 제거방법은 다음과 같다.

① 원심력을 이용하여 분리하는 방법
② 충돌 판에 닿게 하여 분리하는 방법
③ 흡습제를 사용해서 분리하는 방법
④ 냉각하여 분리하는 방법

- 드레인 배출방식
  ㉠ 플로트식
  ㉡ 파일럿식
  ㉢ 전동기 구동 방식

PART 3 공유압

1) 필터 엘리먼트

① 필터로 응축된 물은 제거할 수 있지만 압축공기 중에 존재하는 수분은 제거할 수 없다.

② 필터를 통과한 압축공기는 상대습도 100%의 상태이므로 온도가 내려가거나 단열 팽창되면 물방울이 발생한다.

③ 수분 분리 기능을 가진 별도로 공압 필터와 병용하여야 한다.

④ 필터 엘리먼트는 눈이 자주 막히지 않는 금속망이나 양털 · 노일 · 모반모(毛反毛) 등의 섬유 원료인 펠트(felt) 등이 주로 사용된다. 보통 하단에 자동 드레인 배출기를 설치하여 같이 사용하는 경우가 많다.

⑤ 엘리먼트 종류에는 소결 금속 엘리먼트, 리본 형식의 수지 엘리먼트 그리고 스텐망 엘리먼트 등 여러 가지가 있다. 필터 엘리먼트는 메시의 크기에 따라 다음과 같이 분류한다.

여과 엘리먼트	사용기기	비고
70–40μm	실린더, 로터리 액추에이터	일반용
40–10μm	공기터빈, 공기모터	고속용
10–5μm	공기마이크로미터	정밀용
5 이하 μm	순 유체 소자	특수용

2) 미세 필터

① 일반 필터로 제거할 수 없는 미세한 오염물질은 보통 시스템에 지장이 없는 한 그대로 사용하나 식품공업, 제약회사, 정밀, 화학 공장 또는 저압용 기구를 가진 장치 등에는 별도의 미세 필터가 사용된다.

② 미세 필터로는 정화율이 99.999%까지 이르며 0.001μm 입자까지도 여과해 준다. 미세 필터에 사용되는 재료는 보통 규소, 플라스틱 섬유, 유리섬유가 사용되고 이러한 재료들이 무작위로 짜여져서 아주 미세한 물체까지도 잡아낸다.

(6) 공기건조기(제습기; air dryer)

① 수분의 응축을 방지하기 위해서는 흡입 공기를 여과하거나 격판 압축기처럼 공기와 기름이 접촉되지 않는 압축기를 사용하며 공기 중에 있는 습기는 건조해야 한다.

② 습기를 건조하는 방법으로는 흡수식, 흡착식, 저온 건조식 등이 있다.

1) 흡수식 건조(Absorption drying)

압축공기가 건조제를 통과할 때 습공기가 건조제(염화리튬, 수용액, 폴리에틸렌)에 닿으면 물과 반응하여 화합물이 형성되는 화학적 방법이다.

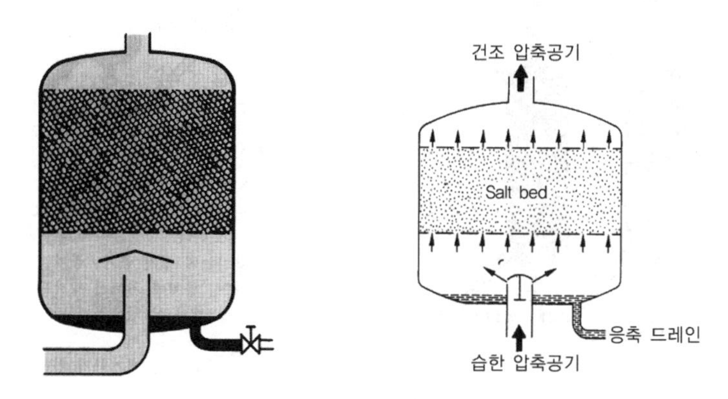

그림 3-6 흡수식 건조기

흡수식 건조기의 특징은 다음과 같다.

① 공기량이 적은 경우에 사용한다.
② 건조제는 연 2~4회 정도 새로 교환해 줘야 한다.
③ 장비의 설치가 간단하고 외부 에너지 공급이 불필요하다.
④ 건조기에 움직이는 기계적 장치 부분이 없으므로 마모에 의한 손실이 적다.
⑤ 건조제 교체 비용이 많이 들고 효율이 낮다.

2) 흡착식 건조(Adsorption drying)

① 액체가 건조제에 붙는 물리적 방법으로 습기에 대하여 강력한 친화력을 갖는 실리카 겔(실리콘 디옥사이드; SiO_2), 활성 알루미나 등 고체 흡착 건조제를 2개의 용기에 넣는다.
② 이 사이에 습공기를 통과시키면 습기를 제거할 수 있다. 이 경우 건조제가 포화상태에 이르러 기능을 잃게 되면 더운 공기를 통과시켜 재생하여 다시 사용할 수 있다.
③ 일반적으로 겔(gel)의 사용기간 제한은 없지만 2~3년마다 한 번씩 교환해 주도록 한다.

재생 방법의 종류에는 다음과 같다.

㉠ 압축공기를 사용하는 히스테리형

㉡ 외부 또는 내부의 가열기에 의한 히트형

㉢ 히트펌프에 의한 히트펌프형이 있다.

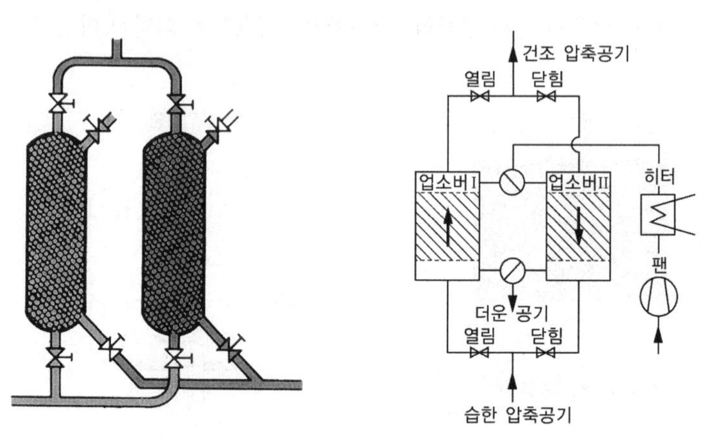

그림 3-7 흡착식 건조기

3) 저온(냉동식) 건조(Low temperature drying)

① 저온 건조기는 온도를 낮게 하여 이슬점온도가 낮아지므로 상대습도가 높아 수분이 분리되는 방식이다.

② 습공기가 건조기의 공기/공기 열교환기를 거쳐 냉각기를 통과하면서 냉각되고 냉각된 공기는 상대습도가 높아져 이슬을 맺으면서 습기를 분리한다.

③ 저온식 에어 드라이어는 설비비, 보수비, 운전비가 저렴하여 가장 많이 사용되고 있다.

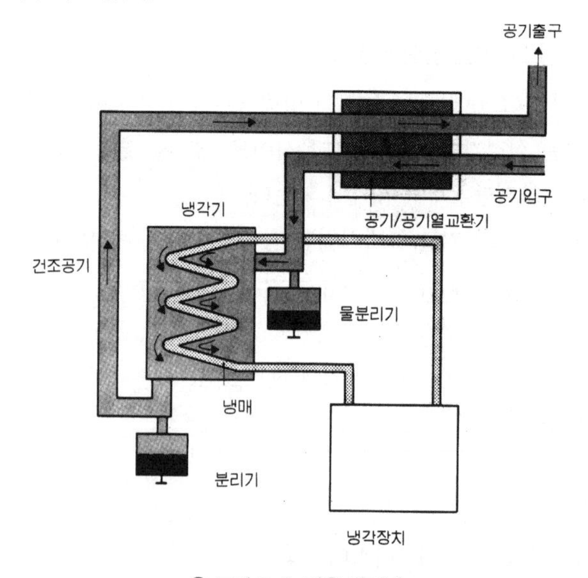

그림 3-8 저온 건조기

(7) 윤활기(루브리케이터; Lubricator)

공기 실린더, 제어 밸브 등의 작동을 원활하게 하고, 내구성을 향상하기 위해 급유가 필요하다. 다만, 무급유식의 공압장치 기기에는 그리스 등이 미리 봉입되어 있으므로 반드시 급유할 필요는 없다.

① 윤활기는 공기압 장치의 미끄럼 작동부에 윤활유를 공급하여 움직이는 부분의 마찰력을 감소시켜 마모를 적게 하고 장치의 부식을 방지한다.

② 윤활기는 벤투리(Venturi) 원리에 의해 윤활유를 미세한 분무 상태로 공기 흐름에 혼합하여 보내 윤활 작용을 한다.

③ 윤활은 고체 마찰에 의한 마모를 방지하고 내구성을 향상하며, 마찰 저항을 감소시켜 기기의 효율을 상승시킨다.

④ 밀봉(seal) 부위에 급유하여 마모를 경감시키고 공기 누설을 방지하는 역할을 하기도 하지만 실린더 내에 점도가 비교적 높은 윤활유를 급유하고 급유를 하지 않아도 되는 무급유 실린더도 있다.

⑤ 무급유 실린더는 급유가 필요 없으나 한 번 급유하게 되면 점도가 낮은 기름에 의해 윤활유가 용해되어 빠져나가기 때문에 다음부터는 계속해서 급유해야 한다.

1) 윤활기(Lubricator)의 작동

공기가 입구에서 출구로 흐를 때 밸브에 의해 교축이 생겨 통로가 좁아져 유속이 빨라지면서 압력이 내려간다. 낮아진 압력에 의해 윤활유 통 내의 기름이 통로를 통해 안개 상태로 변해 공기 중에 혼합된다. 이때 일정량의 공기가 윤활유 통에 들어가도록 체크밸브가 조절한다.

2) 윤활기(Lubricator)의 종류

전량식(고정 벤투리식, 가변 벤투리식)과 선별식으로 분류한다.

① **고정 벤투리식** : 발생한 윤활유 분무량 전부를 송출하고 윤활유 분무입도 공기유량에 따라 변하게 되어 있는 방식으로 유량이 많아지면 유속이 빨라져 분무량이 증가한다.

② **가변 벤투리식** : 공기유량이 변화하면 벤투리 부가 가변되어 항상 적정한 공기유속이 유지되도록 하는 방식으로 유량이 많아지면 벤투리 부가 조정되어 일정량의 분무량을 갖기 때문에 일반적인 공압기기에 사용된다.

③ **윤활유 입자 선별식** : 공압 공구의 경우 배관이 길어 윤활유의 비산이 어려운 경우에 사용한다. 윤활유가 공기 흐름 속에 직접 분사되지 않

고 노즐부로 들어가 분무된다. 윤활유의 큰 입자는 통안의 아래쪽에 떨어지고 미립자만 공기 중에 떠 있다가 공기의 흐름과 함께 분사된다. 용도는 공압모터, 공압 드라이버 등 공압 공구에 사용된다.

3) 윤활기(Lubricator)에 사용하는 기름

일반적으로 터빈유 1종 또는 2종을 사용하며 마찰계수가 작아 습동이 잘되고 기기의 마모가 적으며 마찰열을 발생시키지 않아 열에 의한 변형이 발생하지 않아야 한다.

(8) 서비스 유니트(service unit) : 공기압 조정 유닛(air control unit)

공기 필터, 압축공기, 조정기, 윤활기 및 압력계가 한 조로 이루어진 것으로 기기 작동시 선단부에 설치하여 기기의 윤활과 이물질 제거, 압력조정, 드레인 제거를 할 수 있도록 제작되어 있다. 서비스 유닛(service unit)이라고도 하며 필터(filter), 압력조절기(regulator), 윤활기(lubricator) 등을 사용하기 편리하도록 조합하였다.

① **압축공기 필터** : 공기압회로에 수분, 먼지가 침입하는 것을 막기 위해 입구부에 공기 필터를 설치하며 청정한 압축공기를 공급하는 것이 필터이다.

② **압축공기 조절기(레귤레이터)** : 불안정한 공기압력을 제원에 맞도록 적절한 압력으로 조절하여 안정시키는 역할을 하는 것을 레귤레이터라 한다.

③ **압축공기 윤활기(루브리케이터)** : 윤활기의 목적은 공기압 장치의 습동부에 충분한 윤활유를 공급하여 움직이는 부분의 마찰력을 감소시켜 마모를 적게 하고 장치의 부식을 방지한다.

1) 서비스 유니트에서 발생하는 압력 손실(압력 강하)

압축공기가 서비스 유니트를 통과하면서 기기의 저항으로 인해 입구측에 비해 출구측의 압력이 떨어지게 되는데 그 떨어지는 정도는 유량과 압력에 따라 차이가 있다.

2) 서비스 유니트의 정비

① **필터 정비** : 필터를 적정시기에 맞게 교환하고 응축수가 다시 파이프로 공급되지 않도록 응축수 제거상태를 점검한다.

② **압력조절기 정비** : 실제 정비를 하는 경우가 거의 없이 고장이 적으나

노킹상태에서 무리하게 조작하므로 파손되는 경우가 있으므로 사용 방법을 알고 조작하여야 하며 설정된 압력이 유지되는지 확인한다.

③ 윤활기 정비 : 기름의 양을 확인하고 플라스틱 필터와 윤활기 용기는 광물성 기름으로 세척해야 하며 휘발성이 강한 액체(트리클로로에틸렌, 벤젠, 시너 등)는 절대 금해야 한다.

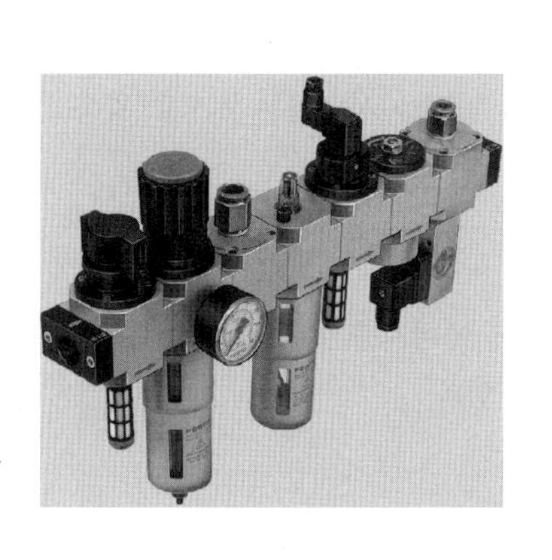
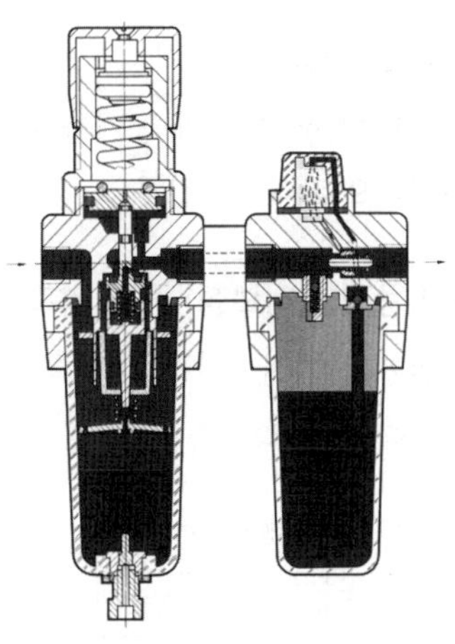
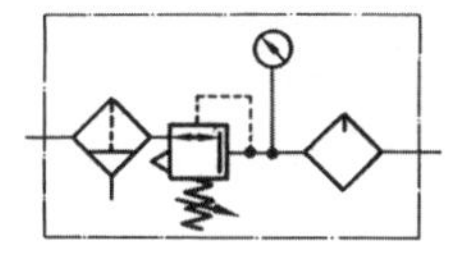

그림 3-9 서비스 유니트

3 공기 압축기

(1) 공기 압축기의 형식

① 토출압력 1bar(100kPa) 이상을 발생시키는 것을 말하며 1bar(100 kPa) 이하를 발생하는 것은 송풍기라 부른다.

② 출력에 따라 소형(14kw 이하), 중형(15~75kw), 대형(75kw 이상)으로 토출압력에 따라 저압(9bar 이하), 중압(10~15bar), 고압(16bar 이상)으로 나누는 경우도 있다.

1) 토출 압력에 따른 분류

① 저압 : 1~8(kg/cm^2)

② 중압 : 10~16(kg/cm^2)

③ 고압 : 16(kg/cm^2) 이상

2) 출력에 따른 분류

① 소형 : 0.2~14kW

② 중형 : 12~75kW

③ 대형 : 75kW 이상

(2) 공기 압축기의 특징

1) 용적형 공기 압축기

밀폐된 용기 속의 공기를 압축하여 압력을 사용하는 것으로 왕복식과 회전식으로 나누어진다.

2) 비용적형(터보형) 공기 압축기

날개를 회전시키는 것에 의해 공기에 에너지를 주어 압력으로 변환하여 사용하는 것으로 축류식, 원심식 등이 있다.

표 3-2 공기 압축기 종류

공기 압축기	용적형	왕복식	피스톤압축기, 격판압축기(다이어프램)
		회전식	미끄럼 날개 회전압축기(베인), 스크류 압축기, 루-트 블로워
	터보형	유동식	반경류 압축기, 축류 압축기

3) 왕복형과 회전형 압축기의 특성 비교

구분	왕복형	회전형
진동	크랭크축에 의해 피스톤을 왕복운동을 시키므로 진동은 비교적 크다.	스크루형, 베인형 모두 진동이 있다.
소음	토출 밸브 등에 의한 소음은 크다.	왕복형에 비하여 소음이 작다.
맥동	비교적 큰 탱크를 설치할 필요가 있다.	비교적 작으며, 소비 공기량이 안정되어 있으면 탱크를 특히 필요로 하지 않는다.
토출압력	저 · 중 · 고압력 다단압축이 쉽다.	고압 상향이 아니다.

(3) 공기 압축기의 종류별 구조

1) 피스톤 압축기

① 모터 등 동력장치에 의해 피스톤이 상하 왕복운동을 하면 실린더 내의 공기가 흡입과 압축의 과정을 반복하고 압축된 공기는 배출되어 탱크에 저장된다.

② 압축과정에서 발생한 고온은 압축기 본체에 전달되어 나쁜 영향을 미치므로 냉각하여야 한다.

③ 2단식 피스톤 압축기는 흡입된 공기가 1차 피스톤에 의해 압축되고 1차 압축된 공기는 냉각실을 통해 냉각된 후에 다음 피스톤에 의해 2단 압축된다. 이때 2단 피스톤의 1단 피스톤에 비해 용적이 작음에 주목해야 한다.

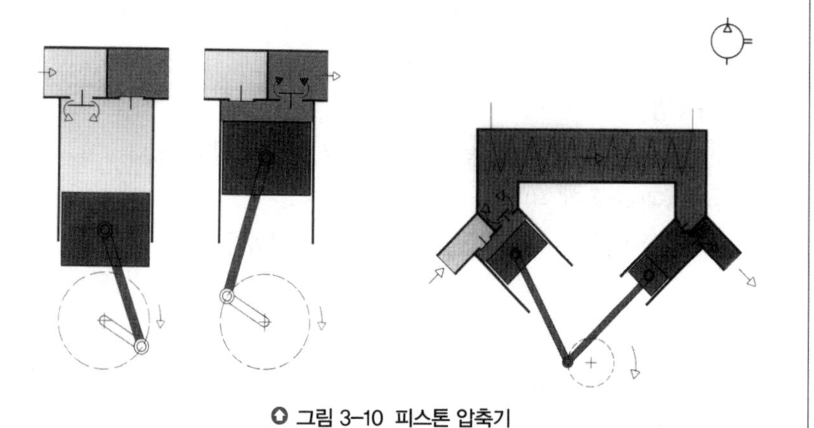

그림 3-10 피스톤 압축기

④ 사용범위는 가장 많이 사용하는 공기 압축기이며 압력범위는 대략 1bar(100kPa)에서 수십bar(수천kPa)까지 사용되고 있다.

㉠ **1단** : 4 bar(400kPa, 58psi)까지

㉡ **2단** : 15 bar(1500 kPa, 217.5psi)까지

㉢ **3단** : 15 bar 이상

2) 격판(Diaphragm) 압축기

피스톤이 격판에 의해 흡입실(suction chamber)로부터 분리되어 있어 공기가 왕복운동을 하는 부분과 직접 접촉하지 않기 때문에 압축된 공기에 기름(oil) 등 오물이 섞이지 않게 된다. 이런 청정 압축공기 생산을 할 수 있는 장점 때문에 식료품, 제약, 화학 산업 분야에 응용된다.

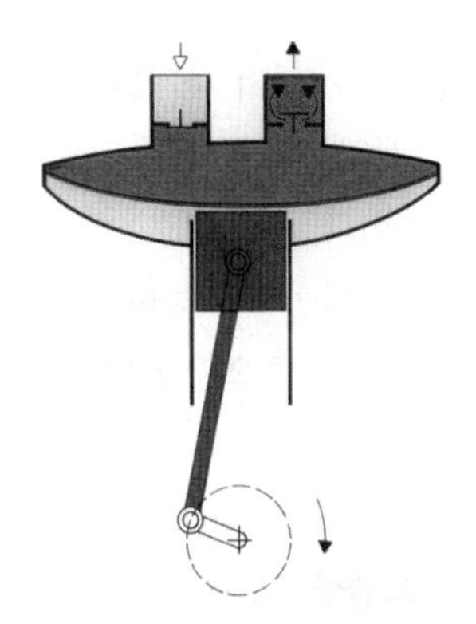

그림 3-11 격판 압축기

3) 로터리 피스톤 압축기

피스톤이 회전하면서 공기실(air chamber)이 줄어들게 되어 압축작용을 하게 된다.

4) 미끄럼 날개 회전압축기(Sliding vane rotary compressor)

① 하우징(housing)에 원통형 로우터가 편심으로 자리잡고 로우터(rotor)에 베인이 방사상으로 박혀 원심력에 의해 하우징과 밀착되고 하우징의 흡입구에서 들어오는 대기를 압축하여 배출구로 내보낸다.

② 흡입 및 토출밸브가 없고 로터가 회전하면 용적이 점점 좁아져 "P1 · V1 = P2 · V2"에서 V1이 V2로 좁아지면 압력은 P1에서 P2로 높아진다.

③ 사용범위

㉠ 조용한 운전과 공기를 안정되고 일정하게 공급할 수 있다.

㉡ 맥동과 소음이 적다.

㉢ 피스톤 압축기에 비해 높은 압력 발생이 어렵다.

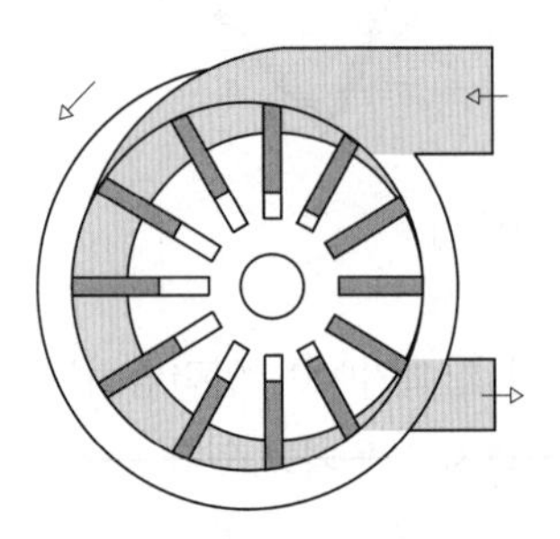

그림 3-12 미끄럼 날개 회전압축기

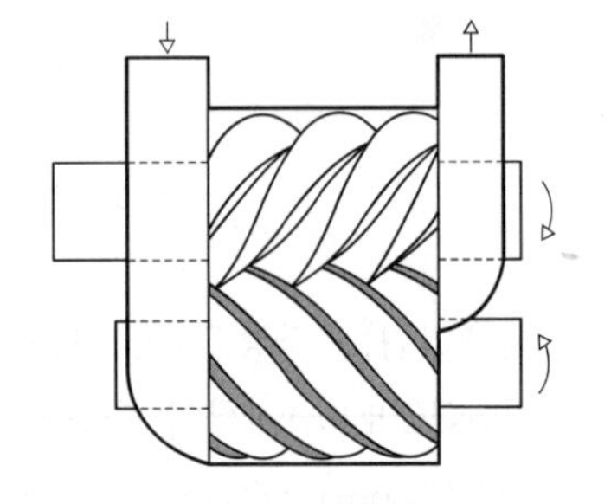

그림 3-13 스크루 압축기

5) 스크루 압축기(Screw Compressor)

나선형의 로터가 서로 반대 회전하여 축 방향으로 들어온 공기를 서로 맞물려 회전시켜 공기를 압축한다.

① 2개의 스크루 로우터가 한 쌍으로 회전하면서 공기를 서로 맞물려 압축한다.

② 고속회전이 가능하고, 소음과 진동이 적으며, 맥동이 적고 별도로 급유를 할 필요가 없다.

③ 사용범위

㉠ **압력** : 25 bar(2,500 kPa) 이하

㉡ **토출량** : 50 m^3/h 이하

6) 루트 블로어(Roots blower)

누에고치형 회전자를 서로 90° 위상 변위를 주고 회전자끼리 서로 반대 방향으로 회전하여 흡입된 공기는 회전자와 케이싱 사이에서 체적변화 없이 토출구 측으로 이동되어 토출된다.

① 비접촉형이므로 무급유식이며 소형, 고압으로 사용, 토크 변동이 크고, 소음이 크다.
② 2개의 회전자가 서로 반대 방향으로 회전하며 공기의 체적변화 없이 한쪽에서 다른 쪽으로 이동한다.
③ 소형이며 토출 유량이 적고 고압을 발생시킬 수 있다.

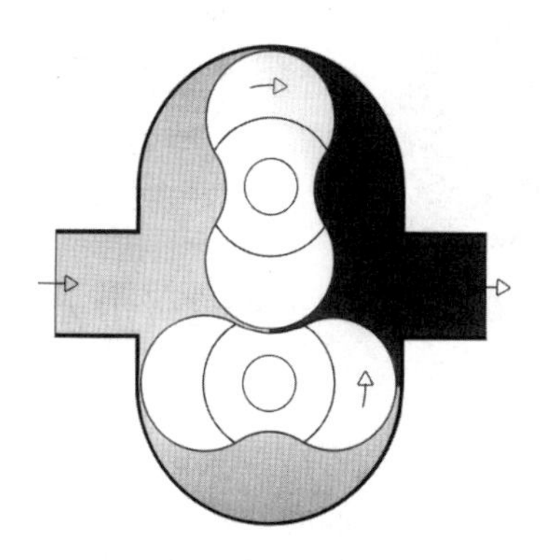

그림 3-14 루트 블로어

7) 베인식

편심 로터가 흡입과 배출구멍이 있는 실린더 형태의 하우징 내에서 회전하여 압축공기를 토출하는 형태이다.

① 소음과 진동이 작다.
② 공기를 안정되게 일정하게 공급. 크기가 소형으로 공기압 모터 등의 공급원으로 이용된다.

8) 터보형(유동식) 압축기

공기의 유동 원리를 이용한 터보를 고속으로 회전시키면서 공기를 압축시킨다.

① 각종 plant, 대형, 대용량의 공기압원으로 이용. 종류로는 축 방향형, 반경 방향형 등이 있다.
② 축 방향으로 압축하는 축류(axial)와 반경 방향(radial)으로 압축하는 반경류가 있으며 공기의 흐름(air flow principle)을 이용한 많은 유량을 필요로 할 때 유리하다.
③ 사용범위
㉠ 대체로 저압대에서 많은 유량을 필요로 할 때 사용한다.
㉡ 유량 : 대략 400~500 m^3/h
㉢ 압력 : 1단일 때 4 bar(400 kPa), 다단일 때 300 bar(300 kPa)까지

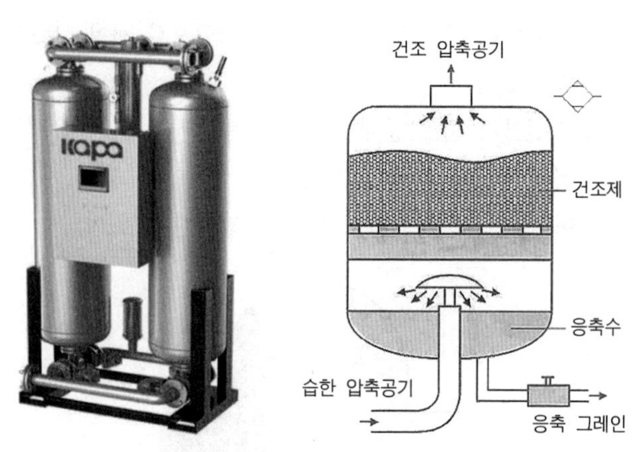

◎ 그림 3-15 터보형(유동식) 압축기

(3) 공기 압축기의 선정

① 압축공기의 필요량은 얼마인가?
② 시스템이 필요로 하는 압축공기의 압력은?
③ 현장 여건에 맞는 펌프의 구동 방식은?
④ 압축공기 생산시 조절 방식은?
⑤ 압축공기 생산과정에서 발생하는 압축기의 냉각 대책은?
⑥ 설치장소는?
⑦ 생산된 압축공기의 저장은?

1) 압축공기 생산 규모

시스템이 단위 시간당 얼마만큼 압축공기를 소모하는가(m/min, m/h)를 산출하여 이론적인 생산량에 공기 압축기 효율과 여유분을 고려하여 선정한다.

압축공기 필요량 = 유효 공급 체적(이론 − 손실) + 여유량

① 이론 공급 체적

1행정에서 토출되는 체적(cc/rev)을 회전수로 곱한 것이다.

② 유효 공급 체적

형태나 조건에 따라 실제 공급 체적은 손실로 인해 계산에 의한 이론상의 체적이 나올 수 없으므로 유효 공급 체적은 실린더 행정체적을 시간당 회전수로 곱한 이론 체적에 누설손실을 고려한 것이다. 제조회사에서는 이론 체적을 표시하므로 KS나 ISO 규격을 참고하여 유효체적을 선정하여야 한다.

2) 압력

① 공압 시스템의 힘을 결정하는 요소가 공기의 압력이다. 공기 압축기로 압축공기를 생산하여 파이프라인을 통하여 액추에이터에까지 도달할 때 중간의 손실로 압력이 떨어지게 된다.

② 일반적으로 6~8bar(600~800kPa)를 생산하여 압력을 적당히 조절한 후 4~6bar(400~600kPa)의 압력으로 작업하게 된다.

③ 생산된 압력을 작업압력, 파이프를 통해 배달된 공기를 동작 조건에 맞게 조절한 실재 액추에이터를 동작시키는데 사용하는 압력을 작동압력이라 한다.

3) 동력장치

일반적으로 모터 전동기를 많이 사용하나 전기 공급이 곤란한 야외에서는 이동이 가능한 내연기관 원동기를 사용하는 경우도 있다.

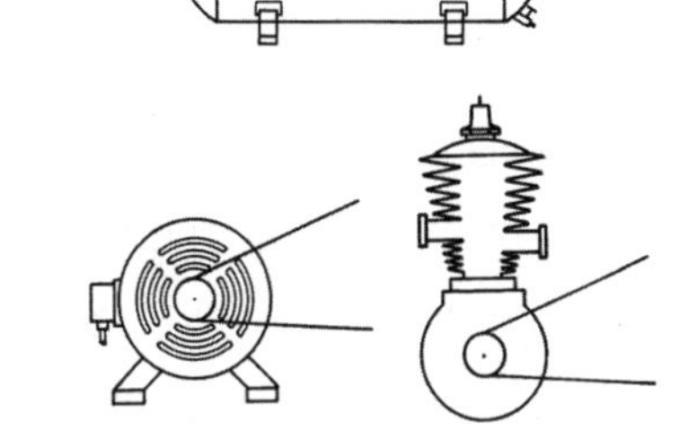

그림 3-16 공기 압축기의 동력장치

4) 공기 압축기의 조절

① 조절 방법

압축공기의 변하는 필요량을 맞추기 위해 조절이 필요하며 무부하 밸브[배기조절, 차단조절, 그립-암(grip-arm) 조절], 엔진속도조절, 흡입량 조절, on-off 조절 방식이 있다. 포터블 공기 압축기를 많이 접해본 경험으로 on-off 조절 방식에 익숙해져 있는 경우 중형 이상의 공기 압축기가 설정압력 이상에서 무부하 운전하는 현상을 보고 당황할 수 있으므로 여러 조절 방법에 대해 알고 있어야 한다.

② 배기조절

탱크 내의 압력이 설정된 압력에 도달하면 안전밸브가 열려 대기 중으로 배기한다. 조작 방법이 간단하여 초소형일 때 사용하면 효과적이고, 회로의 체크밸브 역할은 탱크가 완전히 비는 것을 방지하는 역할을 한다.

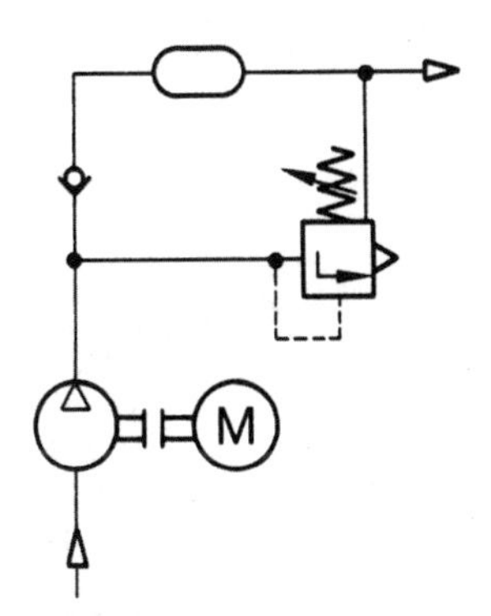

그림 3-17 배기조절 회로

③ 차단조절

공기 압축기의 흡입구 쪽을 차단하여 공기를 빨아들이지 못하도록 하는 방식으로 이때 대기압보다 낮은 진공압력 하에서 계속 운전하게 된다. 이런 방식은 회전 피스톤 압축기와 왕복식 피스톤 압축기에 많이 사용된다.

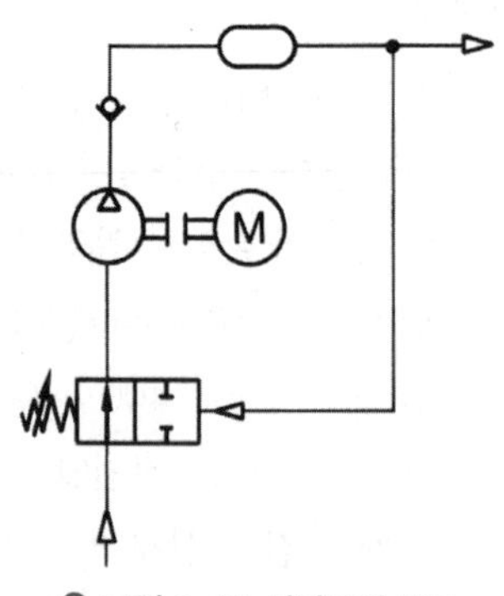

그림 3-18 차단조절 회로

④ 그립-암(Grip-arm) 조절

왕복형 피스톤 압축기의 흡입밸브가 그립-암(그림에서 단동 실린더)에 의해 강제로 열리게 되어 압축이 되지 않도록 한다.

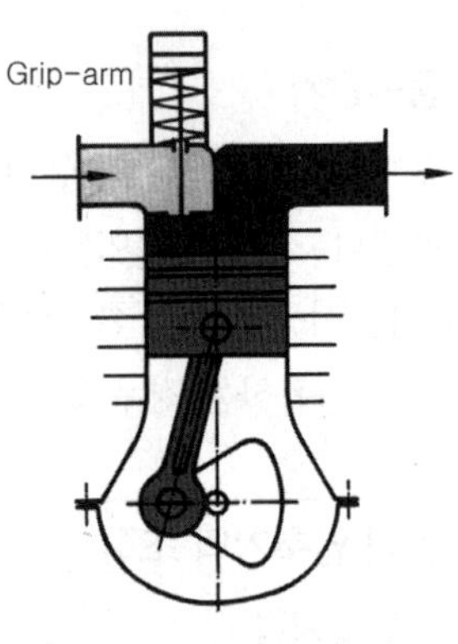

그림 3-19 그립-암 조절

⑤ 엔진속도조절

모터나 원동기의 회전속도를 조절하여 분당 토출량을 조절하는 방식으로 일반적으로 많이 쓰이지 않는 방식이다.

⑥ 흡입구 교축 조절 방식

회전피스톤 압축기나 터보 압축기의 흡입구를 좁게하여 압축량을 조절하는 방식이다.

⑦ ON-OFF조절

중형 이상의 경우 배기조절, 차단조절, 그립-암 조절 방식으로 압축공기량을 조절하나 우리가 일상 흔히 보는 압축기는 설정한 최대 압력에 도달하면 전동기의 작동을 멈춰 공급을 중단하고 압력이 떨어지면

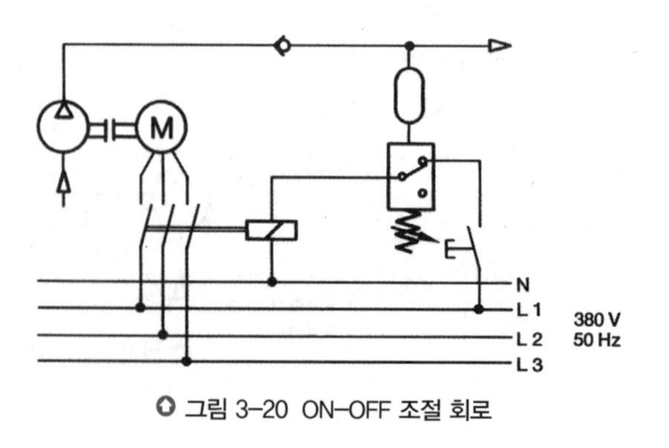

그림 3-20 ON-OFF 조절 회로

다시 작동하여 압축공기를 생산하는 ON-OFF 조절 방식을 사용하고 있다. 압력의 변동을 줄여 ON-OFF 횟수를 적게 하기 위해서는 저장탱크의 크기를 크게 해야 한다.

5) 공기 압축기 냉각장치

① 수냉식, 강제 공랭식, 냉각핀에 의한 자연 공냉식 방법 등에 의해 냉각한다.

② 작은 규모의 경우 핀(fin)으로, 큰 압축기는 팬(Fan)에 의한 냉각방식을 채택하며 30kw 이상의 구동력을 가진 압축기는 공랭식으로는 감당하기 어려우므로 설비가 번거롭고 냉각수의 연속 공급이 불편한 점이 있으나 수냉식에 의해 냉각한다.

③ 설치장소

㉠ 소음이 밖으로 나가지 않도록 별도의 공간이 필요하다.

㉡ 환기가 잘되어야 하며 공랭식의 경우 환풍기를 설치해야 한다.

㉢ 유해 가스나 먼지가 없어야 한다.

㉣ 서늘하고 습기가 적어야 드레인 발생량이 적다.

㉤ 수냉식의 경우 입구와 출구의 온도차가 10℃ 이하가 되도록 한다.

6) 저장탱크

① 유량과 압력의 안정된 공급을 위해 압축된 공기를 저장하게 된다. 저장탱크가 없을 경우 동력이 쉴 새 없이 작동되고 압력과 유량의 맥동 현상이 발생한다.

② 탱크 크기는 클수록 좋겠으나 경제성을 고려하여 알맞은 크기를 선정해야 한다, 선정하는 방법은 공급 체적, 1시간당 스위칭 횟수, 압력 편차(압력 차이)를 고려하여 선정한다.

③ 예를 들면 공급 체적 20㎥, 시간당 스위칭 횟수 20회, 압력편차 1bar (100kPa)일 때 탱크의 크기는 15㎥ 이상으로 해야 한다.

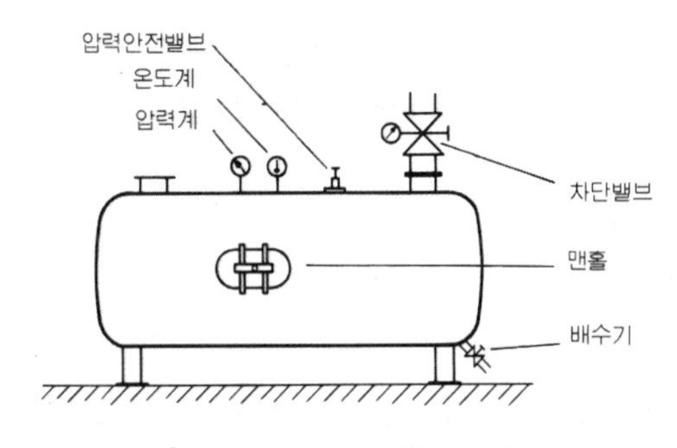

○ 그림 3-21 압축공기 저장탱크

④ 전동기의 출력 크기에 의해 대략 0.2kw=15ℓ, 0.4kw=25ℓ, 0.8kw=45ℓ, 1.5kw=60ℓ,2kw=80ℓ, 4kw 이상=100ℓ 이상으로 선정하기도 한다.

⑤ 압축기 사용상 유의사항

㉠ 압축기는 여유를 충분히 고려하여 선정한다.

㉡ 필터와 오일을 점검해야 한다.

㉢ 작은 것 여러 대보다는 큰 것 한대가 유리하다.

㉣ 환기에 주의를 기울여야 한다.

㉤ 드레인이 잘 되는지 주의해야 한다.

4 공기압 밸브

(1) 방향제어 밸브

압축공기 흐름 방향을 제어하여 시스템의 시동, 정지, 그리고 작업 방향을 결정한다.

1) 방향 전환 밸브

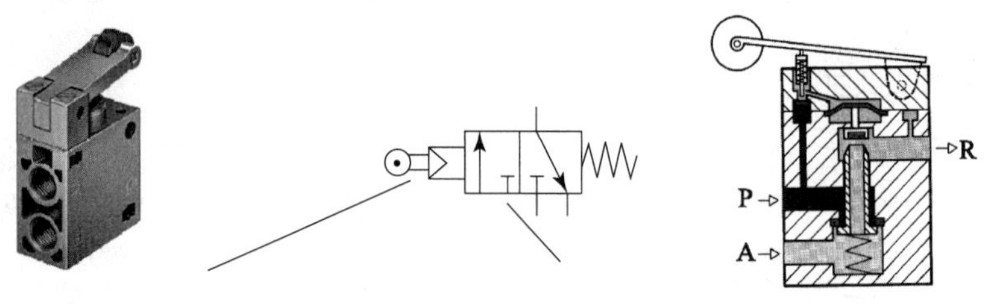

조 작 방 식	기능(예 : 2/2-way 밸브)		밸브의 크기 (포트나사 또는 관의 면적)
	포 트	위 치	
기계식(롤러, 플런저 등) 인력에 의한 수동조작식 공압(파일럿)식 전자식(솔레노이드)	2 포트 3 포트 4 포트 5 포트	2위치(way) 3위치(way) 4위치(way)	PT 1/8(6A) PT 1/4(8A) PT 3/8(10A) PT 1/2(15A) PT 3/4(20A) ⋮ ⋮

그림 3-22 방향 전환 밸브

2) 밸브의 표시법

(가) 조작 방식

제어위치를 변환시키는 것을 변환 조작이라 하며 이 방식들이 단독으로 사용되기도 하고 또는 2가지 이상이 복합적으로 조합되어 사용되기도 한다.

표 3-3 밸브의 조작방법

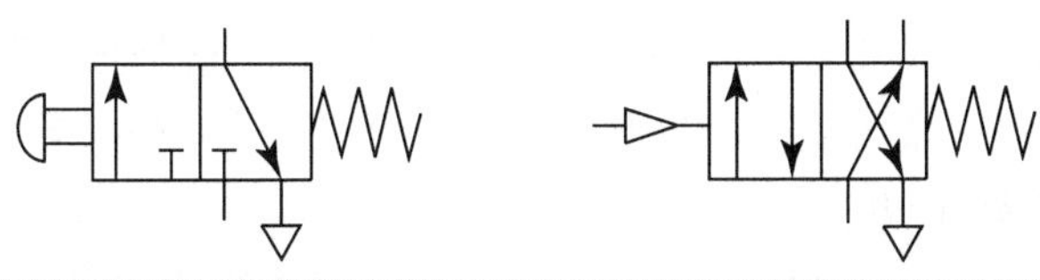

조작방법			기 호
기계조작		플런저(plunger)	
		스프링	
		롤러(roller)	
		일 방향 롤러-레버(roller lever with idle return)	
수동(인력) 조작		일반	
		누름버튼(push-button)	
		레버	
		페달(perdal)	
공압 조작	직접 작동	공압을 가함	
		공압을 제거	
		차등압력에 의한 작동	
	간접 작동	내장된 파일로트 밸브를 통하여 적은 힘으로 주 밸브를 작동	
		내장된 파일로트 밸브를 통하여 적은 힘으로 주 밸브를 제거	
전기적 조작 (솔레노이드)		1개의 코일이 있는 솔레노이드	
		같은 방향으로 작동하는 2개의 코일이 있는 솔레노이드	
		반대 방향으로 작동하는 코일이 있는 솔레노이드	
복합작동		파일로트가 내장된 솔레노이드 작동	
		솔레노이드 또는 공압 파일로트로 작동	

① 기계조작

장치의 구조물이나 캠, 그 밖의 기계적인 방법으로 밸브의 제어위치를 조작하는 방식으로 플런저, 롤러(roller), 일 방향 롤러 레버, 스프링 방식 등이 있다.

② 수동(인력)조작

밸브의 제어위치를 인력에 의해 제어하는 방식으로 누름 버튼방식, 레버 조작방식, 페달 조작방식 등이 있다.

③ 공압 조작

액추에이터를 동작시키는데 최종적으로 관여하는 밸브를 최종 제어 밸브 또는 마스터 밸브라 하는데 밸브의 제어위치 조작을 인력 조작이나 전기의 솔레노이드, 또는 기계적인 방법으로 직접 조작하기도 하나 압축공기의 힘으로 조작하는 방법을 말한다. 전기에 의지하지 않고 순수 공압만으로 제어할 때 사용하며 작동압력이 높고 조작력이 클 때는 직접 조작하지 않고 파일럿 작동으로 동작시킨다.

④ 전기적 조작

밸브의 방향 전환을 솔레노이드(원통형으로 권선된 코일에 전류를 흘리면 중심부에 직선 방향으로 힘이 발생)에 의해 조작한다. 이때 공압 조작처럼 작동압력이 높고 조작력이 클 때는 직접 조작하지 않고 파일럿 작동으로 동작시켜 코일의 소손을 방지한다.

(나) 기능별 표시법

기 호	설 명
	밸브의 스위치 전환위치는 4각형으로 나타낸다.
	중복되는 4각형의 수는 전환할 수 있는 위치 수를 나타낸다.
	직선은 압축공기의 통로를 나타내며 화살표는 흐름 방향을 나타낸다.
	공기의 차단위치는 4각형 안에 T형으로 표시한다.
	압축공기 통로의 만나는 곳은 점으로 표시한다.
	공기의 출입구의 연결구는 4각형 밖에 직선으로 표시한다.

기 호	설 명
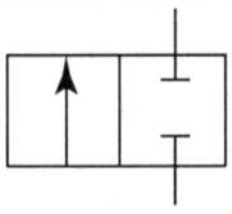	밸브의 제어위치 변환은 좌우로 움직이면 된다.
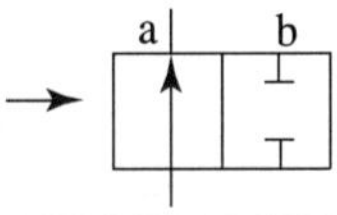 a b →	밸브의 변환위치는 a, b, c 등의 소문자로 표시할 수 있다.
a 0 b	3개의 전환위치를 갖는 밸브의 중앙은 중립위치를 나타낸다.
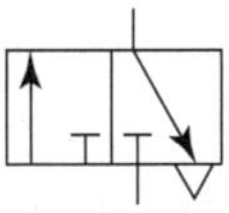	• 파이프라인 없이 직접 밖으로 배기되는 배기구는 삼각형으로 표시한다. • 보통 소음기를 달아 소음을 줄인다.
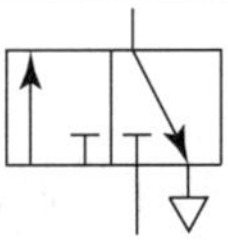	• 파이프라인이 있는 경우 직선으로 표시하고 끝에 삼각형을 표시한다. • 보통 파이프를 연결하고 끝에 소음기를 부착한다.

(다) 기능별 표시법 사례

기 호	명 칭
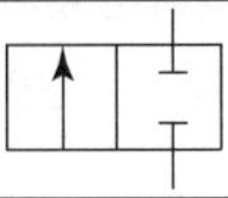	2/2-way(정상 위치 닫힘)
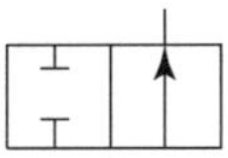	2/2-way(정상 위치 열림)
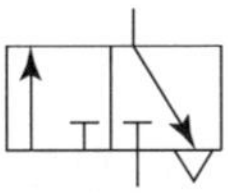	3/2-way(정상 위치 닫힘)
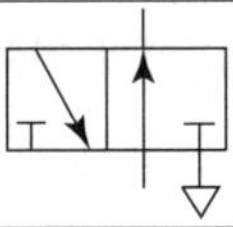	3/2-way(정상 위치 열림)
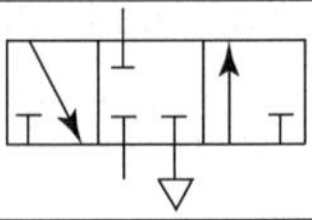	3/3-way(정상 위치 닫힘)
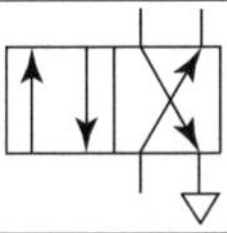	4/2-way(정상 위치 닫힘, 공급라인, 배기라인 각 1개)
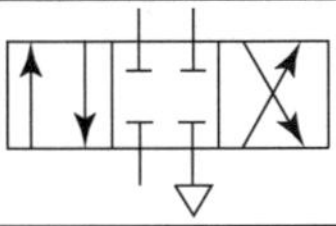	4/3-way(중립위치 닫힘)

기 호	명 칭
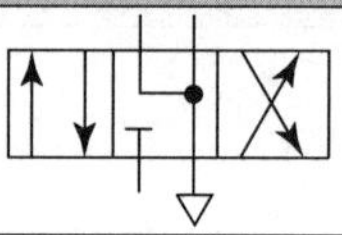	4/3-way(중립위치 A, B라인 모2배기됨)
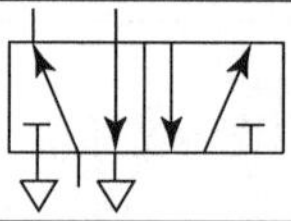	5/2-way(정상 위치 열림, 2개의 배출구)
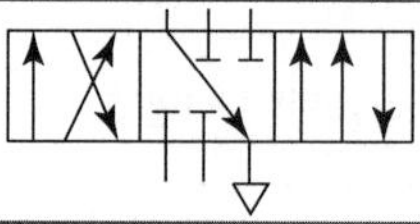	6/3-way(중립위치 닫힘, 3개의 통로를 가짐)

① 포트의 수

압축공기의 공급, 배기, 방향제어를 위한 통로인 접속구를 나타낸다.

② 위치의 수

실린더나 공압 모터의 전진, 후진, 정회전, 역회전, 정지를 제어하는 위치를 나타낸다.

③ 밸브의 복귀

밸브에 가해졌던 조작을 제거하면 초기 상태로 되돌려야 하는데 복귀 방식은 크게 스프링 복귀, 공압 신호에 의한 복귀, 디텐트 형식 등으로 분류한다. 스프링 복귀방식이란 밸브에 내장되어있는 스프링으로 복귀시키는 방식이고, 공압에 의한 복귀는 반대편에 공압을 가해 복귀한다. 또 디텐트 방식은 밸브 위치가 잠겨 있다가 반대편 조작에 의해 복귀하는 방식이다.

④ 정상상태(normally)에서 제어 방향

밸브의 조작력이나 제어신호를 가하지 않은 상태를 그 밸브의 정상상태, 또는 초기 상태라 하고 이때 밸브가 열려 공급라인과 작업라인이 연결되어 있으면 정상상태 열림(normally open)형, 밸브가 닫혀 공급라인과 작업라인이 끊어져 있으면 정상상태 닫힘(normally closed)형이라 하는데 전기스위치 와는 반대로 표시됨을 주의하여야 한다.

3) 밸브의 연결구 표시법

공압시스템의 여러 개의 밸브들에 대한 각각의 구분을 위해 연결구를 기호로 표시한다. 표시방법은 ISO 규격에 명시된 규정을 따라야 한다.

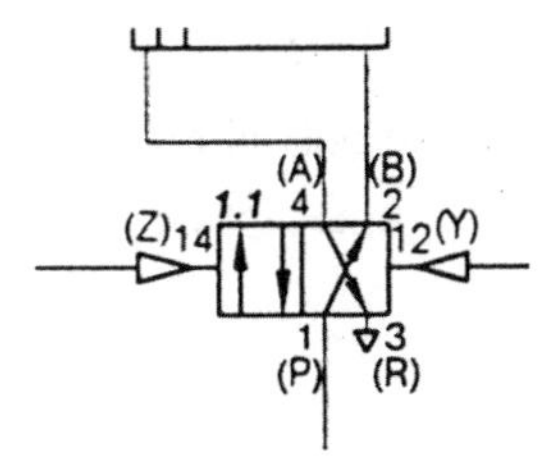

구 분	ISO-1219 규격(알파벳)	ISO-5599 규격(숫자)
작업 라인	A, B, C · · ·	2, 4, 6 · · ·
압축공기 공급 라인 (흡입구)	P	1
배기구	R, S, T · · ·	3, 5, 7 · · ·
제어 라인	X, Y, Z · · ·	10, 12, 14 · · ·

그림 3-23 밸브의 연결구 표시

4) 밸브의 구조에 따른 분류

(가) 포핏(poppet) 밸브

포핏 밸브의 통로는 볼, 디스크, 평판(plate), 원추(cone)에 의하여 열리거나 닫히게 된다.

특징은 다음과 같다.

- 밸브의 시트(seat)가 탄성이 있는 실(seal)에 의하여 밀봉되기 때문에 마모가 일어날 수 있는 부분이 적다.
- 먼지 등의 이물질에 영향을 적게 받으며 수명이 길다.
- 구조가 간단하고 포핏 밸브의 이동거리가 짧다.
- 배압에 의해 밸브의 밀착이 완전하다.
- 공급압력이 밸브에 작용하기 때문에 큰 변환 조작이 필요하다.
- 포핏 이동에 큰 힘이 필요하다.

① 볼 시트 밸브

구조가 간단하기 때문에 가격이 싸고 크기가 작다. 내장된 스프링은 볼을 시트로 밀어 붙여 공기가 공급선 P로부터 작업선 A로 흐르는 것을 막아주며 밸브의 플런저를 작동시키면 볼은 시트로부터 떨어지게 된다. 이때에 플런저에 작용하는 힘은 스프링의 반력과 압축공기가 볼을 밀어 올리는 힘을 이길 수 있어야 한다.

② 디스크 시트 밸브

이 밸브는 밀봉이 우수하며 간단하다. 또한 작은 거리만 움직여도 공기가 통하기에 충분한 단면적을 얻을 수 있기 때문에 반응시간이 짧다. 이 밸브도 볼 시트 밸브와 같이 먼지에 민감하지 않기 때문에 내구성이 좋다.

(나) 슬라이드 밸브(slide valve)

슬라이드 밸브는 각각의 통로들이 세로 슬라이드(spool slide), 세로 평 슬라이드(spool flat slide), 판 슬라이드(plate slide)에 의하여 연결되거나 차단된다.

① 세로 슬라이드 밸브(spool slide valve)

이 밸브는 조작력(Y, Z포트)을 기준으로 볼 때 파일 로트 스풀이 세로 방향으로 움직이면서 통로를 변환한다. 작동력이 포핏 밸브보다 작고 작동에 요구되는 거리는 커지며 작동 또는 복귀 방법으로는 수동, 기계, 전기, 공압으로 가능하다.

② 세로 평 슬라이드 밸브

세로 평 슬라이드 밸브는 파일럿 스풀에 의하여 밸브의 제어 통로를 전환하며 각 제어 연결구는 별도의 평 슬라이드에 의해 연결되거나 닫힌다.

③ 판 슬라이드 밸브(나비 밸브)

판 슬라이드 밸브는 손이나 발로 조작할 수 있게 되어 있으며 여러 구멍이 있는 두개의 판을 서로 슬라이딩 시키면서 제어 통로를 변환한다. 접촉면은 정밀 가공되어 밀봉부분을 스프링으로 누르고 있으므로 공기의 누설량은 극히 작다.

(다) 스풀 밸브(spool valve)

스풀이란 원통형으로 된 슬리브나 밸브 몸체의 미끄럼면에 내접하여 축 방향으로 이동하면서 개폐시키는 것으로 이러한 스풀을 사용한 밸브를 스풀 밸브라 한다.

특징은 다음과 같다.

- 스풀 밸브의 이동거리가 크다.
- 스풀 밸브에 작용하는 힘이 평행되어 있다.
- 스풀 이동에 큰 힘을 필요로 하지 않는다.

(라) 회전 밸브(rotary valve)

로터를 회전시켜서 관료를 변경하는 밸브로 판 밸브, 볼 밸브 등이 있으며 오늘날 볼 밸브가 주로 사용되고 수동으로 전환할 필요가 있는 경우에 많이 사용된다.

(2) 유량제어 밸브

유량제어 밸브는 공압회로의 유량을 일정하게 유지하거나 공압 액추에이터의 속도 및 회전수의 제어가 필요한 경우 압축공기의 배출 유량이나 유입 유량을 조절하기 위하여 사용되며, 교축밸브, 속도제어 밸브, 급속배기 밸브가 있다.

1) 교축 밸브(Throttle valve)

유로의 단면적을 적게(교축)하여 유량을 제한하므로 액추에이터의 속도를 제어한다. 교축 밸브는 유로의 단면적을 교축하여 유량을 일정하게 조절하는 밸브이며, 니들 밸브와 밸브 시트 틈새를 공기가 통과할 때의 압력 강하를 이용한 것으로 안정성은 좋으나 제작상 니들 밸브와 밸브 시트가 완전 동심을 이루지 않아 틈새가 생기거나, 공기 중의 먼지 등의 영향을 받아 미소 유량을 정밀하게 조정하는 것은 곤란하다.

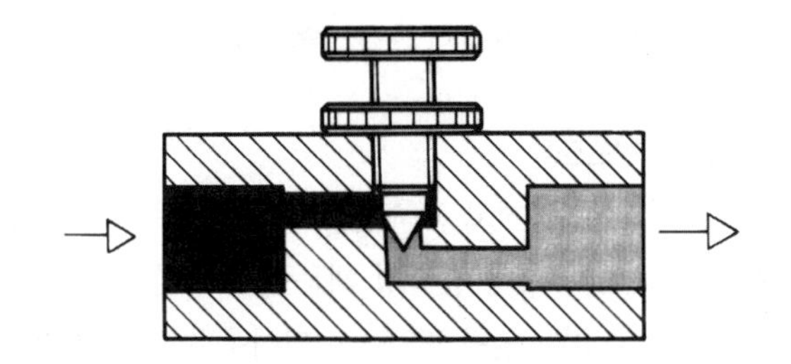

그림 3-24 교축 밸브 구조

표 3-4 교축 밸브 종류별 특징

기 호	설 명
	교축 밸브 : 교축 부분의 길이(폭)가 교축된 직경보다 크다.
	격판 밸브 : 교축 부분의 길이(폭)가 교축된 직경보다 작다.
	조절 가능한 저항을 가진 유량제어 밸브
	기계적 작동과 스프링에 의해 복귀하는 밸브 : 이 밸브는 보통 실린더 위에 직접 설치한다.

① 미터 인 전진 속도조절

전진 시 셔틀에 의해 닫히고 교축 통로를 통과하는데 공급 공기의 양이 부족하므로 피스톤의 움직임이 불안정하다. 따라서 피스톤은 불규칙적으로 움직이고 불안전하여 스틱 슬립(가다 서다 하는) 현상이 발생된다.

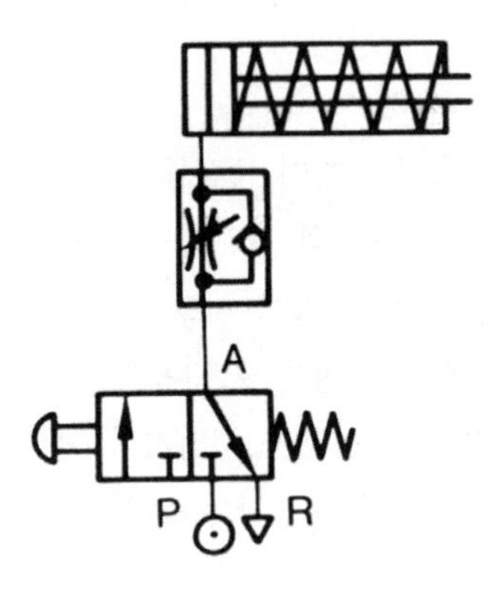

그림 3-25 미터 인 전진 속도조절 회로

② 미터 아웃 후진 속도조절

후진 시 셔틀에 의해 닫히고 교축 통로를 통과하는데 피스톤은 비교적 균일하게 움직이나 공기의 압축성 때문에 피스톤의 급속 시동은 완전히 방지하기가 어렵다. 일반적으로 미터아웃 회로를 사용하고 속도제어 밸브 설치는 배관이 길면 배관 내의 공기가 영향을 끼쳐 속도제어가 불안정하게 되므로 액추에이터 배기구 근처에서 가장 가까운 곳에 설치하는 것이 바람직하다.

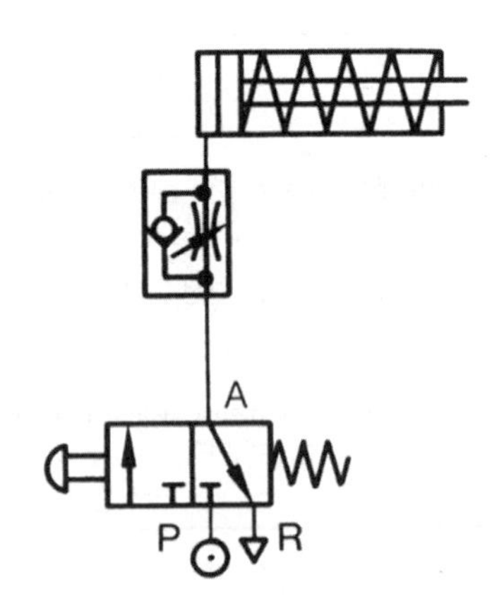

그림 3-26 미터 아웃 후진 속도조절 회로

2) 속도제어 밸브

속도제어 밸브는 유량을 조절하는 동시에 압축공기의 흐름 방향에 따라서 교축 작용을 하는 밸브이다. 일반적으로 스피드 컨트롤러라 하는 이 밸브는 교축 밸브에 체크밸브를 조합한 것이며, 공압회로에서 실린더의 속도를 제어하기 위한 밸브이다. 속도제어 밸브의 사용방법에는 액추에이터에 공급되는 공기를 교축하는 미터 인(meter in) 회로와 배기되는 공기를 교축하는 미터 아웃(meter out) 회로가 있으며, 공압회로에서 배기되는 공기를 교축하는 방법이 일반적으로 사용된다.

3) 논-리턴 밸브(Non-return valves)

어느 한쪽 방향으로만 공기의 흐름을 허용하는 밸브이며 체크밸브, 셔틀 밸브 등이 있다.

① 체크밸브(check valve)

한쪽 방향으로만 흐름을 허용하고 흐름 쪽은 가능한 한 적은 저항으로 흐르도록 한다.

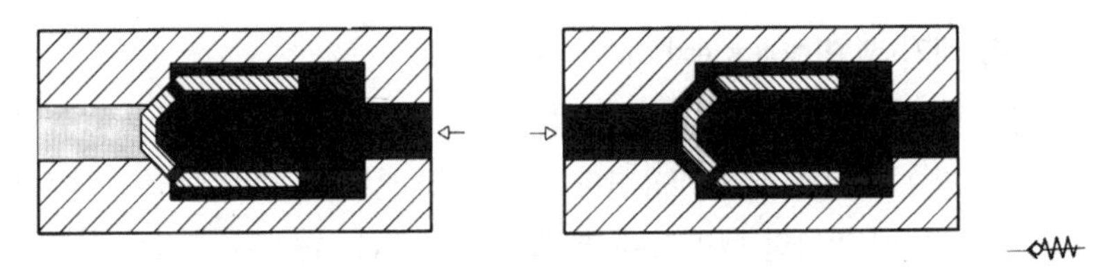

그림 3-27 체크밸브 구조

② 셔틀 밸브(shuttle valve)

양 제어 밸브(double control), 양 체크밸브(double check), OR 밸브의 명칭을 사용하기도 하며 입구는 양쪽(X, Y포트) 어느 곳이든 입력이 들어오면 출구(A)는 항상 하나의 출구로 배출된다.

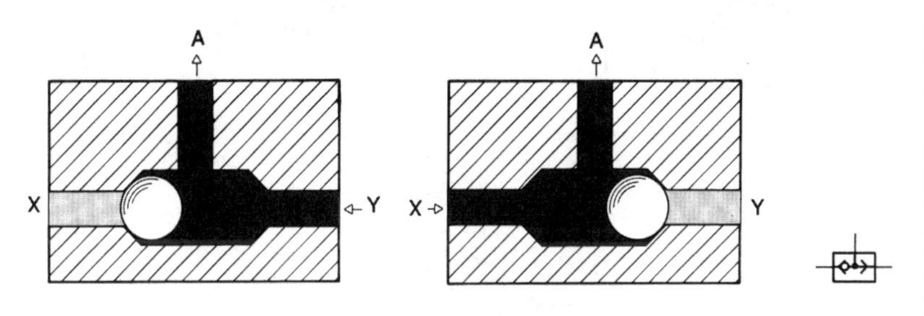

그림 3-28 셔틀 밸브의 구조

4) 2압 밸브(two pressure valve)

AND제어 밸브라고도 하며 양쪽(X, Y포트) 입력이 있을 때만 출력(A 포트)이 가능한 밸브이다.

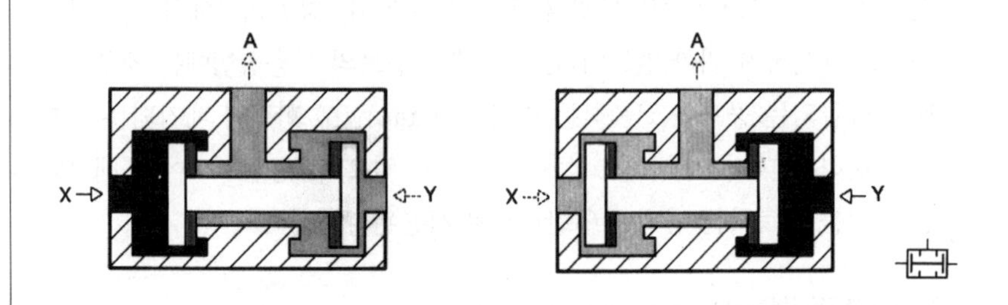

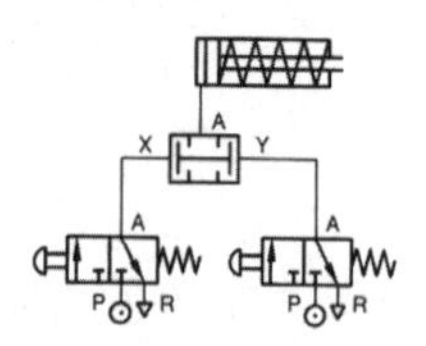

그림 3-29 2압 밸브 구조 및 적용회로

5) 급속 배기 밸브(quick exhaust valve)

압축공기의 배기저항을 줄여 공압 실린더나 공기탱크의 공기를 급속히 방출할 필요가 있을 때에 사용한다. 이때 평소보다 실린더의 속도가 배기 저항이 제거된 만큼만 빨라지며 별도로 증대되지는 않는다(그림과 회로도를 잘 익혀 급속 배기 밸브의 설치방향에 주의할 것).

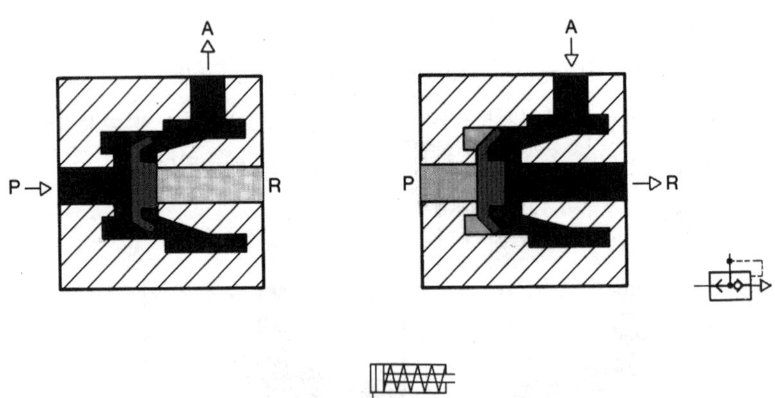

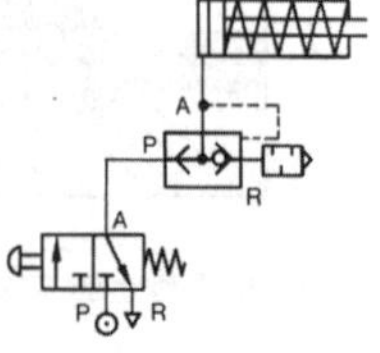

그림 3-30 급속 배기 밸브 구조 및 적용회로

6) 차단 밸브

단순히 공기의 흐름을 허용하거나 제한하는 밸브이며 코크(stop-cock)라 할 수 있다.

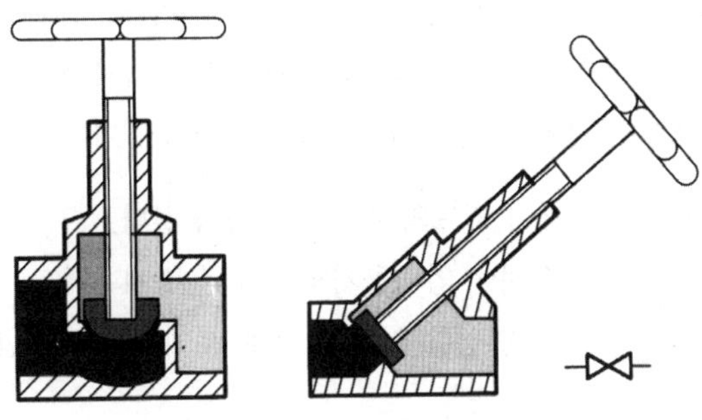

그림 3-31 차단 밸브 구조

7) 시간지연 밸브

밸브 안의 탱크에 공기압력이 찰 때까지 시간이 지연되었다가 밸브가 작동하는 원리이며 적용된 회로도는 전진시 버튼에 의해 즉시 전진했다가 후진시 시간지연 밸브에 의해 시간지연을 가진 후 후진한다.

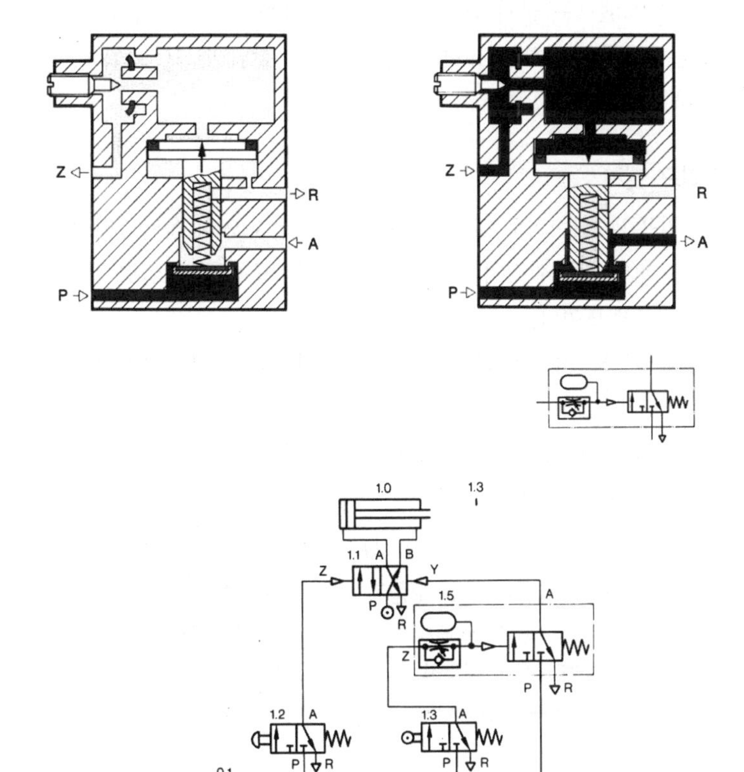

그림 3-32 시간지연 밸브 구조 및 적용회로

(3) 압력제어 밸브

공압 시스템에서 압축공기의 압력은 액추에이터의 출력(힘)과 직접적인 연관을 갖는다. 압축공기 발생장치에서 발생한 공기를 필요한 압력으로 조절하여 사용할 때 조절하는 기능의 기기를 압력제어 밸브(pressure control valves)라 한다. 압력과 관계되는 밸브들은 릴리프 밸브, 안전밸브, 감압 밸브, 시퀀스 밸브, 압력 스위치 등이 있다.

공압회로에서 압력제어 밸브의 기능은 다음과 같다.

- 적당한 압력을 사용하여 압축공기의 소모를 방지한다.
- 압축공기의 압력을 일정한 압력 값으로 제어해서 안정한 압력을 공급한다.
- 적당한 공기압력을 사용하므로 공기의 신뢰성이 확보된다.
- 이상 공기압력에 대한 안정성을 확보한다.
- 공기압력의 유무를 전기신호로 감시한다.

1) 압력조절 밸브(pressure regulating valve)

압력조절 밸브는 공기 압축기의 압력을 사용하는 공압기기의 적정압력으로 일정하게 조절하여 유지하는 밸브이며, 감압 밸브(reducing valve)라 한다.

2) 릴리프 밸브

① 릴리프 밸브는 회로 내의 공기압력이 설정치 이상 올라가면 공기를 배출시켜 압력을 설정치 이상 올라가지 못하도록 하여 일정 압력을 유지시키는 밸브이다.

② 안전밸브도 기능은 같으나 탱크 상부에 설치하여 시스템의 이상으로 과도하게 압력이 상승하여 발생하는 위험을 방지하도록 사용한다.

③ 단지 과도한 압력으로부터 보호하는 기능만을 위한 밸브이기 때문에 구조가 간단하게 되어 있다.

④ 직접 작동형과 간접 작동형이 있고 주로 안전밸브로 사용된다.

> • 릴리프 밸브와 감압 밸브의 가장 큰 차이점
> 릴리프 밸브는 밸브를 회로에 여러 개 부착하여 각각 다른 설정압력으로 조정되어 있을 때 전체 시스템이 밸브 중 가장 낮은 압력으로 조정된다.

3) 감압 밸브(reducing valve)

① 공기 압축기에서 공급되는 고압의 압축공기를 감압시켜 회로 내의 압축공기를 일정하게 유지시켜 주는 밸브이다.

② 조절기의 기능이 공급되는 입력측 압력이 변하더라도 시스템에 사용되는 출력측 압력은 항상 일정하도록 조정하는 밸브이며 이때 입력측 공압은 반드시 출력측 공압보다 높아야 한다.

> • 릴리프 밸브와의 차이점
> 여러 개의 감압 밸브를 설치했을 때 각각의 라인을 독립적으로 제어할 수 있고 다른 라인에는 영향을 미치지 않는다. 압력 및 유량 특성이 떨어지지 않도록 30~80% 조절범위를 사용한다.

4) 시퀀스 밸브

① 시퀀스 밸브란 입력신호가 들어와도 설정된 압력에 도달하지 않으면 위치를 변환하지 않는 밸브를 말한다.

② 공압회로에 다수의 액추에이터를 사용할 때, 압력에 의해서 액추에이터의 작동순서를 미리 정해두고 순서에 따라 동작하는 경우에 사용된다.

③ 일정한 압력을 확인하고 다음 동작이 진행되어야 하는 경우에 사용된다.

5) 압력 스위치

① 공압–전기 신호변환기라고도 하며 압축공기의 압력이 설정치에 도달할 때 전기 접점을 개폐하여 전기적 신호를 얻고자 할 때 사용한다.

② 압력 스위치의 구조는 압력을 받는 수압 부분, 전기적 신호를 발생하는 전기 점검 부분 및 압력을 설정하는 압력설정 부분으로 구성되어 있다.

③ 압력 수압부로 압력을 감지하여 설정치 이상의 힘으로 마이크로 스위치를 작동시켜 전기 접점을 개폐해서 전기적 신호를 얻는다.

④ 공압원의 압력이 저하되거나 상승되어 기계의 동작에 이상이 발생될 우려가 있을 때 경보신호를 울리거나 다음 공정의 입력신호 발생장치 등에 이용된다.

(4) 공압 센서

비접촉식 검출기로서 에어센서, 제트센서로 불러지며 기계적 위치변화를 공압 변화로 변환하는 것이다.

① **공기 베리어** : 생산이나 조립공정에서의 계수나 어떤 물체의 유무에 대한 검사이다.

② **반향 감지기** : 배압 원리에 의해 작동되며 구조가 간단하며 분사노즐과 수신 노즐이 한데 합쳐있다. 먼지, 충격파, 어두움, 투명함 또는 내자성 물체의 영향을 받지 않기 때문에 모든 산업체에 이용된다.

③ **배압 감지기** : 배압 감지기 작동원리로 가장 간단한 구조를 갖고 있으며 위치제어와 마지막 위치 감지에 응용된다.

④ **공압 근접스위치** : 공기 베리어와 같은 원리로 작동되며 압력 증폭기를 사용해야 한다.

1) 공압 센서의 장점

① 물체의 재질이나 색에 영향 없이 검출한다.
② 고온, 진동, 충격, 습기가 많은 곳에서도 사용가능하다.
③ 발열, 불꽃 발생이 없으므로 폭발 방지를 필요로 하는 장소에서 사용가능하다.
④ 물체의 유무나 모양, 형상, 치수에 관계없이 광범위한 검출이 가능하다.
⑤ 검출 목적에 따른 센서의 제작이 가능하다.

2) 공압 센서의 단점

① 검출 대상물에 대하여 공기류의 영향을 줄 수 있다.
② 항상 공기의 분출이 있으므로 공기 소비량에 의한 손실이 크다.
③ 신호전달이 지연되므로 응답 성능에 주의해야 한다.

(5) 솔레노이드 밸브(solenoid valve)

솔레노이드 밸브는 전자밸브라고도 하며 전기신호로써 전자석을 조작하여 그 힘을 이용, 전자밸브의 밸브 몸체를 절환하며 공기의 흐름 방향을 제어한다. 전기신호로 작동해서 시퀀스 제어되므로 일반 산업기계의 자동화에 많이 사용된다.

5 공기압 액추에이터

(1) 공압 실린더의 구성

공압 실린더는 공기의 압력 에너지를 직선적인 기계적 힘이나 운동으로 변환시키는 기기이다. 일반적으로 실린더는 튜브, 피스톤, 헤드커버, 체결로드, 로드부싱 등으로 구성되며 그 밖에 특수한 용도에 따라 다르게 제작하여 사용된다.

(2) 공압 실린더의 종류

공압 실린더는 작동형식에 따라 크게 단동 실린더와 복동 실린더로 나누어지며, 그밖에 피스톤과 로드의 형식, 완충장치는 급유의 유무, 설치 방법 등에 따라 여러 종류가 있다.

- **단동 실린더** : 피스톤, 격판, 롤링 격판, 벨로스 실린더
- **복동 실린더** : 편/양 로드, 쿠션 내장형, 텐덤, 다위치, 충격, 케이블, 텔레스코프 실린더

1) 작동형식에 의한 분류

(가) 단동 실린더

단동 실린더는 압축공기가 실린더 한쪽에서만 공급된다. 한쪽 방향의 일만을 할 수 있고 피스톤 복귀 운동은 내장된 스프링이나 내부에 저장된 힘으로써 이루어진다. 일반적인 단동 실린더의 최대 행정거리는 100mm 정도이며 주로 클램핑, 이젝팅, 프레싱, 리프팅, 이송 등의 작업에 사용된다.

① 피스톤 실린더

피스톤 외부가 유연한 물질로 덮혀 있어서 실린더 내부벽과 밀봉 역할을 한다. 피스톤이 동작을 할 때는 밀봉 끝은 실린더 베어링 표면 위를 미끄러져 간다.

② 격판 실린더

클램핑 실린더라고도 부르며 내장된 격판(고무나 플라스틱 혹은 금속으로 만들어져 있음)이 피스톤의 기능을 대신해서 피스톤 로드가 격판의 중앙에 부착되어 있다. 여기서는 미끄럼 밀봉이 필요 없고 단지 재료가 늘어남에 따라 생기는 마찰이 있을 뿐이다.

③ 롤링 격판 실린더

다른 격판 실린더와 그 형태가 비슷하며 압축공기가 들어오면 격판이 실린더 내벽을 따라 부풀어서 피스톤 로드를 바깥쪽으로 밀게 된다.

보통 격판 실린더에 비해 행정거리를 크게 (약 50~80mm) 할 수 있으며 마찰도 적다.

(나) 복동 실린더

압축공기에 의한 힘으로 피스톤을 전진 또는 후진운동 시키는 것이다. 복동 실린더는 전진운동뿐만 아니라 후진 운동에서도 일을 해야 할 경우에 사용되며, 피스톤 로드의 구부러짐(bucking)과 휨(bending)을 고려해야 되지만 실린더의 행정거리는 원칙적으로 제한받지 않는다.

① 쿠션 내장형 실린더

실린더의 전 · 후진 완료 위치에서 큰 부하가 매달려 있는 경우 관성으로 인한 충격으로 손상을 입는 것을 방지하기 위하여 피스톤의 끝부분에 쿠션을 사용한다.

② 양 로드형 실린더(Double Rod Cylinder)

피스톤 로드가 양쪽에 있는 것으로, 피스톤 로드를 지지하는 베어링이 양쪽에 있게 되어 축 방향의 힘도 어느 정도 견딜 수 있으며 왕복운동이 원활하다. 또한 위치 감지용 요소도 작업을 하지 않는 쪽에 붙일 수 있고 전·후진시 속도 및 추력이 같은 장점이 있다. 그러나 실린더의 전장이 일반적인 복동실린더에 비해 긴 단점도 있다.

③ 탠덤 실린더(tandem cylinder)

2개의 복동 실린더가 1개의 실린더 형태로 조립되어 있다. 길이 방향으로 연결된 복수 실린더를 갖고 있으므로 실린더 출력이 거의 2배의 큰 힘을 얻을 수 있다. 이것은 한정된 실린더의 직경으로 큰 힘이 요구되는 데에 사용된다.

④ 다위치제어 실린더(Multi-position cylinder)

여러 개의 실린더가 직렬로 연결된 실린더 형태로 서로 행정거리가 다른 정지 위치를 선정하여 제어가 가능하다. 서로 행정거리가 다른 2개의 실린더로 4개의 위치를 제어할 수 있으며, 컨베이어에서 선반에 물체를 놓을 때, 레버의 작동, 선별기 등에 응용된다.

⑤ 충격 실린더(Impact cylinder)

헤머링 작업 등에는 일반 실린더를 사용하기에는 충격력이 제한을 받게 되므로 운동에너지를 얻기 위해 설계되었으며 일정 압력에 도달하면 입구가 열리자마자 압력을 받는 면적이 순간적으로 넓어져 큰 힘을 낼 수 있다.

⑥ 케이블 실린더(Cable cylinder)

피스톤 양쪽에 케이블을 부착하여 복동 실린더에 의해 케이블에 장력을 발생시킨다. 케이블 실린더는 출입문의 개폐나 작은 크기로 큰 행정거리가 요구되는 곳에 적합하고 피스톤 로드 대신에 와이어를 사용해서 양쪽 롤러로 지지한 후 부하에 연결시켜 일을 하는 실린더이다.

⑦ 텔레스코프(telescope) 실린더

작은 공간에 실린더를 설치하여 긴 행정거리를 낼 수 있으나 속도제어가 곤란하고 전진 끝단에서 출력이 떨어지는 단점이 있다. 필요한 힘 이상의 큰 실린더 직경이 필요하며 로드의 좌굴에 대한 보완이 있어야 한다.

⑧ 로드리스 실린더(Rodless cylinder)

문자 표현대로 실린더에 피스톤 로드가 없는 실린더이며 일반 공압 실린더의 피스톤 로드에 의한 출력방식과는 달리, 로드가 없이 요크나 마그넷, 체인 등을 통하여 스트로크 범위 내에서 일을 하는 것이다. 로드리스 실린더는 설치 면적이 극소화되는 장점이 있으며 전진시와 후진시의 피스톤 단면적이 같아 중간 정지 특성이 양호한 이점도 있다.

⑨ 체인식

양로드형 실린더의 피스톤 로드를 양단에 고정하고, 체인과 스프로킷을 통하여 실린더 본체의 스트로크로, 테이블을 2배의 스트로크로 작동시키는 방식으로 실린더에 대한 공기의 공급은 중공 피스톤 로드를 사용한다. 테이블의 움직임은 구동용 양로드 실린더의 배속이고, 출력은 반이 된다. 이상의 로드리스 실린더는 최근 그 사용이 증가하고 있으며 스트로크 길이도 5m까지 제작되고 있다.

⑩ 회전 실린더

요동형 액추에이터라 부르기도 하며 피스톤 로드가 기어의 형상을 갖고 있어 직선 운동을 회전운동으로 바꾸는 실린더이다. 상품화된 실린더는 45°, 90°, 180, 290~720°까지 조절나사에 의해 각도를 조절한다.

⑪ 회전 날개 실린더(Rotary vane cylinder)

요동형 액추에이터라 부르기도 하며 회전 각도의 제한을 받고 대개 300°를 넘지 못한다. 밀봉에 문제가 많고 직경과 큰 폭 때문에 큰 토크를 얻기 곤란하다.

⑫ 특수용 실린더

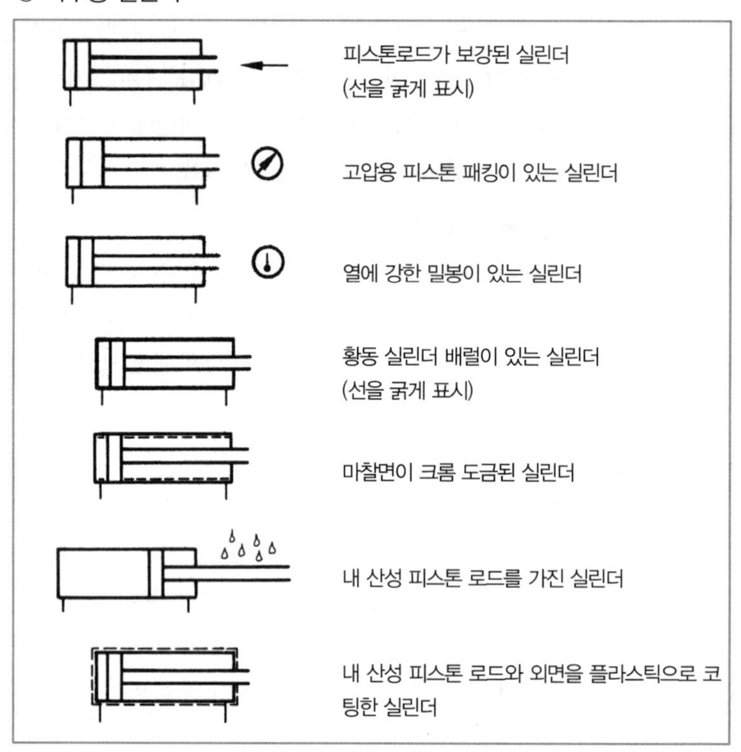

그림 3-33 특수용 실린더 표시법

2) 실린더 지지형식에 의한 분류

지지형태		구 조	설 명
foot형	바깥쪽(LB)		고정식으로 직선 쪽으로 부하를 받으며 간단한 설치 방법으로 가장 일반적으로 사용되며 가벼운 부하에 사용한다.
	안 쪽(LA)		
플렌지 형 (flange)	로드측 플랜지형(FA)		고정식으로 직선 쪽으로 부하를 받으며 견고하게 고정할 수 있으나 운동방향과 축의 중심이 일치하여야 한다.
	헤드측 플랜지형(FB)		

지지형태		구 조	설 명
클레비스 (clevies)형	한쪽(single) 클레비스형(CA)	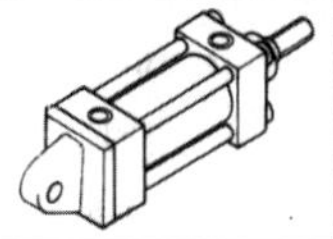	2차원 평면에서 움직이는 요동식으로 부하의 요동 방향과 실린더의 요동 방향이 일치하여 실린더에 수평하중이 걸리지 않도록 하고 요동시 주위 다른 물체에 걸리지 않도록 해야 한다.
	양쪽(double) 클레비스형(CB)	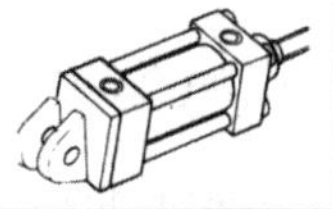	
trunnion형	로드측 트러니언형(TA)	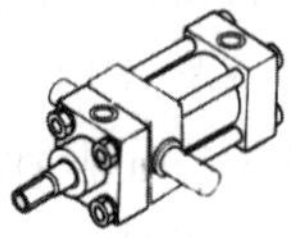	
	중간 트러니언형(TC)	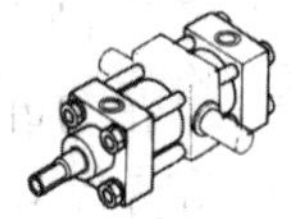	
	헤드측 트러니언형(TB)	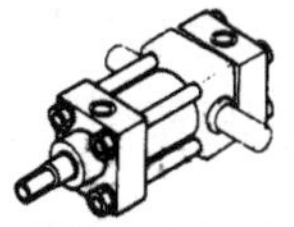	
회 전 형		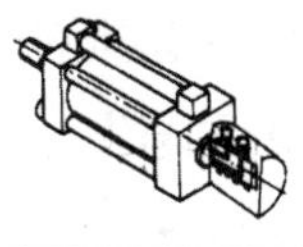	물체가 연속적으로 회전하는 경우에 사용하므로 회전에 대한 밀봉대책이 있어야 한다.

그림 3-34 실린더의 지지형식

3) 공압 실린더의 힘

공압 실린더가 할 수 있는 힘은 이론상 실린더의 튜브 내경과 피스톤 로드의 외경 및 사용 공기압력으로 결정되나 실제 실린더 출력은 패킹의 미끄럼 마찰저항, 미끄럼면의 거칠기에 따른 윤활 상태, 공압 실린더가 작동하고 있을 때의 실린더 내부 압력 등에 의한 손실을 고려한 추력(推力)계수를 적용한다. 전진시에는 피스톤 로드가 없으므로 실린더 내부 단면적이 작용 면적이지만 후진시에는 로드 단면적을 제외하여야 한다.

① 단동 실린더

$$F = P \cdot A - F_s - F_u$$

여기서,
- F : 출력되는 힘
- P : 사용압력
- A : 피스톤 사이드 단면적
- F_s : 내장된 스프링 힘
- F_u : 실린더 내의 저항 및 마찰력

② 복동 실린더

㉠ **전진시** : $F = P \cdot A - F_u$

㉡ **후진시** : $F = P(A - A_r) - F_u$

여기서, A_r : 실린더 로드의 단면적

4) 사용상 주의사항

① 설치 시에는 부하의 운동방식에 실린더의 작동 방향을 따르도록 하는 것이 중요하고, 특히 로드 선단과 연결부에 자유도를 갖게 하고, 행정길이가 긴 경우의 로드 지지에 주의해야 한다. 또 로드 미끄럼(섭동)부에 걸리는 좌우 하중은 최대, 실린더 힘의 1/20 이하로 하고 될 수 있는 한 좌우 하중이 걸리지 않도록 하는 것이 좋다. 행정길이가 길어 로드의 휨 량이 많은 경우에는 가이드 설치를 고려해야 한다.

② 사용 온도는 5~60° 범위에서 사용하고 이보다 낮다든지 높을 경우에는 내구성을 갖는 실린더를 선택하든지 보온 또는 냉각의 대책을 세워야 한다.

③ 윤활, 온도 조건에 맞는 윤활 시스템을 선정하는 것이 중요하고 보통 패킹 재질에는 리트륨 고무가 사용되고 있으며, 터빈유(ISO VG32)를 윤활유로 사용하는 것이 좋다. 머신유, 스핀들유 등은 열화의 원인이 되므로 기기의 사양을 확인해서 선정해야 한다.

④ 먼지가 많은 장소에서는 커버를 설치하여 습동부를 보호해야 한다.

⑤ 공압 필터를 사용하여 이물질을 제거한 공기를 사용해야 한다.

⑥ 배관은 손실이 최소화 되도록 설치한다.

⑦ 소음기 설치로 인한 저항이 너무 크지 않도록 주의한다.

(3) 공압 모터

공압 모터는 압축공기 에너지를 기계적 회전 에너지로 변환하는 액추에이터를 말하며 정회전, 정지, 역회전 등은 방향제어 밸브에 의해 제어된다.

공압 모터는 구조원리에 따라 베인식, 피스톤식, 기어식, 터빈식 등이 있다.

① 베인형 : 고속회전 저토크형

② 피스톤형 : 중저속회전 고토크형

③ 기어형 : 고속회전 고토크형

④ 터빈형 : 초고속회전 미소토크형

1) 피스톤 모터

① 반경류 피스톤 모터와 축류 피스톤 모터로 구분하며 피스톤의 왕복운동을 기계적 회전운동으로 변환함으로써 회전력을 얻어 각종 반송 장치에 사용한다.
② 변환방식은 크랭크를 이용한 것, 사판을 이용한 것, 캠의 반력을 이용한 것 등이 있다.
③ 정회전과 역회전이 가능하며 최고 5,000rpm까지 회전할 수 있고 출력은 1.5~19kw(2~25마력)이다.
④ 각종 반송 장치에 사용된다.

2) 미끄럼(회전) 날개 모터(베인 모터; vane)

① 구조가 간단하고 가벼워 대부분 공압 공구는 베인형을 사용한다.
② 케이싱으로부터 편심해서 부착된 로터에 날개가 끼워져 있다.
③ 날개 3~10개가 부착되어 있으며 날개 뒤쪽에 스프링이 끼워진 형태도 있으나 대부분 원심력에 의해 공기를 밀폐시킨다.
④ 공간의 크기 차이에 의한 날개와 날개 간에 발생하는 면적 차이에 공기압이 작용해서 회전력이 발생한다.
⑤ 로터 속도는 3,000~8,500rpm 정도로 저토크형이며 출력은 보통 0.1~17kW(0.1~24마력)까지 가능하다.
⑥ 공기압 공구에 사용된다.

3) 기어 모터

2개의 맞물린 기어에 압축공기를 공급하여 회전력을 얻는 방식으로 광산기계, 호이스트 등에 사용하며 대단히 높은 출력(60마력)과 10,000rpm의 회전을 얻을 수 있다.

4) 터빈 모터

터빈에 공기를 분사하여 회전력을 얻는 형식으로 비교적 낮은 토크와 초고속회전에 사용한다. 출력이 낮더라도 높은 회전력을 필요로 하는 치과용 공기드릴과 같은 곳에 사용되며 500,000rpm까지도 가능하다.

5) 공압 모터의 특징

(가) 장점

① 속도를 무단으로 조절할 수 있고 출력도 조절할 수 있다.
② 속도범위가 크고 과부하에 안전하다.

③ 오염 및 온도에 민감하지 않다.
④ 폭발의 위험이 적다.
⑤ 보수 유지가 쉽다.
⑥ 높은 속도를 얻을 수 있다.
⑦ 회전 방향을 쉽게 바꿀 수 있다.
⑧ 기동 · 정지 · 역전을 자연스럽게 행할 수 있다.
⑨ 정전할 때 탱크에 저장된 공압으로 비상 운전이 가능하다.

(나) 단점

① 효율이 전기모터에 비해 낮다.
② 공기의 압축성에 의해 제어성이 떨어진다.
③ 부하에 따라 회전수 변동이 커서 일정한 회전수를 유지하기 어렵다.
④ 배기에 의한 소음이 크다.
⑤ 에너지의 변환효율이 낮다.

6) 공압 모터의 출력

$$\text{출력} = \frac{nT}{716.2PS}$$

여기서, L : 출력(PS)
T : 구동 토크(kgf · mm)
n : 회전수(rpm)

출력은 무부하 회전수의 약 1/2에서 최대가 된다.

7) 공압모터 사용상 주의사항

① 공압 모터의 성능이 충분히 확보되도록 배관 및 밸브는 될 수 있는 한 유효 단면적이 큰 것을 사용하고, 밸브는 공압 모터 가까이에 설치한다.
② 공압 모터는 일반적으로 급유를 필요로 하므로 윤활기를 반드시 사용하고 윤활유 공급이 중단되어 타는 일이 발생하지 않도록 주의한다.
③ 내부의 단열 팽창에 의해 항상 냉각되므로 고속회전이나 저온에서의 사용에 있어서는 얼음 알갱이(빙결: 氷結)에 주의하고 경우에 따라 에어 드라이어를 사용한다.
④ 공압 모터의 선택은 일반적으로 토크, 회전수, 출력을 기준으로 한다. 아울러, 공압 모터를 반송 등에 응용하는 경우는 관성 모멘트를 구하는 일도 필요하게 된다. 또, 공급측 및 배기측의 압력 손실, 배압 등을 충분히 고려하고 공기압 모터의 효율은 제조회사의 시방서의 50~70%로 보고 충분한 여유를 취하는 것이 일반적이다.

(4) 공압 요동형 액추에이터

① 공압모터는 제한 각도가 무한한데 비해 요동형 액추에이터는 한정된 각도를 반복 회전 운동하는 것이다.

② 요동 액추에이터는 로봇의 선회(몸체와 손목), 교반장치, 자동문의 개폐, 밸브의 개폐용으로 폭넓게 사용된다.

③ 공기의 압력에너지를 직접 회전력으로 변환하는 베인형과 피스톤에 의해 직선운동을 한 후 기계적인 구조에 의해 회전력으로 변환하는 랙과 피니언(Rack Pinion)형 등의 액추에이터가 있다.

1) 구조와 종류

기계적 제한 각도로 회전 운동하는 요동형 액추에이터는 베인형 공압 모터와 같은 구조인 베인식과, 공압 실린더 피스톤의 직선운동을 기계적인 나사나 기어 등을 이용하여 회전운동으로 변환시켜 토크를 얻는 피스톤식으로 크게 나누어진다.

(가) 베인형 요동 액추에이터

① 베인형 공압 모터와 같으나 회전 각도가 제한되어 있으며 출력은 베인(vane)의 수압 면적과 사용 공기압력으로 결정된다.

② 구조상 얻을 수 있는 요동 각도는 싱글 베인형은 270~300°, 더블 베인형은 90~120°, 3중 베인형은 60° 이내이다.

③ 요동형 액추에이터 중에서 베인형은 가장 소형 경량으로 저가이지만 베인의 각 부위 및 축과 베인의 접속 부분의 누출을 방지하는 것이 곤란하다.

④ 출력축의 허용 스러스트 하중이 적고 패킹의 접촉 길이가 길어 손실이 크다.

(나) 피스톤형 요동 액추에이터(360° 이상 회전가능)

① 래크 피니언형 요동 액추에이터

피스톤에 의해 얻어진 직선 추력을 래크(rack)−피니언(pinion) 기구에 의해 회전 토크로 변환하는 구조로 되어 있다. 회전범위는 45~720° 까지이며 조절장치에 의해 행정거리를 변화시키면 회전각을 조절할 수 있다. 요동형 액추에이터 중에서 가장 효율이 좋고 내부 완충장치도 사용할 수 있지만, 기밀 부분이 원통 모양이기 때문에 누설이나 마찰손실도 적고 높은 효율을 얻을 수 있다. 구조가 조금 복잡하게 되는 단점이 있다.

② 스크루형 요동 액추에이터

스크루(screw)형 요동 액추에이터는 실린더의 피스톤이 이동하면서 출력축에 가공된 나사홈을 따라 직선운동이 회전운동으로 되어 있어 출력의 반력을 받도록 되어 있다. 나사식은 행정거리를 조절함에 따라 요동 각도를 100~370° 이내에서 조절할 수 있다.

③ 크랭크형 요동 액추에이터

크랭크(crank)형 요동 액추에이터는 피스톤의 직선운동을 크랭크를 통하여 제한된 각도가 있는 회전운동으로 변환하는 것으로 요동 각도는 구조상 110° 이내로 제한하고 있다.

④ 요크형 액추에이터

요크(yoke)형 요동 액추에이터는 피스톤의 직선 왕복운동을 피스톤 로드부의 중앙위치에 있는 요크를 통하여 제한된 각운동으로 변환하게 된다. 크랭크식처럼 요동 각도가 제한되어 있지만 출력 토크는 요동 각도에 따라서 약간 변동된다.

2) 요동 액추에이터 선정

토크, 허용 운동에너지, 부하율 등을 검토하여 사용에 적당한 것을 선정하여야 한다.

① 클램프 등 단순한 힘을 필요로 하는 정부하의 경우 사용압력, 필요 토크를 검토한다.

② 중력 방향에 대해서는 수평 또는 수직으로 동작하는 관성 부하인 경우 부하의 형상, 중량에서 부하의 관성 모멘트를 구하여, 기기의 허용 운동에너지를 고려한 다음 사용압력, 요동 각도, 요동 시간을 검토한다.

3) 사용상 주의

① 속도 조정은 속도제어 밸브를 미터 아웃 회로에 접속하여야 한다.

② 회전 에너지가 기기의 허용 에너지보다 클 때나 요동 각도의 정밀도가 높아야 할 때에는 부하 쪽의 지름의 큰 곳에 외부 완충장치(외부 스토퍼)를 설치한다.

③ 축 방향의 하중인 경우 과대 부하를 직접 액추에이터 쪽에 부착시키면 축과 베어링에 과부하가 작용되므로 이때 축에 부하가 적게 작용하는 방법으로 부하를 부착한다.

6 공기압 기타 기기

(1) 진공기기

1) 진공 흡입 노즐

벤투리(venturi) 원리에 의해 진공을 발생하여 흡착 컵으로 물체를 부착한다. 상황에 따라 R 포트에 소음기를 부착하거나 노즐과 헤드 사이에 완충기를 부착하기도 한다.

2) 진공 흡입 해드

진공 흡입 노즐과 같으나 공기가 공급되지 않으면 급속 배기 밸브에 의해 진공이 즉시 해제 되어 흡착 컵으로부터 쉽게 떨어진다.

그림 3-35 진공 흡착컵 이송 장치

(2) 소음기

사용된 압축공기는 밸브를 통해 대기 중에 방출된다. 이때 압축공기가 매우 빠른 속도로 방출되면서 발생하는 소음을 방지하기 위해 소음기가 사용된다. 소음기는 일반적으로 배기속도를 줄이고 배기음을 작게 하기 위하여 사용되고 있다. 그러나 공압기기 출력은 공급압력과 배출압력과의 차이로 정해지므로 에너지 효율면에서는 좋지 않다. 소음기의 종류로는 소음 방법의 원리에 의해 팽창형, 흡수형, 간섭형으로 나누어진다.

그림 3-36 소음기

(3) 완충기

관성력에 의해 움직이고 있는 물체가 고정 벽 등에 부딪쳐 정지되면 충격력이 발생한다. 이것은 운동 물체의 에너지가 충격 에너지로 변환되므로 운동 물체의 에너지가 크고 정지시간이 짧을수록 큰 충격력이 발생하며 충격력이 크면 장치와 기계 등에 나쁜 영향을 미친다. 충격을 완화하기 위해 각종 기계 장치와 자동화 라인은 완충기를 사용하는데 그 종류는 마찰 완충기, 탄성변형 완충기, 소성변형 완충기, 점성저항 완충기, 동압저항 완충기 등이 있다.

그림 3-37 공압 완충기기

2 공기압 제어회로 구성

1 공기압 제어회로 기호

(1) 운동 조건의 표시법

1) 서술적인 방법

① 실린더 A가 상자를 들어 올린다.
② 실린더 B가 상자를 컨베어로 옮긴다.
③ 실린더 A가 내려온다.
④ 실린더 B가 귀환한다.

2) 테이블화 하는 방법

작업 단계	실린더 A	실린더 B
1	전진	–
2	–	전진
3	후진	–
4	–	후진

3) 벡터 표시법

- 실린더 전진 운동 : =〉
- 실린더 후진 운동 : 〈=

① 실린더 A 전진 : A=〉

② 실린더 B 전진 : B=〉

③ 실린더 A 후진 : A〈=

④ 실린더 B 후진 : B〈=

4) 기호 표시법

- 실린더 전진 운동 : +
- 실린더 후진 운동 : −

① 실린더 A 전진 : A+

② 실린더 B 전진 : B+

③ 실린더 A 후진 : A−

④ 실린더 B 후진 : B−, A+, B+, A−, B−

5) 제어 선도

제어 선도는 각 스텝에 따른 센서의 스위칭 상태를 나타내는 선도이다. 변위–시간 선도는 각 액추에이터의 운동상태에 따른 변위를 시간기준으로 그리며 가로축을 시간, 세로축을 변위로 나타낸 선도이다.

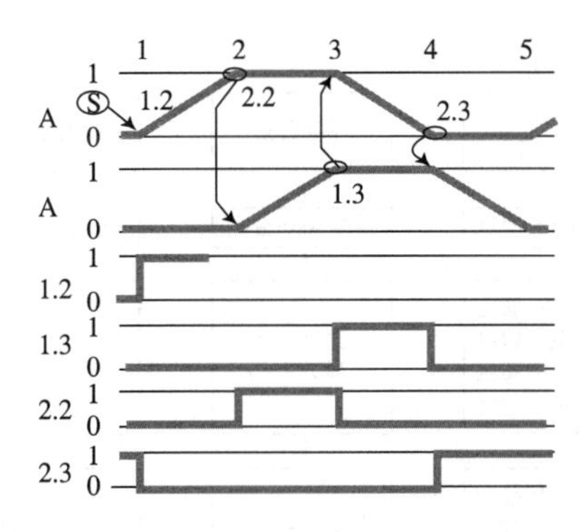

그림 3–38 제어 선도

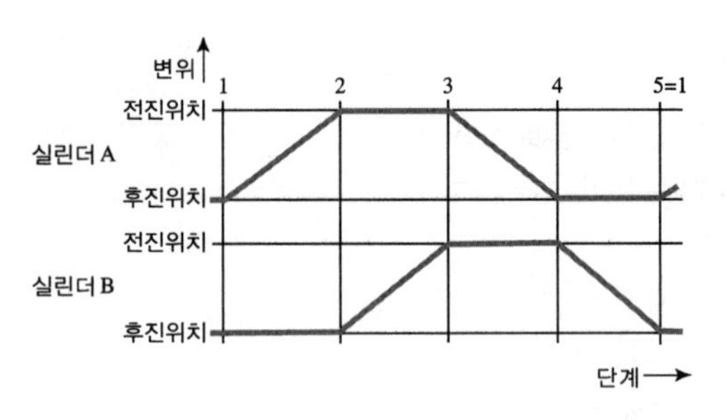

그림 3-39 그래프에 의한 표시법(변위-단계선도)

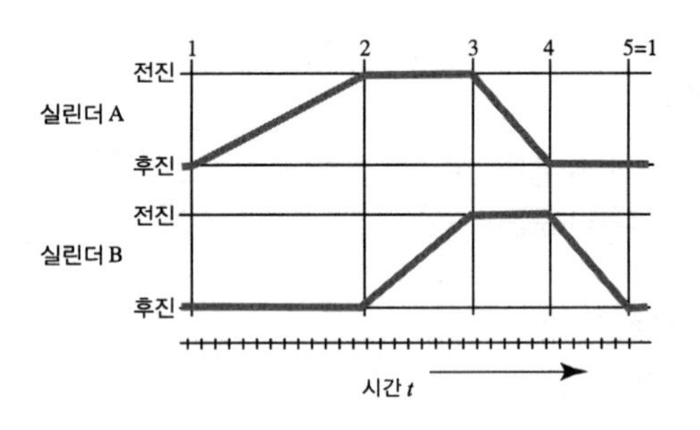

그림 3-40 그래프에 의한 표시법(변위-시간 선도)

(2) 공압회로의 기초이론

1) 제어의 흐름

공압의 힘을 제어하는데 있어 입력된 신호를 처리하여 원하는 동작을 얻기 위한 흐름을 그림으로 나타냈으며 액추에이터를 제어하는 것이 아니라 액추에이터에 붙어 있는 최종 제어요소를 제어한다.

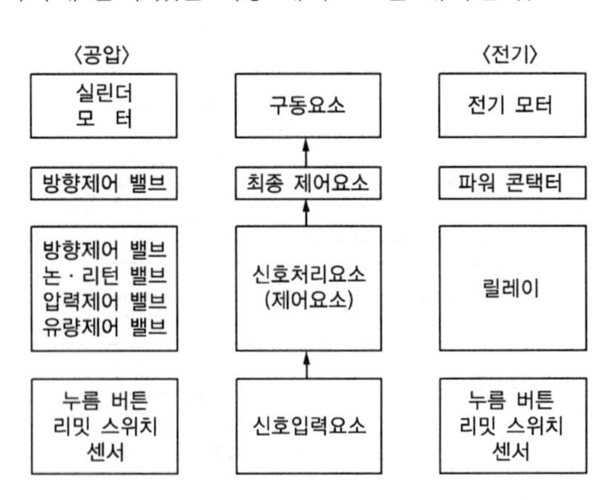

그림 3-41 제어 흐름도

2) 공유압회로 구성

공압 시스템은 공압 발생장치에서 생산된 공기압력을 제어하여 구동기기에 공급함으로써 일을 한다. 이러한 일련의 기기 요소를 공압기기라고 하고 이를 조합한 것을 공압 장치라고 한다. 이러한 기기를 효율이 좋게 조합하여 안정성, 보전성을 확보하여 구성하는 것이 공압회로 구성이다.

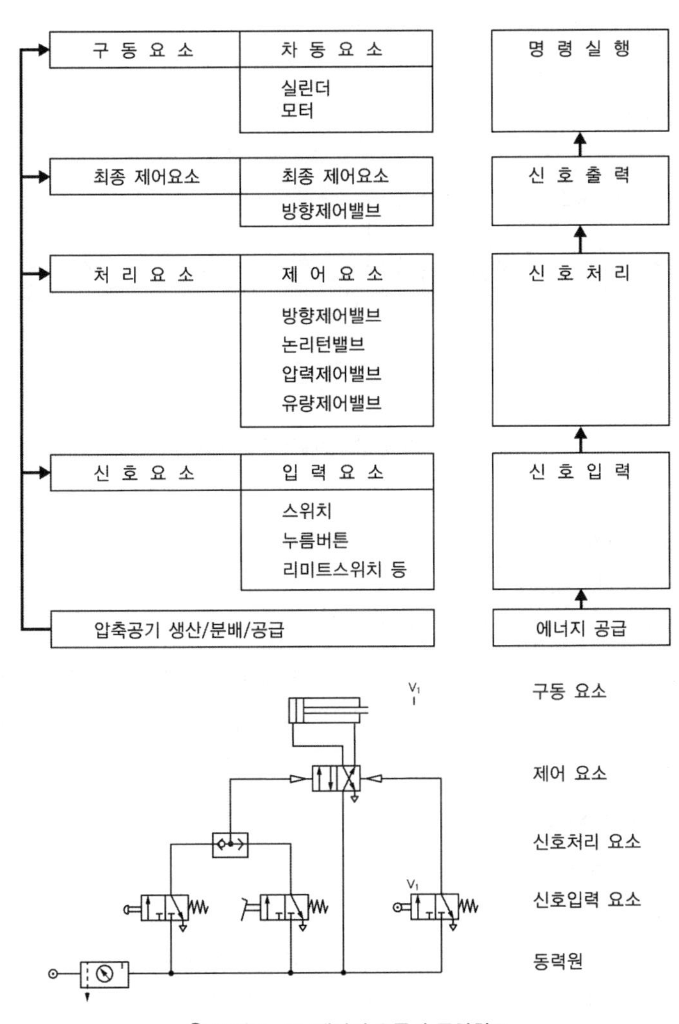

그림 3-42 제어의 흐름과 공압회로

3) 공압회로의 표시형식

제어 시스템이 복잡하고 구동요소나 제어요소들이 여러 개 나열되어 있을 때 각각의 요소들을 구분하여 나타내야 하므로 그 표시방법을 통일하여 규정한다.

(가) 요소의 표시

요소를 표시하는 방법은 숫자로 표시하는 형식이 있고 문자로 표시하는 형식이 있다.

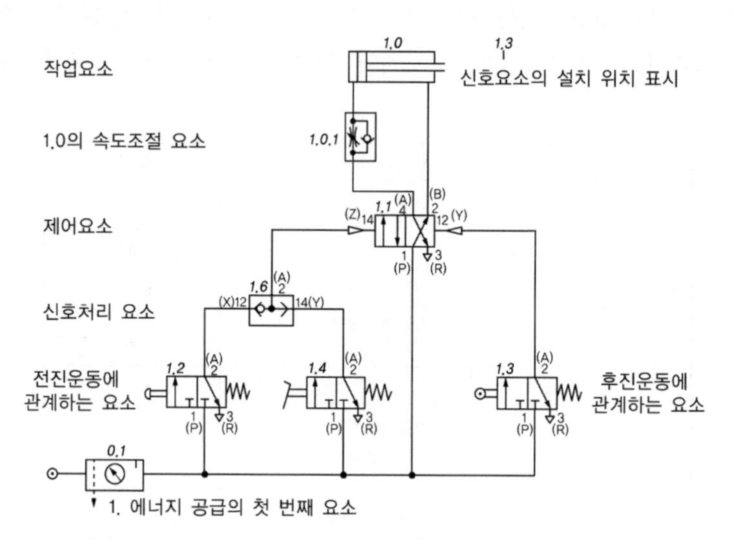

그림 3-43 공압회로에서 요소의 표시

① 숫자 표시법

㉠ 그룹의 분류

그룹 0.x : 에너지의 공급 요소(공기 압축기)

그룹 1.x, 2.x, 3.x, ·············· 각 구동요소를 제어하기 위한 제어시스템그룹을 표시(실린더의 개수와 그룹의 숫자 일치)

㉡ 그룹 내의 일련번호 표시

x.0 : 구동요소

x.1 : 최종 제어요소

x.2, x.4, ···(짝수) : 구동요소의 전진운동에 영향을 미치는 모든 요소

x.3, x.5, ···(홀수) : 구동요소의 후진 운동에 영향을 미치는 모든 요소

x.01, x.02 : 속도제어 밸브와 같은 제어요소와 구동요소 사이에 있는 요소

㉢ 위 그림에서의 적용 사례

0.1 : 에너지의 공급 요소(압축기)의 에너지 공급 요소 중 첫 번째 요소

1.0 : 1번 그룹의 구동요소인 실린더

1.0.1 : 1번 그룹의 제어요소와 구동요소 사이에 있는 후진 방향에 영향을 미치는 요소인 한쪽 방향 유량제어 밸브

1.1 : 1번 그룹의 최종 제어요소

1.2, 1.4, 1.6 : 실린더의 전진운동에 영향을 미치는 모든 요소

1.3 : 실린더의 후진 운동에 영향을 미치는 모든 요소

② 문자 표시법

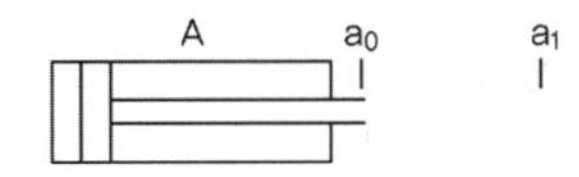

A, B, C, …… : 작동요소 표시

a_0, b_0, c_0, …… : A, B, C, 실린더의 후진위치에서 작동하는 리미트스위치의 표시

a_1, b_1, c_1, …… : A, B, C, 실린더의 전진위치에서 작동하는 리미트스위치의 표시

그림 3-44 공압 요소의 문자표시

(나) 공압 요소 기호의 의미

① 압력제어 밸브 표시

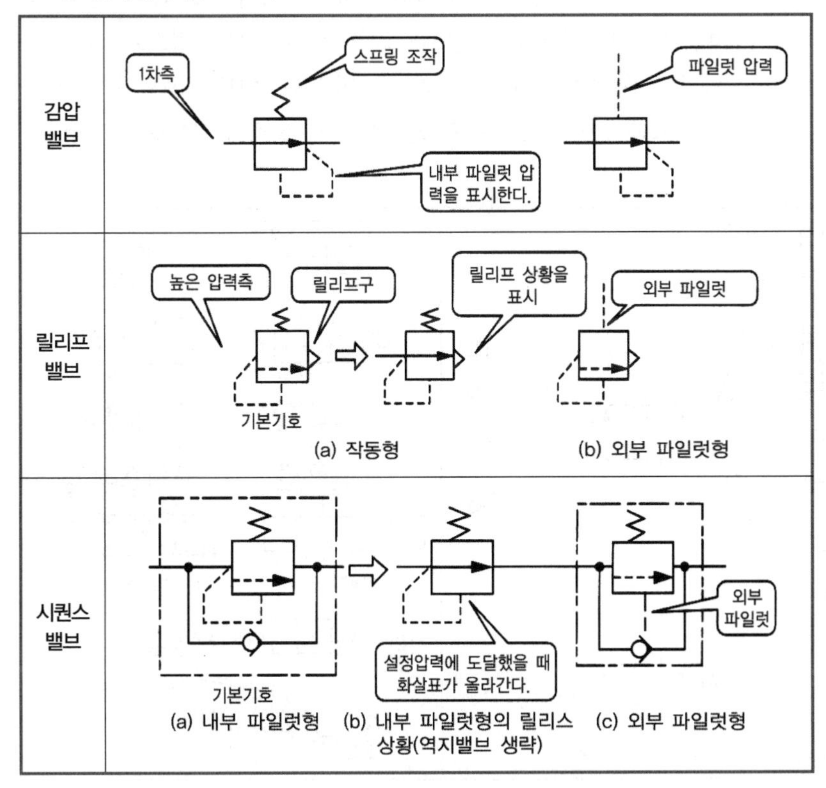

그림 3-45 압력제어 밸브의 표시 설명

② 유량제어 밸브 표시

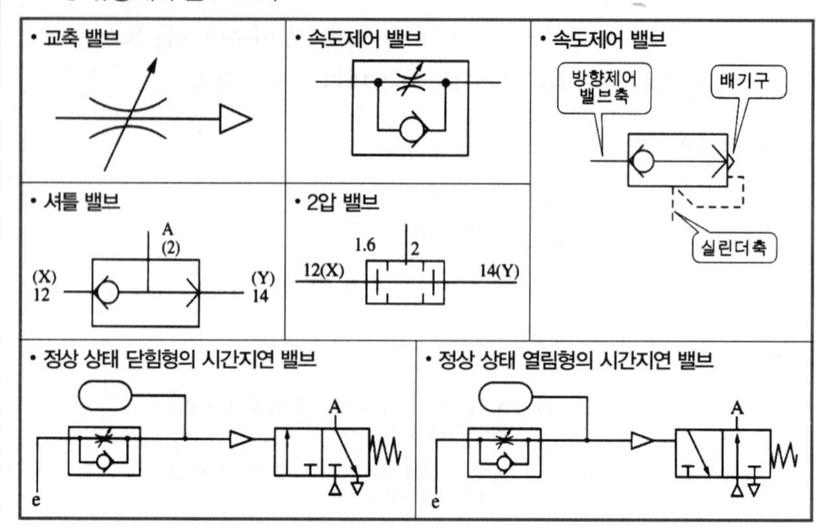

그림 3-46 유량제어 밸브의 표시 설명

③ 방향제어 밸브 표시

방향제어 밸브는 응용 방법에 따라 여러 가지 방법으로 작동시킬 수 있으며, 작동 방법의 기호는 밸브를 표시하는 4각형에 수평으로 그려져 용도에 알맞게 기호 표시법에 따라 읽으면 된다. 밸브는 포트의 수, 위치의 수, 흐름의 형식명, 스프링 설치의 형식, 조작 방법으로 명명한다.

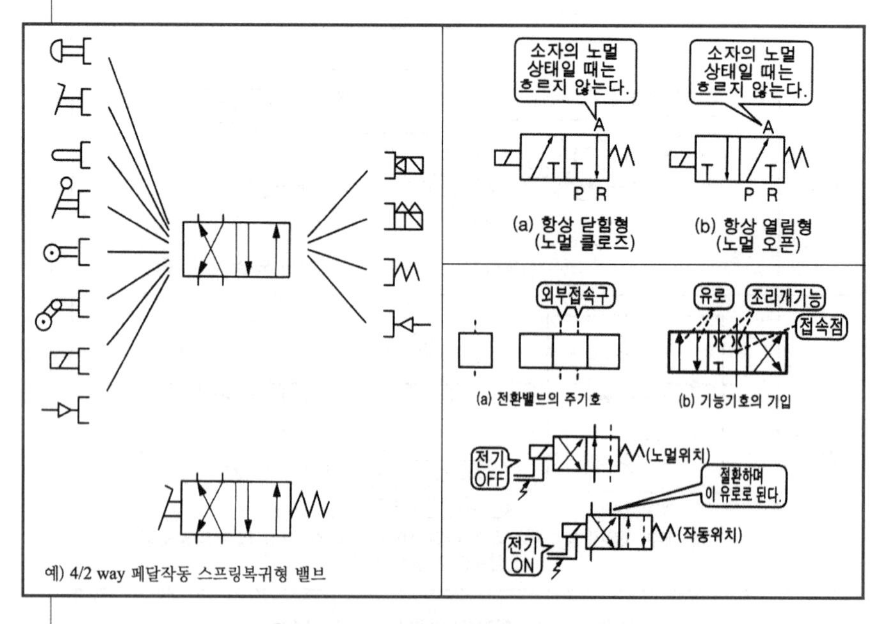

그림 3-47 방향제어 밸브의 표시 설명

④ 밸브의 정상 위치와 초기 위치의 표시

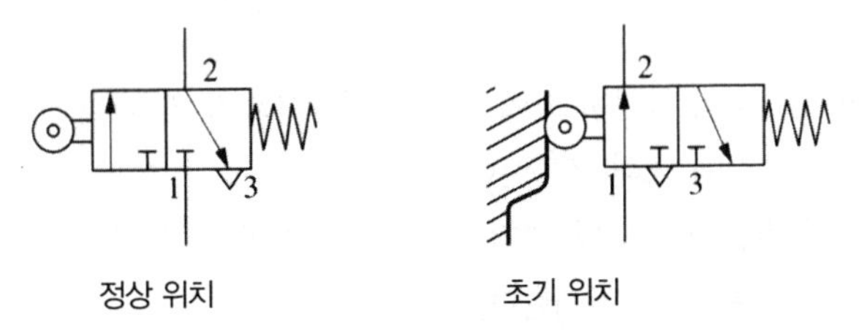

그림 3-48 밸브의 정상 위치와 초기 위치의 표시도

⑤ 일방향 롤러작동 리밋 밸브의 기호 및 작동 방향성 표시

리밋 밸브 중에 롤러 레버의 구조에 의해 한 방향만 작동하는 방향성 롤러 리밋 밸브는 어느 한 방향에서만 외력이 가해질 때 밸브가 작동하는 것으로 만일 실린더를 작동시키면 실린더 로드의 전진운동이나 후진 운동 중 어느 한 방향 운동 중일 때만 동작할 수 있으므로 회로도에는 그 방향을 표시하여야 한다. 그림은 실린더의 전진 끝단 검출용 리밋 밸브로 일 방향 작동 롤러 리밋 밸브를 사용하여 실린더가 전진 시에만 동작하도록 한 것이다. 이 밸브는 신호의 중복을 방지하는 방법의 하나로 사용하기도 한다.

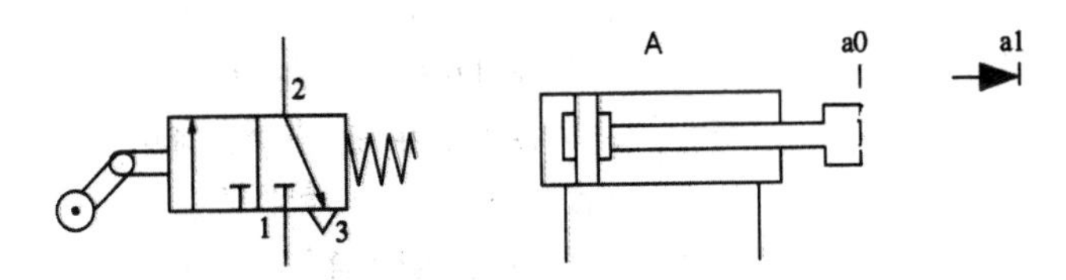

그림 3-49 일방향 롤러작동 리밋 밸브의 기호 및 작동 방향성 표시도

4) 공압회로도 작성 원칙

① 회로도의 순서도에 의해 배치하고 신호는 아래에서 위로 흐르게 한다.
② 에너지의 분배도 아래에서 위로 공급되도록 표시한다.
③ 요소의 실제 배치와 회로는 일치하지 않아도 되며 실린더와 방향제어 밸브는 수평으로 그린다.
④ 모든 요소는 실제 설비나 회로도에서 같은 표시기호를 사용한다.
⑤ 실제 배치를 확실히 하기 위해서 실제 위치를 짧은 수직선으로 표시한다.
⑥ 신호의 위치를 표시하고 신호가 한 방향일 때 화살표로 표시한다.
⑦ 요소들은 정상상태로 하며 작동된 상태일 때는 이것을 표시한다.
⑧ 방향성 롤러 밸브와 같이 한쪽으로만 작동되는 경우 화살표로 그 밸브의 작동 방향을 표시한다.

⑨ 배관 라인은 가능하면 교차점이 없이 직선으로 하며 필요시 명칭을 표시한다.

⑩ 제어 시스템이 복잡하고 여러 개의 구동요소가 있을 때 제어 시스템을 각각의 요소에 대해 구분한다.

⑪ 필요시 기술적 자료와 설치 가격, 시스템 작동 순서, 유효 가동 조건 및 수리 부품 등도 기재한다.

2 공기압 제어회로

(1) 기본 회로

1) 단동 실린더 3/2-way 밸브 제어

단동 실린더는 스프링 또는 자중에 의해 복귀되므로 속도제어가 용이하지 않으며 전진시 미터인 방식으로 속도제어가 이뤄지기 때문에 불안정한 속도제어와 높은 부하나 저속에서 스틱 슬립 현상(가다 서기를 반복하는 현상)이 발생하므로 주의를 필요로 한다.

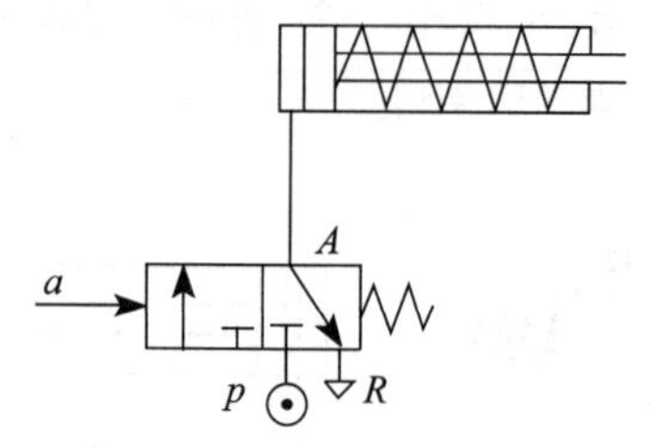

그림 3-50 단동 실린더 회로

2) 단동 실린더의 속도제어회로

단동 실린더의 전진 속도조절은 입구 쪽 교축(meter-in) 방식으로만 가능하고 후진 속도조절은 배기 쪽 교축(meter-out) 방식으로만 가능하다. 단동 실린더의 후진 운동은 스프링이나 자중 때문에 이뤄지므로 반응시간이 너무 느리고 저속 시 불안정하여 일반적으로 단동 실린더 후진 시 속도조절은 하지 않는다.

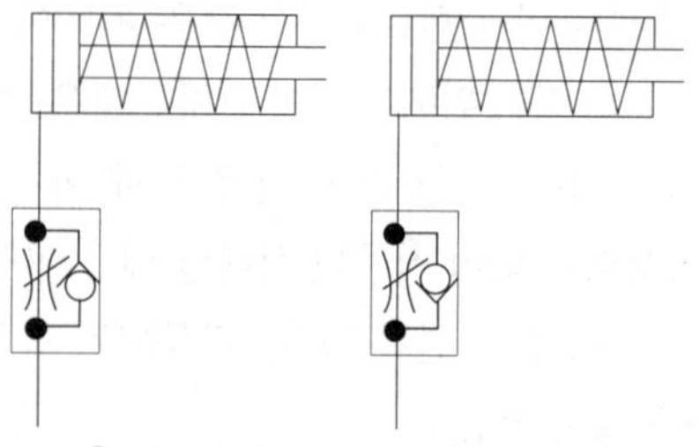

그림 3-51 단동 실린더 속도제어

3) 급속 배기 밸브에 의한 단동 실린더 후진 속도증가

실린더가 전진 또는 후진 시 배기의 저항으로 운동이 방해받게 되는데 급속 배기 밸브를 설치하여 저항을 줄여줌으로 약간의 속도증가 효과를 볼 수 있다.

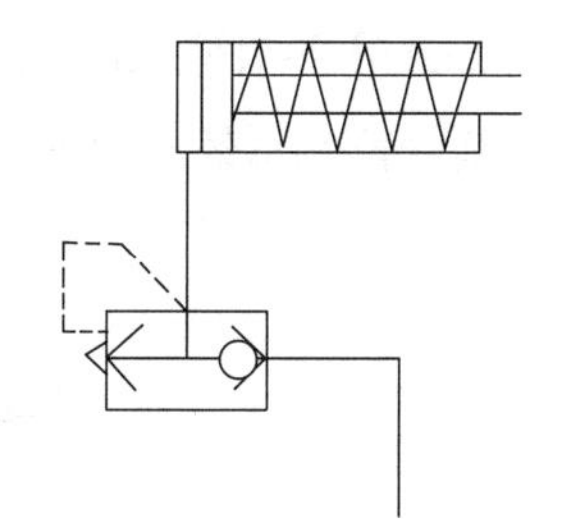

그림 3-52 급속배기 밸브 설치

4) 단동 실린더 전진 / 후진 속도제어회로

단동 실린더를 전진과 후진을 모두 제어하기 위해서는 전진 속도와 후진 속도를 각각 다르게 조절할 필요가 있을 때는 그림의 왼쪽처럼 한 방향 교축밸브를 직렬로 연결하여 조절하고 전진 속도와 후진 속도의 차이를 둘 필요가 없을 때는 오른쪽 그림과 같이 체크밸브가 부착되지 않은 1개의 교축밸브만 부착한다.

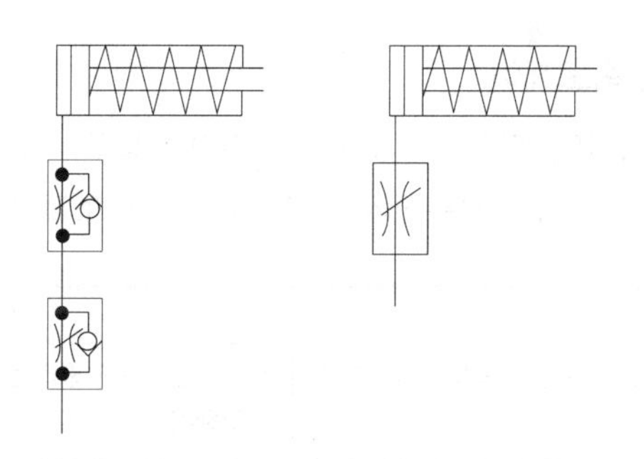

그림 3-53 단동 실린더 전, 후진 속도제어

5) 복동 실린더 기본 회로

복동 실린더는 단동 실린더와 다르게 왕복운동을 모두 공압에 의해 작동한다.

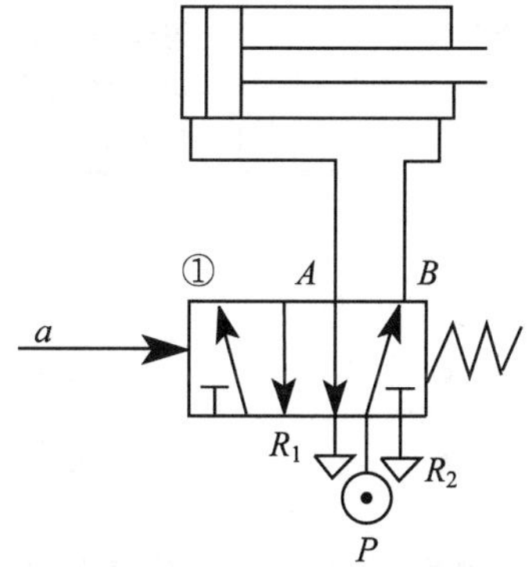

그림 3-54 복동 실린더 기본 회로도

6) 플립플롭회로

스프링 복귀형 5포트 2위치 밸브와 2포트 2위치 밸브 2개를 사용하여 플립플롭 회로를 구성한 복동 실린더의 기본 회로이다.

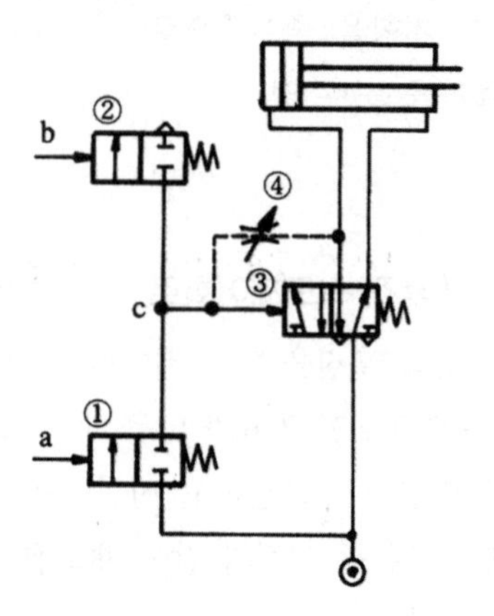

그림 3-55 플립플롭회로

7) 복동 실린더 속도제어

① 미터-인 : 미터인 전진 속도와 미터인 후진 속도조절 방식으로 복동 실린더의 공급측 공기를 교축(meter-in)하여 속도조절하는 방식이다.

장 점	단 점
• 낮은 속도에서 일정한 속도를 얻을 수 있다. • 피스톤 실에 상대적으로 낮은 마찰력만 걸리게 되고 이에 따라 실린더는 긴 내구수명을 유지한다. • 복동 실린더의 속도조절은 공급 공기와 배기를 교축해서 전진과 후진 운동 속도를 모두 조절할 수 있다. • 급속배기 밸브를 이용하여 전진과 후진운동 속도를 증가시킬 수 있다.	• 피스톤 로드가 끌리는 힘에 대해서는 속수무책이다. • 실린더의 속도가 부하 상태에 따라 크게 변한다. • 피스톤 로드에 작용하는 부하가 불규칙한 곳에는 사용할 수가 없다. • 실린더의 피스톤 로드에 인장하중이 작용하면 속도조절 기능이 없어지기 때문에 이러한 곳에는 사용이 불가능하다. • 공급 공기 교축 방법은 실린더의 체적이 작은 경우에 한하여 제한적으로 사용된다.

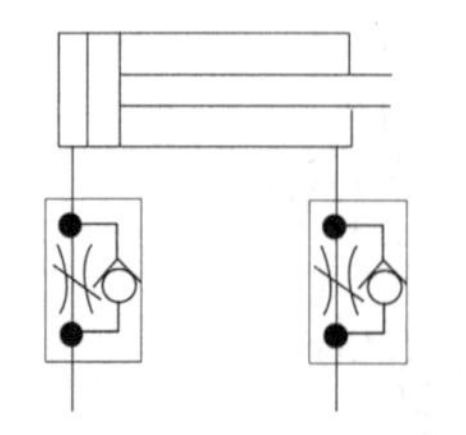

그림 3-56 속도제어(미터-인)

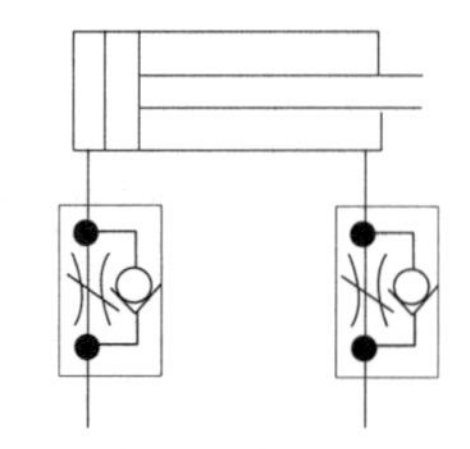

그림 3-57 속도제어(미터-아웃)

② **미터-아웃** : 미터아웃 전진 속도와 미터아웃 후진 속도조절 방식으로 실린더에서 배기되는 공기를 교축(meter-out)하여 실린더의 전 · 후진 속도를 조절하는 방법이다.

장 점	단 점
• 끄는 힘에 강하다. • 배기조절방법은 공급 공기 교축보다 초기 속도는 불안하나 피스톤 로드에 작용하는 부하상태에 크게 영향을 받지 않는다. • 피스톤 로드에 인장하중이 작용하는 경우에도 속도조절이 가능하기 때문에 복동 실린더의 속도제어는 거의 모두가 배기조절방법으로 조절되고 있다.	• 스틱 슬립(stick slip) 현상 발생 가능성이 크다. • 낮은 속도조절면에서는 미터-인(meter-in)방식보다 불리하다.

③ **블리드오프 회로** : 공급쪽 관로에 바이패스 관로를 설치하여 바이패스로의 흐름을 제어함으로서 속도를 제어하는 회로

④ **속도증가 회로** : 급속 배기 밸브를 이용하여 전진 운동 속도를 증가시키는 회로

8) 급속배기 밸브에 의한 복동 실린더 전진 속도증가

급속배기 밸브를 이용하여 배기저항을 감소시키는 방법으로 전진운동 속도를 다소 증가시키는 방법이며 속도를 근본적으로 높이기 위해서는 유량을 증가시켜야만 가능하다. 급속배기 밸브는 되도록 실린더에 가깝게 부착하여야만 실린더의 속도증가 효과를 극대화할 수 있다. 급속배기 밸브를 이용하면 실린더의 속도가 2배까지도 증가하기 때문에 속도 에너지를 이용하여 작업을 수행하는 스탬핑, 엠보싱, 펀칭작업 등에 많이 이용된다. 그러나 피스톤 로드에 작용하는 부하가 큰 경우에는 큰 효과를 기대할 수 없으므로 다른 방법을 이용하여야 한다.

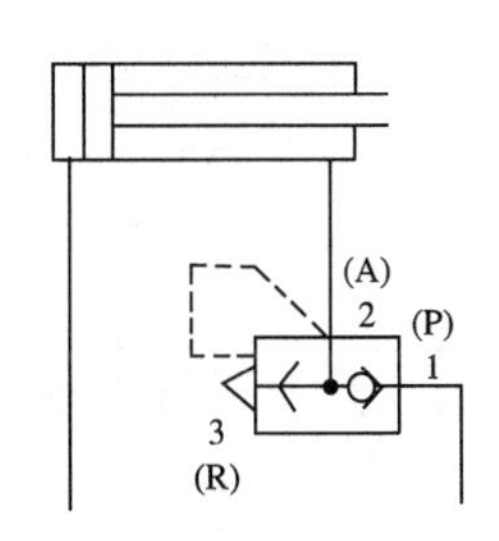

그림 3-58 급속배기 밸브

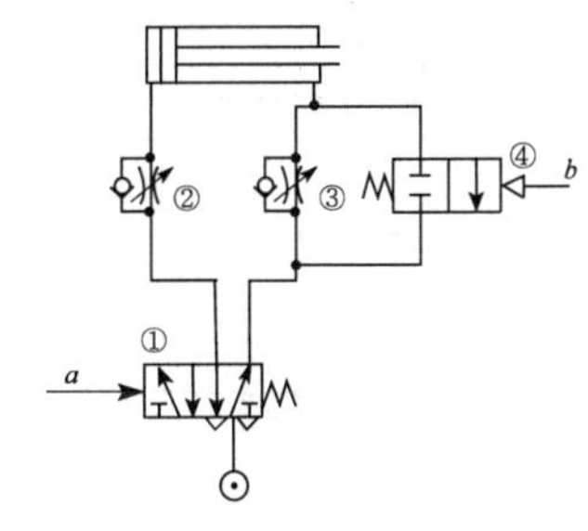

그림 3-59 동작 중 속도 변환 회로도

9) 속도 변환 회로

실린더 작동 중에 작동속도를 변화시키고자 할 때 사용되는 회로이며 행정 도중에 임의 거리까지는 급속운동 시키거나 반대로 저속 운동하고자 할 때 또는 운동 행정 말단에서 속도를 줄여 완충 효과를 내기 위한 회로이다.

10) 차동 작동회로

일반적으로 복동 실린더를 작동시킬 때 전 · 후진 모두 동일 공기압을 사용하지만 전진시 압력과 후진 시 압력에 차이를 두는 차압 작동회로는 전진 또는 후진 어느 쪽에 낮은 공기압을 공급하는 회로로서 비교적 저속으로 작동시킬 때에 사용된다. 이 회로는 공기 소모량은 줄일 수 있으나 저압, 저속 작동으로 인해 가다 서기를 반복하는 스틱 슬립(stick-slip) 현상이 발생하기 쉬운 회로이므로 실린더 복귀 운동 또는 낮은 부하율일 때 사용된다.

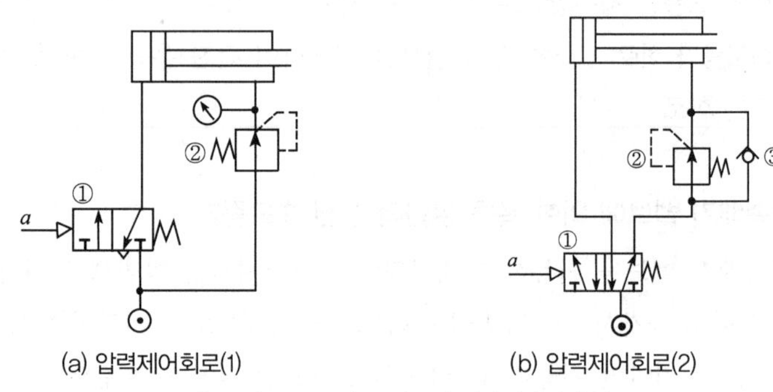

(a) 압력제어회로(1) (b) 압력제어회로(2)

그림 3-60 차동 작동회로(압력제어회로)

11) 중간 정지회로

중간 정지회로는 실린더를 행정거리 중간위치에서 정지시키는 회로로서, 금형의 세팅이나 시험 운전 시의 미동 조작, 공작물의 임의 위치 이동 및 긴급 정지시 그 위치에서 실린더를 정지시킬 때 사용된다.

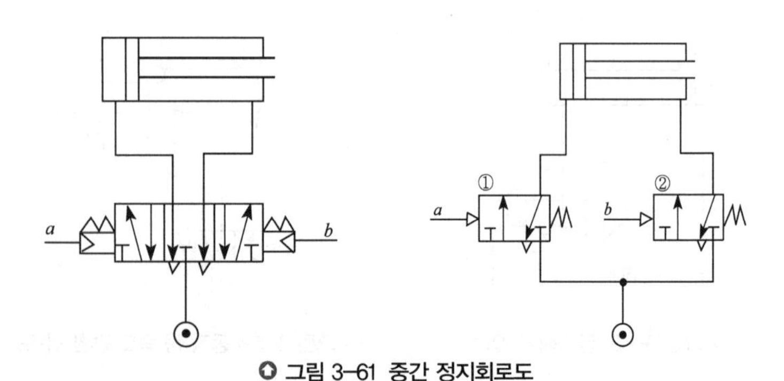

그림 3-61 중간 정지회로도

12) 왕복 작동회로

단동 실린더가 전진 된 후 일정 시간 경과 후 실린더가 자동으로 후진하는 회로이다.

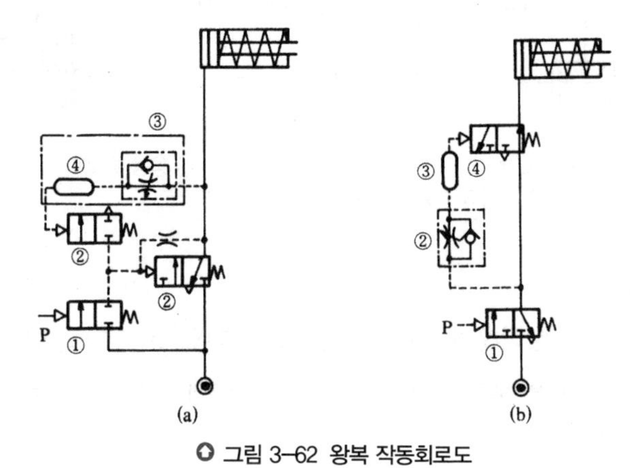

○ 그림 3-62 왕복 작동회로도

(2) 공압 논리회로

AND, OR, NOT 등 논리식을 공압회로에 적용하여 제어에 활용한다.

1) YES 회로

입력이 존재할 때만 출력이 존재

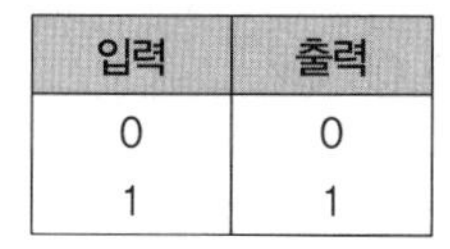

입력	출력
0	0
1	1

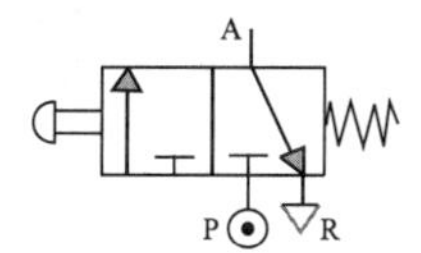

○ 그림 3-63 YES 회로

2) NOT 회로

입력이 존재하지 않을 때만 출력이 존재

입력	출력
0	1
1	0

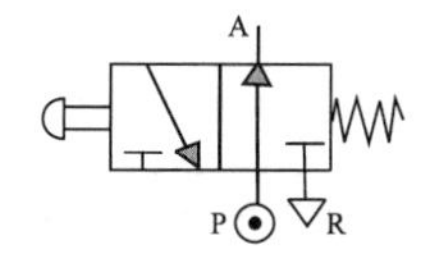

○ 그림 3-64 NOT 회로

3) AND 회로

AND 회로는 2개 이상의 입력포트와 1개의 출력포트를 가진 밸브에서 모든 입력포트에 신호가 입력될 때에만 출력포트에 신호가 나오는 회로이다.

입력		출력
a	b	c
0	0	0
0	1	0
1	0	0
1	1	1

AND 회로 진리표 (a) 기본 회로 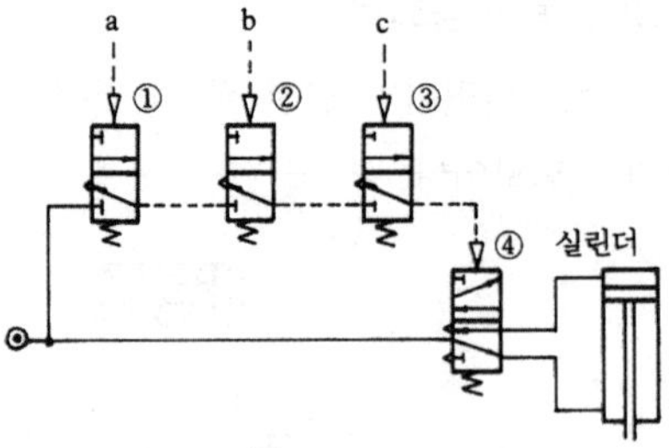 (b) 응용 회로

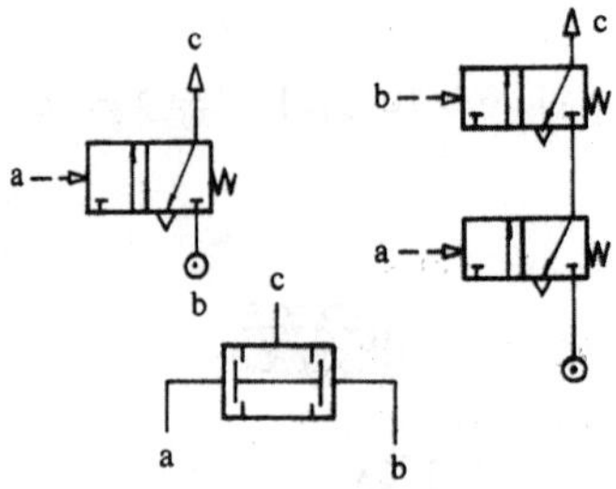

그림 3-65 AND 회로

4) OR 회로

OR 회로는 2개 이상의 입력포트와 1개의 출력포트를 가진 밸브에서 어느 1개 또는 그 이상의 입력포트에 신호가 존재하면 출력포트에 출력이 발생하는 회로이다.

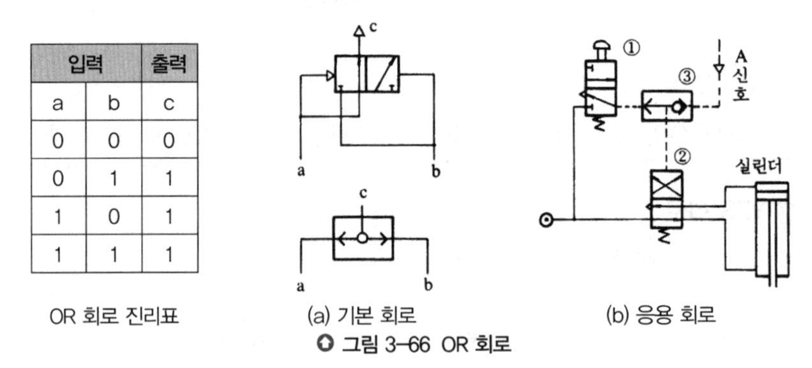

입력		출력
a	b	c
0	0	0
0	1	1
1	0	1
1	1	1

OR 회로 진리표 (a) 기본 회로 (b) 응용 회로

그림 3-66 OR 회로

5) NOT 회로

NOT 회로는 1개의 입력포트와 1개의 출력포트를 가진 밸브에서 정상상태에서는 출력이 존재하지만, 신호가 입력되면 출력이 차단되는 회로이다.

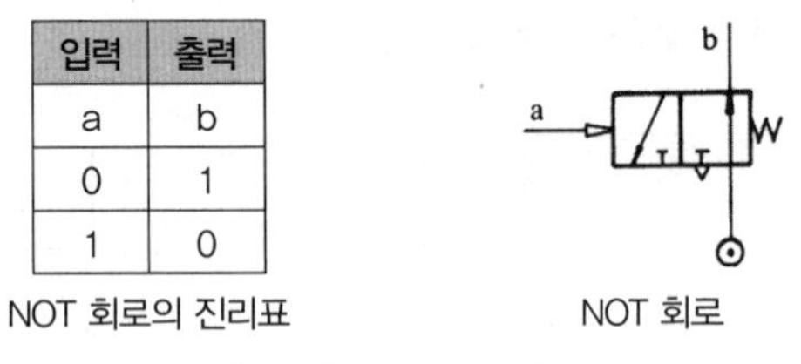

입력	출력
a	b
0	1
1	0

NOT 회로의 진리표 NOT 회로

그림 3-67 NOT 회로

6) NOR 회로

NOR 회로는 OR의 반대 결과이며 NOT 회로와의 차이는 NOT 회로는 입력포트가 1개인데 반해 NOR 회로는 2개 이상의 입력포트를 가진 것으로 모든 입력포트에 신호가 없을 때만 출력이 나오는 회로이다.

입력		출력
a	b	c
0	0	1
0	1	0
1	0	0
1	1	0

NOR 회로의 진리표

NOR 회로

○ 그림 3-68 NOR 회로

7) NAND 회로

NAND 회로는 AND 회로의 출력의 반대출력이며 정상상태에서는 출력이 존재하지만 모든 입력신호가 입력될 때 출력이 소멸하는 회로이다.

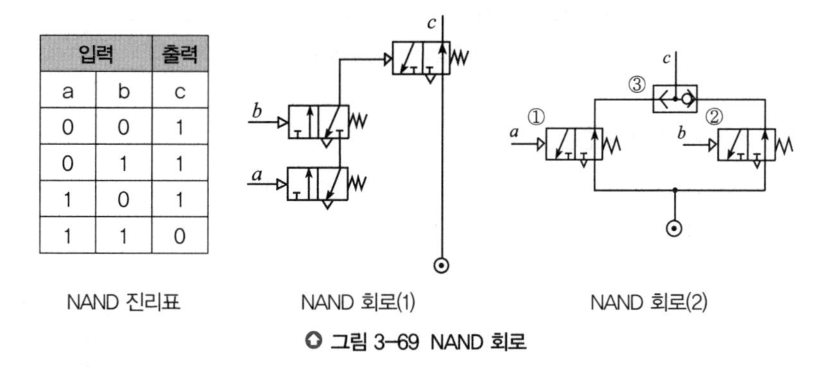

입력		출력
a	b	c
0	0	1
0	1	1
1	0	1
1	1	0

NAND 진리표 NAND 회로(1) NAND 회로(2)

○ 그림 3-69 NAND 회로

8) 플립플롭(Flipflop)회로

플립플롭회로는 안정된 2개의 출력상태를 가지며, 세트 신호가 입력되면 출력이 전환되며 세트 신호가 소거되어도 리셋 신호가 입력될 때까지는 출력상태를 계속 유지하는 회로이다.

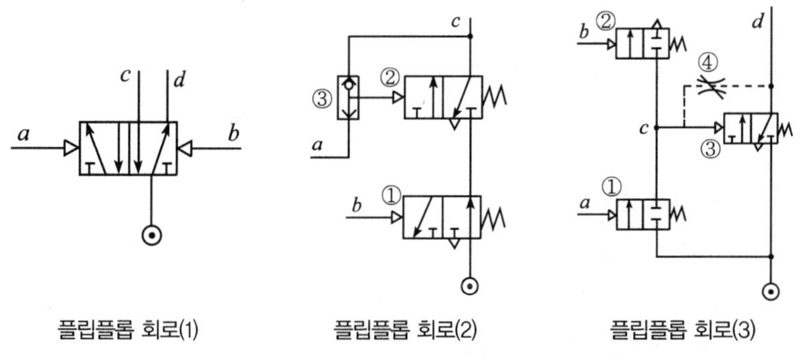

플립플롭 회로(1) 플립플롭 회로(2) 플립플롭 회로(3)

○ 그림 3-70 플립플롭(Flipflop)회로

9) 시간지연 ON Delay 회로

ON Delay 회로는 신호가 입력된 후 일정 시간 경과 후에 출력을 ON 시키는 회로로서 일반적으로 타이머 회로가 있다.

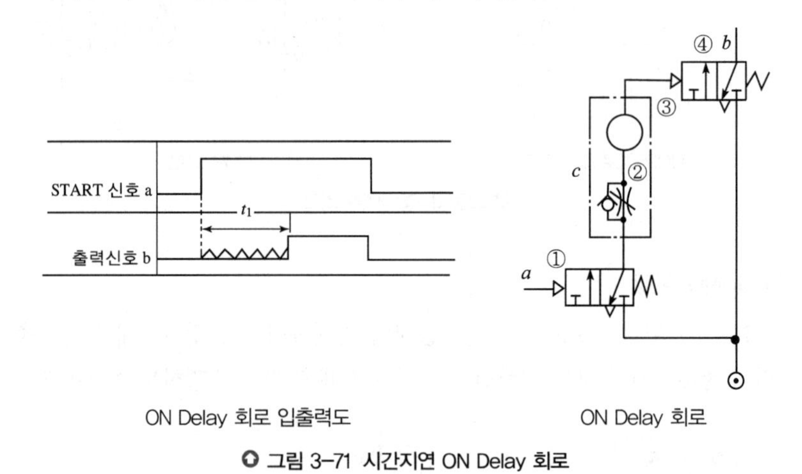

그림 3-71 시간지연 ON Delay 회로

10) 시간지연 OFF Delay 회로

OFF Delay 회로는 신호가 입력됨과 동시에 출력이 나오지만 입력신호가 차단되며 일정 시간 경과 후에 출력이 소멸하는 회로이다.

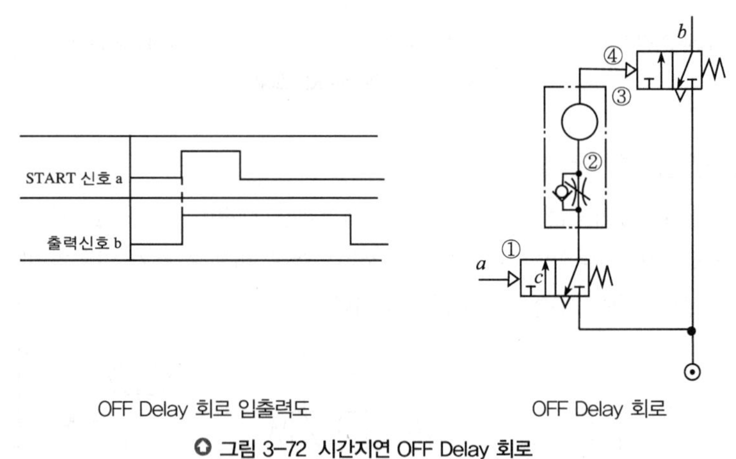

그림 3-72 시간지연 OFF Delay 회로

11) ONE Shot 회로

ONE Shot 회로는 신호가 입력되면 출력이 일정 시간 동안 지속되다가 설정시간 경과 후에 차단되는 회로로서 펄스 신호를 사용하는 경우와 연속신호를 사용하는 경우가 있다.

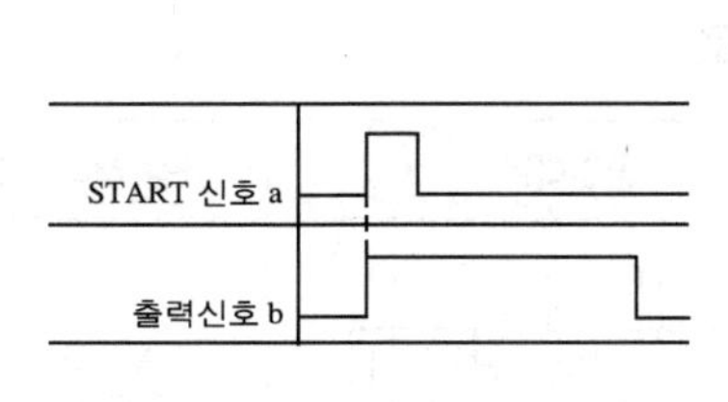

ONE Shot 회로 입출력도

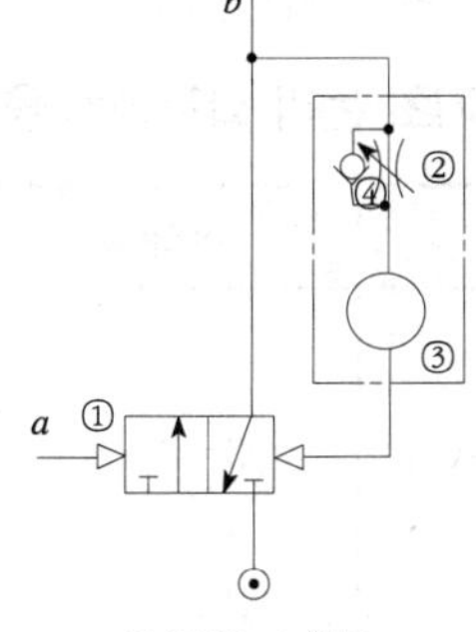

ONE Shot 회로

그림 3-73 ONE Shot 회로

12) 기타 회로

① **시퀀스 회로** : 미리 정해진 순서에 의해서 작동해 나가는 회로

② **레지스터 회로** : 정보를 내부로 기억하여 적시에 그 내용이 이용될 수 있도록 구성한 회로

③ **카운터 회로** : 가해진 펄스 신호의 수를 계수로 하여 기억하는 회로

④ **온 · 오프 회로** : 제어 동작이 밸브의 개폐와 같은 2개의 정해진 상태만을 취하는 회로

⑤ **인터록 회로** : 먼저 입력된 신호가 유효하고 후에 입력된 신호는 동작할 수 없는 회로, 기기의 보호나 조작자의 안전을 위해 사용

⑥ **로킹 회로** : 피스톤의 이동을 방지하는 회로

(3) 공압 논리회로도

1) 기초 논리 회로와 대응 공압회로

논리 회로	논리도	논리식	공압회로	대응 래더 회로
AND 회로	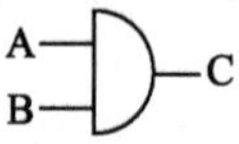	$C = A \cdot B$	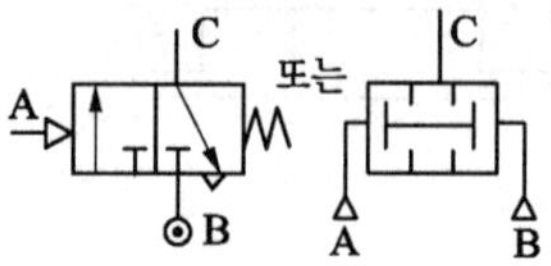	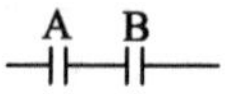
OR 회로		$C = A + B$	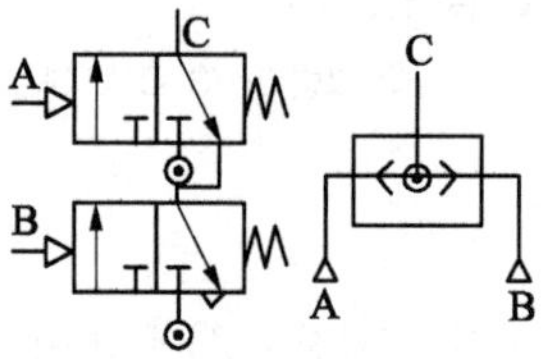	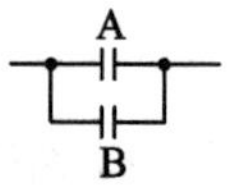
NOT 회로	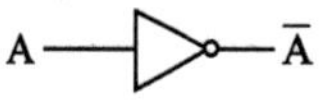	$\overline{A}$	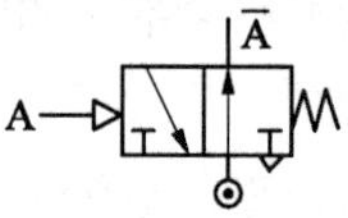	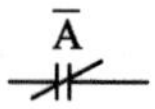
NAND 회로	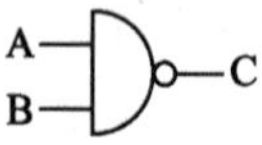	$C = \overline{A \cdot B}$	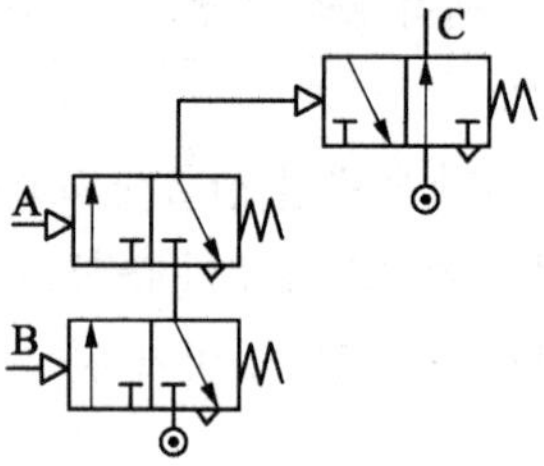	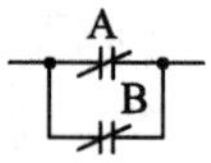
NOR 회로	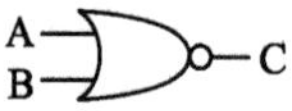	$C = \overline{A - B}$	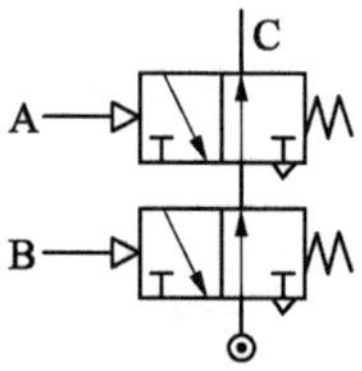	
배타적 OR 회로		$C = A \cdot \overline{B} + \overline{A} \cdot B$	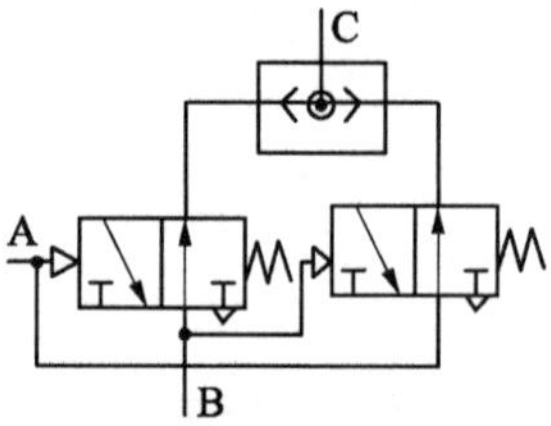	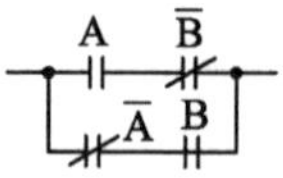

그림 3-74 공압 논리회로도

3 시험 운전

1 공기압 기기 관리

(1) 공기압 장치의 시운전

공기압 장치의 조립이 완료되고 나면 시운전을 하는데 시운전의 목적은 일반적으로 다음과 같다.

① 시스템의 정상적인 작동 여부를 확인하고 문제점이 있으면 대책을 수립하여 해결한다.

② 공기압 조정유닛 조정, 속도 조정, 리밋 스위치의 스위칭 타임 조정, 각종 센서의 응답시간 확인 등 최적 운전조건을 확보한다.

③ 최적 운전조건에서 각종 데이터를 확보하고 기록하여 유지 · 보수 자료로 활용한다.

(2) 압축공기 청정화 상태 점검

공기압 장치를 관리함에 있어서 가장 중요한 것은 압축공기의 청정화 조건을 유지하는 것이다. 오염된 압축공기는 공기압 기기의 수명을 단축시킬 뿐만 아니라 오작동이나 고장의 원인이 되어 치명적인 사고를 유발할 수 있다. 따라서 시운전용 공기압 장치에 압축공기를 공급하기 전에 공기압 조정유닛에 공급되는 압축공기 상태를 점검하여 공기압 부품 제조업체에서 요구하는 수준의 압축공기 청정화 상태를 유지하는가를 확인해야 한다.

(3) 공기압 조정유닛 점검

공기압 조정유닛은 필터, 압력조절기, 루브리케이터의 순서로 연결되어 있다. 공기압 조정유닛의 점검 내용은 다음과 같다.

① 필터의 정상적인 설치 여부

② 입구 공기압력의 허용 압력 유지 여부

③ 루브리케이터의 윤활유 적하 상태(일반적으로 적하식의 경우 분당 1방울이 적정함)

④ 기타 부품 제조업체에서 요구하는 사항

⑤ 공급압력 조절 상태 확인(확인 완료 후, 압력은 0으로 설정)

(4) 장치의 시운전

① 공기압 부품에 연결된 배관의 이탈 여부를 확인한다.

② 요소 0.1의 비상 스위치를 초기 상태로 전환한다(비상해제 상태).

③ 요소 1.6의 연속/단속 전환 스위치를 단속 위치로 전환한다.

④ 공기압 조정유닛의 압력조절기로 압력을 설정한다(약 4MPa로 설정).

⑤ 압력을 설정하고 나면 요소 1.2, 1.6의 P포트, 요소 0.3의 14포트, 요소 3.1의 12포트에 압축공기가 공급되어 있고 실린더 A(1.0), 실린더 B(2.0), 실린더 C(3.0)에 압축공기가 공급되어 실린더는 모두 후진 상태로 되어 있다. 혹시 실린더가 전진 상태로 있는 경우는 비상 스위치를 작동시키면 실린더는 모두 후진 상태로 되고 해제해도 초기 상태를 유지한다. 이제 장치는 초기 상태가 된 것이다.

⑥ 초기 상태에서 비상정지 스위치 0.1을 비상 위치로 전환시킨 후에 요소 1.1, 2.1, 3.1을 수동으로 조작하면 실린더는 전·후진 운동을 한다. 각 실린더를 기능선도와 같은 순서로 수동으로 조작하면서 각 실린더의 적정 속도를 조절한다. 속도조절은 배기조절 방식이므로 실린더 A(1.0)의 전진 속도는 요소 1.02로 조절하고 후진 속도는 요소 1.01로 조절하면 된다. 속도제어 밸브는 나사를 오른쪽으로 돌려서 잠그면 느려지고 왼쪽으로 돌려서 열면 빨라진다. 속도조절이 끝나면 밸브의 로크 너트를 조여서 진동 등으로 인하여 풀리지 않도록 해야 한다. 실린더 B(2.0)와 실린더 C(3.0)에 대해서도 같은 방법으로 속도조절을 한다.

⑦ 속도조절을 마친 상태에서 비상정지 스위치 0.1을 비상 해제 위치로 전환시킨 후에 시동 스위치 1.2를 순간 조작(잠깐 눌렀다가 놓음)하면 1사이클을 작동하게 된다. 한 사이클씩 단속으로 작동시키면서 정상 작동 여부를 확인하고 필요하면 리밋 스위치 설치 위치도 수정하고 속도조절이 필요하면 다시 한다. 스탬핑 작업이 정상적으로 될 때까지 수정·보완을 반복한다.

⑧ 단속 작동에서 최적화가 되었다고 판단되면 요소 1.6의 연속/단속 전환스위치를 연속 운전 위치로 전환하면 연속 사이클로 작동된다. 연속 운전을 하면서 단속 운전 시와 같은 방법으로 필요한 조치를 취하면서 최적 연속 운전 조건을 확보한다.

⑨ 시운전에서 최적 조건이 되었다고 하더라도 압축공기의 압력이나 유량이 변화하면 운전 상태는 변화할 수 있다. 그러면 다시 최적 운전조건을 찾아야 한다.

⑩ 시스템이 작동하는 도중에 요소 0.1의 비상 스위치를 작동하면 시스템은 즉시 초기 상태로 전환하여 정지한다.

⑪ 최적 운전조건을 확보하고 나면 그 조건을 기록하여 향후 장치의 유지 · 보수에 활용하도록 한다.

(5) 보수와 점검의 원칙

공기압 장치를 항상 최적의 상태로 유지하기 위해서는 공기압 기기의 보수나 관리가 매우 중요하다. 보수나 관리는 일관된 관리기준과 점검 항목을 정하여 정기적이고 지속해서 시행하면서 점검 결과를 기록하여 데이터의 변화와 그 원인을 파악하는 것이 바람직하다. 이를 위한 일반적인 원칙은 다음과 같다.

① 관리기준과 점검 항목을 정하여 점검하고 그 결과를 기록하여 데이터로 활용한다.

② 정기적인 점검을 일상화한다.

③ 점검 책임자를 정하고 보수 · 관리 교육을 한다.

④ 점검 책임자가 정기적으로 회의를 소집하여 고장 내용, 점검 방법 등에 대해 의견을 교환한다.

점검 주기는 장치의 중요도와 사용 빈도에 따라 다르며 적정 주기를 관리 규정으로 정하면 된다. 일반적으로 적용하고 있는 점검 주기는 표와 같다.

표 3-5 정기 점검사항

주기	점검사항
일상 점검	• 공기압 조정유닛에 자동 배수 장치가 없는 경우, 필터에 채워져 있는 응축수 배출 • 윤활기의 윤활유 양과 급유 상태 점검 및 급유량 조절
주간 점검	• 신호 입력 요소의 이물질 청소 • 압력조절기의 압력 조절 상태 확인 • 윤활기의 급유 기능 확인
6개월 주기	• 실린더에서 로드 베어링의 마모 상태 확인 • 실링 교환 필요성 확인

(6) 공기압 기기의 점검사항

일반적으로 적용되고 있는 공기압 기기의 점검사항은 다음과 같다.

PART 3 공유압

1) 공기 압축기

공기 압축기의 주요 점검사항은 표와 같다.

표 3-6 공기 압축기 점검사항

항 목	점검사항
배기 온도	정상적인 배기 온도 유지 여부
소음, 진동	소음, 진동 상태 변화 여부
언로드	정상적인 언로드 상태 유지 여부
공기압력	출구 압력의 저하 여부
밸브 수명	밸브의 수명 변화 여부

2) 공기 필터

1차측과 2차측의 압력 강하(압력차)가 0.1MPa에 도달했을 때 또는 압력차가 발생하지 않더라도 사용 후 2년이 경과되었을 때는 교환한다.

공기 필터의 주요 점검사항은 표와 같다.

표 3-7 공기 필터 점검사항

항목	점검사항
외부 누설, 케이스의 파손	• 외부 누설이나 파손 여부 점검 • 균열의 경우는 즉시 교환이나 원인 조사 • 청소는 중성세제 사용(용제나 기계 세정액은 사용 불가)
드레인 배출기 작동 점검	• 배출기의 정상적인 작동 여부 • 수동인 경우 정기적인 배출 여부 확인 • 드레인 발생이 과다한 경우는 상류 측의 청정화 기기 점검

3) 압력조절기

압력조절기의 주요 점검사항은 표와 같다.

표 3-8 압력조절기 점검사항

항목	점검사항
밸브 본체부의 작동 점검	그리스 추가 도포(밸브 가이드 포함)
밸브 스프링 기능 조사	• 그리스 추가 도포 • 녹이나 파손 여부 • 스프링 탄성 점검
릴리프 기능 체크	설정압력을 상하로 조정해 봄

4) 루브리케이터

루브리케이터의 주요 점검사항은 표와 같다.

표 3-9 루브리케이터 점검사항

항목	점검사항
윤활유 적하량	윤활 적하량의 점검(설비 작동 시에 실시)
윤활기 작동	• 케이스 내의 기름 상태 • 드레인의 혼입 여부 • 케이스 내의 공기 누설 여부 • 2차측 공기의 역류 여부

5) 전환 밸브

전환 밸브의 주요 점검사항은 표와 같다.

표 3-10 전환 밸브 점검사항

항목	점검사항
스풀 상태	스풀의 원활한 전환 여부
포트 상태	포트 막힘 여부(공기의 정상흐름 확인)
누설	공기의 정상흐름 확인
스프링 상태	원활한 스프링 리턴 확인
솔레노이드	소음 발생 여부
파일럿 스풀	원활한 작동 여부(파일럿 전환의 원활성 확인)

6) 유량제어 밸브

유량제어 밸브의 주요 점검사항은 표와 같다.

표 3-11 유량제어 밸브 점검사항

항목	점검사항
누설	정상적인 유량조절 여부 확인
소음	소음 발생 여부 확인(디스크 링 손상 가능)

7) 시간지연 밸브

시간지연 밸브의 주요 점검사항은 표와 같다.

표 3-12 시간지연 밸브 점검사항

항목	점검사항
밸브 전환	원활한 밸브 전환 여부
밸브 동작	일정한 밸브 작동 여부
시간 조정	일정한 시간 지연 여부

8) 실린더

공기압 실린더의 주요 점검사항은 표와 같다.

표 3-13 실린더 점검사항

항목	점검사항
체결 상태 및 변형	• 볼트 및 너트의 조임 상태 • 설치 프레임의 느슨함이나 비정상적인 휨 여부 • 로드 선단의 체결 부품, 타이로드, 볼트 등의 풀림이나 흔들림 • 설치 위치 이탈 여부
피스톤 로드	• 피스톤 로드의 흠집 발생 여부
작동 상태	• 작동상태 원활 여부 • 최저 작동 압력 상승 여부 • 피스톤 속도나 사이클 타임의 변화 여부 • 스트로크 끝에서 충격이나 소리 발생 여부 • 스트로크 이상 유무(정해진 스트로크 동작 여부) • 오토 스위치의 동작 상태
공기 누설	• 외부 누설 발생 여부(특히 로드 패킹부에 주의)

(7) 점검 결과 기록의 관리 및 활용

공기압 부품 및 장치의 점검 결과를 기록하고 이를 데이터화하여 공기압 장치의 유지 · 보수에 활용하는 것은 매우 중요하고 바람직하다. 공기압 장치에서 각종 부품의 이상 유무를 일일이 파악하는 것은 결코 용이한 일이 아니다. 따라서 장치의 성능을 나타내는 데이터 변화를 확인하고 그 변화 원인을 추적하여 대책을 수립하는 방법이 일반적으로 활용되고 있다. 공기압 장치나 부품의 체계적인 유지 · 보수를 위한 데이터 관리 · 활용 방법은 다음과 같다.

1) 공기압 장치나 부품의 이력카드 작성

제조사, 제조번호, 규격, 설치 일자, 예상 수명(제조사 추천 수명), 시험 운전 시의 성능 점검 결과, 수리 및 교체 내역 등을 작성한다.

2) 장치 및 부품의 점검 항목과 항목별 점검 주기 작성

공기압 실린더의 주요 점검 주기는 매일 점검한다.

3) 점검 결과표 작성

시험 운전 시의 점검 결과부터 점검 주기별 점검 결과를 지속적으로 기록한다.

4) 이력 및 점검 결과의 데이터화

① 점검 결과의 변화 추이 분석

② 점검 결과 변화에 따른 확인 대상 부품 및 점검 항목 목록 색인

③ 보수 및 교체 대상 부품 색인

5) 점검 결과 변화 내역의 분석

변화 원인이나 장치에 미치는 영향을 분석한다.

6) 원인 분석 결과에 따른 대책 수립 및 추진

① 부품의 수리 또는 교체 계획 수립 및 추진

② 장치의 수리 또는 교체 계획 수립 및 추진

형성평가

01 공기의 압력에 대한 설명 중 옳은 것은?

① 완전한 진공을 "0"으로 측정한 압력을 게이지 압력이라 한다.
② 대기압을 "0"으로 측정한 압력을 절대압력이라 한다.
③ 절대압력=대기압+게이지 압력이다.
④ 표준기압 1 atm=7,600 Hg(0℃)이다.

해설
- 게이지 압력 : 대기 압력을 기준으로 측정한 압력
- 절대 압력 : 완전 진공을 기준으로 측정한 압력으로
  절대압력 = 대기압+게이지 압력

02 압력의 표시 단위가 아닌 것은?

① Pa ② bar
③ atm ④ N · m

해설
압력 단위 : N/cm^2, kgf/cm^2, bar, Pa, atm, psi(lb/in^2) 등이다.

03 1공학기압은 몇 mAq인가?

① 0.1 ② 1.0
③ 1.013 ④ 10

해설
표준기압과 공학기압의 비교

구 분	1표준기압(atm)	1공학기압(at)
수은주	=760 mmHg	=735.5 mmHg
물기둥	=10.3323 mAq	=10.00 mAq

※ A_q는 aqua의 약자이며 1공압 기압은 10.0mAq이다.
1표준기압 = 10.33 mAq(4℃)

04 절대압력을 바르게 표현한 것은?

① 절대압력=게이지압−대기압
② 절대압력=게이지압+대기압
③ 절대압력=대기압+진공도
④ 절대압력=대기압×진공도

해설
절대압력
완전 진공을 기준으로 측정한 압력으로 사용압력을 완전한 진공으로 하고 그 상태를 0으로 하여 측정한 압력이다.
절대압력=대기압+게이지 압력

05 다음 중 표준대기압(1atm)과 다른 값은?

① 760mmHg
② $1.0332kgf/m^2$
③ 1013mbar
④ 101.3kPa

해설
1표준기압(atm)
= 760 mmHg = 10,332 kgf/m^2 = 1.03323 kgf/cm^2
= 10.3323 mAq = 101,325 N/m^2 = 1.013 bar
= 1013 mbar

06 대기압이 760mmHg일 때 공기저장 탱크의 압력계가 $7kgf/cm^2$이다. 탱크의 절대압력(kgf/cm^2)은 약 얼마인가?

① 5 ② 7
③ 8 ④ 10

[정답] 01 ③ 02 ④ 03 ④ 04 ② 05 ② 06 ③

해설

절대압력

대기압+게이지 압력=1.033+7=8.0332

(대기압 : 760mmHg=10.33Aq=1.033kgf/cm²)

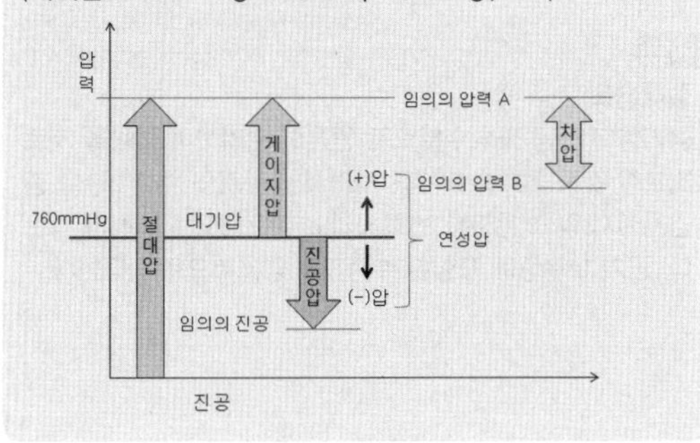

07 1기압은 수은주 760 mmHg이다. 상온의 물이라면 이것의 수두는 얼마인가?

① 0.76 m ② 7.6 m

③ 1.034 m ④ 10.34 m

해설

수은주(mmHg)

수은주 760mm의 높이에 상당하는 압력을 표준기압이라 한다(토르와 단위가 같음 : 1mmHg = 1Torr).

1at = 736mmHg(Torr), 1bar = 750mmHg(Torr)이다.

08 절대압력이 7 kg/cm^2이고 게이지 압력이 6.15 kg/cm^2일 때 국소 대기압은 몇 mmHg인가?

① 525 ② 625

③ 725 ④ 735

해설

- 절대압력 = 대기압+게이지 압력에서
- 대기압 = 절대압력−게이지 압력
  = 7−6.15 = 0.85 kgf/cm^2
  = 0.85×735.5 = 625mmHg

※ 공학기압

1 kgf/cm^2의 압력을 기준 1 ata = 735.5 mmHg
= 0.98 bar = 1000 mmAq = 0.97 atm

09 어느 게이지의 압력이 8 kgf/cm^2일 때 절대압력은 약 몇 kgf/cm^2인가?

① 8.0332 ② 9.0332

③ 10.0332 ④ 11.0332

해설

절대압력 : 대기압+게이지 압력=1.033+8=9.0332

(대기압 : 760mmHg=10.33Aq=1.033kgf/cm²)

10 공압 시스템에 부착된 압력 게이지의 눈금이 5kgf/cm^2을 나타낼 때 절대압력은 몇 mmHg인가?

① 443.7 ② 4437.3

③ 367.7 ④ 3677.5

해설

절대압력 = 게이지압 + 대기압
= (5+1.033)×735.5 = 4437.3

※ 1기압 = 735.5 mmHg

11 공기압축기에서 대기압 상태의 공기를 시간당 10 m^3씩 흡입한다. 이 공기를 700 KPa로 압축하면 압축된 공기의 체적은 몇 m^3인가? (단, 압축시 온도의 변화는 무시한다.)

① 1.43 ② 1.25

③ 2.43 ④ 2.25

해설

1 bar = 100,000 Pa이므로 700 KPa은 7 bar이다. 그러므로 공기의 체적은 1/7로 줄어든다.

[정답] 07 ④ 08 ② 09 ② 10 ② 11 ①

12 공기 온도가 32℃, 상대습도 80%, 압축기가 흡입하는 공기유량 $10m^3$/min일 때 압축기가 흡입하는 수증기량(g/min)은 얼마인가? (단, 32℃에서 포화수증기량은 $33.8g/m^3$이다.)

① 2.7　② 27
③ 54　④ 270

해설

$33.8 \times \frac{80}{100} = 27(g/m^3)$

$27 \times 10 = 270(g/min)$

13 공기 온도 32℃, 상대습도 90%, 응착기가 흡입하는 공기유량 $10m^3$/min일 때의 압축기가 흡입하는 수증기량은 얼마인가? (단, 32℃에서 포화수증기량은 $33.3g/m^3$이다.)

① 200　② 250
③ 300　④ 400

해설

흡입 수증기량 = 33.3×10×0.9 = 299.7≒300g이다.

14 기체의 온도를 내리면 기체의 체적은 줄어든다. 체적이 0이 될 때 기체의 온도는 −273.15℃이다. 이 온도를 무엇이라고 하는가?

① 영하온도　② 섭씨온도
③ 상대온도　④ 절대온도

해설

절대온도 : 체적이 0이 될 때의 기체의 온도를 말한다.

15 절대습도의 정의로 옳은 것은?

① 습공기 내에 있는 건공기의 비
② 습공기 $10m^3$ 당 수증기의 비
③ 습공기 $100m^3$당 수증기의 비
④ 습공기 $1m^3$당 건공기의 중량과 수증기의 중량의 비

해설

절대습도
공기를 건조공기와 수분으로 완전히 분리하여 중량을 서로 비교한 것이 절대습도이다. 따라서 습공기의 수증기량을 증감시키지 않고 온도를 변화시켜도 절대습도는 변하지 않는다. 공기 $1m^3$ 중에 포함된 수증기의 양을 g으로 나타낸다.

16 보일의 법칙에 대한 설명으로 옳은 것은?

① 정지 유체 내의 점에 작용하는 압력의 크기는 모든 방향으로 같게 작용한다.
② 기체의 압력을 일정하게 유지하면서 체적 및 온도가 변화할 때, 체적과 온도는 서로 비례한다.
③ 기체의 온도를 일정하게 유지하면서 압력 및 체적이 변화할 때, 압력과 체적은 서로 반비례한다.
④ 기체의 압력, 체적, 온도 3가지가 모두 변화할 때는 압력, 체적, 온도는 서로 비례한다.

해설

보일의 법칙
일정온도에서 기체의 압력과 그 부피는 서로 반비례한다는 법칙으로 기체의 온도를 일정하게 유지하면서 압력 및 체적이 변화할 때, 압력과 체적은 서로 반비례한다.

17 온도가 일정할 때, 초기 상태에서 공기의 체적이 $10m^3$, 압력이 5atm이었고, 압축 후의 체적이 $2m^3$이 되었다면, 이때의 압력은 얼마인가?

① 10atm　② 25atm
③ 50atm　④ 100atm

[정답] 12 ④　13 ③　14 ④　15 ④　16 ③　17 ②

해설

보일의 법칙

$P_1V_1 = P_2P_2$에서 $P_2 = P_1\dfrac{V_1}{V_2} = 5\times\dfrac{10}{2} = 25$

18 온도가 일정할 경우 가스의 처음 상태에서 체적(V_1)이 0.5 m^3, 압력(P_1)이 2atm일 때, 압축 후 체적이 0.2 m^3가 되었다. 이때의 압력(P_2)은 몇 atm인가?

① 10 ② 8
③ 6 ④ 5

해설

보일의 법칙

$P_1V_1 = P_2P_2$

$P_2 = P_1\dfrac{V_1}{V_2} = 2\times\dfrac{0.5}{0.2} = 5$

19 보일·샤를의 법칙에서 공기의 기체상수(kgf·m/kgf·K)로 맞는 것은?

① 19.27 ② 29.27
③ 39.27 ④ 49.27

해설

보일·샤를의 법칙에서 공기의 기체상수는 29.77이다.

20 압력이 일정할 때 온도와 체적의 관계를 나타낸 식은?

① $T_1/T_2 = V_1/V_2$
② $T_1V_1 = T_2V_2$
③ $(T_1V_1)^K = (T_2V_2)^K$
④ $(T_1+V_1)^2 = (T_2+V_2)^2$

해설

Charle의 법칙

$\dfrac{T_1}{T_2} = \dfrac{V_1}{V_2}$ =일정

21 습공기 중에 포함되어 있는 건조공기 중량에 대한 수증기의 중량을 무엇이라고 하는가?

① 포화습도 ② 상대습도
③ 평균습도 ④ 절대습도

해설

- 절대습도
$= \dfrac{\text{습공기 중의 수증기의 중량[g/m}^2]}{\text{습공기 중의 건조공기의 중량[g/m}^2]}\times 100\%$
- 상대습도
$= \dfrac{\text{습공기 중의 수증기 분압[kgf/cm}^2]}{\text{포화수증기압[kgf/cm}^2]}\times 100\%$

22 공기 온도 30℃, 상대습도 70%, 공기압축기가 흡입하는 공기유량이 5m^3/min일 때 수증기량은 몇 g/min인가? (단, 30℃에서 포화수증기량은 30.3g/m^3이다.)

① 21.21 ② 106.05
③ 42.42 ④ 212.1

해설

상대습도 $= \dfrac{\text{수증기량}}{\text{포화증기량}}\times 100\%$

$\dfrac{70}{100} = \dfrac{X}{30.3}$ $\therefore X = 21.21\text{g/m}^3$

수증기량(X) = 21.21×5 = 106.05g/min

[정답] 18 ④ 19 ② 20 ① 21 ④ 22 ②

23 공압의 특징을 설명한 것으로 틀린 것은?

① 작동 유체가 압축성이므로 에너지 축적이 용이하다.
② 서지 압력이 발생되므로 과부하에 대한 안전 대책이 용이하지 못하다.
③ 취급에 있어 안전하다.
④ 압력조정에 따라 출력을 단계적 또는 무단으로 변경할 수 있다.

해설

공압의 장·단점

장 점	단 점
• 압축공기를 축적할 수 있다. • 무단변속이 가능하다. • 동력원인 압축공기를 간단히 얻을 수 있다. • 힘의 전달이 간단하고 증폭이 용이하다. • 작업속도 변경이 가능하다. • 인화의 위험이 없다. • 취급이 간단하다.	• 공기의 압축성으로 효율이 좋지 않다. • 저속에서 균일한 속도를 얻을 수 없다. • 큰 힘을 얻을 수 없다. • 응답속도가 늦다. • 구동 비용이 고가이다. • 배기와 소음이 크다.

24 공기압 장치에 사용되는 압축공기의 장점이 아닌 것은?

① 청결성 ② 안전성
③ 윤활성 ④ 저장성

해설

공기압 장치에서 윤활은 윤활기를 통해서 윤활유를 공급이 이루어진다.

25 제어 밸브의 구동원으로 공기압이 사용되는 이유 중 적당치 않는 것은?

① 구조가 간단하고 고장이 적다.
② 방폭성이 있어 취급이 용이하다.
③ 압축성이 있어 원거리 전송에 알맞다.
④ 유압, 전기 형식에 비해 값이 싸다.

26 압축공기를 이용하는 방법 중에서 분출류를 이용하는 것과 거리가 먼 것은?

① 공기 커튼
② 공압 반송
③ 공압 베어링
④ 버스 출입문 개폐

해설

공압의 활용 분야

- 7bar(700kPa) 이하의 압축공기 산업 분야
- 압축공기의 분출류를 이용하여 전기적 센서 사용이 곤란한 분야의 공압 센서
- 개방된 공간으로 열이 방출되지 못하도록 하는 에어커튼
- 자동화라인의 반송, 포장, 조립, 용접, 도장 등 공정제어
- 공압 베어링 및 공압 자동기기
- 화학, 의료, 식품 등 인체에 해를 끼치지 않아야 하는 분야
- 안전과 신뢰성을 요구하는 차량제조
- 반도체산업 등의 소형, 기밀, 방진 등을 매우 중요시하는 분야

27 공기압 장치의 기본 시스템이 아닌 것은?

① 압축공기 발생장치
② 압축공기 조정장치
③ 제어 밸브
④ 유압 펌프

해설

공기압 장치의 기본 시스템

- 동력원(power unit) : 공기압축기를 구동하기 위한 전기모터, 기타 동력원
- 공기압축기(air compressor) : 압축공기의 생산(일반적으로 10bar 이내)
- 애프터 쿨러(after cooler) : 공기압축기에서 생산된 고온의 공기를 냉각
- 공기탱크(air tank) : 압축공기를 저장하는 일정 크기의 용기
- 공기 필터(air filter) : 공기 중의 먼지나 수분을 제거
- 제어부 : 압력제어, 유량제어, 방향제어
- 작동부 : 실린더, 모터

[정답] 23 ② 24 ③ 25 ③ 26 ④ 27 ④

28 다음 중 제어부에서 할 수 없는 것은?

① 방향　② 속도
③ 압축　④ 힘

29 기계적 에너지로 압축공기를 만드는 장치는?

① 공기탱크　② 공기압축기
③ 공기냉각기　④ 공기건조기

해설

- 공기냉각기 : 고온의 압축공기를 공기건조기로 공급하기 전 1차 냉각시키고 흡입 수증기의 65% 이상을 제거하는 장치
- 공기압축기 : 에너지로서의 공기압을 만드는 기계
- 공기탱크 : 압축공기를 저장하는 기기
- 공기건조기 : 압축공기 속에 포함되어 있는 수분을 제거하여 건조한 공기로 만드는 기기

30 공기 청정화 기기에 해당하지 않는 것은?

① 공기 필터　② 공기건조기
③ 공기냉각기　④ 공기압축기

해설

공기 청정화 기기
공기 필터(공기여과기), 공기건조기(제습기), 공기냉각기(애프터 쿨러), 윤활기(루브리케이터) 및 윤활기

31 공압 조정유닛의 구성요소에 속하지 않는 것은?

① 필터　② 윤활기
③ 교축 밸브　④ 압력조절 밸브

해설

공압 조정 유닛(서비스 유닛)
- 압축공기 필터(Filter)
- 압축공기 조절기(Pressure Regulator)
- 압축공기 윤활기(Lubricator)

32 다음 기호는 공기압 조정유닛이다. 이 유닛에 포함된 기기의 나열이 옳은 것은?

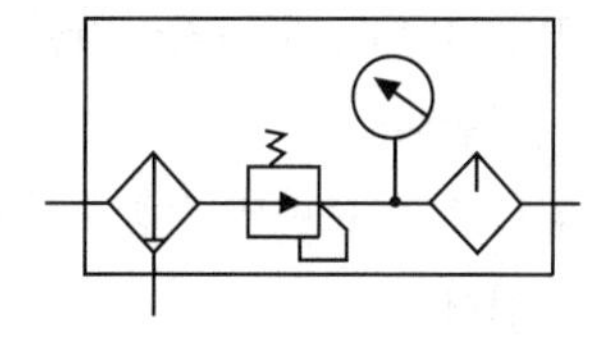

① 압력계, 루브리케이터, 에어 드라이어, 레귤레이터
② 압력계, 루브리케이터, 필터, 레귤레이터
③ 압력계, 루브리케이터, 드레인 배출기, 레귤레이터
④ 압력계, 루브리케이터, 드레인 배출기 붙이 필터, 레귤레이터

33 공기압 조정유닛에서 공급되는 공기압이 6bar이고 실린더의 단면적이 10cm^{2}라고 하면 작용할 수 있는 하중은 몇 kgf까지인가?

① 6kgf　② 60kgf
③ 600kgf　④ 6000kgf

해설

압력= 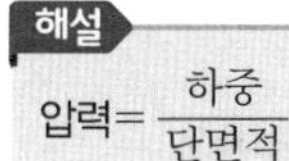

34 압축기로부터 토출되는 고온의 압축공기를 공기건조기 입구에 온도 조건에 알맞게 냉각시켜 수분을 제거하는 장치는?

① 윤활기　② 자동배출기
③ 애프터 쿨러　④ 공기 필터

해설

애프터 쿨러
공압 장치를 구성하는 요소 가운데 공기 중의 먼지나 수분을 제거할 목적으로 사용한다.

[정답] 28 ③ 29 ② 30 ④ 31 ③ 32 ④ 33 ② 34 ③

35 애프터 쿨러(after cooler)에 대한 설명으로 틀린 것은?

① 120~200℃의 압축공기를 10℃ 이하로 냉각한다.
② 압축 전에 포함된 수증기를 60% 이상 제거한다.
③ 냉각팬(fan)에 의한 공랭식과 냉각수를 순환시키는 수냉식이 있다.
④ 공랭식은 수냉식에 비해 냉각 효과는 적으나 단수나 동결의 염려가 없다.

해설
120~200℃의 압축공기를 40℃ 이하로 냉각한다.

36 오일 쿨러의 종류가 아닌 것은?

① 증기식 ② 공랭식
③ 수냉식 ④ 냉동식

해설
오일 쿨러의 종류는 공랭식, 수냉식, 냉동식이 있다.

37 공기여과기의 여과 방식이 아닌 것은?

① 원심력을 이용하여 분리하는 방식
② 충돌판을 닿게하여 분리하는 방식
③ 흡습제를 사용하여 분리하는 방식
④ 가열하여 분리하는 방식

해설
오염물질 제거방법
- 원심력을 이용하여 분리하는 방법
- 충돌 판에 닿게 하여 분리하는 방법
- 흡습제를 사용해서 분리하는 방법
- 냉각하여 분리하는 방법

38 드레인 배출 방식이 아닌 것은?

① 건조식
② 파일럿 및 수동식
③ 부구식(플로우트식)
④ 차압식(전동기 구동식)

해설
드레인 배출방식
- 플로트식
- 파일럿식
- 전동기 구동 방식

39 실린더, 로터리 액추에이터 등 일반용 공압기기의 공기여과기에 적당한 여과기 엘리먼트의 입도는?

① 5μm 이하 ② 5~10μm
③ 10~40μm ④ 40~70μm

해설
일반용 공압기기의 공기여과기에 적당한 여과기 엘리먼트의 입도는 40~70μm이다.

40 필터 엘리먼트에서 공기터빈, 공기모터 등에 많이 사용하는 메시의 크기는?

① 70~40μm ② 40~10μm
③ 10~5μm ④ 0.5μm

해설

여과 엘리먼트	사용기기	비고
70~40μm	실린더, 로터리 액추에이터	일반용
40~10μm	공기터빈, 공기모터	고속용
10~5μm	공기마이크로미터	정밀용
5 이하μm	순 유체 소자	특수용

[정답] 35 ① 36 ① 37 ④ 38 ① 39 ④ 40 ①

41 공압 시스템에서 고장의 원인이 아닌 것은?

① 공급 유량 부족으로 인한 고장
② 수분으로 인한 고장
③ 이물질로 인한 고장
④ 오동작으로 인한 고장

42 공압에서 사용되는 압축공기에는 오염된 물질이 흡입된다. 이 오염물질이 시스템 외부에서 혼입되는 경우가 아닌 것은 무엇인가?

① 먼지(분진, 매연, 모래 먼지 등)
② 유해 가스(황화수소, 아황산가스, 오존 등)
③ 파이프의 부식물(필터의 부스러기, 마모분 등)
④ 유해 물질(습기, 염분 등)

해설
파이프의 부식물은 시스템 내부에서 발생되는 오염물질이다.

43 압축공기의 건조방식이 아닌 것은?

① 가열식 ② 냉동식
③ 흡수식 ④ 흡착식

해설
공기건조기(제습기; air dryer)
- 수분의 응축을 방지하기 위해서는 흡입 공기를 여과하거나 격판 압축기처럼 공기와 기름이 접촉되지 않는 압축기를 사용하며 공기 중에 있는 습기는 건조해야 한다.
- 습기를 건조하는 방법으로는 흡수식, 흡착식, 저온 건조식 등이 있다.

44 공압 장치에서 흡착식 공기건조기에 사용되는 것은?

① 소금 ② 염화칼슘
③ 실리카 겔 ④ 염화나트륨

45 흡착식 건조기에 관한 설명으로 옳지 않은 것은?

① 건조제로 실리카 겔, 활성알루미나 등이 사용된다.
② 흡착식 건조기는 최대 −70℃ 정도까지의 저이슬점을 얻을 수 있다.
③ 건조제가 압축공기 중의 수분을 흡착하여 공기를 건조하게 된다.
④ 냉매에 의해 건조되며 2~5℃까지 냉각되어 습기를 제거한다.

해설
흡착식 건조기
- 건조제로 실리카 겔, 활성알루미나 등이 사용된다.
- 흡착식 건조기는 최대 −70℃ 정도까지의 저이슬점을 얻을 수 있다.
- 건조제가 압축공기 중의 수분을 흡착하여 공기를 건조하게 된다.
- 고체 흡착제 속을 압축공기가 통과하도록 하여 수분이 고체 표면에 붙어버리도록 한다.

46 흡수식 건조기 특징이 아닌 것은?

① 설치비용이 적게 든다.
② 기계적 마모가 적다.
③ 외부에너지 공급원이 필요 없다.
④ 장비의 설치가 복잡하다.

해설
흡수식 건조기의 특징
- 공기량이 작은 경우에 사용한다.
- 건조제는 년 2~4회 정도 새로 교환해 줘야 한다.
- 장비의 설치가 간단하고 외부에너지 공급이 불필요하다.
- 건조기에 움직이는 기계적 장치 부분이 없으므로 마모에 의한 손실이 적다.
- 건조제 교체 비용이 많이 들고 효율이 낮다.

[정답] 41 ① 42 ③ 43 ① 44 ③ 45 ④ 46 ④

47 공기건조기에 대한 설명으로 옳은 것은?

① 건조제 재생 방법을 논 브리드식이라 부른다.
② 흡착식은 실리카겔 등의 고체 흡착제를 사용한다.
③ 흡착식은 최대 −170℃까지의 저노점을 얻을 수 있다.
④ 수분 제거 방식에 따라 건조식, 흡착식으로 분류한다.

해설

공기건조기
- 흡착식 재생 방법의 종류에는 압축공기를 사용하는 히스테리형, 외부 또는 내부의 가열기에 의한 히트형, 히트펌프에 의한 히트펌프형이 있다.
- 흡착식은 실리카 겔(실리콘 디옥사이드 ; SiO_2), 활성알루미나 등 고체 흡착 건조제를 2개의 용기에 넣고 이 사이에 습공기를 통과시키면 습기를 제거할 수 있다.
- 흡착식은 최대 −70℃까지의 저노점을 얻을 수 있다.
- 압축공기 속에 포함된 수분을 제거하여 건조공기로 만드는 기기로서 냉동식, 흡착식, 흡수식이 있다.

48 다음 공기건조기 중 화학적 건 방식을 쓰는 것은?

① 가열식 에어 드라이어
② 냉동식 에어 드라이어
③ 흡수식 에어 드라이어
④ 흡착식 에어 드라이어

해설

공기건조기(제습기) : 압축공기 속에 포함되어 있는 수분을 제거하여 건조한 공기로 만드는 기기
- 냉동식 건조기 : 이슬점 온도를 낮추는 원리를 이용한 것
- 흡착식 건조기 : 고체 흡착제(실리카겔, 활성알루미나, 실리콘디옥사이드)를 사용하는 물리적 과정의 방식
- 흡수식 건조기 : 흡수액(염화리듐, 수용액, 폴리에틸렌)을 사용한 화학적 과정의 방식

49 습공기를 어느 한계까지 냉각할 때, 그 속에 있던 수증기가 이슬방울로 응축되기 시작하는 온도는?

① 건구 온도　② 노점 온도
③ 습구 온도　④ 임계 온도

해설

노점 온도 : 습공기를 어느 한계까지 냉각할 때, 그 속에 있던 수증기가 이슬방울로 응축되기 시작하는 온도이다. 흡착식 건조기에서 최대 −70℃의 저노점을 얻을 수 있다.

50 이슬점 온도를 낮추는 원리를 사용한 제습기는?

① 냉동식 에어 드라이어
② 흡착식 에어 드라이어
③ 흡수식 에어 드라이어
④ 탈착식 에어 드라이어

51 공기압 장치의 습동부에 충분한 윤활유를 공급하여 움직이는 부분의 마찰력을 감소시키는 데 사용하는 공압기기는?

① 공기냉각기　② 공기 필터
③ 공기건조기　④ 윤활기

해설

윤활기(루브리케이터) : 공압 실린더나 밸브 등 작동을 원활하게 하기 위해서 사용하며, 작동원리는 벤추리 원리이다.

52 공압 실린더, 제어 밸브 등의 작동을 원활하게 하기 위하여 윤활유를 분무 급유하는 기기의 명칭은?

① 드레인　② 에어필터
③ 레규레이터　④ 루브리케이터

[정답] 47 ② 48 ③ 49 ② 50 ① 51 ④ 52 ④

해설

루브리케이터(윤활기)
공압기기인 공압 실린더나 밸브 등의 작동을 원활하게 하기 위해서 미세한 윤활유를 공급하는 기기이다.

53 **공압 장치의 윤활유 구비조건은?**

① 마찰계수가 클 것
② 열화의 정도가 클 것
③ 윤활유로는 터빈오일 3종 ISO VG82를 사용한다.
④ 마멸, 발열 등을 방지할 수 있을 것

54 **윤활기(루브리케이터)의 기호는?**

① 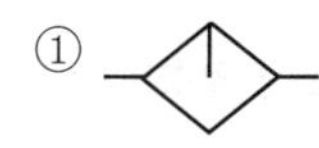
② 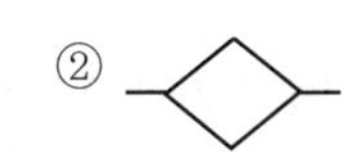
③ 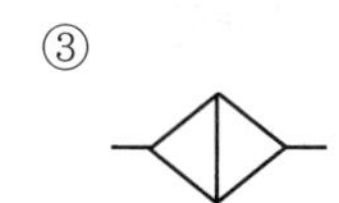
④ 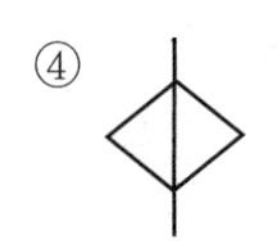

55 **마름모(◇)가 기본이 되는 공유압 기호가 아닌 것은?**

① 여과기　② 열교환기
③ 차압계　④ 루브리케이터

해설

마름모(◇)가 기본이 되는 공유압 기호
필터, 드레인, 분리기, 주유기, 열교환기, 여과기, 루브리케이터 등

56 **공기압축기를 출력에 따라 분류할 때 소형의 범위는?**

① 50~180W　② 0.2~14kW
③ 15~75kW　④ 75kW 이상

해설

공기 압축기 출력에 따른 분류
- 소형 : 0.2~14kW
- 중형 : 12~75kW
- 대형 : 75kW 이상

57 **공기압축기를 토출압력에 따라 분류할 때 중압의 범위는?**

① 1~8(kg/cm^2)
② 10~16(kg/cm^2)
③ 16~26(kg/cm^2)
④ 26(kg/cm^2) 이상

해설

토출압력에 따른 분류
- 저압 : 1~8(kg/cm^2)
- 중압 : 10~16(kg/cm^2)
- 고압 : 16(kg/cm^2) 이상

58 **공압 발생장치 중 1kgf/cm^2 이상의 토출압력을 발생시키는 장치는?**

① 송풍기　② 팬
③ 공기압축기　④ 공압 모터

해설

공압 발생장치
① 송풍기 : 0.1 ~ 1 kgf/cm^2 (10~100kPa)
② 팬 : 0.1 kgf/cm^2 미만 (10kPa 미만)
③ 공기압축기 : 1 kgf/cm^2 이상
④ 공압 모터 : 출력은 보통 0.1~19kw(0.1~25마력)까지 가능

59 **대기압 상태의 공기를 흡입 · 압축하여 1kgf/cm^2 이상의 압력을 발생시키는 공압기기는?**

① 공압 모터　② 유압 펌프
③ 공기압축기　④ 압력제어 밸브

[정답] 53 ④ 54 ① 55 ③ 56 ② 57 ② 58 ③ 59 ③

해설

공기압축기

대기압 상태의 공기를 흡입 · 압축하여 1kgf/cm² 이상의 압력을 발생시키는 공압기기이다.

60 공기압축기를 작동원리에 따라 분류할 때 용적형 압축기가 아닌 것은?

① 축류식 ② 피스톤식
③ 베인식 ④ 다이어프램식

해설

공기압축기	용적형	왕복식	피스톤 압축기, 격판 압축기(다이어프램)
		회전식	미끄럼 날개 회전 압축기(베인), 스크루 압축기, 루-트 블로워
	터보형	유동식	반경류 압축기, 축류 압축기

61 다음 압축기의 종류 중 왕복식 압축기에 해당되는 것은?

① 격판 압축기 ② 나사식 압축기
③ 루트 블로어 ④ 축류 압축기

해설

용적형 압축기에는 왕복식과 회전식이 있으며, 왕복식에는 피스톤식과 격판 압축기가 있다.

62 2단 피스톤의 1단 피스톤에 비해 용적이 작은 압축기는?

① 피스톤 압축기 ② 축류식 압축기
③ 스크루 압축기 ④ 다이어프램 압축기

해설

2단식 피스톤 압축기는 흡입된 공기가 1차 피스톤에 의해 압축되고 1차 압축된 공기는 냉각실을 통해 냉각된 후에 다음 피스톤에 의해 2단 압축된다. 이때 2단 피스톤의 1단 피스톤에 비해 용적이 작음에 주목해야 한다.

63 피스톤의 기계적 운동부와 공기 압축실을 격리시켜 이물질이 공기에 포함되지 않아 식품, 의약품, 화학산업 등에 많이 사용되는 압축기는?

① 피스톤형 압축기
② 다이어프램형 압축기
③ 루트 블로워 압축기
④ 베인형 압축기

해설

격판(Diaphragm) 압축기

피스톤이 격판에 의해 흡입실(suction chamber)로부터 분리되어 있어 공기가 왕복운동을 하는 부분과 직접 접촉하지 않기 때문에 압축된 공기에 기름(oil) 등 오물이 섞이지 않게 된다. 이런 청정 압축공기 생산을 할 수 있는 장점 때문에 식료품, 제약, 화학산업 분야에 응용된다.

64 공기압축기의 종류 중 터보형 압축기는?

① 베인식 ② 나사식
③ 피스톤식 ④ 원심식

해설

터보 압축기

공기의 유동 원리를 이용한 터보를 고속으로 회전시키면서 공기를 압축시킨다.

- 대형, 대용량의 공기압원으로 이용한다.
- 종류로는 축류식, 원심식 등이 있다.

65 미끄럼 날개 회전 압축기라도고 불리며 공기를 안정되고 일정하게 공급할 수 있는 회전식 공기 압축기는?

① 베인형 압축기
② 원심식 압축기
③ 루트 블로워 압축기
④ 피스톤형 압축기

[정답] 60 ① 61 ① 62 ① 63 ② 64 ④ 65 ①

해설

베인형 압축기 : 미끄럼 날개 회전 압축기라도고 불리며 공기를 안정되고 일정하게 공급할 수 있는 회전식 공기 압축기로 편심 로터가 흡입과 배출구멍이 있는 실린더 형태의 하우징 내에서 회전하여 압축공기를 토출하는 형태이다.

66 편심 로터가 흡입과 배출구멍이 있는 하우징 내에서 회전하는 형태의 압축기는?

① 피스톤 압축기
② 격판 압축기
③ 미끄럼 날개 회전 압축기
④ 축류 압축기

해설

미끄럼 날개 회전 압축기 : 편심 로터가 흡입과 배출구멍이 있는 하우징 내에서 회전 하는 형태의 압축기이다.

67 나사형 회전자가 서로 맞물려 회전하면서 연속적으로 압축공기를 생산하는 압축기는?

① 격판 압축기
② 베인 압축기
③ 루트 블로어 압축기
④ 스크루 압축기

해설

스크루 압축기 : 나사형 회전자가 서로 맞물려 회전하면서 연속적으로 압축공기를 생산하는 압축기이다.

68 피스톤이 회전하면서 공기실(air chamber)이 줄어들게 되어 압축 작용을 하는 압축기는?

① 피스톤 압축기
② 격판 압축기
③ 미끄럼 날개 회전 압축기
④ 로터리 피스톤 압축기

69 스크루 압축기의 특징이 아닌 것은?

① 진동이 적고 고속회전이 가능하다.
② 진동이 적으나 저주파 소음이 크다.
③ 토출 공기의 맥동이 거의 없다.
④ 무급유 시동이 가능하다.

해설

- 고압축비에서도 우수한 성능을 발휘하며, 소음과 진동이 적다.
- 흡입 및 토출 밸브가 없으며, 압축기 내부의 고압과 저압의 압력차를 이용하여 급유하므로 펌프가 필요 없다. 따라서 유펌프 구동용 전동기, 동력 전달용 커플링, 유압 조정 밸브가 없이 구조가 간단하고 이들에 의해 발생되는 고장도 없다.
- 압축기에 내장된 독특한 구조의 유분리기를 사용하므로 압축기의 크기가 작아진다.

70 누에고치형 회전자를 서로 90° 위상 변위를 주고 회전자끼리 서로 반대 방향으로 회전하여 흡입된 공기는 회전자와 케이싱 사이에서 체적변화 없이 토출구 측으로 이동되어 토출하는 압축기는?

① 루트 블로어(Roots blower)
② 격판 압축기
③ 미끄럼 날개 회전 압축기
④ 로터리 피스톤 압축기

71 편심 로터가 흡입과 배출구멍이 있는 실린더 형태의 하우징 내에서 회전하여 압축공기를 토출하는 형태의 압축기는?

① 루트 블로어(Roots blower)
② 베인식
③ 터보형(유동식) 압축기
④ 로터리 피스톤 압축기

[정답] 66 ③ 67 ④ 68 ④ 69 ② 70 ① 71 ②

72 공기의 유동 원리를 이용한 터보를 고속으로 회전시키면서 공기를 압축시키는 압축기는?

① 루트 블로어(Roots blower)
② 베인식
③ 유동식 압축기
④ 로터리 피스톤 압축기

73 왕복형 공기압축기가 회전형과 비교 시 장점은?

① 진동이 적다.
② 고압 성향이다.
③ 소음이 적다.
④ 맥동이 적다.

74 회전피스톤 압축기의 종류가 아닌 것은?

① 미끄럼 날개 압축기
② 2축 스크루 압축기
③ 루트 블로어
④ 피스톤 압축기

해설
피스톤 압축기는 왕복식 압축기이다.

75 다음 압축기의 종류 중 왕복 피스톤 압축기에 해당되는 것은?

① 격판 압축기
② 미끄럼 압축기
③ 루트 블로어
④ 축류 압축기

76 압축기의 설치 조건 중 맞는 것은 어느 것인가?

① 저습한 장소에 설치하여 드레인 발생을 많게 한다.
② 유해물질이 적은 장소에 설치한다.
③ 직사광선이 곧바로 비치는 장소에 설치한다.
④ 유해가스, 오존 등이 아주 많은 곳을 선정하여 설치한다.

77 다음 중 가장 높은 압력까지 압축할 수 있는 압축기는?

① 피스톤 압축기 ② 스크루 압축기
③ 반경류 압축기 ④ 격판 압축기

78 공기압축기는 변동하는 수요에 공급량을 맞추기 위해 압력 조절이 필요하다. 조절 방법에는 여러 가지 방법이 있는데 다음 중 무부하 조절에 해당하지 않는 것은?

① 배기조절
② 흡입량 조절
③ 차단조절
④ 그립–암(grip–arm) 조절

79 압축공기 저장탱크의 구성기기가 아닌 것은?

① 압력계 ② 체크밸브
③ 유량계 ④ 안전밸브

해설
저장탱크의 구성기기
압력 안전밸브, 온도계, 압력계, 체크(차단)밸브, 맨홀, 배수기 등이다.

[정답] 72 ③ 73 ② 74 ④ 75 ① 76 ② 77 ① 78 ② 79 ③

80 소요 공기량을 조절하기 위한 공기압축기의 압축공기 생산 조절 방식이 아닌 것은?

① 무부하 조절 방식
② ON/OFF 조절 방식
③ 저속 조절 방식
④ 드레인 조절 방식

해설
공기압축기의 조절 방법
압축공기의 변하는 필요량을 맞추기 위해 조절이 필요하며 무부하 밸브[배기조절, 차단조절, 그립-암(grip-arm) 조절], 엔진 속도조절, 흡입량 조절, on-off 조절 방식이 있다.

81 다음 중 터보형 공기압축기의 압축방식은?

① 원심식　② 스크루식
③ 피스톤식　④ 다이어프램식

해설
터보형 공기압축기 : 날개를 회전시키는 것에 의해 공기에 에너지를 주어 압력으로 변환하여 사용하는 것으로 축류식, 원심식 등이 있다.

82 공기압축기의 설치 및 사용 시 주의점으로 틀린 것은?

① 가능한 한 온도 및 습도가 높은 곳에 설치할 것
② 공기 흡입구에 반드시 흡입 필터를 설치할 것
③ 압축기의 능력과 탱크의 용량을 충분히 할 것
④ 지반이 견고한 장소에 설치하여 소음, 진동을 예방할 것

해설
공기압축기는 가능한 한 온도 및 습도가 낮은 곳에 설치할 것

83 공기압축기의 선정시 고려되어야 할 사항을 설명한 것으로 틀린 것은?

① 압축기의 송출압력과 이론 공기공급량을 정하여 산정한다.
② 소용량의 압축기를 병렬로 여러 대 설치하는 것이 대용량 1대보다 효율적이다.
③ 사용 공기량의 수요 증가 또는 공기 누설을 고려하여 1.5~2배 정도 여유를 둔다.
④ 대용량 압축기 1대로 집중공급 시 불시의 고장으로 작업 중단을 예방하기 위해 2대 설치하는 것이 좋다.

해설
소용량의 압축기를 병렬로 여러 대 설치하는 것이 대용량 1대보다 비효율적이다.

84 공기의 압축성 때문에 스틱 슬립(stick-slip) 현상이 생겨 속도가 안정되지 않을 때 이를 방지하기 위해 사용되는 기기는?

① 증압기　② 충격 방출기
③ 증폭기　④ 공유압 변환기

해설
공유압 변환기 : 공기의 압축성 때문에 스틱 슬립(stick-slip) 현상이 생겨 속도가 안정되지 않을 때 이를 방지하기 위해 사용되는 기기이다.

85 공기저장 탱크의 크기를 결정하는데 있어서 고려해야 할 사항이 아닌 것은?

① 시간당 스위칭 횟수
② 공기압축기의 압력비
③ 공기압축기의 공기 체적
④ 공기에 포함된 수분의 함량

[정답] 80 ④ 81 ① 82 ① 83 ② 84 ④ 85 ④

해설

탱크 크기는 클수록 좋겠으나 경제성을 고려하여 알맞은 크기를 선정해야 한다. 선정하는 방법은 공급 체적, 1시간당 스위칭 횟수, 압력 편차(압력 차이)를 고려하여 선정한다.

86 공기 온도 32℃, 상대습도 90%, 응착기가 흡입하는 공기유량 10 m^3/min일 때의 압축기가 흡입하는 수증기량은 얼마인가? (단, 32℃에서 포화 수증기량은 33.3g/m^3임)

① 200 ② 250

③ 300 ④ 400

해설

포화수증기량은 건조공기 1 m^3 포함된 상대습도 100%의 수증기의 중량이므로 흡입 수증기량 = 33.8×10×0.9 = 299.7 ≒300g이다.

87 다음 중 일반 산업 분야의 기계에서 사용하는 압축공기압력으로 가장 적당한 것은?

① 약 50 ~ 70kgf/cm^2

② 약 500 ~ 700kPa

③ 약 500 ~ 700bar

④ 약 50 ~ 70Pa

해설

산업 분야의 기계에서 사용하는 압축공기압력은 약 500 ~ 700kPa이다.

88 압축공기의 응축된 물과 고형 이물질을 제거하기 위하여 사용하는 필터의 기호는?

① 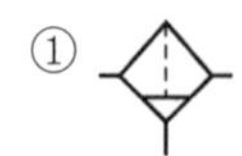

② 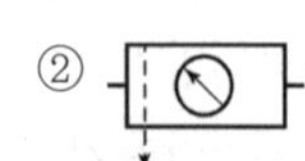

③

④ 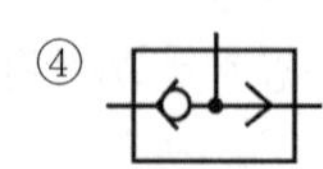

해설

압축공기의 응축된 물과 고형 이물질을 제거하기 위하여 사용하는 필터의 기호이다.

89 다음의 기호에서 압축기 및 송풍기를 나타내는 기호는?

① 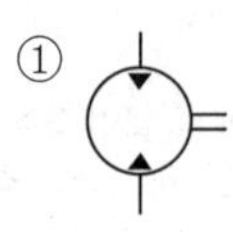

② 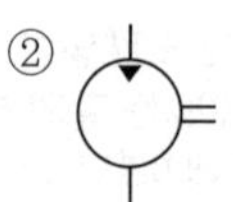

③ 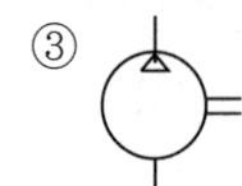

④ 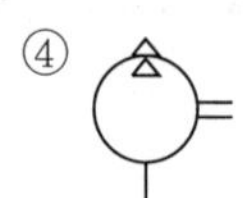

90 방향제어 밸브의 연결구(포트)에 "P"라는 문자가 적혀있다면 여기에 연결해야 하는 배관은?

① 소음기로 배기되는 배관

② 실린더와 연결되는 배관

③ 공기탱크와 연결되는 배관

④ 제어라인과 연결되는 배관

해설

방향제어밸브의 연결구(포트)에 "P"는 공기탱크와 연결되는 배관이다.

91 4/3way 밸브의 중립 위치 형식 중에서 P포트가 막히고 다른 포트들은 서로 통하게 되어 있는 형식은?

① 센터 스풀형

② 텐덤 센터형

③ 세미 오픈 센터형

④ 펌프 클로즈드 센터형

[정답] 86 ③ 87 ② 88 ① 89 ③ 90 ③ 91 ④

92 공압용 방향 전환 밸브의 구멍(port)에서 'EXH'가 나타내는 것은?

① 밸브로 진입 ② 실린더로 진입
③ 대기로 방출 ④ 탱크로 귀환

해설
EXH는 대기로 방출하는 포트의 기호로 사용한다.

93 그림과 같은 제어 밸브 방식은?

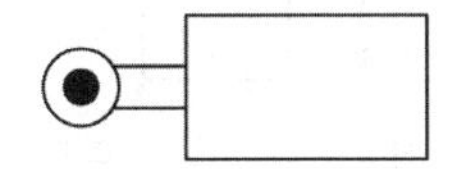

① 누름 스위치 방식
② 공압 제어 방식
③ 페달 방식
④ 롤러레버 방식

94 방향 전환 밸브의 전환 조작 방법을 연결한 것 중 옳은 것은?

① : 수동조작
② : 파일럿 조작
③ : 솔레노이드 조작
④ : 압축공기 조작

95 복동 가변식 전자 액추에이터의 기호는?

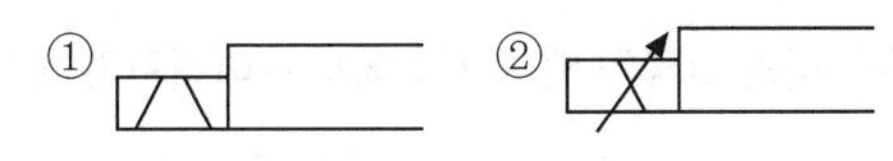
①
②

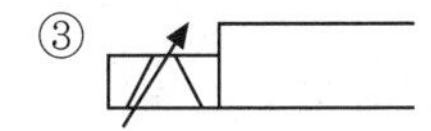
③

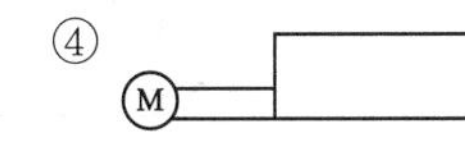
④

96 밸브의 작동방법 중 기계적 작동방법은?

① 누름스위치 ② 솔레노이드
③ 페달 ④ 스프링

해설
밸브의 기계적 작동방법은 스프링이다.

97 공압 장치의 공압 밸브 조작방식이 아닌 것은?

① 수동 조작방식
② 래치 조작방식
③ 전자 조작방식
④ 파일럿 조작방식

해설
공압 밸브 조작방식
- 기계식(롤러, 플런저 등)
- 인력에 의한 수동 조작방식
- 공압(파일럿)식
- 전자식(솔레노이드)

98 방향제어 밸브의 조작방식 중 기계방식이 아닌 것은?

① 레버 방식 ② 롤러 방식
③ 스프링 방식 ④ 플런저 방식

해설
레버 방식은 인력 조작방식이다.

99 압축공기의 공급, 배기, 방향제어를 위한 통로인 접속구를 나타내는 것은?

① 포트의 수
② 위치의 수
③ 밸브의 복귀
④ 정상상태(normally)에서 제어 방향

[정답] 92 ③ 93 ④ 94 ① 95 ③ 96 ④ 97 ② 98 ① 99 ①

100 실린더나 공압 모터의 전진, 후진, 정회전, 역회전, 정지를 제어하는 위치를 나타내는 것은?

① 포트의 수
② 위치의 수
③ 밸브의 복귀
④ 정상상태(normally)에서 제어 방향

101 조작력이 작용하고 있을 때의 밸브 몸체의 최종 위치를 나타내는 용어는?

① 노멀 위치 ② 중간 위치
③ 작동 위치 ④ 과도 위치

해설
작동 위치 : 조작력이 작용하고 있을 때의 밸브 몸체의 최종 위치를 나타내는 용어이다.

102 메모리 방식으로 조작력이나 제어신호를 제거하여도 정상상태로 복귀하지 않고 반대 신호가 주어질 때까지 그 상태를 유지하는 방식을 무엇이라 하는가?

① 디텐트 방식
② 스프링 복귀방식
③ 파일럿 방식
④ 정상상태 열림 방식

해설
디텐트 방식 : 메모리 방식으로 조작력이나 제어신호를 제거하여도 정상상태로 복귀하지 않고 반대 신호가 주어질 때까지 그 상태를 유지하는 방식이다.

103 공압 실린더를 중간 정지하기 위하여 사용하는 것은?

① 공압 근접스위치
② 5/3way 방향제어 밸브
③ 상시 열림형 시간지연 밸브
④ 상시 닫힘형 시간지연 밸브

해설
5/3way 방향제어 밸브 : 공압 실린더를 중간에 정지하기 위하여 사용한다.

104 다음 밸브의 포트수와 절환 위치수가 맞는 것은 어느 것인가?

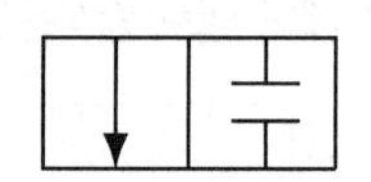

① 2포트 2위치 ② 2포트 1위치
③ 2포트 3위치 ④ 3포트 2위치

105 다음 그림의 기호가 가지고 있는 기능에 관한 설명으로 옳지 않은 것은?

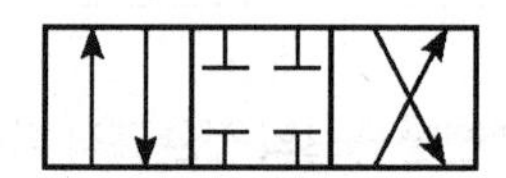

① 실린더 내의 압력을 제거할 수 있다.
② 실린더가 전진 운동할 수 있다.
③ 실린더가 후진 운동할 수 있다.
④ 모터가 정지할 수 있다.

해설
4포트 3위치 기호로 실린더가 전후진 할 수 있고, 모터가 정지할 수 있다.

106 다음 그림의 밸브 기호에서 제어위치의 개수는?

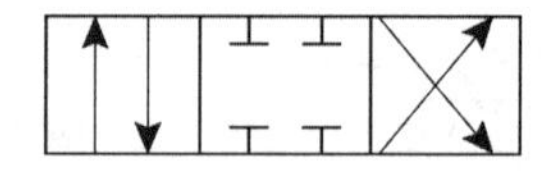

① 1개 ② 2개
③ 3개 ④ 4개

[정답] 100 ② 101 ③ 102 ① 103 ② 104 ① 105 ① 106 ③

해설

위 그림의 밸브 기호에서 제어위치 개수는 3개이다.

107 밸브의 작업 포트를 표현하는 기호는 무엇인가?

① A ② P

③ Z ④ R

해설

① A : 작업 포트 ② P : 공급 포트

③ Z : 제어 포트 ④ R : 배기 포트

108 ISO-1219 표준(문자식 표현)에 의한 공압 밸브의 연결구 표시방법에 따라 A, B, C 등으로 표현되어야 하는 것은?

① 배기구 ② 제어라인

③ 작업라인 ④ 압축공기 공급라인

해설

작업라인 : ISO-1219 표준(문자식 표현)에 의한 공압 밸브의 연결구 표시방법에 따라 A, B, C 등으로 표현한다.

109 방향제어 밸브의 연결구 표시 중 공급라인의 숫자 및 영문 표시(ISO 규격)는?

① 1, A ② 2, B

③ 1, P ④ 2, R

해설

밸브의 연결구 표시법

구 분	ISO-1219규격 (알파벳)	ISO-5599규격 (숫자)
작업 라인	A, B, C …	2, 4, 6 …
압축공기 공급라인 (흡입구)	P	1
배기구	R, S, T …	3, 5, 7 …
제어 라인	X, Y, Z …	10, 12, 14 …

110 3개의 공압 실린더를 A+, B+, A−, C+, C−, B−의 순서로 제어하는 회를 설계하고자 할 때, 신호의 중복(트러블)을 피하려면 몇 개의 그룹으로 나누어야 하는가? (단, A, B, C : 공압 실린더, + : 전진동작, − : 후진동작)

① 2 ② 3

③ 4 ④ 5

해설

3개의 그룹 : A+, B+ / A−, C+ / C−, B−

111 도면의 기호에서 A로 이어지는 기기로 타당한 것은?

① 실린더

② 대기

③ 펌프

④ 탱크

해설

- P : 공급 포트
- R : 배기 포트
- A와 B : 실린더 작업 포트

112 다음 기호를 보고 알 수 없는 것은?

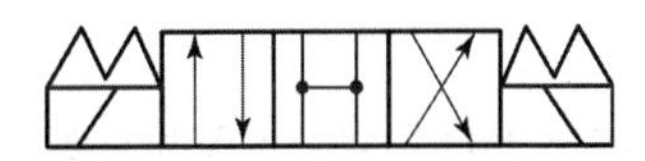

① 포트 수 ② 위치의 수

③ 조작 방법 ④ 접속의 형식

해설

위 그림에서 알 수 없는 것은 접속의 형식이다. 흐름의 형식은 오픈 센터이다.

[정답] 107 ① 108 ③ 109 ③ 110 ② 111 ① 112 ④

113 아래의 기호를 보고 알 수 없는 것은?

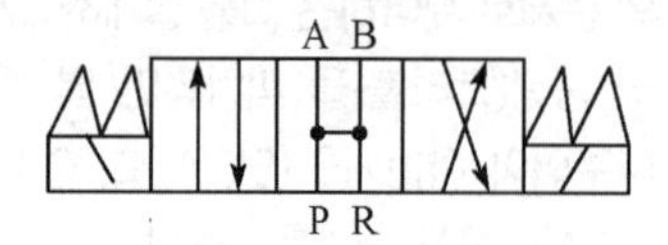

① 4포트　　② 오픈 센터
③ 개스킷 접속　　④ 3위치 밸브

해설
4/3way, 오픈 센터형, 스프링 센터, 단동 솔레노이드

114 아래의 그림은 4포트 3위치 방향제어 밸브의 도면 기호이다. 이 밸브의 중립 위치 형식은?

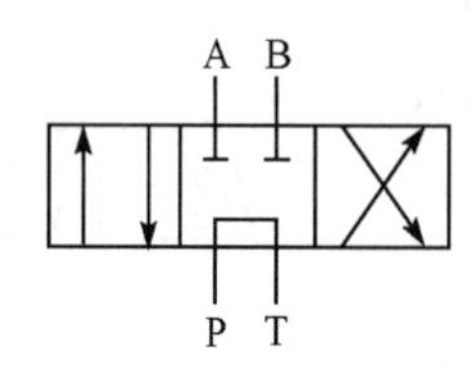

① 탠덤(tandem) 센터형
② 올 오픈(all open) 센터형
③ 올 클로우즈(all close) 센터형
④ 프레셔 포트 블록(block) 센터형

해설
위 그림은 4포트 3위치 방향제어 밸브의 도면 기호로 밸브의 중립 위치 형식은 탠덤(tandem) 센터형이다.

115 4포트 전자 파일럿 전환 밸브의 상세 기호를 간략 기호로 나타낸 기호는?

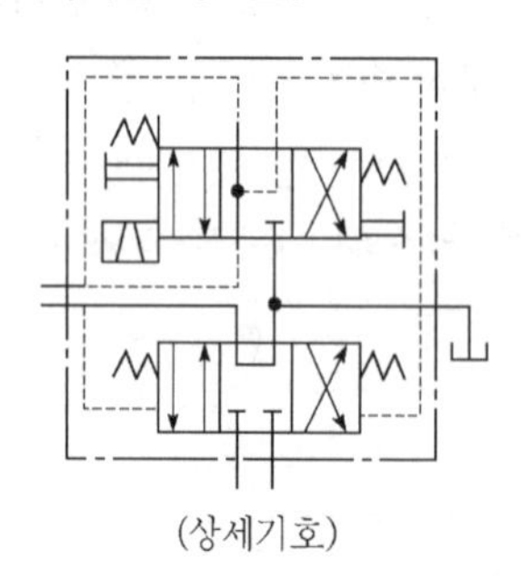
(상세기호)

①
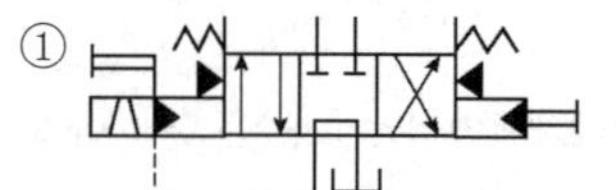

②
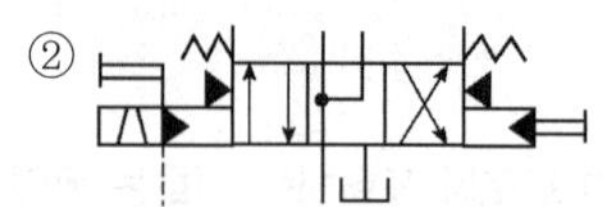

③
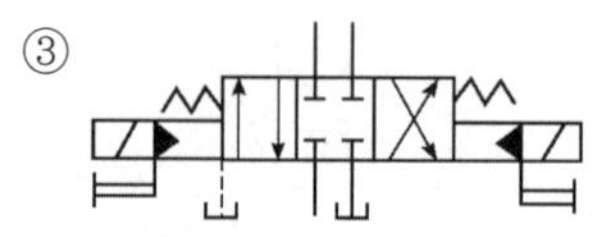

④
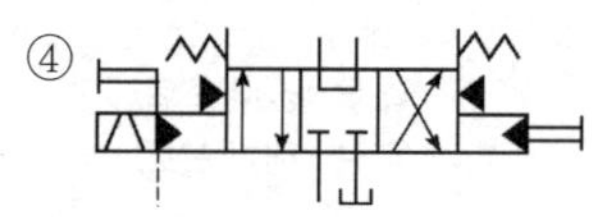

해설
4포트 3위치 밸브 파일럿 압을 제거할 때 작동 위치로 전환된다.

116 다음의 방향 밸브 중 3개의 작동유 접속구와 2개의 위치를 가지고 있는 밸브는 어느 것인가?

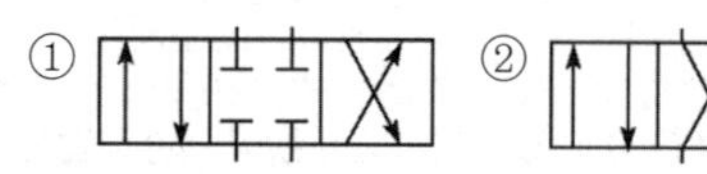
①　②

③
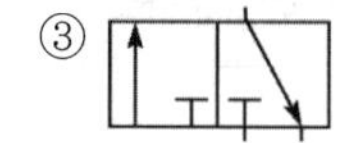

④
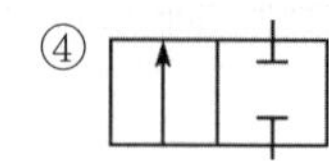

해설
① 4개의 접속구와 3개의 위치 : 4/2way 밸브
② 4개의 접속구와 2개의 위치 : 4/2way 밸브
③ 3개의 접속구와 2개의 위치 : 3/2way 밸브
④ 2개의 접속구와 2개의 위치 : 2/2way 밸브

117 다음에서 플립플롭 기능을 만족하는 밸브는?

①
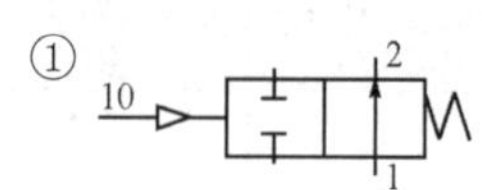

②
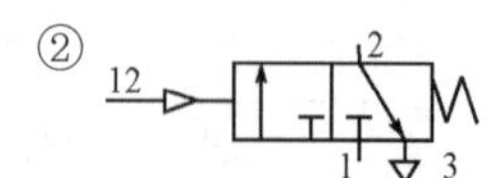

[정답] 113 ③ 114 ① 115 ① 116 ③ 117 ④

③ 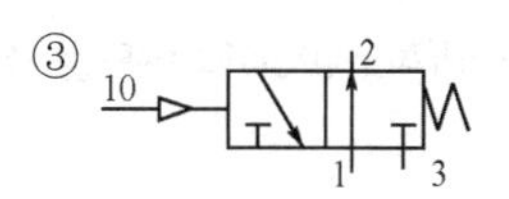

④ 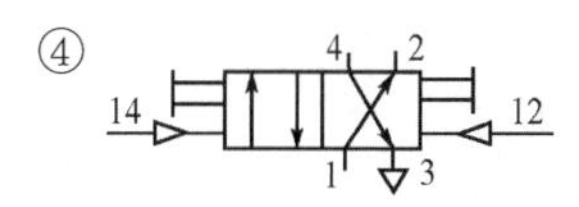

해설

플립플로 회로 : 신호와 출력의 관계가 기억되는 기능이 있고, 2개의 안정된 출력상태를 가지며, 입력의 유무에 불구하고 직전에 가해진 입력 상태를 출력해서 유지하는 밸브이다. ④에서 제어신호인 14와 12가 있는 밸브는 플립플로 기능이 있다.

118 다음 밸브 기호의 표시방법이 맞지 않는 것은?

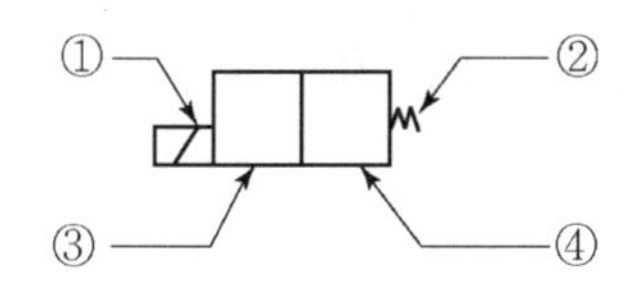

① 솔레노이드
② 스프링
③ 솔레노이드를 여자시켰을 때의 상태를 나타내는 기호요소
④ 스프링이 작동하고 있지 않은 상태를 나타내는 기호요소

해설

④는 스프링이 작동하고 있는 상태를 나타내는 기호요소

119 9개의 입력신호 중 어느 한 곳의 신호만 있어도 한 곳으로 출력을 발생시킬 수 있는 밸브와 그 수량은?

① 2압 밸브, 8개
② 2압 밸브, 9개
③ 셔틀밸브, 8개
④ 셔틀밸브, 9개

해설

9개의 입력신호 중 어느 한 곳의 신호만 있어도 한 곳으로 출력을 발생시킬 수 있는 밸브는 셔틀밸브이고 그 수 8개이다.

120 공압 포핏식 밸브의 단점 중 옳은 것은 어느 것인가?

① 다방향 밸브일 때는 구조가 복잡해진다.
② 이물질의 영향을 잘 받는다.
③ 짧은 거리에서 개폐를 할 수 없다.
④ 윤활이 필요하고 수명이 짧다.

해설

포핏(poppet) 밸브 특징

- 밸브의 시트(seat)가 탄성이 있는 실(seal)에 의하여 밀봉되기 때문에 마모가 일어날 수 있는 부분이 적다.
- 먼지 등의 이물질에 영향을 적게 받으며 수명이 길다.
- 구조가 간단하고 포핏 밸브의 이동거리가 짧다.
- 배압에 의해 밸브의 밀착이 완전하다.
- 공급압력이 밸브에 작용하기 때문에 큰 변환 조작이 필요하다.
- 포핏 이동에 큰 힘이 필요하다.

121 포핏 방식의 방향 전환 밸브가 갖는 장점이 아닌 것은?

① 누설이 거의 없다.
② 밸브 이동거리가 짧다.
③ 조작에 힘이 적게 든다.
④ 먼지, 이물질의 영향이 적다.

해설

포핏 방식의 방향 전환 밸브의 특징은 밸브의 시트(seat)가 탄성이 있는 실(seal)에 의하여 밀봉되기 때문에 마모가 일어날 수 있는 부분이 적고 먼지 등의 이물질에 영향을 적게 받으며 수명이 길다. 이외에도 단점으로는 공급압력이 밸브에 작용하기 때문에 큰 변환 조작이 필요하다.

[정답] 118 ④ 119 ③ 120 ① 121 ③

122 포핏 밸브의 특징이 아닌 것은?

① 구조가 간단하여 먼지 등의 이물질의 영향을 잘 받지 않는다.
② 짧은 거리에서 밸브의 개폐할 수 있다.
③ 일봉 효과가 좋고 복귀스프링이 파손되어도 공기압력으로 복귀된다.
④ 큰 변환 조작이 필요하고, 다방향 밸브로 되면 구조가 단순하다.

해설
포핏 밸브의 단점으로는 공급압력이 밸브에 작용하기 때문에 큰 변환 조작이 필요하고, 다방향 밸브로 되면 구조가 복잡하다.

123 원통형으로 된 슬리브나 밸브 몸체의 미끄럼면에 내접하여 축 방향으로 이동하면서 개폐시키는 밸브는?

① 스풀 밸브(spool valve)
② 슬라이드 밸브(slide valve)
③ 회전 밸브(rotary valve)
④ 포핏 밸브

124 로터를 회전시켜서 관료를 변경하는 밸브로 판 밸브, 볼 밸브 등이 있으며 오늘날 볼 밸브가 주로 사용되고 수동으로 전환할 필요가 있는 경우에 많이 사용하는 밸브는?

① 스풀 밸브(spool valve)
② 슬라이드 밸브(slide valve)
③ 회전 밸브(rotary valve)
④ 포핏 밸브

125 다음 중 액추에이터(Actuator)의 속도를 조절하는 밸브는?

① 감압 밸브
② 유량제어 밸브
③ 방향제어 밸브
④ 압력제어 밸브

126 다음에서 실린더의 피스톤 속도를 증가시키고자 할 때 사용할 수 있는 밸브는?

① 2압 밸브
② 셔틀 밸브
③ 급속 배기 밸브
④ 속도조절 밸브

127 유량제어 밸브가 아닌 것은?

① 교축 밸브
② 속도제어 밸브
③ 급속배기 밸브
④ 감압 밸브

해설
유량제어 밸브
유량제어 밸브는 공압회로의 유량을 일정하게 유지하거나 공압 액추에이터의 속도 및 회전수의 제어가 필요한 경우 압축공기의 배출 유량이나 유입 유량을 조절하기 위하여 사용되며, 교축밸브, 속도제어 밸브, 급속배기 밸브가 있다.

128 공압 실린더의 공기를 급속히 방출시켜서 실린더의 속도를 증가시키고자 할 때 사용되는 밸브는?

① 속도제어 밸브 ② 급속배기 밸브
③ 스로틀 밸브 ④ 스톱 밸브

[정답] 122 ④ 123 ① 124 ③ 125 ② 126 ③ 127 ④ 128 ②

해설

① 속도제어 밸브 : 유량을 조절하는 동시에 압축공기의 흐름 방향에 따라서 교축 작용을 하는 밸브이다.
② 급속배기 밸브 : 공압 실린더의 공기를 급속히 방출시켜서 실린더의 속도를 증가시키고자 할 때 사용한다.
③ 스로틀 밸브 : 유압 구동에서 가장 많이 사용하는 교축 밸브로 기름의 흐름 방향에 관계없이 두 방향의 흐름을 향상 제어하고 미세조정이 가능한 밸브이다.
④ 스톱 밸브 : 상수도 및 유압용 등의 다양한 용도로 사용되는 교축 밸브로 조정핸들을 조정함으로써 스로틀 부분의 단면적을 바꾸어 통과하는 유량을 조절하는 밸브이다.

129 실린더 피스톤의 운동 속도를 증가시킬 목적으로 사용하는 밸브는?

① 이압 밸브 ② 셔틀 밸브
③ 체크밸브 ④ 급속 배기 밸브

해설

급속 배기 밸브
공압 실린더의 배출 저항을 작게 하여 운동 속도를 빠르게 하는 밸브이다.

130 실린더의 귀환 행정시 일을 하지 않을 경우 귀환 속도를 빠르게 하여 시간을 단축시킬 필요가 있을 때 사용하는 밸브는?

① 2압 밸브 ② 셔틀 밸브
③ 체크밸브 ④ 급속 배기 밸브

해설

급속 배기 밸브
실린더의 귀환 행정시 일을 하지 않을 경우 귀환 속도를 빠르게 하여 시간을 단축시킬 필요가 있을 때 사용한다.

131 다음 중 실린더의 속도를 제어할 수 있는 기능을 가진 밸브는?

① AND 밸브
② 3/2-way 밸브
③ 압력 시퀀스 밸브
④ 일방향 유량제어 밸브

해설

일방향 유량제어 밸브(속도제어 밸브)
유량을 교축하는 동시에 흐름의 방향을 제어하는 밸브로 실린더의 속도를 제어하는 데 주로 사용한다.

132 다음에 설명하고 있는 요소의 도면 기호는 어느 것인가?

이 밸브는 공압, 유압 시스템에서 액추에이터의 속도를 조정하는 데 사용되며, 유량의 조정은 한쪽 흐름 방향에서만 가능하고 반대 방향의 흐름은 자유롭다.

① 
② 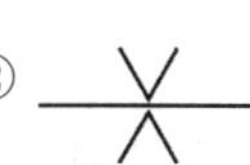
③ 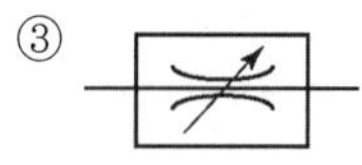
④ 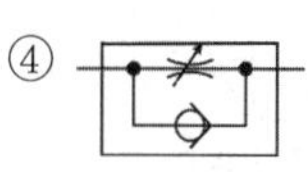

해설

① 교축 밸브 : 교축 부분의 길이(폭)가 교축된 직경보다 크다.
② 격판 밸브 : 교축 부분의 길이(폭)가 교축된 직경보다 작다.
③ 조절 가능한 저항을 가진 유량제어 밸브
④ 1방향 교축 밸브, 속도제어 밸브(공기압)

133 다음의 기호 중 고압 실린더의 1방향 속도 제어에 주로 사용되는 것은?

① 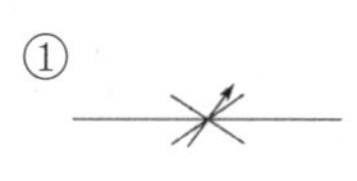
② 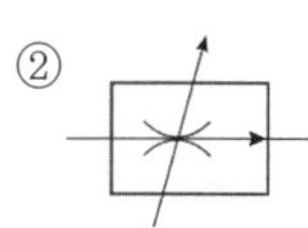
③ 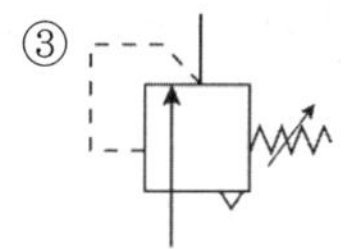
④ 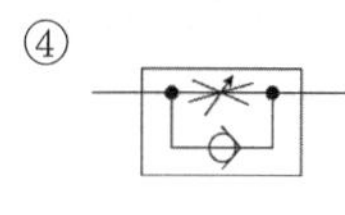

[정답] 129 ④ 130 ④ 131 ④ 132 ④ 133 ④

PART 3 공유압

해설
① 교축 밸브 가변 교축 밸브
② 유량 조정 밸브 직렬형 유량 조정 밸브
③ 양방향 릴리프 밸브
④ 1방향 교축 밸브 속도제어 밸브

134 다음 유압기호 중 파일럿 작동, 외부 드레인형의 감압 밸브에 해당하는 것은?

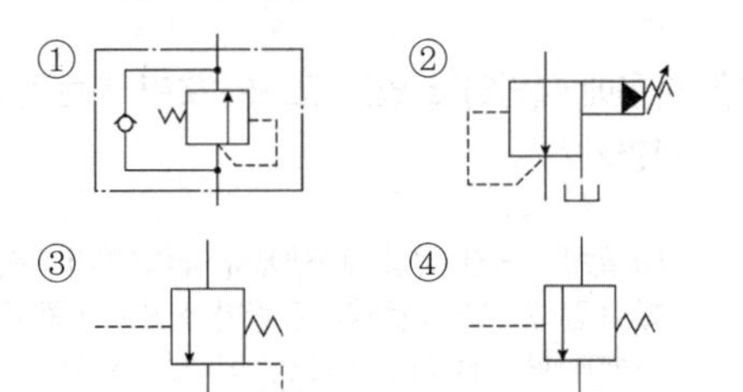

해설
① 카운터 밸런스 밸브
② 시퀀스 밸브
③ 감압 밸브
④ 무부하 밸브

135 다음의 기호가 나타내는 것은?

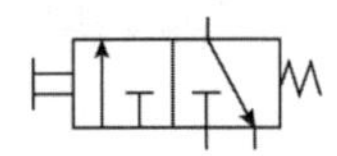

① 3/2way 방향제어 밸브(푸시 버튼형, N.O)
② 3/2way 방향제어 밸브(롤러 레버형, N.O)
③ 3/2way 방향제어 밸브(푸시 버튼형, N.C)
④ 3/2way 방향제어 밸브(롤러 레버형, N.C)

해설
위 그림의 기호는 3/2way 방향제어 밸브(푸시 버튼형, N.C)이다.

136 유량을 조절하는 동시에 압축공기의 흐름 방향에 따라서 교축 작용을 하는 밸브는?

① 속도제어 밸브
② 논-리턴 밸브
③ 교축밸브
④ 시퀀스 밸브

137 어느 한쪽 방향으로만 공기의 흐름을 허용하는 밸브는?

① 속도제어 밸브
② 논-리턴 밸브
③ 교축밸브
④ 시퀀스 밸브

138 다음 중 2개의 입력신호 중에서 높은 압력만을 출력하는 OR 밸브는?

① 셔틀 밸브 ② 이압 밸브
③ 체크밸브 ④ 시퀀스 밸브

해설
셔틀밸브 : 2개의 입력신호 중에서 높은 압력만을 출력하는 OR 밸브이다.

139 밸브의 양쪽 입구로 고압과 저압이 각각 유입될 때 고압쪽이 출력되고 저압쪽이 폐쇄되는 밸브는?

① OR 밸브 ② 체크밸브
③ AND 밸브 ④ 급속배기밸브

해설
OR 밸브 : 밸브의 양쪽 입구로 고압과 저압이 각각 유입될 때 고압쪽이 출력되고 저압쪽이 폐쇄되는 밸브이다.

[정답] 134 ② 135 ③ 136 ① 137 ② 138 ① 139 ①

140 그림은 2압 밸브의 내부 구조도이다. 다음 중 2압 밸브의 특성이 아닌 것은?

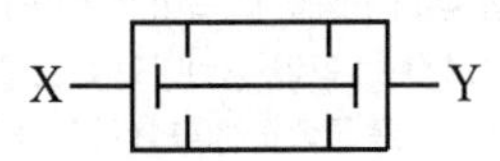

① X, Y에 압력 신호가 전달되어야 출력신호가 존재한다.
② AND의 논리를 만족한다.
③ X, Y에 같은 세기의 압력 신호가 전달되면 먼저 전달된 압력 신호가 출력된다.
④ 동시에 X, Y에 압력 신호가 전달되면 작은 세기의 압력 신호가 출력된다.

해설
2압 밸브에서 입력신호의 세기가 다르면 나중에 입력된 신호가 출력된다.

141 다음 그림에서 [ ] 에 들어가는 밸브의 명칭은?

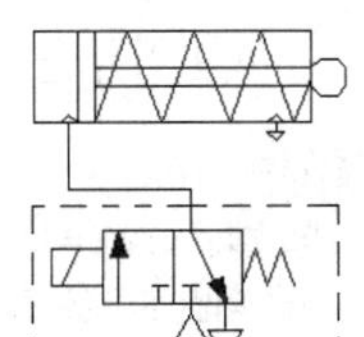

① 2포트 상시닫힘
② 2포트 상시열림
③ 3포트 상시닫힘
④ 3포트 상시열림

142 다음 중 방향제어 밸브에 해당되는 것은?

① 체크밸브
② 카운터 밸런스 밸브
③ 시퀀스 밸브
④ 일방향 유량제어 밸브

해설
방향제어 밸브에는 체크밸브, 2압 밸브, 셔틀 밸브, 스톱 밸브 등이 있다.

143 방향 밸브의 종류가 아닌 것은?

① 회전 미끄럼판 ② 포핏
③ 스풀 ④ 축류

144 방향제어 밸브만으로 구성된 것은?

① 감압 밸브, 스톱 밸브
② 셔틀 밸브, 체크밸브
③ 감압 밸브, 스로틀 밸브
④ 체크밸브, 스로틀 밸브

해설
방향제어 밸브 : 실린더 등 액추에이터로 공급되는 공기의 흐름 방향을 변환시키는 밸브이다.
- 체크밸브(Check valve : 역류방지 밸브) : 한쪽 방향으로의 흐름은 제어하지만 역 방향의 흐름은 제어가 불가능한 밸브이다.
- 셔틀 밸브 : 양 제어 밸브, 양 체크밸브라고도 말하며, 압축공기 입구(X, Y)가 2개소, 출구(A)가 1개소로 되어 있다.

145 공기압 회로에서 압축공기의 역류를 방지하고자 하는 경우에 사용하는 밸브로서, 한쪽 방향으로만 흐르고 반대 방향으로는 흐르지 않는 밸브는?

① 체크밸브 ② 시퀀스 밸브
③ 셔틀 밸브 ④ 급속 배기 밸브

해설
체크밸브 : 공기압회로에서 압축공기의 역류를 방지하고자 하는 경우에 사용하는 밸브로서, 한쪽 방향으로만 흐르고 반대 방향으로는 흐르지 않는 밸브이다.

146 공압용 체크밸브의 최저 작동압력은?

① 0.1~0.2 kg/cm^2
② 0.2~0.5 kg/cm^2
③ 0.5~0.6 kg/cm^2
④ 0.6~ 1 kg/cm^2

[정답] 140 ③ 141 ③ 142 ① 143 ④ 144 ② 145 ① 146 ②

147 **다음 그림의 기호는?**

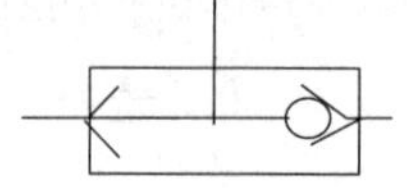

① 급속 배기 밸브
② AND 밸브
③ OR 밸브
④ 체크밸브

148 **다음 그림의 밸브 명칭은?**

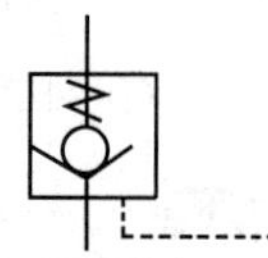

① 급속배기 밸브
② 파일럿조작 체크밸브
③ 체크밸브
④ 서보 밸브

149 **그림과 같은 공압 기호 명칭은?**

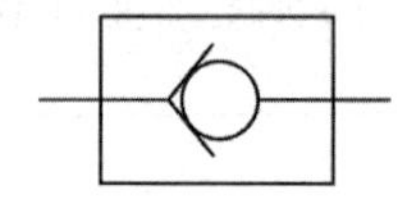

① 셔틀밸브(OR 밸브)
② 2압 밸브(AND 밸브)
③ 체크밸브
④ 급속배기밸브

해설
체크밸브 : 한쪽 방향으로의 흐름은 제어하지만 역방향의 흐름은 제어가 불가능한 밸브이다.

150 **OR 논리를 만족시키는 밸브는?**

① 2압 밸브
② 급속 배기 밸브
③ 셔틀 밸브
④ 압력 시퀀스 밸브

해설
- 2압 밸브 : AND 제어 밸브라고도 하며, 양쪽(X, Y포트) 입력이 있을 때만 출력(A포트)이 가능한 밸브이다.
- 급속 배기 밸브 : 공압 실린더의 속도를 증가시키거나 공기탱크의 공기를 급속히 방출할 필요가 있을 때 사용한다.
- 셔틀 밸브 : 양 제어 밸브(double control), 양 체크밸브(double check), OR 밸브의 명칭을 사용하기도 하며, 입구는 양쪽(X, Y포트) 어느 곳이든 입력이 들어오면 출구(A)는 항상 하나의 출구로 배출된다.
- 압력 시퀀스 밸브 : 공압회로에 다수의 액추에이터를 사용할 때, 압력에 의해서 액추에이터의 작동순서를 미리 정해두고 순서에 따라 동작하는 경우나, 일정한 압력을 확인하고 다음 동작이 진행되어야 하는 경우에 사용된다.

151 **다음 중 "2압 밸브"를 "AND 밸브"라고도 하는 이유를 설명한 것이다. 옳은 것은?**

① 공기 흐름을 정지 또는 통과시켜 주므로
② 2개의 공기 입구 모두에 공압이 작용해야만 출력이 나오므로
③ 독립적으로 사용되므로
④ 역류를 방지하기 때문에

해설
2압 밸브 : AND제어밸브 라고도 하며 양쪽(X, Y포트) 입력이 있을 때만 출력(A포트)이 가능한 밸브이다.

152 **공압 밸브 중에서 셔틀 밸브에 대한 설명으로 옳은 것은?**

① AND 요소로 알려져 있다.
② 두 입구에 각기 다른 압력이 인가되었을 때 높은 압력 쪽의 공기가 우선적으로 출력된다
③ 압축공기가 2개의 입구에서 동시에 작용할 때에만 출구에 압축공기가 흐르게 된다.
④ 2개의 압력 신호가 다른 압력일 경우 작

[정답] 147 ③ 148 ② 149 ③ 150 ③ 151 ② 152 ②

은 쪽의 공기가 출구로 나가게 되어 안전 제어, 검사기능 등에 사용된다.

해설
셔틀 밸브(OR 밸브) : 2개 이상의 입구와 1개의 출구를 갖춘 밸브로 둘 중 1개 이상 압력이 작용할 때 축구에 출력신호가 발생(양체크밸브)한다. 양쪽 입구로 고압과 저압이 유입될 때 고압쪽이 출력되어 고압우선 셔틀 밸브라 한다.

153 압축공기의 배기저항을 줄여 공압 실린더나 공기탱크의 공기를 급속히 방출할 필요가 있을 때에 사용하는 밸브는?

① 급속 배기 밸브 ② 릴리프 밸브
③ 셔틀 밸브 ④ 시퀀스 밸브

154 단순히 공기의 흐름을 허용하거나 제한하는 밸브이며 코크(stop-cock)라 할 수 있는 밸브는?

① 급속 배기 밸브 ② 차단 밸브
③ 셔틀 밸브 ④ 시퀀스 밸브

155 압력제어 밸브의 종류에 속하지 않는 것은?

① 감압 밸브 ② 릴리프 밸브
③ 셔틀 밸브 ④ 시퀀스 밸브

해설
압력과 관계되는 밸브들은 릴리프 밸브, 안전밸브, 감압 밸브, 시퀀스 밸브, 압력스위치 등이 있다.

156 회로 내의 압력이 설정압 이상이 되면 자동으로 작동되어 탱크 또는 공압기기의 안전을 위하여 사용되는 밸브는?

① 안전밸브 ② 체크밸브
③ 시퀀스 밸브 ④ 리미트 밸브

해설
안전밸브 : 회로 내의 압력이 설정압 이상이 되면 자동으로 작동되어 탱크 또는 공압기기의 안전을 위하여 사용되는 밸브이다.

157 다음 중 압력제어 밸브에 속하지 않는 것은?

① 감압 밸브 ② 시퀀스 밸브
③ 릴리프 밸브 ④ 교축 밸브

해설
교축 밸브는 유량제어 밸브이다.

158 공유압 제어 밸브를 기능에 따라 분류하였을 때 해당되지 않는 것은?

① 방향제어 밸브 ② 압력제어 밸브
③ 유량제어 밸브 ④ 온도 제어 밸브

해설
공유압 제어 밸브를 기능에 따라 분류
① 방향제어 밸브
② 압력제어 밸브
③ 유량제어 밸브

159 공기압 회로에서 압력제어 밸브의 기능에 속하지 않는 것은?

① 적정한 공기압력을 사용하여 압축공기의 소모를 방지한다.
② 적정한 공기압력을 사용함에 따라 공압기기의 신뢰성을 확보한다.
③ 압축공기의 공기압력을 일정한 압력치로 제어할 수 없다.
④ 장치가 소정 이상의 공기압력으로 될 때에 공기를 빼내어 안전을 확보한다.

[정답] 153 ① 154 ② 155 ③ 156 ① 157 ④ 158 ④ 159 ③

160 압축공기 발생장치에서 발생한 공기를 필요한 압력으로 조절하여 사용할 때 조절하는 기능을 가진 밸브는?

① 방향제어 밸브
② 압력제어 밸브
③ 유량제어 밸브
④ 포핏(poppet) 밸브

161 방향 전환 밸브의 전환 조작방법을 연결한 것 중 옳은 것은?

① 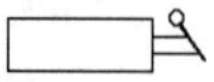 : 수동 조작
② 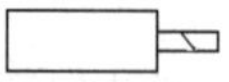 : 파일럿 조작
③ 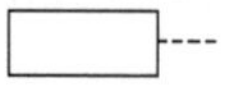 : 솔레노이드 조작
④ 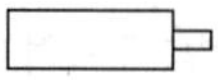 : 압축공기 조작

해설
② 솔레노이드 조작, ③ 파일럿 조작이다.

162 복동 가변식 전자 액추에이터의 기호는?

① 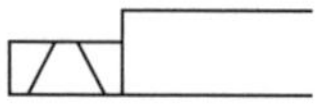
② 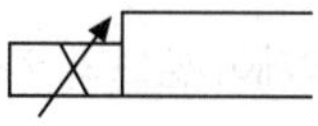
③ 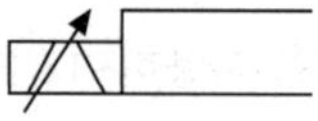
④

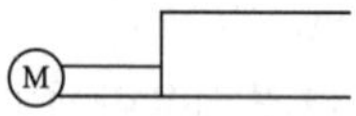

163 공기탱크와 공기압 회로 내의 공기압력이 규정 이상의 공기압력으로 될 때에 공기압력이 상승하지 않도록 대기와 다른 공기압 회로 내로 빼내주는 기능을 갖는 밸브는?

① 감압 밸브 ② 시퀀스 밸브
③ 릴리프 밸브 ④ 압력 스위치

해설
릴리프 밸브 : 공기탱크와 공기압 회로 내의 공기압력이 규정 이상의 공기압력으로 될 때에 공기압력이 상승하지 않도록 대기와 다른 공기압 회로 내로 빼내주는 기능을 갖는 밸브이다.

164 순수 공압 제어회로의 설계에서 신호의 고장(신호 중복에 의한 장애)을 제거하는 방법 중 메모리 밸브를 이용한 공기분배방식은?

① 3/2-way 밸브의 사용 방식
② 시간지연 밸브의 사용 방식
③ 캐스케이드 체인 사용 방식
④ 방향성 리밋스위치의 사용 방식

해설
캐스케이드 체인 사용 방식 : 순수 공압 제어회로의 설계에서 신호의 트러블(신호 중복에 의한 장애)을 제거하는 방법 중 메모리 밸브를 이용한 공기분배방식이다.

165 다음 밸브 중 방향제어 밸브에 속하는 것은?

① 니들 밸브
② 스로틀 밸브
③ 리듀싱 밸브
④ 2포트 2위치 밸브

해설
방향제어 밸브(directional control valves)
공압회로에서 액추에이터로 공급되는 압축공기의 흐름 방향을 제어하고, 시동과 정지 기능을 갖춘 밸브를 방향제어 밸브라 한다. 방향제어 밸브는 응용 방법에 따라 여러 가지 방법으로 작동시킬 수 있으며, 작동 방법의 기호는 밸브를 표시하는 4각형에 수평으로 그려져 용도에 알맞게 기호 표시법에 따라 읽으면 된다. 밸브는 포트의 수, 위치의 수, 흐름의 형식명, 스프링 설치의 형식, 조작 방법으로 명명한다.

[정답] 160 ② 161 ① 162 ③ 163 ③ 164 ③ 165 ④

166 방향제어 밸브 분류 방법이 아닌 것은?

① 기능에 의한 분류
② 구조에 의한 분류
③ 조작 방식에 의한 분류
④ 배선 방식에 의한 분류

167 교류 솔레노이드와 비교하였을 때 직류 솔레노이드의 특징으로 옳지 않은 것은?

① 간단하며 내구성이 있는 코어가 내장되어 있어 작동 중 발생한 열을 발산해 준다.
② 운전이 정숙하다.
③ 부드러운 스위칭 형태, 낮은 유지 전력으로 수명이 길다.
④ 작동시간이 상대적으로 짧다.

해설
직류 솔레노이드는 작동시간이 상대적으로 길다.

168 압력제어 밸브의 핸들을 돌렸을 때 회전각에 따라 공기압력이 원활하게 변화하는 특성은?

① 유량 특성　② 릴리프 특성
③ 재현 특성　④ 압력조정 특성

해설
압력조정 특성 : 압력제어 밸브의 핸들을 돌렸을 때 회전각에 따라 공기압력이 원활하게 변화하는 특성이다.

169 실린더가 전진운동을 완료하고 실린더 측에 일정한 압력이 형성된 후에 후진 운동을 하는 경우처럼 스위칭 작용에 특별한 압력이 요구되는 곳에 사용되는 밸브는?

① 시퀀스 밸브
② 3/2way 방향제어 밸브
③ 급속 배기 밸브
④ 4/2way 방향제어 밸브

해설
시퀀스 밸브 : 실린더가 전진운동을 완료하고 실린더 측에 일정한 압력이 형성된 후에 후진 운동을 하는 경우처럼 스위칭 작용에 특별한 압력이 요구되는 곳에 사용되는 밸브이다.

170 다음 그림의 기호는?

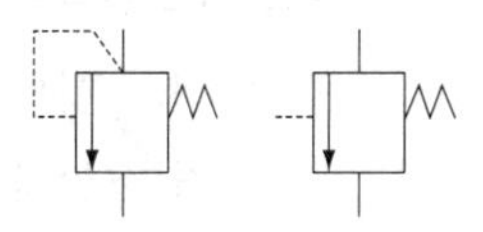

① 릴리프 밸브
② 감압 밸브
③ 시퀀스 밸브
④ 무부하 밸브

171 그림의 기호가 나타내는 것은?

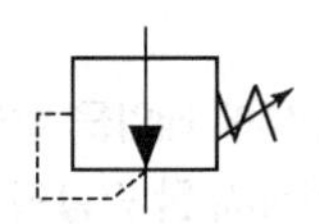

① 감압 밸브(reducing valve)
② 시퀀스 밸브(sequence valve)
③ 릴리프 밸브(relief valve)
④ 무부하 밸브(unloading valve)

해설
위 그림에서 그림의 기호는 감압 밸브(reducing valve)이다.

172 다음 중 감압 밸브의 용도는?

① 실린더를 순차적으로 작동시킨다.
② 실린더의 속도를 제어한다.
③ 압력의 변화를 전기신호로 바꾸어 주는 전·공 변환기
④ 회로 내의 압력을 감압시켜 일정하게 유지시킨다.

[정답] 166 ④ 167 ④ 168 ④ 169 ① 170 ③ 171 ① 172 ④

173 이 밸브는 직접 작동형과 간접 작동형이 있으며 주로 안전밸브로 사용되며, 시스템 내의 압력이 최대 허용압력을 초과하는 것을 방지해 준다. 이러한 기능을 가진 밸브는?

① 압력조절 밸브 ② 릴리프 밸브
③ 시퀀스 밸브 ④ 언 로딩 밸브

174 공압 실린더를 순차적으로 작동시키기 위해서 사용되는 밸브의 명칭은 무엇인가?

① 시퀀스 밸브 ② 무부하 밸브
③ 압력 스위치 ④ 교축 밸브

해설
시퀀스 밸브 : 공압 실린더를 순차적으로 작동시키기 위해서 사용되는 밸브의 명칭이다.

175 회로의 일부에 배압을 발생시키고자 할 때 사용하는 밸브로써 한 방향의 흐름에 대해서는 설정된 배압을 부여하고 그 다른 방향의 흐름은 자유 흐름을 행하는 밸브는?

① 카운터밸런스 밸브
② 시퀀스 밸브
③ 스로틀 밸브
④ 무부하 밸브

176 공기압 회로에 다수의 에어 실린더나 액추에이터를 사용할 때 각 작동 순서를 미리 정해두고 순차 제어를 시키고 싶을 때 사용하는 밸브는?

① 무부하 밸브
② 시퀀스 밸브
③ 카운터 밸런스 밸브
④ 릴리프 밸브

177 공압 장치에 사용되는 방향제어 밸브의 종류가 아닌 것은?

① 체크밸브
② 셔틀 밸브
③ 니들 밸브
④ 방향 전환 밸브

178 공압 회로구성에 사용되는 시간지연 밸브의 구성요소와 관계없는 것은?

① 압력 증폭기
② 공기탱크
③ 3/2-way 방향제어 밸브
④ 속도조절 밸브

해설
시간지연 밸브의 구성요소는 공기탱크, 3/2-way 방향제어 밸브, 속도조절밸브이다.

179 다음 안전제어 및 검사기능 등에 사용되는 AND 밸브로 가장 적합한 것은?

① 체크밸브 ② 셔틀 밸브
③ 2압 밸브 ④ 시퀀스 밸브

해설
① 체크밸브 : 한쪽 방향으로의 흐름은 제어하지만 역방향의 흐름은 제어가 불가능한 밸브이다.
② 셔틀 밸브 : 양 제어 밸브(double control), 양 체크밸브(double check), OR 밸브의 명칭을 사용하기도 하며 입구는 양쪽(X, Y 포트) 어느 곳이든 입력이 들어오면 출구(A)는 항상 하나의 출구로 배출된다.
③ 2압 밸브 : AND 제어 밸브라고도 하며 양쪽(X, Y 포트) 입력이 있을 때만 출력(A포트)이 가능한 밸브이다.
④ 시퀀스 밸브 : 분기회로의 일부가 작동하더라도 주회로의 압력을 일정하게 유지하면서 조작의 순서를 제어할 때 사용하는 밸브로 응답성이 좋아 저압용으로 많이 사용한다.

[정답] 173 ② 174 ① 175 ① 176 ② 177 ③ 178 ① 179 ④

180 주회로의 압력보다 저압으로 감압시켜 분기회로 구성에 사용되는 밸브의 명칭은 무엇인가?

① 시퀀스 밸브 ② 체크밸브
③ 감압 밸브 ④ 무부하 밸브

해설
감압 밸브 : 주회로의 압력보다 저압으로 감압시켜 분기회로 구성에 사용되는 밸브이다.

181 다음 기호의 명칭으로 옳은 것은?

① 일정자 감압 밸브
② 일정량 감압 밸브
③ 일정비율 감압 밸브
④ 일정방향 감압 밸브

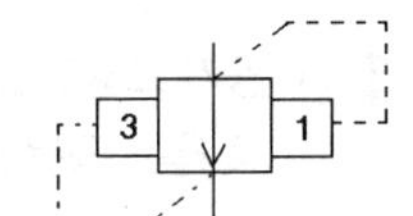

182 공압회로에 다수의 에어 실린더나 액추에이터를 사용할 때 각 작동 순서를 미리 정해 두고 순차 제어시키고 싶을 때 사용하는 밸브는?

① 릴리프 밸브 ② 시퀀스 밸브
③ 감압 밸브 ④ 유량제어 밸브

해설
① 릴리프 밸브 : 회로 중의 압력이 최고 허용압력을 초과하지 않도록 하여, 회로 중의 기기 파손을 방지하거나 과대 출력을 방지하기 위하여 사용
② 시퀀스 밸브 : 공압회로에 다수의 에어 실린더나 액추에이터를 사용할 때 각 작동 순서를 미리 정해 두고 순차 제어시키고 싶을 때 사용
③ 감압 밸브 : 공기압축기에서 공급되는 고압의 압축공기를 감압시켜 회로 내의 압축공기를 일정하게 유지시켜 주는 밸브
④ 유량제어 밸브 : 공압회로의 유량을 일정하게 유지하거나 공압 액추에이터의 속도 및 회전수의 제어가 필요한 경우 압축공기의 배출 유량이나 유입 유량을 조절하기 위하여 사용

183 공압근접감지센서 중 배압의 원리에 의해 작동되며 구조가 간단하고 분사노즐과 수신 노즐이 합쳐져 있으며, 먼지, 충격파, 어두움, 투명함 또는 내자성 물체의 영향을 받지 않는 센서는?

① 공기 배리어(Air Barrier)
② 배압 감지기(Back-Pressure Sensor)
③ 반향 감지기(Reflex Sensor)
④ 공압 근접 스위치(Pneumatic Proximity Switch)

184 파일럿 압력제어 밸브의 용도에 적합하지 않는 것은?

① 정밀도가 요구되는 시험장치
② 원격제어
③ 대용량 제어
④ 속도 제어

185 공압 실린더의 전진 속도를 조절하기 위해 사용하는 밸브는?

① 셧 – 오프 밸브 ② 방향조절 밸브
③ 유량조절 밸브 ④ 압력조절 밸브

해설
유량조절 밸브는 압력 보상기구를 내장하고 있으므로 압력의 변동에 대하여 유량이 변동되지 않도록 회로에 흐르는 유량을 항상 일정하게 또는 자동적으로 유지시켜준다.

186 회로 중의 공기압력이 상승해 갈 때나 하강해 갈 때에 설정된 압력이 되면 전기 스위치가 변환되어 압력 변화를 전기신호로 나타나게 한다. 이러한 작동을 하는 기기는?

① 압력 스위치 ② 릴리프 밸브
③ 시퀀스 밸브 ④ 언로드 밸브

[정답] 180 ③ 181 ③ 182 ② 183 ③ 184 ④ 185 ③ 186 ①

해설

압력 스위치 : 회로의 압력이 설정값에 도달하면 내부에 있는 마이크로 스위치가 작동하여 전기 회로를 열거나 닫게 하는 기기이다.

187 다음과 같은 회로를 이용하여 실린더의 전후진 운동 속도를 같게 하려한다. 점선 안에 연결되어야 할 밸브의 기호는?

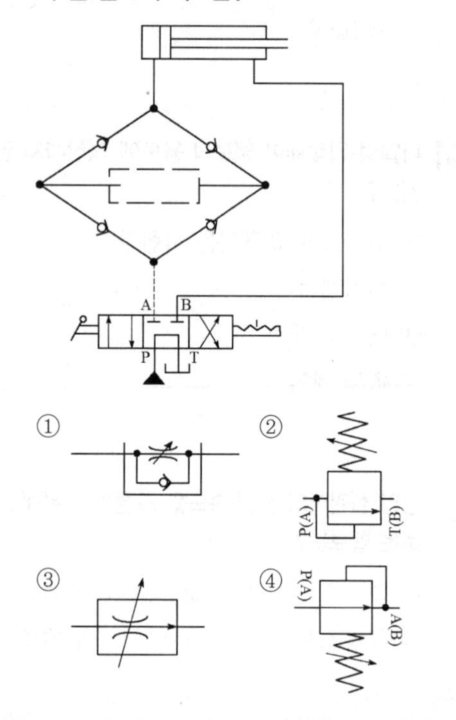

해설

위 그림의 회로는 Graetz 회로로 ③항의 그림이 입력 보상형 유량 조절 밸브를 이용하여야 한다.

188 공압 신호를 전기신호로 전환시키는 일종의 스위치로 전동기의 기동, 솔레노이드 조작 밸브의 개폐 등의 목적에 사용되는 공압기기를 무엇이라 하는가?

① 공압 퓨즈(fluid fuse)

② 압력스위치(pressure switch)

③ 축압기(accumulator)

④ 배압형 센서(back pressure sensor)

189 다음의 그림은 무엇을 나타내는 유압 기호인가?

① 솔레노이드 밸브

② 체크밸브

③ 무부하 밸브

④ 감압 밸브

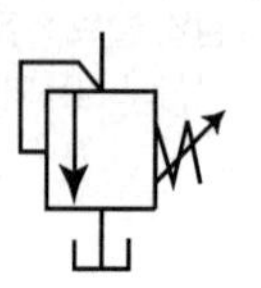

190 공기 조정유닛의 압력조절 밸브에 관한 설명으로 옳은 것은?

① 감압을 목적으로 사용한다.

② 압력 유량제어 밸브라고도 한다.

③ 생산된 압력을 증압하여 공급한다.

④ 밸브시트에 릴리프 구멍이 있는 것이 논브리드식이다.

해설

압력조절 밸브는 감압을 목적으로 사용한다.

191 검출용 스위치 중 무접촉형 스위치는?

① 광전 스위치 ② 리밋 스위치

③ 압력 스위치 ④ 마이크로 스위치

해설

광전 스위치(Photo Electric Switch)

- 투광기와 수광기로 구성되어 물체가 광로를 차단하므로 접점이 개폐된다. 전기에너지를 빛으로 변환시키는 발광 소자(GaAs, CaAlAs, Gap 등의 PN 접합 소자)를 사용하여 빛을 내는 발광부에 의해 검출 대상을 향해 빛을 조사하고, 검출 대상에 의해 변화된 빛을 수신하여 전기적 신호로 변환 및 증폭(포토 다이오드, 포토 트랜지스터 등의 소자)시키는 수광부를 갖춘 일명의 센서를 광전 스위치라 한다.
- 물체에 직접 접촉하지 않고 무접촉형으로 검출한다.

[정답] 187 ③ 188 ② 189 ③ 190 ① 191 ①

192 **위치검출용 스위치의 부착 시 주의사항에 관한 설명으로 옳지 않은 것은?**

① 스위치 부하의 설계 선정 시 부하의 과도적인 전기 특성에 주의한다.
② 전기 용접기 등의 부근에는 강한 자계가 형성되므로 거리를 두거나 차폐를 실시한다.
③ 직렬 접속은 몇 개라도 접속이 가능하지만 스위치의 누설전류가 접속 수만큼 커지므로 주의한다.
④ 실린더 스위치는 전기 접점이므로 직접 정격전압을 가하면 단락되어 스위치나 전기회로를 파손시킨다.

193 **자기현상을 이용한 스위치로 빠른 전환 사이클이 요구될 때 사용되는 스위치는?**

① 압력 스위치
② 전기 리드 스위치
③ 광전 스위치
④ 전기 리밋 스위치

해설

전기 리드 스위치 : 자기 현상을 이용한 스위치로 빠른 전환 사이클이 요구될 때 사용되는 스위치로, 절연 용기 속에 불활성 가스와 2개의 가늘고 긴 접점이 봉입되어 있는 곳에 N극과 S극의 자석을 접근시키면 이 접점은 자석에 의하여 N, S극이 생겨 서로 흡입되어 접점이 동작한다.

194 **회로의 압력이 설정압을 초과하면 격막이 파열되어 회로의 최고 압력을 제한하는 것은?**

① 유체 퓨즈　② 유체 스위치
③ 압력 스위치　④ 감압 스위치

해설

유체 퓨즈 : 회로압이 설정압을 넘으면 막이 유체압에 의해 파열되어 압유를 탱크로 귀환시킴과 동시에 압력 상승을 막아 기기를 보호하는 역할을 한다.

195 **분사노즐과 수신 노즐이 같이 있으며 배압의 원리에 의하여 작동되는 공압기기는?**

① 압력 증폭기　② 공압 제어 블록
③ 반향 감지기　④ 가변 진동 발생기

해설

반향 감지기 : 배압 원리에 의해 작동되며 구조가 간단하고 분사노즐과 수신노즐이 한군데 합쳐있으며, 먼지, 충격파, 어두움, 투명함 또는 내자성 물체의 영향을 받지 않기 때문에 산업체에서 많이 사용된다.

196 **전기적인 입력신호를 얻어 전기회로를 개폐하는 기기로 반복 동작을 할 수 있는 기기는?**

① 차동 밸브　② 압력 스위치
③ 시퀀스 밸브　④ 전자 릴레이

해설

전자 릴레이 : 전기적인 입력신호를 얻어 전기 회로를 개폐하는 기기로 반복동작을 할 수 있는 기기로서 전자력에 의하여 전기 스위치의 접점부(接點部)를 작동시켜 전기를 통하고 차단하는 기구의 일종이다.

197 **압력제어 밸브에서 상시 열림기호는?**

① 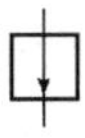　②

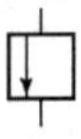

③ 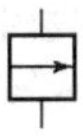　④

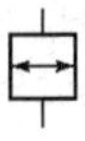

해설

압력제어 밸브에서 상시 열림기호는 ①의 감압 밸브이다.

[정답] 192 ③　193 ②　194 ①　195 ③　196 ④　197 ①

198 다음의 기호가 나타내는 것은 무엇인가?

① 공유변환기
② 증압기
③ 유압 전동 장치
④ 기계식 피드백

199 다음의 상세 기호를 간략 기호로 바르게 표시한 것은?

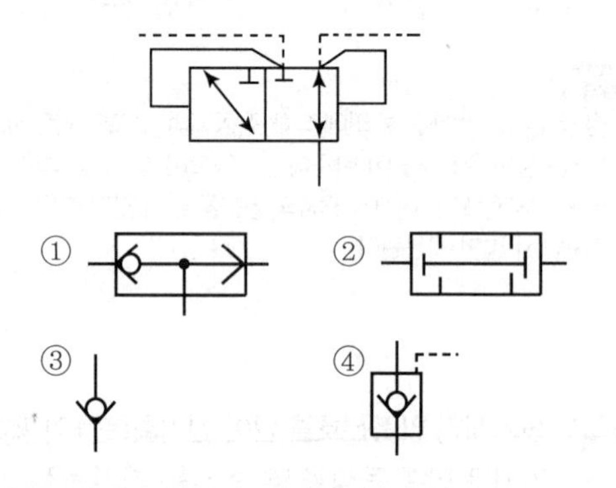

해설
2압 밸브로서 고압 우선 밸브이다.

200 공압 에너지를 직선운동으로 변환하는 기기이며 일반적으로 공압 액추에이터로 가장 많이 사용되는 것은?

① 공압 실린더
② 베인형 공압모터
③ 기어형 공압모터
④ 요동 액추에이터

해설
공압 실린더 : 공압 에너지를 직선운동으로 변환하는 기기이며 일반적으로 공압 액추에이터로 가장 많이 사용된다.

201 공압 장치의 기본요소 중 구동부에 속하는 것은?

① 여과기
② 애프터 쿨러
③ 실린더
④ 루브리 케이터

해설
구동부 : 유체의 에너지를 기계적 에너지로 변환(실린더, 모터 등)

202 다음 중 공압 단동 실린더의 용도로 가장 적절하지 않은 것은?

① 이송 ② 로터링
③ 클램핑 ④ 프레싱

해설
단동 실린더 : 압축공기가 실린더 한쪽에서만 공급된다. 한쪽 방향의 일만을 할 수 있고 피스톤 복귀 운동은 내장된 스프링이나 내부에 저장된 힘으로써 이루어진다. 일반적인 단동 실린더의 최대 행정거리는 100mm 정도이며 주로 클램핑, 이젝팅, 프레싱, 리프팅, 이송 등의 작업에 사용된다.

203 단동 실린더의 최대 행정거리는?

① 50 ② 100
③ 130 ④ 200

해설
단동 실린더의 후진은 내장된 스프링력으로 하기 때문에 행정거리에 제한을 받는다.

204 봉합 능력이 좋으며 마찰력이 적은 공압 실린더는?

① 단동 실린더(피스톤식)
② 램형 실린더

[정답] 198 ① 199 ① 200 ① 201 ③ 202 ② 203 ② 204 ③

③ 다이어프램 실린더(비 피스톤식)

④ 복동 실린더(피스톤식)

해설

다이어프램형(비피스톤) 실린더

- 봉합 능력이 좋으며 마찰력이 적은 공압 실린더이다.
- 미끄럼 저항이 적고 작동압력이 0.1bar 정도로 낮은 압력에서 고감도가 요구되는 곳에 사용한다.
- 스트로크는 작으나 저항으로 큰 출력을 얻을 수 있으며 수압 가동 부분에 피스톤 대신 다이어프램을 사용한다.

205 공압 선형 액추에이터 중 단동 실린더가 아닌 것은?

① 스프링 복귀 실린더

② 격판 실린더

③ 롤 격판 실린더

④ 양로드 실린더

해설

양로드 실린더는 복동 실린더이다.

206 피스톤이 없이 로드 자체가 피스톤 역할을 하는 것으로 출력축인 로드의 강도를 필요로 하는 경우에 자주 이용되는 것은?

① 단동 실린더

② 램형 실린더

③ 다이어프램 실린더

④ 양로드 복동 실린더

해설

램형 실린더 : 피스톤이 없이 로드 자체가 피스톤 역할을 하는 것으로 출력축인 로드의 강도를 필요로 하는 경우에 자주 이용된다.

207 다음 공기압 기호의 명칭은?

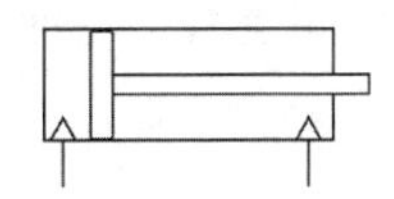

① 단동 실린더 ② 복동 실린더

③ 요동 실린더 ④ 공압 모터

해설

위 그림의 기호는 복동 실린더이다.

208 다음 공압 실린더의 지지 형식에 따른 분류 중 클레비스형 기호는?

① FA ② CA

③ FB ④ TC

해설

① FA : 로드측 플랜지형

② CA : 1열 클래비스형

③ FB : 헤드측 플랜지형

④ TC : 중간 트러니언형

209 3개의 공압 실린더를 A+, B+, C+, A−, B−, C−의 순서로 제어하는 회로를 설계하고자 할 때, 신호의 중복(트러블)을 피하려면 최소 몇 개의 그룹으로 나누어야 하는가? (단, A, B, C는 공압 실린더, "+"는 전진 동작, "−"는 후진 동작이다.)

① 2 ② 3

③ 4 ④ 5

210 실린더의 전, 후진시 출력 / 속도가 같은 것은?

① 텐덤 실린더

② 복동 실린더

③ 다위치 실린더

④ 양로드 실린더

[정답] 205 ④ 206 ② 207 ② 208 ② 209 ① 210 ④

해설
양로드 실린더는 피스톤 양쪽의 단면적이 같아 동일한 힘을 받는다.

211 공압 단동 실린더의 종류가 아닌 것은?

① 피스톤형　② 벨로스형
③ 다이어프램형　④ 탠덤형

212 공기압 실린더의 지지방식이 아닌 것은?

① 플랜지 형　② 크래비스 형
③ 트러니언 형　④ 핸드 형

해설
실린더의 지지방식에는 푸트 형, 플랜지 형, 클래비스 형, 트러니언 형이 있다.

213 회전운동을 하지 않는 액추에이터는?

① 회전 실린더　② 회전날개 실린더
③ 공압모터　④ 탠덤 실린더

해설
탠덤 실린더는 직선 운동을 하는 액추에이터이다.

214 공업용 실린더에서 튜브와 커버를 인장력에 의해 결속시킬 때 필요한 구조장치는?

① 타이로드　② 트러니언
③ 쿠션장치　④ 다이어프램

해설
타이로드 : 공업용 실린더에서 튜브와 커버를 인장력에 의해 결속시킬 때 필요한 구조장치이다.

215 실린더의 동작시간을 결정하는 요인이 아닌 것은?

① 검출 센서의 종류
② 실린더의 피스톤에 가해지는 부하
③ 실린더 흡기측에 압력을 공급하는 능력
④ 실린더 배기측의 압력을 배기하는 능력

216 정사각형의 용도, 필터, 주유기, 열교환기, 드레인, 분리기 등 공기압 실린더의 지지형식이 아닌 것은?

① 푸트형　② 플랜트형
③ 플랜지형　④ 트러니언형

해설
실린더의 지지형식
- 고정형 : 푸트형, 플랜지형
- 요동형 : 크레비스형, 트러니언형

217 피스톤 로드의 중심선에 대하여 직각을 이루는 실린더의 양측으로 뻗은 1쌍의 원통 모양의 피벗으로 지지된 공압 실린더의 지지 형식을 무엇이라 하는가?

① 풋형　② 크래비스형
③ 용접형　④ 트러니언형

해설
트러니언형 : 피스톤 로드의 중심선에 대하여 직각을 이루는 실린더의 양측으로 뻗은 1쌍의 원통 모양의 피벗으로 지지된 공압 실린더의 지지식이다.

218 공기압 실린더의 부착형식이 아닌 것은?

① 풋(Foot)형　② 플랜지형
③ 피벗형　④ 용접형

[정답] 211 ④ 212 ④ 213 ④ 214 ① 215 ① 216 ② 217 ④ 218 ④

해설

공기압 실린더의 부착형식 : 풋(Foot)형, 플랜지형, 피벗형, 클레비스(clevies)형, 트러니언(trunnion)형, 회전형이 있다.

219 다음 실린더 중 피스톤이 없이 로드 자체가 피스톤 역할을 하는 실린더는?

① 텐덤 실린더 ② 양로드 실린더
③ 램형 실린더 ④ 로드리스 실린더

220 충격 실린더(impact cylinder)의 특징이 아닌 것은?

① 상당히 큰 충격 에너지를 얻을 수 있다.
② 충격 실린더의 속도는 7.5~10 m/sec까지 얻을 수 있다.
③ 큰 위치 에너지를 얻기 위해 설계된 실린더이다.
④ 일반적으로 복동 실린더의 형태이다.

해설

충격 실린더는 속도 에너지를 이용한 실린더이다.

221 제한된 공간상에서 긴 행정거리가 요구되는 곳에서 사용하며 외부와 피스톤 사이의 강한 자력에 의해 운동을 전달하므로 내, 외부의 실링 효과가 우수하고 비접촉식 센서에 의해서 위치 제어가 가능한 실린더는?

① 텔레스코프 실린더
② 케이블 실린더
③ 로드레스 실린더
④ 충격 실린더

222 실린더 로드의 지름을 크게 하여 부하에 대한 위험을 줄인 실린더는?

① 램형 실린더 ② 탠덤 실린더
③ 다위치 실린더 ④ 텔레스코프 실린더

해설

램형 실린더

① 실린더 로드의 지름을 크게 하여 부하에 대한 위험을 줄인다.
② 피스톤 지름과 로드 지름 차가 없는 수압 가동 부분을 갖는 것으로 좌굴 등 강성을 요할 때 사용한다.
③ 피스톤이 필요 없고 공기 빼기 장치가 필요 없다.
④ 압축력에 대한 휨에 강하다.

223 다음은 공압 액추에이터 중에서 무엇에 대한 설명인가?

- 전진운동뿐만 아니라 후진 운동에도 일을 해야 하는 경우에 사용된다.
- 피스톤 로드의 구부러짐과 휨을 고려해야 하지만 행정거리는 원칙적으로 제한이 없다.
- 전진, 후진 완료 위치에 서서 관성으로 인한 충격으로 실린더가 손상되는 것을 방지하기 위하여 피스톤 끝부분에 쿠션을 사용하기도 한다.

① 복동 실린더 ② 단동 실린더
③ 베인형 공압 모터 ④ 격판 실린더

224 일반적으로 공압 액추에이터나 공압기기의 작용 압력(kgf/cm^2)으로 알맞은 압력은?

① 1~2 ② 4~6
③ 10~15 ④ 40~55

해설

일반적으로 공압 액추에이터나 공압기기의 작용압력 4~6kgf/cm^2이다.

[정답] 219 ③ 220 ③ 221 ③ 222 ① 223 ① 224 ②

225 피스톤에 공기압력을 급격하게 작용시켜 피스톤을 고속으로 움직이며, 이때의 속도 에너지를 이용하는 공기압 실린더는?

① 탠덤형 공압 실린더
② 다위치형 공압 실린더
③ 텔레스코프형 공압 실린더
④ 임팩트 실린더형 공압 실린더

해설
① 탠덤형 공압 실린더 : 2개의 복동 실린더가 1개의 실린더 형태로 조립되어 있다. 길이 방향으로 연결된 복수 실린더를 갖고 있으므로 실린더 출력이 거의 2배의 큰 힘을 얻을 수 있다.
② 다위치형 공압 실린더 : 여러 개의 실린더가 직렬로 연결된 실린더 형태로 서로 행정거리가 다른 정지위치를 선정하여 제어가 가능하다. 서로 행정거리가 다른 2개의 실린더로 4개의 위치를 제어할 수 있다.
③ 텔레스코프형 공압 실린더 : 작은 공간에 실린더를 설치하여 긴 행정거리를 낼 수 있으나 속도제어가 곤란하고 전진 끝단에서 출력이 떨어지는 단점이 있다. 필요한 힘 이상의 큰 실린더 직경이 필요하다.
④ 임팩트 실린더형 공압 실린더 : 피스톤에 공기압력을 급격하게 작용시켜 피스톤을 고속으로 움직이며, 이때의 속도 에너지를 이용한다.

226 램형 실린더의 장점이 아닌 것은?

① 피스톤이 필요 없다.
② 공기빼기 장치가 필요 없다.
③ 실린더 자체 중량이 가볍다.
④ 압축력에 대한 휨에 강하다.

해설
램형 실린더
- 피스톤이 필요 없다.
- 공기빼기 장치가 필요 없다.
- 압축력에 대한 휨에 강하다.
- 피스톤 지름과 로드 지름 차가 없는 수압 가동 부분을 갖는 것으로 좌굴 등 강성을 요할 때 사용한다.

227 공압 시스템 설계시 사이징 설계를 위한 조건으로 틀린 것은?

① 부하의 종류
② 실린더의 행정거리
③ 실린더의 동작 방향
④ 압축기의 용량

해설
사이징 설계를 위한 조건 설정
- 부하의 중량
- 실린더의 동작 방향
- 부하의 크기, 부하의 종류 판단
- 실린더의 행정거리, 반복횟수
- 실린더 동작시간의 목푯값, 사용압력
- 실린더와 밸브 사이의 배관 길이

228 공압 시스템의 사이징 설계조건으로 볼 수 없는 것은?

① 반복 횟수 ② 부하의 형상
③ 부하의 중량 ④ 실린더의 행정거리

해설
사이징 설계를 위한 조건 설정
- 부하의 중량
- 실린더의 동작 방향
- 부하의 크기, 부하의 종류 판단
- 실린더의 행정거리, 반복 횟수
- 실린더 동작시간의 목푯값, 사용압력
- 실린더와 밸브 사이의 배관 길이

229 다음 실린더의 종류에 대한 설명 중 잘못된 것은?

① 양 로드형 실린더 : 양방향 같은 힘을 낼 수 있다.
② 충격 실린더 : 빠른 속도(7~10m/s)를 얻을 때 사용된다.

[정답] 225 ④ 226 ③ 227 ④ 228 ② 229 ③

③ 텐덤 실린더 : 다단튜브형 로드를 가져 긴 행정에 사용된다.
④ 쿠션 내장형 실린더 : 스트로크 끝부분의 충격이 완화되어야 할 때 사용된다.

해설
텐덤 실린더 : 실린더의 직경이 한정되어 큰 힘을 요구하는 데 사용된다.

230 피스톤의 전진 및 후진 시 동일한 크기의 힘을 얻을 수 있는 실린더는?

① 단동 실린더
② 양로드 복동 실린더
③ 탠덤 실린더
④ 쿠션 내장형 실린더

해설
① 단동 실린더 : 한 방향의 운동에만 압축공기를 사용하고 반대방향의 운동에는 스프링이나 피스톤 및 로드의 자중 또는 외력에 의해 복귀시킨다.
② 양로드 복동 실린더 : 피스톤의 전진 및 후진 시 동일한 크기의 힘을 얻을 수 있는 실린더이다.
③ 탠덤 실린더 : 공압 실린더가 사용압력이 낮아 출력이 작기 때문에 실린더의 직경은 한정되고 큰 힘을 필요로 하는 곳에 사용된다.
④ 쿠션 내장형 실린더 : 실린더의 전 · 후진 완료 위치에서 큰 부하가 매달려 있는 경우 관성으로 인한 충격으로 손상을 입는 것을 방지하기 위하여 피스톤의 끝부분에 쿠션을 사용한다.

231 2개의 복동 실린더가 1개의 실린더 형태로 조립되어 출력이 거의 2배의 힘을 낼 수 있는 실린더는?

① 탠덤 실린더 ② 케이블 실린더
③ 로드레스 실린더 ④ 다위치제어 실린더

해설
탠덤 실린더
- 2개의 복동 실린더가 1개의 실린더 형태로 조립된다.
- 같은 크기의 복동 실린더에 의해 2배의 힘을 낼 수 있다.

232 전진운동과 후진 운동을 할 때 실린더 피스톤이 낼 수 있는 힘의 크기가 같은 실린더는?

① 단동 실린더
② 편로드 복동 실린더
③ 양로드 복동 실린더
④ 쿠션 내장형 실린더

해설
- 단동 실린더 : 귀환장치가 내장되어 있어 공기소요량이 적다.
- 양로드 복동 실린더 : 양방향 같은 힘을 낼 수 있다.
- 쿠션 내장형 실린더 : 충격을 완화할 때 사용된다.

233 속도 에너지를 이용하여 피스톤을 고속으로 움직이게 하는 공압 실린더는?

① 텐덤형 공압 실린더
② 다위치형 공압 실린더
③ 텔레스코프형 공압 실린더
④ 임팩트 실린더형 공압 실린더

해설
① 텐덤형 공압 실린더 : 2개의 복동 실린더가 1개의 실린더 형태로 조립되어 있다. 길이 방향으로 연결된 복수 실린더를 갖고 있으므로 실린더 출력이 거의 2배의 큰 힘을 얻을 수 있다.
② 다위치형 공압 실린더 : 여러 개의 실린더가 직렬로 연결된 실린더 형태로 서로 행정거리가 다른 정지 위치를 선정하여 제어가 가능하다. 서로 행정거리가 다른 2개의 실린더로 4개의 위치를 제어할 수 있다.
③ 텔레스코프형 공압 실린더 : 작은 공간에 실린더를 설치하여 긴 행정거리를 낼 수 있으나 속도제어가 곤란하고 전진 끝단에서 출력이 떨어지는 단점이 있다.

[정답] 230 ② 231 ① 232 ③ 233 ④

④ 임팩트 실린더형 공압 실린더 : 속도 에너지를 이용하여 피스톤을 고속으로 움직이게 하는 공압 실린더이다.

234 다른 실린더에 비하여 고속으로 동작할 수 있는 공압 실린더는?

① 충격 실린더
② 다위치형 실린더
③ 텔리스코픽 실린더
④ 가변스트로크 실린더

해설
충격 실린더(Impact cylinder)
헤머링 작업 등에는 일반 실린더를 사용하기에는 충격력이 제한을 받게 되므로 운동에너지를 얻기 위해 설계되었으며 일정 압력에 도달하면 입구가 열리자마자 압력을 받는 면적이 순간적으로 넓어져 큰 힘을 낼 수 있다. 다른 실린더에 비하여 고속으로 동작할 수 있다.

235 공압 실린더의 고장을 예방하기 위한 방법이 아닌 것은?

① 실린더의 압력강하를 방지하기 위해 가능한 최저속으로 운전한다.
② 실링 교체시 실린더의 내부를 깨끗이 청소한 후 새윤활유를 주입한다.
③ 피스톤 로도는 먼지나 퇴적물로부터 손상을 받지 않도록 주기적으로 청소한다.
④ 급유형 실린더의 경우 윤활된 공기를 사용하고 윤활량은 너무 과하지 않도록 한다.

236 에어실린더 등에서 윤활유의 공급이 불충분하여 마모가 심한 경우에 PTFE와 O링을 조합시킨 슬리퍼 실을 사용하는데, 이에 대한 특징으로 틀린 것은?

① O링 단독 사용에 비해 수명이 길다.
② O링이 가진 특성이 거의 그대로 나타난다.
③ 에어 실린더 등 윤활 없이 사용이 가능하다.
④ O링의 재질에 관계없이 넓은 온도 범위에서 사용이 가능하다.

해설
일반적으로 시판되고 있는 O링 재질은 니트릴 고무가 표준이다.

237 실린더 직경이 2cm이고, 압력이 6kgf/cm^{2}인 경우 실린더가 낼 수 있는 힘(kgf)은 약 얼마인가? (단, 내부 마찰력은 무시한다.)

① 9.4　　② 18.8
③ 28.2　　④ 37.6

해설
공압 실린더의 출력은 실린더 튜브의 안지름과 로드의 지름, 압축공기의 압력에 따라 결정된다.

$$F = p \times \frac{\pi D^2}{4} = 6 \times \frac{\pi \times 2^2}{4} = 18.8$$

238 그림의 실린더는 피스톤 단면적(A)이 20cm^2, 행정거리(s)는 10cm이다. 이 실린더가 전진행정을 1분 동안에 마치려면 필요한 공급 유량은 약 몇 cm^3/sec인가?

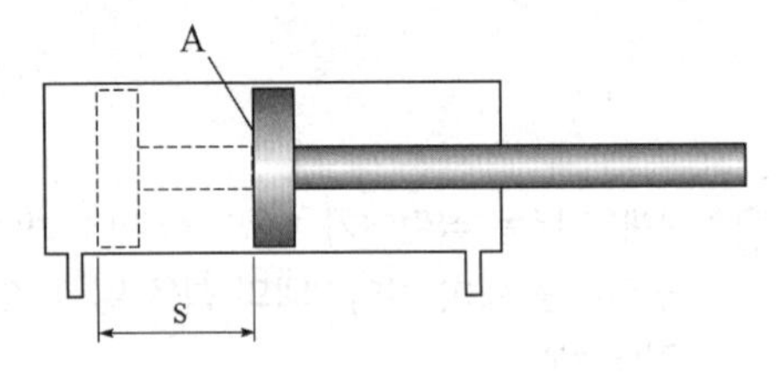

① 1.1　　② 2.2
③ 3.3　　④ 4.4

[정답] 234 ① 235 ① 236 ④ 237 ② 238 ③

해설

$Q = A \times V$에서 $A = 20$

속도(V)$= \frac{거리}{시간}$에서 $\frac{10}{1}$이므로,

공급 유량(Q)$= 20 \times 10 = 200[cm^3/min] = 3.3[cm^3/sec]$

239 다음 중 공압 모터의 장점인 것은?

① 배기음이 작다.
② 에너지 변환 효율이 높다.
③ 폭발의 위험성이 거의 없다.
④ 공기의 압축성에 의해 제어성이 우수하다.

해설

- **공압 모터의 장점**
  ㉠ 속도를 무단으로 조절할 수 있고 출력도 조절가능하다.
  ㉡ 속도범위가 크고 과부하에 안전하다.
  ㉢ 오염 및 온도에 민감하지 않다.
  ㉣ 폭발의 위험이 적다.
  ㉤ 보수 유지가 쉽다.
  ㉥ 높은 속도를 얻을 수 있다.
  ㉦ 회전 방향을 쉽게 바꿀 수 있다.
  ㉧ 기동·정지·역전을 자연스럽게 행할 수 있다.
  ㉨ 정전 시 탱크에 저장된 공압으로 비상 운전이 가능하다.
- **공압 모터의 단점**
  ㉠ 효율이 전기모터에 비해 낮다.
  ㉡ 공기의 압축성에 의해 제어성이 떨어진다.
  ㉢ 부하에 따라 회전수 변동이 커서 일정한 회전수를 유지하기 어렵다.
  ㉣ 배기에 의한 소음이 크다.
  ㉤ 에너지의 변환효율이 낮다.

240 공압 모터의 특징으로 틀린 것은?

① 과부하에 안전함
② 속도범위가 넓음
③ 무단 속도 및 출력 조절이 가능
④ 일정 속도를 높은 정확도로 유지가 쉬움

해설

공압 모터의 특징

- 시동 정지가 원활하며 출력 대 중량비가 크고, 과부하시 위험성이 없다.
- 속도제어와 정역 회전 변환이 간단하다(속도 가변 범위도 1 : 10 이상).
- 폭발의 위험성이 없어 안전하고, 에너지 축적으로 정전 시에도 작동이 가능하다.
- 주위 온도, 습도 등의 분위기에 대하여 다른 원동기만큼 큰 제한을 받지 않는다.
- 작업환경을 청결하게 할 수 있고, 자체 발열이 적다.
- 압축공기 이외에 질소 가스, 탄산가스 등의 사용이 가능하다.
- 에너지 변환효율이 낮고, 압축성 때문에 제어성(정확도)이 나쁘다.
- 회전속도의 변동이 커 고정도를 유지하기 힘들고, 소음이 크다.

241 공기압 에너지를 사용하여 연속회전 운동을 하는 기기는?

① 공기압 모터 ② 공기압 실린더
③ 진공 실린더 ④ 회전 밸브

242 피스톤 형태의 공압 모터 회전력을 결정하는 요인이 아닌 것은?

① 연결(커넥팅)로드의 직경
② 압축공기의 압력
③ 피스톤의 행정거리와 속도
④ 피스톤의 수압 면적과 개수

243 압축공기를 날개차에 넣어 속도와 압력에너지를 회전운동으로 변환시켜 회전력을 주는 모터는?

① 기어 모터 ② 터빈형 모터
③ 피스톤 모터 ④ 베인형 모터

[정답] 239 ③ 240 ④ 241 ① 242 ① 243 ④

244 다음은 공압 모터의 종류 중 하나이다. 어느 형태의 모터인가?

① 회전날개형
② 피스톤형
③ 기어형
④ 터빈형

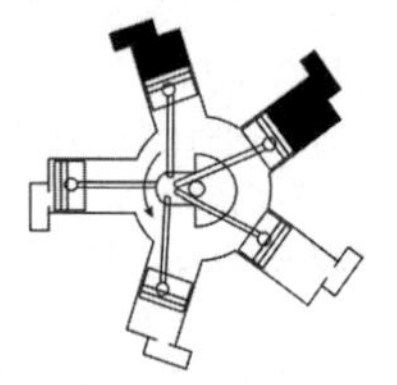

해설
위 그림은 피스톤형 모터이다.

245 반경류식 공압 피스톤 모터의 회전력과 관계가 없는 것은?

① 공기의 압력　② 로드의 직경
③ 피스톤의 수　④ 피스톤 행정거리

246 다음 공압 기호의 명칭은?

① 유압 모터
② 공압 펌프
③ 유압 펌프
④ 공압 모터

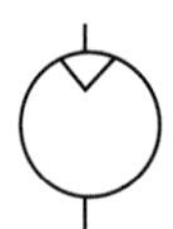

247 다음 공압 기호의 설명으로 옳은 것은?

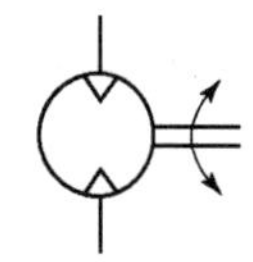

① 공기압 펌프 일반 기호
② 양방향 유동 공기압 모터
③ 1 방향 유동 정용량형 모터
④ 2 방향 유동 가변 용량형 모터

해설
위 그림에서 기호는 양방향 유동 공기압 모터이다.

248 토크가 T[kgf · m]이고, n[rpm]으로 회전하는 공압 모터의 출력(PS)을 구하는 식은?

① $\frac{nT}{716.2}$　② $\frac{716.2}{nT}$
③ $\frac{716.2T}{n}$　④ $\frac{716.2n}{T}$

249 공유압 변환기를 에어 하이드로 실린더와 조합하여 사용할 경우 주의사항으로 틀린 것은?

① 열원의 가까이에서 사용하지 않는다.
② 공유압 변환기는 수평 방향으로 설치한다.
③ 에어 하이드로 실린더보다 높은 위치에 설치한다.
④ 작동유가 통하는 배관에 누설, 공기 흡입이 없도록 밀봉을 철저히 한다.

해설
공유압 변환기를 사용할 경우 주의사항
- 열의 발생이 있는 곳에서 사용금지
- 수직으로 설치
- 액추에이터 및 배관 내의 공기를 제거(밀봉 유지)
- 액추에이터보다 높은 위치에 설치
- 정기적으로 유량을 점검(부족 시 보충)

250 공유압 변환기의 종류가 아닌 것은?

① 비가동형　② 블래더형
③ 플로트형　④ 피스톤형

해설
공유압 변환기의 종류 : 비가동형, 블래더형, 피스톤형 등이 있다.

251 컨베어 시스템의 반전 장치에 사용되는 액추에이터로 적당한 것은?

① 요동형 모터　② 유압 실린더
③ 증압기　④ 공유압 변환기

[정답] 244 ② 245 ② 246 ④ 247 ② 248 ① 249 ② 250 ③ 251 ①

252 다음 그림의 기호가 나타내는 것은?

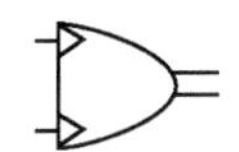

① 유압 펌프
② 공기 압축기
③ 공압 가변 용량형 펌프
④ 요동형 공기압 액추에이터

253 공유압 기호에서 동력원의 기호 중 전동기를 나타내는 것은?

① 

② 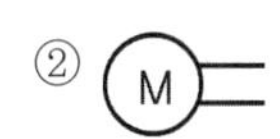

③ 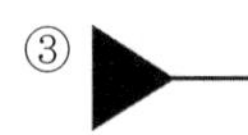
④ 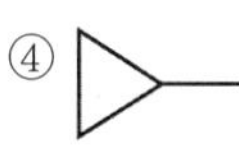

254 밸브의 조작방식 중 복동 가변식 전자 액추에이터의 기호는?

①
② 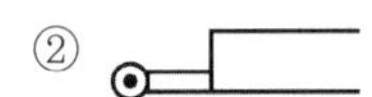
③ 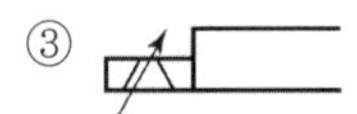
④ 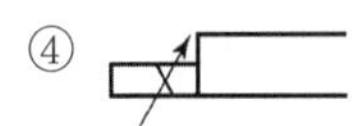

해설

단동 솔레노이드	
복동 솔레노이드	
단동 가변식 전자 액추에이터	
복동 가변식 전자 액추에이터	

255 그림에서 유압 기호는 무엇인가?

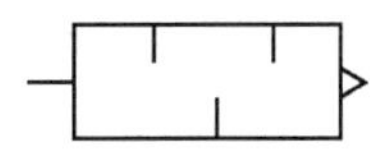

① 축압기
② 증압기
③ 소음기
④ 가열기

해설
위 그림은 소음기 기호이다.

256 다음 기호의 명칭은?

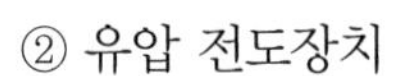
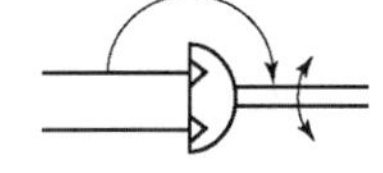

① 공기압 모터
② 유압 전도장치
③ 요동형 액추에이터
④ 가변형 펌프

해설
위 그림의 기호의 명칭은 요동형 액추에이터이다.

257 다음 그림은 무슨 기호인가?

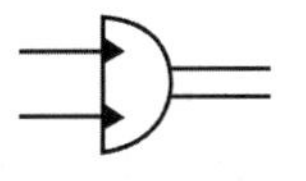

① 요동형 공기압 액튜에이터
② 요동형 유압 액튜에이터
③ 유압 모터
④ 공기압 모터

해설
위 그림은 요동형 유압 액추에이터 기호이다.

258 공압 액추에이터의 설명으로 맞는 것은?

① 30,000 N(3000 kgf) 이상의 힘을 낼 수 있다.
② 20 mm/sec 이하의 속도까지 간단히 속도제어가 가능하다.
③ 전기에 비해 에너지 비용이 싸게 든다.
④ 500,000 rpm 정도의 고속을 얻을 수 있으나 효율이 나쁘다.

해설
공압 액추에이터는 공기의 압축성 때문에 큰 힘을 낼 수 없으며, 저속제어에서는 스틱슬립 현상이 일어나기 쉽다.

[정답] 252 ④ 253 ② 254 ③ 255 ① 256 ③ 257 ② 258 ④

259 공압 선형 액추에이터의 특징이 아닌 것은?

① 일반적인 속도가 1~2 m/sec이다.
② 비압축성을 사용하여 균일속도를 얻을 수 있다.
③ 저속시 스틱슬립 발생한다.
④ 효율이 우수하지 못한다.

해설
공압 액추에이터는 공기가 사용되므로 공기의 압축성에 의한 영향은 피할 수 없다.

260 작업 요소의 작업순서가 표시되고 그 변위는 순서에 따른 표시되며 제어 시스템에 여러 개의 작업 요소가 표시되면 여러 줄로 표시되며 각 요소는 스탭별로 비교되는 것은 무엇인가?

① 제어 선도　② 변위 단계선도
③ 시간 선도　④ 논리도

261 신호발생 요소의 신호 영역을 ON–OFF 표시방식으로 표현함으로써 각 신호발생 요소의 동작 상태 뿐만 아니라 신호발생 요소 간의 간섭현상을 알 수 있도록 한 것은?

① 논리도
② 제어 선도
③ 변위–단계선도
④ 플로차트

262 기기, 장치의 특성, 작동 등을 기호로 표시할 때 사용하는 기본적인 선 또는 도형을 나타내는 용어는?

① 기호요소　② 기능 요소
③ 조작 요소　④ 가변 요소

263 액추에이터의 동작 순서를 알 수 없는 것은?

① 변위 단계선도　② 기능 챠트
③ PFC　④ 제어 선도

264 다음 그림과 같은 변위 단계선도가 나타내는 시스템의 운동상태는?

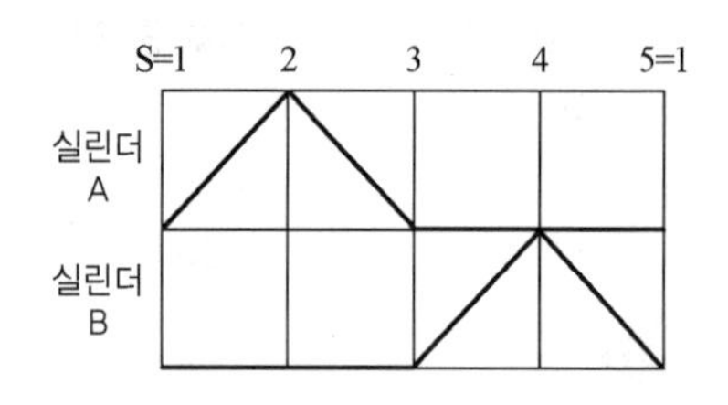

① A+, B+, B−, A−
② A+, B+, A−, B−
③ A+, A−, B+, B−
④ B+, B−, A+, A−

해설
실린더의 전진운동을 +, 후진 운동을 −로 표현한다.

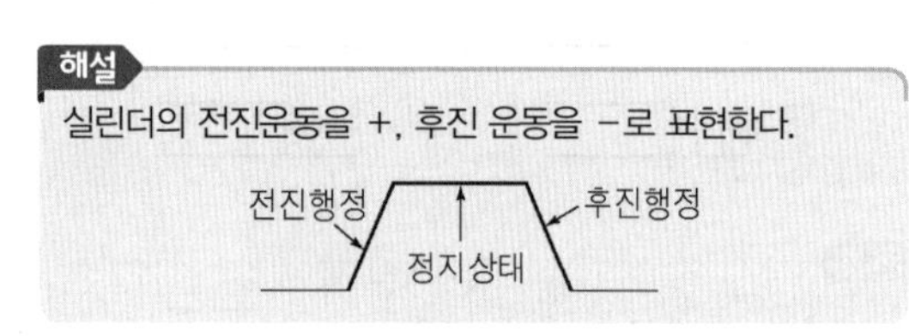

265 다음의 변위 단계선도가 나타내는 시스템 동작순서는? (+ : 실린더의 전진, − : 실린더의 후진)

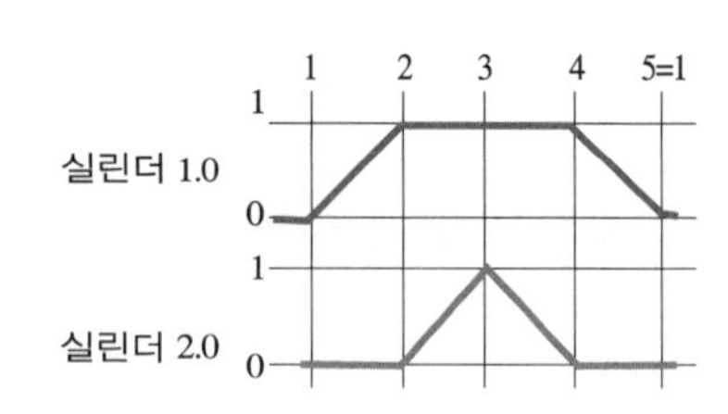

① 1.0+ 2.0+ 2.0− 1.0−
② 1.0− 2.0− 2.0+ 1.0+
③ 2.0+ 1.0+ 1.0− 2.0−
④ 2.0− 1.0− 1.0+ 2.0+

[정답] 259 ② 260 ② 261 ② 262 ② 263 ③ 264 ③ 265 ①

266 그림의 변위 단계선도와 같은 동작을 약부호 표현으로 나타낸 것은? (단, + : 전진, − : 후진)

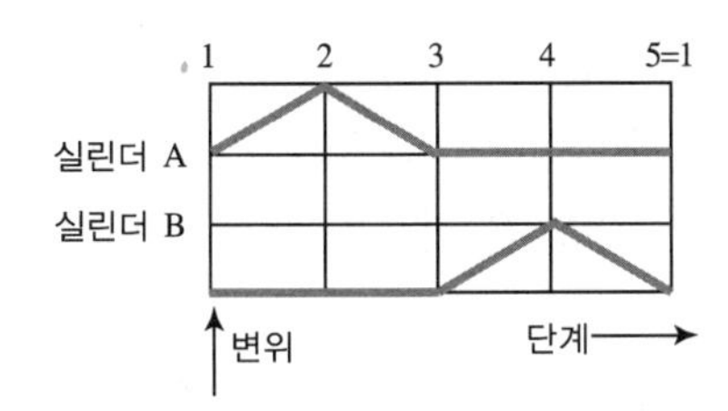

① A+ B+ B− A−
② A+ A− B− B+
③ A+ B+ A− B−
④ A+ A− B+ B−

267 기호의 표시방법과 해석의 기본사항이 아닌 것은?

① 기호는 기능·조작 방법 및 외부 접속구를 표시한다.
② 기호는 기기의 실제 구조를 나타내는 것이다.
③ 기호는 원칙적으로 통상의 운휴상태 또는 기능적 중립상태를 나타낸다.
④ 회로도에서는 반드시 중립상태를 나타내지 않아도 무방하다.

268 액추에이터의 동작 순서를 알 수 있는 선도는?

① 가속도−단계선도
② 변위 단계선도
③ 속도 단계선도
④ 위치 단계선도

269 제어작업이 주로 논리 제어의 형태로 이루어지는 AND, OR, NOT, 플립플롭 등의 기본 논리 연결을 표시하는 기호도를 무엇이라 하는가?

① 논리도
② 제어 선도
③ 회로도
④ 변위 단계선도

해설
논리도 : 제어작업이 주로 논리 제어의 형태로 이루어지는 AND, OR, NOT, 플립플롭 등의 기본 논리 연결을 표시하는 기호도이다.

270 시퀀스 제어 중 판단 기구에만 의하여 제어를 행하는 것은?

① 순서 제어 ② 시한 제어
③ 조건 제어 ④ 프로그램 제어

271 시퀀스도 전체의 관련 동작에 대하여 순서를 세우고, 이것을 사각형의 기호와 화살표로 간단히 표시하여 나타낸 도면은?

① 실체 배선도
② 전개 접속도
③ 타임챠트
④ 플로챠트

272 공유압 기호요소 중 에너지 변환기기를 나타내는 도형은?

① 정사각형 ② 직사각형
③ 대원 ④ 반원

[정답] 266 ④ 267 ② 268 ② 269 ① 270 ③ 271 ④ 272 ③

273 다음 중 유 · 공압 기호의 표시방법 및 해석과 기본 사항에 대한 설명 중 옳지 않은 것은?

① 기호는 기기의 실제 구조를 나타내는 것은 아니다.

② 기호는 원칙적으로 통상 운휴상태 또는 기능적인 중립상태를 나타낸다. 단, 회로도 속에서는 예외도 인정된다.

③ 기호 속의 문자(숫자는 제외)는 기호의 일부분이다.

④ 기호는 압력, 유량 등의 수치 또는 기기의 설정값을 표시하여야 한다.

274 공유압 기호요소 중 주관로를 나타내는 선은?

① 실선 ② 1점 쇄선
③ 복선 ④ 파선

275 동일 도면상에서 적은 중원의 사용으로 다른 기호의 원과 틀린 것은?

① 압축기 ② 전동기
③ 압력원 ④ 회전이음

276 기호요소 중 주관로를 나타내는 선은?

① 실선 ② 1점 쇄선
③ 복선 ④ 파선

277 기호요소 중 에너지 변환기기의 용도는?

① 점 ② 소원
③ 중원 ④ 대원

278 속도제어회로의 종류가 아닌 것은?

① 미터인 회로
② 미터 아웃 회로
③ 블리드 오프 회로
④ 블리드 온 회로

해설

속도제어회로(유량제어 밸브 사용)의 종류
- 미터인 회로
- 미터 아웃 회로
- 블리드 오프 회로

279 순수한 공압으로 시퀀스 제어회로를 구성할 때 신호의 간섭을 제거할 수 있는 방법을 열거한 것 중 틀린 것은?

① 방향성 롤러레버 밸브의 설치
② 상시 닫힘형의 공압타이머 설치
③ 캐스케이드 회로의 사용
④ 순간 충격 밸브의 사용

280 신호 중복의 설명으로 가장 적합한 것은?

① 1개의 실린더를 제어하는 마스터 밸브에 동시에 셋, 리셋 신호가 동시에 존재하는 것

② 공압 시스템의 회로 중 동시에 2개 이상의 신호가 존재하는 것

③ 신호 중복의 판단은 시간 선도로서 쉽게 할 수 있다.

④ 신호 중복이 되면 작동기의 동작이 지연되어 일어난다.

[정답] 273 ④ 274 ① 275 ④ 276 ① 277 ④ 278 ④ 279 ② 280 ①

281 회로 설계 시 주의하여야 할 부하 중 과주성 부하에 관한 설명으로 옳지 않은 것은?

① 음의 부하이다.
② 저항성 부하이다.
③ 운동량을 증가시킨다.
④ 액추에이터의 운동 방향과 동일하게 작용한다.

해설
유동성 부하이다.

282 미리 정한 복수의 입력 신호조건을 동시에 만족하였을 경우에만 출력에 신호가 나오는 공압회로는?

① AND 회로 ② OR 회로
③ NOR 회로 ④ NOT 회로

해설
AND 회로 : 미리 정한 복수의 입력신호 조건을 동시에 만족하였을 경우에만 출력에 신호가 나오는 공압회로이다.

283 순수한 공압으로 시퀀스 제어회로를 구성할 때 신호의 간섭을 제거할 수 있는 방법을 열거한 것 중 틀린 것은?

① 방향성 롤러레버 밸브의 설치
② 상시 닫힘형 공압타이머 설치
③ 캐스케이드 회로의 사용
④ 순간 충격 밸브의 사용

284 기기의 보호와 조작자의 안전을 목적으로 기기의 동작상태를 나타내는 접점을 이용하여 기기의 동작을 금지하는 회로는?

① 인터록 회로 ② 프리커 회로
③ 정지 우선 회로 ④ 시동 우선 회로

해설
인터록 회로 : 이 회로는 복수로 작동이 이루어질 때 어떤 조건이 구비될 때까지 작동을 저지시키거나 한 장동이 이루어지면 다른 장동은 금지되는 회로를 말한다. 인터록 회로는 기기를 안전하고 확실하게 운전시키기 위한 판단 회로이다.

285 전기제어의 동작상태에 관한 설명으로 옳지 않은 것은?

① 기기의 미소 시간 동작을 위해 조작 동작되는 것을 조깅이라 한다.
② 계전기 코일에 전류를 흘려 자화 성질을 얻게 하는 것을 여자라 한다.
③ 계전기 코일에 전류를 차단하여 자화 성질을 잃게 하는 것을 소자라 한다.
④ 계전기가 소자된 후에도 동작기능이 유효하게 하는 것을 인터록이라 한다.

해설
인터록 회로
- 우선도가 높은 측의 회로를 ON하면 다른 쪽의 회로는 열려서 작동하지 않도록 하는 것을 "인터록을 건다."라고 한다.
- 인터록 회로란 주로 기기의 보호와 조작자의 안전을 목적으로 하고 있다. 2개의 전자 릴레이 인터록 회로는 한쪽의 전자 릴레이가 동작하고 있는 사이는 상대방의 전자 릴레이 동작을 금지하기 때문에 상대동작 금지회로라고 한다.

286 자동화에 있어서 차질이 일어나지 않도록 또 차질이 일어날 경우 절대로 다음 공정에 들어가지 않도록 전기적인 회로로서 방지하는 방법은?

① 인터록 회로(확인회로)
② 우선 회로
③ 자기유지회로
④ 기억회로

[정답] 281 ② 282 ① 283 ④ 284 ① 285 ④ 286 ①

287 시퀀스 회로의 설명 중 틀린 것은?

① 배관의 길이를 길게 해야 한다.
② 자동조작 회로는 동일 수압 면적을 갖는 2개의 유압 실린더로 서로 다른 부하를 동작시키는 회로이다.
③ 자동 왕복 동회로는 파일럿 조작회로를 사용하는 것이다.
④ 시퀀스 동작은 전기적 · 기계적 · 유압적으로 순차작동시키는 제어이다.

288 2개의 푸시버튼을 갖고 단동 실린더를 제어하려고 한다. 첫 번째 푸시버튼을 동작시키면 단동 실린더가 전진운동하고 두 번째 푸시버튼을 동작시키면 단동 실린더가 후진 운동한다. 메모리형 밸브를 사용하지 않고 모든 밸브는 스프링에 의해 귀환되는 것을 사용해야 한다. 이 문제를 풀기 위해 사용되어지는 회로는?

① 자동 후진제어회로
② 중간위치 정지회로
③ 자기유지회로
④ 시간특성회로

해설
입력된 제어신호가 없어지더라도 계속해서 신호를 기억하는 회로를 자기유지회로라 한다.

289 부하의 변동이 있어도 비교적 안정된 속도를 얻을 수 있는 회로는?

① 미터-인 회로 ② 미터-아웃 회로
③ 블리드-인 회로 ④ 블리드-아웃 회로

해설
미터-인 회로는 액추에이터에 공급되는 공기를 일방향 유량 제어 밸브를 사용하여 조절하는 방식이다.

290 2개 이상의 실린더나 모터를 동일 속도로 또는 위치 제어하고자 할 때 구성되는 회로는?

① 싱크로나이징(동기) 회로
② 카운터 밸런스 회로
③ 감속 회로
④ 시퀀스 회로

291 케스케이드 회로에 대한 설명 중 틀린 것은?

① 제어그룹의 개수를 4개에서 5개 이내로 제한한다.
② 케스케이드 밸브의 수는 제어그룹에서 1을 빼면 된다.
③ 케스케이드 밸브를 직렬로 연결하기 때문에 압력저하로 인하여 스위칭 시간이 짧아진다.
④ 5/2way 양측 공압작동 밸브 및 방향성이 없는 3/2way 롤러리밋 밸브를 사용하므로 신뢰성이 보장된다.

해설
케스케이드 밸브는 병렬로 연결하므로 제어에 특수한 장치나 밸브를 사용하지 않으며 가장 경제적이고, 높은 신뢰성을 보장하므로 일반적으로 널리 사용한다. 작동 시퀀스가 복잡하면 그룹의 수가 많아지므로 배선이 복잡하고 제어회로의 작성도 어렵다.

292 실린더의 전진 속도가 빨라 사이클 시간을 단축할 수 있는 반면 그 작용력이 작게 되는 회로는?

① 압력설정 회로
② 최대압력제어회로
③ 재생 회로
④ 내압시험 회로

[정답] 287 ① 288 ③ 289 ① 290 ① 291 ③ 292 ③

해설

재생 회로는 펌프에서 공급되는 유체가 cap end로 유입되어 전진행정이 일어나고 또한 rod end를 통해 유출되는 유체가 펌프에서 유입되는 유체와 합류하여 cap end로 들어가게 되어 속도가 빨라진다.

293 시스템을 안전하고 확실하게 운전하기 위한 목적으로 사용하는 회로로 2개의 회로 사이에 출력이 동시에 나오지 않게 하는데 사용되는 회로는?

① 인터록 회로 ② 자기유지회로
③ 정지 우선회로 ④ 한시 동작회로

해설

인터록 회로 : 시스템을 안전하고 확실하게 운전하기 위한 목적으로 사용하는 회로로 2개의 회로 사이에 출력이 동시에 나오지 않게 하는데 사용되는 회로이다.

294 공압 실린더의 공급되는 공기의 유량을 제어하는 방식을 무엇이라 하는가?

① 미터아웃 방식
② 미터인 방식
③ 블리드온 방식
④ 블리드오프 방식

해설

미터인 방식 : 공압 실린더의 공급되는 공기의 유량을 제어하는 방식

295 공압회로의 속도제어방식 중 공압 실린더의 배출량을 조절하는 제어방식은?

① 미터인 회로
② 미터 아웃 회로
③ 미터 플로우 회로
④ 미터 하우징 회로

296 미터-인 속도조절하는 방식에 대한 설명으로 틀린 것은?

① 낮은 속도에서 일정한 속도를 얻을 수 있다.
② 피스톤 실에 상대적으로 낮은 마찰력만 걸리게 되고 이에 따라 실린더는 긴 내구수명을 유지한다.
③ 급속배기 밸브를 이용하여 전진과 후진 운동 속도를 증가시킬 수 있다.
④ 피스톤 로드에 작용하는 부하가 불규칙한 곳에는 사용할 수가 있다.

해설

피스톤 로드에 작용하는 부하가 불규칙한 곳에는 사용할 수가 없다.

297 미터-아웃 실린더의 전 · 후진 속도를 조절하는 방법으로 틀린 것은?

① 끄는 힘에 강하다.
② 배기조절방법은 공급 공기 교축보다 초기 속도는 불안하나 피스톤 로드에 작용하는 부하 상태에 크게 영향을 받지 않는다.
③ 스틱 슬립(stick slip) 현상 발생 가능성이 작다.
④ 낮은 속도조절 면에서는 미터-인(meter-in) 방식보다 불리하다.

해설

스틱 슬립(stick slip) 현상 발생 가능성이 크다.

298 공압 시스템에서 부하의 변동시 비교적 안정된 속도가 얻어지는 속도제어방법은?

① 미터인 방법 ② 미터 아웃 방법
③ 블리드 온 방법 ④ 블리드 오프 방법

[정답] 293 ① 294 ② 295 ② 296 ④ 297 ③ 298 ②

해설

- 미터인 회로 : 속도 제어회로로 유량제어 밸브를 실린더의 입구측에 설치한 회로로서 이밸브가 압력 보상형이면 실린더 속도는 펌프 송출량에 무관하고 일정하다.
- 미터 아웃 회로 : 속도제어회로로 유량제어 밸브를 실린더의 출구측에 설치한 회로로서 실린더에서 유출되는 유량을 제거하여 피스톤 속도를 제어하는 회로이다. 공압 시스템에서 부하의 변동시 비교적 안정된 속도가 얻어지는 속도제어방법이다.
- 블리드 오프(Bleed off) 회로 : 압력제어회로로 실린더 입구의 분기회로에 유량제어 밸브를 설치하여 실린더 입구측의 불필요한 압유를 배출시켜 작동효율을 증가시킨 회로로 펌프의 일부 유량을 오일 탱크로 되돌려 보내는 것으로 액추에이터를 제어한다.

299 공급쪽 관로에 바이패스 관로를 설치하여 바이패스로의 흐름을 제어함으로서 속도를 제어하는 회로는?

① 블리드오프 회로 ② 속도증가 회로
③ 미터–아웃 ④ 미터–인

300 급속 배기 밸브를 이용하여 전진운동 속도를 증가시키는 회로는?

① 블리드오프 회로 ② 속도증가 회로
③ 미터–아웃 ④ 미터–인

301 공기 소모량은 줄일 수 있으나 저압, 저속 작동으로 인해 가다 서기를 반복하는 스틱 슬립(stick–slip) 현상이 발생하기 쉬운 회로이므로 실린더 복귀 운동 또는 낮은 부하율일 때 사용되는 회로는?

① 블리드오프 회로 ② 차동 작동회로
③ 미터–아웃 ④ 미터–인

302 금형의 세팅이나 시험 운전 시의 미동 조작, 공작물의 임의 위치 이동 등에 사용하는 회로는?

① 중간 정지회로
② 차동 작동회로
③ 미터–아웃
④ 미터–인

303 2개의 안정된 출력상태를 가지고, 입력 여부와 관계없이 직전에 가해진 압력의 상태를 출력 상태로서 유지하는 회로는?

① 부스터 회로 ② 플립플롭 회로
③ 카운터 회로 ④ 레지스터 회로

해설

플립플롭 회로 : 2개의 안정된 출력상태를 가지고, 입력 여부와 관계없이 직전에 가해진 압력의 상태를 출력상태로써 유지하는 회로이다.

304 그림은 단동 실린더 제어회로이다. 설명이 옳은 것은?

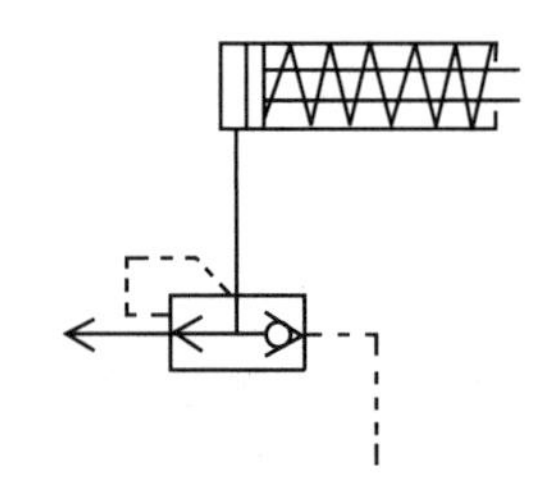

① 후진 속도증가 회로
② 전진 속도증가 회로
③ 전진 속도조절 회로
④ 후진 속도조절 회로

해설

급속 배기 밸브를 이용하여 후진 속도를 증가시키는 회로이다.

[정답] 299 ① 300 ② 301 ② 302 ① 303 ② 304 ①

305 다음 그림의 회로 설명이 옳은 것은?

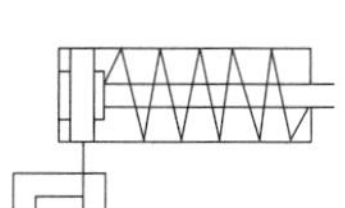

① 전진속도 제어
② 후진속도 제어
③ 전진 및 후진속도 제어
④ 급속 귀한속도 제어

306 그림과 같은 회로도의 기능은?

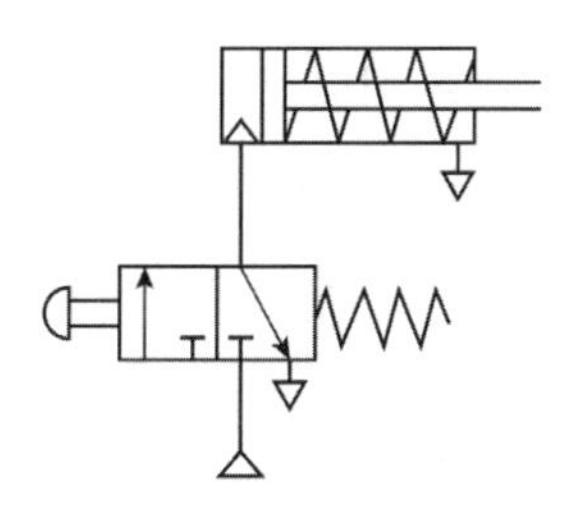

① 단동 실린더 고정회로
② 복동 실린더 고정회로
③ 단동 실린더 제어회로
④ 복동 실린더 제어회로

해설

단동 실린더 : 한쪽 방향만의 공기압에 의해 운동하는 것을 단동 실린더라 하며 보통 자중 또는 스프링에 의해 복귀한다.

307 그림과 같은 복동 실린더의 설명으로 맞는 것은?

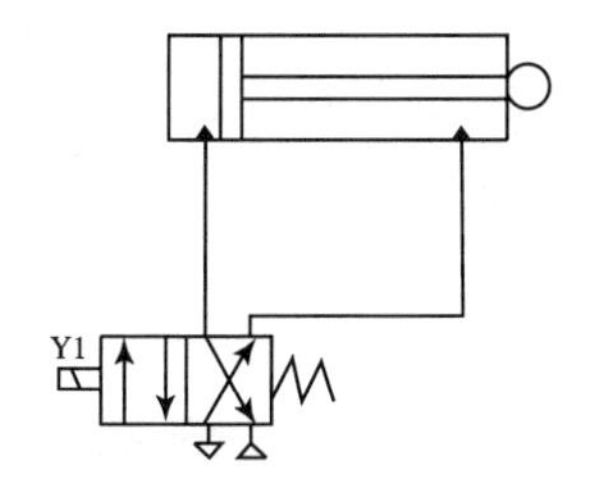

① 전진 행정시 보다 후진 행정시 추력이 더 크다.
② 솔레노이드 Y1에 전기가 공급되면 실린더는 전진된다.
③ 전, 후진시 모든 작업이 진행될 수 있다.
④ 전진시보다 후진시 속도가 더 빠르다.

308 그림의 설명으로 맞는 것은?

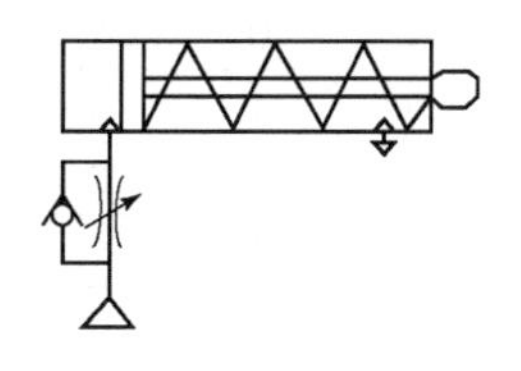

① 전진 속도를 조절한다.
② 후진 속도를 조절한다.
③ 급속 귀환 운동을 한다.
④ 전진과 후진 출력을 높인다.

해설

공급쪽에 일방향 유량조절밸브가 달려 있으므로 이것으로 유량을 조절하면 전진속도가 조절한다.

309 다음의 표는 어떤 회로의 진리값인가?

입력신호		출력
A	B	C
0	0	0
0	1	0
1	0	0
1	1	1

① AND 회로
② OR 회로
③ NOR 회로
④ FLIP-FLOP 회로

[정답] 305 ① 306 ③ 307 ② 308 ① 309 ①

310 다음의 진리표에 따른 논리 신호로 맞는 것은? (입력신호 : a 와 b, 출력신호 : c)

진리표

입력		출력
a	b	c
0	0	1
0	1	0
1	0	0
1	1	0

① OR 회로 ② AND 회로
③ NOR 회로 ④ NAND 회로

해설
NOR 회로 : 2개 이상의 입력단과 1개의 출력단을 가지며, 입력단의 입력이 없는 경우에만 출력단에 출력이 나타나는 회로이다.

311 다음의 진리표에 따른 논리회로로 맞는 것은? (입력신호 : a와 b, 출력신호 : c)

진리표

입력		출력
a	b	c
0	0	0
0	1	1
1	0	1
1	1	1

① OR 회로 ② AND 회로
③ NOR 회로 ④ NAND 회로

해설
OR 회로 : 2개 이상의 입력단과 1개의 출력단을 가지며, 어느 입력단에 입력이 가해져도 출력단에 출력이 나타나는 회로이다.

312 그림과 같은 회로도를 무엇이라고 하는가?

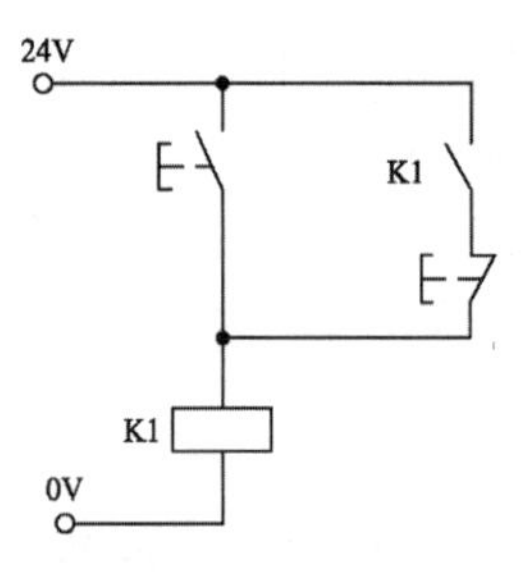

① 인터록 회로
② 플립플롭 회로
③ ON 우선 자기유지 회로
④ OFF 우선 자기유지 회로

해설
ON(직렬)우선 자기유지 회로
a접점의 스위치를 누르면 릴레이 K1이 On되어 자기유지가 되는 회로이다. b접점의 푸시버튼 스위치를 동시에 조작하면 자기 유지가 해제되고 출력이 유지되는 회로이며, 자기유지 접점과 해제 접점이 직렬로 접속되어 있다.

313 다음 회로도의 설명으로 틀린 것은?

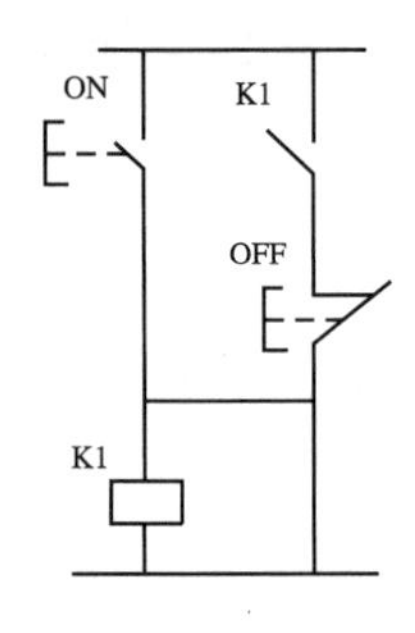

① on 우선 회로이다.
② off가 눌려지면 K1은 동작을 하지 않는다.
③ 자기유지에 많이 이용한다.
④ 전기적으로 플립플롭 회로이다.

314 다음 회로의 명칭이 적당한 것은?

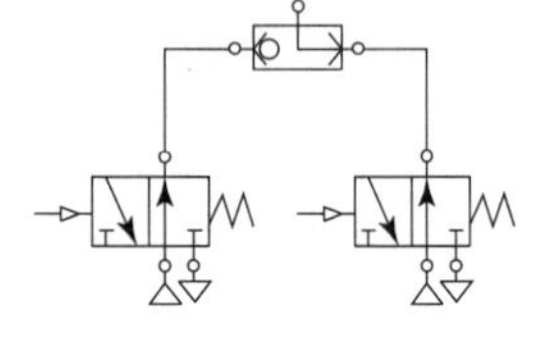

① AND
② NOT
③ NOR
④ NAND

[정답] 310 ③ 311 ① 312 ③ 313 ② 314 ④

해설

NAND 회로 : AND 회로의 출력을 반전시킨 것으로 모든 입력이 1일 때만 출력이 없어지는 회로이다.

315 다음 회로의 명칭이 적당한 것은?

① AND
② NOT
③ NOR
④ NAND

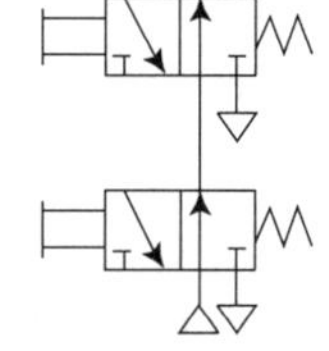

316 그림과 같이 2개의 3/2way 밸브를 연결한 상태의 회로는 어떠한 논리를 나타내는가?

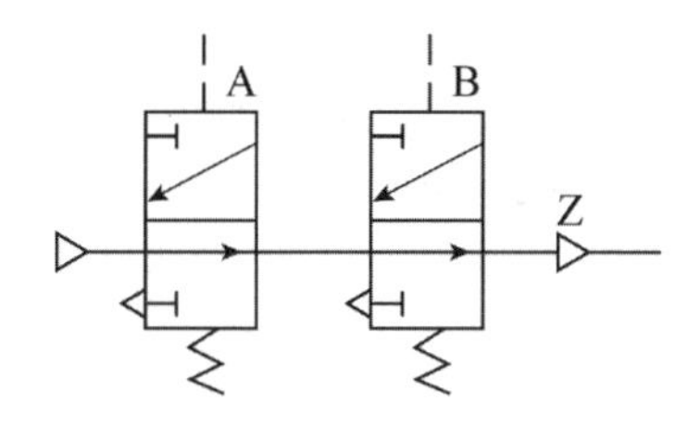

① OR 논리　② AND 논리
③ NOR 논리　④ NAND 논리

해설

NOR 회로
- 입력신호 A와 B가 모두 '0'일 때만 C가 '1'이 되며, 그 외의 신호 입력조건에는 출력 C가 '0'의 상태가 되는 회로를 NOR 회로라 한다.
- 2개 이상의 입력단과 1개의 출력단을 가지며, 입력단의 입력이 없는 경우에만 출력단에 출력이 나타나는 회로이다.

317 도면에서 밸브 ㉠의 입력으로 A가 on되고, ㉡의 신호 B를 off로 해서 출력 out이 on되게 한 다음 신호 A를 off로 한다면 출력은 어떻게 되는가?

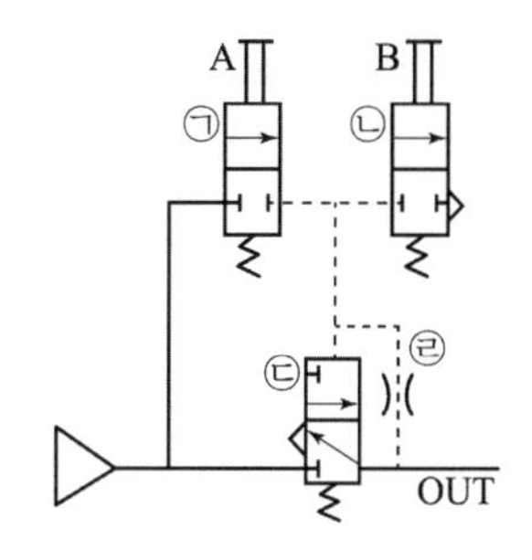

① out은 off로 된다.
② out은 on이 유지된다.
③ ㉢의 밸브가 off로 된다.
④ ㉡의 밸브에서 대기 방출이 된다.

해설

위 그림은 2/2-way 밸브 2개와 3/2-way 밸브 1개를 조합하여 플립플롭 회로를 구성한 것으로, 밸브 ㉠의 입력으로 A가 on되고, ㉡의 신호 B를 off일 때 파일럿의 공기압력에 의해 밸브 ㉢의 출력 out이 on되는 회로이다. 다음 신호 A를 off로 하여도 밸브 ㉢은 on을 계속 유지하고, out도 on 상태를 계속 유지한다.

318 아래와 같이 1개의 입력포트와 1개의 출력포트를 가지고 입력포트에 입력이 되지 않은 경우에만 출력포트에 출력이 나타나는 회로는?

① NOR회로
② AND회로
③ NOT회로
④ OR회로

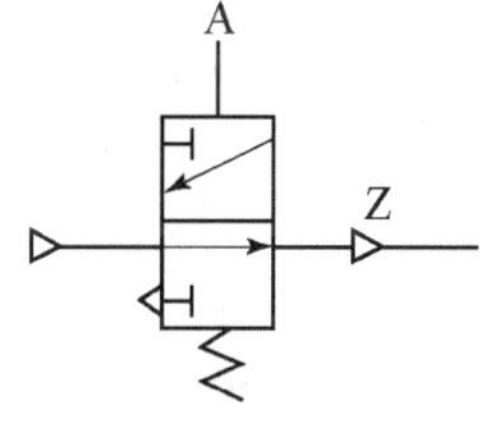

해설

NOT 회로 : 입력신호 A와 출력신호 B는 부정의 상태이므로 인버터(Inverter)라 부른다. 1개의 입력포트와 1개의 출력포트를 가지고 입력포트에 입력이 되지 않은 경우에만 출력포트에 출력이 나타나는 회로이다.

[정답] 315 ③ 316 ③ 317 ② 318 ③

319 다음 로직 회로에서 A와 B의 입력이 만족할 때 출력 C가 되는 회로는?

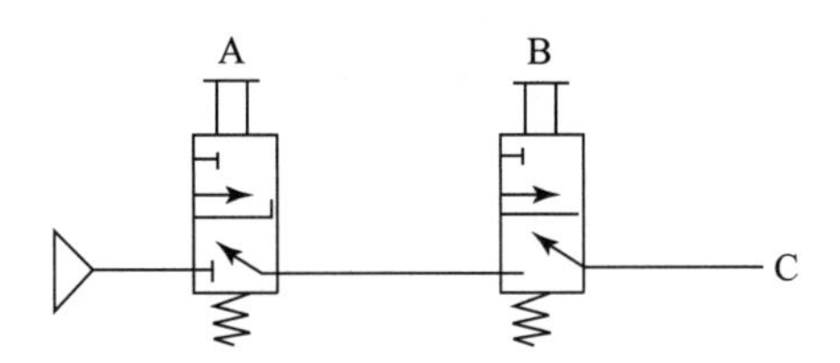

① AND 회로 ② OR 회로
③ NOT 회로 ④ NOR 회로

320 입력신호 A, B에 대한 출력 C가 갖는 회로의 이름은?

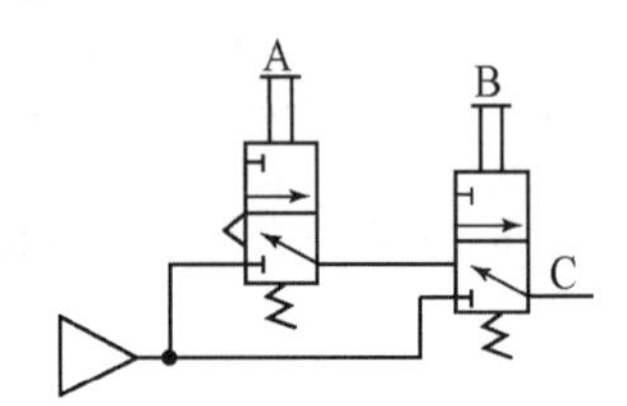

① AND 회로 ② OR 회로
③ NOT 회로 ④ NOR 회로

해설

① AND 회로 : 복수의 입력조건을 동시에 충족하였을 때에만 출력이 되는 회로를 AND 회로라 한다. 이 회로의 기능은 진리값표의 '0'을 OFF로, '1'을 ON으로 읽어서 2개의 입력신호 A와 B에 대한 출력 C의 ON-OFF 상태를 진리값표로부터 읽을 수 있다.
② OR 회로 : 복수의 입력조건 중 어느 1개라도 입력조건이 충족되면 출력이 되는 회로를 OR 회로라 한다. 이러한 OR 회로를 논리합 회로라 하며 공압회로에서 많이 사용되고 있다.
③ NOT 회로 : 입력신호가 '1'이면 출력은 '0'이 되고, 입력신호가 '0'이면 출력은 '1'이 되는 부정의 논리를 갖는 회로를 NOT 회로라 한다. 회로도에서 입력신호 A와 출력신호 B는 부정의 상태이므로 인버터(inverter)라 부르기도 한다.
④ NOR 회로 : 입력신호 A와 B가 모두 '0'일 때만 C가 '1'이 되며, 그 외의 신호 입력조건에는 출력 C가 '0'의 상태가 되는 회로를 NOR 회로라 한다.

321 다음 그림에서 공압 로직 밸브와 진리값과 일치하는 로직 회로의 명칭은?

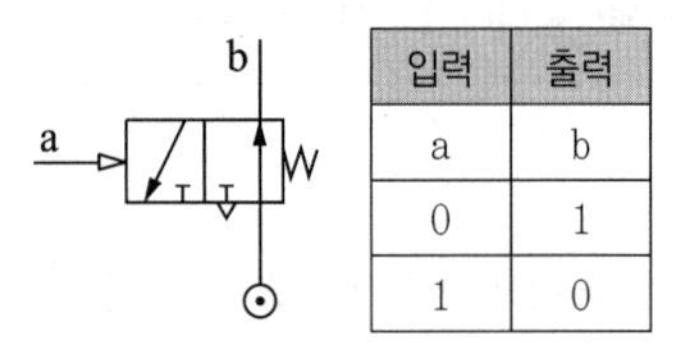

입력	출력
a	b
0	1
1	0

① AND회로 ② OR회로
③ NOT회로 ④ NAND회로

해설

① AND 회로 : A × B = Y
② OR 회로 : A + B = Y
③ NOT회로 : $\overline{A} = B$
④ NAND 회로 : $\overline{A \times B} = Y$

322 다음 그림에서 공압 로직 밸브와 진리값에 일치하는 로직 명칭은?

(공압로직밸브)

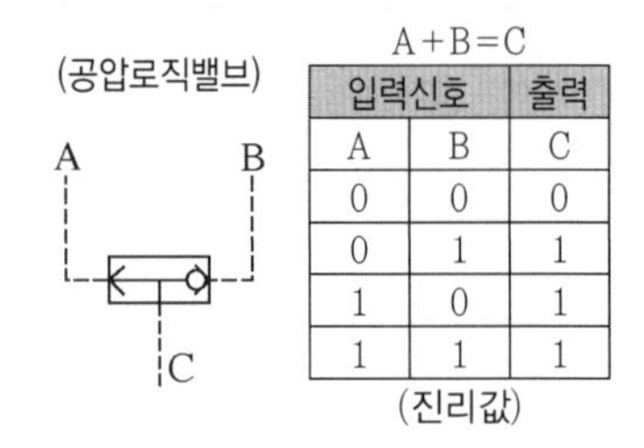

A+B=C

입력신호		출력
A	B	C
0	0	0
0	1	1
1	0	1
1	1	1

(진리값)

① AND ② OR
③ NOT ④ NOR

해설

논리회로
① YES 회로 : 입력이 존재할 때만 출력이 존재
② NOT 회로 : 입력이 존재하지 않을 때만 출력이 존재
③ AND 회로 : 2개의 입력신호가 모두 존재할 경우에만 출력이 존재한다.
④ OR 회로 : 2개의 입력신호 중 어느 하나라도 존재할 경우에 출력이 존재한다.

[정답] 319 ① 320 ② 321 ③ 322 ②

323 다음 회로의 명칭으로 적합한 것은?

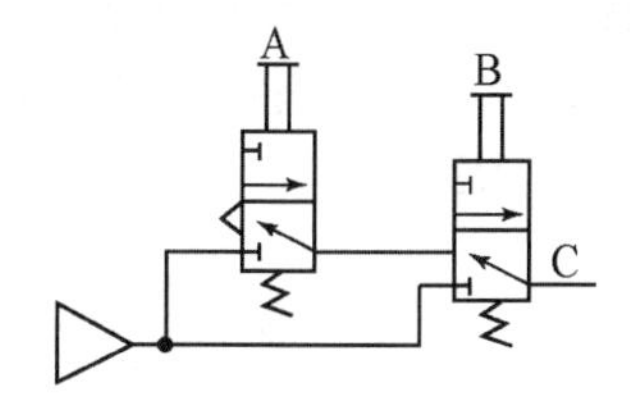

① NOT회로 ② OR 회로
③ NAND회로 ④ NOR회로

해설
2개의 입력신호에서 1가지 이상의 입력신호가 있을 때 출력이 되므로 OR회로이다.

324 다음 그림의 회로도는 어떤 회로인가?

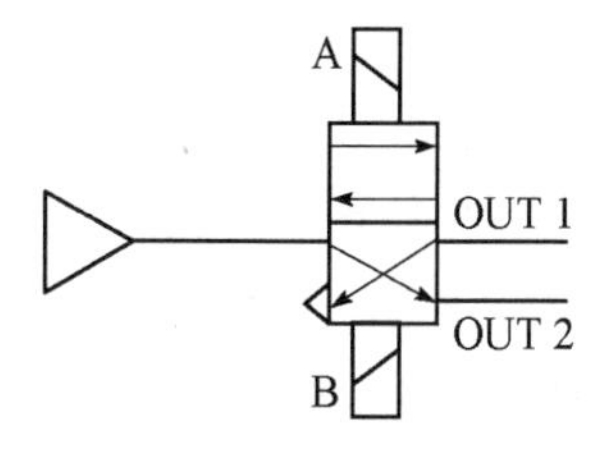

① 1방향 흐름 회로 ② 플립플롭 회로
③ 푸시버튼 회로 ④ 스트로크 회로

해설
위 그림의 회로도는 기호는 4/2way 양솔레노이드 밸브로 메모리(플립플롭)기능을 가지고 있는 플립플롭 회로이다.

325 다음 그림은 공유압회로도이다. 무슨 회로인가?

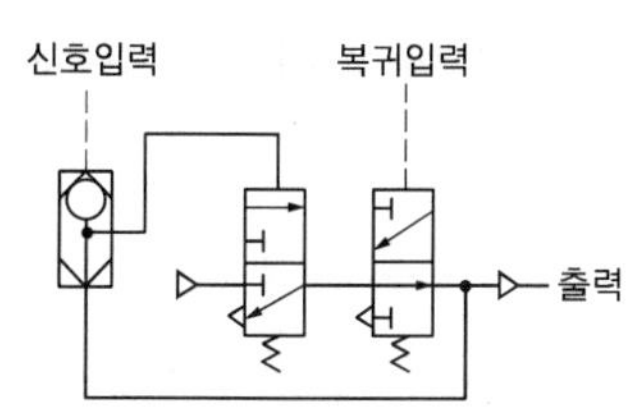

① 노드 회로 ② 노어 회로
③ 플립플롭 회로 ④ 부우스터 회로

326 그림과 같은 회로에서 속도제어 밸브의 접속 방식은?

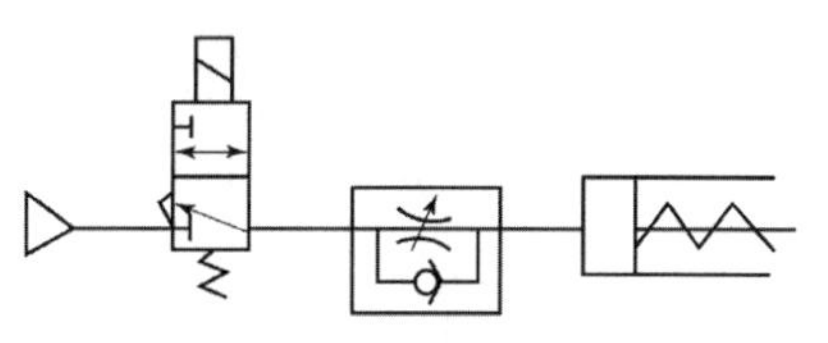

① 미터인 방식
② 미터 아웃 방식
③ 블리드 오프 방식
④ 파일럿 오프 방식

해설
미터인 회로 : 유량제어 밸브를 실린더의 입구측에 설치한 전진 속도 제어회로로서 복귀시에는 체크밸브에 의해 자유로이 유압유가 복귀한다. 이 회로는 송출압이 릴리프 밸브의 설정압으로 정해지고, 펌프에서 송출되는 여분의 유량은 릴리프 밸브를 통하여 탱크에 방유되므로 동력손실이 크다.

327 다음 그림의 회로도는 어떤 회로인가?

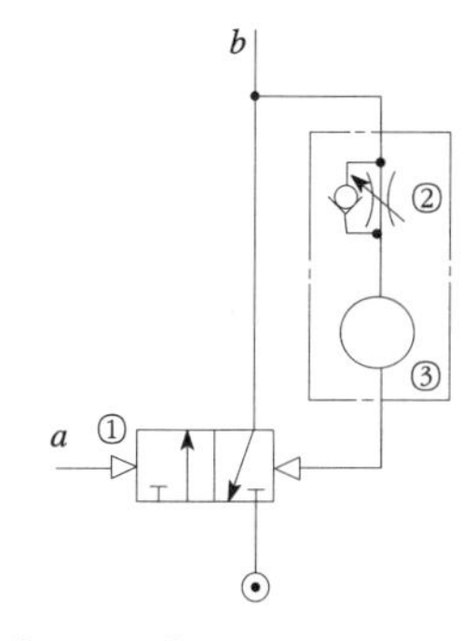

① 플립플롭 회로
② ONE Shot 회로
③ 스트로크 회로
④ 시간지연 OFF Delay 회로

해설
ONE Shot 회로
ONE Shot 회로는 신호가 입력되면 출력이 일정 시간 동안 지속되다가 설정시간 경과 후에 차단되는 회로로서 펄스 신호를 사용하는 경우와 연속신호를 사용하는 경우가 있다.

[정답] 323 ② 324 ② 325 ③ 326 ① 327 ②

328 다음 그림의 회로도는 어떤 회로인가?

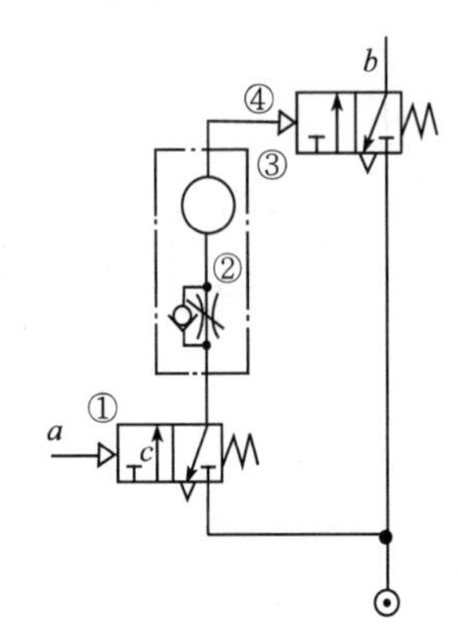

① 플립플롭 회로
② ONE Shot 회로
③ 스트로크 회로
④ 시간지연 OFF Delay 회로

해설
시간지연 OFF Delay 회로
OFF Delay 회로는 신호가 입력됨과 동시에 출력이 나오지만 입력신호가 차단되며 일정 시간 경과 후에 출력이 소멸하는 회로이다.

329 도면에서 ㉠의 밸브가 ON되면 실린더의 피스톤 운동상태는 어떻게 되는가?

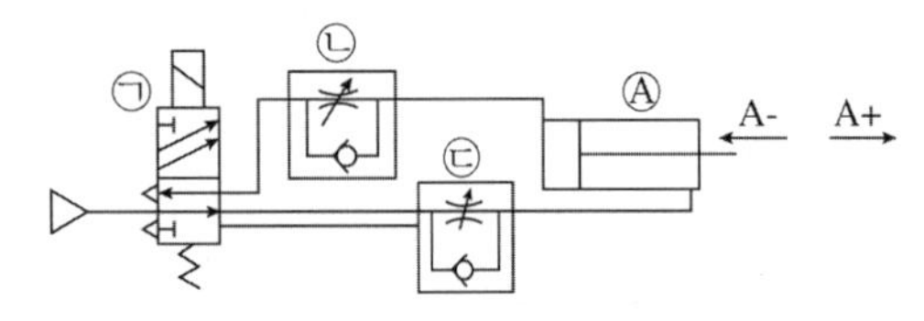

① A+쪽으로 전진 ② A−쪽으로 복귀
③ 왕복운동 ④ 정지상태 유지

해설
㉠의 5/2way 방향제어 밸브가 전환되면 A+쪽으로 공압이 공급되어 실린더는 전진운동을 한다. ㉡과 ㉢은 일방향 유량 제어 밸브로 전 · 후진 속도를 미터 아웃 방법으로 제어되고 있다.

330 다음의 공압회로도는 공압 복동 실린더의 자동 복귀회로이다. 1, 2 스위치가 계속 작동되어 있을 경우, 복동 실린더의 작동상태를 올바르게 설명하고 있는 것은?

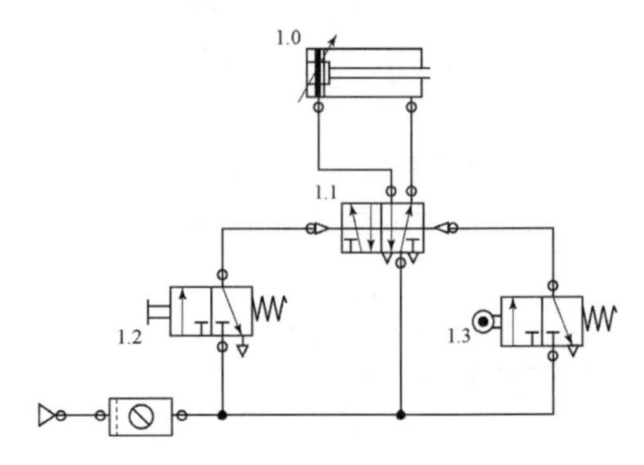

① 전진 위치에 있는 1.3 공압 리밋 스위치가 작동되면 복동 실린더는 후진하여 정지한다.
② 전진 위치에 있는 1.3 공압 리밋 스위치가 작동되면 복동 실린더는 후진 한 후 동일한 작동을 반복한다.
③ 전진 위치에 있는 1.3 공압 리밋 스위치가 작동된 후 복동 실린더는 정지한다.
④ 전진 위치에 있는 1.3 공압 리밋 스위치가 작동된 후 일정 시간 경과 후 후진한다.

해설
1, 2 스위치가 계속 작동되어 있을 경우 전진 위치에 있는 1.3 공압 리밋 스위치가 작동된 후 복동 실린더는 정지한다.

331 그림의 연결구를 표시하는 방법에서 틀린 부분은?

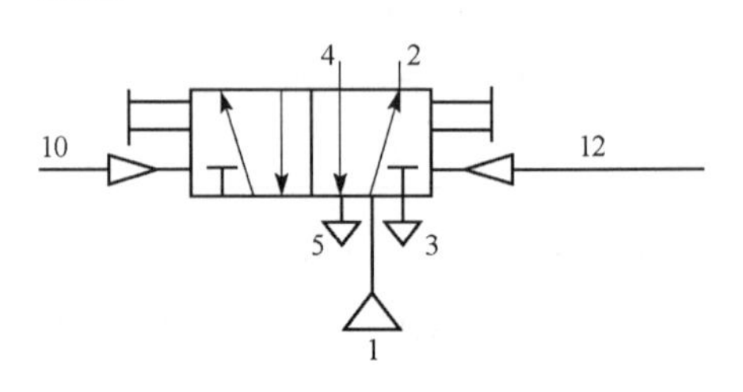

[정답] 328 ④ 329 ① 330 ③ 331 ②

① 공급라인 : 1 ② 제어라인 : 4
③ 작업라인 : 2 ④ 배기라인 : 3

해설
② 제어라인 : 10, 12
③ 작업라인 : 2, 4
④ 배기라인 : 3, 5

332 **다음은 공압 실린더의 응용 회로이다. 푸시 버튼 스위치를 눌렀다 놓으면 실린더는 어떻게 작동되는가?**

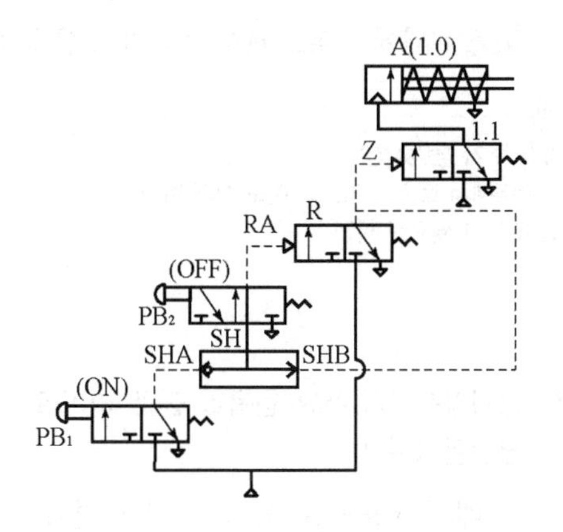

① 스위치 PB_1를 누르면 실린더가 작동되지 않는다.
② 스위치 PB_1를 누르면 실린더가 전진하고 놓으면 후진한다.
③ 스위치 PB_2를 눌렀다 놓으면 실린더가 전진 상태를 유지한다.
④ 스위치 PB_2를 눌렀다 놓으면 실린더가 전진 상태를 유지한다.

해설
위 그림의 회로는 공압 자기 유지 회로로 스위치 PB_2를 눌렀다 놓으면 실린더가 전진하여 전진 상태를 유지하다가 스위치 PB_2를 눌렀다 놓으면 실린더가 후진하여 후진 상태를 유지한다.

333 **공기압 장치의 조립이 완료되고 나면 시운전을 하는데 시운전의 목적으로 틀린 것은?**

① 시스템의 정상적인 작동 여부를 확인하고 문제점이 있으면 대책을 수립하여 해결한다.
② 공기압 조정유닛 조정, 속도 조정, 리밋 스위치의 스위칭 타임 조정, 각종 센서의 응답시간 확인 등 최적 운전조건을 확보한다.
③ 최적 운전조건에서 각종 데이터를 확보하고 기록하여 유지 · 보수 자료로 활용한다.
④ 자체적으로 기준을 정하여 기준에 충족하는 수준의 압축공기 청정화 상태를 유지하는가를 확인해야 한다.

해설
공기압 부품 제조업체에서 요구하는 수준의 압축공기 청정화 상태를 유지하는가를 확인해야 한다.

334 **공기압 조정유닛의 점검 내용으로 틀린 것은?**

① 필터의 정상적인 설치 여부
② 입구 공기압력의 허용압력 유지 여부
③ 루브리케이터의 윤활유 적하 상태(일반적으로 적하식의 경우 분당 1방울이 적정함)
④ 솔레노이드 조절 상태 확인

해설
위 사항 외에 공기압 조정유닛의 점검 내용
- 기타 부품 제조업체에서 요구하는 사항
- 공급압력 조절상태 확인(확인 완료 후, 압력은 0으로 설정)

[정답] 332 ④ 333 ④ 334 ④

335 보수와 점검의 원칙으로 틀린 것은?

① 관리기준과 점검 항목을 정하여 점검하고 그 결과를 기록하여 데이터로 활용한다.
② 매일 점검을 일상화한다.
③ 점검 책임자를 정하고 보수·관리 교육을 한다.
④ 점검 책임자가 정기적으로 회의를 소집하여 고장 내용, 점검 방법 등에 대해 의견을 교환한다.

해설
정기적인 점검을 일상화한다.

336 일상 점검사항으로 맞는 것은?

① 신호 입력요소의 이물질 청소
② 압력조절기의 압력 조절 상태 확인
③ 윤활기의 급유 기능 확인
④ 윤활기의 윤활유 양과 급유 상태 점검 및 급유량 조절

해설
일상 점검사항
- 공기압 조정유닛에 자동 배수 장치가 없는 경우, 필터에 채워져 있는 응축수 배출
- 윤활기의 윤활유 양과 급유 상태 점검 및 급유량 조절

337 주간 점검사항으로 틀린 것은?

① 신호 입력요소의 이물질 청소
② 압력조절기의 압력 조절 상태 확인
③ 윤활기의 급유 기능 확인
④ 필터에 채워져 있는 응축수 배출

해설
주간 점검사항
- 신호 입력 요소의 이물질 청소
- 압력조절기의 압력 조절 상태 확인
- 윤활기의 급유 기능 확인

338 6개월 주기 점검사항으로 맞는 것은?

① 신호 입력 요소의 이물질 청소
② 압력조절기의 압력 조절 상태 확인
③ 윤활기의 급유 기능 확인
④ 실린더에서 로드 베어링의 마모 상태 확인

해설
6개월 주기 점검사항
- 실린더에서 로드 베어링의 마모 상태 확인
- 실링 교환 필요성 확인

339 공기압축기의 주요 항목과 점검사항으로 맞게 연결된 것은?

① 배기 온도– 소음, 진동 상태 변화 여부
② 소음, 진동– 정상적인 배기 온도 유지 여부
③ 언로드– 밸브의 수명 변화 여부
④ 공기압력– 출구 압력의 저하 여부

해설
공기압축기 점검사항

항목	점검사항
배기 온도	정상적인 배기 온도 유지 여부
소음, 진동	소음, 진동 상태 변화 여부
언로드	정상적인 언로드 상태 유지 여부
공기압력	출구 압력의 저하 여부
밸브 수명	밸브의 수명 변화 여부

[정답] 335 ② 336 ④ 337 ④ 338 ④ 339 ④

340 공기 필터의 주요 점검사항에서 외부 누설, 케이스의 파손 항목의 점검사항으로 틀린 것은?

① 외부 누설이나 파손 여부 점검
② 균열의 경우는 즉시 교환이나 원인 조사
③ 청소는 중성세제 사용(용제나 기계 세정액은 사용 불가)
④ 드레인 발생이 과다한 경우는 상류측의 청정화 기기 점검

341 공기 필터의 주요 점검사항에서 드레인 배출기 작동 점검 항목의 사항으로 틀린 것은?

① 외부 누설이나 파손 여부 점검
② 배출기의 정상적인 작동 여부
③ 수동인 경우 정기적인 배출 여부 확인
④ 드레인 발생이 과다한 경우는 상류측의 청정화 기기 점검

342 압력조절기 점검사항에서 밸브 스프링 기능 조사 점검 항목의 사항으로 틀린 것은?

① 그리스 추가 도포
② 녹이나 파손 여부
③ 스프링 탄성 점검
④ 설정압력을 상하로 조정

해설

압력조절기 점검사항

항목	점검사항
밸브 본체부의 작동 점검	그리스 추가 도포 (밸브 가이드 포함)
밸브 스프링 기능 조사	• 그리스 추가 도포 • 녹이나 파손 여부 • 스프링 탄성 점검
릴리프 기능 체크	설정압력을 상하로 조정해 봄

343 루브리케이터의 주요 점검사항에서 윤활기 작동 점검 항목의 사항으로 틀린 것은?

① 케이스 내의 기름 상태
② 윤활 적하량의 점검
③ 드레인의 혼입 여부
④ 케이스 내의 공기 누설 여부

해설

루브리케이터 점검사항

항목	점검사항
윤활유 적하량	윤활 적하량의 점검(설비 작동 시에 실시)
윤활기 작동	• 케이스 내의 기름 상태 • 드레인의 혼입 여부 • 케이스 내의 공기 누설 여부 • 2차측 공기의 역류 여부

344 전환 밸브의 주요 항목과 점검사항으로 연결이 틀린 것은?

① 스풀 상태－원활한 작동 여부
② 포트 상태－포트 막힘 여부(공기의 정상흐름 확인)
③ 누설－공기의 정상흐름 확인
④ 솔레노이드－소음 발생 여부

해설

전환 밸브 점검사항

항목	점검사항
스풀 상태	스풀의 원활한 전환 여부
포트 상태	포트 막힘 여부(공기의 정상흐름 확인)
누설	공기의 정상흐름 확인
스프링 상태	원활한 스프링 리턴 확인
솔레노이드	소음 발생 여부
파일럿 스풀	원활한 작동 여부(파일럿 전환의 원활성 확인)

[정답] 340 ④ 341 ① 342 ④ 343 ② 344 ①

345 유량제어 밸브 점검사항으로 맞는 것은?

① 소음 발생 여부 확인
② 원활한 밸브 전환 여부
③ 일정한 밸브 작동 여부
④ 일정한 시간지연 여부

해설

유량제어 밸브 점검사항

항목	점검사항
누설	정상적인 유량조절 여부 확인
소음	소음 발생 여부 확인(디스크 링 손상 가능)

346 시간지연 밸브 점검사항으로 틀린 것은?

① 소음 발생 여부 확인
② 원활한 밸브 전환 여부
③ 일정한 밸브 작동 여부
④ 일정한 시간지연 여부

해설

시간지연 밸브 점검사항

항목	점검사항
밸브 전환	원활한 밸브 전환 여부
밸브 동작	일정한 밸브 작동 여부
시간 조정	일정한 시간 지연 여부

347 공기압 실린더의 주요 사항에서 체결 상태 및 변형 점검사항으로 틀린 것은?

① 볼트 및 너트의 조임 상태
② 설치 프레임의 느슨함이나 비정상적인 휨 여부
③ 로드 선단의 체결 부품, 타이로드, 볼트 등의 풀림이나 흔들림
④ 피스톤 로드의 흠집 발생 여부

해설

실린더 점검사항

항목	점검사항
체결 상태 및 변형	• 볼트 및 너트의 조임 상태 • 설치 프레임의 느슨함이나 비정상적인 휨 여부 • 로드 선단의 체결 부품, 타이로드, 볼트 등의 풀림이나 흔들림 • 설치 위치 이탈 여부
피스톤 로드	• 피스톤 로드의 흠집 발생 여부
작동상태	• 작동상태 원활 여부 • 최저 작동압력 상승 여부 • 피스톤 속도나 사이클 타임의 변화 여부 • 스트로크 끝에서 충격이나 소리 발생 여부 • 스트로크 이상 유무(정해진 스트로크 동작 여부) • 오토 스위치의 동작상태
공기 누설	• 외부 누설 발생 여부(특히 로드 패킹부에 주의)

[정답] 345 ① 346 ① 347 ④

PART 3. 공유압

유압 제어

1 유압 제어 방식 설계

1 유압기초

(1) 파스칼의 원리(Pascal's Principle)

밀폐된 용기 속에 정지 유체의 일부에 가해지는 압력은 유체의 모든 부분에 동일한 힘으로 동시에 전달된다. 유압에서 사용되는 압력은 물체의 단위 표면적에 가해지는 힘의 크기를 말하는 것으로 그 단위로는 공학 단위인 kgf/cm^2나 kgf/m^2가 주로 사용되고 있다.

① 경계를 이루고 있는 어떤 표면 위에 정지하고 있는 유체의 압력은 그 표면에 수직으로 작용한다.

② 정지 유체 내의 점에 작용하는 압력의 크기는 모든 방향으로 같게 작용한다.

③ 정지하고 있는 유체 중의 압력은 그 무게가 무시될 수 있으면, 그 유체 내의 어디서나 같다.

④ 유압 프레스나 수압기가 이 원리를 응용한 것이다.

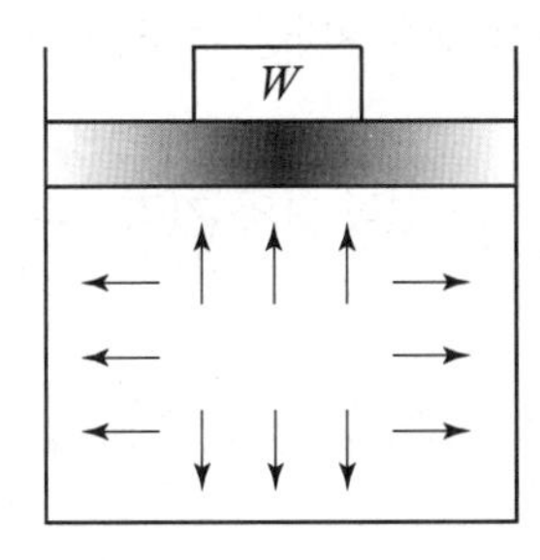

그림 3-75 파스칼의 원리

(2) 압력의 전달 원리

압력은 단위면적에 작용하는 힘을 말한다.

$$P = \frac{F_1}{A_1} = \frac{F_2}{A_2}$$

PART 3 공유압

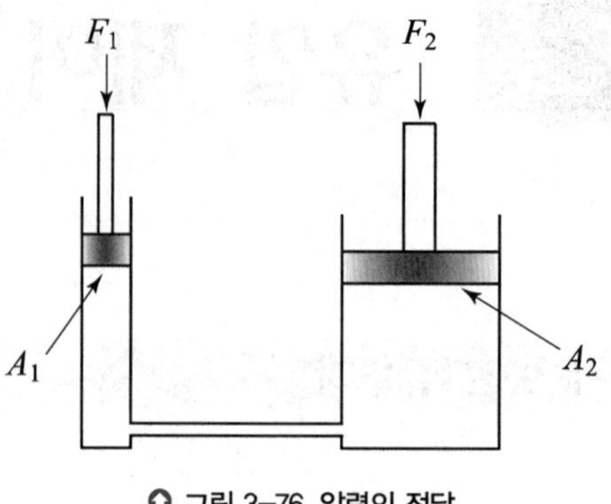

그림 3-76 압력의 전달

(3) 연속 방정식

유량이란 단위시간에 이동하는 액체의 양을 말하며 유압에서는 토출량으로 나타내며 단위는 ℓ/min 또는 cc/sec로 표시한다. 즉 이동한 유량을 시간으로 나눈 것이다. 기호 Q는 유량을 표시한다. 유량의 계산식은 다음과 같다.

$$Q = \frac{V}{t}$$

여기서, Q : 유량(ℓ/min)
V : 체적(ℓ)
t : 시간(min)

연속의 법칙은 질량 보존의 법칙을 유체의 흐름에 적용한 것으로서 유관 내의 유체는 도중에서 생성된다든지 또는 소실되는 일이 없다는 것을 의미한다.

유량의 식에서 체적 v를 면적 A와 거리 s의 곱으로 표현하면 다음과 같은 식이 얻어진다.

$$Q = \frac{V}{t} = \frac{A \cdot S}{t} = A \cdot \left(\frac{s}{t}\right) = A \cdot v$$

여기서, Q : 유량(ℓ/min)
A : 단면적(cm^2)
v : 유체의 속도(cm/sec)

유량을 계산하는 이 식으로부터 배관의 단면적이나 유체의 속도를 구할 수 있다.

(4) 베르누이(Bernoulli)의 정리

점성이 없는 비압축성의 액체가 수평관을 흐를 경우, 에너지 보존의 법칙에 의해 성립되는 관계식의 특성을 말한다.

압력 수두 + 위치 수두 + 속도 수두 = 일정

수평 관로에서 단면적이 작은 곳에서 압력이 낮다. 비압축성 이상유체의 정상류에 있어서 임의의 점에 있는 숙도를 v, 압력을 p, 위치를 z로 하고 비중량을 γ로 하면

$$\frac{v_1^2}{2g}+\frac{p_1}{\gamma}+z_1=\frac{v_1^2}{2g}+\frac{p_2}{\gamma}+z_2=const(\text{일정})$$

이 얻어진다. 이 식을 비압축성 유체의 정상흐름에 대한 베르누이의 식이라 한다.

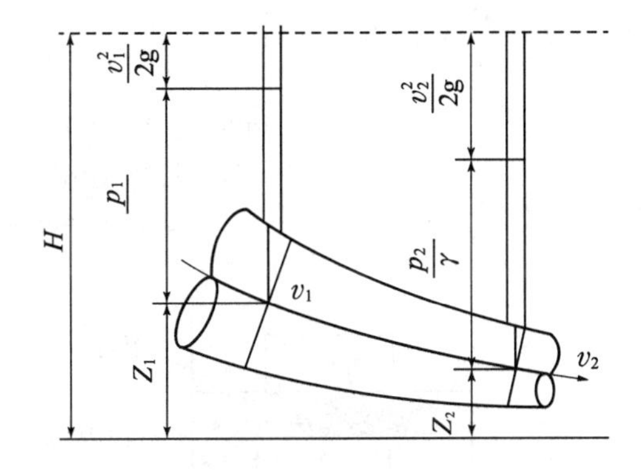

그림 3-77 베르누이의 정리

또 하나의 유선관에 있어서의 에너지 보존법칙이라고도 하며, 유압에서는 기름의 흐름에 대한 각종 계산의 기초가 되는 중요한 식이다. 위 식의 각 항은 길이의 차원을 가지며 유선과에 따라 압력 수두(Pressure head), 속도 수두(Velocity head) 및 위치 수두(Potential head)의 합의 일정함을 나타낸다. 이 일정한 합 H를 전수두(total head)라 한다.

(5) 유체의 성질과 법칙

1) 힘(Force)

뉴턴(Newton)의 방정식에 의해 1kg의 질량(mass)은 지상에서 1kgf의 힘을 생산할 수 있으므로 다음과 같은 식으로 나타낸다.

$$F = m \cdot g$$

여기서, F=힘(kgf)
m=물체의 질량(kg)
g=중력 가속도 9.81(m/s²)

따라서, SI 단위에 따라 힘(F)을 뉴턴(Newton)으로 표시하면

$$1[\mathrm{N}] = 1[\mathrm{kg}] \cdot 1[\mathrm{m/s^2}] = 1\frac{\mathrm{kg} \cdot \mathrm{m}}{\mathrm{s}^2}$$

즉 1[kgf] = 9.81[N]이 된다.

2) 압력

공유압장치를 다룰 때는 압력의 개념과 단위를 정확히 알아야 한다. "압력은 유체 내에서 단위면적당 작용하는 힘"으로 정의되며 다음 식으로 나타낸다.

$$P = \frac{F}{A}[\mathrm{N/cm^2}]$$

여기서, P=압력(N/cm²)
F=힘(N)
A=단면적(cm²)

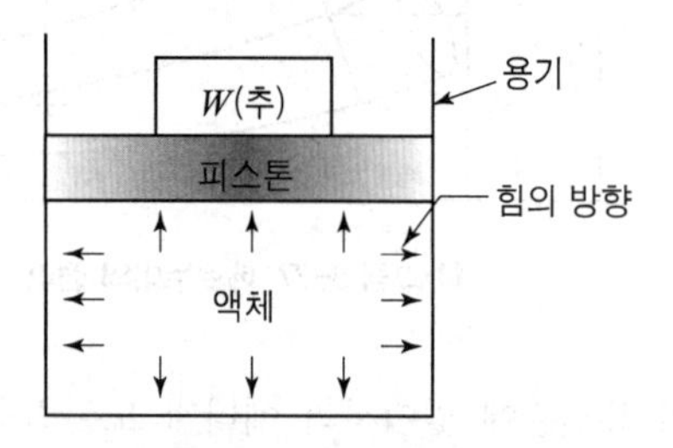

그림 3-78 유체의 압력

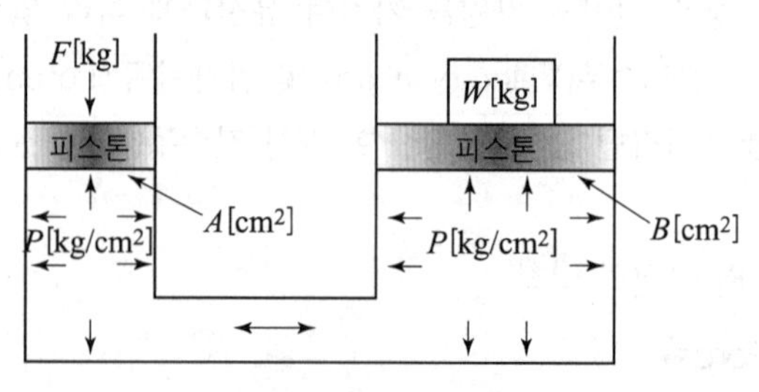

그림 3-79 압력과 힘의 관계

3) 압력의 단위

압력의 단위로는 기압을 사용하는데, 760mm의 수은주의 높이에 상당하는 압력을 표준기압(Standard atmosphere]이라 한다.

$$1\ 표준기압 = 1[atm] = 760[mmHg](0℃) = 10.33[mAq](4℃) = 1.033[kgf/cm^2]$$

공학에서는 $1kg/cm^2$의 압력을 기준으로 하는데, 이것은 공학기압이라 한다.

$$1\ 공학기압 = 1[at] = 735.5[mmHg] = 10.00[mAq] = 1.0[kgf/cm^2]$$

(6) 밀도, 비중량, 비체적, 비중

1) 밀도(density)

단위체적당 유체의 질량을 밀도(density) 또는 비질량이라고 한다.
밀도 ρ, 체적을 V, 질량을 m이라고 하면

$$\rho = \frac{m}{V}[kg/m^3]$$

표준대기압(1atm) 4℃ 이하에서는 체적 1m의 순수한 물의 질량을 1,000kg이므로 물의 밀도(ρw)는 ρw =1,000kg/m^3이다.

2) 비중량(specific weight)

단위체적당 유체의 중량을 비중량(specific weight)이라고 한다. 비중량 r, 체적 v, 질량 w라고 하면

$$r = \frac{w}{V}[kgf/m^3]$$

그런데 중량 $w = mg$이므로

$$r = \frac{mg}{V} = \rho g$$

표준대기압(1atm), 4℃ 이하에서는 체적 1m의 순수한 물의 비중량 (r_w)은

$$r = \rho_w g = 1{,}000 \times 9.8 = 9{,}800[N/m^3](SI\ 단위)$$
$$= 1{,}000[kgf/m^3](중력\ 단위)$$

3) 비체적(specific volume)

단위질량당 유체의 체적(SI 단위), 또는 단위중량당 유체의 체적(중력 단위)을 비체적(specific volume)이라고 한다. 비체적을 v라고 하면

$$v = \frac{V}{m} = \frac{1}{\rho}\,[\mathrm{m^3/kg}]\,(\text{SI 단위})$$

$$\frac{V}{W} = \frac{1}{r}\,[\mathrm{m^3/kg}]\,(\text{중력 단위})$$

4) 비중(specific gravity)

4℃의 물과 같은 체적을 갖는 다른 물질과의 비중량, 또는 밀도와의 비를 비중이라 한다. 즉 비중이랑 물의 무게를 1로 하였을 때 다른 물질의 무게값이 얼마인가를 나타내는 비교값이며 단위는 없다. 어떤 물질의 비중을 S, 비중량과 밀도를 각각 r, ρ라 하고, 4℃의 물의 비중량과 밀도를 각각 r_w, ρ_w라 하면

$$S = \frac{r}{r_w} = \frac{\rho}{\rho_w}$$

따라서 어떤 물질의 비중 S를 알고 있을 때 그 물질의 비중량 r은 다음 식에 의하여 구할 수 있다.

$$r = r_w = 1000S\,[\mathrm{kgf/m^3}]$$

(7) 층류와 난류

유체의 흐름에는 층류와 난류가 있다. 층류의 경우는 원통형의 층을 이룬 형태로 배관 내를 흐르게 된다. 이때 유체 안쪽 층의 속도가 바깥쪽보다 빨라지게 된다. 그러나 유속이 정해진 어떤 속도(임계속도)보다 빨라지면 유체 분자들은 층을 이루며 운동하는 형태를 벗어나게 된다.

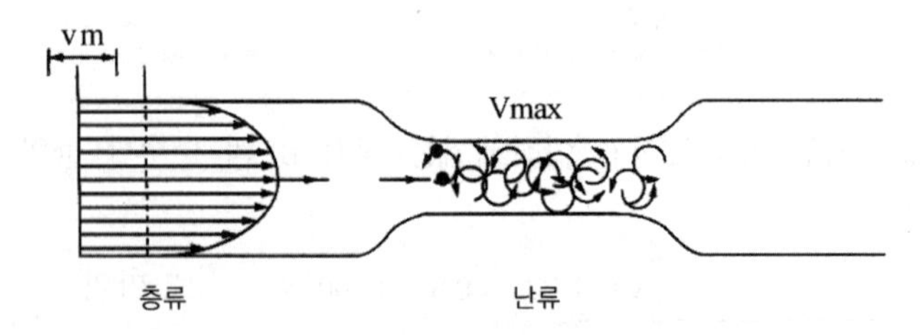

그림 3-80 층류와 난류

파이프 중앙의 유체 분자들은 바깥쪽으로 회전하게 되며 결국 유체 분자들은 서로 얽히게 되고 소용돌이가 생긴다. 이것을 난류라고 하며 에너지를 많이 소비한다. 배관 내에서 유체의 흐름의 형태는 레이놀즈수(Reynold's number)로 결정되며 다음과 같은 식으로 표현된다.

$$Re = \frac{V \cdot \rho \cdot d}{\mu} = \frac{V \cdot d}{v}$$

여기서, V : 유체의 속도(m/sec)
d : 배관경(m)
ρ : 액체의 밀도(kg/m^2)
μ : 유체의 점도(kgs/m^2)
v : 동점도 계소(m^2/sec)

레이놀즈수는 관성력과 점성력의 비를 나타내고 있다. 점도가 큰 유체가 작은 지름의 관내를 천천히 흐르는 경우에는 관성력에 비해 점성력이 매우 크고, 레이놀즈수는 0에 가깝다. 레이놀즈수 2,300은 배관 내에서의 임계 레이놀즈수인데 레이놀즈수가 2,300 이하인 경우는 층류로 2,300 이상인 경우에는 난류로 구분한다.

층류는 유체의 동점도가 크고, 유속이 비교적 작고, 가는 관이나 좁은 틈새를 통과할 때 잘 일어난다. 이 흐름에 있어서는 유체의 점성만이 압력 손실의 원인이 된다. 난류는 유체의 점도가 작고, 굵은 관을 흐를 때 일어나기 쉽다.

(8) 유체의 교축

공유압장치에서 압력이나 유량을 조정할 때 밸브를 사용하게 되는데 밸브는 유체 흐름의 단면적을 감소시켜 관로 내의 저항을 지니게 하는 기구를 교축이라고 한다. 교축에는 오리피스(orifice)와 초크(choke)가 있다.

1) 오리피스(orifice)

그림과 같이 관로 면적을 줄인 통로이고 길이가 단면 치수에 비해 비교적 짧은 경우의 흐름이 교축이며, 이때 압력 강하는 액체의 점도에 그다지 영향을 받지 않는다. 연속의 법칙과 베르누이의 정리로서 다음과 같은 식이 성립된다.

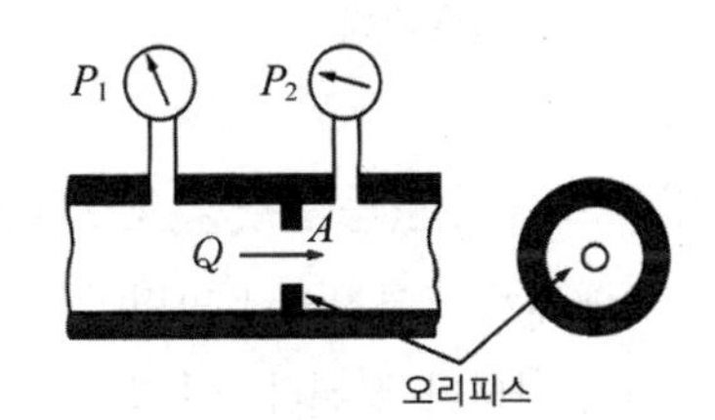

그림 3-81 오리피스

$$Q = aA\sqrt{\frac{2g(P_1 - P_2)}{r}}$$

여기서, Q : 유량(cm^3/sec)

a : 유량 계수

A : 오리피스 단면적

g : 중력 가속도($9.8m/sec^2$)

r : 액체의 비중량(kgf/cm^3)

$P_1 - P_2$: 오리피스 앞뒤의 차압(kgf/cm^2)

2) 초크(choke)

그림과 같이 면적을 줄인 길이가 단면 치수에 비하여 비교적 긴 경우의 지름의 교축이며 이때 압력 강하는 액체의 점도에 따라 크게 영향을 받는다.

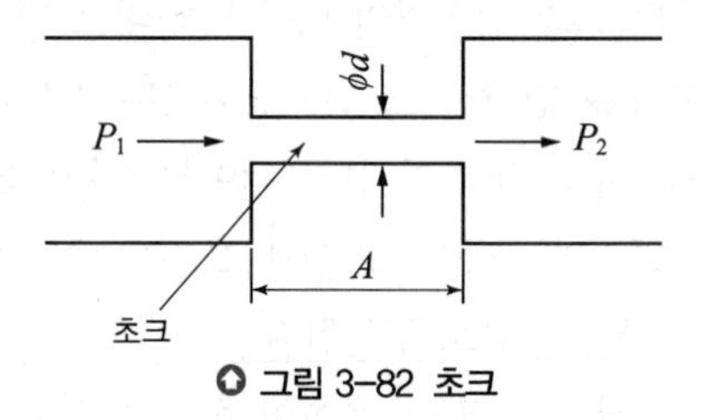

그림 3-82 초크

$$Q = \frac{\pi d^2 \cdot g(P_1 - P_2)}{128 r \cdot v \cdot l}$$

여기서, Q : 유량(cm^3/sec)

V : 이동 점성계수(cm^2/sec)

d : 구멍의 직경(cm)

l : 구멍의 길이

$P_1 - P_2$: 압력차

g : 중력의 가속도($9.8m/sec^2$)

r : 비중량

위의 관계식은 관내 압력 손실의 계산에도 사용된다. 다만, 층류의 경우에만 적용된다.

(9) 캐비테이션(공동 현상, Cavitation)

액체가 국부적으로 압력이 낮아지면 (진공상태) 용해 공기가 기포로 되어서 나타나게 된다. 이 경우 발생한 기포에 급격한 압력이 작용하면 기포가 진공력으로 액체를 빨아들이기 때문에 기포는 초고압으로 액체에 의하여 압축되는데 이것이 액체 통로의 표면을 때리면 소음과 진동을 일으키고 이때 큰 압력 강하와 에너지 손실을 유발한다. 또 기포의 소멸과 더불어 큰 국소적인 충격력이 생기며, 이 힘이 기름에 접하고 있는 금속을 피로시키고, 기포에 접하고 있는 면에 부식을 발생케 한다.

1) 발생 원인

① 펌프를 규정 속도 이상으로 고속회전시킬 경우
② 흡입 필터가 막히거나 유온이 상승한 경우
③ 과부하이거나 급격히 유로를 차단한 경우
④ 패킹부의 공기 흡입

2) 방지대책

① 펌프 흡입계통의 설계변경(오일 통로를 확대)을 한다.
② 통로저항을 적게 한다.
③ 흡입구 양정을 1m 이하로 한다.
④ 흡입관 안의 평균 유속을 3.5m/s 이하가 되도록 설정한다.
⑤ 펌프의 운전속도를 규정 속도로 유지한다.
⑥ 오일의 적정 점도를 유지한다.

(10) 채터링(chattering) 현상

릴리프 밸브 등에서 밸브 시트를 두들겨서 비교적 높은 음을 발생시키는 일종의 자려 진동현상을 말한다. 채터링은 밸브 시트를 건드려 정상적인 압력제어가 어렵게 되고 회로 전체에 불규칙한 진동을 발생케 한다. 채터링은 스프링의 강성에 의한 것이 아니고 밸브 피스톤과 밸브 시트 사이에서 압력의 속도로 변환되기 때문이다. 그러므로 밸브 설계시 밸브의 유속에 주의하여야 한다.

(11) 서지 압력(surge pressure)

유량조정 밸브의 가변 오리피스를 갑자기 닫거나 변환 밸브의 유로를 갑자기 변환한다든지 하는 등의 경우에, 유체의 흐름을 급히 막으면 그 유체의 운동에너지가 탄성에너지로 변환되어 급격한 압력 상승으로 나타난다. 급격한 압력 상승은 압력파로 되어 그 유체 속으로 전파되어 간다. 이와같이 유압회로 중에서 과도적으로 발생한 이상한 압력변동을 서지현상(surge) 또는 유격(oil hammer)이라 하고 변동 압력의 최대치를 서지 압력이라 한다. 서지 압력의 크기는 유량, 관로의 길이, 관의 강성, 기름의 압축성 등에 따라 변한다.

(12) 유압 시스템의 특성

유압 시스템은 건설기계나 공작기계 등 큰 힘을 필요로 하는 곳에 사용되고 있으나 자동화시스템에도 응용되어 생산설비의 자동화와 현대화에 많이 활용되고 있다. 유압 시스템이 활용되는 분야는 자동차의 브레이크, 선박의 조타장치, 압연기의 구동장치, 공작기계의 테이블 이송 장치가 있고, 화학공업에서의 원격 조작장치, 농기계, 건설기계, 운반기계, 인쇄 제본기, 항공기 등 주요부분에 활용되고 있다.

1) 유압장치의 장점

① 간단한 구조로 큰 힘을 출력하는 장치 제작이 가능하다.
② 힘과 속도를 무단으로 변속할 수 있다.
③ 작업 방향을 쉽게 바꿀 수 있다.
④ 솔레노이드 밸브를 선정하여 전기, 전자, PLC에 의한 제어를 할 수 있다.
⑤ 전기, 기계 기구 장치에 비해 구조가 비교적 간단하다.
⑥ 기름을 사용하므로 윤활 및 방청에 유리하다.
⑦ 과부하시 기계 및 전기장치에 비해 안전하다.
⑧ 비압축성 유체인 기름을 동작 매체로 사용하므로 응답성이 좋고 소음과 진동이 적다.

2) 유압장치의 단점

① 각각의 장치마다 유압 발생장치를 설치해야 한다.
② 유압유가 온도변화에 따라 점성의 영향을 받으므로 필요시 냉각 또는 가열이 필요하다.
③ 높은 압력을 사용하기 때문에 연결부에서 기름 누유의 가능성이 있다.
④ 펌프와 모터에서 소음이 발생한다.
⑤ 유압 발생장치에서 기름이 공급되고 다시 회수하는 탱크가 있어 부피가 커질 수밖에 없다.
⑥ 기름을 사용하므로 인해 화재의 위험이 있다.

3) 유압의 활용 분야

유압이 주로 쓰이는 곳은 큰 힘을 필요로 하는 곳이나 무단으로 속도를 변속해야 하는 경우 또는 각종 방위산업장비 등에 주로 사용된다.

① 펌프카, 굴삭기, 페이로우더, 트럭, 크레인, 불도저 등 건설기계 분야
② 청소차, 덤프카, 콘크리트믹서 트럭, 포크 리프트 등 운반기계 분야

③ 윈치, 조타기 등 선박 갑판기계 분야
④ 자동 조종 선반, 다축 드릴, 트랜스퍼 머신 등 공작기계 분야
⑤ 시어링, 권선기 등 철강기계 분야
⑥ 주조기 등 금속기계 분야
⑦ 사출, 압출, 발포 성형기 등 합성수지 기계 분야
⑧ 프레스, 목재 이송차 등 목공기계 분야
⑨ 재단기, 옵셋 인쇄, 윤전기 등 제본 · 인쇄 기계 분야
⑩ 방위산업 장비, 소각로, 레저시설, 로켓, 로봇 등

2 유압 제어

(1) 유압 발생장치

파워유닛(Power unit)이라고도 하며 유압 시스템에서 필요로 하는 유압을 공급해 준다. 유압 발생장치는 펌프, 압력릴리프 밸브, 커플링, 기름탱크, 필터, 쿨러, 히터 등으로 구성되어 있다.

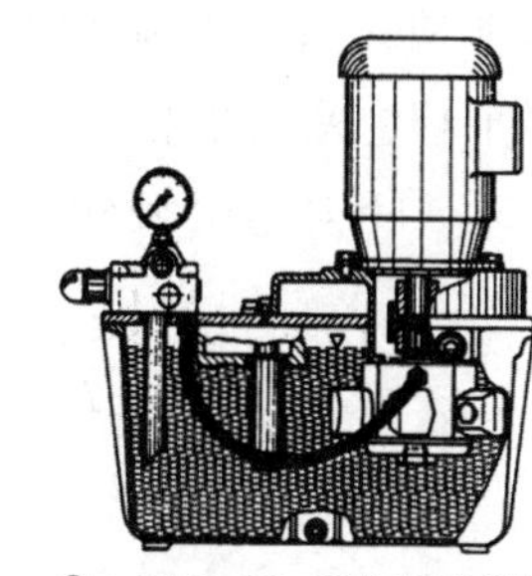

그림 3-83 유압 발생장치

3 유압 펌프

(1) 펌프의 기본식

1) 이송체적과 토출량

이송체적(또는 체적변위, 작업 체적) V는 펌프 크기의 척도이며 펌프의 1회전당 유압의 공급량이 이송체적이다. 분당 펌프로부터 공급되는 유량을 토출량 Q라고 정의하며 토출량 Q와 이송체적 간에는 다음과 같은 식이 성립된다.

$$Q = n \cdot V$$

여기서, Q : 토출량(ℓ/min)
n : 회전수(rpm)
V : 이송체적(ℓ, 1회전당)

2) 효율(efficiency)

기계적 동력은 펌프에 의해서 유압 동력으로 전환되는데 이 과정에서 동력손실이 발생되고 이는 효율로서 표현될 수 있다. 펌프의 전효율은 η_{tot}로 표현하며, 계산할 때에는 용적효율 η_v와 기계적 효율 η_m을 고려하여야 한다.

① 용적효율 η_v(Volumetric Efficiency)

체적효율이라고도 하며 이론적인 펌프의 토출량에 대한 실제 토출량의 비를 의미하며 다음과 같이 계산된다.

$$\eta_v = \frac{Q}{Q_{th}} \times 100\%$$

여기서, η_v : 용적효율
Q : 실제 토출량(ℓ/min)
Q_{th} : 이론 토출량(ℓ/min)

② 기계적 효율 η_m(mechanical Efficiency)

펌프가 축을 통하여 구동장치로부터 받은 동력 중 일부는 기계손실로 잃게 되고 나머지 에너지가 유압유에 공급된다. 구동장치로부터 받은 동력에 대한 펌프가 유압유에 준 이론 동력의 비를 기계적 효율이라고 정의하고, 다음과 같이 계산한다.

$$\eta = \frac{L_{th}}{L_s} \times 100[\%]$$

여기서, L_{th} : 이론 동력
L_s : 펌프의 축동력

③ 전효율 η_{tot}(Total Efficiency)

유압 펌프는 구동장치로부터 축을 통하여 받은 에너지 전부를 유압유에 주는 것이 아니고 일부는 손실로 소멸하고 나머지의 에너지만 유압유가 가지고 나간다. 이 과정에서 펌프가 축을 통하여 받은 에너지를 얼마만큼 유용한 에너지로 전환했는가의 정도를 척도로써 효율을 정한다. 펌프의 전효율은 펌프 동력의 축동력에 대한 비로 정의하고 효율과 기계적 효율로 표현하면 다음과 같다.

$$\eta_v = \eta_v \cdot \eta_m \frac{L_P}{L_{th}} \cdot \frac{L_{th}}{L_s} \times 100\% = \frac{L_P}{L_l} \times 100\%$$

3) 동력

유압 펌프에서의 요율이라고 하면 대부분은 전효율을 나타낸다. 구동장치에 대한 소요 동력은 다음과 같은 식으로 구할 수 있다.

$$L_p = PQ\,[\text{kgf} \cdot \text{m/sec}]$$

여기서, P : 펌프 입출구의 압력차(kgf/m^2)
Q : 펌프 실제 토출량(m^3/sec)

① P의 단위(kgf/cm^3), Q의 단위(l /min)일 경우

$$L_p = \frac{PQ}{612},\ L_P = \frac{PQ}{450}\ [\mathrm{PS}]$$

② P의 단위(kgf/cm^3), Q의 단위(cm^3/min)일 경우

$$L_P = \frac{PQ}{10200}\ [\mathrm{kW}],\ L_P = \frac{PQ}{7500}\ [\mathrm{PS}]$$

③ **이론 유체 동력** : 펌프 내부의 누설손실이 전혀 없을 때의 동력

$$L_{th} = P \cdot Q_{th}\ [\mathrm{kgf \cdot m/sec}]$$

여기서, Q_{th} : 이론 토출량

④ **축동력** : 원동기로부터 펌프 축에 전달되는 동력

$$L_s = \frac{TN}{974}\ [\mathrm{kW}],\ L_s = \frac{TN}{716}\ [\mathrm{PS}]$$

여기서, T : 펌프를 회전시키는 데 필요한 회전력(N−m)
N : 펌프의 회전수(rpm)

(2) 펌프의 종류와 특징

원동기(전기모터, 내연기관 등)로부터 공급받은 동력을 기계적 유압 에너지로 변환시켜 작동매체인 작동유를 통하여 유압 계통에 에너지를 가해 주는 기기를 말하는데 간단히 말해서 압축유를 공급하는 기기이다. 양질의 유압 펌프(hydraulic pump)란 토출압력이 변해도 토출량의 변화가 적고 그때 토출량의 맥동이 적은 것을 말한다.

표 3-14 펌프의 종류

<table>
<tr><td rowspan="12">유압펌프</td><td rowspan="8">용적형 펌프</td><td rowspan="5">회전펌프</td><td rowspan="2">기어펌프</td><td>평기어펌프(내접, 외접)</td></tr>
<tr><td>특수치형 기어펌프(내접, 외접)</td></tr>
<tr><td>나사펌프</td><td></td></tr>
<tr><td rowspan="2">베인 펌프</td><td>평형형{1단, 2단, 2중, 복합(2압, 2연)}</td></tr>
<tr><td>불평형형(정, 가변)</td></tr>
<tr><td rowspan="3">피스톤펌프</td><td rowspan="2">회전피스톤펌프</td><td>액슬형(정, 가변) – 사축식, 사판식</td></tr>
<tr><td>레이디얼형(정, 가변)
– 고정 실린더, 회전 실린더형</td></tr>
<tr><td>왕복동 펌프</td><td></td></tr>
<tr><td rowspan="4">비용적형 펌프</td><td rowspan="2">원심펌프</td><td>터빈펌프</td><td></td></tr>
<tr><td>벌류트펌프</td><td></td></tr>
<tr><td>축류펌프</td><td></td><td></td></tr>
<tr><td>혼유형 펌프</td><td></td><td></td></tr>
</table>

1) 기어펌프(gear pump)

기어펌프는 한 조의 톱니바퀴가 그 바깥 둘레와 옆면이 딱 들어맞는 케이싱 속에서 회전하면 톱니바퀴의 물림이 떨어지는 부분에 진공 부분이 생겨 흡입 작용을 일으키게 되어 톱니 홈에 기름이 채워지고 이 기름은 톱니바퀴의 회전에 의해 토출구 쪽으로 밀려나는 일련의 작용이 계속되는데, 이것이 기어펌프의 기본원리이다. 특징은 다음과 같다.

① 일반적으로 기어펌프는 구조가 간단하고 값이 싸므로 차량, 건설기계, 운반기계 등에 널리 쓰이고 있다.
② 운전보수가 용이하고 흡입 능력이 가장 크다.
③ 가변 용량형으로 제작이 불가능하다.
④ 내부 누설이 다른 펌프보다 많다.
⑤ 사용압력범위는 20~175kg/cm^2, 토출량은 2~1170l/min이다.

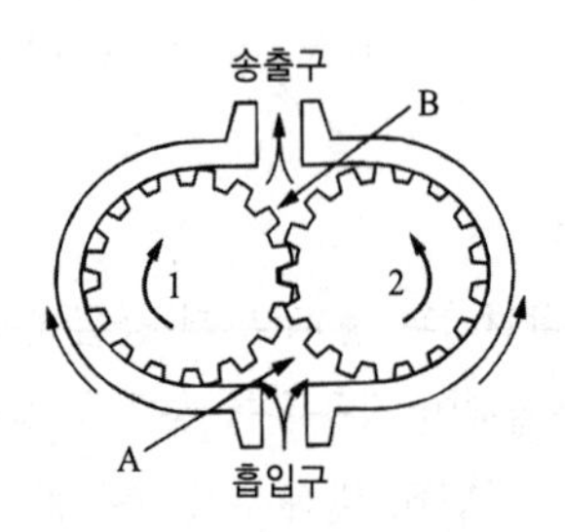

그림 3-84 기어펌프

(가) 외접 기어펌프(external gear pump)

① 기어펌프는 1조의 기어와 이것을 내장하는 기어 케이스, 4개의 베어링, 기어의 측판 등이 주요 부품이고, 부품 수가 다른 펌프에 비해서 적은 것이 특징이다.
② 출입구에 밸브가 필요하지 않으므로 사용유의 점도가 높더라도 자동 밸브를 갖는 왕복펌프와는 달리 고속 운전이 가능하다.
③ 기어의 정도, 치형을 적절히 선정하면 공동(空洞) 현상이거나 이상 소음과 같은 장애 없이 70~80% 정도의 펌프의 효율을 용이하게 얻을 수 있다.
④ 기어펌프는 구동기어가 종동 기어를 구동시키면서 서로 맞물려 회전할 때 펌핑 작용이 일어난다.
⑤ 폐인 현상은 토출측까지 운반된 오일의 일부는 기어의 맞물림에 의해 두 기어의 틈새에 폐쇄되어 다시 원래의 흡입측으로 되돌려지는 현상이다.

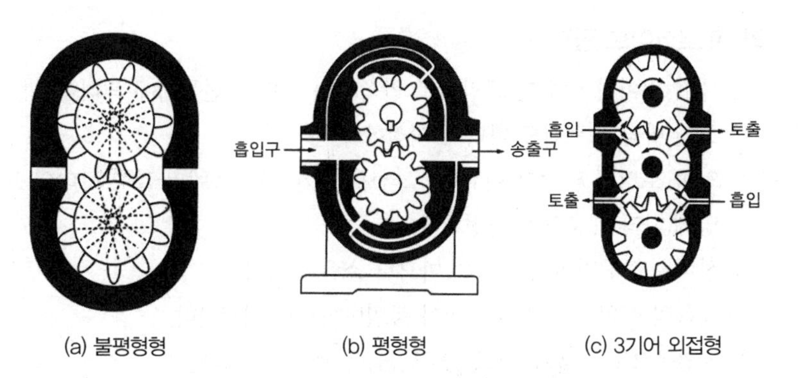

그림 3-85 기어펌프의 종류

(나) 내접 기어펌프(internal gear pump)

① 내접 기어펌프는 그림과 같이 펌프 중심을 회전중심으로 편심되어 바깥기어와 접해서 회전하는 안쪽기어와 초승달 모양의 공간으로(crescent-shaped spacer)로 구성되어 있다.

② 두 기어가 동일방향으로 회전한다.

③ 소형 펌프의 제작에 널리 사용한다.

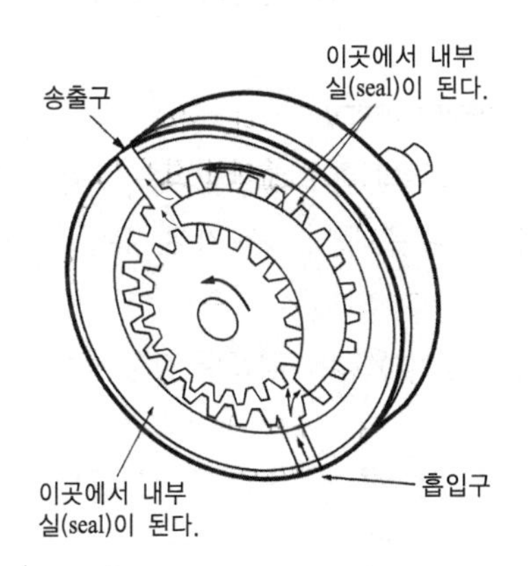

그림 3-86 내접 기어펌프

(다) 로브 펌프

① 작동원리는 외접 기어펌프와 같으나 연속적으로 회전하므로 소음이 적다.

② 기어펌프보다 1회전당 배출량이 많으나 배출량의 변동이 다소 크다.

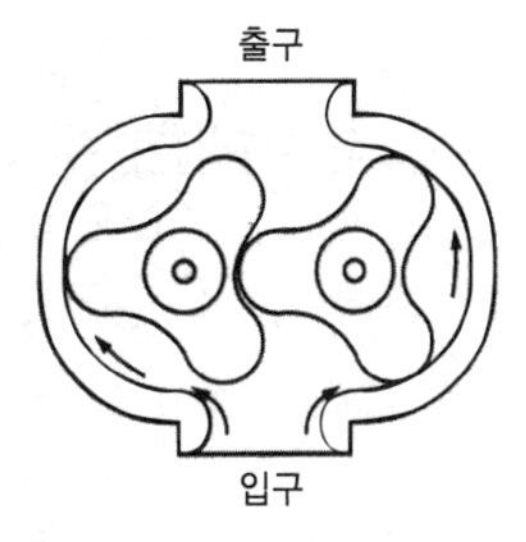

그림 3-87 로브 펌프 구조

(라) 트로코이드 펌프

① 내접 기어와 비슷한 모양으로 안쪽기어 로터가 전동기에 의하여 회전하면 바깥쪽 로터도 따라서 회전한다.

② 안쪽 로터의 잇수가 바깥쪽 로터보다 1개 적으므로 바깥쪽 로터의 모양에 따라 배출량이 결정된다.

③ 상대속도가 작아서 치형의 마모나 소음이 작다.

④ 내측의 이어와 내측의 기어가 동일방향으로 회전한다.

⑤ 저압용으로 윤활유 펌프, 연료공급용 펌프로 사용된다.

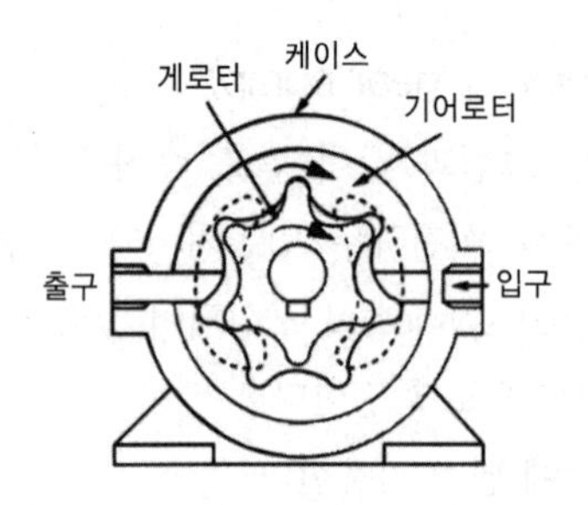

그림 3-88 트로코이드 펌프 구조

(마) 스크루 펌프(Screw pump)

① 스크루 펌프는 스크루의 축수에 따라 1축, 2축, 3축 스크루 펌프로 구분하며 사출성형기나 프레스, 공작기계, 유압 엘리베이터 등에도 사용하고 있다.

② 토출량의 범위가 넓어 윤활유 펌프나 각종 액체의 이송 펌프로도 사용되고 있다.

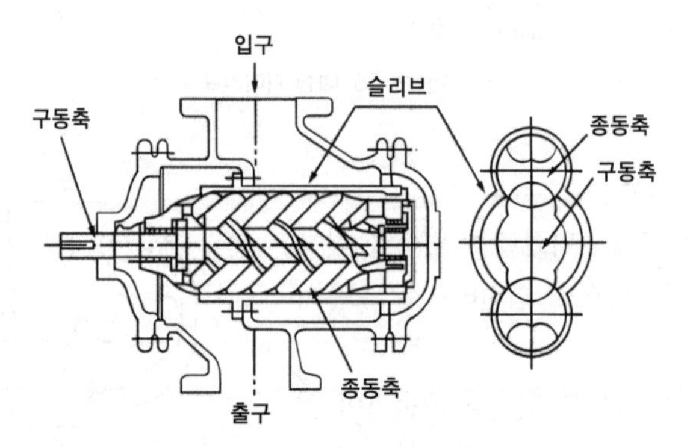

그림 3-89 스크루 펌프 구조

(바) 기어펌프의 폐입 현상

① 압력측까지 운반된 유압유의 일부는 그림에서 보듯이 기어의 두 치형 사이의 틈새에 가두어지게 된다.

② 가두어진 유압유는 기어가 회전함에 따라 가두어진 상태로 그 용적이 좁아지기도 하고 넓어지기도 하여 유압유의 압축, 팽창이 반복된다. 이 현상을 기어펌프의 폐입 현상 또는 밀폐 현상이라 한다.

③ 폐입 현상이 생기면 유압유는 고압측에 있어서 온도상승이 되고 계속 되어 발생하는 캐비테이션 때문에 기화하여 거품이 많이 발생하고 축 동력의 증가, 기어의 진동, 소음의 원인이 된다.

④ 폐입 현상을 방지하기 위하여 측판에 도출 홈을 파서 밀폐용적이 감소되고 있을 때 유압유를 토출측으로 통하게 하고 밀폐용적이 중앙위치로부터 팽창하는 과정에서는 유압유를 흡입측과 통하도록 하는 것이다.

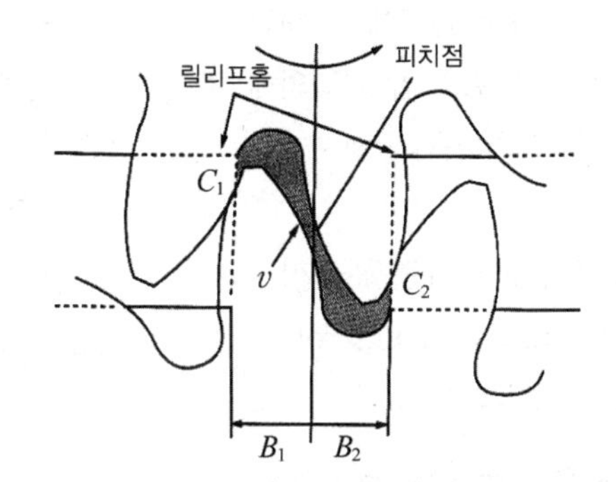

그림 3-90 기어펌프 폐입 현상

2) 베인 펌프(Vane Pump)

① 베인 펌프는 공작기계, 프레스 기계, 사출성형기 등의 산업기계 장치 또는 차량용으로 널리 쓰이는 유압 펌프로서 정 토출량 형과 가변 토출량 형이 있다.

② 일반적인 구조로는 입구나 출구 포트(port), 로터(rotor), 캠링(cam ring) 등이 있으며 카트리지(cartridge)로써 대치한다.

③ 토출압력에 대한 맥동이 적고 소음이 작다.

④ 구조가 간단하고 형상이 소형이다.

⑤ 기밀이 유지되어 압력저하가 일어나지 않는다.

⑥ 수리 및 관리가 용이하다.

⑦ 오일의 점성계수 및 청결도에 주의를 요한다.

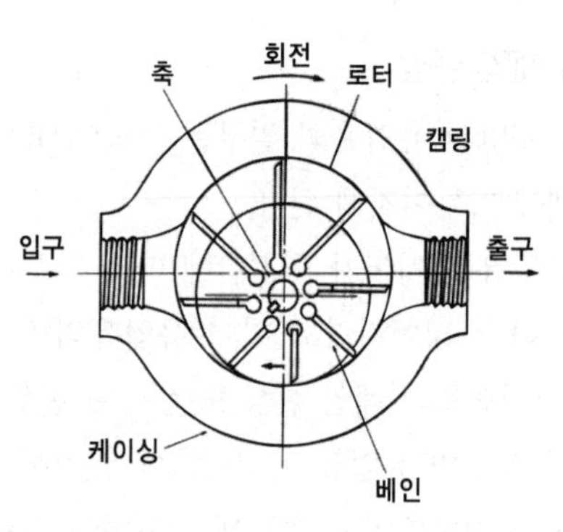

그림 3-91 베인 펌프 구조

(가) 정 용량형 베인 펌프

① 단단 베인 펌프(single type vane pump)

㉠ 베인 펌프의 기본형으로 펌프축이 회전하면 로터(rotor)홈에 끼워진 베인은 원심력과 토출 압력에 의해 캠링 내벽에 접촉력을 발생시키며 회전한다.

㉡ 구조는 펌프작용을 하는 카트리지부 2개의 bush, cam ring, rotor, vane 등으로 구성되어 있다.

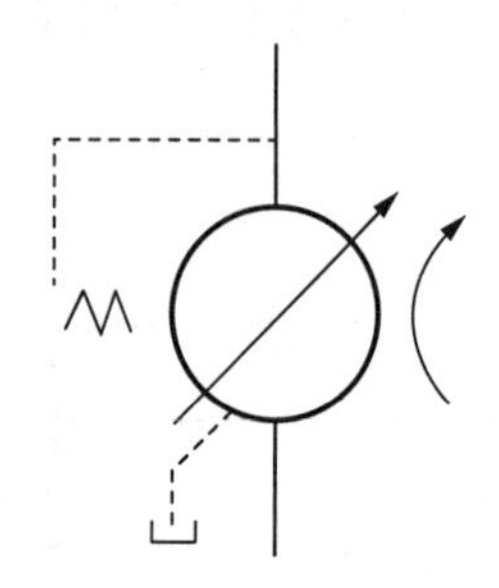
그림 3-92 단단 베인 펌프

② 2연 베인 펌프(Double type vane pump)

㉠ 단단 펌프의 소용량 펌프와 대용량 펌프를 동일축 상에 조합시킨 것으로 흡입구가 1구형과 2구형이 있다.

㉡ 토출구가 2개 있으므로 각각 다른 유압원이 필요한 경우나 서로 다른 유량이 필요로 할 때 사용된다.

㉢ 2개의 카트리지를 1개의 본체 내에 병렬로 연결하여 1개의 원동기로 구동되는 펌프이다.

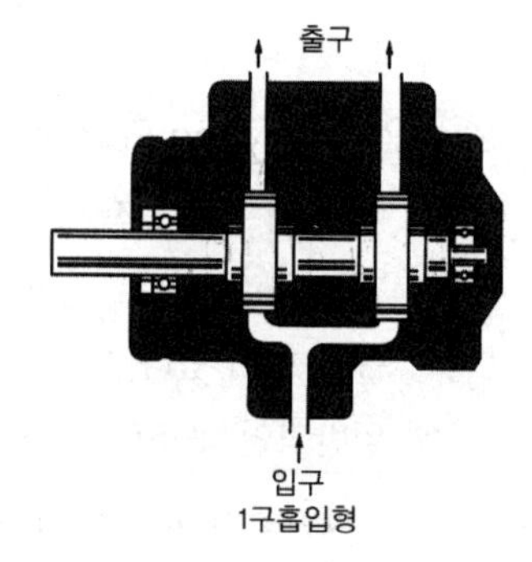

그림 3-93 2단 베인 펌프 구조

㉣ 1개의 펌프 유닛을 가지고 2개의 유압원을 얻고자 할 때 사용한다.

㉤ 설비비가 매우 경제적이다.

③ 2단 베인 펌프(Two-stage vane pump)

㉠ 단단 베인 펌프 2개를 1개의 본체 내에 직렬로 연결시킨 것이며 고압이므로 큰 출력이 요구되는 구동에 적합하다.

㉡ 부하분배 밸브(load dividing valve)가 부착되어 있다.

㉢ 최고 압력은 140~210kg/cm^{3}이다. 최고 토출량은 300l/min이다.

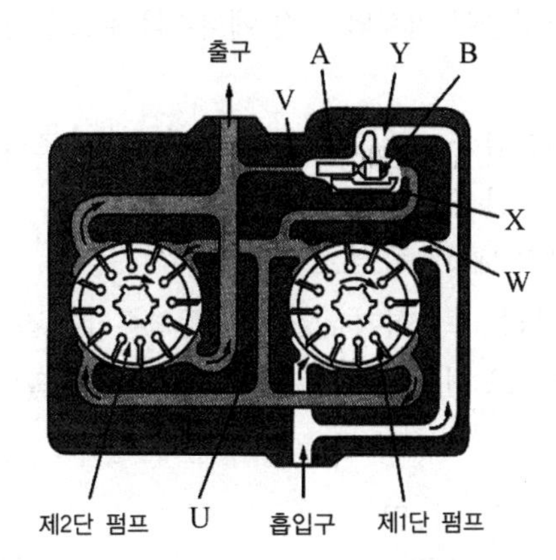

그림 3-94 2단 베인 펌프

④ 복합 베인 펌프(Combination vane pump)

㉠ 복합 베인 펌프는 저압 대용량, 고압 소용량 펌프와 릴리프 밸브, 언로딩 밸브, 체크밸브를 1개의 본체에 조합시킨 펌프이다.

㉡ 압력제어를 자유로이 조작할 수 있고 오일 온도가 상승하는 것을 방지하나 값이 비싸고 크기가 대형(체적이 크다)이다.

㉢ 배관이 절약되고 경제적이다.

㉣ 프레스, 사출성형기, 공작기계 등에 사용된다.

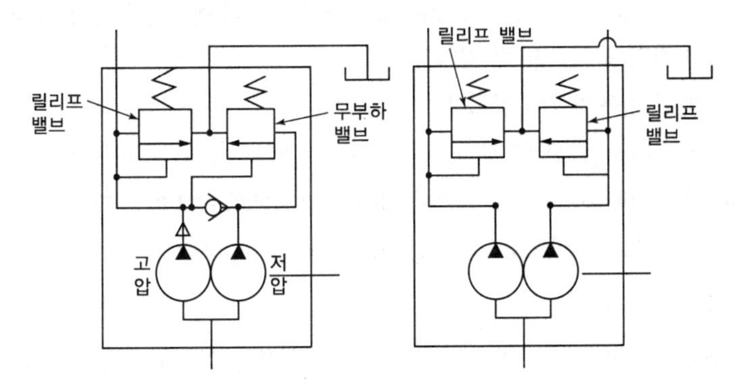

그림 3-95 복합 베인 펌프

(나) 가변 용량형 베인 펌프(Variable delivery vane pump)

① 가변 용량형 베인 펌프는 로터와 링의 편심량을 바꿈으로서 토출량을 변화시킬 수 있는 비평형형 펌프이다.

② 유압회로에 의하여 필요한 만큼의 유량만을 토출하고 남은 유량은 토출하지 않으므로 유압회로의 효율을 증가시킬 수 있다.

③ 오일의 온도상승이 억제되어 전 에너지를 유효한 일 양으로 변화시킬 수 있다.

④ 로터의 회전중심 또는 원형 캠링을 기계적으로 조절하여 1회전당 이론 토출량을 조정할 수 있는 펌프이다.

⑤ 편심량은 압력 보상장치로 조절한다.

⑥ 불필요한 유량을 토출하지 않으므로 동력손실이 적다.

⑦ 비평형형 이므로 펌프 자체 수명이 짧고 소음이 많다는 단점이 있다.

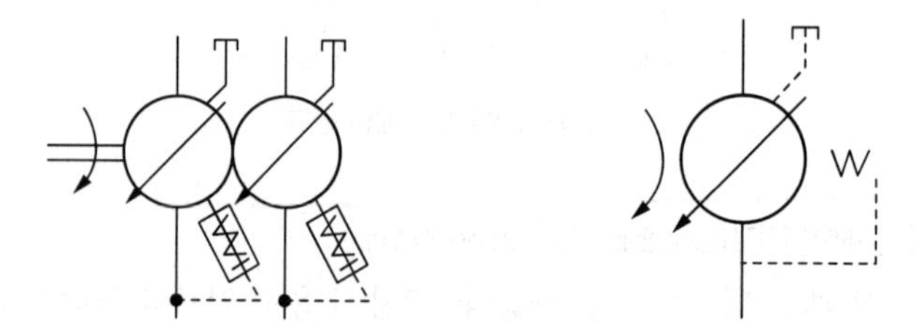

그림 3-96 가변 용량형 베인 펌프

① 단단 베인 펌프

㉠ 단단 베인 펌프는 압력 상승에 따라 자동적으로 토출량이 감소된다.

㉡ 토출량과 압력은 펌프의 정격범위 내에서 목적에 따라 무단계로 제어가 가능하며 릴리프 유량을 조절하여 오일의 온도상승을 방지하여 소비전력을 절감할 수 있다.

㉢ 베인 펌프의 기본형이다.

㉣ 카트리지는 2장의 부시, 캠링, 로터, 베인으로 구성되어 있다.

㉤ 축 및 베어링에 편심하중이 걸리지 않으므로 수명이 길다.

㉥ 최고 토출압력이 35~70kg/cm^3이다.

② 2연 베인 펌프

가변 용량형 단단 베인 펌프 2개를 동일 축상에 조합시킨 것으로 서로 다른 유압원이나 동일 회로에서의 서로 다른 토출량이 있어야 할 때 사용이 가능하다.

(다) 베인 펌프의 특징

① 기어펌프나 피스톤 펌프에 비해 토출압력의 맥동(높고 낮음의 반복)이 적다.
② 베인의 마모에 의한 압력 저하가 발생되지 않는다.
③ 비교적 고장이 적고 수리나 관리가 용이하다.
④ 펌프 출력에 비해 형상 치수가 작다.
⑤ 수명이 길고 장시간 안정된 성능을 발휘할 수 있어서 산업기계에 많이 쓰인다.
⑥ 제작시 높은 정밀도가 요구된다.
⑦ 작동유의 점도에 제한이 있다.
⑧ 기름의 오염에 주의하고 흡입 진공도가 허용한도 이하이어야 한다.

(라) 피스톤 펌프

실린더의 내부에서의 피스톤이 왕복운동에 의한 용적변화를 이용하여 펌프작용을 한다.

특징은 다음과 같다.

- 고속, 고압의 유압장치에 적합하다.
- 다른 유압 펌프에 비해 효율이 가장 높다.
- 가변 용량형 펌프로 많이 사용한다.
- 구조가 복잡하고 가격이 고가이다.
- 흡입 능력이 가장 낮다.

① **축 방향 피스톤 펌프(axial piston pump)** : 축방향 피스톤 펌프는 구동축과 실린더 블록의 축이 경사진 형태의 사축식과 구동축, 실린더 블록의 축이 같은 축선 사이에 놓여지고 그 축선상에 대해 기울어져 있는 고정된 사판 형태의 사판식이 있다.

② **반지름 방향 피스톤 펌프(Radial Position pump)** : 피스톤의 회전 방향이 실린더 블록의 중심선에 직각인 평면 내에서 방사상으로 나열되어 있는 펌프이다.

3) 펌프의 선택 방법

유압 펌프를 선정할 때에는 다음 사항에 주의하여야 한다.

① 펌프로 일정한 동력을 얻으려고 할 때에는 압력 상승과 동시에 토출량을 감소해도 된다. 다시 말해서 유압 펌프나 유압모터 등을 더 작게 할 수 있다(항공기, 선박 등에 활용).

② 고압시 작동유가 가열되기 쉬우므로, 오일 온도가 상승하여 밸브나 실 등에서 오일이 새기 쉽다.
③ 고압시 인화되거나 폭발의 위험성이 따른다(항공기에는 고인화점 작동유를 사용한다).
④ 너무 고압으로 할 경우 밸브류나 유압작동기의 강도를 높이기 위하여 소형으로 할 수 없게 되고, 경량 소형으로 하는 이점을 충분히 살릴 수 없다.

4) 펌프 취급시 주의사항

유압 펌프는 조작이나 보관관리의 주의사항에 유의하여 조작한다면 대부분 고장을 방지할 수 있다. 취급상의 착오 때문에 일어나는 고장에 대한 주의사항은 다음과 같다.

(가) 펌프의 고정 및 중심내기(Centering) 작업

① 벨트 체인 기어에 의한 가로 구동은 소음 발생이나 베어링 손상의 원인이 되기 때문에 되도록 피해야 한다.
② 펌프를 전동기 또는 구동축과 연결할 때는 양축의 중심선이 일직선상에 오도록 설치해야 하는데, 중심이 일치하지 않으면 베어링 및 오일 실(oil seal)이 파손된다.

(나) 유압 펌프를 처음으로 시동할 경우

① 차가운 펌프에 뜨거운 작동유를 사용하여 시동해서는 안 된다.
② 신품인 베인 펌프는 압력을 걸어 시동하고 최초 5분 정도는 간헐적으로 작동시켜 길들여야 한다.
③ 시동 전에 회전상태를 검사하여 플렉시블 캠링의 회전 방향과 설치 위치를 정확히 해 둔다. 그리고 필요한 곳에 주유되어 있는가를 확인한다.
④ 릴리프 밸브의 설정 나사 위치를 바꾸지 않고 운전해 본 다음 릴리프 밸브를 사용하여 최고 압력에 설정하고 유압장치의 상태를 조사한다.
⑤ 작동유는 적절한 정도로 맑고 깨끗하게 해야 한다.

(다) 유압 펌프 흡입구에서의 캐비테이션

유압에서 캐비테이션(Cavitation)이란 유동하고 있는 액체의 압력이 국부적으로 저하되면 증기압, 공기분리 압력 등에 달하여 증기를 발생시키거나 용해 공기 등이 분리되어 기포를 일으키는 현상이다. 이것들이 흐

르면서 터지게 되면 국부적으로 초고압이 소음 등을 발생시키는 경우가 많다. 이를 방지하기 위하여 다음 사항에 주의하여야 한다.

① 오일탱크의 오일 점도는 적정 점도가 유지되어야 한다.

② 흡입구의 양정을 1m 이하로 한다.

③ 흡입관의 굵기는 유압 펌프 본체의 연결구의 크기와 같은 것을 사용한다(흡입 관로가 길어지면 더욱 굵게 한다).

④ 펌프의 운전속도는 규정 속도 이상으로 해서는 안 된다.

5) 펌프 운전시의 주의(매일 점검)

① 배관의 연결부가 완전히 연결되어 있는지를 확인한다(누유와 공기 흡입 방지).

② 오일탱크 속에 이물질이 있는가를 확인한다.

③ 작동유의 온도는 유온계에 의해 점검한다[일반 광유계에서는 유온이 10℃ 이하에서는 주의해서 펌프를 기동하고 무부하 운전을 20분 이상으로 하여 적정온도(30~55℃)가 된 후 부하운전을 하도록 하며 0℃ 이하에서의 운전 조작은 위험하므로 피하도록 한다].

④ 유면계를 통하여 탱크 유량을 점검한다.

6) 펌프의 고장과 대책

(가) 펌프가 기름을 토출하지 않는다.

① 펌프의 회전 방향이 올바른지 검사한다.

② 흡입 쪽을 검사한다.

㉠ 오일탱크에 규정량의 오일이 있는지 확인

㉡ 흡입 스트레이너가 막혀 있는지 확인

㉢ 흡입관으로 공기를 빨아들이지 않는가 확인

㉣ 규정된 점도의 기름이 들어 있는지 확인

㉤ 흡입 스트레이너의 눈 간격 확인

㉥ 오일탱크 유면에서 펌프까지의 높이가 너무 높지 않은가 또는 배관이 너무 가늘지 않은가 확인

㉦ 배관이 심하게 휘어진 곳은 없는지 확인

③ 펌프는 정상적인가 검사한다.

㉠ 축의 파손 여부

㉡ 내부의 부품에 파손 여부 확인 및 분해 · 점검한다.

㉢ 분해 조립시 내부 부품을 빠짐없이 끼웠는가

(나) 압력이 상승하지 않는다.

① 펌프로부터 기름이 토출되고 있는지 검사

② 유압회로를 점검

㉠ 유압 배관이 도면대로 되어 있는지 검사

㉡ 언로드 회로의 점검 : 펌프의 압력은 부하로 인하여 상승하며, 부하가 걸리지 않는 상태에서는 압력이 상승하지 않는다.

③ 릴리프 밸브를 점검한다.

㉠ 압력설정은 올바른가?

㉡ 릴리프 밸브 자체의 고장 여부 점검

④ 언로드 밸브(시퀀스 밸브, 전자밸브 등을 언로드용으로 사용 경우)의 점검

㉠ 밸브의 설정압력 확인

㉡ 밸브 자체의 고장 여부 점검

㉢ 전자밸브를 언로드 회로에 사용할 때는 특히 전기신호(램프, 솔레노이드)의 확인 및 전자밸브가 실제로 작동하고 있는지를 확인해야 한다.

⑤ 펌프의 점검 : 축, 카트리지 등의 파손이나 헤드 커버 볼트의 조임 상태 등을 분해 · 점검한다.

(다) 펌프의 소음

① 두 현상과 관계가 있다.

㉠ 흡입 스트레이너가 막혀 있을 경우

㉡ 흡입 스트레이너가 너무 적은 경우

② 공기의 흡입은 없는가?

㉠ 탱크 안의 기름을 점검하여 기름에 기포 등이 없는지 점검한다.

㉡ 유면 및 흡입 스트레이너의 위치를 점검한다.

㉢ 흡입관의 이완은 없는가, 패킹은 완전한가.

㉣ 펌프의 헤드 커버 조임 볼트가 느슨하지 않은가?

③ 환류 관의 점검

㉠ 환류 관의 출구는 흡입관 입구에서 적당한 간격을 유지하고 있는가?

㉡ 환류 관의 출구가 유면 이하로 들어가 있는가(유면보다 높으면 기름 속으로 공기가 들어가게 된다)?

④ 릴리프 밸브의 점검

㉠ 떨림 현상이 발생하고 있지 않은가?

㉡ 유량은 규정에 꼭 맞는가?

⑤ 펌프의 점검

㉠ 전동기 축과 펌프 축의 중심이 일치되었는가?

㉡ 파손부품은 없는가(특히 카트리지)를 분해 점검한다.

⑥ 진동

㉠ 설치 면의 강도는 충분한가?

㉡ 배관 등에 진동은 없는가?

㉢ 설치장소의 불량으로 떨림이나 소음이 없는가?

(예 소리의 메아리나 공명 등)

(라) 펌프의 이상 마모

① 유압유의 오염

② 점도가 너무 낮거나 기름 온도가 너무 높다.

③ 유압유의 열화

4 유압 밸브

유압 제어 밸브란 유압 계통에 사용하여 흐름의 정지, 방향의 절환, 유량의 조정, 압력의 조정 등의 기능을 하는 유압기기를 말한다. 유압 제어 밸브는 유압 계통을 구성하는 요소 중 가장 다양하고 중요한 기기라고 할 수 있다.

(1) 압력제어 밸브는 유압 시스템의 압력을 일정하게 유지하거나, 최고 사용압력을 제한하여 유압기기를 보호하거나 압력에 따라 액추에이터의 작동 순서를 제어시키거나 일정한 배압을 형성시켜 안전을 도모하는 등의 기능을 담당하는 밸브를 말한다.
종류는 다음과 같다.

① 릴리프 밸브(relief valve)

② 감압 밸브(reducing valve)

③ 시퀀스 밸브(sequence valve)

④ 무부하 밸브(unloading valve)

⑤ 카운터 밸런스 밸브(counter balance valve)

⑥ 압력 스위치(pressure switch) 등이 있다.

(2) 액추에이터의 속도를 제어하기 위해서는 유량을 조절해야 하는데 이때 유량을 제어하는 밸브를 총칭하여 유량제어 밸브라 한다. 종류는 다음과 같다.

① 고정형 교축 밸브(fixed throttle valve)

② 가변형 교축 밸브(variable throttle valve)

③ 압력 보상붙이 유량조정 밸브(pressure compensated flow control valve)

④ 디셀러레이션 밸브(deceleration valve)가 있다.

(3) 방향제어 밸브는 액추에이터의 운동 방향을 제어하기 위하여 작동유의 흐름 방향을 변환시키거나 정지시키는 기능의 밸브를 말한다. 종류로는 다음과 같다.

① 변환 밸브(directional control valve)

② 체크밸브(check valve)

③ 셔틀 밸브(shuttle valve)로 나눈다.

표 3-15 기능에 따른 유압제어 밸브 분류

압력제어 밸브	방향제어 밸브	유량제어 밸브	유압서보 밸브
• 릴리프 밸브 • 리듀싱밸브 • 시퀀스밸브 • 언로딩밸브 • 카운터밸런스밸브 • 프레셔스위치 • 유압퓨즈	• 체크밸브 • 매뉴얼밸브 • 솔레노이드 오퍼레이트 • 파일럿오퍼레이트 밸브 • 디셀레이션밸브	• 오리피스 • 압력보상형 유량제어 밸브 • 온도보상형 유량제어 밸브 • 미터링 밸브	

(1) 압력제어 밸브

압력제어 밸브(pressure control valve)를 기능에 따라 분류하면 다음과 같다.

- 회로 내 압력을 일정하게 유지하는 밸브 : 릴리프 밸브, 감압 밸브
- 회로 내 압력이 설정치에 도달하면 유로를 변환시키는 밸브 : 시퀀스 밸브, 카운터 밸런스 밸브, 압력 스위치

1) 릴리프 밸브(relief valve)

① 릴리프 밸브(relief valve)는 유압회로의 최고 압력을 제한하여 회로 내의 과부하를 방지한다.

② 유압모터의 토크나 실린더의 출력을 조절하는 밸브로서 유압장치의 안전용(안전 밸브 역할)과 출력의 조정을 겸하는 중요한 기능의 밸브이다.

③ 실린더 내의 힘이나 토크를 제한하여 과부하를 방지한다.

④ 릴리프 밸브는 그 구조에 따라 직접 작동형과 파일럿 작동형으로 분류된다.

⑤ 오버 라이드(over ride) 특성은 릴리프 밸브나 체크밸브 등에 횡압력이 증가했을 때 밸브가 열리기 시작하여 어느 일정한 흐름의 양으로 안정되는 압력을 크래킹 압력이라고 하며 압력이 더욱 증가하면 그 밸브의 소정 유량이 통과할 때에 밸브의 저항에 의한 압력 상승이 있다. 이러한 현상을 압력 오버라이드라고 하며 압력 유량 선도로 나타낸다.

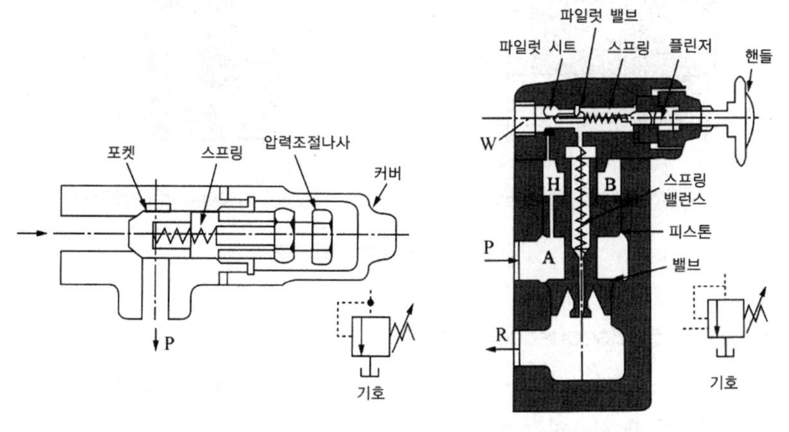

(a) 직동형 릴리프 밸브

(b) 파일럿 작동형 릴리프 밸브

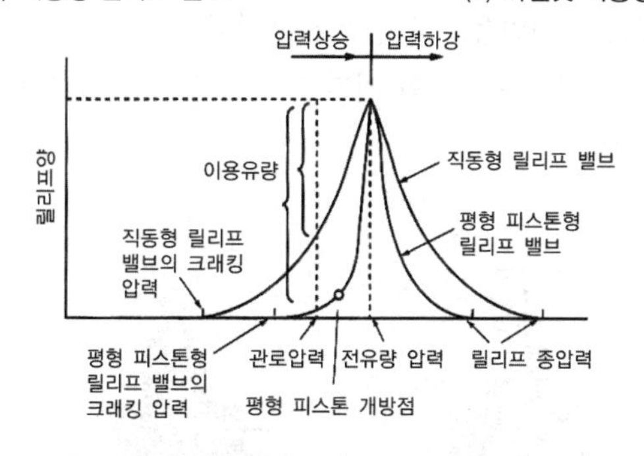

(c) 릴리프 밸브의 특성

그림 3-97 릴리프 밸브

2) 감압 밸브(reducing valve)

① 감압 밸브는 유압회로의 일부를 릴리프 밸브의 설정압력 이하로 감압하고 싶을 때 사용된다.

② 상시 개방상태로 되어 있어서 입구의 1차쪽의 주회로에서 출구의 2차쪽의 감압회로로 압유가 흐른다.

③ 2차 쪽의 압력이 감압 밸브의 설정압보다 높아지면 밸브가 작동하여 압유의 유로가 닫히도록 작용한다.

④ 감압 밸브는 그 구조에 따라 직접 작동형과 파일럿 조작형으로 분류된다.

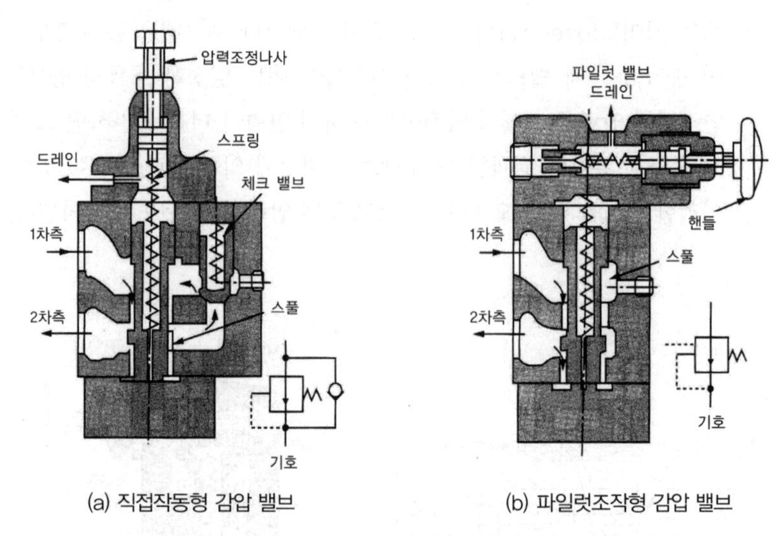

(a) 직접작동형 감압 밸브 (b) 파일럿조작형 감압 밸브

● 그림 3-98 감압 밸브 구조

3) 시퀀스 밸브(sequence valves)

① 시퀀스 밸브는 주회로의 압력을 일정하게 유지하면서 조작의 순서를 제어할 때 사용하는 밸브이다.

② 응답성이 좋아 저압용으로 많이 사용한다.

③ 다음 작동이 행해지는 동안 먼저 작동한 유압 실린더를 설정압으로 유지시킬 수 있다.

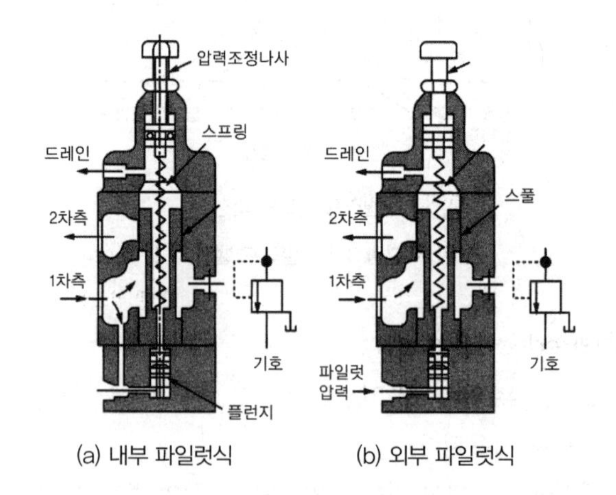

(a) 내부 파일럿식 (b) 외부 파일럿식

● 그림 3-99 시퀀스 밸브 구조

4) 카운터 밸런스 밸브(counter balance valve)

① 카운터 밸런스 밸브는 자중에 의한 낙하, 운동 물체의 관성에 의한 액추에이터의 자중 등을 방지하기 위한 배압을 생기게 한다.

② 다른 방향의 흐름이 자유로 흐르도록 한 밸브로서 이것에는 반드시 체크밸브가 내장되어 있다.
③ 회로의 일부에 배압을 발생시킬 때 사용하는 밸브이다.
④ 부하가 급격히 제거되어 관성에 의한 제어가 곤란할 때 사용한다.
⑤ 수직형 실린더의 자중 낙하를 방지하는 역할을 한다.

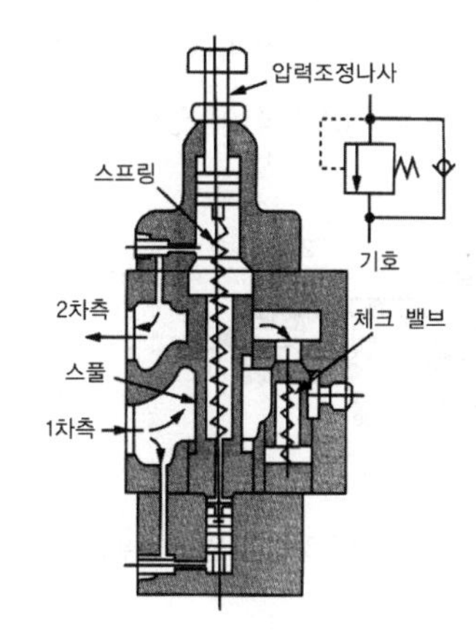

그림 3-100 카운터 밸런스 밸브 구조

5) 무부하 밸브(Unloading Valves)

① 유압장치의 유압 펌프가 항상 송출압력을 필요로 하지 않을 때 회로 내의 압력이 설정압에 이르렀을 때 이 압력을 떨어뜨리지 않고 펌프 송출량을 그대로 기름탱크로 되돌리기 위하여 무부하 밸브를 사용한다.
② 무부하 밸브를 사용하여 펌프를 무부하시켜 동력의 절감과 유압의 상승을 방지하는 역할을 한다.

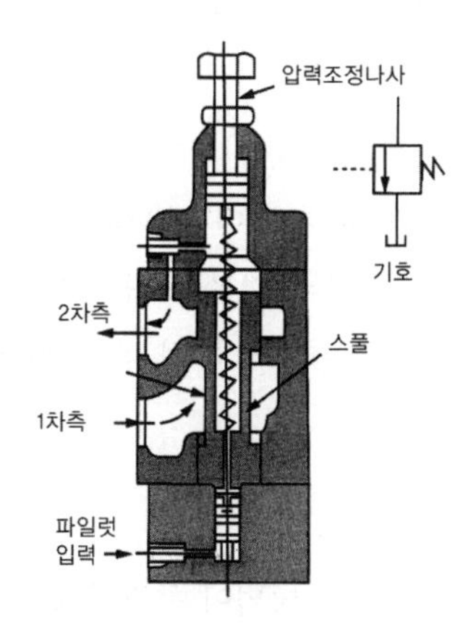

그림 3-101 언로딩 밸브 구조

6) 압력 스위치

압력 스위치는 유압 신호를 전기신호로 전환시키는 스위치이다. 이 스위치는 전동기의 기동, 정지, 솔레노이드 조작 밸브의 개폐 등의 목적에 사용한다.

① 소형 피스톤과 스프링과의 평형을 이용하는 것
② 부르동관(Bourdon tube)을 사용한 것
③ 벨로스(bellows)를 사용하는 것 등이 널리 사용된다.
④ 버던관, 다이어프램식, 피스톤식이 있다.

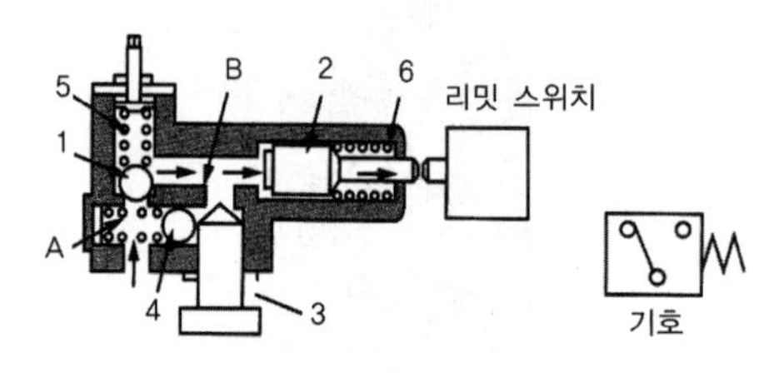

그림 3-102 압력 스위치

7) 유체 퓨즈

① 유체 퓨즈는 회로의 압력이 설정압력을 넘으면 얇은 막이 유체 압력에 의하여 파열되어 유압유를 탱크로 귀환시킴과 동시에 압력 상승을 막아 기기를 보호하는 역할을 한다.
② 설정압은 막의 재료 강도로 조절한다. 그러므로 여러 가지 막을 만들어 놓고 교환을 쉽게 할 수 있게 해서 소정의 막을 끼워 사용한다.
③ 유체 퓨즈는 과대한, 또는 급격한 압력 변화에 대해서 다른 압력제어 밸브에 비해 기기를 보호할 수 있는 응답이 빨라 신뢰성이 좋다. 그러나 맥동이 큰 유압장치에서는 부적당하다.

(2) 방향제어 밸브

1) 방향 전환 밸브(directional control valves)의 형식

전환 밸브에 사용되는 밸브의 기본구조는 포핏 밸브식(poppet valve type), 로터리 밸브식(rotary valve type), 스풀 밸브식(spool valve type)으로 구별할 수 있다.

(가) 포핏 형식

① 밸브의 추력을 평형시키는 방법이 곤란하고 조작의 자동화가 어려우므로 고압용 유압 방향전환 밸브로서는 널리 사용되지 않는다.

② 밸브 부분에서의 내부 누설이 적고 조작이 확실하다는 점에서 공기압용 전환 밸브로 많이 사용한다.

(나) 로터리 형식

① 일반적으로 회전축에 직각되는 방향으로 측압이 걸리고, 또 로터리에 많은 압유 통로를 뚫어야 하기 때문에 밸브 본체가 비교적 대형이 된다.

② 고압 대용량의 것은 불리하고 밸브는 구조가 간단하고 조작이 쉬우면서 확실하므로, 유량이 적고 압력이 낮은 원격 제어용 파일럿 밸브로 사용되는 경우가 많다.

(다) 스풀 형식

① 전환 밸브로서 가장 널리 사용되고 있다.

② 축방향의 정적 추력 평형이 얻어지는 것은 물론, 스풀의 원주 둘레에 가느다란 홈을 파 놓으면서 측압 평형도 쉽게 얻을 수 있는 것이다.

③ 각종 유압 흐름의 형식을 쉽게 설계할 수 있는 점, 각종 조작방식을 쉽게 적용시킬 수 있는 점 등의 특징이다.

④ 밸브 실린더 안을 스풀이 미끄러지며 운동하여야 하므로 약 10~20 μm의 간격을 필요로 한다. 이 간격을 통하여 약간의 기름이 새는 점이 결점이다.

⑤ 로크(lock) 회로에는 스풀 형식보다는 포핏 형식을 사용하는 것이 장시간 확실한 로크를 할 수 있다.

2) 방향 전환 밸브의 위치 수, 포트 수, 방향 수(number of positions ports and ways)

(가) 위치 수(number of positions)

① 방향 조절 밸브 내에서 다양한 유로를 형성하기 위하여 밸브 기구가 작동되어야 할 위치를 밸브 위치라 말한다.

② 방향 전환 밸브에서 이용되고 있는 위치 수는 1위치, 2위치, 3위치가 있고 이 중 3위치의 것이 가장 많이 사용되고 있다.

③ 양측 스프링 부착 3위치 밸브에서 밸브의 조작압력이 가해지지 않을 때의 위치를 중립 위치라 말한다.

④ 조작입력을 가해서 위치를 변환시킨 후 입력을 제거하면 스스로 원위치(중립위치)로 되돌아오는 현상을 스프링 복원력(spring offset type) 현상이라 말한다.

⑤ 3위치 전환 밸브는 중앙위치가 중립 위치이고 좌우의 양위치를 양단 위치(extreme position)라 말한다. 또 조작입력이 가해지지 않을 때 스프링의 힘으로 중립 위치에 되돌아오는 밸브를 스프링 중립형이라 말한다.

⑥ 양단위치는 정(正), 역(逆)의 유압유가 흐르는 길을 만드는 것이 보통이다.

⑦ 전환 밸브에서 밸브와 주관로(파일럿과 드레인 포트는 제외)와의 접속 구수를 포트 수 혹은 접속 수라 한다. 포트 수는 유로전환의 형을 한정한다.

⑧ 일반적으로 2포트 밸브는 유로의 개(開), 폐(閉)만을 한정할 경우이고 3포트 밸브는 1개의 유입 유압유를 2개의 방향으로 전환하는 경우나 2개의 유입 유압유 중 하나만을 통해서 유로를 만들고자 할 때에 사용한다.

⑨ 4포트 밸브는 가장 널리 사용되는 형으로서 4개의 포트 중 2개가 조합되어 밸브 내에서 1개의 유로가 만들어진다.

⑩ 이 포트의 조합에 따라 조작상의 운동을 정, 역 혹은 정지 등의 전환을 행할 수 있다.

⑪ 전환 밸브의 방향 수는 밸브에서 생기는 유로 수(3위치 밸브에서 중립 위치는 제외)의 합계를 말한다.

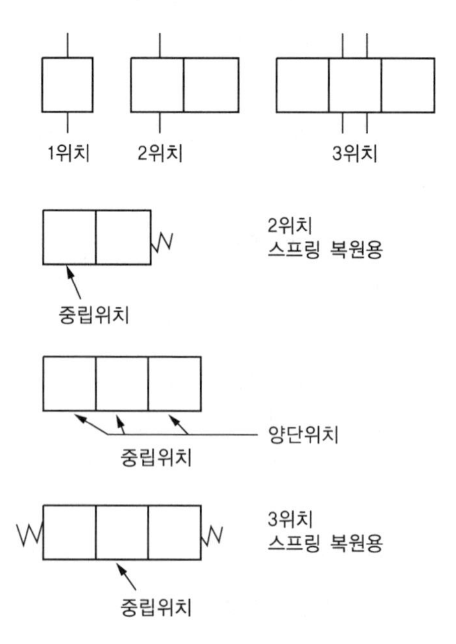

그림 3-103 방향 전환 밸브의 위치

(나) 포트 수와 방향 수(number of ports and ways)

① 포트 수 : 밸브와 주 관로와의 접속구의 수

② 방향 수 : 밸브 내부에서 생기는 유로 수

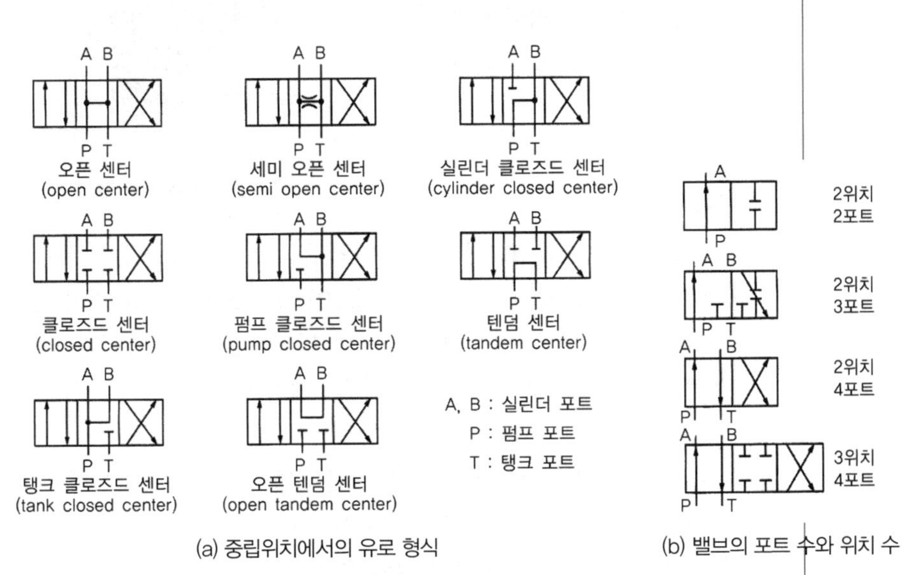

(a) 중립위치에서의 유로 형식 (b) 밸브의 포트 수와 위치 수

그림 3-104 포트 수와 방향 수

(다) 밸브 조작 방식

조작 방식은 수동조작(인력 조작), 기계적 조작, 솔레노이드 조작(電磁방식, solenoid), 파일럿 조작, 솔레노이드제어 파일럿 조작 방식이 사용되고 있다.

(라) 체크밸브

① 체크밸브는 한쪽 방향으로의 흐름은 제어하지만 역방향의 흐름은 제어가 불가능한 밸브이다.

② 밸브 본체 포핏 또는 볼, 시트, 스프링 등의 부품으로 구성되어 있다.

③ 형식에 따라 흡입형, 스프링 부하형, 유량 제한형, 파일럿 조작형이 있다.

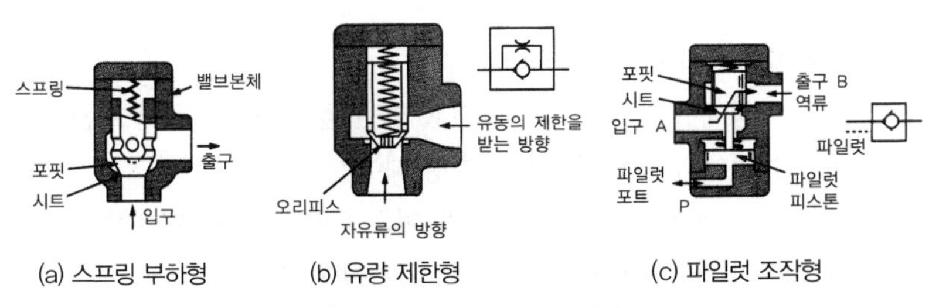

(a) 스프링 부하형 (b) 유량 제한형 (c) 파일럿 조작형

그림 3-105 밸브 조작 방식

(마) 감속 밸브

감속 밸브(deceleration valve)는 액추에이터(actuator)를 감속시키기 위해 캠 조작 등에 의해 유량을 서서히 감속 또는 가속시킬 때 사용되는 밸브이다.

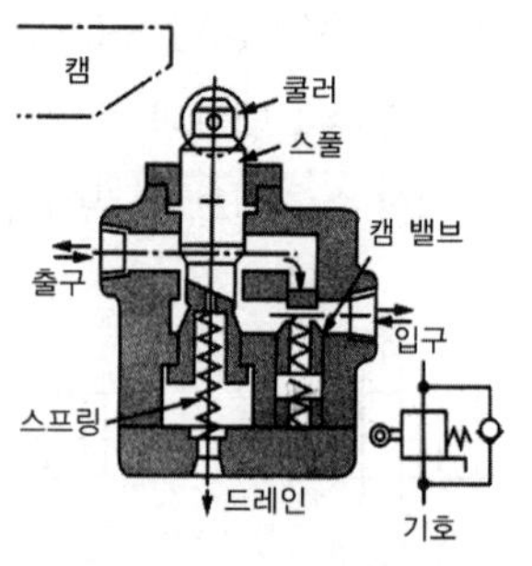

그림 3-106 감속 밸브 구조

(3) 유량제어 밸브

① 유압 실린더나 유압모터 등 작동기의 운동 속도를 제어하기 위하여 유량을 조정하는 밸브를 유량제어 밸브(flow control valve)라고 한다.

② 일반적으로 가변용량형 펌프에 의한 경우에는 회로의 효율은 좋지만 펌프의 구조가 복잡하고 정밀한 속도제어도 어려우므로 대체적으로 유량제어 밸브를 사용하고 있다.

③ 유량제어 밸브는 관로 일부의 단면적을 줄여서 저항을 주어 유압회로의 유량을 제어하는 것으로 속도제어 밸브라고도 한다.

④ 가변용량형 펌프를 사용하면 유량을 조절할 수 있으나 정용량형 펌프는 토출량이 일정하여 유량조절이 어려우므로 유량제어 밸브를 이용하여 토출량의 일부를 탱크에 방출하여 속도제어를 얻을 수 있다.

1) 교축 밸브

(가) 스톱 밸브(stop valve)

① 상수도 및 유압용 등의 다양한 용도에 사용되고 있는 교축 밸브이다.

② 스톱 밸브는 조정핸들을 조작함으로써 스로틀 부분의 단면적을 바꾸어 통과하는 유량을 조정하는 밸브이다.

③ 유압용으로 사용할 경우 교축 전후의 압력 차이가 클 때에는 미소 유량을 조정하기가 어렵다.

④ 작동유의 흐름을 완전히 멎게 하든지 또는 흐르게 하는 것을 목적으로 할 때 사용한다.

(나) 스로틀 밸브(throttle valve)

① 유압 구동에서 제일 많이 사용되고 있는 밸브로서, 기름의 흐름 방향에 관계없이 두 방향의 흐름을 항상 제어한다.

② 핸들을 조작하여 밸브 안의 스풀을 미소 유량으로부터 대 유량까지 미세 조정이 가능한 밸브이며 일반 산업기계에 널리 사용되고 있다.

③ 스로틀 밸브의 스로틀 부분은 완만한 테이퍼 부분과 V자형의 홈으로 되어 있는 부분으로 만들어져 있다.
④ 교축 전후의 압력 차이가 증가해도 미소 유량을 조정하기가 용이한 것이 특징이다.
⑤ 스로틀 밸브는 교축 부분이 헐거운 테이퍼로 되어 있으며 핸들 조작이 쉽고 비교적 은 유량을 조정하기가 용이하다.

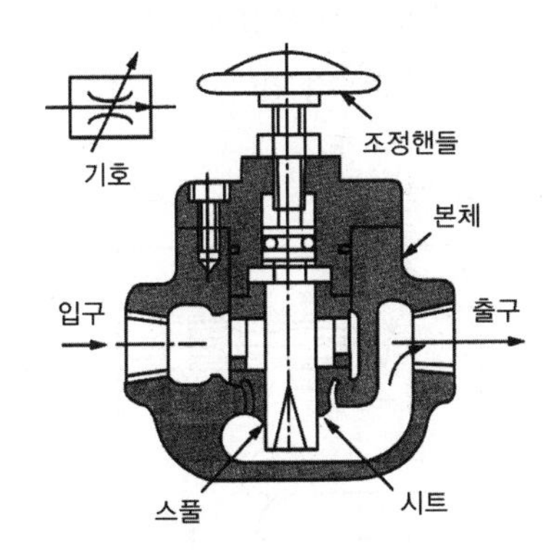

그림 3-107 스로틀 밸브 구조

(다) 스로틀 체크밸브(throttle check valve)

① 스로틀 밸브는 양쪽 방향의 흐름에 대한 제어가 가능하지만 스로틀 체크밸브는 한쪽 방향의 흐름은 자유로이 한다.
② 유압유가 입구를 통해 스로틀을 통해 제어되어 출구로 흐른다. 기름은 출구가 막혀 흐르지 못하고 체크밸브의 스풀로 흐른다.
③ 역방향의 흐름은 스풀이 좌측으로 밀려 제어 로드에 관계없이 자유롭게 흐른다.

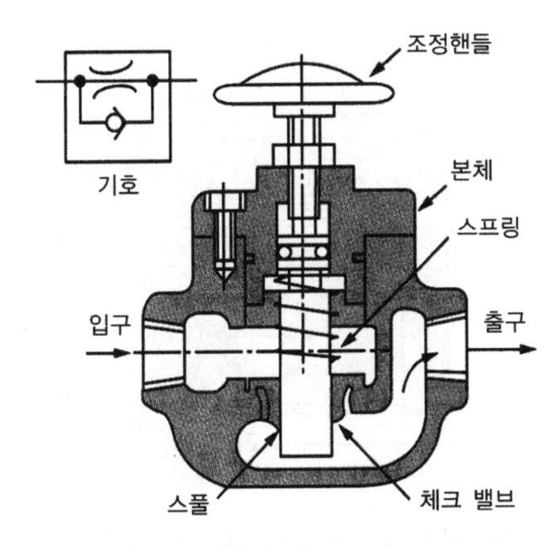

그림 3-108 스로틀 체크밸브 구조

2) 압력 보상형 유량 조절 밸브

① 유량조정 밸브는 압력 보상기구를 내장하고 있으므로 압력의 변동에 대하여 유량이 변동되지 않도록 회로에 흐르는 유량을 항상 일정하게 또는 자동적으로 유지시켜 준다.

② 다이얼 눈금을 선정하여 유압모터의 회전이나 유압 실린더의 이송 속도 등을 제어한다.

③ 기능별 부분을 구분하면 유량 조절 밸브는 크게 유량 조정부와 압력보상부, 체크밸브 부로 이루어져 있다.

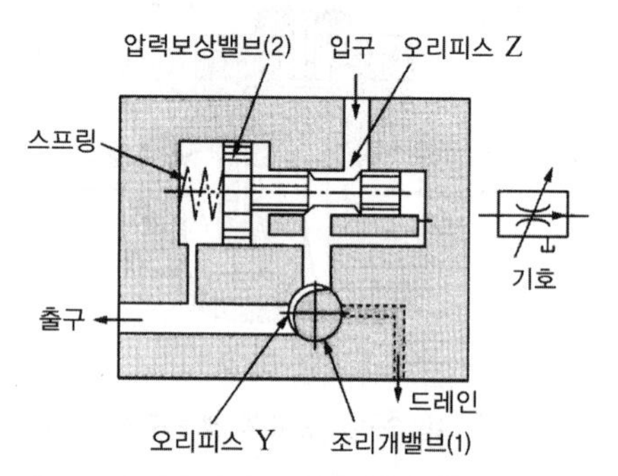

그림 3-109 압력 보상형 유량 조절 밸브 구조

3) 압력 온도 보상형 유량 조정 밸브

압력 보상형 유량조정 밸브는 온도가 변화하면 오일의 점도가 변화하여 유량이 변하게 되나, 이때 유량 변화를 막기 위하여 열팽창률이 다른 금속봉을 이용하여 오리피스 개구 넓이를 줄게 함으로써 유량의 변화를 보정하는 것이 압력온도 보상형 유량조정 밸브이다. 기능별 부분을 구분하면 유량조절 밸브부와 스로틀부, 압력보상부로 이루어져 있다.

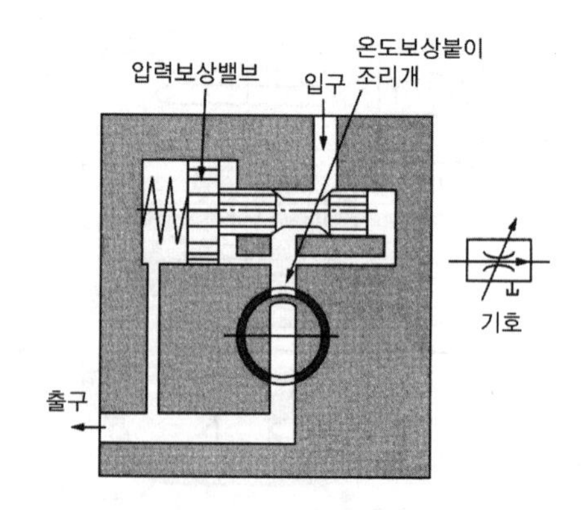

그림 3-110 압력 온도 보상형 유량조정 밸브 구조

4) 분류 및 집류 밸브

① 공급된 유압유를 분류 또는 합류하는 것이다.

② 압유가 입구로 유입되면 각각의 출구로 균등하게 분배된다. 또 역으로 출구쪽에서 유입되면 유량은 입구쪽으로 집류된다.

③ 분류 혹은 집류될 때 대체로 10[%] 범위 내에서 균등하게 분배된다.

④ 분류, 집류 밸브는 2개의 실린더의 작동을 동조시키는데 사용하면 정확도가 크게 요구되지 않는 경우에 사용한다. 이 2가지 밸브는 2개의 실린더를 동조시킬 때에 쓰인다.

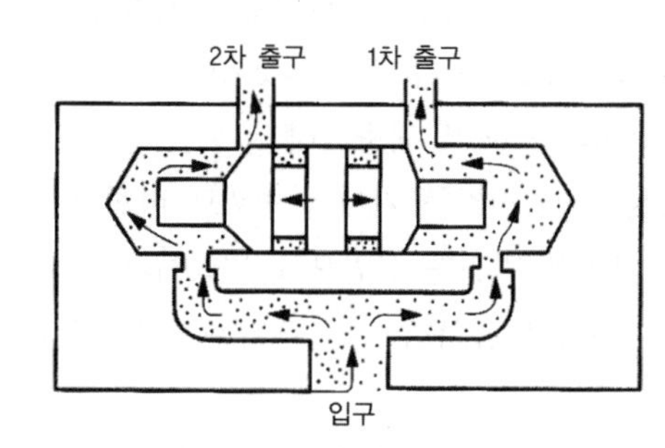

그림 3-111 분류 및 집류 밸브 구조

(4) 서보 유압 밸브

① 시퀀스 제어에서 서보기구에 의한 피드백(feed back) 제어가 가능하게 되고 항공기, 미사일 · 선박 · 차량 등의 자동조정, 공작기계, 그 밖의 일반 산업용 기계의 제어에 널리 사용된다.

② 서보기구(servo mechanism)는 물체의 위치, 방위, 자세 등을 제어하여 목표치의 임의의 변화에 추종하도록 구성된 제어계를 말한다.

③ 서보기구는 일반적으로 토크모터, 유압 증폭부, 안내 밸브의 3요소로 구성되어 있다.

1) 서보 유압 밸브의 특징

① 서보 유압 밸브는 전기나 그 밖의 입력신호에 따라서 비교적 높은 압력의 공급원으로부터 오일의 유량과 압력을 상당한 응답속도로 제어하는 밸브를 말한다.

② 서보 유압 밸브는 유량이나 압력 중 어느 것을 주로 제어하느냐에 따라서 유량제어 서보 밸브, 압력제어 서보 밸브로 구별된다.

③ 가장 일반적인 것은 전기유압의 유량제어 서보 밸브이다.

2) 서보 유압 밸브의 특징

① 유압작동기는 단위중량당의 출력이 크므로 소형으로써 대출력을 얻을 수 있다.

② 유압작동기는 일반적으로 작은 관성체를 가지고 있으므로 빠른 응답성을 가진다.

③ 유압회로에는 부하측의 기계적 충격파를 흡수하는 성질이 있기 때문에 작동기와 부하장치를 보호하는 효과가 있다. 그런데 유압기구에서 유압 작동기를 사용할 경우 신호의 검출은 거의 전기적으로 이루어지므로 전기신호를 유압으로 변환해 주는 소자가 필요하며, 이러한 목적에서 전기유압 서보 밸브가 개발된 것이다.

④ 서보 유압 밸브의 구조 및 작동원리

㉠ 서보 밸브는 전기신호를 기계적 변위로 바꿔주는 토크모터(torque motor), 기계적 변위를 유압으로 변화시키는 노즐 플래퍼(nozzle flapper), 유압을 증폭하는 스풀(spool)부의 3부분으로 구성되어 있다.

㉡ 서보 밸브는 서보기구에서 전기신호를 유압으로 변환하는 소자로서 사용된다. 즉 파워를 필요로 하는 위치 제어계에서 위치검출에 전기적 방법을 이용할 경우 전기적으로 검출된 위치 편차 신호로 유압작동기(hydraulic actuator)를 구동하는 데에 이용된다.

㉢ 전기적인 검출에는 퍼텐쇼미터(potentiometer), 싱크로(synchro), 레졸보(resolver) 레이저, 광학적 방법 등 서보기구의 검출 방법이 사용된다.

㉣ 유압작동기로서는 작동형 유압 실린더나 회전형 유압모터가 사용된다.

표 3-16 전기유압 서보기구의 일반적인 블록선도

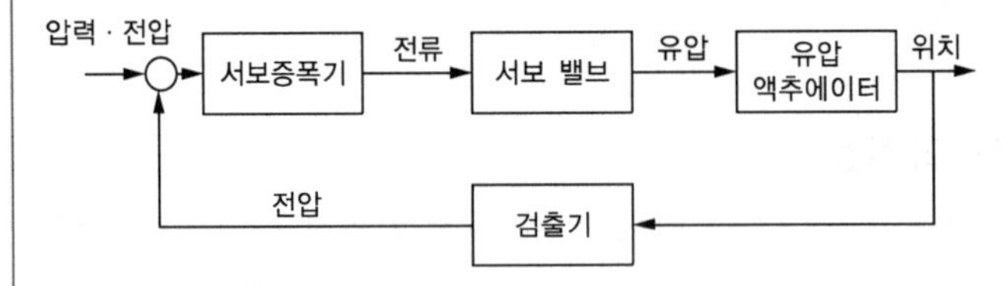

5 유압 액추에이터(액추에이터 : Actuator)

유압 발생장치에 의해 발생된 유압 에너지를 기계적 에너지로 변환하는 기기이며 직선운동을 하는 기기를 유압 실린더, 회전운동을 하는 기기를 유압모터라 한다.

표 3-17 유압 액추에이터의 분류 요약

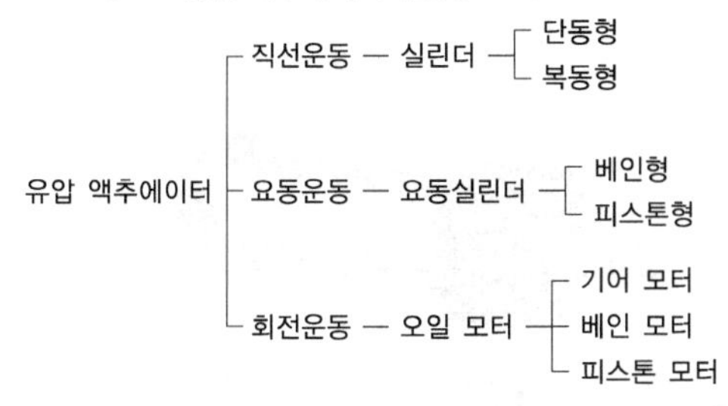

표 3-18 유압 액추에이터의 상세 분류

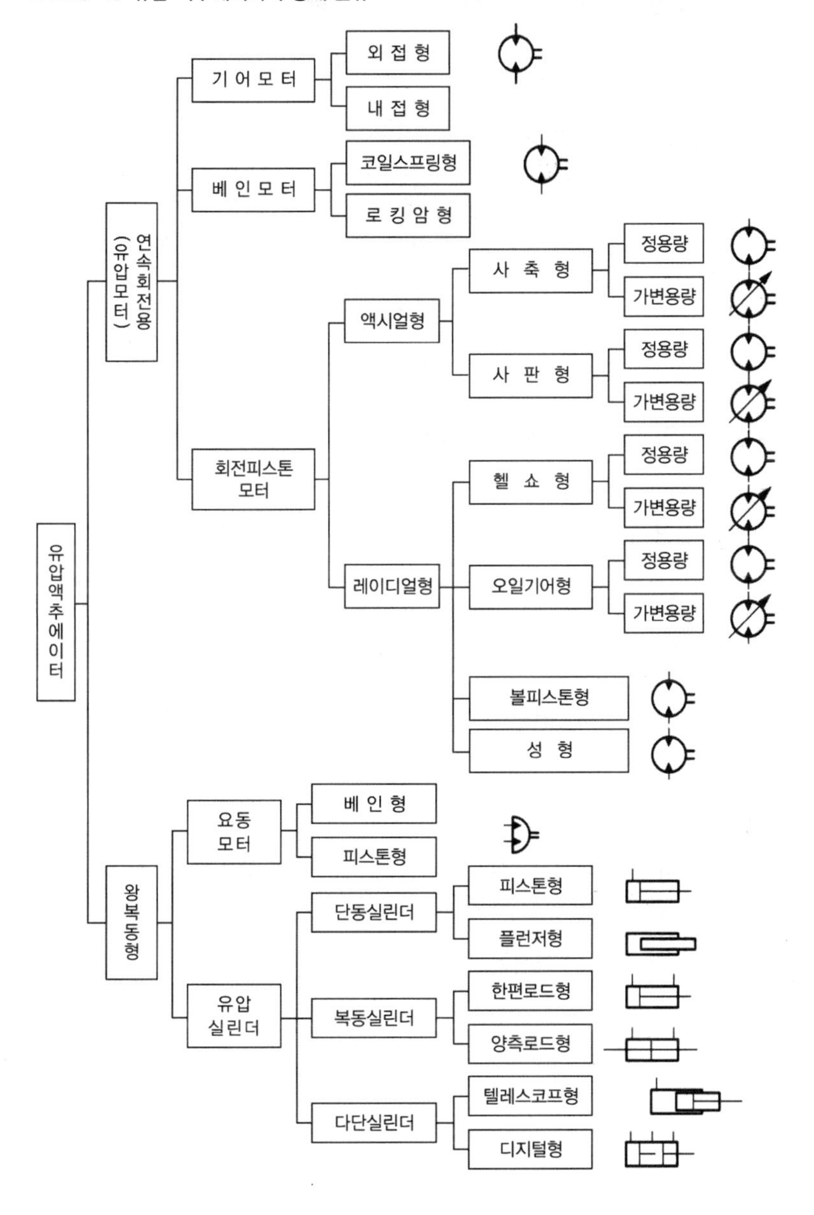

(1) 유압 실린더

1) 종류

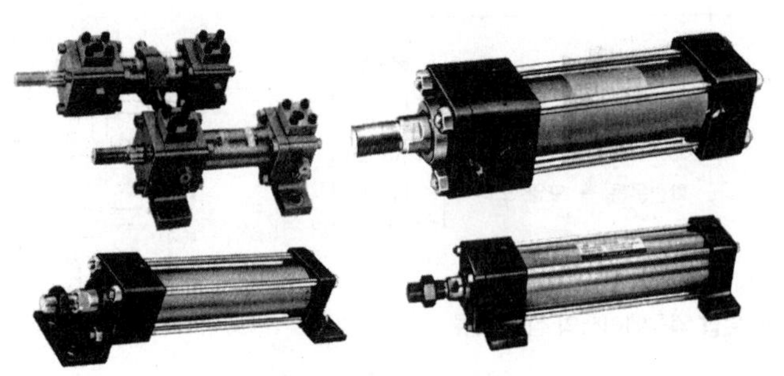

그림 3-112 유압 실린더

(가) 사용압력에 의한 분류

호칭 기호	최고사용압력	비 고
35 bar	35 (bar)	저 압 용
70 bar	70 (bar)	중 압 용
140 bar	140 (bar)	고 압 용
210 bar	210 (bar)	초고압용

(나) 실린더의 작동 기능에 의한 분류

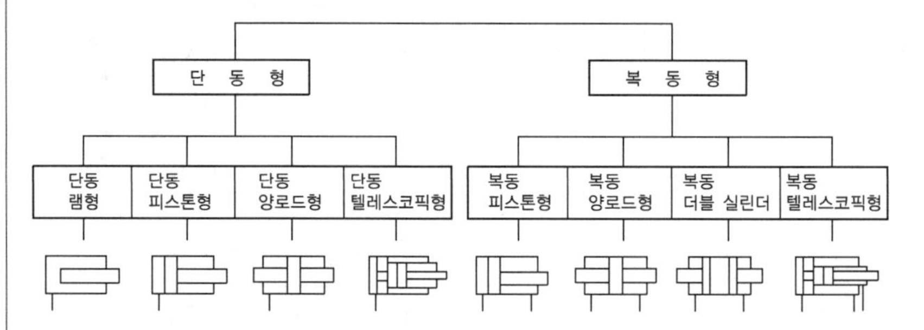

① 단동 실린더

한쪽 방향(전진)에서만 유압을 공급하고 귀환은 자중 또는 스프링의 힘에 의해 들어가는 형식으로 프레스나 기타 간단한 작동장치에 사용되며 그림은 자중에 의해 귀환하는 방식이다.

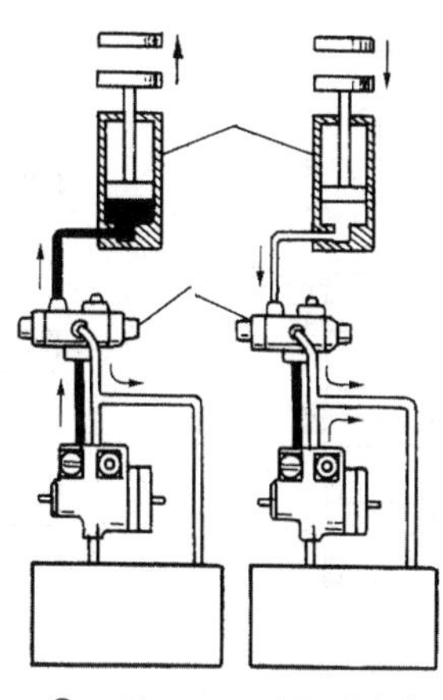

ⓞ 그림 3-113 단동 실린더

② 복동 실린더

피스톤의 양쪽에 포트(port)를 설치하여 흡입과 토출을 교대로 시키면 왕복운동을 시키는, 양쪽 방향에 작용력을 주고 있는 실린더이다. 복동 실린더는 한쪽 로드인 것과 양쪽 로드의 2가지 형식이 있다.

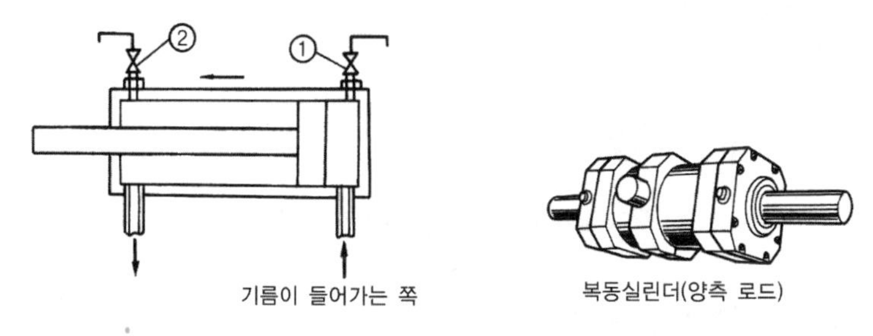

ⓞ 그림 3-114 복동 실린더

③ 다단 실린더

텔레스코픽(telescopic)형과 디지털(digital)형이 있다. 텔레스코픽형은 유압 실린더의 내부에 또 하나의 다른 실린더를 내장하고 유압이 유입하면 순차적으로 실린더가 이동하도록 되어 있어, 실린더 길이에 비하여 큰 스트로크를 필요로 하는 경우에 사용된다. 이 경우에 포트가 하나이고 중력에 의해서 돌아가는 것을 단동형이라 한다. 디지털형은 하나의 실린더 튜브 속에 몇 개의 피스톤을 삽입하고 각 피스톤 사이에는 솔레노이드 전자조각 3방변으로 유압을 걸거나 배유하거나 한다.

(다) 조립 방법에 의한 분류

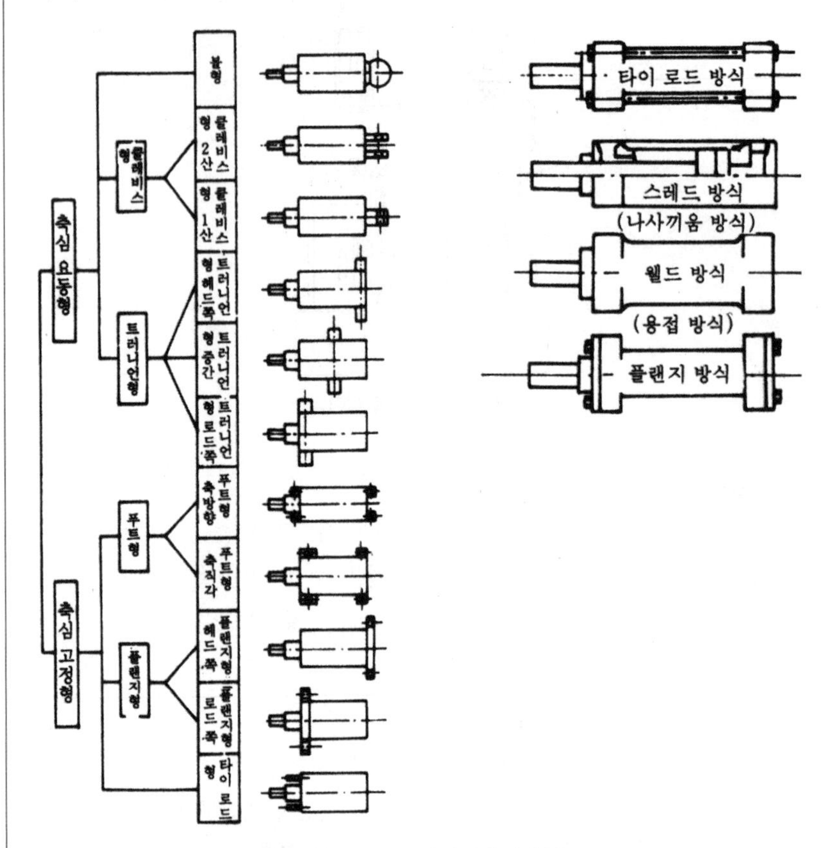

그림 3-115 조립 방법에 의한 분류

(라) 속도/출력에 의한 분류

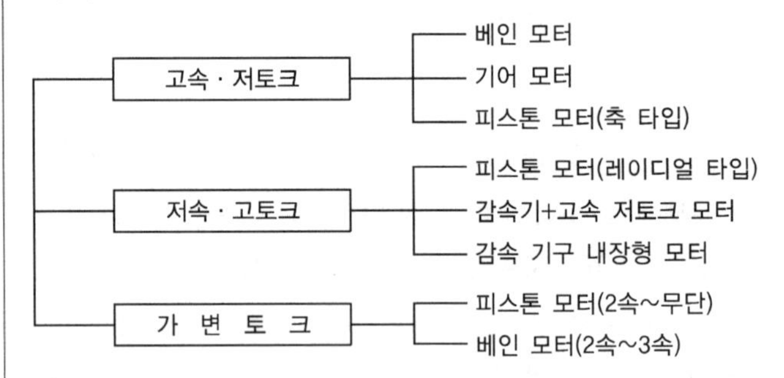

(마) 용도(형상)에 의한 분류

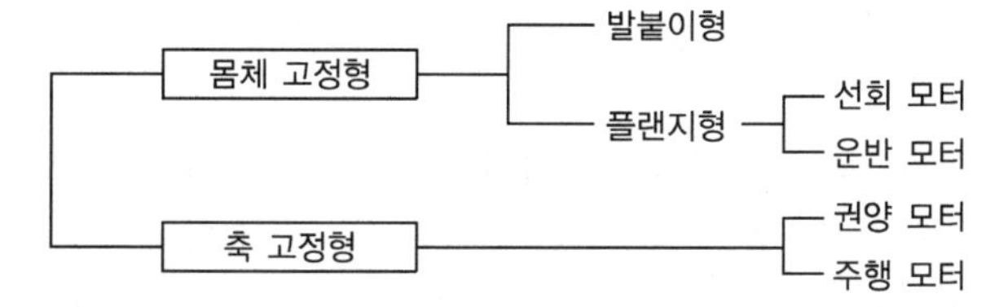

2) 구조 및 호칭

(가) 구조

유압 실린더는 사용 목적, 조건에 따라 여러 가지 구조가 있으나 이것을 구성하고 있는 기본적인 부품은 실린더 튜브, 피스톤, 피스톤 로드, 커버, 패킹 등이다.

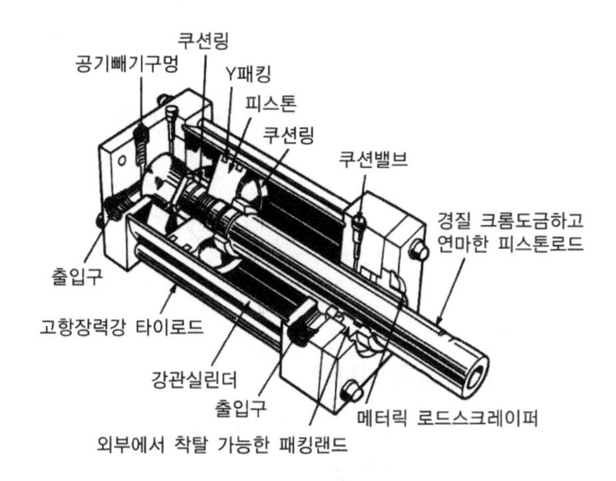

그림 3-116 유압 실린더

(나) 유압 실린더의 호칭법

유압 실린더의 호칭은 규격 명칭 또는 규격번호, 구조형식, 지지형식의 기호, 실린더 내경, 로드경 기호, 최고 사용압력, 쿠션의 구분, 행정의 길이, 외부 누출의 구분 및 패킹의 종류에 따르고 있다. 유압 실린더를 사용하는 기계에서는 그 기계를 설계하는 단계에서 이미 실린더에 대한 배려가 필요하다. 그 단계에서 선정을 잘못하면 나중에 많은 문제를 야기할 수 있다. 실린더의 선정에 있어서는 다음 사항에 유의할 필요가 있다.

① 부하의 크기와 그것을 움직이는 데에 필요한 힘

② 속도

③ 운동의 방법과 방향

④ 스트로크

⑤ 작동시간

⑥ 작동유 등의 기본적인 사양이 된다.

이러한 사양을 기초로 하여 실린더가 결정되면 이것을 구동하기 위한 유압원이 결정된다. 실린더 내경과 피스톤의 속도에서 소요 유량이 구해진다. 유량은 펌프나 밸브류의 크기를 구하는 경우에는 실린더의 패킹류의 선정도 중요하다.

표 3-19 유압 실린더 호칭법

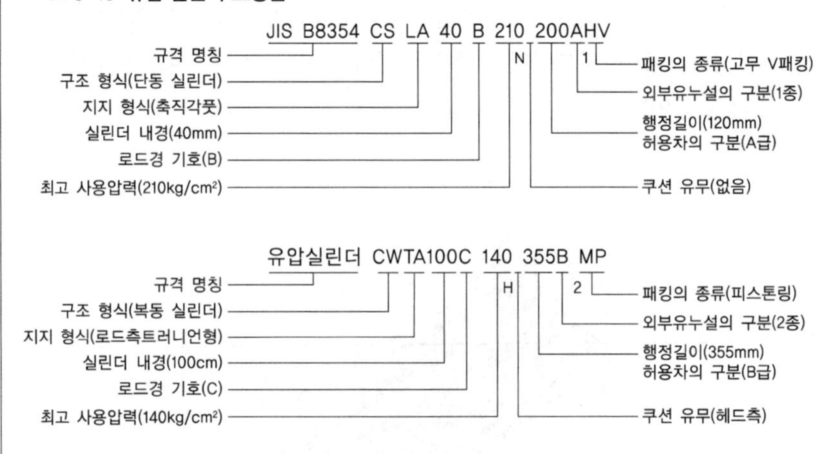

3) 유압 실린더 설계상의 주의사항

유압 실린더의 설계시 표면 조도와 내마모성을 고려하여 되도록 표준 부품을 채용하여 부품의 교환성을 용이하게 하는 동시에 실을 정확하게 사용하여 제작공차를 잘 살펴보는 것이 중요한 일이다. 유압 실린더를 설계하기 위한 주요 사항은 다음과 같다.

① 피스톤이 실린더 양단부에 도달하여도 실린더 튜브 내에 유압이 걸리게 할 수 있고 피스톤의 구동에 지장이 없게 한다. 또 피스톤 행정의 양단에는 필요하다면 쿠션기구를 부착한다.

② 실린더 튜브 양단은 단조(鍛造)한 둥근 뚜껑으로 하는 것이 좋다. 그리고 한 쪽만을 분리할 수 없게 한다.

③ 유압 실린더를 가볍게 만들기 위해서는 철강재료 대신 양극 산화 알루미늄의 실린더와 피스톤 로드를 사용하면 좋다.

④ 실린더 튜브의 일부분에 피스톤 로드의 축받이를 장치하면 실을 1개 절약할 수 있다.

⑤ 하중이 주로 축 방향에 걸리는 경우에는 축받이의 중복은 적어도 된다.

이 중복은 피스톤로드 지의 약 1.5배 정도가 적당한 것으로 되어 있다.

⑥ 유압 실린더를 끝까지 당겼을 때에 단자 간의 길이가 일정하게 지주를 안정시키고 싶을 때에는 실린더 튜브가 양단 자간의 중간에 오도록 설계한다.

⑦ 유압 실린더의 전 압축에서 전 인장까지의 과정 중 작용압력이 크게 변화하고 직경 방향의 굽힘이 문제가 되지 않는 경우에는 압력 변화에 따라서 실린더 튜브 외벽에 테이퍼를 붙이면 된다.

⑧ 실린더 내경 및 봉경의 결정에 있어서는 규격화된 실린더 튜브재가 실을 사용할 수 있도록 배려하는 것이 좋다.

⑨ 유압 실린더는 적당한 위치에 공기구멍을 설치한다.

⑩ 유압 실린더는 원칙적으로 더스트 와이퍼를 연결해야 한다.

⑪ 오일 누출 : 유압 실린더의 내부 누출은 동작 특성에 영향을 끼치므로 피스톤 실에는 특히 주의해야 한다. 즉 패킹 장착 부분의 간격(틈새), 다듬질 정밀도 등 중요한 사항의 결정에 있어서는 실린더, 패킹의 양 메이커 간에 충분한 기술적 교류가 필요하다.

(2) 유압모터

① 유압모터는 유체 에너지를 연속회전운동을 하는 기계적인 에너지로 변환시켜주는 액추에이터를 말한다.

② 유압모터는 유압 펌프와 구조상으로 비슷하나 기능이 다르다.

③ 유압모터는 무단계로 회전수를 조절할 수가 있으며 또한 정, 역회전도 가능하다.

④ 회전체의 관성이 작아서 응답성이 빠르기 때문에 자동제어의 조작부, 서보기구의 요소에 적합하다.

⑤ 같은 출력일 경우 원동기에 비하여 크기가 훨씬 작은 것도 큰 이점이다.

⑥ 유압모터의 단점으로는 동력의 전달효율이 기계식에 비하여 낮으며, 소음이 크고 가동할 때나 지속일 경우 원활한 운전을 얻기가 곤란하다는 점이다.

⑦ 유압모터는 펌프와 같이 고정 용량형과 가변 용량형이 있다. 가변 용량형은 회전속도의 변화가 모터 안에서 이루어진다.

⑧ 유압모터의 형식으로는 펌프와 같이 기어형, 베인형 및 피스톤형이 있다.

1) 유압모터 종류

① **정 용량형 베인 모터** : 1회전에 요하는 유량이 일정하고 일정 압력에서 일정 출력 토크가 발생되는 모터이다. 종류에는 기어 모터, 베인 모터, 피스톤 모터가 있다.

② **가변 용량형 베인모터** : 1회전에 요하는 유량이 회전속도와 무관하게 변화하고 일정 압력에서 토크를 변화시킬 수 있다. 종류에는 피스톤 모터가 있다.

(가) 기어 모터

① 기어 모터의 구조는 기어펌프와 거의 같으며 공급된 압유가 기어에 작용하여 토크를 발생시켜 출력축을 회전시킨다.

② 기어는 보통 평기어를 사용하나 헬리컬 기어도 많이 사용한다.

③ 기어 모터는 비교적 소형이며 구조가 간단하고 고속 저토크에 적합하다.

④ 값이 싸며, 압유 중에 이물질이 혼입되어도 고장 발생이 적고, 운전조건이 양호하다.

⑤ 누설량이 많고 토크 변동이 크고 건설기계, 산업 차량, 공작기계 등에 많이 이용된다.

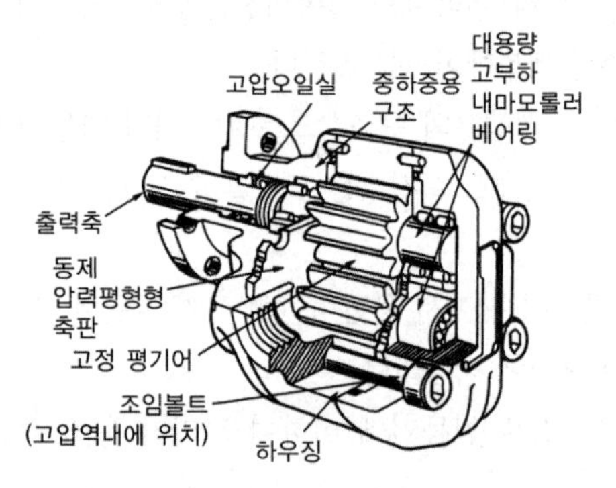

그림 3-117 기어 모터의 구조

(나) 베인 모터

① 베인 모터는 베인 펌프와 유사하나 시동 시에 유압이 베인에 작용하여 회전을 일으키므로 베인 압상 스프링을 사용하고 있는 점과 또는 로킹 빔(Rocking Beam)에 의해 캠 링(Cam Ring)에 밀어붙이는 장치가 베인 펌프와 다르다.

② 로터의 베인이 압력을 받아 토크를 발생시킨다.

③ 보통 9~13개의 베인이 있고 출력 토크의 맥동이 적다.

④ 베인 펌프에서는 베인을 원심력 또는 토출압에 의해 밀어붙이지만 모터에서는 정지시 및 속도가 늦을 때도 밀어붙이는 장치가 필요하다.

⑤ 구조가 비교적 간단하고 토크 변동이 적으며 로터에 작용하는 압력의 평형이 유지되고 있으므로 베어링 하중이 작다.

⑥ 모터축 마력에 비해 크기가 적다.

⑦ 베인 선단이나 캠 링이 마모되더라도 베인과 캠링이 접촉이 유지되므로 누설이 증가하지 않는 것이다.

⑧ 베인의 마모가 거의 없어 최고 사용압력이 저하하지 않는다.

⑨ 중속 중 토크용으로 적당하다.

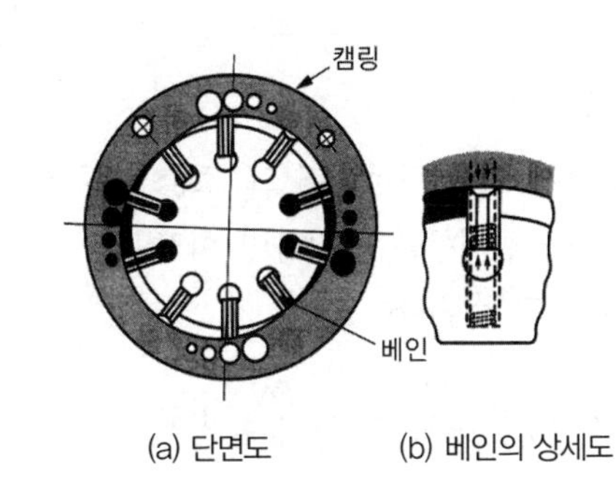

그림 3-118 코일스프링 베인 모터

(다) 피스톤 모터

① 피스톤 모터는 흔히 플런저(Plunger) 모터 혹은 회전 피스톤 모터라고도 부른다.

② 피스톤 펌프와 거의 구조가 같고 종류도 액시얼형(axial type)과 레이디얼형(radial type)이 있다.

③ 레이디얼형 피스톤 모터는 몇 개 혹은 10여개의 피스톤이 측에 방사상으로 배열되어 반경(半徑) 방향으로 왕복 운동하면서 축을 회전시키는 모터이다.

④ 피스톤 모터는 기어 모터나 베인 모터에 비해 고압, 고속, 대출력 작동에 적합한 특징이 있다.

⑤ 구조가 복잡하고 고가이다.

⑥ 유압모터 중에 효율이 가장 높다.

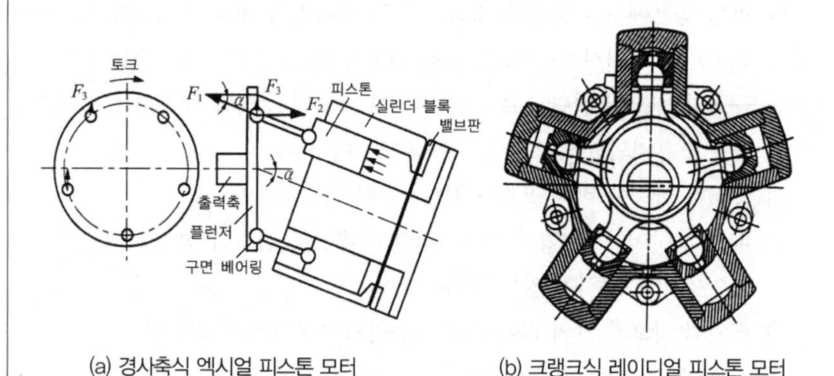

(a) 경사축식 엑시얼 피스톤 모터 (b) 크랭크식 레이디얼 피스톤 모터

그림 3-119 피스톤 모터 구조

2) 유압모터 계산식

유압 펌프는 외력에 의해 구동하면 그 토출구로부터 유압유가 토출되고, 반대로 그 토출구에 기름을 압입하면 회전력을 얻게 되어, 원리적으로는 유압모터로서의 작동을 한다.

$$L = \frac{2\pi TN}{60 \times 7{,}500} \fallingdotseq \frac{TN}{71{,}620}\,[\mathrm{PS}]$$

$$L = \frac{qNP}{60 \times 7{,}500}\,[\mathrm{PS}]$$

$$L = \frac{qP}{2\pi}\,[\mathrm{kgf \cdot cm}]$$

$$\text{각 가속도} = \frac{T}{J}\,[\mathrm{rad/sec^2}]$$

$$\text{정정시간} = \frac{2\pi NJ}{60 \times T}\,[\mathrm{sec}]$$

여기서,
- L : 유압모터의 마력(PS)
- N : 유압모터의 회전수(rpm)
- T : 유압모터의 출력 토크(kgf · cm)
- P : 작동유의 압력(bar)
- q : 유압모터의 1회당 배출량($\mathrm{cm^3/rev}$)
- J : 회전부 관성 능률($\mathrm{kg \cdot cm \cdot sec^2}$)

정정시간(整定時間)은 최대 공급압력시, 무부하 유압모터를 정지상태에서 최대 연속 운동속도까지 가속하는 데에 필요한 시간을 말한다. 위 식들은 어느 것이나 효율을 100%로 가정한 계산식이다.

① 유압모터에 필요한 유량

$$Q_M = \frac{q \cdot N}{1000 \cdot \eta_v} [l/\text{min}]$$

여기서, q : 1회전당의 소요 유량(cm³/rev)
N : 회전수(rpm)
η_v : 용적 효율

② 유압모터의 발생 토크

$$T = \frac{P \cdot q \cdot \eta_m}{2\pi \cdot 100} = 1.59 \cdot 10^{-3} \cdot P \cdot q \cdot \eta_m [\text{kgf} \cdot \text{m}]$$

여기서, P : 구동압력(kgf/cm²)
η_m : 기계 효율

③ 유압모터의 출력 마력

$$W_{M0} = \frac{2\pi \cdot T \cdot N}{4500} = 1.396 \cdot 10^{-3} \cdot T \cdot N [\text{PS}]$$

④ 유압모터 구동에 필요한 마력

$$W_{M1} = \frac{Pth \cdot Qth}{450 \cdot \eta_t} = \frac{P \cdot Q_M}{450} = 2.22 \cdot 10^{-3} \cdot P \cdot Qth/\eta_t [\text{PS}]$$

여기서, η_t : 전효율$= \eta_v \cdot \eta_m$

⑤ 유압모터의 가속도

$$\alpha = \frac{T}{I} [\text{rad/sec}^2]$$

여기서, I : 관성 모멘트(kgf · m · sec²)

⑥ 유압모터의 시간상수

$$t = \frac{I}{T}(\omega_t - \omega_0)$$

환산표	
	압력 1bar=1.02kgf/cm²
	토크 1Nm=0.102kgf · m
	동력 1kw=1.34PS
	1PS=75kgf · m/sec

3) 유압모터의 특징

(가) 장점

① 소형 경량으로서 큰 출력을 낼 수 있고 고속회전이 가능하다.

② 속도나 방향의 제어가 용이하여 릴리프 밸브를 달면 기구적 손상을 주지 않고 급속 정지를 시킬 수 있고, 시정수(時定數)는 2~6[m · sec] 정도이다.

③ 시동, 정지, 역전, 변속 등은 미터링(metering) 밸브 또는 가변 토출 펌프에 의해서 간단히 제어할 수 있다.
④ 종이나 전선을 감는 권취기와 같이 토크 제어의 기계에 사용하면 편리하다.
⑤ 나사 고정식 기계와 같이 최대 토크를 제한하려는 기계의 구동에 사용하면 편리하다.
⑥ 2개의 배관만을 사용해도 되므로 내폭성이 우수하다.

(나) 단점

① 작동유 내에 먼지나 공기가 침입하지 않도록 특히 보수에 주의하지 않으면 안 된다.
② 수명은 사용조건에 따라 다르다. 보통 지정시간을 사용한 다음에는 분해 검사하는 것이 좋다.
③ 작동유는 인화하기 쉬우므로 화재 염려가 있는 곳에서의 사용은 매우 곤란하다(Mill H5606의 인화점은 약 118℃).
④ 작동유의 점도 변화에 의해서 유압모터의 사용에 제약을 받는다.
보통 사용온도범위는 20~80℃이다.

4) 각종 유압모터의 적용 사례

구 분	공작기계	일반 산업기계	차 량	선 박	항공기
기어 모터	변속기 이송나사 구동 분할대의 구동	컨베이어의 구동 목공용 기계톱 테이블 구동열교환기 의 블로어 구동	콘크리트믹서 철도용사석의 클리이너 홈파기 기계의 컨베이어 구동 냉동기 구동	윈치 구동	
베인 모터	분할대의 구동	컨베이어 구동 목공용 톱기계 테이블 구동	윈치크레인의 구동 콘크리트믹서 홈파기 기계의 컨베이어 구동	윈치 크레인의 구동	
액시얼 피스톤 모터	변속기 스트립밀의 릴 구동 선반, 플라이스 그라인더의 주축구동	쇄탄기 전선피복장치 전선감기장치 크레인의 구동 압연, 신선(伸線), 교반기, 원심분 리기의 구동	기중기의 구동 변속기 팬 구동 입환기관차의 구동	윈치의 구동 양묘기의 구동 포탑의 구동 양탄기 공장용 크레인	포탑의 구동 발전기의 정속구동 터빈 엔진의 시동 안테나 구동

구 분	공작기계	일반 산업기계	차 량	선 박	항공기
레이디얼 피스톤 모터	변속기 스트립밀의 구동		윈치의 구동 장갑차의 포탑 구동	윈치의 구동	
요동 모터	트랜스퍼머신	밸브의 개폐		해치 커버의 개폐	바람 방지 유리의 와이퍼

5) 유압모터 취급상의 주의사항

(가) 작동유

동일 회로 내에 유압 펌프와 유압모터가 다른 형식일 경우 작동유의 선정기준이 다르므로 주의하지 않으면 안 된다. 보통 유압 펌프를 기준으로 우선 선정한다.

(나) 압력과 속도

최고 압력 및 최대 속도는 강도, 수명의 면에서 정해지므로 메이커의 지정을 지키지 않으면 안 된다. 또 지정속도 이하로는 원활한 작동을 얻을 수 없고 소기의 토크도 얻지 못하는 경우가 많이 있다.

(다) 드레인과 배관

반드시 독립적으로 설계하고 배압(back pressure)이 높지 않게 한다.

(3) 유압 요동 액추에이터

요동형 모터는 유압 실린더와 유압모터의 중간적인 운동 즉, 360° 이내의 각도로 회전운동을 하는 것이다. 요동 모터는 생산 공장에 널리 사용되고 있는데, 이는 불필요한 링크 기구나 감속기구 등을 사용하지 않고 좁은 공간에서 회전운동을 얻을 수 있기 때문이다.

1) 베인형 요동 액추에이터

① 구조가 비교적 간단하고 소형이기 때문에 설치면적이 작아 많이 사용되나 가장 중요한 것은 베인 실(vane seal)이다.

② 내부 누설 문제로 부하 상태에서 중간위치로 오랜 시간 동안 정지시키기가 어렵다.

③ 브레이크 장치를 부착하여 정지상태를 유지시킬 수도 있다.

④ 가동 베인과 고정 베인이 각각 1개씩 있는 단일 베인형과 2개 이상으로 된 다중 베인형이 있다.

⑤ 단일 베인형의 요동각은 280° 이하이며 이중 베인형은 100° 이하, 삼중 베인형은 60° 이하이다.

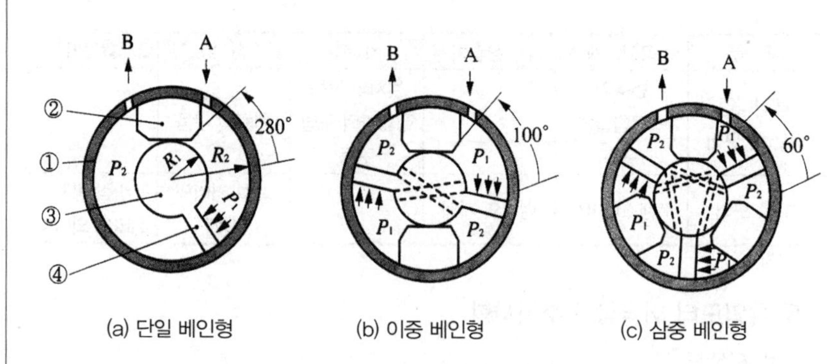

그림 3-120 베인형 요동 액추에이터

2) 피스톤형 요동 액추에이터

피스톤형 요동 액추에이터는 모터는 유압 실린더와 같이 피스톤에 유압을 작동시켜 직선 왕복운동으로 회전 변환기구를 조합한 것이다.

(가) 래크 피니언형

① 피스톤의 직선운동을 래크 피니언의 기어 기구에 의해 회전운동으로 변환한 것이다.

② 피스톤에 연접된 래크의 왕복으로 출력축에 장착된 피니언 기어가 작동하여 출력축에 장착된 피니언 기어가 작동하여 요동 운동을 한다.

③ 누설이 매우 적고, 회전 각도에 관계 없이 출력 토크가 일정하다.

④ 래크의 길이에 따라 요동각을 360° 이상으로도 조정할 수 있으나 래크의 강도, 가공 정밀도 등을 고려하여 360° 이내로 한다.

⑤ 종류로는 싱글랙 형과 더블랙 형이 있다.

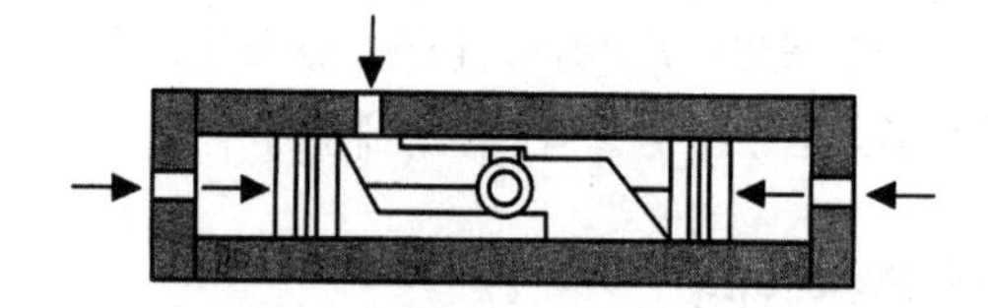

그림 3-121 래크 피니언형 구조

(나) 피스톤 헬리컬 스플라인 형

① 실린더 피스톤과 헬리컬 스플라인 축을 조합한 것이다.

② 통상 실린더 안쪽에 헬리컬 암나사를 장착하고 피스톤에 회전정지구조를 부가하여 헬리컬 숫나사의 출력축은 양쪽을 베어링으로 지지되어 있다.

③ 요동각은 Spline축의 Lead 각 길이에 따라 결정되며 저압, 소회전력에 사용되고 요동각은 360° 이내지만 720°도 가능하다.

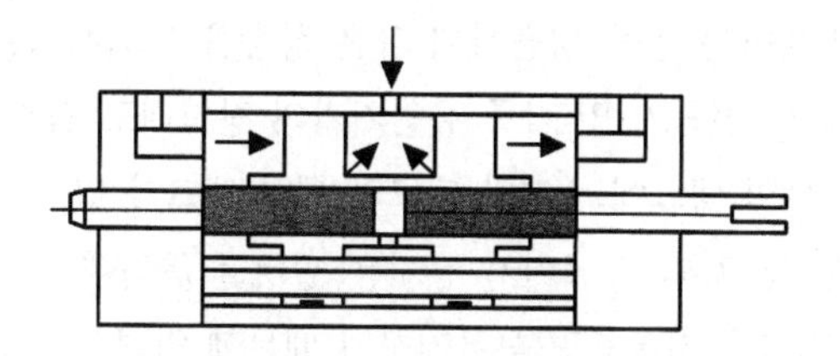

그림 3-122 피스톤 헬리컬 스플라인형

(다) 피스톤 체인형

① 실린더 피스톤에 체인을 연결하여 출력축에 설치한 스프로킷을 요동시킨다.

② 래크 피니언형과 유사하고 내부 누설이 적고 요동 각도가 360° 이상도 가능하지만 360° 이내에서 사용한다.

③ 출력 토크는 체인의 강도에 따라 제한되며, 저압, 소회전력에 이용한다.

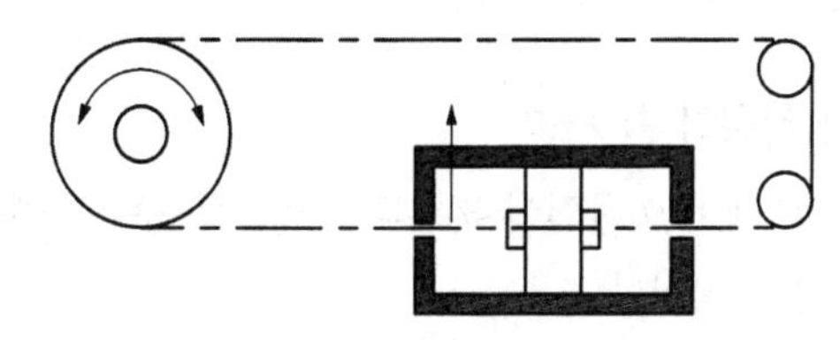

그림 3-123 피스톤 체인형 구조

(라) 피스톤 링크형

실린더 피스들과 링크 기구를 조합한 것으로 요동각은 90° 이하이고 출력 토크는 회전 각도에 따라 변화한다.

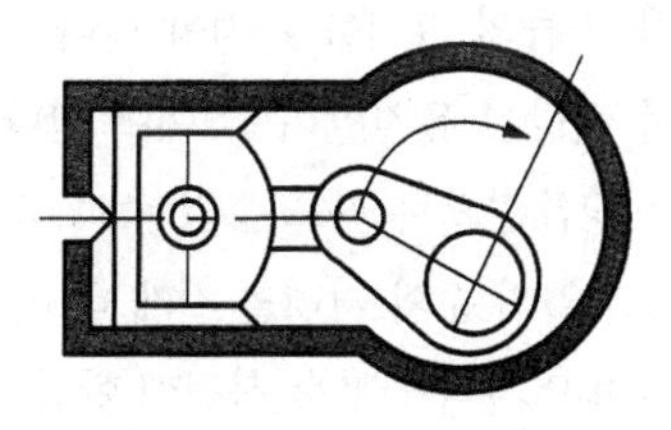

그림 3-124 피스톤 링크형 구조

6 기타 유압기기

(1) 오일 탱크

1) 오일 탱크의 특성

오일 탱크(oil tank)는 유압계에 필요한 작동유를 저장하는 용기로서 뿐만 아니라 기름 속에 혼입되어 있는 불순물이나 기포의 분리 및 제거,

운전 중에 발생하는 열을 방출하여 유온 상승을 완화시키는 등의 목적과 함께 유압 펌프, 전동기 및 각종 유압기기의 장착대로 겸하는 유압장치의 주요부이다. 오일 탱크에는 개방 탱크와 예압 탱크가 있다.

① 개방형은 탱크 안의 공기가 통기용 필터를 통하여 대기와 연결되며, 탱크의 기름은 자유표면을 유지하기 때문에 압력의 상승 또는 저하를 피할 수 있으며, 가장 일반적으로 사용되는 형태이다.

② 예압형은 탱크 안이 완전히 밀폐되어 압축공기나 그 밖의 방법으로 언제나 일정한 압력을 가하는 형식인데 캐비테이션이나 기포의 발생을 막을 수 있다.

2) 오일 탱크의 기능

① 오일을 저장하고 청결하게 한다.

② 공기의 영향을 받지 않게 한다.

③ 열을 발산하여 냉각작용을 한다.

3) 오일 탱크가 갖춰야 할 사항

① 오일 탱크 내에서 이물질이 혼입되지 않도록 주유구에는 여과망과 캡 또는 뚜껑을 부착한다.

② 공기(빼기)구멍에는 공기 청정기를 부착한다. 공기 청정기는 먼지의 혼입을 방지하고 오일 탱크 내의 압력을 언제나 대기압으로 유지하는 데에 충분한 크기인 것으로 한다. 공기 청정기의 통기용량은 유압 펌프 토출량의 2배 이상 되면 된다.

③ 오일 탱크의 용량은 장치의 운전중지 도중 장치 내의 작동유가 복귀하여도 지장이 없을 만큼의 크기를 가져야 한다. 또 작동 사이클 도중에도 유면의 높이를 적당히 유지할 수 있어야 한다.

④ 오일 탱크 내에는 방해판으로 펌프 흡입 측과 복귀유 측을 구별하여 오일탱크 내에서의 오일의 순환 거리를 길게 하고, 기포의 방출이나 오일의 냉각을 보존하며 먼지의 일부를 침전케 할 수 있도록 한다. 복귀유를 오일 탱크의 측벽에 따라서 흐르도록 하는 것은 좋은 방법이다.

⑤ 오일 탱크의 바닥면은 바닥에서 최소 간격 15cm를 유지하는 것이 바람직하다. 각 부분에 적당한 연결구멍을 설치한다.

⑥ 운전 중에도 보기 쉬운 곳에 유면계를 설치하여야 한다. 유면계에는 유압 펌프 운전중에 있어서의 유압의 최고와 최저위치를 나타내는 표를 해둔다. 유압 점프 정지시의 최고 유면 위치에 표를 해두면 더욱 편리하다. 유면계는 오일 탱크의 상부벽과 같은 높이에 설치한다.

⑦ 오일 탱크는 완전히 세척할 수 있는 방법을 고려해 둘 것 또 오일 탱크의 바닥은 작동유의 방출이나 세척에 필요한 형식으로 만든다.
⑧ 오일 탱크에는 스트레이너의 삽입이나 분리를 용이하게 할 수 있는 출입구를 만든다.
⑨ 스트레이너의 유량은 유압 펌프 토출량의 2배 이상의 것을 사용한다.
⑩ 오일 탱크의 내면은 방청을 위하여 또 수분의 응축을 방지하기 위하여 양질의 내유성 도료를 도장하거나 도금한다.
⑪ 업세팅 운반용으로서 적당한 곳에 훅을 단다.

3) 오일 탱크의 크기

오일 탱크의 용량을 펌프 토출량의 3배 이상이어야 한다. 이 용량은 펌프작동 중의 유면을 적정하게 유지하고 발생하는 열을 발산하여 장치의 가열을 방지하며, 오일중에서 공기나 이물질을 분리시키기에 충분한 크기이다.

4) 오일 탱크의 부속장치

① **주입구 캡** : 탱크 내의 대기압 유지 및 기밀을 유지한다.
② **유면계** : 오일량을 점검한다.
③ **버플** : 공급오일과 복귀오일을 분리한다.
④ **출구라인과 귀환라인** : 오일의 회로 공급라인과 복귀오일의 라인이다.
⑤ **입구여과기** : 유압장치의 여과기와 직렬로 연결되어 있다.
⑥ **드레인 플러그** : 오일 탱크 내의 오일을 외부로 배출한다.

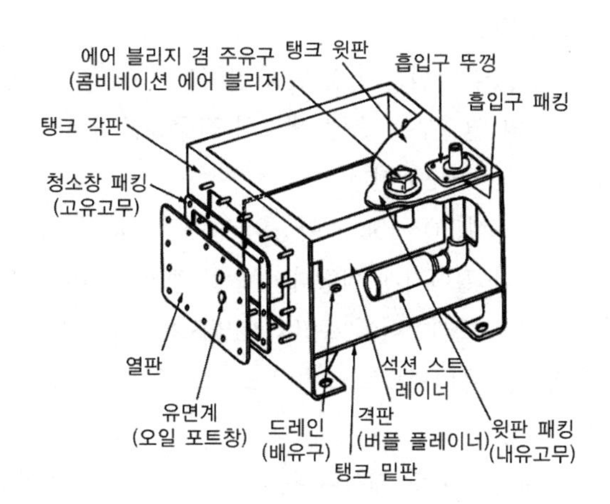

그림 3-125 오일탱크 구조

(2) 여과기

① 필터는 기름 중의 먼지를 제거하여 깨끗한 기름을 유압회로나 유압기기에 공급하는 부속기기이다.

② 일반적으로 아주 작은 먼지를 제거할 목적으로 사용하는 것을 필터라고 하며, 비교적 큰 먼지를 제거할 목적으로 사용되는 기기를 스트레이너라 한다.

③ 유압회로에 사용되는 경우, 펌프의 흡입 관로에 넣는 것을 스트레이너, 펌프의 토출 관로나 탱크의 환류 관로에 사용되는 것을 필터라고 한다.

④ 모두 다 아주 작은 먼지를 제거하는 데에 쓰인다. 또한 펌프의 흡입 관로에 쓰이는 것은 탱크용 필터, 탱크용 필터를 제외한 것을 관로용 필터라고 한다.

⑤ 탱크용 필터를 석션 필터로 부르고 있으며 관로용 필터를 라인 필터라고도 한다.

1) 스트레이너(Strainer)

① 스트레이너는 펌프를 고장나게 할 염려가 있는 정도의 먼지, 즉 약 100메시 이상의 먼지를 제거하기 위하여 오일필터와 조합하여 사용하는 것이 바람직하다.

② 스트레이너의 여과능력은 펌프흡입량의 2배 이상의 용적을 갖게 한다.

③ 스트레이너가 막히면 점프가 규정 유량을 토출하지 못하거나 소음을 발생하게 된다.

④ 스트레이너 눈의 막힘은 흡입 진공 압력을 측정하여 판정할 수 있다.

⑤ 스트레이너의 연결부는 오일 탱크의 작동유를 방출하지 않아도 분리가 가능하도록 하여야 한다.

⑥ 윗면을 유면보다 10~15cm 이상의 깊이로 되게 하고 오일탱크 바닥부분에서 약간 떨어지게 세팅하여 오일 탱크 바닥에 침전하는 먼지나 슬래그 등이 스트레이너에 흡입되지 않도록 하는 것이 중요하다.

⑦ 펌프 흡입관은 유니언으로 접속하고 그 이은 곳은 오일 속에 들어가도록 해야 한다.

⑧ 보수는 오일을 교환할 때마다 완전히 청소할 것과 적어도 3개월에 한 번씩 정도는 여과재를 분리하여 깨끗하게 손질한다.

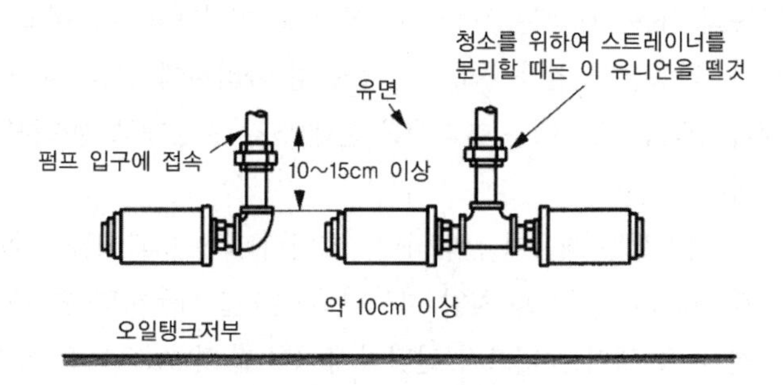

그림 3-126 스트레이너

2) 필터(filter)

① 유압장치에서 많이 쓰이는 필터로는 표면식, 적층식, 자기식 등이 있다. 표면식 필터의 여과는 철망이나 여과기에 의한 여과와 같이 표면에서만 이루어진다.

② 적층식 필터는 여과면의 여러 개 중첩되고 면에 여과가 이루어진다.

③ 자기식 필터는 오일중에 흡입되고 있는 자성 고형물을 자석에 흡착시키는 것에 의하여 여과되는 것이다.

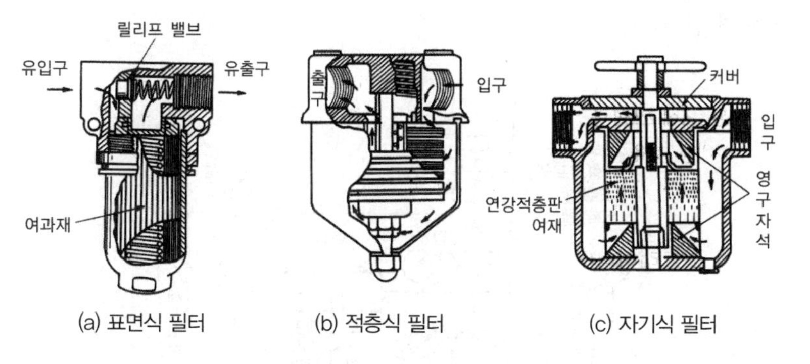

그림 3-127 필터 구조

(가) 필터의 성능 표시

필터에 통과하는 먼지의 크기, 먼지 정격크기, 여과율, 여과용량, 압력 손실, 먼지분리성 등으로 성능을 나타낸다.

(나) 필터의 보수 점점

① 필터는 정기적으로 점검하여 여과재를 교환하거나 청소하지 않으면 안 된다.

② 보통의 사용상태로는 3개월에 1회 정도 여과재를 분리하고 청소하면 되나, 작동유가 열화하여 생긴 불용성 슬러지에 실밥이나 미세한 먼지가 정착한 경우에는 여과재를 본래와 같은 상태로 청소하기에는 곤란하다.

③ 종이 여과재는 재생이 곤란하며, 이 경우에는 여과재를 교환한다. 여과재 교환의 기준으로 차압 지시계부 필터를 사용하면 편리하다.

④ 소결 금속 필터는 비교적 간단하게 청소할 수 있으므로 장기간 반복 사용할 수 있는 이점이 있다.

⑤ 청소법으로는 보통 용제(가솔린, 트리크레인 등)에 장시간 담가 놓은 다음 브러시 질을 하고 여과기 재료의 측면에서 외측으로 압축공기를 역취하면 좋다.

⑥ 용제(트리 크레인 등) 중에서 초음파청소를 하면 5~6분으로 완전히 원래 상태로 된다.

(다) 여과기의 연결장소

필터는 어느 장소에 연결하는 필터의 여과도, 미세도, 시스템의 압력과 유량, 청소나 교환의 빈도, 가격 등 여러 가지 요인에 따라서 정하지 않으면 안 된다.

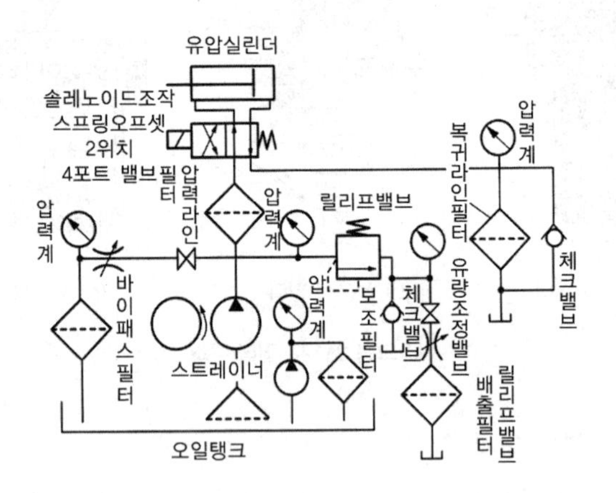

그림 3-128 필터 설치장소

(3) 축압기(accumulator)

어큐뮬레이터는 압력을 축적하는 용기로 구조가 간단하고 용도도 광범위하여 유압장치에 많이 활용되는 요소이다.

1) 종류와 특징

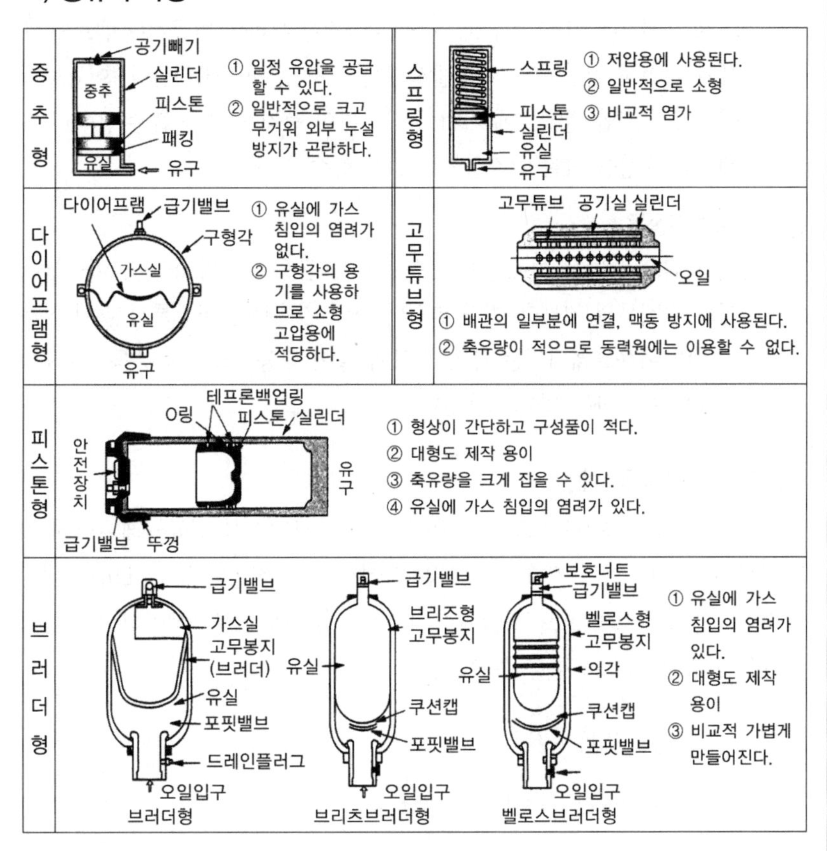

그림 3-129 어큐뮬레이터의 종류와 특징

2) 용도

① 에너지 축적용

펌프에서 토출된 압유를 어큐뮬레이터에 축적하여 간헐적으로 요구되는 부하에 대해 압유를 방출하는 단시간 대출력 회로에 있어서는 펌프의 소 경량화, 작동유 온도상승을 억제해서 소비전력을 절감한다. 또는 실린더 및 회로의 누유를 보충하는 보조압력 회로용 등에 사용된다.

② 점프 맥동 흡수용

펌프에서 토출된 유량은 압력변동에 따른다. 즉 맥동을 회로 속에 전달한다. 이 때문에 액추에이터가 원활히 동작하지 않거나 배관이나 기기가 진동하여 소음, 기름누설, 기기 파손의 원인이 된다. 어큐뮬레이터는 맥동을 흡수하여 평활화시키는 기능이 있다. 또 통상의 유압시스템에 있어서 고회전 펌프가 사용되어 고주파 맥동이 되기 때문에 인라인형이 적합하다.

③ 충격 압력의 완충용

회로 속에 기름이 고속 유로 흐를 때 급격한 부하의 변동이나 밸브의 개폐가 급속히 이루어질 때에 발생하는 서지 압력이 발생한다. 어큐뮬레이터를 서지압 발생원에 가까이 장착하면 충격 압력을 흡수하여 기기, 배관의 손상을 막는 안전장치로 활용할 수 있다.

④ 유체 이송용

유압 점프 유닛을 이용하여 특수 유체를 압송하는 방식이다. 어큐뮬레이터 기체부의 기체를 뺐다 넣었다 하여 기체부를 피스톤과 같이 작용시키면 어큐뮬레이터는 유압 펌프와 같이 작용함으로써 유독 · 유해성 유체를 수송하는 데에 이용된다.

3) 축압기의 용량 계산

유압 에너지 축적용으로서 사용하는 경우 브러더형 어큐뮬레이터에 있어서 최고 작동압력 P_1 bar(절대압력)에서 최저 작동압력 P_2 bar(절대압력)로 될 때까지의 소요 방출량이 $V(\ell)$인 경우의 어큐뮬레이터의 용량은 다음과 같은 식으로 구할 수 있다.

$$P_0 V_0 = P_1 V_1 = P_2 V_2 = \text{일정}$$

$$v = V_2 - V_1 = P_0 V_0 \left(\frac{1}{P_2} - \frac{1}{P_1} \right)$$

따라서 $V_0 = \dfrac{v}{P_0 \left(\dfrac{1}{P_2} - \dfrac{1}{P_1} \right)}$

여기서,
- P_0 : 가스 봉입 압력(bar)
- P_1 : 가스 봉입 압력(bar)
- P_2 : 최저 작동 압력(bar)
- V_0 : 축압기 내용적(ℓ)
- P_2 : 최저 작동 압력(bar)
- V_2 : P_2에 있어서의 가스 용적(ℓ)
- V_1 : P_1에 있어서의 가스 방출량(ℓ)

4) 사용 시 주의사항

어큐뮬레이터는 고압 용기이므로 장착과 취급에 각별한 주의가 요망된다. 특히 다음 사항에 주의하여야 한다.

① 펌프와 어큐뮬레이터 사이에는 역류방지 밸브를 설치하여 압유가 펌프 쪽으로 역류되지 않도록 한다.

② 회로는 분해 점검할 경우 어큐뮬레이터의 모든 기름을 방출한 후에 할 수 있도록 구성한다.
③ 충격 흡수용 어큐뮬레이터는 충격 발생원의 가까이에 취부하고, 펌프의 맥동 방지용은 펌프 토출측에 취부한다.
④ 어큐뮬레이터는 기름의 유출부를 아래로, 또한 수직으로 설치한다.

(4) 오일 냉각기 및 가열기

1) 냉각장치

① 유압 시스템에서의 마찰은 유압유가 배관이나 유압부품을 통하여 흐를 때 에너지 손실과 유압유 온도 상승의 원인이 된다.
② 열은 저장탱크, 배관, 유압 부품 등을 통하여 외부로 발산된다.
③ 유압 시스템에서의 작업 온도는 50~60℃ 이상을 초과하지 않도록 한다.
④ 온도가 너무 높으면 유압유의 점도가 필요 이상으로 떨어지게 되고 산화 현상을 가속시키며 실링의 내구수명을 단축시킨다.
⑤ 작업의 정밀도를 떨어뜨리고 누설을 증가시키며 유압유의 성질을 변화시키므로 유압유의 온도는 항상 일정하게 유지되어야 한다.
⑥ 유압 시스템 자체의 냉각기능이 떨어지면 냉각장치(Cooler)를 가동시켜 일정 범위 내로 유압유의 온도를 유지시켜 주어야 하는데, 냉각장치는 온도조절장치에 의하여 작동된다.
⑦ 냉각장치에는 공냉식은 온도 차이가 25℃까지, 수냉식은 온도 차이가 35℃까지일 때 사용하고, 많은 양의 열을 분산시킬 때에는 팬 쿨러(Fan-cooler)를 사용한다.

㉠ **수냉식 냉각기** : 통 속에 여러 개의 관을 묶어 놓은 것이다. 관속에는 냉각수가 흐르고 관 주위에는 유압유가 흘러 지나가면서 냉각된다. 냉각관의 주위에는 배플(Baffle)을 설치하여 유압유의 유로를 복잡하게 함으로서 냉각 효과를 높여준다. 냉각기는 유압회로 중에서 압력이 낮은 쪽에 설치하는 것이 좋으며 발열원 가까운 쪽에 설치하는 것이 좋다. 유온을 조절하고자 할 경우에는 냉각수 유입관의 유온에 따라 냉각수의 양이 조절되게 하는 온도 조절용 서머스태트(Thermostat) 장치를 설치하기도 한다.

㉡ **공냉식 냉각기** : 유압유가 흐르는 관 주위에 핀을 붙이고 그사이를 공기가 통과하도록 팬을 돌려서 냉각하는 방식으로 물을 이용하기가 곤란한 경우에 사용된다. 대부분의 팬은 전기모터로 구동되나, 간편 설계를 위하여 펌프 축에 커플링을 이용하여 팬을 설치하기도 한다. 이동식

유압장치에서는 상대적으로 기름 탱크가 작으므로 시스템에서 유입되는 열을 분산시키기 위해서 냉각장치가 설치된다.

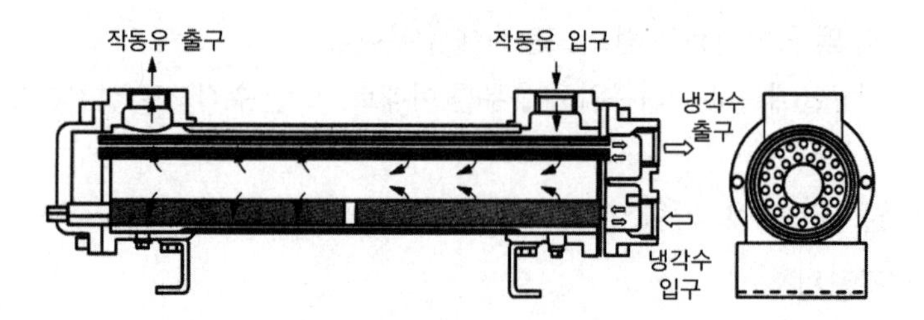

그림 3-130 수냉식 기름 냉각기

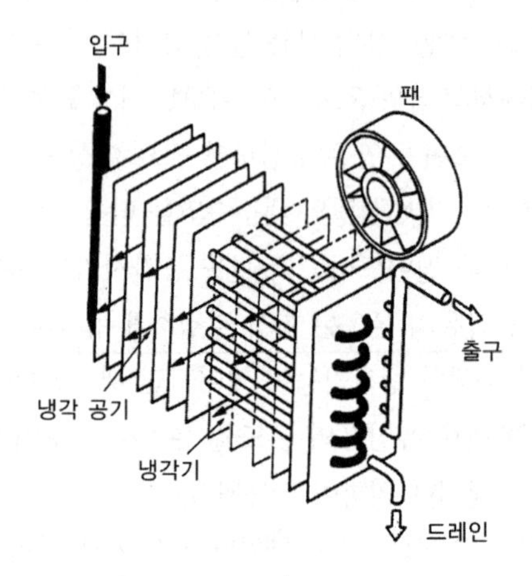

그림 3-131 공냉식 냉각기

2) 가열장치

① 유압 펌프를 겨울철에 기동할 때에는 기름의 온도가 과도하게 저하하여 기름 점도가 높기 때문에 펌프의 흡입 불량, 장치의 기동 곤란, 압력 손실의 증대 및 과대한 진동 등이 발생한다.

② 회로 속에 기름 가열기를 설치하고 증기나 온수 등으로 가열하여 기름을 적정 온도로 유지시켜야 한다.

③ 추운 환경에서 유압 시스템이 시동될 경우나 유압유의 점도를 최적으로 도달시키고 싶을 때 즉 최적의 작업 온도를 빨리 얻고자 할 때 히터(heater)가 사용된다.

④ 일반적으로 유압유의 점도가 500~1000mm^2/sec보다 클 때 히터가 사용될 수 있으며, 히터가 없어 구동장치로 내연기관을 사용할 경우에는 펌프를 천천히 시동시킨다.

⑤ 일반적으로 전기적 침하형(electrical immersion type) 히터가 사용되며, 히터 사용시 부분적으로 과열이 되지 않도록 주의한다.

⑥ 히터는 기름 탱크 바닥 쪽에 설치하여 대류작용을 이용하는 것이 바람직하다.

⑦ 히터 제어는 서머스태트를 이용하며 최대 열용량[$2W/cm^2$]을 넘지 않도록 한다.

3) 오일 실

① 유압장치가 고압이 될수록 기기의 접합부나 이음 부분으로부터 기름이 새기 쉬우며, 또한 외부로부터 이물질이 기기 내로 침입하는 경우도 있다.

② 실 또는 밀봉 장치라 하고 고정 부분에 사용되는 실을 개스킷(gasket), 운동 부분에 쓰이는 실을 패킹(packing)이라 한다.

③ 재료는 내열성, 내노화성이 우수한 합성고무나 합성수지인 사불화 에틸렌수지(테프론,PTFE), 삼(麻), 가죽, 천연고무 등이 있는데, 최근의 고압, 등의 조건에는 단독으로 사용되지 못하고 합성고무, 합성수지를 성형 가공한 것이 사용된다.

④ 연강, 스테인리스강 금속류나 세라믹, 카본 유압장치에 사용되는 실에 요구되는 조건은 다음과 같다.

㉠ **양호한 유연성** : 압축 복원성이 좋고 압축 변형이 작아야 한다.

㉡ **내유성** : 기름 속에서 체적변화나 열화가 적고, 내약품성이 양호해야 한다.

㉢ **내열성** : 고온에서도 열화가 적고 저온시에는 탄성 저하가 적어야 한다.

㉣ **기계적 강도** : 장시간 사용에도 견디는 내구성 및 내마모성이 풍부해야 한다.

(가) 실의 분류

유압용 실로는 주로 비금속 개스킷과 접촉성 실인 셀프 실 패킹, 글랜드 패킹, 메커니컬 실, 오일 실 등이 중요한 것이다. 실은 분류표에서 보는 것과 같이 사용조건의 유체, 온도, 압력, 운동방향, 속도 등의 차이에 따라서 그 종류가 매우 복잡하며, 또한 어떠한 조건에도 적합한 만능인 실은 존재하지 않는다. 따라서 사용조건을 잘 파악하여 목적에 가장 적합한 것을 선택하는 것이 중요하다.

표 3-20 실의 분류

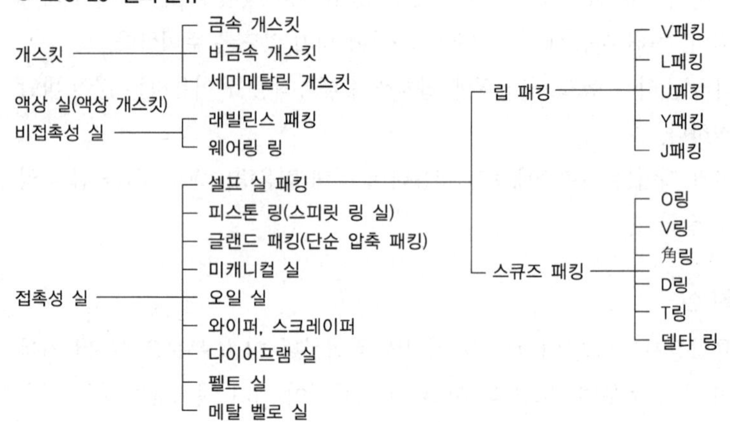

(나) 유압용 실

유압용 실에 요구되는 조건은 개스킷의 경우 작동유에 대하여 적당한 저항성이 있어야 하고 온도, 압력의 변화에 충분히 견딜 수 있어야 한다. 운동방식(왕복, 회전, 나선 등), 속도, 허용, 누설량, 마찰력, 접촉면의 조밀(稠密)에 의한 영향 등도 고려해서 원하는 목적을 달성할 수 있는 것이어야 한다.

① 개스킷

개스킷은 압력 용기나 파이프의 플랜지면, 기기의 접촉면, 그 밖의 고정면에 끼우고 볼트 및 기타 방법으로 결합하며, 실 효과를 주는 것으로 누설은 허용되지 않는다. 주로 비금속 개스킷이 쓰이며 고무질을 주체로 한 O링, 각링 등과 같은 셀프 실형의 것과 식물질 섬유의 오일 시트, 코르크 시트, 광물질 섬유의 석면과 고무를 결합 가황(加黃)한 석면 조인트 시트, 동물질 섬유의 가죽, 고무질, 사불화 에틸렌수지(PTFE)등의 판형 평형의 것이 주요한 것이다. 특별 고온의 경우에는 금속 개스킷도 사용된다. 개스킷의 결합은 그 종류에 따라서 적당한 값이 있으며 최소 결합압력, 개스킷 계수 등을 참고로 해서 사용해야 한다.

② 오일 실

오일 실은 높은 압력이 걸리지 않는 부분에 사용되며 저속에서 고속까지 넓은 범위에 사용된다. 구조가 간단하여 취급하기가 쉽고 필요 장착 공간이 적어도 되는 등 많은 이점이 있는 회전용 실이다.

③ 패킹

패킹은 기기의 접합면 또는 접동면의 기밀을 유지하여 그 기기에서 처리하는 유체의 누설을 방지하는 밀봉 장치이다. 어떤 상대적 운동이 있는 곳에 사용되는 동적 실을 패킹, 서로 접하는 부분 사이에 상대적 운동이 없는 곳에 사용되는 정적 실을 개스킷이라 한다. 같은 0링이라도 정적 실로서 사용될 경우에는 개스킷이라 하고 동적 실로서 사용될 때에는 패킹이라 한다. 기기의 급속한 발달에 따라 기계 사양의 고압 등 요구되는 조건이 많아짐에 따라 구성재료와 형태는 유압기기에 주로 사용되는 0링, V링과 같이 고무상태 탄성체를 주재료로 하는 셀프 실 패킹에 대하여 설명하기로 한다.

④ O링

O링은 스퀴즈 패킹의 대표적인 것으로 다음과 같은 특징이 있다.

㉠ 보통의 패킹은 적어도 수개 조합시켜서 장전하는데 비해 O링은 1개로 밀봉하므로 초기의 가격이 싸고 장착 부분의 장소도 작다.

㉡ 장착 및 떼어내기가 용이하고 단순하므로 장치에 대한 숙련도는 그다지 중요하지 않다.

㉢ O링 재질의 선택 및 백업링의 병용 등 넓은 범위의 유체, 온도, 압력에 견딜 수 있다.

㉣ 동마찰 저항이 비교적 적다.

㉤ 고정 부분 및 운동 부분의 양쪽에 사용된다.

㉥ 주로 유압 관계에 사용되므로 일반적으로 시판되고 있는 O링 재질은 니트릴 고무가 표준이다.

• 사용조건에 따른 O링 재질의 결정법
  - 사용하는 기기의 작동상태
  - O링이 사용되는 곳과 상태
  - 작동하는 유체의 종류

• 구비 조건
  - 누설을 방지하는 기구에서 탄성이 양호할 것
  - 사용 온도 범위가 넓을 것
  - 내 노화성이 좋을 것
  - 내유성 내용제성이 좋을 것
  - 내마모성을 포함한 기계적 성질이 좋을 것
  - 상대 금속을 부식시키지 말 것

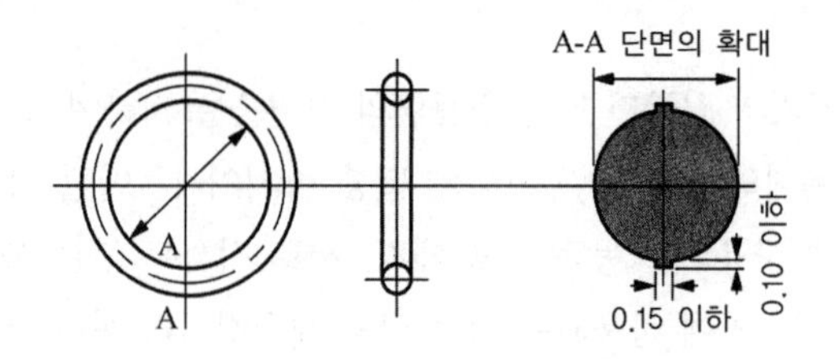

그림 3-132 O링의 단면 형상

⑤ 립 패킹

단면 형상의 패킹으로 립에 탄성을 갖게 하고, 유체압 자체에 의하여 실압을 발생시켜 누설방지기능을 발휘한 것으로서 주로 왕복운동으로 사용되나 밸브 스템과 같은 저속 회전용에도 사용된다.

그림 3-133 각종 립 패킹의 단면도

(5) 배관

유압장치에서는 관, 관 연결기기 크기나 재질의 적정한 사용을 제대로 지키지 않는 경우에 동력 손실이 많거나 관이 파손하는 등 여러 가지 문제가 생기기 쉬우므로 이에 주의할 필요가 있다.

1) 관(Tube)

유압용의 관에는 강관(鋼管), 스테인리스 강관, 고무호스 등이 있다.

(가) 강관(steel tube)

펌프 토출측에 사용하는 압력 100~1,000bar 정도의 고압관에서는 고압관용 탄소강강관(STS-35)를 사용하고 있다. 유압배관 중 특히 플레어형을 사용하는 것으로서 유압 배관용 정밀 탄소강관(OST)이 있는데, 그 강도, 정밀도, 휨성 등이 우수하므로 널리 사용되고 있다.

$$강관\ 두께 : P=\frac{200St}{D}$$

여기서,
- P : 내 압력(kgf/cm^2)
- S : 인장 강도(kgf/cm^2)
- l : 통상 항복점의 60%값
- D : 관의외경(mm)
- t : 관의 두께(mm)

(나) 동관

동관은 풀림을 하면 상온가공이 용이하므로 20bar 이하의 저압관이나 드레인이 사용된다[심리스(seamless)]. 보통의 동관 또는 동합금류는 석유계 작동유에는 하면 안 된다. 동은 오일의 산화에 대하여 촉매 작용을 하기 때문이다. 따라서 카드뮴 또는 니켈 도금을 하여 사용하는 것이 바람직하다. 심리스(seamless : 용접 이음이 없는) 동관의 두께는 다음 식에 의해서 구해진다.

$$P=\frac{840t}{D}$$

여기서, P : 내 압력(bar)
t : 동관의 두께(mm)
D : 동관의 외경(mm)

(다) 스테인리스 강관

매우 높은 압력에 대하여 큰 지름의 강관을 사용하면 관의 두께가 두꺼워져 굽히거나 플레어로 하는데 곤란하다. 이런 경우 또는 중량을 절감시키고 싶은 경우에는 스테인리스 강관이 사용된다. 이 관은 풀림을 잘하면 굽히거나 플레어로 가공할 수 있다.

(라) 고무호스

합성고무로 만든 고무호스에는 저압, 중압, 고압용의 3종류가 있다. 저압호스에는 합성고무의 외측을 면사로 짠 것을 피복하여 튼튼하게 한 것과 고무관뿐인 것 등이 있다. 고압용은 면사와 강선으로 짠 것을 피복하여 보강하고 있다.

고무호스는 사용 내압이 적어도 5배의 안전계수를 갖는 것으로 할 것이며 연결부에는 비틀림, 당김, 충격 휨 등을 피할 수 있도록 충분한 여유를 주어야 한다.

2) 관이음

관이음에는 나사이음, 플랜지 이음, 플레어 이음, 바이트 타입 이음, 용접 이음 등이 있다. 나사이음은 주로 저압이거나 분리의 필요가 있는 곳에 사용된다. 고압용이거나 분리가 영구적으로 필요치 않은 곳에는 용접 이음이 사용된다.

(가) 나사 이음(screw joint)

나사 이음 중 정확하게 절삭된 것은 상당한 실 효과가 있으나 조잡하게

절삭된 것은 상당한 실 효과가 있으나 조잡하게 절삭된 것은 누설을 방지하기에 곤란하다. 테이프 실 등은 일시적으로 실이 될 수 있으나 장기간에는 진동에 의하여 헐거워지는 등의 문제가 생긴다.

(나) 플랜지 이음(flange joint)

플랜지 이음은 수개의 볼트에 의하여 조임의 힘이 분할되기 때문에 조임이 용이하여 대형관의 이음으로써 편리하다.

(다) 플레어 이음(flared joint)

본체, 슬리브, 너트의 3가지 부품으로 형성되어 있다. 플레어 각도는 37° 및 45°의 2종류가 있다. 37°의 것이 접촉면이 길고 플레어로 하는 변형도 적어 너트의 조임에 높은 접촉력을 얻을 수 있으므로 고압에 적당하다. 45°의 것은 자동차의 브레이크 계통이나 연료관등의, 저압이고 극히 얇은 것에 적당하며 슬리브가 없는 것이 많다. 플레어로 하기 위한 관은 비교적 연질이고 두께가 얇은 것이 바람직하다.

(라) 바이트형 이음(bite joint)

본체, 슬리브, 너트의 3가지 부품으로 형성되어 있다. 너트의 조임에 의하여 슬리브는 본체의 테이퍼 부분과 관과의 사이에. 밀어 넣어지고 선단에 에지가 관에 파 들어가 강한 금속 접촉에 의하여 오일 누설을 방지한다. 바이트 타입 이음은 나사 절삭, 플레어 가공, 또는 용접작업 없이 관을 필요한 길이로 끊어 적당한 강도로 조이는 것만으로도 그 기능이 확실하기 때문에 각국에서 규격화되어 항공기, 자동차 공작기계, 산업기계 등 모든 분야의 고압 이음에 사용되고 있다.

(마) 용접 이음(welded joint)

용접 이음에는 유니언 형과 플랜지형의 2가지 형식이 있다.

(6) 유압 작동유

유압장치에서 동력 전달의 매체 또는 기기의 윤활 등의 중요한 역할을 하는 것이 유압유이다. 유압유의 부적합이 유압장치 기능 저하를 일으키는 경우가 있으므로 유압유의 선정과 오염 관리에는 유의하여야 한다.

1) 유압 작동유의 구비조건

작동유를 선택할 때는 충분한 검토와 주의가 필요하다. 작동유로서 구비해야 할 조건은 다음과 같다.

① 비압축성이어야 한다(동력전달의 확실성이 요구되기 때문).
② 장치의 운전 유온 범위에서 회로 내를 유연하게 행동할 수 있는 적절한 점도가 유지되어야 한다(동력손실 방지, 운동부의 마모 방지, 누유 방지 등을 위해).
③ 장시간 사용하여도 화학적으로 안정하여야 한다(노화현상).
④ 녹이나 부식 발생 등이 방지되어야 한다(산화 안정성).
⑤ 열을 방출시킬 수 있어야 한다(방열성).
⑥ 외부로부터 침입한 불순물을 침전 분리시킬 수 있고, 또 기름 속의 공기를 빨리 분리시킬 수 있어야 한다.

2) 작동유의 종류

(가) 석유계 유압 작동유

석유계 작동유는 난연성 작동유에 비해 값이 싸고, 사용하기 쉬우며, 작동유에 필요한 여러 가지 성질을 만족시킬 수 있다. 더욱이 구하기도 쉽기 때문에 일반 산업용으로 가장 널리 사용되고 있다. 석유계 작동유는 원유에서 정제한 윤활유의 일종으로 산화 방청 등의 첨가제를 가한 것이며 용도에 따라 다음에 설명하는 여러 가지 제품이 있다.

① 순광유(무첨가)

원유에서 얻어지는 윤활유 유분자체이며 산화방지제, 방청제, 마모방지제 등의 첨가제를 혼합하지 않는 광유를 말한다. 작동유로는 일반적으로 무첨가 터빈유가 사용되고 있으나, 산화안정성이나 방청성 등이 결여되므로 단순한장치 외에는 그다지 사용되지 않는다.

② R&O형 유압 작동유

고도로 정제된 기유에 방청제(R : Rust inhibited), 산화방지제(O : Oxidation inhibited), 소포제가 첨가되며 그 밖에도 유동점 강화제가 첨가되는 것이 많다. 수명이 길고 방청성이 뛰어나고 황유화성도 우수하다.

③ 내마모형 유압 작동유

R&O형 작동유에 내마모성을 개선한 작동유로 베인 펌프의 고압, 고속화에 따르는 섭동부의 마모 방지를 목적으로 개발된 석유계 작동유이다. 내마모제의 첨가로 R&O형의 작동유에 비해 내마모성이 우수하고, 고온에서의 산화안정성도 양호하나, 내마모제 첨가에 의해 황유화성이 저하된 제품도 있다.

④ 고 VI형 작동유

점도지수 향상제의 첨가로 점도-온도 특성을 대폭적으로 개선한 석유계 작동유이다. 항공기나 수력발전소 등의 유압장치나 작동유의 점도 변화가 아주 작게 요구되는 유압장치에 사용할 목적으로 개발되었다. 점도지수가 매우 높은 작동유이며 가격이 비싸다.

(나) 난연성 작동유

석유계 작동유에 비해 난연성이 우수한 작동유를 총칭하여 난연성 작동유라 한다. 석유계 작동유가 비교적 연소하기 쉽고, 또한 허용사용온도 범위가 좁기 때문에 기름 누설에 의한 화재의 위험성이 높은 유압장치, 예를 들면 가열로 주변의 유압장치나 열간 압연, 단조, 주조 설비의 유압장치, 용접기의 유압장치 등에 사용할 목적으로 개발되었으며 사용온도범위가 넓기 때문에 항공기용 유압 작동유로 사용된다.

① 수중 유형 유화유(oil-in-water-emulsion)

제품 자체는 유화제, 내마모제, 방청제 등을 첨가한 광유이나 사용할 때에는 95% 정도의 물에 혼합하여 사용하는 작동유로, O/W유화형 작동유라고도 한다.

② 유중 수형 유화유(water-in-oil-emulsion)

석유계 작동유에 35~45%의 물로 미립자 상태로 혼합시킨 작동유로 W/O유화형 작동유라고도 한다. 사용 온도는 35~50℃가 적당하다.

③ 물-글리콜형 작동유

폴리글리콜, 에틸렌 글리콜, 물 및 첨가제의 혼합액으로서 약 40%의 물과 첨가제로서 방청제나 내마모제, 윤활제들을 배합한다. 유동점이 낮아 영하 40℃ 전후의 저온에서도 응고하지 않으며 사용범위는 -20~60℃ 정도가 적당하다. 또한 비중이 크므로 유압 펌프의 흡입 저항이 증가하며, 캐비테이션이 발생되기 쉽다.

④ 인산 에스테르형 작동유

인산 에스테르를 주성분으로 하는 합성유로, 첨가제 또는 2차 성분의 종류나 양에 따라서, 특성에 차이가 있으나, 대체적인 특징은 내마모성이 우수하므로 저압에서 고압까지의 각종 유압 펌프에 적용된다. 점도지수가 낮고 비중이 크므로, 저온에서 펌프 시동시 캐비테이션이 발생되기 쉽고 고가이다.

3) 유압 작동유의 성질

(가) 원유의 종류와 비중

점도 등급	원유의 종류	비중(14/4℃)
SAE30	파라핀계	0.865~0.882
SAE30	중간계	0.875~0.887
SAE30	나프텐계	0.916~0.946

작동유 성질로서 비중이 클수록 열용량이 크고, 또 화학적인 구성이나 균일성을 알아내는 데 도움이 된다. 작동유는 점도에 따라 같은 종류일지라도 비중의 차이가 있으며 비중이 작은 쪽이 점도가 좋다. 석유제품의 비중은 15℃에서의 시료의 질량과 4℃에서의 시료와 같은 부피의 순수한 물의 질량과의 비로 정의되며, 15/4℃의 기호로 표시된다. 일반적으로 같은 점도의 기름에서는 비중이 클수록 나프텐계에 가깝고, 비중이 작을수록 파라핀계에 가깝게 되며, 석유계 유압유의 비중은 0.85~0.95 정도이다.

(나) 점도

점도란 액체의 내부 마찰에 기인하는 점성의 정도를 말하는 것으로, 뉴턴의 점성 법칙에 따라 다음과 같이 정의된다. 흐름의 수직 방향으로 dy만큼의 두 점의 속도를 dv, 흐름에 평행인 평면에 생기는 전단응력을 γ는 전단속도 dv/dy에 비례하며, 이때의 비례상수 μ를 유체의 점성계수 또는 점도라 한다. 점도의 단위는 점도의 정의로부터 다음 식의 μ로 표시된다.

$$\tau = \mu \frac{d\nu}{dy}$$

따라서 점도의 단위는 CGS단위계에서 [gr/cm · sec]가 되나, 석유계 제품에서는 절대점도 μ를 밀도 ρ로 나눈값 ν를 동점도라 하며, 그 단위 [cm²/sec]를 Stokes(St), 0.01St를 centi-Stokes(cSt)로 표시한다.

(다) 점도지수

온도가 변하여도 점도가 변하지 않는 이상적인 기름은 없으므로, 온도에 따른 점도의 변화가 작을수록 좋은 기름이라 할 수 있는데, 이것을 나타내는 것이 점도지수(VI: viscocity index)이다. 이것은 기준이 되는 기름으로서 점도 변화가 비교적 큰 나프타렌계의 기름(VI=0)과 점도 변화가 비교적 작은 파라핀계의 기름(VI=100)을 정하고, 각각의 37.8℃ 및 98.9℃의 동점도를 측정하여 정해 둔다. 점도지수 값이 큰 작동유가 온도 변화에 대한 점도 변화가 적다.

점도지수가 높은 기름일수록 넓은 온도 범위에서 사용할 수 있다. 일반 광유계 유압유의 VI는 90 이상이다. 고점수 지수 유압유의 VI는 130~225 정도이다.

$VI \leq 100$인 경우 아래 식에 적용한다.

$$VI = \frac{L - U}{L - H} \times 100$$

여기서, L : 98.9℃에서 시료유와 같은 동점도를 가진 VI=0인 기름의 37.8℃에서의 동점도(cSt)
H : 98.9℃에서 시료유와 같은 동점도를 가진 VI=100인 기름의 37.8℃에서의 동점도(cSt)
U : VI를 구하는 시료유의 37.8℃에서의 동점도(cSt)

(라) 점도 변화에 따른 영향

작동유의 점도는 기계적 효율, 마찰손실, 발열량, 마모량, 유막의 형성 및 두께, 유속 등 장치에 직접적인 영향을 미치므로 점도는 작동유가 갖추어야 할 성질 중 가장 중요하다. 작동유의 점도가 장치에 대하여 부적당한 경우 기계의 운전에 미치는 영향은 다음과 같다.

① 점도가 너무 높을 경우
㉠ 내부 마찰의 증대와 온도 상승(캐비테이션 발생)
㉡ 장치의 관내 저항에 의한 압력 증대(기계율 저하)
㉢ 동력손실의 증대(장치 전체의 효율 저하)
㉣ 작동유의 비활성(非活性; 응답성 저하)

② 점도가 너무 낮을 경우
㉠ 내부 누설 및 외부 누설(용적효율 저하)
㉡ 펌프 효율 저하에 따르는 온도 상승(누설에 따른 원인)
㉢ 마찰 부분의 마모 증대(기계 수명 저하)
㉣ 정밀한 조절과 제어곤란 등의 현상이 발생한다.

(마) 작동유의 첨가제

작동유에 요구되는 여러 성질을 향상시키기 위하여 다음과 같은 첨가제를 사용한다.

① 산화방지제 : 유황화합물, 인산화합물, 아민 및 페놀화합물 등
② 방청제 : 유기산 에스테르, 지방산염, 유기 화합물, 아민 화합물
③ 소포제 : 실리콘유, 실리콘 유기화합물
④ 점도지수 향상제 : 고분자 중합체의 탄화수소
⑤ 유성 향상제 : 유기화합물이나 유기에스테르와 같은 극성화합물

4) 작동유 보수 관리

(가) 오염 관리

작동 유체 속의 오염입자(오염물질)는 유압장치의 정상 구동에 대하여 각종 악영향을 미친다. 유압계 내에 존재하여 유압장치 및 기기에 대해 나쁜 영향을 미치는 이물질을 총칭하여 오염물질(contaminant)이라 한다. 작동 유체 속에 오염물질을 제거하여 청정한 상태를 유지하기 위해 유압장치에 정화기능을 갖춘 필터가 사용된다.

(나) 오염의 영향

① 오염 입자의 영향

㉠ 펌프 부품의 섭동부가 이상 마모하여 용적효율이 저하된다.

㉡ 릴리프 밸브의 포핏 부분에 이물질이 쌓여 압력변동의 원인이 된다.

㉢ 유량 조절 밸브의 오리피스 부분에 이물질이 쌓여 미소 유량 특성의 변화가 발생한다.

② 수분의 영향

㉠ 작동유의 윤활성을 저하시킨다.

㉡ 작동유의 방청성을 저하시킨다.

㉢ 작동유의 산화 · 열화를 촉진시킨다.

㉣ 캐비테이션이 발생한다.

③ 기포의 영향

㉠ 작동유의 압축성이 증가하여 기기의 응답성이 저하된다.

㉡ 기포의 압축에 에너지가 소비되어 동력 손실을 가져온다.

㉢ 기포의 단열 압축에 기인하는 작동유의 흑화(黑化) 현상이 발생된다.

2 유압 제어회로 구성

1 유압 제어회로

(1) 압력설정 회로

모든 유압회로의 기본형이 되며 회로 내의 압격을 설정압력으로 조정하는 회로이다. 압력이 설정압력 이상이 되면 릴리프 밸브가 열려 작동유를 귀환시키는 회로이다.

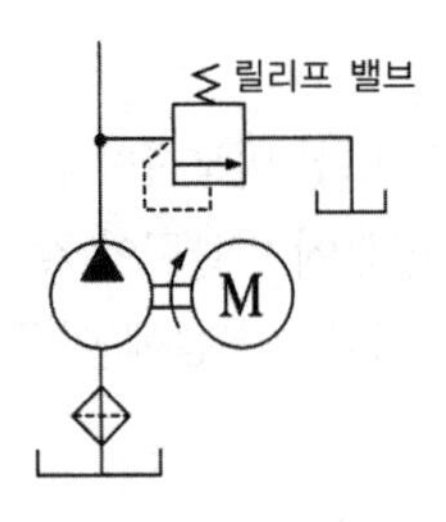

그림 3-134 릴리프 밸브를 사용한 압력설정 회로

(2) 무부하 회로

① 액추에이터가 동작을 완료하고 정지하고 있을 경우 등 회로에서 유압유를 필요로 하지 않을 때 유압유를 탱크로 귀환시켜 펌프를 무부하 상태로 만드는 회로를 무부하 회로(unloading hydraulic circuit)라 한다.

② 동력 절감, 발열 감소, 펌프의 수명연장, 효율증대 등의 장점이 있다.

③ 실린더가 동작을 완료하고 더 이상 전진할 수 없으면 저항은 최대가 되고 압력도 따라서 최대가 되어 동력 낭비, 시스템의 발열, 펌프 수명 단축, 효율 저하, 유온 상승, 유압유의 산화 등의 원인이 된다.

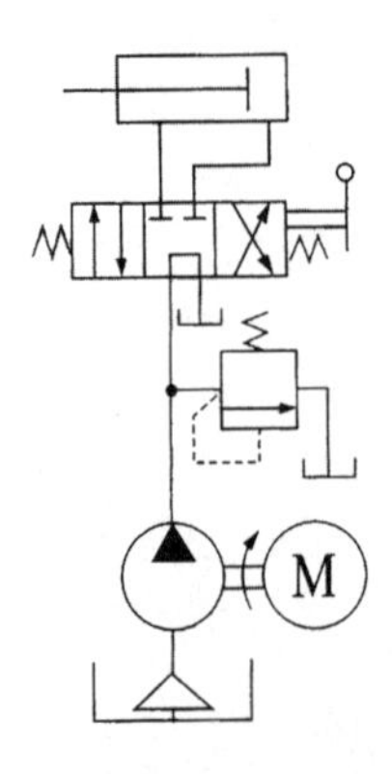

그림 3-135 전환 밸브에 의한 무부하 회로

1) 단락 회로

유압유를 2/2-WAY 밸브로 바이패스 시켜 탱크에 귀환시키는 회로이다. 이 회로는 구성이 간단하고, 회로에 압력이 전혀 필요하지 않을 때 용이하다.

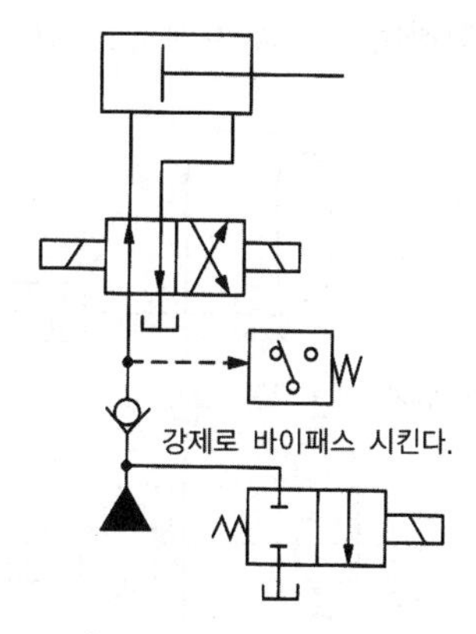

그림 3-136 단락 회로

2) Hi-Lo 회로

① 실린더의 힘은 단면적이 고정되어 있으므로 압력을 높여 조절하고, 속도는 유량을 공급하여 조절한다.

② 속도와 압력을 조절하는 한 방법으로 2대의 고압-소유량과 저압-대유량 펌프를 사용하여 어느 임의의 위치까지는 빠른 속도로 전진하다가 작업 위치에서 속도를 줄이고 힘을 가하기 위해 압력을 높이는 펌프를 각각 선택적으로 사용한다. 이때 사용하지 않는 펌프의 저항을 줄이는 회로가 필요하다.

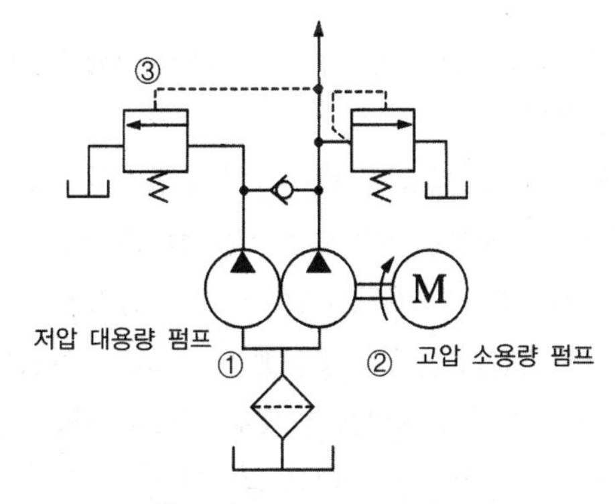

그림 3-137 Hi-Lo 회로

3) 축압기 무부하 회로

① 펌프로부터의 기름은 부하회로와 축압기에 우선 공급시켜 부하압력에 도달하면 압력 스위치가 작동하여 솔레노이드 조작 개폐 밸브가 작동되면서 무부하 운전을 한다.

② 비교적 구성이 간단하며 무부하 자체의 효율이 좋아 많이 이용된다.

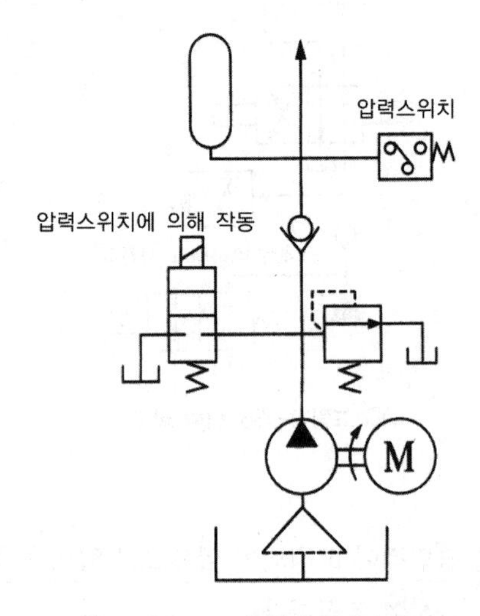

그림 3-138 축압기 무부하 회로

(3) 압력제어회로

유압 발생장치에서 공급된 유압을 회로에 알맞게 압력을 제어하거나 회로의 일부 압력을 감압해서 작동목적에 알맞은 압력을 제어한다.

1) 최대 압력 제한 회로

① 이 회로는 프레스에 잘 응용하는 회로로서, 고압과 저압 2종의 릴리프 밸브를 사용한다.

② 동력의 절약, 유온의 상승이 적고 과부하 방지의 역할을 한다.

③ 고압의 하강 행정에서는 고압용 릴리프 밸브로 회로 압력을 제어하고, 상승행정에서는 저압용 릴리프 밸브로 회로압력을 제어한다.

④ 피스톤이 상승행정의 끝까지 상승했을 때 회로 압력은 램 자중에 의한 하강을 막을 정도의 압력만을 필요로 하므로 저압 릴리프 밸브를 이 압력으로 설정하여 놓으면 동력을 절약할 수 있다.

⑤ 저압용 릴리프 밸브를 사용하지 않고 2개의 펌프(고압-저압)에 의한 회로도 가능하다.

2) 감압 밸브에 의한 2압력 회로

① 2개의 실린더가 있는 유압 계통에서 1개의 실린더가 주회로의 압력보다 낮은 압력이 필요할 경우 감압 밸브를 사용한다.

② 여러 개의 실린더가 있는 경우에 있어 일부 실린더의 압력을 낮출 필요가 있을 경우 릴리프 밸브를 사용하면 시스템 전체가 릴리프 밸브 설정압력 중에 가장 낮은 압력으로 조정된다.

③ 어느 일부만 낮은 압력이 필요한 경우 감압 밸브를 사용해야 한다.

④ 감압 밸브의 설정압력은 압력을 낮추는 밸브이므로 릴리프 밸브의 설정압력보다 낮은 범위에서만 조정이 가능하다.

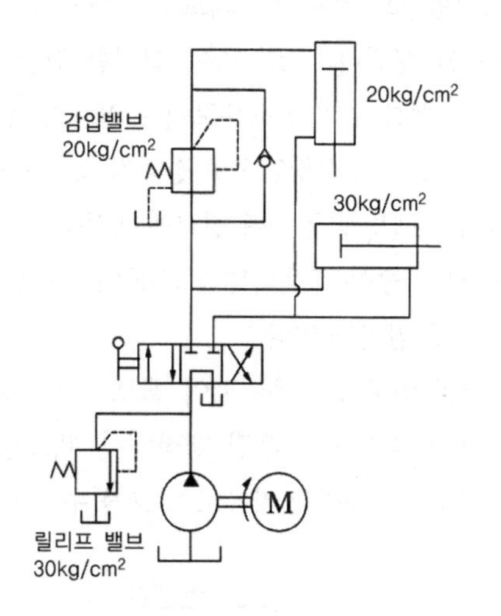

그림 3-139 감압 밸브에 의한 2압력 회로

(4) 블리드 오프 회로(bleed off circuit)

① 유량제어 밸브를 실린더와 병렬로 설치하여 실린더의 입구측에 불필요한 압유를 배출시켜 작동효율을 증진시킨 회로이다.

② 실린더 입구의 관에 교축(유량제어 밸브)를 설치하여 필요 이상 실린더에 가해지는 압력을 제거시키는 방법으로 부하의 변동에 따라 속도는 불안정하고 저하되나 압력이 증가하지 않도록 하는 회로이며 회로 내 릴리프 밸브 작동을 최소화하여 효율을 높일 수 있다.

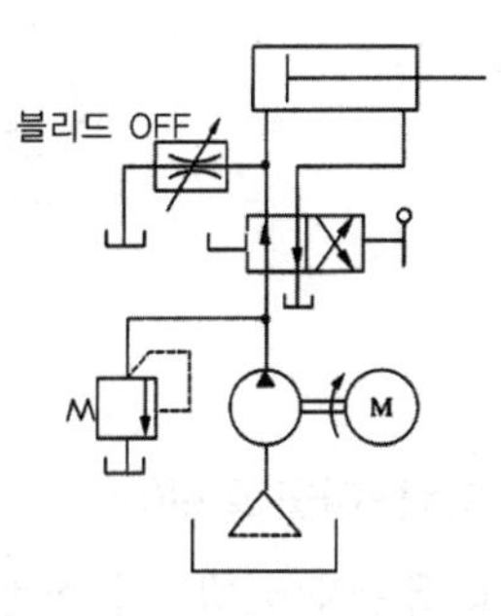

그림 3-140 블리드 오프 회로

(5) 속도제어회로

유압모터나 유압 실린더의 속도를 임의로 쉽게 제어를 할 수 있다는 것이 유압장치의 큰 장점이다. 속도는 실린더의 크기, 유량, 부하 등에 의하여 정해진다. 속도제어에는 유량제어 밸브를 사용하는 것 이외에 여러 가지 방법이 있다.

1) 미터-인 회로(meter in circuit)

① 유량제어 밸브를 실린더의 입구측에 설치하여 유량을 제어하는 방식이다.

② 부하가 정(+)방향으로 작용되는 회로로 연삭기의 급송등에 이용된다.

③ 유량제어 밸브를 실린더의 입구측에 설치한 전진 속도 제어회로로서 복귀시에는 체크밸브에 의해 자유로이 유압유가 복귀한다.

④ 송출압이 릴리프 밸브의 설정압으로 정해지고, 펌프에서 송출되는 여분의 유량은 릴리프 밸브를 통하여 탱크에 방유되므로 동력손실이 크다.

⑤ 부하가 부(-)의 하중이 작용하면 피스톤이 자주(自走 : 힘을 가하지 않아도 전진함)할 염려가 있다.

⑥ 그림은 실린더의 입구측에 유량제어 밸브와 체크밸브를 붙여 실린더의 전진 행정만을 제어하고 후진 행정에서 피스톤으로부터 귀환되는 유압유는 체크밸브를 통하여 자유로이 흐를 수 있도록 한 회로이다.

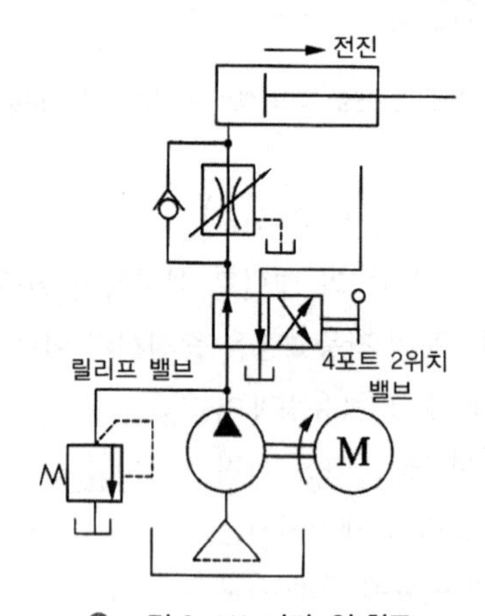

그림 3-141 미터-인 회로

2) 미터-아웃 회로(meter out circuit)

① 유량제어 밸브를 실린더의 출구측에 설치한 실린더 속도를 제어하는 회로로서, 실린더에서 유출되는 유량을 제어하여 피스톤 속도를 제어하는 회로이다.

② 동력손실과 유온 상승이 따른다.

③ 실린더에 배압이 걸리므로 끌어당기는 하중이 작용하더라도 자주(自走 : 힘을 가하지 않아도 전진함)할 염려는 없다. 밀링머신, 보링머신 등에 사용된다.

④ 그림 3-142(a)는 실린더의 출구측에 유량제어 밸브와 체크밸브를 그림과 같이 연결시켜 단로드 실린더의 전진 행정만을 제어한 회로이고, 그림 3-142(b)는 왕복행정을 제어한 회로이다.

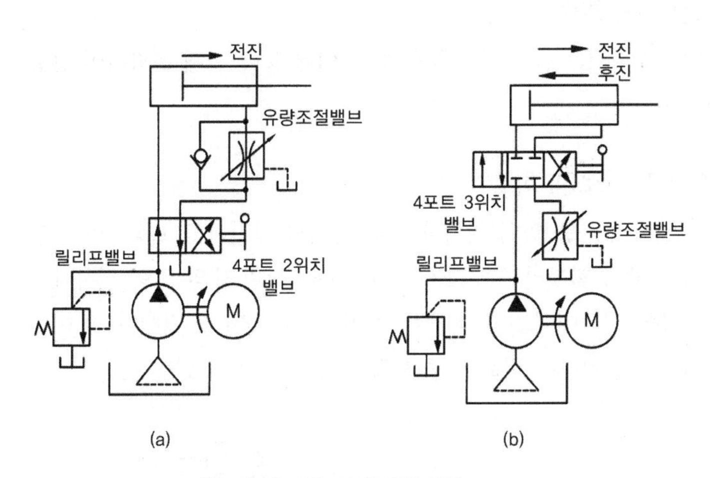

그림 3-142 미터-아웃 회로

3) 카운터 밸런스 회로(counter balance circuit)

실린더 포트에 카운터 밸런스 밸브를 직렬로 연결시켜 실린더 부하가 갑자기 감소하더라도 피스톤이 급진하는 것을 방지하거나 수직 램의 자중 낙하를 막아주는 역할을 하기 때문에 실린더의 오일 탱크의 복귀측에 일정한 배압을 유지시켜주는 경우에 사용한다.

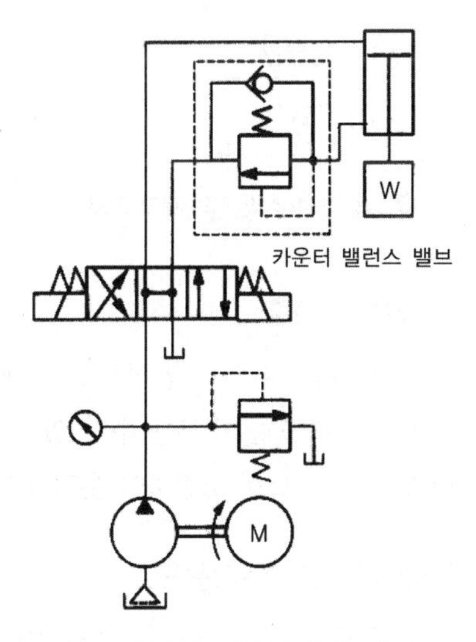

그림 3-143 카운터 밸런스 회로

(6) 방향제어회로

방향제어 밸브는 일반적으로 압유의 흐름 방향을 제어하여 액추에이터의 운동 방향을 제어하는 회로로서 보통은 실린더 피스톤을 임의 위치에서 고정하거나(중간정지 : 로킹 회로) 압력 스위치나 리밋 스위치, 수동 인력 조작, 전기조작 등을 사용하여 액추에이터의 작업 방향을 전환하는 회로를 말한다.

1) 방향 전환 회로

방향 전환 밸브를 전기, 기계 기구, 인력 등에 의해 조작하여 방향을 전환한다.

2) 중간 정지(로킹) 회로

실린더 진행 중 임의 위치나 행정 끝에서 실린더를 고정시켜 놓을 필요가 있을 때라 할지라도 부하가 클 때 또는 장치 내의 압력 저하나 유압유의 누유에 의하여 실린더 피스톤이 이동되는 경우가 발생한다. 이 피스톤의 이동을 방지하는 회로를 중간 정지(로킹) 회로라 말한다.

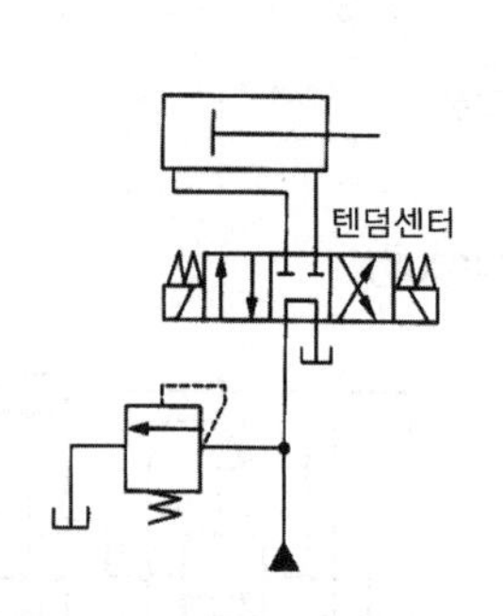

⊙ 그림 3-144 임의의 로크 회로

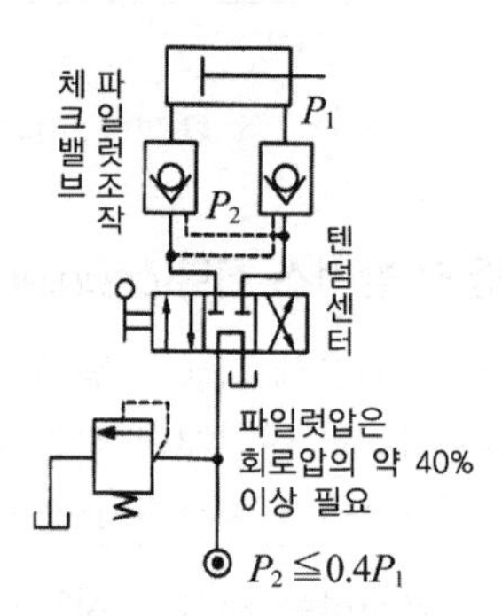

⊙ 그림 3-145 완전 로크 회로

(7) 유압모터 회로

유압모터는 유압의 압력을 조절하여 회전 토크를 제어하고 유량을 조절하여 회전속도를 제어할 수가 있다. 또 가변 용량형 유압 모터를 사용하면 일정 마력으로 조절하여 운전을 할 수가 있다.

1) 정(일정) 토크 구동회로

정 용량형 유압 펌프를 이용하여 정 용량형 유압 모터를 일정 토크로 구동시키는 회로를 나타낸 것으로서 유압모터로의 공급압력은 릴리프 밸브(A)로 일정하게 하고, 4포트 3위치 변환 밸브(C)에 의하여 정 · 역 양방

향 회전을 조작하고 블리드 오프 회로의 유량 조절 밸브(B)는 펌프 회로가 일정할 때의 유압모터의 속도를 제어하는 역할을 한다.

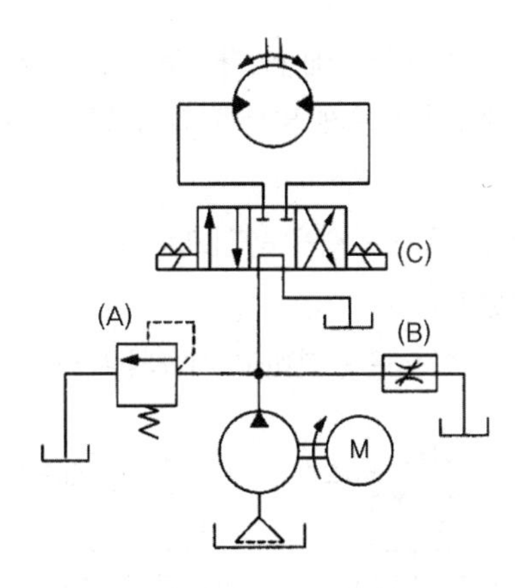

그림 3-146 일정 토크 구동회로

2) 일정 마력 구동회로

정 용량형 유압 펌프를 일정 압력, 일정 유량하에서 운전하여 가변 용량형 유압모터를 구동시키는 회로를 나타낸 것으로서, 유압모터의 변위량을 바꿈으로써 유압모터의 속도를 바꾸어 마력을 일정하게 한다. 이 회로는 종이나 전선의 와인드(wind) 구동장치 등에 응용되고, 롤의 지름이 증대함에 따라 회전속도를 늦추어 장력을 항상 일정하게 유지한다.

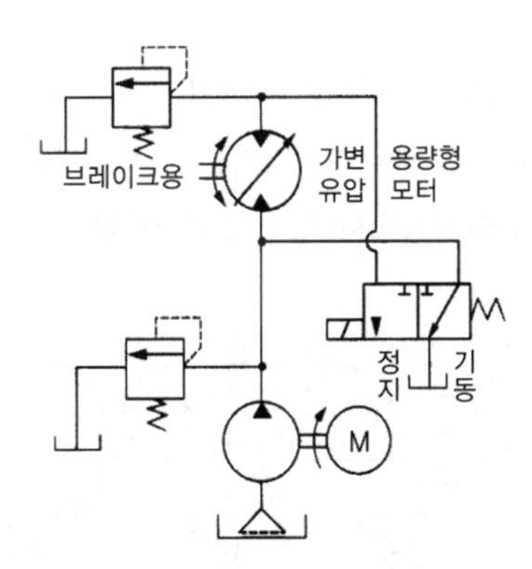

그림 3-147 일정 마력 구동회로

3) 유압모터 병렬회로

병렬회로에는 병렬배치 미터-인 회로와 병렬배치 미터-아웃 회로가 있다.

① 각 유압모터를 독립으로 구동, 정지, 속도제어 할 수 있는 이점이 있다.

② 각각의 모터에 걸리는 부하가 같은 경우에 유리하다.
③ 유압모터가 정지 혹은 속도가 변하더라도 다른 모터 속도에 큰 영향을 주지 않는다.
④ 속도는 미터인 회로에서 제어한다. 부하에 차가 있으면 부하가 작은 모터 쪽으로 압유가 흐르게 되므로 압력보상 유량제어 밸브를 사용하여야 한다.
⑤ 병렬배치 회로는 계의 압력을 높임으로써 유압모터의 구동 토크를 증대시킬 수가 있다.
⑥ 펌프는 비교적 저압으로 충분하고 저속의 부하에 적합한 회로이다.

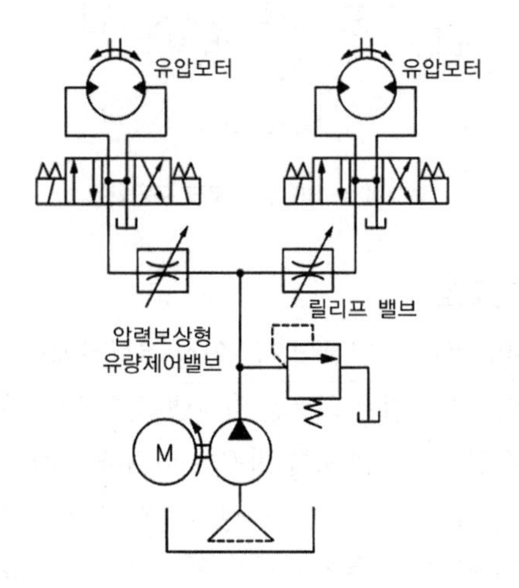

그림 3-148 병렬배치 미터-인 회로

이 회로는 각 유압모터의 속도를 미터-아웃 회로로 제어하고 있는 점이 미터-인 회로와 서로 다르다. 그러므로 각 유압모터의 부하 변동에 따라 다른 유압모터의 회전속도에 영향을 주기 쉽다.

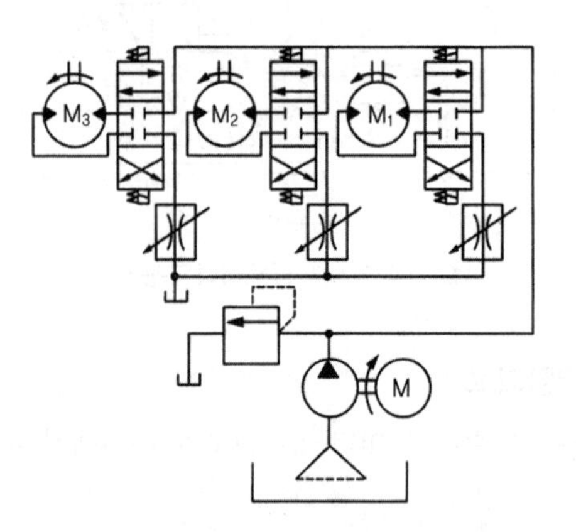

그림 3-149 병렬배치 미터-아웃 회로

4) 유압모터 직렬회로

① 2개 이상의 유압모터를 직렬로 배치하면 펌프의 용량을 작게 할 수 있고 또 유량 분배장치도 생략할 수 있다.

② 회로의 일부 관지름은 병렬배치의 경우보다 작아지고 입력관과 귀환관은 각 1개의 관으로 충분하다.

③ 직렬회로에서는 병렬회로와 같이 기동, 정지, 속도제어는 독립적으로 이루어지지 않는다.

④ 운전 중인 각 유압모터의 회전수는 부하 토크에 차가 있더라도 변동하지 않은 이점이 있다.

⑤ 펌프 토출량이 분할되지 않으므로 병렬보다 소용량의 펌프로 고속 구동이 얻어진다.

⑥ 펌프 송출압력은 각 유압모터의 필요압력의 합이 되기 때문에 고압이 된다. 이 회로는 높은 속도 낮은 토크에 적합하다.

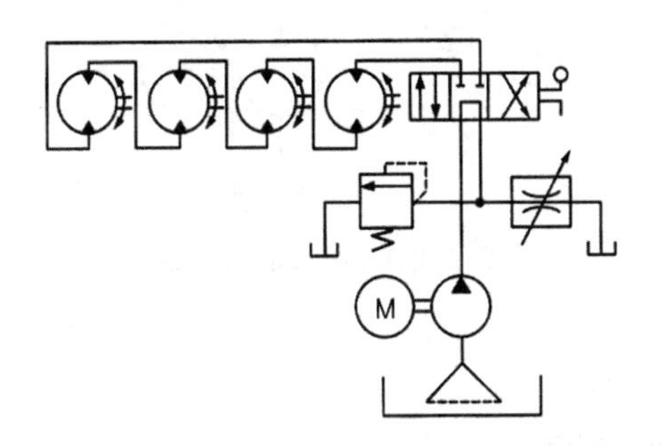

그림 3-150 유압모터 직렬회로

5) 브레이크 회로

① 유압모터의 급정지 또는 회전 방향을 변환할 때 유압 펌프에서 유압모터로의 압유의 흐름은 닫히는데 유압모터는 자신의 관성이나 부하의 관성 때문에 그대로 회전을 계속하려고 한다.

② 유압모터는 펌프작용을 하게 되므로, 공기 흡입의 방지 및 브레이크 장치로서의 보상회로가 필요하게 된다. 이때 사용하는 회로가 브레이크 회로이다.

③ 그림 3-151은 4개의 체크밸브와 1개의 릴리프 밸브로 구성된 브레이크 회로를 나타낸 것이다. 회로에서 변환 밸브 (C)를 위치 ⓐ로 변환하여 유압모터를 정회전하고 이어 중립 위치로 변환하면 펌프에서의 유압은 끊기는데 유압모터는 회전을 계속하려 하고, 체크밸브 ①을 지나 기름 탱크에서 기름을 흡입한다. 유압모터로부터의 배출된 유압유

는 체크밸브 ② 릴리프 밸브 (B)를 경유하여 기름 탱크로 되돌아가는데, 이때 릴리프 밸브의 제동압력에 의하여 브레이크 작동이 발생하고, 유압 모터가 정지한다. 역회전인 경우에는 체크밸브 ③, ④ 및 릴리프 밸브가 같은 작용을 한다.

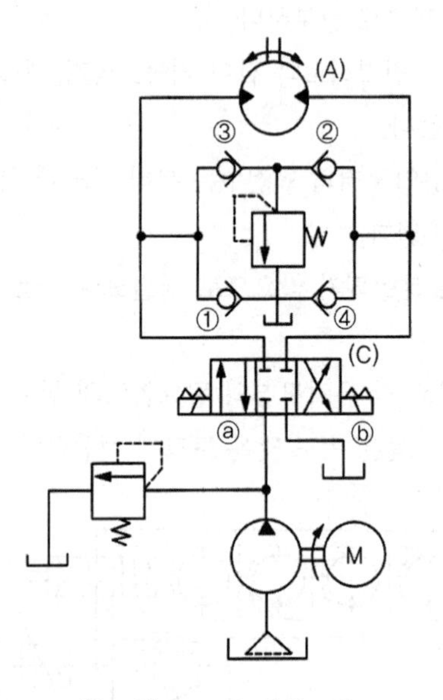

그림 3-151 브레이크 회로

(8) 기타 유압 기본회로

1) 어큐뮬레이터 회로

① 어큐뮬레이터는 압력 유지나 속도증가 등의 회로로 사용되며 펌프 대용 회로이다.

② 대용량 어큐뮬레이터 ①은 실린더의 급속 이송에 사용되고 실린더가 전진단까지 오면 리밋 스위치가 작동, 전자밸브 B가 ON되어 소용량 어큐뮬레이터 ②의 압유가 실린더에 보내져 실린더의 힘을 유지한다. 이 동안에 펌프는 대형 어큐뮬레이터에 압유를 공급하여 소정 압력까지 압력이 상승하면(소용량 어큐뮬레이터에도 공급하게 된다) 펌프는 무부하 운전이 된다. 실린더 복귀 공정도 대용량 어큐뮬레이터의 유압유로 이뤄지며 전자밸브 B는 OFF되므로 소용량 어큐뮬레이터 압유는 축압된 채로 있다.

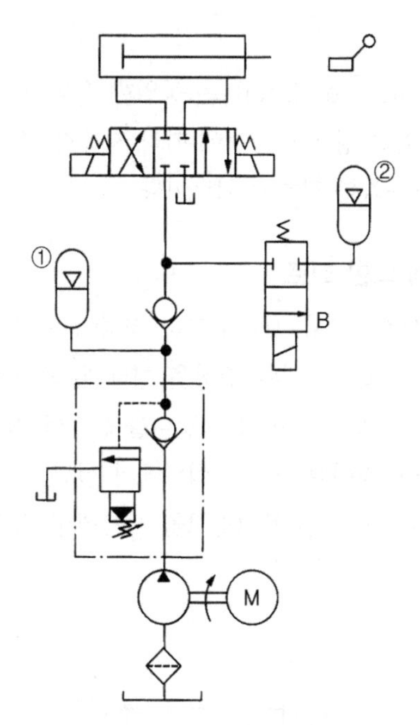

그림 3-152 펌프 대용 회로

그림은 속도증가 회로로 불리우며, 변환 밸브가 A위치에서는 어큐뮬레이터에 축압되어 소정 압력까지 상승하면 언로드 밸브 작용으로 펌프는 무부하 운전이 된다. 변환 밸브를 B위치로 하면 실린더는 상승 공정이 되지만 압유는 펌프 토출량에 파일럿 조작 체크밸브의 작용으로 어큐뮬레이터에서 공급되는 압유량이 부가되기 때문에 실린더 작동속도는 증가한다.

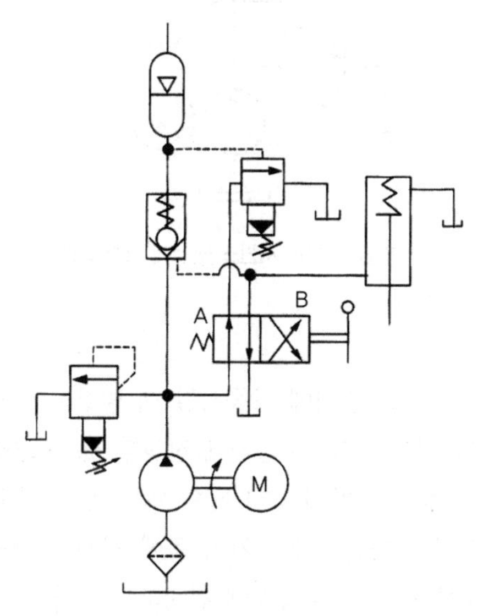

그림 3-153 속도증가 회로

2) 시퀀스 회로

시퀀스 회로(sequence circuit)는 동일한 유압원을 이용하여 여러 가지의 기계조작을 미리 정해진 순서에 따라 자동적으로 작동시키는 회로로서 기계 장치의 자동화를 꾀하는 회로이다.

(가) 시퀀스 밸브에 의한 회로

그림은 2개의 실린더 (A), (B)의 부하 행정이 시퀀스 밸브에 의하여 순차 작동이 이루어지고, 그 귀환 행정은 체크밸브를 이용하여 실린더에서의 흐름을 자유 흐름으로 하며 양 실린더를 동시에 작동시키는 일종의 시퀀스 회로를 나타낸 것이다. 또 이 회로에서 실린더 (B)의 부하를 유지할 수 있는 크래킹 압력을 가진 체크밸브를 사용하면 귀환 행정의 순차 작동을 할 수가 있다.

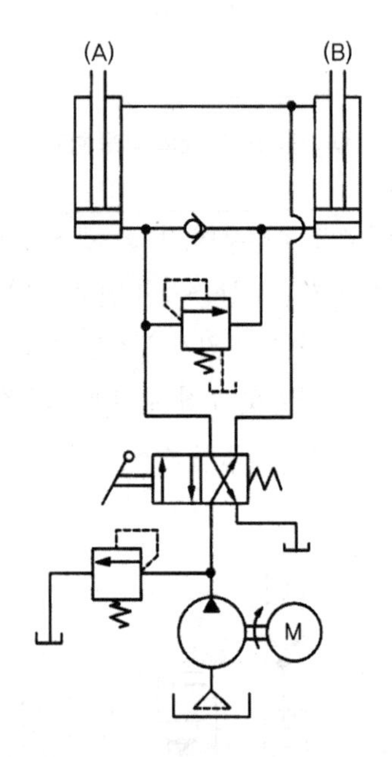

그림 3-154 시퀀스 밸브에 의한 회로

(나) 동조회로

2개 이상의 실린더를 동시에 작동시킬 때 방향제어 밸브 하나에 여러 개의 실린더를 병렬로 연결하면 동시에 전진할 것으로 예상하지만 실제로는 각 실린더 조립상의 공차에 의한 치수 오차, 부하 분포의 불균일, 유압기기의 내부누설이나 마찰저항의 차이 등에 의해 각각의 실린더에 전진 속도차이가 발생한다. 따라서 동시에 전진하도록 하는 것을 동조(同調)라 하고 이 회로를 동조회로라 한다.

① 유량조정 밸브를 이용한 동조회로

2개의 유량조정 밸브를 실린더의 배출쪽에 설치하고, 두 실린더에서의 유출량을 조정하여 동조 운전을 하는 회로이다. 이런 방법은 부하 변동, 오일의 점도 변화, 오일 누설이나 마찰 저항의 차이 등으로 영향을 받으므로 정확한 동조는 얻기 어렵다.

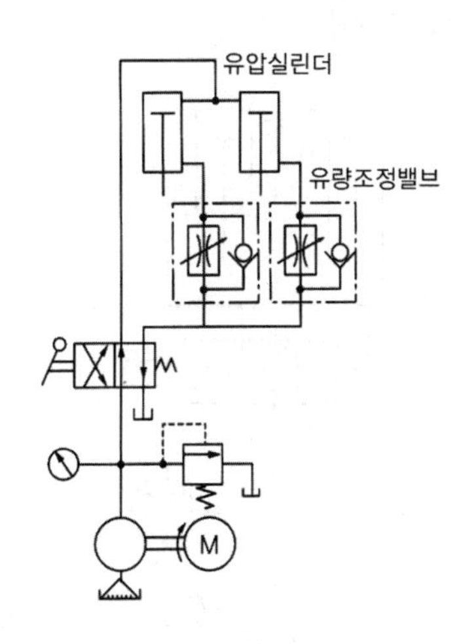

그림 3-155 유량조정 밸브를 이용한 동조회로

② 유압모터를 이용한 동조회로

동일한 형식과 동일한 용량의 유압모터를 실린더의 개수만큼 사용하여 각 모터를 기계적으로 동일 회전시켜 유량을 똑같이 분배하는 역할을 하도록 하는 회로로서 비교적 안정된 동조 작용을 얻을 수 있다.

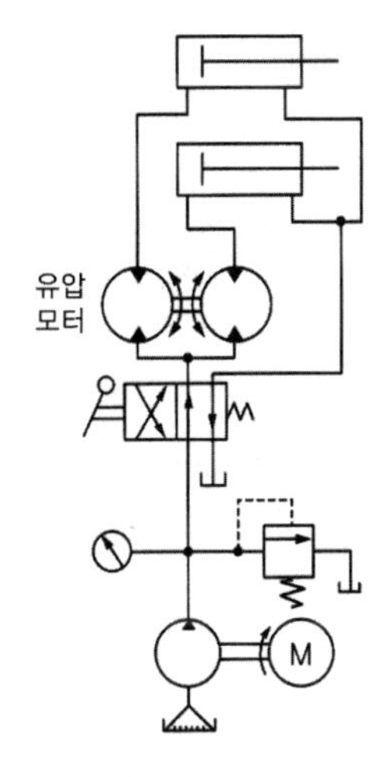

그림 3-156 유압모터를 이용한 동조회로

③ 유압 실린더를 직렬회로 연결한 동조회로

동일 실린더 수의 편로드형 복동 실린더를 직렬로 배치하여 동기시키는 회로이다. 이 회로는 이론적으로는 유량이 같으므로 속도가 같아 정확히 동기시킬 수 있으나 각 실린더 간의 미세한 특성차이에 누적된 오차가 문제가 된다. 이 때문에 각 실린더의 종단위치를 보정하는 적당한 보조장치가 필요하다.

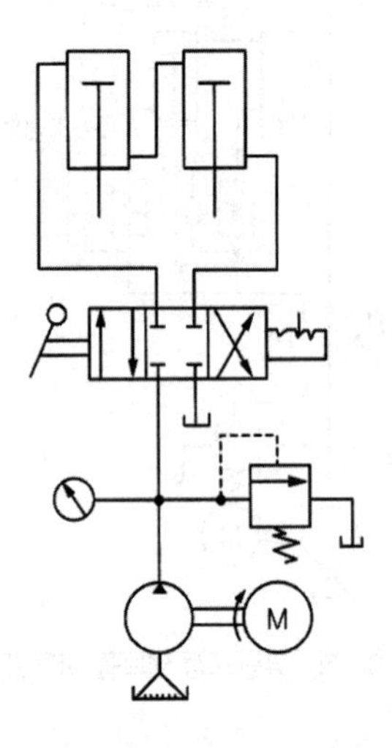

그림 3-157 유압 실린더를 직렬회로 연결한 동조회로

3 시험 운전

1 유압기기 관리

(1) 유압장치의 점검과 보수

유압장치를 항상 최적의 상태로 유지하기 위해서는 점검과 보수에 관한 관리기준을 설정하고, 관리기준에 따라 정기적으로 점검하고 보수하여, 그 결과를 기록 관리하여야 한다. 점검과 보수 관리기준은 다음 사항을 참고하여 작성한다.

① 점검 항목을 정하여 항목에 따라 점검하고 그 결과를 기록하여 데이터로 활용한다.

② 일상 점검과 정기 점검 대상을 정하여 점검을 실시한다.

③ 점검 책임자를 정하고 책임자는 담당 직원들에게 보수 · 관리 교육을 한다.

④ 점검 책임자가 정기적으로 회의를 소집하여 고장 내용, 점검 방법 등에 대해 의견을 교환한다.

(2) 유압장치의 점검 주기

점검 주기는 장치의 중요도와 사용 빈도에 따라 다르며 적정 주기를 관리 규정으로 정하여 시행한다. 유압장치의 점검표는 표와 같다.

표 3-21 유압 시스템의 점검표

점검 대상		점검사항
유압 탱크	유면 점검	매일
	누유 점검	매일
	유압유의 시료 검사	6개월, 1년
	유압유 교환	1년
유압 필터	오염 정도 점검	매월, 6개월
	필터 요소 청소 및 교환	매월, 6개월
	공기 필터 청소	
구동 펌프 커플링, 소음		6개월, 1년
밸브(압력, 유량제어 밸브)		매월, 1년
신호 요소(압력 스위치 설정, 리밋 위치)		매월, 1년
실린더(피스톤 로드 육안 검사)		매월, 6개월

(3) 점검과 보수 내용 기록

유압장치의 관리 내용 기록은 새로운 장비를 구입하거나 자체 설계 제작되었을 경우에 관리번호(제조설비에 한함)를 부여하여 제조설비 이력에 등록하고 설비 관리에 필요한 항목, 점검 및 교체 주기와 일정, 관리기준 등을 설정하여 점검표를 작성한다. 장비관리자는 일상점검과 정기점검 기준에 따라 설비 점검표를 작성하고 데이터를 기록 관리한다.

1) 유지보수 대장 관리

① 제조설비의 관리번호 부여 및 표와 같은 양식의 명판을 아래와 같이 부여한다.

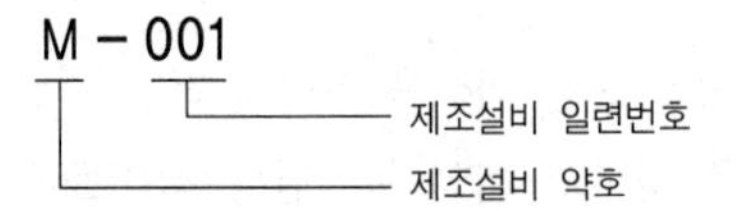

그림 3-158 제조설비 일련번호

② **설비명** : 도입 또는 제작된 설비명을 기재한다.

③ **제작처** : 설비 제작 기업명을 기록한다. 자체 설비 제작일 경우에도 기록한다.

④ **설비가격** : 구입 또는 계약 가격을 기재하고 자체 제작일 경우에는 제작에 소요된 비용을 기록한다.

⑤ **설비번호** : 명판이나 계약서에 명기된 일련번호 또는 제작번호를 기재한다.

⑥ **형식(제원)** : 설비의 명판이나 계약서에 명시된 형식과 제원을 기록한다.

⑦ **제작년월일** : 설비제조일자를 기재한다.

⑧ **설치년월일** : 설비가 설치되어 시운전을 완료하고 설치 완료 보고서를 날인한 일자를 기재한다.

⑨ **주요 부품** : 설비 매뉴얼을 참고하여 주요 부품명을 기록한다.

⑩ **설비 이력** : 일상점검이나 정기점검 날짜, 이상 유무에 관한 사항을 제조설비 관리대장의 이력 관리란에 기록하면 관리자 또는 담당자는 확인란에 당일 확인 서명을 한다. 설비에 부착된 게이지류와 제품 생산에 중요한 영향을 미치는 기기류 등에 대한 교정 및 점검기록도 관리한다.

2) 가동 이력 관리

① 가동일지는 생산에 필요한 장비의 정상적인 운용을 하기 위하여 장비 가동 날짜와 가동 시간을 기록하는 일지를 말한다.

② 가동일지는 일정 기간의 가동 정도와 상태를 기록하여 장비의 노후나 고장 등을 확인하고 예상되는 문제를 미리 파악하여 관리할 수 있게 한다.

③ 장비를 구동하기 위해서는 예약된 사용기간 시작 일에 담당자가 사용 장비에 대한 사항을 점검한 후 장비 가동일지에 날인을 한다.

④ 장비 사용 후에는 장비사용 일지를 작성하여야 한다. 장비 가동 이력 내역을 기록하는 것은 장비의 가동 상황에 대한 내용을 상세하게 기록함으로써 장비에 대한 사용 근거를 남겨 생산에서의 장비의 결함이나 고장 등이 발생하지 않도록 하기 위함이다.

㉠ 유압장치 가동 전 점검사항

㉡ 장비 가동일지 및 작업일보 작성

⑤ 장비 가동일지는 장비별, 일자별로 작성하는 방법 등이 있는데, 장비의 특성과 기업의 효율성에 적합하게 선택하여 작성한다.

⑥ 장비 가동일지는 장비의 사용 시마다 작성하는 일부 형식으로 장비명을 기록하고 장비의 전원 스위치를 켜는 시점을 기록하고 장비를 마무리하고 전원을 끄는 시점을 기록한다.

⑦ 기동 상태를 정상, 비정상으로 기록하고 전체 소요 시간을 계산하여 기록한다.

⑧ 사유는 비가동 상태일 경우에 고장이나 수리 등의 사건 기록을 기록한다.

⑨ 장비 가동일지는 가동분석을 통하여 작업시간 동안 생산 및 비생산적인 여러 가지 요소를 파악하고 개선하여 표준시간 설정을 위한 여유율을 산출하는 데 기본 자료가 된다.

⑩ 가동 이력은 이러한 분석을 통하여 작업 생산성과 가동효율 개선방법으로 활용되기 때문에 장비 가동 일지 양식에 당일 가동일지를 작성하여야 한다.

(4) 유압 · 공기압 기호

1) 조작 방식

명 칭	기 호	비 고
인력 조작	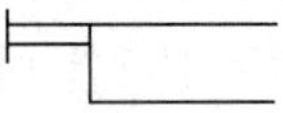	• 조작방법을 지시하지 않은 경우, 또는 조작 방향의 수를 특별히 지정하지 않은 경우의 일반기호
(1) 누름 버튼	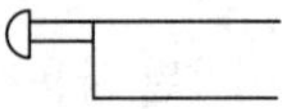	• 1방향 조작
(2) 당김 버튼	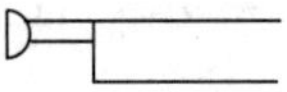	• 1방향 조작
(3) 누름 – 당김 버튼	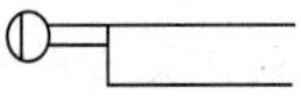	• 2방향 조작
(4) 레 버	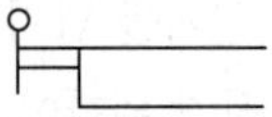	• 2방향 조작(회전운동을 포함)
(5) 페 달	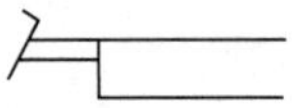	• 1방향 조작(회전운동을 포함)
(6) 2방향 페달	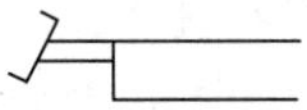	• 2방향 조작(회전운동을 포함)
기계 조작		
(1) 플런저	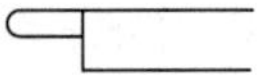	• 1방향 조작
(2) 가변행정제한기구	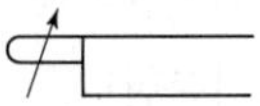	• 2방향 조작
(3) 스프링	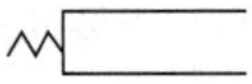	• 1방향 조작
(4) 롤러	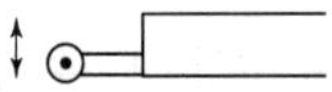	• 2방향 조작
(5) 편측작동롤러	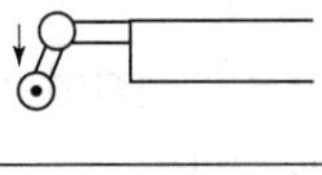	• 화살표는 유효조작 방향을 나타낸다. 기입을 생략해도 좋다. • 1방향 조작
전기 조작		
(1) 직선형 전기 액추에이터		• 솔레노이드, 토크모터 등
① 단동 솔레노이드	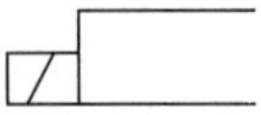	• 1방향 조작 • 사선은 우측으로 비스듬히 그려도 좋다.
② 복동 솔레노이드	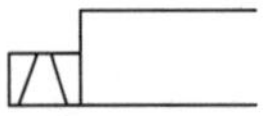	• 2방향 조작 • 사선은 위로 넓어져도 좋다
③ 단동 가변식 전자 액추에이터	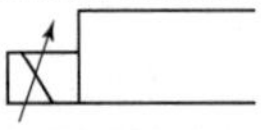	• 1방향 조작 • 비례식 솔레노이드, 포스모터 등
④ 복동 가변식 전자 액추에이터	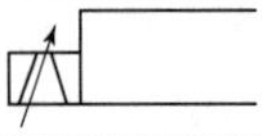	• 2방향 조작 • 토크모터

➡ 계속

명 칭	기 호	비 고
(2) 회전형 전기 액추에이터	M	• 2방향 조작 • 전 동 기
파일럿 조작		
(1) 직접 파일럿 조작	2 1	• 수압면적이 상이한 경우, 필요에 따라, 면적비를 나타내는 숫자를 직 4각형 속에 기입한다.
① 내부 파일럿	45°	• 조작유로는 기기의 내부에 있음
② 외부 파일럿		• 조작유료는 기기의 외부에 있음
(2) 간접 파일럿 조작		
① 압력을 가하여 조작하는 방식		
㉠ 공기압 파일럿		• 내부 파일럿 • 1차 조작 없음
㉡ 유압 파일럿		• 외부 파일럿 • 1차 조작 없음
㉢ 유압 2단 파일럿		• 내부 파일럿, 내부 드레인 • 1차 조작 없음
㉣ 공기압·유압 파일럿		• 외부 공기압 파일럿, 내부 유압 파일럿, 외부 드레인 • 1차 조작 없음
㉤ 전자공기압 파일럿		• 단동 솔레노이드에 의한 1차 조작 붙이 • 내부 파일럿
㉥ 전자유압 파일럿		• 단동 솔레노이드에 의한 1차 조작 붙이 • 외부 파일럿, 내부 드레인
② 압력을 빼내어 조작하는 방식		
㉠ 유압 파일럿		• 내부 파일럿·내부 드레인 • 1차 조작 없음 • 내부 파일럿 • 원격 작용 벤트포트 붙이

➡ 계속

명 칭	기 호	비 고
㉡ 전자유압 파일럿		• 단동 솔레노이드에 의한 1차 조작 붙이 • 외부 파일럿, 외부 드레인
㉢ 파일럿 작동형 압력제어 밸브		• 압력조 정용 스프링 붙이 • 외부 드레인 • 원격 조작용 벤트포트 붙이
㉣ 파일럿 작동형 비례 전자식 압력제어 밸브		• 단동 비례식 액추에이터 • 내부 드레인
피드백		
(1) 전기식 피드백		• 일반 기호 • 전위차계, 차동변압기 등의 위치검출기

2) 펌프 및 모터

명 칭	기 호	비 고
펌프 및 모터	유압 펌프 공기압 모터	• 일반기호
유압 펌프		• 1방향 유동 • 정용량형 • 1방향 회전형
유압 모터		• 1방향 유동 • 가변용량형 • 조작기구를 특별히 지정하지 않는 경우 • 외부 드레인 • 1방향 회전형 • 양축형
공기압 모터		• 2방향 유동 • 정용량형 • 2방향 회전형
정용량형 펌프 · 모터		• 1방향 유동 • 정용량형 • 1방향 회전형
가변용량형 펌프 · 모터 (인력 조작)		• 2방향 유동 • 가변용량형 • 외부 드레인 • 2방향 회전형

명 칭	기 호	비 고
요동형 액추에이터	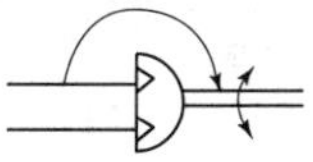	• 공기압 • 정각도 • 2방향 요동형 • 축의 회전방향과 유동방향과의 관계를 나타내는 화살표의 기입은 임의(부속서 참조)
유압 전도장치	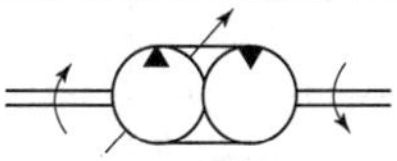	• 1방향 회전형 • 가변용량형 펌프 • 일체형
가변용량형 펌프 (압력보상제어)	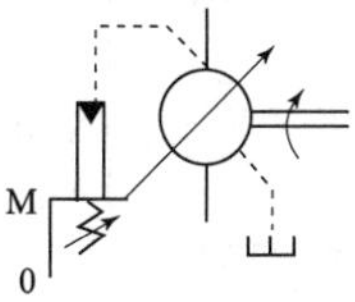	• 1방향 유동 • 압력조정 가능 • 외부 드레인(부속서 참조)
가변용량형 펌프 · 모터 (파일럿 조작)	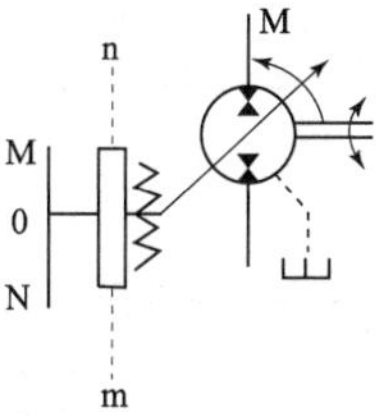	• 2방향 유동 • 2방향 회전형 • 스프링 힘에 의하여 중앙위치(배제용적 0)로 되돌아오는 방식 • 파일럿 조작 • 외부 드레인 • 신호 m은 M방향으로 변위를 발생시킴(부속서 참조)

3) 실린더

명 칭	기 호	비 고
단동 실린더	 상세 기호 간략 기호	• 공기압 • 압출형 • 편로드형 • 대기중의 배기 (유압의 경우는 드레인)
단동 실린더 (스프링붙이)	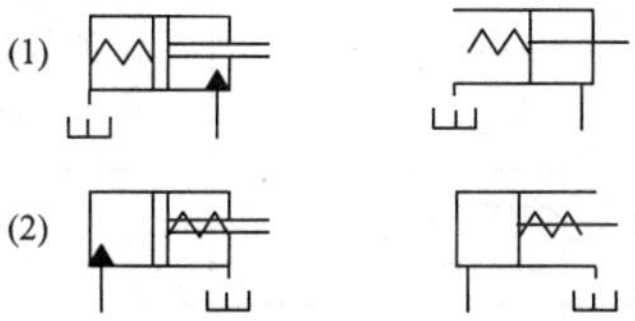 (1) (2)	• 유압 • 편로드형 • 드레인측은 유압유 탱크에 개방 (1) 스프링 힘으로 로드 압출 (2) 스프링 힘으로 로드 흡인
복동 실린더	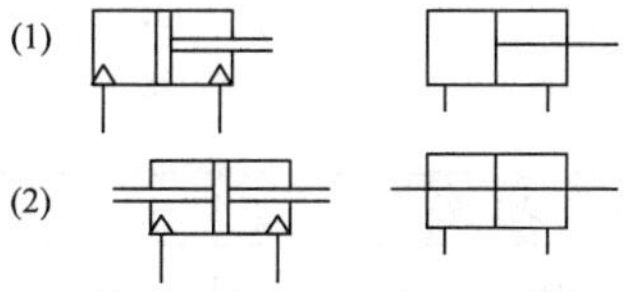 (1) (2)	(1) • 편로드 • 공기압 (2) • 양로드 • 공기압
복동 실린더 (쿠션붙이)	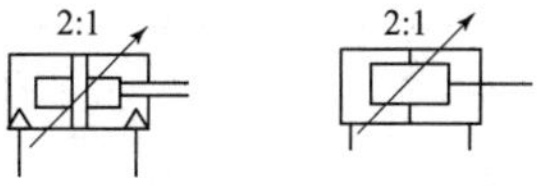 2:1 2:1	• 유압 • 편로드형 • 양 쿠션, 조정형 • 피스톤 면적비 2 : 1
단동 텔레스코프형 실린더	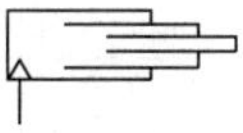	• 공기압
복동 텔레스코프형 실린더	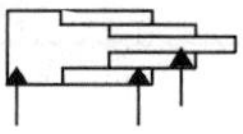	• 유압

4) 특수에너지-변환기기

명 칭	기 호	비 고
공기 유압 변환기	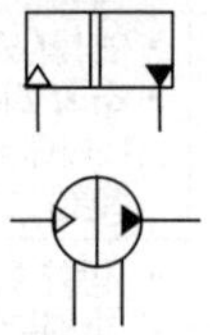 단독형 연속형	
증압기	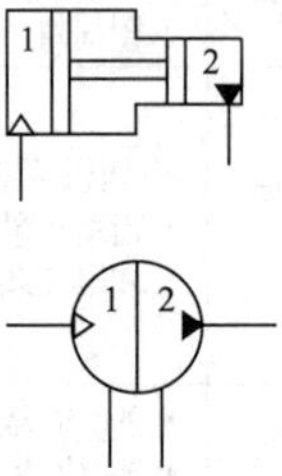 단독형 연속형	• 압력비 1 : 2 • 2종 유체용

5) 에너지-용기

명 칭	기 호	비 고
어큐뮬레이터		• 일반기호 • 항상 세로형으로 표시 • 부하의 종류를 지시하지 않는 경우
어큐뮬레이터	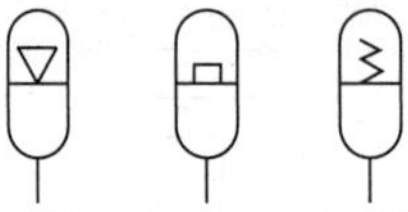 기계식 중량식 스프링식	• 부하의 종류를 지시하는 경우
보조 가스용기		• 항상 세로형으로 표시 • 어큐뮬레이터와 조합하여 사용하는 보급용 가스용기
공기탱크	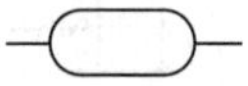	

6) 동력원

명 칭	기 호	비 고
유압(동력)원		• 일반기호
공기압(동력)원		• 일반기호
전동기	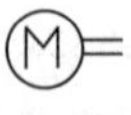 M	
원동기	 M	(전동기를 제외)

7) 전환밸브

명 칭	기 호	비 고
2포트 수동 전환밸브	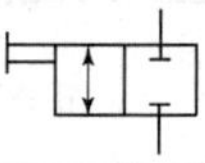	• 2위치 • 폐지밸브
3포트 전자 전환밸브	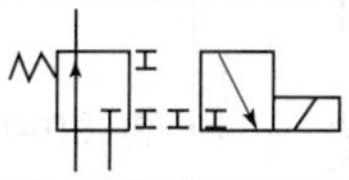	• 2위치 • 1과도 위치 • 전자조작 스프링 리턴
5포트 파일럿 전환밸브	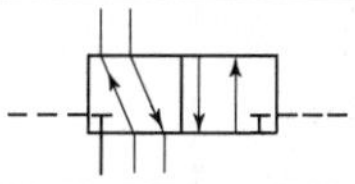	• 2위치 • 2방향 파일럿 조작
4포트 전자파일럿 전환밸브	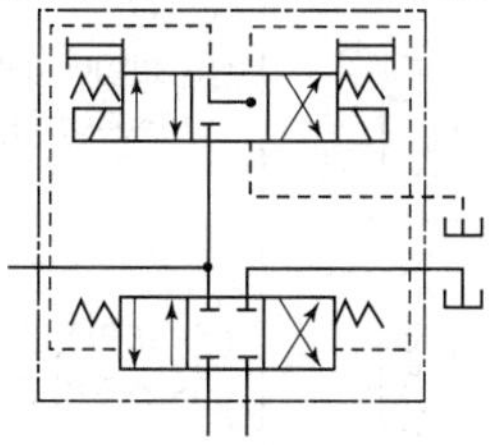 상세 기호 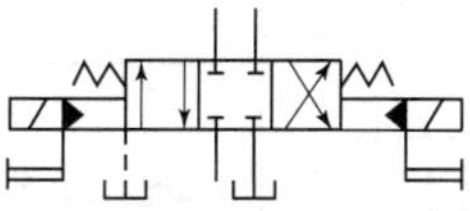 간략 기호	• 주밸브 – 3위치 – 스프링센터 – 내부 파일럿 • 파일럿 밸브 – 4포트 – 3위치 – 스프링센터 – 전자조작(단동 솔레노이드) – 수동 오버라이드 조작 붙이 – 외부 드레인
4포트 전자파일럿 전환밸브	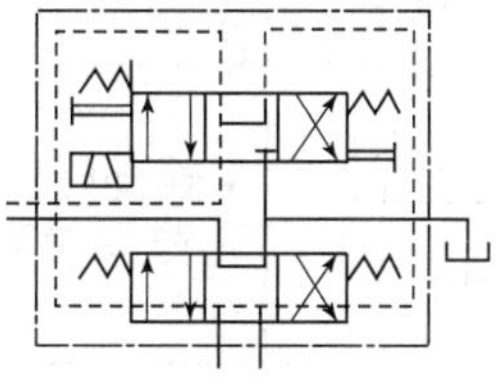 상세 기호 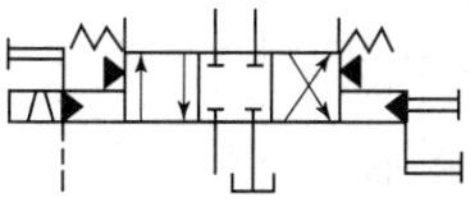 간략 기호	• 주밸브 – 3위치 – 프레셔센터(스프링센터 겸용) – 파일럿압을 제거할 때 작동위치로 전환된다. • 파일럿 밸브 – 4포트 – 3위치 – 스프링센터 – 전자조작(복동 솔레노이드) – 수동 오버라이드 조작 붙이 – 외부 파일럿 – 내부 드레인
4포트 교축 전환밸브	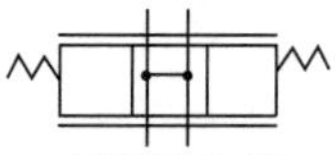 중앙위치 언더랩 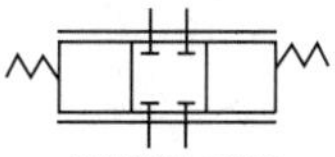 중앙위치 오버랩	• 3위치 • 스프링센터 • 무단계 중간위치
서보 밸브	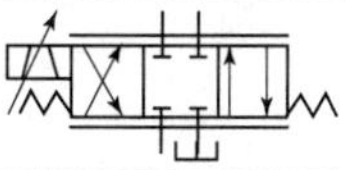	• 대표 보기

8) 체크밸브, 셔틀 밸브, 배기 밸브

명 칭	기 호	비 고
체크밸브	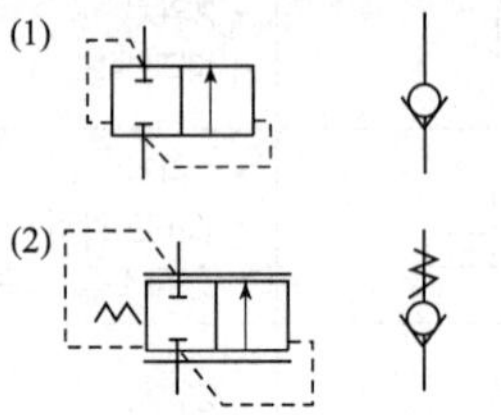 (1) (2) 상세 기호 간략 기호	(1) 스프링 없음 (2) 스프링 붙이
파일럿 조작 체크밸브	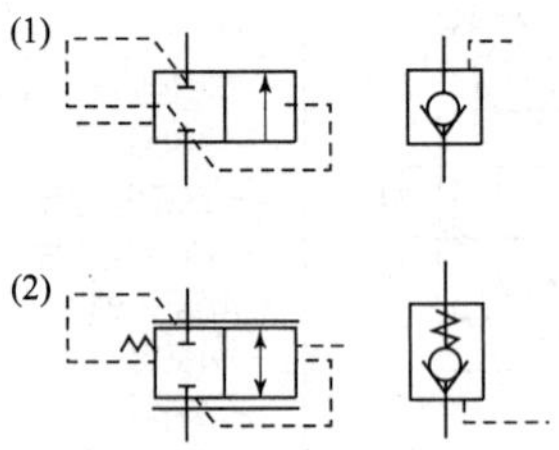 (1) (2) 상세 기호 간략 기호	(1)• 파일럿 조작에 의하여 밸브폐쇄 • 스프링 없음 (2)• 파일럿 조작에 의하여 밸브열림 • 스프링 붙이
고압우선형 셔틀 밸브	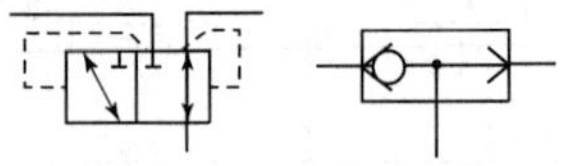 상세 기호 간략 기호	• 고압측의 입구가 출구에 접속되고, 저압측의 입구가 폐쇄된다.
저압우선형 셔틀 밸브	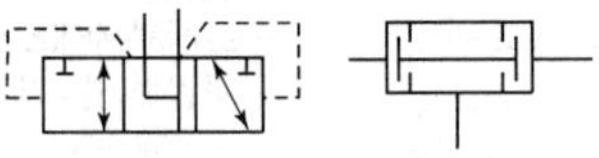 상세 기호 간략 기호	• 저압측의 입구가 저압우선 출구에 접속되고, 고압측의 입구가 폐쇄된다.
급속 배기 밸브	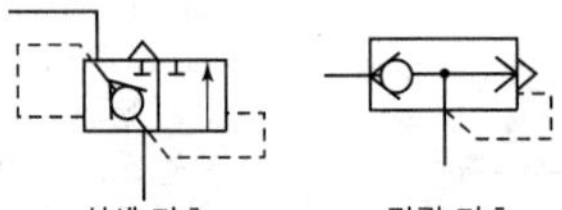 상세 기호 간략 기호	

9) 압력제어 밸브

명 칭	기 호	비 고
릴리프 밸브	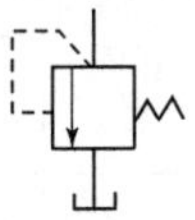	• 직동형 또는 일반기호
파일럿 작동형 릴리프 밸브	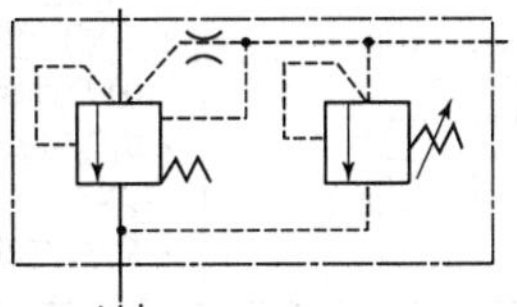 상세 기호 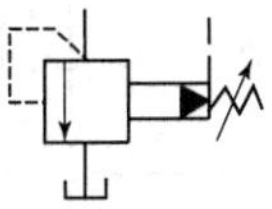 간략 기호	• 원격조작용 벤트포트 붙이
전자밸브 장착(파일럿 작동형) 릴리프 밸브	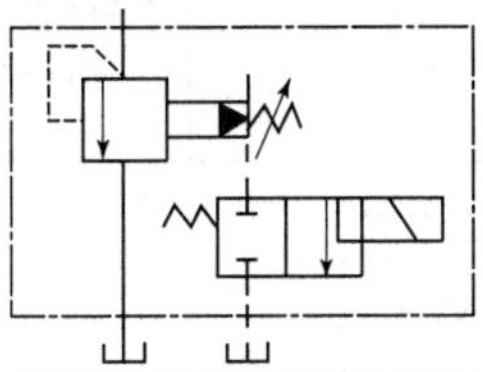	• 전자밸브의 조작에 의하여 벤트포트가 열려 무부하로 된다.
비례전자식 릴리프 밸브 (파일럿 작동형)	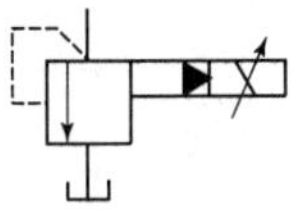	• 대표 보기
감압 밸브	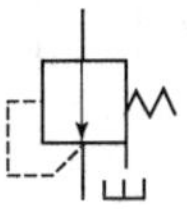	• 직동형 또는 일반기호
파일럿 작동형 감압 밸브	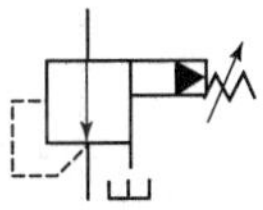	• 외부 드레인
릴리프붙이 감압 밸브	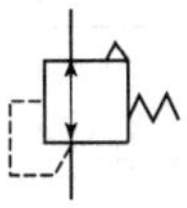	• 공기압용
비례전자식 릴리프 감압 밸브 (파일럿 작동형)	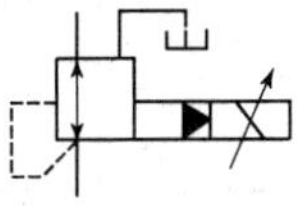	• 유 압 용 • 대표 보기
일정비율 감압 밸브	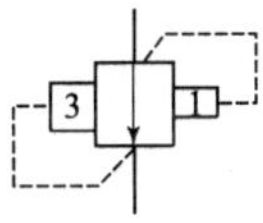	• 감압비 : $\frac{1}{3}$

➡ 계속

명 칭	기 호	비 고
시퀀스 밸브	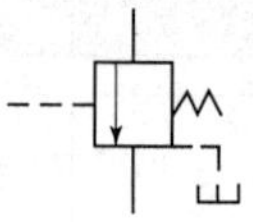	• 직동형 또는 일반기호 • 외부 파일럿 • 외부 드레인
시퀀스 밸브 (보조조작 장착)	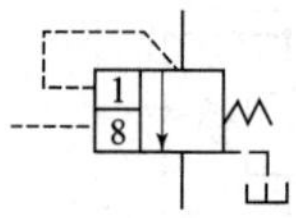 1 8	• 직동형 • 내부파일럿 또는 외부파일럿 조작에 의하여 밸브가 작동됨. • 파일럿압의 수압 면적비가 1 : 8인 경우 • 외부 드레인
파일럿 작동형 시퀀스 밸브	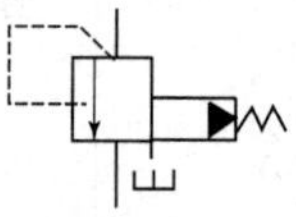	• 내부 파일럿 • 외부 드레인
무부하 밸브	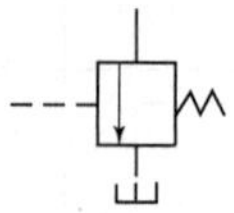	• 직동형 또는 일반기호 • 내부 드레인
카운터 밸런스 밸브	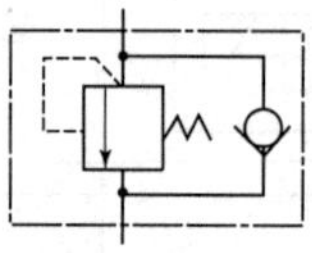	
무부하 릴리프 밸브	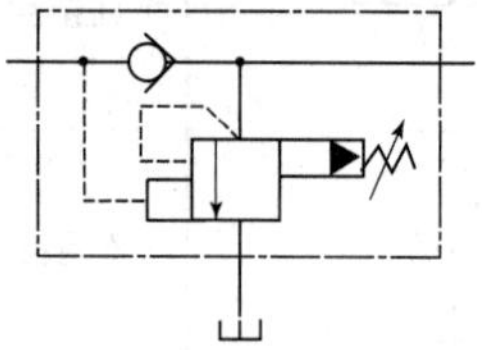	
양방향 릴리프 밸브	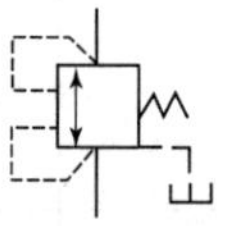	• 직동형 • 외부 드레인
브레이크 밸브	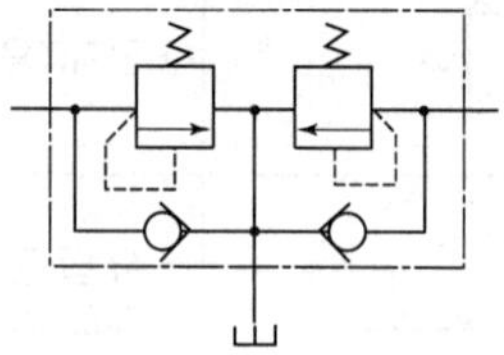	• 대표 보기

10) 유량제어 밸브

명 칭	기 호	비 고
교축 밸브		
(1) 가변 교축 밸브	상세 기호 / 간략 기호	• 간략기호에서는 조작방법 및 밸브의 상태가 표시되어 있지 않음 • 통상, 완전히 닫혀진 상태는 없음
(2) 스톱 밸브		
(3) 감압 밸브 (기계조작 가변 교축 밸브)		• 롤러에 의한 기계조작 • 스프링 부하
(4) 1방향 교축 밸브 속도제어밸브(공기압)		• 가변교축 장착 • 1방향으로 자유유동, 반대방향으로는 제어유동
유량 조정 밸브		
(1) 직렬형 유량 조정 밸브	상세 기호 / 간략 기호	• 간략기호에서 유로의 화살표는 압력의 보상을 나타낸다.
(2) 직렬형 유량 조정 밸브 (온도보상 붙이)	상세 기호 / 간략 기호	• 온도보상은 2-3. 4에 표시한다. • 간략기호에서 유로의 화살표는 압력의 보상을 나타낸다.
(3) 바이패스형 유량 조정 밸브	상세 기호 / 간략 기호	• 간략기호에서 유로의 화살표는 압력의 보상을 나타낸다.

➠ 계속

명 칭	기 호	비 고
(4) 체크밸브 붙이 유량조정 밸브(직렬형)	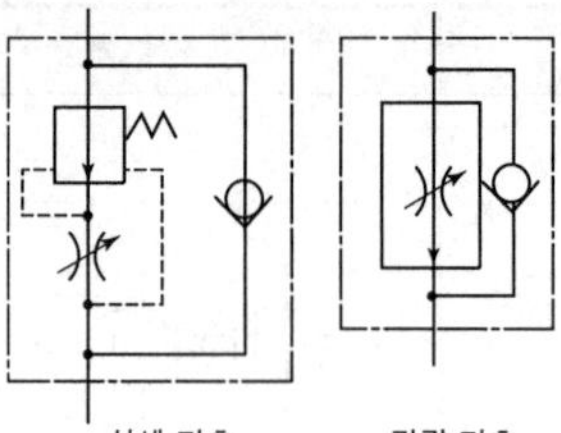 상세 기호 / 간략 기호	• 간략기호에서 유로의 화살표는 압력의 보상을 나타낸다.
(5) 분류 밸브	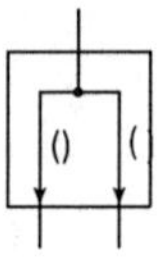	• 화살표는 압력보상을 나타낸다.
(6) 집류 밸브	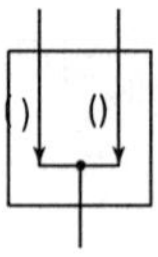	• 화살표는 압력보상을 나타낸다.

11) 기름 탱크

명 칭	기 호	비 고
기름 탱크(통기식)	(1) 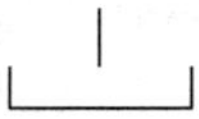	(1) 관 끝을 액체 속에 넣지 않는 경우
	(2) 	(2) • 관 끝을 액체 속에 넣는 경우 • 통기용 필터(17-1)가 있는 경우
	(3) 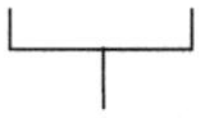	(3) 관 끝을 밑바닥에 접속하는 경우
	(4)	(4) 국소 표시기호
기름 탱크(밀폐식)	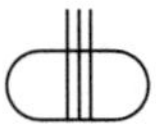	• 3 관로의 경우 • 가압 또는 밀폐된 것 • 각관 끝을 액체 속에 집어넣는다. • 관로는 탱크의 긴 벽에 수직

12) 유체조정 기기

명 칭	기 호	비 고
필터	(1) (2) (3) 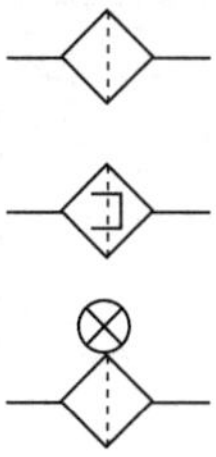	(1) 일반기호 (2) 자석붙이 (3) 눈막힘 표시기 붙이
드레인 배출기	(1) (2) 	(1) 수동배출 (2) 자동배출
드레인 배출기 붙이 필터	(1) (2) 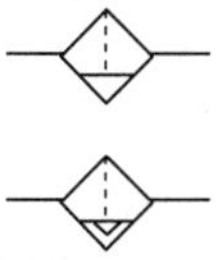	(1) 수동배출 (2) 자동배출
기름분무 분리기	(1) (2) 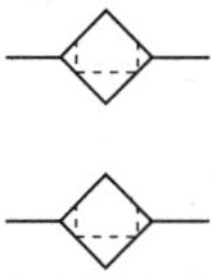	(1) 수동배출 (2) 자동배출
에어드라이어	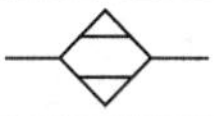	
루브리케이터	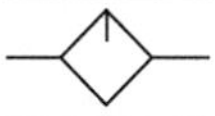	
공기압 조정 유닛	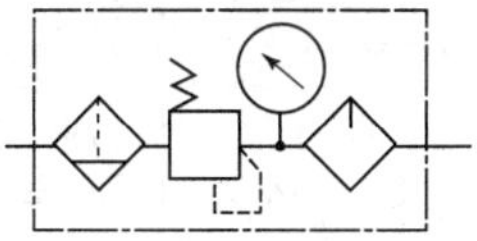 상세 기호 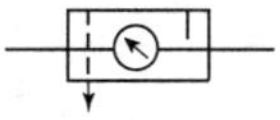 간략 기호	• 수직 화살표는 배출기를 나타낸다.
열교환기		
(1) 냉각기	(1) (2) 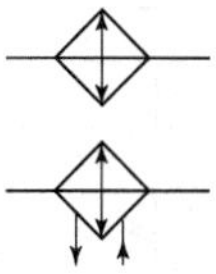	(1) 냉각액용 관로를 표시하지 않는 경우 (2) 냉각액용 관로를 표시하는 경우
(2) 가열기	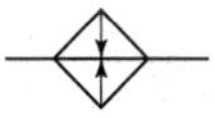	
(3) 온도 조절기	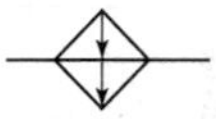	• 가열 및 냉각

13) 보조 기기

명 칭	기 호	비 고
압력 계측기		
(1) 압력 표시기		• 계측은 되지 않고 단지 지시만 하는 표시기
(2) 압력계		
(3) 차압계		
유면계		• 평행선은 수평으로 표시
온도계		
유량 계측기		
(1) 검류기		
(2) 유량계	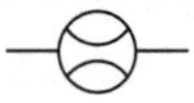	
(3) 적산 유량계	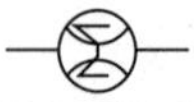	
회전 속도계	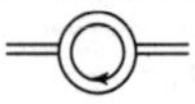	
토크계	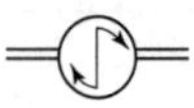	

14) 기타의 기기

명 칭	기 호	비 고
압력 스위치	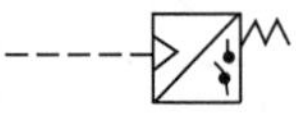	오해의 염려가 없는 경우에는 다음과 같이 표시하여도 좋다. 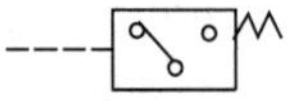
리밋 스위치	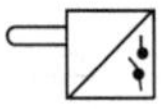	오해의 염려가 없는 경우에는 다음과 같이 표시하여도 좋다. 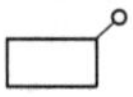
아날로그 변환기	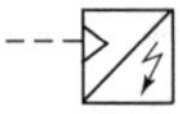	• 공기압
소음기	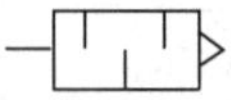	• 공기압
경음기	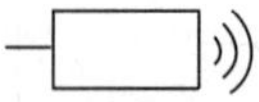	• 공기압용
마그넷 세퍼레이터		

15) 부속서 표 – 기호보기

명 칭	기 호	비 고
정용량형 유압 모터		(1) 1방향 회전형 (2) 입구 포트가 고정되어 있으므로, 유동방향과의 관계를 나타내는 회전방향 화살표는 필요 없음
정용량형 유압 펌프 또는 유압 모터		
(1) 가역회전형 펌프	B, A, M	• 2방향 회전·양축형 • 입력축이 좌회전할 때 B포트가 송출구로 된다.
(2) 가역회전형 모터	B, A	• B포트가 유입구일 때 출력축은 좌회전이 된다.
가변용량형 유압 펌프	M	(1) 1방향 회전형 (2) 유동방향과의 관계를 나타내는 회전방향 화살표는 필요 없음. (3) 조작요소의 위치표시는 기능을 명시하기 위한 것으로서, 생략하여도 좋다.
가변용량형 유압 모터	B, M, 0, A	• 2방향 회전형 • B포트가 유입구일 때 출력축은 좌회전이 된다.
가변용량형 유압 오버센터 펌프	B, M, 0, N, A, N	• 1방향 회전형 • 조작요소의 위치를 N의 방향으로 조작하였을 때, A포트가 송출구가 된다.
가변용량형 유압 펌프 또는 유압 모터		
(1) 가역회전형 펌프	B, M, 0, N, A, M	• 2방향 회전형 • 입력축이 우회전할 때, A포트가 송출구로 되고, 이때의 가변조작은 조작요소의 위치 M의 방향으로 된다.
(2) 가역회전형 모터	B, M, 0, N, A, N	• A포트가 유입구일 때, 출력축은 좌회전이 되고, 이때의 가변조작은 조작요소의 위치 N의 방향으로 된다.

➡ 계속

명 칭	기 호	비 고
정용량형 유압 펌프·모터	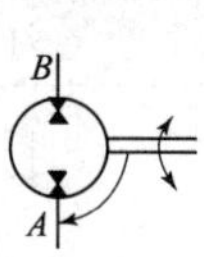	• 2방향 회전형 • 펌프로서의 기능을 하는 경우 입력축이 우회전할 때 A포트가 송출구로 된다.
가변용량형 유압 펌프·모터	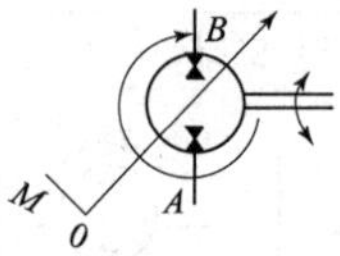	• 2방향 회전형 • 펌프 기능을 하고 있는 경우, 입력축이 우회전할 때 B포트가 송출구로 된다.
가변용량형 유압 펌프·모터	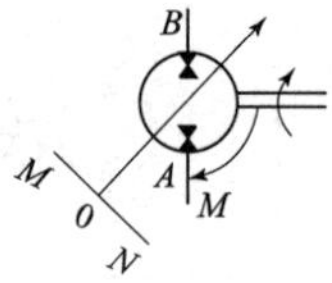	• 1방향 회전형 • 펌프 기능을 하고 있는 경우, 입력축이 우회전할 때 A포트가 송출구가 되고, 이때의 가변조작은 조작요소의 위치 M의 방향이 된다.
가변용량형 가역회전형 펌프·모터	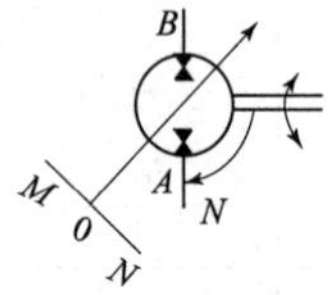	• 2방향 회전형 • 펌프 기능을 하고 있는 경우, 입력축이 우회전할 때 A포트가 송출구가 되고, 이때의 가변조작은 조작요소의 위치 N의 방향이 된다.
정용량 가변용량 변환식 가역회전형 펌프	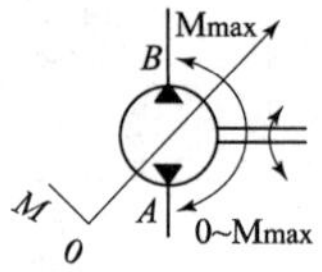	• 2방향 회전형 • 입력축이 우회전일 때는 A포트를 송출구로 하는 가변용량 펌프가 되고, 좌회전인 경우에는 최대 배제용적의 적용량 펌프가 된다.

형성평가

01 파스칼의 원리를 올바르게 설명한 것은?

① 정지 유체 내에 가해진 압력은 깊이에 비례하여 전달된다.

② 정지 유체 내에 가해진 압력은 깊이에 반비례하여 전달된다.

③ 정지 유체 내에 가해진 압력은 길이의 제곱에 비례 전달된다.

④ 밀폐된 용기 내에 가해진 압력은 모든 방향으로 균등하게 전달된다.

해설

파스칼의 원리 : "밀폐된 용기 내의 유체의 일부에 가해진 압력은 동시에 유체의 모든 부분에 동일한 강도로 전달되며 그 압력은 용기의 내면에 대하여 직각으로 작용한다."라고 정의된다.

02 그림처럼 밀폐된 시스템이 평형 상태를 유지할 경우 힘 F_1을 옳게 표현한 식은?

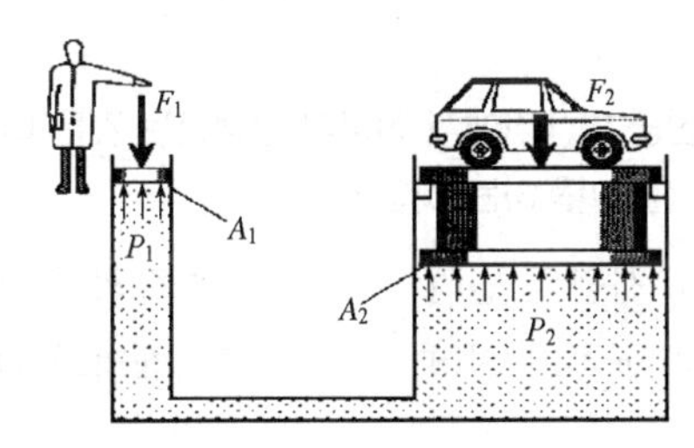

① $\dfrac{A_1 \times A_2}{F_2}$　② $\dfrac{A_1 \times F_2}{A_2}$

③ $\dfrac{F_2}{A_1 \times A_2}$　④ $\dfrac{A_2}{A_1 \times F_2}$

해설

파스칼의 원리

$P=\dfrac{F}{A}$, $P=\dfrac{F_1}{A_1}=\dfrac{F_2}{A_2}$, $F_1=F_2\times\dfrac{A_1}{A_2}$

03 아래 그림에서 다음과 같은 조건이 주어졌을 때, F_1의 힘의 크기는? (단, A_1 =100cm^2, A_2 = 1000cm^2, F_2 =2000N이다.)

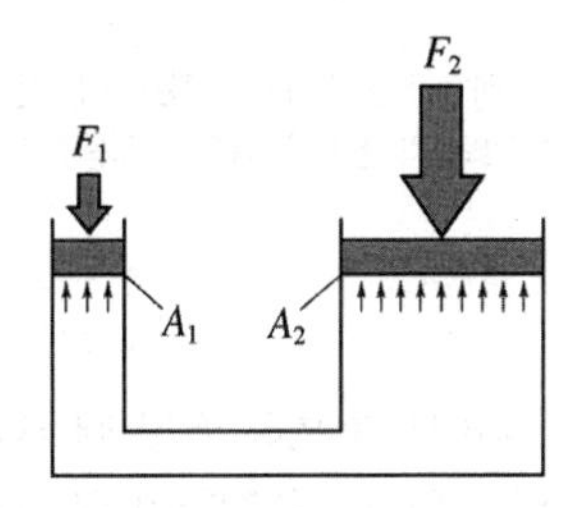

① 200N　② 400N

③ 2000N　④ 4000N

해설

파스칼의 원리

$P=\dfrac{F_1}{A_1}=\dfrac{F_2}{A_2}$ 에서

$F_1=A_1\times\dfrac{F_2}{A_2}=100\times\dfrac{2000}{1000}=200\text{N}$

04 다음 그림에서 2개의 피스톤 ①, ②의 단면적 A_1, A_2를 각각 20 cm^2, 80 cm^{2}로 한다. F_1으로 써 490.5N의 힘을 가할 때 F_2는 얼마인가?

① F_2 =981N

② F_2 =1962N

③ F_2 =294N

④ F_2 =3942N

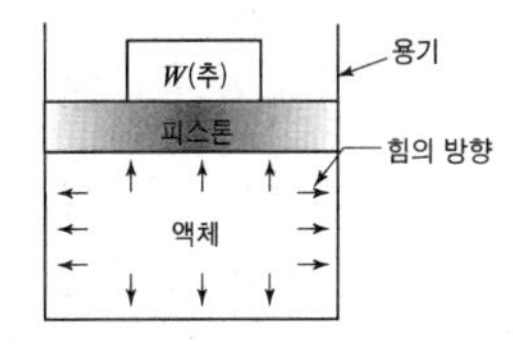

해설

파스칼의 원리

$P=\dfrac{F_1}{A_1}=\dfrac{F_2}{A_2}$ 에서

$F_2=\dfrac{F_1A_2}{A_1}=\dfrac{490.5\times80}{20}=1962\text{N}$

[정답] 01 ④ 02 ② 03 ① 04 ②

05 '액체에 전해지는 압력은 모든 방향에 동일하며 그 압력은 용기의 각 면에 직각으로 작용한다'는 것은?

① 보일의 법칙 ② 파스칼의 원리
③ 주울의 법칙 ④ 베르누이의 정리

해설
파스칼의 원리 : 액체에 전해지는 압력은 모든 방향에 동일하며 그 압력은 용기의 각 면에 직각으로 작용한다.

06 "유체가 파이프를 통해 흐를 때 액체의 유량은 파이프의 단면적에 관계없이 일정하다"는 유체의 성질은?

① 파스칼의 원리 ② 베르누이 정리
③ 연속의 법칙 ④ 유량의 법칙

해설
연속의 법칙 : 정상 흐름일 때 관의 임의의 단면을 통과하는 유체의 체적 유량이다.
Q(m^3/sec)는 어느 단면에서도 일정하다(비압축성 유체).
$Q = A_1 V_1 = A_2 V_2$

07 "압력 수두+위치 수두+속도 수두=일정"의 식과 가장 관계가 깊은 것은?

① 연속 법칙
② 파스칼 원리
③ 베르누이 정리
④ 보일-샤를의 법칙

해설
베르누이(Bernoulli)의 정리
점성이 없는 비압축성의 액체가 수평관을 흐를 경우, 에너지 보존의 법칙에 의해 성립되는 관계식의 특성을 말한다.
압력 수두 + 위치 수두 + 속도 수두 = 일정

08 압력을 비중량으로 나눈 양정(lift)의 단위는?

① m ② N/m^2
③ mmHg ④ kgf/cm^2

해설
양정(수두) : 압력을 비중량으로 나눈 것으로 단위는 m이다.

09 다음 그림과 같이 밀폐된 용기 속에 가해지는 압력에 대한 설명으로 옳은 것은?

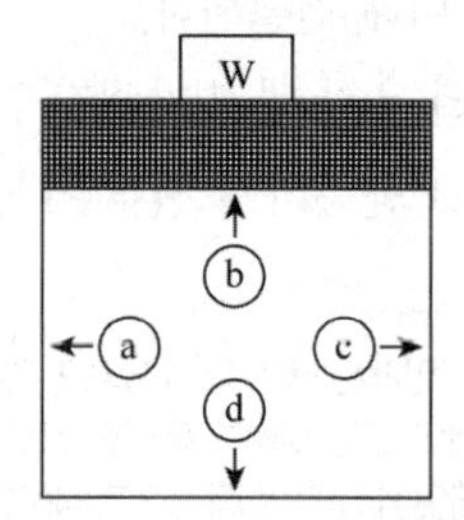

① ⓐ 방향에 가장 큰 압력이 발생한다.
② ⓑ와 ⓓ 방향에 가장 큰 압력이 발생한다.
③ ⓒ 방향에 가장 큰 압력이 발생한다.
④ ⓐ, ⓑ, ⓒ, ⓓ 방향의 압력이 모두 같다.

10 진공 발생기에서 진공이 발생하는 것은 어떤 원리를 이용하는 것인가?

① 샤를의 원리 ② 파스칼의 원리
③ 벤츄리 원리 ④ 토리첼리의 원리

해설
벤츄리 원리 : 진공 발생기에서 진공이 발생하는 원리이다.

11 기화기의 벤추리관에서 연료를 흡입하는 원리를 잘 설명할 수 있는 것은?

① 베르누이의 정리 ② 보일 샤를의 법칙
③ 파스칼의 원리 ④ 연속의 법칙

[정답] 05 ② 06 ③ 07 ③ 08 ① 09 ④ 10 ③ 11 ①

해설
베르누이의 정리 : 기화기의 벤추리관에서 연료를 흡입하는 원리이다.

12 유관의 안지름을 2.5cm, 유속을 10cm/s로 하면 최대 유량은 약 몇 cm^2/s인가?

① 49　② 98
③ 196　④ 250

해설
연속의 법칙
$Q = A \times V$에서
$Q = \frac{\pi \times 2.5^2}{4} \times 10 = 49cm^2/s$

13 베르누이의 정리에서 에너지 보존의 법칙에 따라 유체가 가지고 있는 에너지가 아닌 것은?

① 위치에너지　② 마찰에너지
③ 운동에너지　④ 압력에너지

해설
베르누이의 정리 : 유체가 흐르는 속도와 압력, 높이의 관계를 수량적으로 나타낸 법칙이다. 유체의 위치에너지와 운동에너지의 합이 항상 일정하다는 성질을 이용한 것으로, 완전유체가 규칙적으로 흐르는 경우에 대해 정리하였다.

14 비압축성 유체의 정상 흐름에 대한 베르누이 방정식 $\frac{v_1^2}{2g} + \frac{P_1}{\gamma} + z_1 = \frac{v_2^2}{2g} + \frac{P_2}{\gamma} + z_1 = const$에서 $\frac{v_1^2}{2g}$항이 나타내는 에너지의 종류는 무엇인가? (단, v : 속도, P : 압력, γ : 비중량, z : 위치)

① 속도에너지　② 위치에너지
③ 압력에너지　④ 전기에너지

해설
유체의 에너지는 속도에너지이다.

15 일방적으로 압력은 유체 내에서 단위면적당 작용하는 힘으로 나타낸다. 다음 중 압력단위로 틀린 것은?

① kgf/cm^2　② bar
③ N　④ psi(lb/in^2)

해설
압력 단위 : N/cm^2, kgf/cm^2, bar, Pa, atm, psi(lb/in^2) 등이다.

16 유압을 측정했더니 압력계의 지침이 $50kgf/cm^2$일 때 절대압력은 약 몇 kgf/cm^2인가?

① 35　② 40
③ 51　④ 61

해설
절대압력 = 대기압 ± 게이지 압력 = 1 + 50 = 51[kgf/cm^2]
- 절대압력 : 사용압력을 완전한 진공으로 하고 그 상태를 0으로 하여 측정한 압력
- 게이지 압력 : 대기압을 기준으로 측정한 압력(대기압의 압력을 0)

17 일정량의 액체가 채워져 있는 용기의 밑면적이 받는 압력은?

① 정압　② 절대압력
③ 대기압　④ 게이지 압력

해설
정압 : 일정량의 액체가 채워져 있는 용기의 밑면적이 받는 압력이다.

[정답] 12 ① 13 ② 14 ① 15 ③ 16 ③ 17 ①

18 유압장치에 부착된 압력 게이지가 40 bar을 나타내었다. 이 압력은 어떤 압력인가?

① 표준대기압　② 절대압력
③ 게이지 압력　④ 상세 압력

19 체적탄성계수의 설명으로 옳은 것은?

① 유체의 호환성을 나타낸 물리량으로 표시한다.
② 유체의 작동력 증대의 어려움을 물리량으로 표시한 것이다.
③ 유체의 압축되기 어려움을 나타낸 물리량으로 표시한 것이다.
④ 유체의 비압축성을 나타낸 물리량으로 표시한 것이다.

20 유압유의 체적탄성계수가 크면 압축의 상태는?

① 잘 된다.　② 관계없다.
③ 잘 안 된다.　④ 온도에 비례한다.

해설
체적 탄성 계수는 고른 압력을 받아 체적 V가 ΔV 만큼 감소하였을 때 단위면적당 압력과 체적 감소율의 관계를 나타내는 비례 상수로서 값이 클수록 압축이 잘 안 된다.

21 점성계수의 단위로 옳은 것은?

① $N \cdot m^2/s$　② $N \cdot s/m^2$
③ $kg \cdot m^2/s$　④ $N \cdot m^2/s^2$

해설
점성계수는 유체(流體)가 지닌 점성의 크기를 나타내는 유체 고유의 상수(常數)로서 점성계수의 SI 단위는 $\eta=(Fz)/(vA)$에서 $(N \cdot m)/(m/s \cdot m^2)=N \cdot s/m^2=Pa \cdot s$이다.

22 관 내에 흐르는 유체는 레이놀즈수에 따라 층류와 난류로 구별된다. 레이놀즈수의 일반적인 특성의 설명으로 틀린 것은? (단, $Re=\frac{UL}{\nu}$로 정의하고 U는 평균유속, L은 전단층의 폭이나 두께이다.)

① 레이놀즈수가 10^3보다 큰 경우 난류이다.
② 레이놀즈수가 10^3보다 작을 경우 층류이다.
③ 레이놀즈수가 무한으로 갈수록 레이놀즈수의 영향이 많다.
④ 레이놀즈수가 1보다 작은 경우 고점성 층류 creeping 운동이 발생한다.

해설
레이놀즈수가 무한으로 갈수록 층류이므로 레이놀즈수가 작다.

23 유체의 흐름에 관한 설명 중 잘못된 것은?

① 관을 흐르는 유체는 레이놀즈수에 따라 층류와 난류로 구별한다.
② 층류에서 마찰손실계수는 레이놀즈수를 62로 나눈 것이다.
③ 레이즈놀 수가 2300 이하인 경우에 그 유동은 층류이다.
④ 점도계수가 작고, 유속이 굵은 관을 흐를 때 난류가 일어나기 쉽다.

24 유관의 안지름을 2.5cm, 유속을 10 cm/s로 하면 최대 유량은 약 몇 cm^3/s인가?

① 49　② 98
③ 196　④ 250

[정답] 18 ③ 19 ③ 20 ③ 21 ② 22 ③ 23 ② 24 ①

해설

연속의 법칙

$Q = A \times V$ 에서

$Q = \frac{\pi \times 2.5^2}{4} \times 10 = 49\,[\text{cm}^3/\text{s}]$

25 양끝의 지름이 다른 관이 수평으로 놓여 있다. 왼쪽에서 오른쪽으로 물이 흐른다고 가정하고 정상류를 이루고 매초 2.8 l의 물이 흐른다. B 부근의 단면적이 20 cm^2이라면 그 부분의 물의 속도는 얼마가 되겠는가?

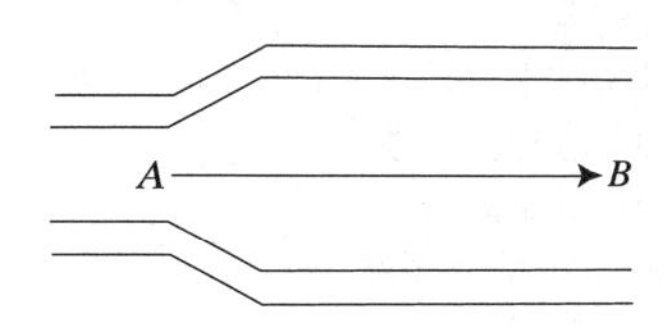

① 14 cm/sec　② 56 cm/sec
③ 140 cm/sec　④ 56 m/sec

해설

$Q = A \cdot V$ 에서

$V = Q/A = 2800\ \text{cm}^3/\text{sec} / 20\ \text{cm}^2 = 140\ \text{cm/sec}$

26 점성계수(coefficient of viscosity)는 기름의 중요 성질이다. 점성이 지나치게 클 경우 나타나는 현상 중 옳은 것은?

① 유동저항이 커진다.
② 누출 손실이 커진다.
③ 마멸이 심해진다.
④ 부품 사이에 윤활 작용을 하지 못한다.

27 오리피스에 대한 설명으로 옳은 것은?

① 공기의 온도가 갑자기 상승하는 현상이다.
② 온도가 일정하면 일정량의 기체의 압력과 체적을 곱한 값은 일정하다.
③ 좁게 교축된 부분 중 교축 길이가 관로 직경보다 작은 경우를 말한다.
④ 습공기 중에 있는 수증기의 양이나 수증기의 압력의 포화상태에 대한 비이다.

해설

오리피스 : 좁게 교축된 부분 중 교축 길이가 관로 직경보다 작은 경우를 말한다.

28 면적을 감소시킨 통로로서 길이가 단면 치수에 비하여 비교적 짧은 경우의 유동 교축부는?

① 초크(choke)　② 플런저(plunger)
③ 스풀(spool)　④ 오리피스(orifice)

해설

오리피스(orifice) : 면적을 감소시킨 통로로서 길이가 단면 치수에 비하여 비교적 짧은 경우의 유동 교축부이다.

29 유체의 교축에서 관의 면적을 줄인 부분의 길이가 단면 치수에 비하여 비교적 긴 경우의 교축을 무엇이라 하는가?

① 오리피스(orifice)
② 다이아프램(diaphragm)
③ 벤투리(venturi)
④ 쵸크(choke)

해설

쵸크 : 관로의 면적을 줄인 길이가 단면 치수에 비하여 비교적 긴 경우의 교축을 의미한다.

30 유압 펌프의 성능을 표현하는 것으로 단위 시간당 에너지를 의미하는 것은?

① 동력　② 전력
③ 항력　④ 추력

[정답] 25 ③ 26 ① 27 ③ 28 ④ 29 ④ 30 ①

해설

동력 : 유압 펌프의 성능을 표현하는 것으로 단위 시간당 에너지를 의미한다.

31 동력에 관한 설명으로 옳은 것은?

① 작용한 힘의 크기와 움직인 거리의 곱이다.
② 작용한 힘의 크기와 움직이는 속도의 곱이다.
③ 작용한 압력의 크기와 움직인 거리의 곱이다.
④ 작용한 압력의 크기와 움직이는 속도의 곱이다.

해설

동력 : 단위시간에 이루어진 일의 양을 나타내는 것으로 일률이라고도 한다. 회전운동의 형태에서 동력을 측정하는 데는 그 동력이 전달되는 축의 토크(torque)를 측정하고 이와 별도로 측정한 축의 회전각속도를 곱해 동력을 산출한다(동력=토크×회전각속도). 현재는 [kW]라고 하는 단위가 일반적으로 사용되고 있다. 1HP는 0.746 kW이다.

32 단면적이 $20cm^2$인 배관을 통해서 20cm/sec의 속도로 흐르던 오일 단면적이 $40cm^2$가 되면 배관에서 오일의 속도는 얼마가 되는가?

① 10cm/sec ② 20cm/sec
③ 40cm/sec ④ 80cm/sec

해설

$20cm^2 \times 20cm/sec = 400 \div 40cm^2 = 10cm/sec$

33 단면적이 500 cm^2인 유선 관로를 흐르는 유체의 속도가 10 m/s일 때의 유량(cm^3/s)은?

① 0.5 ② 5
③ 50 ④ 500

해설

$500cm^2 \times 10m/s = 5,000 \div 10,000 = 0.5cm^3/s$

34 유압장치의 장점을 설명한 것으로 틀린 것은?

① 에너지의 축적이 용이하다.
② 힘의 변속이 무단으로 가능하다.
③ 일의 방향을 쉽게 변환할 수 있다.
④ 작은 장치로 큰 힘을 얻을 수 있다.

해설

유압장치의 장점

- 정확한 위치 제어
- 크기에 비해 큰 힘을 발생
- 뛰어난 제어 및 조절성
- 무하와 무관한 정밀한 운동
- 과부하 방지 가능
- 정숙한 작동과 반전 및 열방출성
- 광범위한 무단변속 용이
- 원격 제어 가능
- 신속한 응답성과 자유로운 출력 제어

35 압축공기에 비하여 유압의 장점으로 옳지 않은 것은?

① 정확성 ② 비압축성
③ 배기성 ④ 힘의 강력성

36 유압 시스템은 비압축성 유체를 사용한다. 다음은 비압축성 유체를 사용하기 때문에 얻어지는 유압 시스템의 성질이다. 맞는 것은?

① 큰 힘을 낼 수 있다.
② 운동방향의 전환이 용이하다.
③ 위치제어에 적합하다.
④ 무단변속이 가능하다.

[정답] 31 ② 32 ① 33 ① 34 ① 35 ③ 36 ③

37 다음 중 유압이 이용되지 않는 곳은?

① 건설기계
② 항공기
③ 덤프차(Dump car)
④ 컴퓨터

해설
컴퓨터는 전기를 이용한다.

38 다음 중 캐비테이션(공동현상)의 발생 원인이 아닌 것은?

① 흡입 필터가 막히거나 급격히 유로를 차단한 경우
② 흡입관로 및 스트레이너의 저항 등에 의한 압력 손실이 있을 경우
③ 과부하이거나 오일의 점도가 클 경우
④ 펌프를 정격속도 이하로 저속 회전시킬 경우

해설
캐비테이션 발생 원인
- 펌프를 규정 속도 이상으로 고속회전시킬 경우
- 흡입필터가 막히거나 유온이 상승한 경우
- 과부하이거나 급격히 유로를 차단한 경우
- 패킹부의 공기 흡입
- 흡입관로 및 스트레이너의 저항 등에 의한 압력 손실이 있을 경우
- 과부하이거나 오일의 점도가 클 경우

39 관로를 흐르는 유압유가 국부적으로 압력이 낮아져 기포가 발생하고, 초고압에 의하여 압축되면서 유압유가 관로의 표면을 타격하는 현상은?

① 채터링 현상 ② 서지압 현상
③ 오리피스 ④ 공동현상

40 밸브의 변환 및 외부 충격에 의해 과도적으로 상승한 압력의 최댓값을 무엇이라고 하는가?

① 배압 ② 서지 압력
③ 크래킹 압력 ④ 리시이트 입력

해설
서지 압력 : 유량 조정 밸브의 가변 오리피스를 갑자기 닫거나 변환 밸브의 유로를 갑자기 변환 한다든지 하는 등의 경우에, 유체의 흐름을 급히 막으면 그 유체의 운동 에너지가 탄성 에너지로 변환되어 급격한 압력상승으로 나타난다. 급격한 압력상승은 압력파로 되어 그 유체 속으로 전파되어 간다. 이와 같이 유압회로 중에서 과도적으로 발생한 이상한 압력변동을 서지 현상(surge) 또는 유격(oil hammer)이라 한다.

41 유압장치의 기본적인 구성요소가 아닌 것은?

① 유압 펌프 ② 에어 컴프레서
③ 유압제어 밸브 ④ 오일 탱크

해설
에어 컴프레셔는 공압장치의 기본요소이다.

42 유압장치에서 플래싱(flashing)을 하는 목적은?

① 유압장치 내 이물질 제거
② 유압장치의 점검
③ 유압장치의 고장방지
④ 유압장치의 유량 증가

43 다음 중 유압장치의 주요 구성요소가 아닌 것은?

① 동력원(power unit)
② 연결부(conetion unit)
③ 제어부(control unit)
④ 구동부(actuater)

[정답] 37 ④ 38 ④ 39 ④ 40 ② 41 ② 42 ① 43 ②

44 다음 중 펌프의 전 효율(펌프 효율)에 관한 식으로 가장 옳은 것은?

① 전 효율 = 용적효율 × 기계효율

② 전 효율 = 용적효율 / 기계효율

③ 전 효율 = 기계효율 / 용적효율

④ 전 효율 = 기계효율 × 전력효율

해설

펌프의 전 효율 = 용적효율 × 기계효율

45 다음 중 기계효율을 설명한 것으로 맞는 것은?

① 펌프의 이론 토출량에 대한 실제 토출량의 비

② 구동장치로부터 받은 동력에 대하여 펌프가 유압유에 준 이론 동력의 비

③ 펌프가 받은 에너지를 유용한 에너지로 변환한 정도의 대한 척도

④ 펌프 동력의 축동력의 비

해설

기계효율 : 구동장치로부터 받은 동력에 대하여 펌프가 유압유에 준 이론 동력의 비

46 펌프의 용적효율 94%, 압력효율 95%, 펌프의 전효율이 85%라면 펌프의 기계효율은 약 몇 %인가?

① 85 ② 87

③ 92 ④ 95

해설

$$기계효율 = \frac{전효율}{압력효율 \times 용적효율} = \frac{0.85}{0.95 \times 0.94} = 0.95 = 95\%$$

47 유압 펌프에서 송출압력을 P(kg/cm^2) 실제 송출량이 Q(cm^3)일 때 펌프 동력 LP(kw)를 구하는 식은?

① $LP = (PQ/4500)$kw

② $LP = (PQ/7500)$kw

③ $LP = (PQ/8600)$kw

④ $LP = (PQ/10200)$kw

48 유압 펌프의 송출압력이 40kgf/cm^2, 송출량이 25L/min인 경우 펌프의 축동력(kW)은 약 얼마인가? (단, 펌프의 효율은 80%이다.)

① 2.04 ② 2.14

③ 2.26 ④ 2.41

해설

펌프 동력

$$L_P = \frac{P \cdot Q}{612}[\text{kW}] = \frac{P \cdot Q}{450}[\text{PS}]$$

$$= \frac{40 \times 25}{612 \times 0.8} = 2.04[\text{kW}]$$

49 펌프의 송출압력이 50kgf/cm^2, 송출량이 20L/min인 유압 펌프의 펌프 동력은 약 몇 kW인가?

① 1.0 ② 1.2

③ 1.6 ④ 2.2

해설

$$L_p = \frac{PQ}{612}[\text{kW}],\ L_p = \frac{PQ}{450}[\text{PS}]$$

P의 단위가 [kgf/cm^2]이고, Q의 단위가 [L/min]이다.

$$L_p = \frac{PQ}{612}[\text{PS}] = \frac{50 \times 20}{612} = 1.63[\text{kW}]$$

[정답] 44 ① 45 ② 46 ④ 47 ④ 48 ① 49 ③

50 안지름이 20cm 피스톤 속도가 5m/sec일 때 필요한 유량은 분당 몇 L/min인가?

① 314　② 500
③ 132　④ 157

해설

$Q = A \times V = \frac{\pi d^2}{4} \times V$

$= \frac{\pi \times 0.2^2}{4} \times 5 = 0.157\text{m}^3/\text{min} \times 1000$

$= 157 l/\text{min}$

51 토출압이 40kg/cm^2, 토출량이 48 l/min 회전수가 1200rpm인 용적형 펌프가 있다. 소비동력이 3.9kW일 때 펌프의 전효율은?

① 95%　② 90.5%
③ 85%　④ 80.5%

해설

$L_p = \frac{PQ}{612}(\text{Kw}) = \frac{40 \times 48}{612} = 3.14\text{Kw}$

$\eta_v = \eta_v \cdot \eta_m \frac{L_P}{L_{th}} \cdot \frac{L_{th}}{L_s} \times 100\% = \frac{L_P}{L_t} \times 100\%$

$\eta = \frac{3.14}{3.9} = 80.5\%$

52 유압 펌프에서 이론 동력을 L_h, 펌프 축동력을 L_s라고 할 때 기계효율 η_m을 구하는 식은?

① $\eta_m = L_h \times L_s$
② $\eta_m = L_h + L_s$
③ $\eta_m = L_h / L_s$
④ $\eta_m = L_s / L_h$

해설

$\eta_m = \frac{L_h}{L_s}$

(η_m : 기계효율, L_s : 축동력, L_h : 액동력(이론유체동력))

53 유압모터의 토크 효율을 η_T, 최적 효율을 η_V라고 할 때, 전 효율은?

① $\eta = \eta_T - \eta_V$
② $\eta = \eta_T + \eta_V$
③ $\eta = \eta_T \times \eta_V$
④ $\eta = \eta_T / \eta_V$

해설

- 유압모터에서 얻는 출력동력(L) : $L = 2\pi n T$
- 기름이 가지고 있는 동력(L_p) : $L_p = \Delta p \cdot Q$
- 전효율(η) : $\eta = \frac{L}{L_p} = \frac{2\pi\eta T}{\Delta P \cdot Q} = \frac{2\pi\eta T}{\Delta P \cdot Q} \frac{Vth}{Vth}$

$= \frac{Vth^3}{Q} \cdot \frac{T}{\frac{\Delta P \cdot Vth}{2\pi}}$

$= \frac{Qth}{Q} \cdot \frac{T}{Tth} = \eta_V \times \eta_T$

54 펌프의 송출압력이 35kgf/cm^{2}이고, 실제 송출유량은 45 l/min이며, 회전수 1000rpm이다. 소비동력이 4PS이라면 펌프의 효율은 몇 %인가?

① 82.5　② 87.5
③ 92.5　④ 95.5

해설

$L_p = \frac{P \times Q}{450} = \frac{35 \times 45}{450} = 3.5\text{ps}$

$\eta = \frac{L_p}{L_s} = \frac{3.5}{4} = 0.875 = 87.5\%$

55 다음 중 기계적 에너지를 유압 에너지로 바꾸는 유압기기는?

① 공기 압축기
② 유압 펌프
③ 오일 탱크
④ 유압제어 밸브

[정답] 50 ④ 51 ④ 52 ③ 53 ③ 54 ② 55 ②

해설

- 공기 압축기(air compressor) : 압축공기의 생산(일반적으로 10 bar 이내)
- 오일 탱크 : 기름 속에 혼입되어 있는 불순물이나 기포의 분리 또는 제거를 한다.
- 유압 모터 : 작동유의 유체 에너지를 축의 연속 회전운동을 하는 기계적 에너지로 변환시켜주는 액추에이터로 유압 모터의 토크는 압력으로 제어하고, 회전 속도는 유량으로 제어
- 유압 펌프 : 원동기(전기모터, 내연기관 등)로부터 공급받은 동력을 기계적 유압 에너지로 변환시켜 작동매체인 작동유를 통하여 유압계통에 에너지를 가해주는 기기를 말하는데, 간단히 말해서 압축유를 공급하는 액추에이터

56 다음 중 유압 펌프에 속하지 않는 것은?

① 기어펌프

② 베인 펌프

③ 에어 펌프

④ 피스톤 펌프

해설

<table>
<tr><td rowspan="9">유압 펌프</td><td rowspan="5">용적형 펌프</td><td rowspan="3">회전 펌프</td><td>기어펌프</td></tr>
<tr><td>나사 펌프</td></tr>
<tr><td>베인 펌프</td></tr>
<tr><td rowspan="2">피스톤 펌프</td><td>회전피스톤 펌프</td></tr>
<tr><td>왕복동 펌프</td></tr>
<tr><td rowspan="4">비용적형 펌프</td><td rowspan="2">원심 펌프</td><td>터빈 펌프</td></tr>
<tr><td>벌류트 펌프</td></tr>
<tr><td>축류 펌프</td><td></td></tr>
<tr><td>혼유형 펌프</td><td></td></tr>
</table>

57 유압 펌프 중에서 비용적형 펌프에 해당되는 것은?

① 터빈 펌프

② 기어펌프

③ 베인 펌프

④ 피스톤 펌프

해설

- **비용적형 펌프**
  - 원심펌프 : 터빈 펌프, 벌류트 펌프
  - 혼류형 펌프
  - 축류 펌프
  - 로토젯 펌프
- **용적형 펌프**
  - 회전 펌프 : 기어펌프, 나사 펌프, 베인 펌프
  - 피스톤 펌프 : 회전 피스톤 펌프, 왕복동 펌프

58 다음 중 소형 펌프 제작에 주로 사용되며 두 기어가 같은 방향으로 회전하는 특징을 가진 기어펌프는?

① 로브 펌프 ② 내접기어펌프

③ 외접기어펌프 ④ 트로코이드 펌프

해설

① 로브 펌프 : 연속적으로 접촉하여 회전하므로 소음이 적다.

② 내접기어펌프 : 소형 펌프 제작에 주로 사용되며, 두 기어가 같은 방향으로 회전한다.

③ 외접기어펌프 : 부품 수가 다른 펌프에 비해서 적고, 고속 운전이 가능하다.

④ 트로코이드 펌프 : 트로코이드 곡선을 사용한 내접식 펌프이며, 내외측 모터의 상대속도가 작아서 기어의 마모나 소음이 적다.

59 토출측까지 운반된 오일의 일부는 기어의 맞물림에 의해 두 기어의 틈새에 폐쇄되어 다시 원래의 흡입측으로 되돌려지는 폐인 현상이 일어나는 펌프는?

① 베인 펌프

② 내접기어펌프

③ 외접기어펌프

④ 피스톤 펌프

[정답] 56 ③ 57 ① 58 ② 59 ③

60 작동원리는 외접기어펌프와 같으나 연속적으로 회전하므로 소음이 적고 기어펌프보다 1회전당 배출량이 많으나 배출량의 변동이 다소 큰 펌프는?

① 외접 기어펌프
② 내접 기어펌프
③ 로브 펌프
④ 트로코이드 펌프

61 안쪽기어 로터가 전동기에 의하여 회전하면 바깥쪽 로터도 따라서 회전하며 저압용으로 윤활유 펌프, 연료공급용으로 사용되는 펌프는?

① 외접 기어펌프
② 내접 기어펌프
③ 로브 펌프
④ 트로코이드 펌프

62 사출 성형기나 프레스, 공작기계, 유압 엘리베이터 등에도 사용하는 펌프는?

① 외접 기어펌프
② 스크루 펌프
③ 로브 펌프
④ 트로코이드 펌프

63 다음의 나사 펌프에 대한 설명 중 올바른 것은 무엇인가?

① 마찰력이 크고 효율이 높다.
② 축 방향 부하에 대한 평형이 어렵다.
③ 가변 토출량형 펌프이다.
④ 운전소음이 작고 맥동에 의한 영향이 미소하다.

해설
나사 펌프는 운전소음이 작고 맥동에 의한 영향이 미소하다.

64 구조가 간단하고 값이 싸므로 차량, 건설기계, 운반기계 등에 널리 쓰이고 있는 유압 펌프는 무엇인가?

① 피스톤 펌프 (piston pump)
② 베인 펌프 (vane pump)
③ 기어펌프 (gear pump)
④ 벌류트 펌프 (volute pump)

해설
일반적으로 기어펌프는 구조가 간단하고 값이 싸므로 차량, 건설기계, 운반기계 등에 널리 쓰이고 있다.

65 기어펌프에서 폐입 현상을 방지하는 방법은?

① 기어펌프의 토출압을 낮춘다.
② 바이패스를 설치한다.
③ 백래시를 적게 한다.
④ 기어 측면에 홈을 판다.

66 폐입 현상이 생기면 나타나는 현상이 아닌 것은?

① 유압유는 고압측에 있어서 온도 상승이 된다.
② 계속되어 발생하는 캐비테이션 때문에 기화하여 거품이 많이 발생한다.
③ 축 동력의 감소한다.
④ 기어의 진동, 소음의 원인이 된다.

[정답] 60 ③ 61 ④ 62 ② 63 ④ 64 ③ 65 ④ 66 ③

해설

유압유는 고압측에 있어서 온도 상승이 되고 계속되어 발생하는 캐비테이션 때문에 기화하여 거품이 많이 발생하고 축 동력의 증가, 기어의 진동, 소음의 원인이 된다.

67 다음 펌프에 관한 설명 중 틀린 것은?

① 기어펌프는 송출량이 일정하고 구조가 간단하며 비교적 단순한 유압회로에 적당하다.
② 베인 펌프는 송출량에 따라 일정량과 가변형이 있으며 효율이 양호하고 염가이다.
③ 피스톤 펌프는 송출량에 따라 일정형과 가변형이 있으며 구조가 복잡하고 고가이다.
④ 고압력 대출력을 요하는 경우에는 베인 펌프가 좋다.

68 펌프 중 다른 펌프와 비교하여 비교적 높은 압력까지 형성할 수 있는 펌프는?

① 베인 펌프 ② 내접기어펌프
③ 외접기어펌프 ④ 피스톤 펌프

69 유압 펌프의 종류가 아닌 것은?

① 기어펌프 ② 베인 펌프
③ 피스톤 펌프 ④ 마찰 펌프

70 다음 중 가변 토출량 베인 펌프란?

① 편심량의 크기를 바꿈으로 토출량이 변하는 것
② 베인(날개)의 크기를 바꿈으로 토출량이 변하는 것
③ 편심 고정 토크에 따라 토출량이 변하는 것
④ 베인의 회전 방향을 바꿈으로 토출량이 변하는 것

71 베인 펌프의 기본형으로 펌프축이 회전하면 로터(rotor) 홈에 끼워진 베인은 원심력과 토출 압력에 의해 캠링 내벽에 접촉력을 발생시키며 회전하는 펌프는?

① 단단 베인 펌프(single type vane pump)
② 2연 베인 펌프(Double type vane pump)
③ 2단 베인 펌프(Two-stage vane pump)
④ 복합 베인 펌프(Combination vane pump)

72 유압 단단 베인 펌프의 소용량 펌프와 대용량 펌프를 동일 축 상에 조합시킨 펌프는?

① 2단 베인 펌브 ② 2연 베인 펌브
③ 2중 베인 펌브 ④ 2극 베인 펌브

73 2연 베인 펌프 (Double type vane pump)에 대한 설명으로 틀린 것은?

① 단단 펌프의 소용량 펌프와 대용량 펌프를 동일축 상에 조합시킨 것으로 흡입구가 1구형과 2구형이 있다.
② 토출구가 2개 있으므로 각각 다른 유압원이 필요한 경우나 서로 다른 유량이 필요로 할 때 사용된다.
③ 2개의 카트리지를 1개의 본체 내에 직렬로 연결하여 2개의 원동기로 구동되는 펌프이다.
④ 1개의 펌프 유닛을 가지고 2개의 유압원을 얻고자 할 때 사용한다.

[정답] 67 ④ 68 ④ 69 ④ 70 ① 71 ① 72 ② 73 ③

해설

2개의 카트리지를 1개의 본체 내에 병렬로 연결하여 1개의 원동기로 구동되는 펌프로 설비비가 매우 경제적이다.

74 고압으로 큰 출력이 요구되는 구동에 적합하며 부하분배 밸브(load dividing valve)가 부착되어 있는 펌프는?

① 단단 베인 펌프(single type vane pump)
② 2연 베인 펌프(Double type vane pump)
③ 2단 베인 펌프(Two-stage vane pump)
④ 복합 베인 펌프(Combination vane pump)

해설

2단 베인 펌프(Two-stage vane pump)
- 단단 베인 펌프 2개를 1개의 본체 내에 직렬로 연결시킨 것이며 고압이므로 큰 출력이 요구되는 구동에 적합하다.
- 부하분배 밸브(load dividing valve)가 부착되어 있다.
- 최고 압력은 140~210kg/cm^{3}이다. 최고 토출량은 300 l/min이다.

75 복합 베인 펌프(Combination vane pump)에 대한 설명으로 틀린 것은?

① 저압 대용량, 고압 소용량 펌프와 릴리프 밸브, 언로딩 밸브, 체크밸브를 1개의 본체에 조합시킨 펌프이다.
② 압력제어를 자유로이 조작할 수 있고 오일 온도가 상승하는 것을 방지하나 값이 비싸고 크기가 대형(체적이 크다)이다.
③ 배관이 복잡하여 비경제적이다.
④ 프레스, 사출성형기, 공작기계 등에 사용된다.

해설

배관이 절약되고 경제적이다.

76 가변 용량형 베인 펌프(Variable delivery vane pump)에 대한 설명으로 틀린 것은?

① 로터와 링의 편심량을 바꿈으로서 토출량을 변화시킬 수 있는 비평형형 펌프이다.
② 유압회로에 의하여 필요한 만큼의 유량만을 토출하고 남은 유량은 토출하지 않으므로 유압회로의 효율을 증가시킬 수 있다.
③ 오일의 온도상승이 억제되어 전 에너지를 유효한 일 양으로 변화시킬 수 있다.
④ 비평형형이므로 펌프 자체 수명이 길고 소음이 적다.

해설

가변 용량형 베인 펌프
- 로터의 회전중심 또는 원형 캠링을 기계적으로 조절하여 1회전당 이론 토출량을 조정할 수 있는 펌프이다.
- 편심량은 압력보상 장치로 조절한다.
- 불필요한 유량을 토출하지 않으므로 동력손실이 적다.
- 비평형형이므로 펌프 자체 수명이 짧고 소음이 많다는 단점이 있다.

77 압력상승에 따라 자동적으로 토출량이 감소하며 토출량과 압력은 펌프의 정격범위 내에서 목적에 따라 무단계로 제어가 가능하며 릴리프 유량을 조절하여 오일의 온도상승을 방지하여 소비전력을 절감할 수 있는 펌프는?

① 단단 베인 펌프 ② 2연 베인 펌프
③ 2단 베인 펌프 ④ 복합 베인 펌프

[정답] 74 ③ 75 ③ 76 ④ 77 ①

78 다음 그림과 같은 유압 펌프의 종류는?

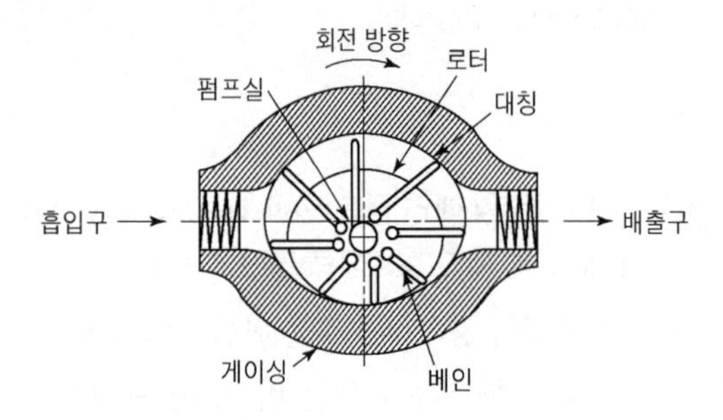

① 나사 펌프 ② 베인 펌프
③ 로브 펌프 ④ 피스톤 펌프

해설
베인 펌프는 공작기계, 프레스 기계, 사출 성형기 등의 산업기계 장치 또는 차량용으로 널리 쓰이는 유압 펌프로서 정 토출량 형과 가변 토출량 형이 있다. 일반적인 구조로는 그림과 같이 입구나 출구 포트(port), 로터(rotor), 캠링(cam ring) 등이 있으며 카트리지(cartridge)로써 대치한다.

79 다음 중 베인 펌프의 장점에 해당되지 않는 것은?

① 수명이 길고, 성능이 안정적이다.
② 베인의 마모에 의한 압력 저하가 발생되지 않는다.
③ 기어펌프나 피스톤 펌프에 비해 토출압력의 맥동이 적다.
④ 펌프 출력에 비해 형상 치수가 크다.

해설
베인 펌프의 장점
- 기어펌프나 피스톤 펌프에 비해 토출압력의 맥동이 적다.
- 베인의 마모에 의한 압력저하가 발생되지 않는다.
- 비교적 고장이 적고 수리 및 관리가 용이하다.
- 펌프 출력에 비해 형상치수가 작다.
- 수명이 길고 장시간 안정된 성능을 발휘할 수 있다.

80 구조가 간단하고 성능이 좋아 많은 양의 기름을 수송하는 산업용에 적합한 펌프는?

① 기어펌프(gear pump)
② 나사 펌프(screw pump)
③ 피스톤 펌프(pistom pump)
④ 베인 펌프(vane pump)

해설
베인 펌프(vane pump) : 구조가 간단하고 성능이 좋아 많은 양의 기름을 수송하는 산업용에 적합하다.

81 다음 중 로터의 회전에 의해서 작동하는 펌프는 무엇인가?

① 베인 펌프 ② 기어펌프
③ 나사 펌프 ④ 축류 펌프

해설
로터의 회전에 의해서 작동하는 펌프는 베인 펌프이다.

82 다음 중 베인 펌프에서 압력을 발생하는 주요 부품이 아닌 것은 무엇인가?

① 켐링 ② 베인
③ 모터 ④ 로터

해설
베인 펌프에서 압력을 발생하는 주요 부품은 켐링, 베인, 로터이다.

83 베인 펌프에 사용되는 베인의 분류 중 특수 베인형에 속하지 않는 것은?

① 스프링 압상 베인식
② 듀얄 베인식
③ 플런저 베인식
④ 인트라 베인식

[정답] 78 ② 79 ④ 80 ④ 81 ① 82 ③ 83 ③

해설

특수 베인형 : 스텝, 듀알, 인트라, 스프링 로뎃 방식 등

84 피스톤 펌프의 특징이 아닌 것은?

① 고속, 고압에 적합하다.
② 펌프 효율이 가장 높다.
③ 가변 용량형에 적합하다.
④ 기름의 오염에 비교적 강한 편이다.

해설

피스톤 펌프의 특징
- 고속, 고압의 유압장치에 적합하다.
- 다른 유압 펌프에 비해 효율이 가장 좋다.
- 가변 용량형 펌프로 많이 사용된다.
- 구조가 복잡하고 가격이 고가이다.

85 왕복식 유압 펌프는?

① 기어펌프 ② 베인 펌프
③ 스크루 펌프 ④ 피스톤 펌프

해설

용적형 펌프
- 회전 펌프 : 기어펌프, 나사 펌프, 베인 펌프
- 피스톤 펌프 : 회전 피스톤 펌프, 왕복식 펌프

86 피스톤의 왕복운동을 활용하여 작동유에 압력을 주며 고압에 적당하고 누설이 적어 효율을 높일 수 있고 사축식과 사판식의 2가지 종류를 가지고 있는 펌프를 무엇이라 하는가?

① 플런저 펌프(Plunger pump)
② 복합 펌프(Combination pump)
③ 가변용량형 펌프(Variable delivery vane pump)
④ 기어펌프 (Gear pump)

해설

피스톤 펌프를 플런저 펌프라 한다.

87 유압 펌프 중에서 가장 효율이 좋은 펌프는 무엇인가?

① 기어펌프 ② 베인 펌프
③ 피스톤 펌프 ④ 나사 펌프

해설

① 기어펌프 : 75%~90%
② 베인 펌프 : 75%~90%
③ 피스톤 펌프 : 85%~95%
④ 나사 펌프 : 75%~85%

88 고압 발생에 가장 적당한 펌프는?

① 드레인 분리 펌프
② 필터사용 펌프
③ 플런저 펌프
④ 진공 펌프

89 유압 펌프인 가변 용량 베인 펌프의 토출량을 변화시키는 방법 중 가장 바람직한 것은?

① 로터의 회전 중심을 움직이든가 캠링을 움직여야 한다.
② 로터의 회전 중심만 움직이고 캠링은 고정한다.
③ 로터의 중심과 캠링을 고정하고 작동시키면 된다.
④ 로터의 회전 중심을 고정하고 캠링을 움직여야 한다.

[정답] 84 ④ 85 ④ 86 ① 87 ③ 88 ③ 89 ①

90 피스톤 펌프의 배제용적을 변화시키기 위한 유량제어하는 방법이 아닌 것은?

① 압력 차단 제어
② 실린더 제어
③ 일정 압력제어
④ 일정 속도 제어

해설
유량제어방법 : 핸들식 제어, 스템식 제어, 실린더 제어, 압력 차단 제어, 일정압력제어

91 유압기기에서 유압 펌프(hydraulic pump)의 특성은 어떠한 것이 좋은가?

① 토출량에 따라 속도가 변할 것
② 토출량에 따라 밀도가 클 것
③ 토출량의 맥동이 적을 것
④ 토출량의 변화가 클 것

92 용량이 같은 단단 펌프 2개를 1개의 본체 내에 직렬로 연결시킨 것이며, 고압이므로 대출력이 요구되는 곳에 적합한 펌프는?

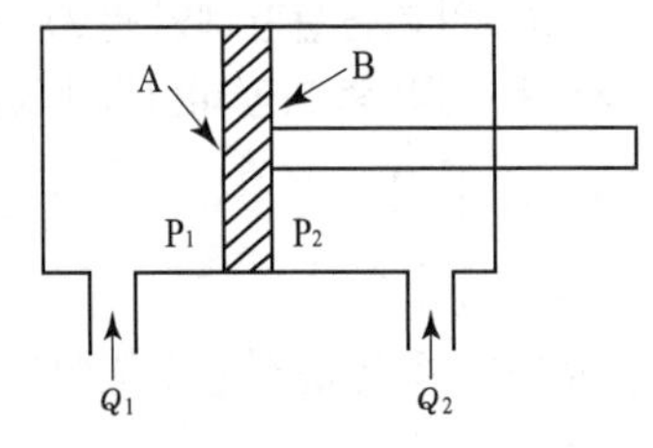

① 단연 베인 펌프 ② 단단 베인 펌프
③ 2단 베인 펌프 ④ 2연 베인 펌프

93 다음 중 체적 효율이 가장 높은 펌프는?

① 외접 기어펌프
② 평형형 베인 펌프
③ 내접 기어펌프
④ 회전 피스톤 펌프

해설
회전 피스톤 펌프는 체적효율이 가장 높은 펌프이다.

94 유압 펌프에서 강제식 펌프의 장점이 아닌 것은?

① 비강제식에 비해 크기가 대형이며 체적효율이 좋다.
② 높은 압력(70bar 이상)을 낼 수 있다.
③ 작동 조건의 변화에도 효율의 변화가 적다.
④ 압력 및 유량의 변화에도 원활하게 작동한다.

95 유압 펌프가 기름을 토출하지 않고 있다. 확인 검사 방법 중 거리가 먼 것은?

① 펌프의 회전 방향을 확인한다.
② 펌프 설치의 진동을 검사한다.
③ 펌프의 흡입쪽을 검사한다.
④ 펌프의 정상 상태를 검사한다.

96 유압 펌프의 장점에 해당되지 않는 것은?

① 높은 압력($70N/cm^2$)을 낼 수 있다.
② 작동 조건에 따라 효율의 변화가 크다.
③ 펌프의 크기가 작고 체적효율이 높다.
④ 여러 가지 압력 및 유량에서 원활히 작동한다.

해설
유압 펌프의 장점 : 작동 조건에 따라 효율의 변화가 작다.

[정답] 90 ④ 91 ③ 92 ③ 93 ④ 94 ① 95 ② 96 ②

97 유압 펌프가 기름을 토출하지 않고 있다. 확인 검사 방법 중 거리가 먼 것은?

① 펌프의 회전 방향을 확인한다.

② 펌프 설치의 진동을 검사한다.

③ 펌프의 흡입 쪽을 검사한다.

④ 펌프의 정상 상태를 검사한다.

98 유압 펌프의 흡입 저항이 크면 캐비테이션(Cavitation)이 일어나기 쉽다. 다음 중 캐비테이션을 방지하기 위하여 주의하여야 사항 중 설명이 틀린 것은?

① 오일탱크의 오일점도는 800[cst](40,000 SSU)를 넘지 않도록 한다.

② 흡입구의 양정을 1m 이하로 한다.

③ 흡입관의 굵기는 유압 펌프 본체의 연결구 크기보다 작은 것을 사용한다.

④ 펌프의 운전속도는 규정 속도 이상으로 해서는 안 된다.

99 정용량 베인 펌프 종류가 아닌 펌프는?

① 단단 펌프

② 2연 베인 펌프

③ 2단 베인 펌프

④ 더블 펌프

100 유압 펌프의 용량은 무엇으로 결정하는가?

① 무게

② 유체의 압력과 속도

③ 유체의 압력과 토출량

④ 유체의 토출량과 속도

101 유압장치에서 플래싱(flashing)을 하는 목적은?

① 유압장치내 이물질 제거

② 유압장치의 점검

③ 유압장치의 고장방지

④ 유압장치의 유량증가

102 유압 펌프인 가변 용량 베인 펌프의 토출량을 변화시키는 방법 중 가장 바람직한 것은?

① 로터의 회전 중심을 움직이든가 캠링을 움직여야 한다.

② 로터의 회전 중심만 움직이고 캠링은 고정한다.

③ 로터의 중심과 캠링을 고정하고 작동시키면 된다.

④ 로터의 회전 중심을 고정하고 캠링을 움직여야 한다.

103 유압기기에서 유압 펌프(hydraulic pump)의 특성은 어떠한 것이 좋은가?

① 토출량에 따라 속도가 변할 것

② 토출량에 따라 밀도가 클 것

③ 토출량의 맥동이 적을 것

④ 토출량의 변화가 클 것

104 관로를 흐르는 유압유가 국부적으로 압력이 낮아져 기포가 발생하고, 초고압에 의하여 압축되면서 유압유가 관로의 표면을 타격하는 현상은?

① 채터링 현상　② 서지압 현상

③ 오리피스　④ 공동현상

[정답] 97 ② 98 ③ 99 ④ 100 ③ 101 ① 102 ① 103 ③ 104 ④

105 가변 용량형 사축식 액셜 피스톤 펌프의 경사각 허용범위로 적당한 것은?

① 22 ~ 30°　　② 32 ~ 40°
③ 42 ~ 50°　　④ 52 ~ 60°

106 펌프가 포함된 유압 유니트에서 펌프 출구의 압력이 상승하지 않는다면 그 원인으로 적당하지 않은 것은?

① 외부 누설 증가
② 릴리프 밸브의 고장
③ 밸브 실(seal)의 파손
④ 속도제어 밸브의 조정 불량

해설
압력이 상승되지 않는 경우
- 릴리프 밸브의 고장
- 부하가 걸리지 않음
- 펌프의 고장
- 언로드 밸브 고장
- 외부 누설 증가
- 밸브 실(seal)의 파손

107 펌프의 토출압력이 높아질 때 체적 효율과의 관계로 옳은 것은?

① 효율이 증가한다.
② 효율은 일정하다.
③ 효율이 감소한다.
④ 효율과는 무관하다.

해설
펌프의 토출압력이 높아질 때 체적 효율이 감소한다.

108 유압 시스템에서 기름탱크의 안전 온도 영역은?

① 20°~40°　　② 40°~80°
③ 30°~55°　　④ 70°~120°

109 유압 시스템의 배관부에서 압력손실이 생기지 않는 곳은?

① 제어 밸브 출구에서 탱크사이
② 실린더 출구에서 유량 조절 밸브까지
③ 펌프 출구에서 제어 밸브까지
④ 유량 조정 밸브에서 필터 입구까지

110 유압 펌프의 소음 발생 원인이 아닌 것은?

① 헤드 커버 고정 볼트가 느슨한 경우
② 펌프 회전이 너무 빠른 경우
③ 작동유의 점성이 낮은 경우
④ 펌프의 흡입이 불량한 경우

해설
펌프의 소음원인
- 펌프의 흡입이 불량
- 공기의 침입
- 에어필터의 막힘
- 작동유의 점성이 높음
- 펌프 회전이 너무 빠른 경우

111 유압 펌프의 용량은 무엇으로 결정하는가?

① 압력과 토출량　　② 토출량과 속도
③ 압력과 속도　　④ 속도와 무게

112 다음 중 유압장치의 압력이 상승하지 않을 때의 대처 행동이 아닌 것은?

① 언로드 회로를 점검한다.
② 유압 배관이 도면대로 되어 있는지 검사한다.
③ 펌프로부터 기름이 토출되고 있는지 검사한다.
④ 펌프의 운전속도를 규정속도 이상으로 가동한다.

[정답] 105 ① 106 ④ 107 ③ 108 ③ 109 ④ 110 ③ 111 ① 112 ④

해설

펌프의 운전속도를 규정속도 이하로 가동한다.

113 유압 펌프의 흡입저항이 크면 캐비테이션(Cavitation)이 일어나기 쉽다. 다음 중 캐비테이션을 방지하기 위하여 주의하여야 할 사항 중 설명이 틀린 것은?

① 오일탱크의 오일 점도는 800 cSt(40,000 SSU)을 넘지 않도록 한다.
② 흡입구의 양정을 1m 이하로 한다.
③ 흡입관의 굵기는 유압 펌프 본체의 연결구 크기보다 작은 것을 사용한다.
④ 펌프의 운전속도는 규정 속도 이상으로 해서는 안 된다.

114 유압 펌프의 용량은 무엇으로 결정하는가?

① 무게
② 유체의 압력과 속도
③ 유체의 압력과 토출량
④ 유체의 토출량과 속도

115 유압 펌프의 동력을 산출하는 방법으로 옳은 것은?

① 힘×거리
② 압력×유량
③ 질량×가속도
④ 압력×수압 면적

해설

유압 펌프의 동력 : 실제로 펌프에서 기름에 전달되는 동력으로 압력×유량(토출량)이다.

116 오일탱크의 유온의 온도는?

① 70~80℃ ② 60~70℃
③ 55~65℃ ④ 45~55℃

117 다음 기호의 명칭은?

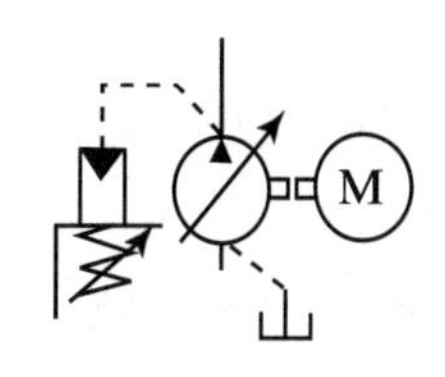

① 유압모터
② 유압 펌프
③ 가변용량형 모터
④ 가변용량형 펌프

118 다음 그림의 기호는 어떤 심벌(symbol)인가?

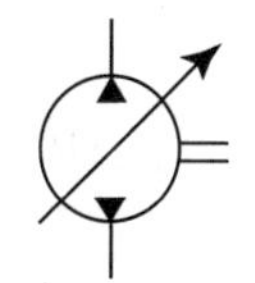

① 고정형 유압 펌프
② 가변 용량형 유압 펌프
③ 공기 압축기
④ 기어 모터

119 다음의 기호가 나타내는 것은 무슨 게이지인가?

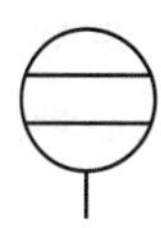

① 유량계
② 유면계
③ 차압계
④ 검류기

[정답] 113 ③ 114 ③ 115 ② 116 ④ 117 ④ 118 ② 119 ②

120 다음 기호의 설명으로 옳은 것은?

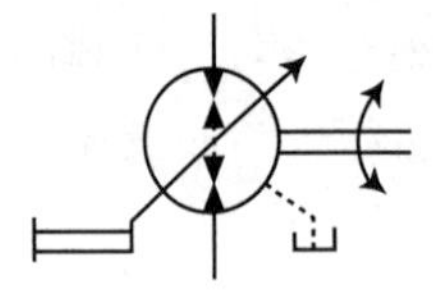

① 가변용량형, 2방향유동, 외부드레인, 인력조작
② 가변용량형, 2방향유동, 내부드레인, 인력조작
③ 가변용량형, 2방향유동, 외부드레인, 조작기구미지정
④ 정용량형, 2방향유동, 외부드레인, 인력조작

121 다음 기호 중 열교환기가 아닌 것은?

① 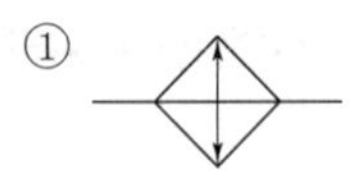
② 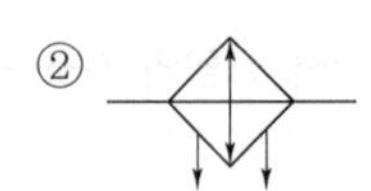
③ 
④ 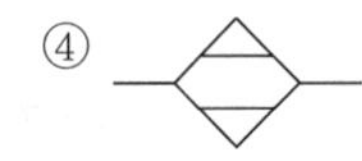

122 다음 그림의 중립위치는 어떤 유로형인가?

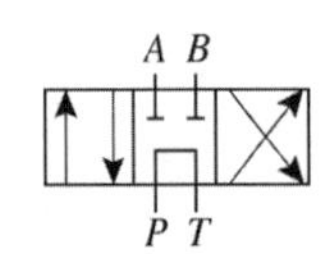

① 오픈 센터형
② 펌프 클로즈드 센터형
③ 텐덤 센터형
④ 탱크 클로즈드 센터형

해설
위 그림의 중립위치의 유로형은 텐덤 센터형이다.

123 다음 기호를 보고 알 수 없는 것은?

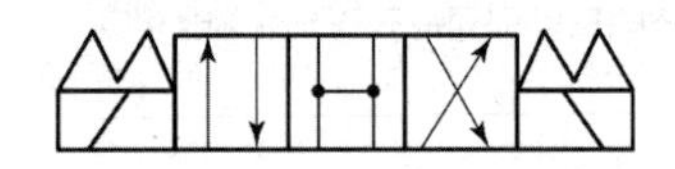

① 포트 수 ② 위치의 수
③ 조작방법 ④ 접속의 형식

해설
위 그림에서 알 수 없는 것은 접속의 형식이다. 흐름의 형식은 오픈 센터이다.

124 유압 실린더의 중간 정지회로에 적합한 방향제어밸브는?

① 3/2 way 밸브 ② 4/3 way 밸브
③ 4/2 way 밸브 ④ 2/2 way 밸브

해설
4포트 3위치 밸브는 유압 실린더를 중간 정지시킬 수 있다.

125 유압 실린더를 그림과 같은 회로를 이용하여 단조 기계와 같이 큰 외력에 대항하여 행정의 중간 위치에서 정지시키고자 할 때 점선 안에 들어갈 적당한 밸브는?

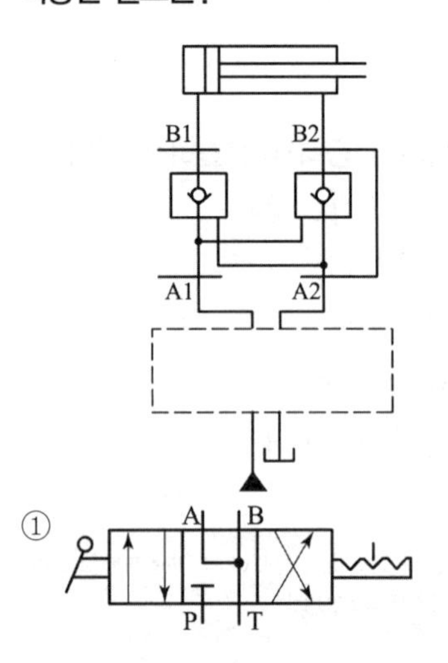

[정답] 120 ① 121 ④ 122 ③ 123 ④ 124 ② 125 ①

②

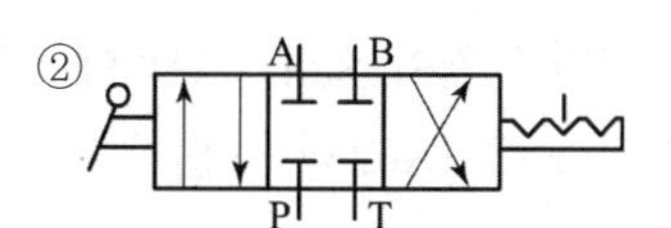

③

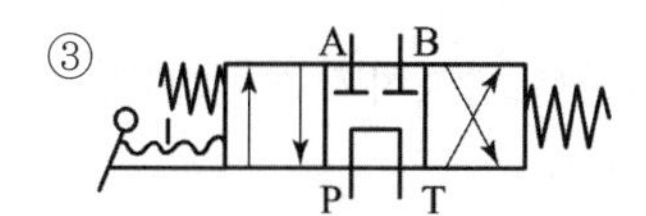

④

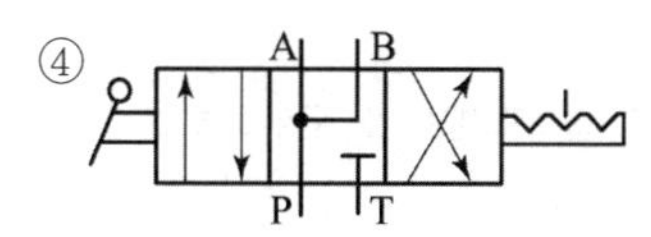

해설

유압 모터 유압 펌프 구동 시 솔레노이드 밸브 전환 밸브를 로킹 회로라 하며 로킹 회로는 실린더 행정 중 임의의 위치에 실린더를 고정하고자 할 때 사용하는 회로로 단조기계와 같이 큰 외력에 대항하여 행정의 중간위치에서 정지시키고자 할 때 사용한다.

- 펌프 클로즈드 센터
- 클로즈드 센터
- 탠덤 센터
- 탱크 클로즈드 센터

126 다음 중 압력제어 밸브의 종류에 속하는 것은?

① 리듀싱 밸브　② 스로틀 밸브
③ 셔틀 밸브　④ 퀵릴리스 밸브

127 다음 중 압력제어 밸브의 특성이 아닌 것은?

① 유량 특성　② 압력조정 특성
③ 인터폴로 특성　④ 히스테리시스 특성

해설

압력제어 밸브(pressure control valve)는 유량 특성, 압력조정 특성, 히스테리시스 특성의 특성이 있고 회로의 압력을 제한, 감압, 과부하 방지, 무부하 동작, 조작의 순서 동작, 외부 부하와의 평형 동작 등을 하는 밸브이다.

128 다음 밸브 중 안전밸브로 사용될 수 있는 것은?

① 스로틀 밸브　② 니들 밸브
③ 릴리프 밸브　④ 셔틀 밸브

해설

릴리프 밸브는 회로의 최대 압력을 제한하므로 안전밸브로 사용된다.

129 다음 중 회로의 최고 압력을 제어하는 밸브로써 유압 시스템 내의 최고 압력을 유지시켜주는 밸브는?

① 유체 퓨즈　② 릴리프 밸브
③ 시퀀스 밸브　④ 스로틀 밸브

해설

① 유체 퓨즈 : 회로압이 설정압을 넘으면 막이 유체압에 의해 파멸되어 압유를 탱크로 귀환시킴과 동시에 압력상승을 막아 기기를 보호하는 역할을 한다.
② 릴리프 밸브 : 회로의 최고 압력을 제어하는 밸브로써 유압 시스템 내의 최고 압력을 유지시켜주는 밸브이다.
③ 시퀀스 밸브 : 공유압회로에서 순차적으로 작동할 때 작동순서를 회로의 압력에 의해 제어되는 밸브이다.
④ 스로틀 밸브(Throttle valve) : 유압구동에서 가장 많이 사용하는 교축밸브로 기름의 흐름 방향에 관계없이 두 방향의 흐름을 항상 제어하고 미세조정이 가능한 밸브이다.

130 입력 라인용 필터의 막힘과 이로 인한 엘리먼트의 파손을 방지할 목적으로 라인 필터에 부착하는 밸브는?

① 귀환 밸브　② 릴리프 밸브
③ 체크밸브　④ 어큐뮬레이터

해설

릴리프 밸브 : 입력라인용 필터의 막힘과 이로 인한 엘리먼트의 파손을 방지할 목적으로 라인필터에 부착하는 밸브이다.

131 릴리프 밸브의 특성 중 압력 오버라이드(Pressure override)에 대한 설명이 적당한 것은?

① 채터링 압력과 크래킹 압력의 배압

[정답] 126 ① 127 ③ 128 ③ 129 ② 130 ② 131 ④

② 언로드 압력과 전유량 압력의 배압
③ 밸브시트 압력과 채터링 압력과의 차압
④ 전유량 압력과 크래킹 압력과의 차압

해설
④는 압력 오버라이드에 대한 설명이다.

132 **릴리프 밸브 등에서 밸브시트를 두들겨서 비교적 높은 음을 발생시키는 현상은 무엇인가?**

① 서지 압력 ② 캐비테이션 현상
③ 맥동 현상 ④ 채터링 현상

해설
체터링 현상은 압력릴 리프에서 발생하는 현상이다.

133 **유압회로에서 주회로 압력보다 저압으로 해서 사용하고자 할 때 사용하는 밸브는?**

① 감압 밸브 ② 시퀀스 밸브
③ 언로드 밸브 ④ 카운터 밸런스 밸브

해설
감압 밸브는 유압회로의 일부를 릴리프 밸브의 설정압력 이하로 감압하고 싶을 때 사용된다. 이 밸브는 상시 개방상태로 되어 있어서 입구의 1차쪽의 주회로에서 출구의 2차쪽의 감압회로로 압유가 흐른다. 2차쪽의 압력이 감압 밸브의 설정압보다 높아지면 밸브가 작동하여 압유의 유로가 닫히도록 작용한다.

134 **회로 중에 카운터 밸런스 밸브를 설치하였다. 설명으로 적합한 것은?**

① 2개 이상의 액추에이터의 작동순서를 결정해주기 위하여
② 회로 전체의 압력을 일정하게 유지시키기 위하여
③ 회로 내의 압력이 소정의 압력에 도달하면 압유를 펌프로부터 직접 탱크로 귀환시키기 위하여
④ 자유낙하를 방지하기 위해 배압을 걸어주기 위하여

해설
① 시퀀스 밸브, ② 릴리프 밸브, ③ 무부하 밸브

135 **주회로의 압력을 일정하게 유지하면서 조작의 순서를 제어할 때 사용하는 밸브는 무엇인가?**

① 감압 밸브
② 시퀀스 밸브
③ 무부하 밸브
④ 카운터 밸런스 밸브

해설
시퀀스 밸브(sequence valves)
- 시퀀스 밸브는 주회로의 압력을 일정하게 유지하면서 조작의 순서를 제어할 때 사용하는 밸브이다.
- 응답성이 좋아 저압용으로 많이 사용한다.
- 다음 작동이 행해지는 동안 먼저 작동한 유압 실린더를 설정압으로 유지시킬 수 있다.

136 **유압 실린더가 중력으로 인하여 제어속도 이상 낙하하는 것을 방지하는 밸브는?**

① 감압 밸브
② 시퀀스 밸브
③ 무부하 밸브
④ 카운터 밸런스 밸브

해설
카운터 밸런스 밸브 : 유압 실린더가 중력으로 인하여 제어속도 이상 낙하하는 것을 방지하는 밸브이다.

[정답] 132 ④ 133 ① 134 ④ 135 ① 136 ④

137 실린더에 배압을 발생시켜주는 밸브는?

① 카운터 밸런스 밸브
② 감압 밸브
③ 시퀀스 밸브
④ 무부하 밸브

138 동력의 절감과 유압의 상승을 방지하는 역할을 하는 밸브는?

① 카운터 밸런스 밸브
② 감압 밸브
③ 시퀀스 밸브
④ 무부하 밸브

해설
무부하 밸브를 사용하여 펌프를 무부하시켜 동력의 절감과 유압의 상승을 방지하는 역할을 한다.

139 전동기의 기동, 정지, 솔레노이드 조작 밸브의 개폐 등의 목적에 사용하는 기기는?

① 유체 퓨즈 ② 압력 스위치
③ 감압 밸브 ④ 릴리프 밸브

해설
압력 스위치는 유압 신호를 전기신호로 전환시키는 스위치이다. 이 스위치는 전동기의 기동, 정지, 솔레노이드 조작 밸브의 개폐 등의 목적에 사용한다.

140 유압 제어 밸브 중 회로압이 설정압을 넘으면 막이 유체압에 의해 파열되어 압유를 탱크로 귀환시키고 동시에 압력상승을 막아 기기를 보호하는 역할을 하는 기기는?

① 유체 퓨즈 ② 압력 스위치
③ 감압 밸브 ④ 릴리프 밸브

해설
유체 퓨즈 : 회로압이 설정압을 넘으면 막이 유체압에 의해 파멸되어 압유를 탱크로 귀환시킴과 동시에 압력 상승을 막아 기기를 보호하는 역할을 하며, 유체 퓨즈 특징은 다음과 같다.
- 설정압을 재료 강도로 조절한다.
- 응답이 빨라 신뢰성이 좋다.
- 맥동이 큰 유압장치에는 부적당하다.

141 유압 제어 밸브의 분류에서 압력제어 밸브에 해당되지 않는 것은?

① 릴리프 밸브(relief valve)
② 스로틀 밸브(throttle valve)
③ 시퀀스 밸브(sequence valve)
④ 카운터 밸런스 밸브(counter balance valve)

해설
유압 제어 밸브의 분류에서 압력제어 밸브
- 릴리프 밸브(relief valve)
- 시퀀스 밸브(sequence valve)
- 카운터 밸런스 밸브(counter balance valve)
- 리듀싱 밸브
- 언로딩 밸브
- 프레셔 스위치
- 유압퓨즈

142 방향제어 밸브 중 인력 조작방식이 아닌 것은?

① 레버 방식
② 페달 방식
③ 누름 버튼 방식
④ 스프링 방식

해설
스프링 방식은 기계 방식이다.

PART 3 공유압

[정답] 137 ① 138 ④ 139 ② 140 ① 141 ② 142 ④

143 유압 밸브는 구조에 따라 분류하면 포핏형과 슬라이드형으로 나눌 수 있다. 다음 중 포핏형의 특성이라고 할 수는 없는 것은?

① 밀봉이 우수하다.

② 먼지에 약하다.

③ 응답속도가 빠르다.

④ 디지털 제어에 적당하다.

해설

포핏형의 특징

- 선 접촉으로 밀봉이 우수하다.
- 좁은 틈새가 없으므로 먼지에 강하다.
- 응답속도가 빠르다.
- 디지털 제어에 적당하다.

144 다음 중 2개의 전환 위치를 갖는 밸브는?

① 2위치 밸브 ② 다위치 밸브

③ 2포트 밸브 ④ 다포트 밸브

145 유압 밸브 3위치 밸브에서 중립위치에서의 유로 형식이 아닌 것은?

① 오픈 센터 ② 텐덤 센터

③ 탱크 오픈 센터 ④ 세미 오픈 센터

해설

유압 밸브 3위치 밸브에서 중립위치에서의 유로형식은 오픈 센터, 텐덤 센터, 세미 오픈 센터가 있다.

146 다음 밸브 중 방행 제어 밸브에 속하는 것은?

① 리듀싱 밸브

② 스크틀 밸브

③ 체크밸브

④ 니들 밸브

147 다음 밸브 중 미세 유량 조절이 가능한 밸브는?

① 릴리프 밸브 ② 언로드 밸브

③ 시퀀스 밸브 ④ 스로틀 밸브

148 다음 중 압력제어 밸브의 종류에 속하는 것은?

① 리듀싱 밸브 ② 스로틀 밸브

③ 셔틀밸브 ④ 퀵릴리스 밸브

149 유량제어 밸브에서 교축 밸브의 형상이 아닌 것은?

① 니들형 ② 스풀형

③ 디스크형 ④ 나비형

해설

교축 밸브의 종류에는 미터형 교축 밸브, 직렬형 교축 밸브, 니들 밸브 등이 있다.

150 다음 중 유체의 유량을 제어하는 밸브에서 교축 밸브에 해당되지 않는 것은?

① 스톱 밸브 ② 스로틀 밸브

③ 스로틀 체크밸브 ④ 집류 밸브

151 방향 전환 밸브에 사용하는 밸브의 기본구조에 해당되지 않는 것은?

① 포핏식(poppet valve type)

② 로터리식(rotary valve type)

③ 스풀식(spool valve type)

④ 오픈식(open valve type)

해설

방향 전환 밸브에 사용하는 밸브의 기본구조는 포핏식, 로터리식, 스풀식이 있다.

[정답] 143 ② 144 ① 145 ③ 146 ③ 147 ④ 148 ① 149 ④ 150 ④ 151 ④

152 기능에 따라 유압 제어 밸브를 분류하였을 때 유량제어 밸브에 해당되는 것은?

① 시퀀스 밸브 ② 체크밸브
③ 매뉴얼 밸브 ④ 교축 밸브

해설
유량제어 밸브 : 압축공기의 흐름은 그 양에 따라 액추에이터의 속도를 결정한다. 교축밸브로 유량을 조절하는 원리를 살펴보면 통로를 교축 했을 때 교축 밸브 뒤의 유량이 적어질 뿐 아니라 교축 밸브 앞의 유량도 적어져 관로의 전체유량이 적어진다.

153 다음 그림은 방향 조정 장치에 사용되어 양쪽 실린더에 같은 유량이 흐르도록 하는 것이다. 이 밸브의 명칭은?

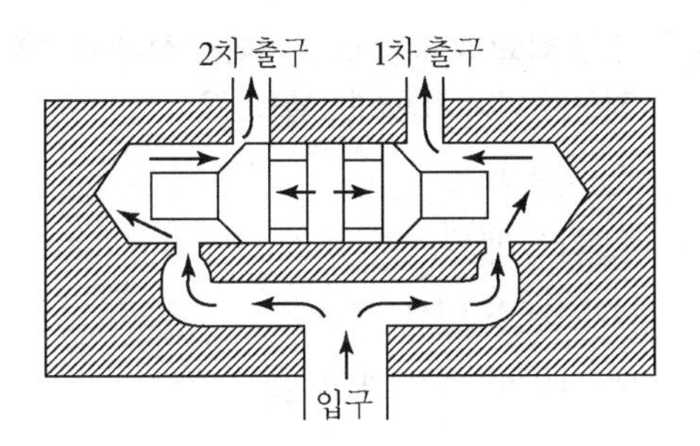

① 유량제어 서보밸브
② 유량비례 분류밸브
③ 압력제어 서보밸브
④ 유량조정 순위밸브

해설
- 유량순위 분류밸브 : 몇 개의 회로에 오일공급을 정해진 순서에 따라 하는 밸브이다.
- 유량비례 분류밸브 : 한 입구에서 오일을 받아 두 회로로 분배하며, 분배비율은 1 : 1에서 9 : 1이다.
- 유량조정 순위밸브 : 레버나 솔레노이드 등으로 스프링의 장력을 변화시켜 1차 출구의 통과 유량을 조정하며, 2개의 작동회로에 오일을 공급한다.

154 유압 동기회로에서 2개의 실린더가 같은 속도로 움직일 수 있도록 위치를 제어해 주는 밸브는 어떤 것은가?

① 셔틀밸브 ② 분류 밸브
③ 바이패스 밸브 ④ 서보 밸브

해설
분류 밸브 : 유압 동기 회로에서 2개의 실린더가 같은 속도로 움직일 수 있도록 위치를 제어해 주는 밸브이다.

155 유량 비례분류 밸브의 분류비율은 일반적으로 어떤 범위에서 사용하는가?

① 1 : 1~36 : 1 ② 1 : 1~27 : 1
③ 1 : 1~18 : 1 ④ 1 : 1~9 : 1

해설
유량 비례분류 밸브의 분류비율은 1 : 1~9 : 1이다.

156 유압 서보 시스템에 대한 설명으로 옳지 않은 것은?

① 서보기구는 토크모터, 유압 증폭부, 안내 밸브의 3요소로 구성된다.
② 서보 유압 밸브의 노즐 플래퍼는 기계적 변위를 유압으로 변환하는 기구이다.
③ 전기신호를 기계적 변위로 바꾸는 기구는 스풀이다.
④ 서보시스템의 구성을 위하여 피드백 신호가 있어야 한다.

해설
서보 밸브는 전기신호를 기계적 변위로 바꿔주는 토크 모터(torque motor), 기계적 변위를 유압으로 변화시키는 노즐 플래퍼(nozzle flapper), 유압을 증폭하는 스풀(spool)부의 3부분으로 구성되어 있다.

[정답] 152 ④ 153 ② 154 ② 155 ④ 156 ③

157 유압장치에서 작동유를 통과, 차단시키거나 또는 진행 방향을 바꾸어주는 밸브는?

① 유압 차단 밸브 ② 유량제어 밸브
③ 압력제어 밸브 ④ 방향 전환 밸브

해설
방향 전환 밸브 : 유압장치에서 작동유를 통과, 차단시키거나 또는 진행 방향을 바꾸어주는 밸브이다.

158 액추에이터의 속도를 조절하는 밸브는?

① 감압 밸브 ② 유량제어 밸브
③ 방향제어 밸브 ④ 압력제어 밸브

해설
유량제어 밸브 : 유량을 조정할 경우 실린더 운동 속도가 조절된다.

159 유압 실린더의 중간 정지회로에 적합한 방향제어 밸브는?

① 3/2 way 밸브 ② 4/3 way 밸브
③ 4/2 way 밸브 ④ 2/2 way 밸브

해설
4포트 3위치 밸브는 유압 실린더를 중간 정지시킬 수 있다.

160 유압 실린더나 유압모터의 작동 방향을 바꾸는 데 사용되는 것으로 회로 내의 유체 흐름의 통로를 조정하는 것은?

① 체크밸브 ② 유량제어 밸브
③ 압력제어 밸브 ④ 방향제어 밸브

해설
방향제어 밸브 : 유압 실린더나 유압 모터의 작동 방향을 바꾸는 데 사용되는 것으로 회로 내의 유체 흐름의 통로를 조정한다.

161 유량제어 밸브에 관한 설명으로 옳지 않은 것은?

① 유압모터의 회전 속도를 제어한다.
② 유압 실린더의 운동 속도를 제어한다.
③ 정용량형 펌프의 토출량을 바꿀 수 있다.
④ 관로 일부의 단면적을 줄여 유량을 제어한다.

해설
유량제어 밸브
유압 실린더나 유압 모터 등 작동기의 운동 속도를 제어하기 위하여 유량을 조정하는 밸브를 유량제어 밸브(flow control valve)라고 한다. 정용량형 펌프는 토출량이 일정하여 유량조절이 어려우므로 유량제어 밸브를 이용하여 토출량의 일부를 탱크에 방출하여 속도제어를 얻을 수 있다.

162 고정 회로(locking circuit)에서 정지 위치를 유지하기 위해 사용되는 밸브는?

① 셔틀밸브
② 감압 밸브
③ 시퀀스 밸브
④ 파일럿 조작 체크밸브

해설
로킹 회로는 변환 밸브나 파일럿 조작 체크밸브를 사용하여 액추에이터를 임의의 위치에서 고정하여 움직이지 않도록 하는 회로이다. 변환 밸브는 3위치 변환 밸브를 사용하고 중립 위치가 클로즈드형 또는 바이패스형을 사용한다.

163 다음 중 유압 시스템의 압력제어 밸브에 속하지 않는 것은?

① 릴리프 밸브
② 감압 밸브
③ 카운터 밸런스 밸브
④ 체크밸브

[정답] 157 ④ 158 ② 159 ② 160 ④ 161 ③ 162 ④ 163 ④

해설

체크밸브는 유량제어 밸브이다.

164 압력의 크기에 의해 제어되거나 압력에 큰 영향을 미치는 것은?

① 솔레노이드 밸브
② 방향제어 밸브
③ 압력제어 밸브
④ 유량제어 밸브

해설

압력제어 밸브 : 압력의 크기에 의해 제어되거나 압력에 큰 영향을 미친다. 압력제어 밸브의 특성은 다음과 같다.
① 압력조정 특성
② 유량 특성
③ 히스테리시스 특성
④ 압력 특성

165 압력조절 밸브 사용 시 주의사항으로 공기압 기기의 전 공기 소비량이 압력조절 밸브에서 공급되었을 때 압력조절 밸브의 2차 압력이 몇 % 이하로 내려가지 않도록 하는 것이 바람직한가?

① 60 ② 70
③ 80 ④ 90

해설

압력조절 밸브의 2차 압력이 80% 이하로 내려가지 않도록 하는 밸브 사이즈를 선정한다.

166 압력제어 밸브의 핸들을 돌렸을 대 회전각에 따라 공기압력이 원활하게 변화하는 특성은?

① 압력조절 특성 ② 유량 특성
③ 재현 특성 ④ 릴리프 특성

해설

압력조절 특성 : 압력제어 밸브의 핸들을 돌렸을 대 회전각에 따라 공기압력이 원활하게 변화하는 특성이다.

167 유압 제어 밸브 중 출구가 고압측 입구에 자동적으로 접속되는 동시에 저압측 입구를 닫는 작용을 하는 밸브는?

① 셔틀 밸브 ② 셀렉터 밸브
③ 체크밸브 ④ 바이패스 밸브

해설

셔틀 밸브 : 유압장치에서 방향제어 밸브의 일종으로서 출구가 고압측 입구에서 자동적으로 접속되는 동시에 저압측 입구를 닫는 작용을 하는 밸브이다.

168 유량을 제어하는 교축 밸브 중 유압 구동에서 가장 많이 사용되고 있는 밸브로써, 기름의 흐름 방향에 관계없이 두 방향의 흐름을 항상 제어하는 밸브는?

① 스톱 밸브 ② 스로틀 밸브
③ 스로틀 체크밸브 ④ 서보유압 밸브

해설

스로틀 밸브 : 유량을 제어하는 교축 밸브 중 유압구동에서 가장 많이 사용되고 있는 밸브로써, 기름의 흐름 방향에 관계없이 두 방향의 흐름을 항상 제어하는 밸브이다.

169 필터를 설치할 때 체크밸브를 병렬로 사용하는 경우가 많다. 이때 체크밸브를 사용하는 이유로 알맞은 것은?

① 기름의 충만 ② 역류의 방지
③ 강도의 보강 ④ 눈막힘의 보완

해설

체크밸브를 사용하는 이유는 눈막힘의 보완이다.

[정답] 164 ③ 165 ③ 166 ① 167 ① 168 ② 169 ④

170 유압 엑츄에이터가 받는 부하에 관계없이 일정한 유압유가 흘러 교축요소를 조절하여 속도를 조절해 주는 밸브는?

① 양방향 감압 밸브
② 양방향 유량 조절 밸브
③ 일방향 유량 조절 밸브
④ 압력보상형 유량 조절 밸브

해설
압력보상형 유량 조절 밸브 : 유압 엑츄에이터가 받는 부하에 관계없이 일정한 유압유가 흘러 교축 요소를 조절하여 속도를 조절해 주는 밸브이다.

171 유압장치에서 유량제어 밸브로 유량을 조정할 경우 실린더에서 나타나는 효과는?

① 정지 및 시동
② 운동 속도의 조절
③ 유압의 역류 조절
④ 운동 방향의 결정

해설
운동 속도의 조절 : 유압장치에서 유량제어 밸브로 유량을 조정할 경우 실린더에서 나타나는 효과를 말한다.

172 신호의 계수에 사용할 수 없는 것은?

① 전자 카운터
② 유압 카운터
③ 공압 카운터
④ 메커니컬 카운터

해설
유압 카운터는 신호의 계수에 사용할 수 없다.

173 2개 이상의 유압 실린더를 동일한 속도로 동작시키고자 할 때 실린더 조립 상의 오차, 부하 분포의 불균일, 마찰저항의 차이 등으로 차이가 나는 것을 방지하기 위한 방법으로 틀린 것은?

① 유량 조절 밸브를 이용하여 조정한다.
② 동일한 모터를 실린더 개수 만큼 설치하여 기계적으로 동일회전수를 갖게 하므로 공급 유량을 동일하게 한다.
③ 각각의 실린더에 체크밸브를 설치하여 조정한다.
④ 유압 실린더를 직렬로 설치하여 공급 유량을 동일하게 한다.

174 다음의 기호가 가지고 있는 기능을 설명한 것으로 옳은 것은?

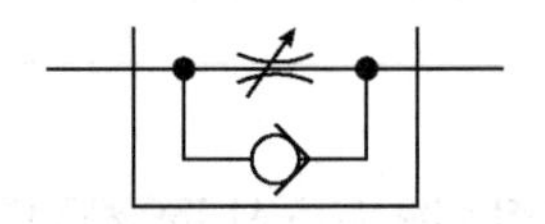

① 압력을 조정한다.
② OR 논리를 만족시킨다.
③ 실린더의 힘을 조절한다.
④ 실린더의 속도를 조절한다.

해설
위 그림의 기호는 속도제어 밸브 1방향 교축밸브로 실린더의 속도를 조절한다.

175 다음 유압 기호의 명칭은?

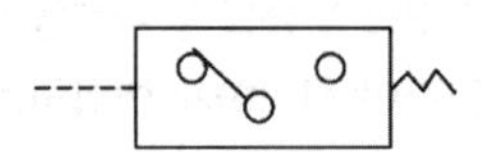

① 스톱 밸브 ② 압력계
③ 압력 스위치 ④ 축압기

[정답] 170 ④ 171 ② 172 ② 173 ③ 174 ④ 175 ③

해설

위 그림에서 유압기호 명칭은 압력 스위치이다.

176 유압회로에서 실린더가 낼 수 있는 힘, 압력과 단면적의 관계를 바르게 나타낸 것은?

① 단면적이 일정하면 힘은 압력에 비례한다.
② 힘은 단면적과 압력의 관계가 없다.
③ 단면적이 일정하면 압력이 적어지면 힘은 커진다.
④ 단면적이 일정하면 힘은 압력에 반비례한다.

해설

$P=\frac{F}{A}$에서 $F=A \cdot P$로 단면적이 일정하여 압력이 커지면 힘도 커진다.(비례한다.)

177 유압장치 내에서 주어진 일을 하여 펌프로부터 유체 동력을 기계적 동력으로 바꾸는 유압기기의 종류 중 올바르게 표시된 것은?

① 유압 실린더와 모터
② 유압 실린더와 루브르게이터
③ 유압 밸브와 압력계
④ 축압기와 부스터

해설

위 문제는 유압 액츄에이터를 질문한 것이다. 유압 액츄에이터는 실린더와 모터 등이 있다.

178 다음 중 유압 실린더를 형식에 따라 분류할 때 적용하는 기준으로 옳지 않은 것은?

① 최고 사용압력　② 최저 사용압력
③ 조립 형식　④ 지지 형식

해설

유압 실린더는 유압 에너지를 직선운동으로 변환하는 기기로서, 형식에 따라 분류하면 다음과 같다.

- 최고 사용압력
- 조립 형식
- 지지 형식

179 유압 실린더의 선정에 있어서 유의할 사항이 아닌 것은?

① 운동의 방법과 방향
② 스트로크
③ 외관
④ 작동유

해설

실린더의 선정에 있어서는 다음 사항에 유의할 필요가 있다.

- 부하의 크기와 그것을 움직이는 데에 필요한 힘
- 속도
- 운동의 방법과 방향
- 스트로크
- 작동시간
- 작동유

180 유체 에너지를 사용하여 기계적인 일을 하는 기기는?

① 진공 펌프
② 솔레노이드 펌프
③ 필터
④ 실린더

181 유압 실린더에서 작동 유체를 출입시키는 통로의 개구부는?

① 포트　② 피스톤
③ 로드　④ 실

[정답] 176 ①　177 ①　178 ②　179 ③　180 ④　181 ①

182 다음 중 피스톤의 양쪽에 유체 압력을 공급할 수 있는 구조의 실린더는?

① 공기압 모터　② 부하 실린더
③ 단동 실린더　④ 복동 실린더

183 유압 실린더의 출력을 가장 올바르게 설명한 것은?

① 유압 실린더에 공급된 압력
② 유압 실린더 튜브에 작용하는 힘
③ 피스톤 로드에 의해 전달되는 기계적인 힘
④ 유압 실린더 헤드가 받는 힘의 중량

184 스트로크종단 부근에서 유체의 유출을 자동적으로 죄는 것에 의하여 피스톤 로드의 운동을 감속시키는 운동은?

① 실린더 평균속력
② 실린더 스틱슬립
③ 실린더 요동
④ 실린더 쿠션

185 다음 중 유압 실린더의 구성부품이 아닌 것은?

① 실린더 튜브　② 피스톤
③ 클러치　④ 피스톤 로드

186 다음 중 실린더의 행정종단 부근에서 공기의 유출을 교축 함으로써 피스톤 로드의 운동을 감속시키는 작용은?

① 에어 쿠숀　② 감압 작용
③ 스틱 슬립 작용　④ 에어 리턴

187 다음 중 유압모터의 장점에 속하지 않는 것은?

① 무단계로 회전수를 조절할 수가 있으며 또한 역회전도 가능하다.
② 관성이 작아서 응답성이 빠르다.
③ 같은 출력일 경우 원동기에 비하여 크기가 훨씬 작다.
④ 동력의 전달효율이 기계식에 비하여 높다.

해설

유압모터

- 유체 에너지를 연속 회전운동을 하는 기계적인 에너지로 변환시켜주는 액추에이터를 말한다. 유압 펌프와 구조상으로 비슷하나 기능이 다르다.
- 무단계로 회전수를 조절할 수가 있으며 또한 역회전도 가능하다. 회전체의 관성이 작아서 응답성이 빠르기 때문에 자동제어의 조작부, 서보기구의 요소에 적합하다. 같은 출력일 경우 원동기에 비하여 크기가 훨씬 작은 것도 큰 이점이다.
- 단점으로는 동력의 전달효율이 기계식에 비하여 낮으며, 소음이 크고 기동할 때나 지속일 경우 원활한 운전을 얻기가 곤란하다는 점이다. 유압모터도 펌프와 같이 고정용량형과 가변용량형이 있다. 가변용량형은 회전속도의 변화가 모터 안에서 이루어진다.

188 다른 유압모터에 비해 구조가 간단하고, 내구성이 우수하여 건설용 기계를 비롯하여 광범위하게 이용되는 유압모터는?

① 기어형 유압모터
② 베인형 유압모터
③ 액셜 피스톤형 유압모터
④ 레이디얼 피스톤형 유압모터

해설

① 기어 모터 : 저속 회전이 가능하고, 구조면에서 가장 간단하며 소형으로 큰 토크를 낼 수 있다.
② 베인 모터 : 구성 부품 수가 적고 구조가 간단하며, 고장이 적다. 출력 토크가 일정하고, 역전 기능, 무단 변속 기능, 가혹한 운전이 가능하다.

[정답] 182 ④ 183 ③ 184 ④ 185 ③ 186 ① 187 ④ 188 ①

③ 액셜 피스톤형 유압모터 : 고압, 고속, 대출력이 발생하며, 구조가 복잡하고 고가이며, 효율이 유압모터 중 가장 좋다.
④ 레이디얼 피스톤형 유압모터 : 용량이 크고, 저속 회전고 토크임에도 감속기구가 불필요하고, 가격이 저렴하며, 설치 공간상으로도 유리하여 사용범위가 넓다.

189 유압모터 중 구조면에서 가장 간단하며 출력 토크가 일정하고, 정회전과 역회전이 가능한 모터는?

① 기어 모터 ② 베인 모터
③ 회전피스톤 모터 ④ 요동 모터

해설
① 기어 모터 : 유압모터 중 구조면에서 가장 간단하며 출력 토크가 일정하고, 정회전과 역회전이 가능한 모터이다.
② 베인 모터 : 구조가 비교적 간단하고 토크 변동이 적으며 로터에 작용하는 압력의 평형이 유지되고 있으므로 베어링 하중이 작다.
③ 회전피스톤 모터 : 기어 모터나 베인 모터에 비해 고압 작동에 적합하다.

190 구조가 비교적 간단하고 토크 변동이 적으며 로터에 작용하는 압력의 평형이 유지되고 있으므로 베어링 하중이 작은 모터는?

① 기어 모터 ② 베인 모터
③ 회전피스톤 모터 ④ 요동 모터

191 고압, 고속, 대출력 작동에 적합한 특징이 있고 구조가 복잡하고 고가이며 유압모터 중에 효율이 가장 높은 모터는?

① 기어 모터 ② 베인 모터
③ 피스톤 모터 ④ 요동 모터

192 다음 중 유압모터의 종류 중 기어모터가 사용되는 분야와 사용 예가 적절히 연결되지 않은 것은?

① 공작기계 – 그라인더의 주축 구동
② 일반 산업기계 – 테이블 구동
③ 차량 – 냉동기 구동
④ 선박 – 윈치 구동

해설
그라인더의 주축 구동에는 주로 액시얼피스톤 모터를 사용한다.

193 유압기기는 다음 중 어느 것을 이용한 것인가?

① 파스칼의 원리
② 베르누이의 정리
③ 아보가드로의 법칙
④ 뉴톤의 법칙

해설
유압에 의한 힘의 전달은 파스칼의 힘의 원리에 기초를 둔 것이다.

194 밸브에 유체가 흐르기 시작한 최초의 극히 짧은 시간에 설정 유량을 크게 상회하는 유량이 흐르는 현상을 무엇이라 하는가?

① 점핑 ② 서어징
③ 인터플루우즈 ④ 오버랩

해설
② 서어징 : 계통내의 유체 압력의 과도적인 변동
③ 인터플루우즈 : 밸브의 변환도중에 과도적으로 생기는 밸브포토간의 흐름
④ 오버랩 : 슬라이드밸브 등에서 밸브가 중립 점으로부터 조금 변위하여 비로소 포트가 열리고 유체가 흐르도록 된 겹침의 상태

[정답] 189 ① 190 ② 191 ③ 192 ① 193 ① 194 ①

195 유압기기의 구성요소가 아닌 것은?

① 유압 액추에이터
② 유압 밸브
③ 유체 점도기
④ 유압 탱크

196 다음은 유압장치의 각 기구에 대한 설명이다. 잘못된 것은?

① 오일여과기는 이물질이 섞이는 것을 방지한다.
② 릴리프 밸브는 유압이 설정압 이상일 때 유압장치를 보호한다.
③ 어큐뮬레이터는 유압을 저장하고 맥동을 제거한다.
④ 언로딩 밸브는 어큐뮬레이터의 유압을 조정한다.

해설
언로딩 밸브는 설정압력 이상일 때 작동하여 설정압력을 유지해 주는 장치이다.

197 압유 속에 공기가 기포로 되어 있는 상태를 무엇이라 하는가?

① 공동현상 ② 노킹현상
③ 조기착화 ④ 인화현상

해설
압유 속에 공기가 기포로 되어 있는 상태를 공동현상이라 한다.

198 다음 중 유압장치의 구성요소가 아닌 것은?

① 오일 탱크 ② 유량제어 밸브
③ 실린더 ④ 냉각기

해설
냉각기는 공압 장치의 구성요소이다.

199 다음 중 점성계수의 단위는?

① 푸아즈(Poise) ② 스토크(Stoke)
③ 아쿠아(Aqua) ④ 토크(Torque)

해설
점성계수의 단위는 푸아즈(Poise, p), 센티푸아즈(cp)이다.

200 다음 중 동점성계수의 단위는?

① 푸아즈(Poise) ② 스토크(Stoke)
③ 아쿠아(Aqua) ④ 토크(Torque)

해설
동점성계수는 점성계수를 밀도로 나눈 값으로서 그 단위는 스토크(stoke), 센티스토크(cst) 등이다.

201 다음 중 유체운동의 기초이론에 해당되지 않는 것은?

① 베르누이의 정리
② 파스칼의 원리
③ 오일러의 운동방정식
④ 보일-샤를의 법칙

202 다음 유압 축압기 분류 중에서 가스 부하식이 아닌 것은?

① 블래더형 ② 스프링형
③ 피스톤형 ④ 벨로즈형

해설
- 가스부하식 : 블래더형, 피스톤형, 벨로즈형
- 비가시 부하식 : 직압형, 중추형, 스프링형

[정답] 195 ③ 196 ④ 197 ① 198 ④ 199 ① 200 ② 201 ④ 202 ②

203 다음 중 어큐뮬레이터의 가장 중요한 사용 목적은 무엇인가?

① 유압유를 유압 펌프에 계속 공급한다.
② 폐유를 재생시켜 준다.
③ 유압회로의 맥동, 서지압을 흡수하고 유압유를 축적한다.
④ 설정압력을 유지해 준다.

해설
어큐뮬레이터는 유압회로의 맥동, 서지압을 흡수하고 유압유를 축적한다.

204 유체의 에너지를 사용하여 기계적 일을 하는 부분은?

① 유압 액추에이터
② 유압 밸브
③ 유압 탱크
④ 오일 미스트

205 요동형 액츄에이터를 사용 할 수 없는 곳은?

① 켄베이어의 반전장치
② 장력 조정장치
③ 밸브의 개폐
④ 터빈 회전

해설
터빈 회전 : 유체에 의한 회전

206 유압 요동 액추에이터의 종류 중 피스톤형 요동 액추에이터가 아닌 것은?

① 래크 피니언형 ② 피스톤 체인형
③ 피스톤 링크형 ④ 스크루형

해설
피스톤형 요동 액추에이터
- 래크 피니언형
- 피스톤 헬리컬 스플라인형
- 피스톤 체인형
- 피스톤 링크형

207 다음 중 유압 액추에이터(hydraulic actuator)의 분류에 포함되지 않는 것은?

① 유압모터 ② 유압 실린더
③ 요동 액추에이터 ④ 토크 밸브

해설
밸브는 제어요소이다.

208 실린더를 이용하여 운동하는 형태가 실린더로부터 떨어져 있는 물체를 누르는 형태이면 이는 어떤 부하인가?

① 저항 부하 ② 관성 부하
③ 마찰 부하 ④ 쿠션 부하

해설
저항 부하 : 실린더를 이용하여 운동하는 형태가 실린더로부터 떨어져 있는 물체를 누르는 형태이다.

209 다음 중 유체 에너지를 기계적인 에너지로 변환하는 장치는?

① 유압 탱크 ② 액추에이터
③ 유압 펌프 ④ 공기 압축기

해설
액추에이터(actuator)
각종 유체 에너지를 기계적 에너지로 변환하여 인간의 손이나 발의 기능을 수행하는 요소이다. 그러나 동작을 위해서는 제어장치가 필요하다.

[정답] 203 ③ 204 ① 205 ④ 206 ④ 207 ④ 208 ① 209 ②

210 유압장치의 기본적인 구성요소가 아닌 것은?

① 유압 펌프　② 오일 탱크
③ 에어 컴프레서　④ 유압 엑츄에이터

해설
유압장치의 기본적인 구성요소는 유압 펌프, 오일 탱크, 유압 엑츄에이터, 유압 밸브 등이다. 에어 컴프레서는 공압 장치의 기본요소이다.

211 그림의 한쪽 로드형 실린더에서 부하 없이 A, B 포트에 같은 압력의 오일을 흘려 넣으면 피스톤의 움직임은?

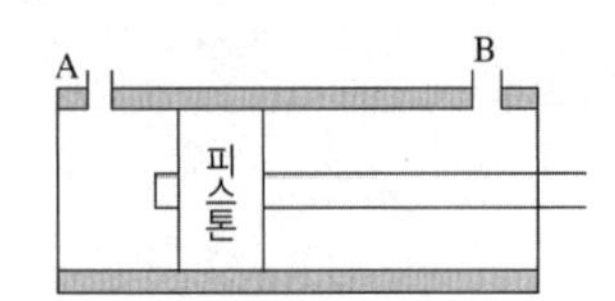

① A쪽으로 움직인다.
② B쪽으로 움직인다.
③ 제자리에서 회전한다.
④ 제자리에 정지한다.

해설
피스톤의 움직임은 전진시 출력이 크므로 B쪽으로 움직인다.

212 유압 실린더의 조립형식에 의한 분류에 속하지 않는 것은?

① 일체형 방식　② 슬라이딩 방식
③ 플랜지 방식　④ 볼트 삽입 방식

213 유압 실린더의 피스톤 로드를 깨끗이 유지하기 위해 필요한 것은?

① 쿠션 장치
② 슬리브 실린더
③ 로드 와이퍼 시일
④ 피스톤 행정 제한 장치

해설
로드 와이퍼 시일 : 유압 실린더의 피스톤 로드를 깨끗이 유지하기 위해 필요하다.

214 유압 기계에서 프레스 등으로 유압 실린더의 압력을 천천히 빼어 기계 손상의 원인이 되는 회로의 충격을 작게 하는 것을 무엇이라 하는가?

① 디컴프레션(decompression)
② 점핑(jumping)
③ 디더(dither)
④ 컷 오프(cut-off)

해설
100톤 이상의 프레스 기계에서는 가압 때에 축적된 에너지를 일시에 개방하면 큰 쇼크를 발생하기 때문에 복귀 공정으로 옮길 때에는 압력 빼기(디컴프레션)가 필요하다. 압력빼기는 유닛 전체의 회로 구성에 따라 정해지며, 밸브의 용량은 압력빼기 시간에 따라서 정해진다. 이 시간을 잡는 방법은 여러 가지 조건에 따라 다르나, 보통 0.5~7초 정도이다.

215 지름 2cm인 유압 실린더에 16kgf의 힘이 가해져 있을 때 그 압력은 약 얼마인가? (단, 소수점 2째 자리에서 반올림, 1 kgf/cm^2=1 bar, π=3.14)

① 16 kgf/cm^2　② 12 bar
③ 10 kgf/cm^2　④ 5.1 bar

해설
$$P=\frac{F}{A}\text{kg/cm}^2=\frac{16}{\frac{\pi\times 2^2}{4}}=5.1$$

[정답] 210 ③ 211 ② 212 ② 213 ③ 214 ① 215 ④

216 실린더 안지름 50mm, 피스톤 로드 지름 20mm인 유압 실린더가 있다. 작동유의 유압을 35 kgf/cm², 유량을 10L/min라 할 때 피스톤의 전진 행정시 낼 힘은 약 몇 kgf인가?

① 480　② 575
③ 612　④ 687

해설

$F = pA$ 이므로

$$F = p \times \frac{\pi D^2}{4} = 35 \times \frac{\pi \times 5^2}{4} = 687$$

217 900kgf의 힘을 발생하고 피스톤의 전진 속도는 3.5m/min인 단로드 실린더를 설계하고자 한다. 실린더 효율은 45%이고 사용 압유는 28kgf/cm²라 할 때 실린더 내경은 얼마인가?

① 6.54cm　② 7.54cm
③ 8.54cm　④ 9.54cm

해설

$F = A \cdot P \cdot \eta$

$$A = \frac{F}{P \times \eta} = \frac{900}{28 \times 0.45} = 71.43\,\text{cm}^2$$

$$\frac{\pi \times D^2}{4},\ D = \sqrt{\frac{4 \times 71.43}{\pi}} = 9.54\,\text{cm}$$

218 안지름 10cm, 피스톤 평균속도가 0.1m/s일 때 필요한 유량은 몇 l/min인가?

① 0.471　② 4.71
③ 47.1　④ 471

해설

$Q = A \times V$

$A = \pi d^2/4 = 78.5\,\text{cm}^2$

$V = 0.1\text{m/s} = 600\text{m/min}$

그러므로 $9 = 78.5 \times 600 \times 10^{-3} = 47.1[l/\text{min}]$

219 1회전 당 31.4cm³의 유량을 필요로 하는 시스템에 압력이 50kgf/cm²라고 할 때 출력 토크는 몇 kgf · cm인가?

① 50　② 500
③ 25　④ 250

해설

$$T = \frac{qP}{2\pi} = \frac{31.4 \times 50}{2 \times 3.14} = 250\,[\text{N} \cdot \text{cm}]$$

220 압력 80kgf/cm², 유량 25l/min인 유압 모터에서 발생하는 최대 토크는 약 몇 kgf · m인가? (단, 1회당 배출량은 30cc/rev이다.)

① 1.6　② 2.2
③ 3.8　④ 7.6

해설

$$T = \frac{p \times q}{2\pi} = \frac{80 \times 30}{2 \times \pi} = 381.97\text{kg} \cdot \text{cm} = 3.8\text{kgf} \cdot \text{m}$$

221 유압모터의 토크효율을 η_T, 최적효율을 η_V라고 할 때, 전 효율은?

① $\eta = \eta_T - \eta_V$
② $\eta = \eta_T + \eta_V$
③ $\eta = \eta_T \times \eta_V$
④ $\eta = \eta_T / \eta_V$

해설

- 유압 모터에서 얻는 출력동력(L) : $L = 2\pi n T$
- 기름이 가지고 있는 동력(L_p) : $L_p = \Delta p \cdot Q$
- 전효율(η) : $\eta = \frac{L}{L_p} = \frac{2\pi \eta T}{\Delta P \cdot Q} = \frac{2\pi \eta T}{\Delta P \cdot Q} \cdot \frac{Vth}{Vth}$

$$= \frac{Vth^3}{Q} \cdot \frac{T}{\frac{\Delta P \cdot Vth}{2\pi}}$$

$$= \frac{Qth}{Q} \cdot \frac{T}{Tth} = \eta_V \times \eta_T$$

[정답] 216 ④ 217 ④ 218 ③ 219 ④ 220 ③ 221 ③

222 그림의 유압 기호에 관한 설명으로 옳지 않은 것은?

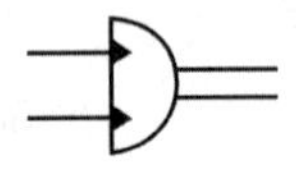

① 요동형 유압 펌프이다.
② 요동형 유압 액추에이터이다.
③ 요동 운동의 범위를 조절할 수 있다.
④ 2개의 오일 출입구에서 교대로 오일을 출입시킨다.

해설
그림은 요동형 유압 액추에이터이다.

223 다음의 기호가 나타내는 기기를 설명한 것 중 옳은 것은?

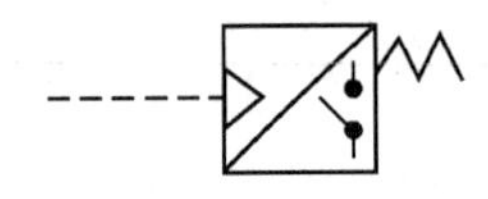

① 실린더의 로킹 회로에서만 사용된다.
② 유압 실린더의 속도제어에서 사용된다.
③ 회로의 일부에 배압을 발생시키고자 할 때 사용한다.
④ 유압 신호를 전기신호로 전환시켜 준다.

해설
압력 스위치 : 유압 신호를 전기신호로 전환시켜 준다.

224 다음 중 오일 탱크의 역할이 아닌 것은?

① 오일에서 발생하는 열을 외부로 발산시킨다.
② 유압회로에 필요한 오일을 저장한다.
③ 오일 속에 함유된 불순물을 제거한다.
④ 회로 내에 발생하는 압력을 제어해 준다.

해설
오일 탱크는 운전중에 오일에서 발생하는 열을 외부로 반산시키는 역할을 한다.

225 다음 중 서지탱크라 불리는 부품은?

① 어큐물레이터 ② 체크밸브
③ 오일탱크 ④ 오일여과기

해설
축압기를 서지탱크라 한다.

226 유압 탱크의 구비조건이 아닌 것은?

① 필요한 기름의 양을 저장할 수 있을 것
② 복귀관 측과 흡입관 측 사이에 격판을 설치할 것
③ 펌프의 출구 측에 스트레이너가 설치되어 있을 것
④ 적당한 크기의 주유구와 배유구가 설치되어 있을 것

해설
오일 탱크의 펌프는 스트레이너의 삽입이나 분리를 용이하게 할 수 있는 출입구에 설치되어 있을 것

227 그림과 같은 유압 탱크에서 스트레이너를 장착할 가장 적절한 위치는?

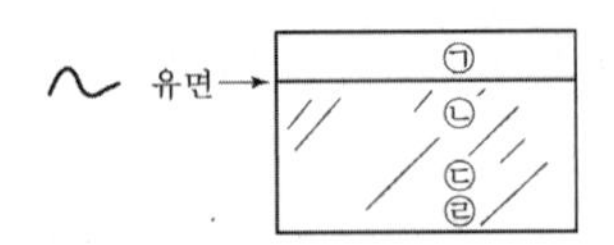

① ㉠과 같이 유면 위쪽
② ㉡과 같이 유면의 바로 아래
③ ㉢과 같이 바닥에서 좀 떨어진 곳
④ ㉣과 같이 바닥

[정답] 222 ① 223 ④ 224 ④ 225 ① 226 ③ 227 ③

해설
유압 탱크에서 스트레이너를 장착할 가장 적절한 위치는 위 그림에서 ⓒ과 같이 바닥에서 좀 떨어진 곳에 장착한다.

228 유압장치에서 사용되고 있는 오일 탱크에 관한 설명으로 적합하지 않은 것은?

① 오일을 저장할 뿐만 아니라 오일을 깨끗하게 한다.
② 주유구에는 여과망과 캡 또는 뚜껑을 부착하여 먼지, 절삭분 등의 이물질이 오일 탱크에 혼입되지 않게 한다.
③ 공기청정기의 통기 용량은 유압 펌프 토출량의 2배 이상으로 하고, 오일 탱크의 바닥면은 바닥에서 최소 15cm를 유지하는 것이 좋다.
④ 오일 탱크의 용량은 장치 내의 작동유를 모두 저장하지 않아도 되므로 사용압력, 냉각장치의 유무에 관계없이 가능한 작은 것을 사용한다.

해설
오일 탱크 용량은 운전 중지 시 복귀량에 지장이 벗어야 하고 작동 중에도 유면을 적당히 유지하여야 하며, 오일 탱크의 크기는 펌프 토출량의 3배 이상 좋다.

229 오일 탱크의 배유구(Drain Plug) 위치로 가장 적절한 곳은?

① 유면의 최상단
② 탱크의 제일 낮은 곳
③ 유면의 1/2이 되는 위치
④ 탱크의 정중앙 중간위치

해설
오일 탱크의 배유구(Drain Plug)는 탱크의 제일 낮은 곳에 위치한다.

230 오일 탱크의 설명이다. 다음 중 틀린 것은?

① 오일 탱크의 용량은 펌프 토출량의 1배 이상이어야 한다.
② 공기청정기의 통기 용량은 펌프 토출량의 2배 이상이어야 한다.
③ 스트레이너의 유량은 펌프 토출량의 2배 이상이어야 한다.
④ 오일 탱크의 바닥면은 바닥에서 최소 15cm 이상이어야 한다.

해설
오일 탱크의 용량은 펌프 토출량의 2~3배 이상이어야 한다.

231 다음 중 유압 필터의 역할은?

① 배압 발생
② 기기의 윤활
③ 유체온도 보상
④ 유체 내 불순물 제거

232 유압장치의 접합부나 이음 부분으로부터 기름이 누유되는 현상을 방지하기 위해 고정부분에 사용하는 밀봉장치는?

① 패킹(packing)
② 개스킷(gasket)
③ 오일-필터(oil-filter)
④ 스트레이너(strainer)

[정답] 228 ④ 229 ② 230 ① 231 ④ 232 ②

해설

개스킷(gasket) : 유압장치의 접합부나 이음 부분으로부터 기름이 누유되는 현상을 방지하기 위해 고정 부분에 사용하는 밀봉장치이다.

233 미끄럼 면에서 사용되는 유체의 누설 방지용으로 사용하는 요소는?

① 램 ② 슬리브
③ 패킹 ④ 플랜지

해설

패킹은 기기의 접합면 또는 접동면의 기밀을 유지하여 그 기기에서 처리하는 유체의 누설을 방지하는 밀봉장치이다. 어떤 상대적 운동이 있는 곳에 사용되는 동적 실을 패킹, 서로 접하는 부분 사이에 상대적 운동이 없는 곳에 사용되는 정적 실을 개스킷이라 한다.

234 유체의 점도가 너무 높은 경우 운전상에 미치는 영향에 대한 설명으로 틀린 것은?

① 동력손실증가
② 내부 마찰의 증가
③ 유체의 누설 증가
④ 유체의 온도 상승

해설

점도가 지나치게 클 때

- 동력손실이 증가하므로 기계효율이 떨어진다.
- 유동 저항이 증대하고, 압력 손실이 증가한다.
- 유압 작용이 활발하지 못하게 된다.
- 내부 마찰이 증가하고, 유압이 상승한다.
- 응답성이 저하되고 열 발생의 원인이 된다.

235 다음 중 유압유에 의한 소음 발생 원인이 아닌 것은?

① 점도가 규정보다 높은 경우
② 기온이 내려가는 겨울철 점도가 높아진 경우
③ 오일 탱크 내에 기포가 적을 때
④ 캐비테이션 발생 시

해설

오일 탱크 내에 기포가 적을 때는 소음이 적다.

236 다음 중에서 작동유의 점도가 너무 작을 경우 나타나는 현상이 아닌 것은?

① 펌프의 체적 효율이 증가한다.
② 각 운동 부분의 마모가 심해진다.
③ 내부 누설이 증대한다.
④ 외부 누설이 증대한다.

해설

펌프의 효율이 떨어진다.

237 유압 작동유의 구비조건으로 옳지 않은 것은?

① 장시간 사용하여도 화학적으로 안정되어야 한다.
② 열은 외부로 방출되어서는 안 된다.
③ 녹이나 부식이 없어야 한다.
④ 적정한 점도가 유지 되어야 한다.

해설

방열성 : 열이 방출되어야 한다.

238 다음 중 유압유에 요구되는 특성이 아닌 것은?

① 넓은 온도 범위에서 점도 변화가 작아야 한다.
② 불순물의 침전, 분리가 가능해야 한다.
③ 열팽창 계수가 작아야 한다.
④ 수명이 길고 산화에 대한 안정성이 작아야 한다.

[정답] 233 ③ 234 ③ 235 ③ 236 ① 237 ② 238 ④

해설

수명이 길고 산화에 대한 안정성이 높아야 한다.

239 유압유의 점성이 지나치게 클 경우에 해당되지 않는 것은?

① 마찰에 의한 열의 발생이 적다.
② 밸브나 파이프를 지날 때 압력 손실이 많다.
③ 마찰손실에 의한 펌프 동력의 소모가 크다.
④ 유동 저항이 지나치게 많아진다.

해설

점도가 너무 높을 경우

- 내부 마찰의 증대와 온도상승(캐비테이션 발생)
- 장치의 관내 저항에 의한 압력증대(기계효율저하)
- 동력손실의 증대(장치 전체의 효율저하)
- 각 동유의 비활성(응답성 저하)

240 다음 중 유압기기의 마모나 천착, 부식 등의 원인이 아닌 것은?

① 점도가 불량한 작동유 사용
② 불순물이 혼입된 작동유 사용
③ 투명하고 엷은 색의 작동유 사용
④ 산화된 작동유 사용

해설

투명하고 엷은 색의 작동유를 사용하면 성능이 좋아진다.

241 다음 중 오일의 점성을 이용하여 진동을 흡수하거나 충격을 완화하는 기계는?

① 쇼크 업소버 ② 토크 컨버터
③ 유압 프레스 ④ 커플링

해설

오일의 점성을 이용한 기계는 진동 흡수댐퍼, 소크업소버 등이 있다.

242 유압유의 첨가제로 볼 수 없는 것은?

① 산화방지제
② 방청제
③ 점도지수 향상제
④ 열방출 방지제

해설

유체를 압축시키거나 일을 하면 유체의 온도는 상승된다. 온도가 상승이 되면 유압유의 경우 점도등의 변화가 발생되어 유압기기의 정상적인 작동에 해가 돌아온다. 그러므로 냉각기가 필요하게 된다.

243 다음 중 R&O형 유압 작동유에 내마모성을 개선한 작동유로 베인 펌프의 고압, 고속화에 따르는 섭동부의 마모 방지를 목적으로 개발된 석유계 작동유는?

① 순광유
② 내마모형 유압작동유
③ 고 VI형 작동유
④물-클리콜형 작동유

해설

내마모형 유압 작동유는 R&O형 유압 작동유에 내마모성을 개선한 작동유로 베인 펌프의 고압, 고속화에 따르는 섭동부의 마모 방지를 목적으로 개발된 석유계 작동유이다. 내마모제의 첨가로 R&O형의 작동유에 비해 내마모성이 우수하고, 고온에서의 산화 안정성도 양호하나, 내마모제 첨가에 의해 황유화성이 저하된 제품도 있다.

244 다음 중 유압 작동유에 물이 혼입되는 원인으로 가장 적당한 것은 무엇인가?

① 이물의 혼입 ② 공기의 혼입
③ 기름의 열화 ④ 수증기 응축

해설

유압 작동유에 물이 혼입되는 원인으로 가장 적당한 것은 수증기 응축이다.

[정답] 239 ① 240 ③ 241 ① 242 ④ 243 ② 244 ④

245 유압 작동유에 있어서 적당한 운전 유온은?

① 10~20℃ ② 25~35℃
③ 40~80℃ ④ 35~50℃

해설
함수형 유압유는 35~50℃가 바람직하며 60도 이상에서는 사용하지 않는 것이 바람직하다.

246 유압 작동유에 기포가 발생하는 현상은?

① 공동현상 ② 채터링
③ 리시트 현상 ④ 서지 현상

247 다음 중 유압유의 온도변화에 대한 점도의 변화를 표시하는 것은?

① 비중
② 체적탄성계수
③ 비체적
④ 점도지수

해설
점도지수 : 유압유의 온도변화에 대한 점도의 변화를 표시

248 다음 중 유압유에 비해 압축공기의 특성을 설명한 것으로 틀린 것은?

① 탱크 등에 저장이 용이하다.
② 온도에 극히 민감하다.
③ 폭발과 인화의 위험이 거의 없다.
④ 먼 거리까지도 쉽게 이송이 가능하다.

해설
유압유에 비해 압축공기는 온도에 민감하지 않다.

249 다음 중 작동유의 열화 판정법으로 적절한 것은?

① 성상 시험법 ② 초음파 진단법
③ 레이저 진단법 ④ 플라즈마 진단법

해설
작동유의 열화 판정법으로 성상 시험법이 사용된다.

250 유압 작동유가 구비하여야 할 조건이 아닌 것은?

① 압축성이어야 한다.
② 열을 방출시킬 수 있어야 한다.
③ 적절한 점도가 유지되어야 한다.
④ 장시간 사용하여도 화학적으로 안정되어야 한다.

해설
작동유의 구비조건
- 비압축성일 것
- 내열성, 점도지수, 체적탄성계수 등이 클 것
- 장시간 사용해도 화학적으로 안정될 것
- 산화 안정성(녹이나 부식 발생 등이 방지), 방열성이 좋을 것
- 장치와의 결합성, 유동성이 좋을 것
- 이물질 등을 빨리 분리할 것
- 인화점이 높을 것

251 유압유에서 온도변화에 따른 점도의 변화를 표시하는 것은?

① 비중 ② 동점도
③ 점도 ④ 점도지수

해설
점도지수 : 유압유에서 온도변화에 따른 점도의 변화를 표시한다.
온도가 변하여도 점도가 변하지 않는 이상적인 기름은 없으므로, 온도에 따른 점도의 변화가 작을수록 좋은 기름이라 할 수 있는데, 이것을 나타내는 것이 점도지수(VI : viscocity index)이다.

[정답] 245 ④ 246 ① 247 ④ 248 ② 249 ① 250 ① 251 ④

252 유압기기에서 작동유의 기능이 아닌 것은?

① 방청 기능　② 윤활 기능
③ 응고 기능　④ 압력 전달 기능

해설
작동유의 기능 : 압력 전달성, 윤활성, 방청성, 유동성, 장치와의 결합성 등이다.

253 유압 작동유의 종류에 속하지 않는 것은?

① 석유계 유압유　② 합성계 유압유
③ 유성계 유압유　④ 수성계 유압유

해설
유압유는 석유계 유압유와 난연성 유압유로 크게 나눌 수 있으며 이는 다음과 같이 분류된다.
- 광유계(석유계, 파라핀계) : 석유계 유압유
- 합성계(에스텔계) : 난연성 유압유
- 수성계(글리콜계, 에멀존계) : 난연성 유압유

254 난연성 유압유가 아닌 것은?

① 석유계(石油系)　② 인산 에스테르계
③ 유화계(乳化系)　④ 물 – 글리코올계

해설
유압유는 석유계 유압유와 난연성 유압유로 크게 나눌 수 있으며 다음과 같이 분류된다.
- 광유계(석유계, 파라핀계) : 석유계 유압유
- 합성계(에스텔계) : 난연성 유압유
- 수성계(글리콜계, 에멀존계) : 난연성 유압유

255 다음 중 유압유에 비해 압축공기의 특성을 설명한 것으로 틀린 것은?

① 탱크 등에 저장이 용이하다.
② 온도에 극히 민감하지 않다.
③ 폭발과 인화의 위험이 거의 없다.
④ 먼 거리까지도 쉽게 이송이 불가능하다.

해설
압축공기는 먼 거리까지도 쉽게 이송이 가능하다.

256 유압유로서 갖추어야 할 성질로 옳지 않은 것은?

① 내연성이 클 것
② 점도지수가 클 것
③ 윤활성이 우수할 것
④ 체적탄성계수가 작을 것

해설
유압유는 체적탄성계수가 커야 한다.

257 루브리케이터(Lubricator)에 사용되는 적정한 윤활유는?

① 기계유 1종(ISO VG 32)
② 터빈유 1종, 2종(ISO VG 32)
③ 그리스유 3종, 4종(ISO VG 32)
④ 스핀들유 3종, 4종(ISO VG 32)

해설
윤활기(루브리케이터)의 적정한 윤활유는 터빈유 1종, 2종(ISO VG 32)이다.

258 유압 동력원의 요소라 볼 수 없는 것은?

① 펌프　② 탱크
③ 스트레이너　④ 어큐뮬레이터

해설
유압 동력원의 요소는 탱크와 펌프, 스트레이너 등이다.
- 스트레이너(strainer) : 펌프의 흡입 측에 붙어 여과 작용을 하는 것으로 펌프고장 원인이 되는 0.1mm(100메시) 이상의 이물질을 제거하기 위해서 사용한다.
- 어큐뮬레이터(accumulator) : 압력을 축적하는 용기로 구조가 간단하고 용도도 광범위하여 유압장치에 많이 활용한다.

[정답] 252 ③　253 ③　254 ①　255 ④　256 ④　257 ②　258 ④

259 축압기의 사용 용도에 해당하지 않는 것은?

① 압력보상
② 충격 완충작용
③ 유압에지의 축적
④ 유압 펌프의 맥동 발생 촉진

해설
어큐뮬레이터(accumulator ; 축압기)
압력을 축적하는 용기로 구조가 간단하고 용도도 광범위하여 유압장치에 많이 활용한다. 용도는 에너지 축적용, 펌프 맥동 흡수용, 충격압력의 완충용, 유체이송용이 있다.

260 다음 중 에너지 축적용, 충격압력의 흡수용, 펌프의 맥동 제거용으로 사용되는 유압기기는?

① 필터 ② 증압기
③ 축압기 ④ 커플링

해설
어큐뮬레이터(accumulator ; 축압기)
압력을 축적하는 용기로 구조가 간단하고 용도도 광범위하여 유압장치에 많이 활용한다. 용도는 에너지 축적용, 펌프 맥동 흡수용, 충격압력의 완충용, 유체이송용이 있다.

261 작동유가 갖고 있는 에너지의 축적작용과 충격압력의 완충작용도 할 수 있는 부속기기는?

① 스트레이너
② 유체 커플링
③ 패킹 및 가스켓
④ 어큐뮬레이터

해설
어큐뮬레이터
작동유가 갖고 있는 에너지의 축적작용과 충격압력의 완충작용도 할 수 있는 부속기기이다.

262 고압의 유압유를 저장하는 용기로 필요에 따라 유압시스템에 유압유를 공급하거나 회로내의 밸브를 갑자기 폐쇄할 때 발생되는 서지 압력을 방지할 목적으로 사용되는 유압기기의 기호는?

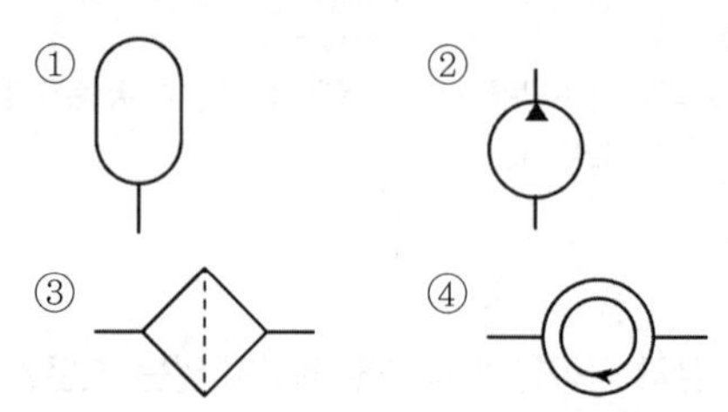

해설
① 어큐뮬레이터(축압기) : 서지 압력을 방지할 목적으로 사용
② 유압 펌프
③ 필터

263 다음 유압 기호의 명칭으로 옳은 것은?

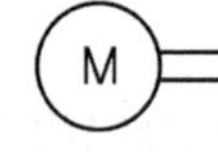

① 공기탱크
② 전동기
③ 내연기관
④ 축압기

해설
그림은 전동기의 기호이다.

264 유압기기에서 포트(Port) 수에 대한 설명으로 옳은 것은?

① R.S.T의 기호로 표시된다.
② 밸브 배관의 수도 포트수보다 1개 적다.
③ 유압 밸브가 가지고 있는 기능의 수이다.
④ 관로와 접촉하는 전환 밸브의 접촉구의 수이다.

해설
유압기기에서 포트(Port) 수는 관로와 접촉하는 전환 밸브의 접촉구의 수이다.

[정답] 259 ④ 260 ③ 261 ④ 262 ① 263 ② 264 ④

265 유압회로 중 압력유지, 동력의 절감, 안전, 사이클 시간 단축, 완충작용은 물론 보조동력원으로 사용할 수 있는 회로는 무엇인가?

① 어큐뮬레이터 회로
② 증강 회로
③ 동조회로
④ 방향제어회로

해설
어큐뮬레이터 회로 : 유압회로 중 압력유지, 동력의 절감, 안전, 사이클 시간단축, 완충작용은 물론 보조동력원으로 사용할 수 있다.

266 증압 회로를 사용하는 기계는?

① 프레스와 잭
② 프레스와 터어빈
③ 잭과 내연기관
④ 잭과 외연기관

해설
프레스와 잭은 증압 회로를 사용하는 기계이다.

267 공압 시스템에서 부하의 변동 시 비교적 안정된 속도가 얻어지는 속도 제어방법은?

① 미터인 방법
② 미터 아웃 방법
③ 블리드 온 방법
④ 블리드 오프 방법

해설
① 미터인 회로 : 속도 제어회로로 유량제어 밸브를 실린더의 입구측에 설치한 회로로서 이 밸브가 압력보상형이면 실린더 속도는 펌프 송출량에 무관하고 일정하다.
② 미터 아웃 회로 : 속도 제어회로로 유량제어 밸브를 실린더의 출구측에 설치한 회로로서 실린더에서 유출되는 유량을 제거하여 피스톤 속도를 제어하는 회로이다. 공압 시스템에서 부하의 변동 시 비교적 안정된 속도가 얻어지는 속도제어방법이다.
③ 블리드 오프(Bleed off) 회로 : 압력제어회로로 실린더 입구의 분기 회로에 유량제어 밸브를 설치하여 실린더 입구측의 불필요한 압유를 배출시켜 작동효율을 증가시킨 회로로 펌프의 일부 유량을 오일 탱크로 되돌려 보내는 것으로 액추에이터를 제어한다.

268 유량제어 밸브를 실린더에서 유출되는 유량을 제어하도록 설치하여 피스톤의 속도를 제어하며 밀링머신, 보링머신 등에 사용되는 회로는?

① 미터인 회로
② 미터 아웃 회로
③ 블리드 오프 회로
④ 언로딩 회로

해설
① 미터인 회로 : 속도제어회로로 유량제어 밸브를 실린더의 입구 측에 설치한 회로로서 이 밸브가 압력보상형이면 실린더 속도는 펌프 송출량에 무관하고 일정하다.
② 미터 아웃 회로 : 유량제어 밸브를 실린더에서 유출되는 유량을 제어하도록 설치하여 피스톤의 속도를 제어하며, 밀링머신, 보링머신 등에 사용된다.
③ 블리드 오프 회로 : 압력제어회로로서 실린더 입구의 분기 회로에 유량제어 밸브를 설치하여 실린더 입구 측의 불필요한 압유를 배출시켜 작동효율을 증가시킨 회로로, 펌프의 일부 유량을 오일 탱크로 되돌려 보내는 것으로 액추에이터를 제어한다.

269 복동 실린더의 미터-아웃 방식에 의한 속도제어 회로는?

① 실린더로 공급되는 유체의 양을 조절하는 방식
② 실린더에서 배출되는 유체의 양을 조절하는 방식

[정답] 265 ① 266 ① 267 ② 268 ② 269 ②

③ 공급과 배출되는 유체의 양을 모두 조절하는 방식
④ 전진시에는 공급 유체를, 후진시에는 배출 유체의 양을 조절하는 방식

해설
미터 아웃 회로 : 배출 쪽 관로에 설치한 바이패스 관로의 흐름을 제어함으로써 속도(힘)를 제어하는 회로로, 초기 속도는 불안하나 피스톤 로드에 작용하는 부하 상태에 크게 영향을 받지 않는 장점이 있으며, 복동 실린더의 속도를 제어하는 배기조절방법을 사용한다.

270 회로에 축압기를 사용하는 경우를 잘 나타내고 있는 것은?

① 같은 압력을 받는 경우에 유압을 증폭시켜주는 장치
② 회로 속에 축압기를 써서 회로의 안전을 도모하거나 동력을 절약하는 회로
③ 회로속에 축압기를 사용하여 방향을 전환하는 회로
④ 같은 동력을 받는 경우 압력을 낮추는 회로

271 유압회로에서 유량이 필요하지 않게 되었을 때 작동유를 탱크로 귀환시키는 회로는?

① 무부하 회로 ② 동조회로
③ 시퀀스 회로 ④ 브레이크 회로

해설
무부하 회로
유압을 필요로 하지 않을 때 펌프 토출량을 저압으로 기름 탱크에 되돌려 보내고 유압 펌프를 무부하 운전시키는 회로로 유압회로에서 유량이 필요하지 않게 되었을 때 작동유를 탱크로 귀환시키는 회로이다. 동력감소, 발열감소, 펌프의 수면연장 및 효율증대 등의 장점이 있다.

272 무부하 회로의 장점이 아닌 것은?

① 유온의 상승효과
② 펌프의 수명연장
③ 유압의 노화 방지
④ 펌프의 구동력 절약

해설
무부하 회로
반족 작동 중 유압을 필요로 하지 않을 때 펌프 토출량을 저압으로 기름 탱크에 되돌려 보내고 유압 펌프를 무부하 운전시키는 회로로 유온 상승 방지 및 펌프의 동력절감을 위해 사용하는 회로이다.

273 다음 중에서 차동회로를 설치했을 때의 단점을 옳게 설명한 것은?

① 방향 전환이 잘 안 된다.
② 사이클 시간이 길어진다.
③ 공회전이 잘 안 된다.
④ 추력이 작아진다.

해설
차동 회로는 실린더의 헤드측과 로드측의 수압 면적을 이용해서 실린더 전진 행정에 펌프의 토출량과 로드측 토출량을 합류시켜 피스톤의 전진 속도를 높이는 회로이다. 이때의 속도는 피스톤의 양측의 수압 면적비에 의해 결정된다.

274 진공 압력 발생조건이 되는 것은?

① 미터인 전진제어
② 미터인 정지
③ 미터아웃 전진제어
④ 미터아웃 정지

[정답] 270 ② 271 ① 272 ① 273 ④ 274 ①

275 유압 기본회로 중 2개 이상의 실린더가 정해진 순서대로 움직일 수 있는 회로에 속하는 것은?

① 로킹 회로　② 언로딩 회로
③ 자동 회로　④ 시퀀스 회로

해설
시퀀스 회로 : 유압 기본회로 중 2개 이상의 실린더가 정해진 순서대로 움직일 수 있는 회로이다.

276 유압 실린더의 전진운동 시 유압유가 공급되는 입구쪽에 체크밸브 위치를 차단되게 일방향 유량제어 밸브를 설치하여 실린더의 전진 속도를 제어하는 회로는?

① 재생회로
② 미터인 회로
③ 블리드 오프 회로
④ 미터 아웃 회로

해설
미터인 회로 : 유압 실린더의 전진운동 시 유압유가 공급되는 입구쪽에 체크밸브 위치를 차단되게 일방향 유량제어 밸브를 설치하여 실린더의 전진 속도를 제어하는 회로이다.

277 유압 액추에이터에 유입하는 유량을 제어하는 방식으로 정의 부하가 작용하는 경우에 적당한 회로는?

① 블리드 오프 회로
② 감압회로
③ 미터 아웃 회로
④ 미터인 회로

해설
액추에이터에 부의 부하가 작용할 때는 미터 아웃 회로를 사용한다.

278 다음 중 유압회로에서 발생하는 서지(surge) 압력을 흡수할 목적으로 사용되는 회로는?

① 블리드 오프 회로
② 압력 시퀀스 회로
③ 어큐물레이터 회로
④ 동조회로

279 액추에이터의 공급쪽 관로 내의 흐름을 제어함으로써 속도를 제어하는 그림과 같은 회로는 무슨 방식인가?

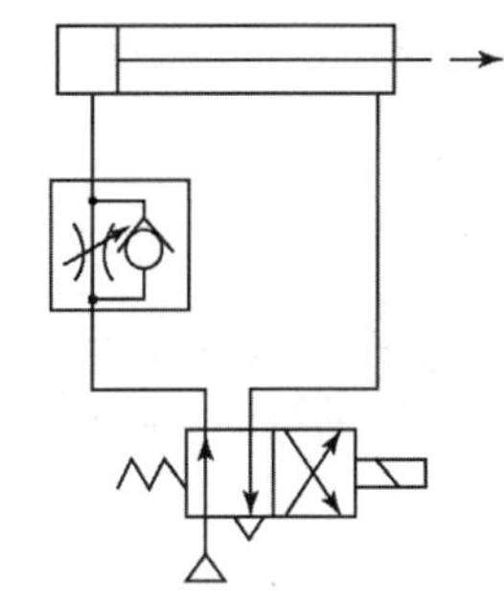

① 미터인　② 미터 아웃
③ 블리드 온　④ 블리드 오프

해설
미터인 회로 : 이 회로는 속도제어회로로 유량제어 밸브를 실린더의 입구측에 설치한 회로로서 이 밸브가 압력보상형이면 실린더 속도는 펌프 송출량에 무관하고 일정하다.

280 그림과 같은 회로에서 속도제어 밸브의 접속방식은?

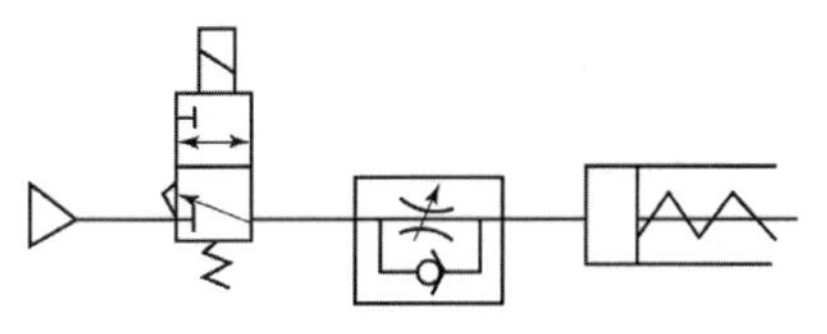

① 미터인 방식　② 블리드 오프 방식
③ 미터 아웃 방식　④ 파일럿 오프 방식

[정답] 275 ④ 276 ② 277 ③ 278 ③ 279 ① 280 ①

해설

미터인 회로 : 유량제어 밸브를 실린더의 입구 측에 설치한 전진속도 제어회로로서 복귀 시에는 체크밸브에 의해 자유로이 유압유가 복귀한다. 이 회로는 송출압이 릴리프 밸브의 설정압으로 정해지고, 펌프에서 송출되는 여분의 유량은 릴리프 밸브를 통하여 탱크에 방유되므로 동력손실이 크다.

281 다음 그림의 속도제어 회로의 명칭은?

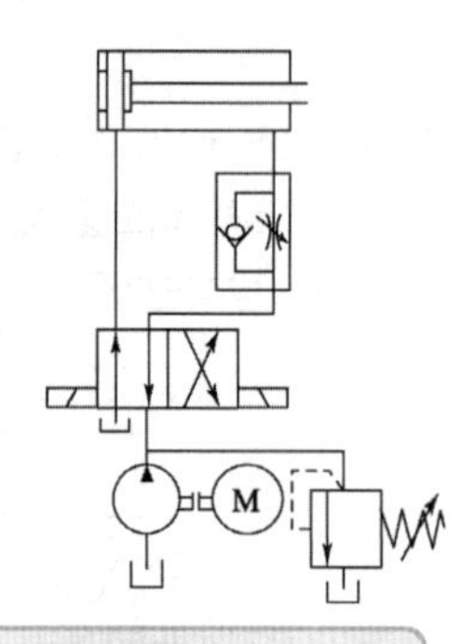

① 재생회로
② 블리드 오프 회로
③ 미터 인 회로
④ 미터 아웃 회로

해설

미터 아웃 회로는 일방향 유량제어 밸브를 사용하여 실린더에서 배출되는 공기를 교축하여 속도를 제어하는 방식이다.

282 다음 회로도에서 유량제어 밸브의 제어방식은?

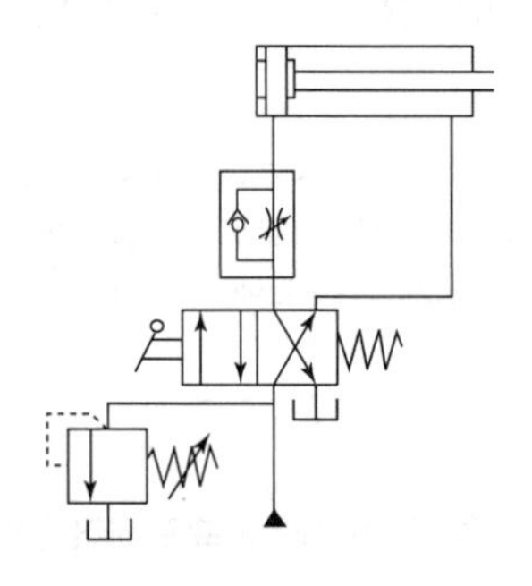

① 미터-인 방식
② 미터-아웃 방식
③ 블리드-오프 방식
④ 블리드-온 방식

283 다음 그림의 회로 명칭은?

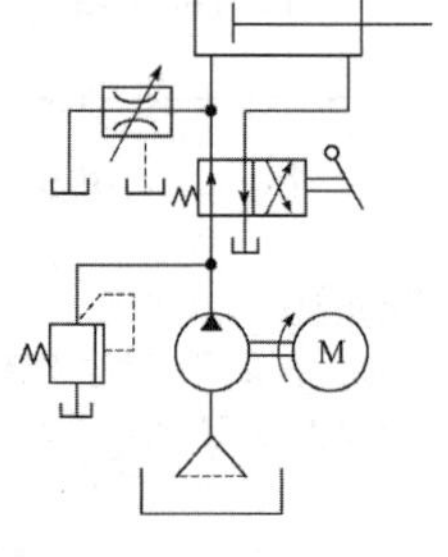

① 미터-인회로
② 미터-아웃 회로
③ 블리드-오픈 회로
④ 블리드 온 회로

284 다음의 회로는 유압의 미터-인 속도 제어회로이다. 장점에 해당하지 않는 것은?

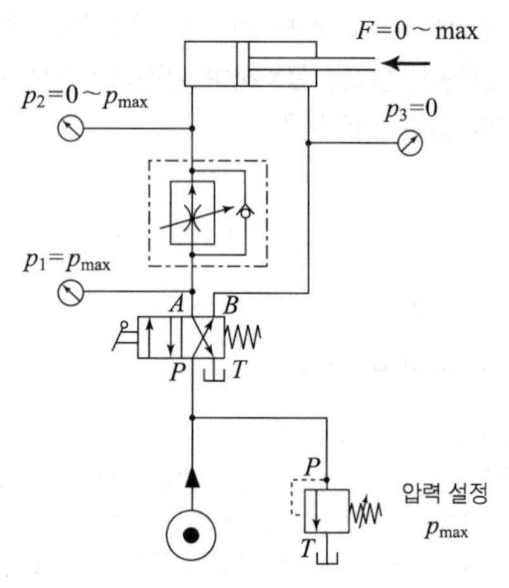

① 피스톤 측에만 압력이 걸린다.
② 낮은 속도에서 일정한 속도를 얻는다.
③ 조절된 유압유가 실린더 측으로 인입되는데 실린더측의 면적이 실린더 로드측 면적보다 크므로 낮은 속도조절 면에서 유리하다.
④ 부하가 카운터 밸런스 되어 있어 끄는 힘에 강하다.

해설

미터 인 회로는 공급 공기를 조절하는 방식이므로 끄는 힘에 대하여는 정확한 제어가 되지 않는다.

[정답] 281 ④ 282 ① 283 ① 284 ④

285 다음의 유압회로도는 무슨 회로도인가?

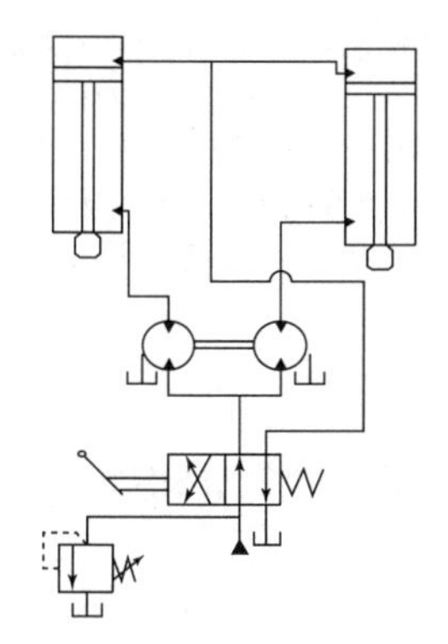

① 모터에 의한 동조회로
② 유량제어 밸브와 축압기를 사용한 동조 회로
③ 2개의 펌프에 의한 동조회로
④ 자동운전 회로

해설
동조회로란 2개 또는 그 이상의 유압 실린더를 완전히 동일한 속도나 위치로 작동 시키고자 할 때 사용하는 회로로서 유량 제어 밸브를 이용하는 방법, 분류 집합 밸브를 이용하는 방법, 동조 모터를 이용하는 방법 등이 있다.

286 다음 유압회로의 명칭으로 적절한 것은?

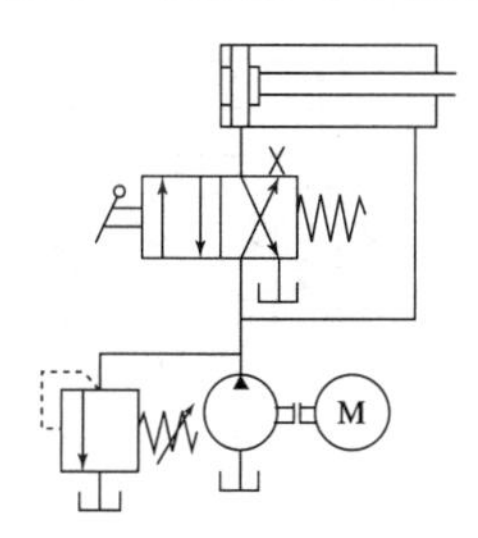

① 무부하 회로
② 미터인 회로
③ 동조회로
④ 차동 회로

287 다음 회로의 명칭으로 적합한 것은?

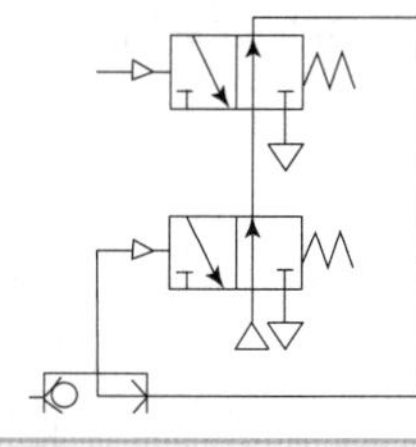

① 부우스터 회로
② 플립플롭 회로
③ 레지스터 회로
④ 카운터 회로

해설
플립플롭회로는 안정된 2개의 출력상태를 가지며, 세트신호가 입력되면 출력이 전환되며 세트신호가 소거되어도 리셋신호가 입력될 때까지는 출력상태를 계속 유지하는 회로이다.

288 그림에 해당되는 제어방법으로 옳은 것은?

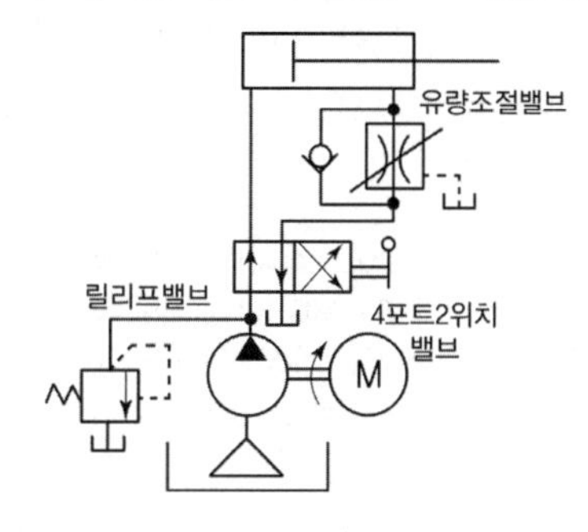

① 미터인 방식의 전진행정 제어회로
② 미터인 방식의 후진행정 제어회로
③ 미터 아웃 방식의 전진행정 제어회로
④ 미터 아웃 방식의 후진행정 제어회로

해설
미터 아웃 회로는 유량제어 밸브를 실린더의 출구 측에 설치한 실린더 속도를 제어하는 회로로서, 실린더에서 유출되는 유량을 제어하여 피스톤 속도를 제어하는 회로이다. 실린더의 출구 측에 유량제어 밸브와 체크밸브를 그림과 같이 연결시켜 단로드 실린더의 전진 행정만을 제어한 회로로 급격한 부하의 변동이 있는 공작기계에 널리 사용되며 동력손실과 유온상승이 따른다.

[정답] 285 ① 286 ④ 287 ② 288 ③

289 다음과 같은 유압회로의 언로드 형식은 어떤 형태로 분류되는가?

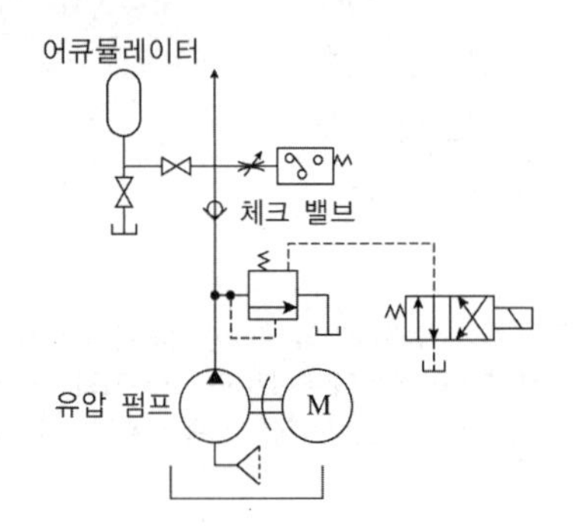

① 바이패스 형식에 의한 방법
② 탠덤 센서에 의한 방법
③ 언로드 밸브에 의한 방법
④ 릴리프 밸브를 이용한 방법

해설

미터 아웃 회로(meter out circuit) : 위 그림의 회로는 유량 제어 밸브를 실린더의 출구측에 설치한 실린더 속도를 제어하는 회로로서, 실린더에서 유출되는 유량을 제어하여 피스톤 속도를 제어하는 회로로 릴리프 밸브를 이용한 방법이다.

290 다음과 같은 회로의 명칭은?

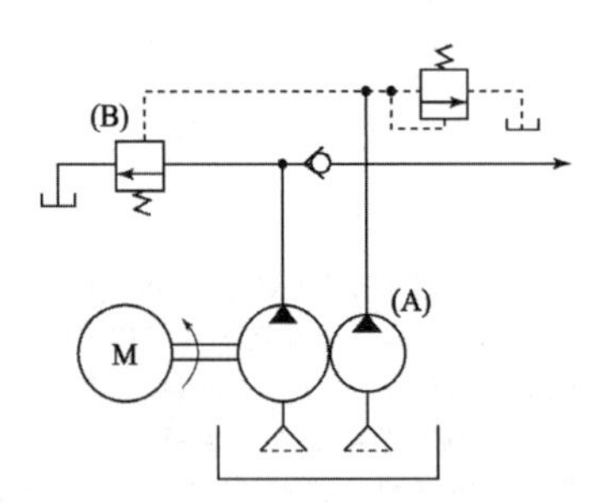

① 로크 회로
② 무부하 회로
③ 동조회로
④ 카운터 밸런스 회로

해설

Hi-Lo에 의한 무부하 회로 : 실린더의 피스톤을 급격히 전진시키려면 저압 대용량으로, 큰 힘을 얻고자 할 때에는 고압 소용량의 펌프를 필요로 하므로, 저압 대용량과 고압 소용량의 2연 펌프를 사용한 회로이다. 위 그림은 카운터 밸런스 회로를 이용한 Hi-Lo에 의한 무부하 회로이다.

291 다음과 같은 회로의 명칭은?

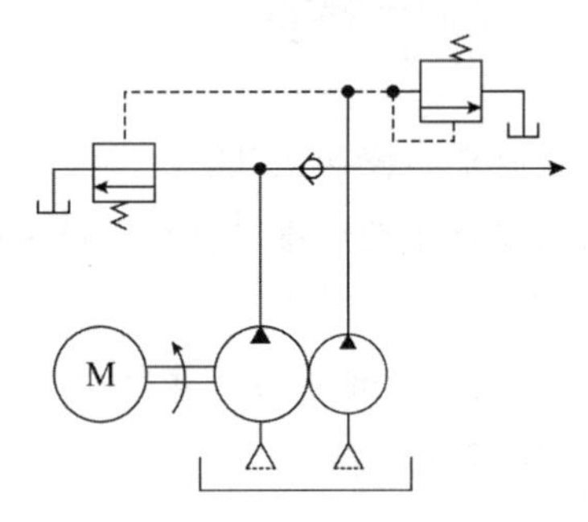

① 압력 스위치에 의한 무부하 회로
② 전환 밸브에 의한 무부하 회로
③ 축압기에 의한 무부하 회로
④ Hi-Lo에 의한 무부하 회로

292 그림과 같은 유압회로의 명칭은?

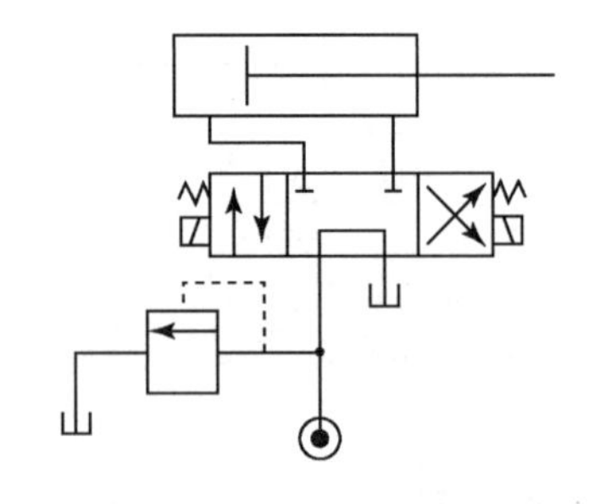

① 감속 회로 ② 차동 회로
③ 로킹 회로 ④ 정토크 구동회로

해설

로킹 회로는 실린더 행정 중 임의의 위치에 실린더를 고정하여 피스톤의 이동을 방지하는 회로이다.

[정답] 289 ④ 290 ② 291 ④ 292 ③

293 다음 그림의 회로 명칭은?

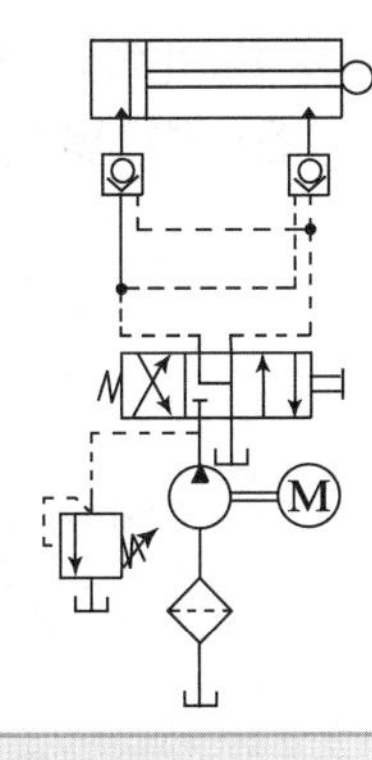

① 로킹 회로
② 브레이크 회로
③ 시퀀스 회로
④ 단락 회로

해설

로킹 회로는 실린더 행정 중 임의의 위치나 행정 말단에서 실린더를 고정시키려고 할 경우, 부하가 너무 클 때 또는 장치 내의 압력 저하에 의하여 실린더 피스톤이 이동되는 경우가 있는데, 이 피스톤의 이동을 방지하는 회로를 로킹 회로라고 한다.

294 다음의 그림이 나타내는 회로의 명칭은?

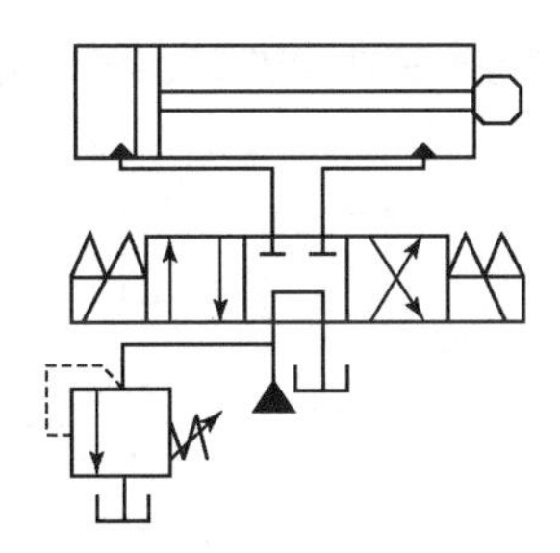

① 로킹 회로 ② 시퀀스 회로
③ 단락 회로 ④ 브레이크 회로

해설

중간 정지(로킹) 회로 : 실린더 진행 중 임의의 위치나 행정 끝에서 실린더를 고정시켜 놓을 필요가 있을 때라 할지라도 부하가 클 때 또는 장치 내의 압력 저하나 유압유의 누유에 의하여 실린더 피스톤이 이동되는 경우가 발생한다. 이 피스톤의 이동을 방지하는 회로를 중간 정지(로킹) 회로라 말한다. 위 그림은 임의의 위치에서 실린더 피스톤을 로크시키는 회로이다. 탠덤 센터 3위치 4방향 밸브를 사용하여 중립위치에서 유압 실린더를 로크시키고 펌프를 무부하할 수 있다. 그러나 피스톤 로드에 큰 외력이 가해지면 4방향 밸브로부터의 내부 누유 때문에 완전 로크가 어려운 단점이 있다.

295 다음 유압회로의 명칭은 무엇인가?

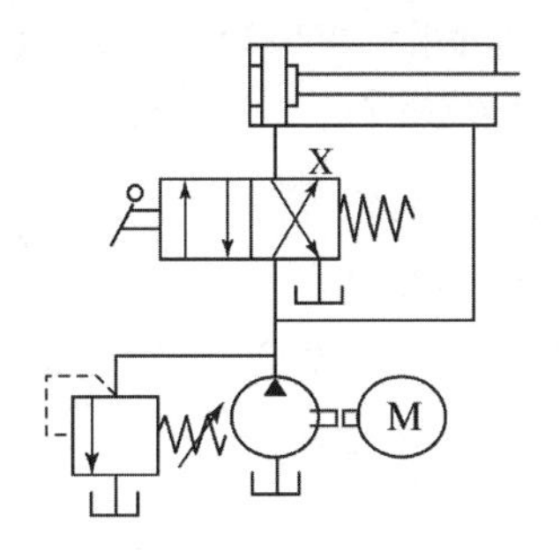

① 로킹 회로 ② 재생 회로
③ 동족 회로 ④ 속도 회로

해설

재생 회로 : 실린더 단면적에 대한 로드측의 단면적의 비율에 따라 속도증가 비율이 정해진다. 실린더의 전진 속도는 빨라 사이클 시간을 단축할 수 있는 반면 그 적응력은 작게 된다. 이 회로는 소형프레스 회로에 응용된다.

296 다음 그림의 속도제어회로의 명칭은?

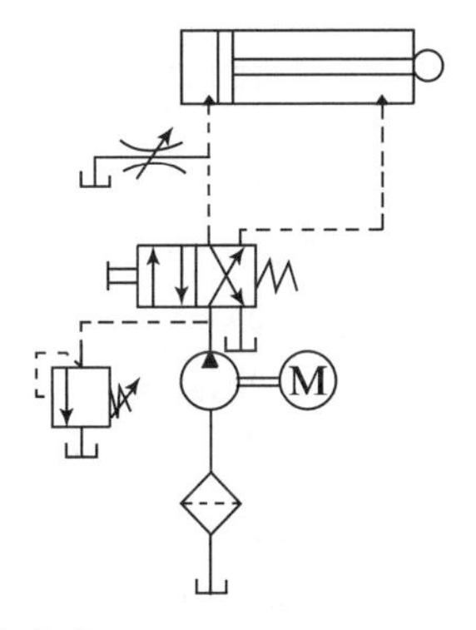

① 재생회로
② 블리드-오프회로
③ 미터-인회로
④ 미터-아웃회로

해설

블리드-오프 회로란 유량제어 밸브를 실린더와 병렬로 설치하여 실린더의 입구측에 불필요한 압유를 배출시켜 작동 효율을 증진시키는 회로이다.

[정답] 293 ① 294 ① 295 ② 296 ②

297 다음 그림은 실린더의 속도를 제어하는 회로이다. 회로의 명칭은?

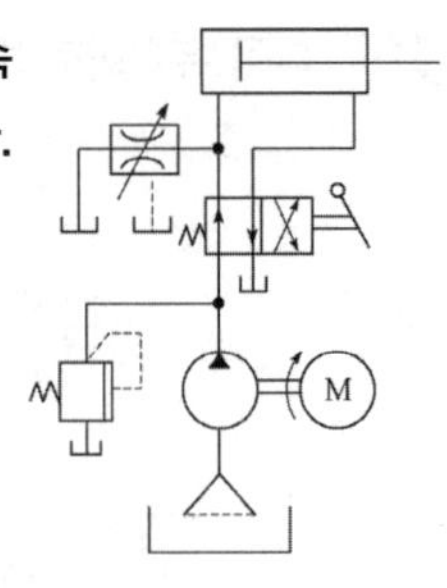

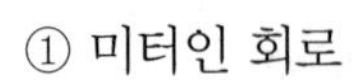

① 미터인 회로
② 미터 아웃 회로
③ 블리드 오프 회로
④ 블리드 온 회로

해설
블리드 오프 회로 : 공급쪽 관로에 바이패스 관로를 설치하여 바이패스로의 흐름을 제어함으로서 속도를 제어하는 회로로 실린더 입구의 관에 교축(유량제어 밸브)를 설치하여 필요 이상 실린더에 가해지는 압력을 제거시키는 방법으로 부하의 변동에 따라 속도는 불안정하고 저하되나 압력이 증가하지 않도록 하는 회로이며 회로 내 릴리프 밸브 작동을 최소화하여 효율을 높일 수 있다.

298 그림과 같은 유압회로에서 실린더의 속도를 조절하는 방법으로 가장 적절한 것은?

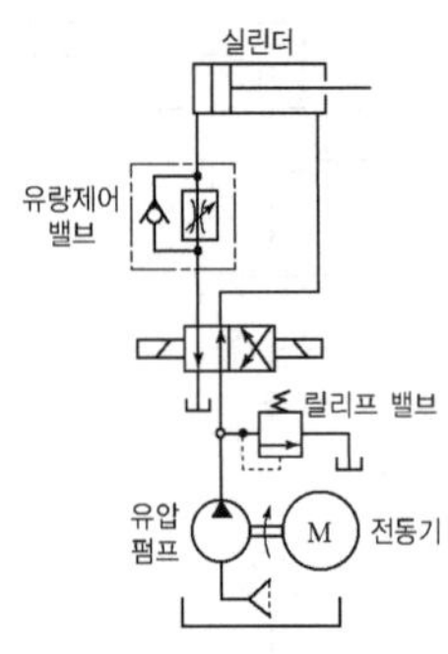

① 가변형 펌프의 사용
② 유량제어 밸브의 사용
③ 전동기의 회전수 조절
④ 차동 피스톤 펌프의 사용

해설
그림과 같은 유압회로에서 실린더의 속도를 조절은 유량제어 밸브이다. 위 그림에서 나타난 유압회로는 공급쪽(전진쪽)에 일방향 유량조절밸브가 달려 있으므로 이것으로 유량을 조절하면 속도가 조절된다.

299 그림의 회로도에서 죔실린더의 전진 시 최대 작용압력은 몇 kgf/cm^{2}인가?

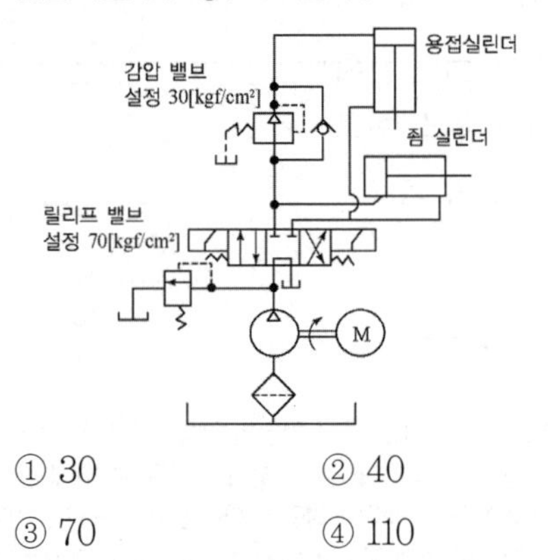

① 30 ② 40
③ 70 ④ 110

해설
그림에서 용접 실린더 작용압력은 30kgf/cm^2, 죔실린더 작용압력은 70kgf/cm^{2}이다.

300 다음 그림에 관한 설명으로 옳은 것은?

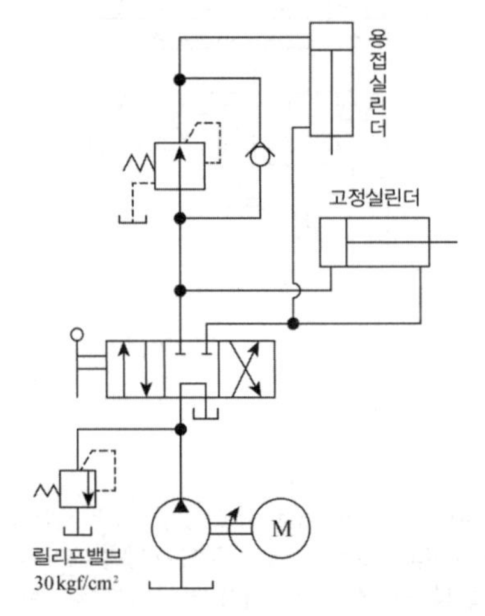

① 자유낙하를 방지하는 회로이다.
② 감압 밸브의 설정압력은 릴리프 밸브 설정압력보다 낮다.
③ 용접 실린더와 고정 실린더의 순차제어를 위한 회로이다.
④ 용접 실린더에 공급되는 압력을 높게 하기 위한 방법이다.

[정답] 297 ③ 298 ② 299 ③ 300 ②

해설
감압 밸브에 의한 2압력 회로
2개의 실린더가 있는 유압 계통에서 1개의 실린더가 주회의 압력보다 낮은 압력이 필요한 경우 감압 밸브를 사용해야 한다.

301 다음과 같은 유압회로에 대한 설명 중 틀린 것은?

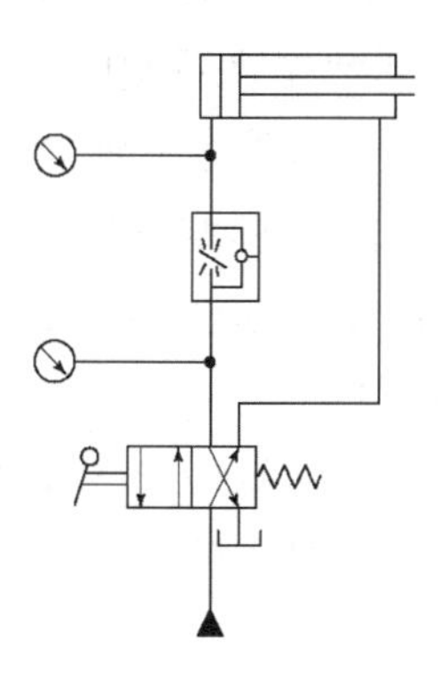

① 실린더의 전진 운동시 항상 일정한 힘을 유지할 수 있는 회로이다.
② 실린더에 인장하중의 작용시 카운터 밸런스 회로를 필요로 한다.
③ 전진 운동시 실린더에 작용하는 부하변동에 따라 속도가 달라진다.
④ 시스템에 형성되는 모든 압력은 항상 설정된 최대압력이내이다.

302 유압장치의 점검과 보수관리기준으로 틀린 것은?
① 점검 항목을 정하여 항목에 따라 점검하고 그 결과를 기록하여 데이터로 활용한다.
② 정기적으로 점검 대상을 정하여 점검을 실시한다.
③ 점검 책임자를 정하고 책임자는 담당 직원들에게 보수 · 관리 교육을 한다.
④ 점검 책임자가 정기적으로 회의를 소집하여 고장 내용, 점검 방법 등에 대해 의견을 교환한다.

해설
일상 점검과 정기점검 대상을 정하여 점검을 실시한다.

303 유압장치의 점검 주기에서 매일 점검에 해당되는 것은?
① 유면 점검
② 유압유의 시료 검사
③ 유압유 교환
④ 오염 정도 점검

해설
매일 점검 : 유면 점검, 누유 점검

304 유압장치의 점검 주기에서 매월 점검에 해당되는 않는 것은?
① 유면 점검
② 오염 정도 점검
③ 필터 요소 청소 및 교환
④ 실린더(피스톤 로드 육안검사)

305 유압 탱크의 점검 대상이 아닌 것은?
① 유면 점검
② 누유 점검
③ 유압유의 시료 검사
④ 오염 정도 점검

해설
유압유 교환

[정답] 301 ① 302 ② 303 ① 304 ① 305 ④

306 유압 필터의 점검 대상인 것은?

① 유면 점검
② 누유 점검
③ 유압유의 시료 검사
④ 오염 정도 점검

해설
필터 요소 청소 및 교환, 공기 필터 청소

307 유압장치의 점검 주기에서 6개월 점검이 아닌 것은?

① 오염 정도 점검
② 필터 요소 청소 및 교환
③ 밸브(압력, 유량제어 밸브)
④ 실린더(피스톤 로드 육안 검사)

308 유지보수 대장관리에 해당 사항이 아닌 것은?

① 제작자 ② 설비명
③ 제작처 ④ 설비가격

해설
위 사항외에 설비번호, 형식(제원), 제작년월일, 설치년월일, 주요 부품, 설비 이력 등

309 가동이력관리에 대한 설명으로 틀린 것은?

① 가동일지는 생산에 필요한 장비의 정상적인 운용을 하기 위하여 장비 가동 날짜와 가동 시간을 기록하는 일지를 말한다.
② 가동일지는 일정 기간의 가동 정도와 상태를 기록하여 장비의 노후나 고장 등을 확인하고 예상되는 문제를 미리 파악하여 관리할 수 있게 한다.
③ 장비를 구동하기 위해서는 예약된 사용기간 시작 일에 담당자가 사용장비에 대한 사항을 점검한 후 장비가동일지에 날인을 한다.
④ 장비사용 후에는 월간으로 장비사용일지를 작성하여야 한다.

해설
장비사용 후에는 바로 장비사용일지를 작성하여야 한다.

[정답] 306 ④ 307 ③ 308 ① 309 ④

부록

CBT 최종모의고사

부록

CBT 최종모의고사 1회

제1과목 자동제어

01 **다음 중에서 광센서의 종류가 아닌 것은?**

① 광도전 효과형 광센서 ② 광전자 방출형 광센서
③ 자외선 센서 ④ 압전센서

광센서의 종류 : 광도전 효과형 광센서, 광기전력 효과형 광센서, 광전자 방출형 광센서, 자외선 센서, 복합형 광센서가 있다.

02 **종래의 마이크로 스위치 및 리미트 스위치의 기계적인 스위치를 무접촉화하여 검출대상물의 유무를 무접촉으로 검출하는 검출기는 무엇인가?**

① 압전센서 ② 근접센서
③ 압력센서 ④ 온도센서

근접센서 : 종래의 마이크로 스위치 및 리미트 스위치의 기계적인 스위치를 무접촉화하여 검출대상물의 유무를 무접촉으로 검출하는 검출기(스위치)이다.

03 **전계효과 트랜지스터(FET)의 특징이 아닌 것은?**

① 입력 임피던스가 높다.
② 열적으로 안정하고 잡음이 적다.
③ 이득 대역폭이 작아서 고주파 특성이 좋다.
④ 저주파 특성이 좋고 I_c 화가 용이하다.

전계효과 트랜지스터(FET)는 이득 대역폭이 작아서 고주파 특성이 나쁘다.

04 **일반적인 DC Motor의 속도를 변경하는 방식으로 디지털 포트 출력으로 바로 모터의 속도를 가변할 수 있는 제어방식으로서 구형파 펄스의 듀티비를 가변하는 방식은?**

① 전압조절 방식 ② 펄스폭변조(PWM) 방식
③ 단방향 구동 방식 ④ 정 · 역 회전 구동 방식

정답 01 ④ 02 ② 03 ③ 04 ②

일반적인 DC Motor의 속도를 변경하려면 가장 간단한 방법은 전압을 조절하는 것이나, 이 방법은 디지털 제어를 하려면 D/A 변환기가 필요하므로 제어회로가 복잡하다. 따라서 디지털 포트 출력으로 바로 모터의 속도를 가변할 수 있는 제어방식으로서 구형파 펄스의 듀티비를 가변하는 펄스폭변조(PWM : Pulse Width Modulation)방식을 많이 사용한다.

05 DC 모터의 특징이 아닌 것은?

① 기동 토크가 작다.

② 인가전압에 대하여 회전특성이 직선적으로 비례한다.

③ 입력전류에 대하여 출력 토크가 직선적으로 비례하며, 또한 출력 효율이 양호하다.

④ 회전자 코일에 전류를 공급하는 브러쉬가 있어 노이즈 발생의 원인이며 브러쉬의 수명이 모터의 수명을 결정한다.

DC 모터의 특징

- 기동 토크가 크다.
- 인가전압에 대하여 회전특성이 직선적으로 비례한다.
- 입력전류에 대하여 출력 토크가 직선적으로 비례하며, 또한 출력 효율이 양호하다.
- 가격이 저렴하다.
- 회전자 코일에 전류를 공급하는 브러쉬가 있어 노이즈 발생의 원인이며 브러쉬의 수명이 모터의 수명을 결정한다.

06 로봇의 구동요소 중에서 피드백 신호 없이 구동축의 정밀한 위치제어가 가능한 것은?

① 스테핑 모터 ② AC 서보모터

③ DC 서보모터 ④ 서보유압 구동장치

스테핑 모터의 특징

- 피드백 없이 오픈 루프만으로 구동할 수 있다.
- 고정된 스텝 각도만큼 이동하므로 분해능에 제약이 따른다.
- 스텝 응답에 대해 상대적으로 큰 오버슈트와 진동을 나타낸다.

07 서보 시스템의 제어에 속하지 않는 것은?

① 공정 제어 ② 각도 제어

③ 방위 제어 ④ 속도 제어

서보 시스템이라고 하면 위치, 각도, 방위, 속도 등을 물리량으로 하는 시스템을 말한다.

정답 05 ① 06 ① 07 ①

08 스테핑 모터의 특징이 아닌 것은?

① 브러시가 없다. ② 디지털 컴퓨터로 쉽게 제어된다.

③ 기계적 구조가 간단하다. ④ 관성이 큰 부하를 다루기 쉽다.

스테핑 모터의 특징

- 브러시가 없으므로 오염으로부터 안전하다.
- 디지털 입력 펄스에 의해 구동되므로 디지털 컴퓨터로 쉽게 제어된다.
- 기계적 구조가 간단하다. 따라서 유지 보수가 거의 필요 없다.
- 관성이 큰 부하를 다루기 어렵다.

09 프린터, 공작기계, 로봇 등에 많이 사용되는 모터를, 명령에 따라 각도, 방위, 속도 등을 물리량으로 피드백 제어하는 방식은?

① CP제어 ② PTP제어

③ 동작제어 ④ 서보제어

서보(servo) : 그리스어로 노예(Servus)를 말하며 이것은 지령 신호(명령)에 대하여 충실하게 행동(추종)한다, 따른다는 의미이며, 명령을 따르는 모터를 서보모터라고 한다. 프린터, 공작기계, 로봇 등에 많이 사용되는 모터로서, 명령에 따라 정확한 위치와 속도를 제어한다.

10 자동 제어계에 관련된 설명이 잘못된 것은?

① 정보(information) : 제어계를 제어하고자 하는 내용

② 자동제어(automatic control) : 2가지 상태를 갖는 ON/OFF와 같은 일정한 상태의 제어 명령에 의한 제어

③ 제어장치 : 제어대상에 조합되어 제어를 행하는 장치

④ 출력신호(output signal) : 제어장치의 상태 변화(제어)의 결과를 갖고 있는 신호

자동 제어계에서 사용되는 용어

- 정보(information) : 제어계를 제어하고자 하는 내용
- 신호(signal) : 정보를 제어하고자 하는 내용
- 제어장치 : 제어대상에 조합되어 제어를 행하는 장치
- 출력신호(output signal) : 제어장치의 상태 변화(제어)의 결과를 갖고 있는 신호

11 폐회로 제어계 중 제어 시스템에서 제어량이 그 값을 가지도록 목표로 하여 외부에서 주어지는 값을 의미하는 것은?

① 목푯값 ② 기준입력요소

③ 기준입력신호 ④ 조작량

정답 08 ④ 09 ④ 10 ② 11 ①

목푯값(desired value ; command)
제어 시스템에서 제어량이 그 값을 가지도록 목표로 하여 외부에서 주어지는 값을 말하며(궤환 제어 시스템에 속하지 않는 신호) 목푯값이 일정할 때는 설정값(set point)이라고 한다.

12 자동 제어계에 관련된 설명이 잘못된 것은?

① 아날로그 신호(analog signal) : 크기가 연속적으로 나타나는 정량적인 신호
② 디지털 신호(digital signal) : ON/OFF 신호와 같이 2개의 상태로 구별되는 정성적인 신호
③ 수동제어(manual control) : 사람대신 제어장치에 의해서 대상물을 제어하는 것
④ 제어계(control system) : 입력, 제어대상, 출력으로 구성되어 하나의 목적을 가진 제어 체계

- **수동제어(manual control)** : 사람이 직접 대상물을 제어하는 것
- **자동제어(automatic control)** : 사람대신 제어장치에 의해서 대상물을 제어하는 것

13 다음과 같은 자동 제어계는 무엇인가?

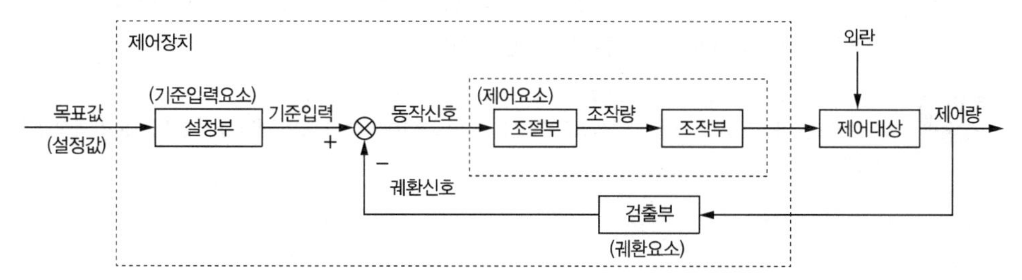

① 하이브리드 제어
② 개회로 제어계
③ 반폐회로 제어계
④ 폐회로 제어계

위의 제시된 회로도는 폐회로 제어계(close–loop control system)이며, 출력신호를 입력신호로 되먹임시켜 출력값을 입력값과 비교하여 항상 출력이 목푯값에 이르도록 제어하는 것을 되먹임제어(feedback control) 또는 궤환제어라고 한다.

14 제어요소의 전달함수 요소의 종류가 아닌 것은?

① 비례요소
② 적분요소
③ 미분요소
④ 2차 지연요소

제어요소의 전달함수의 종류에는 비례요소, 적분요소, 미분요소, 1차 지연요소가 있다.

정답 12 ③ 13 ④ 14 ④

15 폐회로 제어계에서 제어대상으로부터 제어량을 검출하고 기준 입력신호와 비교시키는 부분을 의미하는 것은?

① 제어량 ② 검출부
③ 외란 ④ 동작신호

- **제어량**(conrtolled variable) : 제어 시스템의 출력량으로 제어대상에 속하는 양으로 출력량이라고도 한다.
- **검출부**(detecting means) : 제어대상으로부터 제어량을 검출하고 기준 입력신호와 비교시키는 부분이다.
- **외란**(disturbance) : 제어량의 값을 변화시키려는 외부로부터의 바람직하지 않는 입력 신호로서 시스템의 출력값에 나쁜 영향을 미치게 하는 신호이다.
- **동작신호**(actuating signal) : 기준입력과 주궤환 신호와의 편차인 신호로서 제어동작을 일으키는 신호이다.

16 제어계에서 블록선도에 대한 설명이 잘못된 것은?

① 제어계에 포함되어 있는 각 제어요소의 신호가 어떤 모양으로 전달되고 있는가를 나타내는 선도이다.
② 제어계의 구성, 동작 및 특성을 나타내며 제어계의 수식을 대표하여 나타내는 도형이다.
③ 복잡한 시스템을 시각적으로 표현한 것으로 전달함수와 같은 물리적 의미는 포함하지 않는다.
④ 시스템 블록, 선, 분기점 등을 통하여 표현한다.

블록선도는 복잡한 시스템을 시각적으로 표현한 것으로 미분방정식 또는 전달함수와 같은 물리적 의미를 가지고 있다.

17 전달함수를 설명한 것으로 틀린 것은?

① 선형 제어계에서만 정의된다.
② 정상상태의 주파수 응답을 나타낸다.
③ 비선형 제어계의 시간 응답분석에 용이하다.
④ 모든 초기 값을 0으로 했을 때 출력신호의 라플라스 변환과 입력신호의 라플라스 변환과의 비

해설

전달함수는 선형 제어계의 시간 응답분석에 용이하다.

18 자동제어계 응답의 시간 특성 중에서 입력이 주어진 순간 출력 특성을 의미하는 것으로 이를 해석하기 위해 단위계단입력이 주어졌을 때 출력이 나오기 시작하는 순간부터 안정 상태에 도달하기까지의 특성을 분석한 것은?

① 정상응답 ② 과도응답
③ 오버슈트 ④ 지연시간

정답 15 ② 16 ③ 17 ③ 18 ②

과도응답을 해석하기 위해 단위계단입력이 주어졌을 때 출력이 나오기 시작하는 순간부터 안정 상태에 도달하기까지의 특성을 분석한다.

19 **단위계단입력에 대한 시간응답 중에서 오버슈트(overshoot)가 의미하는 것은?**

① 응답이 처음으로 희망값에 도달하는데 요하는 시간으로 보통 10%로부터 90%까지 도달하는데 요하는 시간
② 과도응답의 소멸되는 정도를 나타내는 양
③ 응답이 최초로 희망값의 50% 값에 진행되는데 걸리는 시간
④ 응답 중에 생기는 입력과 출력 사이의 최대 편차량으로 제어계의 안정도의 척도가 되는 양

오버슈트(overshoot)
응답 중에 생기는 입력과 출력 사이의 최대 편차량으로 제어계의 안정도의 척도가 되는 양

20 **주파수 특성의 도시적 표현 방법 중에서 보드 선도의 장점은?**

① 벡터 궤적을 직교좌표로 표시한다.
② 이득 곡선과 위상차를 도(°) 단위로 표시한 직선으로 작성된다.
③ 주파수 전달함수로부터 횡축에 $|G(j\omega)|$를 대수눈금으로, 종축에 이득 ω의 데시벨값 $20\log_{10}|G(j\omega)|$으로 표시한다.
④ 대부분 함수의 보드 선도는 직선의 점근선으로 실제의 선도에 근사시킬 수 있다.

- 보드 선도의 작성은 비교적 용이하므로 극좌표 표시한다.
- 이득 곡선과 위상차를 라디안(radian) 단위로 표시한다.
- 주파수 전달함수로부터 횡축에 ω를 대수눈금으로, 종축에 이득 $|G(j\omega)|$의 데시벨값 $20\log_{10}|G(j\omega)|$으로 표시한다.

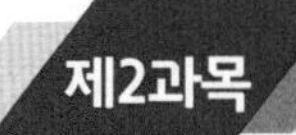

제2과목 기계요소설계

21 **지름이 3cm의 봉재에 인장하중이 1000N이 작용할 때 발생하는 인장응력(N/mm^2)은 약 얼마인가?**

① $25.9N/mm^2$
② $706.5N/mm^2$
③ $2.6N/mm^2$
④ $76.6N/mm^2$

$$\sigma_t = \frac{P}{A} = \frac{P}{\frac{\pi d^2}{4}} = \frac{1000}{\frac{\pi \times 30^2}{4}} \fallingdotseq 706.5\,N/mm^2$$

22 일반적으로 사용하는 안전율은 어느 것인가?

① 사용응력/허용응력　　② 허용응력/기준강도
③ 기준강도/허용응력　　④ 허용응력/사용응력

$$허용응력(\sigma_a) = \frac{기준강도(\sigma)}{안전율(S)}$$

23 윤활유의 주요 기능이 아닌 것은?

① 윤활 작용　　② 냉각 작용
③ 방청 작용　　④ 부식 작용

윤활유의 주요 기능 : 윤활 작용, 냉각 작용, 밀봉 작용, 세정 작용, 방청 작용, 응력 분산 작용, 소음 감쇠 작용이 있다.

24 기어에서 이의 간섭 방지대책으로 틀린 것은?

① 압력각을 크게 한다.　　② 이의 높이를 높인다.
③ 이끝을 둥글게 한다.　　④ 피니언의 이뿌리면을 파낸다.

기어에서 이의 간섭 방지대책

- 압력각을 크게 한다.
- 이의 높이를 줄인다.
- 이끝을 둥글게 한다.
- 피니언의 이뿌리면을 파낸다.

25 결합용 기계요소인 와셔를 사용하는 이유가 아닌 것은?

① 볼트의 구멍이 볼트의 지름보다 너무 클 때
② 표면이 매끈할 때
③ 접촉면이 기울어져 있을 때
④ 목재나 고무와 같이 압축에 약하여 너트가 내려앉는 것을 막을 필요가 있을 때

와셔의 용도

- 볼트의 구멍이 볼트의 지름보다 너무 클 때
- 표면이 거칠 때
- 접촉면이 기울어져 있을 때
- 목재나 고무와 같이 압축에 약하여 너트가 내려앉는 것을 막을 필요가 있을 때

정답 22 ③ 23 ④ 24 ② 25 ②

26 리벳의 호칭이 “KS B 1102 둥근 머리 리벳 18×40 SV330”으로 표시된 경우 숫자 “40”의 의미는?

① 리벳의 수량　　② 리벳의 구멍 치수
③ 리벳의 길이　　④ 리벳의 호칭지름

18×40 SV330에서 18은 리벳의 지름, 40은 리벳의 길이, SV 330은 리벳의 재질을 말한다.

27 도면의 척도란에 5 : 1로 표시되었을 때 의미로 올바른 설명은?

① 축척으로 도면의 형상 크기는 실물의 1/5이다.
② 축척으로 도면의 형상 크기는 실물의 5배이다.
③ 배척으로 도면의 형상 크기는 실물의 1/5이다.
④ 배척으로 도면의 형상 크기는 실물의 5배이다.

5 : 1은 실물보다 크게 작성하는 배척으로 도면의 형상 크기는 실물의 5배이다.

28 다음 중 선의 굵기가 가는 실선이 아닌 것은?

① 지시선　　② 치수선
③ 해칭선　　④ 외형선

외형선은 굵은 실선이다.

29 패킹, 얇은 판, 형강 등과 같이 절단면의 두께가 얇은 경우 실제 치수와 관계없이 단면을 특정선으로 표시할 수 있다. 이 선은 무엇인가?

① 가는 실선　　② 굵은 1점 쇄선
③ 아주 굵은 실선　　④ 가는 2점 쇄선

패킹, 얇은 판, 형강 등과 같이 절단면의 두께가 얇은 경우 하나의 아주 굵은 실선으로 작성한다.

30 회전축의 회전방향이 양쪽 방향인 경우 2쌍의 접선키를 설치할 때 접선키의 중심각은?

① 30°　　② 60°
③ 90°　　④ 120°

역회전에서도 동일하게 회전력을 전달하는 접선키는 120°의 각도로 설치한다.

정답 26 ③ 27 ④ 28 ④ 29 ③ 30 ④

31 **축이나 구멍에 설치한 부품이 축방향으로 이동하는 것을 방지하는 목적으로 주로 사용하며, 가공과 설치가 쉬워 소형 정밀기기나 전자기기에 많이 사용되는 기계요소는?**

① 키　　② 코터
③ 멈춤링　　④ 커플링

멈춤링은 스냅링이라고도 하며 축이나 구멍에 설치한 부품이 축방향으로 이동하는 것을 방지한다.

32 **나사의 풀림 방지법이 아닌 것은?**

① 철사를 사용하는 방법　　② 와셔를 사용하는 방법
③ 로크 너트에 의한 방법　　④ 사각 너트에 의한 방법

나사의 풀림 방지법 : 철사를 사용하는 방법, 와셔를 사용하는 방법, 로크 너트에 의한 방법, 절입 너트에 의한 방법, 분할 핀, 작은 나사, 멈춤 나사에 의한 방법 등이다.

33 **그림과 같이 경사면부가 있는 경사면의 실제 형상을 나타낼 수 있도록 그린 투상도는?**

① 보조 투상도
② 국부 투상도
③ 회전 투상도
④ 부분 투상도

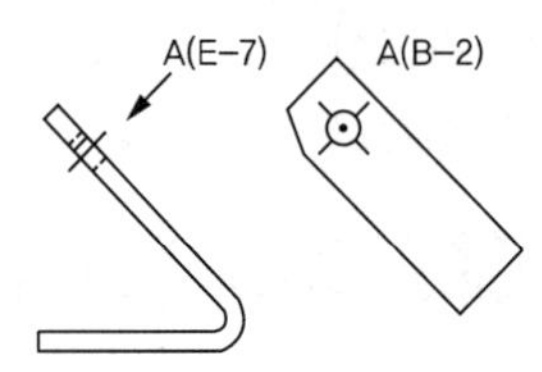

해설
보기로 주어진 그림은 보조 투상도이다.

34 **다음 그림에서 "가"와 "나"의 용도에 의한 명칭과 선의 종류(굵기)가 바르게 연결된 것은?**

① 가. 외형선 – 가는 실선, 나. 가상선 – 가는 실선
② 가. 해칭선 – 굵은 실선, 나. 파단선 – 가는 자유곡선
③ 가. 외형선 – 가는 실선, 나. 파단선 – 굵은 실선
④ 가. 외형선 – 굵은 실선, 나. 파단선 – 가는 자유곡선

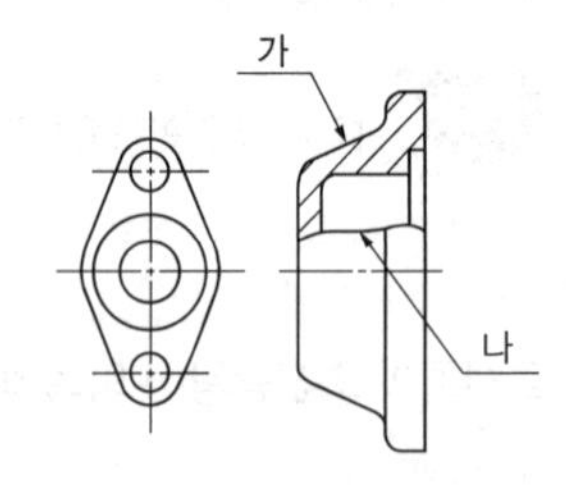

해설
보기로 주어진 그림에서 '가'는 외형선으로 굵은 실선으로 작성하고 '나'는 파단선으로 프리핸드(가는 자유곡선)로 작성한다.

정답 31 ③ 32 ④ 33 ① 34 ④

35 다음 투상법의 기호는 제 몇 각법을 나타내는 기호인가?

① 제1각법
② 제2각법
③ 제3각법
④ 제4각법

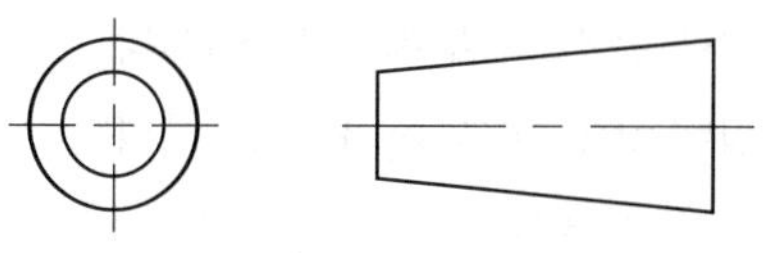

제1각법	제3각법

36 코일 스프링의 전체 평균 지름이 30mm, 소선의 지름이 3mm라면 스프링 지수는?

① 0.1　② 6
③ 8　④ 10

스프링지수$(C)=\frac{D}{d}=\frac{30}{3}=10$

37 양 끝에 왼나사 및 오른나사가 있어서 막대나 로프 등을 조이는 데 사용하는 기계요소는?

① 나비 너트　② 캡 너트
③ 아이 너트　④ 턴 버클

턴 버클(turn buckle) : 양 끝에 왼나사 및 오른나사가 있어서 막대나 로프 등을 조이는 데 사용한다.

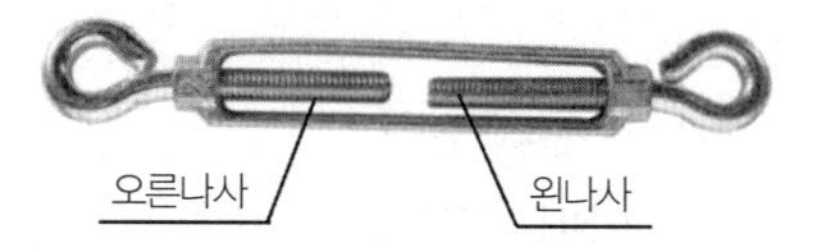

38 끼워 맞춤 방식에서 ∅50H7g6은 어떤 끼워맞춤인가?

① 구멍기준식 헐거운 끼워맞춤　② 구멍기준식 억지 끼워맞춤
③ 축기준식 헐거운 끼워맞춤　④ 축기준식 억지 끼워맞춤

∅50H7g6에서 H7은 구멍기준식, g6은 헐거운 끼워맞춤이다.

정답 35 ③ 36 ④ 37 ④ 38 ①

39 그림과 같은 용접기호에서 a5는 무엇을 의미하는가?

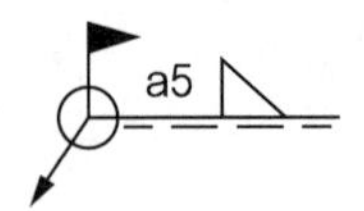

① 루트 간격이 5mm이다.
② 필렛 용접 목 두께가 5mm이다.
③ 필렛 용접 목 길이가 5mm이다.
④ 점 용접부의 용접 수가 5개이다.

a5 : 용접 목 두께가 5mm이다.

필렛 용접	현장용접	온둘레 용접
◺	⚑	○

40 기계의 역전 방지, 한 방향의 가동 클러치, 분할작업 등에 사용되는 기계요소는?

① 기어 ② 랫치 휠
③ 브레이크 ④ 스프로킷

랫치 휠 : 기계의 역전 방지, 한 방향의 가동 클러치, 분할작업 등에 사용되는 기계요소이다.

41 다음의 공식이 의미하는 것은?

$$V_2 = V_1 \frac{T_2}{T_1}$$

① 샤를의 법칙 ② 보일의 법칙
③ 푸아송의 비 ④ 아베의 원리

샤를의 법칙 : 기체의 압력을 일정하게 유지함으로서 체적 및 온도가 변화시, 체적과 온도는 서로 비례한다.

- $\frac{T_1}{T_2} = \frac{V_1}{V_2} = constant$
- $V_2 = V_1 \frac{T_2}{T_1}$

여기서, T : 절대온도(°K)
V : 체적(cm^3)

정답 39 ② 40 ② 41 ①

42 다음 중 공기 중의 습도와 응축수에 대한 설명이 잘못된 것은?

① 건조공기에 수증기를 포함하고 있는 상태를 습공기라 한다.
② 공기의 수증기 포화 능력이 떨어지면 공기에 포함되어 있던 수분이 분리되어 물방울 상태(응축수)가 된다.
③ 공기 중 건조공기와 수분의 부피를 비교한 것이 절대습도이다.
④ 분리된 물은 배관 중에서 녹을 발생시키거나 공기 중의 먼지 등과 함께 기기에 좋지 않은 영향을 미친다.

공기 중 건조공기와 수분의 중량을 비교한 것이 절대습도이다(공기 중 건조공기와 수분을 완전히 분리하여 수분이 건조공기 무게의 몇 배인가를 비교한다).

43 다음 중에서 드레인(Drain)에 대한 설명으로 옳은 것은?

① 수분을 함유한 습공기인 대기를 압축하면 상대습도가 낮아져 물방울(드레인, 응축수)을 내게 된다.
② 대기 중에는 먼지 매연 기타 여러 가지 오염 물질이 존재하는데 이런 공기를 배출하고 압축하면 오염 물질까지 농축되어 몹시 깨끗한 압축공기가 된다.
③ 드레인은 수증기가 응축되어 생긴 물로, 공기 압축기로부터 새어 나온 윤활유나 산화 생성물로 된 윤활유 등 여러 가지 불순물이 섞여 있다.
④ 여름철 창가에 이슬이 매치는 현상은 실내 온도보다 낮은 유리창에 공기가 닿을 때 상대습도가 높아져 이슬을 맺게 된다.

드레인(Drain: 응축수)의 발생

- 수분을 함유한 습공기인 대기를 압축하면 상대습도가 높아져 물방울(드레인, 응축수)을 내게 된다.
- 대기 중에는 먼지, 매연 기타 여러 가지 오염 물질이 존재하는데 이런 공기를 흡입해서 압축하면 오염 물질까지 농축되어 몹시 더러운 압축공기가 된다.
- 드레인은 수증기가 응축되어 생긴 물로, 공기 압축기로부터 새어 나온 윤활유나 산화 생성물로 된 윤활유 등 여러 가지 불순물이 섞여 있다.
- 기존 공기에 온도를 낮추면 이슬이 맺히기 시작하는 온도가 있는데 이때의 상대습도는 100%라 할 수 있고 이 온도를 노점(露點 : 이슬점)온도라 한다.
- 겨울철 창가에 이슬이 맺히는 현상은 실내 온도보다 낮은 유리창에 공기가 닿을 때 상대습도가 높아져 이슬을 맺게 된다.

44 공기 압축기의 주요 점검항목이 아닌 것은?

① 흡인 온도　　② 소음, 진동
③ 공기 압력　　④ 밸브 수명

정답 42 ③ 43 ③ 44 ③

해설

공기 압축기 점검사항
- 배기 온도 : 정상적인 배기 온도 유지 여부
- 소음, 진동 : 소음, 진동 상태 변화 여부
- 언로드 : 정상적인 언로드 상태 유지 여부
- 공기 압력 : 출구 압력의 저하 여부
- 밸브 수명 : 밸브의 수명 변화 여부

45 **공압 발생장치의 구성요소 중에서 애프터 쿨러(after cooler)는 무엇인가?**

① 공기 압축기를 냉각한다.
② 공기 중의 먼지나 수분을 제거한다.
③ 공기 압축기를 구동하기 위한 전기모터를 냉각한다.
④ 공기 압축기에서 생산된 고온의 공기를 냉각한다.

애프터 쿨러(after cooler) : 공기 압축기에서 생산된 고온의 공기를 냉각한다.

46 **드레인 배출방식이 아닌 것은?**

① 플로트식 ② 파일럿식
③ 팬식 ④ 전동기 구동방식

드레인 배출방식 : 플로트식, 파일럿식, 전동기 구동방식이 있다.

47 **윤활기(Lubricator)에 사용하는 기름은?**

① 습동유 ② 경유
③ 유압유 ④ 터빈유 1종 또는 2종

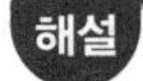

윤활기(Lubricator)에 사용하는 기름 : 일반적으로 터빈유 1종 또는 2종을 사용하며 마찰계수가 작아 습동이 잘 되고 기기의 마모가 적으며 마찰열을 발생시키지 않아 열에 의한 변형이 발생하지 않아야 한다.

48 **공기압축기를 작동원리에 따라 분류할 때 용적형 압축기가 아닌 것은?**

① 축류식 ② 피스톤식
③ 베인식 ④ 다이어프램식

정답 45 ④ 46 ③ 47 ④ 48 ①

공기 압축기의 분류
- 용적형
  - 왕복식 : 피스톤압축기, 격판압축기(다이어프램)
  - 회전식 : 미끄럼 날개 회전압축기(베인), 스크류 압축기, 루트 블로워
- 터보형
  - 유동식 반경류 압축기, 축류 압축기

49 공기압 장치의 배열순서로 옳은 것은?

① 공기압축기 → 공기탱크 → 에어드라이어 → 공기압조정유닛
② 공기압축기 → 에어드라이어 → 공기압조정유닛 → 공기탱크
③ 공기압축기 → 공기압조정유닛 → 에어드라이어 → 공기탱크
④ 에어드라이어 → 공기탱크 → 공기압조정유닛 → 공기압축기

공기압 장치의 배열순서
공기압축기 → 공기탱크 → 에어드라이어 → 공기압조정유닛

50 터보형(유동식) 압축기의 설명으로 틀린 것은?

① 각종 plant, 대형, 대용량의 공기압원으로 이용. 종류로는 축 방향형, 반경 방향형 등이 있다.
② 축 방향으로 압축하는 축류(axial)와 반경 방향(radial)으로 압축하는 반경류가 있으며 공기의 흐름(air flow principle)을 이용한 많은 유량을 필요로 할 때 유리하다.
③ 대체로 고압대에서 많은 유량을 필요로 할 때 사용한다.
④ 압력이 1단일 때 4bar(400kPa), 다단일 때 300bar(300kPa)까지이다.

대체로 저압대에서 많은 유량을 필요로 할 때 사용한다.

51 공기 압축기의 압축 공기의 변하는 필요량을 맞추기 위한 조절방식이 아닌 것은?

① 배기 조절
② 차단 조절
③ 그립-암(Grip-arm) 조절
④ 드레인 조절

압축 공기의 변하는 필요량을 맞추기 위해 조절이 필요하며 무부하 밸브[배기조절, 차단조절, 그립 · 암(grip-arm) 조절], 엔진속도 조절, 흡입량 조절, on-off 조절 방식이 있다.

정답 49 ① 50 ③ 51 ④

52 다음 중 2개의 입력신호 중에서 높은 압력만을 출력하는 OR 밸브는?

① 이압 밸브
② 셔틀 밸브
③ 체크밸브
④ 시퀀스 밸브

셔틀 밸브(shuttle valve) : 양 제어 밸브(double control), 양 체크밸브(double check), OR 밸브의 명칭을 사용하기도 하며 입구는 양쪽(X, Y포트) 어느 곳이든 높은 입력이 들어오면 낮은 압력의 출구로 배출된다.

53 다음 기호 중에서 격판 밸브를 의미하는 것은?

① 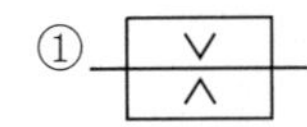
② 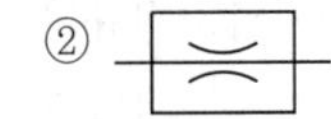
③ 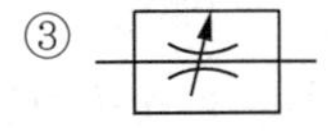
④ 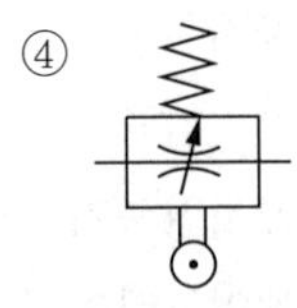

해설

격판 밸브	교축 밸브	유량제어밸브	기계적 작동과 스프링에 의해 복귀하는 밸브

54 회로 중의 공기압력이 상승해 갈 때나 하강해 갈 때 설정된 압력이 되면 전기 스위치가 변환되어 압력 변화를 전기신호로 나타나게 한다. 이러한 작동을 하는 기기는?

① 압력 스위치
② 릴리프 밸브
③ 시퀀스 밸브
④ 언로드 밸브

압력 스위치 : 회로의 압력이 설정값에 도달하면 내부에 있는 마이크로 스위치가 작동하여 전기회로를 열거나 닫게 하는 스위치이다.

55 공기의 압축성 때문에 스틱 슬립(Stick–slip) 현상이 생겨 속도가 안정되지 않을 때 이를 방지하기 위해 사용되는 기기는?

① 증압기
② 충격 방출기
③ 증폭기
④ 공유압 변환기

미터 인 전진 시 셔틀에 의해 닫히고 교축 통로를 통과하는데 공급 공기의 양이 부족하므로 피스톤의 움직임이 불안정하다. 따라서 피스톤은 불규칙적으로 움직이고 불안전하여 스틱 슬립(가다 서다 하는) 현상이 발생된다. 이를 방지하기 위해 공유압 변환기를 설치한다.

정답 52 ② 53 ① 54 ① 55 ④

56 연속적으로 공기를 빼내는 공기 구멍을 나타내는 기호는?

① 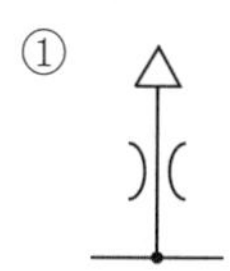
② 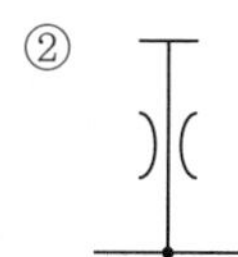
③ 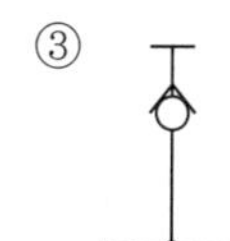
④ 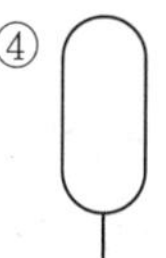

연속적으로 공기배출 구멍

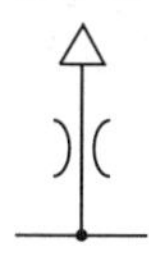

57 진공 발생기에서 진공이 발생하는 것은 어떤 원리를 이용한 것인가?

① 샤를의 원리
② 파스칼의 원리
③ 벤투리 원리
④ 토리첼리의 원리

- **샤를의 원리** : 기체의 압력을 일정하게 유지함으로서 체적 및 온도가 변화시, 체적과 온도는 서로 비례한다.
- **파스칼의 원리** : 밀폐된 용기 속에 정지 유체의 일부에 가해지는 압력은 유체의 모든 부분에 동일한 힘으로 동시에 전달한다.
  - 벤투리 원리 : 관 내부를 흐르던 유체가 관의 지름이 작아지면 유속이 빨라지는 원리로 진공 발생기에서 진공이 발생하는 원리이다.
  - 토리첼리의 원리 : 수조 등에서 질점(質點)이 중력의 작용으로 높이 h인 곳에서 자유낙하할 때 얻는 속도와 같다.

58 유압 실린더의 피스톤 로드를 깨끗이 유지하기 위해 필요한 것은?

① 쿠션 장치
② 슬리브 실린더
③ 로드 와이퍼 시일
④ 피스톤 행정제한 장치

로드 와이퍼 시일 : 유압 실린더의 피스톤 로드를 깨끗이 유지하기 위해 필요하다.

59 유압 제어 밸브 중 회로압이 설정압을 넘으면 막이 유체압에 의해 파열되어 압유를 탱크로 귀환시키고 동시에 압력 상승을 막아 기기를 보호하는 역할을 하는 기기는?

① 유체 퓨즈
② 압력 스위치
③ 감압 밸브
④ 릴리프 밸브

유체 퓨즈 : 회로압이 설정압을 넘으면 막이 유체압에 의해 파멸되어 압유를 탱크로 귀환시킴과 동시에 압력 상승을 막아 기기를 보호하는 역할을 한다.

정답 56 ① 57 ③ 58 ③ 59 ①

60 **다음의 그림과 같은 유압회로의 명칭은?**

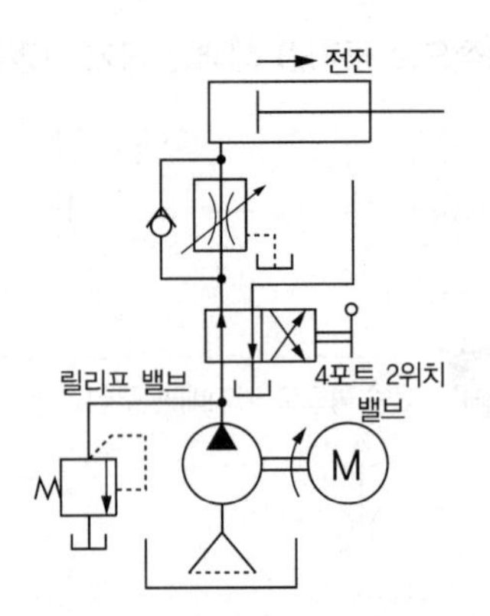

① 감압 회로
② 미터-아웃 회로
③ 미터-인 회로
④ 정토크 구동회로

주어진 그림은 미터-인 회로이며, 미터-인 회로는 액추에이터에 공급되는 공기를 일방향 유량제어 밸브를 사용하여 조절하는 방식이다.

정답 60 ③

CBT 최종모의고사 2회

제1과목 자동제어

01 **제어대상에 인가되는 양으로 제어량을 변화시키기 위하여 제어기에 의해 만들어지는 양이나 상태는?**

① 외란
② 비교부
③ 제어량
④ 조작량

해설 조작량은 되먹임 제어계에서 조작량은 제어대상에 인가되는 양으로 제어량을 변화시키기 위하여 제어기에 의해 만들어지는 양이나 상태를 말한다.

02 **다음 중 피드백제어에서 꼭 있어야 할 장치는?**

① 출력을 확대하는 장치
② 안전도를 측정하는 장치
③ 응답속도를 빠르게 하는 장치
④ 입력과 출력을 비교하는 장치

해설 피드백제어(되먹임)는 출력신호를 입력신호로 되먹임시켜 출력값을 입력값과 비교하여 항상 출력이 목푯값에 이르도록 제어하므로 입력과 출력을 비교하는 장치가 필요하다.

03 **자동제어에서 주파수 응답의 종류 중 시간에 따라 일정한 비율로 변화하는 기준 입력신호에 대한 과도응답을 의미하는 것은?**

① 임펄스 응답
② 계단 응답
③ 포물선 응답
④ 램프 응답

해설 **램프 응답** : 시간에 따라 일정한 비율로 변화하는 기준 입력신호에 대한 과도응답을 램프 응답이라 하며, 기울기가 1인 단위램프함수에 대한 응답을 단위램프 응답이라 한다.

04 **PLC에서 발생하는 잡음(noise) 대책 중 전원부의 잡음대책으로 해당되지 않는 것은?**

① 잡음(noise)필터를 설치한다.
② 쉴드 트랜스나 일반 절연 트랜스를 사용한다.
③ 플라이 포일 다이오드를 접속한다.
④ 트랜스와 필터를 겸용으로 사용한다.

해설 플라이 포일 다이오드의 접속은 출력 기기의 잡음대책에 해당한다.

05 다음 중 PLC에서 CPU부의 내부구성과 관계가 가장 적은 것은?

① 연산장치 ② 제어장치
③ 기억장치 ④ 리밋 스위치

해설 리밋 스위치는 입력장치에 해당한다.

06 온도센서가 아닌 것은?

① NTC ② RTD
③ 서미스터 ④ 포텐쇼미터

해설
- 온도센서의 종류는 써미스터(NTC, PTC), 측온저항체(RTD), 열전대, 써모파일 등이다.
- 포텐쇼미터는 가변저항에 속한다.

07 근접센서(Proximity Sensor)의 특징으로 틀린 것은?

① 고속응답 ② 유접점 출력
③ 비접촉식 검출 ④ 노이즈 발생이 적음

해설 근접센서는 검출 대상물의 유무를 무접촉으로 검출하는 검출기(스위치)이다.

08 다음 PLC 언어 중 어셈블리 언어 형태의 문자기반 언어로 간단한 로직과 시퀀스 명령을 포함하여 타이머, 카운터, 사칙연산, 시프트 레지스터, 대소 비교 등의 수치 연산 기능이 있는 언어는?

① FBD ② ST
③ IL ④ SFC

해설 IL(instruction, list : 니모닉)
- 어셈블리 언어 형태의 문자기반 언어로 간단한 로직에 적용하며 니모닉(mnemonic)언어라고도 한다. AND, OR, NOT, OUT 등의 니모닉 기호를 명령어로 사용하여 프로그램을 작성하는 방식이다.
- 니모닉 코딩에서는 스텝 번호, 연산의 종류를 표시하는 OP코드(니모닉)부분과 연산을 하고 입 · 출력 번호를 표시하는 오퍼랜드(operand)부분으로 구성된다.
- 시퀀스 명령을 포함하여 타이머, 카운터, 사칙연산, 시프트 레지스터, 대소 비교 등의 수치 연산 기능이 있다.

09 되먹임 제어 구성요소 중에서 제어량 값을 변화시키는 외부의 바람직하지 않은 신호는?

① 외란 ② 동작신호
③ 제어편차 ④ 피드백신호

정답 05 ④ 06 ④ 07 ② 08 ③ 09 ①

외란(disturbance) : 제어량의 값을 변화시키려는 외부로부터의 바람직하지 않는 입력 신호로서 시스템의 출력값에 나쁜 영향을 미치게 하는 신호이다. 외란이 시스템 내부에서 발생할 때는 내적 외란이라 하고 시스템 외부에서 발생하여 입력으로 작용할 때는 외적 외란이라고 한다.

10 PLC의 설치, 점검 및 보수에 관련된 항목 중 잘못된 것은?

① 사용온도 : −50~150℃

② 습도 : 20~90% RH(이슬 맺힘이 없을 정도)

③ 노이즈 한계 : 1500V/μs

④ 절연저항 : AC 1500V, 10Ω

PLC의 설치 환경 중 사용온도는 0~55℃이다.

11 PLC의 명령어 중 동작 유지 출력 명령을 내보내는 명령어는?

① LD ② SET

③ NOP ④ END

- LD : 논리연산 개시
- SET : 동작 유지 출력 명령
- NOP : 무처리
- AND : 직렬회로접속의 a접점
- RST : 동작 유지 해제 명령
- END : 프로그램 종료

12 일상생활에서 사용되는 엘리베이터, 자동판매기와 같이 정해진 순서에 의해 제어되는 방식은?

① 시퀀스 제어 ② ON/OFF 제어

③ 되먹임 제어 ④ 프로세스 제어

시퀀스 제어 : 제어 조건에 따라 사용할 보조 릴레이 및 각종 릴레이를 사용하여 제어하며, 대표적인 예로 전기세탁기, 자동판매기의 제어 등이 있다.

13 반도체의 저항이 온도에 따라 변하는 특성을 이용한 온도센서는 무엇인가?

① 포토센서 ② 서미스터

③ 압전센서 ④ 측온저항체

서미스터 : 주로 반도체의 저항이 온도에 따라 변하는 특성을 이용한 온도센서이다.

정답 10 ① 11 ② 12 ① 13 ②

14 PLC 제어의 특징으로 틀린 것은?

① 제어 내용을 필요할 때 확인할 수 있어 체계적인 고장 진단 및 점검이 용이하다.
② 릴레이 제어반에 비하여 신뢰성이 높고, 고속 동작이 가능하다.
③ 산술 · 비교 연산과 데이터 처리까지 할 수 있다.
④ 설치 면적이 넓어진다.

해설

PLC의 특징

- 제어 내용을 필요할 때 확인할 수 있어 체계적인 고장 진단 및 점검이 용이하다.
- 릴레이 제어반에 비하여 신뢰성이 높고, 고속 동작이 가능하다.
- 산술 · 비교 연산과 데이터 처리까지 할 수 있다.
- 설치 면적이 적어진다.
- 동작 실행에 대한 내용 변경을 프로그램에 의하여 쉽게 바꿀 수 있다.

15 반도체의 에너지대에 포함되지 않는 것은?

① 열전대　　② 금지대
③ 가전자대　　④ 전도대

반도체의 에너지대

- 전도대 : 전자가 원자핵의 구속에서 벗어나서 자유롭게 전류를 전도할 수 있는 에너지대
- 금지대 : 가전자대의 상한과 전도대의 하한과의 사이의 에너지 캡으로 전자가 존재하지 않는 부분
- 가전자대 : 전자가 충만되어 있어 외부 에너지에 의하여 전자가 전도대로 이동할 수 있는 에너지대

16 반도체의 성질로 잘못된 것은?

① 불순물의 농도가 증가하면 도전율이 증가되고 상대적으로 고유저항이 감소된다.
② 반도체는 공유 결합으로 상호 결합된다.
③ 다른 전도형의 반도체 사이에 정류 작용이 없다.
④ 광전 효과, 홀(Hall) 효과가 있다.

반도체의 성질

- 절대 0°K에서 절연체, 상온에서 $10^5 \sim 10^6 \Omega \cdot m$ 정도의 저항을 가지며 절연물과 도체의 중간 성질을 가진다.
- 불순물의 농도가 증가하면 도전율이 증가되고 상대적으로 고유저항이 감소된다.
- 다른 전도형의 반도체 사이에 정류 작용을 갖는다.
- 부(-) 온도 계수를 갖는다.
- 광전 효과, 홀(Hall) 효과가 있다.
- 반도체는 공유 결합으로 상호 결합된다.

정답 14 ④ 15 ① 16 ③

17 **반도체 소자(능동소자) 종류 중에서 N형 반도체 1개와 P형 반도체 1개를 서로 맞붙여 만들며 공핍층과 전위장벽이라는 현상이 나타나는 소자는?**

① 트랜지스터 ② 다이오드
③ 전계효과 트랜지스터 ④ 릴레이

해설 반도체 소자(능동소자)인 다이오드는 N형 반도체 1개와 P형 반도체 1개를 서로 맞붙여 만든다. 이를 PN 접합이고 하며, 이때 공핍층과 전위장벽이라는 현상이 나타나며 다이오드의 성질을 결정하게 된다.

18 **열전대에 대한 설명으로 잘못된 것은?**

① 재질이 다른 2종류 금속선을 사용한다.
② 2개의 접점 사이에 온도 차를 주면 일정한 방향으로 전류가 흐른다.
③ 2접점 간의 온도차에 비례하는 기전력(emf)이 사라진다.
④ 제베크 효과를 이용한다.

해설 열전대의 특징에서 2접점 간의 온도차에 비례하는 기전력(emf)이 나타난다.

19 **자장 중에 놓이면 전기적인 성질이 변화하므로 자장의 유무나 강도의 변화를 전기신호로서 인출하는 자기센서의 종류가 아닌 것은?**

① 홀소자 ② 홀 IC
③ 반도체 자기저항 효과 소자 ④ 스트레인 게이지

해설
- **자기센서** : 홀소자, 홀 IC, 반도체 자기저항 효과 소자
- **압력센서** : 스트레인 게이지

20 **광센서의 올바른 사용 용도가 아닌 것은?**

① 탄광이나 화학 공장 등의 방재용
② 테이프 리더, 카드 리더, 카메라의 노광계, 스트로보(strobo)의 발광량 제어
③ 역의 자동 검찰기, 자동 도어에 있어서 사람의 검지
④ 화재를 알리는 연기 감지기

해설 **가스센서** : 탄광이나 화학 공장 등의 방재용이다.

정답 17 ② 18 ③ 19 ④ 20 ①

제2과목 기계요소설계

21 **기어에서 이 끝 높이(Addendum)가 의미하는 것은?**

① 두 기어의 이가 접촉하는 거리
② 이뿌리원부터 이끝원까지의 거리
③ 피치원에서 이뿌리원까지의 거리
④ 피치원에서 이끝원까지의 거리

- **이 끝 높이** : 피치원에서 이끝원까지의 거리이다.
- **이 뿌리 높이** : 피치원에서 이뿌리원까지의 거리이다.

22 **다음 중 체결용 나사가 아닌 것은?**

① 사다리꼴 나사
② 미터 나사
③ 미터보통 나사
④ 유니파이 나사

체결용 나사 : 미터 나사, 미터보통 나사, 유니파이 나사, 휘트워드 나사, ISO 나사, 관용 나사가 있다.

23 **축의 홈이 깊게 되어 축의 강도가 약하게 되기는 하나 축과 키 홈의 가공이 쉽고, 키가 자동으로 축과 보스 사이에 자리잡을 수 있어 자동차, 공작기계 등 60mm 이하의 작은 축이나 테이퍼 축에 사용하는 키는?**

① 원뿔 키
② 둥근 키
③ 반달 키
④ 미끄럼 키

반달 키 : 반월상의 키로서 축의 홈이 깊게 되어 축의 강도가 약하게 되기는 하나 축과 키 홈의 가공이 쉽고, 키가 자동으로 축과 보스 사이에 자리를 잡을 수 있어 자동차, 공작기계 등 60mm 이하의 작은 축이나 테이퍼 축에 사용한다.

24 **607C2P6으로 표시된 베어링에서 안지름은?**

① 7mm
② 30mm
③ 35mm
④ 60mm

안지름 번호(세 번째, 네 번째 숫자)
1에서 9까지는 안지름 번호와 안지름이 같다.
00 …… 안지름 10mm　　01 …… 안지름 12mm
02 …… 안지름 15mm　　03 …… 안지름 17m

정답 21 ④ 22 ① 23 ③ 24 ①

25 **원동차와 종동차의 지름이 각각 400mm, 200mm일 때 중심거리는?**

① 300mm　　② 600mm
③ 150mm　　④ 200mm

$$중심거리(C) = \frac{(D_1 + D_2)}{2} = \frac{400 + 200}{2} = 300\text{mm}$$

26 **체결용 기계요소가 아닌 것은?**

① 나사　　② 키
③ 브레이크　　④ 핀

브레이크 : 기계운동을 정지 또는 감속 조절하여 위험을 방지하는 역할을 하는 완충용 제어요소이다.

27 **치수에 사용하는 기호와 그 설명이 잘못 연결된 것은?**

① 정사각형의 변 – □　　② 구의 반지름 – R
③ 지름 – ϕ　　④ 45° 모따기 – C

- 구의 반지름 – SR
- 반지름 – R

28 **평 벨트와 비교한 V 벨트 전동의 특성이 아닌 것은?**

① 설치면적이 넓어 큰 공간이 필요하다.
② 비교적 작은 장력으로 큰 회전력을 전달할 수 있다.
③ 운전이 정숙하다.
④ 마찰력이 평 벨트보다 크고 미끄럼이 적다.

V 벨트 전동 : 비교적 작은 장력으로 큰 회전력을 전달할 수 있으며, 운전이 정숙하고 마찰력이 평 벨트보다 크고 미끄럼이 적다.

29 **축이 회전하는 중에 임의로 회전력을 차단할 수 있는 것은?**

① 커플링　　② 스플라인
③ 크랭크　　④ 클러치

클러치 : 회전하는 중에 회전력을 차단하거나 연결할 수 있다.

정답 25 ① 26 ③ 27 ② 28 ① 29 ④

30 두 물체 사이의 거리를 일정하게 유지시키면서 결합하는데 사용하는 볼트는?

① 기초볼트
② 아이볼트
③ 나비볼트
④ 스테이볼트

스테이볼트 : 두물체의 거리를 일정하게 유지한다.

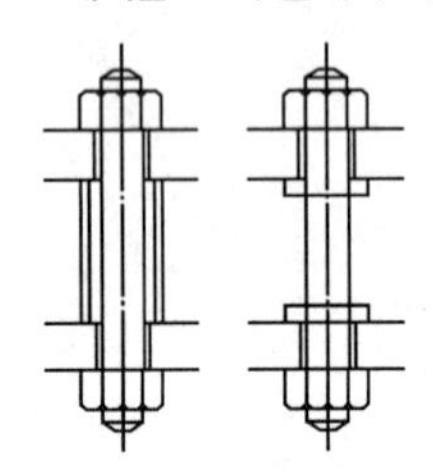

31 시험 전 단면적이 6mm^2, 시험 후 단면적이 1.5mm^{2}일 때 단면적 수축률은?

① 25%
② 45%
③ 55%
④ 75%

$$\text{단면적 수축률} = \frac{\Delta A}{A_0} \times 100 = \frac{(6-1.5)}{6} \times 100 = 75\%$$

32 고정 원판식 코일에 전류를 통하면, 전자력에 의하여 회전 원판이 잡아 당겨져 브레이크가 걸리고, 전류를 끊으면 스프링 작용으로 원판이 떨어져 회전을 계속하는 브레이크는?

① 밴드 브레이크
② 디스크 브레이크
③ 전자 브레이크
④ 블록 브레이크

전자 브레이크

고정 원판식 코일에 전류를 통하면, 전자력에 의하여 회전 원판이 잡아 당겨져 브레이크가 걸리고, 전류를 끊으면 스프링 작용으로 원판이 떨어져 회전을 계속하는 브레이크이다.

33 기계요소 부품 중에서 직접 전동용 기계요소에 속하는 것은?

① 벨트
② 기어
③ 로프
④ 체인

해설

- **직접 전동** : 마찰차 전동, 기어 전동
- **간접 전동** : 평벨트 전동, V벨트 전동, 로프 전동, 체인 전동

정답 30 ④ 31 ④ 32 ③ 33 ②

34 다음의 그림과 같이 키홈을 도시한 투상도는?

① 국부투상도
② 부분투상도
③ 회전투상도
④ 보조투상도

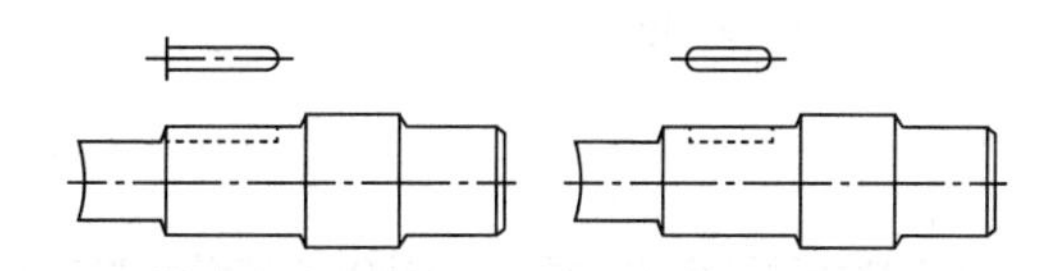

주어진 보기의 투상도는 대상물의 구멍, 홈 등 한 국부만의 모양을 도시하는 것으로 충분한 경우에는 그 필요한 부분만 국부를 도시하는 투상도이다.

35 너트의 밑면에 넓은 원형 플랜지가 붙어있는 너트는?

① 와셔붙이 너트
② 육각너트
③ 판 너트
④ 캡 너트

와셔붙이 너트 : 너트의 밑면에 넓은 원형 플랜지가 붙어있는 너트이다.

36 도면에 표제란과 부품란이 있을 때, 부품란에 기입할 사항으로 가장 거리가 먼 것은?

① 제도일자
② 부품명
③ 재질
④ 부품번호

제도일자는 제도자, 검도, 승인, 도명, 도번 등과 같이 표제란에 기입한다.

37 용접기호 중 '⊓'가 의미하는 용접은 어떤 것인가?

① 플러그
② 필렛
③ I형
④ 비드, 덧붙임

- 필렛 : ◺
- I형 : ||
- 비드, 덧붙임 : ⌒ ⌒⌒

38 곡면과 곡면 또는 곡면과 평면 등과 같이 두 입체가 만나서 생기는 경계선을 나타내는 용어로 가장 적합한 것은?

① 전개선
② 상관선
③ 현도선
④ 입체선

정답 34 ① 35 ① 36 ① 37 ① 38 ②

해설

곡면과 곡면 또는 곡면과 평면이 교차하는 경계 부분의 상관선은 직선으로 표시하든가 근사치에 가깝게 원호로 표시한다.

39 다음 제동장치 중 회전하는 브레이크 드럼을 브레이크 블록으로 누르게 한 것은?

① 밴드 브레이크
② 원판 브레이크
③ 블록 브레이크
④ 원추 브레이크

블록 브레이크 차량, 기중기 등에 많이 사용되는 장치로 브레이크 드럼의 원주상에 1개 또는 2개의 브레이크 블록을 브레이크 레버로 밀어붙여 마찰에 의해 제동작동을 하는 것이다.

40 저널 베어링에서 저널의 지름이 30mm, 길이가 40mm, 베어링의 하중이 2,400N일 때, 베어링의 압력은 몇 [MPa]인가?

① 1
② 2
③ 3
④ 4

$$\text{저널 베어링 압력} = \frac{\text{베어링 하중[N]}}{\text{투영 면적}[\text{mm}^2]} = \frac{2400\text{N}}{30\text{mm} \times 40\text{mm}} = 2\text{N/mm}^2 = 2\text{MPa}$$

41 기체의 온도를 일정하게 유지하면서 압력 및 체적이 변화시, 압력과 체적은 서로 반비례한다는 것을 의미하는 것은?

① 보일의 법칙
② 샤를의 법칙
③ 푸아송의 비
④ 아베의 원리

보일의 법칙 : 기체의 온도를 일정하게 유지하면서 압력 및 체적이 변화시, 압력과 체적은 서로 반비례한다.

42 다음 중 공기 압축기의 토출 압력에 따른 분류 중에서 저압에 해당하는 것은?

① 1kg/cm^2 미만
② $1\sim8\text{kg/cm}^2$
③ $10\sim16\text{kg/cm}^2$
④ 16kg/cm^2 이상

정답 39 ③ 40 ② 41 ① 42 ②

- **저압** : 1~8kg/cm^2
- **중압** : 10~16kg/cm^2
- **고압** : 16kg/cm^2 이상

43 **다음 중에서 편심 로터가 흡입과 배출구멍이 있는 실린더 형태의 하우징 내에서 회전하여 압축 공기를 토출하는 형태의 공기 압축기는?**

① 로터리 피스톤 압축기 ② 스크루 압축기
③ 베인식 ④ 터보형(유동식) 압축기

베인식 공기 압축기 : 편심 로터가 흡입과 배출구멍이 있는 실린더 형태의 하우징 내에서 회전하여 압축 공기를 토출하는 형태이다.
- 소음과 진동이 작다.
- 공기를 안정되게 일정하게 공급. 크기가 소형으로 공기압 모터 등의 공급원으로 이용된다.

44 **다음의 그림과 같은 논리 회로는?**

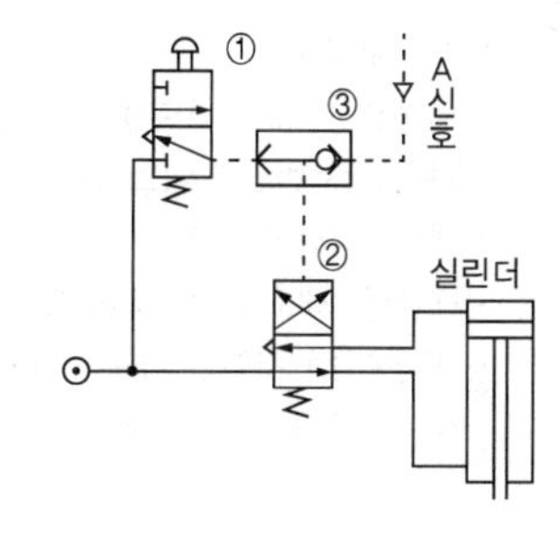

① AND 회로
② OR 회로
③ NOT 회로
④ NAND 회로

주어진 그림은 OR 회로이며, OR 회로는 2개 이상의 입력포트와 1개의 출력포트를 가진 밸브에서 어느 1개 또는 그 이상의 입력포트에 신호가 존재하면 출력포트에 출력이 발생하는 회로이다.

45 **공압 발생장치의 구성요소가 아닌 것은?**

① 공압 실린더(Air cylinder) ② 동력원(power unit)
③ 공기 압축기(air compressor) ④ 공기 탱크(air tank)

공압 발생장치의 구성요소
- 동력원(power unit) : 공기 압축기를 구동하기 위한 전기모터, 기타 동력원
- 공기 압축기(air compressor) : 압축 공기의 생산(일반적으로 10bar 이내)
- 애프터 쿨러(after cooler) : 공기 압축기에서 생산된 고온의 공기를 냉각
- 공기 탱크(air tank) : 압축 공기를 저장하는 일정 크기의 용기
- 공기 필터(air filter) : 공기 중의 먼지나 수분을 제거
- 제어부 : 압력제어, 유량 제어, 방향 제어
- 작동부 : 실린더, 모터

정답 43 ③ 44 ② 45 ①

46 다음 그림 기호가 의미하는 것은?

① 요동형 공기압 액튜에이터
② 유압 모터
③ 요동형 유압 액튜에이터
④ 공기압 모터

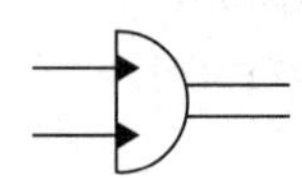

해설 주어진 그림은 요동형 유압 액튜에이터이다.

47 유압용 실 중에서 O링의 구비조건이 아닌 것은?

① 사용 온도 범위가 제한적일 것
② 내노화성이 좋을 것
③ 내마모성을 포함한 기계적 성질이 좋을 것
④ 누설을 방지하는 기구에서 탄성이 양호할 것

해설 O링의 구비조건

- 누설을 방지하는 기구에서 탄성이 양호할 것
- 사용 온도 범위가 넓을 것
- 내노화성이 좋을 것
- 내유성 · 내용제성이 좋을 것
- 내마모성을 포함한 기계적 성질이 좋을 것
- 상대 금속을 부식시키지 말 것

48 유압장치에서 사용하는 관 중에서 풀림을 하면 상온가공이 용이하므로 20bar 이하의 저압관이나 드레인이 사용하는 관은?

① 스테인리스 강관　② 동관
③ 강관　④ 고무호스

해설 동관은 풀림을 하면 상온가공이 용이하므로 20bar 이하의 저압관이나 드레인이 사용된다[심리스(seamless)]. 보통의 동관 또는 동합금류는 석유계 작동유에는 하면 안 된다.

49 용적식 압축기 중 가장 깨끗한 압축 공기를 만들 수 있는 공기압축기는?

① 피스톤 압축기　② 축류식 압축기
③ 스크루 압축기　④ 다이어프램 압축기

정답 46 ③ 47 ① 48 ② 49 ④

다이어프램(Diaphragm, 격판) 압축기

피스톤이 격판에 의해 흡입실(suction chamber)로부터 분리되어 있어 공기가 왕복운동을 하는 부분과 직접 접촉하지 않기 때문에 압축된 공기에 기름(oil) 등 오물이 섞이지 않게 된다. 이런 청정 압축공기를 생산할 수 있는 장점 때문에 식료품, 제약, 화학산업 분야에 응용된다.

50 스크루 압축기(Screw Compressor)의 설명으로 틀린 것은?

① 2개의 스크루 로우터가 한 쌍으로 회전하면서 공기를 서로 맞물려 압축한다.
② 고속 회전이 가능하고, 소음과 진동이 적으며, 맥동이 적고 별도로 급유를 할 필요가 없다.
③ 압력이 25bar(2,500kPa) 이하이다.
④ 토출량이 $50m^3/h$ 이상이다.

스크루 압축기의 토출량은 $50m^3/h$ 이하이다.

51 공기 압축기 저장탱크의 설명으로 잘못된 것은?

① 유량과 압력의 안정된 공급을 위해 압축된 공기를 저장한다.
② 저장탱크가 없을 경우 동력이 쉴 새 없이 작동되고 압력과 유량의 맥동현상이 발생한다.
③ 탱크 크기는 작을수록 좋다.
④ 압축기 사용상 유의 사항으로 압축기는 여유를 충분히 고려하여 선정한다.

공기 압축기의 저장탱크 크기는 클수록 좋겠으나 경제성을 고려하여 알맞은 크기를 선정해야 한다. 선정하는 방법은 공급 체적, 1시간당 스위칭 횟수, 압력 편차(압력 차이)를 고려하여 표에 의해서 선정한다.

부록 CBT 최종모의고사

52 포핏 방식의 방향 전환 밸브가 갖는 장점이 아닌 것은?

① 누설이 거의 없다.
② 밸브 이동거리가 길다.
③ 조작에 힘이 적게 든다.
④ 먼지, 이물질의 영향이 적다.

포핏 방식의 방향 전환 밸브의 밸브 이동거리가 짧다.

53 ISO-1219 표준(문자식 표현)에 의한 공압밸브의 연결구 표시방법에 따라 A, B, C 등으로 표현되어야 하는 것은?

① 배기구
② 제어 라인
③ 작업 라인
④ 압축공기 공급 라인

정답 50 ④ 51 ③ 52 ② 53 ③

ISO-1219 규격
- 작업 라인 : A, B, C …
- 압축 공기 공급 라인(흡입구) : P
- 배기구 : R, S, T …
- 제어 라인 : X, Y, Z …

54 공기압 회로에서 압축 공기의 역류를 방지하고자 하는 경우에 사용하는 밸브로서, 한쪽 방향으로만 흐르고 반대 방향으로는 흐르지 않는 밸브는?

① 체크밸브 ② 시퀀스 밸브
③ 셔틀 밸브 ④ 급속배기 밸브

체크밸브(check valve) : 역류방지밸브, 역지변 등으로 불리우며, 한쪽 방향으로만 흐르도록 한다.

55 공압 시스템에서 부하의 변동시 비교적 안정된 속도가 얻어지는 속도제어방법은?

① 미터 인 방법 ② 미터 아웃 방법
③ 블리드 온 방법 ④ 블리드 오프 방법

미터 아웃 회로 : 속도제어 회로로 유량제어 밸브를 실린더의 출구측에 설치한 회로로서 실린더에서 유출되는 유량을 제거하여 피스톤 속도를 제어하는 회로이다. 공압 시스템에서 부하의 변동시 비교적 안정된 속도가 얻어지는 속도제어 방법이다.

56 공압 밸브에 부착되어 있는 소음기의 역할에 관한 설명으로 옳은 것은?

① 배기속도를 빠르게 한다.
② 배기음이 커진다.
③ 공압 기기의 에너지 효율이 좋아진다.
④ 압축공기 흐름에 저항이 부여되고 배압이 생긴다.

- 소음기는 압축공기를 대기중으로 배출할 때 발생하는 소음을 방지하기 위해 사용한다.
- 소음기는 일반적으로 배기속도를 줄이고 배기음을 작게 하기 위하여 사용한다.
- 공압기기 출력은 공급압력과 배출압력과의 차이로 정해지므로 에너지 효율이 저하한다.
- 압축공기 흐름에 저항이 부여되고 배압이 발생한다.

정답 54 ① 55 ② 56 ④

57 파스칼의 원리에 관한 설명으로 옳지 않은 것은?

① 각 점의 압력은 모든 방향에서 같다.
② 유체의 압력은 면에 대하여 직각으로 작용한다.
③ 정지해 있는 유체에 힘을 가하면 단면적이 적은 곳은 속도가 느리게 전달된다.
④ 정지하고 있는 유체 중의 압력은 그 무게가 무시될 수 있으면, 그 유체 내의 어디서나 똑같은 세기로 전달된다.

파스칼의 원리

- 경계를 이루고 있는 어떤 표면 위에 정지하고 있는 유체의 압력은 그 표면에 수직으로 작용한다.
- 정지 유체 내의 점에 작용하는 압력의 크기는 모든 방향으로 같게 작용한다.
- 정지하고 있는 유체 중의 압력은 그 무게가 무시될 수 있으면, 그 유체 내의 어디서나 같다.
- 유압 프레스나 수압기가 이 원리를 응용한 것이다.

58 유압작동유가 구비하여야 할 조건이 아닌 것은?

① 압축성이어야 한다.
② 열을 방출시킬 수 있어야 한다.
③ 적절한 점도가 유지되어야 한다.
④ 장시간 사용하여도 화학적으로 안정되어야 한다.

유압 작동유의 구비조건

- 비압축성이어야 한다(동력전달의 확실성이 요구되기 때문).
- 장치의 운전 유온 범위에서 회로 내를 유연하게 행동할 수 있는 적절한 점도가 유지되어야 한다(동력손실 방지, 운동부의 마모 방지, 누유 방지 등을 위해).
- 장시간 사용하여도 화학적으로 안정하여야 한다(노화현상).
- 녹이나 부식 발생 등이 방지되어야 한다(산화 안정성).
- 열을 방출시킬 수 있어야 한다(방열성).
- 외부로부터 침입한 불순물을 침전 분리시킬 수 있고, 또 기름 속의 공기를 빨리 분리시킬 수 있어야 한다.

59 다음의 그림과 같은 유압회로의 명칭은?

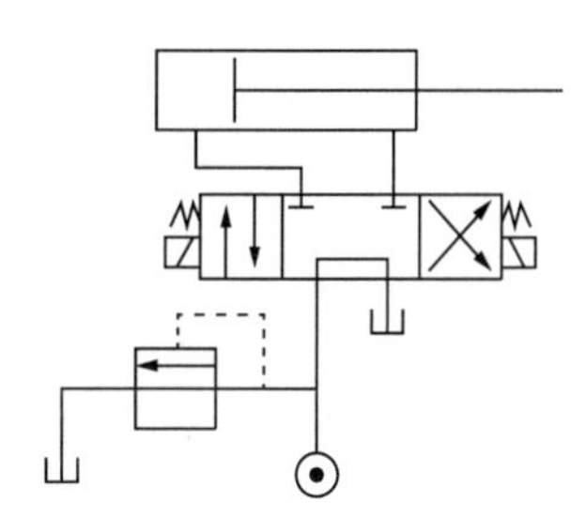

① 감속 회로
② 차동 회로
③ 로킹 회로
④ 정토크 구동회로

주어진 그림은 로킹 회로이며, 로킹 회로는 피스톤의 이동을 방지하는 회로이다.

정답 57 ③ 58 ① 59 ③

부록 CBT 최종모의고사

60 **다음의 그림과 같은 유압회로의 명칭은?**

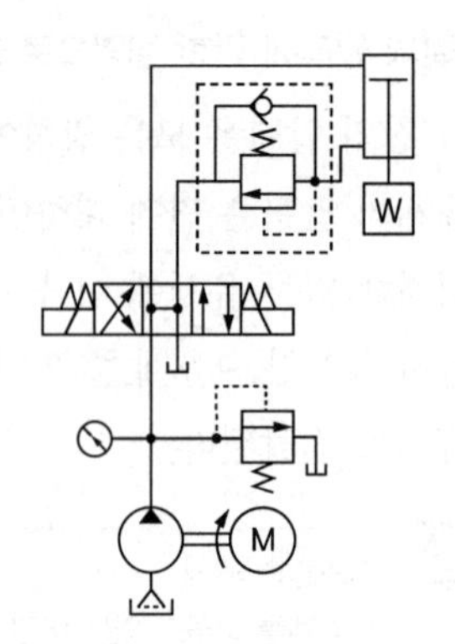

① 미터–인 회로
② 미터–아웃 회로
③ 카운터 밸런스 회로
④ 완전 로크 회로

주어진 그림은 카운터 밸런스 회로이며, 카운터 밸런스 회로는 2개 이상의 실린더나 모터를 동일 속도로 또는 위치 제어하고자 할 때 구성되는 회로이다.

정답 60 ③

생산자동화 산업기사 필기

정가 | 32,000원

지은이 | 정연택 · 정영호 · 윤혁중
펴낸이 | 차 승 녀
펴낸곳 | 도서출판 건기원

2022년 7월 22일 제1판 제1쇄 인쇄
2022년 7월 25일 제1판 제1쇄 발행

주소 | 경기도 파주시 연다산길 244(연다산동 186-16)
전화 | (02)2662-1874~5
팩스 | (02)2665-8281
등록 | 제11-162호, 1998. 11. 24
홈페이지 | www.kkwbooks.com

ISBN 979-11-5767-670-5 13550

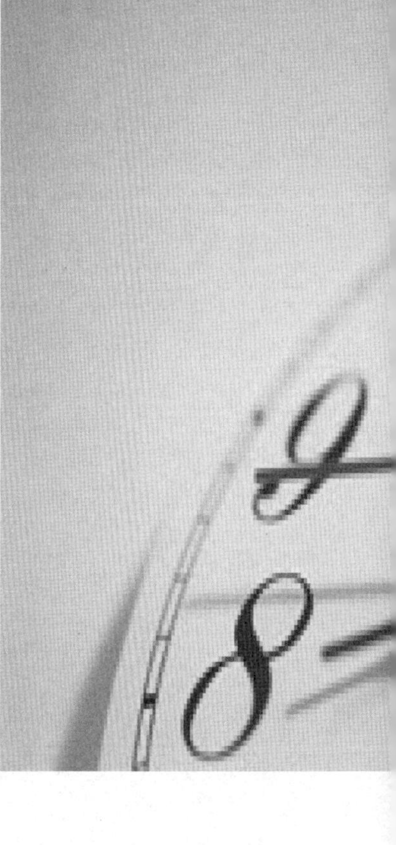